U0877741

新曲綫 New Curves | 用心雕刻每一本......
http://site.douban.com/110283/
http://weibo.com/nccpub

用心字里行间　雕刻名著经典

变态心理学

（第6版）

【美】苏珊·诺伦－霍克西玛 著

邹 丹 等译

钱铭怡 桑志芹 王登峰 苏彦捷 徐凯文 高 隽 审校

人民邮电出版社

北 京

图书在版编目（CIP）数据

变态心理学：第6版 /（美）苏珊·诺伦－霍克西玛 著；邹丹 等译．
—北京：人民邮电出版社，2017.3（2025.4 重印）
ISBN 978-7-115-44838-5

I. ①变… II. ①苏… ②邹… III. ①变态心理学 IV. ① B846-49

中国版本图书馆 CIP 数据核字（2017）第 027351 号

Susan Nolen-Hoeksema
Abnormal Psychology, 6th Edition
ISBN 978-0-07-803538-8
Original edition copyright © 2014 by McGraw-Hill Education. All rights reserved.
Simple Chinese translation edition copyright © 2017 by POSTS AND TELECOM PRESS CO., LTD.. All rights reserved.
本书封底贴有 McGraw Hill 公司防伪标签，无标签者不得销售。

变态心理学（第6版）

◆ 著　　　［美］苏珊·诺伦－霍克西玛
译　　　邹　丹　等
审　　校　钱铭怡　桑志芹　王登峰　苏彦捷　徐凯文　高　隽
策　　划　刘　力　陆　瑜
特约编审　谢呈秋
责任编辑　刘冰云　王伟平　刘　雅　林思语　刘　洁
装帧设计　陶建胜

◆ 人民邮电出版社出版发行　北京市丰台区成寿寺路11号
邮编　100164　电子邮件　315@ptpress.com.cn
网址　http://www.ptpress.com.cn
电话（编辑部）010-84937150（市场部）010-84937152
三河市少明印务有限公司印刷
新华书店经销

◆ 开本：889×1194　1/16
印张：39.25
字数：840 千字　2017年7月第1版　2025年4月第6次印刷
著作权合同登记号　图字：01-2015-7475

定价：128.00 元

本书如有印装质量问题，请与本社联系　电话：（010）84937152

本书的审校工作由国内临床与咨询心理学领域的六位专家通力合作完成，各章的审校者依章节顺序为：

第 1 章
异常心理和行为一瞥
北京大学 钱铭怡 教授

第 2 章
异常的理论与治疗
南京大学 桑志芹 教授

第 3 章
异常的评估与诊断
北京大学 徐凯文 副教授

第 4 章
研究方法
北京大学 徐凯文 副教授

第 5 章
创伤、焦虑、强迫及相关障碍
北京大学 徐凯文 副教授

第 6 章
躯体症状障碍和分离障碍
北京大学 王登峰 教授

第 7 章
心境障碍和自杀
南京大学 桑志芹 教授

第 8 章
精神分裂症谱系及其他精神病性障碍
北京大学 王登峰 教授

第 9 章
人格障碍
北京大学 徐凯文 副教授

第 10 章
神经发育障碍与神经认知障碍
北京大学 苏彦捷 教授

第 11 章
破坏性、冲动控制及品行障碍
北京大学 苏彦捷 教授

第 12 章
进食障碍
复旦大学 高隽 副教授

第 13 章
性障碍
复旦大学 高隽 副教授

第 14 章
物质使用和赌博障碍
复旦大学 高隽 副教授

第 15 章
健康心理学
复旦大学 高隽 副教授

第 16 章
精神健康与法律
北京大学 钱铭怡 教授

推荐语

心理健康是幸福人生的基础。在社会快速发展和变迁的时代，威胁心理健康的因素越来越多，了解和识别异常心理和行为不仅是临床心理学家的使命，也是所有从事心理健康服务的专业人员的责任。强烈推荐苏珊•诺伦－霍克西玛所著的《变态心理学》（第6版），这是我迄今为止读过的最新颖、最创意、最丰富、最全面的可读性强的心理病理学教科书。这位以使用实证方法来解决重要的社会和精神健康问题为自己职业生涯重要目标的学者，以她敏锐的目光告诉我们，心理障碍的理解正在发生着革命性改变，传统的类别模型正在被连续谱模型所代替，心理的正常与异常之间不再那么泾渭分明了。阅读她的书，你不仅可以用新的连续谱模型视角理解每一种心理障碍及其诊断标准、治疗方法的新变化；而且你更可以感受到作者对人的深切关怀和尊重。

樊富珉

清华大学心理学系教授，博士生导师

2017年5月30日

樊富珉

- 清华大学心理学系教授，博士生导师，前任副系主任
- 中国心理学会认定心理学家、注册督导师
- 中国科协全国临床与咨询心理学首席科学传播专家
- 教育部普通高等学校大学生心理健康教育专家指导委员会委员
- 卫计委应急管理专家咨询委员会心理救援专家组委员、卫计委全国心理援助热线专家
- 中国心理学会理事、临床与咨询心理学专业委员会副主任、危机干预工作委员会副主任委员、临床心理学注册工作委员会副主任、伦理分委员会主任
- 中国心理卫生协会常务理事、团体心理辅导与治疗专业委员会主任委员、职业心理健康促进专业委员会副主任委员、大学生心理咨询专业委员会学术委员会主任
- 中国社会心理学会常务理事、心理健康专业委员会主任委员

缅 怀

Susan Nolen-Hoeksema

苏珊•诺伦－霍克西玛（1959—2013）

2013年1月，我们不幸失去了一位备受尊敬的作者和朋友，苏珊•诺伦－霍克西玛。苏珊是著名的学者、教师、导师和学界领袖。她因以下方面的杰出贡献而享誉国际：人们如何调节情感和情绪，人们容易受到情绪问题（尤其是抑郁）伤害的特定思维模式有何特点，又该如何缓慢复原。她的研究极大地影响了专业领域对于妇女和女孩抑郁的看法，她提出了关于思维反刍和抑郁的开创性理论，影响了其后不计其数的实证研究和理论贡献。

她曾说过："我的职业生涯专注于两个目标。其一是使用实证方法来解决重要的社会和精神健康问题（抑郁、思维反刍、女性精神健康）。其二是传播心理科学。我还相信，通过我的《变态心理学》教科书以及写给大众的关于女性精神健康方面的著作，能将科学知识传播给公众。"

苏珊生前先后任教于斯坦福大学、密歇根大学和耶鲁大学。她的研究工作专注于抑郁、情绪调节和性别，并因此获得学界认可和诸多奖项：美国心理学协会（APA）第12分支颁发的David Shakow早期成就奖，美国心理学协会女性委员会颁发的杰出领导奖，美国心理科学协会（APS）颁发的James Mckeen Cattel会员奖以及美国国家精神健康委员会颁发的研究生涯奖和多项研究资助。此外，她还是《临床心理学年鉴》（*Annual Review of Clinical Psychology*）的创刊主编，该期刊目前是临床心理学领域引用率最高的期刊。

除了是一位成就斐然的教授、学者、教师和作家，苏珊还是一位富有爱心和无私奉献的母亲、妻子、女儿、姐妹、朋友和导师。无论是在工作中还是在个人生活中，苏珊都鼓舞并激励了很多人，大家都深深地怀念她。

To Michael and Richard

图 1.1 西欧精神病院病床数量的变化趋势，1978—2002

（见正文第19页）

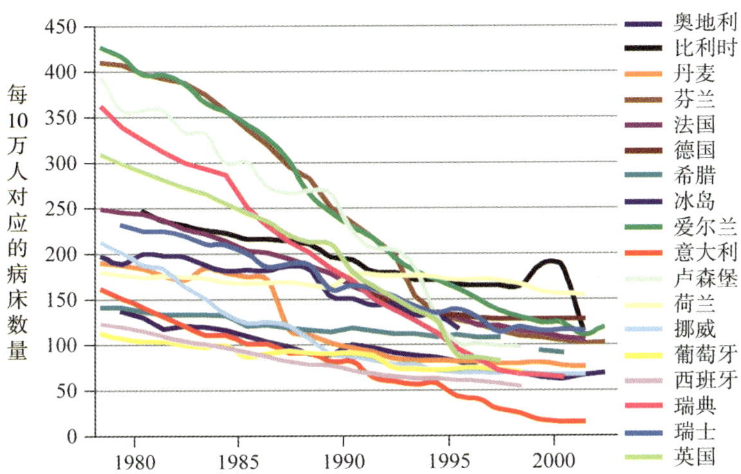

图 2.3 脑的组织

（见正文第31页）

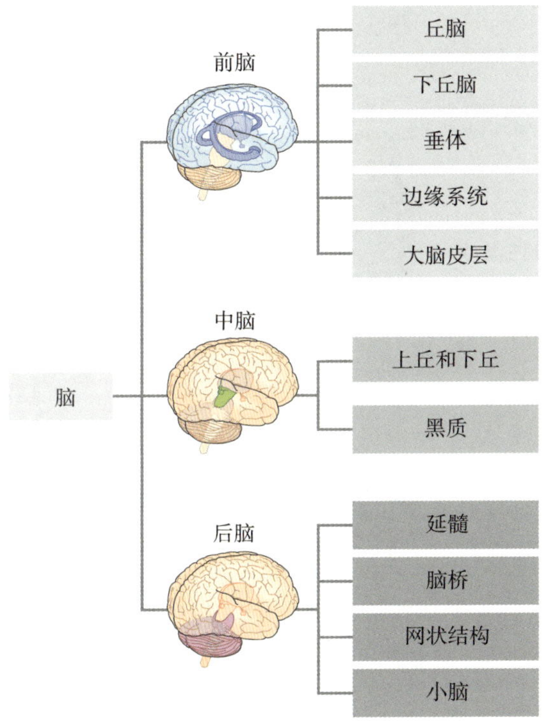

图 2.4 脑的主要结构

（见正文第31页）

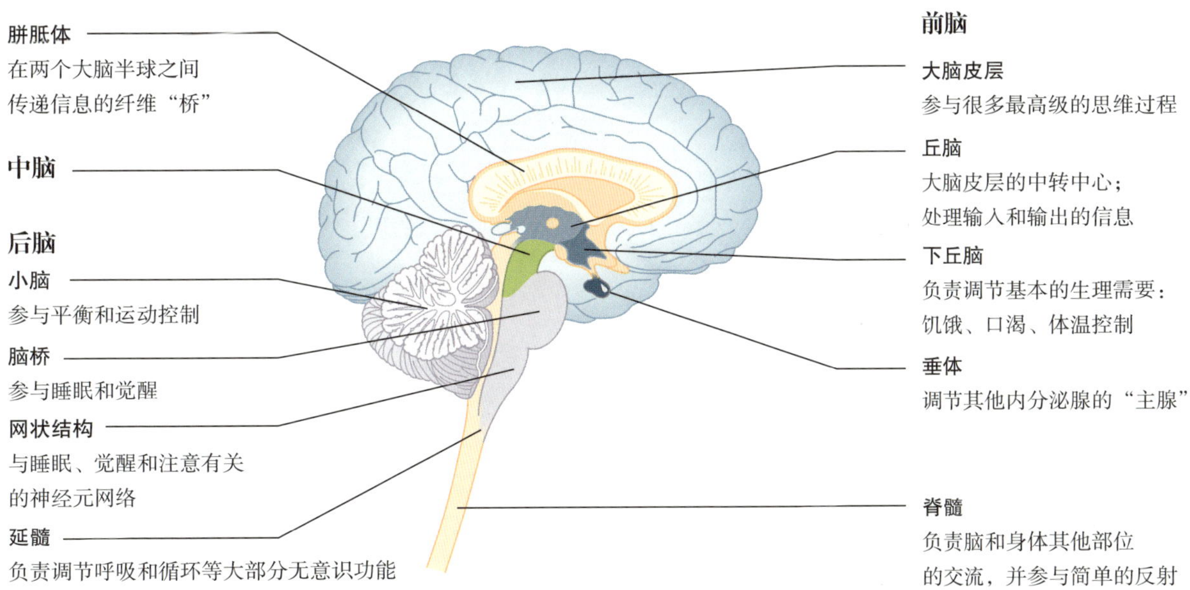

图 2.5　大脑皮层的主要分区（见正文第32页）

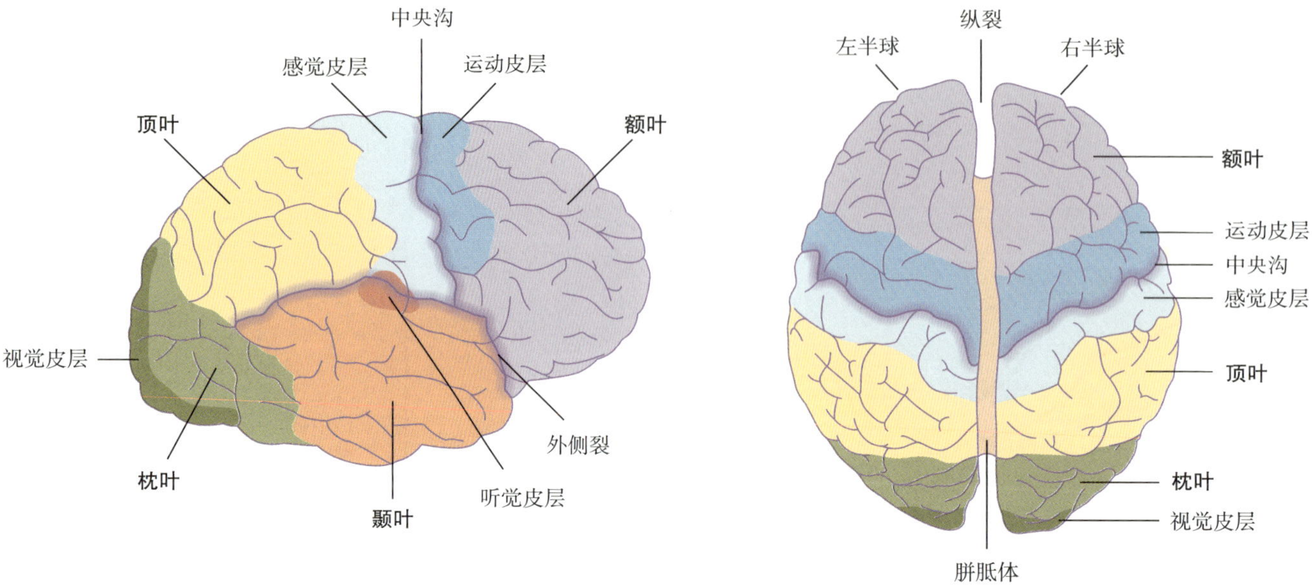

（a）侧视图　　（b）顶视图

图 2.6　边缘系统的结构

边缘系统是与下丘脑紧密相连的一组脑结构。它们可以对由下丘脑调节的一些本能行为（如进食、性行为和对压力情境的反应）施加额外的控制。（见正文第32页）

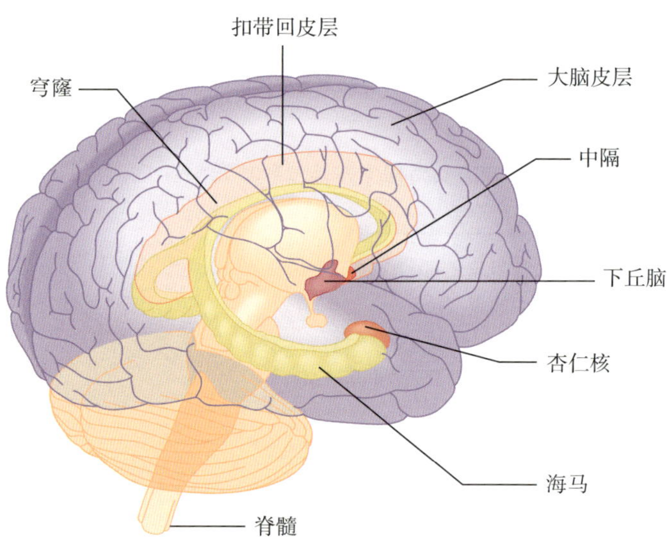

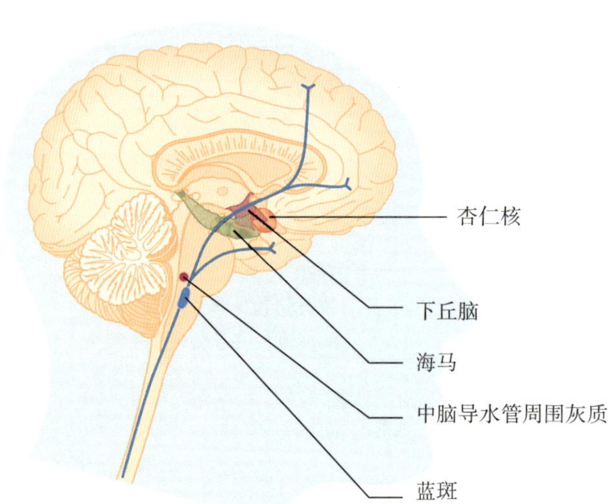

图 5.4　与惊恐障碍有关的脑区

这里所显示的边缘系统的一些区域和蓝斑可能参与了惊恐发作。（见正文第141页）

图 5.7 Stroop颜色命名任务

在这项任务中，电脑屏幕上会短暂地闪现一些词语。要求个体说出字词的字体颜色。和中性词相比，广泛性焦虑障碍患者要花更长的时间才能说出具有威胁含义的词语的颜色，可能是因为他们将注意分配给了这些词的含义。（见正文第146页）

图 5.8 强迫症的脑机制

脑的三维视图（图中覆盖在某些部位上方的大脑皮层看起来像是透明的）阐明了强迫症相关脑区——眶额叶皮层和基底神经节的位置。尾状核是基底神经节中的一个结构，它对眶额皮层产生的强烈冲动进行过滤，只有最强烈的冲动才能到达丘脑。强迫症患者的眶额皮层、尾状核或两者可能都非常活跃，以至于大量冲动到达丘脑，产生强迫观念或强迫行为。（见正文第156页）

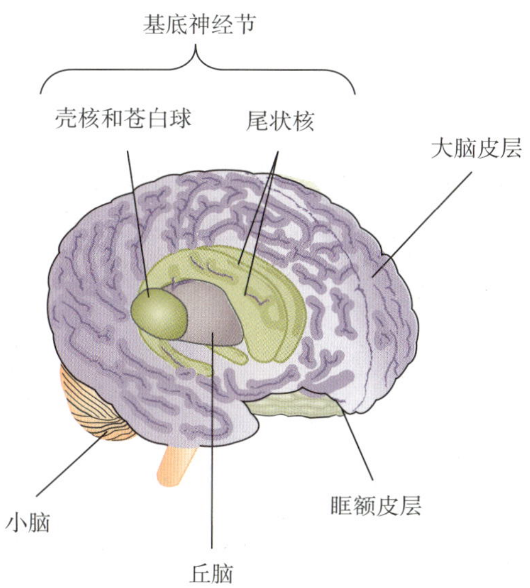

图 7.2 与抑郁症有关的脑区

神经成像研究已经发现了前额叶皮层、前扣带回、海马和杏仁核的异常。（见正文第205页）

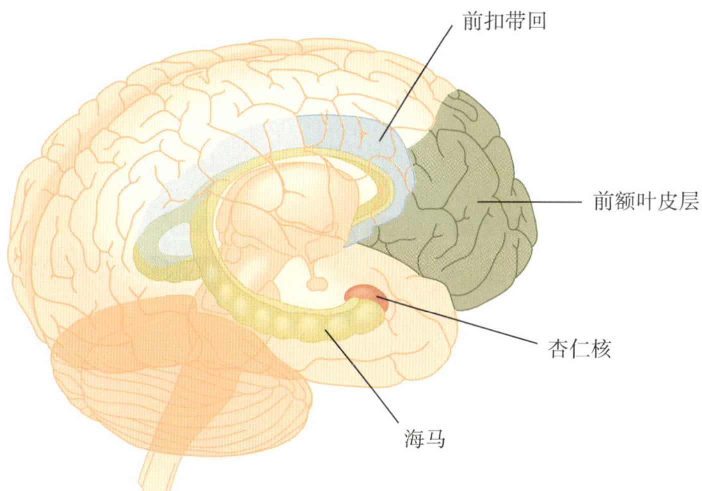

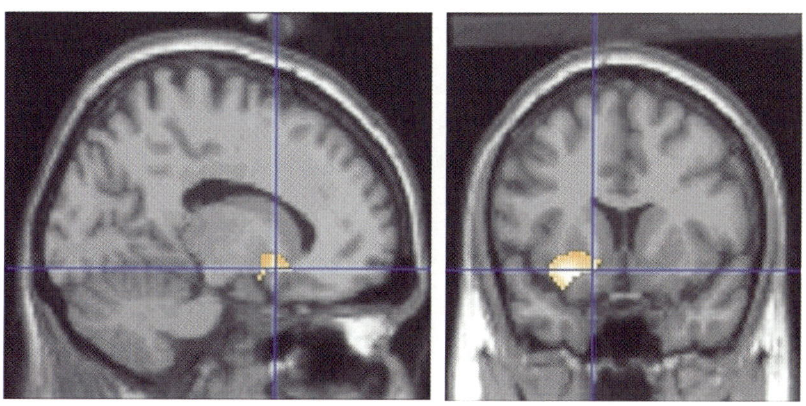

图 7.4 患有双相障碍的青少年的杏仁核激活

在评估他们对中性面孔的恐惧时，具有双相障碍的青少年比健康青少年表现出更高的杏仁核激活水平（黄色区域）。（见正文第211页）

图 7.9　自杀率地图

各国的自杀率有明显差异。这张地图显示了不同地区每10万人中的自杀率。（见正文第225页）

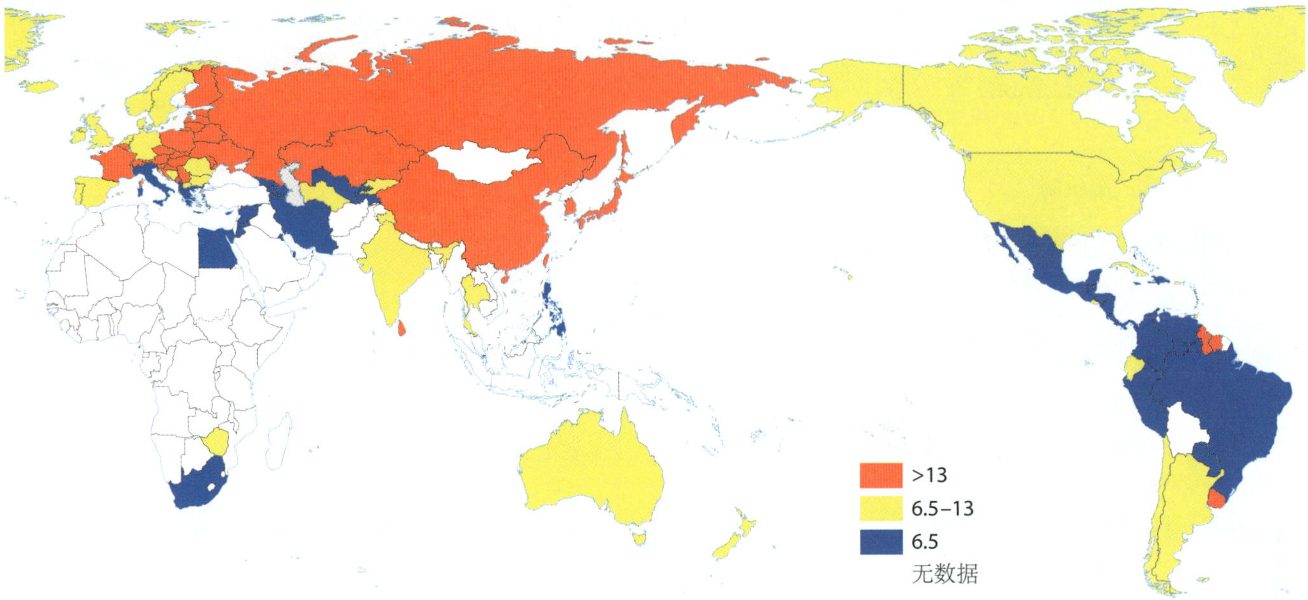

图 8.4　**精神分裂症患者的脑室扩大**

左边显示的是一名健康男性的大脑，右边显示的是他患有精神分裂症的同卵双生子的大脑。注意患有精神分裂症的双生子的脑室明显扩大（中脑的蓝色区域）。（见正文第259页）

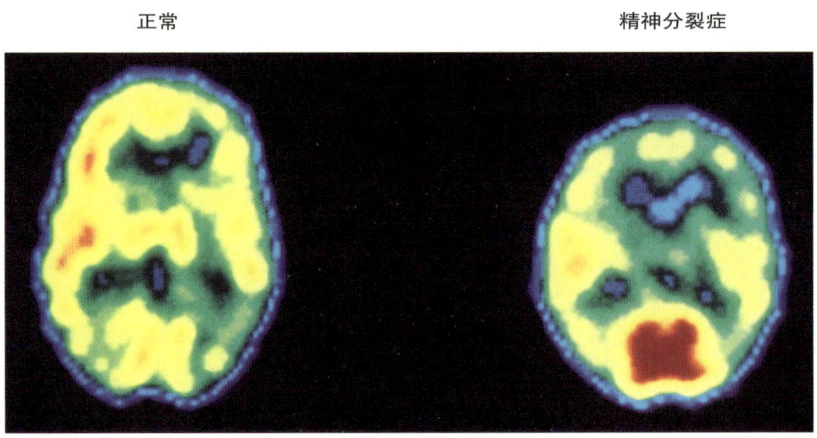

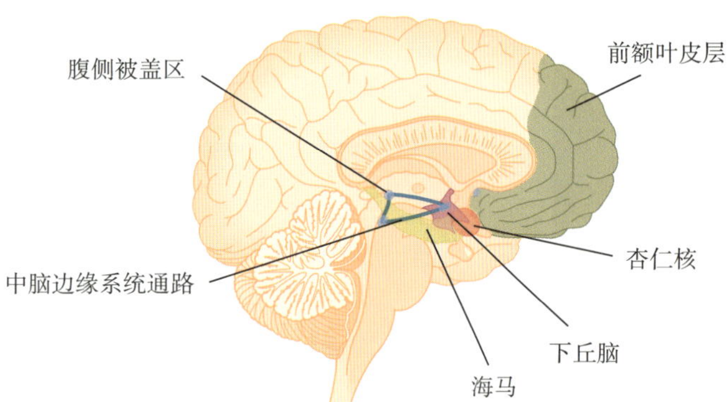

图 8.5　**精神分裂症大脑中多巴胺活动异常的脑区**

中脑边缘系统通路的多巴胺活动可能过多。该通路始于腹侧被盖区，投射到下丘脑、杏仁核和海马。不过前额叶皮层多巴胺活动也存在异常低下的情况。（见正文第261页）

内容提要

为什么人们会抑郁甚至产生自杀倾向？为什么有些人对社交感到焦虑和恐惧？我们在经历创伤后为什么难以走出阴影？为什么有些人自恋而有些人自卑？赌博和毒品为什么让人上瘾？我们或多或少都有过这样异常的体验，无论是我们自己还是家人和朋友。异常心理和行为离我们并不遥远，它们就发生在我们身边。

变态心理学（也译作异常心理学）是对各种异常心理现象和行为进行研究的心理学分支学科。苏珊·诺伦－霍克西玛是该领域的领军者，曾担任美国耶鲁大学心理学系主任，她所著的《变态心理学》(第6版）是美国高校中广泛采用的变态心理学教材。作者基于最新出版的《精神障碍诊断与统计手册》(*DSM-5*)，以代表未来发展趋势的连续谱模型为视角，结合相关个案和前沿研究，全面而深入地介绍了各种心理障碍的症状、诊断、成因和治疗手段。作者始终强调心理障碍的连续性，即正常与异常之间并不存在泾渭分明的界限，同时注重实证性和整合，关注文化和性别的作用。第6版不仅根据 *DSM-5* 进行全面修订，对章节进行重新编排，而且书中详细列出了 *DSM-5* 诊断标准以及相对于 *DSM-IV-TR* 的变化。此外还更新了300多篇参考文献，其中80%都是2010年之后的文献。

本书既是一部科学、严谨的科学著作，而其引人入胜的写作风格以及贯穿全书的非常人物、个案研究、灰色地带、批判性思考等各种专栏和图表，也会让读者对心理障碍产生更多的感性认识，进入心理障碍者的主观世界。本书既可作为高等院校变态心理学课程的教材或参考书，也可供心理咨询与治疗领域的工作者在实践中参考，同时也有助于普通读者正确地认识异常心理和行为。

（本书自2018年8月第2次印刷起因第三方版权问题对部分插图进行了处理，特此说明。）

简要目录

目 录

3 异常的评估与诊断 64

4 研究方法 90

5 创伤、焦虑、强迫及相关障碍 116

8 精神分裂症谱系及其他精神病性障碍 238

9 人格障碍 276

10 神经发育与神经认知障碍 308

16 精神健康与法律 506

前　言

表 5.3　特定恐怖症的*DSM-5*诊断标准

A. 对于特定的事物或情境（例如，飞行、高处、动物、接受注射、看见血液）产生明显的害怕或焦虑。

B. 恐惧的事物或情境几乎总是能够立即诱发害怕或焦虑。

C. 主动回避恐惧的事物或情境，或者带着强烈的害怕或焦虑去忍受。

D. 这种害怕或焦虑与特定事物或情境所引发的实际危险以及所处的社会文化环境不相称。

E. 这种害怕、焦虑或回避通常持续至少6个月。

F. 这种害怕、焦虑或回避引起有临床意义的痛苦，或导致社交、职业或其他重要功能方面的损害。

G. 这种障碍不能用其他精神障碍的症状来更好地解释，包括与下列这些情况相联系的害怕、焦虑和回避：惊恐样症状或（如广场恐怖症中的）其他功能丧失症状；（如强迫症中的）与强迫思维有关的事物或情境；（如创伤后应激障碍中的）与创伤性事件相关的提示物；（如分离焦虑障碍中的）离家或离开依恋者；（如社交焦虑障碍中的）社交情境。

标注如果是：

根据恐惧刺激源编码：

300.29（F40.218）**动物型**（例如，蜘蛛、昆虫、狗）。

300.29（F40.228）**自然环境型**（例如，高处、暴风雨、水）。

300.29（F40.23x）**血液－注射－损伤型**（例如，针头、侵入性医疗操作）。

编码备注：选择具体的ICD-10-CM编码如下：F40.230害怕血液；F40.231害怕注射和输液；F40.232害怕其他医疗服务；300.29（F40.233）害怕受伤。

300.29（F40.248）**情境型**（例如，飞机、电梯、封闭空间）。

300.29（F40.298）**其他**（例如，可能导致哽噎或呕吐的情况；儿童则可能表现为对巨响或化妆人物的恐惧）。

编码备注：当存在超过一种恐惧刺激源时，需要列出所有适合的ICD-10-CM编码（例如，害怕蛇和飞行，其编码为F40.218特定恐怖症，动物型和F40.248特定恐怖症，情境型）。

资料来源：Reprinted with permission from the *Diagnostic and Statistical Manual of Mental Disorders, Fifth Edition*, Copyright © 2013 American Psychiatric Association.

我们对心理障碍的理解正在发生革命性的变化。新出现的证据表明，很多心理障碍，例如抑郁和焦虑，只是代表了普遍经验的一种极端状态，“正常”和“异常”之间不再那么界限分明。如今，临床医生越来越多地将心理问题视为连续谱的一部分，这个连续谱的范围从健康、功能正常的行为、思维和感受，到不健康、功能失调的行为、思维和感受。此连续谱模型与过去的类别模型大相径庭。在类别模型中，某个人要么有心理障碍，要么没有。传统上，《精神障碍诊断与统计手册》（*DSM*）这样的分类诊断系统就是以类别模型为特征的。类别模型在变态心理学的研究和实践中仍然占据主导地位，但连续谱（维度）模型在*DSM-5*中具有重要地位。为了反映*DSM-5*的变化，《变态心理学》（第6版）进行了全面的更新，章节也按照*DSM-5*对障碍的最新分类重新进行了编排。另外，书中还详细列出了各个障碍诊断标准的详细变化。

在一个正常和异常之间的界限并非泾渭分明的世界中，学生在学习变态心理学时必须要有更加敏锐的眼光。这一版本讨论了每一个心理障碍在功能连续谱上所处的位置，并培养学生对这样的连续谱模型进行批判性思考的能力。本书将*DSM-5*中每一个心理障碍的诊断标准展示在表格中，例如此处的表格，描述了*DSM-5*做出的改变，并讨论为什么做出这些改变。

除了新的特点，这一版本保留了之前版本对变态行为的生物学、心理学、社会学观点的整合，并继续关注性别和文化对异常行为的影响，同时突出心理障碍个体的个人陈述。

重新编排

*DSM-5*对一些障碍进行了重新分类和组织，特别是*DSM-IV-TR*中的儿童障碍、某些焦虑障碍和人格障碍。《变态心理学》（第6版）保留了第5版的大部分编排，但对某些章节进行了重新组织以反映*DSM-5*的重要变化。具体变化包括：

- 儿童障碍：*DSM-5*将从前该类别的诊断分成了几个类别，包括神经发育障碍（智力发育障碍[之前为精神发育迟滞]和特定学习障碍、孤独症、注意缺陷/多动障碍）以及破坏性、冲动控制及品行障碍（品行障碍、对立违抗障碍、纵火癖、盗窃癖、间歇性暴怒障碍、反社会型人格障碍）；分离焦虑障碍被并入焦虑障碍中。
- 焦虑障碍：*DSM-5*将创伤后应激障碍（PTSD）和强迫症（OCD）从其他焦虑障碍中独立出来。*DSM-5*新的“强迫症”一章中包括囤积障碍、拔毛障碍和躯体变形障碍。上文提到，*DSM-5*将分离焦虑障碍从儿童障碍移到焦虑障碍中。
- 《变态心理学》（第6版）将第5版中的“创伤、焦虑、强迫及相关障碍”一章更名为“焦虑障碍”，并继续把强迫症和创伤后应激障碍包括在内；分离焦虑以及囤积障碍、拔毛障碍和躯体变形障碍现在被包括在这一章中。
- 《变态心理学》（第6版）对“人格障碍”一章进行了全面的修订，以反映*DSM-5*中的变化。

连续谱模型下的心境障碍

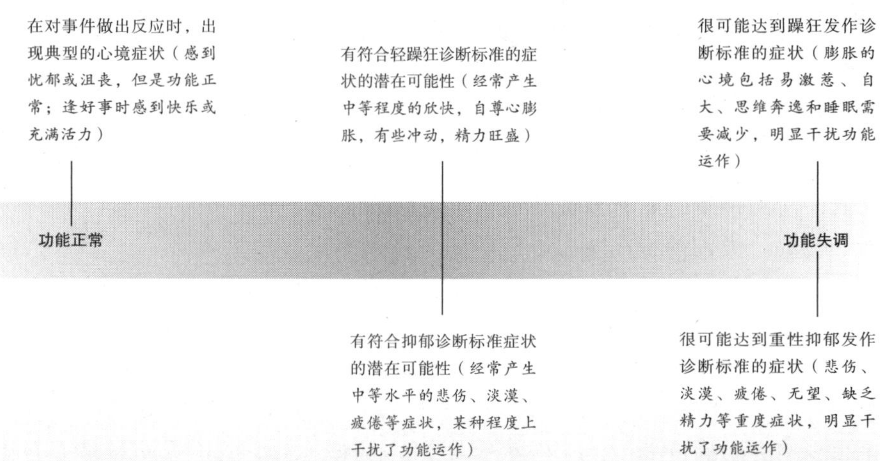

考试成绩不如预期或有个朋友生气时，你可能会说“我好郁闷”这样的话。这样的事件常常会消耗我们的精力，削弱我们的动机，动摇我们的自尊，让我们感到沮丧和忧郁，这都是抑郁的症状。

更重大的事件，如亲人死亡、婚姻破裂或失业，会引起更加严重的抑郁症状。有些人的症状可能是轻度或中度的，不影响日常功能。然而，负性事件之后出现的抑郁症状会令人衰弱，并且会持续很长一段时间。在一些案例中，重度的抑郁症状没有任何明显原因就出现了。抑郁的诊断取决于症状的严重程度和持续时间。

与抑郁症状一样，躁狂症状在严重程度和持续时间上也各有不同。当生活中某件事进行得非常顺利时，如被大学录取或跟某个特别的对象开始一段恋情，你可能会体验到一种“迫切”的兴奋感。跟抑郁一样，中度的躁狂症状通常与特定情境有关，情境消失后症状也随之减轻。然而，躁狂发作的症状超过了因为发生好事而感到快乐的程度。被诊断为躁狂症的人常常易激惹，对别人缺乏耐心。极度的自信可能导致他们去实施一些赚取财富或影响他人的宏大计划，或做出极端冒险或冲动的行为。

对研究者和临床医生来说，区分对常见或不常见事件的正常情绪反应和心境障碍具有极大的挑战性。当你因丧亲而哀伤时，这些情感可以持续多长时间而不被认为是心理障碍？在*DSM-5*的修订过程中，一个最大的争议就是如何定义与丧亲反应有关的抑郁障碍（Frances & Widiger, 2012）。一些人认为丧亲导致的抑郁症状在大部分时候都不应被诊断为心理障碍，另一些人则认为在诊断中排除与丧亲有关的抑郁，就忽视了这些抑郁症状对人们生活的负面影响和治疗的需求。

另一方面，极端自信、雄心勃勃、敢于冒险、精力充沛是在我们这个蓬勃发展的高科技社会取得成功的秘诀。其实在历史上，这些就是商业、政治、政府和艺术领域中很多领导者和创新者的特征（Jamison, 1993）。我们要如何区分创造性天才或创业精神和躁狂症呢？

第6版的变化

《变态心理学》（第6版）全面更新了近300篇新文献，其中2010年及之后的文献大约占80%。本版基于2013年5月颁布的*DSM-5*而修订，反映了该文献中所有理论和诊断上的变化。正文和图片都适当进行了更新。

关注经验的连续性

因为连续谱模型有助于学生理解心理病理学，《变态心理学》（第6版）在**“连续谱模型”**专栏中将这些模型置于前面和核心的位置。本书从第1章即引入连续谱模型，并且每一章都有图表加以说明。后面的每一章一开始都会讨论如何将连续谱模型应用于本章所探讨的障碍。例如，第7章“心境障碍”就展示了一系列经验，范围从一般的忧郁到长期的、使人衰弱的抑郁症。

每一章也包含一个名为**“灰色地带”**的新专栏，此处会展示一些模棱两可的案例研究，以说明对正常和异常做出判断的复杂性。学生要回答这个案例中的诊断是否有依据；然后，在这一章的末尾会讨论做出判断所涉及的问题，学生从而了解到*DSM*是如何看待这个案例的。

灰色地带

阅读下面的案例研究。

上个星期，雷蒙在变灯时左转，当时另一辆车加速冲过十字路口并撞上了他的车，副驾驶那边整个被撞烂了。幸运的是，雷蒙没有受伤，他的安全气囊起到了部分作用。他从车里出来，冲着撞他的那位司机吼叫，然而他看到对方失去了意识并且在流血。雷蒙马上拨打了911，救护车几分钟之内赶到。

事故发生后，雷蒙就一直做噩梦。在梦中他又一次发生了事故，只是这一次后座上有他三岁的女儿，她在事故中受伤严重。他醒来时大汗淋漓，不时还会尖叫。他不得不走进女儿的卧室，抚摸她以确信她没事。他因为失眠而疲惫，并且一直在回想那次事故，思考自己应该怎么做才能避免它，因而在工作时不能集中精神。今天他坐在办公桌前，再次在脑海中回放事故，这时候老板走过来向他提了一个问题。雷蒙听到有人叫自己名字，一下子跳了起来，以至于把咖啡打翻在桌上，洒得满桌都是。

你会将雷蒙诊断为我们在本章中讨论过的哪种障碍？（讨论见本章末尾。）

关注批判性思考

批判性思考

阅读下面阿尼卡的个案，然后根据三种不同的取向来解释造成她这些症状的原因：生物学取向，至少一种心理学取向，以及社会文化取向。（讨论见本书末尾。）

阿尼卡的母亲生她时才16岁，而且对酒精及多种违禁药物成瘾。阿尼卡出生后，她的母亲试图戒除酒瘾和毒瘾，但她的瘾太大了。因为持续的物质滥用以及对女儿的忽视和虐待，她失去了对阿尼卡的监护权。阿尼卡的母亲重回街头，阿尼卡则辗转于各个寄养家庭之间。有些家庭的人充满爱心，他们在阿尼卡闹脾气的时候尽最大努力来安抚她，而有些家庭在她发作的时候会变得粗暴。

阿尼卡的学业表现非常差。她总是开小差，几乎不做家庭作业。她发现自己无法长时间集中注意力去阅读和记住学习材料。最主要的是，阿尼卡总是因为攻击其他孩子或逃课去与别的孩子抽烟而陷入麻烦。

当阿尼卡进入青春期时，她产生了自毁倾向，有时她会用剃刀割伤自己，并有两次试图自杀。她被强制去看心理医生，她告诉他们，她是“坏的”和“有缺陷的”，她想去死。

区分正常和异常仅仅是临床心理学的众多难题之一。我们如何才能真正了解心理障碍的病因？我们如何才能将关于某种心理障碍的普遍知识应用于特定的个体？在这一版中，学生将围绕每一章末尾的**“批判性思考”**专栏中的问题，来磨炼自己对这些难题进行批判性思考的能力。有一些问题要求学生将他们学到的关于某个障碍的病因和治疗方法的知识应用到具体的案例中。另一些问题则鼓励学生设计实验或干预措施，反思他们的个人经验，或就临床心理学上有争议的话题说出他们的观点。

关注与学生的连接

关于心理障碍的知识正在快速增长，需要学生和老师花费的时间也越来越多。第6版的修订是为了解决学生真正需要知道什么问题，并就各种心理障碍的本质、病因和治疗进行彻底的、集中的讨论。为了吸引学生，很多新的例子和案例研究都描述了人们熟悉的当代名人，例如足球明星大卫·贝克汉姆。“批判性思考”专栏中的问题让学生就有争议的话题发表自己的观点——例如将饮酒年龄下调至18岁，以激发学生的兴趣。

图 8.8 精神分裂症中生物学因素与心理社会因素的相互作用

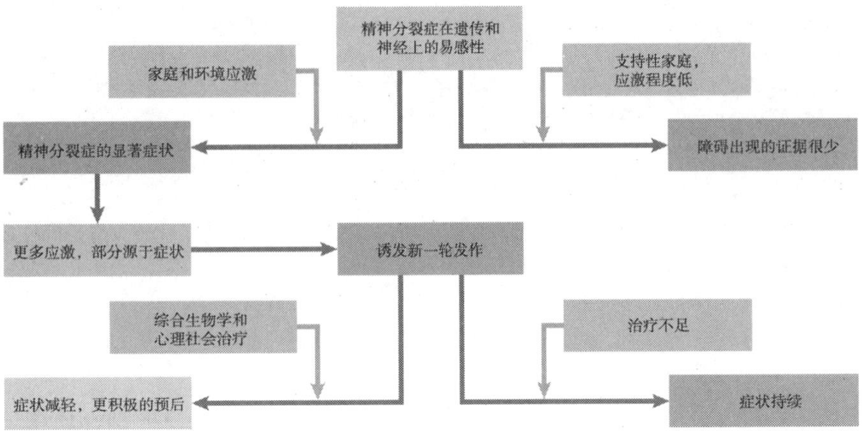

关注实证性和整合

第6版反映了变态心理学领域的最新趋势，这个领域变得更加注重实证基础和学科交叉性。每一章都以得到实证支持的理论和治疗为核心，并补充了关于各种心理障碍的研究理论和治疗的最新文献综述。如果某些理论或治疗尚未得到实证支持或经过充分的检验，正文中会加以说明。最新研究的综述在很大程度上受益于该领域声望最高的一些研究者寄来的预印本和印刷中的清样。因此，本书得以展示在该领域最杰出、最有智慧的研究者看来最重要的新成果以及该领域的前进方向。

心理病理学的生物心理社会整合模型仍是第6版的特色之一。每一章的结束部分为**“本章整合”**，其中描述了如何从整合的角度来看待本章所讨论的心理障碍，并用图表加以说明。

关注人

《变态心理学》（第6版）的内容并不限于理论或研究。它在本质上是关于人——那些遭受心理健康问题、与之抗争以及有时克服了这些问题的人们。在本书中，你从始至终都能听到他们的声音，并从中了解心理障碍者的个人体验。

每一章的开始是名为**“非常人物”**的专栏，描述了一些心理障碍者的生活。其中一些人极其成功，例如约翰·纳什（诺贝尔奖获得者）或凯·雷德菲尔德·贾米森（研究员、教授）。另一些人，例如希斯·莱杰，是学生们在媒体上熟知的。还有一些人则过着更加普通的生活，不过对于具有重度心理障碍的人来说，这本身就是一项巨大的成就。这些故事带领学生们走出诊断标准列表，进入心理障碍者的主观世界。

每一章都包含了名为**“讲述”**的专栏，其中引用了心理障碍者的自述。通过让承受心理障碍症状折磨的人描述他们的体验，这些引述使学生在主观上对各种心理障碍的症状有所认识。在这个专栏中，学生们可以更加深刻地理解心理障碍的症状及其对人们生活的影响。

非常人物

大卫·贝克汉姆，*场上场下皆完美*

足球明星大卫·贝克汉姆踢定位球时无与伦比的曲线射门能力，在电影《我爱贝克汉姆》中被塑造成不朽的经典。贝克汉姆不仅在赛场上是个完美主义者，在生活中他对于秩序和对称也有极致的追求：“我有强迫症，所有的东西都必须排列成一条直线，或者每样东西都必须是成对的”（引自 Dolan, 2006）。贝克汉姆会花费数个小时将家里的家具以某种方式摆整齐，或者将衣橱里的衣服按颜色排列整齐。他的太太维多利亚（前辣妹组合成员）说：“如果你打开我们的冰箱，每一边都是十分协调的。我们有三个冰箱——一个用来放食物，一个用来放沙拉，第三个用来放饮料。在放饮料的冰箱里，所有的东西都是对称的。如果有三罐饮料，他会扔掉一罐，因为必须是偶数才行”（引自 Frith, 2006）。

贝克汉姆的足迹遍及世界各地。他曾为世界顶级的球队效力，包括皇家马德里队、曼彻斯特联队、洛杉矶银河队和 AC 米兰队。每次新入住一个酒店房间，他都必须把每件东西整理得井然有序：“进到酒店房间，我必须把所有的散页纸和书都收到抽屉里之后，才能够放松下来。所有的一切都必须非常完美”（引自 Frith，2006）。他在曼联的队友知道他有这种强迫症，他们会故意弄乱他的衣服或者搬动他酒店房间的家具来使他抓狂。

关注文化和性别

从第1版起，《变态心理学》就一直在探索文化和性别在心理障碍中的作用，它们影响人们对某种心理障碍的易感性、心理障碍的表现或对治疗的反应。第6版包括对文化和性别的实证研究的最新讨论，并突出了有争议的部分，例如文化对人格障碍诊断的影响（第9章）。

致谢

我们非常感谢哈佛医学院的Anthony Giuliano对这一版做出的巨大贡献。许多教师在这本书的开发过程中起到了重要作用。他们作为评审者的投入和想法在这个过程中是极为宝贵的。谢谢你们：

Sandra K. Amtz,
Waubonsee Community College
Holly Chalk,
McDaniel College
Kimberly Dasch-Yee,
Holy Family University
Donald Evans,
Simpson College
Dara G. Friedman-Wheeler,
Goucher College
Mary Haskett,
North Carolina State University—Raleigh
Kathryn Kelly,
Northwestern State University
Barbara Kennedy,
Brevard Community College
Marvin Lee,
Tennessee State University
Howard Markowitz,
Hawaii Pacific University—Honolulu
Sarah Nolan,
University of Florida
Jubemi O. Ogisi,
Brescia University
Keisha Paxton,
California State University—Dominguez
Daniel Philip,
University of North Florida
Jean Raniseski,
University of Houston—Houston
Judith Rauenzahn,
Kutztown University
Elizabeth E. Seebach,
Saint Mary's University of Minnesota
Wayne Stein,
Brevard Community College

第1章

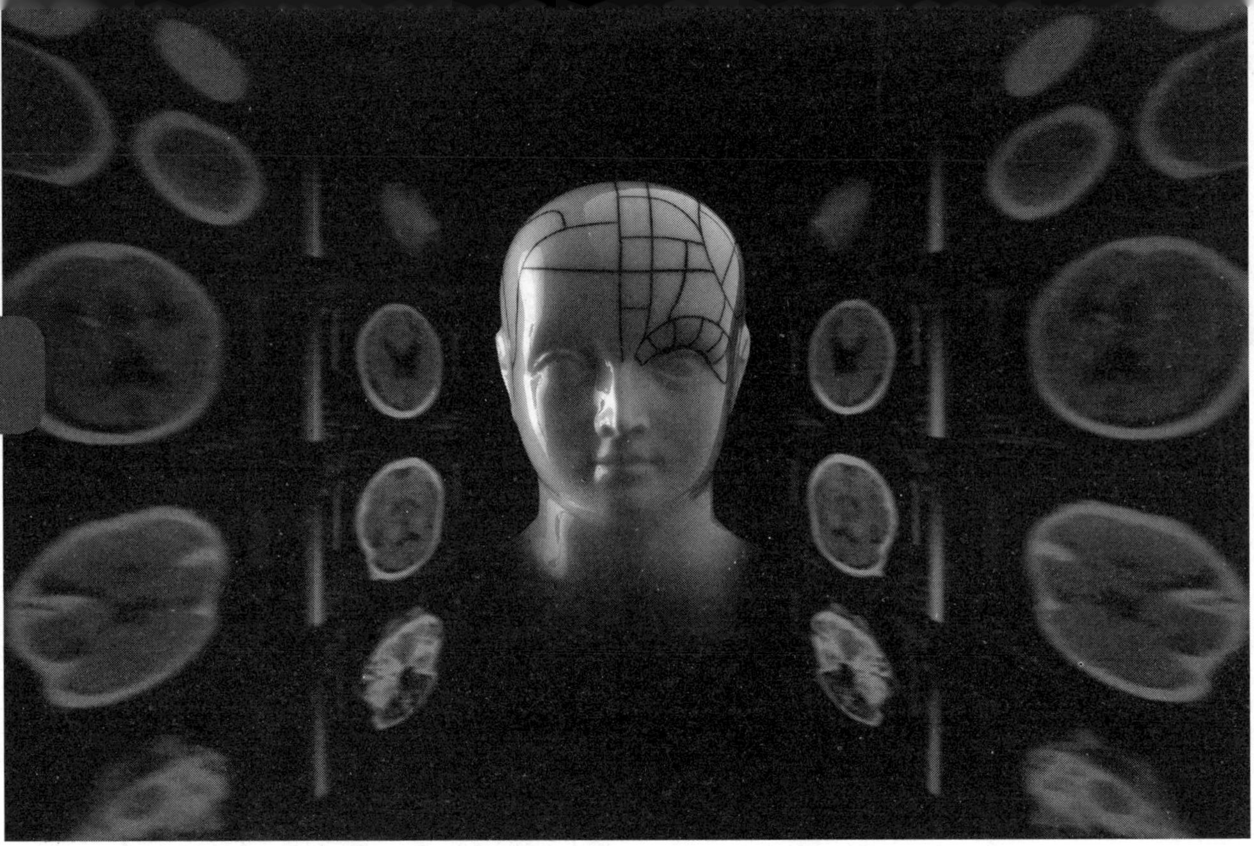

异常心理和行为一瞥

本章提纲

连续谱模型下的异常

非常人物

定义变态或异常

灰色地带

异常的历史回顾

现代观点的出现

现代心理健康保健

本章整合

灰色地带讨论

批判性思考

本章小结

关键术语

连续谱模型下的异常

行为、思维和感受如下：

- 在某一特定社会环境中是典型的
- 没有给个体造成痛苦
- 对个体的社会生活、工作或学业没有干扰
- 不具危险性

（例：自信、快乐的大学生在学校充分发挥自己的能力，并有好朋友）

社会公认的正常和异常区分标准

行为、思维和感受符合下列一项或多项：

- 在某一特定社会环境中极其反常
- 是个体重大痛苦的来源
- 严重干扰社会或职业功能
- 对个体或他人极其危险

（例：对未来感到绝望、自我厌恶、长期滥用药物、课业失败以及与所有朋友疏远的大学生）

正　常　　　　　　　　　　　　**异　常**

行为、思维和感受符合下列一项或多项：

- 在某一特定社会环境中不太常见，反常
- 给个体造成痛苦
- 干扰社会或职业功能
- 具有危险性

（例：缺乏信心、自我批评的大学生，有时滥用处方药，某些课程不及格，回避不赞成他们滥用药物的朋友）

作为人类，我们拥有思维、感受和行为。大多数时候，我们的思维、感受和行为帮助我们在日常生活中发挥功能，实现我们心中的重要目标或价值。但有时，我们都会有一些令我们沮丧的想法，体验到一些宁可没有的感受，做出自我挫败或有害他人的行为。我们会发现自己在某些情境中无法像他人一样思维、感受或行为——例如，我们无法告别一段失败的关系。我们会对某些情境感到伤心难过，而其他人却无动于衷，如考试只拿到平均成绩。我们的思维、感受或行为会干扰我们的日常生活功能，如我们在被抢劫后不敢独自走路。或者我们的行为方式给自己或他人带来危险，如酒醉驾车。

如上图所示，思维、感受或行为问题从正常到异常之间的范围内变化。我们可能会认为，正常的思维、情绪和行为与被界定为“异常”的思维、情绪和行为之间有着清晰的分界线。一旦某个人的行为或感受跨越了这条线，我们就可以说这个人出了问题或者他有心理障碍。正如我们在本章和全书中将要论述的那样，越来越多的证据表明，对于目前所有已公认的精神健康问题来说，这条界线可能并不存在。我们决定这条界线在哪里，以保证异常的程度足以做出必要的诊断或治疗。你会看到，这个**异常的连续谱模型**（continuum model of abnormality，也译作异常的连续体模型）适用于本书讨论的所有心理障碍。在本章，我们将讨论影响思维、情绪和行为被界定为“异常”的一些因素。

非常人物

我的病从 15 岁至 17 岁慢慢开始。那段日子里现实生活离我远去，我开始在一种恍惚中度日，那种恍惚预示着幻觉世界的来临。我开始产生幻视，人们的形象变幻无常，对我来说这种变化代表了他们的道德价值。比如说，一位好朋友的母亲老是变成巫婆，而我相信这表明了她邪恶的本性。再举个例子说明我当时的另一种幻视，那是我们全家在犹他州旅行期间发生的：公路一边的悬崖看起来像人，在我眼中她们是邋遢的、哭泣的女人。当时我不知道如何去理解那些变化。一方面我以为那是上帝恩赐的礼物，但另一方面我担心自己出了严重的问题。

资料来源：Anonymous, 1992, "First person account: Portrait of a schizophrenic. " Schizophrenia Bulletin, 18, pp. 333-334

变态心理学（abnormal psychology，也译作异常心理学）这门学科专门对像非常人物专栏中的年轻女性这样的人进行研究，常常还称之为**心理病理学**（psychopathology），这些人不仅遭受精神和情感上的煎熬，而且时常伴有肉体上的痛苦。有时，有心理障碍的人会经历一些不同寻常的事情，就像这位年轻女性所描述的那样。然而，有时有心理障碍的人所经历的事情是我们很多人都熟悉的，只是更加极端而已，就像凯•雷德菲尔德•贾米森（Jamison, 1995, p. 110）在《不平静的心》（*An Unquiet Mind*）中所描述的。

讲述

从早上起床到晚上睡觉我都非常难受，好像永远也不会有任何的快乐和激情。所有一切——每一个想法、每一句话、每一个动作——都需要付出努力。曾经生机勃勃的东西，现在都变得索然无味。我感到自己呆滞无趣、令人厌烦、头脑昏沉、无精打采、反应迟钝、扫兴、冷血和邋遢。我怀疑自己完全没有能力做好任何事情。我的智力好像下降到了几乎毫无用处的地步。这个灰色世界令人沮丧、错综复杂且一片混沌，加之我人格上的不足和缺陷，更使我无所适从，完全令人绝望的无助感让我备受折磨。

资料来源：www.randomhouse.com. For on-line information about other Random House, InC. books and authors, see the internet web site at http://www.randomhouse.com

本书中，我们通过探究有令人烦恼的心理症状人们的生活，从而来了解他们的思维、感受和行为，考察各种心理症状已知的诱因和治疗手段。本书的目的不仅是给你提供信息、数据和事实、理论和研究，同时也帮助你理解有这些心理症状的人的经历。好消息是，感谢过去几十年的研究，我们在书中讨论的很多心理健康问题都有了有效的生物学和心理学治疗方法。

定义变态或异常

在大众和流行文化中，很多英语单词或词组可以用来形容那些看起来异常的人和行为，譬如：around the bend（精神错乱），bananas（发狂），barmy（疯癫），batty（古怪），berserk（发狂），bonkers（发疯），cracked（疯狂），crazy（疯狂），cuckoo（傻傻的），daft（愚蠢），delirious（亢奋），demented（发狂），deranged（精神错乱的），dingy（邋遢），erratic（古怪），flaky（古怪），flipped out（发疯），freaked out（崩溃），fruity（疯癫），insane（精神错乱），kooky（古怪），lunatic（精神错乱），mad（疯狂），mad as a March hare（像春兔一样疯狂），mad as a hatter（发疯），maniacal（癫狂），mental（发疯），moonstruck（发痴），nuts（狂热），nutty（疯癫），nutty as a fruitcake（神经兮兮），of unsound mind（精神失常），out of one' s mind（发疯），out of one' s tree（发疯），out to lunch（神志不清），potty（癫狂），psycho（精神病人），screw loose（精神有点问题），screwball（怪癖的），screwy（古怪），silly（愚蠢），touched（神经兮兮），unbalanced（精神失常），unglued（崩溃），unhinged（精神错乱），unzipped（精神错乱的），wacky（古怪）。人们交谈时好像对什么是异常行为有一种直觉的判断。我们接下来探讨定义变态或异常的一些方式。

精神疾病

一种普遍的观念认为，行为、思维或感受如果属于某种*精神疾病*（mental illness）的症状，就可以被视为“病态的”或“异常的”。这意味着存在一个类似高血压或糖尿病的疾病检测过程。例如，当很多人都说某个人“得了精神分裂症”时，他们是指该疾病应该通过某些生物学检测可以显现出来，就像高血压通过测量血压可以显现出来一样。

然而，迄今为止还没有任何生物学检测能够诊断本书中谈到的任何一种异常类型（Hyman, 2010）。这不仅仅是因为我们还没有恰当的生物学检测方法。精神障碍的现代概念认为它们不是单一的疾病，患某种障碍的所有人都具有共同的病理状态。精神健康专家将精神障碍视为思维或认知、情绪反应或调节以及社会行为中出现的问题的集合（Hyman, 2010; Insel et al., 2010; Sanislow et al., 2011）。例如，被诊断为精神分裂症的患者在理性思考和日常生活中的情绪和行为反应上具有一组问题，正是这组问题集合使我们将之标定为精神分裂症。生物因素仍然可能与思维、感受和行为问题有关，而在精神分裂症这个例子中的可能性更大。但不可能是单一的疾病过程导致了我们称为精神分裂症的症状。

文化规范

考虑下列这些行为：

1. 一个男人用钉子刺穿自己的手掌
2. 一个女人绝食数日
3. 一个男人学狗叫，在地上爬行
4. 一个女人把亡夫的神龛设在自己起居室的一角，并把食物和礼品放在祭台上

在墨西哥，一些基督徒在复活节时把自己钉在十字架上以纪念耶稣的复活。

你认为上述行为正常吗？你的回答可能是“那要视情况而定”。某些情况下，有些行为是可以接受的。例如，很多欧洲文化中，男士之间常用亲吻的方式打招呼。一段时间不吃东西或禁食，这在很多宗教习俗中都是常见的净化和忏悔的仪式。你可能会认为上述某些行为在任何情况下都是不正常的，例如用钉子刺穿自己的手掌或学狗叫。然而，即便是这样的行为，在特定的场合同样是可接受的。在墨西哥，一些基督徒在复活节时把自己钉在十字架上以纪念耶稣的复活。非洲约鲁巴的传统疗法术士在医治仪式中学狗的样子，一边吠叫一边在地上爬行（Murphy, 1976）。神道教和佛教的传统习俗包括给死去的亲人修建祭台、供奉食物和礼品，以及对他们讲话，好像他们在屋子里一样（Stroebe, Gergen, Gergen, & Stroebe, 1992）。因此，某一行为所发生的环境或情境，影响着该行为是否被视为异常。

文化规范在异常的定义中起着重要的作用。丧亲习俗是文化影响异常定义的一个好例子。在神道教和佛教占主导地位的文化中，为死去的亲人修建祭台以示尊敬是一种习俗，摆上食物和礼品，与他们说话就好像他们在房间里（Stroebe, Gergen, Gergen, & Stroebe, 1992）。在基督教和犹太教占主导地位的文化中，这样的做法可能会被认为是极为异常的。

什么行为对男人或女人而言是可以接受的，对此有着强大的文化规范，这些性别角色期望也会影响行为正常或异常的界定（Addis, 2008）。在很多文化中，男人若流露出忧伤或焦虑，或选择在家带孩子而让妻子外出工作，则面临着被判定为变态者的危险。女人如果过分争强好胜，不想生育孩子，也会面临同样的危险。

文化相对论（cultural relativism）则认为，没有普适的标准或原则可以用来界定异常行为；相反，异常行为只能相对于文化标准而存在（Snowden & Yamada, 2005）。因此，文化相对论者认为不同的文化对异常有不同的定义。这一观点的优势在于它尊重不同文化的规范和传统，而不是把一个文化判断异常的标准强加给其他文化。而文化相对论的反对者则认为，允许文化规范来界定什么是正常或异常，这会带来危险。精神病学家托马斯·萨斯（Szasz, 1971）特别指出：纵观历史，人类社会曾为了能够名正言顺地控制和压榨个人或群体而给他们贴上变态的标签。希特勒曾将犹太人界定为变态，并以此作为大屠杀的理由。前苏联曾给不同政见者贴上精神疾病的标签，并将他们拘禁在精神病院里。在美国奴隶贸易猖獗的时期，企图从主人那里逃走的奴隶可能被诊断为患有一种让他们渴望自由的精神疾病。而这种疾病的治疗方式就是鞭打和苦力（Cartwright, 1851, 引自 Szasz, 1971）。

如今大多数心理健康专家认识到仅以文化标准为基础来定义异常的危险性，因而他们不再采用极端的相对主义观点来看待异常。然而，即使那些反对极端文化相对主义观点的人也承认，文化和性别对异常行为的表达和治疗方式有着某些影响。首先，文化和性别影响人们表达症状的方式，与现实脱节的人常常相信自己具有神力，至于他们认为自己是耶稣基督还是释迦牟尼则取决于其宗教信仰。

第二，文化和性别影响人们承认特定行为类型的意愿（Snowden & Yamada, 2005）。爱斯基摩和塔希提文化规范强烈反对表达愤怒，因此这些文化中的人不愿意承认愤怒的情感。然而，新几内亚的卡鲁利人和巴西的雅拉马墨人非常重视表达愤怒，并且具有精细复杂的愤怒表达仪式（Jenkins, Kleinman & Good, 1991）。

奴隶贸易猖獗的时期，企图逃跑的奴隶有时被视为患了心理疾病，并被予以鞭打“治疗”。

第三，文化和性别还影响哪些治疗类型会被认为对适应不良行为是可接受或有帮助的。一些文化可能认为药物治疗是最适宜的心理疾病治疗方式，而其他文化可能更愿意接受心理治疗（Snowden & Yamada, 2005）。在本书中，我们会探索文化和性别因素对适应不良行为的此类影响。

异常的“4D”

如果我们不想只基于文化规范来定义异常，也不能将异常定义为出现某种精神疾病，因为大多数心理问题都没有单一的、可识别的疾病过程，那么我们怎么来定义异常呢？现代对异常的判断受到四个维度相互作用的影响，这四个维度常被称为“4D”：功能失调、痛苦、反常和危险。如果行为、想法和感受干扰了个体维持日常生活、保持一份工作或建立亲密关系的能力，这样的行为、想法和感受就属于*功能失调*（dysfunction）。行为和感受功能失调的程度越高，就越可能被精神健康专业人士判断为异常。例如，抱有脱离现实的想法（如相信你是撒旦而应该受到惩罚）使得日常生活功能无法正常运作，因此被认为是功能失调的。

给个体自身或其周围的人造成*痛苦*（distress）的行为和感受也可能会被认为是异常的。本书讨论的很多问题都给个体带来极大的情感痛苦甚至是生理痛苦；而其他情况下，被诊断为某种障碍的人不仅自己痛苦，也给他人带来痛苦，例如长期撒谎、偷窃或暴力。

极其*反常*（deviance）的行为，如在身边没有人时听到说话的声音，也可被判断为异常。当然，文化规范影响对反常的界定。最后，一些行为和感受对个体有潜在危害（如自杀倾向），或对其他人有潜在危害（如过度的攻击）。这些*危险*（dangerous）的行为和感受也被认为是异常的。

这“4D”共同组成了精神健康专家对异常或*适应不良*行为和感受的定义。基于这些标准，本章开头的非常人物专栏中所描述的那位女性的经历以及杰米森所描述的感受，可以被界定为异常，因为这些症状干扰了这些人的日常功能运作，引起了他们的痛苦，极其反常或少见，并且对他们具有潜在的危险。

然而，我们还是要做主观判断。个体必须承受多大的情感痛苦或伤害？行为应该在多大程度上干扰日常功能运作？我们回到连续性模型，承认“4D”中的每一个都具有各自的连续性。个体行为和感受在功能失调、痛苦、反常或危险的程度上都可轻可重。因此，正常和异常之间并没有清晰的界线。

灰色地带

思考一下，这里描述的两个学生是否表现出了异常行为。

詹妮弗身高 5 英尺 6 英寸（约 1.67 米），在 18 岁生日到 19 岁生日的一年里，她的体重从 125 磅掉到了 105 磅。这一切都始于她得了一次持续时间较长的流行性感冒，期间她掉了 10 磅体重。朋友们都恭维她变瘦了，因此詹妮弗决定继续减肥。她将每天的食物摄入量减少了大约 1200 卡路里，尽量少吃碳水化合物，并开始每天跑几英里。有时她感到非常饥饿，很难集中精力学习，但是她太看重自己纤瘦的新形象，害怕再次发胖。她甚至还想再减掉几磅体重，这样她就能穿 2 号衣服了。

马克是所谓“酒鬼”的那种人。尽管只有 18 岁，但他很容易搞到酒，大多数晚上他要喝至少 5 到 6 瓶啤酒。尽管喝了这么多酒，但他很少有喝醉的感觉，因此他可能还会小酌几杯烈酒，尤其是周六晚上在外面聚会的时候。他被抓过几次，并因未成年饮酒而接到过传票，但是他自豪地将它们作为荣誉奖章挂在宿舍墙上。马克的学习成绩没有达到他应有的水平，但是他觉得课堂很无聊，而且学习对他来说很困难。

詹妮弗和马克的行为属于异常吗？
你如何评价各自在功能失调、痛苦、反常和危险上的程度？（讨论见本章末尾）

异常的历史回顾

历史上，关于心理障碍的成因有三大相互竞争的理论。**生物学理论**（biological theories）认为心理障碍类似于生理疾病，都是身体系统出现故障造成的。恰当的治疗手段就是恢复身体健康。**超自然理论**（supernatural theories）认为，心理障碍是神的干预、诅咒、魔鬼附体和个人罪孽的结果。为了让个体摆脱他所感知到的痛苦，需要使用宗教仪式、咒语、忏悔和赎罪等方法。**心理学理论**（psychological theories）认为心理障碍是创伤造成的，例如丧失亲人或长期的压力。根据这些理论，休息、放松、改变环境以及某些草药有时是有用的。这三种理论影响着行为异常者的社会形象。例如，因为犯罪而被认为异常的人，相对于因为患病而被认为异常的人，人们看待两者的方式是不同的。

古代理论

关于史前人类对异常行为的概念，我们的理解来源于对考古发现的推断，遗骨残片、工具、艺术品等等。自从书面文字发明以来，人类就一直在记录异常行为，这表明人类向来认为异常是一类需要特殊解释的事物。

驱除邪魔

历史学家推测，史前人类已经具有精神错乱的概念，这个概念很可能来源于超自然信仰（Selling, 1940）。一个行为古怪的人会被怀疑是魔鬼附身。根据超自然信仰，治疗变态的典型手段是驱邪，将邪魔从病人身体中驱赶出去。巫师或治病术士力图用咒语或诵经劝说邪魔离开人的躯体，或者采用极端手段使其无法在人的躯体内生存，例如饥饿或鞭打。在其他一些时期，被认为魔鬼附身的人可能会被直接处死。

一种治疗变态的方式从石器时期一直持续到中世纪，人们会在行为怪异者的颅骨上凿孔让魔鬼离开（Feldman & Goodrich, 2001）。考古学家发掘出了距今 50 万年的石器时代的颅骨，颅骨的某些部位被钻穿或挖掉了。用于凿孔的工具叫作环钻，这种手术因此被称为**环钻术**（trephination，也译作头盖骨钻洞术）。有些历史学家认为，这种脑部手术被用于治疗产生幻视或幻听以及长期悲伤的人（Feldman & Goodrich, 2001）。我们推测，如果经过手术的人能活下来，邪魔就被驱逐了，其怪异行为也会减少。然而，我们无法确认颅骨穿孔就是用于驱除邪魔的。其他历史学家则认为，环钻术主要用于清除战争期间石头武器造成的血凝块以及其他医疗目的（Maher & Maher, 1985）。

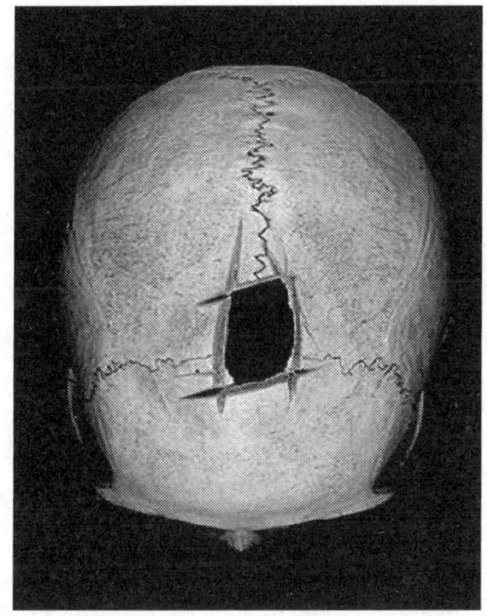

有些学者认为远古颅骨上发现的孔洞是颅骨穿孔遗留下来的，环钻术是对行为怪异者实施的原始脑部手术。

古代中国：阴阳平衡

关于异常的最早文字记载出自古代中医典籍（Tseng, 1973）。黄帝是中国传说中的第三个皇帝，他在公元前 2674 年左右撰写了《内经》（内科学经典）。

中医的基础是阴和阳的概念，人体据说包含正的力量（阳）和负的力量（阴），彼此对抗并相互依存。如果两种力量处于平衡状态，人体就是健康的。如果两种力量不平衡，就会导致疾病，包括精神错乱。例如，狂症被认为是阳盛造成的：

> 狂症患者初期症状为情绪低落，饮食和睡眠减少；继而变得狂妄，觉得自己聪明高尚，整日喋喋不休、唱个不停、行为怪异，看见奇怪事物，听见奇怪声音，相信自己能看到魔鬼或神灵等。对这类症状的治疗手段是禁食，因为食物被认为是阳的力量来源，而病人需要降低这种力量。（Tseng, 1973, p. 570）

关于精神障碍的最早文字记载出自古代中国的文献。图中是一位大夫正在给病人诊脉。

古代中医哲学的另一种理论认为，人的情绪受其内脏的控制。当“精气”生于或滞于某脏腑时，人就会体验特定的情绪。例如，当气生于心脏时，人就感到高兴；滞于肺脏时，人就感到悲伤；生于肝脏时，人就感到愤怒；滞于脾脏时，人就感到忧虑；滞于肾脏时，人就感到恐惧。该理论鼓励人们生活要和谐、有条理，这样精气才能畅通。

尽管以《内经》为代表的古代文献对心理症状的看法主要属于生物学观点，然而，秦朝和唐朝时期（公元 420—618 年）兴起的道教和佛教对异常行为形成了一些具有宗教色彩的理解。邪风入体和鬼魂附体会让人着魔，并使人产生怪异的情绪和无法控制的行为。但是，关于变态的宗教理论在唐朝后逐渐衰落了（Tseng, 1973）。

古埃及、希腊和罗马的主流理论：生物学理论

古埃及和美索不达米亚的纸莎草文稿也有关于异常行为的记载（Veith, 1965）。其中最古老的是以发掘地命名的卡阇纸莎草文稿，其历史可追溯至公元前 1900 年。该文稿记载了很多心理障碍，每个都附有医生对病因的诊断以及恰当的治疗手段。

其中的几种障碍明显地造成人们不可解释的疼痛、悲伤和对生活的冷漠。例如，“一位恋床的女人，她不起床，也不摇晃床”（Veith, 1965, p. 3）。据说只有女人患此类疾病，病因是“游走的子宫”。显然，古埃及人相信女人的子宫可以移动并在体内四处游动，从而干扰其他器官并导致了这些症状。后来，对女性持有相同解剖学观点的古希腊人将其定名为“癔病”（源于希腊词 *hystera*，意为子宫）。如今，该术语用于指代那些可能是由于心理过程造成的生理症状。在古埃及纸莎草文稿中，治疗的手段包括采用具有强烈气味的药物迫使子宫归位。

从荷马开始，希腊人经常记载被认为是疯子的人（Wallace & Gach, 2008）。希波克拉底医生（公元前 460—前 377 年）描述了一个常见的恐怖症病例：患者在悬崖边行走、过桥甚至在跃过一条浅水沟的时候，都会觉得四肢不受控制且视力受损。

大部分希腊人和罗马人认为疯狂是神所给予的痛苦。遭受痛苦的人会去供奉埃斯科拉庇俄斯神的寺庙静修，牧师会在那里举行治疗仪式。苏格拉底（公元前 469—前 399 年）和柏拉图（公元前 429—前 347 年）认为某些形式的疯狂是神圣的，它们是伟大的文学和预言天赋的源泉。

然而，古希腊医生多半不接受对异常行为的超自然解释（Wallace & Gach, 2008）。被誉为医学之父的希波克拉底认为异常行为类似于其他躯体疾病。他认为人体由四种基本体液组成：血液、黏液、黄胆汁和黑胆汁，所有疾病包括异常行为都是由于人体基本体液的失衡造成的。根据对大量病人的仔细观察，包括倾听病人对梦境的叙述，希波克拉底将异常行为分为癫痫、躁狂症、忧郁症和痴呆。

古希腊医生采用的治疗手段是力图恢复体液的平衡。有时也采用强制性的生理治疗手段，例如，治疗血液过剩引起的心理障碍的常见手段是给患者放血。其他治疗手段包括休息、放松、改变气候或风景、改变饮食和生活节制。这些医生采用的有些非药物治疗手段和现代心理治疗师所使用的极为相似。例如，希波克拉底相信让病人离开难于相处的家庭有助于恢复心理健康。柏拉图认为当人们的理智被冲动、激情或欲望所征服时，疯狂就会产生。以恢复对情感的理性控制为目标而与患者进行交谈，可以让患者重获理智（Maher & Maher, 1985）。

在希波克拉底和柏拉图的时代，希腊人鼓励精神病患者的亲属将患者关在家里。城邦对患者不承担任何责任，除了宗教场所以外，没有救济院或公共机构收容他们。然而，城邦却可以剥夺被宣布为精神病患者的权利。患者的亲戚可以对其提起诉讼，城邦会将患者的财产奖赏给他们。被判定为精神病的人不能结婚，不能占有或处置自己的财产。贫穷的患者，只要没有暴力倾向便任其流落街头；如果有暴力倾向，便会被锁起来。民众对各种形式的疯症患者都感到恐惧，往往退避三舍，或用石头袭击他们（Maher & Maher, 1985）。

中世纪的观点

中世纪（约公元 400—1400 年）常常被描述成一个思想落后且对超自然力量迷恋占据主导地位的时代，然而，即便在欧洲，异常行为的超自然理论也是到 11 世纪至 15 世纪之间的中世纪晚期才成为主流的（Neugebauer, 1979）。11 世纪之前，人们虽然接受巫师和巫术存在的现实，但认为那只是迷信者所热衷的令人讨厌的事物。沉重的情感打击和身体疾病或伤害常常被视为怪异行为的诱因。例如，英国法庭记录中将精神健康问题归咎于诸如“头部遭受到打击”等因素，有些解释说症状是“对父亲的恐惧引起的”，或“他失去理智是因为长期无法治愈的疾患”（Neugebauer, 1979, p. 481）。外行或许相信心理障碍是由邪魔和诅咒造成的，但有力的证据表明，医生和政府官员认为异常行为是由生理因素或创伤引起的。

巫术

11 世纪初，教会的权力受到了封建制度垮台以及叛乱的威胁。教会选择用异端和崇拜恶魔等说法来解释此类威胁。建立宗教法庭的初衷是要除掉异教徒，但后来从事巫术或恶魔崇拜的人也成了被搜捕的主要对象。搜捕女巫在宗教改革之后还持续了相当长一段时间，并在 15—17 世纪的文艺复兴时期达到顶峰（Mora, 2008）。

有些精神病史学家认为，被指控从事巫术活动的人肯定是精神病患者（Veith, 1965; Zilboorg & Henry, 1941）。有时，被指控的巫师承认自己与魔鬼对话、骑在动物背上飞行以及从事其他异常行为。这样的人或许经历了妄想（错误的信念）或幻觉（不真实的认知体验），这些都是某些心理障碍的信号。然而，很多人可能是屈打成招，或者用招供来交换暂缓处刑（Spanos, 1978）。

1563 年，约翰 • 韦耶（Johann Weyer）出版了著作《梦的欺骗》（*The Deception of Dreams*），他在书中指出，被指控为巫师的人实际上遭受着忧郁（抑郁）和衰老的折磨，此书遭到了教会的封禁。20 年后，雷金纳德 • 斯科特在其著作《巫术揭秘》（*Discovery of Witchcraft*, 1584）中支持了韦耶的观点 ：“这些女人只不过是抑郁、患病的可怜人，她们的言语、行动、思维以及举止表明疾病已经影响到她们的大脑，损害了判断能力”（Castiglioni, 1946, p. 253）。他的观点也遭到了教会的否认和封杀，这一次政府也加入了进来。

变化经常从事物内部产生。16 世纪时，被封为圣徒的西班牙修女大德兰解释了在某个修女团体中大规模爆发癔病的现象，她认为这不是邪魔作祟，而是虚弱或疾病引起的。她认为那些修女是生病了或者“像是生病了一样”。她探索修女怪异行为的自然诱因，并指出这些现象是抑郁、脆弱的想象力或嗜睡造

有些患有精神疾病而显得行为怪异的人可能会被当成巫师在火刑柱上烧死。

成的（Sarbin & Juhasz, 1967）。

然而，文化完全接受巫师和巫术的存在，这可能让一些完全正常的人自我认定为巫师。此外，中世纪和文艺复兴时期的大多数记述，包括马萨诸塞州塞勒姆地区的巫师搜捕时期的相关文献，都清楚地区分了疯子和巫师。在信仰巫术的文化中，对疯狂和巫术的区分一直沿用到现在。

精神时疫

精神时疫（psychic epidemics）是指大量人群出现异常行为并且似乎都有心理根源的现象。中世纪时期经常有关于疯狂舞蹈症的报告。有一位修道士，即赫伦特的彼得，描述了1374年在德国爆发的持续四个月的疯狂舞蹈症：

> 无论男女都遭到了邪魔的肆意蹂躏，在自己家中，在教堂里，在大街上，他们手拉着手跳个不停。他们一边跳着，一边呼唤着弗瑞斯科斯以及其他魔鬼的名字，但他们对自己的行为浑然不知，即使有人旁观也无所顾忌。跳完舞就会感到剧烈的胸痛，如果朋友没有用亚麻布紧紧捆住他们的腰部，他们就会像疯子一样大叫自己快要死了。（Rosen, 1968, pp. 196-197）

1428年还有一个关于疯狂舞蹈症的报道，在沙夫豪森举行的圣维特斯庆典期间，一位修道士持续舞蹈至死。1518年，杂伯恩附近的赫沦斯太恩的圣维特斯小教堂里出现了一起无法控制的疯狂舞蹈症的大规模爆发。据报道，400多人持续跳了四个星期。当时的一些作家开始把这种疯狂的跳舞叫作*圣维特斯舞蹈*（Saint Vitus' dance）。

毒蜘蛛舞蹈症（tarantism）是与疯狂舞蹈症类似的现象，此症最早见于14世纪早期的意大利，但是直到17世纪才凸显出来。人们突然产生剧烈疼痛，并认为是由于狼蛛叮咬造成的。他们在大街上跳跃并狂野地跳舞，不停撕扯自己的衣服，还用鞭子互相抽打。有些人在地上挖洞、翻滚；其他人则嚎叫并做出下流动作。当时，很多人认为疯狂舞蹈症和毒蜘蛛舞蹈症是由于邪魔附身引起的。其行为可能是希腊神狄奥尼索斯崇拜者所举行的古老仪式的残余。

时至今日，我们依然能见到精神时疫事件的发生。1991年2月8日，罗得岛一所高中的大量师生认为他们嗅到了来自通风系统的有害气体。第一个嗅到毒气的是一名14岁女生，她倒在地上又哭又叫，说自己胃痛且眼睛刺痛。教室里的其他学生和老师也开始有同样的症状。在一片混乱中他们被转移到了大厅里。相邻教室里，凡是能看见大厅的学生和老师的人很快都出现了同样的症状。最后，共有21个人（17名学生和4名老师）被送往当地医院急诊室。所有患者都表现出呼吸急促，其中多数人感到眩晕、头痛和恶心。虽然血液化验显示，一些患者初期表现为轻度一氧化碳中毒，但是学校里找不到毒气存在的证据。当值医生得出的结论是：由于对海湾战争中使用的化学武器的恐惧而导致的大规模癔病爆发（Rockney & Lemke, 1992）。

精神时疫不再被认为是邪魔附身或狼蛛叮咬的结果。相反，心理学家试图用社会心理学中关于他人对个体自我感知的影响的研究来理解这些现象。社会情境甚至可以影响到我们对自己身体的感知，此外，在讨论人对精神活性物质（如大麻）的不同反应（见第14章）以及对体内的生理感觉的不同理解（见第6章）时，我们也可以看到这种影响。

精神病院的兴起

早在 12 世纪，欧洲的很多城镇就承担了精神病患者的部分收治工作（Kroll, 1973）。其中一个突出的代表是比利时的基尔市，市民常常把到圣迪姆夫纳神殿寻求医治的精神病患者带回自己家中。

大约在 11 或 12 世纪，普通医院开始为表现出异常行为的人提供特殊病房或设施。精神病患者在早期医院中的待遇如同囚犯。他们被强行关押，环境常常极其恶劣。伦敦伯利恒的圣玛丽医院是其中最著名的医院之一。该医院于 1547 年正式成为一所精神病院。绰号疯人院的这所医院以其恶劣的环境而出名。16、17 和 18 世纪，在圣玛丽医院和欧洲建立的其他精神病院里，病人被公开展览以获取钱财。他们生活在肮脏的环境里，常被人用铁链拴在墙上或关在小笼子里。下面一段文字描述了位于巴黎的比舍特男性精神病院中病人的典型处境：

“疯人院”——伯利恒的圣玛丽医院——因其精神病人生活环境的恶劣而出名。

> 病人待的房间昏暗没有灯光，一般情况下，他们被人用铁项圈直接固定在墙上，几乎无法动弹。通常情况下，病人的腰部也套有一个铁环，同时还戴着手铐和脚镣。虽然镣铐让病人尚有空间可以吃到碗里的饭菜，但不足以让他们晚上躺下睡觉。因为缺乏营养学知识，而且病人被当作动物对待，也就没人关心他们是否能够吃饱，或者食物是否变质。病房里只提供了稻草或麦秆之类的东西，从来也没有打扫过；病人生活在臭气熏天的环境里。除了开饭时间就没人到病房来，也没有任何保暖设施，就连最起码的人道主义行为都没有。（Selling, 1940, pp. 54-55）

欧洲和美国的法律认为将精神病患者关起来是出于对大众以及病人家属的保护（Busfield, 1986; Scull, 1993）。例如，道尔顿的 1618 年版《普通法》中规定：“精神病患者的父母、亲戚或其他朋友将其抓起来关在屋子里，将其捆绑起来或用铁链拴起来，用棍子抽打，采取任何其他强制手段让其恢复理智，或使其不能伤害到他人均属于合法行为”（Allderidge, 1979）。

英国第一部《精神病院管理法案》直到 1774 年才得以通过，该法案的目的是要治理医院以及精神病院恶劣的环境，并制止精神病人因为生病而遭到监禁的

在中世纪和现代社会的早期，医生用放血来治疗精神病和很多其他疾病。

不公正行为。法案包括对精神病院颁发执照和进行监督，并要求在收治病人前有一名内科医生、外科医生或药剂师在入院证明上签字。然而，上述条款仅用于私立精神病院中有支付能力的病人，对关在劳动救济所的贫穷病人无效。

这些精神病院的修建和经营者认为，变态行为属于药物可以治疗的疾病。例如，美国精神病学奠基人之一本杰明•拉什（Benjamin Rush, 1745—1813）认为，异常行为是脑内血液过多造成的，因此他建议使用放血疗法，即从患者的身体里抽出大量的血液。尽管人们谴责中世纪的超自然理论导致对精神病患者的治疗变得十分残酷，但当时以及随后几个世纪的医学理论也并未产生更好的治疗方法。

18和19世纪的人道治疗

幸好，18 和 19 世纪见证了精神病人道治疗的发展，这一时期以**心理卫生运动**（mental hygiene movement）著称。新治疗手段所依据的心理学观点是，人之所以变得疯狂是因为他们脱离了自然，并且当时快速的社会变迁使他们承受了极大的压力（Rosen, 1968）。治疗方式是在安静宜人的地方休息或放松。

菲利普•皮内尔（Philippe Pinel, 1745—1826）是精神病**人道治疗**（moral treatment）运动的一位领袖人物。1793 年，这位法国医生接管了巴黎的比舍特精神病院。皮内尔指出："将疯狂者关在与世隔绝的地方，并给他们戴上脚镣手铐，使他们无法防御残忍的野蛮行径……一句话，用铁棍来控制他们……只是一种简单粗暴的管理体制，而绝不是人道的或成功的管理模式"（Grob, 1994, p. 27）。皮内尔相信，通过恢复病人的尊严和平静可以治愈多种形式的异常。

皮内尔允许病人在精神病院内自由走动。他们为病人提供了干净且阳光充足的房间、舒适的睡床以及良好的食物。护士和专业治疗人员都受过培训，从而可以帮助病人恢复平静的心态，以及从事有计划的社会活动。虽然很多医生认为皮内尔简直是疯了，但他的方法十分成功。很多在黑暗中被关了几十年的人，开始变得能够控制自己的行为并重新投入生活。有些病人恢复良好，甚至可以出院。皮内尔后来对巴黎的莎尔贝特雷埃尔女性精神病院也进行了改革，同样取得了成功（Grob, 1994）。

法国人道运动领袖菲利普・皮内尔帮助精神病患者从医院糟糕的环境中解放出来。

1796 年，夸克尔•威廉•图克（Quaker William Tuke, 1732—1819）在英国开了一家叫作"疗养院"的精神病院，以回应他在其他地方所目睹的精神病患者受到的野蛮对待。图克的治疗方式就是用尊敬和维护患者尊严的方式对待他们，并鼓励他们练习自我控制，从而恢复病人的自我约束能力。

多萝西雅•迪克斯（Dorothea Dix, 1802—1877）是精神病人道治疗的斗士之一。她是一个退休教师，居住在波士顿。1841 年，在一个寒冷的星期天早上，迪克斯去一所监狱给女犯人上主日学校课程，她注意到了贫穷的行为异常患者所遭受的忽视和残忍对待，她们很多人只是被像物品一样“存放”在监狱里。

那次经历让迪克斯开始为改善心理障碍患者的治疗而不知疲倦地工作。在迪克斯的努力游说下，相关的法律和拨款得以通过，用于清洁精神病院的环境和培训立志于人道主义治疗的心理健康专业人员。在 1841 年至 1881 年间，她亲自帮助在美国、加拿大、纽芬兰和苏格兰等地修建了 30 多家精神病医院。在此期间，成百上千治疗精神病的公立医疗机构在其他人的帮助下相继建立，并按照人道主义理念进行管理。

多萝西雅・迪克斯在美国倡导人道治疗。

不幸的是，人道治疗运动发展过快。随着更多精神病院的建立和收治病人数量的增加，精神病院招募心理健康专家以及维持人道、个人化治疗的能力开始下降（Grob, 1994; Scull, 1993）。医生、护士以及其他护理人员根本没有足够的时间给每个病人提供他们需要的平静和关注。早期人道治疗运动的巨大成功，逐渐被有限的成功或完全的失败所替代。病人的情况不仅没有改善，甚至还恶化了。有些病人即便是得到了最好的人道治疗，也无法从中受益，因为他们的问题根本不是由于失去尊严或失去平静心态造成的。因为有太多病人接受了人道治疗，不能从中受益的病人人数也随之增多，结果导致人们对人道治疗效果的质疑声越来越高（Grob, 1994）。

与此同时，随着 19 世纪后期大量移民涌入美国，来自不同文化和低社会经济阶层的患者比例呈上升趋势。由于对“外国人”的偏见，加上对人道治疗失败的关注度上升，最终导致公众对资助这类机构的支持度下降。病人得到的护理质量也随之大大降低。到 20 世纪之交，很多公立医院形同仓库（Grob, 1994; MeGovern, 1985; Scull, 1993）。

严重心理障碍的有效治疗方法直到 20 世纪才出现。在此之前，无力承担私人护理的精神病患者基本上都被集中关在拥挤不堪且远离城镇的国立大型机构中，根本得不到治疗（Deutsch, 1937）。

现代观点的出现

尽管对心理或行为异常的治疗质量在 20 世纪之交有所下降，但对心理障碍的科学研究却取得了重大进步。这些进展为异常心理现象的生物学、心理学和社会学理论奠定了基础，这三种理论主宰着今天的心理学和精神病学。

埃米尔・克雷珀林（1856—1926）提出的心理障碍分类体系至今仍具有影响力。

现代生物学观点的起始

19 世纪末，人类在人体的解剖学、生理学、神经学和化学方面的基础知识得到快速增长。随着基础知识的增长，人们更加关注心理障碍的生物因素。1845 年，德国精神病学家威廉・格里辛格（Wihelm Griesinger, 1817—1868）出版了《心理障碍的病理学及其治疗》一书，系统地阐述了各种心理障碍都可以用大脑病理学来解释。1883 年，格里辛格的追随者埃米尔・克雷珀林（Emil Kraepelin, 1856—1926）也出版了一本教材，强调大脑病理学在心理障碍中的重要性。更重要的是，如同我们在第 3 章将要谈到的，克雷珀林提出的心理障碍分类方法成为了现代分类体系的基础。一套好的分类系统向科研人员提供了不同障碍所通用的标签，也为区分不同障碍提供了一套标准，对心理障碍科学研究的进步有巨大的贡献。

支持现代生物学理论的一个最重大的发现就是找到了**麻痹性痴呆**（general paresis）的病因，麻痹性痴呆可以引起瘫痪、精神错乱甚至死亡。19 世纪中叶，有报道指出麻痹性痴呆患者同时也有梅毒病史，这让人们开始怀疑梅毒可能是麻痹性痴呆的诱因。1897 年，维也纳精神病学家理查德•克拉夫特–埃宾给轻瘫患者注射了梅毒患处提取物，但这些患者无一人感染梅毒。他由此得出结论：他们肯定曾经感染过梅毒。梅毒可诱发某种精神疾病的发现使得生物因素可诱发心理障碍的观点更具分量（Duffy, 1995）。

正如第 2 章中我们将要详细讨论的，心理障碍的现代生物学理论关注的是基因的作用、大脑结构的异常以及生化失衡。深入地了解心理障碍的生物学方面有助于治疗药物的发展。

精神分析观点

精神分析理论从弗朗兹•安东•麦斯默（Franz Anton Mesmer, 1734—1815）的奇特故事开始。这位奥地利内科医师相信人体内有磁性的流体，它以一种特殊的方式分布在体内以维持人体健康。一个人体内的磁性流体会受到他人磁气的影响，同时也会受到行星排列的影响。1778 年，麦斯默在巴黎开办了一家诊所，采用*动物磁气*来治疗各种疾病。

麦斯默治疗的主要心理障碍是癔病性障碍，患者的某些身体部位会失去机能或感觉，但没有明显的生理原因。病人在黑暗中围坐在装有各种化学试剂的浴盆旁边，从浴盆中露出的铁棍戳刺着他们受了影响的部位。麦斯默身穿精美的长袍伴着音乐声出现，触碰经过的每一个病人，期望用自己的强大磁气重新调整病人的磁气。麦斯默声称，这样的过程可以治病，包括心理障碍。

弗朗兹•安东•麦斯默（1734—1815）是用暗示来治疗心理问题的先驱。他的工作影响了夏可和弗洛伊德。

最终，包括本杰明•富兰克林在内的一个科学评审委员会宣布麦斯默为庸医，他也因此渐渐被人遗忘，但是他的治疗方法——**麦斯默术**（mesmerism）——在之后很长时间内仍是人们争论的焦点。精神病患者的“痊愈”效果被归因于麦斯默在病人身上制造的恍惚状态。后来，这种状态被命名为催眠（hypnosis）。催眠状态下，麦斯默的病人表现得非常容易受暗示影响，似乎仅通过暗示病痛会消失就足以让症状真的消失。

虽然不是所有的科学家都能接受催眠和癔病之间的联系，但当时确实有几位知名科学家对这种联系很感兴趣。特别值得一提的是当时著名的神经学家，巴黎莎尔贝特雷埃尔医院院长让•夏可（Jean Charcot, 1825—1893），他认为癔症是大脑退化所致。然而，法国南锡市两位开业内科医生，希波莱特–玛丽•贝尔南（Hippolyte-Marie Berheim, 1840—1919）和昂布鲁瓦兹 - 奥古斯特·利埃博（Ambroise-Auguste Liebault, 1823—1904）让夏可改变了看法。贝尔南和利埃博演示了他们可以通过暗示的方式让催眠状态中的人产生癔病症状，如一条手臂瘫痪或者一条腿失去知觉。幸好，他们也可以在催眠状态下让这些症状消失。癔病具有心理根源的证据给夏可留下了深刻的印象，他后来成为研究异常行为心理原因的领军人物。贝尔南和利埃博的实验，以及夏可的倡导促进了变态的心理学观点的发展。

维也纳神经病医生西格蒙德·弗洛伊德（Sigmund Freud, 1856—1939）是夏可的学生之一，他从 1885 年开始师从夏可。在此期间，他逐渐确信个人的大部分精神生活并不为意识所知。通过在巴黎与皮埃尔·让内（Piecre Janet, 1858—1947）的交往，弗洛伊德更加坚信自己的观点。让内致力于研究多重人格，患者表现出多重分离的人格，每一人格各自独立运作，并常常对其他人格的存在浑然不知（Matarazzo, 1985）。

回到维也纳后，弗洛伊德和另一位内科医生约瑟夫·布罗伊尔（Josof Breuer, 1842—1925）共事，他也对催眠术和心理问题背后的无意识过程感兴趣。布罗伊尔发现在催眠状态下鼓励病人讲述自己的问题，会引起情感的极大膨胀和释放，这种做法最后被定名为宣泄。病人在催眠状态下讲述自己的问题比在清醒状态时更少受限制，这样治疗师就很容易得到病人重要的心理资料。

1893 年，布罗伊尔与弗洛伊德合作发表了一篇论文：《论癔病现象的心理机制》（*On the Psychical Mechanisms of Hysterical Phenomena*），文章阐述了他们在催眠术、无意识以及宣泄法的临床价值上的发现。该论文成了**精神分析**（psychoanalysis，也译作心理分析）发展的基石。精神分析是对无意识的研究。1909 年，应美国心理学奠基人之一斯坦利·霍尔的邀请，弗洛伊德在马萨诸塞州伍斯特市的克拉克大学发表了一系列演讲，将他的观点带到了美国。

弗洛伊德撰写了数十篇关于精神分析理论的论文及专著（第 2 章有详细介绍），成为精神病学和心理学领域最知名的人士。弗洛伊德的理论对 20 世纪心理学的发展有着不可低估的影响。弗洛伊德的思想不仅影响了心理病理学的专业著述，同时对文学理论、人类学以及其他人文学科也产生了重大影响，至今仍是心理过程的常用概念。

行为主义的根源

无独有偶，精神分析理论在欧洲诞生的同时，行为主义也开始在欧洲和美国生根。俄国生理学家伊万·巴甫洛夫（Ivan Pavlov, 1849—1936）提出了一套根据刺激和反应而不是无意识的内部运作来理解行为的方法和理论。他发现，让食物和其他刺激成对出现，可以使狗形成条件反射，对非食物刺激产生分泌唾液的反应，这样的过程后来被命名为**经典条件作用**（classical conditioning）。巴甫洛夫的发现启发了美国人约翰·华生（John Watson, 1878—1958），他用经典条件作用研究了重要的人类行为，如恐怖症（见第 5 章）。他否认异常行为的精神分析和生物学理论，完全依据个体的条件作用史就能解释恐怖症等异常行为。华生（Watson, 1930）甚至鼓吹他能够把任何一个健康的儿童训练成人们想要的成年人：

> 给我一打体格强健的健康儿童，并在我所规定的环境中成长。从中任选一个，不管他具有什么样的天赋、嗜好、脾性、能力、才能和种族，我

担保把他培养成我所选定的专家——医生、律师、艺术家、商业大亨，是的，甚至乞丐或小偷。（p. 104）

与此同时，另外两位美国心理学家桑代克（E. L. Thorndike, 1874—1949）和斯金纳（B. F. Skinner, 1904—1990）正在研究行为结果影响行为再现的可能性。他们指出，产生积极结果的行为比产生消极结果的行为更可能再现。这一过程就是*操作性条件作用*或*工具性条件作用*。这个思想在我们今天看来似乎很简单（由此可以看出它在过去一个世纪里对人们的思想有多么巨大的影响），但是，这种主张在当时却是相当激进的，它甚至用行为的强化或惩罚来解释一些复杂行为，例如对他人的暴力。

行为主义（behaviorism）研究强化和惩罚对行为的影响，它和精神分析理论一样，也对心理学和心理学常识产生了深远影响。行为主义还产生了很多针对心理障碍的有效治疗方法，我们将在本书中对这些方法加以讨论。

认知革命

20 世纪 50 年代，一些心理学家指出，由于行为主义拒绝探讨刺激与反应之间的内在思维过程，因此其解释能力有限。但直到 20 世纪 70 年代，心理学才实质性地把研究关注点转移到**认知**（cognition）上。认知指的是影响行为和情绪的思维过程。艾伯特•班杜拉（Albert Bandura）是认知革命的重要人物之一，他是接受了行为主义训练的临床心理学家，在将行为主义应用于心理病理学方面做出了杰出贡献（见第 2 章和第 5 章）。班杜拉把人们相信自己有能力采取必要的行动来控制重大事件这一信念叫作**自我效能信念**（self-efficacy beliefs）。他认为这种信念对决定一个人的幸福感十分重要。同样，对于现在的我们来说，这似乎是显而易见的，但这只是因为该观点在专业心理学领域和外行人对心理学的认识中都已经根深蒂固了。

认知流派的另一个重要人物是艾伯特•埃利斯（Albert Ellis），他认为容易患心理障碍的人往往对自己和外在世界抱有非理性的消极假设。他根据自己的理论发展出了一种对情绪问题的治疗方法，叫作*理性—情绪疗法*。这种疗法具有争议性，因为它要求治疗者挑战非理性信念，有时甚至是相当严厉地挑战患者的非理性信念系统。然而，这种治疗方法非常受欢迎，并将心理学推进到研究严重情绪问题背后的思维过程。亚伦•贝克（Aaron Beck）提出了针对心理疾病患者非理性思维的另一种治疗手段。贝克的*认知疗法*被广泛用于各种心理障碍的治疗（见第 2 章）。20 世纪 70 年代以来，尽管行为主义理论仍然十分强大，而且我们将在第 2 章探讨的人际理论也变得更加引人注目，但理论家们仍在持续强调心理病理中的认知因素。

现代心理健康保健

20 世纪中叶，对一些主要类型的心理障碍的药物治疗取得了重大突破，特别是发现了可以减轻幻觉和妄想的酚噻嗪类药物（见第 2 章）。这让多年禁锢在精神病院或医院的大量患者得以出院回家。自此之后，心理病态的新的药物疗法猛增，此外，如第 2 章将要讨论的，人们发展出了几种心理疗法，这些疗法被证明可以有效治疗多种心理疾病。然而，心理健康保健的实施仍存在一些严重问题，其中一部分从 20 世纪中叶的去机构化运动就开始了。

去机构化运动

1960 年出现了一场大规模且声势宏大的运动——**患者权利运动**（patients' rights movement）。患者权利倡导者认为，如果病人能够融入社会并得到社区治疗设施的帮助，那么他们就能恢复得更彻底，或者过上更满意的生活，这就是所谓的**去机构化运动**（deinstitutionalization）。很多病人仍旧需要全天候的护理，但他们可以从社区治疗中心而不是从缺乏人情味的大型医疗机构处获得护理。在美国，作为心理健康保健的“大胆新举措”，**社区精神卫生运动**（community mental-health movement）由约翰•肯尼迪总统于 1963 年正式发起，旨在社区中心给人们提供协作式的心理健康服务。这一运动试图在**社区精神卫生中心**（community mental-health centers）为人们提供心理卫生服务。

去机构化运动对严重心理障碍患者的生活产生了极大的影响。从 1955 年到 1998 年，美国国家精神病院的病人人数从高达 55.9 万降到大约 5.7 万，减少了几乎 90%（Lamb & Weinberger, 2001）。同样的风潮也在欧洲兴起（见图 1.1）。很多曾经在冷漠、没有人情味的医疗机构中生活多年且没有得到有效护理的病人，在被释放后，他们的生活质量有了巨大的提升。不仅如此，他们还突然有了选择适合自己的生活场所的自由。

这个时期建立的几类社区治疗设施还在继续为有心理健康问题的病人服务。社区心理健康中心中常有社工、治疗师和医生等多个团队之间的协作保健活动。**中途之家**（halfway houses）为有长期心理健康问题的人提供了一个机会，当他们试图重新获得工作并与亲朋好友重建关系时，他们可以生活在一个结构化的支持性环境中。**日间护理中心**（day treatment centers）允许人们白天接受照料以及职能和康复方面的治疗，但晚间可在家中居住。

有急性症状需要住院的人们可以去综合性医院或专门的精神病院的病房。有时，他们与心理健康专家的第一次接触就在医院的急诊室。不过，一旦急性症状消退，通常就会把他们放回社区治疗中心，而不是长时间让其待在精神病院。

遗憾的是，护理所有释放病人所需的资源从来都不足。由于没有修建足够的中途之家，社区心理健康服务中心也没有足够的资金，大量曾经待在国家医疗机构中的患者，以及如果没有发生这场运动而应该待在国家医疗机构的患者无处可去。与此同时，数以百计的国家精神病院关闭了，切断了病人的退路。社区心理健康运动蔓延到欧洲，造成了类似的后果。28% 的欧洲国家只有很少或完全没有针对患有严重心理问题病人的社区服务机构（Semrau, Barey, Law & Thornicroft, 2011; WHO World Mental Health Survey Consortium, 2004）。

从精神病机构出来的病人开始居住到护理院或其他类型的团体之家里，在那儿他们几乎得不到心理健康治疗。有一些病

图 1.1　西欧精神病院病床数量的变化趋势，1978—2002（见彩插）

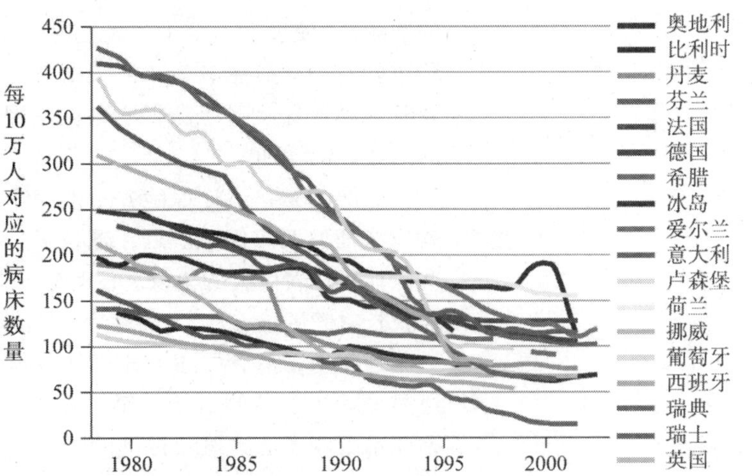

资料来源：European health for all databases, WHO Regional Office for Europe, 2004. In McDaid & Thornicroft, 2005.

去机构化运动导致更多的精神疾病患者无家可归，这些人常常得不到治疗。

人同家人一起生活，但很多家庭缺乏设施，根本无法处理严重的心理疾病（Lamb, 2001）。还有一些病人开始流落街头。当然，并不是所有的无家可归者都是精神病患者，但研究者估计，在美国和欧洲，长期无家可归的成年人中有高达五分之四的人患有严重的心理障碍或者物质滥用障碍（如酒精依赖），或兼而有之（WHO World Mental Health Survey Consortium, 2004）。紧急情况下，他们会被送往综合医院或私人医院，这些医院没有相应设施，不能为病人提供恰当的治疗。很多病人最终被关进了监狱。一项针对囚犯的研究发现，其中三分之二的人患有某种可诊断的心理障碍（Trestman, Ford, Zhang, & Wiesbrock, 2007）。

因此，尽管去机构化运动的目标值得赞赏，但其中很多目标从未完全实现，很多原本会进入机构化精神病院的人，其境况并没有得到改善。近年来，财政压力迫使地方政府、州政府和联邦政府关闭了更多的社区心理健康中心。

管理型医疗保健

20 世纪中后期，美国的整个健康保健的私人保险体系经历了一场革命，管理型医疗保健系统成为组织健康保健的主流手段。**管理型医疗保健**（managed care）包含多种协调保健活动的方法，从简单的监控到对于提供及支付何种保健服务的完全掌控。其目标是协调针对已有疾病的各项服务，以及预防疾病的发生。通常，健康保健提供者可根据成员（患者）人数每月得到一笔固定资金，然后他们要决定如何用这笔资金为每个病人提供最好的服务。

管理型医疗保健可以解决去机构化运动引发的一些问题。例如，初级保健提供者能为严重的心理障碍患者寻求到恰当的医疗保健，而不是让患者自己或其家属到处去找，并保证病人可以得到恰当的治疗。假设一个患者对他的初级保健医生说，即使周围没有人，他也能听到说话声，那么医生会把他转给精神病学家进行评估，以确定患者是否有精神分裂症。在某些情况下，初级保健医生会协调其他医疗保健提供者提供的保健服务，如药物治疗、心理治疗以及康复服务。他们也要保证护理的连续性，使患者不至于“被忽视”。因此，从理论上讲，管理型医疗保健可以给长期、严重的心理障碍患者带来巨大的好处。程度较轻的患者也可以通过管理型医疗保健及其他私人保险系统获得心理健康保健，从而使寻求心理治疗和其他心理健康保健的人数大幅增加。

遗憾的是，医疗保险并不能完全覆盖心理健康保健的费用。另外，很多人根本就没有任何医疗保险。近年通过了一些法律旨在提高心理健康服务的覆盖面，但这些法律存在着巨大的争议。心理健康服务费用昂贵，因为心理健康问题有时是慢性的，需要长时间的治疗。

近年来，尽管寻求心理健康保健的人数在不断增加，但美国联邦医疗补助计划还是成为了削减的目标，而它可是占了美国全部心理健康保健费用的四分之一。许多州都限制了心理健康保健的资格，减少了福利补贴，提高共担额，控制药物花费，并减少或冻结对服务提供者的支付（Shirk, 2008）。同时，各州、市福利计划以及其他针对贫困者的社区服务的削减，使得穷人的日常生活普遍变得更加窘迫，尤其是那些严重的心理障碍患者，他们常常已经耗尽了财源。

在美国，只有 50% ～ 60% 的严重心理障碍患者能够得到稳定的心理健康治疗，在欠发达国家和更贫穷的国家，这个百分比还要低得多（Kessler et al., 2001; Wang et al., 2007）。例如，在芬兰和比利时等比较富裕的欧洲国家，每 10 万人拥有超过 20 名心理健康专家，而在土耳其和塔吉克斯坦等贫穷国家，每 10 万人只有 2 名（Semrau et al., 2008）。有时，人们拒绝接受可能会对他们有帮助的治疗。还有些时候，就像下面案例中的瑞贝卡一样，由于旨在把心理健康保健的费用负担从一个机构转移到另一个机构的官僚政策，他们就被医疗安全网络遗漏了。

当我们在本书的剩余部分讨论那些关于各种治疗方法对特定障碍的有效性的研究时，我们要铭记，只有人们在能够获得治疗干预时，那些疗法才能见效，这一点很重要。

个案研究

56 岁的瑞贝卡因为严重的分裂情感障碍，在纽约州立精神病院度过了 25 年。她生活在社区的一个团体之家，但尽管在服用药物，复发的时候大约每年都要重新入院治疗几个星期。由于州医院（给心理障碍患者的）病床减少以及州政府财政困难，因此试图对再入院进行转移，这些再入院的患者越来越多地进入综合性医院的精神病住院部，而这些医院的医疗质量相差甚远。1994 年，她被一家新医院接收，因为她常去的那家综合医院已经满员了。可这家新医院人手不足，不能给瑞贝卡这样的病患提供护理。此外，精神病医生也没有接受过好的训练，而且只能接触到瑞贝卡复杂而浩繁的病史中的一小部分。在 6 个星期的入院治疗期间，因为护理人员没有帮助瑞贝卡进食，她的体重减轻了 10 磅。事实上，她几乎所有的衣物和个人物品都丢失了或者被盗了。她因服用含锂药物而中毒，直到陷入半昏迷状态才被人发现。在她的精神病症状仍十分严重的情况下，医院就过早地让她出院，以至于还不到 24 小时她就进了另一家医院。而与此同时，在不到一英里远的州立精神病院有一张空病床，她在这家医院曾待过很多年，护理人员和医生都熟知她的病情，并且文件柜里装着她的全部病案，唾手可得。（Torrey, 1997, pp. 105-106）

变态心理学领域中的职业

在我们这个时代，很多职业都关注异常或适应不良行为。精神病学家都有医学博士学位，并且接受过治疗心理障碍的专门训练。*精神病学家*（psychiatrist）拥有治疗此类疾病的处方权，而且还受过训练可以进行心理治疗。

临床心理学家（clinical psychologist）通常拥有心理学专业博士学位，具备对心理问题治疗和研究的专业知识。一些心理学博士学位（PsyD）获得者接受的研究生教育强调临床训练多于研究训练。临床心理学家可以进行心理治疗，但在大部分州，他们通常不能开药方。（他们在某些州拥有有限的处方权，同时在其他很多州进行游说，以争取处方权。）

婚姻和家庭治疗师（marriage and family therapist）专门帮助家庭、夫妻以及儿童克服危害他们身心健康的心理障碍。*临床社会工作者*（clinical social worker）拥有社会工作的硕士学位，致力于帮助心理障碍患者克服造成其问题的社会环境，如失业或无家可归。一些州有*获得执照的心理健康咨询师*（licensed mental health counselor），他们在获得心理咨询方面的学士学位后，继续接受了咨询方面的研究生训练，但是没有获得博士学位。*精神科护士*（psychiatric nurse）拥有护理学学位，在

治疗严重心理障碍患者方面接受过专业培训。她们通常在医院的精神病住院部工作，提供医疗护理以及某些形式的心理治疗，如帮助病人之间建立联系的团体治疗。在有些州，他们有开具心理治疗药物的处方权。

这些职业都有各自的长处和不足。对其中一种或多种职业感兴趣的学生常常会发现，做一些志愿工作对他们很有帮助，如在心理障碍研究中充当助手，或在精神病诊所或医院做志愿工作。有些学生发现和心理障碍患者一起工作能够给他们带来巨大的满足感，而其他学生则觉得从事能解答关于这些障碍的重要问题的研究工作更有成就感。实际上，很多不同类型的心理健康专家在其职业生涯中，都会将临床实践和研究结合起来。

本章整合

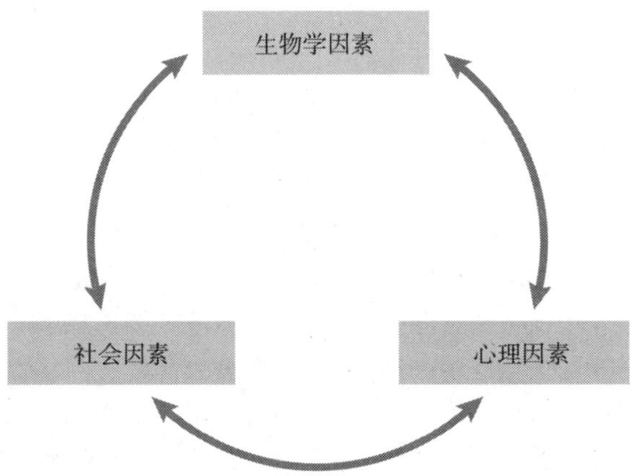

图 1.2 理解心理健康的整合主义观点

今天的许多心理健康理论试图整合生物、心理和社会因素来理解心理健康问题。本书将强调这一整合主义观点。

尽管在解释心理障碍时，传统上是将心理异常现象的生物学、心理学和社会学理论视为彼此竞争的理论，但现在很多临床工作者和研究者认为，整合了心理异常现象的生物学、心理学和社会学观点的理论将是最有用的（图 1.2）。例如，在第 5 章我们将讨论焦虑障碍理论，综合考虑了个体在基因和生化方面的脆弱性、压力事件的影响，以及认知在解释人们患衰弱性焦虑的原因时所起的作用。在本书中，我们将强调生物、心理和社会因素是如何相互作用、彼此影响，从而产生心理健康问题的。换句话说，我们将展示心理问题的整合主义观点。

灰色地带

讨论（对第8页的回顾）

由于我们的社会高度赞赏女性极端纤瘦的身材，而且詹妮弗在体重减轻中得到了强化，因而我们认为她的行为并不反常。她的节食行为造成了某些功能失调和痛苦：她难以集中精神学习，并对体重增加感到恐惧。然而体重减轻也给她带来了社交方面的好处。她的行为是危险的吗？极瘦的女性有患并发症的风险，如骨密度降低和心律失常（见第 12 章）。因此，詹妮弗的行为是有些功能失调、痛苦和危险的。但是对于她这个年龄段的女性来说，这些行为又极其典型，因此人们在判断其行为是否符合异常的标准时会有不同的看法。

马克的行为在你看来可能也很熟悉，因为很多大学生将饮酒视为一种“成年仪式”。他的饮酒量明显高于大部分年轻男性（见第14章），这让他的饮酒行为变得不合常规。他也经历了一些喝酒带来的功能失调：他触犯了法律，并且考试分数低。马克肯定不为他的酗酒问题而苦恼。马克的行为是危险的：当他醉酒时更容易卷入意外事故，且由于大量饮酒有酒精中毒的危险。所以马克的行为可能被看作比詹妮弗的更加异常，但人们对异常程度的看法会有分歧。

如果酗酒的是詹妮弗而过度减肥的是马克，你对这些行为异常性的判断会发生变化吗？纤瘦程度和饮酒的文化常模对于男性和女性而言有明显差异。性别会极大地影响着我们关于正常和异常的看法。

批判性思考

你很可能已经怀疑某个家庭成员、朋友或熟人有心理问题。现在你已经阅读了判断异常行为的影响因素，再想想那个人。什么因素导致了你对这个人的担忧？在功能失调、痛苦、反常和危险这“4D”维度上，你认为他或她的行为或感受落在何处？（讨论见本书末尾）

本章小结

- 文化相对论者认为，必须使用社会规范（或常模）来确定某个行为的正常性。其他人则认为罕见行为，或者给行为者造成主观不适的行为才算异常行为。还有一些人认为只有精神疾病导致的行为才是异常行为。然而，所有这些标准都存在严重的缺陷。
- 目前专家的共识是，能造成行为者痛苦、使其丧失日常生活功能，并且是罕见的，同时能对个体本身或他人产生威胁的行为属于异常。可以用“4D”来记住这些标准：功能失调、痛苦、反常和危险。异常行为分布在从适应良好到适应不良的连续谱上，并且行为失调标志线的位置是主观决定的。
- 历史上，异常的理论分三大类。生物学理论认为心理障碍类似于生理疾病，都是体内系统故障造成的。超自然理论认为异常行为是神的干预、诅咒、邪魔附身以及个人罪孽等因素造成的。心理学理论认为异常行为是压力的结果。
- 史前时期，人类可能在很大程度上使用超自然理论来解释异常行为，将其归咎于邪魔或鬼怪。石器时期，人们可能是使用环钻术来治疗异常行为的，即在病人的头盖骨上钻洞，目的是让邪魔离开人的躯壳。
- 中国、埃及和希腊的古文献表明，这些文化采用了生物学的观点来理解异常行为，但同时也可以找到超自然理论和心理学理论的相关论述。
- 中世纪时期，人们认为异常行为是巫术引起的。
- 精神时疫以及大规模癔病爆发时，人群表现出相似的心理和行为症状，其原因往往被归咎为共同的压力或信仰。
- 甚至到19、20世纪，很多行为怪异的人还被关进了类似监狱的地方，遭受折磨、忍饥挨饿、被人遗忘。
- 作为心理卫生运动的一部分，采用人道管理方式的精神病院变得更加普遍。在这些医院里，病人得到了友善的对待和能够获得最好的生物学治疗。然而直到20世纪中期，才出现了能有效治疗大多数心理障碍的生物学方法。
- 克雷珀林提出的分类体系，以及梅毒感染会导致麻痹性痴呆综合征的发现，共同促进了心理障碍的现代生物学理论的发展。
- 精神分析理论始于麦斯默的工作，随着夏可及后来的弗洛伊德对无意识在异常行为产生中的作用的关注，精神分析理论也逐步获得发展。
- 华生和斯金纳用经典条件作用和操作性条件作用的原则来解释正常和异常行为，这是变态的行为主义理论的开始。
- 埃利斯、班杜拉以及贝克等认知理论家关注思维过程对异常行为的影响。
- 去机构化运动试图让病人从心理健康机构迁移到社区精神卫生服务中心。遗憾的是，社区中心未能得到充足的资金和支持，使得之前的很多精神病患者得到的社区援助少之又少。
- 管理型医疗保健系统的目的是给患者提供协作式的综合医疗保健。这对于罹患慢性严重心理障碍的病人十分有利。
- 变态心理学领域的职业包括精神病学家、临床心理学家、婚姻和家庭治疗师、临床社会工作者、执业心理健康顾问以及精神科护士。

关键术语

异常的连续谱模型
心理病理学
文化相对论
生物学理论
超自然理论
心理学理论
环钻术
精神时疫
心理卫生运动
人道治疗
麻痹性痴呆
麦斯默术
精神分析
经典条件作用
行为主义
认知
自我效能信念
患者权利运动
去机构化运动
社区精神卫生运动
社区精神卫生中心
中途之家
日间护理中心
管理型医疗保健

第 2 章

异常的理论与治疗

本章提纲

连续谱模型下的三种取向

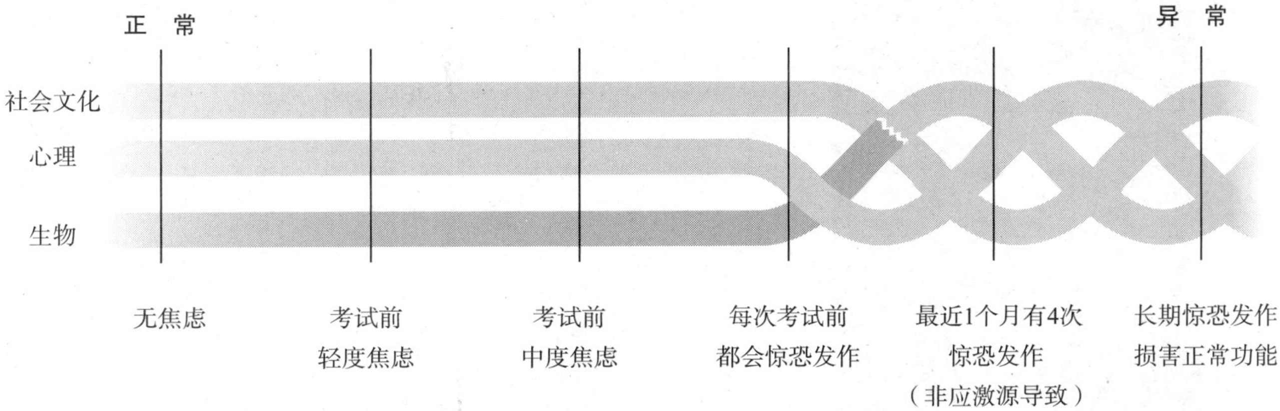

本章将讨论理解心理障碍的一般取向。**社会文化取向**（sociocultural approach）将心理障碍看作环境条件和文化规范的结果。**生物学取向**（biological approach）将这些障碍看作异常基因或神经生理失调的结果。**心理学取向**（psychological approach）将障碍视为思维过程、人格类型和条件作用的结果。

倾向于社会文化取向的人一般认为心理障碍是一个连续谱，因为他们并不认为这些障碍与正常功能有着根本不同。相反，他们认为，所谓的"心理障碍"，正是社会给这些行为、感受不同于社会和文化规范的人贴上的标签（Castro, Barrera, & Holleran Steiker, 2010）。他们同意这些行为可能是失调的、痛苦的、异常的和危险的，但是将其视为人们生活中社会应激的结果，是可以理解的。

十余年前，生物学取向的支持者一般不接受异常的连续谱模型。相反，他们认为心理障碍要么存在要么不存在——如同他们看待医学或生理疾病（如癌症）一样。然而，近年来，生物学取向的支持者开始接纳异常的连续谱观点，将其看作基本神经生物过程缺陷的集合（Cannon & Keller, 2006; Hyman, 2010; Insel et al., 2010）。例如，精神分裂症的症状越来越多地被认为是由于大脑特定区域的缺陷导致认知和情绪加工出现问题的。这些认知和情绪加工问题的程度，从非常轻微变化到非常严重，导致的症状也从轻微连续变化到严重。换句话说，一个人既可以"稍微有些精神分裂症"，也可以表现出明显较多的症状，直至满足精神分裂症的诊断标准。

心理障碍的心理学取向近年来也逐渐转向心理病理的连续谱模型（Widiger & Mullins-Sweatt, 2009）。根据这一取向，诸如认知、学习和情绪控制等心理过程也在一个连续谱上，从极其一般变化到高度失调。例如，轻度的学习困难趋于连续谱的"一般"端，而重度的智力迟滞则位于"失调"端（Sherman, 2008）。类似地，情绪控制问题可以从感到忧郁（一般）变化到感到非常抑郁且伴有自杀企图（失调）。连续谱观点认为位于较不严重端的人们（不满足障碍的诊断标准）让我们得以了解位于较严重端的人们（满足诊断标准）的行为。

本章将讨论，社会文化、生物学和心理学取向正在逐渐被整合为精神障碍的生物心理社会取向。这一整合的取向认为，生物失调、心理失调和社会文化风险共同产生了我们称之为精神障碍的问题。

非常人物

史蒂夫·海斯

史蒂夫·海斯（Steven Hayes）是北卡罗莱纳大学格林斯波罗分校心理学系的助理教授，在一次心理系的教师会议上，他想开口发表观点，却发现自己不能发出声音。他的心跳加速，心想自己可能心脏病发作了。他只有 29 岁。这次发作结束了，但一周后他在另一个会议上又出现了类似的状况。接下来的两年里，他的这样无法控制的恐慌发作得越来越频繁，严重影响了他的生活。他很难给学生讲课，不能待在如电影院或电梯这样封闭的地方，时刻被焦虑包围着。他想自己的职业生涯和生活都完蛋了。

30 年后，如今海斯成为内华达大学的全职教授，而且是心理学领域最有成就的心理学家之一，发表了 300 多篇论文。海斯说他无法借助药物或其他任何 20 世纪 80 年代流行的心理疗法来克服焦虑，当时他最为痛苦。相反，他学会接受自己的恐慌发作，不再与之对抗。他从自己的经验中发展出了一种新的心理疗法，称为“*接纳与承诺疗法*”（acceptance and commitment therapy, 简称“ACT”）。这种疗法教导患有心理问题的人们要更加地接纳和怜悯自己，实践自身价值，利用禅修来帮助他们活在当下。ACT 是最热门的*第三波心理治疗取向*之一，本章后面还要对此进行探讨。

史蒂夫·海斯整合了自己的个人经验及其在心理学领域的训练，发展出了自己的新理论和疗法。**理论**（theory）是一套思想体系，它提供了一个框架，人们可以在此框架下就某个现象提出问题，收集关于该现象的信息并加以阐释。*疗法*（therapy）是一种治疗手段，通常以某一现象的理论为基础，阐述该理论所认为的引起这一现象的原因。

海斯认为他的焦虑源于非理性信念，不过其他理论则会给出不同的病因。如果从生物学取向看待异常，可能就会怀疑海斯的症状源于生物因素，如从父母那里遗传了焦虑的易感基因。心理学取向，如同海斯的取向，是在人们的信念、生活经历和人际关系中寻找异常的原因。最后，如果采用社会文化取向，可能会认为文化价值观或社会环境影响了海斯的焦虑。

长期以来，这些不同的取向互不相容。人们常问：“这种病的病因是生物的、心理的还是环境的？”这就是常说的天性–教养问题：心理障碍是由个体天性或生物因素引起的，还是由教养或其所生活的历史环境引起的呢？这个问题暗示一种障碍只有一个病因，而不是多个。实际上，有史以来的大多数心理障碍理论都在寻找引起人们患上某种特定心理障碍的某个因素、某个基因、某次创伤体验或者某种人格特质。

然而，很多当代理论家都持**生物心理社会取向**（biopsychosocial approach），认为心理障碍的发生和发展常常是生物、心理和社会文化因素共同作用的结果。这些因素常被称为*高危因素*，因为它们增加了心理问题出现的风险。高危因素可以是生物的，如遗传倾向；可以是心理的，如在巨大应激情境中很难保持镇静；也可以是社会文化的，如在种族歧视的应激下长大。

图 2.1 心理障碍发生和发展的素质 – 应激模型

素质 – 应激模型表明，心理障碍的发生和发展需要兼具易患某障碍的素质以及诱因或应激。

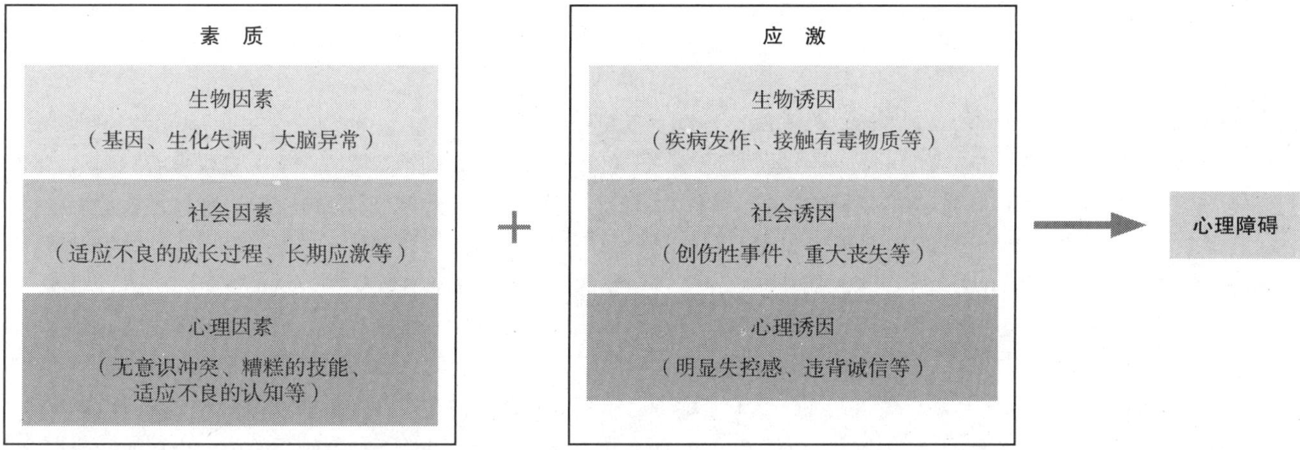

某些高危因素可能专门导致特定类型的症状；例如，被称为 DISC1 的某个基因可能大大增加患精神分裂症的风险（Cannon et al., 2005）。然而，更为普遍的是，高危因素导致一系列不同问题的风险增加。例如，遭受性虐待等严重应激与多样的心理病态有关（Maniglio, 2009）。增加多种心理问题风险的那些因素被称为*跨诊断高危因素*（Nolen-Hoeksema & Watkins, 2011）。本书中我们将讨论几种生物、心理和社会文化的跨诊断高危因素。

但是在很多情况下，某一种高危因素都不足以导致严重的心理障碍。心理病态的发生和发展可能还有着其他的经历和诱因。同样，诱因可以是生物的，如引起人体特定激素分泌失调的疾病；也可以是心理或社会的，如创伤事件。只有当易感性和应激同时作用于一个人时，心理障碍才全面显露出来。人们称之为**素质 – 应激模型**（diathesis-stress model; *素质是高危因素的另一种说法*）（见图 2.1）。尽管海斯可能确实具有焦虑的易感基因（他的素质），但只有在他经历了特定的应激源时才会表现出严重的焦虑。

异常的各个不同取向都发展出了以减轻症状为目的的治疗方法。心理障碍生物学理论的支持者擅长开处方，不过本书也会讨论其他几种生物学取向的治疗方法。心理学取向和部分社会文化取向的支持者则最常使用心理治疗。心理治疗有很多形式，但是绝大多数都包含了治疗师（精神病学家、心理学家、临床社会工作者）和遭遇心理问题的人（通常称为患者或来访者）的谈话，谈论的是他的症状及导致这些症状的原因。会谈的具体主题取决于治疗师的理论取向。业已证明，药物和心理疗法对治疗很多障碍都有效。在障碍的整合取向中经常结合使用药物和心理疗法（Benjamin, 2005）。社会文化取向的支持者可能还会致力于改变社会政策或易感个体的社会状况，以改善其心理健康。

在本章中，我们介绍几个主要的异常理论及其发展出来的疗法。这些理论在异常心理学的现代史上占据了主导地位。为了更易于理解，我们将依次呈现这些理论和疗法。不过，需要记住，心理健康领域的大多数从业者现在都采用整合的生物心理社会取向来理解心理障碍，认为它们是生物、心理和社会易感性与应激汇集在一起，相互加强共同作用的结果。我们也会在全书中着重讨论这些整合的生物心理社会取向。

生物学取向

让我们从思考菲尼亚斯·盖奇的故事开始。在生物因素影响心理功能的所有例子中，这是最为戏剧化的一个。

个案研究

1848 年 9 月 13 日，新英格兰拉特兰和伯灵顿铁路局 25 岁的铁路工人盖奇成为一件意外事故的受害者。在那个灾难性的日子里，一根 3 厘米粗、109 厘米长的锋利铁夯从一次剧烈爆炸中射出，像火箭一样刺穿了盖奇的脸、颅骨和大脑，射向天空。在短暂的惊慌失措后，盖奇很快就完全恢复了意识。他可以说话，甚至在工友的帮助下还可以行走。那根铁夯落在了很远的地方。

盖奇经历了那么严重的伤害而没死，本身就已经创造了医学奇迹，但是活下来的他却完全变了。盖奇曾是一个有责任感、聪明、社会适应能力很强的人，深受同事和长辈的喜欢，也取得一定的成绩，前途光明。在接受医生约翰·哈洛护理期间，已有迹象表明他出现了明显的人格变化。随着时间的推移，他的转变不仅剧烈而且令人难以理解。盖奇在有些方面完全康复了。身体恢复得和事故前一样强壮，智力好像也没什么两样，运动能力和语言能力都没有受损，学习新事物的能力也没受到任何影响，从传统意义上讲，他的记忆和智力都没有受到损伤。但另一方面，他变得目中无人，反复无常。他之前对社会习俗表现出来的尊敬荡然无存。他的过分粗俗使周围的人不悦。或许最令人烦恼的是，他的责任感消失殆尽，不可能期望他履行诺言。曾经，他的老板认为他是“员工队伍”中“最能干、最有效率”的人，但现在却不得不将他解雇。用他的医生的话说，“可以说，他的智力能力与动物性倾向之间的平衡”被破坏了。用朋友和同事的话来说，“盖奇已经不是原来的盖奇了。”（Damasio et al., 1994, p. 1102）

由于事故造成的脑损伤，盖奇的基本人格似乎发生了改变。他从一个有责任感、社会适应能力强的人，变成了一个易冲动、情绪化且不受社会欢迎的人。将近 150 年后，研究者使用现代神经成像技术对保存起来的盖奇的颅骨进行了处理，并用计算机模拟那一铁夯事故，得以准确定位盖奇大脑受损的位置（见图 2.2）。

现在，对相同大脑部位受损的病人进行研究发现，这些人在个人及社交事务上难以做出理性的决定，而且无法处理情绪信息，但他们理解抽象问题的逻辑能力、计算或记忆均没有问题。因此，像盖奇一样，他们的基本智力功能没有受损，但是他们的情绪控制和社交判断力则受到了损害（Damasio et al., 1994）。

图 2.2　盖奇的脑损伤

现代神经成像技术使我们能够准确定位盖奇脑损伤的部位。

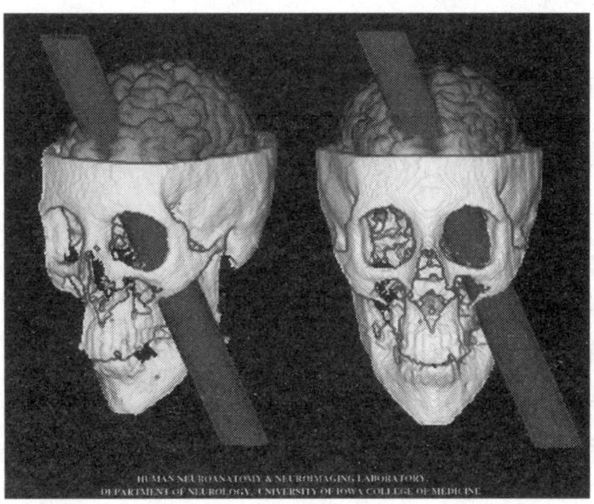

盖奇所受的伤害使他的部分大脑不能正常运转。变态心理学的生物学取向通常关注三种病因，*脑功能失调*是其中之一，另两种是生化失衡和基因异常。脑功能失调、生化失衡和基因异常可以相互影响。例如，基因因素可以导致脑功能失调，而脑功能失调也可能造成生化失衡。这一节我们将探讨异常的这三种生物学原因。

脑功能失调

像盖奇一样，脑功能异常的人常常会出现心理功能问题。脑可以分为三个主要区域（Kalat, 2007）：*后脑*（hind brain），包括所有位于后部的脑结构，最接近脊髓；中脑（midbrain），位于脑的中部；前脑（fore brain），包括所有位于前部的脑结构（见图 2.3 和图 2.4）。后脑位于脊髓的顶端，对于基本的生命机能非常重要。它包括延髓（medulla），帮助控制呼吸和反射；脑桥（pons），对于注意和睡眠时间控制非常重要；网状结构（reticular formation），控制觉醒和对刺激的注意的神经元网络；小脑（cerebellum），主要和运动协调有关（Thompson & Krupa, 1994）。中脑包括上丘（superior colliculus）和下丘（inferior colliculus），传递感觉信息和控制运动；以及黑质（substantia nigra），调节奖赏反应的关键神经通路。

图 2.3　脑的组织（见彩插）

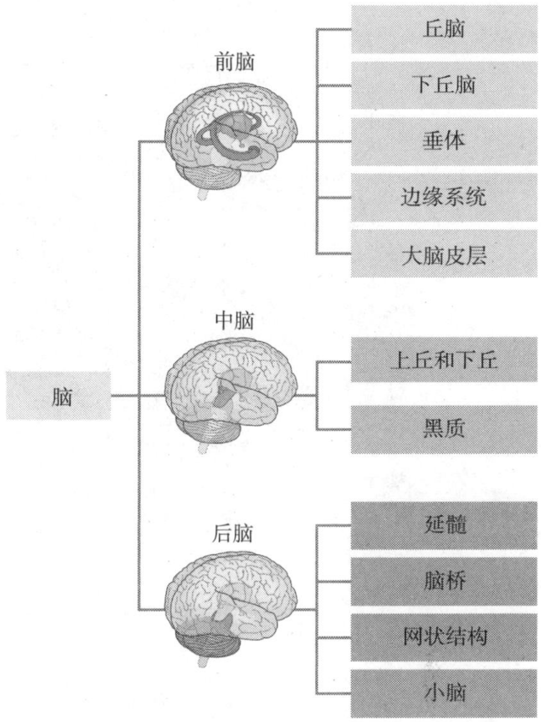

与其他生物相比，人类的前脑相对较大和发达（Kalat, 2007）。大脑的外层称为**大脑皮层**（cerebral cortex; 或简称 cortex; 图 2.5a 和图 2.5b），它是盖奇事故中受到损伤的脑部位。大脑皮层参与很多最高级的思维过程。它由左右两个大脑半球组成，中间通过胼胝体（corpus collosum）相连。每个半球都分为四个脑叶（见图 2.5a 和图 2.5b）：额叶、顶叶、枕叶和颞叶。它们是执行多种功能的大型脑区。

人们发现前脑的其他结构正好位于大脑的下面，因此称之为皮层下结构（subcortical structures）。**丘脑**（thalamus）将来自感觉接收器（例如视觉和听觉）的信息传达给大脑。**下丘脑**（hypothalamus）是位于丘脑下方的一个小结构，调节进食、饮水和性行为。下丘脑也参与一些基本的情绪过程。例如，刺激下丘脑的特定部位会产生愉悦感，而刺激另一些部位则会产生疼痛或不愉快的感觉（Kalat, 2007）。垂体是内分泌系统最重要的部分，将在下一节阐述。

图 2.4　脑的主要结构（见彩插）

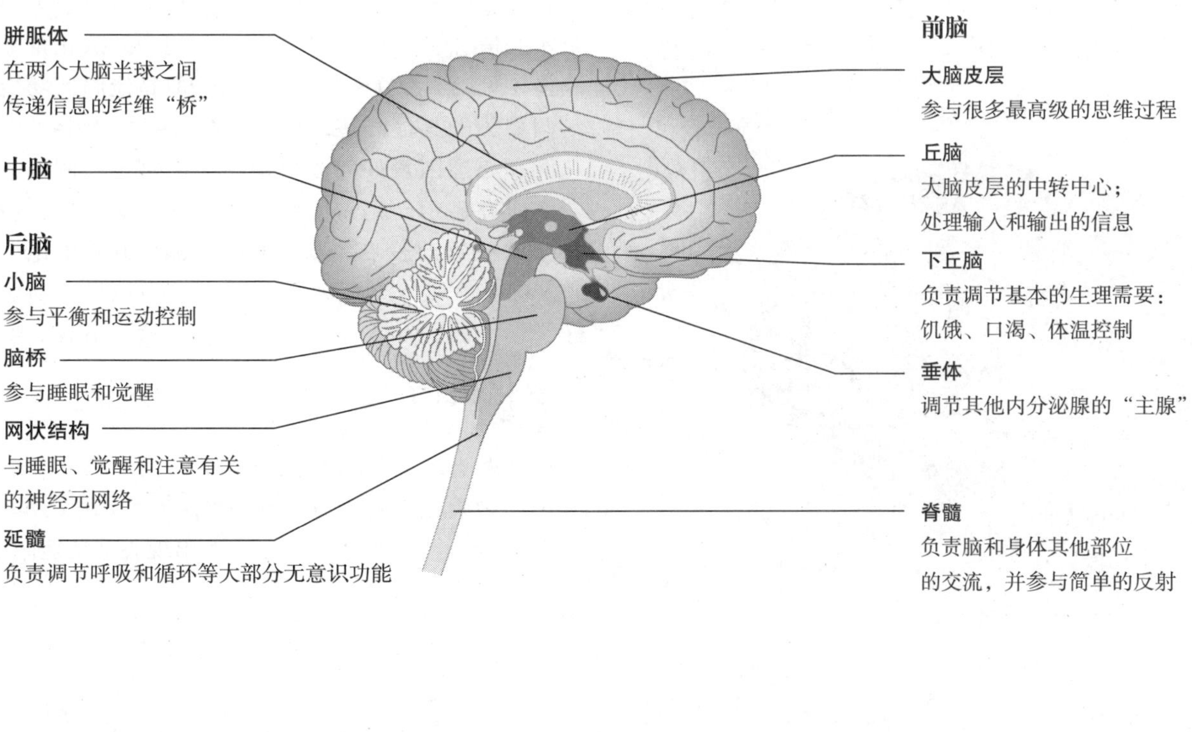

图 2.5 大脑皮层的主要分区（见彩插）

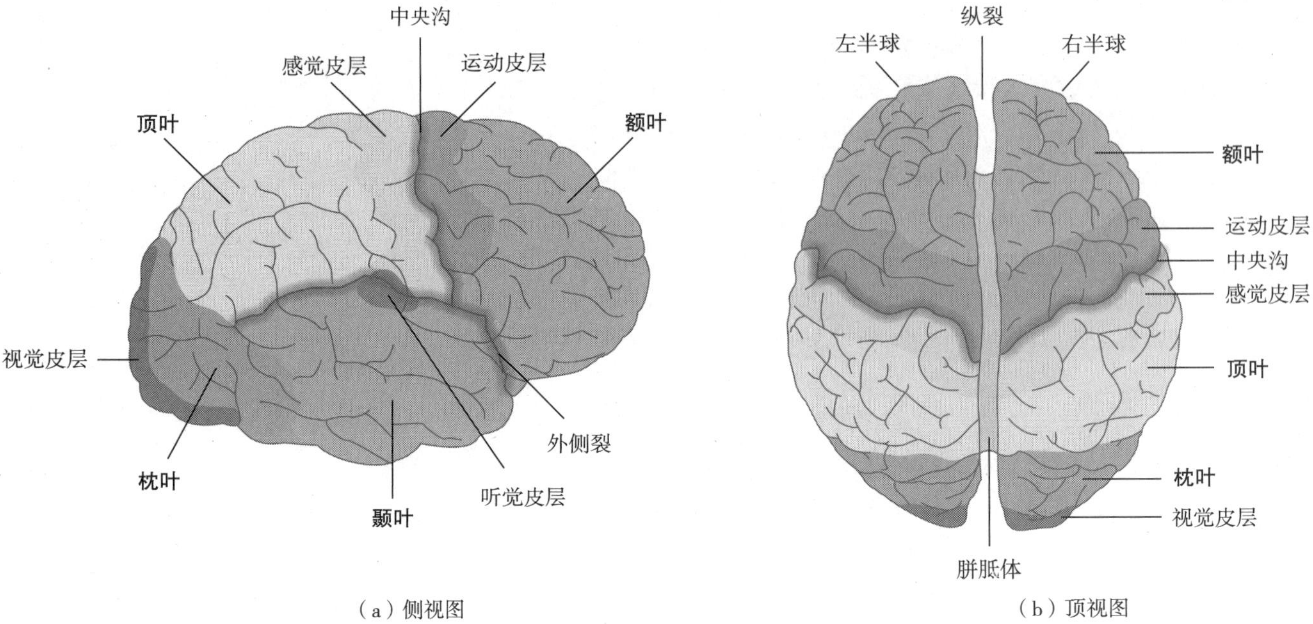

边缘系统（limbic system）在大脑中央核周围，是与下丘脑紧密相连的一组脑结构，调节很多本能行为，如进食、性行为以及对应激事件的反应（图 2.6）。**杏仁核**（amygdala）是边缘系统的一个结构，对恐惧等情绪有关键作用（Le Doux & Phelps, 2000）。边缘系统受损的猴子有时会变得长期好斗，轻微挑衅都会使它狂怒不已；有时又会变得过度消极，对于真正的威胁也不做任何反应。**海马**（hippocampus）是边缘系统的一部分，在记忆中起重要作用。

图 2.6 边缘系统的结构（见彩插）

边缘系统是与下丘脑紧密相连的一组脑结构。它们可以对由下丘脑调节的一些本能行为（如进食、性行为和对压力情境的反应）施加额外的控制。

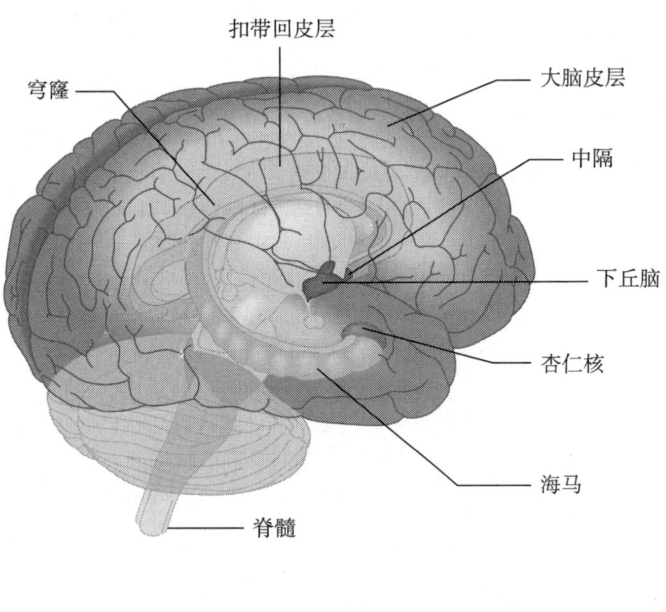

脑功能失调可能是因为损伤，如交通事故中的损伤；也可能是因为引起脑退化的疾病（Kalat, 2007）。精神分裂症是一种严重的心理障碍，患者会产生幻觉（非真实的感知经验）和妄想（非真实的信念），他们的大脑皮层不能有效或正常地运作（见第 8 章）。我们还会碰到与特定脑区功能失调相关的其他心理障碍的病例。我们也会考虑环境和心理因素如何改变脑功能的例子。例如，许多研究显示，无需使用药物治疗，单纯的心理治疗就能够改变脑活动（Frewen, Dozois, & Lanius, 2008）。

生化失衡

大脑的高效运行需要大量的化学物质。这些化学物质包括神经递质和激素，后者由内分泌系统产生。

神经递质

神经递质（neurotransmitter）是一些扮演“信使”角色的生化物质，它们在脑和其他神经系统部位，将神经冲动从一个神经元（neuron）（即神经细胞）传递到另一个神经元（即神经细胞）（见图 2.7）。每一个神经元都有一个胞体（cell body）和一系列称为树突（dendrite）的短分支。树突和胞体接收来自邻近神经元的神经冲动。冲动沿管状的细长轴突（axon）传导，直到轴突末端膨大的突触末梢（synaptic terminal）。神经冲动在这里刺激突触末梢释放神经递质（Kalat, 2007）。

图 2.7 神经递质和突触

神经递质被释放到突触间隙中，然后与突触后膜上的受体结合。

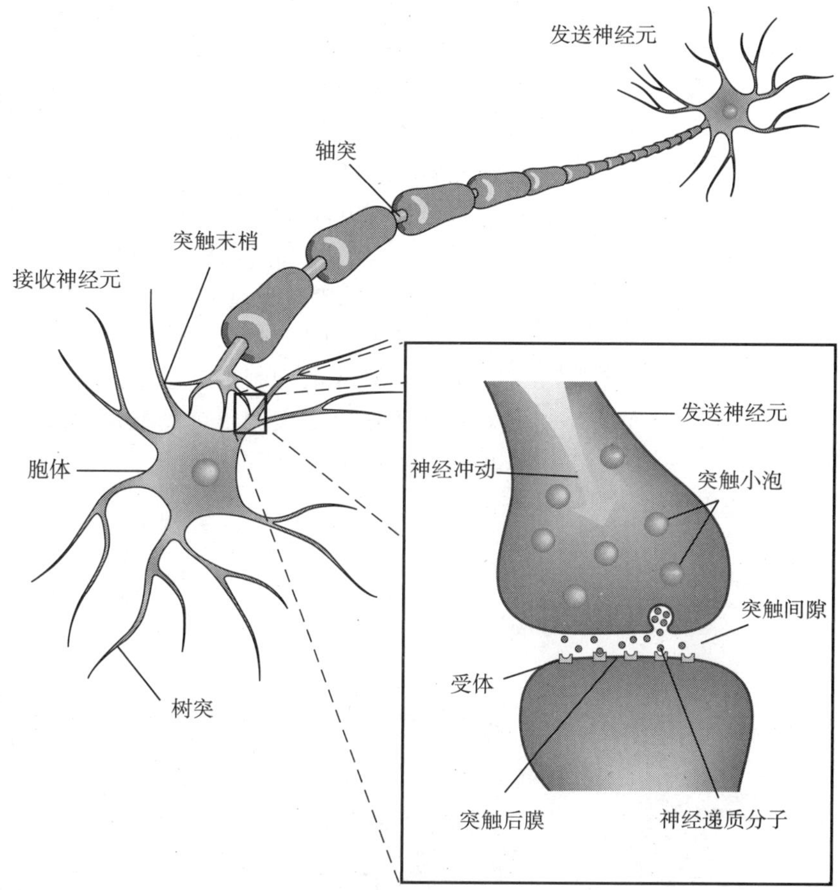

突触末梢实际上并没有接触到邻近神经元。突触末梢与邻近神经元的胞体或树突之间有很小的间隔，称为突触间隙（synaptic gap）或**突触**（synapse）。释放出来的神经递质进入突触间隙，然后和邻近神经元细胞膜上的分子即特定**受体**（receptor）相结合，就像一把钥匙配一把锁一样。这种结合会触发邻近的神经元产生神经冲动，冲动通过它的树突和胞体，然后沿轴突传导，并导致它与其他神经元之间释放更多的神经递质。

心理病理学的很多生化理论认为，突触中特定神经递质的含量与特定的心理病理有关（Kalat, 2007）。两个过程可以影响突触间隙中神经递质的含量。一个过程称为**再摄取**（reuptake），神经元向突触间隙释放神经递质后重新吸收神经递质，从而降低突触间隙中神经递质的含量。另一过程称为**降解**（degradation），接收神经元向突触间隙释放出一种酶，将神经递质分解成其他生化物质。神经递质的再摄取和降解都是自然发生的。当其中一个或两个过程出现故障时，就会导致突触间隙中的神经递质含量过高或过低。

心理症状还与树突上神经递质受体的数量和功能有关（Kalat, 2007）。如果受体数量太少或者不够敏感，神经元就不能充分利用突触间隙中的神经递质。如果受体过多或者过于敏感，神经元就会过度暴露于突触间隙的神经递质中。神经递质存在与否，会导致神经元内部发生复杂的系统性生化改变。心理症状可能是神经递质系统功能失调导致的结果，心理经验也可能是引起神经递质系统功能改变的原因（Kalat, 2007）。

科学家已经识别了 100 多种不同的神经递质。5–羟色胺（serotonin）这种神经递质经过很多关键的脑区并影响其功能。贯穿本书，你将看到 5–羟色胺调节系统的失调是一个跨诊断的高危因素，与几种不同类型的心理障碍有关。5–羟色胺对心理健康特别是情绪和冲动（例如攻击性冲动）有重要作用（Belmaker & Agam, 2008）。

多巴胺（dopamine）是强化或奖赏体验的相关脑区中的重要神经递质，酒精等具有奖赏作用的物质会对多巴胺产生影响（Ruiz, Strain, & Langrod, 2007）。多巴胺对肌肉系统的机能也很重要，并且会影响与肌肉控制有关的障碍，如帕金森病。因此，多巴胺的功能失调也是一个跨诊断的高危因素。

去甲肾上腺素（norepinephrine 或 noradrenaline）是一种主要由脑干神经元生成的神经递质。可卡因和安非他明是广为人知的两种药物，它们可以通过延缓再摄取过程来延长去甲肾上腺素的作用。由于再摄取被延迟，接收神经元的兴奋时间就会延长，从而导致这些药物的心理刺激作用（Ruiz et al., 2007）。另一方面，当大脑中的去甲肾上腺素含量过少时，个体的情绪就会受到压抑。还有一种重要的神经递质是 γ－氨基丁酸（GABA），它的作用是抑制其他神经递质的活动。有些药物是通过促进 GABA 的抑制活动起到镇静作用的。GABA 对焦虑症状有重要影响，因此 GABA 系统功能失调很可能就是引起史蒂夫 • 海斯焦虑的因素之一（Kalivas & Volkow, 2005）。

图 2.8 内分泌系统

下丘脑调节内分泌系统，后者分泌大多数主要的人体激素。

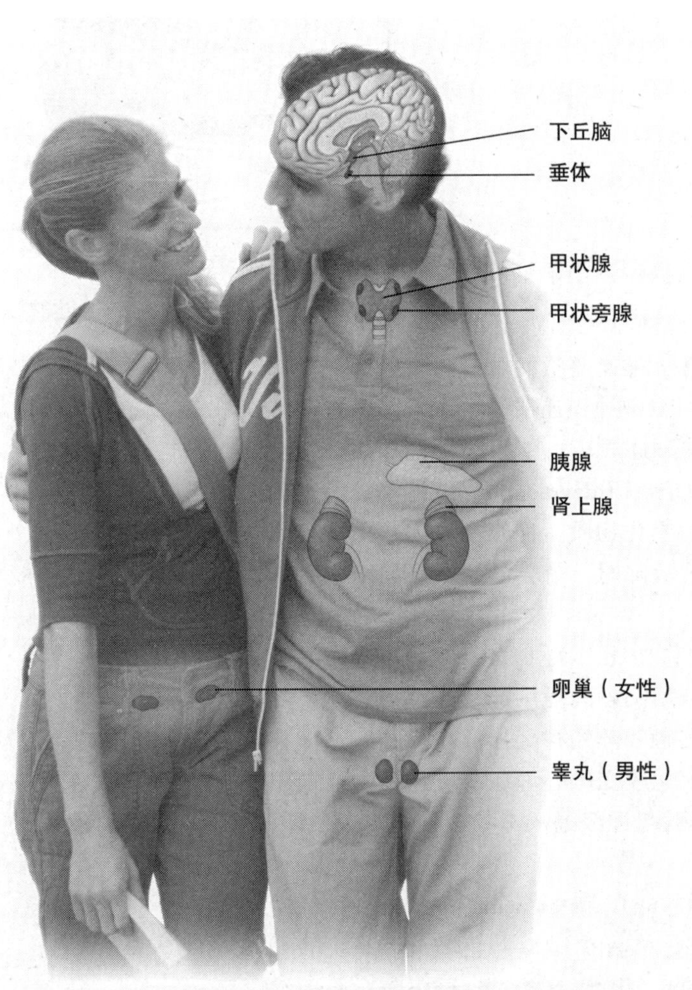

内分泌系统

心理病理学的其他生化理论都在集中研究人体的**内分泌系统**（endocrine system; 见图 2.8）。这个腺体系统分泌多种叫作激素的化学物质，并直接将其释放到血液中。**激素**（hormone）在整个身体中传递信息，并可能影响到人的情绪、能量水平以及对应激的反应(Kalat, 2007)。**垂体**（pituitary）是主要的内分泌腺，由于它分泌的激素种类最多，并且制约着其他内分泌腺体的分泌，因而有“主腺”（master gland）之称。它是脑的一部分突起，位于下丘脑的下方。

垂体和下丘脑之间的关系表明了内分泌系统和中枢神经系统之间复杂的相互作用。例如，对应激（恐惧、焦虑、疼痛等）做出反应时，下丘脑的某些神经元会分泌出一种叫作促肾上腺皮质激素释放因子（corticotropin-releasefactor; CRF）的物质。CRF 通过一个类似管道的结构进入垂体，刺激垂体释放人体主要的一种应激激素，即促肾上腺皮质激素（ACTH）。促肾上腺皮质激素转而通过血液到达肾上腺和其他器官，引起大约 30 种激素的释放，每一种都在人体适应紧急情况时起着一定的作用（Sapolsky, 2007）。

如我们在第 5 章和第 7 章中将要讨论的，一些关于焦虑和抑郁的理论认为，这些心理障碍是下丘脑 – 垂体 – 肾上腺轴（或称 HPA 轴）的机能失调或失常造成的。HPA 轴失调的个体对应激产生异常的生理反应，这使得他们更难应对压力，从而导致焦虑和抑郁。

神经递质和内分泌系统的正常运行需要精巧的平衡，而且很多因素都能打破这个平衡。例如，长期应激会导致神经递质和内分泌系统的失调，这种失调在应激消失后仍然持续。

异常的遗传因素

行为遗传学（behavior genetics）专门研究人格与异常的基因。它主要关注两个问题：(1) 行为或行为倾向多大程度上来自遗传？（2）基因影响行为的过程是什么（Loehlin, 2009）？

我们从回顾遗传学的基本原理开始。受孕时，受精胚胎中含有 46 条染色体，其中 23 条来自卵子，23 条来自精子，由此组成了 23 对染色体。其中一对染色体称为性染色体（sex chromosomes），决定了胚胎的性别：XX 组合为女性，XY 组合为男性。胚胎的母亲总是为其提供一条 X 染色体，而父亲贡献的染色体，则既可以是 X 染色体，也可以是 Y 染色体。

染色体结构或数量改变都可能导致严重的缺陷。例如，当 21 号染色体不是成对出现，而是有三条时，就会导致唐氏综合征。唐氏综合征的特征是智力迟滞、心脏畸形，面部特征则有脸部扁平、鼻子细小、嘴唇和舌头突出和眼睛歪斜等。

染色体由基因组成，基因则是 DNA（脱氧核糖核酸；图 2.9）长链分子序列上的片段。基因将编码指令发送给细胞以表达特定的功能，通常是产生特定的蛋白质。像染色体一样，基因也是成对出现的。每对基因中，一半来自母亲，一半来自父亲。染色体上的基因变异比染色体发生结构和数量上的重大变异更为常见。

图 2.9　染色体

染色体由基因即脱氧核糖核酸（DNA）的长链分子组成。

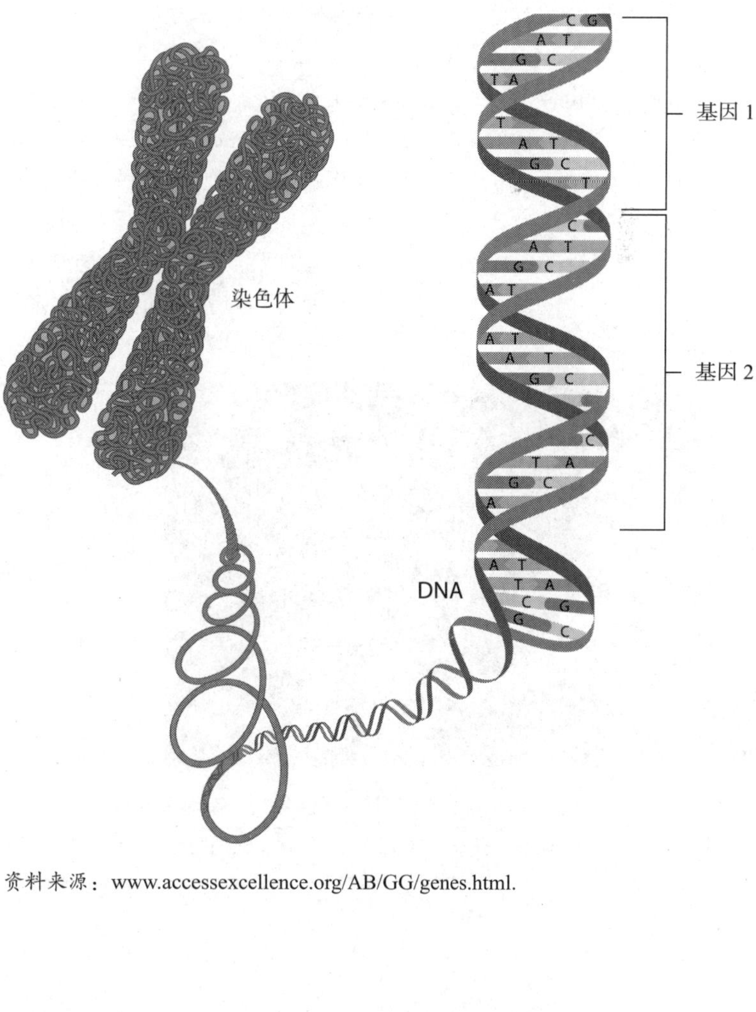

资料来源：www.accessexcellence.org/AB/GG/genes.html.

例如，就像前面提到的，神经递质 5– 羟色胺对抑郁症有作用。5– 羟色胺转运基因就是影响脑内 5– 羟色胺素系统功能的其中一个基因。每个基因都有两个等位基因（alleles）或称编码序列。5– 羟色胺转运基因的等位基因有短（s）或长（l）两种。因此，个体可能拥有两个短等位基因（s/s 基因型）、两个长等位基因（l/l 基因型），或一长一短两个等位基因（s/l 基因型）。有研究指出，5– 羟色胺转运基因的短等位基因（至少一个）会增加罹患抑郁症的风险（Levinson, 2006）。

虽然你可能经常听说科学家发现了导致某主要障碍的“基因”，但大多数障碍并不是由单个变异基因造成的，而是多个变异基因共同作用的结果。每个变异基因都只是或多或少地增加了障碍的易感性。但当大量变异基因同时出现时，个体就可能患上这种障碍。这就是所谓的**多基因**（polygenic 或 multi-gene）过程，个体多个基因的变异导致了特定障碍的发生。很多生理疾病，如糖尿病、冠心病、癫痫、唇裂及腭裂等，都是多基因过程造成的。心理障碍主要类型的基因模型也是多基因的。以抑郁症为例，短等位基因的出现增加了个体患抑郁症的可能性，但是并不足以导致抑郁症。抑郁症是多个基因变异的共同结果（Kaufman et al., 2004）。

基因和环境的相互作用

基因因素和环境在多个方面相互作用，影响我们的行为（Ulbricht & Neiderhiser, 2009）。第一，基因因素会影响我们所选择的环境类型，环境又会强化基因对人格和兴趣的影响。让我们思考一个惊人的例子，这个例子涉及基因 100% 相同的一对同卵双生子。吉姆 • 刘易斯和吉姆 • 斯普林格是一对同卵双生子，从婴儿时期分开后，直到 39 岁才重聚（Holden, 1980）。令他们震惊的是，两人都与名叫琳达的女子结婚，并又都离婚了。两人的第二个妻子都叫贝蒂。两人的儿子都叫詹姆士 • 艾伦，养的狗也都叫托伊。两人都是烟鬼，抽沙龙牌香烟，都是副警长，开雪佛兰牌汽车，都有咬指甲的习惯，喜欢赛车，都有地下工作室，而且都在院子里的树周围建造了白色的环形长椅。

素未谋面的双生子之间的相似性，如与名叫琳达或贝蒂的女子结婚或拥有地下工作室，能由基因来解释吗？遗传学研究者并不这样认为。相反，基因相同的人们可能具有相似的气质和天赋，这导致他们选择了相似的环境（Bouchard & Loehlin, 2001; Johnson, McGue, Krueger, & Bouchard, 2004）。例如，吉姆这对双胞胎都具有木工方面的天赋，因此他们会在地下室修建工作间，并在院子里修建长椅。

基因影响环境选择的例子中，大多数并不像吉姆这对双胞胎这样惊人，不过这种影响对于心理症状的产生可能很重要。例如，攻击和冲动行为都受到基因因素的影响，有这种行为倾向的儿童在选择朋友时，可能就会选择鼓励其攻击和冲动行为并为其提供实施反社会行为机会的人交朋友（Dishion & Patterson, 1997）。

对分开长大的同卵双生子的研究揭示了惊人的相似性。吉姆 • 刘易斯和吉姆 • 斯普林格分开长大，重聚时才发现，他们相似的不仅仅是外貌。

第二，基因和环境的相互作用可以通过环境作为基因倾向的催化剂来实现。例如，像前面提到的，5–羟色胺转运基因中的短等位基因会增加个体罹患抑郁症的风险，但它并不能决定个体是否会患抑郁症。研究者卡斯皮、莫菲特及其同事（Caspi & Moffitt et al., 2003）发现，携带一个以上 5–羟色胺转运基因的短等位基因的个体，成年后罹患抑郁症的风险并不会增加，除非他们在幼年时受到过虐待（见图 2.10）。在没有受过虐待的个体中，5–羟色胺转运基因的基因型与抑郁症之间没有关联。不过 s/l 基因型的人如果受过虐待，则其患抑郁的概率会急剧增加；s/s 基因型的人如果受过虐待，则其患抑郁的概率会更大。后续的一些研究没能重复卡斯皮及其同事的发现（Risch et al., 2009），但是这个有趣的研究激励了很多其他研究者去探索基因 – 环境的相互作用。

第三，**表观遗传学**（epigenetics）是一个有趣的新研究领域，它指出环境条件可以影响基因表达。不同的环境条件可以通过化学方式对 DNA 进行修改，决定基因的表达与否。因此，细胞、组织和器官在发育过程中都会发生变异。表观遗传学研究的是在不改变基因序列的前提下基因表达的可遗传变化。

图 2.10 基因和环境的交互作用

在这一研究中，特定基因和受虐待史的交互作用预测了患抑郁的概率。

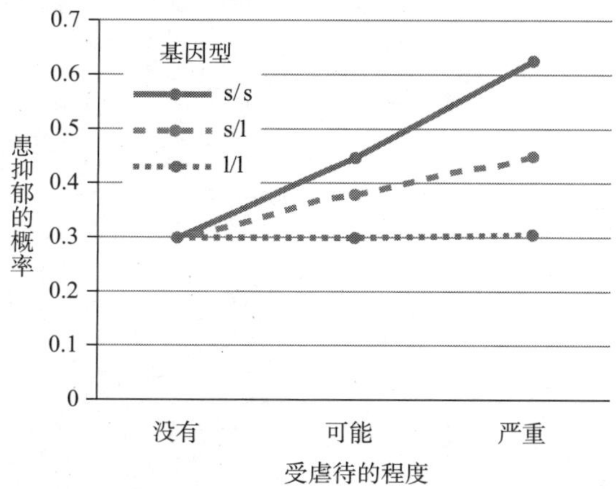

资料来源：Caspi et al., 2003.

研究者迈克尔•米尼研究了表观遗传过程对大鼠应激反应的作用（Hellstrom & Meaney, 2010; Meaney, 2010）。母鼠通常会舔舐和清洁其仔鼠（称为幼鼠），但是不同母鼠之间舔舐和清洁的次数有所差异。与被舔舐和清洁次数较少的幼鼠相比，得到更多舔舐和清洁的幼鼠在成年后更大胆，对应激的生理反应也更适度。此外，舔舐和清洁行为较少的母鼠所生育的幼鼠，如果由舔舐和清洁行为较多的母鼠养育，它们会比由自己母亲养育的幼鼠更大胆，对应激的生理反应更小；舔舐和清洁行为较多的母鼠所生育的幼鼠，如果由舔舐和清洁行为较少的母鼠养育，会比生育它们的母鼠目前养育的幼鼠更胆小，对应激的生理反应也更剧烈。这个研究结果的模式表明，母鼠的行为会影响幼鼠应激反应的发展（Meaney, 2010）。母鼠在幼鼠出生的第一周内，舔舐和清洁行为的多少会影响幼鼠特定激素的分泌。这些激素转而影响特定基因的表达，进而影响海马（参见图 2.6）的发育，海马是影响应激反应的一个脑区。因此在生命第一周，母鼠对幼鼠的行为影响了关键基因的表达，从而改变了一个脑区的发育，进而影响了幼鼠的行为和对应激的生理反应。

表观遗传学在人类心理病理学中的作用才开始得到研究，但是它可能非常重要。例如，表观遗传过程有助于解释共享同一 DNA 序列的同卵双生子是如何在障碍表达中产生差异的。双生子可能都携带了增加其罹患某障碍的风险的基因，但是，如果双生子在胎儿发育或出生后的关键成长期所处的环境不同，那么这些基因的表达可能就会不同，从而导致双生子中的一个罹患该障碍，另一个却没有（见第 8 章）。

药物治疗

针对异常的生物疗法绝大多数是药物治疗（见表 2.1）。这些药物通过改善神经递质系统的功能来减轻心理障碍的症状。

抗精神病药（antipsychotic drugs）有助于缓解精神病症状，包括幻觉（不真实的感知体验）和妄想（怪诞、不切实际的信念）。第一类抗精神病药是*吩噻嗪*（phenothiazines）（Valenstein, 1998）。这些药物对于减轻精神病症状有很大帮助，但也有不少危险的不良反应。这些不良反应包括严重的镇静作用、视觉干扰和*迟发性运动障碍*，这种神经障碍的特征为舌、面、口或下颌的无意识运动（见第 8 章）。幸运的是，一些称为非典型抗精神病药的新药物似乎也能有效治疗精神病，而且不会产生类似的不良反应（见第 8 章）。

抗抑郁药（antidepressant drugs）减轻抑郁的症状（悲伤、动机低下、睡眠不良

表 2.1 心理障碍的药物治疗

以下是用于治疗几种心理障碍的主要药物类型。

类别	目的	例子
抗精神病药	缓解精神病症状（脱离现实、幻觉、妄想）	盐酸氯丙嗪（吩噻嗪类）、氟哌啶醇（丁酰苯类）、氯氮平（非典型抗精神病药）
抗抑郁药	缓解抑郁症状（忧伤、食欲不振、睡眠障碍）	反苯环丙胺（单胺氧化酶抑制剂）、阿米替林（三环类抗抑郁药）、百忧解（5-羟色胺再摄取抑制剂）
锂盐	缓解躁狂症状（不安、兴奋、夸大）	碳酸锂 锂盐
抗焦虑药	缓解焦虑症状（恐惧、忧虑、紧张等）	戊巴比妥钠（巴比妥类）、安定（苯二氮类）

与食欲不振）。选择性5-羟色胺再摄取抑制剂（selective serotonin reuptake inhibitors; SSRIs; 见第7章）是最常用的一类抗抑郁药，作用于5-羟色胺神经递质系统。选择性5-羟色胺－去甲肾上腺素再摄取抑制剂（selective serotonin-norepinephrine reuptake inhibitors; SNRIs; 见第7章）是最新的一批抗抑郁药物，能同时针对5-羟色胺和去甲肾上腺素。SSRI类和SNRI类药物的常见不良反应包括恶心、腹泻、头痛、颤抖、日间镇静、性功能障碍和焦躁。早期的抗抑郁药包括三环类抗抑郁药（tricyclic antidepressants）和单胺氧化酶抑制剂（见第7章）。

元素**锂**（lithium）存在于海水、天然泉水和动植物组织中。它被广泛地用作情绪稳定剂，特别是治疗在抑郁和躁狂（情绪高涨、易怒、夸大、参与危险活动）之间反复的双相障碍。锂盐的明显不良反应包括严重的恶心、视觉模糊、腹泻、颤抖和抽搐（见第7章）。其他用于治疗躁狂症（详见第7章）的药物有**抗惊厥药**（anticonvulsant），其不良反应比锂盐少。

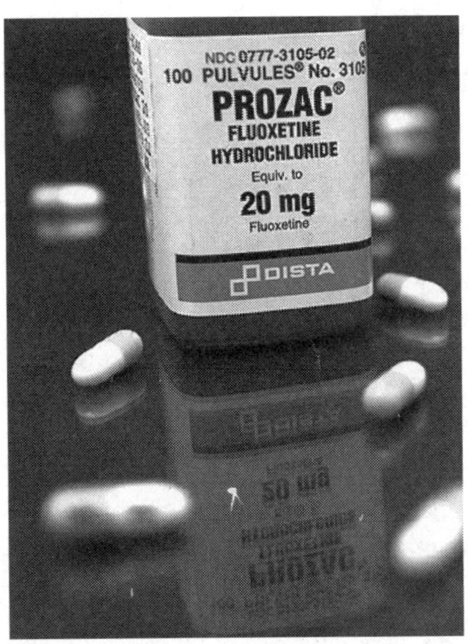

媒体上经常吹嘘包括百忧解在内的所谓的神药，除了治疗严重的心理障碍，还能缓解各种各样的问题。

第一类**抗焦虑药**（antianxiety drugs）是20世纪初引入的巴比妥类（barbiturates）。虽然这类药物有助于产生放松和睡眠的效果，但是它们容易上瘾，断药后可能会产生危及生命的症状，如心率加快、谵妄和抽搐。

另一类主要的抗焦虑药是苯二氮类（benzodiazepines），它也能够减轻焦虑症状，而且对服用者的日常生活机能没有明显影响。安眠药是其最常见用途。在美国，每年开出苯二氮类的处方多达7000万。很不幸，这类药同样容易上瘾，服用6个星期及以上的人中有80%会表现出戒断症状，包括心率加快、易怒和过多出汗。

电休克治疗和新型脑刺激技术

在治疗某些障碍时，除了药物治疗以外，还可以使用**电休克治疗**（electroconvulsive therapy; ECT; 也译作电痉挛治疗、电抽搐治疗）。ECT是在20世纪早期引入的，最初用于治疗精神分裂症。后来，临床医生发现ECT对精神分裂症无效，而对抑郁症有效。

ECT 包含了一系列治疗方式，治疗过程中，通过患者脑部的电流会引起脑痉挛发作。首先，对患者进行麻醉并注射肌肉松弛剂，这样脑痉挛发作时他们就不会有意识，肌肉也不会产生剧烈痉挛。然后在头皮上附上金属电极，接通 70 ～ 150 伏的电流，电流从大脑的一侧流向另一侧，持续时间约半秒钟。通常，患者会产生痉挛，持续时间大约一分钟。完整的治疗包括 6 ～ 12 个疗程，其不良反应有意识混乱和记忆丧失（Sackeim et al., 2007）。

近来，研究者们已经开发出针对性更强、不良反应更少的脑刺激替代技术（Slotema, Blom, Hoek & Sommer, 2010）。*重复经颅磁刺激*（repetitive transcranial magnetic stimulation; rTMS）技术将患者暴露于针对特定脑结构的重复性高强度磁脉冲中。在*深部脑刺激*（deep brain stimulation）技术中，将电极通过手术方式置入特定脑区。这些电极与一个位于皮下的脉冲发生器相连，并将刺激传递到特定脑区。类似地，在*迷走神经刺激*（vagus nerve stimulation）技术中，将电极附着在迷走神经上。迷走神经是神经系统的一部分，可将信息传递到多个脑区，包括下丘脑和杏仁核。这些电极与脉冲发生器相连，将刺激传送到迷走神经，进而到达目标脑区。

一些研究表明，这些新型脑刺激技术有助于缓解患者的抑郁和幻听（听到不存在的声音）症状（Slotema et al., 2010）。对神经元的电刺激能够导致突触间神经传导的长期变化。接受新型脑刺激治疗的患者报告的不良反应更少，通常只是轻微的头痛，可用阿司匹林治疗。因此，这些技术有望成为有效、安全的替代疗法，尤其是针对那些对药物治疗没有疗效而又无法忍受 ECT 的患者。

精神外科手术

我们在第 1 章中已经描述了，史前时期人们对心理障碍患者进行环钻术这样的原始外科手术，以驱除导致心理障碍的邪魔。现代脑手术直到 20 世纪初才真正成为心理障碍的治疗手段。葡萄牙神经学家安东尼奥•莫尼斯（Antonio de Egas Moniz）于 1935 年提出了一种治疗手段，即将精神病患者脑中的额叶和低级中枢之间的联系切断。这一治疗手段最终发展成为前额叶切除术。虽然莫尼斯因此获得了诺贝尔奖，但是前额叶切除术最终还是因其残忍性以及对精神病的治疗效果欠佳而遭到指责（Valenstein, 1986）。患者经常遭受严重、持久的不良反应，包括缺乏冲动控制或发起行动的能力、无精打采、情绪低落、惊厥，有时甚至会死亡。

到了 20 世纪 50 年代，**精神外科手术**（psychosurgery）的使用急剧下降，在美国以外的国家尤其如此。如今，我们几乎不再使用精神外科手术，除非用于治疗那些对其他治疗方式毫无疗效的严重患者。随着现代神经测量和外科技术的进步，虽然精神外科手术仍然具有很大的争议性，特别是在专业人士中，但它比过去更精确、更安全了。精神外科医生力图损伤或破坏与患者症状相关的微小脑区。然而，精神外科手术一直存在着一个悬而未决的大问题，即我们不知道引起绝大部分精神病症状的究竟是哪些脑区，而且，似乎任何障碍都可能是多个脑区共同作用的结果（Valenstein, 1986）。

生物学取向的评价

生物治疗给心理障碍患者的治疗带来了一场革命。20 世纪初，我们只能安置和安抚严重的心理障碍患者。进入 21 世纪后，由于近几十年来在生物治疗方面取得的成就，我们能够成功地治疗许多患者，让他们过上正常生活。

很多人都发现，生物学理论的吸引力在于它们似乎消除了患者可能遭受的任何责难或责任。实际上，很多精神病患者的支持机构都主张将心理障碍视为医学疾病，与糖尿病或高血压等一视同仁，而且心理障碍患者必须接受他们患病的事实，并寻求恰当的药物治疗。

尽管目前非常流行，但生物治疗并非万能，不是对每个人都有效。实际上，有些心理障碍患者对现行药物或其他生物治疗毫无效果。此外，对于某些心理障碍如恐怖症（见第 5 章），心理治疗能够比药物治疗更有效地减轻症状。

就像本书其他部分将会描述的，多数生物治疗都有明显的不良反应。一般情况下，这些不良反应是可以忍受的，人们也愿意忍受，是因为他们的心理障碍症状因此得到了减轻。但对于有些患者来说，不良反应带来的痛苦比障碍本身还要严重。对另一部分人来说，不良反应可能十分危险，甚至危及生命。

一些针对生物治疗和药物治疗的批评者表达了他们的担忧，人们将依赖药物，而不是去处理造成他们心理障碍的生活问题。批评者们也争辩说，生物治疗常常忽视了一个事实：环境和心理过程能够影响生物功能。最后，近来的研究发现，与将精神健康问题归因为非生物因素的人相比，将精神健康问题归因为生物因素的人对康复的预后更悲观（Lebowitz & Ahn, 2012）。

心理学取向

现在我们转向讨论从心理学取向来理解和治疗异常。我们从行为取向和认知取向开始，这也是很多心理病理学研究的重点。然后我们会讨论心理动力学取向、人本主义取向、家庭系统取向和第三浪潮取向。

行为取向

行为取向（behavioral approaches）的重点是强化和惩罚作用在引发行为方面的影响。行为主义认为，学习的两个核心原理或过程是经典条件作用和操作性条件作用。学习也可以通过模仿或观察学习产生。

经典条件作用

20 世纪之交，俄国生理学家伊万•巴甫洛夫在进行狗的唾液腺实验时有了重大发现，由此引发了心理学理论的一场革命。毫无疑问，当巴甫洛夫或助手把食物放到狗的嘴里时，狗就会分泌唾液，这很正常。但巴甫洛夫注意到，一段时间后，只要他或助手走进房间，狗就会分泌唾液。

巴甫洛夫将之前为中性的刺激（他自己）与可以自然引起某种反应的刺激（可以引起唾液分泌的一盘食物）成对呈现，最后中性刺激（巴甫洛夫）也能够引起反应（唾液分泌）。这个过程称为**经典条件作用**（classical conditionig）。能自然引起反应的刺激是**无条件刺激**（unconditioned stimulus; US），由无条件刺激引起的反应是**无条件反应**（unconditioned response; UR）。因此，在巴甫洛夫的实验中，食物是无条件刺激，食物引起唾液分泌是无条件反应。之前为中性的刺激是**条件刺激**（conditioned

图 2.11　经典条件作用的刺激和反应

根据行为主义理论，经典条件作用是异常行为习得的主要方式。

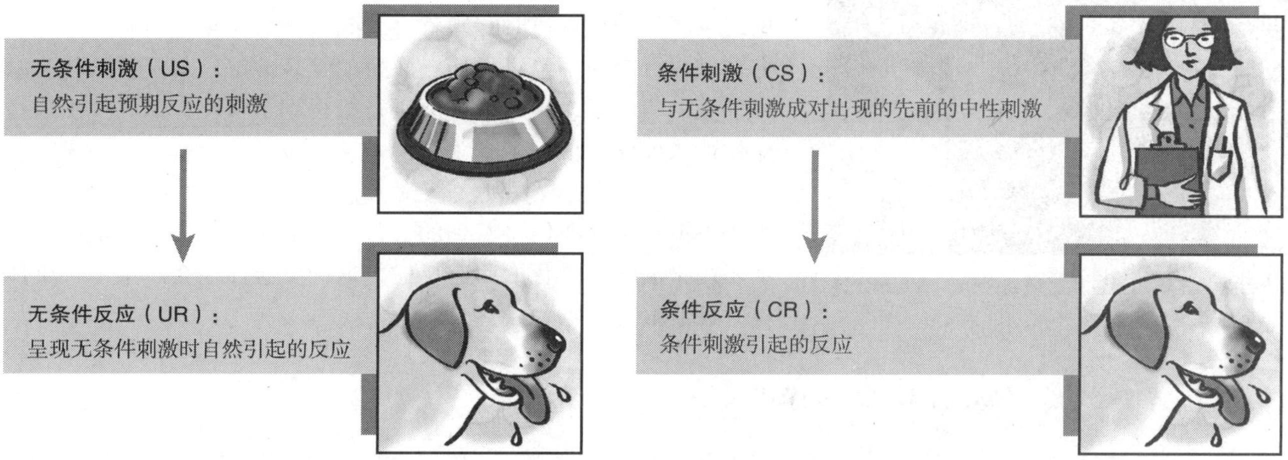

stimulus; CS），由此引起的反应称为**条件反应**（conditioned response; CR）。因此，巴甫洛夫就是条件刺激，狗看见他产生的唾液分泌反应是条件反应（见图 2.11）。

经典条件作用可以用来解释人们对中性刺激所表现出非理性的反应。例如，某个大学生曾经在某间教室里考砸了一次重要考试，当她再次走进这个教室时直冒冷汗，她的这个反应就是经典条件作用造成的。这间教室变成了条件刺激，它和引起焦虑的无条件刺激（考试失败）成对出现，因而引起了焦虑反应。

操作性条件作用

桑代克观察到，获得奖赏的行为会得到强化，而遭到惩罚的行为会被削弱。桑代克把这个简单而重要的发现称为效果律，它促使了**操作性条件作用**（operant conditioning）原理的发展。该原理通过奖赏想要的行为和惩罚不想要的行为来塑造行为。

20 世纪 30 年代，斯金纳证明，如果把按压杠杆与获取食物联系在一起，那么鸽子就可以学会按压杠杆；如果把按压另一根杠杆与电击联系在一起，那么鸽子也能学会避免按压它。同样，如果孩子每次整理床铺之后都能得到母亲的拥抱或亲吻，他就能学会整理自己的床铺；如果每次打了弟弟就不能看自己喜欢的电视节目，他就能学会不再打弟弟。

在操作性条件作用中，如果每次行为出现时都伴随奖励或惩罚，那么就能以最快的速度习得该行为。这种持续的反应叫作连续强化程序（continuous reinforcement schedule）。不过，行为也可以通过部分强化程序（partial reinforcement schedule）习得并维持。部分强化程序是指只在某些时候对行为反应进行奖励或惩罚。通过部分强化程序习得的行为比通过连续强化程序习得的行为更难以消退（extinction），消退是指消除已经习得的行为。这是因为，在偶尔得到奖励的情况下习得的行为，并不需要持续的奖励来维持。赌博行为就是一个很好的例子。经常赌博的人很少得到奖励，但他们会继续赌博，期望着偶然的、不可预期的赢钱。

霍巴特·莫勒（Mowrer, 1939）提出的两因素模型指出，把经典条件作用和操作性条件作用结合起来，可以解释恐惧的持久性。一开始，人们在经典条件作用的作

赌博行为只是偶尔通过赢钱得到强化，然而这让该行为更加难以消退。

用下对之前的某个中性刺激产生恐惧反应，然后通过操作性条件作用，他们形成了回避恐惧诱因的行为。例如，某位女士通过经典条件作用对桥产生了恐惧，她小的时候从桥上掉进过冰冷的水里，现在每当靠近桥时，她就会感到极度的焦虑。她研究出了一套在城内行走而不经过任何一座桥的复杂方法。避开桥的行为减轻了她的焦虑感，因此这种回避行为得到了强化。这位女士通过操作性条件作用形成了条件化的回避反应（conditioned avoidance response）。然而，结果她一直避开桥，也就没有机会消除对桥的原始恐惧。正如我们将看到的，行为主义者提出的很多治疗技术主要用于消除条件化的回避反应，这种反应往往会严重干扰个体应对日常生活的能力。

模仿和观察学习

斯金纳和其他“纯粹”行为主义者认为，人和动物只通过直接的奖励或惩罚习得行为。然而，20 世纪 50 年代，心理学家艾伯特•班杜拉指出，人们可以通过观察其他人来习得行为，这一观点成为广为人知的社会学习理论（social learning theory）。首先是**模仿**（modeling），人们通过模仿生活中重要人物（尤其是父母）的行为模式来学会新行为。当模仿者认为模仿对象与自己更相似或将其视为权威人物时，就更容易通过模仿来实现学习。例如，班杜拉（Bandura, 1969）认为儿童最容易模仿父母亲中同性别一方的行为模式，因为父母是权威人物，也因为父母中的同性别一方比不同性别一方更像儿童自己。

其次，当一个人观察到他人从行为中得到奖励或惩罚，他们会据此来调节自己的行为，因而产生了**观察学习**（observational learning）。例如，一个孩子看见兄弟姐妹把食物掉到了地上，并因此遭到了惩罚，他通过观察了解到把食物掉到地上的后果，因此力图避免做出类似行为。有些理论家指出，甚至某些极端的不良行为，如青少年的枪击暴力事件，都是通过观察学习得来的。青少年在媒体上看见演员因暴力行为而扬名立万，就会学习那种行为。在某些视频游戏中，他们也会因为暴力行为而得到直接的奖励。

行为治疗

行为治疗（behavioral therapies）的重点是找出导致适应不良行为的强化物或惩罚物以及改变具体的行为。行为治疗的基础是对来访者问题进行行为评估（behavioral assessment）。治疗师与来访者要一起来确定引起来访者产生不需要的行为或情绪反应的具体情境：什么场合可能诱发焦虑症状？来访者何时最可能开始酗酒？与他人的何种互动会让来访者感到沮丧？

许多具体技术可用于改变行为（见表 2.2）。**系统脱敏疗法**（systematic desensitization therapy）是一种非常重要的行为治疗，它是一种循序渐进的方法，可以消除对刺激的焦虑反应，以及常伴随焦虑同时出现的适应不良行为。系统**脱敏**（desensitization）过程中，来访者先要学习放松练习，然后形成不同恐惧刺激等级，范围从引起轻微焦虑的刺激到导致严重焦虑或者惊恐的刺激。恐蛇症患者可能会把“想象房间对面密封容器里的一条蛇”放在这个等级结构的最底层级。上一个层级可能是“观看其他人拿着蛇”。最高层级则是“自己拿着蛇”。然后，治疗师将从最不恐惧的刺激入手，

表 2.2　行为改变技术

下面是行为治疗所使用的一些技术。

名称	描述
去除强化物	让个体脱离具有强化作用的场合或环境
厌恶疗法	使曾经具有强化作用的环境或刺激变得不再具有强化作用
放松练习	帮助个体主动控制焦虑的生理表现
分心技术	帮助个体暂时把注意力从引起焦虑的情境或焦虑的生理表现上转移开
满灌疗法或冲击疗法	将个体暴露在引起恐惧的刺激之中，而不允许有任何回避行为
系统脱敏	将放松练习和厌恶刺激的分级暴露结合起来使用
通过操作性条件作用来塑造反应	奖赏想要的行为
行为契约	达到邻近目标则给予奖赏
模仿和观察学习	树立期望的行为榜样，使来访者可以通过观察来学习

帮助患者通过这个等级结构。治疗师可能会要求来访者生动地想象该恐惧刺激，甚至让他短时间地面对这一刺激，同时进行放松练习以控制焦虑。如果来访者在想象或体验最不恐惧的刺激时不再感到焦虑，他就可以开始想象或体验高一级别的刺激，同时进行放松练习。这一过程一直持续到当他在想象或体验最高等级的刺激时都不再产生焦虑为止。因此，系统脱敏疗法结束时，恐蛇症患者应该可以手拿一条大蛇而不会产生焦虑。

通常，系统脱敏疗法要结合模仿，来访者会看到治疗师拿起一条蛇，抚摸并玩耍它，但并没有害怕、被咬或窒息，而且似乎很享受玩耍蛇的过程。最后，鼓励来访者去模仿治疗师对蛇所做的行为和反应。有些情况下，只要求接受系统脱敏疗法的来访者想象引起恐惧的刺激。其他情况下，则要求他们亲身体验刺激，触摸蛇或者把蛇抓在手里。后一种方法叫作现场暴露法，一般比想象暴露法更有效（Follette & Hayes, 2000）。

行为取向的评价

行为主义理论家为科学检验正常行为和异常行为发展的假设制定了标准。从这些理论发展而来的假设是精确的，为检验此类假设所做的研究也是严格控制、精确无误的。就像我们在后面的章节中将会看到的，这些研究对多种异常行为的行为主义解释提供了强有力的支持，特别是焦虑障碍中的恐怖症和惊恐障碍（Newmann et al., 2011）。类似地，行为治疗的有效性在控制研究中受到了广泛和系统的支持（Follette & Hayes, 2000）。

行为疗法在治疗恐怖症上非常有效。

行为主义理论确实有不足之处。行为主义原则还不能够清楚地解释如精神分裂症这样的障碍。行为主义理论的多数证据来自实验室研究，然而就像我们将在第 4 章中讨

亚伦 • 贝克是心理病理学认知理论的奠基人之一。

论的，实验室中的结果并不是总能应用于复杂的现实世界。此外，行为主义理论也遭到批评，因为它不认可行为中的自由意志，即人们主动做出选择，以反抗施加于他们的外力。

认知取向

认知理论（cognitive theories）认为促成人类行为的不仅仅是奖赏和惩罚。相反，我们的**认知**（cognitions），即思维或信念，也在塑造行为和情绪体验。

当我们遇到事情的时候，我们会问自己为什么会发生这件事（Abramson, Metalsky & Alloy, 1989; Abramson, Seligman, & Teasdale, 1978）。这个“为什么”的答案就是我们对该事件的**因果归因**（causal attribution）。我们对事件的归因能够影响我们的行为，因为它们影响我们赋予事件的意义以及今后对类似事件的预期。

我们对自身行为的归因能够影响我们的情绪和自我概念。例如，如果我们将待人粗鲁的行为归因为情境因素（他人首先做出粗鲁行为），那么我们可能会感到轻微的愧疚，但也可能觉得合情合理。然而，如果我们将该行为归因为人格因素（我是个粗鲁的人），那么我们可能会感到内疚，自尊也会受损。

除了对具体事件的归因，我们还对我们自身、对人际关系以及这个世界抱有宽泛的信念。这些信念既可以是积极的、有帮助的，也可以是消极的、破坏性的。此类宽泛的信念称为**整体性假定**（global assumption）。该观点有两位著名的倡导者，艾伯特 • 埃利斯（Albert Ellis）和亚伦 • 贝克（Aaron Beck）。他们认为，大多数消极情绪或适应不良行为都是一个或多个整体性假定功能失调的结果，而这些整体性假定对人生具有指导意义。下面列出了一些常见的功能失调假定：

1. 无论我做什么，都应该人见人爱。
2. 遇到问题时，逃避优于面对。
3. 我应该是一个超级能干、绝顶聪明的人，无论做什么都会成功。
4. 我必须有绝对的自我控制。

抱有上述信念的人在应对情境的时候往往带着非理性的思维和行为以及消极情绪。例如，认为自己是超级能干、绝顶聪明并能在人生各个方面都取得成功的人，他们在遇到微小的失败或不好的事情时就会极度沮丧。如果某次考试成绩不理想，就可能会萌生“我是彻底的失败者，我什么事也做不成，我原本应该考得很好”这样的想法。

认知治疗

认知治疗（cognitive therapies）帮助来访者识别和克服这些消极思维以及功能失调的信念系统。认知治疗师也会帮助来访者学习更有效的问题解决技巧，以处理生活中的实际困难。认知治疗是短期设计，持续时间大约 12 到 20 周，每周进行 1 到 2 次治疗（Beck, Rush, Shaw, & Emery, 1979）。认知治疗有三个主要目标（Beck, 1976）：

1. 协助来访者识别非理性和适应不良的想法。可能会要求来访者记日志，每当感到焦虑时就记下当时的想法。
2. 教会来访者去对抗自己非理性和适应不良的想法，思考替代的思维方式。可能会要求来访者对某个信念的依据进行评估，或思考他人可能会怎么看待某个困难情境。
3. 鼓励来访者直面自己对某种情境的最大恐惧，认识自己能够应对的方法。

认知行为治疗可能会让患有社会焦虑的来访者去完成在收银台与收银员交谈的行为任务，这也是治疗的一部分。

认知技术常与行为技术结合使用，也就是著名的**认知行为治疗**（cognitive-behavioral therapy; CBT，也译作认知行为疗法）。治疗师可能会利用行为任务来帮助来访者获得与其信念有关的证据，检验对某个情境的不同观点，以及尝试用新方法来处理不同的情境。不论结果如何，在治疗中将这些任务作为检验假设和收集信息的方法分配给来访者，这都是有用的。这些任务也包括尝试新技巧，如使两次治疗之间的交流更有效的技巧。

下面的个案研究展示了治疗师如何利用行为任务来为抑郁的学生提供机会，让他们去练习新技巧，以及收集产生负性情绪的那些想法。

个案研究

某个学生害怕与教授面谈某门课程成绩未完成的问题，因而无法获得学位。她确信教授会“朝她吼叫”，因此无法完成给教授秘书打电话安排与教授会面的任务。最后她同意接受现场任务：她在治疗师的办公室给教授打电话。她在打电话之前、期间以及之后的想法和感受都得到了仔细的考查和分析。如料想的一样，教授接到他先前的这位学生的电话非常高兴，并欣然接受了她的期末论文。她因此得以认识到自己的信念是适应不良的，也是错误的。（摘自 Freeman & Reinecke, 1995, pp. 203-204）

认知取向的评价

适应不良认知的影响得到了证据支持，尤其在心境障碍和焦虑障碍的研究中，以及越来越多的性障碍和物质滥用障碍的研究中（Joormann, 2008）。此外，就像我们在后面章节中将看到的，认知疗法已经被证明在治疗这些障碍方面是有用的（Hollon & Dimidjian, 2008）。

认知理论最大的局限在于，它很难证明：适应不良的认知是先于并导致心理障碍产生，而不是由心理障碍所导致的症状或结果。例如，抑郁的人显然有抑郁的想法。但是，这些想法是导致抑郁症的原因，还是抑郁症所表现出来的症状呢？然而，要明确地回答这个问题，其难度比你想象的要难得多。

西格蒙德 • 弗洛伊德认为正常和异常行为都受到需要和驱力的驱动，这些需要和驱力大多是无意识的。

心理动力学取向

异常的**心理动力学理论**（psychodynamic theories）认为所有的行为、思想和情绪，无论正常与否，都在很大程度上受无意识过程的影响（McWilliams & Weinberger, 2003）。心理动力学理论在 19 世纪晚期由西格蒙德 • 弗洛伊德开创，后得到扩展并纳入了几个较新的理论。这些新理论接受弗洛伊德关于人类心智运作的很多基本假设，但强调的过程与弗洛伊德不同。

弗洛伊德创立的**精神分析**（psychoanalysis）包括：（1）人格和心理病理学理论，（2）探查心理的方法，（3）心理病理学的治疗形式（McWilliams & Weinberger, 2003）。就像我们在第 1 章看到的，弗洛伊德是维也纳的神经学家，19 世纪晚期，他在巴黎与让 • 夏可一起工作的时候，开始对无意识过程产生兴趣。回到维也纳后，他与内科医生约瑟夫 • 布洛伊尔共事。他们最引人注目的研究是“安娜 • O”案例。

安娜 • O 表现出大量的癔症（没有明确生理原因的生理疾病）症状，包括双腿和右臂瘫痪、失聪及言语混乱。布罗伊尔想对她实施催眠，希望通过暗示治愈她的症状。安娜 • O 开始讲述过去的痛苦记忆，这些记忆明显与她的癔症症状有关。她对这些记忆表现出了极大的痛苦，但是，当她在催眠状态下追忆过去之后，很多症状消失了。布罗伊尔把与这些记忆相关的情绪释放叫作**宣泄**（catharsis），而安娜 • O 则把整个过程称为“谈话疗法”。

布罗伊尔和弗洛伊德提出，癔症是创伤记忆被压抑在潜意识中所导致的结果，因为这些记忆太令人痛苦了。他们将**压抑**（repression）定义为动机性地遗忘那些痛苦的经历，如儿时遭受虐待的经历，或不被接受的愿望，如伤害他人的愿望。压抑并不能消除与记忆和愿望相关的情绪。相反，布罗伊尔和弗洛伊德认为，这种情绪会“累积起来”，并以心理症状的方式出现。

本我、自我和超我

弗洛伊德认为激发人类行为的两个基本内驱力是性驱力和攻击驱力，弗洛伊德称前者为**力比多**（libido）（McWilliams & Weinberger, 2003）。源自这些驱力的能量会持续不断地寻求释放，但可由不同的心理系统进行疏导或控制。弗洛伊德的大多数著述集中探讨了力比多（或力比多驱力），因而我们的讨论也不例外。

根据弗洛伊德的观点，人类心智中有三个系统可以协调力比多，分别是本我、自我和超我（McWilliams & Weinberger, 2003）。**本我**（id）是力比多产生的系统，它的驱力和冲动在寻求即刻地释放。本我遵循快乐原则，追求将快乐最大化、痛苦最小化，越快越好。

弗洛伊德认为，随着儿童逐渐长大，他们开始认识到自己并不总能马上满足自身的冲动。本我的一部分分离，成为**自我**（ego）。自我是寻求使用社会规则所允许的表达方式来满足我们的愿望或需要的一股力量。学龄前的儿童可能还想吮吸母亲的乳房，但他知道那已经是不可能的了，因而他可能会依偎在母亲膝下以得到满足。

弗洛伊德进一步提出，**超我**（superego）是在儿童期后期从自我发展而来的。超

ScienceCartoonsPlus.com

我是一个仓库，里面储存了从父母和社会那里学来的行为规范。这些行为规范表现的是绝对道德标准。我们内化了这些道德标准，因为遵循这些标准生活能减轻焦虑（McWilliams & Weinberger, 2003）。

弗洛伊德认为，本我、自我和超我之间的绝大部分互动发生在**无意识**（unconscious）层面，完全超出了我们的意识。**前意识**（preconscious）是介于无意识和**意识**（conscious）之间的区域。有些源于无意识的内容（如愿望、需要或记忆）也许能进入前意识，但是很少能达到意识层面。因为这些无意识愿望对个人或社会来说，往往是无法接受的，它们一旦渗入意识就会产生焦虑，从而促使自我把这些冲动压回到无意识之中。将这些内容压回无意识的过程就是压抑（McWilliams & Weinberger, 2003）。

弗洛伊德，后来还有他的女儿安娜•弗洛伊德，都描述了一些策略或**防御机制**（defense mechanisms），自我会使用这些防御机制来伪装或转换无意识愿望。个体经常使用的特定防御机制会影响其行为和性格的形成。表 2.3 列举了一些基本的防御机制及相关例子。每个人都在某种程度上使用了防御机制，因为每个人都必须保护自己，以防意识到那些不被接受的愿望，并遵循社会规范。当个体的行为被防御机制控制，

表 2.3　防御机制

西格蒙德•弗洛伊德和安娜•弗洛伊德描述的防御机制。

防御机制	定义	例子
退行	为了避免焦虑并满足当前需要，退回到较早的发展阶段的行为	一个被爱人遗弃的女人蜷缩在椅子里，一边摇晃一边吮吸手指。
否认	拒绝感知或接受现实	妻子刚刚去世的丈夫拒绝接受妻子的死亡并四处寻找她。
置换	将不被接受的情感从真正的目标转而发泄到其他人或物上	对孩子生气的女人踢了一条狗。
合理化	创造一个可接受的动机来解释无法接受的行为	杀死无辜平民的士兵说自己只是服从命令。
理智化	采用冷静、疏离的态度来处理实际上产生了强烈不快感的事件	因为每天晚上都看到受严重枪伤的年轻人而感到不安的急诊室医生，在和同事谈话的时候，只谈论治疗的技术问题。
投射	把自己无法接受的动机或愿望归因到别人身上	对同事产生性渴望的丈夫指责妻子欺骗自己。
反向形成	采用与自己真实倾向相反的态度和行为	无法接受自己同性恋倾向的人表现出极端的恐同症。
认同	为了提高自我价值而认同地位更高的人的观点、价值观和倾向性	囚犯用其逮捕者的态度对待其他囚犯。
升华	把愿望和需求转变成社会接受的行为	具有强烈攻击冲动的年轻人受训成为拳击手。

或防御机制本身适应不良时，这些防御机制就会导致异常、病态的行为。

性心理发展阶段

精神分析理论认为，儿童从其早期照料者那里得到的养育极大地影响了其人格发展。弗洛伊德提出，儿童在发育过程中要经历一系列普遍存在的**性心理发展阶段**（psychosexual stages）。性驱力在各个阶段会集中刺激特定的身体部位，而且特定的心理问题能够诱发儿童的焦虑。儿童试图满足其基本需求和愿望，照料者（一般为父母）对此所采取的反应极大地影响到儿童能否顺利度过特定阶段。如果父母未能作出恰当的反应，没能帮助儿童学会用可行的方法来满足和控制内驱力和冲动，那么儿童的发育就会固着在某个阶段，陷入该阶段的焦虑和问题，永远无法成功地跨过这个阶段进入到下一阶段。

根据弗洛伊德的观点，生命的第一个阶段是**口欲期**（oral stage），从出生持续到第 18 个月。在此期间，婴儿通常通过进食或吸奶对嘴唇区域进行刺激，使力比多的冲动得到最好的满足。这个阶段的婴儿完全依赖照料者来获得满足，因此，此阶段的中心问题是个人的依赖和他人的可靠性问题。如果照料者，特别是母亲，不能随时在儿童身边，儿童就会养成极深的不信任感和被遗弃的恐惧感。固着在口欲期的儿童发展出“口欲人格”，其特征是对他人过度依赖，但又不信任他们的爱。很多集中在嘴唇区域的习惯都被认为是口欲人格的反映，如抽烟、酗酒和贪食。

肛欲期（anal stage）从第 18 个月开始，持续到 3 岁。在这一阶段，满足集中在肛门区域。儿童对如厕活动很感兴趣，尤其是排便和忍便的过程。如果父母在如厕训练过程中对儿童过分严厉或苛刻，就可能造成肛欲期固着。“肛欲人格”的人据说是顽固、过度控制、吝啬的，并且过度关注秩序和整洁。

生殖器期（phallic stage）从 3 岁左右持续到 6 岁，期间的愉悦感集中在生殖器官上。性发育过程中最重要的心理冲突出现在生殖器期，而且男孩和女孩有所不同。弗洛伊德认为，男孩受到来自母亲的性吸引力，并把父亲作为情敌来憎恨。弗洛伊德称之为**俄狄浦斯情结**（Oedipus complex），源于希腊神话人物俄狄浦斯，他在不知情的情况下杀死了自己的父亲，并娶自己的母亲为妻。男孩担心父亲会阉割他们作为报复，这种恐惧让他们放弃对母亲的欲望，并渴望变得和父亲一样。俄狄浦斯情结的成功解决可以使男孩认同自己的父亲和父亲的价值体系，从而有助于向男孩灌输强大的超我。

弗洛伊德认为，在生殖器期，小女孩发现自己没有阴茎，并为此惶恐不安。她们还意识到自己的母亲同样没有阴茎，并因这一缺陷而鄙视母亲以及所有的女性。女孩开始迷恋父亲，希望父亲能够把自己缺少的阴茎给予她们。弗洛伊德称之为**厄勒克特拉情结**（Electra complex），源于希腊神话人物厄勒克特拉，她为了替父亲报仇而密谋杀死了母亲。根据弗洛伊德的说法，女孩显然不可能有阉割焦虑，因为她们觉得自己已经被阉割了。结果，女孩不会像男孩一样具有发展超我的强烈动机。弗洛伊德认为，女性永远也不可能发展出像男性一样强大的超我，因此，女性在生活中更加依赖情感而不是理智。弗洛伊德还认为，女性的行为大都受阴茎忌妒，也就是希望得到男性性器官的驱使。

生殖器期的问题如果不能成功解决，就会给儿童带来很多心理问题。如果儿童不能完全认同父母中同性别的一方，他们可能就无法形成“恰当”的性别角色或异性恋倾向。他们也可能无法形成健康的超我，变得过分自大或自卑。如果儿童对父母的性迷恋得不到温和的满足而是遭遇了坚决的阻止，他们就会变得过于诱惑或性欲化，并在以后的恋爱关系中遭遇很多问题。

经过了生殖器期的混乱后，儿童进入潜伏期，在此期间，力比多驱力相对平息，儿童的注意力转移到发展技能和爱好上，并在他们所生活的世界里开始全面社会化。他们和同性的朋友玩耍，避免接触异性儿童。

儿童在 12 岁左右进入青春期，其性欲再次出现，他们进入了生殖期。如果成功度过了生殖器期，他们就会转而对异性关系产生性的兴趣。他们开始寻求浪漫的亲密关系，学会与异性约会和早期性接触。

后继的心理动力学理论

弗洛伊德的很多追随者对他的精神分析理论进行修正，由此产生了一系列理论，统称为心理动力学理论。安娜 • 弗洛伊德（Anna Frend）将她在防御机制方面的工作加以扩展，开拓了**自我心理学**（ego psychology）领域，强调个体调节防御能力的重要性，使其能以保证机能健康的方式来适应社会现实。

其他理论同样侧重自我在追求掌控感和胜任力方面的这种自主作用（例如，Jacobson, 1964; Mahler, 1968）。**客体关系**（object relation）的观点整合了弗洛伊德驱力理论的重要方面，以及自我概念和人格发展中早期关系的作用。根据该观点倡导者们如梅勒妮 • 克莱恩（Melanie Klein）、玛格丽特 • 马勒（Margaret Mahler）、奥托 • 科恩伯格（Otto Kernberg）等人的看法，我们的早期关系会形成有关我们自己和他人的意象或表征，这种意象会伴随我们终生，并影响之后的所有关系。当代精神分析的类型还包括**自体心理学**（self psychology）和**关系精神分析**（relational psychoanalysis），后者强调从怀孕和婴儿期到整个一生中我们彼此关系的无意识维度。

卡尔 • 荣格（Carl Jung）是弗洛伊德的学生，他反对弗洛伊德有关性欲在发展过程中重要性的许多观点。他认为精神驱力、宗教驱力与性驱力同样重要，并提出个体的记忆中保存了社会在人类生存的千百年里积累下来的智慧。他把这种智慧命名为**集体无意识**（collective unconscious）。

心理动力学治疗

以弗洛伊德经典精神分析理论和后来的心理动力学理论为基础的疗法认为，心理症状是由无意识过程驱动的，并强调要揭示并消除这种无意识过程。**心理动力学治疗**（psychodynamic therapies）的目的是帮助来访者认识他们所使用的适应不良的应对策略及其无意识冲突的根源。该疗法认为这些领悟可以帮助来访者摆脱过去的牢笼，树立并增强了他们改变现状的信心（Vakoch & Strupp, 2000）。

弗洛伊德和其他人发展出**自由联想**（free association）技术，该技术要求来访者谈论脑海里出现的任何东西，不要压抑任何想法。治疗师注意到，来访者自由联想时反复出现的主题，正是一个想法如何产生另一个想法的过程，以及来访者回想起来的具体记忆。

来访者在心理治疗过程中不愿意谈论的事情，也就是来访者对某些事情的**阻抗**（resistance），对来访者的核心无意识冲突来说是重要线索，因为最具威胁性的冲突正是自我最竭力压抑的（Vakoch & Strupp, 2000）。最后，治疗师把问题的各方面综合起来，形成对来访者所面临的冲突的建议或解释，并告知他们。有时候，来访者会接受这些解释，把它当成一种暴露。还有的时候，来访者不愿意接受这些解释。治疗师可以把来访者的抗拒看作一种好的迹象，表示该解释已经从来访者的无意识中识别出了重要的问题。

来访者对治疗师的**移情**（transference）也可以成为无意识冲突和需要的线索。当来访者对治疗师做出的反应，好像是把治疗师当成了成长早期的某个重要人物，比如父亲或母亲，这时移情作用就发生了。例如，治疗师赴约仅迟到了几分钟，来访者就发现自己对此感到愤怒或极度恐惧，这一反应可能源于儿童时期他在情感上遭到父母遗弃的感受。治疗师可以给来访者指出反映移情作用的行为，并帮助来访者探索他在重要人际关系中的行为根源。

通过**修通**（working through）或一遍遍地重温痛苦记忆和困难问题，来访者能够理解它们,并以可接受的方式将它们整合到自我定义中。这让他们能够在生活中前行。很多治疗师认为宣泄，或者与记忆和冲突相关的情感表达，在心理动力学治疗的治愈过程中具有核心地位。宣泄可以释放被无意识记忆和冲突束缚的能量，使释放的这些内容能并入更具适应性的自我概念之中。

经典精神分析和现代心理动力学治疗有何差异？精神分析一般每周进行 3 到 4 次治疗，整个疗程持续很多年。其重点主要是阐释移情、阻抗以及来访者过去的经验（Luborsky & Barrett, 2006）。心理动力学治疗也可以持续多年，但也可以短至 12 周（Crits-Christoph & Barber, 2000）。心理动力学治疗同样注重移情、阻抗及来访者与早期照料者的关系，但心理动力学治疗师比精神分析师更多地关注来访者的生活现状。

人际关系治疗（interpersonal therapy; IPT）是从心理病理学的现代心理动力学理论中发展出来的。该理论将关注点从个体的无意识冲突转移到来访者的重要人际关系模式上（Klerman, Weissman, Rounsaville, & Chevron, 1984; Weissman & Markowitz, 2002）。IPT 与心理动力学治疗的差异在于，IPT 治疗师更加结构化和具有指导性，他们会更早地提供解释，并关注如何改变目前的关系。IPT 属于短程治疗，持续时间常常仅为 12 周。

心理动力学取向的评价

心理动力学理论是迄今为止所建立的与人类行为相关的最复杂的理论之一。对某些人来说，这也是最让人满意的理论。它们用相同的过程解释了正常和异常行为，而且该理论有着令人惊喜的特性，让人相信它们提供了重要的见解。上世纪，心理动力学理论在塑造心理学和精神病学中起着重要作用。

心理动力学理论也有很多局限和不足。主要的一点是，很难或不可能对它们的基本假设进行科学检验（Erdelyi, 1992; Luborsky & Barrett, 2006; Westen, 1998）。这些理论所描述的过程抽象且难以测量。因为那些被认为影响着行为的关键因素是无意识的、不可观察的，所以这也就很容易解释为什么一个特定的预测在一个特定的环境中不可能被证实。

就心理动力学治疗而言，其漫长而又密集的特性也使很多人难以承受。此外，遭受急性病症的患者，如重性抑郁症或焦虑症患者，通常难以忍受传统心理动力学治疗的这种结构上的缺陷，他们需要症状得到更快的缓解（Bachrach, Galatzer-Levy, Skolnikoff, & Waldron, 1991）。

出于这些原因，现代心理动力学治疗师发展出了一些更短期且更具有结构性的心理动力学治疗形式（Luborsky, 1984）。对于这些短程疗法有效性的研究证实，它们能够明显地改善心理疾病患者的症状（Gibbons, Crits-Christoph, & Hearon, 2008）。

本书关注针对特定障碍的这些理论以及针对这些障碍的治疗，这些疗法已经得到大量科学证据的支持。相比其他较新的心理学理论和治疗来说，心理动力学理论和治疗获得的实证支持太少，因此在介绍大多数障碍时，我们将不再详述心理动力学对这些障碍的研究。

卡尔 • 罗杰斯（Garl Rogers，1902—1987）是人本主义取向心理学（或来访者中心取向）的奠基人之一。

人本主义取向

人本主义理论（humanistic theories）基于的假设是，人天生就有追求善和完满生活的能力（Rogers, 1951）。社会压力让人们遵循某些规范，而不是追求自我的最大发展，这种压力干扰了该能力的完全实现。人本主义理论家承认，我们对影响自身行为的力量常常毫不知情，认为环境对我们幸福与否有着重要作用。但他们乐观地认为，一旦人们意识到这些力量，变得可以更加自由地自我指导自己的生活，那么他们自然会做出好的选择，并生活得更幸福。

最具影响力的人本主义理论是卡尔•罗杰斯（Rogers, 1951）提出的。罗杰斯认为，当外界的不当压力不存在时，个体会自然地朝着个人成长、自我接纳和**自我实现**（self-actualization）的方向发展。自我实现是指实现他们在爱、创造力和意义方面的潜能。然而，在社会和家庭的压力下，人们会形成僵化、扭曲的自我认识。由于真正的自我、希望成为的理想自我和为取悦他人而应该成为的自我之间存在差异，因此人们常常会体验到冲突。这种冲突会导致情感上的痛苦和不健康的行为，甚至脱离现实。

人本主义治疗

人本主义治疗（humanistic therapy）的目标表述为通过自我探索来帮助来访者发现他们最大的潜能（Bohart, 1995）。人本主义治疗中，治疗师的工作不是充当权威来治愈来访者，而是为来访者的自愈或自我修复提供最佳条件和气氛。人本主义治疗师不会逼迫来访者去揭示被压抑的痛苦记忆或者无意识冲突。相反，他们认为，当来访者得到支持并被赋予成长的力量时，为了进一步发展的需要，他们最终会面对自己的过去（Bohart, 1995）。

这类疗法中最著名的是卡尔•罗杰斯提出的**来访者中心疗法**（client-centered therapy; CCT; Rogers, 1951）。在来访者中心疗法中，治疗师作为帮助者与来访者真诚地沟通，他们扮演的角色是某个可靠的人而不是权威人物。治疗师也要对来访者表现出*无条件积极关注*（unconditioned positive regard），并传达他们对来访者的潜在感受和自我探索抱有深切的同理心式的理解。

完成这些目标所使用的主要策略是**反映**（reflection）。它是一种回应方法，治疗师用它来表达自己想要理解来访者的经验，并尝试进行交流（Bohart, 1995）。治疗师并不试图去解释来访者经历的无意识层面。相反，治疗师力图传达对来访者的理解，并明确要求来访者对这一理解给出反馈。

人本主义取向的评价

人本主义理论在 20 世纪 60 年代产生了积极的共鸣，至今仍有许多支持者，尤其是自助组织和朋辈咨询项目。相对于强调病理学和外部力量的其他理论，人本主义理论的乐观主义态度和对自由意志的归因是令人耳目一新的改变。人本主义理论将我们的关注点从人们有什么问题转移到如何帮助人们实现最大潜能上。然而，这些理论都遭到了批评，因为它们具有模糊性，也无法进行科学验证（Bohart, 1990）。

来访者中心疗法已经被用来治疗多种问题人群，包括抑郁症、酗酒、精神分裂症、焦虑障碍和人格障碍（Bohart, 1990）。尽管一些研究显示来访者中心疗法比对照疗法的效果更好，但另一些研究则没有得出此类结果（Greenberg, Elliot, & Lietaer, 1994）。有些治疗师认为，来访者中心疗法适用于治疗中等程度的心理障碍，但是不足以治疗症状严重者（Bohart, 1995）。

家庭系统取向

家庭系统理论（family systems theories）把家庭看成一个复杂的人际系统，它具有自己的等级划分和规则，制约着家庭成员的行为。家庭系统既可以运行良好，提升家庭成员的幸福感，支持他们成长并包容其变化；也可能功能失调，使一个或多个成员产生并持续心理病态（Mirsalimi, Perleberg, Stovall, & Kaslow, 2003）。

如果家庭中的某个成员患了心理障碍，家庭系统理论家会认为这是家庭系统功能失调的反映，而不是个人的问题。个体心理病态的具体形式取决于家庭凝聚力、对变化的适应力以及沟通风格这三者之间的复杂相互作用（Mirsalimi et al., 2003）。

例如，僵化型家庭抵制并隔离家庭之外的所有力量，也不能很好地适应家庭内部的变化，如某个孩子进入青春期。纠结型家庭中，每个成员都过度地参与了其他人的生活，以至于个体没有自主性，感觉总是被控制。相反，在疏离型家庭中，家庭成员互不关心、彼此疏离、独立活动。在病态的三角关系中，父母总是让子女参与他们的会话和活动，以此来回避处理他们夫妻间的冲突（Mirsalimi et al., 2003）。因此，如果一个家庭系统理论家想要了解史蒂夫·海斯的焦虑，他会研究史蒂夫·海斯成长的家庭是如何运作的，以及在他成年后又是如何继续对其进行影响的。

对心理病理学的家庭系统理论的某些研究关注家庭中孩子的心理障碍，特别是进食障碍（例如，Minuchin, Rosman, & Baker, 1978; Robin, 2003）。研究表明很多患进食障碍的年轻女孩来自纠结型家庭。这些女孩的父母控制欲太强，对孩子的成功过度投入，导致孩子感到窒息并对父母产生依赖。神经性厌食症是一种心理障碍，个体表现为拒绝进食，变得日益消瘦，它可能是女孩要求控制自己生活的一种手段。这些女孩的家庭支持她们厌食，而不是帮助她们克服问题。厌食症变成了家庭纠结的焦点和借口（见第 12 章）。

家庭系统治疗（family systems therapy）依据的观点是：个人问题总是根植于人际关系系统，尤其是家庭系统。根据这一观点，只有对导致并维持个人问题的整个家庭系统进行治疗，才能帮助来访者。事实上，这些理论家认为个人可能根本没有任何问题，却成了家庭中的"确诊病人"，背负着家庭系统功能失调的责任或非难（Minuchin, 1981; Satir, 1967）。

行为家庭系统治疗（behavioral family systems therapy; BFST）着眼于家庭沟通和问题解决、父母和青少年那些有碍沟通的观念，以及妨碍问题解决的系统障碍

（Robin, 2003）。治疗师使用行为和认知的方法来教授问题解决和沟通的技巧，挑战父母和青少年的无益观念。治疗师也会指出功能失调的家庭系统的特征，如父母之间脆弱的同盟。治疗师积极提供指导、反馈以及技巧演练和角色扮演的机会。

家庭治疗师的工作对象是整个家庭，而不只是"确诊病人"。

家庭系统取向的评价

家庭系统理论产生的一些治疗取向已经被证明适用于治疗某些障碍（Mirsalimi et al., 2003）。家庭系统治疗可能尤其适合儿童，因为儿童比成人更纠结于家庭。虽然很多家庭系统理论的细节还没有在研究中得到彻底的验证，但家庭显然会导致或有助于减轻家庭成员的心理症状（例如，Mirsalimi et al., 2003）。然而，仍需要对家庭系统理论和疗法进行大量的研究。这种研究很难实施，因为它常常需要在展现家庭成员关系的情境中对他们进行观察，因而难以"在实验室里进行"。

灰色地带

一名学生来到治疗师的办公室，谈论她对学业和事业的感受。她说："我在事业上一片迷茫。每次感觉自己要做出点真正了不起的事情时，比方说争取某门课取得优秀成绩，到头来总会把事情弄糟。到头来觉得从来没有发挥出自己的潜能。总是存在着某种阻碍。"（Bohart, 1995, p. 101）

人本主义治疗师会如何回应这名学生的担忧？这种回应与心理动力治疗师的回应有何不同？（讨论见本章末尾）

第三浪潮取向

近年来，一组被称为**第三浪潮取向**（third-wave approaches，第一浪潮是行为取向，第二浪潮是认知取向）的心理治疗方法在心理障碍的理论和治疗中逐渐引人注目。这些取向认为情绪调节不良是跨诊断的高危因素，在许多心理病态形式中居于核心位置，包括抑郁症、焦虑症、物质滥用和大多数人格障碍（Campbell-Sills & Barlow, 2007; Kring & Sloan, 2009）。他们将行为治疗和认知治疗的技术与源于禅宗的正念冥想练习结合起来，帮助个体接受、理解和更好地调节他们的情绪。

最完善的第三浪潮取向是*辩证行为疗法*（dialectical behavior therapy，DBT; Linehan, 1999）。在辩证行为疗法中，*辩证*是指在容易产生某种形式的心理病态的人群中，在几种冲突意象或情绪之间的持续紧张状态。辩证行为疗法关注的是管理消极情绪和控制冲动行为的困难。该疗法包含一系列行为和认知技术以及正念练习，旨在提升问题解决技巧、人际交往技巧和管理消极情绪的技巧。DBT 最初被用来治疗有自杀倾向的边缘性人格障碍患者。一些研究将该疗法和控制条件进行比较，表明它能够减少自杀想法和行为，并提升人际技巧（Lynch, Trost, Salsman, & Linehan, 2007）。最近，DBT 适当作了些调整，用以治疗进食障碍（Safer, Telch, & Chen, 2009），以及在情绪调节和冲动控制上有困难的个体（Lynch et al., 2007）。

我们在本章开头非常人物专栏中认识的史蒂夫•海斯（Hayes et al., 2006）是*接纳和承诺疗法*（acceptance and commitment therapy; ACT）的创建者，这一疗法的关键假设是*经验回避*（experiential avoidance），即回避令人痛苦的想法、记忆和感受，这是很多心理健康问题的核心。接纳自己的感受、想法和过去并学习活在当下，这正是产生积极变化的关键。ACT 使用多种技术帮助个体接受自己的情绪，活在当下，以不同的方式对待自己的想法（例如，把它们看成外在客体），并根据目标和价值观的变化，致力于行为发生变化。ACT 用于很多心理问题治疗的预治疗阶段，特别是物质滥用和依赖（Hayes, et al., 2006）。

第三浪潮取向的评价

第三波取向的根源是完善的行为与认知理论和技术，但是它们从宗教和哲学传统（如佛教和适应性情绪调节理论）中吸取了一些新的观念和技术。对以情绪焦点取向为基础的治疗进行的有效性研究显示，这些疗法可能有助于治疗广泛的精神健康问题（Hayes, et al., 2006; Lynch et al., 2007）。然而，我们还需要更多的研究，特别是搞清楚这些疗法如何以及为什么能够帮助个体改变其行为和情绪反应。

利用新技术提供治疗

受过训练的心理健康专业人士所能提供的上述干预手段，远远不足于解决现实世界存在的形形色色的心理健康问题（Kazdin & Blasé, 2011）。例如，世界卫生组织最近根据 17 个国家完成的研究进行估算得出，12% 到 47% 的人在一生中将会出现满足某种精神障碍诊断标准的症状（Kessler et al., 2009）。在美国，精神障碍的终生患病率估计为 50%，在任何给定年份，总人口中有 25% 的人满足某种诊断标准（Kessler & Wang, 2008）。这相当于 7500 万人，而美国只有 70 万心理健康专业人士（Kazdin & Blasé, 2011）。心理健康问题的患病率在社会地位低下的少数族裔群体中尤其高（Alegria et al., 2008），但是这些群体更难以获得心理健康服务。例如，据估计，需要接受心理健康护理的非裔美国人和拉美裔美国人中，分别只有 12.5% 和 10.7% 能够获得适当的护理，而欧裔美国人中的这一比例超过 22%（Wells, Klap, Koike, & Sherbourne, 2001）。另外，由于心理健康护理的提供者更集中于发达国家的城市地区，因此居住在美国农村地区以及世界发展中地区的人们通常只能获得很少的心理健康护理。

互联网和智能手机应用软件等新技术，正越来越多地被用于提供心理健康护理，而且其有效性大有前景（Kazdin & Blasé, 2011）。例如，一款被称为“移动治疗”（Mobile Therapy）的智能手机应用软件提醒用户在触摸屏的“情绪地图”上报告他们的幸福、悲伤、焦虑和愤怒水平。根据用户的报告，基于认知行为治疗技术的练习——如挑战负面思维的练习——被用来帮助个体修复情绪。对该应用软件为期 1 个月的研究表明，用户对其情绪及负性情绪的诱因更有自我意识，而且他们应对负性情绪的技能也提高了（Morris et al., 2010）。

尽管在精神健康领域利用新技术来提供干预才刚刚起步，但在健康心理学领域正方兴未艾，我们将在第 15 章对此展开讨论。一些研究发现，通过互联网、智能手机、固定电话甚至是虚构的电视和广播节目提供的治疗可以改善人们的日常饮食，降低肥胖和糖尿病的程度；减少抽烟量；以及提高避孕套的使用率，以预防性传播疾病（见第 15 章 ;Kazdin & Blasé, 2011）。居住在农村地区和发展中国家的人们以及低收入人群都可以使用这些干预手段，而且在这些人群中已经显示出有效性（例如，Munoz et al., 2006）。

社会文化取向

社会文化取向提出，我们需要超越个体甚至家庭，从更广泛的社会层面来理解人们的心理问题。第一，不利的社会经济条件是多种心理健康问题的高危因素（Gustafsson, Larsson, Nelson, & Gustafsson, 2009）。穷人多半生活在容易遭受暴力且学校短缺的社区，这些地区缺乏日常生活资源（如杂货店），邻里之间也不尽和睦（Gustafsson et al., 2009）。相应地，住在城市贫民区的人就会经历更多的物质滥用、青少年犯罪、抑郁和焦虑（Belle & Doucet, 2003）。

第二，战争、饥荒和自然灾害造成的社会动乱和解体，恰是对心理健康有极大影响的高危因素。正如我们在第 5 章将会讨论的，如果个体所在的国家遭到战争破坏，或人们不得不背井离乡，像难民一样流离失所，那么他们极可能出现创伤后应激障碍和其他心理健康问题。例如，一项对阿富汗人的研究发现，42% 的人被诊断为创伤后应激障碍，72% 的人具有某种焦虑症状（Cardozo et al., 2004）。

第三，即使没有承受社会经济方面的压力，有些社会规范和政策会污名化和边缘化某些特定的群体，因而也会增加这些群体的成员产生心理健康问题的风险。例如，与异性恋者相比，男同性恋者、女同性恋者、双性恋者和性别转换者患抑郁、焦虑和物质滥用障碍的比例更高（Hatzenbuehler, 2009; Meyer, 2003）。这一高比例与基于性取向的歧视和不利于少数群体的社会政策都有关（Hatzenbuehler, Nolen-Hoeksema, & Erickson, 2008; Meyer, 2003）。例如，一项全美范围的代表性研究有 3.4 万多名参与者，来自该研究的数据发现，对于女同性恋者、男同性恋者和双性恋者（lesbian, gay and bisexual; LGB）来说，住在对他们没有社会政策保护的州（例如，不将反对 LGB 的暴力行为作为仇视犯罪）比住在有相关政策保护的州更容易产生心理健康问题（Hatzenbuehler, Keyes, & Hasin, 2009）。另一项长期研究发现，居住在立法禁止同性婚姻的州的 LGB，在 2004 年至 2005 年总统选举期间出现了更多的心理健康问题（Hatzenbuehler, McLaughlin, Keyes, & Hasin, 2010）。因此，州政策层面的社会文化歧视会对其居民的心理健康造成影响。

第四，社会可能通过隐性或显性的规则来决定什么样的异常行为是可以接受的，从而影响其成员表现出的心理病态类型（Castro et al., 2010）。在本书中我们将看到，不同的文化和种族之间，以及男性和女性之间，不同心理障碍的患病率都有所不同。例如，来自“传统”文化背景的人们，如美国古老的阿米什人，比现代文化中的人更少得抑郁症（Egeland & Hostetter, 1983）。此外，心理障碍在不同文化中的具体表现也不尽相同。例如，神经性厌食症，即患者拒绝进食的心理障碍，其症状在亚洲文化和美国文化中是不同的。

事实上，有些心理障碍似乎与特定的文化有关（Alarcón et al., 2009）。日本有一种名为对人恐怖症（taijin kyofusho）的心理障碍，患者非常害怕他们的身体会冒犯他人，或让他人感到不快或尴尬。在拉丁美洲和地中海文化中，神经崩溃（ataque de nervios）是普遍的应激反应。人们会感到失控，无法控制地喊叫、哭泣、颤抖，以及做出言语和身体攻击。在第 3 章我们将进一步讨论文化对痛苦表现的影响。

治疗中的跨文化问题

大多数情况下，来自不同文化背景的人们在寻求心理治疗时，接受的还是本章所描述的这些心理疗法，并没有针对具体文化进行调整（Castro et al., 2010）。然而，主流心理疗法中有很多固有的假设可能会与其他文化的价值观或规范发生冲突。因此，治疗师必须对其来访者使用文化敏感的治疗取向（Snowden & Yamada, 2005; Sue & Lam, 2002）。第一，绝大多数心理疗法关注的是个人，包括个人的无意识冲突、功能失调的思维方式、适应不良的行为模式等。相反，很多文化关注的是团体或集体，而不是个人（Sue & Sue, 2003）。在这些文化中，个人身份并未与其所属的群体分离，包括家庭、社区、种族和宗教。在治疗集体主义文化背景下的来访者时，如果治疗师忽略了文化差异问题，就可能会给出无用甚至有害的治疗方案，导致来访者与其生活中的重要群体之间产生无法解决的冲突。

第二，绝大多数心理疗法重视情感表达和对个人烦恼的揭露，但很多文化强调要对情感和个人烦恼进行约束和克制，如日本文化（Sue & Sue, 2003）。有些咨询师可能会认为这种克制是有问题的，而试图鼓励来访者更多地表达自己。同样，这种做法会与来访者的自我概念和文化规范发生冲突。

第三，很多心理疗法希望来访者主动与治疗师交流他们的个人烦恼和愿望，能就引起症状的原因提出一些看法，并表明他们想要的改变。这些期望与要求来访者服从权威的文化规范相冲突（Sue & Sue, 2003）。如果来访者的文化要求他只有在别人对他讲话时才能开口说话，而且不允许挑战年长者或权威人士，那么如果治疗师不明确告诉来访者错在哪里，以及如何改正错误，来访者可能就会感到极度不安。

第四，很多少数族裔的来访者属于社会经济地位低下的群体，而他们的治疗师则属于社会经济地位中上的群体。与文化差异一样，这种阶层差异也可能引起紧张情绪（Miranda et al., 2005）。

一些研究表明，来自拉美文化、亚洲文化以及美国土著文化的来访者更愿意接受结构化的、行为取向的治疗，如行为治疗和认知行为治疗（Miranda et al., 2005）。不论使用何种疗法，治疗师在来访者面前表现出的文化敏感性都比具体的治疗形式更重要。斯坦利 • 休和诺兰 • 赞恩（Sue & Zane, 1987, pp. 42-43）用下面的例子证明了文化敏感在治疗师和来访者互动过程中的重要性。首先，他们描述了来访者遇到的问题；然后，他们描述了治疗师（该研究的作者之一）对这些问题的回应。

如果梅的治疗师对于梅对自己作为媳妇身份的文化观念不敏感，并采用同事在案例分析会上提出的建议来处理她的问题，梅甚至可能会中途退出治疗。与欧裔美国人相比，美国少数族裔成员更加容易中途退出治疗（Snowden & Yamada, 2005）。因为梅的治疗师愿意在她的文化观念的条件下进行治疗，他和梅一起找到了一个她能够接受的解决方案。

在儿童治疗中，由于在抚养孩子的方法以临床医生的恰当角色上存在文化差异，所以有时很难将家庭纳入儿童治疗的过程中。例如，在一项儿童行为治疗的研究中，

个案研究

在密友的建议下，梅决定去一家心理健康中心寻求帮助。她在讲述自己的困境时显得心烦意乱并且泪流满面。几年前，梅从中国香港移民至此，然后结识并嫁给了她的丈夫（也是刚从中国香港过来的移民）。他们的婚姻生活显然比较顺心，直到六个月前，她的丈夫成功地将他的父母从香港接了过来。尽管梅对公婆与自己一起生活并不情愿，但她知道丈夫希望如此，而且她和丈夫两人都有赡养老人的义务（她自己的父母还在香港）。

公婆到来以后，梅发现自己得服侍他们。例如，婆婆希望梅来做饭、上菜，清洗所有的衣服并做其他家务活。同时，她经常抱怨梅饭菜做得不好，房子里乱糟糟，某些应该分开清洗的衣服未分开，等等。公婆还让梅和丈夫从主卧室搬出去。客房在地下室，他们不愿意住在地下室，因为这让他们想起坟墓。

梅偶尔会在丈夫面前抱怨他的父母。丈夫则会替自己父母的要求寻找借口，“他们是我的父母，而且他们越来越老了。”通常情况下，他避免任何可能发生的冲突；如果要他选一边的话，他会支持自己的父母。虽然梅也知道自己对公婆有赡养义务，但事态的发展让她忍无可忍。

我（治疗师）（向梅）指出，婆媳之间的矛盾很平常，尤其是对于有义务赡养父母的中国人。我试图把问题正常化，因为她认为自己做不了一个好媳妇，由此产生的内疚感让她十分痛苦。我也表达了我的看法，在治疗过程中我们会尝试形成一些新的想法来解决目前的问题，不是简单地采取极端行为，如离婚或者完全顺从公婆（她认为那是唯一的选择）。

在一次案例分析会上我与其他心理健康从业者讨论了梅的情况。有趣的是人们提出了很多建议：教梅如何反抗公婆；让她邀请丈夫参加婚姻咨询，这样夫妻可以形成团队，然后和他的父母谈判；实施扩展的家庭疗法，使梅、丈夫和公婆可以达成一个契约式的付出–回报关系。与会者一致认为只对梅进行治疗无济于事。然而，反抗公婆的行为与她的媳妇身份不符，并且让她在那种场合下主张自己的权利会使她感到非常不适。让丈夫或公婆参与治疗的建议也有问题。她丈夫不想违抗父母的意愿。更重要的是，梅非常担心家人发现自己在进行心理治疗。丈夫和公婆会因为她把家丑外扬而大发雷霆……如何处理梅的情况呢？案例分析会期间，我们讨论了中国人处理家庭人际矛盾的一般方法。中国人常依靠第三方介入来解决矛盾。显然，调解方必须受到冲突双方的信赖，并对他们具有影响力。在对梅的第二次治疗中，我让她列了一张可以充当调解方的人员清单，这样我们就可以讨论让其他人进行干预的适宜性。梅不假思索地提到了她的舅舅（婆婆的哥哥），根据她的描述，舅舅是一个善解人意和通情达理的人。我们讨论了梅应该向舅舅讲述的内容。梅给住在离她 50 英里外的舅舅打了电话，事后她报告说他愿意来看望他们。显然这位舅舅认识到了事态的严重性，并愿意提供所需的帮助。梅说，舅舅过来吃晚饭，她偷听了他和婆婆的谈话。大体上，舅舅告诉她婆婆，梅看上去很不开心，也许她太辛苦了，她为了照顾家里所有人所做的工作应该受到多一点肯定，等等。婆婆表示对媳妇的不快乐感到吃惊，她承认梅做得不错。兄妹二人没有发生直接冲突，对谈话的目的心照不宣。哥哥指出某些方面有问题，妹妹承认了问题的存在。这次互动之后，梅说婆婆的批评明显减少，她甚至开始帮梅干一些家务活了。

来自中国香港的华人父母不愿意接受行为技巧的训练，如鼓励儿童的某些行为或者忽视某些行为。这些技巧违背了父母关于适宜的养育做法的理念，也违背了他们对治疗师的期望，他们觉得治疗师才是“治愈”孩子的人。然而，有些临床医师认为，以家庭为基础的治疗比个人疗法更适合高度家庭导向的文化，包括土著美国人，以及拉美裔、非裔和亚裔美国人的文化（Miranda et al., 2005）。

珍妮特·罗塞洛和吉勒莫·伯纳尔（Rosselló & Bernal，1999）对认知行为疗法和人际疗法进行了调整，使其在治疗患抑郁症的波多黎各青少年时更具文化敏感性。波多黎各人的*家庭主义*价值观，即对家庭的强烈依恋，被包含在治疗当中。家庭团体要直言不讳地讨论独立和依赖之间的平衡问题。调整后的疗法被证明能够有效地

针对波多黎各家庭进行调整的疗法融入了家庭主义的价值观。

治疗这些青少年的抑郁症。

治疗师是否必须来自同一文化才能完全理解来访者呢？一篇总结了数项研究的综述指出，从来访者参与治疗的时间长度或治疗结果的预测上来看，种族匹配并非重要的预测因素（Maramba & Nagayama Hall, 2002）。文化敏感性或许可以通过训练和经验获得（Castro et al., 2010）。实际上，治疗师和来访者来自同一族裔或种族并不意味着他们享有同样的价值体系（Teyber & McClure, 2000）。例如，一个已经完全接受了美国高度竞争和个人主义价值观的第四代日裔美国人就可能和刚刚移民美国的日本人发生价值观的冲突，因为刚来美国的日本移民依然遵从日本文化中的自我牺牲和群体导向的价值观。来自同一族裔或种族的不同人之间的价值观差异可以解释，为什么研究证明治疗师和来访者在族裔、种族或性别上的匹配并不一定能带来更好的治疗效果（Maramba & Nagayama Hall, 2002）。另一方面，来访者和治疗师的关系，以及来访者对治疗可能效果的信念，将极大地影响来访者是否完全投入治疗以及治疗的效果。

然而，有关治疗效果的文献基本都忽略了一个问题，治疗有效性是否会因文化群体或种族不同而有所差异（Miranda et al., 2005）。对美国卫生部部长的报告所做的一项分析（U.S. Department of Health and Human Services, 2001a）发现，在制订双相障碍、精神分裂症、抑郁症和注意缺陷或多动障碍的主要治疗指南时，9 266 名研究的参与者中，只有 561 名非裔美国人、99 名拉美裔美国人、11 名亚裔美国人或太平洋岛民，而且没有一个土著美国人。这些研究几乎没有检验治疗对特定少数族裔的影响。显然，我们还需要更多研究来专门检验心理治疗效果的文化差异。

至于性别，至今还没有什么证据证明来访者与治疗师性别相同就会产生更好的治疗效果（Cottone, Drucker, & Javier, 2002; Huppert et al., 2001; Teyber & McClure, 2000）。然而，男性和女性确实都倾向于表示他们更希望治疗师与自己性别一致（Garfield, 1994; Mensinger & Diamond, 2005）。因为来访者在和治疗师相处时是否舒适是一个十分重要的因素，它会影响来访者是否寻求治疗，以及能否坚持完成整个治疗过程，所以治疗中的性别匹配或许是重要的（Winterstein et al., 2005）。

文化中特定的疗法

我们在讨论文化、性别和治疗之间的关系时，强调的是现代工业文化中最常用的治疗形式，如行为治疗、认知治疗和心理动力学治疗。然而，即使在现代工业社会里，不同文化群体通常都有各自治疗痛苦的形式（Hall, 2001; Koss-Chioino, 2000）。让我们来看看其中两个。

土著美国人的治疗过程同时关注生理、心理和个人的宗教习俗（Gone，2010）。治疗师鼓励“来访者”超越自我，体验将自我融入集体和作为集体的一种表达。传统治疗仪式上，个体的家人和朋友聚集在一起祈祷、歌唱和舞蹈，这些仪式强调土著美国人的文化遗产，并将个体重新纳入文化网络。仪式的辅助手段是各种草药，千百年来，它们一直用于治疗人们显现出来的生理和心理症状。

生活在美国西南部和墨西哥的拉美裔美国人有心理问题时可能会寻求民间治疗师的帮助，这些民间治疗师被称为*江湖医生*（Chevez, 2005; Koss-Chioino, 2000）。江湖医生使用基于宗教的仪式来治疗会导致心理和生理问题的民间疾病。治疗仪式包括祈祷和咒语。江湖医生还可能使用药膏或药油，或者开草药方（Chevez, 2005; Koss-Chioino, 2000）。

土著美国人和拉美裔美国人常常同时寻求民间治疗师的帮助和心理健康专家的心理治疗，后者实践的正是本章所描述的疗法。来自这些文化群体的来访者来治疗时，治疗师需要注意民间治疗的习俗和观念，记住来访者可能会结合不同的治疗形式，并遵循两类不同治疗师的一些建议。

社会文化取向的评价

异常的社会文化取向认为，我们应该分析更大的社会和文化力量，这些力量可能会影响人们的行为。仅仅研究发生在个体或个体身边的事情是不够的。其他理论似乎都将心理病态的责任归咎于个体，不同于此的是，社会文化取向常因“不责怪受害者”而受到赞扬。社会文化取向也提高了我们的觉悟，作为一个社会，我们有责任去改变让部分人容易产生心理病态的社会状况。社区心理学和社会工作这两个职业领域就是着眼于赋予个人改变其社会状况的能力，从而帮助他人提升心理幸福感和生活质量。

然而，社会文化结构理论也因在社会和文化力量导致个体心理困扰的具体方式上模糊不清而遭到批评。社会变化或应激是如何导致抑郁症、精神分裂症等疾病的？为什么大多数承受了社会压力和变化的人却完全没有产生心理困扰？

预防计划

首先，预防人们产生心理病态，要优于等待人们患病之后再去治疗。**一级预防**（primary prevention ）是指在障碍产生前就阻止其发展（Muñoz et al., 2010）。用于减少药物滥用和违法行为的一级预防策略包括改变那些能促进药物滥用或违法行为的社区特征。

二级预防（secondary prevention）侧重在障碍早期阶段识别出障碍，从而防止障碍的进一步发展（Muñoz et al., 2010）。二级预防常包括筛查障碍的早期信号，例如，通过施测问卷来检测抑郁症的轻微症状。然后向患有轻微症状的个体进行干预，防止他们发展成为抑郁症。有研究显示，对有轻微抑郁症状的个体施加认知行为干预，可以明显降低他们罹患抑郁症的概率（Cuijpers et al., 2008）。

三级预防（tertiary prevention）关注已经患有障碍的人们，防止障碍复发，减少障碍对人们生活质量的影响。正如我们在第 8 章将看到的，向精神分裂症患者提供工作技巧训练和社会支持计划有助于防止他们的精神病再次发作（Liberman et al., 2002）。

治疗师和来访者之间的积极关系，是成功治疗的重要因素。

有效治疗的共同要素

表面上，本章所描述的各种疗法似乎差异很大。然而越来越多的证据表明，即便治疗所使用的具体技巧极为不同，成功的疗法仍然具有一些共同的成分。

第一个共同要素就是来访者和治疗师的*良好关系*（Norcross, 2002）。信任治疗师并相信治疗师理解自己的来访者，更愿意透露重要的信息、参与家庭作业任务和尝试治疗师建议的新技巧或应对技术。此外，和一个理解关爱自己的人建立积极关系，其本身就有助于人们克服痛苦并改变行为（Teyber & McClure, 2000）。

第二，所有的治疗师都要向来访者*解释或说明他们痛苦的原因*（Ingram, Hayes, & Scott, 2000）。对于很多人来说，仅仅是给出痛苦症状的名称并给予解释，就能让他们感觉好些。此外，治疗在提供症状解释的同时，也会给出克服这些症状的一系列建议。遵循这些建议可以使症状得到极大的缓解。

图 2.12 某些生物、心理和社会因素是如何通过相互作用导致抑郁症的

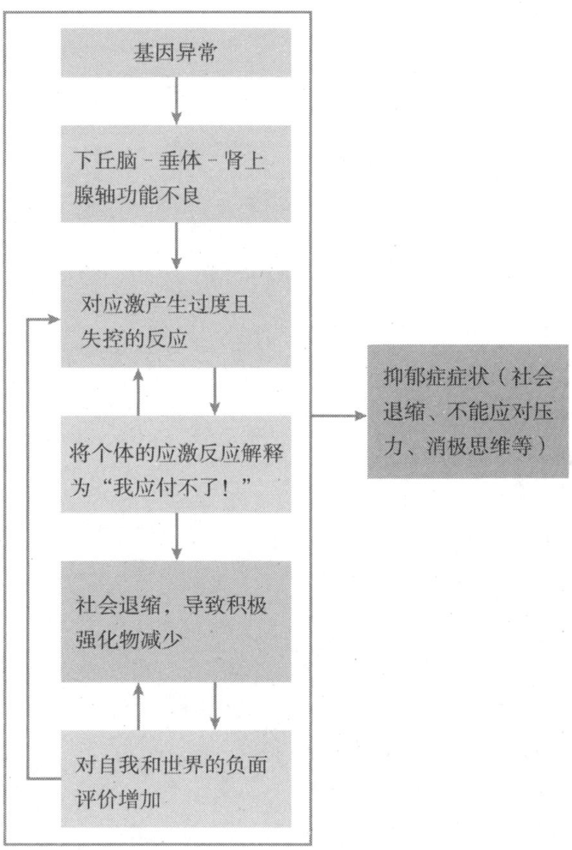

无论如何，很显然，来访者必须相信对其症状的解释，治疗才会有效（Frank, 1978）。例如，有关采用认知行为疗法治疗抑郁症的研究发现，来访者相信和接受治疗基本原理的程度是治疗效果的一个重要预测因素（Fennell & Teasdale, 1987）。与一开始就不接受治疗基本原理的来访者相比，认可认知疗法基本原理的来访者会更积极地参与治疗，并且在治疗结束时其抑郁症状得到更多的缓解。药物疗法的主要问题是来访者治疗中断率很高。来访者中断治疗通常是因为服药后他们没有足够快速的好转，因而认为该药物对他们没有效果，或者是因为他们觉得自己的问题需要通过与他人交谈来克服。

第三，绝大多数治疗都鼓励患者*直面痛苦的情绪*，并使用技巧来帮助他们降低对这些情绪的敏感度（Frank, 1978; Prochaska, 1995; Snyder, Ilardi, Michael, & Cheavens, 2000）。行为疗法可能会使用系统脱敏法或冲击疗法。心理动力学疗法则鼓励来访者表达痛苦的情绪和想法。不管使用何种技巧，目的都是为了帮助来访者停止否认、回避或者压抑自己的痛苦情绪，使其能够接纳、体验和表达这些情绪，而不再被这些情绪折磨得疲惫不堪。

本章整合

正如我们在本章开头提到的，很多科学家认为只有整合了生物、心理和社会因素的模型才能提供心理障碍的全面解释。只有这一整合模型能够解释为什么很多具有异常基因或神经递质缺陷的人并不会发展出令人痛苦的情绪症状或古怪的想法。类似地，只有这一整合模型才能够说明，创伤经验和不良的人际关系是如何导致大脑的基本生物化学变化，继而导致个体的情绪、想法和行为的改变。

例如，图 2.12 显示了本章所讨论的某些生物、心理和社会因素是怎样通过共同作用导致抑郁症的。首先，某些人的基因特征会导致下丘脑 – 垂体 – 肾上腺轴功能不良。此轴的长期兴奋状态使个体对应激产生过度反应。如果他们倾向于将自己的应激反应解释为“我应付不了！”，那么他们可能会发展出消极的思维风格。这种消极的思维风格会导致他们的社会退缩，进而减少了积极强化物。这又会灌输给他们对自我和世界的负面评价，从而使抑郁症状更加恶化。然后，当面临新的应激源时，他们可能没有好的策略来应对它们，因而在心理和生理上都产生了过度反应。所有这些过程共同导致了抑郁症的重要症状：社会退缩、不能应对压力、消极思维等。

灰色地带

讨论（对第53页的回顾）

人本主义治疗师可能会给予反映，试图准确地重述这名学生所说的话和她所表达的情绪，而不对她的感受提出任何解释：

反映：“搞砸而毁掉你的机会，真的很令人沮丧；感觉像是你身上的某种东西让这样的事情一次又一次地发生。”

心理动力学治疗师可能会推测这名学生表达出来的忧虑反映了有关成功的无意识冲突。当治疗师感到有足够的证据时，就可能提出如下的解释：

心理动力学解释：“听起来像是每一次你接近成功时你都会无意识地自我破坏。或许成功对你来说是某种令你感到困扰或不舒服的东西，并且你不知道那是什么。”

也许心理动力学解释是正确的，不过以来访者为中心的治疗师可能会认为这是不适宜的，因为它让来访者注意到原本不在其意识中的一些东西（Bohart, 1995, p. 101）。

批判性思考

阅读下面阿尼卡的个案，然后根据三种不同的取向来解释造成她这些症状的原因：生物学取向，至少一种心理学取向，以及社会文化取向。（讨论见本书末尾。）

阿尼卡的母亲生她时才 16 岁，而且对酒精及多种违禁药物成瘾。阿尼卡出生后，她的母亲试图戒除酒瘾和毒瘾，但她的瘾太大了。因为持续的物质滥用以及对女儿的忽视和虐待，她失去了对阿尼卡的监护权。阿尼卡的母亲重回街头，阿尼卡则辗转于各个寄养家庭之间。有些家庭的人充满爱心，他们在阿尼卡闹脾气的时候尽最大努力来安抚她，而有些家庭在她发作的时候会变得粗暴。

阿尼卡的学业表现非常差。她总是开小差，几乎不做家庭作业。她发现自己无法长时间集中注意力去阅读和记住学习材料。最主要的是，阿尼卡总是因为攻击其他孩子或逃课去与别的孩子抽烟而陷入麻烦。

当阿尼卡进入青春期时，她产生了自毁倾向，有时她会用剃刀割伤自己，并有两次试图自杀。她被强制去看心理医生，她告诉他们，她是“坏的”和“有缺陷的”，她想去死。

本章小结

- 心理病理学的生物学理论通常将症状归因为脑结构异常、生化失调或基因缺陷。
- 脑结构异常可能是基因缺陷、疾病或外伤引起的。大脑特定区域的损伤会影响个体表现出来的症状。
- 很多生物学理论认为心理病态是神经递质失衡或神经递质受体的功能失调造成的。
- 异常的遗传理论常认为心理病态是由多个缺陷基因的累积产生的。
- 基因能够影响人们所选择的环境，进而影响基因倾向的表达。表观遗传学是关于环境条件如何影响基因表达的研究。
- 生物疗法经常需要使用药物，其用途是调节与心理障碍有关的脑内神经递质的运作，或补偿脑结构异常或基因的影响。
- 抗精神病药有助于减少非真实的感知体验和信念以及其他精神错乱症状。抗抑郁药有助于缓解抑郁症状。锂盐和抗惊厥药有助于缓解躁狂症。巴比妥类和苯二氮类有助于减轻焦虑。
- 电休克治疗用于治疗重度抑郁症。人们还开发出各种不使用电流刺激脑部的新方法。精神外科手术则极少使用。
- 异常的行为主义理论反对无意识冲突的概念，只关注环境中的奖赏和惩罚对行为的塑造和维持。
- 经典条件作用是指，以前的中性刺激和一个能够自然引起某个反应的刺激成对出现，最终使该中性刺激也能引起该反应。
- 操作性条件作用包括对预期行为的奖赏和对非预期行为的惩罚。
- 人们可以通过模仿他人的行为进行学习，也可以通过观察他人行为获得奖赏和惩罚的情况来进行学习。
- 行为治疗关注的是通过改变强化物来改变特定的适应不良的行为和情绪。
- 认知理论认为，人们的认知（对事件的归因、整体性假定）会影响他们对情境的行为和情绪反应。
- 认知治疗关注改变来访者对重大情境的思维方式。
- 心理病理学的心理动力学理论集中研究使个体产生焦虑并造成适应不良行为的无意识冲突。弗洛伊德认为，当本我的力比多冲动与自我和超我施加给行为的约束产生对抗时，就会产生无意识冲突。
- 人们使用各种不同的防御机制来处理他们的内在冲突。照料者如何处理儿童在不同性心理发展阶段之间的过渡，决定了儿童是否会固着于特定的需求或担忧。
- 近期的心理动力学理论家较少关注无意识冲动的作用，而更多地关注个体自我概念在人际关系环境中的发展。他们更重视环境在人格塑造中的作用，并且对于成年后的人格改变，他们比弗洛伊德更乐观。
- 心理动力学治疗关注引起适应不良行为和情绪的无意识冲突。人际关系治疗以心理动力学理论为基础，但更关注当前的关系和关心的问题。
- 人本主义理论认为所有人都在力求不断实现自己的潜能和自我实现。遵从他人期望和价值观的社会压力使人们无法实现自己的潜能。
- 家庭系统理论和治疗将家庭视为复杂的人际系统，自身有着管理其家庭成员行为的等级和规则。当某个家庭成员患心理障碍，家庭系统理论家认为它不是个体的问题，而是表明家庭系统功能失调。
- 人本主义治疗的目标是帮助患者认识到其在自我实现上的潜能。
- 第三浪潮取向主要整合来自认知和行为主义取向的方法和理论以及源于佛教的正念冥想练习，以帮助人们接受痛苦的想法和情绪，更加健康地加以调节。
- 社会文化理论认为，社会经济压力、歧视和社会剧变会导致个体的心理健康问题。文化还有一些隐性或显性的规则，决定了什么类型的异常行为是被允许的。
- 一些来访者可能希望治疗师来自同一文化或性别相同，但治疗师和来访者在文化和性别方面的匹配对于治疗效果是否必要还不清楚。文化和性别会影响来访者对治疗和不同解决方案的态度，治疗师必须对此敏感。
- 预防计划强调在障碍发生前先行进行预防，在早期阶段抑制障碍的发展，并减少障碍对人体机能运作的影响。
- 有效治疗的共同要素包括良好的治疗师–来访者关系、对症状的解释以及直面消极情绪并将其表达出来。

关键术语

社会文化取向
生物学取向
心理学取向
理论
生物心理社会取向
素质－应激模型
大脑皮层
丘脑
下丘脑
边缘系统
杏仁核
海马
神经递质
突触
受体
再摄取
降解
内分泌系统
激素
垂体
行为遗传学
多基因
表观遗传学
抗精神病药
抗抑郁药
锂
抗惊厥药
抗焦虑药
电休克治疗
精神外科手术
行为取向
经典条件作用
无条件刺激
无条件反应
条件刺激
条件反应
操作性条件作用
模仿
观察学习
行为治疗
系统脱敏疗法
脱敏
冲击疗法
认知理论
认知
因果归因
整体性假定
认知治疗
认知行为治疗
心理动力学理论
精神分析
宣泄
压抑
力比多
本我
自我
超我
无意识
前意识
意识
防御机制
性心理发展阶段
自我心理学
客体关系
自体心理学
集体无意识
心理动力学治疗
自由联想
阻抗
移情
修通
人际关系治疗
人本主义理论
自我实现
人本主义治疗
来访者中心疗法
反映
家庭系统理论
家庭系统治疗
第三浪潮取向
一级预防
二级预防
三级预防

第3章

异常的评估与诊断

本章提纲

连续谱模型下的评估和诊断

喝酒时，在两个小时的时间里你通常能喝下多少杯葡萄酒？

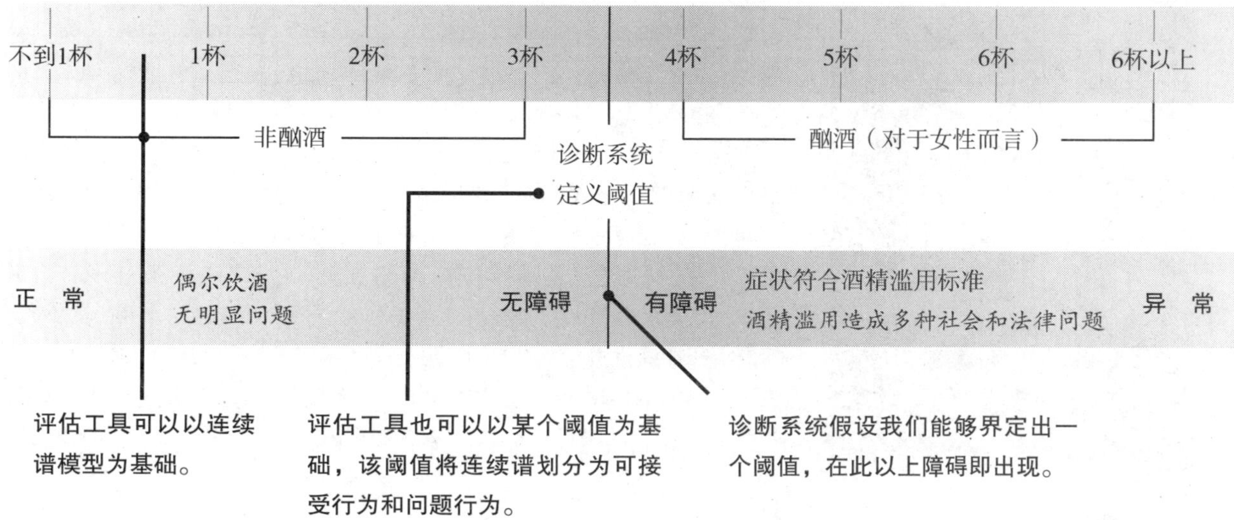

你做学生时参加过各种各样的考试，这些考试旨在评估你在不同学科上的学习情况。类似地，心理健康专家使用不同的测试或工具来评估心理健康。本章所描述的评估工具中有些基于下述假设，即行为或感受呈连续性分布，我们的任务是确定个体的经验位于连续谱的哪一处。例如，有一份问卷涉及你的饮酒，这份问卷可能有几个选项分别指向不同程度的饮酒。对于饮酒行为预测因素的研究者来说，他们感兴趣的可能是，什么因素能够预测人们位于连续谱的哪一处，该连续谱从偶尔或不饮酒变化到酗酒。临床医生感兴趣的可能是，一个人的饮酒行为在治疗过程中如何变化。然而，另一些工具更像判断题，其假设基础是：它们要评估的行为存在一个阈值，人们要么有这些行为，要么没有。例如，一些研究者将女性的“酗酒”阈值设定为 4 杯酒（第 14 章）。因此，如果女性的饮酒量达到或超过该阈值，她会被认为是个酗酒者，而饮用 3 杯酒的女性则不会被认为是酗酒者。

目前，诊断系统使用阈值，也就是使用某个具体的临界值来决定个体是否患有某种障碍，因而看起来是违背连续谱模型的。研究者和临床工作者正逐渐在诊断过程中建立连续谱观点。例如，美国最新出版的障碍诊断手册，*DSM-5*，对人格障碍的定义就基本符合连续谱模型。然而，*DSM-5* 还是为大部分障碍设定了一个标准，即使并没有纯粹的科学方法来划出界线，但当个体的行为和感受跨过这条界线，它们就成为了障碍。

评估和诊断的连续性取向既有优点也有缺点，而分类取向聚焦于障碍识别的阈值和界线，同样利弊并存。连续性取向比分类取向更能捕捉行为的细微变化。连续谱模型也不假定我们知道问题行为的界线在哪里。但连续性取向使得信息沟通变得更加困难，部分原因在于我们通常是从分类的角度来思考的。例如，我们说某个人的饮酒量从中度到重度，相比称某个人是个酗酒者，后者能够传递给治疗师或研究者更多的信息。

非常人物

玛雅·郝芭琪

在玛雅·郝芭琪将近30岁的时候，她的成功故事令人惊叹不已。她出版了广受好评的处女作《颓废》(*Wasted*)。这本书广受赞誉的是，它详尽地描述了作者多年来罹患严重进食障碍的经历。从美国到欧洲，人们对郝芭琪趋之若鹜，请她发表演讲和举办读书会。显然，由于她的症状得到了治愈，她成了一个活生生的证据，既证明了暴食症和神经性厌食症的恐怖，也证明了一个年轻女性从这些障碍中康复的能力。

然而，就像她在自己的著作《疯狂》(*Madness*, 2008)中讲述的，那些了解她的人对她的健康状况有所怀疑。饮酒对她来说并不是什么新鲜事儿。但是她的酒量和嗜酒程度让周围的人震惊。尽管她是个娇小的女性，但是十几杯葡萄酒或烈酒才能让她略有醉意。玛雅似乎精力无限，也就是说，除了陷入抑郁并最终蜷缩在床上的那几天外，大部分时候都极其兴奋。她希望对自己的生活有所掌控，并再次控制饮食，体重开始迅速地下降。

玛雅·郝芭琪展示了一幅令人困惑的画面。她表现出酒精滥用、情绪波动、持续进食障碍的迹象。为什么她在进食障碍明显康复并成为成功的作家之后，出现了这些症状？在这些问题中，哪个是造成其他症状的原因，哪个是结果？我们如何诊断她的问题？症状的评估和诊断是本章的核心内容。

对症状及其可能诱因的信息收集过程就是**评估**(assessment)。在评估过程中，收集的信息有很多种，包括当前症状和压力应对方式、近期事件和身体状况、药物和酒精使用情况、心理障碍的个人和家族史、认知功能以及社会文化背景。评估收集的信息用于对来访者的症状做出恰当的诊断。**诊断**(diagnosis)是一个标签，用来标识一组共同发生的症状。郝芭琪的症状符合我们在后面章节中将要讨论的几个诊断，包括进食障碍、物质使用障碍和双相障碍。

本章讨论的是现代评估工具，以及如何使用这些工具来诊断心理症状，并帮助我们了解和治疗心理问题。这些工具有的很新，有的已经用了多年。它们提供的信息包括个体的人格特征、认知缺陷(如学习障碍或者注意力维持方面的问题)、情绪健康以及生理功能等。

我们还会谈及心理问题的现代诊断系统。标准化的诊断系统对于心理健康专家之间的交流以及心理问题的研究都是十分重要的。使用诊断标签时，我们必须在其含义上达成共识。标准化的诊断系统提供了对心理障碍统一一致的定义。

评估工具

人们发明了很多评估工具来帮助临床工作者收集信息。所有的评估工具都必须有效、可信和标准化。我们首先讨论的是这些重要概念，然后再考察评估工具的具体类型。

效度

如果使用测验来确定个体的行为和感受，那么就要确保所使用的测验是准确的测量工具。**效度**（validity）是对一个测验测量其本应测量内容的*准确性*、真实性的评估。确定测验效度最好的方法是，观察该测验结果是否能得出与可客观、准确反映该测验本应测量内容的指示器相同的信息。例如，如果某种血液测试能够明确证明某人是否患有某种心理障碍，那么对这个人施测该障碍的任何其他测验（例如问卷调查）都应该得到相同的结果。

迄今为止，对于本书所讨论的任何一种心理障碍，都还没有绝对的血液测试、脑部扫描或其他客观测验。幸运的是，还有很多其他方法可用于评估测验的效度（见图 3.1）。当测验项目在表面上看来似乎测量了测验想要测量的对象时，该测验就具有了*表面效度*（face validity）。例如，如果测量焦虑的问卷所提的问题包括“你多数时间都感到焦虑不安吗？和“你为很多事情担忧吗？”等，那么它就具有表面效度，因为它看起来是在评估焦虑症状。

内容效度（content validity）指某项测验对意图测量现象的所有重要方面的覆盖程度。例如，如果测量焦虑的问卷只问及了焦虑的生理症状（神经质、焦躁不安、胃部不适、心跳急促），而没有涉及焦虑的认知症状（对未来的恐惧、担心发生不测），那么我们可能就要质疑这是否是测量焦虑的好方法了。

同时效度（concurrent validity）或称*聚合效应*（convergent validity）是指某测验与其他已有的测量同一行为、想法或感受的测验在结果上的相似程度。个体在新的焦虑问卷中的得分，应当与所收集到的他在已有焦虑问卷上回答的信息具有一定的相关性。

预测效度（predictive validity）是指测验能够很好地预测某人将来的想法、行为或感受。一项具有良好预测效度的焦虑测验能够准确地预测哪些人在面对应激源时会有焦虑的行为表现，哪些人则不会。

结构效度（construct validity）是指测验测量其预期测量的内容而不是其他事物的程度（Cronbach & Meehl, 1955）。思考一下学校常用的多项选择测验的结构效度。这些测验希望测量学生学到的知识和对课堂内容的理解。然而，它们可能还测量了学生做多项选择题的能力，即确定出题者的提问意图，并识别问题选项中的干扰项及明显错误的选项。

图 3.1　问卷或测验的效度类型

效度存在多种类型。

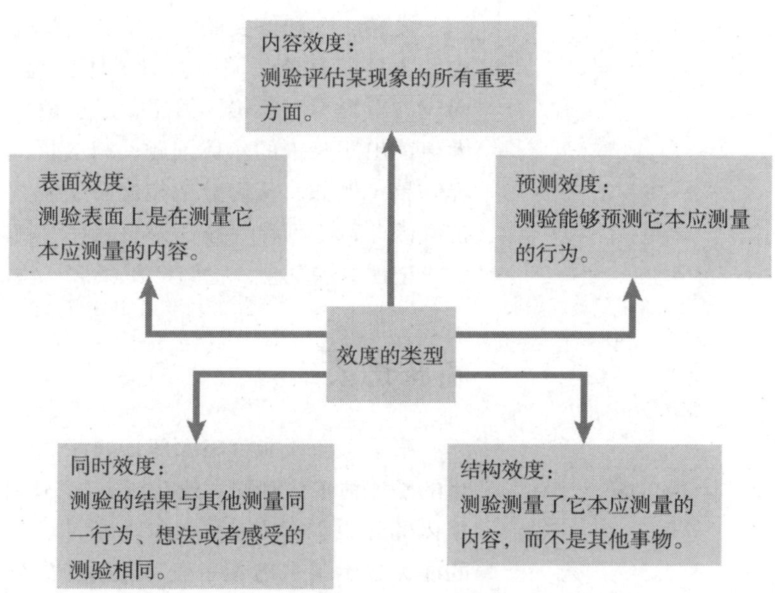

信度

测验能否提供关于同一个人的一致信息至关重要。**信度**（reliability）是指测验在测量其本应测量的对象时表现出的一致性。与效度一样，信度也有多种类型（图 3.2）。*重测信度*（test-retest

图 3.2 问卷或测验的信度类型

信度可以从几个方面来确定。

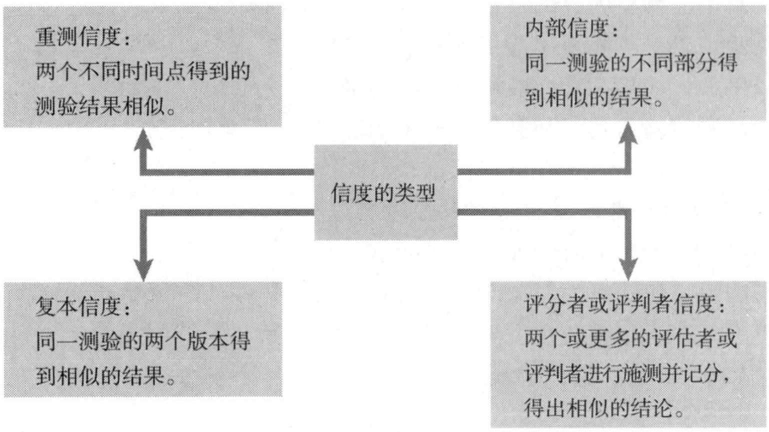

reliability）描述了不同时间测量得到的测验结果的一致性。如果某测验意图测量人的持久特质，那么在不同时间对同一个人进行测试应该得到相似的分数。例如，如果某焦虑问卷意图测量人们的一般性焦虑倾向，那么他们这星期完成一次问卷，然后下星期再完成一次，两次的得分应该是相似的。另一方面，如果问卷用于测量人们目前的焦虑症状（问题诸如“你现在感到紧张吗？”），那么我们会预期该测验的重测信度较低。一般情况下，测量一般性和持久性特质的测验，其重测信度要高于测量暂时性特质的测验。

当人们再次做同一测验时，他们可能会试图给出同样的答案，以显得前后一致。因此，研究者往往会为一个测验设置两种或更多的形式。当人们在同一测验的不同形式上的答案相似时，测验就具有复本信度（alternate form reliability）。类似地，研究者为了确定人们在测验某个部分的回答与另一部分的回答是否相似，他们还可能会把一个测验分成两个或更多的部分。如果人们在同一测验不同部分的回答相似，那么该测验就具有较高的内部信度（internal reliability）。

最后，本章所考察的测验很多是访谈法或观察测量，都要求治疗师或研究者对评估对象做出判断。这样的测验应该具有很高的评分者或评判者信度（interrater or interjudge reliability）。也就是说，不同的评分者或评判者在对同一个人进行访谈或测验并做出评判时，得出的结论应该相似。

标准化

提高效度和信度的一个重要方法是将施测过程和对测验的解释标准化。标准的施测方法能避免无关因素对个体反应的影响。例如，如果施测者偏离了书面问题，向应答者提示“正确”答案，就会降低测验的效度和信度。相反，如果施测者只是大声读出测验中的具体问题，就会提高测验的效度和信度。类似地，用标准方式解释结果（例如，认为分数超出特定临界值时是严重的）使测验的解释更加有效和可信。因此，施测和解释的标准化对于测验的效度和信度都很重要。

记住这些概念，我们将要探索一些常用的评估工具。

临床访谈

第一次访谈能收集大部分的评估信息。这次访谈可能会包括一次心理状态测试，目的是评估来访者的一般功能。在心理状态测试中，临床医生要考察五类信息。第一，个体的外表和行为。他是穿着整洁、仪表得体，还是蓬头垢面？打理个人基本仪表的能力显示了来访者一般功能运作的好坏。临床医生还会注意个体是否移动得特别缓慢或看起来焦虑不安，前者可能是抑郁症的表现。

第二，在心理状态测试中，临床医生会记录来访者的思维过程，包括其说话的连贯性和语速。第三，临床医生会考虑个体的心境和情感。他看起来是沮丧、抑郁，还是兴高采烈？这种情感与情境是否相符？例如，个体似乎对自己开的玩笑笑得过于夸张，而这可能是神经质或不能与他人建立良好关系的表现。第四，临床医生会观察个体的智力功能，即言语能力以及是否存在任何记忆困难或注意困难的迹象。第五，临床医生会注意个体看上去是否能够恰当地对地点、时间和人进行定向，也就是说，个体是否能够理解他所处的位置、当时的日期和时间、他是谁以及临床医生是谁。

越来越多的临床医生和研究者使用**结构化访谈**（structured interview）来收集个体的信息。结构化访谈中，临床医生就应答者目前正在经历或过去曾经有过的症状提出一系列问题。问题的形式和整个谈话过程都是标准化的，临床医生根据具体标准对此人的回答进行评分（见表 3.1）。谈话结束时，临床医生应该能够确定应答者的症状是否符合某种主要心理障碍的诊断标准。

症状问卷

当临床医生或者研究者想尽快确定患者症状时，他们常会要求患者完成一份**症状问卷**（symptom questionnaire）。有些问卷包含了几种不同障碍的多种症状，有些则只针对某种特定障碍的症状。

表 3.1 结构化访谈举例

焦虑障碍
惊恐障碍问卷
你是否曾经有过惊恐发作，也就是突然感到害怕、焦虑或极度不适？ 　**如果是：**告诉我当时的情况。什么时候发生的？（你曾经是否有过单纯由情绪低落导致的惊恐发作？） 　**惊恐是否在预期场合下发作：**有没有经历过**预期场合**之外的惊恐发作？ 在4个星期内，你是否有过4次那样的惊恐发作？ 　**如果没有：**你是否非常担心下次发作？（你担心了多长时间？） 上次严重发作是什么时候？**（预料之中还是预料之外？）** 　现在我会问一些关于那次发作的问题。你最先注意到什么？然后呢？ 发作期间…… 　……你呼吸急促吗？（感到呼吸困难？） 　……你感到眩晕，站不稳，或者好像要晕倒吗？ 　……你心跳加快、剧烈或心悸吗？ 　……你颤抖或哆嗦吗？ 　……你出汗吗？ 　……你是否觉得哽噎？ 　……你是否感觉恶心、反胃，或者有要腹泻的感觉？ 　……你是否觉得身边的事物变得不真实，与身边事物失去了联系，或者身体某部分好像变得不属于自己？
资料来源：Data from First, Spitzer, Gibbon, & Williams, 1997.

表 3.2 贝克抑郁问卷 - 第2版（Beck Depression Inventory®–Second Edition;BDI®–II）的样题：

悲伤
0 我不觉得悲伤。
1 我觉得悲伤。
2 我是悲伤的。
3 我太悲伤了，简直无法忍受。

活力水平的变化
0 我没有体验到活力水平有任何变化。
1a 我比平常要活跃一些。
1b 我比平常要不活跃一些。
2a 我比平常要活跃很多。
2b 我比平常要不活跃很多。
3a 一天中大多数时候我都是不活跃的。
3b 我一整天都是活跃的。

资料来源：Simulated Items similar to those in the Beck Depression Inventory-II (BDI-II).
Copyright © 1996 by Aaron T. Beck. Reproduced with permission of the publisher, NCS Pearson, Inc. All rights reserved. Beck Depression Inventory and BDI are trademarks in the United States and/or other countries, of Pearson Education, Inc. or its affiliate(s).

最常用的抑郁量表是*贝克抑郁问卷*（Beck Depression Inventory），简称 BDI（Beck & Beck, 1972）。最新的贝克抑郁问卷含有 21 个项目，每项都描述了给定抑郁症状的四个水平（见表 3.2）。要求应答者指出哪个描述最符合其过去一个星期的感受。对所有项目计分，以确定应答者所经历的抑郁症状的严重程度，规定而且也给出了区分中度抑郁和重度抑郁的临界分数。

贝克抑郁问卷的批评者指出，贝克抑郁问卷没有清楚地区分抑郁症的临床症状和一般的痛苦，这些痛苦可能与焦虑障碍或某些其他障碍有关（见 Kendall et al., 1987）。BDI 也不能显示应答者是否符合抑郁诊断标准。但是贝克抑郁问卷使用十分便捷，而且重测信度高，因此它得到了广泛的应用，尤其是在抑郁症研究中。

临床医生在治疗抑郁症患者的过程中，也会使用贝克抑郁问卷来监测患者每周的症状变化。他们可能会要求个体在每个疗程开始时完成贝克抑郁问卷；这样，临床医生和个体对病症的任何变化就都有了具体的指征。

人格量表

人格量表（personality inventories）通常是一些旨在评估人们典型的思维、感受和行为的问卷。这些量表常被用作评估程序的一部分，用于收集有关人们的健康状态、自我概念、态度与信念、处世方式、对环境和社会资源的感知以及易感性等信息。

专业临床评估中使用最广的人格量表是*明尼苏达多相人格调查表*（Minnesota Multiphasic Personality Inventory; MMPI），它被翻译成 150 多种文字，并在 50 多个国家使用（Groth-Marnat, 2003）。最初的 MMPI 于 20 世纪 30 年代由斯塔克·哈撒韦（Starke Hathaway）和查利·麦金利（Charnley Mckinley）开发问世。1989 年，发布了名为 MMPI-2 的修订版。两个版本的 MMPI 都用句子的形式呈现给应答者，描述的是道德与社会态度、行为、心理状态和身体状况，并要求他们用“是”“否”或“无法回答”来作答。以下几个例子都是选自 MMPI 的项目：

玩游戏时我更想赢不愿输。
我独自一人时最开心。
最难战胜的是我自己。
我希望我不要被关于性的想法所烦扰。
我怕失去理智。
感到无聊时我想找些刺激。
人们经常让我失望。

MMPI 是采用经验标准法编制的，也就是说，用大量的可能条目对心理“健康的”人和有各种不同心理问题的人进行测验，然后把能够可靠地区分不同群体的项目收

表 3.3 最初版MMPI的临床和效度量表

MMPI 是最常用的症状评估问卷和人格评估问卷之一。它还包含了一些量表用于评估应答者是否撒谎或者企图混淆其回答。

临床量表		
量表序号	**量表名称**	**测量对象**
量表1	疑病量表	对身体的过度担忧和抱怨
量表2	抑郁量表	抑郁症状
量表3	癔病量表	癔病人格特质，在压力下易产生生理症状
量表4	病态人格量表	反社会倾向
量表5	男性–女性倾向量表	性别角色冲突
量表6	妄想量表	多疑、偏执思维
量表7	精神衰弱量表	焦虑和强迫行为
量表8	精神分裂症量表	古怪的想法和情感混乱
量表9	轻躁狂量表	躁狂症的行为
量表10	社会内向性量表	社会焦虑、退缩、过分自我控制
效度量表		
	量表名称	**测量对象**
	疑问量表	未回答的项目总数
	掩饰量表	展示有利形象的倾向
	诈病量表	谎称患有心理障碍的倾向
	校正量表	不切实际地高估自己的倾向

资料来源：Minnesota Multiphasic Personality Inventory (MMPI).
Copyright© 1942, 1943, 1951, 1967 (renewed 1970), 1983. Reprinted by permission of the University of Minnesota. "MMPI" and "Minnesota Multiphasic Personality Inventory" are trademarks owned by the University of Minnesota.

编到问卷中。

最初的 MMPI 将项目分为 10 个量表，分别测量不同类型的心理特征或心理问题，如偏执狂、焦虑症以及社会内向性等。MMPI-2 增加了另外 4 个量表，用于评估进食障碍、物质滥用和机能不良的易感性。将应答者在各量表上的得分与从一般总体中获得的得分进行比较，就能得出应答者人格与心理问题的概况。还有 4 个效度量表用于确定应答者是诚实地回答问题，还是歪曲了答案致使测验失效（见表 3.3）。例如，掩饰量表测试应答者是否倾向于使用社会赞许的方式来回答问题，以显得异常积极或优秀。

因为 MMPI 项目是以能否区分人们是否患有心理障碍为标准的，因此 MMPI 量表的同时效度在其形成过程中就被“内置”于量表中了。MMPI 作为一般性筛查工具，在辨别心理功能极度不良者时尤其有用。其重测信度也很高（Dorfman & Leonard, 2001）。

然而，MMPI 在评估文化多样性的样本时却遭到了很多批评（Groth-Marnat, 2003）。MMPI 最初版的常模（即被认为是“健康”的分数）依据的是美国人样本，这不能代表来自不同种族和族裔背景、不同年龄阶段以及不同社会阶层的广大人群。针对这一问题，MMPI 的发行者根据更具代表性的样本建立了新的常模，新样本选自横跨美国的 8 个不同社区。对 MMPI 的另一个担忧是它的标准无法反映不同文化对正常与否的认识差异。此外，MMPI 翻译版本的语言准确性及其与英语版本之间的可比性也受到了质疑（Dana, 1998）。

行为观察和自我监控

临床医生经常使用**行为观察**（behavioral observation）来评估个体在处理问题的方式或技巧上的缺陷。临床医生关注某些特定的行为，以及这些行为前后所发生的事情。例如，临床医生可能会观察一个儿童与其他儿童的交流，以确定什么情境会激发该儿童的攻击行为。然后，他可以利用从行为观察得到的信息来帮助个体学习新技巧、改掉坏习惯，以及理解和改变其对特定情境的反应方式。临床医生可能要求寻求婚姻治疗的夫妻讨论一个双方有分歧的话题。他会观察整个交流过程，从中发现他们处理冲突的具体方法。例如，夫妻中的一方可能会滔滔不绝地指责对方，把婚姻中的问题都归咎于对方，从而使冲突升级。

直接行为观察的优点在于，它不依赖个体的自述以及其对自身行为的解释，而是由临床医生来观察个体如何处理重要情境。它的一个显而易见的缺点是，个体在有人观察的情况下可能会改变其行为。其次，不同的观察者可能会得出不同的结论，也就是说，直接行为观察的评分者信度可能会较低，尤其是在没有标准观察手段的情况下。此外，任何单个的评估者都可能会忽略人际互动的一些细节。例如，两个评估者同时观察操场上与他人玩耍的某个儿童，他们可能会各自侧重该儿童行为的不同方面，或者被操场上的嘈杂声分散注意力。基于这些原因，在研究中使用行为观察时，必须使情境高度标准化，并且要按照设定好的行为列表进行观察。最后，有些情境可能无法使用直接观察。在这种情况下，临床医生可以让来访者进行情境角色扮演，例如来访者与其雇主互动。

如果直接观察和角色扮演都不可行，那么临床医生可能就会要求个体进行**自我监控**（self-monitoring），也就是记录每天从事特定行为的次数（例如，抽烟）以及该行为出现的情境。下面是一个例子（摘自 Thorpe & Olson, 1997, p. 149）：

> 史蒂夫是个酒鬼，治疗师要求他对自己的饮酒行为进行为期两个星期的自我监控，记录促使其饮酒的情境以及相关想法和感受。这些数据表明史蒂夫的饮酒行为只限于酒吧环境，而且是与朋友一起喝的。缓解压力是反复出现的主题。

自我监控也容易受偏见影响，如个体所注意到的自身行为以及他愿意报告的内容。然而，通过自我监控，个体可以发现不利行为的诱因，从而使他们改变这些行为。

智力测验

临床实践中，尤其是在怀疑个体智力迟钝或有脑损伤时，常常使用**智力测验**（intelligence tests）来获取有关其智力优势或弱点的信息（Ryan & Lopez, 2001）。学校也使用智力测验来识别“天才”儿童或智力障碍儿童。智力测验也用于职业场所或者军队中，以评估成人从事特定工作或服务的能力。智力测验的例子有：韦氏成人智力量表（Wechsler Adult Intelligence Scale）、斯坦福－比内智力测验（Stanford-Binet Intelligence Test）、韦氏儿童智力量表（Wechsler Intelligence Scale for Children）。

这些测验主要用于测量基本的智力能力，如抽象思维能力、语言流利程度、空间记忆等。智商（IQ）这个术语是指将个人的智力测验分数与同龄人群的分数进行比较的方法。智商 100 表示此人的表现与其他同龄人的平均表现相当。

智力测验具有争议性，部分是因为人们未能就智力的定义达成一致意见（Sternberg, 2004）。使用最广泛的智力测验主要评估的是言语能力和分析能力，而没有评估其他天赋或技能，如艺术和音乐能力。一些心理学家指出，不仅言语能力和分析能力，社交技能以及智力测验没有测量的其他天赋，同样对人生的成功有着重大影响（Gardner, 2003; Sternberg, 2004）。

针对智力测验的另一个重要批评指出，它有利于受过良好教育的中上层欧裔美国人，因为他们对智力测验所评估的思维方式更加熟悉（Sternberg, 2004）。另外，受过教育的欧裔美国人在接受测验时也更舒适，因为施测者常常也是欧裔美国人，而且测验环境与其教育经历中的考试环境类似。相反，不管是美国国内还是美国以外的其他不同文化，可能都更加注重某些不同于智力测验所评估的其他思维方式，而且测验环境也可能让这些文化的成员感到不适。

“文化公平”的测验所包含的项目应当同等地适用于所有群体，或者即使针对不同文化群体有不同的测验，但在心理学上要具有同等意义。研究者在发展文化公平测验方面做过一些努力，但结果令人失望。即使形成了一个一般性测验，也很难在不同文化中对智力进行陈述，因为不同国家和文化对“智力成就”的侧重点不同。

神经心理测验

如果临床医生怀疑某个人有神经缺陷或损伤，他可以使用书面形式的**神经心理测验**（neuropsychological tests），这对找出特定的认知缺陷如老年痴呆的记忆问题可能是有用的（Golden & Freshwater, 2001）。本德－格式塔测验（Bender-Gestalt Test）是常用的一个神经心理测验（Bender, 1938）。这个测验通过让个体复制一组九张的

图 3.3 本德 - 格式塔测验

左边是展示给来访者的图画。右边是一个儿童的临摹，该儿童的脑瘤造成其知觉 - 运动困难。

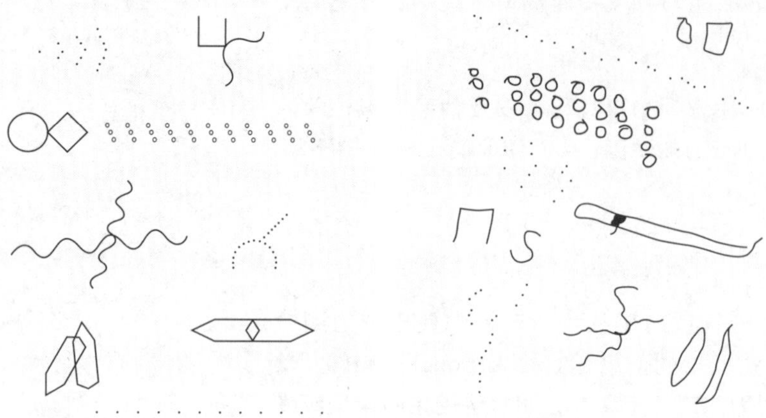

图画来评估其感觉运动技能（见图 3.3）。脑损伤的来访者可能会旋转或改变图画的某些部分，或者根本无法复制这些图画。如果一段时间后要求来访者回忆图画内容，他们可能会表现出明显的记忆缺陷。本德 – 格式塔测验似乎能够有效地区分来访者是否有脑损伤，但是无法可靠地识别脑损伤的具体类型（Groth-Marnat, 2003）。

为了确定脑损伤的类型，开发了很多大范围的成套测验。其中最受欢迎的两套是霍尔斯特德 - 赖顿测验（Halstead-Reitan Test, Reitan & Davidson, 1974）和鲁利亚 - 内布拉斯加测验（Luria-Nebraska Test, Luria, 1973）。这些成套测验都包含了几个测验，可以提供个体在几个技能方面的功能信息，包括集中注意力、灵巧性和理解速度等。

脑成像技术

越来越多的神经心理测验与脑成像技术结合使用，以识别具体的缺陷以及可能的大脑异常。临床医生使用脑成像技术来确定患者是否存在脑损伤或肿瘤。研究者使用脑成像来寻找心理障碍人群和正常人群在脑活动或脑结构方面的差异。让我们回顾一下现有的脑成像技术以及它们现在能给我们提供的信息。

计算机断层扫描（computerized tomography; CT）是 X 射线程序的优化。在 CT 中，狭窄的 X 射线束从不同角度对大脑的单层平面进行扫描。测量各光束被吸收的辐射量，计算机程序可以根据测量数据构建大脑切面的图像。通过多次类似的扫描，计算机可以构造出包含主要脑结构的三维图像。CT 扫描可以发现脑损伤、肿瘤和脑结构异常。CT 技术有两个主要缺点，一是患者必须暴露在对人体有害的 X 射线中；二是它只能提供脑结构图像，不能提供脑活动图像。

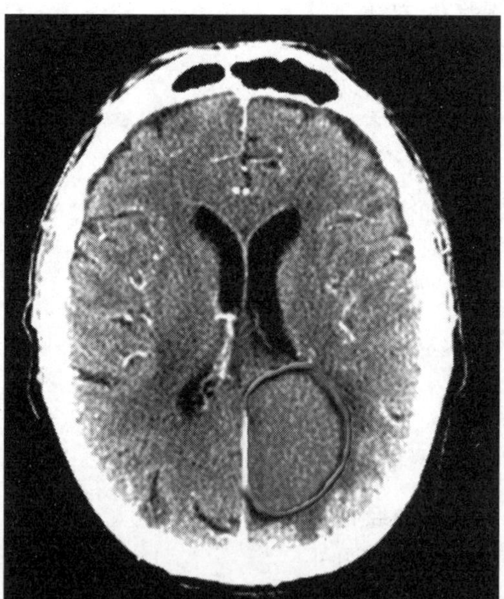

CT扫描能够探测诸如脑瘤这样的结构异常。

正电子发射断层扫描（positron-emission tomography; PET）可以提供脑活动的图像。PET 要求给患者注射一种无害的放射性同位素，如氟脱氧葡萄糖（fluorodeoxyglucose; FDG）。这种物质可以通过血液进入脑中。活跃的脑区需要 FDG 中的葡萄糖作为营养成分，因此 FDG 就聚集在这些脑区。同位素衰减的过程会释放 FDG 中一种称为正电子的亚原子粒子。释放出来的正电子与电子发生碰撞，两者在碰撞中湮灭，转化成两个光子，并分别朝相反方向运行。PET 扫描仪能检测到这些光子以及它们湮灭的位置，并构建出脑图像，从而显示出最活跃的脑区。PET

扫描可用于显示心理障碍患者和健康人群特定脑区的活动水平的差异。

还有一种评估脑活动的技术是**单光子发射计算机断层扫描**（single photon emission computed tomography; SPECT）。SPECT 程序与 PET 所使用的程序非常相似，但注射的追踪物质不同。它不如 PET 准确，但价格相对便宜。

与上述几种技术相比，**磁共振成像**（magnetic resonance imaging; MRI）具有几大优点。它不需要让患者暴露在任何辐射中或注射放射性同位素，因此在同一个人身上可以反复使用。它提供的脑结构解剖图像比其他技术更加精细，并且可以在任何角度成像。结构性磁共振成像提供脑结构的静态图像，功能性磁共振成像（fMRI）可提供脑活动的图像。

MRI 需要在患者的脑部周围形成磁场，使脑中的氢原子重新排列。打开或关闭磁场时，氢原子的位置会发生变化，从而释放出磁信号。计算机可以读取这些信号并重建出大脑的三维图像。为了评估脑部的活动，MRI 以毫秒级的间隔形成图像，显示出脑是如何从这一刻变化到下一刻，或者如何对刺激进行反应的。研究者可以用 MRI 来研究几乎所有心理障碍的结构性或功能性脑部异常。

心理生理测试

心理生理测试（psychophysiological tests）是CT、PET、SPECT和MRI之外的一种方法，用于探测反映情绪和心理变化的脑和神经系统变化。**脑电图**（electroencephalogram; EEG）测量了脑中特定神经元放电导致的头皮电活动。EEG最常用于探测癫痫发作，也可以用于探测脑瘤和中风。当在很短的时间里（例如1/2秒）记录下来的EEG模式是对特定刺激的反应时，如个体看到了一幅激发情绪的图片时，则称该EEG模式为*诱发电位*（evoked potential）或*事件相关电位*（event-related potential）。临床医生可以将患者的反应与健康个体的标准反应进行比较。

心率和呼吸对压力十分敏感，也很容易监控。汗腺活动，也就是*皮肤电反应*（electrodermal response; 以前称为“galvanic skin response”），可以通过仪器探测皮肤上两点之间的导电性来评估。皮肤电反应可以反映情绪唤醒程度。心理生理测试用于评估人们对特定刺激类型的情绪反应，如罹患创伤后应激障碍的老兵对战争场景的反应。

投射测验

投射测验（projective test）的假设基础是，当人们面对模棱两可的刺激时，如形状怪异的墨迹或者没有标题的图片，他们会根据自己当前的忧虑和感受、自己与他人的关系以及冲突或欲望等来解释这些刺激。人们会将上述因素投射在对刺激“内容”的描述中，因此称为投射测验。这类测验的支持者认为，在解释个体的无意识想法和动机时，或者当个体表现出抵触情绪或提供给评估者的信息带有极大偏见时，投射测验是十分有效的。最常用的两种投射测验是*罗夏墨迹图测验*和*主题统觉测验*（TAT）。

“罗夏!你该怎么办?”
ScienceCartoonsPlus.com

罗夏墨迹图测验（Rorschach Inkblot Test）常简称为*罗夏测验*，是瑞士精神病学家赫尔曼·罗夏（Herman Rorschach）于 1921 年开发的。测验包括 10 张卡片，每张卡片上都有一块对称的墨迹，颜色是黑白或彩色。比如，施测者会跟应答者这样说："人们可以从这些墨迹中看出很多不同的东西，现在告诉我你看见了什么，它让你想到什么，它对你来说意味着什么"（Exner, 1993）。临床医生对个体的应答内容和风格都感兴趣，他们会在应答内容中寻找特定的主题或担忧，比如频繁地提及攻击性或害怕被抛弃。重要的应答风格特征则包括个体关注墨迹的小细节而非总体的倾向，或者在回答特定墨迹图时犹豫不决。

主题统觉测验（Thematic Apperception Test;TAT）由一系列图片组成。要求应答者根据图片的内容编一个故事（Murray, 1943）。TAT 的支持者认为，应答者的故事能反映他们的担忧与愿望以及人格特质与动机。与罗夏测验一样，临床医生感兴趣的是人们应答 TAT 图片的内容及风格。有些图片可能会引起更为强烈的情绪反应，而有些则不引起任何反应。他们认为这些图片可以探测应答者最重要的担忧。

持心理动力观的临床医生认为投射测验作为潜在愿望和担忧的评估工具是有价值的，这些都是个体不能或不愿意直接报告的内容。而持其他观点的临床医生却怀疑这些测验的有用性。研究证明所有投射测验的效度和信度都不高（Groth-Mahat, 2003）。另外，由于这些测验极其依赖临床医生的主观解释，因此易受偏见的干扰。最后，这些测验的解释标准没有考虑到个体的文化背景（Dana, 2001）。

评估中的挑战

评估人们的问题时遇到的挑战是，人们无法或者不愿意提供信息。此外，在评估儿童以及评估来自与评估者文化背景不同的人群时，也会面临一些特殊的挑战。

阻抗提供信息

从个体那里收集有效信息所面临的最大挑战就是个体对提供信息的阻抗。有时，个体不愿意接受评估或治疗。例如，当一名青少年因为父母担心其行为而被迫去跟心理学家见面时，他可能就会拒绝提供任何信息。由于临床医生需要的很多信息必须直接来源于受评估者，因此阻抗会是一个难以对付的问题。

即便个体没有完全地拒绝接受评估，他可能还对评估结果很感兴趣，致使提供的信息可能是经过高度选择的，从而可能呈现有偏差的信息，甚至对评估者撒谎。当评估成为法庭诉讼的一部分时，这样的问题常常发生。例如，离婚案中的父母争夺孩子监护权时，就可能发生这种情况。法庭会指定心理学家对父母双方是否适合监护儿童进行评估，他们在与心理学家谈话时，都想最好地展现自己，并在陈述中抹黑对方。

评估儿童

下面是一位母亲与她 5 岁的儿子乔纳森之间的对话，乔纳森因为在学前班与人打架而被送回了家。

妈妈：乔纳森，你为什么打那个男孩？

乔纳森：不知道。我就打了。

妈妈：但我想知道发生了什么事情。他做了什么让你生气的事吗？

乔纳森：我想是吧。

妈妈：他做了什么？他打你了吗？

乔纳森：是的。

妈妈：他为什么要打你？

乔纳森：不知道。他就打我了。可以走了吗？

妈妈：我还想知道更多。

（沉默）

妈妈：还可以再给我讲点什么吗？

乔纳森：没了。他就是打了我，我也打了他。我可以走了吗？

任何人，只要试过与烦恼中的儿童对话，并想从中知道他为什么有不良行为，就会知道与孩子讨论情绪或行为问题有多么困难。即使某个孩子愿意进行类似的对话，他也不能够很好地理解自己产生某种行为或情绪的原因。儿童尤其是学龄前儿童，无法像成人那样轻易地描述自己的感受或与这些感受相关的事件。例如，年幼的儿童无法区分不同类型的情绪，一般只会说他们感觉“不好”（Harter, 1983）。感到难过时，儿童可能只谈论生理上的疼痛，而不是他们所感受到的情感痛苦。或者有些儿童可能只会用非言语行为来表达痛苦，如愁眉苦脸、萎靡不振或攻击行为。

由于儿童在自我报告情绪和行为方面的担忧时存在这些问题，临床医生和研究者常常要依赖其他人，一般由儿童生活中的成年人来提供关于儿童功能方面的信息。父母常常是儿童功能方面信息的首要来源。当父母带孩子就医时，临床医生可以对其父母进行访谈，询问有关孩子行为改变以及生活中相应事件的情况。儿童功能的研究者可以要求父母完成一份调查问卷，以评估儿童在各种情境下的行为。

因为父母与孩子生活在一起的时间远远多于其他人，所以他们对儿童功能的了解可能最全面，并且也最能感觉到儿童的行为随时间是怎样发生变化的。然而很遗憾，父母对孩子功能的评估并不一定准确。一项研究表明，63% 的案例中，亲子双方无法就孩子到精神科就诊的原因达成共识（Yeh & Weisz, 2001）。父母的心理病理症状及其对孩子行为的预期都可能影响到他们对孩子的健康程度的认识（Nock & Kazdin, 2001）。实际上，有时父母带孩子去接受心理问题的评估和治疗，是为了给自己寻求一个治疗渠道。

父母还可能是儿童心理问题的来源，因此不愿意承认孩子的问题或者为之寻求帮助。最极端的例子是对儿童进行身体虐待和性虐待的父母。这种父母就不太可能承认自己给儿童造成了心理或生理伤害，不愿为孩子寻求治疗。

不同文化对儿童行为的规范也不尽相同，父母对孩子的预期和对孩子异常行为的容忍度都受到这些规范的影响。例如，与美国父母相比，牙买加父母对孩子的异常行为显得更加宽容，包括攻击行为和害羞、拘谨的行为。因而，就带孩子就医的恰当时机而言，牙买加父母的阈限比美国父母要高得多（Lambert et al., 1992）。

教师也能提供儿童功能的有关信息。教师以及学校其他人员（例如辅导员和教练）经常最先发现儿童的问题，并采取干预手段。然而，教师对儿童的评估常常与其他成人的评估有出入，包括父母和受过训练的临床医生（Weisz, Donenberg, Han, & Kauneckis, 1995）。这种不一致的产生可能是因为教师的评估是有效的，而其他人的评估无效，也可能是因为儿童在不同环境中会有不同的功能表现。在家里，儿童的行为可能是规规矩矩、安静内向的，而在学校可能是冲动、易怒且易分心的。

来访者和治疗师之间的文化差异会导致对来访者问题的错误解释。

跨文化评估

当评估者和被评估者之间存在很大的文化差异时，评估工作将面临诸多挑战（Dana, 2000; Tsai, Butcher, Muñoz, & Vitousek, 2001; Tseng, 2001）。设想你需要收集所有需要的信息来评估一个来自完全不同文化背景的来访者。你面对的第一个问题可能就是被评估者完全不能或者只能讲一点你的语言（而你可能完全不会他的语言）。如果评估双方语言不通，那么既可能导致对症状的诊断不全面，也可能会过度诊断（Okazaki & Sue, 2003）。当个体试图使用评估者的语言来描述病症时，评估者可能会将个体缓慢、含糊的描述，解释为比实际更严重的病理状态，因而造成过度诊断。如果个体无法使用评估者的语言对复杂的情绪或者怪异的感知体验进行清晰描述，进而因此避而不谈，那么就会致使诊断不全面。

其中一个解决办法就是为临床医生和来访者找一个翻译人员。良好的交流离不开翻译人员，但如果翻译人员本身不是受过训练的评估者，就可能错误地理解和翻译治疗师的问题以及来访者的回答，比如下面这个例子（Marcos, 1979, p. 173）：

> **临床医生问讲西班牙语的患者：**“你觉得忧伤或情绪低落吗？你有时会觉得生活没有意义吗？”
>
> **翻译人员对患者说：**“医生想知道你是否忧伤以及你是否喜欢你的生活。”
>
> **患者的回答：**“不，是的，我知道孩子们需要我，我不能放弃，我不想考虑这个问题。”
>
> **翻译人员对临床医生说：**“她说不，她说她爱孩子们，而且孩子也需要她。”

在这个例子中，翻译人员没有准确地把个体的回答反馈给临床医生，因而让临床医生觉得个体的实际情况要比她报告的情况好。此外，来自同一国家的不同的人也可能使用不同方言，各自用不同的方式来表达感受或态度。如果翻译人员不会说个体所说的特定方言，或者来自不同的亚文化，都会出现翻译错误。

即使假设每个人都使用相同的语言，但当他们来自不同的文化背景时，也会出现文化偏差。有证据表明，美国的非裔美国人经常被过度诊断为患有精神分裂症（Neighbors, Trierweiler, Ford, & Muroff, 2003）。很多研究者相信文化差异会影响症状表现（Neighbors, 1984）。非裔美国人可能会比欧裔美国人表现出更强烈的症状，这样欧裔美国人评估者就会将之误解为更严重的心理病态的表现。由于对非裔美国人的负面刻板印象，欧裔美国人评估者可能会过快地把他们诊断为心理病态。

即使临床医生避免了所有这些偏见，他们还要面对一个现实，即与他们所在的文化成员相比，其他文化成员在思考和谈论心理症状上会有所不同。本书中我们举了几个例子来说明症状表现的文化差异。最普遍的差异在于，不同文化的人在经历和报告心理痛苦时指的是情绪症状还是躯体（生理）症状。欧裔美国人倾向于把生理和心理分开看待，而很多其他文化并不严格区分生理感受与心理感受（Okazaki & Sue, 2003）。引起心理痛苦的事件发生后，欧裔美国人倾向于报告感到焦虑或忧伤，而很多其他文化的成员却报告出现生理疼痛或疾病。为了进行准确的评估，临床医生必须注意障碍表现和症状描述的文化差异，必须正确地使用这些信息来解释个体所报告的症状。并不是文化中的每个成员都会遵从我们已知的文化规范，这使得文化差异更加复杂。在各文化内部，人们对行为文化规范的接受程度也各不相同。

图 3.4　综合征是症状的集群

综合征是一些常常同时出现的症状的集群。一种综合征的症状可能与另一种综合征的症状会有所重叠，如抑郁症状和焦虑症状。

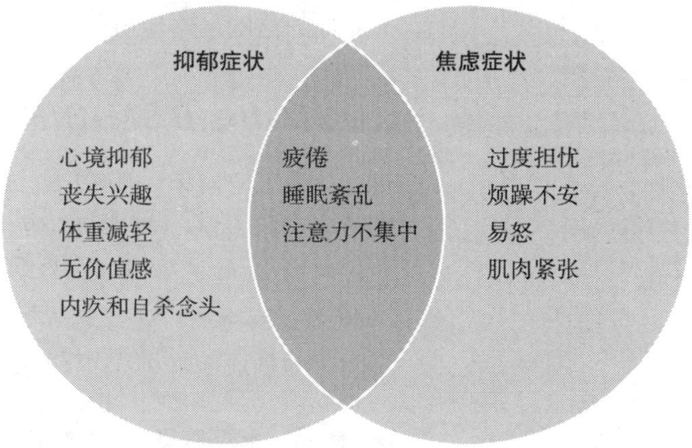

诊　断

回想一下，诊断是我们给倾向同时出现的一组症状贴上的一个标签。这样的一组症状称为**综合征**（syndrome）。一般情况下，综合征由几个症状组成，但是哪个症状的体验最强烈则因人而异。一些症状组成了我们称为*抑郁*的综合征，包括糟糕的心境、对日常活动失去兴趣、失眠、难以集中注意力以及死亡念头。但并非每个抑郁的人都会体验到所有这些症状——例如，一些人对日常活动失去兴趣，但并不感到悲伤或忧郁，而且只有少部分抑郁的人会有明显的死亡念头。

综合征并不是指所有人在产生症状后在所有时间都会表现出来的一组症状。相反，综合征是倾向于同时出现在个体身上的一组症状。两种综合征之间还可能存在症状的重叠。图 3.4 显示了两种常见心理障碍——抑郁（见第 7 章）和焦虑（见第 5 章）——在症状构成上的重叠。这两种障碍都包含疲倦、睡眠紊乱和注意力不集中这些症状。不过，每种障碍都各有其更特定的症状。

几个世纪以来，人们一直在努力把错综复杂的心理症状组织成一系列有限的综合征。这样的一系列综合征，以及确定个体症状是否属于这些综合征其中的一种的原则，共同构成了一个**分类系统**（classification system）。

最早的心理症状分类系统是公元前 4 世纪的希波克拉底提出来的。希波克拉底把精神障碍分为躁狂症（异常的兴奋状态）、忧郁症（异常的抑郁状态）、偏执狂和癫痫症。1883 年，恩米尔 • 克雷佩林（Emil Kraepelin）发布了第一个现代分类系统，是我们现行分类系统的基础。现代分类系统将所有心理症状归类成各种各样的综合征，其数量远远超出了希波克拉底的分类。我们集中讨论的是在美国使用最广泛的分类系统，**《精神障碍诊断与统计手册》**（*Diagnostic and Statistical Manual of Mental Disorders; DSM*）。欧洲和世界上其他许多地区使用的分类系统是《国际疾病分类标准》（*International Classification of Disease; ICD-10*），它与最新版的 *DSM* 有很多相似之处。

《精神障碍诊断与统计手册》（*DSM*）

60 多年来，美国官方使用的心理障碍诊断手册一直都是美国精神医学学会制定的《精神障碍诊断与统计手册》。*DSM* 的第一版发布于 1952 年，概述了当时精神病学界公认的所有心理障碍的诊断标准。由于受精神分析理论的强烈影响，诊断标准的描述有些模糊不清。例如，对焦虑神经症的诊断可以表现为大量不同的行为与情绪。诊断的关键在于，临床医生是否能推断出导致个体产生焦虑体验的无意识冲突。

1968 年发布的 *DSM* 第二版（*DSM-II*）增加了一些新的障碍，这些新障碍是在第一版发布后得到认可的，除此之外并没有多大变化。

由于第一版和第二版的 *DSM* 对障碍的描述极其抽象和理论化，因而诊断的信度较低。例如，一项研究发现，让四位经验丰富的临床医生使用第一版的 *DSM* 对 153 位病人进行诊断，只能在 54% 的情况下得出一致的诊断结果（Beck et al., 1962）。如此低的信度最终使得精神病学家和心理学家呼吁建立全新的心理障碍诊断系统。

DSM-III, DSM-IIIR, DSM-IV, DSM-IV-TR, DSM-5

为了应对第一版和第二版 *DSM* 的信度问题，美国精神医学学会于 1980 年发布了第三版 *DSM*，即 *DSM-III*。之后又于 1987 年发布了第三版的修订版（*DSM-IIIR*），1994 年发布了第四版（*DSM-IV*），并于 2000 年发布了第四版的修订版（*DSM- IV-TR*）。在 *DSM* 的这些更新版本中，开发者们将对障碍的模糊描述替换成针对每个障碍的明确具体的标准。这些标准的形式是人们必须表现出什么样的行为或必须报告什

表 3.4 惊恐障碍的*DSM-5*诊断标准

A. 反复出现不可预期的惊恐发作，惊恐发作定义为突然发生的强烈的害怕或不适感，并在几分钟内达到峰值，发作期间出现下列4项及以上症状。（注：这种突然发生的惊恐可以出现在平静状态或焦虑状态。）

1. 心悸、心慌或心率加速
2. 出汗
3. 震颤或发抖
4. 气短或窒息感
5. 哽噎感
6. 胸痛或胸部不适
7. 恶心或腹部不适
8. 感到头昏、脚步不稳、头重脚轻或昏厥
9. 发冷或发热感
10. 皮肤感觉异常（麻木或针刺感）
11. 现实解体（感觉不真实）或人格解体（感觉与自我脱离）
12. 害怕失去控制或“发疯”
13. 濒死感

B. 至少在1次发作之后，至少出现下列1-2种症状，并持续1个月或以上：

1. 持续地担忧或担心再次的惊恐发作或其结果（例如，失去控制，心脏病发作，“发疯”）
2. 在与惊恐发作相关的行为方面出现明显的不良变化（例如，设计某些行为以回避惊恐发作，如逃避锻炼或不熟悉的情境）

C. 这种障碍不能归因为某种物质（例如，滥用的毒品、药物）的直接生理效应或其他躯体疾病（如甲状腺功能亢进、心肺疾病）。

D. 这种障碍不能用其他精神障碍更好地解释（例如，在社交焦虑障碍中，惊恐发作的出现不只是对害怕的社会情境的反应；在特定恐怖症中，惊恐发作的出现不只是对有限的恐怖对象或情境的反应；在强迫症中，惊恐发作的出现不只是对强迫思维的反应；在创伤后应激障碍中，惊恐发作的出现不只是对创伤事件的提示物的反应；在或分离焦虑障碍中，惊恐发作的出现不只是对与依恋对象分离的反应）。

资料来源：Reprinted with permission from the *Diagnostic and Statistical Manual of Mental Disorders*, Fifth Edition.

Copyright © 2013 American Psychiatric Association.

么样的经历或感受才能得出诊断。开发者在列举各个障碍的标准时尽可能做到理论清晰、描述具体。惊恐障碍的诊断标准就是一个很好的例子，见表 3.4。一个人必须具备 13 种可能症状中的 4 种，并同时符合其他标准，才能被诊断为惊恐障碍。这些标准反映了一个事实，并不是所有的惊恐障碍症状都会出现在每个这类个体身上。

2013 年，*DSM* 的最新版本即 *DSM-5*（American Psychiatric Association, 2013）发布（罗马字母被替换是因为在电子时代其使用受到限制）。这一新版本删去了 *DSM-IV-TR* 中的一些诊断，增加了一些新的诊断，并修订了其他的诊断标准。此外，*DSM-5* 的作者（美国精神医学学会的一个委员会）试图将类似于第 1 章描述过的连续性观点或心理障碍的维度观整合进一些障碍的诊断中，特别是自闭症和人格障碍。*DSM-5* 开发（Frances & Widiger, 2012）中的重要争议集中于纳入和排除某些障碍的实证证据、*DSM-5* 开发过程的保密性和忽视不同观点的相关言论以及对于一些新诊断可能产生的社会影响的担忧（例如，降低了一些诊断的阈值，将行为的某些正常变化正式归为病态）。本书将全面贯彻 *DSM-5* 明确规定的障碍诊断标准。然而，由于 *DSM-5* 比较新，现有的很多研究都是基于 *DSM-IV-TR* 或之前版本定义的障碍。因此，我们会在适当的地方提到 *DSM-5* 的诊断标准与 *DSM-IV-TR* 之间的差异，并且讨论这对我们理解相关障碍有何影响。

还有两个因素可以将 *DSM* 的新版本与之前的版本区分开来。第一，新版本明确规定了个体表现出障碍症状必须达到多长时间才能给予诊断（见表 3.4，B 项）。第二，大多数障碍的标准都要求症状干扰个体的职业或社会功能。对症状持续性和严重程度的强调反映了心理学家与精神病学家对异常定义的共识，即应该根据行为对个体功能和幸福感的影响来定义异常心理和行为（见第 1 章）。尽管 *DSM* 试图精确地定义正常和异常之间的阈值，但要记住，连续谱上所设定的阈值是一个主观的判断。

DSM 的信度

虽然使用了明确的障碍诊断标准，但是 *DSM-III* 与 *DSM-IIIR* 列出的很多诊断的信度还是令人失望。一般来说，经验丰富的临床医生以这些手册为依据时，只能在 70% 的情况下达成一致的诊断（Kirk & Kutchins, 1992）。有些诊断，尤其是人格障碍诊断的信度还要低得多。

诊断信度低是由很多因素造成的。尽管 *DSM-III* 与 *DSM-IIIR* 的开发者们努力使各种障碍的标准清晰明了，但是依然有很多标准是模糊不清的，需要临床医生对个体的症状进行推断，或依赖于个体报告症状的意愿。例如，心境障碍与焦虑障碍的大多数症状都属于主观体验（如悲伤、害怕、绝望），只有个体才能报告他们是否有

灰色地带

阅读下述个案，比较布莱特的症状与表 3.4 中的标准。布莱特的症状符合惊恐障碍的标准吗？（讨论见本章末尾。）

布莱特与约好的医生见面时，看起来面色苍白，并表现出明显的神经质。他告诉医生自己上个月发作了两次，都是心跳突然加速，感到呼吸短促和全身发冷，并且无法控制地颤抖。当产生这些感觉时，他相信自己要死于心脏病发作了。症状持续了大约 10 分钟，然后消退了。医生询问布莱特，当这些症状开始的时候他在哪里。布莱特说，第一次有这种感受时，他马上要在一个非常重要的课上做演讲。第二次则发生在要跟父母见面并共进晚餐的路上。

那些症状以及症状的严重程度。临床医生诊断任何一种人格障碍，都必须确定此人有生以来的那些特定的功能失调的行为历史，或者他与世界相联系的方式。除非临床医生了解了此人的一生，否则他必须依赖了解此人及其家庭成员提供这个人的历史信息，不同的信息来源对来访者功能的描述可能迥然不同。

为了提高 *DSM-IV* 中诊断的信度，工作小组进行了大量的现场试验（见 Frances & Widiger, 2012）。他们对要收录在 *DSM-IV* 中的大部分诊断标准进行了临床与研究环境下的测试。在现场试验中，测试可以确定诊断标准的应用是否可靠，以及它们是否符合来访者的经历。结果表明，虽然 *DSM-IV* 和 *DSM-IV-TR* 显然也并非绝对可靠，但它们比之前版本的信度都高（Widiger, 2002）。在 *DSM-5* 的开发过程中，研究者也进行了现场试验，但对于其是否充分还是有疑问（First, 2011）。*DSM-5* 诊断的信度还有待检验。

*DSM-5*的非轴取向

从 *DSM-III* 开始，临床医生被要求在多个轴上对患者进行评估，以获得关于患者的重要信息。第一轴包括临床障碍，第二轴涉及人格障碍和智力缺陷。其他轴涵盖医学、心理社会、环境和儿童期因素，是对临床表现的补充。保险公司和政府机构经常使用这些轴来做出职业评估。临床医生从未被强制使用这些轴来做出精神障碍诊断，他们意在提供尽可能多样的临床评估。

DSM-5 脱离了轴向系统，而更接近国际上使用的手册，即由世界卫生组织（WHO）发布的《国际疾病分类标准》（ICD）。这一变化反映了精神健康问题研究的全球化，以及全世界研究者希望拥有相似诊断系统的愿望。

随着 *DSM-5* 的发布，以前的轴Ⅰ、轴Ⅱ和轴Ⅲ被整合为整体的诊断体系。重要的心理社会和环境因素（以前的轴 IV）和残障（以前的轴 V）则由临床医生单独加以注释。对心理社会和环境因素单独加以注释的取向是与 WHO 和 ICD 建立的取向一致的。其目标是在患者的诊断或症状状态之外，单独考虑个体的功能状态。

DSM-IV 的轴Ⅳ涉及可能影响精神障碍的诊断、治疗、预后的心理社会和环境问题。*DSM-5* 的编制者认为，这些信息来源不应再提供独立于 ICD 使用的诊断标准之外的标准。

DSM-IV 的轴Ⅴ包含整体功能评定（GAF）量表，这使临床医生得以对个体的整体功能水平进行判断。量表的范围从 0 到 100 分，100 分代表最佳功能。某个人可能被诊断为抑郁，其 GAF 分数是 40；而另一个得到相同诊断的人，其 GAF 可能是 70 分。尽管两个人得到了相同的诊断，但其临床特征可能并不相同。或许一个人由于太抑郁而无法上班，但另一个人还能履行生活中的大部分职责。这个量表之所以被 *DSM-5* 舍弃，是因为撰稿人注意到它在概念上不清晰：例如，不同的临床医生可能将同

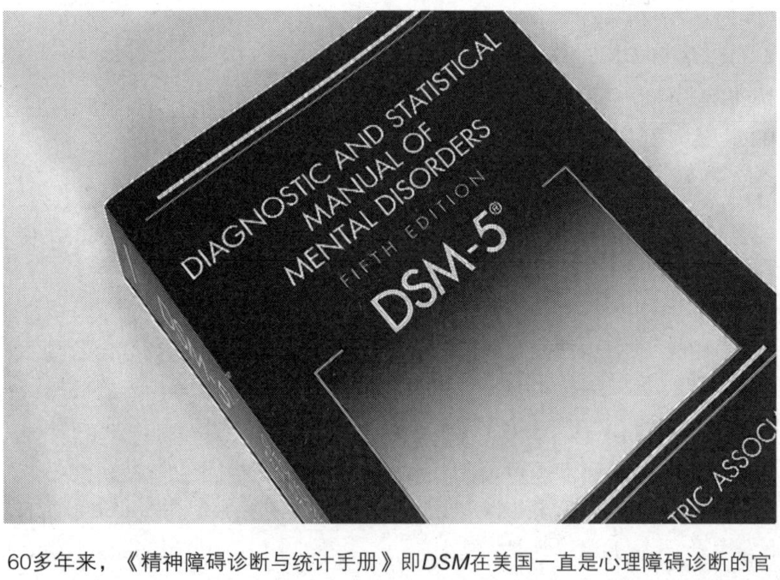

60多年来，《精神障碍诊断与统计手册》即*DSM*在美国一直是心理障碍诊断的官方指南。第5版出版于2013年。

一个人评定为不同的分数。为了对残障进行整体测量，*DSM-5* 推荐使用 WHO 残障评估表（WHO Disability Assessment Schedule; WHODAS）。

DSM 的持续争议

虽然最新的 *DSM-5* 力图反映过去十余年来我们在理解精神障碍上的进步，但在障碍分类和诊断的基本问题上，争议仍然在持续。我们接下来思考一下这些争议。

诊断具体化 任何分类系统一旦界定了一种诊断，人们就倾向于将之具体化，认为它是真实存在的，而不是关于症状如何倾向同时发生的一组判断的产物（Hyman, 2010）。这些判断可能是专家在当时最好的实证科学基础上做出的，但也特别容易出错；在一定程度上，它总是基于当前社会对精神障碍看法的社会建构。不仅如此，正如第 1 章所提到的，某些生物、心理和社会功能问题跨越了很多障碍（Insel, 2010; Sanislow et al., 2011）。随着研究者只是关注理解诊断的原因和治疗，而不是致力于理解引起某障碍及其相关障碍的生物、心理和社会问题，诊断的具体化势必阻碍研究和治疗的进步（Hyman, 2010）。实际上，如果探究的问题并非来自 *DSM* 中的官方诊断，研究者就很难获得资助，而临床医生也很难得到保险公司的理赔。

类别或连续谱 *DSM-IV-TR* 及其之前的版本是类别化的诊断系统，意味着它们的诊断标准界定了正常和心理病态的交界点。*DSM-5* 保留了大多数诊断的类别化系统，但在不少障碍中引入了连续性观点或维度观，如自闭症谱系障碍和人格障碍。此外，*DSM-5* 还增加了很多维度评估量表，用于评估个人的症状和功能。这些变化趋向于诊断的维度模型，反映了有这样一个共识，即所有行为都落在一个连续谱上，而大多数障碍代表这个连续谱的极端。

对于连续性观点在现实世界中是否实用，仍然存在疑问（First, 2010）。临床医生每天要忙着做出成百上千个决定，从类别的角度来思考要比连续谱的角度更容易。*DSM* 早先的版本就具有一些维度，临床医生可以在这些维度上评估患者的功能，但证据表明大多数临床医生并不使用（First, 2010）。所以，尽管精神健康和精神障碍可能确实是处于连续谱上或维度上的，但人类心智的架构方式使得人们更多是从类别和是否存在障碍的角度来思考。

区分心理障碍 *DSM-IV* 和 *DSM-IV-TR* 遇到的另一个问题是，难以对不同的心理障碍进行区分（Watson, 2009）。绝大多数被诊断为某种障碍的人同样也满足至少一种其他障碍的诊断标准，这种现象被称为**共病**（comorbidity）。造成这种重叠的一部分原因是，特定症状会出现在几种不同障碍的诊断标准中。例如，抑郁症、躁狂症、焦虑症、精神分裂症、某些人格障碍和某些童年期障碍都包含易怒或易激惹的症状。*DSM-5* 则做了一些改变，试图修正共病这一问题。例如，修改了人格障碍的大多数诊断（第 9 章）以减少不同障碍诊断标准的重叠。

尽管我们想让障碍诊断标准变得更加清晰，但近期研究发现，障碍之间之所以存在大量共病现象，是因为在很多障碍如睡眠问题、抑郁或焦虑心境和物质使用中，都存在着基础性的认知、情绪和行为过程方面的问题（Sanislow et al., 2011）。一些专家认为，未来的诊断系统将具体说明这些维度如何共同产生不同类型的心理障碍，以及这些心理障碍是如何和为何相互关联的（Insel, 2010）。*DSM-5* 的作者开发了一套工具来评估认知、情绪和行为过程的变化。这些工具不属于 *DSM-5* 的一部分，但不论个体被诊断为何种障碍，研究者和临床医生都可以使用它们来评估这些重要的维度（见 Helzer et al., 2008）。

然而，与此同时，大多数被诊断为某种精神障碍的人也满足至少其他一种诊断标准（ Kessler et al., 2005）。这带来了很多问题，如哪个诊断应被考虑为主诊断，哪个是次诊断；应该先治疗哪个诊断；被诊断具有 A 和 B 障碍的人与具有 A 和 C 障碍的人是完全不同还是彼此相似，等等。

处理文化问题 不同文化有其不同的心理障碍概念化的方式。某种文化所定义的一些心理障碍可能在别的文化并不存在。表 3.5 描述了一些文化特有的综合征。另外，症状的表现也有文化差异。例如，不同文化中的精神分裂症有不同的妄想（脱离现实的信念）内容。*DSM-5* 及其之前的版本提供了考虑文化问题的准则，如个体所在文化可以接受的症状类型。一些批评者认为，这些准则远不足以识别行为、想法和感受健康与否的文化差异（Kirmayer, 2001; Tsai et al., 2001）。在本书的剩余部分，我们将评论由 *DSM* 识别出的各种障碍在体验和患病率上存在的文化差异。

表 3.5 文化特有的综合征

只出现在某些文化中的特定综合征。

综合征	**所出现的文化**	**症状**
杀人狂（Amok）	马来西亚、老挝、菲律宾、波利尼西亚、巴布亚新几内亚、波多黎各	阴郁之后爆发出暴力、攻击或杀人行为
精神崩溃神经症（Ataque de nervios）	拉丁美洲文化、拉丁地中海文化	控制不住的喊叫、阵发性哭泣、战栗、胸口发热并延至头部、言语或身体攻击以及失控感
泄精症（肾亏）（Dhat）	印度、斯里兰卡、中国	对流失精液、尿液发白变色感到严重焦虑，以及虚弱与疲乏感
鬼魂病（Ghost sickness）	美国土著文化	对死亡和死人忧心忡忡；表现为梦或严重焦虑的形式
恐缩症（Koro）	马来西亚、中国、泰国	阵发性的强烈焦虑，担心阴茎（或者，女性的外阴和乳头）会缩进体内并可能导致死亡
邪眼病（Mal de ojo）	地中海文化	断断续续的睡眠、原因不明的哭泣、腹泻、呕吐、发热
神经衰弱	中国	生理和心理疲乏、眩晕、头痛、其他疼痛、注意力难以集中、睡眠紊乱、记忆丧失
失魂症（Susto）	美国拉丁文化、墨西哥、中美洲、南美洲	食欲失调、睡眠问题、悲伤、缺乏动机、自我价值低下、疼痛；之后有惊恐体验
对人恐惧症（Taijinkyofusho）	日本	极度担忧自己的身体使人不快、尴尬或者冒犯他人

诊断的社会心理危险

我们之前提到，一旦做出诊断，人们就倾向于认为它是真实存在的而不只是一个主观判断。这会使得人们忽视可能影响诊断的偏见。托马斯·萨兹（Thomas Szasz, 1920—2012）是一位颇有影响力的精神病学批评者，他指出在给某人贴上患有心理障碍的标签时存在太多固有的偏见，以至于整个诊断系统千疮百孔，应该彻底废除。萨兹（Szasz, 1961）认为，掌握权势的人会滥用精神病诊断，给那些他们认为“不合适”的人贴上变态的标签从而排斥他们。他认为心理障碍并非真实存在，那些似乎遭受心理障碍折磨的人实际上是遭到了社会的压迫，因为社会不接受他们另类的行为方式和世界观。

即使是不完全同意萨兹标签观点的心理学家和精神病学家也认识到了给某些行为或人群贴上变态标签的危险性。被诊断为异常的人会受到社会的区别对待，而且在被诊断为异常的行为不再出现后的很长时间里，这种区别对待还会继续存在。心理学家大卫·罗森汉（Rosenhan, 1973）在其经典的诊断的影响力研究中表明了上述观点。他与 7 位同事组成的研究小组进行了一项研究，他们告诉医生一直听到有声音说“*empty*”、“*hollow*”和“*thud*”。通过这种方式，他们被 12 家不同的精神病医院同意收治。当院方人士对他们进行询问时，他们如实汇报了生活的其他各个方面，包括从未有过心理健康问题的事实。8 个人都被医院收治，其中 7 个人被诊断为精神分裂症患者（见第 8 章）。

住院后，这些假患者就不再报告幻听症状了，并且行为举止都尽可能做到跟平时一样“正常”。当医务人员询问他们的感觉时，这些假患者都说感觉很好，而且不再有幻听了。各项活动他们都很配合。他们与其他患者唯一的区别就是偶尔会用笔记本记录所见所闻。

这些假患者在精神病医院平均待了 19 天，没有一个人被医务人员发现是正常人。但是精神病院的其他几个患者发现了这些假患者，他们说“你不是疯子，你是记者，或者教授（指不断地做笔记）。你们是在检查医院”（Rosenhan, 1973）。当这些假患者出院时，他们被诊断为精神分裂症缓解，意味着医生仍然认为他们患有精神分裂症，只是症状暂时消退。

罗森汉（Rosenhan, 1973）总结道：“显然，我们无法在精神病医院里区分正常人与疯子。医院本身构成了一个特殊的环境，在这里，行为的意义很容易被误解。”他还指出，如果连心理健康专家也无法区分心智健全与精神错乱，那么掌握在非专家手里的诊断标签就更具危险性。他说：“这些由心理健康专家给出的鉴定无论是对患者本人，还是对他们的亲人和朋友都具有同样的影响，因此，诊断就像自我实现的预言一样作用在每个人身上。最后，患者自己也接受了诊断，以及所有附加的意义和预期，并依此行事。”

不难理解，罗森汉的研究在心理健康界引起了轩然大波。经验丰富的专家们怎么会犯如此错误？怎么会仅仅根据一个症状（幻听）就把心理健康的人收入精神病医院？怎么可能识别不出假患者的正常行为？怎么能在他们出院时依然把他们诊断为精神分裂症患者？直到今天，罗森汉的研究都被看成权力滥用的典型，特别是有权将人们标定为心理健全或精神失常、正常或异常以及好或坏时。不仅临床医生和公众开始把这个人看成是有障碍的（如他是精神分裂症患者，她有抑郁），而且患者本人也主动承担心理障碍的污名，而且带着这个污名度过余生。

被贴上异类标签的儿童会被其他儿童排斥。

一项针对三年级至六年级男孩的研究说明了给儿童贴标签如何影响其他人对待他们的方式（Harris, Milich, Corbitt, & Hoover, 1992）。研究者把年龄相同的男孩进行两两匹配。其中一半的匹配组中，各有一个男孩被告知其伙伴有行为问题，是个破坏分子。实际上，被贴上该标签的孩子中只有一部分确实有某种行为问题。而对于另一半匹配组，尽管实际上也有些孩子确实有行为问题，但是所有孩子都没有被告知关于其伙伴的任何信息。所有小组都要共同完成一项任务，与此同时，研究者会录下他们的互动。任务完成后，研究者会问男孩们几个问题，有关对彼此的看法以及在互动中得到的乐趣。

与没有得到告知的男孩相比，被告知伙伴有行为问题的孩子在任务完成过程中对伙伴比较不友好，交谈更少，而且在互动中的参与也比较少。反过来，与没有被贴上行为问题标签的孩子相比，被贴上行为问题标签的孩子在交流中获得的乐趣更少，对自己在任务中的表现评价更低，并报告伙伴对自己不够友好。最重要的是，不管一个孩子是否真的有行为问题，只要给他贴上这样一个标签，就会影响伙伴对他的态度以及他自己在任务中得到的乐趣。这些结果表明，给一个孩子贴上变态的标签，就会极大地影响其他孩子对他的态度，即使完全没有理由给这个孩子贴上这种标签。

我们是否应该完全回避精神病诊断呢？也许不必这样。虽然诊断系统有潜在的危险，但是它们也有非常重要的功能。诊断系统的基本作用是，使用大家一致同意的方式将杂乱无章的心理症状系统组织起来。这种组织能推动临床医生之间的交流以及不同时代之间的信息交换。

例如，如果琼斯医生在阅读某位患者的病史时发现，根据 *DSM-IV-TR* 标准患者曾被诊断为精神分裂症，那么她就知道该诊断所依据的标准为何，还可以将当时的诊断与患者目前的症状进行比较。这些信息可以帮助琼斯医生对患者目前的症状进行准确的评估，并确定合适的治疗手段。例如，如果来访者目前的症状也显示他患有精神分裂症，并且几年前患病时 X 药物对他有疗效，这就表明 X 药物现在对来访者可能同样有疗效。

拥有一个标准的诊断系统还能极大地促进对心理障碍的研究。例如，如果州立大学的研究者使用 *DSM-IV-TR* 标准来识别强迫症患者，私立大学的研究者出于同样的目的也使用同样的标准，那么相比使用不同标准的情况，他们更容易将各自的研究结果进行比较。这可以推进我们对心理障碍病因的理解，找到更加有效的治疗手段。

本章整合

评估是将关于个体的信息片段进行生物心理社会整合的一个固有过程。临床医生在对来访者进行一系列评估测试后，必须将从这些测试中收集的信息整合起来，形成来访者优势和劣势的整体图景。这样的图景综合了生物功能信息（重大疾病、对心理病态的潜在基因易感性）、心理功能信息（人格、应对技能、智力优势）和社会功能信息（支持网络、工作关系、社交技能）（见图 3.5）。

图 3.5　评估和诊断过程中生物、心理和社会因素的整合

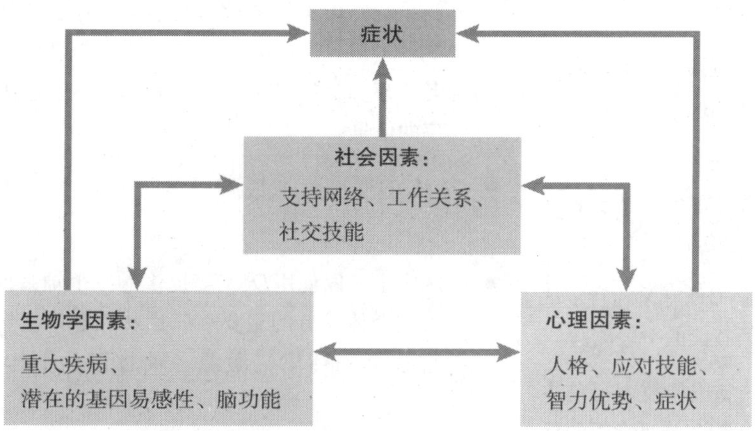

灰色地带

讨论（对第81页的回顾）

如果你认为布莱特经历了惊恐发作，那么你是对的。*DSM-5* 要求出现 4 个症状才能诊断为惊恐发作（见标准 A），布莱特报告了 5 个：心跳加速、呼吸短促、发冷、颤抖，并且有濒死感。此外，这些症状看上去是突然发生的，并在 10 分钟内变得严重，满足表 3.4 中的标准 A。

我们不太清楚的是，布莱特的症状是否满足“意料之外”的诊断标准，因为他的惊恐发作发生在做重要演讲之前以及与父母会面之前，而且可能经常（意料之内）发生在这些情境中。此外，标准B要求他至少在1个月内持续害怕再次惊恐发作，或在与惊恐发作相关的行为方面出现明显的不良变化。我们不能说明是否满足这些条件。我们也不能排除器质性因素导致惊恐发作的可能，如咖啡因过量，也不能排除是另一种精神障碍导致了他的惊恐发作，所以我们不知道他是否满足标准C和D。因此，尽管布莱特看起来经历了惊恐发作，但我们目前还不能做出惊恐障碍的诊断。

批判性思考

重读灰色地带中布莱特的个案，以及表 3.4 所列的惊恐障碍的诊断标准。你会使用本章中的哪些评估工具来确定布莱特是否患有惊恐障碍？这些评估怎样帮助你做出决定？（讨论见本书末尾。）

本章小结

- 评估是收集关于人们的症状及其病因信息的过程。诊断是我们为倾向于同时出现的一组症状所贴的标签。
- 评估工具的效度和信度是工具的质量指标。效度指测验的准确性，即是否评估了想要评估的内容。效度分为五种：表面效度、内容效度、同时效度、预测效度和结构效度。信度指测验的一致性，包括重测信度、复本信度、内部信度以及评分者信度。将评估工具的使用和解释进行标准化能同时提高其效度和信度。
- 在心理状态测验中，临床医生评估来访者的（a）外表和行为，（b）思维过程，（c）心境和情感，（d）智力功能和（e）定向能力。
- 临床医生使用结构化临床访谈、症状问卷、人格量表、行为观察和自我监控来评估情绪和行为功能。
- 神经生理测试可以评估可能与来访者脑损伤有关的特定认知缺陷。智力测验提供的是言语和分析技能的一般测验。
- 诸如CT、PET、SPECT和MRI这样的脑成像技术目前主要用于研究目的，不过将来它们可能会给心理障碍的诊断和评估提供帮助。
- 心理生理测试包括脑电图（EEG）和皮肤电反应、测量体表（例如头皮和皮肤上）上可探测的脑和神经系统活动。
- 投射测验向个体呈现模棱两可的刺激。由临床医生解释个体对刺激的反应。这些测验的效度和信度都偏低。
- 评估过程中可能会产生很多问题和偏见。个体可能阻抗评估，因而会歪曲所提供的信息。个体也有可能由于认知缺陷、悲伤或言语技能发展不足而无法提供信息。此外，当临床医生和个体来自不同文化时，也会产生很多偏差。
- 分类系统指对一组综合征给予定义以及确定个体的症状是否属于某个综合征的规则。在美国，心理问题的主要分类系统是由美国精神医学学会制定的《精神障碍诊断与统计手册》（*DSM*）。该手册的最新版本为得到公认的各心理障碍提供了具体诊断标准以及有关其病程和患病率的信息。
- *DSM* 的明确标准提高了诊断的信度，但还有改进的空间。
- 临床医生可以使用*DSM-5*提供的三个轴来评估个体。轴Ⅰ关注个体具有的主要临床症状和躯体疾病。轴Ⅱ关注心理社会和环境应激源。轴Ⅲ评估个体的整体功能水平。
- 批评者指出了将人们贴上精神疾病标签的很多危险性，包括污名化的危险。然而，诊断对临床医生和研究者的交流十分重要。只有心理障碍的定义系统达成一致，交流才能得到促进。

关键术语

评估
诊断
效度
信度
结构化访谈
症状问卷
人格量表
行为观察
自我监控
智力测验
神经心理测验
计算机断层扫描（CT）
正电子发射断层扫描（PET）
单光子发射计算机断层扫描（SPECT）
磁共振成像（MRI）
心理生理测试
脑电图（EEG）
投射测验
综合征
分类系统
《精神障碍诊断与统计手册》（*DSM*）
多轴系统
共病

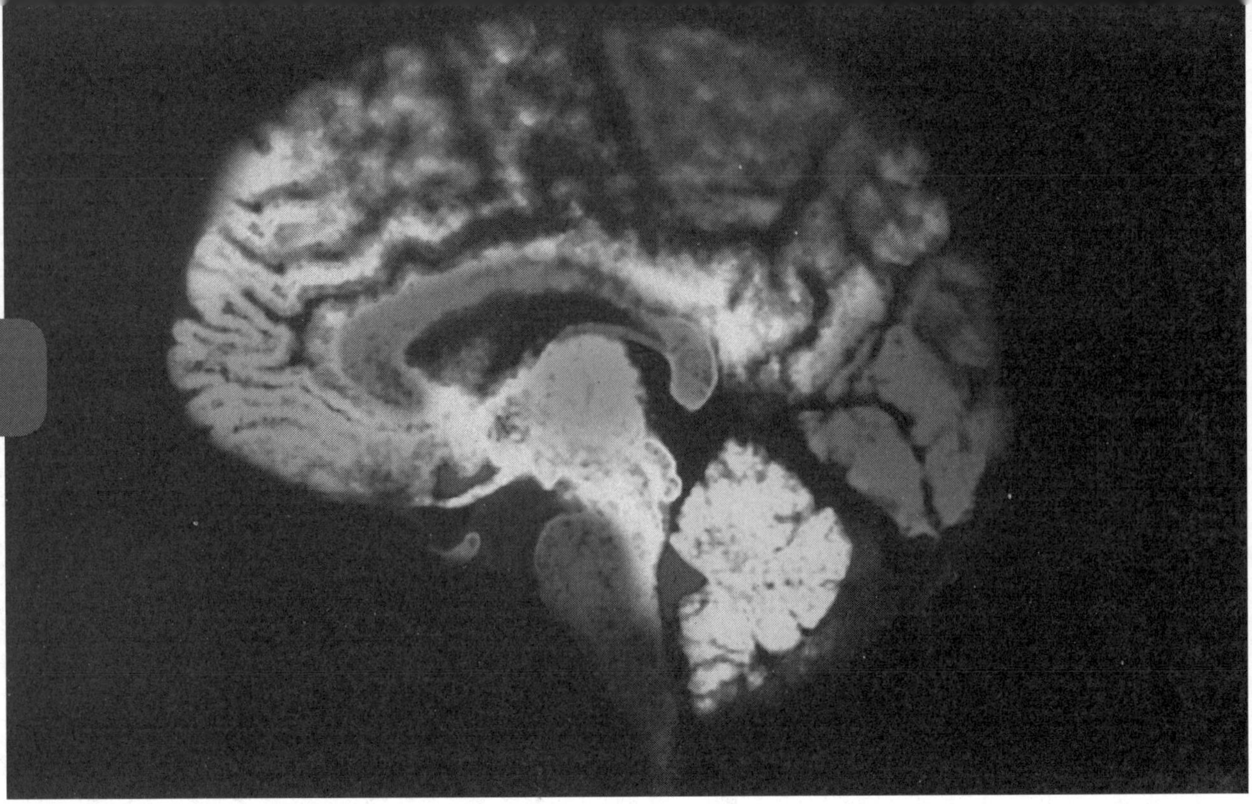

第4章 研究方法

本章提纲

连续谱模型下的研究

连续取向的研究

研究的关注点是表现出症状的人群，症状严重程度范围从日常水平（偶尔悲伤的心境）到高度有害并可能达到障碍标准（令人无法正常活动的抑郁症）

阈限取向的研究

研究的关注点是障碍严重程度不同（存在抑郁心境的适应性障碍、抑郁症）但达到障碍诊断标准的人群，或将达到障碍诊断标准的人群与没有障碍的人群进行比较。

抑郁症状：

无症状	轻度症状	中度症状	达到诊断标准的重度症状

下文有助于你采用连续谱模型来理解心理病理学。实际上，这个模型是变态心理学领域中一个热门的争论主题。研究应该反映心理病理学的连续谱模型，还是只关注在 *DSM-5* 中得到诊断的障碍及其相关诊断体系，研究者在这个问题上无法达成共识。分歧主要存在于研究者如何看待表现出一些症状但没有达到诊断标准的人群。支持连续谱模型的研究者认为，这些个体为如何理解被诊断为心理障碍的人群提供了有价值的信息。例如，他们认为对中度抑郁人群的研究结果能够推广到被诊断为抑郁障碍的个体身上（Angst et al., 2007）。不支持连续谱模型的研究者则认为，不符合诊断标准的人与有心理障碍的人之间存在本质差异，因此对前者的研究不能应用于后者。也就是说，这些研究者认为，对中度抑郁人群的研究不能推广到被诊断为有抑郁障碍的人身上（Gotlib, Lewinsohn, & Seeley, 1995）。

争论还在继续，双方的观点都有证据支持。一些研究方法采用连续谱模型，例如，有一项研究考察个体经历的应激源数量和他们报告的抑郁症状数量的关系。相比之下，如果研究者只关心诊断为心理障碍的人和没有达到诊断标准的人之间的差异，那么他们更可能会通过其经历的应激源数量来比较这两个群体。我们将在本章探讨几种研究方法。

研究是一个积累的过程，记住这一点很重要。没有单独哪个研究能够回答精神障碍的诱因和最佳治疗手段这样复杂的问题。个别研究经常吸引媒体的眼球，冠以“科学家发现精神分裂症基因”，或者“研究显示抗抑郁药物是无效的”等诸如此类的标题。研究突破能够带给公众虚假的希望，而一旦未来的研究使这些希望破灭，就会导致精神健康科学中的犬儒主义和研究资助的减少。有精神健康问题的人们也开始相信，如果一项研究对疗效产生质疑，他们就应该中止治疗。对于障碍的诱因或适当治疗手段这样的问题，只有使用多种方法的大量研究积累了足够的证据，才能让我们开始对其答案抱有信心。

非常人物

宾夕法尼亚的老派阿米什人

老派阿米什人是一个宗教教派，他们回避与“现代”世界的接触，过着简朴的农耕生活，很像18世纪人们的样子。阿米什人使用马和马车作为交通工具，大多数人家里没有电和电话，几乎没有人离开也没有人进入他们的文化圈子。阿米什人的社会行为准则非常严格，对群体成员的角色有清晰的规定。不服从社会规范的人会遭到孤立或冷落。

虽然宾夕法尼亚东南部的阿米什人强制自己与美国社会的主流文化隔绝，但是他们还是接纳了研究者贾尼斯•埃格兰德和她的几个同事对抑郁症和躁狂症进行几次最为深入的调查（Egeland, 1986, 1994; Egeland & Hostetter, 1983; Pauls, Morton, & Egeland, 1992）。这些研究者检查了当地医院的记录，查找因心理问题而住院的阿米什人。为找出那些患有心境障碍而未曾住院的人，他们也访谈了数以千计的群体成员。阿米什人的封闭社会及其详细记录和保存的家族史资料，为研究心理障碍的家族传递提供了难得的有利条件，致使对影响心境障碍的遗传因素研究有了突破性的进展。

尽管变态心理学的研究在很多方面类似于其他领域的研究，但是心理病理学研究还是会带来一些特殊的挑战。其中一个挑战是准确测量异常的行为和感受。我们无法看见、听到或感受别人的情绪和想法。研究者常常必须依赖人们对自身内部状态或体验的自陈或自我报告。自我报告可能以很多方式有意或无意地受到歪曲。同样，依靠观察者对某个人的评估也存在着固有的缺陷。性别和文化刻板印象、特殊偏见以及缺乏有关信息，都可能引起观察者的评估偏差。第二个挑战是，较难征募到目标人群（例如有偏执人格障碍和幻听的人）参与研究。

第三个挑战是，大多数心理异常形式可能是多种因素造成的。除非一个单独的研究能同时抓住引起所感兴趣的心理病理的所有生物、心理和社会因素，否则它就无法全面解释该异常行为的诱因。几乎没有哪个单独的研究能做到这么多。相反，关于某个障碍或症状的诱因问题，我们通常只能得到部分答案，必须把几个研究得到的部分答案拼合起来，才能获得一个全面的了解。

尽管存在这些挑战，在过去50年中，研究者对多种心理异常形式的理解还是取得了巨大的进步。通过使用多种方法，也就是使用不同的方法来研究相同的课题，研究者克服了心理病理学研究中的很多挑战。虽然每一种研究方法都有各自的局限，但它们结合起来就可以为异常心理和行为提供令人信服的证据。

本章讨论最常见的心理健康研究方法。在讨论中，我们将使用各种研究方法来检验应激导致抑郁症的观点。当然，这些研究方法也可用于检验很多其他观点。

科学方法

任何科研项目都包括一系列基本步骤，目的是系统地收集和评估与问题相关的信息。这一过程经常被称为**科学方法**（scientific method）。

首先，研究者必须选择并定义一个问题。在我们的例子中，问题是确定应激和抑郁症之间的关系。然后，必须形成一个**假设**（hypothesis），即对研究中我们预期会发生的事情所做的可检验的陈述。接下来，选择一个检验该假设的方法并加以实施。数据的收集和分析工作一结束，研究者就得出恰当的结论，并把结果写进研究报告。

定义问题和提出假设

在这一章中，我们将检验应激导致抑郁症这一观点。这个简单的观点过于宽泛和抽象，无法直接检验。因此，我们必须提出一个假设，或者说一个可检验的预测，它是关于我们预期会在研究中发现的应激和抑郁症之间的关系。

为了形成一个假设，我们可能会问："什么样的证据可能会支持应激导致抑郁症的观点呢？"如果我们发现，近期有过应激经历的人比近期没有过应激经历的人更可能抑郁，那么这个证据就支持我们的观点。由此可以形成一个假设：近期有过应激经历的人比近期没有过应激经历的人更有可能抑郁。有很多研究方法可以检验该假设。

另一个可供选择的假设是：有应激经历的人并不比没有应激经历的人更可能患抑郁症。预测我们研究的现象（这个例子中的应激和抑郁症）之间无关联的假设被称为**虚无假设**（null hypothesis）。研究结果往往支持虚无假设，而不是研究者的初始假设。

对虚无假设的支持是否意味着我们的基本观点被证明不正确呢？并非如此。虚无假设得到支持有很多原因，包括研究设计的缺陷。研究者常常会使用各种不同的方法继续检验他们的初始假设。如果虚无假设得到的支持还是远远超过初始假设，那么研究者最终就需要修改或放弃初始假设。

研究方法的选择和实施

一旦提出假设，检验我们的观点（应激导致抑郁症）的下一步就是选择如何定义我们要研究的现象。

变量（variable）是指个体内或个体间可变的因素或特征。体重、心境以及对自己母亲的态度都是可以随时间发生变化的因素，因此它们被认为是变量。对个体而言，性别和种族这样的特征不随时间变化；但它们因人而异，因此也被认为是变量。**因变量**（dependent variable）是指研究中我们试图预测的因素。在应激和抑郁症的研究中，我们试图预测抑郁症，因此抑郁症就是我们的因变量。**自变量**（independent variable）是指我们认为可以影响因变量的因素。在我们的研究中，自变量是个体所经历的应激的数量。

为了研究抑郁症和应激，我们必须先定义这些术语的意义。如同我们在第 7 章将要讨论的，抑郁症是一种综合征，或者说是下列症状的集合：悲伤、对自己的日常活动失去兴趣、体重增加或减轻、睡眠改变、生理激越或迟缓、疲倦和丧失能量、无价值感或过度内疚、注意力难以集中或决策困难以及自杀想法（American Psychiatric Association, 2013）。采取抑郁症连续谱模型的研究者关注抑郁症状的整个范围：从无症状到中等症状，再到最严重的症状。对于不接受连续谱模型的研究者来说，具有一些抑郁症的症状，但没有达到任何一种抑郁障碍标准的人都不属于抑郁。

应激或压力是一个更难定义的术语，因为它在研究和一般新闻报道中都得到了如此广泛的使用。很多研究者认为应激事件是无法控制、无法预测、挑战人们应对能力极限的事件（见第 15 章）。

操作化（operationalization）是指研究中我们测量或操纵变量的方法。我们对抑郁症和应激的定义会影响我们如何测量这些变量。例如，如果我们将抑郁症定义为可诊断的抑郁障碍，那么我们将根据人们的症状是否达到抑郁障碍诊断标准来测量抑郁症。如果我们将抑郁症定义为症状从轻到重变化的整个范围，那么我们就可以通过抑郁问卷的得分来测量抑郁。

在测量应激的时候，我们会评估个体遭遇大多数人认为会产生应激的事件的频繁程度。或者我们也可以设计一个操纵或产生应激的方法，从而可以检验人们对应激的抑郁反应。在本章的其余部分，我们将讨论不同的假设检验方法，以及能否从这些方法中得出结论。

研究中的伦理问题

任何类型的研究，不论是实验室研究还是其他类型的研究，都必须做伦理方面的评估。所有大学和学院都有人类参与者委员会（human participants committee）（有时也称为人类被试委员会、机构审查委员会或伦理委员会）。这些委员会审查以人类为对象的研究程序，以确保研究的益处远远超过参与者可能遇到的任何风险，并且保证把参与者的风险降到最低。委员会还要确保每一项研究的所有参与者都能得到特定的基本权利：

1. *了解研究*。参与者有权了解所参与的研究的性质，特别是可能影响其参与意愿的任何因素。例如，如果参加某项研究可能给参与者带来不适（心理的或生理的），或者给身心健康造成任何危害，研究者应该用简单的语言向参与者解释清楚。对于不能理解研究风险的个体，如幼儿或者智力缺陷的成人，必须有一名家长、监护人或者其他负责的成人帮其决定是否参与研究。
2. *保密性*。研究中收集的关于参与者身份和其他的个人信息应该严格保密。研究者通常报告所有参与者的总体数据，而不是单个参与者的数据。如果研究者想披露从个体收集的数据，应该得到对方的明确准许。
3. *拒绝参与或退出的权利*。允许参与者拒绝参加研究，或在研究开始后退出，而不会带来不利结果。如果学生因为课程要求或者有机会获取额外的学分而参加研究，当他们不想参加时，应该有机会选择其他合理活动。研究报酬或者其他奖励不应该过大，以避免让人欲罢不能。

灰色地带

假设你是人类参与者委员会的一名学生成员，要考虑你所在学校的研究的伦理问题。有一位研究者提出一项研究，研究中要让参与者相信他们将参加一个能够表明他们智力的考试。实际上，一半的参与者会被随机分配到考得很差的反馈，另一半参与者则收到考得很好的反馈。研究者将测量参与者在考试前、考试后和获得反馈时的心境。

出于对这个研究的伦理考虑，你至少会对研究者有哪些要求？（讨论见本章末尾）

4. *知情同意*。通常情况下，参与者同意参加实验应该有书面协议。有些情况下，不会使用书面形式的知情同意书，如参与者在填写匿名问卷调查时（这种情况下，愿意完成问卷就被视为同意参加实验）。此外，如果获取参与者的知情同意书会给他们带来风险，研究者只获得口头同意也是被准许的。准许这样的例子包括在发生内战或受到残暴政权压迫的国家做研究，这种情况下，如果参与者被发现与研究者谈话则会有危险。
5. *欺骗*。只有当绝对必要而且研究可能做出极大贡献的前提下，研究者才可以在研究中使用欺骗手段。在可能影响参与者参与意愿的方面，不应该欺骗参与者，如生理上的风险、不适或不愉快的情绪经验等。如果欺骗是必要的，研究者应该在研究结束后向参与者解释欺骗行为。
6. *事后解释*。研究结束时，研究者应该解释研究目的，并回答参与者提出的问题。

虽然这些权利看起来简单明确，但关于某个研究是否充分地保护了参与者的权利，以及研究的潜在益处是否超出了参与者承担的风险这类问题，人类参与者委员会还必须做出决定。

个案研究

你将看到**个案研究**（case study，也译作案例研究）贯穿全书，个案研究记述了有某种心理障碍个体详细的个人历史。几个世纪以来，人们都将个案研究作为了解个体经验以及推断出具有普遍意义的心理病理学根源的方法。

如果想使用个案研究来检验应激导致抑郁症的观点，我们应该关注一个个体，对他进行详细的访谈，以便发现抑郁期与生活中的应激事件之间的联系。我们也可以询问其密友和家人来获取额外信息。根据收集来的信息，我们可以详细描述抑郁发作期的诱因，着重于应激事件在发作期间的作用。例如，下页这个简要的个案研究描述了自杀的歌手科特•柯本，他是 20 世纪 90 年代轰动一时的摇滚乐队涅槃的歌手。

科特 • 柯本这种心理障碍个体的深度个人史虽然细节丰富，但缺乏普遍性。

个案研究的评价

个案研究作为研究方法由来已久，这有几个原因。没有任何其他方法可以像个案研究方法那样能抓住个人的独特性。个体生活和经历的细微差别可以得到详细的描述，还可以使用个人自身的语言来描述其经历。对很多研究者来说，探索个人的独特经历，尊重他们对自身经历的看法都是重要的目的。近年来，对个人生活的深入个案研究甚至变得更加盛行。

有时候，个案研究是研究罕见问题的唯一方法，仅仅是因为没有足够的研究对象来使用别的方法。例如，对有多重人格障碍个体的大部分研究来源于个案研究，因为这种形式的心理病态在历史上很少见。

个案研究

科特·柯本（美国已故著名摇滚歌手，经典摇滚乐队涅槃乐队的主唱兼吉他手——译者注）向来体质虚弱（他患有支气管炎和频繁的胃痛，他自称这些造成他海洛因成瘾）。他给人的印象是一个在父母的冲突中被推来搡去的柔弱孩子。"'父母的离婚'彻底毁了他的生活，"温迪·奥康纳在涅槃乐队的传记《本色》（*Come As You Are*）中这样对迈克尔·阿塞拉德说。"他完全变了。我想他感到很羞愧。他变得很内向，什么事都放在心里……我想他到现在还因此痛苦着。"青少年时期，柯本涉足毒品和朋克摇滚，并辍学了。父亲劝说他把吉他当了并参加海军考试，但他很快就换回了吉他。他对《洛杉矶时报》说："对他们来说，我是在浪费生命；对我本人来说，我是在为生命而战。"柯本有八年时间没跟父亲讲话。当涅槃乐队冲上排行榜榜首时，唐·柯本（其父亲）开始保存一本剪贴簿。他告诉阿塞拉德："我读过的报纸和杂志上所有关于科特的消息都在这儿。"

涅槃越出名，柯本就越想逃避……涅槃乐队以及他们的卷发、格子衬衫和破牛仔裤吸引了大量的年轻歌迷，他们已经厌倦了麦当娜、迈克尔·杰克逊这些虚假的偶像，他们从未有过属于自己的、喜欢冒险的摇滚英雄。遗憾的是，乐队似乎也吸引了柯本一直憎恨的那类人：装腔作势者和追逐潮流者，更不要说音像公司的经理和时装设计师，他们拼命从新人身上捞取钱财。柯本在成长过程中一直扮演愤怒的局外人，现在他只想摆脱名气……

到1992年的时候，柯本的个人生活像他的音乐一样变得混乱不堪、令人担忧。在威基基，这位歌手迎娶了科特妮·洛芙，新娘身着曾经属于女演员弗兰西丝·法默的旧礼服。他俩自毁式的双人关系被认为是90年代版的《席德与南茜》。柯本说："我与科特妮相爱，我们吸食毒品，然后背靠着墙或其他东西做爱……就是为了搞出状况。与一个会突然起身把杯子在桌子上摔得粉碎的人待在一起很有趣。"1992年9月，《名利场》报道，洛芙在怀着他们的女儿弗兰西丝·宾恩期间服用了海洛因。她和柯本都否认此事（婴儿是健康的）。但据报道，权力机构非常关注此事，并强迫他们把弗兰西丝的监护权移交给洛芙的妹妹杰米，为期一个月。用柯本的话来说，那一个月时间对于他俩来说"简直就是灾难"……

了解这位歌手的人说，在他的音乐和生活的喧嚣背后，掩盖着真实的脆弱……要是有人听到从湖边那所布局凌乱、灰色长木瓦的房子里面传来警报器的声音就好了。很久以前，我们的内心就是一片空虚，科特·柯本的内心也是如此。（资料来源：J. Giles, "the poet of Alienation." *Newsweek*, April 18, 1994 (c) 1994 Newsweek, Inc. All rights reserved. Used by permission and protected by the Copyright Laws of the United States. The printing, copying, redistribution, or retransmission of the Material without express written permission is prohibited.）

在形成新观点并对新观点提供实验支持方面，个案研究极具价值。现今，个案研究最常见的用途是药物治疗研究，目的是要报告病人对特定药物产生的异常反应。这些报告可以让其他医生对病人的类似反应提高警惕。如果文献中出现了足够多的这些异常反应的个案报告，追踪反应根源的大规模研究才有充分的依据。

然而，个案研究也有缺陷。第一个缺陷是关于**可推广性**（generalizability，也译作普遍性）的，即把我们已知的知识运用于其他个人或者群体的能力。对某一个人进行研究得出的结论可能对其他很多人都不适用。尤其是当个案研究关注戏剧性的、与众不同的经历时，这种局限性就更加明显。例如，导致科特·柯本死亡的情形可能令人很感兴趣，但不能告诉我们其他人为什么寻短见。

个案研究的另一个缺陷就是缺乏客观性，无论是讲述自身经历的个体，还是聆听这些经历的治疗师或者研究者都是如此。故事的讲述者对过去的回忆可能有偏差，对现在发生的事件也可能进行选择性的报告。治疗师或研究者对引起人类行为的原因有各自的信念或假设，他们在听故事的时候可能会选择性地记住故事中支持自己想法的那部分，而忘记不支持的部分。因此，如果两个研究者对同一人分别做个案研究，那么他们对此人的动机及其生活中的重大事件可能得出不同的结论。

相关研究

相关研究（correlational studies）考察自变量和因变量之间的关系，而不对任一变量进行操纵。相关研究是心理学和医学领域最常见的研究方法。例如，你经常可以读到关于看电视与暴力行为、抽烟与心脏病以及使用互联网与抑郁症的关系的研究，其中研究者只是考察了变量间自然发生的关系。

相关研究有很多种。变态心理学中最常见的相关研究是对两个或两个以上连续变量的研究。**连续变量**（continuous variable）的测量是在一个连续谱上进行的。例如，在测量抑郁严重程度的量表上，得分落入一个从 0（无抑郁表现）到 100（极度抑郁）的连续谱。在测量近期应激源数量的量表上，得分可能落入一个从 0（无应激源）到 20（20 或 20 个以上的近期应激源）的连续谱。如果我们对同一人群的抑郁程度和应激源数量进行测量，并考察这些连续变量之间的关系，我们就是在做连续变量的相关研究。

相关研究的另一种形式是**对照组研究**（group comparison study）。在这种研究类型中，研究者感兴趣的是人们在某个特定组中的成员资格与他们在其他变量上的得分之间的关系。例如，我们可能想知道抑郁和人们是否经历特定类型的应激（如考试失败）之间的关系。这种情况下，一组是考试失败的学生，另一组则是考试没有失败的学生。我们会找到代表这两个组的不同人群，然后测量他们的抑郁程度。这仍然是一个相关研究，因为我们只是在观察两个变量（考试失败和抑郁程度）之间的关系，而没有操作其中任何变量。但在这类研究中，至少有一个变量（小组成员资格）不是连续变量。

连续变量研究和对照组研究既可以是**横断**（cross-sectional）研究，即只在某一个时间点上对人们进行观察；也可以是**纵向**（longitudinal）研究，即在不同时间点上观察人们。相对横断研究，纵向研究有一个重要的优点，它们可以表明自变量在时间上先于因变量，并可以预测因变量的变化。例如，应激和抑郁的纵向研究表明，对于在研究开始时没有得抑郁症的人，如果在研究期间经历紧张刺激性事件，则比没有经历这类事件的人更可能在后期出现抑郁症。

测量变量之间的关系

绝大多数相关研究中，变量之间的关系是通过相关系数来体现的。让我们回顾如何定义和解释这个统计量。

相关系数

相关系数（correlation coefficient）是用于表征变量之间关系的统计量，一般用符号 r 来表示。相关系数的值在 −1.00 至 +1.00 的范围变化。正相关系数表示因变量的值随着自变量增加而增加（图 4.1a）。例如，应激与抑郁的正相关表示人们报告的应激源越多，其抑郁程度就越高。

负相关系数表示因变量随自变量增加而减少（图 4.1b）。如果我们测量应激源和抑郁程度，负相关意味着报告经历更多应激源的人其抑郁程度更低。这种情况不太

图 4.1 相关

相关可以是正的（a）或负的（b）。零相关（c）表示自变量和因变量之间没有关系。绝大多数相关是中等相关（d），表示自变量的值不能完全预测因变量的值。

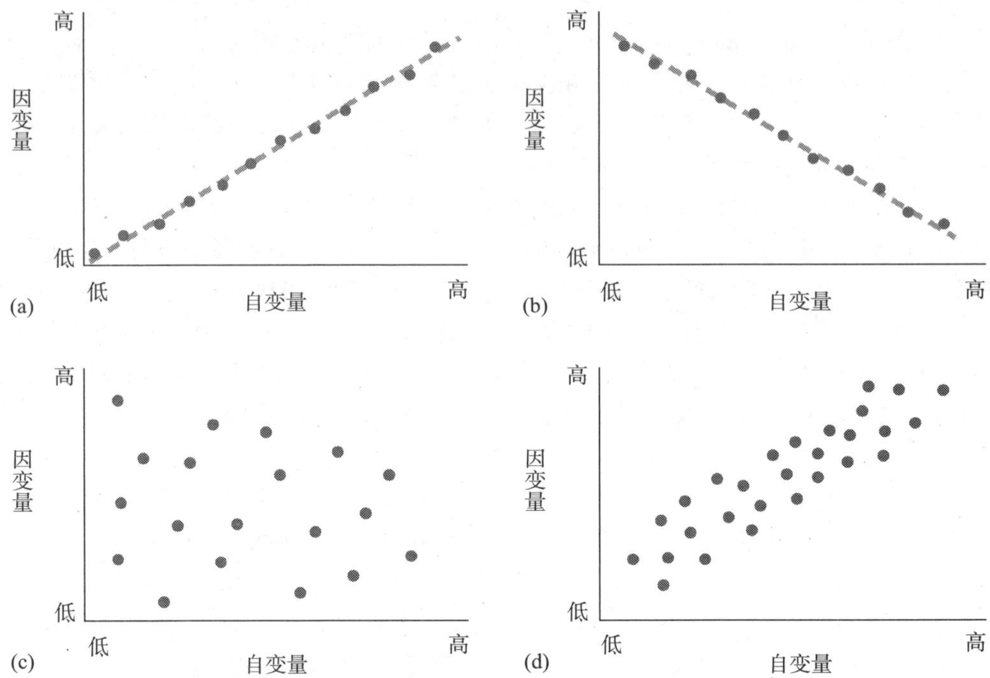

可能发生，但确实存在很多变量之间是负相关的实例。例如，得到正向社会支持越多的人，通常抑郁程度越低。

相关的量值（大小）是指变量之间同时发生变化的程度。它体现为相关系数接近 −1.00 或 +1.00 的程度。相关量值（r）为 0，表示变量之间没有关系（图 4.1c）。当 r 为 +1.00 或者 −1.00 时，表示变量之间完全相关（如图 4.1a 和 4.1b 所示），一个变量的值可以完全预测另一个变量的值。例如，人们每次经受应激时都变得抑郁。

心理学研究中很少有完全相关。相反，相关量值往往落在低或中等范围内（例如，0.2 到 0.5），表示两个变量之间有一定关系，但远低于完全相关（图 4.1d）。变量之间的很多关系具有偶然性，没有什么意义。科学家通过检验统计显著性来评估相关系数的重要性。

统计显著性

结果（如相关系数）的**统计显著性**（statistical significance）指示的是纯粹由于偶然导致该结果发生的可能性。在研究中你经常会看见这样的结论，如“结果在 $p < 0.05$ 的水平上具有统计显著性”。这意味着该结果偶然发生的概率（p）在 100 次中不到 5 次。虽然选择可接受的显著性水平某种程度上具有随意性，但大多数研究者都认为这个显著性水平支持了他们的假设。

当显著性水平定为 $p < 0.05$ 时，相关系数是否具有统计显著性取决于相关系数的大小以及样本的大小。相关系数和样本规模越大，就越容易达到统计上的显著。如果样本达到 200 人或更多，0.30 的相关系数也会是显著的；但如果是 10 人或者不到 10 人的小样本，那么 0.30 的相关系数就不具有显著性。另一方面，即使样本只有 30

个人，0.90 的相关系数在统计上也是显著的。

具有统计显著性的结果可能不具有临床显著性。例如，一项涉及 1 万人的研究可能发现，人们经历的应激数量与其在抑郁问卷上的得分之间的相关为 0.15。由于样本很大，这个相关可能具有统计相关性。但是这个相关数值太小，表明应激不能很好地预测抑郁。类似地，由于两组样本都很大，所以两组人的平均抑郁水平的差异可能也达到了显著水平。但是，如果抑郁问卷的分值范围是 0 到 60 分，而两组的分数差异只有 1 到 2 分，那么两组差异的临床显著性就会受到质疑。越来越多的研究开始对一个效应是否兼具统计显著性和临床显著性进行检验。

相关和因果

因变量和自变量高度相关，并不意味着自变量导致了因变量。如果我们发现了应激与抑郁症之间存在强相关，我们也不能下结论说应激导致了抑郁。正相关系数只能告诉我们一件事，即应激和抑郁症之间有关系。可能是抑郁症导致了应激，或另外某个变量同时导致了应激和抑郁症。后一种情况称为**第三变量问题**（third variable problem），即研究中没有被测量的变量，才是被测量的变量之间产生关系的真正原因。例如，有些脾气糟糕的人因为难以相处，既容易患抑郁症，也容易在生活中遭遇应激体验。如果只测量应激和抑郁症，我们可能会观察到它们之间有关系，因为它们确实同时出现在同一个人身上。但这种联系可能实际上只是因为它们都和此人的性情有关。

选择样本

相关研究中最重要的一个选择就是样本的选择。**样本**（sample）是从我们想要研究的总体中挑选出来的一组人。

代表性

代表性样本是与我们感兴趣的总体在性别、种族、年龄和其他重要变量方面高度相似的样本。如果样本不具代表性，例如，如果样本中的女性或者有色人种多于感兴趣的一般总体中的女性或者有色人种，则该样本就出现了偏差。如果我们的样本只代表了少数人，或者某个异常人群，那么我们就无法将研究结果推广到更大的总体中。例如，如果我们的研究中全是中产阶级的白人女性，我们就无从知晓研究结果是否可以推广到男性、有色人种，或者其他社会经济阶层的人群。

得到代表性样本的有效方法是对总体进行随机抽样。例如，有些学生通过随机拨打全国的电话号码，然后从接听电话的人中征募人员参与研究，以此来对整个美国人口进行随机抽样。通常，研究者可以接受较小人群如某个城市人口的随机抽样。当抽样确实具有随机性时，那么样本很可能在种族、性别、年龄及其他所有重要变量上与感兴趣的总体相似。

选择对照组

在对照组研究中，我们将一组人的经历与另一组人进行比较。例如，我们可能对运动员学生群体和非运动员学生群体的抑郁水平感兴趣。我们首先要征募学生运

对学生运动员抑郁症的研究可能需要包含一个非运动员的学生对照组。

动员的样本，尽可能使样本能够代表大学中的学生运动员。

在可能影响抑郁程度的其他变量上（不包括应激），我们的非运动员对照组都应该与运动员组匹配。如果两个组没有做到尽可能相似，则两组之间抑郁水平的任何差异都可能是其他变量引起的。例如，一般女性比男性更容易感到抑郁。如果运动员组中的女性比非运动员组多，那么运动员组更高的抑郁水平就可能是第三个变量即该组中女性更多引起的，而不是运动员的参与造成的。因此，在可能影响因变量抑郁的所有第三变量上，都要做到运动员组与非运动员组之间的匹配。

相关研究的评价

相关研究为变态心理学提供了很多重要信息。相关研究的一大优点是它们关注现实中发生的情境，而不是实验室中被操纵的情境。这使它们具有相对较好的**外部效度**（external validity），即研究结果能够推广到现实生活现象的程度。这些研究结果可以推广到更广泛的总体以及人们的现实生活经历中。

与横断相关研究相比，纵向相关研究有几个优点。纵向相关研究中，研究者可以确定在重大事件发生前是否存在组间差异。如果事件发生前没有差异，而事件发生后出现了明显差异，那么研究者就更加确信是这个事件导致了组间差异。纵向研究的设计也让研究者可以进行足够久的追踪调查，以评估人们对事件的短期和长期反应。

纵向研究可能既费时又费钱。第 8 章报告了对精神分裂症高危儿童的研究。研究追踪调查学龄前儿童直到其成年早期，目的是确定何种特征能够预测人们是否会患精神分裂症（Erlenmeyer-Kimling, Rock, Squires-Wheeler, & Roberts, 1991）。有些纵向研究历时超过 25 年之久，花费数百万美元。虽然从中获得了极具价值的数据，但科研时间和经费的成本也很高。

所有相关研究的最大缺陷是它们无法辨别原因和结果。例如，抑郁障碍者所报告的许多应激事件可能是抑郁症的结果，而不是导致抑郁症的原因（Hammen, 2005）。抑郁症状可能会通过损害人际交往技巧、干扰工作注意力和引起失眠而产生应激。研究许多不同类型的心理病态都存在同样的问题。例如，精神分裂症症状会破坏社会关系，酗酒会导致失业，等等。

最后，所有相关研究都会面临第三变量的问题。研究者很难测量所有可能影响参与者抑郁水平或其他心理病态的因素。第三变量问题是研究者转向实验研究的主要原因之一。

流行病学研究

流行病学（epidemiology）研究某一个或某一组障碍在人群中的发病率和分布情况。流行病学研究的问题是总人口中患病者的人数，以及这个人数在总人口的各个重要人群（如男性和女性或高收入人群和低收入人群）之间是如何变化的。

表 4.1 抑郁症的终生患病率和12个月患病率

	终生患病率（%）	12个月患病率（%）
男性	12.7	7.7
女性	21.3	12.9
总体	17.1	10.3

资料来源：Kessler et al., 1994.

流行病学研究关注三种类型的数据。第一，**患病率**（prevalence），或者说研究关注的是在特定时间点或时间段内某种障碍患者占总人口的比例。例如，研究可能报告某种障碍的终生患病率，或者说在一生中某个时间会罹患该障碍的人数。某种障碍的 12 个月患病率则是总人口中在任意 12 个月时间内被诊断有这种障碍的人数。

抑郁症是抑郁的一种重度形式，表 4.1 显示了抑郁症的终生患病率和 12 个月患病率，数据来自一项全美流行病学研究（Kessler et al., 1994）。毫不意外，在一生中某个时间被诊断为抑郁症的人口比例高于在任意 12 个月内被诊断为该障碍的人口比例。表 4.1 显示了前面提到的一个事实，即抑郁症在女性中的患病率高于男性。正如我们在第 7 章将讨论的，很多流行病学研究都表明，这一事实是抑郁研究的一个重点。

第二，流行病学研究寻求确定障碍的**发病率**（incidence），或者说在特定时间段内产生的新病例的数量。某种障碍的年发病率指在一年时间内罹患上了该障碍的人数。

第三，流行病学也研究障碍的**高危因素**（risk factors），即与更高的患病风险有关的条件或变量。如果女性比男性更容易患某种障碍，那么作为一名女性就是该障碍的一个高危因素。就我们感兴趣的应激和抑郁之间的关系来说，流行病学研究可能会显示，生活在城市中高应激地区的人比生活在城市中低应激地区的人更可能患抑郁。

研究者如何确定某种障碍的患病率、发病率和高危因素？流行病学研究者首先要确定感兴趣的总体，再通过诸如随机拨打当地电话号码这样的方法来形成该总体的一个随机样本。然后，研究者用结构化临床访谈的方式向参与者询问特定的问题，以评估他们是否具有该障碍的症状和被研究的高危因素，如性别或社会经济地位（请回忆第 3 章对临床结构式会谈的讨论）。流行病学家通过这些数据来估计不同高危因素类型的人群中各有多少人罹患该障碍。

流行病学研究的评价

流行病学研究提供了关于障碍患病率、发病率和高危因素的重要信息。本书中我们将讨论来自几个主要的全美和国际流行病学研究的证据。这项研究对于什么样的人罹患该障碍的风险最高提供了重要线索。这一信息还可以反过来用于验证为什么这些人处于高风险的假设。

流行病学研究受到很多与相关研究相同的限制的影响。首先，它们不能确定任何高危因素导致了障碍。如果研究显示生活在高应激社区的人更可能患该障碍，这并不意味着高应激的环境导致了该障碍。与相关研究类似，第三变量可能可以解释任何高危因素和患病率之间的关系。

实验研究

实验研究（experimental study）的标志就是控制。研究者力图控制自变量以及任何可能造成问题的第三变量，而不只是在它们自然发生的时候进行观察。很多类型的实验研究可以用来探究应激是否会导致抑郁症。我们将具体探讨其中四种。

人类实验室研究

为了检验应激导致抑郁症的假设，我们可以在实验室里让参与者暴露于应激源，然后确定它是否导致了抑郁心境的增长。这种方法就叫作**人类实验室研究**（human laboratory study）。

这类研究已经完成了一些（见 Peterson & Seligman, 1984）。实验中常用的应激源是无法解决的任务或谜题，如无法解开的字谜游戏。在这种情况下，应激的指标就是参与者暴露于无解的字谜游戏的程度。在这个研究中，我们操纵应激源，而不只是测量它们。好处就是我们可以准确知道参与者暴露于应激源的种类和时间。现实生活中有很多种类的应激源会导致抑郁症，我们不可能在实验室一一再现，例如在飓风中失去家园或持续的身体虐待。但我们可以创造相似的情境作为替代，即捕获现实事件的一些重要特征，如不可控制性和不可预测性。

内部效度

我们想确保实验具有**内部效度**（internal validity），这意味着因变量的变化能够可靠地归因于我们对自变量的操纵，而不涉及其他因素。例如，参加实验并使用字谜的参与者在实验期间变得更加抑郁，或许是因为参与实验本身就是一个艰难的经历，而并非因为字谜游戏无法解开。这种对内部效度的威胁基本上同样属于我们之前讨论过的第三变量问题。

为了控制第三变量，研究者设立了一个**控制组**（control group，也译作对照组）或控制条件，控制组与实验组成员有着所有相同的经历，只是他们没有接受关键的操纵，在我们的例子中，是指作为应激源的无法解开的字谜游戏。我们可以给予控制组成员类似但可以破解的字谜游戏。因此，控制组的经历与另一组——**实验组**（experimental group）或实验条件完全相同，除了给予他们的不是无法破解的字谜游戏。

如果实验组（被给予无法破解的字谜游戏）与对照组（被给予可以破解的字谜游戏）参与者在实验开始前存在重大差异，就会产生另一个对内部效度的威胁。如果存在上述差异，那么我们就无法确定因变量的变化是否来自对自变量的操纵。因此，内部效度要求**随机分配**（random assignment）；就是说，每个参与者被分在实验组和控制组的机会均等。研究者常常使用随机数表对参与者进行分组。

内部效度面临的另一个威胁是存在**需求特征**（demand characteristic），即导致参与者猜出研究的目的并相应调整其行为的情况。例如，如果我们对抑郁的测量过于明显，参与者可能会猜测我们正在检验的假设。为了避免出现需求特征，我们可以使用更巧妙的测量手段，将其混在其他测试中，以掩盖真正的研究目的。其他这些测试常被称为*填充测试*。研究者还经常使用*掩饰性故事*：向参与者讲述一个虚假的故事，防止他们猜出实验的真正目的并据此调整其行为。实验结束后，应向参与者事后解释他们在研究中受到的欺骗以及研究的真正目的。

如果参与者预先知道自己属于哪个组，那么他们在实验中的行为就会受到影响。类似地，如果主试知道参与者处于哪个条件下，他们可能会无意地做出一些行为，从而影响参与者对操纵的反应。为了减少这些需求特征，不论是参与者还是与参与者进行交流的主试，都应该对参与者所处的是实验条件还是控制条件不知情。这种情况被称为**双盲实验**（double-blind experiment）。

我们设置了一系列的保障措施以确保研究的内部效度：参与者的随机抽样和随机分配，以及参与者和主试均对参与者所处条件不知情。现在可以进行研究了。对数据进行收集和分析后，我们发现就像预想的一样，与被给予可破解字谜游戏的参与者相比，被给予无法破解字谜游戏的参与者的抑郁心境增长得更多。

根据这项研究，针对我们的抑郁观点可以得出什么样的结论呢？实验控制帮助我们排除了第三变量的影响，因此我们相对确信是不可控制的应激源导致了实验组抑郁水平的提高。由此，我们可以说假设得到了支持，与未暴露于不可控应激的人相比，暴露于不可控应激的人表现出更多的抑郁心境。

研究者将无法破解的字谜交给参与者，以观察应激对心理健康的影响。

人类实验室研究的评价

人类实验室研究的主要优点是控制。与其他以人为对象的研究相比，研究者对第三变量、自变量和因变量的控制力度更大。

然而，人类实验室研究也有不足之处。因为我们不确定研究结果是否可以推广到实验室之外发生的事情，因此它们的外部效度较低。暴露在无法破解字谜游戏中能与在现实生活中经受重大的、不可控制的应激源（如所爱之人的死亡）相提并论吗？显然这两种经历在严重程度上存在差异，但这是唯一的重大差异吗？类似地，研究中参与者抑郁心境的增长（可能是轻微的）能否告诉我们为什么有些人发展出极其严重的、使人无法正常活动的抑郁症状呢？这样的实验研究已经受到批评，因为这些研究结果缺乏可推广性，不能应用于现实生活中发生的严重心理病态。

除了提到的可推广性问题之外，人类实验室研究有时还会涉及严重的伦理问题。故意诱发人类的痛苦，即使是轻微的痛苦，是否也符合伦理呢？对于这个问题或许不同人会有不同的答案。

治疗效果研究

治疗效果研究（therapy outcome study）是一种实验研究，目的是检验具体的治疗方法——不论是心理疗法还是生物疗法——是否能够减轻接受治疗个体的心理病态。因为疗法以假定的心理病理诱因为目标，所以治疗效果研究能够产生证据，即减少诱因就能够减轻心理病态；这些证据又反过来支持假设，即这些因素从一开始就在心理病态的产生中起作用。

控制组

有时，患者会随着时间的推移而好转。因此，我们需要将接受实验疗法的参与者的经历与未经任何治疗的控制组参与者进行比较，以确定参与者的好转是否与治疗有关系。有时，研究者使用简单控制组，该组参与者不接受实验治疗，但受到与接受实验治疗的参与者同样长时间的追踪调查。

等候名单控制组（wait list control group）是简单控制组的变体。该类型的控制组参与者不和实验组参与者同时接受治疗，而是进入一个等候名单，在实验完成后的某个时间接受治疗干预。研究开始和结束的时候，对两组参与者都进行评估，但研究过程中只有实验组参与者接受了治疗。

另一种控制组叫作**安慰剂控制组**（placebo control group）。它最常用于药物疗效研究。安慰剂控制组和实验组参与者与主试有相同的交流，但是他们服用的片剂是安慰剂（无效物质），而不是真正的药品。为了避免需求特征效应，通常主试和参与者对参与者在哪个组均不知情。因此，这种实验就是双盲实验。

治疗效果研究的评价

尽管对经受痛苦的人进行研究时，使用治疗效果研究似乎是最人道的，但它们也面临自身在方法学上的挑战和伦理问题。绝大多数心理疗法都涉及一系列回应人们问题的技巧。例如，实验治疗组中，抑郁的参与者可以学习获得自信的技巧、解决社会问题的技巧以及改变自我挫败思维方式的技巧。哪种技巧真正有助于减轻他们的抑郁呢？即使治疗有效，研究者常常也并不确定究竟是治疗的哪个部分在起作用。

在治疗效果研究中使用简单控制组、等候名单控制组和安慰剂控制组会产生伦理问题。一些研究者认为，向痛苦中的人们提供被认为无效的治疗或者不给他们治疗，这是不符合研究伦理的。例如，很多被分配到控制组的抑郁参与者可能非常痛苦或处于自我伤害的危险中，因此可能需要马上得到治疗。

治疗效果研究关注获得治疗的人们的体验。

作为对这一顾虑的回应，现在很多治疗效果研究都对两种或更多预期有积极效果的疗法进行比较。这些研究基本上就是不同疗法及其背后理论的竞争。理论上，在这样的研究中所有参与者都会受益，而研究也会针对最有效的疗法类型产生一些有用的信息。在治疗效果研究中，不管主试使用何种控制组或对照组，都必须告知参与者研究包括哪几个组，以及他们将会被随机分配到不同的组（因此存在得不到作为研究组成部分的有效治疗的风险）。

另一个伦理问题关注的是，治疗师有责任回应来访者的需求。一种疗法能在多大程度上进行修改以适应具体参与者的需求，而不损害研究的科学诚信？治疗师可能会觉得需要改变药物剂量，或为达到心理干预的目的而背离研究程序。然而，如果他们偏离标准治疗太远，就会在很大程度上改变干预组参与者接受的治疗，从而损害研究结果。

一个相关的方法学问题与将治疗效果研究的结果推广到现实世界有关。在这些研究中，通常是最有能力的治疗师在受控制的高质量环境中对患者进行治疗干预。患者通常经过筛选，以符合进入研究的严格标准，而且最终的分析常常只包括坚持治疗到最后的患者。

在现实生活中，心理健康服务并不总是在受控制的高质量环境中由最有能力的治疗师提供的。患者就是他们本来的样子，病情和生活状况复杂，并不恰好符合“最理想患者”的标准。此外，患者常常会中途离开一段时间后又回来治疗，或者因为经济或个人原因，还没有接受一个完整的疗程就退出了治疗。

如果治疗效果研究检验的是某个疗法在高度控制的情境中对精确定义的一组人所起的作用，那么这被认为是在检验某个疗法的**效力**（efficacy）。相反，如果治疗效果研究检验的是某个疗法在现实世界中对我们提到的所有复杂情况所起的作用，则被认为是检验了疗法的**有效性**（effectiveness）。

单被试实验设计

实验研究的另一种类型是**单被试实验设计**（single-case experimental design）。它对单一个体或少量个体进行深入细致的研究。与前面讨论的个案研究不同，单被试实验设计对个体进行一些操纵或干预，并在干预前后分别测量其行为，以确定干预效果。此外，在单被试实验设计中，实验者通过标准方法随时间推移重复测量参与者的行为，而个案研究常常要依靠研究者对参与者的印象以及影响他或她的行为思想和情绪的因素。

ABAB设计

ABAB 设计（ABAB design）是一种特定的单被试实验设计类型，又称**逆向设计**（reversal design）。其中某种干预被引入、撤除然后再恢复，并在治疗期间和无治疗期间都对参与者的行为进行测量。例如，在研究某种药物对抑郁症的疗效时，会连续 4 个星期每天对一名抑郁参与者的抑郁水平进行评估。这就是基线评估（A; 图 4.2）。然后在 4 个星期中对参与者进行药物治疗（B），期间每天评估其抑郁水平。之后 4 个星期中撤除药物（A），期间再次每天评估其抑郁水平。最后 4 个星期中恢复药物治疗（B），期间每天评估其抑郁水平。如果参与者的抑郁水平符合图 4.2 的模式，就表示她服药时（B）的抑郁水平比不服药时（A）低很多。

图 4.2　某个体抑郁症的药物治疗效果随时间的变化

下图显示了某个体在4个星期的基线评估（A）、4个星期的药物治疗（B）、4个星期的药物治疗撤除（A）和4个星期的药物治疗恢复（B）期间的抑郁水平。

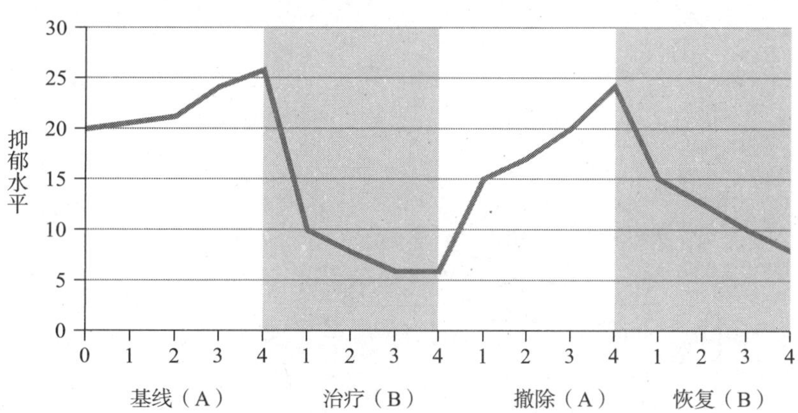

多基线设计

在**多基线设计**（multiple baseline design）中，实验者可能在不同情境中对同一个体进行干预，也可能在不同时间点对不同个体进行干预。为检验某个冥想练习能否减轻抑郁，研究者可能会教抑郁者在工作场所感到抑郁时如何进行该练习。如果参与者在工作场所的抑郁水平下降，而在家里的抑郁水平没有下降，在家里她并没有做过这种冥想练习，那么研究者就有一些证据表明是这种冥想练习导致了抑郁水平降低。如果要求参与者在家里进行这种冥想练习，而她在家里的抑郁水平也降低了，这就进一步证明了该练习是有效的。

类似地，研究者可以教多个参与者做冥想练习，但是教的时间点不同，此时他们的经验可能是不同的。例如，研究者在开学第一个星期教一个抑郁的大学生做冥想练习，在春假期间教第二个学生，在考试周教第三个。尽管他们的应激水平不同，但如果所有学生在学会这种冥想练习后其抑郁症状都得到减轻，那么就可以证明这种冥想练习的效应可以推广到不同个体和情境。

单被试实验设计的评价

相比多个参与者的情况，单被试实验设计的一个主要优点就是可以更加细致深入地评估参与者。例如，一名儿童可能在治疗期间和无治疗期间每天被观察数小时。这种评估强度让研究者能够精确区分受治疗影响的行为和不受治疗影响的行为。

单被试实验设计的主要缺点是，它们的结果可能无法推广到更广泛的人群中。一个人在治疗期间和无治疗期间的经历可能与另一个人并不相同。此外，并非所有假设都能用单被试实验设计来检验。一些治疗在结束后有延续效果。例如，如果在治疗期间教了参与者处理应激的一些新技巧，这些技巧甚至在撤除治疗之后还会继续存在。

图 4.3　习得性无助实验使用的穿梭箱

为研究习得性无助现象，研究者使用这样的装置来给狗施加可控的和不可控的电击。

动物研究

为了避免人类实验室研究中的伦理问题，研究者有时会用动物做研究。动物研究同样有其自身的伦理问题，然而，很多研究者觉得把动物置于某些实验室情境中是可以接受的，而将人置于类似情境中则违背伦理。因此，与人类实验室研究相比，**动物研究**（animal study）让研究者对实验室条件和第三变量有更多控制。

在探索抑郁症的一系列著名的动物研究中（第7章将讨论），塞利格曼、奥弗迈尔、麦尔及其同事在实验室中让狗接受不可控的应激源（Overmier & Seligman, 1967; Seligman & Maier, 1967）。实验组的狗连续遭到不可控的电击。我们称其为E组，即实验组。

另外还有两个控制组。其中一个控制组的狗遭到电击，但是它们可以通过跳跃障碍物来控制电击。我们称其为J组，代表跳跃。J组和E组的狗被电击的次数和时长相同。唯一不同的是 E 组的狗不能控制电击，而 J 组的狗可以。另一个控制组的狗没有遭到电击。我们称其为 N 组，代表无电击。

最开始，E 组的狗对电击的反应是在笼子里乱跳。然而，大多数狗很快就变得消极。后来，当研究者给狗提供一个跳过障碍物就可逃避电击的机会时，这些狗已经无法学会了。它们似乎已经习得自己无法控制电击，所以，即使给它们控制电击的机会，它们也已经不能识别。研究者把这样的行为叫作习得性无助（learned helpless deficit）。

可控制电击组，即 J 组的狗则学会了如何控制电击，没有形成习得性无助。两组狗经历了同样数量和时长的电击，这一事实表明，缺乏控制，而不仅仅是电击，导致了实验组的狗形成习得性无助。N 组的狗没有遭到电击，也没有形成习得性无助。

塞利格曼及其同事将狗表现出的习得性无助类比为人的抑郁症状：冷漠、行为怠惰以及无法抓住机会改善环境（见 Seligman, 1975）。他们认为很多人产生抑郁症状，都是因为人们认为自己没有能力控制生活中的重大事件。抑郁的习得性无助理论有助于解释长期遭受压迫的人群，如受家暴的配偶和在贫困中长大的人所表现出的抑郁和消极。

另一类动物研究与治疗效果研究类似。在药物临床效果研究中，常采用动物给药的方式来确定药物对机体不同系统及行为的影响。有时，动物在给药后就会被处死，以便对药物效果进行详细的生理分析。显然这种研究无法在人身上进行。在研究早期，对药物可能的副作用还一无所知，因此，动物药物研究尤其有用。

动物研究的评价

动物研究也有明显的问题。首先，有些人认为，在动物身上进行痛苦、危险甚至致命的研究与在人身上进行同样的研究一样，都是违背伦理的。其次，从科学的观点出发，我们必须询问我们是否能够将动物实验的结果推广到人身上。狗的习得性无助真的可以类比为人类的抑郁吗？关于动物研究的伦理和科学问题的争论还在继续。尤其是在药物临床效果的研究中，然而，对于如何帮助人们克服心理病态方面的知识进步，动物研究可能是十分关键的。

遗传研究

多种研究方法可用于识别与心理病理学有关的遗传因素。研究者通过家族史研究、双生子研究和领养研究来考察基因对特定障碍的影响程度或遗传性。为了考察可能与障碍有关的特定基因，他们会使用分子遗传学研究（也称关联研究）或连锁分析。

家族史研究

一般情况下，通过基因传递的障碍在有患者的家族中比没有患者的家族出现得更频繁。无论该障碍是与单个基因还是多个基因有关，都是如此。要进行**家族史研究**（family history study），科学家首先要确认明显患有所研究障碍的群体，该群体被称为先证者（proband）。研究者也要确定一个控制组，即明显没有患此障碍的群体。然后，他们追溯这两组人的家族系谱，或者说家谱，并确定他们有多少亲属患该障碍。

图 4.4 基因相关度

一级亲属有50%的基因与你相同。二级亲属有25%的基因与你相同。三级亲属有12.5%的基因与你相同。

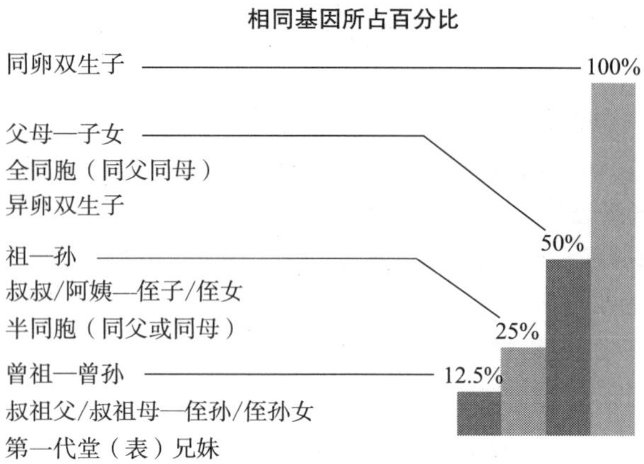

研究者最感兴趣是一级亲属，例如亲兄弟姐妹、父母或子女，因为这类亲属与被试的基因相似度最高（除非他们有同卵双生子，这种双生子的基因完全相同）。

图 4.4 展示了某个体与不同等级的亲属之间的基因相关度，并告诉你为什么随着个体与某障碍患者亲属在血缘关系上的疏远，其遗传致病基因的风险迅速下降：随着血缘关系的疏远，个体与该障碍患者亲属拥有共同基因的百分比会急剧降低。

尽管家族史研究能为障碍的基因传递可能性提供非常有用的信息，但它们也有自己的问题。最明显的一个问题是，家庭成员分享的不仅是基因，还包括环境。家庭中几个成员患同样的某种障碍，可能是因为他们共享着同样的环境应激。家族史研究无法区分导致障碍的遗传因素和环境因素。研究者往往借助于双生子研究来解决这个问题。

双生子研究

从图 4.4 可以看到，**同卵双生子**（monozygotic twins; MZ twins）拥有 100% 相同的基因，因为他们是由同一个受精卵分裂成两个相同部分发育而来的。相反，**异卵双生子**（dizygotic twins; DZ twins）一般只有 50% 的相同基因，因为他们是由两个独立的卵子与两个独立的精子分别受精发育而来的，就像非双生的亲兄弟姐妹一样。

研究者抓住了同卵和异卵双生子的这种差异，通过**双生子研究**（twin studies）来确定多种障碍的遗传影响。如果某个障碍完全是遗传造成的，那么同卵双生子中只要有一个患这种障碍，另一个就肯定会患这种障碍。双生子中的一个患病则两个都会患病的可能性叫作**同病率**（concordance rate）。因此，如果某种障碍完全由基因决定，则同卵双生子的同病率应该接近 100%。异卵双生子的同病率则远远低于 100%。即使某种障碍只是部分由基因传递，同卵双生子的同病率也会比异卵双生子高得多，因为同卵双生子的基因完全相同，而异卵双生子只有约一半的基因相同。

例如，假设同卵双生子的 X 障碍同病率是 48%，而异卵双生子的同病率只有 17%，那么这些同病率告诉我们两点。首先，因为同卵双生子的同病率比异卵双生子的同病率高很多，我们就有证据说明 X 障碍是基因传递的。其次，因为同卵双生子的同病率远远低于 100%，我们就有证据说明 X 障碍是基因易感性与其他因素（生物的或环境的）共同导致的。

双生子研究不能完全区分遗传因素和环境因素，因为同卵双生子的生活环境和经历可能比异卵双生子更相似。例如，同卵双生子的外貌通常相像，而异卵双生子外貌并不一定相像，外表能够影响其他人对该个体的反应。同卵双生子也比异卵双生子更可能具有相同的天赋，天赋又影响了他们的机遇。例如，同卵双生子可能都具有体育、学术或音乐方面的天赋，这会影响人们对待他们的方式，以及他们在生活中获得的机会。最后，与异卵双生子相比，父母对待同卵双生子的方式可能就会更相似。为解决上述问题，研究者转向遗传研究的第三种方法——领养研究。

领养研究

领养研究（adoption study）的开展方式有很多。最常见的是，研究者首先找到患有他们感兴趣的障碍并于出生后不久就被收养的人群。然后，研究者要确定被收养者的血缘亲属和领养亲属的发病率。如果该障碍主要受遗传影响，那么研究者应该发现在血缘亲属中比领养亲属中有更高的发病率。如果该障碍主要受环境影响，那么研究者应该发现在领养亲属中比血缘亲属中有更高的发病率。

分子遗传学研究和连锁分析

近几十年来，人类基因的研究技术突飞猛进，研究者得以通过**分子遗传学研究**（molecular genetic study）或称**关联研究**（association study）来寻找特定的基因异常（也称遗传标记）和心理病态之间的关联。典型的研究是将一组被诊断为某种障碍如抑郁症的患者与另一组没有这种心理病态的人进行比较。研究者通过采集血样或用棉签擦拭脸颊内侧采集少量人体组织的方式来取得两组人的 DNA，然后分析该 DNA 的基因型来确定其中的个体是否具有感兴趣的基因特征或标记。

因为人类基因组极其巨大，所以研究者力图寻找与心理障碍同时出现的其他特征和已知的遗传标记，以缩小与该障碍相关的遗传标记位置的范围，这个过程被称为**连锁分析**（linkage analysis）。例如，本章开始的非常人物部分描述了对阿米什人心境障碍的研究，研究者发现 11 号染色体上有两个遗传标记与某个大家族中出现心境障碍相关，一个是胰岛素基因，另一个是已知的癌症基因（Biron et al., 1987）。这表明影响心境障碍易感性的基因可能位于 11 号染色体上。遗憾的是，这一关联在其他研究中没能得到重复。在第 8 章，我们将讨论其他遗传连锁研究，该研究识别了精神分裂症可能的遗传标记。

跨文化研究

不久以前，绝大多数心理学研究都是以大学生为对象进行的，这些大学生大都是中上阶层的白人。研究者认为，从这些样本得到的任何结论都可以推广到其他任何相关样本。只有人类学家以及少数的心理学家和精神病学家指出，适用于某个种族、文化或性别的结论并不一定适用于其他情况。

然而，过去几十年来，变态心理学的跨文化研究如雨后春笋般涌现。研究者正在对心理病态的本质、诱因和治疗在不同文化中的异同进行研究。这些跨文化研究者面临着一些特有的挑战。

首先，研究者在把一个文化中形成的理论或概念应用于另一个文化时要十分谨慎（Rogler, 1999）。因为心理障碍在不同文化中的表现形式不同，研究者如果坚持使用障碍的狭义定义，就有可能无法识别那些以文化定义的方式表现出来的心理障碍患者。同样，在不同文化中理论变量的意义或表现形式也可能不同。

情绪表达（expressed emotion）这个变量就是一个很好的例子。情绪表达水平高的家庭极为挑剔，对其他家庭成员充满敌意，而且彼此之间在情感上过分卷入。一些针对欧美主流文化的研究表明，所在家庭情绪表达水平高的精神分裂症患者的复发率高于所在家庭情绪表达水平低的患者（Hooley, 2007）。情绪表达的意义和表现在

不同文化中有很大的差异，然而：

> 例如，英裔美国人家庭内部的指责可能集中在对有缺陷的人格特质（如懒惰）或者精神病症状的行为（如怪异想法）上。而在其他社会，如拉美国家，同样的行为可能不会遭到批评。例如，在墨西哥血统的家庭里，指责的对象是对家庭造成影响的失礼或破坏性行为，而不是精神病症状行为或者个体的人格特质。因此，文化影响了指责的内容和指责的对象的形成。或许更重要的是，文化决定了指责是否是家庭情绪氛围的主要部分（Jenkins & Karno,1992, p. 10）。

因为在一种文化中可以预测心理病态的特征或变量，在其他的文化中可能就是不相关的，所以今天的研究者在寻找感兴趣特征的文化特异性表现时都更加谨慎。

其次，即使研究者认为他们的理论可以应用于不同的文化，他们也很难把调查问卷或其他评估工具翻译成不同的语言。例如，英语中的某个关键概念可能无法准确地翻译成另一门语言。很多语言的动词和代词有变体形式，其用法取决于说者和听者之间的社会关系。例如，在西班牙语中，第二人称代词 *usted*（“您”）意味着尊敬，在社会关系中建立了恰当的距离，也是年轻的面谈者向长者提问的恰当方式（Rogler, 1989）。相反，当年轻的面谈者向同龄人提问时，双方的关系就更随意，第二人称代词的正确形式是 *tú*（“你”）。如果面谈者违背了语言所隐含的这种社会规范，他就有可能与采访对象疏远，并对研究造成损害。

最后，在与研究者进行互动时，人们对社会需求的反应可能有文化或性别差异。例如，与英裔美国人、年轻人和社会经济地位高的人相比，无论问题的内容是什么，墨西哥裔人、老年人和社会经济地位低的人都更可能回答“是”，并且会尽力使用社会期望的方式来回答研究者的提问。这些差异似乎来源于不同群体在顺从权威方面的差异，以及对于展现恰当形象担心程度的差异（Ross & Mirowsky, 1984）。类似地，男性常被认为比女性更不愿意承认“脆弱”，如痛苦的症状或问题应对。如果研究者在设计评估工具和分析数据时没有考虑到这种偏差，就可能得出错误的结论。

元分析

研究文献常常包括很多探索某个特定主题的研究（例如，应激导致抑郁）。研究者可能想知道，所有研究的整体趋势是什么，什么因素可以解释为何有些研究支持他们的假设而另一些研究却不支持。一个研究者可以仔细阅读所有的研究，并从中得出结论：绝大多数研究是支持还是不支持该假设。然而，这样的结论会有偏差，因为是由读者对这些研究作出主观解释。

从多个研究中得出结论的一个更客观的方法是进行**元分析**（meta-analysis），一种将若干个研究的结果综合起来的统计方法。元分析的第一步是做一次彻底的文献搜索，研究者常常使用计算机搜索引擎来协助搜索，找出所有包含关键词的研究。各个研究通常使用不同的方法和测量来检验假设，因此元分析的第二步是将每个研究的结果转换为所有研究通用的统计量。这个统计量称为效应量（effect size），是组间差异（例如一组接受某种特殊形式的治疗而另一组没有）大小或两个连续变量之间相关（例如应激水平和抑郁水平的相关）大小的指标。然后研究者可以检测不同研究的平均效应量，并把效应量和研究的特征联系起来，如研究发表的年份、使用的测量类型或者参与者的年龄或性别。例如，对儿童抑郁水平研究的元分析发现，近期完成的研究得出的抑郁水平比以前研究得出的抑郁水平更低（Twenge & Nolen-Hoeksema, 2002）。这一发现表明，儿童中的抑郁水平可能下降了。

元分析的评价

在单个研究中，参与者数量少会带来一些问题，而元分析通过汇总大量参与者的数据，更有利于发现显著性效应，从而克服这些问题。特温格和诺伦–霍克西玛（Twenge & Nolen-Hoeksema, 2002）所分析的研究中，少数族裔儿童的数量一般都比较少，因此很难将他们的抑郁得分和非少数族裔儿童的抑郁得分进行比较。然而通过数据汇总，拉美裔和非裔美国儿童的总体样本量会变得足够大，从而可以实现族裔或种族之间的比较。元分析发现，拉美裔儿童的抑郁得分通常高于非裔美国儿童或白人儿童。

然而，元分析也有自己的问题。首先，一些已发表的研究存在方法学缺陷。这些有缺陷的研究可能会和方法学上较可靠的研究一起被纳入元分析，给总体结果造成影响。其次是存在*文件抽屉效应*，即不支持目标假设的研究得以发表的可能性小于支持假设的研究。例如，一项发现某种心理治疗并不比等候名单控制更有效的研究，与发现该心理治疗比等候名单控制更有效的研究相比，得以发表的可能性更小。得到积极结果的研究更容易发表，这样的偏差意味着有很多非常好的研究，由于没有发现预期的效应而没有发表，因此最终没有进入元分析。文件抽屉效应影响了元分析的结果，使其偏向于那些有总体积极效应的治疗或一些其他的组间差异。

本章整合

在第 2 章我们提到，心理病理学理论或模型越来越多地基于生物、心理和社会取向的概念整合。一般认为这些概念来自易感性–应激观点。使人更容易产生异常的特征包括生物特征，如遗传倾向；或者心理特征，如适应不良的思维方式。这些个人特征必须和情境或环境特征共同作用才能导致异常。例如，具有抑郁症遗传倾向的女性，如果有一个支持她的家庭，也从未经受重大的应激源，那么她可能永远不会发展出完全形式的抑郁症。

反映这一整合观点的研究实施起来并非易事。研究者必须收集有关的生物、心理和社会易感性与抵抗力的相关数据。这项工作需要专业设备和专业知识。它也要求对参与者进行纵向的追踪调查，以观察具有易感性的人们在面对可能诱发心理障碍的应激源时会发生什么。

越来越多的研究者以团队的形式开展工作，分享各自在专门的研究方法和资源上的专长，使得多学科纵向研究成为可能。研究者也接受多个学科和方法的培训。例如，心理学家学会了使用核磁共振成像（MRI）、正电子发射断层扫描（PET）以及其他先进的生物学方法来进行变态心理学研究。

如果你想从事变态心理学研究，你可能要整合心理学（本章的重点）、社会学和生物学的研究方法，以对所研究的心理障碍形成最全面的认识。这项任务看似艰巨，但是整合取向很有可能产生突破，从而极大地改善心理障碍易感群体的生活。

灰色地带

讨论（对第94页的回顾）

讨论（对第94页的回顾）

在确定某个研究是否存在伦理问题时，最大的挑战是研究中包含欺骗。有些伦理委员会永远不会接受一项在智力测验结果上欺骗学生的研究。另一些委员会可能会同意这个研究，如果它保障了本章开头所讨论的全部或绝大部分基本权利。参与者必须知道，参与研究可能让他们经受心理痛苦。他们必须了解，他们可以拒绝参加研究，也可以在任何时刻退出研究。通常，参与者在决定参加研究之前应该先阅读一份正式的知情同意书，这些声明必须出现在知情同意书上。这个文件也应该告诉参与者，他们在研究中的反应将得到怎样的保密。在这个案例中，没有理由不为参与者的反应保密。

如果研究者在研究开始前就告诉参与者，他们将要得到的反馈是假的，这显然会影响参与者对反馈的反应。研究者会争辩说，知情同意书上不应该告知参与者研究包含欺骗。伦理委员会必须做出决定，即研究收集到的信息的潜在益处是否值得进行欺骗。

研究完成后，研究者应该揭露欺骗的本质，以及使用欺骗手段的正当理由。很多参与者，尤其是大学生，甚至在被告知受到了欺骗之后，还会继续相信他们在实验中得到的消极反馈。建议发现这种现象的研究者做一次实验过程的事后解释（process debriefing; Ross, Lepper, & Hubbard, 1975）。在这个汇报中，主试要详细地讨论实验的目的和程序，解释实验反馈并不是参与者能力的反映。

批判性思考

想象你要检验一个假设：瘦身的压力导致女性患上进食障碍。

1. 因变量和自变量分别是什么？
2. 你会为研究招募哪类样本？
3. 你将如何定义瘦身的压力和进食障碍？
4. 使用个案研究方法来检验你的假设有何优势和劣势？
5. 简述一个相关研究，你可以用它来检验该假设。
6. 简述一个实验研究，你可以用它来检验该假设。
7. 简述一个治疗效果研究，你可以用它来检验该假设。
8. 在检验该假设时，元分析可以发挥什么作用？

（讨论见本书末尾。）

本章小结

- 假设是对预测研究会出现的结果的可检验陈述。
- 因变量是研究试图预测的因素。自变量是为了预测因变量而使用或操纵的因素。
- 从感兴趣的总体中选取出来参与研究的一组人称为样本。研究的样本必须能够代表感兴趣的总体，而且研究还必须能够推广到这一总体中。
- 控制组成员在绝大多数方面与实验组类似，但不经过变量操纵。控制组与实验组的匹配有助于控制第三变量。第三变量可能对因变量有一定的影响，但理论没有涉及。
- 研究参与者的基本权利包括：被告知参与研究的风险，研究会对他们的信息保密，有权拒绝参加研究或退出研究，提供知情同意书，除有正当理由外不被欺骗，研究者在研究完成后向参与者进行事后解释。
- 个案研究提供了被试的详细信息。个案研究有助于形成新观点和研究罕见问题。个案研究面临的问题包括可推广性问题以及研究对象和研究者的主观性问题。
- 相关研究分析两个变量之间的关系，而不对它们进行任何操纵。相关系数是变量关系的指标。其变化范围是–1.00至+1.00。相关的大小表示变量关系的强弱。
- 正相关表示一个变量的值随着另一个变量值的增加而增加。负相关表示一个变量的值随着另一个变量值的增加而减少。

- 如果某个结果不是偶然出现的话，它就具有统计显著性。心理学研究的惯例是认为偶然性低于5%的结果在统计上是显著的。
- 相关研究可以证明两个变量有关联，但不能表明一个变量是另一个变量的原因。所有相关研究都会面临第三变量的问题，也就是说，研究中测量的变量之间的关系实际可能是由研究中没有测量的变量所造成的。
- 连续变量研究评估两个连续变化的变量之间的关系。
- 代表性样本要在所有重要变量上与感兴趣的总体类似。生成代表性样本的一个方法是随机抽样。
- 横断研究是在一个时间点上对样本进行评估，而纵向研究是在多个时间点上对同一样本进行评估。纵向研究常常对预期可能经历重大事件的样本在事件发生前后分别进行评估，然后分析样本的变化。对照组研究评估关键组之间的差异，如经历了某种应激源的实验组与没有经历该应激源的匹配对照组。
- 流行病学研究某种障碍在人群中的发病率和分布情况。障碍的患病率是指在给定时间点或时间段内患者占总人口的比例。发病率是指特定时间段内产生的新病例的数量。高危因素是指与更高的患病风险有关的情境或变量。
- 实验研究可以提供证据来证明某个变量引起心理病态。人类实验室研究的目的是要促成一种条件，在受控制的环境中，我们假设这种条件会导致我们感兴趣的结果（如应激增加导致抑郁）。参与者被随机分配到受操纵的实验组，或者未受操纵的控制组。
- 有时，把实验研究推广到现实世界是不可能的。此外，在实验研究中操纵处于痛苦中的参与者可能会带来伦理问题。
- 治疗效果研究让研究者在给参与者提供服务的同时，可以检验有关心理病态原因的假设。
- 在治疗效果研究中，研究者有时会使用等候名单控制组，其中的参与者在研究结束以后才接受干预。另外，研究者也可以使用安慰剂控制组，该组参与者可以得到治疗师的一般性支持，但治疗不含任何有效成分。这两种控制组在实际操作和伦理上都有限制。
- 与治疗效果研究有关的难题包括：了解治疗的有效成分是什么，使用合适的控制组的问题，是否允许调整治疗方法以满足个别参与者需求的问题，以及研究结果缺乏现实可推广性的问题。
- 单被试实验设计包括在操纵或干预前后对单一个体或少量个体进行深入细致的研究。在ABAB设计或逆向设计中，实验者会引入、撤除和恢复干预，并在治疗期间和无治疗期间都对参与者的行为进行测量。
- 在多基线设计中，实验者在不同情境对同一参与者进行干预，或者在不同时间点和不同情境对多个参与者进行干预，然后对干预效果做系统性观察。
- 虽然很多人觉得动物研究同样是违背伦理的，但动物研究让研究者可以对动物进行一些伦理上不允许用于人类参与者的操纵。动物研究的问题是研究结果难以推广到人类。
- 家族史研究确定患者的血缘亲属是否比非血缘亲属更可能患某种障碍。领养研究确定被领养的患者的血缘亲属是否比其领养亲属更可能患某种障碍。双生子研究确定同卵双生子是否比异卵双生子更可能同时出现某种障碍。分子遗传学（或关联）研究寻找与某种障碍相关的特定基因。连锁分析研究一个基因已知的生物学特征和一个基因未知的心理障碍之间的关系。
- 跨文化研究提出了挑战。在一种文化中有意义的理论或概念或许不能应用于其他文化。调查问卷和其他评估工具必须得到准确的翻译。另外，文化可能影响人们对研究的社会需求的反应。最后，研究者需要注意，在研究过程中不要预先对文化正常与否做出假设。
- 元分析是一种汇总若干个研究结果的统计工具。在元分析中，通过一个叫效应量的统计量对每一个单个研究的结果进行标准化。然后检测效应量的大小及其与研究特征值的关系。
- 当研究者以一种更主观的方式从不同的研究中得出结论时，会产生偏差，而元分析可以减少这种偏差，但是它会引入使用了劣质方法的研究，或者排除了一些因为没有发现显著效应而无法发表的优质研究。

关键术语

科学方法
假设
虚无假设
变量
因变量
自变量
操作化
个案研究（或案例研究）
可推广性
相关研究
连续变量
对照组研究
横断
纵向
相关系数
统计显著性
第三变量问题
样本
外部效度
流行病学
患病率
发病率
高危因素
实验研究
人类实验室研究
内部效度
控制组
实验组
随机分配
需求特征
双盲实验
治疗效果研究
等候名单控制组
安慰剂控制组
效力
有效性
单被试实验设计
ABAB（逆向）设计
多基线设计
动物研究
家族史研究
同卵双生子
异卵双生子
双生子研究
同病率
领养研究
分子遗传学研究
关联研究
连锁分析
元分析

第5章

创伤、焦虑、强迫及相关障碍

本章提纲

连续谱模型下的恐惧和焦虑

非常人物：大卫·贝克汉姆，场上场下皆完美

创伤后应激障碍和急性应激障碍

特定恐怖症和广场恐怖症

灰色地带

社交焦虑障碍

惊恐障碍

广泛性焦虑障碍

分离焦虑障碍

强迫症

老年人的焦虑障碍

本章整合

灰色地带讨论

批判性思考

本章小结

关键术语

连续谱模型下的恐惧和焦虑

- 恐惧是对**客观威胁性**事件的反应（在期中考试失败后害怕这门课会通不过）
- 对已知威胁的恐惧的**严重程度是恰当的**（担心是因为需要通过这门课才能毕业）
- **当威胁消失时恐惧也消退了**（当你了解到计分出错了，实际上自己考得很好时，你放松了下来）
- 恐惧引起应对或回避威胁的**适应性行为**（向老师请求是否能够做一些额外的工作来提高分数）

有达到焦虑障碍的诊断标准的潜在可能性：

- 恐惧是**中度不现实的**（在13号星期五那天开车害怕出事故）
- 考虑到威胁的严重性，恐惧**确实超出了其必要程度**（当被迫在13号星期五开车时会变得非常紧张和焦虑）
- **威胁消失后，恐惧仍然持续了相当长一段时间**（担心下一个13号星期五）
- 恐惧引起**具有潜在危害的行为**（为避免在13号星期五那天开车而逃课）

功能正常　　　　　　　　　　　　　　　　　　功能失调

- 恐惧有点儿不现实（害怕在课堂上演讲时会出洋相）
- 考虑到威胁的严重性，恐惧有点儿超出其必要程度（在演讲前一天晚上睡不着）
- 恐惧在威胁消失后仍然持续（演讲结束之后，还在不停地对演讲进行分析，并担心人们会有怎样的看法）
- 恐惧引起不太适当的行为（在演讲前服用镇静剂来放松）

很可能达到焦虑障碍的诊断标准：

- 恐惧完全是不现实的（担心任何疼痛都可能是绝症的信号）
- 根据客观威胁来看，恐惧是过度的（感到疼痛时就认为自己快要死了）
- 恐惧在威胁消失后仍然长时间持续，并存在长期的预期性焦虑（尽管得到医生无大碍的保证，仍然认为自己患了绝症）
- 恐惧引起具有潜在危险或损害的行为（尽管医生说并未患上绝症，但仍然打算做手术）

想一想你感到恐惧或焦虑的某个时候，或许是上大学的第一天。你可能有点儿紧张不安，担心会遇到什么，有时希望能够退回到熟悉的环境和人群中。这是对可能具有威胁性的新情境的典型反应——这里的威胁是你可能不喜欢学校的人，感到无法融入，或者课堂表现不好。在以下情境中，恐惧具有适应性：当恐惧是现实的（例如，当环境中存在真实的威胁），当恐惧与威胁相称时，当威胁消失恐惧也随之消退，当恐惧产生恰当的行为以克服威胁（例如，努力认识新朋友和熟悉新环境）。

然而，在判断情境是否具有威胁、遇到威胁时的恐惧程度以及面对恐惧做出怎样的行为上，人们的差异极大。当恐惧产生的情境在大多数人看来并不具有威胁性时，这样的恐惧就会变得适应不良。例如，一些人在不得不离开家时就会充满恐惧。当恐惧与威胁极不相称时，恐惧也是适应不良的。例如，当人们因在户外散步可能会遇到蛇而恐慌。恐惧在威胁消退之后仍然长时间持续就成为了**焦虑**（anxiety）。例如，一些经历过创伤性事件的人在创伤过后持续感到极为恐惧。而当一个人面对威胁做出适应不良的行为时，恐惧就会成为焦虑障碍——例如，一个患有广场恐怖症的人因为害怕外出而足不出户。

非常人物

大卫·贝克汉姆，*场上场下皆完美*

足球明星大卫·贝克汉姆踢定位球时无与伦比的曲线射门能力，在电影《*我爱贝克汉姆*》中被塑造成不朽的经典。贝克汉姆不仅在赛场上是个完美主义者，在生活中他对于秩序和对称也有极致的追求："我有强迫症，所有的东西都必须排列成一条直线，或者每样东西都必须是成对的"（引自 Dolan, 2006）。贝克汉姆会花费数个小时将家里的家具以某种方式摆整齐，或者将衣橱里的衣服按颜色排列整齐。他的太太维多利亚（前辣妹组合成员）说："如果你打开我们的冰箱，每一边都是十分协调的。我们有三个冰箱——一个用来放食物，一个用来放沙拉，第三个用来放饮料。在放饮料的冰箱里，所有的东西都是对称的。如果有三罐饮料，他会扔掉一罐，因为必须是偶数才行"（引自 Frith, 2006）。

贝克汉姆的足迹遍及世界各地。他曾为世界顶级的球队效力，包括皇家马德里队、曼彻斯特联队、洛杉矶银河队和 AC 米兰队。每次新入住一个酒店房间，他都必须把每件东西整理得井然有序："进到酒店房间，我必须把所有的散页纸和书都收到抽屉里之后，才能够放松下来。所有的一切都必须非常完美"（引自 Frith，2006）。他在曼联的队友知道他有这种强迫症，他们会故意弄乱他的衣服或者搬动他酒店房间的家具来使他抓狂。

我们在面对任何类型的威胁或应激源时，都会调动身体去应对它。在进化过程中，人类发展出了特有的**战斗或逃跑反应**（fight-or-flight response），这是一组生理和心理反应，有助于我们与威胁抗争或从中逃脱。战斗或逃跑反应的生理变化是下丘脑所控制的两个系统激活的结果，见图 5.1：*自主神经系统*（尤其是该系统的交感神经部分）和*肾上腺-皮质系统*（一种激素释放系统；见第 2 章）。下丘脑首先激活自主神经系统的交感神经部分。交感神经部分直接作用于平滑肌和内脏而产生一些重要的躯体变化：肝脏释放额外的糖份（葡萄糖）来给肌肉供应能量，身体的新陈代谢也会加快，共同为消耗能量的躯体活动做准备。心率、血压和呼吸频率上升，肌肉变得紧张。一些不太重要的活动如消化则减少了。唾液和黏液变干，增大了通向肺部的呼吸道面积。身体会分泌天然的镇痛剂内啡肽，同时体表血管收缩，以减少一旦受伤时的出血量。脾脏产生更多的红细胞以携带氧气。

下丘脑通过释放促肾上腺皮质激素释放因子（CRF）来激活肾上腺皮质系统，CRF 指示垂体分泌促肾上腺皮质激素（ACTH），它是人体的主要应激激素。ACTH 刺激肾上腺的外层（肾上腺皮质），使之释放多种激素，主要是**皮质醇**（cortisol）。一般通过检测血样或尿样中的皮质醇含量来测量应激水平。ACTH 也能指示肾上腺释放 30 多种其他激素，每种激素都在紧急情况下的身体调节中起到一定作用。最后，当威胁性刺激消失后，激素又会指示海马（帮助调节情绪的脑区）停止这种激烈的生理变化。战斗或逃跑系统有自己的反馈回路，正常情况下，在我们对应激源做出反应时调节我们所体验的生理唤起水平。在本章所讨论的许多焦虑障碍中，正常的反应变得异常，战斗或逃跑系统变得失调。

除了这些对威胁的生理反应之外，还会产生特有的情绪、认知和行为反应（见

图 5.1　战斗或逃跑反应

人体的战斗或逃跑反应是由被称为下丘脑的大脑结构发起的。下丘脑刺激自主神经系统的交感神经部分，交感神经作用于平滑肌和内脏并产生图示的身体变化。下丘脑同时也释放促肾上腺皮质激素释放因子（CRF），并促使垂体释放促肾上腺皮质激素（ACTH）。ACTH进而刺激肾上腺，释放30多种其他激素。这些激素作用于内脏和肌肉，让身体做好战斗或逃跑的准备。

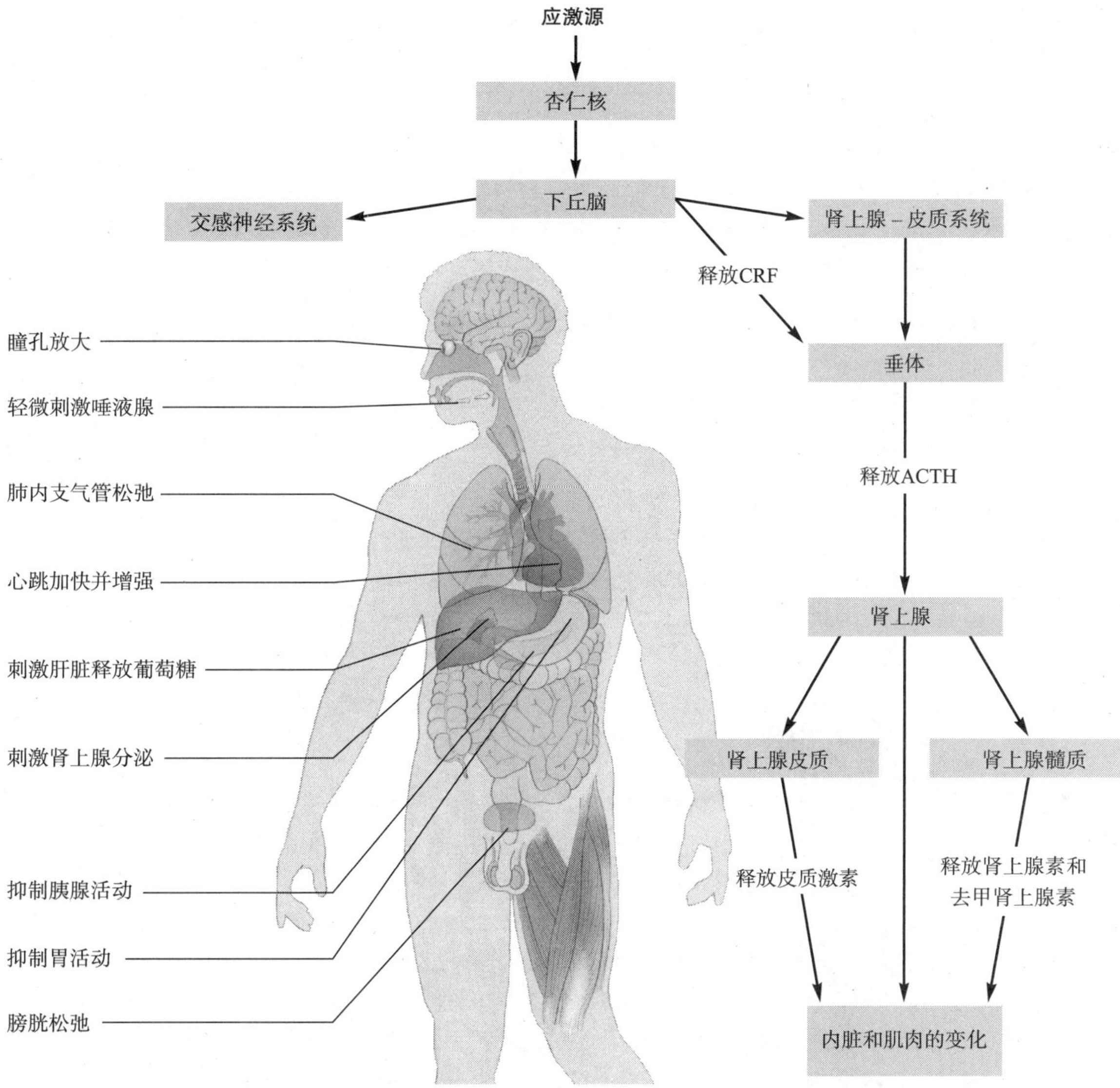

表 5.1）。情绪上，我们体验到的是恐惧、害怕，常常急躁易怒、坐立不安。认知上，我们警惕着危险。行为上，我们试图应对或逃离威胁。在真实的恐惧反应中，当威胁消失时，这些情绪、认知和行为反应也都会消退。而在焦虑障碍中，这些反应也可能在没有任何客观威胁的情况下仍然持续存在。

焦虑是很多心理障碍的组成部分。大多数重度抑郁症患者都报告有焦虑发作的情况（Waston, 2009）。当精神分裂症患者认为自己要进入新一轮的精神病发作时，他们常常会感到焦虑。很多人就是以酒精和药物滥用来抑制焦虑症状的。此外，患上一种类型的焦虑障碍的人也很可能患上另一种类型的焦虑障碍（Craske & Waters, 2005）。

本章的重点是以焦虑为主要特征的障碍。我们从两种障碍开始，这两种都是由

表 5.1　对威胁的反应

这些对威胁的典型反应也是焦虑障碍的症状。

躯体反应	情绪反应	认知反应	行为反应
肌肉紧张	恐惧感	对伤害的预感	逃跑
心率加快	惊恐	夸大危险	回避
呼吸变化	烦躁不安	注意力出现问题	攻击
瞳孔放大	易怒	高度警觉	呆立
出汗增加		忧心忡忡	
肾上腺素分泌		害怕失控	
胃酸抑制		害怕死亡	
唾液减少		不真实感	
膀胱松弛			

最初具有潜在适应性的恐惧反应，逐渐发展成为适应不良的焦虑障碍。

创伤后应激障碍和急性应激障碍

创伤后应激障碍（post-traumatic stress disorder; PTSD）和**急性应激障碍**（acute stress disorder）这两种心理障碍都被定义为经历极端应激源（即所谓创伤）的结果。在日常交流中，人们所谓的创伤包括一系列广泛的事件，从失恋（“他因为分手而受到创伤”）到恐怖的灾难（如，枪击事件的受害者，在龙卷风中失去家人）。*DSM-5* 将创伤限定为使个体暴露于实际的或受威胁的死亡、严重伤害或性暴力的事件（表 5.2）。另外，在创伤后应激障碍和急性应激障碍的诊断标准中，*DSM-5* 要求个体要么直接经历或目睹创伤性事件，获悉事件发生在关系亲密的人身上，要么重复经历或极端暴露于创伤性事件的细节（如一场灾难的急救员）。布莱尔是“9 • 11”世贸中心恐怖袭击的一位幸存者，她描述了两种障碍的许多核心症状。

讲 述

我永远无法忘记这一切。当第一架飞机撞上世贸中心时，我正在 10 楼的办公桌前工作。我们都听到响声，但是想象不到发生了什么。很快，有人开始大声叫嚷：“快跑——发生爆炸了！”然后我们都朝楼梯跑去。

当我们冲下楼梯时，烟尘也随之扑面而来，到底层的路仿佛永远看不到尽头。跑出大楼，我仰头望去，只见大楼顶部火光冲天。我惊呆了，身体不能动弹。接着，第二架飞机又撞了上去。不知是谁抓起我的胳膊，拉着我快跑。混凝土和玻璃开始四处飞溅。人们跌跌撞撞，个个都满身尘土。当我跑离大楼足够远时停了下来，目睹双塔倒塌。眼前所见令我难以置信。其他人都在尖叫、哭泣，而我只是凝视，无法相信这一切。

时至今日，我仍然睡不好觉。虽然我努力入睡，但是在即将入睡之际，那些影像便如潮水般涌入脑海。我看见世贸大楼倒塌，看见脸上带伤的人们，看见那些没能逃生的人被坍塌的大楼掩埋。我甚至还能闻到烟尘的味道。有时，泪水湿透了枕头。有时，我呆呆地望着天花板，好像看见正在倒塌的世贸双塔。白天上班时，我的心思完全不在工作上。别人对我说话，我会听不见。我常常感到自己好像飘浮在空中，周围的一切都不存在。但是，城市里常常听到的警笛声却会令我心惊肉跳。

世贸中心恐怖袭击事件发生后，附近居民中约有 20% 的人产生了符合创伤后应激障碍诊断标准的症状，包括反复体验创伤性事件（例如闪回或噩梦）、情感麻木和疏离以及高度警觉和持续唤起（Galea et al., 2002）。甚至那些不在现场的人也受到这一事件的影响。全美研究显示，2001 年 9 月 11 日之后，有 44% 的成年人报告有创伤后应激障碍症状（Schuster et al., 2001）。两个月后，全美有 21% 的成年人报告仍然在“相当大”或“极大”程度上被令人痛苦的症状所困扰（Stein et al., 2004）。那些在研究中一直处于痛苦状态的人报告工作业绩不佳（65%），逃避人群聚集的场所（24%），并通过饮酒或服用其他药物来减轻对恐怖主义的担忧（38%）。

世贸中心恐怖袭击这样的创伤性事件会产生创伤后应激。

诱发创伤后应激障碍或急性应激障碍的创伤性事件种类繁多，从恐怖袭击这样的极端事件到一般的交通事故都有可能。在 *DSM-5* 中，只要个体有接触实际的或被威胁的死亡、严重的伤害或性暴力的经历就可认定为创伤。大约 7% 的成年人会在生活中的某个时刻经历创伤性事件并产生创伤后应激障碍，女性的风险大于男性（Kessler et al., 2005）。创伤后应激障碍的症状可能表现为轻度到中度，这些人可以正常生活。然而，另一些人的症状则会让他们无法行动，导致其工作表现、家庭生活和社交生活恶化。

诊断为创伤后应激障碍需要出现四种症状（见表 5.2）。首先是反复体验创伤性事件。创伤后应激障碍患者的脑海中会突然闯入一些影像或想法，反复做噩梦，或发生使他们再次体验该事件的闪回现象。关于世贸中心恐怖袭击的记忆违背了她的意愿，闯入布莱尔的意识，当她遇到能够唤起创伤记忆的事情时更是如此。她还反复体验当时的情绪反应，长期体验负性情绪，且不随

表 5.2　创伤后应激障碍的 *DSM-5* 诊断标准

A. 以下述1种（或多种）方式接触于实际的或被威胁的死亡、严重的伤害或性暴力：

1. 直接经历创伤性事件。
2. 亲眼目睹发生在他人身上的创伤性事件。
3. 获悉亲密的家庭成员或朋友身上发生了创伤性事件。在实际的或被威胁死亡的案例中，创伤性事件必须是暴力的或意外的。
4. 反复经历或极端暴露于创伤性事件的令人作呕的细节中（例如，急救员收集人体残骸；警察反复接触虐待儿童的细节）。

注：诊断标准A4不适用于通过电子媒体、电视、电影或图片的接触，除非这种接触与工作相关。

B. 在创伤性事件发生后，存在以下1个（或多个）与创伤性事件有关的闯入性症状：

1. 创伤性事件反复的、非自愿的和闯入性的痛苦记忆。
2. 反复做内容和/或情感与创伤性事件相关的痛苦的梦。
3. 解离性反应（例如，闪回），个体的感觉或举动好像创伤性事件重复出现。（这种反应可能连续出现，最极端的表现是对目前的环境完全丧失意识。）
4. 暴露于象征或类似创伤性事件某方面的内在或外在线索时，产生强烈或持久的心理痛苦。
5. 对象征或类似创伤性事件某方面的内在或外在线索产生明显的生理反应。

C. 创伤性事件后，开始持续回避与创伤性事件有关的刺激，具有以下1项或2项情况：

1. 回避或努力回避关于创伤性事件或与其高度相关的痛苦记忆、想法或感觉。

表 5.2　创伤后应激障碍的*DSM–5*诊断标准（续）

2. 回避或努力回避能够唤起关于创伤性事件或与其高度相关的痛苦记忆、想法或感觉的外部线索（人、地点、对话、活动、物体、情景）。

D. 与创伤性事件有关的认知和心境方面的负性改变，在创伤性事件发生后开始或加剧，具有以下2项（或更多）情况：

1. 无法记住创伤性事件的某个重要方面（通常是由于解离性遗忘症，而不是诸如脑损伤、酒精、毒品等其他因素所致）。
2. 对自己、他人或世界持续夸大的负性信念和预期（例如，“我很坏”“没有人可以信任”“世界是绝对危险的”“我的整个精神系统永久性地毁坏了”）。
3. 由于对创伤性事件的原因或结果持续性的认知歪曲，导致个体责备自己或他人。
4. 持续性的负性情绪状态（例如，害怕、恐惧、愤怒、内疚、羞耻）。
5. 明显地减少对重要活动的兴趣或参与。
6. 与他人脱离或疏远的感觉。
7. 持续地不能体验到正性情绪（例如，不能体验快乐、满足或爱的感觉）。

E. 与创伤性事件有关的警觉或反应性有明显的改变，在创伤性事件发生后开始或加剧，具有以下2项（或更多）情况：

1. 激惹的行为和愤怒的爆发（在很少或没有挑衅的情况下），典型表现为对人或物体的言语或身体攻击。
2. 不计后果或自我毁灭的行为。
3. 高警觉。
4. 过度的惊跳反应。
5. 注意力问题。
6. 睡眠障碍（例如，难以入睡或保持睡眠，或者休息不充分的睡眠）。

F. 这种障碍的持续时间（诊断标准B、C、D、E）超过1个月。

G. 这种障碍引起临床上明显的痛苦，或导致社交、职业或其他重要功能方面的损害。

H. 这种障碍不能归因于某种物质（如药物、酒精）的生理效应或其他躯体疾病。

标注是否是：

伴解离症状：个体的症状符合创伤后应激障碍的诊断标准。此外，作为对应激源的反应，个体经历了持续或反复的下列症状之一：

1. **人格解体：**持续或反复地体验自己的精神过程或躯体脱离感，似乎自己是一个旁观者（例如，感觉身在梦中；感觉自我或身体的非现实感，或者感觉时间过得很慢）；
2. **现实解体：**持续或反复地体验到环境的不真实感（例如，个体感觉周围世界是虚幻的、如梦般的、遥远的或扭曲的）。

注：使用这一亚型，其解离症状不能归因于某种物质的生理效应（例如，一过性黑蒙，酒精中毒的行为）或其他躯体疾病（例如，复杂部分性发作癫痫）。

标注如果是：

伴延迟性表达：如果直到事件后至少6个月才符合全部诊断标准（尽管有一些症状可能是立即发生和表达的）。

资料来源：Reprinted with permission from the *Diagnostic and Statistical Manual of Mental Disorders, Fifth Edition*, Copyright © 2013 American Psychiatric Association.

时间推移而缓解。

创伤后应激障碍的第二类症状表现为持续回避与创伤有关的情境、想法或记忆。患者回避让他们想起创伤性事件的活动、场所或人。第三组症状包括思想和心境方面的负性变化。人们可能无法记起创伤的某些方面。他们会因为该事件而不切实际地责备自己或他人，感到永久性的伤害。他们会报告因在创伤性事件中幸存或为活下去而不得不做的事而产生“幸存者内疚”。他们会像布莱尔那样长期感到痛苦，情绪上变得麻木和退缩，感到与自己和当前体验脱离。

第四类症状包括过度警觉和持续唤起。创伤后应激障碍患者总是警惕创伤性事件会再次出现。唤起痛苦回忆的声音或影像都会立即使他们产生恐慌并逃避。退伍老兵听到汽车回火的声音可能就会跳进水沟躲避，出现战争场面的闪回，再次体验身处前线时的恐惧。常见的还有易激惹、激越和失眠。

很多创伤后应激障碍患者还出现一些解离症状，他们感到自我、记忆和意识的不同方面彼此分离。对一些创伤后应激障碍患者来说，解离症状尤为明显和持久（见 Friedman et al., 2011）。这些人可以被诊断为**伴明显解离（人格解体或现实解体）症状的创伤后应激障碍**（PTSD with prominent dissociative [depersonalization/derealization] symptoms）的亚型。

急性应激障碍是另一种和创伤有关的心理障碍，与创伤后应激障碍一样是对创伤性事件的反应，但急性应激障碍在应激源出现后的 1 个月内发病，而且病程不超过 4 周。与创伤后应激障碍一样，急性应激障碍患者也会因闪回、噩梦和闯入性的想法而持续反复体验当时的情景，回避创伤性事件的提示物，并处于持续警觉状态。在急性应激障碍中，解离症状很常见，包括情感麻木或脱离，对环境的觉察降低，现实解体（感到世界是不真实的或像梦一样的），人格解体（感到与自己的身体或心理活动分离），以及无法回忆起创伤性事件的重要方面。虽然急性应激障碍被定义为对创伤性事件的短期反应，但是患者很有可能在事情发生数月后仍然有创伤后应激症状（Bryant et al., 2011）。

另一种与创伤和应激有关的诊断是**适应障碍**（adjustment disorder），包括在经历应激源后 3 个月内出现的情绪和行为症状（抑郁症状、焦虑症状和 / 或反社会行为）。诱发适应障碍的应激源可轻可重，而根据创伤后应激障碍和急性应激障碍的定义，诱发这两种障碍的应激源是极端严重的。适应障碍的诊断适用于人们经历了应激源后所产生的情绪和行为症状没有达到创伤后应激障碍、急性应激障碍或任何一种由应激事件诱发的焦虑障碍或心境障碍。

导致创伤后应激障碍的创伤

不幸的是，能够导致创伤后应激障碍的创伤十分常见，包括诸如洪水、海啸、地震、火灾、飓风和龙卷风这样的自然灾害。近期历史上最大的自然灾害之一是 2004 年 12 月 26 日袭击了南亚和东南亚的海啸。据估计遇难人数超过 28 万，失踪并被列为假定死亡的人数有 27 万人，120 万人无家可归。在印度泰米尔纳德邦，7 983 人遇难，44 207 人由于房屋被毁只能被安置在帐篷里。发生海啸的两个月之后，研究者发现该地区有 13% 的人口正在经历创伤后应激障碍（Kumar et al., 2007）。

诸如2004年的卡特里娜飓风、2005年的亚洲海啸、2010年的海地地震以及2012年的超级风暴桑迪（图中所示）的自然灾害的幸存者，常常会经历创伤后应激障碍。

灾难发生数小时或数天后响应

的搜救人员发生创伤后应激障碍的风险明显较高。对救护人员、消防员、警察和其他第一响应者的 28 项研究的元分析发现，10% 的人正经历创伤后应激障碍，而不论他们是否近期对大规模的创伤性事件做出过响应（Berger et al., 2012）。救护人员患创伤后应激障碍的比率最高，可能是因为他们的工作需要天天接触严重受伤者和死者，并且长期处于高压的工作环境之中。

人为的灾难，例如战争、恐怖袭击和酷刑折磨，比自然灾害更可能导致创伤后应激障碍。在两次世界大战和朝鲜战争时期，创伤后应激障碍的症状以不同的名称出现，如“战斗疲劳综合征”“战区应激”和“炮弹休克”。在对患有这些综合征的士兵的跟踪研究中发现，士兵在战争之后的数十年里表现出长期的创伤后应激障碍症状（Elder & Clipp, 1989; Sutker, Allain, & Winstead, 1993）。创伤后应激障碍在越南战争之后开始广为人知。近 19% 的越战老兵罹患该障碍，在结束服役的 10 至 12 年后，仍然有 9% 的人患此障碍（Dohrenwend et al., 2006）。

近期和正在发生的战争与冲突留下了成千上万的创伤后应激障碍患者。对美国陆军和海军士兵的研究发现，约 15% ~ 19% 部署在伊拉克的士兵以及约 11% 部署在阿富汗的士兵被诊断为患有创伤后应激障碍（Erbes, Westermeyer, Engdahl, & Johnsen, 2007; Hoge et al., 2004; Hoge, Auchterlonie, & Milliken, 2006; Sundin et al., 2010）。对从伊拉克返回的士兵的跟踪研究发现，42% 的士兵报告有一些心理健康问题，最常见的就是创伤后应激障碍症状（Milliken, Auchterlonie, & Hoge, 2007）。服役 4 年的克里斯托弗 • 高德史密斯中士就是其中之一。

个案研究

克里斯托弗 • 高德史密斯进入军队时是个刚刚高中毕业的 19 岁小伙子。他随部队很快被部署到萨达尔市，这里是伊拉克暴力最盛行的地区之一。高德史密斯的职责是拍摄和记录他的小队遇到的事件，包括受到严重伤害的男人、女人和孩子。

当高德史密斯的小队回家度假时，家人和朋友发现他变成了一个不同的人。他整日喝得酩酊大醉，似乎每天都会卷入打斗或某种形式的暴力。他对任何威胁持续保持高度警觉。仅仅在拥挤的商场中走过就会让他疑神疑鬼，扫视每个人和每个场景，寻找可能跳出来伤害他的敌人。店员无意的话语或走路时被某个人碰到都会导致暴力发作。有时候他似乎不知道自己在做什么，并且完全失控。在一次聚会上，他突然掐住另一个人的喉咙使其几乎窒息。

很快，高德史密斯所在的小队接到命令再次部署到伊拉克。他认为自己无法面对现在让他时时想起的毁灭和死亡景象，于是吞下大量止痛片、喝下一升半伏特加酒试图自杀。高德史密斯活了下来，最终被诊断为患上了创伤后应激障碍（Gajilan, 2008）。

战乱国家的人民罹患创伤后应激障碍的风险也很高。阿富汗人忍受了数十年的战乱和侵略、塔利班政权的压迫、“9 • 11”恐怖袭击后美国对其国家的轰炸，以及从 2001 年延续下来的各种暴行。成千上万的阿富汗人或死或伤，或流离失所。很多难民住在临时帐篷里，没有足够的食物和水。42% 的阿富汗人患有创伤后应激障碍，72% 的人有其他焦虑症状（Cardozo et al., 2004）。阿富汗妇女尤其容易产生创伤后应激障碍，因为塔利班剥夺她们最基本的人权，杀死她们的丈夫和男性亲属，没有这些男人她们不可能生存下去。这些妇女中超过 90% 报告有焦虑症状，42% 被诊断为创伤后应激障碍（也见 Scholte et al., 2004）。

性虐待是一个常见的创伤后应激障碍相关因素，几乎一半（46%）的性虐待受害者在一生中的某个时期会出现创伤后应激障碍（Zinzow et al., 2012）。大多数妇女在性虐待发生不久后报告创伤后应激障碍的一些症状（见图 5.2），接近 50% 的人在强奸发生三个月后仍然符合诊断标准，而多达 25% 的人在 4 ~ 5 年之后仍然患有创伤后应激障碍（Faravelli, Giugni, Salvatori, & Ricca, 2004; Foa & Riggs, 1995; Resnick, Kilpatrick, Dansky, & Saunders, 1993; Rothbaum, Foa, Riggs, & Murdock, 1992）。

图 5.2　强奸受害者的创伤后症状

几乎所有女性在被强奸后的第一或第二周都会出现严重程度达到诊断标准的创伤后应激障碍症状。强奸发生后的3个月里，表现出创伤后应激障碍症状的女性的比例逐渐下降。但是几乎半数的女性在3个月后仍然被诊断为创伤后应激障碍。

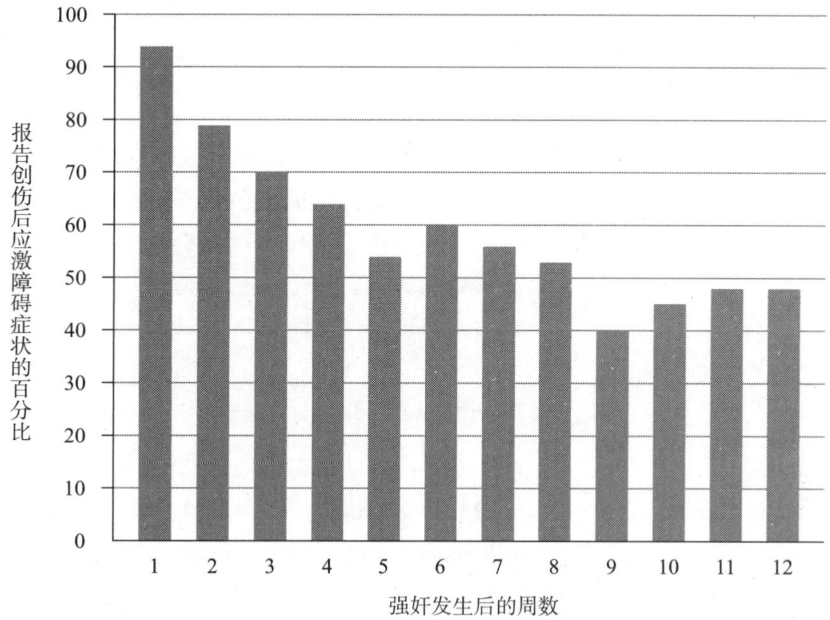

资料来源：Adapted from Foa & Riggs, 1995.

创伤后应激障碍的理论

何种创伤最可能造成持续的严重心理伤害？为什么有些人会受到创伤性事件的影响而罹患创伤后应激障碍，另一些人却不会呢？研究者已经找到了可能导致罹患创伤后应激障碍风险增加的一系列因素。

环境和社会因素

创伤性事件的严重性和持续时间以及个体对创伤性事件的接近性，是预测个体对该事件反应的重要指标（Cardozo, Vergara, Agani, & Gotway, 2000; Ehlers et al., 1998; Hoge et al., 2004; Kessler et al., 1995）。创伤越严重、持续时间越长并直接受创伤性事件影响的人更可能出现创伤后应激障碍。例如，在前线服役时间延长的老兵更可能患创伤后应激障碍（Iverson et al., 2008）。世贸中心恐怖袭击时，身处归零地（现世贸中心遗址）的人要比其他人更可能发展出创伤后应激障碍（Galea et al., 2002）。遭到长时间暴力轮奸的强奸受害者尤其可能患创伤后应激障碍（Epstein, Saunders & Kilpatrick, 1997;Zinzow et al., 2012）。因自然灾害受伤或失去家园或爱人的幸存者比受灾害影响较小的人更可能患创伤后应激障碍（Galea, Tracy, Norris, & Coffey, 2008）。

预测创伤后应激障碍易感性的另一个指标是能够获得的社会支持。在创伤性事件发生后获得他人情感支持的人比没有得到同样支持的人恢复得更快（Kendall-Tackett, Williams & Finkelhor,1993; King, et al., 1999; LaGreca, Silverman, Vernberg, & Prinstein , 1996; Sutker, Davis, Uddo, & Ditta, 1995）。例如，获得情感支持和实际支持并能向他人讲述自己经历的卡特里娜飓风幸存者，出现创伤后应激障碍的可能性小于没有得到支持的幸存者（Galea et al., 2008）。2010 年海地地震的搜救人员如果获得来自同事和社区的强有力的社会支持，就不太可能出现创伤后应激障碍（van der Velden, van Loon, Benight,& Eckardt, 2012）。

心理因素

如果人们在创伤性事件发生前已经表现出越来越严重的焦虑或抑郁症状，那么他们在创伤性事件发生后更可能患创伤后应激障碍（Cardozo, Kaiser, Gotway, & Agani, 2003; Hoge et al., 2004; Mayou, Bryant, & Ehlers, 2001）。卡特里娜飓风来临前就处于焦虑中的儿童，比之前没有经历焦虑的儿童，更可能产生创伤后应激障碍的症状（Weems et al., 2007）。退伍老兵如果在参战前就存在心理问题或人际关系不佳，则更容易出现创伤后应激障碍的症状（Koenen et al., 2002）。

创伤性事件一旦发生，人们的应对风格也会影响他们的易感性。几项研究显示，采取酗酒、自我隔离等自毁或逃避应对策略的人更容易出现创伤后应激障碍症状（Fairbank, Hansen, & Fitterling, 1991; Merrill et al., 2001; Sutker et al., 1995）。增加罹患创伤后应激障碍可能性的另一种应对方式是解离，或从心理上脱离创伤性事件和当前发生的事情。解离者可能会觉得他们身在别处，或像旁观者一样看待创伤性事件及其后续影响。在创伤性事件后很快发生解离的人，罹患创伤后应激障碍的风险增大（Cardeña & Carlson, 2011; Friedman et al., 2011）。

性别和跨文化差异

女性比男性更可能被诊断为创伤后应激障碍以及绝大多数的焦虑障碍，包括惊恐障碍、社交焦虑障碍和广泛性焦虑障碍（Hanson et al., 2008; Roberts, Gilman, Brelau, & Koenen, 2011）。女性可能比男性更常接触一些焦虑障碍的诱因，尤其是性虐待，它是大多数焦虑障碍的潜在高危因素（Burnam, Stein, Golding, & Siegel, 1988）。因为女性经历的创伤性事件类型常常被污名化，比如性虐待，这减少了她们获得社会支持的数量，所以她们更可能产生创伤后应激障碍。男性所承受的创伤大多承受的污名较少，比如经历战争（Resick & Calhoun, 2001）。

美国的全国性研究发现，非裔美国人相比白人、拉美裔美国人以及亚裔美国人患创伤后应激障碍的几率更高（Roberts et al., 2011）。白人报告接触具有潜在创伤性的事件数量最多，但非裔美国人比其他群体报告更多某些种类的创伤，即目睹家庭暴力和成为暴力攻击的受害者。亚洲人报告为难民或战区平民的数量最多。所有少数种族或族裔都比白人更少地寻求创伤相关症状的治疗，可能是因为社会经济水平较低、缺少健康护理，或者因担心会招致更大的污名化而拒绝寻求心理健康治疗（Roberts et al., 2011）。

文化似乎也强烈地影响焦虑的表现。拉美文化中的人们报告一种称为*神经崩溃*（ataque de nervios）的综合征（见 Lewis-Fernandez et al., 2010）。典型的神经崩溃包括战栗、心悸、胸口发热并延至头部、难以移动四肢、失去意识或头脑一片空白、记忆丧失、部分躯体有针刺感（感觉异常）、胸部发紧、呼吸困难（气促）、眩晕、昏厥和着魔。行为上，个体会开始喊叫、咒骂和攻击他人，然后倒在地上，身体痉挛或像死人一样躺着。神经崩溃在近期创伤性事件受害者中更常见（Guarnaccia et al., 1996）。

慢性的焦虑类症状称为*神经症*（nervios），在拉美裔人群中常见，尤其是贫穷和未受教育的人中（Guarnaccia et al., 1996）。*神经症*这个术语包含广泛的症状，包括小的身体疾患（头痛、胃部问题、眩晕）和情绪症状（悲伤、易怒、愤怒、心不在焉），以及突如其来的担忧和负面想法。针对墨西哥农村地区 942 名成人的研究发现，21%

的女性和 10% 的男性患有慢性神经症（de Snyder, Diaz-Perez, & Ojeda, 2000）。作者提出，贫困阶层尤其是女性当中，神经症表达了对于“处在底层”的愤怒和沮丧，试图让人暂时逃离无休止的日常生活重负（也见 Lopez & Guarnaccia, 2000）。

生物因素

创伤后应激障碍患者与健康人群对威胁的生物反应似乎不同。遗传因素可能使受到威胁的人产生不同的生物反应。

神经成像方面的发现 使用正电子发射断层扫描（PET）和磁共振成像（MRI；见第 3 章）的神经成像研究显示时，有创伤后应激障碍的人和无此障碍者的大脑活动存在对威胁性或情绪性刺激做出反应的差异。这些差异发生在调节情绪、战斗或逃跑反应和记忆的脑区，包括杏仁核、海马和前额叶皮层（Francati, Vermetten, & Bremner, 2007）。创伤后应激障碍患者的杏仁核对情绪刺激的反应更加活跃。此外，症状严重的创伤后应激障碍患者，其内侧前额叶皮层活跃程度低于症状较轻微的患者，而内侧前额叶皮层调节杏仁核对情绪刺激的反应。因此，重度创伤后应激障碍患者的大脑可能不仅对情绪刺激有更强烈的反应，而且当反应发生时，其抑制活动的能力也较弱（Shin et al., 2005）。

一些研究也发现，创伤后应激障碍患者的海马萎缩，可能是应激反应释放了过多的神经递质和激素所致（Bremner et al., 2000; Villarreal et al., 2002）。海马和记忆有关，创伤后应激障碍患者报告的某些记忆问题可能就是海马损伤导致的。正如前面提到的，海马也有助于调节机体的恐惧反应。因此，海马损伤可能会干扰威胁消失后的恐惧反应回到正常水平。

生物化学方面的发现 回想一下，皮质醇是战斗或逃跑反应中释放的主要激素之一，高水平的皮质醇通常表明应激反应比较强烈。有趣的是，创伤后应激障碍患者的皮质醇基线水平（没有接触唤起痛苦回忆的刺激时）通常低于非创伤后应激障碍患者（Yehuda, Pratchett, & Pelcovitz, 2012）。例如，一些研究检测了在交通事故中受伤之人一至两天后的皮质醇水平，发现皮质醇水平较低者在几周或几个月后出现创伤后应激障碍的风险明显升高（Ehring, Ehlers, Cleare. & Glucksman, 2008; McFarlane, Barton, Yehuda, & Wittert, 2011）。应激反应发生后，皮质醇有助于减少交感神经系统的活动，因此较低的皮质醇水平可能导致应激反应发生后交感神经系统的活动延长。结果，有些人更容易形成对与创伤性事件有关的刺激的条件化恐惧，因而产生创伤后应激障碍（Ballenger et al., 2004）。

创伤后应激障碍患者的一些其他生理反应很强烈，包括心率加快、神经递质肾上腺素和去甲肾上腺素的分泌增加（Ballenger et al., 2004; Pole et al., 2007）。创伤后应激障碍易感人群中，应激反应的不同部分可能无法彼此协作。下丘脑 – 垂体 – 肾上腺（HPA）轴可能无法分泌足够的皮质醇来使交感神经系统活动停止，导致大脑受到肾上腺素、去甲肾上腺素和其他神经化学物质的过度影响，进而使人对创伤性事件的记忆过于深刻或牢固（Ballenger et al., 2004; Walderhaug, Krystal, & Neumeister, 2011）。

越来越多的证据表明，儿童期经历创伤性事件会永久性地改变儿童的生物应激反应，使他们在一生中更容易患创伤后应激障碍以及其他焦虑障碍和抑郁症（Cicchetti & Toth, 2005; Nemeroff, 2004）。对受虐（遭遇严重忽视或身体、情感、性方面的虐待）

儿童的研究发现，他们对应激源的皮质醇反应异常（Cicchetti & Rogosch, 2001），并且惊吓反应减小（Klorman, Cicchetti, Thatcher, & Ison, 2003）。在儿童期遭受过虐待的成人，即使不再表现出创伤后应激障碍或抑郁症的症状，在面对实验室应激源时，仍然表现出皮质醇反应异常及惊吓和焦虑反应增加（Heim, Meinlschmidt, & Nemeroff, 2003; Pole et al., 2007）。与儿童期没有遭受虐待的抑郁女性相比，儿童期遭受过虐待的抑郁女性的海马体积更小（Vythilingam et al., 2002）。因此，儿童早期的创伤可能在身体和情感上留下永久性的伤痕，个体之后会更容易产生心理问题，包括创伤后应激障碍。

遗传 创伤后应激障碍的易感性可能具有遗传性（Koenen, Nugent, & Amstadter, 2008）。对 4 000 名参加过越南战争的双生子进行研究发现，如果是同卵双生子而非异卵双生子，那么其中一个患创伤后应激障碍，则另一个也更可能患创伤后应激障碍（True et al., 1993; 也见 Stein et al., 2002）。犹太人大屠杀的幸存者如果患有创伤后应激障碍，其成年后代患创伤后应激障碍的可能性比匹配对照组高出三倍。无论这些人是否经历过创伤性事件或患创伤后应激障碍，他们的皮质醇水平都异常低（Yehuda, Blair, Labinsky, & Bierer, 2007）。这些发现说明，异常低的皮质醇水平可能是创伤后应激障碍的一个遗传高危因素。其他研究还发现情绪刺激的异常大脑反应也可能具有遗传基础（Shin et al., 2011）。

创伤后应激障碍的治疗

创伤后应激障碍的心理治疗一般有三个目标：让来访者暴露于他们害怕的事物，以消除恐惧；质疑促成创伤后应激障碍症状的歪曲认知；帮助来访者减少生活中的应激。创伤后应激障碍的认知行为疗法和应激管理疗法都致力于这些目标。一些来访者也受益于抗焦虑和抗抑郁药物。

认知行为疗法和应激管理

认知行为疗法已被证明能够有效治疗创伤后应激障碍（Chard, Shuster, & Resick, 2012）。它的一个重要组成部分是系统脱敏（见第 2 章）。来访者识别引发焦虑的想法和情境，并按照产生焦虑的程度由高到低排列。治疗师运用放松技术帮助来访者消除焦虑，带着来访者修通这个等级序列（Resick & Calhoun, 2001）。一般来说，人不可能重新经历真实的创伤性事件，因此必须用生动的想象来代替。接受创伤后应激障碍治疗的退伍老兵想象萦绕在脑海中的血腥战斗场面和死亡场景；强奸受害者想象被侵犯的点滴细节。治疗师还要特别注意来访者无助的思维模式，例如幸存者内疚，并帮助他们质疑这些想法。

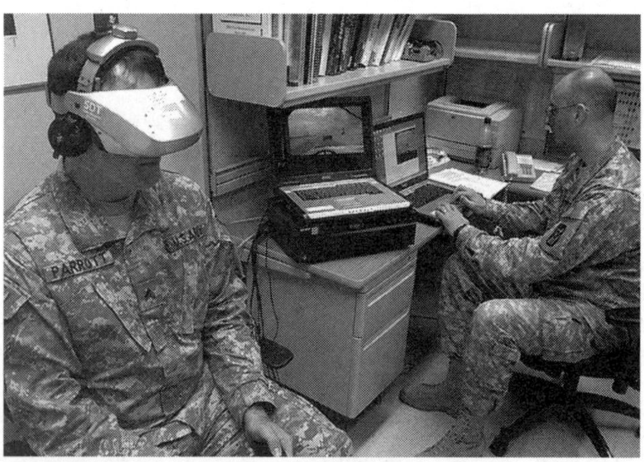

科学技术能够让人们可控制地重复暴露于“虚拟”创伤之中，以此来帮助他们（如这名士兵）处理真实的创伤。

在治疗师办公室的安全氛围中反复地生动想象并描述来访者所恐惧的事件，使他们能够适应焦虑，并将记忆和当前现实区分开来（Foa & Jaycox, 1999; Resick & Calhoun, 2001）。它也使来访者得以将事件整合到他们的自我概念和世界概念之中（Chard et al., 2012）。对强奸受害者、退伍老兵、交通事故幸存者和难民的研究发现，这种反复暴露治疗能够明显缓解创伤后应激障碍症状，也有助于防止复发（Ehlers et al., 2010; Institute of Medicine, 2008; Powers et al., 2010）。

创伤后应激障碍的一些来访者无法忍受暴露于创伤性记忆。对于这些来访者，可以使用**应激接种疗法**（stress-inoculation therapy）。治疗师教给来访者技巧以克服那些会增加他们压力的生活中的问题，这些问题可能来源于创伤后应激障碍，例如婚姻问题或社会隔离（Keane et al., 1992）。元分析发现，应激接种疗法是创伤后应激障碍的一种有效治疗形式（Powers et al., 2010）。

生物疗法

选择性 5–羟色胺再摄取抑制剂（SSRIs）和苯二氮类药物（效果稍差）可以有效治疗创伤后应激障碍症状，尤其是睡眠问题、噩梦和易激怒（Ballenger et al., 2004）。尽管这些药物对一些创伤后应激障碍患者有帮助，但其治疗创伤后应激障碍的有效性证据并不一致（Institute of Medicine, 2008）。

特定恐怖症和广场恐怖症

人们对很多事物和情境会产生不理智的恐惧。*DSM-5* 将恐怖症（也译作恐惧症）划分为*特定恐怖症*和*广场恐怖症*，前者集中于特定的物体、动物（如蛇）或地点（如高处），后者是对人们无法逃脱或在需要时获得帮助的情境的广泛性恐惧。

特定恐怖症

特定恐怖症（specific phobias，也译作特殊恐怖症）是对特定事物或情境的不合理或非理性恐惧（LeBeau et al., 2010）。*DSM-5* 将特定恐怖症分为五种类型：动物型、自然环境型、情境型和血液 – 注射 – 损伤型及其他（表 5.3）。恐怖症患者遇到让他们害怕的事物，或置身于让他们恐惧的场所时，就会立即产生强烈的焦虑，有时还会导致惊恐发作。当可能遭遇令自己恐惧的事物或场所时，他们也会变得焦虑，并

灰色地带

阅读下面的案例研究。

上个星期，雷蒙在变灯时左转，当时另一辆车加速冲过十字路口并撞上了他的车，副驾驶那边整个被撞烂了。幸运的是，雷蒙没有受伤，他的安全气囊起到了部分作用。他从车里出来，冲着撞他的那位司机吼叫，然而他看到对方失去了意识并且在流血。雷蒙马上拨打了 911，救护车几分钟之内赶到。

事故发生后，雷蒙就一直做噩梦。在梦中他又一次发生了事故，只是这一次后座上有他三岁的女儿，她在事故中受伤严重。他醒来时大汗淋漓，不时还会尖叫。他不得不走进女儿的卧室，抚摸她以确信她没事。他因为失眠而疲惫，并且一直在回想那次事故，思考自己应该怎么做才能避免它，因而在工作时不能集中精神。今天他坐在办公桌前，再次在脑海中回放事故，这时候老板走过来向他提了一个问题。雷蒙听到有人叫自己名字，一下子跳了起来，以至于把咖啡打翻在桌上，洒得满桌都是。

你会将雷蒙诊断为我们在本章中讨论过的哪种障碍？（讨论见本章末尾。）

表 5.3 特定恐怖症的*DSM-5*诊断标准

A. 对于特定的事物或情境（例如，飞行、高处、动物、接受注射、看见血液）产生明显的害怕或焦虑。

B. 恐惧的事物或情境几乎总是能够立即诱发害怕或焦虑。

C. 主动回避恐惧的事物或情境，或者带着强烈的害怕或焦虑去忍受。

D. 这种害怕或焦虑与特定事物或情境所引发的实际危险以及所处的社会文化环境不相称。

E. 这种害怕、焦虑或回避通常持续至少6个月。

F. 这种害怕、焦虑或回避引起有临床意义的痛苦，或导致社交、职业或其他重要功能方面的损害。

G. 这种障碍不能用其他精神障碍的症状来更好地解释，包括与下列这些情况相联系的害怕、焦虑和回避：惊恐样症状或（如广场恐怖症中的）其他功能丧失症状；（如强迫症中的）与强迫思维有关的事物或情境；（如创伤后应激障碍中的）与创伤性事件相关的提示物；（如分离焦虑障碍中的）离家或离开依恋者；（如社交焦虑障碍中的）社交情境。

标注如果是：

根据恐惧刺激源编码：

300.29（F40.218）**动物型**（例如，蜘蛛、昆虫、狗）。

300.29（F40.228）**自然环境型**（例如，高处、暴风雨、水）。

300.29（F40.23x）**血液－注射－损伤型**（例如，针头、侵入性医疗操作）。

编码备注：选择具体的ICD-10-CM编码如下：F40.230害怕血液；F40.231害怕注射和输液；F40.232害怕其他医疗服务；300.29（F40.233）害怕受伤。

300.29（F40.248）**情境型**（例如，飞机、电梯、封闭空间）。

300.29（F40.298）**其他**（例如，可能导致哽噎或呕吐的情况；儿童则可能表现为对巨响或化妆人物的恐惧）。

编码备注：当存在超过一种恐惧刺激源时，需要列出所有适合的ICD-10-CM编码（例如，害怕蛇和飞行，其编码为F40.218特定恐怖症，动物型和F40.248特定恐怖症，情境型）。

资料来源：Reprinted with permission from the *Diagnostic and Statistical Manual of Mental Disorders, Fifth Edition*, Copyright © 2013 American Psychiatric Association.

竭尽所能回避它们。

大多数恐怖症从儿童期就开始产生了。成年的恐怖症患者承认自己的恐惧是不理性的，尽管孩子可能做不到。多达 13% 的人会在一生中的某个时间产生特定恐怖症，因而它是最常见的一种心理障碍（Kessler et al., 2005）。将近 90% 的特定恐怖症患者从不寻求治疗（Regier et al., 1993）。

动物型恐怖症（animal-type phobias）患者害怕特定动物或昆虫，如狗、猫、蛇或蜘蛛等，其中最常见的害怕对象是蛇和蜘蛛，可能是因为害怕这些动物在进化史中具有适应性（Jacobi et al., 2004）。尽管大多数人见到自己害怕的动物或昆虫都会受到惊吓并迅速躲开，但是不能据此就把他们诊断为恐怖症，因为这些人并没有一直生活在对遇到蛇或蜘蛛的恐惧中，或者让避开它们成为自己的生活重心。

自然环境型恐怖症（natural environment type phobias）也极为常见（LeBeau et al., 2010），主要针对于自然环境中的某些事件或情境，如风暴、高处或水。对这些自然事件或情境存在轻度到中度的恐惧都是极其普遍的，并且具有适应性，能够帮助我们避开危险情境。只有当人们为了避免令他们恐惧的情境而改变自己的生活，或面对这些情境时出现强烈的焦虑发作时，才能将其诊断为恐怖症。

情境型恐怖症（situational type phobias）常涉及对公共交通工具、隧道、桥梁、电梯、飞行或驾驶的恐惧。*幽闭恐怖症*，即对密闭空间的恐惧，是一种常见的情境型恐怖症。前教练和体育节目主持人约翰·马登就是一位罹患情境型恐怖症的名人。马登如此害怕乘坐飞机，以至于为了参加全美的体育赛事，他每年 6 万英里这样的旅行只好乘坐自己的私人大巴。

血液－注射－损伤型恐怖症（blood-injection-injury type phobias）患者害怕看到血液或损伤。其他类型的恐怖症患者在遇到他们害怕的对象或情境时普遍会经历心跳加速、血压升高及其他战斗或逃跑反应，而血液－注射－损伤型恐怖症患者则会发生心率和血压明显降低，并可能昏厥。这种恐怖症比其他恐怖症更容易在家族中传播（LeBeau et al., 2010）。

约翰·马登的飞行恐怖症使他只能乘坐大巴参加体育赛事。

广场恐怖症

广场恐怖症一词来自希腊语，意为“对聚会的场所恐惧”。**广场恐怖症**（agoraphobia）患者害怕那些在他们有麻烦或变得焦虑时难以逃脱或获得帮助的地方。这通常包括公共交通工具（乘坐大巴、火车、飞机或轮船）、开阔地带（如停车场）、商店或剧院、拥挤地带或独自在家之外的任何地方。广场恐怖症患者也常常害怕当别人注意到他们的症状，或者看到他们因惊恐发作而试图逃跑时，自己会十分难堪。实际上，其他人几乎不能分辨某人是否处在焦虑之中（Craske & Barlow, 2001）。

大约 50% 的广场恐怖症患者在广场恐怖症发病前有惊恐发作（如下所述）的历史（Wittchen et al., 2010）。其他广场恐怖症患者则一般有另一种焦虑障碍、躯体症状障碍（见第 6 章）或抑郁的历史（Wittchen et al., 2010）。广场恐怖症最常开始于 20 岁出头，女性中更常见。

广场恐怖症患者的病情经常严重到无法独自离开家。有时，他们能够冒险与让他们有安全感的亲密家人一同外出。然而，家人和朋友可能并不情愿陪伴他们到每一个地方。当广场恐怖症患者强迫自己进入会导致恐慌的场合时，他们会经历持久而强烈的焦虑，这使很多人又退缩到家中。有些患者借助酒精和药物来消除焦虑症状（Wittchen et al., 2010）。

恐怖症的理论

恐怖症已经成为众多变态心理学理论争论的领域。弗洛伊德（Freud, 1909）认为，恐怖症是人们将无意识焦虑转移到一个中性或象征性对象上造成的。也就是说，人们对某些事物感到恐惧，并不是因为他们真的害怕这些事物，而是因为他们把自己对其他问题的焦虑转移到了这些事物上。

在一个名叫汉斯的小男孩长达 150 页的病例记录中，弗洛伊德详细说明了这个理论。汉斯因为曾经看到马摔倒在地上使劲挣扎的场面而对马产生了恐惧。汉斯的恐怖症是怎样产生的呢？根据弗洛伊德的理论，小男孩对自己的母亲有性欲，他们嫉妒自己的父亲，但是又担心父亲会因此报复而阉割自己。正如我们在第 2 章讨论过的，这种现象被称为俄狄浦斯情结。按照弗洛伊德的解释，小汉斯无意识地将这

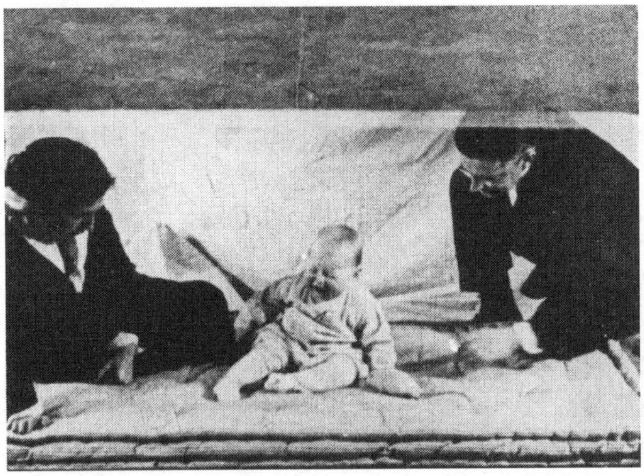

照片所示的小阿尔伯特通过经典条件作用形成了对白鼠的恐惧。

种焦虑转移到了马身上，对他来说，马就是父亲的象征。弗洛伊德的证据来自汉斯对一系列诱导问题的回答。弗洛伊德就汉斯心中真正害怕的对象与他进行长时间交谈后，汉斯报告对马的恐惧减轻了，按照弗洛伊德的说法，这是因为汉斯了解了其焦虑的真正根源。

我们几乎没有理由去接受弗洛伊德的恐怖症理论。汉斯从未提供任何自发或直接的证据来证明他真正的问题是俄狄浦斯情结而非对马的恐惧。此外，汉斯对马的恐惧是随着时间推移逐渐减轻的，而不是作为对了解根源的突然反应。许多儿童都会产生特定的恐惧，这些恐惧会随时间逐渐消退。总之，心理动力学疗法治疗恐怖症的效果并不好。这说明治疗恐怖症并不需要了解无意识焦虑。

行为理论

和心理动力学理论相比，行为理论在解释恐怖症方面非常成功。根据莫维尔（Mower, 1939）的两因素理论，经典条件作用导致人们对恐怖症的对象产生恐惧，而操作性条件作用则帮助维持这种恐惧。如第 2 章中讨论的，在经典条件作用中，将原本中性的事物（条件刺激）与自然引起反应的事物（引起无条件反应的无条件刺激）成对出现，直到原本的中性事物引起相同的反应（现在称为条件反应）。当声音和电击成对出现时，条件刺激是声音，无条件刺激是电击，无条件反应是对电击的焦虑反应，而条件反应则是对声音的焦虑反应。

90 年前，约翰·华生和罗莎莉·雷诺（Watson & Raynor，1920）在一系列研究中首次将这些理论应用于恐怖症。华生和雷诺把一只白鼠放在一个 11 个月大、名叫小阿尔伯特（Little Albert）的男孩面前。当小阿尔伯特把手伸向白鼠时，他们就在他头顶大声敲打一根金属棒。小阿尔伯特自然而然地吓了一跳，开始哭起来。在白鼠和敲打金属棒的巨大响声成对出现好几次后，小阿尔伯特再也不敢碰白鼠。一看到白鼠，他就退缩并表现出痛苦。小阿尔伯特的恐惧还泛化到了其他有白色皮毛的

图 5.3 对小阿尔伯特的恐怖症的行为解释

能自然引发惊吓反应（无条件反应）的金属棒敲击（无条件刺激）和白鼠（条件刺激）成对出现，最终使白鼠能够产生相同的惊吓反应（现在被称为条件反应）。

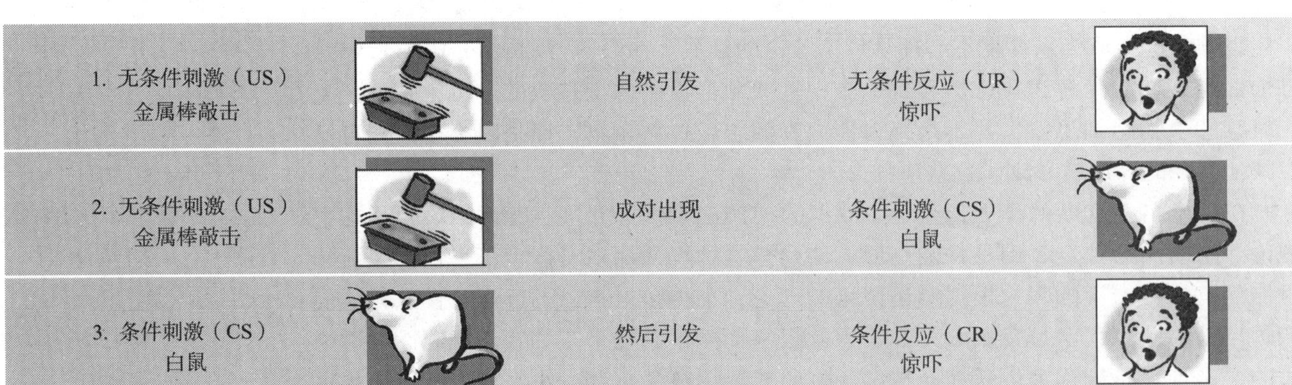

动物身上——他也不愿意接近白色的兔子。

尽管按照现在的标准，这个实验有严重的研究伦理问题，但是它证明了恐怖症可以通过经典条件作用形成，为恐怖症的行为理论奠定了基础。无条件刺激（US）是敲击金属棒发出的巨大响声，而无条件反应（UR）是小阿尔伯特对响声的惊吓反应。条件刺激（CS）是白鼠，而条件反应（CR）则是对白鼠的惊吓和恐惧反应（见图 5.7）。如果在接下来的若干次中只向小阿尔伯特呈现白鼠而不发出敲击声，那么他对白鼠的恐惧就会消除。

然而，大多数恐怖症患者会尽力避免接触他们害怕的事物，因而他们也就失去了消除恐惧的机会。如果突然面对令他们恐惧的事物，他们会感到极度焦虑并尽快逃离。逃离行为减轻了焦虑，因此，回避所害怕的事物通过焦虑的减轻得到了强化，这是一种称为**负强化**（negative reinforcement）的操作性条件作用过程（Mowrer, 1939）。此后，他们就开始回避害怕的事物。

一些理论家认为，观察学习和直接的经典条件作用都可以形成恐怖症（见 Mineka & Zinbarg, 2006）。例如，如果父母看到蛇时表现出严重的惊吓，那么年幼的儿童可能就学会了害怕蛇（Bandura, 1969; Mineka, Davidson, Cook, & Keir, 1984）。

恐怖症行为理论的扩展可以回答一个问题：为什么人们会对某些事物或情境产生恐怖症，而对其他则不会（deSilva, Rachman, & Seligman, 1977; Mineka,1985; Seligman, 1970）。害怕蜘蛛、蛇和高处的恐怖症很常见，害怕花的恐怖症就很少。引起恐惧的很多对象可能都是这样的：在进化过程中，回避它们对人类有益。人类的远古祖先与昆虫、蛇、高处、巨大的噪音以及陌生人有许多不愉快的遭遇。那些很快学会了害怕并避开这些事物或事件的人更可能生存和繁衍下去。因此，进化选择了那些对特定事物和情境形成快速恐惧条件作用的人。虽然现在这些事物或情境不大可能对我们造成伤害了，但是我们依然带着进化的痕迹，在生物学上做好了迅速形成特定关联的准备。这一理论称为**有准备的经典条件作用**（prepared classical conditioning）（Seligman, 1970）。当今世界许多更可能伤害我们的物品（例如枪支和刀具）存在的时间还不够长，从进化角度而言，它们还没有被选择为快速条件作用的对象，因此产生对这些物品的恐怖症相对困难一些。

为了检验该理论，研究者向参与者展示理论上应该被进化选为条件作用对象的图片（蛇和蜘蛛），以及不应该被选择的事物（房屋、面孔和花朵），并在展示图片时伴随着短促但疼痛的电击。接受电击一两次后，参与者对蛇和蜘蛛的图片就产生了焦虑反应，但是需要接受四五次电击才会对房屋、面孔或花朵的图片产生恐惧反应。参与者对房屋或面孔的焦虑较易消退，一旦展示图片时不再伴随电击，焦虑便可消退，而对蜘蛛和蛇的焦虑反应则难以消退（Hugdahl & Ohman, 1977; Ohman, Fredrikson, Hugdahl, & Rimmo, 1976; Ohman & Mineka, 2001）。

行为理论似乎为恐怖症提供了极具说服力的解释，尤其在补充了观察学习原理和有准备的经典条件作用之后更是如此。它也产生了有效的治疗方法。行为理论最主要的问题是：许多恐怖症患者无法确定在自己或其他关系亲近之人的生活中出现过诱发了恐怖症的创伤性事件。没有条件刺激，很难说他们的恐怖症是通过经典条件作用或观察学习产生的。克拉斯克和沃特斯（Craske & Waters, 2005）则认为，很多恐怖症患者都有长期的低水平焦虑或反应性，这使他们更容易因为轻微的不愉快经历而使其恐怖症进一步发展。

生物学理论

和非患者的一级亲属相比，社交恐惧症患者的一级亲属（即父母、子女和同胞兄弟姐妹）患恐怖症的可能性要高出三到四倍。双生子研究表明这种情况至少部分是遗传因素造成的（Hettema et al., 2001; Merikangas, Lieb, Wittchen, & Avenevoli, 2003）。一些研究表明，情境型和动物型恐怖症的相关基因是相似的，而还有研究表明恐怖症存在泛化倾向，并不局限于某一类恐怖症（LeBeau et al., 2010）。

恐怖症的治疗

许多行为技术可以用来治疗恐怖症。一些治疗师还会运用认知技术和药物治疗。

行为治疗

恐怖症的行为治疗使用暴露疗法来消除对事物或情境的恐惧。这些疗法可以治愈绝大多数恐怖症患者（Hopko, Robertson, Widman, & Lejuez, 2008）。一些研究显示，仅仅行为疗法的一个疗程就能够大幅度降低恐惧行为和焦虑（Öst, Svensson, Hellström, & Lindwall, 2001）。恐怖症的行为疗法有三个基本组成部分：系统脱敏、模仿和冲击疗法。

正如我们已经讨论过的，在系统脱敏过程中，来访者要把他们害怕的情境或事物按照害怕程度从高到低列表。来访者学习放松技术，然后让自己暴露于“恐惧等级”中的项目，从最不害怕的项目开始。例如，对狗产生恐怖症的人在其列表上首先要克服的是“看到杂志上狗的照片”，那么她可以看一张狗的图片。治疗师会指

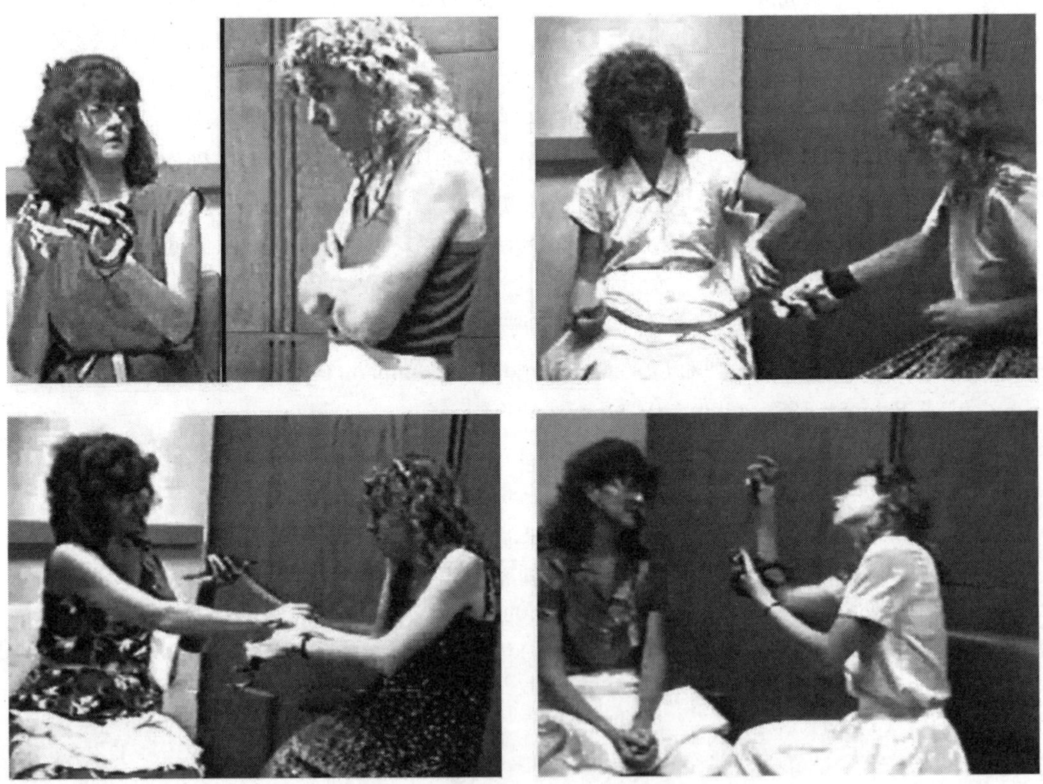

治疗师首先为这位害怕蛇的女性演示触摸蛇的行为。然后这位女性逐渐能够自己触摸它。

导她运用放松技术来让冷静的反应取代焦虑。当来访者能够看着狗的图片而不感到焦虑时，就可以进一步注视宠物店橱窗里的狗了，并再次运用放松技术来降低焦虑反应，直至代之以平静的心态。来访者和治疗师逐步完成整张列表，直到来访者可以抚摸一条大狗，而不感到有大的焦虑。

血液 – 注射 – 损伤型恐怖症需要采取不同的治疗方法，因为这类恐怖症患者的血压和心率会出现明显的下降（Öst & Sterner, 1987）。因此，治疗师必须指导他们绷紧手臂、腿和胸部的肌肉，直至他们感到温暖的血液涌上脸部。这种**应用紧张技术**（applied tension technique）使血压升高、心率加快，从而防止这类患者在遇到害怕对象时发生昏厥。然后就可以利用系统脱敏疗法来消除患者对血液、损伤或注射的恐惧。

在恐怖症的治疗中，模仿技术常和系统脱敏疗法结合使用。治疗恐蛇症患者时，治疗师演示（模仿）来访者的恐惧等级列表上的各个行为，然后让来访者来演示。治疗师站在有蛇的房间里，然后让来访者也进入房间；治疗师触摸蛇，来访者也跟着做；接着治疗师会将蛇握在手中，来访者也需要照着做；最后，治疗师会让来访者试着像他那样将蛇缠绕在身上。通过观察学习，来访者开始将这些行为和治疗师冷静的反应联系起来，从而降低来访者在进行这些行为时的恐惧。对于恐怖症的治疗，模仿疗法和系统脱敏疗法同样有效（Bandura, 1969; Thorpe & Olson, 1997）。

冲击疗法让来访者集中暴露于所害怕的事物，直到焦虑消除。因此，接受冲击疗法的幽闭恐怖症患者可能要把自己锁在橱柜里数小时，害怕狗的患者可能要在狗窝里过夜。治疗师通常会给来访者准备一些用来减轻恐惧的放松技术。冲击疗法和系统脱敏、模仿同样有效，并且往往见效更快。然而，让来访者同意接受这种疗法的难度也更大，因为它想起来就很可怕（Thorpe & Olson, 1997）。

生物治疗

在被迫面对自己恐惧的事物时，一些人会服用苯二氮类药物来减轻焦虑。例如，他们会在乘坐飞机或发表演讲前服用苯二氮类药物。这些药物可以产生短暂的轻松感，但是恐怖症仍然存在（Jefferson, 2001）。相比之下，行为技术可以在数小时内治愈大多数恐怖症（Davis et al., 2009）。迄今为止，通过行为治疗来“直面你的恐惧”这一古老建议似乎仍然是最佳策略。

社交焦虑障碍

大多数人都不喜欢因在他人面前或被他人拒绝而招致的尴尬。最普遍的社交恐惧之一是公众发言（见表 5.4）。几乎一半的大学生认为自己是“害羞的”，并且说他们在与陌生人见面或遇到不熟悉的社交情境时会紧张（Heiser, Turner, & Beidel, 2003）。**社交焦虑障碍**（social anxiety disorder）患者在社交情境中变得极为焦虑，极为害怕被拒绝、被评判，或者害怕在他们一直担心且极力回避的社交遭遇等诸如此类的公众场合出丑（见表 5.5 中的 *DSM-5* 诊断标准）。社交焦虑障碍比特定恐怖症更可能严重干扰个人的日常生活（Bogels et al., 2010）。在大多数文化中，躲避蛇或蜘

表 5.4　一项全美调查中社交恐惧的终生患病率

社交恐惧	报告一生中经历此恐惧的人数百分比
公众发言	30.2%
在一小群人面前发言	15.2
与其他人交谈	13.7
使用家以外的厕所	6.6
在别人的注视下书写	6.4
在公共场所吃喝	2.7
任何社交恐惧	38.6

资料来源：Kessler, Stein, & Berglund, 1998, p. 614.

个案研究

马尔科姆是一家大型软件公司的计算机专家。他最讨厌在办公楼里和其他人共乘一部电梯。他觉得别人都在注视他，并且在心里对他皱巴巴的衣服和一举一动评头论足。几乎在搭乘电梯的整个过程中，他都屏住呼吸，担心自己说出让人难堪的话，或发出令人不快的声音。他经常宁愿步行爬上位于八层的办公室，而不愿意冒险和其他人共乘电梯。

除了公司和家里，马尔科姆很少去别的地方。他害怕推购物车时撞到其他人，或对店员说出什么愚蠢的话，甚至因此讨厌去百货店买东西。他发现一家百货店和几家餐馆可以在线订购食物并送货上门。他喜欢这种服务，因为这样一来，他甚至不用打电话下单。

过去，马尔科姆的工作可以让他一整天都安静地待在办公室，无须和其他人打交道。然而，公司近期进行了重组，承接了一些新项目。主管说，马尔科姆所在小组中的每位成员都要为新产品的开发加强合作。马尔科姆应当就他开发的新软件给整个小组做一场报告。做报告那天，他因为不敢面对而请了病假。马尔科姆觉得自己不得不另谋他就了，也许他可以从事私人咨询工作。这样他就可以在家里工作，而不必与其他人共事。

蛛远比躲避社交情境容易。想一想个案研究中马尔科姆所承受的内心痛苦，以及为了躲避社交情境他是如何安排自己的生活的。

当置身于社交情境，社交焦虑障碍患者会发抖、出汗、头脑混乱、眩晕、心悸，最终产生全面的惊恐发作。像个案研究中的马尔科姆一样，他们认为其他人会看到他们的紧张，并认为他们笨嘴拙舌、软弱无能、愚蠢或疯狂。由于担心别人对自己的看法，马尔科姆会避免当众发言和与人交谈。社交恐惧症患者会避免在公共场所吃喝，因为担心自己在进食时会发出声音，或弄掉食物，或做出其他让自己尴尬的事情。由于担心其他人看到自己的手发抖，他们可能会避免当众书写。男性社交焦虑障碍患者往往还会避免在公共卫生间小便。

表 5.5　社交焦虑障碍的*DSM–5*诊断标准

A. 个体由于面对被他人审视的一种或多种社交情境时而产生明显的害怕或焦虑。例如，社交互动（交谈、会见陌生人），被观看（吃或喝的时候），以及在他人面前表演（演讲时）。

B. 个体害怕自己的言行或呈现的焦虑症状会导致负性的评价（即被羞辱或尴尬；导致被拒绝或冒犯他人）。

C. 社交情境几乎总是能够促发害怕或焦虑。

D. 主动回避社交情境，或者带着强烈的害怕或焦虑去忍受。

E. 这种害怕或焦虑与社交情境和社会文化环境所造成的实际威胁不相称。

F. 这种害怕、焦虑或回避通常持续至少6个月。

G. 这种害怕、焦虑或回避引起有临床意义的痛苦，或导致社交、职业或其他重要功能方面的损害。

H. 这种害怕、焦虑或回避不能归因于某种物质（例如，滥用的毒品、药物）的生理效应，或其他躯体疾病。

I. 这种害怕、焦虑或回避不能用其他精神障碍的症状来更好地解释，例如，惊恐障碍、躯体变形障碍或孤独症（自闭症）谱系障碍。

J. 如果有其他躯体疾病（例如，帕金森氏病、肥胖症、烧伤或外伤造成的畸形）存在，则这种害怕、焦虑或回避则是明确与其不相关或过度。

标注如果是：

仅限于表演状态：如果这种害怕仅出现在公共场所的演讲或表演。

资料来源：Reprinted with permission from the *Diagnostic and Statistical Manual of Mental Disorders, Fifth Edition*, Copyright © 2013 American Psychiatric Association.

社交焦虑障碍相对常见，在美国其终生患病率约为 12%（Kessler et al., 2005），在世界范围内是 3% ~ 7%（Alonso et al., 2004; Wittchen & Fehm, 2003）。女性某种程度上比男性更可能患此障碍（Lang & Stein, 2001）。一项研究发现，女性社交焦虑障碍患者比男性患者有更强烈的社交恐惧，尤其在需要表现的场合（如公开演讲）（Turk, Heimberg, & Hope, 2001）。

菅直人首相就日本政府在2011年福岛第一核电站核泄露灾难中的应对不力向日本国民道歉。

社交焦虑障碍多发于学龄前早期和青春期，很多人变得更加自我意识，并在意他人对自己的看法（Bogels et al., 2010; Deardorff et al., 2007）。90% 的成年社交焦虑障碍患者报告过去的难堪经历导致了他们的症状，如在孩童时期被取笑（McCabe et al., 2003）。还有一些人在一生中都对社交场合感到不自在。社交焦虑障碍常与心境障碍、其他焦虑障碍和回避型人格障碍同时发生（Neal & Edelmann, 2003; Wittchen & Fehm, 2003）。社交恐惧症一旦产生，如果不加以治疗，就会长期存在（Bogels et al., 2010）。大多数社交焦虑障碍患者都不会寻求治疗（Kessler, 2003）。

在日本，人们用*对人恐怖症*（taijinkyofu-sho）这个词来描述对人际交往的强烈恐惧。对人恐怖症的特征是，对于因自身缺陷而冒犯他人、使他人难堪甚至伤害他人感到羞耻或持续的恐惧。这种症状在青年男性中最常见，至少就医情况是这样。患此障碍的人可能害怕脸红，散发出体味，暴露不美观的身体部位，大声说出自己的想法或激怒他人（见 Lewis-Fernandez et al., 2010）。这和日本文化强调尊重他人是一致的（Kirmayer, 2001）。

社交焦虑障碍的理论

社交焦虑或者说更广泛的害羞是在家族中传播的，双生子研究表明它可能具有遗传基础（Bogels et al., 2010）。遗传因素不是特定地导致社交情境的焦虑，而是患焦虑障碍更为一般的倾向（例如，Hettema, Prescott, Myers, & Neal, 2005）。

社交焦虑障碍的认知观点在心理学理论中占主导地位（Heimberg, Brozovich, & Rapee, 2010; Morrison & Heimberg, 2013）。根据这些理论，社交恐惧症患者对自己的社交表现要求过高。例如，他们认为自己应当做到人见人爱。他们还关心社交中的消极方面，苛刻地评价自己的行为。他们倾向于留意有潜在威胁性的社交线索（例如，交谈时对方愁眉苦脸），并以自我挫败的方式对这些线索做出错误的解释（Heinrichs & Hofman, 2001）。他们过分在意自己的表现和内心感受，常假定自己感到焦虑是由于社交不善所致（Clark & Wells, 1995）。他们采取一些“安全行为”来减少焦虑。他们可能回避目光接触或社交互动；过度排练他们在互动中将要说的话；无法自我表露，并因此降低了社交质量以及他们实际留给他人的印象（Morrison & Heimberg, 2013）。在一次社交互动之后，他们过度地反思他们的表现和其他人的反应。

是什么造成了这些行为习惯和认知偏差？社交焦虑障碍成年患者常常描述自己的父母对子女过度保护和控制，也很挑剔和消极（Bogels et al., 2010; Craske & Waters, 2005）。这些回顾性的叙述可能并不一定正确。至今，我们仍然缺少针对社交焦虑障碍患者家庭环境的前瞻性研究。

社交焦虑障碍的治疗

选择性 5–羟色胺再摄取抑制剂（SSRIs）和选择性 5–羟色胺 – 去甲肾上腺素再摄取抑制剂（SNRIs）已被证明能有效减少社交焦虑的症状（元分析见 de Menezes et al., 2011）。然而跟踪研究表明，人们在停药后很快就会复发。

认知行为疗法（CBT）似乎对治疗社交焦虑尤其有效（Morrison & Heimberg, 2013; Rodebaugh, Holaway, & Heimberg, 2004）。这种疗法的行为部分包括将来访者暴露于使他们焦虑的社交情境中，从产生焦虑最少的情境开始，直至产生焦虑最多的情境。治疗师可以与来访者对情境进行角色扮演（例如，与超市收银员交谈），在社交情境中陪伴来访者并指导他们进行社交接触，并且给来访者布置家庭作业来开展“实验”，尝试一次他们认为无法忍受的社交互动。治疗师可以教给来访者放松技术来缓解他们在这些情境中的焦虑，以及帮助他们更有效地与他人互动的技巧，如开始交谈的技巧。治疗师还可以帮助来访者识别和消除他们的安全行为（如避免目光接触）。治疗的认知部分包括识别来访者对于自己和社交情境的负性认知，教会他们如何质疑这些认知。社交焦虑的认知行为疗法可以用于团体场合，其中团体成员互为观众，使每个成员暴露于他所害怕的情境。个体可以在其他成员面前练习其害怕的行为，而治疗师会指导他运用放松技术来消除焦虑。团体也可以帮助个体质疑其对自身行为负性的、灾难化的想法，如下面这段摘自吉娜所参加的一次团体认知治疗。

治疗对话实录

治疗师：所以说你的自动思维就是“我不知道如何交谈”，对吗？

吉娜：是的，我总是把事情弄糟。

治疗师：好。让我们问一问其他团体成员对此有何看法。谁和吉娜聊过或留意到她和其他人交谈的情景？

艾德：上星期我们一起走路去取车，在停车场聊了一会儿。（其他几位成员也举出了类似的交谈。）

治疗师：听上去你和团体里的其他人有过不少交谈。

吉娜：我想是吧。

治疗师：大家告诉我她的表现如何？谈话进行得怎么样？

莎莉：不错。她问起我的车，因为她正打算换辆新车，所以我们主要聊的就是这个。（其他成员也提供了类似的答案。）

治疗师：那么，吉娜，其他人似乎并不同意你觉得自己不知道如何交谈的想法。

吉娜：我想我总是太紧张了，从来没有停下来想过有时候谈话进行得也还顺利。

（摘自 Turk et al., 2001, pp.124—125）

许多元分析发现 CBT 可以有效治疗社交焦虑障碍，在减少治疗过程中的症状方面如抗抑郁药一样有效，而且在防止治疗后的复发上比后者有效得多（见 Rodebaugh et al., 2004; Heimberg & Morrison, 2013）。CBT 的个体形式和团体形式同样有效（Rodebaugh et al., 2004）。

基于冥想的干预手段也被证明对于社交焦虑障碍患者是有帮助的（Goldin & Gross, 2010）。这些干预手段教导个体尽量减少对其想法和反应的评判，更加专注于当下时刻，并在其中得到放松。

惊恐障碍

个案研究

第一次惊恐发作的时候，西莉亚正在麦当劳上班，再过两天就是她的 20 岁生日。她在将一份巨无霸汉堡递给顾客的时候，脚下的地面好像张开了血盆大口。她的心脏剧烈跳动，并且感到窒息，汗如雨下，她肯定自己会心脏病发作并死去。惊慌了大约 20 分钟后，这次发作才平息下来。她在颤抖之中坐进自己的车，开着车一路狂奔到家，接下来的三个月里几乎没有出过家门。

从那以后，西莉亚每个月大约有三次惊恐发作。她不知道它们何时会来临。发作期间，她感到恐惧、胸口灼痛、窒息、眩晕和颤抖。有时她觉得这一切都很不真实，自己迟早要疯掉。她还认为自己就要死了。（摘自 Seligman, 1993, p. 61）

西莉亚遭受的是**惊恐发作**（panic attacks），时间短但非常强烈，发作期间她经历了很多焦虑症状：心悸、战栗、窒息感、眩晕、强烈恐惧等（见表 5.6）。西莉亚的惊恐发作似乎是出乎意料的，没有任何环境诱因。仅仅是将汉堡递给顾客不应该会引起这样的恐惧。这就是有某些惊恐发作最令人困惑的特征之一。

其他人的惊恐发作是由具体的环境或事件诱发的。例如，当社交焦虑障碍患者被迫进入某种社交情境时就会出现惊恐发作（Craske et al., 2010）。最常见的是在特定情境中产生惊恐发作，但并不是每一次都会这样。然而，无论哪种情况，惊恐发作都是恐怖的经历，它会产生强烈的恐惧或不适、焦虑的生理症状以及失去控制、发疯和濒死的感觉。

多达 28% 的成人偶尔会出现惊恐发作，特别是在经历应激的期间（Kessler, Chiu et al., 2006）。对于大多数人来说，惊恐发作虽然令人苦恼，但都属于孤立事件，不会改变他们的生活方式。然而，当惊恐发作经常发生，并通常不是由任何特定情境诱发的时候，以及当人们开始担心发作并因此改变行为的时候，就可以诊断为**惊恐障碍**（panic disorder）。

有些惊恐障碍患者会在短时间内多次发作，如一周之内每天发作，然后几个星期或几个月之后才再次发作，之后又是一段频繁发作期。另一些人发作频率低，但更加规律，如一个月内每星期发作一次。在重度发作的间歇期，他们可能会经历多次轻度发作。

惊恐障碍患者经常担心自己患上危及生命的疾病，他们更可能具有严重慢性疾病的个人或家族史。即使排除了这样一种疾病，他们还是认为自己很快会死于心脏病、惊厥或其他躯体疾病。另一个常见的错误信念是他们会“发疯”或“失控”。很多惊恐障碍患者因为自己的疾病而感到耻辱，并隐瞒起来不让别人知道。如果不进行治疗，他们可能会变得意志消沉和情绪低落（Craske & Waters, 2005）。

大约 3% ~ 5% 的人会在人生某个时期患惊恐障碍（Craske & Waters, 2005; Kessler et al., 2005），通常是青春期后期到三十五六岁之间。该障碍在女性中更加常见，并倾向于慢性（Craske & Waters, 2005）。

惊恐障碍是令人衰弱的疾病。很多患者也表现出慢性的广泛性焦虑、抑郁和酗酒（Wilson & Hayward, 2005）。那些抑郁或酗酒的惊恐障碍患者试图自杀的可能性会增加（Craske et al., 2006）。

表 5.6 惊恐障碍的*DSM–5*诊断标准

A. 反复出现不可预期的惊恐发作。一次惊恐发作是突然发生的强烈的害怕或不适感，并在几分钟内达到高峰，发作期间出现下列4项及以上症状。

注： 这种突然发生的惊恐可以出现在平静状态或焦虑状态。

1. 心悸、心慌或心率加速。
2. 出汗。
3. 震颤或发抖。
4. 气短或窒息感。
5. 哽噎感。
6. 胸痛或胸部不适。
7. 恶心或腹部不适。
8. 感到头昏、脚步不稳、头重脚轻或昏厥。
9. 发冷或发热感。
10. 感觉异常（麻木或针刺感）。
11. 现实解体（感觉不真实）或人格解体（感觉脱离了自己）。
12. 害怕失去控制或“发疯”。
13. 濒死感。

注： 可能观察到与特定文化有关的症状（例如，耳鸣、颈部酸痛、头疼、无法控制的尖叫或哭喊），此类症状不可作为诊断所需的4个症状之一。

B. 至少在1次发作之后，出现下列症状中的1～2种，且持续1个月（或更长）时间：

1. 持续地担忧或担心再次的惊恐发作或及其结果（例如，失去控制、心脏病发作、“发疯”）。
2. 在与惊恐发作相关的行为方面出现明显的不良变化（例如，设计某些行为以回避惊恐发作，如回避锻炼或回避不熟悉的情境）。

C. 这种障碍不能归因于某种物质（例如，滥用的毒品、药物）的生理效应或其他躯体疾病（例如，甲状腺功能亢进、心肺疾病）。

D. 这种障碍不能用其他精神障碍来更好地解释（例如，像社交焦虑障碍中，惊恐发作不仅出现于对害怕的社交情境的反应；像特定恐怖症中，惊恐发作不仅出现于对有限的恐惧对象或情境的反应；像强迫症中，惊恐发作不仅出现于对强迫思维的反应；像创伤后应激障碍中，惊恐发作不仅出现于对创伤性事件的提示物的反应；或像分离焦虑障碍中，惊恐发作不仅出现于对与依恋对象分离的反应）。

资料来源：Reprinted with permission from the *Diagnostic and Statistical Manual of Mental Disorders, Fifth Edition*, Copyright © 2013 American Psychiatric Association.

惊恐障碍的理论

惊恐障碍的易感性是生物因素和心理因素相互作用的结果（见图 5.4）。

生物因素

惊恐障碍明显在家族中传播（Hettema, Neale, & Kendler, 2001），家族史和双生子研究表明，惊恐障碍的遗传力大约在 43% 至 48% 之间（Wittchen et al., 2010）。尚未有一致的发现表明存在导致惊恐障碍的特定基因。

惊恐障碍患者似乎不能很好地调节战斗或逃跑反应，这可能是几种神经递质调节不良造成的，包括去甲肾上腺素、5–羟色胺、γ – 氨基丁酸（GABA）和胆囊收缩素（CCK）(Charney et al., 2000）。如果让惊恐障碍患者过度换气，吸入少量二氧化碳，摄入咖啡因，在纸袋中呼吸，或注射乳酸钠——一种类似运动时产生的类似乳酸盐的物质，就能很容易地诱发其惊恐发作（Craske & Barlow, 2001;Wittchen et al., 2010）。这些活动引起了战斗或逃跑反应的生理变化。没有惊恐障碍史的人在进行这些活动时可能会感到一些生理上的不适，但极少会产生全面的惊恐发作。

神经成像研究显示，惊恐障碍患者和非惊恐障碍者在**边缘系统**（limbic system）中与应激反应有关的几个区域上存在差异，这些区域包括杏仁核、下丘脑和海马（Roy-Byrne, Craske, & Stein, 2006）。惊恐障碍患者也在脑干中的**蓝斑**（locus ceruleu）（见图 5.4）区域表现出去甲肾上腺素系统功能失调。蓝斑和边缘系统之间有明确的通道。蓝斑的调节不良可能导致惊恐发作，继而刺激边缘系统，降低长期弥散性焦虑的激活阈值（Gorman, Papp, & Coplan, 1995）。这种期待性焦虑可能反过来增加蓝斑调节不良的可能性，并导致新的惊恐发作。

图 5.4　与惊恐障碍有关的脑区（见彩插）

这里所显示的边缘系统的一些区域和蓝斑可能参与了惊恐发作。

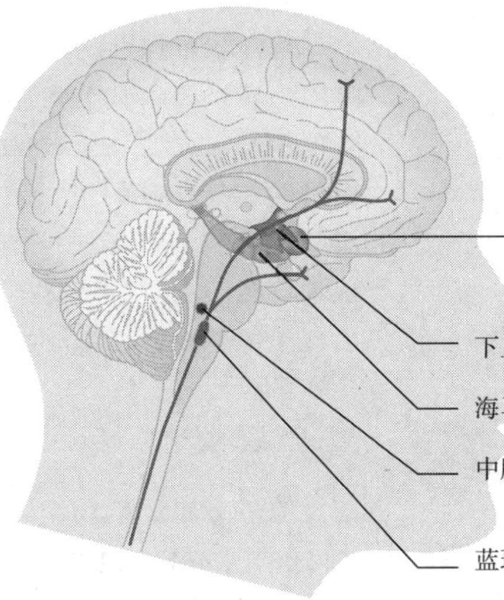

有些女性惊恐障碍患者报告在经前期和产后其焦虑症状更严重(Brawman-Mintzer & Yonkers, 2001）。孕酮能够影响 5–羟色胺和 GABA 神经递质系统的活动。月经周期或产后的孕酮水平波动可能会引起 5–羟色胺或者 GABA 系统失衡或功能失调，从而影响惊恐障碍的易感性。孕酮增加可能会导致慢性的轻度呼吸急促。对于容易产生惊恐发作的女性来说，这或许足以导致发病。

认知因素

虽然很多惊恐障碍患者可能具有生物学上的易感性，但心理因素在决定什么人会患惊恐障碍方面同样有用。认知理论家指出，容易惊恐发作的人们：（1）十分关注自己的躯体感觉；（2）错误地从负面解释这些躯体感觉；（3）陷入滚雪球式的灾难化思维方式，夸大症状及其后果（Clark &Beck, 2010）。一个容易产生惊恐障碍的人因为起身过快而感到眩晕时，就会想："我真的感到头晕目眩。我想我要昏倒了。也许我正在经历一次疾病发作。我的天，发生什么事了？"这样的思维方式加剧了主观焦虑感和生理变化，如心跳加速。个体又灾难化地解释这些感觉，也就走到了全面惊恐发作的路上。在惊恐发作的间歇期，个体对任何躯体感觉都保持高度警惕。他担心自己的身体状况，尤其害怕会有更多的惊恐发作。持续的唤起状态使其更容易出现惊恐发作（Barlow, 2011; Craske & Beck, 2010）。

认为躯体症状会导致有害结果的信念被称为**焦虑敏感性**（anxiety sensitivity）（McNally, 1999）。与低焦虑敏感性的人相比，高焦虑敏感性的人更可能已经患有惊恐障碍，或惊恐发作更频繁，或更可能随时间推移而患上惊恐障碍（Hayward, Killen, Kraemer, & Taylor, 2000）。

容易产生惊恐发作的人似乎也具有更强的**内感受知觉**（interoceptive awareness）——一种对预示惊恐发作的躯体线索（例如微弱的唤起或焦虑的感觉）的高度觉知（Razran, 1961）。这些躯体线索在之前的惊恐发作开始时出现过，并成为预示再次发作的条件化刺激，这个过程称为**内感受条件作用**（interoceptive conditioning）（Bouton, Mineka, & Barlow, 2001）。因此，焦虑的轻微增加，甚至都未被意识到，就能诱发条件化恐惧，并发展为全面的惊恐发作。如果个体没有认识到这个过程，惊恐发作就像是无缘无故发生的。

对症状可控性的信念也是影响惊恐发作的重要因素。在一项研究中，两组惊恐障碍患者被要求戴上防毒面具，面具送入的空气中加入了微量二氧化碳。研究者警告他们说吸入二氧化碳可能会引起惊恐发作。其中一组人被告知他们无法控制通过面具的二氧化碳的量。另一组人则被告知他们可以通过旋钮来控制二氧化碳的量。实际上两组人都无法控制二氧化碳的量，他们吸入的二氧化碳量是相同的。然而，认为自己不能控制的人有 80% 经历了惊恐发作，而认为自己能够控制的人只有 20% 出现了惊恐发作（Sanderson, Rapee, & Barlow, 1989）。

整合模型

惊恐障碍的生物学理论和认知理论已经被整合为图 5.5 所示的模型（Bouton et al., 2001; Craske & Waters, 2005）。很多惊恐障碍患者似乎具有容易产生过度敏感的战斗或逃跑反应的生物学易感性。轻微的刺激就能让这些人心率加快、呼吸急促和手心出汗。

然而，除非陷入对自身生理症状灾难化的思维方式，否则他们一般不会产生频繁的惊恐发作或惊恐障碍。这样的认知会将最初轻微的生理症状提升到导致惊恐发作的强度，也会使他们对再次发作的迹象过度警觉，从而持续处于轻度到中度的焦虑中。焦虑增加了他们再次惊恐的可能性，如此循环往复。

一些人继而开始将惊恐症状与特定的情境联系在一起，只要回到这个情境，他们就会再次经历惊恐症状。回避这些地方能缓解他们的症状，因此回避行为得到强化。这个过程被称为**条件化回避反应**（conditioned avoidance response）（Mowrer, 1939）。一名男子在剧院里经历了一次惊恐发作，之后他就可能将这一症状与剧院关联起来，只要靠近剧院他就开始感到焦虑。他可以通过回避剧院来减轻焦虑。他可能将其他的地方如家里或某个房间与较低的焦虑水平关联起来，因此身处这些地方具有强化作用。最终，他将自己限制在安全的地方，避开大量让他感到不安全的地方。广场恐怖症就这样产生了。

图 5.5 惊恐障碍的整合模型

生物学因素和心理因素共同导致惊恐障碍和广场恐怖症。

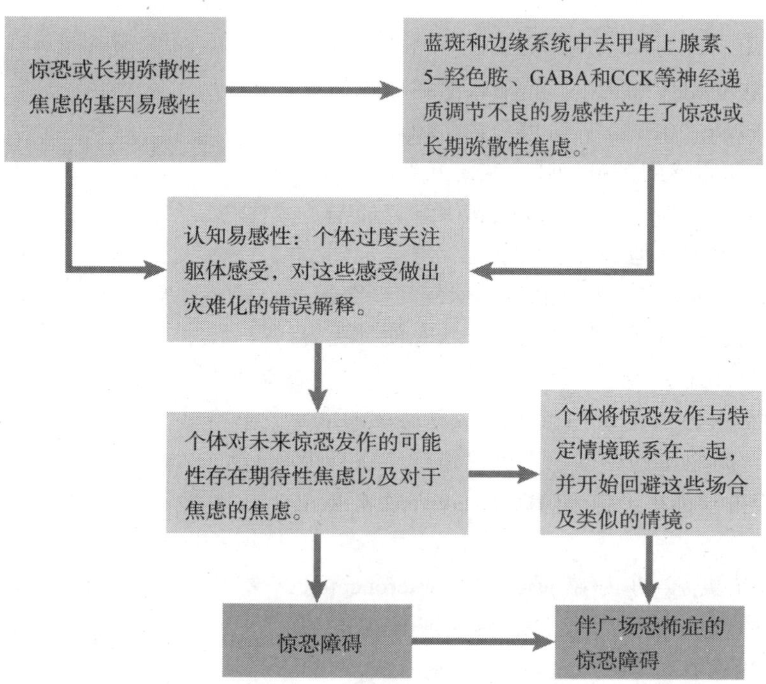

惊恐障碍的治疗

针对惊恐障碍已经发展出生物学治疗和心理治疗。某些抗抑郁药能够有效地治疗惊恐发作和广场恐怖症，苯二氮类药物也能有助于一部分人。认知行为疗法在减轻症状方面与药物治疗一样成功，而在预防复发方面比药物治疗更有效。

生物治疗

惊恐障碍最常见的生物学治疗方法是影响 5–羟色胺和去甲肾上腺素系统的药物，包括选择性 5–羟色胺再摄取抑制剂（SSRIs，如帕罗西汀 [Paxil]、百忧解 [Prozac]、左洛复 [Zoloft]）、5–羟色胺 – 去甲肾上腺素再摄取抑制剂（SNRIs，如文拉法辛 [Effexor]）以及三环类抗抑郁药（Batelaan, Van Balkom & Stein, 2012）（这些药物的常见副作用见第 2 章）。苯二氮类药物抑制中枢神经系统并影响 GABA、去甲肾上腺素和 5–羟色胺等神经递质系统的功能，可以快速缓解大部分惊恐障碍患者的惊恐发作和广泛性焦虑症状（Culpepper, 2004）。遗憾的是，这些药物会产生生理（和心理）成瘾以及严重的戒断症状（见第 2 章）。大多数未接受认知行为治疗的惊恐障碍患者会在药物治疗中止后出现症状的复发（Batelaan et al., 2012）。

认知行为治疗

与创伤后应激障碍和恐怖症的治疗一样，惊恐障碍的认知行为治疗要求患者与引发焦虑的情境或想法对抗。对抗似乎在两个方面有帮助：允许挑战并改变对这些情境的非理性信息，帮助消除焦虑行为。

认知行为干预包含很多要素（Barlow, 2011; Clark & Beck, 2010）。首先，指导来访者做放松和呼吸练习。这些练习让来访者对自己的症状有所控制，从而能够专注于治疗的其他因素。第二，临床医生指导来访者识别他们对躯体感觉变化的灾难化认知。来访者在两次会谈之间记录对自己躯体的想法，尤其是当他们感到自己马上要经历惊恐发作的时候。图 5.6 展示了一名男子的惊恐想法记录。他发现自己在工作的时候只有轻度的惊恐症状，但在坐地铁回家的路上症状变得更加严重。在这两个场所，他都有感到被困住、窒息和昏厥的想法。

很多来访者在产生惊恐症状的时候都会被症状所压垮，无暇顾及他们的想法。

图 5.6 惊恐想法日志

这名男子记录了惊恐发作期间的想法，并在认知治疗中致力于改变它们。

情境	症状及其程度	想法
办公室上班	哽噎（轻度） 头昏（轻度） 心跳加快（轻度）	哦，我不能在这儿发作。别人会看见我，我会被解雇的。我透不过气来！我快昏倒了。
坐地铁回家	出汗（重度） 哽噎（重度） 发抖（重度） 心跳加快（重度） 头昏（重度）	我受不了啦！我要从这儿出去。我要窒息而死了。我被困住了。我要昏倒了！
家中	出汗（轻度） 心跳依然加快（中度） 有点头昏	真想不到我竟然回到家了。

他们需要在治疗师在场的情况下经历惊恐症状才能识别他们的灾难化认知（Barlow, 2011）。会谈期间，治疗师可以通过多种方法来诱发惊恐症状，比如让来访者做运动，使其心跳加快；让他们原地转圈直到头晕目眩；或者让他们把头放在两膝之间然后迅速起身，产生头晕的感觉（由于血压的突然变化）等等。这些活动都没有危险性，但是都可能产生会让来访者产生灾难化的症状。在来访者经历这些症状及其灾难化认知的同时，治疗师帮助他们“收集”这些想法。

第三，治疗过程中，让来访者在经历惊恐症状的时候做放松和呼吸练习。如果会谈中出现惊恐发作，治疗师将一直与来访者谈话来帮助他们度过发作期，指导他们使用放松和呼吸技术，提出改进技巧的建议，并对来访者成功使用这些技巧终止了发作进行记录。

第四，治疗师质疑来访者对其躯体感受的灾难化想法，并指导来访者使用第2章所描述的认知技术来质疑自己的这些想法。治疗师可以帮助来访者准确地重新解释躯体感受。例如，图5.6中列举了一名来访者的想法，他经常有窒息的感觉。治疗师可以探索他的窒息感是否是办公室狭小或夏天地铁的窒闷造成的。如果来访者把自己的心跳加快解释为心脏病发作，治疗师可以让来访者从自己的内科医生处收集证据来证明他的心脏是完全健康的。治疗师可能还要探索来访者的预期：因为有一位亲戚死于心脏病，所以他也会死于心脏病。如果来访者在治疗会谈中能够使用放松技术来缓解惊恐症状，那么治疗师就可以质疑来访者关于症状不可控的信念（Barlow, 2011）。

第五，治疗师使用系统脱敏疗法让来访者逐渐暴露在他们最害怕的情境中，同时帮助他们保持对惊恐症状的控制（Barlow, 2002）。来访者与治疗师一起把可能引起惊恐的情境列表，从最具威胁的情境到最不具威胁的情境。然后，在学会了放松和呼吸技巧并对治疗中引发的惊恐症状有所控制后，来访者开始把自己暴露在让他们惊恐的情境中，从最不具威胁的情境开始。在这个练习中，治疗师可以陪伴来访者，在使用放松和呼吸技巧以及挑战灾难化认知方面给予指导。

一项大规模的多地点研究比较了三环抗抑郁药和认知行为疗法（CBT）对312名惊恐障碍患者的治疗效果，发现它们在消除症状方面具有同等疗效（Barlow et al., 2000）。其他几项研究发现，接受CBT治疗的惊恐障碍患者中85%～90%在12个星期里其惊恐发作得到完全解除（Barlow, 2011; Clark & Beck, 2010; Roy-Byrne et al., 2010; Schmidt & Keough, 2010）。在对接受CBT治疗的患者的跟踪研究中，近90%的人在接受治疗的两年后都没有再出现惊恐发作。认知行为疗法在治疗结束后防止复发方面似乎远胜于抗抑郁药（Barlow et al., 2011），这可能是因为该疗法教给了人们一些防止惊恐症状复发的策略。

广泛性焦虑障碍

创伤后应激障碍、恐怖症、社交焦虑障碍和惊恐障碍都会出现急性焦虑期，通常时间较短且或多或少与特定情境相关。然而，有些人几乎在任何情境下都一直会焦虑。这些人可能被诊断为**广泛性焦虑障碍**（generalized anxiety disorder; GAD; 表5.7）。广泛性焦虑障碍患者担心生活中的很多事情，正如下面的讲述专栏中所描述的。

表 5.7　广泛性焦虑障碍的*DSM–5*诊断标准

A. 在至少6个月的多数日子里，对于诸多事件或活动（例如，工作或学校表现），表现出过分的焦虑和担忧（忧虑性期望）。

B. 个体难以控制这种担忧。

C. 这种焦虑和担忧与下列6种症状中至少3种有关（在过去6个月中，至少一些症状在多数日子里存在）：

1. 坐立不安或感到激动或紧张。
2. 容易疲倦。
3. 注意力难以集中或头脑一片空白。
4. 易激惹。
5. 肌肉紧张。
6. 睡眠障碍（难以入睡或保持睡眠状态，或休息不充分、质量不满意的睡眠）。

D. 这种焦虑、担忧或躯体症状引起有临床意义的痛苦，或导致社交、职业或其他重要功能方面的损害。

E. 这种障碍不能归因于某种物质（例如，滥用的毒品、药物）的生理效应或其他躯体疾病（例如，甲状腺功能亢进）。

F. 这种障碍不能用其他精神障碍来更好地解释（例如，像惊恐障碍中的焦虑或担心发生惊恐发作，像社交焦虑障碍 [社交恐惧症] 中的负性评价，像强迫症中的被污染或其他强迫思维，像分离焦虑障碍中的与依恋对象的离别，像创伤后应激障碍中的创伤性事件的线索，像神经性厌食中的体重增加，像躯体症状障碍中的躯体不适，像躯体变形障碍中的感到外貌存在瑕疵，像疾病焦虑障碍中的感到有严重的疾病，或像精神分裂症或妄想障碍中的妄想信念的内容）。

资料来源： Reprinted with permission from the *Diagnostic and Statistical Manual of Mental Disorders, Fifth Edition*, Copyright © 2013 American Psychiatric Association.

讲 述

我（克莱尔）总是感到焦虑和紧张。这种状态是从高中开始的。我是一个优等生，我总是担心考试成绩，担心老师和同学是否喜欢我，担心上学迟到等诸如此类的事情……现在我每个星期会用吸尘器清扫房间四次，每天打扫卫生间。好几次因为房子需要打扫，我答应和丈夫外出吃饭后又反悔。

我会因诸多芝麻小事而心烦意乱，发脾气……我还担心自己不能准时去教堂做礼拜，担心约会迟到。现在我发现自己整天在为丈夫操心。他的工作要求他经常出差，有时驾车，但大多数时候需要乘坐飞机。因为他在东北部海岸工作，冬季频繁出门，我怕他会被恶劣天气所困，发生交通事故或者飞机坠毁，上帝保佑，千万不要发生。

啊，我还担心儿子。他刚进入大学橄榄球队，所以他肯定有时会受伤。观看他比赛太让我提心吊胆，因此我不再去看他比赛。我敢肯定儿子失望了，但是那实在让我无法承受。（摘自 Brown, O' Leary, & Barlow, 2001, p. 187）

广泛性焦虑障碍患者可能会担心自己的工作表现、人际关系和自己的健康状况。像上述的克莱尔一样，他们会因为迟到这类小事而担忧。他们担忧的重点经常变换，可能会担忧许多不同的事情，而不仅仅限于一个问题（Andrews et al., 2010）。由于对情境的焦虑和担忧，这些患者经常过度花费时间和精力来为害怕的情境做准备或回避这些情境，因拖延和犹豫不决而无法正常运作，并寻求他人的赞同和反复确认。他们的担忧伴有一些生理症状，包括肌肉紧张、睡眠失调以及长时间坐立不安。广泛性焦虑障碍患者常感到疲惫，这可能是肌肉长期紧张和睡眠不足所致（Craske &

Waters, 2005）。

广泛性焦虑障碍相对常见，纵向研究显示，多达 14% 的人在生活中的某个时期符合该障碍的诊断标准（Moffitt et al., 2010），患该障碍的女性多于男性（Vesga-Lopez et al., 2002）。这种障碍倾向于成为慢性（Kessler et al., 2002）。很多患者称他们一生都感到焦虑，这种障碍往往始于童年期或青少年期。几乎 90% 的广泛性焦虑障碍患者患有另一种精神障碍，最常见的是另一种焦虑障碍，但心境障碍和物质滥用的共病率也很高（Grant et al., 2005; Newman et al., 2013）。广泛性焦虑障碍——或者更具体地说是担忧——还增加了躯体疾病的风险，尤其是心血管疾病（见 Newman et al., 2013）。

广泛性焦虑障碍的理论

情绪和认知因素

广泛性焦虑障碍患者报告体验到更强烈的负性情绪，甚至比重度抑郁症患者更强烈（Aldao, Mennin, Linardatos, & Fresco, 2010），对负性事件的反应性高（Tan et al., 2012）。他们报告感到情绪无法控制或管理（Newman et al., 2013）。在神经成像研究中，广泛性焦虑障碍患者的杏仁核对情绪刺激的反应性升高，该脑区参与情绪的加工（Schienle, Hettema, Caceda, & Nemeroff, 2011）。生理上，他们的交感神经系统长期亢进，对威胁性刺激过度反应（Brosschot et al., 2007; Pieper, Brosschot, van der Leeden, & Thayer, 2010）。

在认知上，广泛性焦虑障碍患者有很多适应不良的假设，例如“做最坏的打算总是最好的办法”“我必须对任何可能的危险有所预期并做好准备”（Beck & Emery, 1985; Ellis, 1997）。这些假设很多都反映对失控的担忧。适应不良的假设使广泛性焦虑障碍患者以不受控制的自动式思维对情境做出反应，进而引发焦虑，导致患者高度警觉和反应过度（Beck & Emery, 1985）。广泛性焦虑障碍患者在考试前可能会不自禁地想到：“我认为自己考不好”“如果考试失败，我会崩溃的”，以及“如果考得不好，我父母会大发雷霆”。

广泛性焦虑障碍患者的这些无意识认知似乎专注于发现环境中的潜在威胁（Mathews & Macleod, 2005）。在一项 Stroop 颜色命名任务中，参与者会在电脑屏幕上看到一些彩色字体的词（图 5.7）。他们的任务是说出词的字体颜色。一般来说，如果某些词对参与者有特殊意义，他们就需要更长的时间才能说出词的颜色（比如，疾病和失败于慢性焦虑的人）。研究者推测，可能他们将注意力更多地放在这些词的含义而不是颜色上了（Mathews & Macleod, 2005）。

图 5.7 Stroop颜色命名任务（见彩插）

在这项任务中，电脑屏幕上会短暂地闪现一些词语。要求个体说出字词的字体颜色。和中性词相比，广泛性焦虑障碍患者要花更长的时间才能说出具有威胁含义的词语的颜色，可能是因为他们将注意分配给了这些词的含义。

为什么某些人对威胁信号特别警惕呢？一种理论认为，他们曾经经历过不可控制、毫无预警的应激源或创伤，特别是人际创伤如拒绝或丧失（见 Newman et al., 2013）。动物受到无法预测和控制的电击时往往表现出持续的恐惧或焦虑症状。研究已经发现，幼猴生活中的可控制和可预测水平与它们在未成熟期或成年期的焦虑症状有关（Mineka, Gunnar, & Champoux, 1986; Suomi, 1999）。有过不可预测和不可控制的生活体验的人也可能产生慢性焦虑，例如生活中有一个会虐待孩子的父母（Newman et al., 2013）。

广泛性焦虑障碍所特有的这种担忧有什么功能吗？广泛性焦虑障碍患者认为担忧会促使自己着手解决问题，从而帮助自己避开坏事（Borkovec & Roemer, 1995）。然而他们极少着手解决问题。托马斯·博尔科韦茨（Borkovec, Alcaine, & Behar, 2004）的广泛性焦虑障碍认知回避模型认为，担忧实际上可以帮助广泛性焦虑障碍患者回避对内外部威胁的觉知，借此帮助他们减少对不可回避的负性事件的反应性。米歇尔·纽曼和桑德拉·里拉（Newman & Llera, 2011）进一步扩展了这一认知回避模型，他们提出，通过担忧可能存在的威胁，广泛性焦虑障碍患者将焦虑维持在一个更能忍受的固定水平，而不是让自己的负性情绪容易急剧增加。也就是说，他们宁愿处在一个慢性的但是自己熟悉的忧虑状态，而不愿因应对特定负性事件而导致情绪的突然变化。

生物因素

我们前面提到，广泛性焦虑障碍患者的交感神经系统亢进，作为大脑边缘系统一部分的杏仁核对情绪刺激的反应性更强。这种更强的反应性可能与 GABA 神经递质系统的异常有关，而 GABA 神经递质系统在很多脑区包括边缘系统中起着重要的作用（Charney, 2004; Le Doux, 1996）。当 GABA 与神经元受体结合时，它会阻止神经元放电。一个理论是广泛性焦虑障碍患者缺少 GABA 或 GABA 受体，这导致很多脑区的神经元过度放电，特别是边缘系统。作为过度和持续的神经元活动的结果，个体产生慢性、弥散性的焦虑症状。

遗传学研究表明，广泛性焦虑障碍作为一种特定障碍，具有中等程度的遗传力（Andrews et al., 2010）。更普遍的焦虑特质则很明显是可遗传的，并使个体处于罹患广泛性焦虑障碍的风险中（Craske & Waters, 2005）。

广泛性焦虑障碍的治疗

认知行为疗法和生物疗法可以有效治疗广泛性焦虑障碍。

认知行为治疗

认知行为治疗的重点在于帮助广泛性焦虑障碍患者面对自己最担心的问题；挑战他们负性、灾难化的想法；形成应对策略。在下面的治疗对话实录专栏中，认知行为治疗师帮助克莱尔质疑她高估儿子在橄榄球比赛中受伤几率的倾向。

治疗对话实录

治疗师：克莱尔，你写到你担心儿子在橄榄球比赛中受伤。你具体担心什么呢?

克莱尔：我担心他会受重伤。他的球队参加了去年的州冠军赛，所以你知道那些男孩又高又壮。

治疗师：你担心儿子具体会受什么伤?

克莱尔：背部或颈部骨折。那会导致瘫痪或死亡。去年有两个NFL的球员就出了这样的事，你记得吗?

治疗师：你儿子打比赛时受过什么伤吗?

克莱尔：那倒没有。那天下午他回家时大拇指痛，但是一会儿就好了。他说他有一个触地得分，还有一个成功截击。我想他发挥得不错。

治疗师：所以你以为他会在比赛中受伤，但实际上没有发生。我们在感到焦虑的时候，经常会犯一个常见的认知错误，叫作“高估几率”。换句话说，我们高估了一件不太可能发生的事情发生的可能性。过去，当你感到焦虑和担心时，从0到100%之间，你觉得你儿子受伤的几率是多少?

克莱尔：大概75%吧。

治疗师：那么，现在你觉得儿子在今后的比赛中受伤的几率是多少?

克莱尔：照你这么说，我想受伤的几率是50%左右。

治疗师：也就是说，你儿子每打两场比赛，就有一次会受伤。对吗?

克莱尔：不，我想没那么严重。也许30%左右吧。

治疗师：那就是每三场比赛受伤一次。你儿子打球的经历中有没有什么依据使你相信他每三场比赛就会受一次伤?

克莱尔：这倒没有。夏季训练时他扭伤了踝关节，但是也就这样了。

治疗师：那么，你是说，你根本没什么依据可以证明你儿子在比赛中受伤的几率是30%。

克莱尔：哎呀，我从没有这样想过。

（摘自Brown et al., 2001, pp. 193-194）

在广泛性焦虑障碍的治疗中，认知行为疗法比苯二氮类药物治疗、安慰剂或非指导性的支持疗法更有效（Borkovec, Newman, & Castonguay, 2003; Siev & Chambless, 2007）。在一项跟踪研究中，其疗效在两年后仍然存在（Borkovec, Newman, Pincus, & Lytle, 2002）。

生物治疗

苯二氮类药物（如佳乐定 [Xanax], 利眠宁 [Librium], 安定 [Valium], 羟基安定 [Serax]）能够暂时缓解焦虑症状（Gorman, 2003）。然而它们的不良反应和成瘾性让这类药物不能长期服用。患者一旦停药，焦虑症状又会复发（Davidson, 2001）。

三环类抗抑郁药丙咪嗪（商品名 Tofranil）和选择性 5–羟色胺再摄取抑制剂帕罗西汀（商品名 Paxil）在减轻广泛性焦虑障碍患者的焦虑症状方面比安慰剂更有效，帕罗西汀比苯二氮类药物能更好地改善焦虑状况。选择性 5–羟色胺 –去甲肾上腺素再摄取抑制剂盐酸文拉法辛（商品名 Effexor）在减轻广泛性焦虑障碍患者的焦虑症状方面也比安慰剂更有效（Davidson et al., 2008）。

分离焦虑障碍

与成人一样，儿童也可能罹患创伤后应激障碍、惊恐发作、恐怖症、社交焦虑障碍和广泛性焦虑障碍。在焦虑障碍中，**分离焦虑障碍**（separation anxiety disorder）

表 5.8 分离焦虑障碍的*DSM-5*诊断标准

A. 个体与其依恋对象离别时，会产生与其发育阶段不相称的、过度的害怕或焦虑，至少符合以下表现中的3种：

1. 当预期或经历与家庭或主要依恋对象离别时，产生反复的、过度的痛苦。
2. 持续和过度地担心会失去主要依恋对象，或担心他们可能受到诸如疾病、受伤、灾难或死亡的伤害。
3. 持续和过度地担心会经历导致与主要依恋对象离别的不幸事件（例如，走失、被绑架、事故、生病）。
4. 因害怕离别，持续表现不愿或拒绝出门、离开家、去上学、去工作或去其他地方。
5. 持续和过度害怕或不愿独处或不愿在家或其他场所与主要依恋对象不在一起。
6. 持续地不愿或拒绝在家以外的地方睡觉或主要依恋对象不在身边时睡觉。
7. 反复做内容与离别有关的噩梦。
8. 当与主要依恋对象离别或预期离别时，反复地抱怨躯体性症状（例如，头疼、胃疼、恶心、呕吐）。

B. 这种害怕、焦虑或回避是持续性的，儿童和青少年至少持续4周，成年人则至少持续6个月。

C. 这种障碍引起有临床意义的痛苦，或导致社交、学业、职业或其他重要功能方面的损害。

D. 这种障碍不能用其他精神障碍来更好地解释，例如，像孤独症谱系障碍中的因不愿过度改变而导致拒绝离家，像精神病性障碍中的因妄想或幻觉而担忧分别，像广场恐怖症中的因没有一个信任的同伴陪伴而拒绝出门，像广泛性焦虑障碍中的担心疾病或伤害会降临到其他重要的人身上，或像疾病焦虑障碍中的担心会患病。

资料来源： Reprinted with permission from the *Diagnostic and Statistical Manual of Mental Disorders, Fifth Edition*.
Copyright © 2013 American Psychiatric Association.

最常从儿童期开始发作（见表 5.8 的 *DSM-5* 诊断标准）。很多婴幼儿在与他们的主要照料者分离时变得焦虑和沮丧。然而，随着他们的成长，大部分婴幼儿开始认识到他们的照料者会回来，并且能找到照料者离开时安慰自己的方式。

一些儿童在与其照料者分离时会持续感到极为焦虑，即使进入儿童期和青少年期也是如此。他们可能非常害羞、敏感、需要成人。他们可能因为害怕离别而拒绝上学，如果被迫离开照料者则会感到胃疼、头疼、恶心和呕吐。他们在家中形影不离地跟着照料者，做有关离别的噩梦，照料者不在身边就无法入睡。当与照料者离别时，他们担心照料者会发生不好的事情，夸大对自然灾难、绑架和事故的恐惧。年幼儿童可能无法安慰地哭个没完。年长儿童会回避那些可能让他们离开照料者的活动，如参加棒球队。

许多儿童在创伤性事件后会出现这些症状，如在商场中走失或看到父母因突发疾病住院。只有症状持续至少 4 周并明显损害儿童的功能，才能做出分离焦虑障碍的诊断。

11 岁以下的儿童中大约 3% 患有分离焦虑障碍，女孩更常见（Angold et al., 2002; Rapee, Schniering, & Hudson, 2009）。如果不接受治疗，这种障碍会在儿童期和青少年期反复发作，严重干扰学业进程和同伴关系。一项研究考察了拒绝上学的分离焦虑儿童成年之后的情况。他们作为成人与对照组相比具有更多的精神疾病问题，更有可能继续与父母生活，结婚和有孩子的可能性更低（Flakierskaa-Praquin, Lindstrom, & Gilberg, 1997）。

分离焦虑障碍的理论

生物学因素

患分离焦虑障碍的儿童往往有焦虑和抑郁障碍的家族史（Biederman, Faraone, et al., 2001; Manicavasagar et al., 2001）。双生子研究发现，焦虑倾向是可遗传的，女孩的遗传性大于男孩，但尚不清楚分离焦虑的遗传倾向是否是特定的（Rapee et al., 2009）。一种被称为**行为抑制**（behavioral inhibition）的特质倾向可能具有遗传性。行为抑制水平高的儿童在学步期是害羞的、害怕的和易怒的，在学龄期是谨慎的、安静的和内向的（Kagan, Reznick, & Snidman, 1987）。这些儿童倾向于回避新情境或从新情境中退缩，过于依赖父母，在不熟悉的情境中过度唤起。行为抑制似乎是儿童期出现分离焦虑的一个高危因素（Biederman et al., 1990, 1993; Caspi & Harrington, et al., 2003）。

心理和社会文化因素

对焦虑儿童与其父母之间互动的观察研究发现，在行为和情绪上更加具有控制性和侵入性的父母，与其孩子的交流也更加苛刻和消极（Hughes, Hedtke, & Kendall, 2008）。这些行为可能是对儿童焦虑行为的反应，但许多焦虑儿童的父母自身也是焦虑或抑郁的。

最有力地支持环境和养育因素能够影响焦虑障碍发展的一些证据来自灵长类研究（Mineka et al., 1986; Suomi, 1999）。苏珊•迈妮卡及其同事发现，2～6个月大的恒河猴得到充足的食物和水，但无法控制获取的方式，会变得恐惧和压抑。提供给其他恒河猴相同量的食物和水，但允许它们施加一些控制，恒河猴就不会变得恐惧。这个结果表明，在他们无法控制的环境中长大的一些儿童可能出现焦虑症状。

此外，史蒂芬•索米（Suomi, 1999）发现，尽管某些恒河猴似乎生来行为上就受到压抑，但它们以后出现恐惧和焦虑信号的程度依赖于其养育方式。焦虑的母亲受到压抑，对幼猴的反应不当，它们养大的猴子容易发展出猴子形式的焦虑障碍。

个案研究

某天清晨，7岁的玛丽亚被巨响和剧烈的震动突然吵醒。她坐在床上，向她10岁的姐姐罗丝玛丽大喊，她的姐姐从床上跳出一米远。两个女孩跑向妈妈的卧室，她们的玩具和书从书架和梳妆台最上方掉落下来。走廊上的瓷器柜摇摇欲坠，哗啦一声倒了，挡住了她们去妈妈卧室的路。玛莎尔夫人大声喊着让她们回去，待在门口。她们蜷缩在一起，直到地震最后结束。玛莎尔夫人越过柜子和破碎的瓷器，朝着女儿们走去。尽管她们都非常恐惧，但所幸并未受伤。

两周后，玛丽亚开始说每天早晨胃疼、头疼和头晕，想要与妈妈待在家里。4天后，医学检查没有发现有什么生理疾病，玛丽亚被告知她必须回去上学。她哭着抗拒，但她的妈妈一再坚持，罗丝玛丽答应她一起挽着手去学校。在教室里，玛丽亚无法集中注意在功课上，经常离开座位，望向窗外家的方向。她跟老师说她需要回家看看妈妈是否安然无恙。当被告知不能回家时，她开始大哭并剧烈颤抖，校医叫来了玛莎尔夫人，她把玛丽亚接上带回家。

次日早上，玛丽亚更加强烈地抗议，拒绝上学，直到妈妈答应跟她一起去学校，并且头一个小时在教室里坐在她身边。当玛莎尔夫人准备离开时，玛丽亚拽着她，求她不要走，并且一直跟到走廊。第二天，玛丽亚拒绝离开家去参加小松饼聚会或舞蹈课，甚至不愿去前院玩。她在家里四处跟着妈妈，坚持晚上和她睡在一起。“我需要跟你在一起，妈咪，以防发生什么事。”她说。

冷静、积极反应的母亲对应激情境的反应是恰当的，它们养大的猴子在青少年期或成年期出现焦虑问题的可能性低于生来行为压抑的猴子。

儿童会从其父母那里学会焦虑，或者将焦虑作为对其环境的可理解的反应（Rapee et al., 2009）。在一些案例中，如下面的个案研究中，分离焦虑障碍发生在创伤性事件之后。

分离焦虑障碍的治疗

认知行为疗法（CBT）最常用于治疗分离焦虑障碍（Kendall, Aschenbrand, & Hudson, 2003）。治疗师教给儿童新技巧，以应对和挑战引发焦虑的认知。他们可以学会放松练习，并在与父母离别时加以运用。治疗师挑战他们对于离别的恐惧，教会他们使用自言自语来使自己从焦虑中平静下来。

随着治疗的进行，与父母离别的次数和持续时间逐渐增加。父母必须愿意参与治疗，应对他们的孩子（以及他们自己）对离别期增加的反应。父母可能需要学会示范与其孩子离别的非焦虑反应，强化孩子的非焦虑行为。

这类治疗的控制临床试验表明，治疗在短期内是有效的，而且其疗效可以长期维持（Rapee et al., 2009; Shortt, Barrett, & Fox, 2001; Velting, Setzer, & Albano, 2004）。菲利普•肯德勒及其同事（Kendall et al., 2008）测试了三种治疗方式：个体化的 CBT 应用于焦虑儿童，基于家庭的 CBT 应用于焦虑儿童及其父母，以及简单的教育和支持。治疗结束时，接受个体化和基于家庭的 CBT 的儿童，其焦虑症状明显减少，而只接受教育和支持的儿童显示出较少的改善。以上三种治疗方式中，焦虑症状的减少在 1 年的跟踪期内都得到维持。

考虑一下玛丽亚的分离焦虑是如何治疗的。

个案研究

玛莎尔夫人被指示带玛丽亚去学校，并且期间离开 4 次。起初，玛莎尔夫人每次离开 30 秒，以后逐渐增加离开的时间长度和距离，此时玛丽亚留在教室。每次妈妈离开教室而玛丽亚做到了留在座位上，她都可以在放学时得到一张贴纸。此外，她还会受到老师和妈妈的表扬，鼓励她进行正性的自我陈述（“我妈妈会没事的；我是个大女孩，能待在学校了”）。当玛丽亚无法待在座位上时，则不做出任何反应。玛丽亚可以在每周结束时用贴纸换取奖励。

在家时，玛莎尔夫人被指示给予玛丽亚对其健康的询问以最低的关注，忽略过多的、不当的哭泣。最后，每天早晨如果玛丽亚在自己的床上睡觉，她都可以得到一张贴纸和表扬。

玛莎尔夫人最初几次离开教室，玛丽亚都跟着妈妈出去。但很快，她开始待在座位上并因此得到贴纸。在家时，第一个晚上她待在自己床上，尽管她被告知只需待够两小时就能获得贴纸。在她自己的要求下，她重新开始参加小松饼聚会和夏令营。

用于治疗儿童焦虑障碍的药物包括抗抑郁药、抗焦虑药（如苯二氮卓类）、兴奋剂和抗组胺药。最常用的药物是选择性 5–羟色胺再摄取抑制剂，如氟西汀，并且已被证明能最持久地有效减少儿童的焦虑症状（Birmaher et al., 2003; Thinemann, 2004）。

表 5.9 强迫症的*DSM-5*诊断标准

A. 具有强迫观念、强迫行为，或两者皆有。强迫观念被定义为以下（1）和（2）：

1. 在该障碍的某些时间段，感受到反复的、持续性的、闯入性的和不必要的想法、冲动或表象，大多数个体会引起明显的焦虑或痛苦。
2. 个体试图忽略或压抑此类想法、冲动或表象，或用其他一些想法或行为来中和它们（例如，通过某种强迫行为）。

强迫行为被定义为以下（1）和（2）：

1. 重复行为（例如，洗手、排序、检查）或精神活动（例如，祈祷、计数、反复默诵字词）。个体感到重复行为或精神活动是作为应对强迫观念或根据必须严格执行的规则而被迫执行的。
2. 重复行为或精神活动的目的是防止或减少焦虑或痛苦，或防止某些可怕的事件或情境；然而，这些重复行为或精神活动与所设计的中和或预防的事件或情境缺乏现实的连接，或明显是过度的。

B. 强迫观念或强迫行为是耗时的（例如，每天消耗1小时以上）或这些症状引起具有临床意义的痛苦，或导致社交、职业或其他重要功能方面的损害。

C. 强迫症状不能归因于某种物质（例如，滥用的毒品、药物）的生理效应或其他躯体疾病。

D. 该障碍不能用其他精神障碍的症状来更好地解释（例如，广泛性焦虑障碍中的过度担心，躯体变形障碍中的外貌先占观念，囤积障碍中的难以丢弃或放弃物品，拔毛癖[拔毛障碍]中的拔头发，抓痕[皮肤搔抓]障碍中的皮肤搔抓，刻板运动障碍中的刻板行为，进食障碍中的仪式化进食行为，物质相关及成瘾障碍中物质或赌博的先占观念，疾病焦虑障碍中患有某种疾病的先占观念，性欲倒错障碍中的性冲动或性幻想，破坏性、冲动控制及品行障碍中的冲动，抑郁症中的内疚性思维反刍，精神分裂症谱系及其他精神病性障碍中的思维插入或妄想性的先占观念，或孤独症[自闭症]谱系障碍中的重复性行为模式）。

资料来源：Reprinted with permission from the *Diagnostic and Statistical Manual of Mental Disorders, Fifth Edition*.
Copyright © 2013 American Psychiatric Association.

强迫症

强迫观念（obsessions）是持续、不受控制地闯入意识领域，并导致严重焦虑或痛苦的想法、表象、观念或冲动。**强迫行为**（compulsions）指个体认为自己必须付诸实施的某些重复行为或精神活动。

强迫症（obsessive-compulsive disorder, OCD）（见表 5.9）在 *DSM-5* 之前被归类为一种焦虑障碍，因为人们产生强迫观念或无法实施强迫行为时，就会体验到焦虑（Leckman et al., 2010）。这种焦虑障碍与其他焦虑障碍有很大的不同，因此 *DSM-5* 的作者将强迫症以及一些相关障碍专门归为一类，这些相关障碍包括：囤积障碍、拔毛障碍（也称为拔毛癖）、抓痕（皮肤搔抓）障碍以及躯体变形障碍。

一些强迫症患者的强迫观念和强迫行为看起来的确古怪，就像本章开头非常人物专栏中贝克汉姆对于整齐的强迫观念。强迫观念和强迫行为的其他模式可能看起来更加奇怪，甚至是怪异的，如下面这个名叫扎赫的患强迫症的小男孩所讲述的。

讲 述

从 6 岁开始，我总是在吞咽唾液时做所有这些奇怪的事情。我在吞咽唾液时必须蹲下触摸地面。我不想损失一丁点儿唾液，有一点儿掉到地上我都会用手把它擦掉。后来我再吞咽唾液时就要眨眼。无法停止这些强迫行为让我很沮丧。每次吞咽时我都必须做点什么。有段时间我必须让肩膀接触下巴。我不知道为什么，没有原因。我感到害怕，如果不这么做我就感觉不舒服。我尝试不再这样做，但每次都以失败告终。我不得不这么做，无论如何努力，我**仍然**必须做这些事。

它破坏了我的生活。我所有的时间都花在这上面了。我什么都干不了。把花在这些事上的时间加起来，一天可能要达到一个半小时，有时候是三个小时。（Rapoport, 1990, pp. 43-44）

扎赫描述的这些想法和行为可能看似完全不合实际。然而强迫症患者知道自己的想法和行为有多荒唐，他们只是无法控制自己。

强迫症往往出现在童年和青少年期。男性发病的高峰期是 6 ~ 15 岁，女性为 20 ~ 29 岁（Angst et al., 2004; Foa & Franklin, 2001）。儿童往往隐瞒自己的症状，甚至不告诉父母，因而强迫症可能持续多年不被察觉（Rapoport et al., 2000）。

如果不予以治疗，强迫症可能会发展为慢性的（Foa & Franklin, 2001）。强迫观念令强迫症患者十分痛苦，而强迫行为会耗费大量时间，甚至可能造成危险（例如频繁洗手直至出血）。高达 66% 的强迫症患者还有明显的抑郁情绪（Foa & Franklin, 2001）。惊恐发作、恐怖症和物质滥用在强迫症患者中也很常见。

1% ~ 3% 的人会在一生的某个时期罹患强迫症，而更多的人有症状但不符合诊断标准（Kessler et al., 2005; Leckman et al., 2010）。在美国，欧裔美国人患强迫症的比例高于非裔或拉美裔美国人（Hewlett, 2000）。研究发现，美国、加拿大、墨西哥、英国、挪威、印度、埃及、日本、韩国等国家在强迫症的患病率上差异不大（Escobar, 1993; Insel, 1984; Kim, 1993）。虽然有些研究发现女性患强迫症的比例略高于男性（Angst et al., 2004），但其他研究并没有得到这样的结果（Edelmann, 1992; Karno & Golding, 1991）。

各种文化中，最常见的强迫观念是与以下方面相关的思维和表象：攻击（如伤害某人孩子的想法）、性（如反复出现色情画面）和 / 或宗教（如在教堂里大骂脏话）（Bloch et al., 2008）。尽管大部分人偶尔也会出现这类思维，但大都能够忽略或摈弃。而强迫症患者做不到。第二常见的类型包括对称和次序，如贝克汉姆排列冰箱里的易拉罐。第三常见的强迫观念与污染有关，经常伴有洗涤冲动（Leckman et al., 2010）。喜剧演员及电视节目《一掷千金》的主持人霍伊·曼德尔具有与细菌和污染有关的强迫观念，因而他不跟其他人握手（Mandel, 2005）。当选手在节目中获得大额奖金时，他会跟他们碰拳头，而不是握手。他一直剃光头，这让他感

《一掷千金》的主持人霍伊·曼德尔有严重的细菌恐怖症。他不能跟别人握手，但是可以接受碰拳头。

觉更干净。

有时，个体的强迫行为与其强迫观念之间存在逻辑关系。如果霍伊·曼德尔触摸了另一个人的手或一个他认为肮脏的物品，他会反复洗手直到觉得干净为止（Mandel, 2005）。如果强迫行为过于极端和重复，就变得不理性了。“检查”类型的强迫行为十分普遍，它和下面所描述的强迫性怀疑有关。

讲 述

我以每小时55英里的速度行驶在公路上。强迫症突然袭来。虽然公路上空无一人，但是，突然有一个可怕的念头闯入我的意识，我可能撞到了人……一个活人！

我寻思了一会儿，然后对自己说：“这很荒唐。我没有撞到任何人。”但是，令人苦恼的焦虑还是产生了。

我分析，“如果我确实在开车时撞了人，我应该感觉得到。”短暂地进入现实解除了我的痛苦……但只是片刻而已。为什么呢？因为我担心自己真的像幻觉中那样撞了人，这种可恶的焦虑逐渐增大——痛苦也随之更甚。

这种痛苦是一种可怕的罪恶感，认为自己造成难以置信的过失。在某个层面，我知道这很可笑，但剧烈的胃痛让我感到并非如此。

我开始冥思苦想，“也许我真的撞了人，却没有注意到……哦，我的天啊！我可能撞死人了！我必须掉头回去看看。”检查是唯一可以平息焦虑的办法。无论如何，它会让我更接近真相。一想到我可能真的撞死了人，我没法这样活下去——我必须弄个水落石出。（Rapoport, 1990, pp. 21-22）

考虑到此人的想法，他的强迫检查行为有一定的意义。然而，他的想法——自己在路上撞了人而没有察觉——是非常不可能的。强迫检查行为可以暂时抑制这种强迫观念，但是这些观念再次出现时会更加强烈。

强迫行为和强迫观念之间的联系往往是“幻想”导致的（Rapoport, 1991）。许多强迫症患者相信，将某种行为重复一定次数能够帮助自己或其他人避开危险。患者的仪式行为往往变得刻板和僵化，并产生没有正确地执行仪式的强迫观念和强迫行为。某人觉得自己必须将某本书中的某个段落完美地诵读25遍，害怕自己没有做到的话，家人就会发生不幸。

只有一小部分囤积者符合强迫症的诊断标准，但囤积者中有很高的比例患重性抑郁、社交焦虑或广泛性焦虑障碍。

有时，特定的强迫观念与个体发展出的强迫行为并没有明显的联系。回忆一下，当扎赫产生担心损失唾液的强迫观念时，他做了几个行为，例如触摸地面。他甚至说不出这些行为和他的强迫观念是如何联系起来的，他只知道自己必须这么做。因此，虽然强迫行为往往看

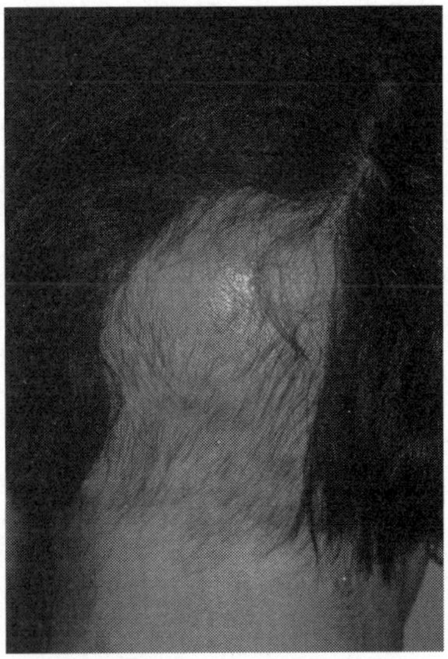

拔毛癖是拔除自身毛发的强迫行为。

似有一定的目的，但并非功能性的。

囤积障碍（hoarding）是与强迫症密切相关的一种强迫行为，但由于囤积障碍具有与众不同的特征，并且其生物学机制也可能不同，因此 *DSM-5* 将其独立归为一种诊断（见表 5.10）。就像电视真人秀节目《囤积：被杂物活埋》中描述的那样，这类人无法丢弃他们拥有的物品，甚至是那些我们大多数人认为是垃圾的东西，例如报纸或快餐盒。他们在家里或车中大量堆积这些东西，以致产生危害，让这些空间变得无法使用。强迫性囤积者经常表现出对他们所拥有物品的情感依恋，把它们与其同一性或身份等同起来，或者赋予它们人性（Frost et al., 2012）。例如，一名妇女从电视购物站买了一堆玩偶，她不愿意因为没人出价而让玩偶的情感受到伤害（Frost & Steketee, 2010）。这名妇女十分清楚她的这种行为是不理性的，但她仍然为玩偶感到难过。

流行病学研究表明，2% ~ 5% 的人有囤积行为（Iervolino et al., 2009）。只有少数囤积者达到强迫症的诊断标准，但这些人中有很高的比率也患重性抑郁、社交焦虑或广泛性焦虑障碍（Frost et al., 2011; Samuels et al., 2008）。囤积行为通常随年龄增长而增加（Ayers et al., 2009）。

囤积障碍不同于强迫症的地方在于，囤积障碍患者并不认为他们关于拥有物品的强迫思维是闯入性的、非自愿的或痛苦的，而认为这是自然思维的一部分（Mataix-Cols et al., 2010）。囤积者并不为其囤积行为感到焦虑，但当他们不得不丢弃囤积的物品时会变得极为焦虑、愤怒或悲伤。

被诊断为**拔毛障碍（拔毛癖）**（hair-pulling disorder [trichotillomania]）的人有反复拔除毛发的历史，导致可见的毛发脱落。**皮肤搔抓障碍**（skin-picking disorder）患者反复

表 5.10　囤积障碍的*DSM–5*诊断标准

A. 持续地难以丢弃或放弃物品，不管它们的实际价值如何。

B. 这种困难是由于感受到积攒物品的需要及与丢弃它们有关的痛苦。

C. 难以丢弃物品导致了物品的堆积以及使用中的生活区域的拥挤和杂乱，且明显地影响了其用途。如果生活区域不杂乱，则只是因为第三方的干预（例如，家庭成员、清洁工、权威人士）。

D. 这种囤积引起具有临床意义的痛苦，或导致社交、职业和其他重要功能方面的损害（包括为自己和他人保持一个安全的环境）。

E. 这种囤积不能归因于其他躯体疾病（例如，脑损伤、脑血管疾病、肌张力减退–智力减退–性腺功能减退与肥胖综合征）。

F. 这种囤积症状不能用其他精神障碍来更好地解释（例如，强迫症中的强迫思维，抑郁症中的能量减少，精神分裂症或其他精神病性障碍中的妄想，重度神经认知障碍中的认知缺陷，孤独症[自闭症]谱系障碍中的兴趣受限）。

标注如果是：
伴过度收集：如果难以丢弃物品伴随在没有可用空间的情况下过度收集不需要的物品。

标注如果是：
伴良好或一般的自知力：个体意识到与囤积相关的信念和行为（与难以丢弃物品、杂物或过度收集有关）是有问题的。
伴差的自知力：尽管存在相反的证据，个体仍几乎确信与囤积相关的信念和行为（与难以丢弃物品、杂物或过度收集有关）没有问题。
缺乏自知力/妄想信念：尽管存在相反的证据，个体仍完全确信与囤积有关的信念和行为（与难以丢弃物品、杂物或过度收集有关）没有问题。

资料来源：Reprinted with permission from the *Diagnostic and Statistical Manual of Mental Disorders, Fifth Edition*.
Copyright © 2013 American Psychiatric Association.

搔抓皮肤上的结痂处或其他部位，导致明显的损伤，并经常导致感染或伤疤。这些患者有时报告在试图抵抗搔抓带来的冲动、愉悦或放松之前或期间感到紧张。然而，大部分时候拔毛或皮肤搔抓都是自动发生而没什么意识的（Stein et al., 2010）。若要将其诊断为一种心理障碍，则此类行为必须导致明显的痛苦或损伤，并且不能被归因于其他障碍或躯体疾病（American Psychiatric Association, 2013）。

拔毛障碍的患病率估计为 1% ~ 3%（Christenson, Pyle, & Mitchell, 1991）。女性中最常见，平均发作年龄为 13 岁（Christenson & Mansueto, 1999）。皮肤搔抓障碍的患病率估计为 2% ~ 5%，最常开始于青少年期，通常始于对痤疮的关注（Stein et al., 2010）。

躯体变形障碍（body dysmorphic disorder）患者对某个身体部位有过多的先占观念，相信这个身体部位是有缺陷的，而在其他人看来是正常的或只有轻微不正常。这些先占观念最常针对面部或头部（如鼻子、耳朵、皮肤），但也可针对其他身体部位（Phillips et al., 2010）。先占观念导致患者耗费大量时间对着镜子检查自己，试图遮盖或改变身体部位（如梳头发盖过他们认为有缺陷的耳朵），或者从他人那里寻求消除对身体部位的疑虑。躯体变形障碍患者在他们的先占观念、检查或梳理行为上平均每天花费 3 ~ 6 个小时，甚至可能通过外科手术来纠正他们感知到的缺陷（Phillips et al., 2010）。如果关于体重和身材的先占观念属于进食障碍的一部分（见第 12 章），则不能诊断为躯体变形障碍。

尽管尚不清楚该障碍的患病率是否存在普遍差异，但男性和女性患者的先占观念倾向于针对不同的身体部位（Phillips et al., 2010）。女性更多关注乳房、腿部、臀部和体重，而男性往往对体型、生殖器、过多的体毛和稀疏的头发产生先占观念。这些性别差异可能反映了关于两性吸引力的社会规范的极端版本。

图 5.8 强迫症的脑机制（见彩插）

脑的三维视图（图中覆盖在某些部位上方的大脑皮层看起来像是透明的）阐明了强迫症相关脑区——眶额叶皮层和基底神经节的位置。尾状核是基底神经节中的一个结构，它对眶额皮层产生的强烈冲动进行过滤，只有最强烈的冲动才能到达丘脑。强迫症患者的眶额皮层、尾状核或两者可能都非常活跃，以至于大量冲动到达丘脑，产生强迫观念或强迫行为。

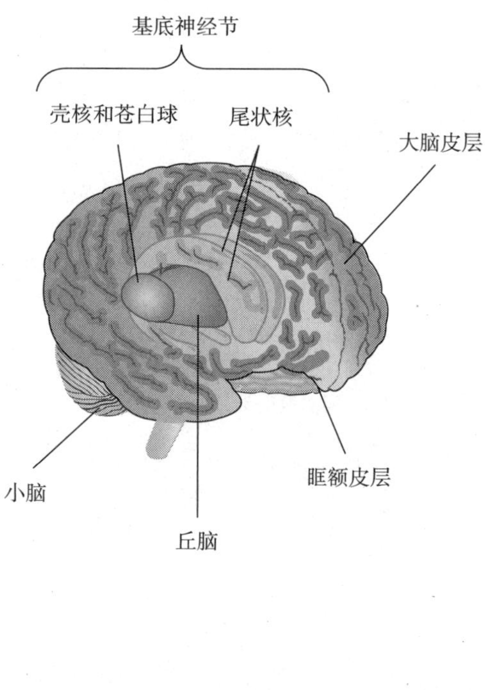

躯体变形障碍患者的个案研究表明，他们对变形的感知如此严重和怪异以至于脱离现实（Philips, Didie, Feusner, & Wilhelm, 2008）。即使他们不想脱离现实，一些患者的功能还是受到严重损害。大多数患者因为“变形”而逃避社交活动，很多人变得足不出户（Philips & Diaz, 1997）。大约 30% 的人尝试过自杀（Phillips et al., 2008）。

躯体变形障碍通常开始于青少年期，如果未接受治疗就会变成慢性。该障碍发作的平均年龄是 16 岁，具有先占观念的身体部位平均是 4 个。那些寻求治疗的患者平均在首次出现担忧 6 年后才寻求帮助（Cororve & Gleaves, 2001）。

躯体变形障碍与其他障碍高度共病，包括焦虑和抑郁障碍、人格障碍以及物质使用障碍（Cororve & Gleaves, 2001）。强迫症在躯体变形障碍患者中也相对常见（Stewart, Stack, & Wilhelm, 2008）。

强迫症及相关障碍的理论

近年来，强迫症的生物学理论在研究中占据了主导地位。也有人提出了强迫症的认知行为理论。

生物学理论

强迫症的生物学理论关注参与运动行为、认知和情绪的脑回路（Milad & Rauch, 2012）。这个回路从额叶皮层的特定区域投射到被称为纹状体的基底神经节区域，再通过基底神经节到丘脑，之后返回额叶（图 5.8）。患有强迫症、拔毛障碍和皮肤搔抓障碍的人在这一结构以及这些区域的活动水平及其之间的连接上发生改变（Milad & Rauch, 2012）。囤积障碍患者在额叶和边缘系统的其他区域显示出变化（Saxena, 2008）。

对强迫症及相关障碍的患者来说，该回路的功能失调可能使神经系统无法终止这些本能冲动（如攻击冲动）或刻板行为的实施。大多数人在认为自己的手不干净时，就会进行一套相当刻板的清洁行为：洗手。然而，强迫症患者会一直有洗手的冲动，因为在已经不需要洗手的时候，他们的大脑不能终止有关脏污的想法或洗手行为。生物学理论的支持者指出，强迫症患者的诸多强迫观念和强迫行为都与污染、性、攻击以及重复行为模式有关——这些方面都由大脑的基本神经回路控制（Rapoport, 1991; Rauch et al., 2003）。

服用调节神经递质 5–羟色胺的药物常常能改善强迫症及相关障碍患者的症状，5–羟色胺对该回路的正常功能有重要作用（Micallef & Blin, 2001; Saxena et al., 2003）。与药物反应不佳的强迫症患者相比，对提高 5–羟色胺水平的药物反应良好的患者在这些脑区的活动水平降低得更多（Baxter, Schwartz, Bergman, & Szuba, 1992; Saxena et al., 1999, 2003）。有趣的是，对行为疗法反应良好的患者也显示尾状核和丘脑活动水平降低（Schwartz et al., 1996）。

在一些罕见的个案中，强迫症的突然发作与链球菌感染有关（Swedo et al., 1998）。一般认为，感染引发了自动免疫过程，进而影响了某些易感儿童涉及强迫症的基底神经节区域，最终产生强迫症症状（Leckman et al., 2010）。

最后，基因可能参与决定强迫症的易感性（Mundo, Zanoni, & Altamura, 2006）。家族史研究清楚地显示强迫症、拔毛障碍和皮肤搔抓障碍在家族中延续，双生子研究也支持强迫行为和强迫观念有大量遗传成分（Eley et al., 2003; Hudziak et al., 2004）。强迫症、囤积障碍和躯体变形障碍的易感性可能涉及不同的基因（Mataix-Cols et al., 2010; Philips et al., 2010）。

认知行为理论

大多数人，包括非强迫症患者，都会偶尔有一些消极、闯入性想法，包括伤害他人或做出违背道德准则的事（Angst et al., 2004; Leckman et al., 2010; Rachman & deSilva, 1978）。人们在情绪低落时更容易产生这样的想法和实施僵化的仪式化行为（Clark & Purdon, 1993; Rachman, 1997）。许多初为人母的女性，由于睡眠不足和照顾新生儿的压力而精疲力竭，进而产生伤害婴儿的念头，尽管这样的念头会让她们惊恐不安，她们也绝不会真的做出这样的行为。

大多数人都会因其招致痛苦和烦恼而忽略或摈弃这样的想法。随着时间的推移，这些想法渐渐平息和消退。强迫症的认知行为理论认为，强迫症患者和非强迫症之人的差异在于是否具有终止这些消极的闯入性想法的能力（Clark, 1988; Rachman & Hodgson, 1980; Salkovskis, 1998）。

从认知行为理论的观点来看，为什么强迫症患者难以终止这些想法？首先，这些人可能经常情绪抑郁或焦虑，因此很小的消极事件也可能诱发消极的闯入性想法（Clark & Purdon, 1993）。其次，强迫症患者有坚持僵化的道德观念的倾向（Rachman, 1993; Salkovskis, 1998）。他们可能比其他大多数人更不能接受自己消极的闯入性想法，因而为此感到更加焦虑和内疚。焦虑情绪又让他们更难摆脱这些想法（Salkovskis,1998）。那些对自己和他人生活中发生的事件有更多责任感的人，更加难以摆脱类似“我在路上撞了人吗”这样的想法，因而患强迫症的可能性也更大。

第三，强迫症患者可能认为自己应该能够控制这些想法，他们很难接受这样一个事实：每个人偶尔都会产生坏念头（Clark & Purdon,1993; Freeston, Ladouceur, Thibodeau, & Gagnon, 1992）。他们倾向于认为产生这些想法意味着他们疯了，或将产生想法与实施行为等同起来（例如，“我有伤害自己孩子的念头，我的罪过跟实际伤害了孩子一样”）。当然，这会令他们在产生这些想法时更加焦虑，使得摆脱这些想法变得更加困难。

根据这些理论，强迫行为在很大程度上是通过操作性条件作用形成的。因强迫观念导致焦虑的人们发现，如果他们实施某些行为，焦虑症状就会减轻。每次强迫观念回来时，他们就实施这些行为来减轻症状，从而使这些行为得到负强化。因此，强迫行为就形成了。

研究支持了这个理论提出的观点，即强迫症患者具有这些僵化、不切实际的信念（Julien, O' Connor, & Aardema, 2007）。我们也将看到，基于该模型的认知行为疗法在治疗强迫症上被证实是相当有效的（Franklin & Foa, 2011）。囤积障碍患者还经常具有夸大的责任感和对浪费的内疚感，过度需要“准备好以防万一”，感到有责任不“伤害”那些东西（Frost et al., 2012）。囤积者往往也相信他们记忆力很差，因此需要把东西放在可见的地方，以便记住或控制它们。

强迫症及相关障碍的治疗

生物治疗和认知行为治疗都有助于强迫症患者。

生物治疗

20 世纪 80 年代，人们偶然发现影响 5–羟色胺水平的抗抑郁药有助于缓解许多强迫症患者的症状（Marazziti, Catena, & Pallanti, 2006）。首先是氯丙咪嗪（商品名 Anafranil）（Rapoport, 1989），然后是选择性 5–羟色胺再摄取抑制剂（SSRIs），包括氟西汀（商品名 Prozac）、帕罗西汀（商品名 Paxil）、舍曲林（商品名 Zoloft）和氟伏沙明（商品名 Luvox）都被证实有效。比较研究表明，50% ~ 80% 的强迫症患者在服用这些药物时强迫观念及强迫行为都有所减轻，而服用安慰剂的患者仅有 5% 的人症状缓解（Marazziti, et al., 2006; Hurley et al., 2008）。这些药物对于囤积障碍患者

（Mataix-Cols et al., 2010）和躯体变形障碍患者（Philips et al., 2010）也是有效的。

然而，这些药物并不能完全解决强迫症及相关障碍患者的问题。SSRI 类药物对相当一部分患者没有效果。即使在药物见效的患者中，其强迫观念和强迫症状也只能减少 30% ~ 40%；一旦停止服药，大多会复发（Franklin & Foa, 2011）。明显的副作用包括昏昏欲睡、便秘、丧失性欲等，也让许多人不愿服药。研究表明，增加非典型抗精神病药（见第 8 章）能够进一步帮助那些 SSRI 类药物治疗效果不佳的患者（Bystritsky et al., 2004）。

认知行为治疗

许多临床医生认为，为了彻底治疗强迫症及相关障碍，药物治疗的同时必须结合使用**暴露与反应阻止疗法**（exposure and response prevention）这一认知行为治疗。暴露与反应阻止疗法让来访者反复暴露于强迫观念的焦点，并阻止其对强迫观念引发的焦虑产生强迫反应（Foa & Franklin, 2011）。让来访者反复暴露于强迫观念的内容，可以消除其对强迫观念的焦虑。来访者认识到，不实施强迫行为并不会产生可怕的结果。

可以给来访者布置一些家庭作业，帮助他们对抗强迫观念和强迫行为。治疗早期，只是简单地要求来访者克制住每天都必须打扫房间的强迫行为，改为每三天打扫一次。之后可以要求来访者把饼干丢在厨房的脏地板上，然后拾起来吃掉；或把菜刀丢在地上，然后再用这把菜刀切菜。

强迫症认知行为治疗的认知部分包括挑战个体的道德观念和过度的责任感。例如，患细菌强迫症的母亲相信，如果她在没有完全确定手是干净的情况下触摸了她的孩子，她就是个坏母亲。对于这类患者，可以通过暴露练习（例如用稍微有点脏的手触摸她的孩子）和反应阻止（不洗手）来提供指导，同时帮助她挑战她的孩子会受到伤害的想法（通过注意到孩子在被有点脏的手触摸后仍是安然无恙）。

这些认知行为治疗可以明显改善 60% ~ 90% 的强迫症患者的强迫观念和强迫行为（综述见 Franklin & Foa, 2011）。大多数来访者症状改善后可以维持 6 年之久。认知行为治疗对囤积障碍也有效（Frost et al., 2012），尽管针对这种障碍的研究较少。

躯体变形障碍的认知行为治疗聚焦于挑战来访者对身体的适应不良认知，将他们暴露于关于身体的令其恐惧的情境中，消除其对身体部位的焦虑，阻止对焦虑的强迫反应（Cororve & Gleaves, 2001）。例如，来访者可能认为耳朵是她变形的身体部位。来访者可以列出她可能害怕做的与耳朵相关的事，从头发完全遮盖耳朵时照镜子，到头发向后梳以完全露出耳朵时去到公共场所。学会放松技术后，来访者开始修通这个等级，并实施一些令其恐惧的行为，从最不恐惧的事开始，使用放松技术来减轻焦虑。最终，来访者逐步发展到令其最恐惧的情境，在公共场合暴露耳朵。治疗师一开始可以与来访者约定，在进入公共场所后，她至少 5 分钟不能从事试图遮盖身体部位的行为（如让头发挡住耳朵）。治疗的最终目标是来访者对耳朵的担忧完全消失，并且不再影响她的行为或功能。实证研究支持认知行为治疗在治疗躯体变形障碍上的疗效（Cororve & Gleave, 2001）。

老年人的焦虑障碍

焦虑是老年人最常见的问题，多达 15% 的 65 岁以上老年人患有一种焦虑障碍（Bryant, Jackson, & Ames, 2008）。某些老年人在一生中都有焦虑障碍。另一些人的焦虑则在老年时才第一次出现，其形式通常是对所爱之人的担忧，并经常与其他躯体疾病和抑郁同时存在，如下面个案研究中的约翰逊太太。

约翰逊太太被诊断为广泛性焦虑障碍。一项研究估计 7.3% 的老年人患有广泛性焦虑障碍（Beekman et al., 1998）。这个比例比年轻人低，但在年轻人中，女性患该障碍的比例比男性高两倍。老年人可能比年轻人更加担心健康和家庭问题（Scogin et al., 2000）。他们对于健康的担忧大都因为可以理解而被忽视了，实际上这些担忧表明他们患有广泛性焦虑障碍。

惊恐障碍在晚年生活中相对罕见（Bryant et al., 2008）。一项流行病学研究估计，只有 0.1% 的 65 岁以上老年人能被诊断为这种障碍（Regier et al., 1988）。强迫症也相当少见，这项研究中只有 0.8% 的老年人被诊断为强迫症。创伤后应激障碍和急性应激障碍的症状在老年人中相对常见，通常发生在失去所爱之人之后（Bryant et al., 2008）。

老年人很少因为焦虑障碍寻求治疗，而寻求治疗的老年人往往咨询家庭医生而不是精神健康专业人士（Scogin et al., 2000）。对于寻求帮助的那些老年人来说，认知行为治疗被证明对焦虑障碍是有效的（Wetherell, Lenze, & Staley, 2005）。

当老年人主诉焦虑时，医生常开的处方是抗抑郁药，如苯二氮卓类药物。药物吸收和分布、代谢和对副作用的敏感性随年龄而发生变化。副作用如身体摇摆会导致摔倒和骨折（Scogin et al., 2000）。长期使用苯二氮卓类药物也会产生耐药性，导致中断使用药物后发生严重的戒断效应和焦虑症状的反弹。抗抑郁药物包括丁螺环酮和选择性 5–羟色胺再摄取抑制剂，这些药物正被越来越多地用于治疗焦虑症状，而且其副作用和戒断效应比苯二氮卓类少。老年人经常服用一些处方药和非处方药，这些药物可能与精神药物会发生相互作用。所有这些因素都造成老年人的药物治疗管理比年轻人更加复杂（Scogin et al., 2000）。

个案研究

71 岁的约翰逊太太是被附近镇上的家庭医生转诊来的女性患者。约翰逊太太在全髋关节置换术的骨科大手术之后变得极为焦虑和中度抑郁。她是一名退休的办公室职员。

我很快被她的广泛性焦虑水平震惊了。例如，她表达出能否让丈夫带她看医生的恐惧，并且担心她可能不适于进行心理治疗。例如，她似乎难以沿路找到我的办公室。她提到，她担心无法找到大楼，所以早早离开家以防迷路。她在会谈中看起来心烦意乱。她握紧双手，数次大哭，反复说道："我不想成为负担。"

她的主要担忧源于近期的手术，她可能无法继续住在与丈夫一起生活大半辈子的家里。她极度害怕摔倒而几个小时没人发现。

约翰逊太太说道，她在抚养孩子的时候，为孩子的教育和钱而担忧。她的孩子们住在离她距离不等的地方，这样他们至少无法亲自来照顾她。约翰逊太太透露，她爱她的所有孩子，对两个孩子都感到担忧。他们离婚了，她为此担心他们的健康和三个孙子。她报告没有进食的欲望，因为她的肚子"烦躁不安"。我问道："你发现自己担心各种事情吗？"她回答："是的，很多事。我担心自己开始成为丈夫的负担。我担心我的髋关节，我担心不能四处走动了。我想我要疯了，因为我担心的事情太多了。"我安慰她，她还没有疯，只是焦虑了，这常会让你感觉自己好像疯了。（摘自 Scogin, Floyd, & Forde, 2000, pp.117—118）

本章整合

焦虑体验显然受到生物因素的影响。进化使我们的身体准备好对威胁性情境做出反应并产生生理变化，这让我们更容易逃离或对抗威胁。对一些人来说，这种自然生理反应可能是有害的，会导致过度反应、持续唤起或调节不良的唤起状态。这些人更容易对威胁性刺激产生严重焦虑反应，也更容易罹患焦虑障碍。

心理和社会因素也明显地影响焦虑和焦虑障碍。创伤经历会导致一些焦虑障碍的产生，尤其是创伤后应激障碍。被人们视为威胁的事物各有不同，这导致他们在具有潜在威胁性的情境中感到的焦虑程度也不同。这些差异可能是某些人所经历的特定创伤造成的，也可能是成长过程造成的。一个孩子产生对狗的恐怖症，可能是因为她模仿了母亲对狗的恐惧反应。另一个孩子长期焦虑并认为自己必须做到尽善尽美，可能是因为他的任何错误都会受到父母的严厉惩罚。

易感性(素质)–应激模型(图 5.9)明确要求，焦虑障碍患者先前都存在生物或心理易感性，这些易感性部分源于创伤或严重的应激。这些易感性与新的应激源相互作用，产生焦虑障碍。这样的模型有助于解释为什么有些人会体验到如此严重和长期的焦虑，以至于发展为焦虑障碍，其他人却不会如此。

图 5.9　易感性 - 应激模型

焦虑障碍的易感性 - 应激模型描述了生物、心理和社会因素如何共同作用来产生这些障碍。

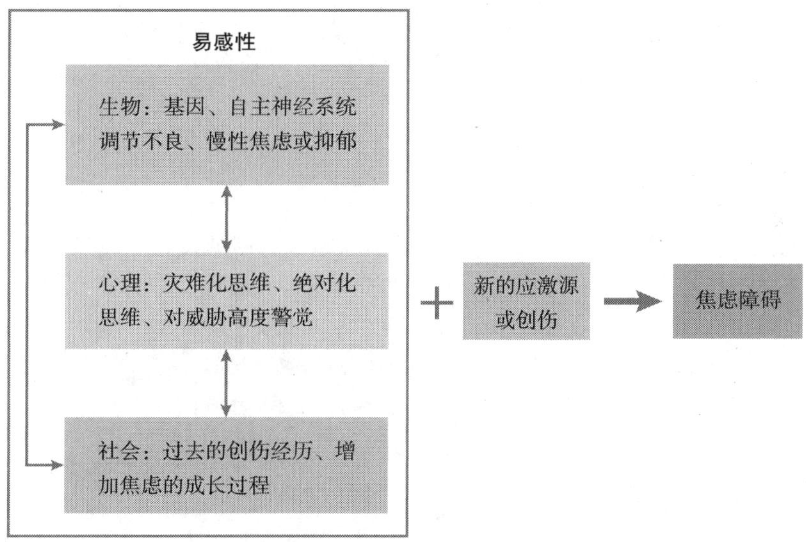

灰色地带

讨论（对第129页的回顾）

创伤后应激障碍和急性应激障碍都不适用于雷蒙的情况。尽管反复做噩梦满足创伤后应激障碍和急性应激障碍的“反复体验”标准，但是他会主动思考事故，而不是回避有关它的想法。我们没有证据表明他对活动失去兴趣，感到与其他人疏离，情感受限，或感到前途未卜。我们也没有证据证明雷蒙有明显的唤起症状。在与老板的互动中过度的惊吓反应似乎是一个无关的意外事件，而他的睡眠困难主要是噩梦造成的。

现在看来，对于那起令人恐惧的事件，雷蒙的反应似乎可以理解，但是还不能做出诊断。如果你是他的心理医生，你可能想要在一到两个星期后再做一次检查。如果他的噩梦和对事故的思考仍然持续，并且开始更明显地损害他的功能，你可以对他做出适应障碍的诊断。

批判性思考

近年来，对创伤后应激障碍的诊断在两个前沿领域受到质疑。第一，一些研究者提出，创伤后应激障碍的标准太宽泛，可接受为诱因的应激事件过多（Spitzer, First, & Wakefield, 2007）。*DSM-5* 对创伤后应激障碍的诊断标准变得更加严格，这可能会减少符合诊断标准的人数。第二，人们批评创伤后应激障碍的研究者忽视了一些证据，即大多数经历严重创伤的人并没有产生严重的创伤后应激障碍症状或其他心理障碍。2001 年世贸中心恐怖袭击发生 6 个月后，《纽约客》的一项研究发现，参与研究的 2 752 名成人当中，大约 65% 的人至多有一项创伤后应激障碍症状（Bonanno, Galea, Bucciarelli, & Vlahov, 2006）。这是一个从受到袭击影响的人群中随机选择的样本。然而，甚至那些受到最直接影响的人仍能表现出韧性，在那些亲眼目睹袭击发生或失去朋友亲人的人当中，有超过一半的人并未产生创伤后应激障碍症状。22 名参与者当时就在世贸中心里面，其中 7 个人产生了创伤后应激障碍，5 个人出现了两项或不到两项症状，10 个人只出现了一项症状或完全没有症状（Bonanno et al., 2006）。

心理健康专家是否夸大了创伤对心理健康的影响？或者创伤后应激障碍应该有一个宽泛的定义，从而不会忽视经历创伤后痛苦的个体？（讨论见本书末尾。）

本章小结

- 创伤后应激障碍常常出现在暴露于真实或被威胁的死亡、严重受伤或性暴力之后。创伤后应激障碍表现为三类症状：（1）通过闯入性的表象或想法、重复发生的噩梦、闪回，以及让个体想起创伤性事件的刺激产生的心理和生理反应，个体重复体验创伤性事件；（2）逃避任何可能唤起事件记忆的事物；（3）负性认知和情绪症状；（4）高度警觉和持续唤起状态。
- 创伤后应激障碍的一个亚型以明显解离（现实解体或人格解体）为特征。
- 急性应激障碍的症状与创伤后应激障碍类似，但是急性应激障碍在应激源出现后1个月内即发病，并且持续期不足1个月。
- 社会因素似乎影响创伤后应激障碍的患病风险。创伤越严重，持续时间越长，个体卷入程度越深，则罹患创伤后应激障碍的可能性越大。社会支持水平较低的人患创伤后应激障碍的风险更高。
- 心理因素也会影响创伤后应激障碍。创伤发生前已经产生抑郁或焦虑的人，以及通过逃避或隔离来应对的人患病风险更高。
- 增加创伤后应激障碍易感性的生物因素包括异常的低皮质醇水平和遗传风险。创伤后应激障碍患者表现出杏仁核过度活跃、海马萎缩，并且面对应激源时心率过快。
- 创伤后应激障碍的有效治疗手段之一是通过系统脱敏法将患者暴露于创伤性事件的记忆中，以消除这些记忆产生的焦虑。但是，有些患者无法承受这种暴露，对他们采用支持疗法来减轻和预防应激可能更好。
- 苯二氮类药物和抗抑郁药能够缓解创伤后应激障碍的某些症状。
- 特定恐怖症是对特定事物或情境的恐惧，常见的类别包括动物型、自然环境型、情境型和血液–注射–损伤型。
- 行为理论认为恐怖症是通过经典条件作用和操作性条件作用形成的。个体学会了避开自己害怕的事物来减轻恐惧，回避行为得以强化。恐怖症也可以通过观察学习形成。通过有准备的经典条件作用，人似乎更容易对远古祖先有理由害怕的事物（如蛇）形成恐怖症。
- 行为治疗的重点是消除患者对害怕事物的恐惧反应，这种治疗手段已经被证实有效。血液–注射–损伤型恐怖症患者必须学会在面对害怕的事物时使肌肉处于紧张状态，以防止血压和心率下降。药物治疗未被证实对恐怖症有效。
- 社交焦虑障碍患者害怕被他人评判，害怕他人让自己难堪。
- 认知理论认为，对自己的社交表现要求过高的人容易患社交焦虑障碍，他们假定其他人会苛刻地评判自己，并过分注意社交中的拒绝信号。
- 抗抑郁药对社交焦虑障碍的治疗显示出一些有效性，认知行为治疗也被证明有效。

- 惊恐发作是指短时间内强烈地体验到焦虑障碍的多种生理症状，并感到疯狂、失控或即将死去。当一个人频繁出现自发的惊恐发作，为发作感到担心，并因此改变生活方式时，就可以诊断为惊恐障碍。
- 惊恐障碍的生物学理论认为，惊恐障碍患者的自主神经系统过于敏感，微小刺激就会使他们进入完全的战斗或逃跑反应。这可能是脑干和边缘系统的去甲肾上腺素或5–羟色胺失衡所致。也有证据表明惊恐障碍有遗传性。
- 惊恐障碍的心理学理论认为惊恐障碍患者过度关注身体感觉，以负性方式错误解释身体感觉，并采用滚雪球式的灾难化思维方式。这种思维方式增加了生理活跃程度，从而促使全面的惊恐发作。
- 抗抑郁药和苯二氮类药物能够有效减少惊恐发作和广场恐怖症行为，但是一旦停止服药就可能复发。
- 一种有效治疗惊恐发作和广场恐怖症的认知行为疗法通常在治疗中诱发患者的惊恐发作，在发作期间指导来访者使用放松练习，并识别和挑战那些灾难化思维方式。系统脱敏法可以减少广场恐怖症行为。
- 广泛性焦虑障碍患者在大多数情境都会出现慢性的焦虑症状。认知理论认为广泛性焦虑障碍患者对具有威胁性的信息更加警觉，甚至在无意识水平上也是如此。
- 苯二氮类药物可以暂时缓解某些广泛性焦虑障碍患者的症状，但是不适合长期使用。抗抑郁药似乎有助于治疗广泛性焦虑障碍。
- 认知行为疗法的焦点在于改变广泛性焦虑障碍患者灾难化的思维方式。这种疗法确实可以减少急性症状，并防止大多数患者症状复发。
- 分离焦虑障碍患者（大都为儿童）在与他们依恋的对象离别时变得过度焦虑。
- 分离焦虑障碍可能源于害羞和行为抑制的一般生物易感性。分离焦虑障碍儿童的父母也被证明是过分保护和控制的。
- 强迫观念是持续、闯入性、令人痛苦的想法、表象、观念或冲动。强迫观念的焦点常常集中在污染、性、暴力和反复怀疑上。强迫行为是个体觉得自己必须实施以消除强迫观念的重复行为或精神活动。
- 囤积障碍患者收集东西并难以丢弃他们拥有的东西。
- 被诊断为拔毛障碍（拔毛癖）的人有拔除毛发的历史，导致可见的毛发脱落。皮肤搔抓障碍患者反复搔抓结痂处或其他皮肤部位，导致严重的损伤并经常被感染而结痂。
- 躯体变形障碍患者对他们的身体部位有过度的先占观念，相信他们的身体部位是有缺陷的，但其他人看来是正常的或只有轻微异常。
- 关于强迫症及相关障碍的生物学理论推测，脑回路的异常导致了强迫症及相关障碍，这个脑回路从额叶的特定脑区投射至被称为纹状体的基底神经节区域，通过基底神经节到丘脑，然后再返回顶叶。这些脑区的功能失调可能导致系统无法终止原始冲动（如攻击冲动）或实施刻板化行为。这些脑区富含5–羟色胺。调节5–羟色胺水平的药物被证明有助于治疗强迫症及相关障碍。
- 认知行为理论认为，强迫症患者将大多数人都会偶然出现的闯入性想法判断为不可接受的，认为他们应该能够控制所有的想法。研究进一步表明，强迫症患者过于说教，对他们自己和他人的健康有过度的责任感。强迫行为通过操作性条件作用形成。强迫行为减轻了焦虑症状，从而得到强化。
- 治疗强迫症最有效的药物是选择性5–羟色胺再摄取抑制剂。
- 暴露与反应阻止疗法也被证明有助于治疗强迫症及相关障碍。

关键术语

焦虑
战斗或逃跑反应
皮质醇
创伤后应激障碍（PTSD）
急性应激障碍
伴明显解离（人格解体或现实解体）症状的创伤后应激障碍
适应障碍
应激接种疗法
特定恐怖症
动物型恐怖症
自然环境型恐怖症
情境型恐怖症
血液 – 注射 – 损伤型恐怖症
广场恐怖症
负强化
有准备的经典条件作用
应用紧张技术
社交焦虑障碍
惊恐发作
惊恐障碍
蓝斑
焦虑敏感性
内感受知觉
内感受条件作用
条件化回避反应
广泛性焦虑障碍（GAD）
分离焦虑障碍
行为抑制
强迫观念
强迫行为
强迫症（OCD）
囤积障碍
拔毛障碍（拔毛癖）
皮肤搔抓障碍
躯体变形障碍
暴露与反应阻止疗法

第
6
章

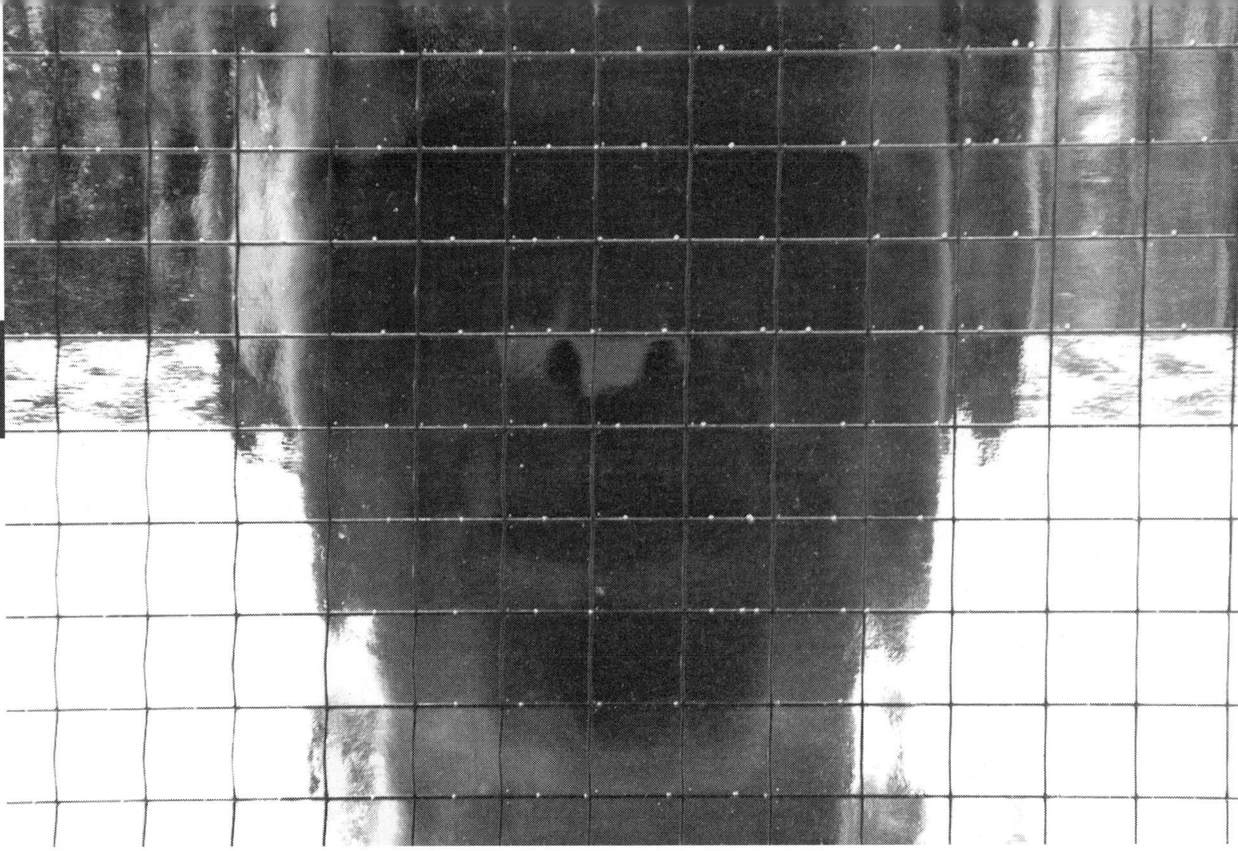

躯体症状障碍和分离障碍

本章提纲

- 连续谱模型下的躯体症状障碍和分离障碍
- 非常人物：安娜·O，谈话治疗
- 躯体症状障碍
- 灰色地带
- 分离障碍
- 本章整合
- 灰色地带讨论
- 批判性思考
- 本章小结
- 关键术语

连续谱模型下的躯体症状障碍和分离障碍

		有可能达到分离障碍或躯体症状障碍的诊断标准：	很可能达到分离障碍或躯体症状障碍的诊断标准：
短暂的分离性体验，有时由应激、睡眠剥夺或药物使用导致（在交谈中或开车时走神）	更频繁的分离性体验，与应激、睡眠剥夺或药物使用无关（频繁忘记自己进行过的交谈，或忘记自己之前在哪里）	分离性体验干扰了日常生活功能（不能回忆一天中的重要事件；发现自己在某个地方，但不知道是如何抵达的）	分离性体验长期持续并对功能造成严重干扰
功能正常			功能失调
短暂的躯体症状或在应激期间对健康状况感到担忧	偶尔无理由地担心自己的健康	经常担心自己的健康，筛查自己的身体是否有任何问题	持续为健康担心，寻求医生的关注，害怕自己症状的严重性

一些理论家认为本章讨论的障碍都与一种心理过程即分离有关。分离是指个体的身份、记忆或意识的各个部分彼此脱离。你可能有过分离性体验，但没有意识到（Aderibigbe, Bloch, & Walker, 2001; Seedat, Stein, & Forde, 2003）。譬如你正行驶在一条熟悉的道路上，想着最近与朋友的谈话，突然间你意识到自己已经开了好几公里，却完全不记得经过了这段路。这就是分离性体验，或者叫白日梦。做白日梦的时候，我们对自己所处的地方以及周围正在发生的事情都没有意识。全神贯注于一部电影或一本书也是一种分离性体验。

研究者科林•罗斯（Ross, 1997）就一系列不同的分离性体验询问了一千多名普通社区成人。错过部分谈话内容似乎是最常见的分离性体验（83%），其次是不确定自己的确做了某件事（如刷牙）抑或只是想过要做这件事（73%）。这些体验并没有危害性。下面还有一些更古怪的体验，如听到脑海中有声音（26%），感到身体好像不是自己的（23%），认为某些东西或其他人是不真实的（26%）。但是，即使这些更为古怪的体验只是偶尔发生，在总人口中也有相当比例的人有过这种体验。疲劳和应激可能是最常见的分离诱因。对接受生存训练且心理健康的美军士兵进行的研究发现，作为对训练中应激的反应，超过 90% 的人声称自己出现了分离症状，他们感觉正在发生的事情与己无关，就像是在旁观电影里的自己（Morgan et al., 2001）。一些人频繁出现分离症状，以至于日常功能受到影响。

就像我们都体验过轻微的分离性症状一样，很多人“体内承受着压力”，在我们感到压力的时候，会体验到紧张和痛苦，或者对疼痛、痛苦和健康状况过分关注和担忧。这种情况可能是分离的结果，典型的例子是，当我们对心理痛苦的意识减退时，我们只会注意到身体疼痛。通常压力消失时，这些疼痛也会消失。然而，对一小部分人来说，他们长期、持续地关注可察觉的疼痛和痛苦，即使有力的证据表明一切正常时也是如此。对身体健康的恐惧是他们生活的中心，这些人可能被诊断为具有躯体症状障碍。无论一个人的症状是否在医学上可以得到解释，但他们遭受的折磨都是真实的。

非常人物

安娜·O，*谈话治疗*

安娜·O 的故事是心理学和精神病学记录上最著名的病例之一。安娜·O 是一位年轻的维也纳妇女，真名为贝莎·帕彭海姆。1859 年，她出生在维也纳一个富有的东正教犹太家庭。她拥有很高的才智，但是离开学校后对知识的渴求几乎没有得到满足。她意志坚定，脾气有点变化无常。1880 年，21 岁的帕彭海姆在父亲重病去世期间患病。弗洛伊德的同事约瑟夫·布鲁尔对帕彭海姆进行了治疗，他这样描述："直到疾病发作之前，病人从未显现出任何神经质的迹象，甚至在青春期也是如此……自从父亲患病，她似乎迅即出现了一系列新的严重身体失调症状"（引自 Edinger, 1963）。这些身体失调症状包括多种无缘由的轻微疾病。她感到头痛、眩晕、明显的视觉问题、头部和颈部无法移动、右下肢麻痹和痉挛。布鲁尔在对她进行治疗时，让她在催眠状态下谈论自己的症状。一年半后，她的症状似乎消失了。帕彭海姆将这种治疗戏称为"谈话治疗"。布鲁尔告诉帕彭海姆，他觉得她已经痊愈，无须继续治疗。当天深夜，他又被叫到帕彭海姆家中，发现帕彭海姆正在床上不停地翻腾，想象自己正在生孩子。而且她还称布鲁尔是这个孩子的父亲。布鲁尔通过催眠使她安静下来，然后很快溜走，从此再没有和她见过面。布鲁尔和弗洛伊德共同记录了安娜·O 的情况，而且他们对谈话治疗的描述，引发了精神分析这种心理治疗形式的兴起。

贝莎·帕彭海姆（即安娜·O）似乎患有 *DSM-5* 所称的*躯体症状障碍*。布鲁尔认为，她所体验到的生理症状是她无法面对的痛苦情绪或记忆造成的。本章我们将讨论躯体症状障碍和*分离障碍*。发展出分离障碍的人们易形成彼此独立的多重人格，或完全丧失对生活重要部分的记忆。躯体症状障碍和分离障碍曾被认为是由相似过程造成的——患者无法面对复杂情绪和应激体验，因此他们无意识地将其情绪转换为身体的和心理的症状。正如贝莎·帕彭海姆的故事所展示的，这些现象为布鲁尔、弗洛伊德及其他精神分析学者的早期理论提供了材料。近年来，围绕这些障碍以及人们对痛苦的记忆和情绪可以完全失去意识的观点产生了争议。我们将在本章末尾讨论这一争议。

躯体症状障碍

前面的章节提到，随着我们逐渐认识到生物因素和心理因素密切相连，越来越不可能在身心之间划出明确界线。**躯体症状障碍**（somatic symptom disorders）就是一个最好的例子，表明*心理和身体之间的界线并不是固定的*。这些障碍的患者可能出现严重的躯体症状，而没有明显的器质性病变，但看起来似乎是心理因素造成的。患者经常过度担忧他们的症状，耗费大量时间在担忧和寻求医学治疗上。

诊断躯体症状障碍的困难在于，个体可能确实存在难以检测或诊断的身体疾病。很多人可能都有这样的朋友或亲戚，他们对医生抱怨自己长年存在某些躯体症状，这些症状被医生归因为"神经质"或"寻求关注"，但后来却被确诊为某些严重疾病的早期症状。如果可以确定导致症状发展的心理因素，或者身体检查能够证明这些症状与身体疾病无关，则该障碍较易诊断。例如，周末还健康的孩子早上快要上学时却突然严重腹痛，这可能是因为上学让孩子感到痛苦。明确的躯体症状障碍的一个更极端的例子是假孕，出现假孕症状的女性以为自己怀孕，但是体检和实验室检查却证实她们并未怀孕。显然，贝莎 • 帕彭海姆表现出的就是假孕。

躯体症状障碍类别包括 5 种特定的障碍。第一种就是*躯体症状障碍*。这个障碍是 *DSM-5* 中新增的，合并了 *DSM-IV-TR* 中一些难以区分的诊断。躯体症状障碍类别里还有*疾病焦虑障碍*（之前称为疑病症）、*转换障碍*和*做作性障碍*。这类障碍的最后一个诊断是*影响其他躯体疾病的心理因素*（有时称为心身障碍），即因心理因素导致患者真实存在且有记录的躯体疾病或缺陷（如高血压）加剧。例如，抑郁会使一系列躯体疾病加剧，包括癌症、心脏病、糖尿病、关节炎和哮喘（Everson-Rose & Lewis, 2005; Katon, 2003）。第 15 章将详细讨论心理因素对躯体疾病的影响。我们在本章主要讨论一些具有痛苦躯体症状的障碍，以及因这些躯体症状而产生的异常想法、感受和行为。医学上无法解释的一些症状存在程度差异，尤其在转换障碍中学者认为心理因素是其症状的原因。

躯体症状障碍和疾病焦虑障碍

有躯体症状障碍的人具有一个或多个令人痛苦的躯体症状，耗费大量时间和精力思考这些障碍和寻求医治。躯体症状可能表现为胃肠症状（例如恶心和腹泻）、疼痛症状、神经症状（头昏和震颤）或影响其他身体部位的症状。尽管人们在发生疼痛或危及生命的症状时都会有关于疾病的先占观念，并寻找病因和治疗的不同观点，但相对其真实的身体健康而言，有躯体症状障碍的人对其健康的担忧是过度的，甚至有证据表明他们身体良好时仍不能停止担忧，而且还会干扰日常功能（见表 6.1）。他们在感觉有某个症状时，可能做出最坏的假设——这是癌症、心脏病、中风，等等。他们坚持进行明显不必要的医学治疗——甚至是手术。他们可能回避很多活动，害

表 6.1　躯体症状障碍的*DSM–5*诊断标准

A. 1种或多种躯体症状，使个体感到痛苦或导致其日常生活受到明显破坏。

B. 与躯体症状相关的极端想法、感觉或行为，或与健康相关的过度担忧，至少表现为下列一项：

1. 与个体症状严重性不相称的、持续的想法。
2. 有关健康或症状的持续高水平的焦虑。
3. 对这些症状或健康的担忧耗费过多的时间和精力。

C. 虽然任何一种躯体症状可能都不会持续存在，但有症状的状态是持续存在的（通常超过6个月）。

标注如果是：
主要表现为疼痛：此标注适用于那些躯体症状主要为疼痛的个体。
持续性：以严重的症状、明显的损害和长病程（超过6个月）为特征。
轻度（只有1项符合诊断标准B的症状）；**中度**（2项或更多符合诊断标准B的症状）；**重度**（2项或更多符合诊断标准B的症状，并且有多种躯体主诉或1项非常严重的躯体主诉）。

资料来源：Reprinted with permission from the *Diagnostic and Statistical Manual of Mental Disorders,* Fifth Edition. Copyright © 2013 American Psychiatric Association.

怕症状恶化，以至于变得孤立和无精打采（Martin & Rief, 2011）。在其他人看来，他们对健康的担忧是其同一性的核心特征，主导了他们的人际关系。通常，这些害怕或主诉集中在某个特定的器官系统。下面这个个案研究中，卡洛斯确信他的肠道有毛病。

个案研究

卡洛斯是一名39岁的已婚男子，他就医时主诉："我肠道不舒服，后来还影响到头部，我的肠道痉挛，我还便秘。"患者的疾病可以追溯到12年前的一次"急性消化不良"，这次消化不良可能引起了腹胀，疼痛转向腹部，并向几个方位扩散。他一边说，一边用手指比划着疼痛扩散的路径。那次卡洛斯因病卧床一个月之久，后来基于对医嘱的理解，他又休息了两个月才上班。医生的再三保证并没有作用。他感到"难受、担心和害怕"，觉得自己真的再也无法康复了。

卡洛斯22岁结婚，之后变得非常依赖妻子。大多数事情都让妻子拿主意，而且对性事也缺乏兴趣。比他年长几岁的妻子似乎并不在意他这种被动的生活方式。结婚5年后，妻子去世，他立刻出现了"急性消化不良"，他整整3个月都感到失落和无助。一段时间后，他搬到了乡下，再婚。但是第二任妻子不太愿意像前妻那样替他承担主要责任，而且他也无法满足妻子在性事方面的要求。他越来越担忧自己的肠胃健康。（摘自 Cameron & Rychlak, 1985）

疾病焦虑障碍（illness anxiety disorder）与躯体症状障碍非常相似。两种障碍在*DSM-5*中的主要区别在于，躯体症状障碍患者存在真实的身体症状，并为此寻求帮助；而具有疾病焦虑障碍的人担心他们可能罹患一种严重的疾病，但并未持续体验到身体症状（表6.2）。然而，如果有疾病焦虑障碍的人的确发生躯体疾病，他们就会变得非常警觉，更有可能马上寻求医疗服务。有疾病焦虑障碍的人可能完成了所有医疗程序，不断更换医生，以证明他们患上了一种可怕的疾病。他们可能坚持认为有毒物质或其他环境因素正在影响其健康，尽管证据是相反的。德国一项广泛的社区研究发现，大多数个体对影响健康的环境有毒物质具有多重担忧，最常见的有毒物质是农药，还有食物中的激素、抗生素或转基因食品（Rief et al., 2012）。

表6.2 疾病焦虑障碍的*DSM–5*诊断标准

A. 患有或获得某种严重疾病的先占观念。

B. 不存在躯体症状，如果存在也是轻微的。即便存在其他躯体疾病或有发展为某种躯体疾病的高度风险（例如，存在明确的家族史），其先占观念显然也是过度的或不相称的。

C. 对健康状况存在明显的焦虑，个体对个人健康状况易于警觉。

D. 个体有与健康相关的过度行为（如反复检查躯体疾病的体征）或表现出适应不良的回避（如回避与医生的预约和医院）。

E. 疾病的先占观念已经存在至少6个月，但所害怕的特定疾病在此段时间内可能会有变化。

F. 与疾病相关的先占观念不能用其他精神障碍来更好地解释，例如，躯体症状障碍、惊恐障碍、广泛性焦虑障碍、躯体变形障碍、强迫症或妄想障碍躯体型。

标注是否是：

寻求服务型：经常使用医疗服务。

回避服务型：很少使用医疗服务。

资料来源： Reprinted with permission from the *Diagnostic and Statistical Manual of Mental Disorders,* Fifth Edition.

Copyright © 2013 American Psychiatric Association.

灰色地带

一个担心自己健康的年幼男孩，思考一下对他的描述。

老师们都将 9 岁的本称为“发愁的人”。他每星期至少有一次会出现在学校护士的办公室里，抱怨头痛或胃痛，坚持自己需要休息或回家。学校护士经常尽职地给本测体温，他的体温总是正常的。然而，本还是不会回教室。他频繁的缺席导致他成绩下降。本的母亲带他看了几次儿科医生，多次检查都没有发现任何导致他频繁头痛和胃痛的身体问题。

本对健康的担忧似乎始于 8 个月前，在他得了一次严重的流感之后，当时他不得不在家卧床一个多星期。之后不久，他的父母就因多年升级的婚姻冲突分居了。他的母亲试图和本探讨他的疼痛是否可能与父母的分居有关，他承认可能是这样。但是几天以后，他又一次发生了头痛或胃痛，他说“这次是真的，它真的很痛！”

本像是患有躯体形式障碍吗？如果是，是哪一种？（讨论在本章末尾。）

有躯体症状障碍或疾病焦虑障碍的人很容易有焦虑发作和抑郁发作，且无法适应性地表达或处理。他们要么将心理痛苦以躯体症状的形式表现，要么以酗酒或反社会行为来掩饰（Feder et al., 2001; Katon, Sullivan & Walker, 2001; Noyes et al., 2001）。他们的症状和对健康的担忧成为其同一性特征。另外，症状的变化反映了他们的情绪健康状况：当感到焦虑或抑郁时，他们会比没有焦虑或抑郁时报告更多的身体不适和担忧（Craig, Boardman, Mills, & Daly-Jones, 1993）。

研究发现，大部分人群主诉的多种躯体症状和健康担忧并没有很好的医学解释（Lagwig et al., 2010; Rief et al., 2011）。例如，一项大型研究针对寻求心脏科、神经科、呼吸科、胃肠科治疗的患者，发现近 20% 的人有过度的疾病焦虑（Tyrer et al., 2011）。相比中年人，老年人的多种症状主诉和健康担忧更为常见，即使考虑了躯体疾病发生几率随年龄增加的因素（Feder et al., 2001; Ladwig et al., 2010）。这些老年人在成长过程中所接受的文化规范，往往不允许他们承认抑郁或焦虑。因此，抑郁或焦虑的老年人更可能以身体疾病的形式来表达消极情绪，这是可接受的，也符合人们对老年人的预期。年幼儿童也会以身体疾病的形式来表达他们的心理痛苦（Garber, Walker, & Zeman, 1991）。他们也许无法用语言来表达复杂的情绪，但是他们会说自己感觉“不好”、肚子痛或头痛。

多种躯体症状和健康担忧的体验倾向于长期存在，并使得人们丧失能力（Rief et al., 2011）。一项纵向研究发现，具有多种身体不适但并未诊断为躯体疾病的人，更有可能遭遇残障、低收入、睡眠障碍和心理痛苦（Lagwig et al., 2010）。与很少有身体不适的人相比，他们也更有可能罹患高血压、肥胖和高胆固醇病，更经常住院，更有可能在 12 年的跟踪期内死亡。

躯体症状障碍和疾病焦虑障碍的理论

有学者认为认知因素在躯体症状障碍和疾病焦虑障碍中起着重要作用（Rief et al., 2010; Voigt et al., 2010）。患有这些障碍的人通常对疾病持有不正常的观念，认为严重疾病是常见的，并倾向于将自身的任何生理变化错误解释为疾病的信号（Marcus & Church, 2002）。他们相信自己容易患上各种各样的躯体疾病，无法忍受疼痛（Rief et al., 2010）。有躯体症状障碍的人对身体的感觉通常比其他人更强烈，也更加关注躯体症状，认为这些症状是灭顶之灾（图 6.1）（Kirmayer & Taillefer, 1997; Martin & Rief, 2011）。例如，有躯体症状障碍的人可能有点消化不良，但将其感知为严重的胸痛，

图 6.1 躯体症状障碍的模型

生物因素和心理社会因素可能共同导致了躯体症状障碍。

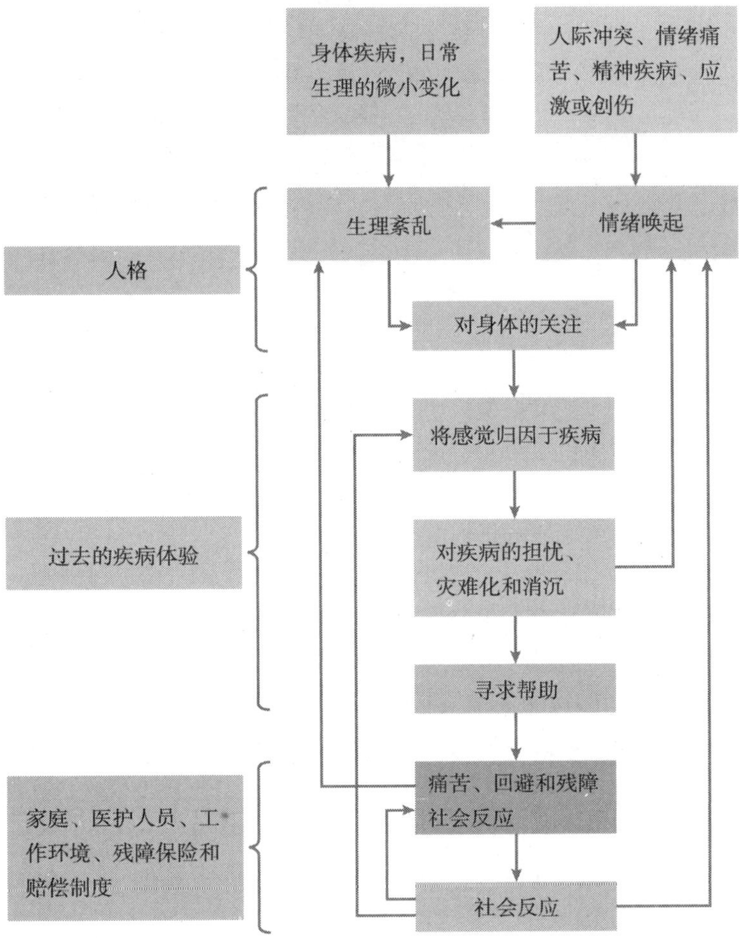

资料来源：Reprinted from p. 353 of "Somatoform Disorders," by L. J. Kirmayer and S. Taillefer. In S. M. Turner and M. Hersen (Eds.), *Adult Psychopatholgy and Diagnosis*, 3rd ed., 1997, pp. 333 - 383. Copyright © 1997 John Wiley & Sons, Inc. Reprinted with permission of John Wiley & Sons, Inc.

并将疼痛解释为心脏病发作的确切信号。

人们对自身体验的解释会直接影响生理过程，使心率加快或血压升高，从而使疼痛持续或加剧。此外，认知会影响个体向医生和家人表述症状的方式。因此，医生可能开出更强效的药物或让他接受更多诊断检查，家人也会表达更多的同情，免除他的许多责任，从而助长其负性行为（Turk & Ruby, 1992）。这样一来，医生及家人就强化了患者对自身症状的错误解释和严重后果，使他更可能对后续症状做出类似的解释。

多种身体不适和过度的健康担忧会在家族里传递，主要是在女性亲属中（Phillips, 2001）。具有焦虑和抑郁的人，其女性亲属也普遍存在这些症状（Garber et al., 1991）。具有多种过度的身体不适的人，其男性亲属出现酗酒和反社会人格障碍的比例也高于常人。多种躯体症状障碍和健康担忧在家族中的传递是否与遗传有关尚不确定（Gillespie et al., 2000）。灾难化地夸大躯体症状的父母，其孩子可能会模仿他们的思维方式和不健康的行为（Marshall et al. 2007）。有躯体症状障碍的父母也更可能忽视他们的孩子，而孩子学会获得关心和重视的唯一途径可能就是生病。这一发现与对躯体主诉和健康担忧的行为解释相符，行为解释认为两者都是"生病行为"得到强化的结果，在这些人的生命里接受了太多这种强化（Ullman & Krasner, 1975）。

躯体症状障碍和疾病焦虑障碍可能是个体经历严重应激后所导致的创伤后应激障碍的部分表现（Katon et al., 2001; Pribor, Yutzy, Dean, & Wetzel, 1993）。例如，有创伤后应激障碍的难民或新移民出现躯体症状和健康担忧的风险升高（Cervantes, Salgado de Snyder & Padilla, 1989）。对红色高棉统治时期逃往美国的赫蒙族移民的调查发现，17% 的人具有创伤后应激障碍，主要特征表现为中度到重度的躯体症状（Westermeyer, Bouafuely, Neider, & Callies, 1989）。

躯体症状障碍和疾病焦虑障碍的治疗

说服具有这些障碍的人接受必需的心理治疗并非易事。尽管许多医生告诉他们身体没病，而上百次的医学检查也证实他们没有身体疾病，但是这些人仍然坚持认为他们的身体有病。心理动力学治疗的核心是，通过帮助人们回忆可能引发症状的事件和记忆，让其洞察情绪和躯体症状之间的联系。行为治疗试图确定个体产生身体症状和健康担忧的强化过程，在消除这些强化的同时增加对健康行为的正面奖励。认知治疗旨在帮助他们学会恰当地解释躯体症状，避免灾难化的想法，与惊恐症状的认知治疗类似（见第 5 章；Abramowitz & Braddock, 2011）。认知行为治疗侧重于识别和质疑那些疾病观念和对身体感觉的错误解释，这种治疗已经显示出一些积极效果（Kroenke, 2009）。抗抑郁药物也能减少躯体症状。

一些临床医生利用来访者的信仰系统和文化传统促使他们接受治疗，并帮助他们克服他们的躯体主诉。下面这个例子就是利用文化信仰治疗一名有躯体症状障碍的拉美裔妇女。

个案研究

埃伦是一名 45 岁的妇女，她因“高烧、呕吐、腹泻、无法进食、体重迅速下降”等症状咨询过多位医生。大量医学检查均未找到病因后，医生告诉她：“我无法再为你医治了，去找一位巫医或民间医生看看吧。”后来，一位表亲带她到巫医中心“求药”。巫医用了草药疗法：进行药浴以及早餐前喝一杯药茶。但是治疗主要针对的是，一个月前因癌症去世的密友灵魂的出现。亡灵正在寻求埃伦的帮助，而埃伦在朋友患病期间因家庭问题未能前去帮忙。巫医治疗计划的关键是，帮助埃伦了解她必须学会正确处理丈夫瘫痪及独自照顾两个年幼女儿等压力所导致的痛苦情绪。亡灵对埃伦身体的影响具有客观意义，目的在于让埃伦留意：她的这种生活方式使其忽视了关顾自己的身体和感受，就像她曾经忽视垂危的朋友一样。（摘自 Koss, 1990, p. 22）

案例中的巫医意识到埃伦的躯体症状源于应激、愤怒和内疚，帮助她将躯体症状和这些情绪联系起来，并找到方法恰当地应对这些情绪。这种干预的背景不是占据主导地位的美国白人文化所使用的认知疗法或其他心理疗法，而是与关注灵魂导致身体症状的作用有关的文化信仰系统。

转换障碍（功能性神经症状障碍）

转换障碍（conversion disorder，也译作转换性障碍）是富有戏剧性的一类躯体症状障碍（表 6.3）。这类患者身体的某个部位丧失机能，明显不是生理性或器质性病变所致。最常见的转换症状有瘫痪、失明、失声、惊厥、失聪、严重丧失协调性以及肢体麻痹。一种尤其富有戏剧性的转换症状是手套式感觉丧失，患者有一只手的感觉完全丧失，就像戴着一只手套，隔离了身体的感觉。然而，如图 6.2 所示，手部的神经分布方式使得这种形式的感觉丧失非常不可能发生。转换障碍一般包括某种特殊症状，如失明或瘫痪，但是个体的症状可能在身体的不同部位反复发作。“转换障碍”的名称意味着，一般由创伤性事件导致的心理痛苦被“转换”为身体症状。患者和医生同样都经常反对这个假设

图 6.2　手套式感觉丧失

在被称为手套式感觉丧失的转换障碍中，整只手从指尖到手腕都变得麻木。相反，实际的尺骨神经损伤会引起无名指、小指以及从手腕到手臂的部分区域的麻木，桡骨神经损伤只会使无名指、中指和食指的某些部分以及整个大拇指和部分手臂麻木。

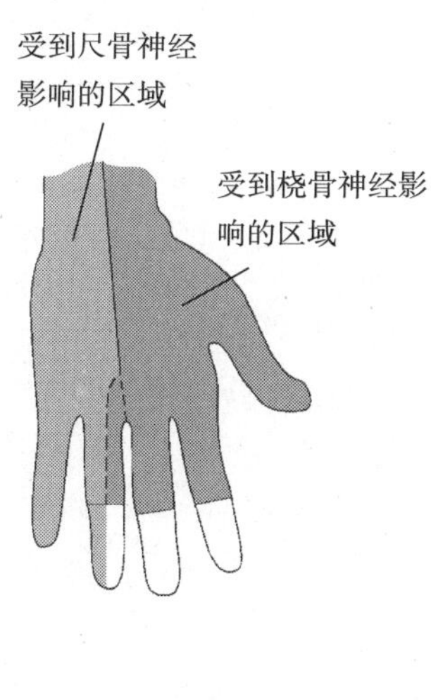

表 6.3 转换障碍（功能性神经症状障碍）的*DSM–5*诊断标准

A. 1个或多个随意运动或感觉功能改变的症状。
B. 临床检查结果提供了其症状与公认的神经或躯体情况之间不一致的证据。
C. 其症状或缺陷不能用其他躯体疾病或精神障碍来更好地解释。
D. 其症状或缺陷引起临床上明显的痛苦，或者导致社交、职业或其他重要功能方面的损害或需要医学评估。
资料来源：Reprinted with permission from the *Diagnostic and Statistical Manual of Mental Disorders*, Fifth Edition. Copyright © 2013 American Psychiatric Association.

（Stone et al., 2011），因此 *DSM-5* 用括号注明这种障碍的命名为**功能性神经症状障碍**（functional neurological symptom disorder），这个更加中性的名称并不假定障碍是心理原因造成的。无法解释的神经症状相对普遍。据估计，20% 的神经科患者具有无明显医疗原因的症状（Feinstein, 2011）。符合持续性转换障碍全部标准的个体数量非常少，100 000 人中约有 20 人（Feinstein, 2011）。

转换障碍的理论

弗洛伊德及其同时代的人认为，转换症状是被压抑的情绪或记忆所附带的心理能量转化为躯体症状的结果。这些症状往往象征着被压抑的特定担忧或记忆。焦虑的减少被称为*原发性获益*。不仅如此，患者还受到他人的关注和关心，可以免除责任和期望，致使转换症状进一步加剧。弗洛伊德称之为*继发性获益*。

行为理论并不认为转换症状代表了被转化的无意识焦虑，但该理论强调转换症状在缓解痛苦中所起的作用，它们使得个体脱离痛苦的环境，逃避不想承担的责任或情境（Deary, Chalder, & Sharpe, 2007）。显然，转换症状在两次世界大战期间很普遍，士兵会莫明其妙地瘫痪或失明，因而不能重返前线（lronside & Batchelor, 1945）。许多士兵似乎毫不在意他们的瘫痪或失明，这种现象被称为*泰然漠视*（la belle indifference）。有时，士兵的躯体症状代表了他们亲眼目睹的创伤性事件。例如，朝平民胸部开枪的士兵可能感到胸口疼痛。

儿童也会出现转换症状。他们的症状常常是模仿真正患病的亲人（Grattan-Smith, Fairly & Procopis, 1988; Spierings et al., 1990）。例如，孩子所敬爱的祖父因中风造成右侧躯体功能丧失，孩子可能变得不能使用右臂。

一些性虐待受害者也会产生转换症状（Anderson, Yasenik & Ross, 1993; Sar et al., 2004）。下面是对一名妇女的个案研究，她在被强奸后产生了创伤后应激障碍（见第 5 章）和转换性失声。

个案研究

简是一名妇女，就诊时 32 岁，和 15 岁的儿子住在一起，职业是低级别的行政人员。在她 24 岁时，两名男子在午夜过后闯入她家中，用刀顶着她的喉咙，并威胁她不许出声或反抗，否则就杀死她。他们当着她当时只有 7 岁的儿子的面强奸了她，然后在离开前把母子俩锁在了地下室。强奸发生几星期之后，和简关系亲密的母亲因癌症去世。简感到自己必须坚强地支撑起这个家，而且她也为自己“从未崩溃”感到骄傲。

31 岁的时候，简与男友同居并遭到对方虐待，她出现了转换性失声。当她要求男友离开她家时，却无法发出一点声音。经过言语治疗师数月的治疗后，简可以轻声低语，但仍不能正常说话。这位言语治疗师将她转往一家诊所，对强奸导致的创伤后应激障碍进行治疗。

在治疗前的会谈中，医生确认简因为遭到强奸而患有长期的创伤后应激障碍。她表现出恐惧、惊吓反应、噩梦、闪回以及和强奸有关的一些闯入性想法。她说，自己努力避免想起这次被强奸的经历和唤起这些记忆的场景，以及其他人的疏离感。她还主诉有睡眠问题、过度惊吓反应和高度警觉。简有中度的抑郁和相当的焦虑。在初次会谈中，简表示自己从未口头表达过对这次强奸的感觉，并认为这种压抑可能是她丧失说话能力的原因（摘自 Rothbaum & Foa, 1991）。

研究表明有转换障碍的人具有较高的可催眠性（Roelofs et al., 2002; Stone et al., 2011）。这支持了一个观点，即转换症状是自发的自我催眠的结果。自我催眠时，感觉或运动机能与意识对极端应激的反应是分离的。

神经模型表明，当大脑的感觉或运动区因焦虑而受损时就会出现转换症状（Aybek, Kanaan, & David, 2008）。例如，在对一名转换性失声妇女的个案研究中，研究者使用功能性脑成像发现，当这名妇女进行发声任务时，大脑言语区（额下回）的活动是正常的，但这些言语区和焦虑调节脑区（特别是前扣带回）之间的连接受损（Bryant & Das, 2012）。这名妇女接受失声的认知行为治疗之后，言语区和焦虑调节脑区之间的连接得以重建，同时言语区和参与焦虑体验的脑区（杏仁核）之间的连接减少。这类研究表明，转换障碍并不涉及与功能丧失特定相关的脑区（如失声中的言语区）活动受损，而是这些脑区与焦虑产生及调节的相关脑区之间的连接发生了变化。

转换障碍的治疗

转换障碍的治疗难点在于有该障碍的人不相信他们的心理有任何问题。转换障碍的精神分析治疗强调表达痛苦的情绪和记忆，并洞察它们与转换症状之间的关系（Feinsten, 2011）。行为治疗致力于缓解个体因最初导致转换障碍的创伤所产生的焦虑，以及减少患者从转换症状中所获取的任何好处（Rothbaum & Foa, 1991）。例如，对上述个案研究中妇女简的治疗使用了系统脱敏法和暴露法（见第 2 章和第 5 章）。将简所回避的情境按照严重程度建立等级序列，其中绝大部分情境会令她回想起被强奸的经历。在暴露疗法中，治疗人员帮助简接近让其感到焦虑的情境，并按照恐惧等级顺序递增的情境逐步推进，同时练习运用放松技术。在想象治疗的过程中，简首先大体叙述被性侵犯的细节，然后再详细描述，包括当时环境以及她对性侵犯的生理和认知反应的细节。最初，简只能用耳语般的声音叙述，但是她放声大哭了。哭过之后，她的说话声越来越响亮，偶尔几个字完全放开了嗓门。最后，她的音量完全正常了。治疗后，她的创伤后应激障碍症状也减轻了，并在随后的一年里得到进一步的缓解（Rothbaum & Foa, 1991）。

做作性障碍

DSM-5 中躯体症状障碍类别的最后一种诊断是**做作性障碍**（factitious disorders），即一个人故意假装生病以获得医疗关注，并扮演生病者的角色。做作性障碍也被称为明肖森综合征（Munchhausen's syndrome）。做作性障碍不同于躯体症状障碍的地

方在于，做作性障碍必须具有个体提供虚假信息或做出欺骗行为的证据。做作性障碍也不同于**诈病**（malingering），后者是指人们伪装症状或障碍以逃避不情愿的情境，如服兵役，或者获得某种东西，如保险理赔。诈病和做作性障碍最大的不同之处在于伪装症状的动机——诈病者的症状有助于个体逃避讨厌的情境，而做作性障碍症状刻意用来获得医疗关注。

当个体使他人（如儿童、宠物、老年人）假装生病时，可诊断为**对他人的做作性障碍**（factitious disorder imposed on another; 之前被称为*代理做作性障碍*）。例如，父母伪造甚至造成孩子生病，以获取别人对其自身的关注。他们扮演全心奉献、长期受煎熬的监护人，以谋取别人对他们精心养育的赞扬。而孩子则被动地接受一些不必要而且经常带来危险的医疗程序，父母使他们生病的企图真的有可能导致他们死亡。

7 岁的詹妮弗 • 布什就是对他人的做作性障碍的受害者。为了治疗她似乎患有的一系列令人迷惑的疾病，詹妮弗住院近 200 次，接受手术 40 次。在整个过程中，她的母亲凯瑟琳 • 布什一直和她在一起，应付医疗专业人士，坐视家庭财政被詹妮弗的医疗账单拖垮。然而女儿的疾病似乎自始至终都是凯瑟琳 • 布什一手造成的，她给女儿服用处方之外的药物，更换药物，甚至在孩子的喂食管中放入粪便中的细菌。凯瑟琳最终被逮捕，并因虐待儿童和欺诈罪被判入狱 3 年（Toufexis, Blackman, & Drummond, 1996）。

分离障碍

上世纪，科学家对**分离障碍**（dissociative disorders，也译作分离性障碍）的兴趣起起落落（Kihlstrom, 2005）。19 世纪，法国和美国的神经学家和心理学家如夏可、弗洛伊德、荣格和詹姆士对分离症状表现出浓厚的兴趣。法国神经学家皮埃尔 • 让内（Pierre Janet）把**分离**（disassociation）视为一个过程，其中精神经验的某些部分与意识割裂，但彼此仍然能够通过梦和催眠相通。他研究的个案中有一位名叫艾琳的妇女，她不记得母亲已经去世。但是在睡梦中，她将和母亲去世有关的事件通过身体夸张地表现出来。

大约在 1910 年后，科学家对分离现象的兴趣减退，部分是由于行为主义和生物学取向在心理学领域的兴起，它们反对压抑的概念，不赞成在治疗中使用催眠等方法。欧内斯特 • 希尔加德（Hilgard, 1977/1986）关于*隐藏的观察者现象*的实验又重新唤起了大家对分离现象的兴趣。他认为意识存在一种主动模式，包括我们有意识的计划、愿望和自主的行为。在被动的接受模式下，意识会记录信息并将其存储在记忆中，但并没有察觉到信息被处理了，仿佛隐藏的观察者在人们不知情的情况下，正在注视并记录着他们生活中的事件。

希尔加德和同事在实验中对参与者进行催眠，暗示在引起疼痛的过程中他们不会感觉到疼痛，但是当催眠师给他们一个特定的线索时，他们会记起那个疼痛。这些参与者在实验过程中确实没有表现出对疼痛的意识。当接受到催眠师的线索时，他们如实地报告了对疼痛的记忆，仿佛一个清醒、理智的旁观者为当事人记录了这一事件。其他研究发现，一些被麻醉的外科手术病人在催眠状态下可以回想起手术进行时播放的某些音乐片段。同样，仿佛有一个“隐藏的观察者”在病人麻醉后完全没有意识的情况下记录了手术中发生的事情（见 Kihlstrom, 2001; Kihlstrom &

Couture, 1992; Kirsch & Lynn, 1998)。

对大多数人而言，意识的主动模式和被动接受模式将我们的体验完美地编织在一起，我们不会注意到两者之间的分别。然而，具有分离性障碍的人可能长期在主动模式和被动接受模式的整合上存在问题(Hilgard,1992; Kihlstrom, 2001)。也就是说，这些人意识中的不同方面不能正常地彼此整合，而是处于分裂状态，各自独立运作。

我们首先讨论一种特殊的分离性障碍，它就是曾经被称为多重人格障碍的分离性身份障碍。然后我们将探讨分离性遗忘症和人格解体 / 现实解体障碍。这些障碍都涉及频繁体验到个体“自我”的多个方面相互分裂并各自独立的感觉。

分离性身份障碍

个案研究

伊芙·怀特是一位沉默寡言、循规蹈矩、谦逊有礼的女子，她是她一位全职家庭主妇，也是一位疼爱年幼女儿的母亲。因为越来越频繁的头痛，她去精神病医生处就医。医生认为她的头痛症状和夫妻争吵有关，夫妻俩在让女儿入爸爸的教会 (天主教) 还是妈妈的教会(浸信会)上存在分歧。接受一些婚姻治疗后，怀特太太的家庭生活有所改善，头痛也有一年左右没有复发。

后来，她的丈夫再次联系她的治疗师，称妻子的行为变化让他感到惊慌。怀特太太到 80 多公里外的小城探望她最喜欢的一位表亲，在此期间她表现得比平时更加的无所顾忌。她在电话里告诉丈夫自己不打算回家，两人大吵一架并最终同意离婚。怀特太太在几天后回到家里，却说自己不记得和丈夫吵过架，至于去探望表亲的事也完全没有印象。

不久，怀特太太明显去购物了，还买了价值好几百美元的奢华衣服，而夫妻俩根本承担不起。在丈夫质问这笔开销时，她称自己不记得买过衣服。

在丈夫的强烈要求下，怀特太太约见了最初为她诊治头痛的治疗师。在治疗过程中，她承认头痛又犯了，而且比以前更加严重。最后，她哭着承认自己开始听到脑子里有其他人的声音，她担心自己要疯了。医生问了她更多有关乱买衣服的事情，怀特太太变得更加紧张，无法继续谈论这件事。然后，正如治疗师所报告的：

> 她忧郁的双眼有点儿发直。仿佛暂时陷入茫然。她的姿势也突然改变了。她的身体慢慢绷紧，直到坐得笔直僵硬。她的脸上浮现出奇怪的、难以理解的表情。然后这种表情像被抹掉一样突然消失了，她的脸部线条似乎缓慢地、几乎让人无法察觉地发生着奇妙的改变。有那么一会儿，她给人一种不可思议的感觉。她闭上双眼，畏畏缩缩地把双手放到太阳穴上使劲按压，并扭着双手，仿佛要和突如其来的疼痛斗争。一阵轻微的颤抖传遍她的全身。
>
> 接着，她轻轻垂下双手，表现出医生以前从未在她身上见过的轻松状态。一双蓝眼睛突然睁开。脸上掠过一丝满不在乎的笑容。这位女士突然用一种轻快、陌生的声音问候道：“你好，医生！”
>
> 惊讶不已的医生不由地问道：“你现在感觉如何？”
>
> “挺好——从没感觉这么好！你呢，医生？……她的命真苦，这一点毫无疑问。”那女子漫不经心地说，“我有时真替她难过。虽然她是个大笨蛋……不得不忍受没用的拉尔夫·怀特——还得为那小家伙虚度光阴……我说，都见鬼去吧！”
>
> 医生问道：“她是谁？”
>
> “什么话，当然是伊芙·怀特。你那位饱受折磨的善良的小病人。”
>
> “怎么，你不是伊芙·怀特吗？”医生问。
>
> “可笑。”她大声说，声音里带着笑

意。"嗨，我是伊芙·布莱克，"她说……"我是我，她是她，"女子补充道。"我热爱生活，但她不……那些衣服——好吧，我可以告诉你。那天我出去了，我想要衣服。我喜欢漂亮衣服。所以我进城买了我想要的东西。我还把账记在她丈夫名下！"她开始轻声笑起来。"你真该看看她丈夫让她看衣橱里的东西时她那傻样！"

资料来源：Reprinted with permission from C. H. Thigpen and H. M. Cleckley, TheThree Faces of Eve. Copyright © 1957 McGraw-Hill

电影《三面夏娃》描述了伊芙·布莱克的故事，它是对被诊断为**分离性身份障碍**（dissociative identity disorder; DID）的人最详细和扣人心弦的记述之一。在后来的会谈中，伊芙·布莱克告诉了医生自己的荒唐行为——整夜在外喝酒，直至凌晨才"回去"，让伊芙·怀特来承受宿醉之苦。治疗开始时，伊芙·怀特没有意识到伊芙·布莱克和后续治疗中确定的 20 多个不同人格。伊芙·怀特最终康复，成功地将伊芙·布莱克和其他人格融为一体，并过上了健康、正常的生活。

分离性身份障碍是临床心理学和精神病学领域最具争议和最奇妙的精神障碍之一。有此障碍的人拥有多个独立的身份或人格，其中许多人拥有十几种以上的人格（表 6.4）。每种人格看待和适应世界的方式都不同，并在正常基础上控制个体行为。伊芙·怀特或伊芙·布莱克便是如此，交替出现的各种人格之间差异极大，面部表情、说话特点、生理反应、手势、交际方式和态度倾向各不相同（International Society for the Study of Trauma and Dissociation [ISSTD], 2011; Vermetten et al., 2006）。多个人格常常有着不同的年龄和性别，并执行不同的功能。

分离性身份障碍的主要症状是存在多个截然不同的人格，称为交替人格（alters）或交替身份（alternate identities）。这些交替人格形式和功能多样。儿童的交替人格可能最常见，表现为年幼的儿童，并且不随个体年龄的增长而成长（Ross, 1997）。童年期创伤往往和分离性身份障碍的发展有关。儿童的交替人格可能在创伤经历中产生，扮演受害者的角色，而主人格则隐藏起来，受到心理遗忘的保护。或者，交替人格也可以是保护主人格免受伤害的哥哥或姐姐。当儿童的交替人格"表现出来"或控制该个体的行为时，成年人就会表现出儿童的言谈和行为方式。

电影《三面夏娃》讲述了一位患有分离性身份障碍的妇女的故事，她在衣橱里发现了一些奢华的衣物，却不记得自己买过。

第二种常见的交替人格是迫害者人格。这些交替人格通过自残行为使其他人格痛苦或惩罚其他人格，例如割伤或烧伤自己以及企图自杀（Coons & Milstein, 1990; Ross, 1997）。迫害者交替人格会做出危险的举动，例如过量服药或跳到卡车前面，然后"退隐"，留下主人格承受痛苦。迫害者可能以为他们可以伤害其他人格而不会伤到自己。

第三种交替人格是保护者人格或帮助者人格。这种人格的作用是为其他人格提供建议或完成主人格没有能力完成的任务，例如发生性关系或避开喜欢施暴

表 6.4　分离性身份障碍的*DSM–5*诊断标准

A. 存在两个或更多以截然不同的人格状态为特征的身份瓦解，这可能在某些文化中被描述为一种附体体验。身份的瓦解涉及明显的自我感和自我控制感的中断，伴随着与情感、行为、意识、记忆、感知、认知和/或感觉运动功能相关的改变。这些体征和症状可以被他人观察到或由个体自己报告。

B. 回忆日常事件、重要的个人信息和/或创伤事件时，存在反复的空白期，它们与普通的遗忘不一致。

C. 这些症状引起有临床意义的痛苦，或导致社交、职业或其他重要功能方面的损害。

D. 该障碍并非广泛可接受的文化或宗教习俗的一部分。

注：对于儿童，这些症状不能更好地用假想玩伴或其他幻想游戏来解释。

E. 这些症状不能归因于某种物质的直接生理效应（例如，在酒精中毒过程中的一过性黑蒙或混乱行为）或其他躯体疾病（例如，复杂部分性发作）。

资料来源：Reprinted with permission from the *Diagnostic and Statistical Manual of Mental Disorders*, Fifth Edition.

Copyright © 2013 American Psychiatric Association.

的父母。帮助者有时会控制人格之间的转换，或扮演被动的旁观者报告其他所有人格的想法和意图（Ross, 1997）。

具有分离性身份障碍的人通常报告有明显的遗忘期或记忆空白期。他们称自己完全忘记其他人格控制的那段时间发生的事情，或在两个人格之间存在单向遗忘的情况，即一个人格能够意识到另一个人格的行为，但是在前一人格处于控制地位时，另一个人格则是完全失忆的。与伊芙•怀特一样，分离性身份障碍患者可能突然在家里发现陌生的物品或者丢失物品。街上的陌生人可能走上前表示认识他们。他们可能会不断地收到寄给与自己不同姓名之人的信件或打给这些人的电话。他们报告的遗忘很难验证是否属实，但是有些研究指出，信息和记忆倾向于在不同人格间传递，即使个体认为某些人格会出现遗忘也是如此（Allen & Iacono, 2001; Kong, Allen, & Glisky, 2008）。

创伤后应激障碍经常与分离性身份障碍共病（Rodewald et al., 2011）。自我伤害行为在有分离性身份障碍的人中十分常见，这往往是他们主动或被动就医的原因。这些行为包括烧伤自己、割腕和过量服药。大约四分之三的分离性身份障碍患者有自杀史，而且超过90% 的患者称自己反复产生自杀的念头（Ross, 1997）。

与成人一样，诊断为分离性身份障碍的儿童也表现出许多行为和情绪问题（Putnam, 1991）。他们在学校的表现反复无常，时好时坏。他们也容易做出偷窃、纵火和攻击等反社会行为。他们可能很小就发生性关系、酗酒或吸毒。他们还可能出现多种创伤后应激障碍症状（见第 5 章），包括高度警觉、过去创伤事件的闪回、创伤性的噩梦以及过分的惊吓反应。他们的情绪不稳定，

分离性身份障碍患者可能会做出自残行为。

时而暴怒，时而深度抑郁，时而严重焦虑。

大多数有分离性身份障碍的儿童和许多成人报告听到头脑里有说话的声音。一些人还报告意识到自己的言行被其他人格控制。例如，患分离性身份障碍的 8 岁男孩乔伊描述了“身体里那个叫坏乔伊的家伙”是怎样让他“做坏事”的。

讲 述

> 如果坏乔伊听到有人辱骂我，他就会催促我行动，朝那孩子跑过去，我的双腿不听我使唤，我命令双腿：“不……停下来……”但是它们只顾往前，因为那是坏乔伊的腿。然后，我的胳膊会朝那个孩子挥过去，揍他，我眼瞅着自己的胳膊这么做，却无法阻止。在打那孩子时，手不会疼，直到坏乔伊消失之后才会感到疼，我的胳膊又是自己的了，然后它开始疼起来（Hornstein & Putnam, 1992, p.1081）。

很难可靠地估计分离性身份障碍的患病率。针对精神科患者的研究发现，可以诊断为分离性身份障碍的患者介于 1% 到 6% 之间（Foote et al., 2006; ISSTD, 2011）。该障碍的绝大部分患者是成年女性。

诊断问题

大约 1980 年以前，分离性身份障碍的诊断还十分罕见，但是自那以后病例大量增加（Braun, 1986; Coons, 1986）。部分原因是 1980 年发布的 *DSM* 第三版中首次将分离性身份障碍作为一项诊断类别。具体诊断标准的出台使该障碍更可能被诊断出来。同时，1980 年版的 *DSM* 中，精神分裂症的诊断标准变得更加具体，可能使一些原本诊断为精神分裂症的个案被诊断为分离性身份障碍。对诊断方向具有重要影响的最后一个因素是精神病医生发表的一系列重要论文，详细描述了他们所治疗的分离性身份障碍个案（Bliss, 1980; Coons, 1980; Greaves, 1980; Rosenbaum, 1980）。这些病例唤起了精神病学界对这种心理障碍的兴趣。

然而，大多数心理健康专家仍然不太愿意做出这种诊断。被诊断为分离性身份障碍的大部分人之前已经被诊断出至少有三种其他心理障碍（Kluft,1987; Rodewald et al., 2011）。确诊的其他障碍中有一些是分离性身份障碍的继发症或结果。例如，一项针对分离性身份障碍患者的研究发现，其中 97% 的人也被诊断为抑郁症，90% 的人患有某种焦虑障碍，绝大多数是创伤后应激障碍，65% 的人有药物滥用行为，38% 的人有进食障碍（Ellason, Ross & Fuchs, 1996）。此外，大多数分离性身份障碍患者也被诊断出患有某种人格障碍（Dell, 1998）。一些早期诊断结果可能是对分离性症状的误诊。例如，当分离性身份障碍患者报告听到头脑里有人说话时，他们往往被误诊为精神分裂症（ISSTD, 2011）。

虽然分离性身份障碍的诊断标准在 D*SM-III* 之后没有很大的变化，但 *DSM-5* 包含了一些重要的变化。*DSM-5* 在标准 A（见表 6.4）中加入了“一种附体体验”这几个字，以使得该标准更加适用于不同的文化群体，在非西方文化和西方文化的亚群体（如移民和一些保守的或原教旨主义的宗教群体）中找到分离性身份障碍的共同表现（Spiegel et al., 2011）。分离性身份障碍的很多特征会受到个体文化背景的影响，分裂的身份可能采取的形式包括附体的灵魂、神灵、魔鬼、动物或被认为是真实的神话人物。在某些国家的文化规范中，附体体验可能属于灵修的一部分；但与之不同的是，异常附体的分离性身份障碍的体验是非自愿的、痛苦的和无法控制的，并经常涉及个体、社会、文化或宗教规范之间的冲突（标准 D）。研究显示，在许多国家都出现了分离性症状的病态附体案例（Cardena, van Duijl, Weiner, & Terhune, 2009），一项研究表明，西方社会中接近 60% 的分离性身份障碍患者感觉自己似乎被附体了（Ross, 2011）。*DSM-5* 的其他变化包括：身份转换不一定直接被他人观察到，但可以通过其他途径间接发现，比如自我报告（标准 A），包括日常事件的回忆问题（遗忘症），而不只是创伤经历（标准 B）。

分离性身份障碍在美国的诊断率高于英国、欧洲、印度或日本（Boysen, 2011; Ross, 1989; Saxena & Prasad, 1989; Takahashi, 1990）。一些研究认为，不论是在美国国内还是国外，拉美裔人群遭受创伤后产生分离性症状的可能性都高于其他族裔群体。例如，对越南战争退伍老兵的研究发现，拉美裔士兵比非拉美裔士兵更可能表现出分离性症状（Koopman et al., 2001）。另一项研究以美国社区暴力的拉美裔受害者为对象，发现对美国主流文化适应程度较低的拉美裔人比适应程度较高者更可能产生分离性症状（Marshall & Orlando, 2002）。分离性症状可能是神经崩溃（ataque de nervios）综合征的一部分，神经崩溃是拉美文化认可的一种应激反应，表现为短暂的意识丧失、痉挛、高度亢奋、攻击和冲动行为（见第 5 章）。一些研究者认为，美国的精神病医生对分离性人格障碍的诊断过于草率；还有研究者则认为，其他国家的精神病医生更可能将分离性身份障碍误诊为其他精神障碍（Boysen, 2011; Coons, Cole, Pellow, & Milstein, 1990; Fahy, 1988）。

一些分离性身份障碍的成年人声称，他们恢复了已经遗忘数年的关于严重虐待的记忆。这种情况引起了大量争议，我们将在本章末尾详细讨论这些争议。

分离性身份障碍的理论

许多研究分离性身份障碍的理论家认为，这一障碍是人们面对无法承受的创伤时所采取的应对策略造成的，最常见的创伤是受害者无力逃避的儿童期性虐待或身体虐待（Bliss, 1986; ISSTD，2011; Kluft, 1987; Putnam, Zahn, & Post, 1990）。正如罗斯（Ross, 1997, p. 64）所述：

> 在夜里受到父亲性虐待的小女孩会想象此事发生在别人身上，从而使自己远离正在经历的巨大情感创伤。她可能漂浮到天花板上，以旁观者的角度注视虐待的发生。现在，不仅遭受不幸的不是她，而且她还将这件事关闭在自己的心门之外——另一个小女孩会记住它，而不是原本的自己。在这个模式中，分离性身份障碍是一种内部的“分而治之”的策略，将无法承受的事实和感受分割为可以控制的单元。这些单元被人格化，并有了他们各自的生命。

大多数研究发现，大部分分离性身份障碍患者都报告说他们在童年时遭受过性虐待或身体虐待（例如，Ross & Ness, 2010），反过来，儿童期性虐待的受害者也普遍报告产生分离性体验（Butzel et al., 2000; Kisiel & Lyons, 2001）。例如，一项针对 135 名有分离性身份障碍的人研究发现，其中 92% 的人报告曾经遭受过性虐待，90% 的人报告反复遭到身体虐待（Ellason et al., 1996; 也见 Putnam, Gutnam, Guroff, Silberman, & Barban, 1986）。一些研究中也发现了类似的结果，患者自述受到虐待，并得到至少一位家庭成员或医院急诊报告的证实（Coons, 1994; Coons & Milstein,

1986）。这种虐待大多是父母或其他家庭成员所为，并在童年期持续了较长时间。与分离性身份障碍形成有关的其他创伤类型包括绑架、自然灾害、战争、饥荒和宗教迫害（Ross, 1999）。一些分离性身份障碍的个体报告说，他们曾经受到邪教、人口贩卖、多代虐待家庭系统、恋童癖者网络甚至外星人或政府“精神实验”的折磨和虐待（ISSTD, 2011）。

有分离性身份障碍的人容易接受暗示和催眠，而且可以用自我催眠来脱离和逃避创伤（Kihlstrom, Glisky, & Angiulo, 1994）。他们创造出交替人格来帮助自己应对创伤，类似于孩子为了摆脱孤独创造假想的玩伴。这些交替人格可以提供监护人所没有给予的保护和养育。将自己隐藏在交替人格之中或利用这些人格来做可怕的事情，成为分离性身份障碍患者应对日常生活的一种长期方式。

与之不同的一种观点是社会认知模型。患者采纳了分离性身份障碍的观念或故事来更好地解释他们的生活，由此创造出交替身份（Merckelbach, Devilly, & Rassin, 2002; Spanos, 1994）。这些身份并不是具有清晰边界的真实人格，而是患者用来理解其主观体验的一种象征。患者并非假装其交替人格，而是始终扮演某种角色，从而帮助他们应对生命中的严重压力和紧张，并因得到了其他人的注意和关心而被强化。

一些家族史研究发现，分离性身份障碍可能会在一些家族中传递（Coons, 1984; Dell & Eisenhower, 1990）。此外，双生子和领养研究的证据表明，分离倾向明显受到遗传影响（Becker-Blease et al., 2004; Jang, Paris, Zweig-Frank, & Livesley, 1998）。分离作为一种应对反应的能力和倾向在某种程度上取决于生物学因素。

分离性身份障碍的治疗

分离性身份障碍的治疗极具挑战性。治疗的目标是将所有交替人格整合为一个连贯一致的人格，帮助患者重建对于健康人际关系的信任能力（Chu, 2011; ISSTD, 2011）。实现这种整合需要让各个身份“发声”，帮助它们意识到彼此的存在；辨别每个人格的功能或角色；帮助每个人格去面对和平复诱发其障碍的创伤，去面对和平复他们各自的担忧或所代表的担忧；并和不同的人格谈判，以便统合成一个人格，使之学会适应性地应对压力与紧张。重建信任和治疗联盟很关键，因为分离性身份障碍患者体验到的创伤通常使他们完全失去对他人的信任。治疗师与各个交替人格互动，使其参与回顾和理解创伤历史的过程，将所有交替人格的回忆和优势整合成一个连贯一致的人格。分离性身份障碍的治疗有时要使用催眠（Putnam & Lowenstein, 1993）。附体形式的分离性身份障碍可能需要在文化上对治疗进行调整，也许还需要包括本地的医治者或巫师（Martinez-Taboas, 2005; Spiegel et al., 2011）。

在对分离性身份障碍的治疗进行实证评估的少数研究中有一项研究发现，能成功整合人格的患者在随后两年里都不太可能复发（Ellason & Ross, 1997）。这些患者还报告很少有滥用药物和抑郁的症状，并且能够减少抗抑郁和抗精神病药物的使用。与之相比，在治疗中没有实现人格整合的患者还会继续出现分离症状及许多其他障碍。这项研究没有比较接受治疗和未接受治疗的患者情况，也没有对不同的治疗方法进行比较。

分离性遗忘症

在分离性身份障碍中，个体自称遗忘了交替人格控制的时期。然而，有些人有

表 6.5　分离性遗忘症的*DSM-5*诊断标准

A. 不能回忆起重要的、自传式的个人信息，通常具有创伤或应激性质，且与普通的健忘不一致。

注：分离性遗忘症通常具有对特定事件的局限性的或选择性遗忘；或对身份和生活史的广泛性遗忘。

B. 这些症状引起有临床意义的痛苦，或导致社交、职业或其他重要功能方面的损害。

C. 这些症状不能归因于某种物质（例如，酒精或其他滥用的毒品、药物）的生理效应或神经系统或其他躯体疾病（例如，复杂部分性发作、短暂性全面性遗忘症、闭合性头部损伤/创伤性脑损伤后遗症、其他神经系统疾病）。

D. 该障碍不能用分离性身份障碍、创伤后应激障碍、急性应激障碍、躯体症状障碍、重度或轻度的神经认知障碍来更好地解释。

标注如果是：

伴分离性漫游：似乎有目的的旅行，或与遗忘身份或其他重要个人信息有关的漫无目标的游荡。

资料来源：Reprinted with permission from the *Diagnostic and Statistical Manual of Mental Disorders*, Fifth Edition. Copyright © 2013 American Psychiatric Association.

表 6.6　心因性遗忘症和器质性遗忘症的区别

心因性遗忘症和器质性遗忘症之间有几个重要的差异。

心因性遗忘症	器质性遗忘症
心理因素引起	生物因素引起（例如疾病、药物及头部受伤）
很少出现顺行性遗忘（不能记住遗忘症发作后获取的新信息）	常常出现顺行性遗忘
可能出现逆行性遗忘（不能记住过去发生的事）	可能出现逆行性遗忘
逆行性遗忘通常只涉及个人信息而非一般信息	逆行性遗忘通常既包括个人信息也包括一般信息

明显的记忆缺失，但并不会产生新的人格或身份。他们不记得生活中的重要事实和个人身份，并且通常能够意识到在自己的记忆或自我认识方面有大段的空白期。这些人被认为患有**分离性遗忘症**（dissociative amnesia）（见表 6.5）。

遗忘症分为器质性的和心因性的（表 6.6）。**器质性遗忘症**（organic amnesia）是由疾病、药物、事故（例如头部受重击）或外科手术引起的大脑损伤所致。器质性遗忘症往往表现为无法记住新的信息，称为**顺行性遗忘**（anterograde amnesia）。**心因性遗忘症**（psychogenic amnesia）的发生则与大脑损伤或疾病无关，而是由心理原因造成的。心因性遗忘症极少出现顺行性遗忘。

逆行性遗忘（retrograde amnesia）即记不住过去的信息，可能既有器质性原因，也有心因性原因。例如，发生严重车祸的人可能忘记事故发生前几分钟的事情。这种逆行性遗忘可能是由于事故中头部受到撞击引起的大脑损伤所致，也可能是主动遗忘对自己造成创伤的事件。逆行性遗忘也会发生较长的时间。

因器质性原因发生逆行性遗忘的人们常常忘记过去的一切，既包括居住地、熟人等个人信息，也包括总统是谁以及主要的历史事件等一般信息。但是他们通常能够记住自己的身份，虽然他们可能记不住自己的孩子，却知道自己的名字。对于心理原因引起的长期逆行性遗忘，人们通常会忘记自己的身份和个人信息，但是仍保留对一般信息的记忆。以下是对一位心因性逆行遗忘症男性患者的个案研究。

个案研究

几年前，人们发现一名男子在俄勒冈州尤金的大街上漫无目的地闲逛，他既不知道自己的名字，也不知道自己从哪里来。他不能确认自己的身份，这使警察很为难。警察找来以催眠而闻名的心理学家莱斯特•贝克，希望得到他的帮助。心理学家发现这名男子急于合作，通过催眠和其他方法重构了这名男子的过往经历……

由于家庭问题，该男子喝得酩酊大醉，这和他以前的社交行为大相径庭，之后他陷入了深深的自责。最开始，遗忘症的发作是因为他希望忘记令他有负罪感的痛苦经历。他成功地忘记了酗酒前后能够唤起负罪感的所有事情。此后，遗忘症状渐渐从关键事件扩展到酗酒前后的所有事件，进而他完全遗忘了自己的身份。（Hilgard, 1977/1986, p. 68）

因酒精中毒而丧失记忆比较常见，但是个体通常只是遗忘酒精中毒期间发生的事。严重酗酒的人可能产生更广泛的逆行性遗忘，称为科萨科夫综合征，这种遗忘症的患者可能无法回忆几年或几十年里的很多个人信息和一般信息。然而，上述个案研究中的逆行性遗忘只涉及一次酗酒和个人信息的遗忘，是典型的心因性遗忘。

分离性遗忘症的一种亚型是**分离性漫游**（dissociative fugue），患者会突然去往新的地方，获得新的身份，忘记了他以前的身份。分离性漫游状态中的人在新的环境里行为十分正常，并且对过去完全失忆也不会让他感到怪异。他可能会同样突然地返回以前的家，变回以前的身份，仿佛什么也没发生，照常过日子，完全不记得自己在漫游期间的所作所为。分离性漫游中的自传体记忆丧失可能持续特别长的时间，而且抵制"再次学习"。漫游可能持续数日或数年，患者既可能反复出现漫游状态，也可能只发作一次。

一些理论家认为心因性遗忘可能是人们利用分离来防御无法承受的记忆或应激源所导致的，这与分离性身份障碍一样（Freyd, 1996; Gleaves, Smith, Butler, & Spiegel, 2004）。心因性遗忘多发生在战争或性侵犯等创伤事件之后。或者，由于人们在事件发生时处于高度唤醒状态，没有在此期间编码和存储信息，而在事后又无法重新获取这些信息，也会导致对某些事件的遗忘。

洛蕾娜•巴比特在受到丈夫多年虐待后割下了他的阴茎。她自称不记得做过此事。

遗忘创伤事件发生前后某些时段的记忆是相当常见的，但是完全遗忘个人的过去及身份的广泛逆行性遗忘十分罕见。研究发现，在经历种族灭绝、种族清洗和战争威胁的国家，分离性遗忘症的发病率上升。例如，在尼泊尔对 810 名不丹难民的调查发现，在国内冲突中遭受折磨的难民中近 20% 的人被诊断为患有分离性障碍（van Ommeren et al., 2001）。

在遗忘症的诊断中出现了一个新问题，即人们可能为了逃避犯罪惩罚而谎称自己失去了那段时间的记忆。对实施犯罪行为的遗忘可能是真实的。许多人受到酒精或其他药物的影响而犯罪，而药物可能使人对药物控制期间发生的事情丧失记忆（Kopelman, 1987）。类似地，在犯罪过程中头部受伤——例如在试图逃离犯罪现场时跌倒——的人也可能不记得自己的罪行。

凶杀案件中遗忘症最为常见，因杀人而被捕的人中有 25% 至 45% 的人称自己不记得杀过人（Kopelman, 1987）。大多数此类案件中的受害者都和杀人者关系密切（如情人、夫妻、密友或家人），杀人似乎并非预谋，而杀人者在杀人时情绪极其激动。更罕见的是，杀人者在杀人时可能处于精神错乱的状态。

真正的遗忘症和伪装的遗忘症之间并没有清晰的界限。因头部受重创引起的遗忘症可以采用脑成像来探测。伪装的遗忘症在那些面临经济、性或法律问题的人或者希望逃避压力环境的人中更为常见。一些临床医生主张，如果怀疑遗忘症是心理原因所致，则可利用催眠帮助人们回忆犯罪前后发生的事。但是催眠有可能通过暗示的力量而“虚构”记忆，故许多法庭不同意在此类案件中使用催眠。大多数案件都无法确定遗忘症的真实性。

分离性遗忘症或分离性漫游的患者可能会自愈。心理治疗包括帮助患者回忆和理解造成其分离的创伤（Maldonado & Spiegel, 2008）。

人格解体/现实解体障碍

人格解体 / 现实解体障碍（depersonalization/derealization disorder）的个体时常表现为感觉游离于自己的心理过程或身体之外，如同一个外部的观察者（表 6.7）。偶尔出现人格解体或现实解体并不稀奇，尤其在人缺乏睡眠或受到药物影响时（Baker et al., 2003）。约一半的成年人声称自己至少有过一次短暂的人格解体或现实解体经历，通常发生在面临严重的应激源之后（American Psychiatric Association, 2013）。人格解体 / 现实解体障碍在世界范围内的终生患病率介于 0.8% 和 2.8% 之间，男性和女性中同样普遍。

如果人格解体或现实解体频繁发作，带来痛苦，并影响人的正常功能，即可诊断为人格解体 / 现实解体障碍。一项对确诊为该障碍的人群的研究发现，初次发作的平均年龄约为 23 岁，并且有三分之二的人报告在初次发作之后会长期经历人格解体 / 现实解体（Baker et al, 2003）。79% 的人报告社交或工作功能受到损害，并且大部分人也被诊断为患有另一种精神疾病，最常见的是抑郁症。我们尚不清楚此障碍的发病率，但是女性患者多于男性。人格解体患者常报告在童年时遭受过情感、身体或性方面的虐待（Simeon et al., 2001）。

表 6.7　人格解体/现实解体障碍的*DSM–5*诊断标准

A. 存在持续的或反复的人格解体或现实解体的体验或两者兼有：

1. 人格解体：对个体的思维、情感、感觉、躯体或行动的不真实的、分离的或作为旁观者的体验（例如，感知的改变，时间感的扭曲，自我感的不真实或丧失，情感和/或躯体的麻木）。
2. 现实解体：对环境的不真实的或分离的体验（例如，感觉个体或物体是不真实的、梦样的、模糊的、无生命的或视觉扭曲的）。

B. 在人格解体或现实解体的体验中，其现实体验仍然是完整的。

C. 这些症状引起有临床意义的痛苦，或导致社交、职业或其他重要功能方面的损害。

D. 该障碍不能归因于某种物质（例如，滥用的毒品、药物）的生理效应或其他躯体疾病（例如，惊厥发作）。

E. 该障碍不能用其他精神障碍来更好地解释，例如，精神分裂症、惊恐障碍、抑郁症、急性应激障碍、创伤后应激障碍或其他分离障碍。

资料来源：Reprinted with permission from the *Diagnostic and Statistical Manual of Mental Disorders*, Fifth Edition.
Copyright © 2013 American Psychiatric Association.

围绕分离障碍的争议

调查发现，美国和加拿大的精神病医生中只有不到四分之一的人认为，实证证据有力地证明了分离障碍诊断的有效性（Lalonde, Hudson, Gigante, & Pope, 2001; Pope et al., 1999）。怀疑者认为，这些障碍是临床医生在易受暗示的来访者身上人为制造出来的，这些临床医生强化了来访者产生的分离障碍症状，甚至通过催眠暗示诱发症状（见 Kihlstrom, 2005; Lilienfeld et al., 1999; Loftus, 2011; Spanos, 1994）。

儿童期性虐待的受害者在多年压抑受虐记忆后，最终常常在心理治疗环境中恢复这些记忆，围绕分离性遗忘症诊断的争议因此变得更加激烈。这些被压抑的记忆代表了分离性遗忘症的一种形式。相信存在被压抑记忆的人认为，分离性或心因性遗忘症有充分的临床证据，并且实证证据也在增加（Freyd, DePrince, & Gleaves, 2007）。而怀疑者则认为，反对分离性遗忘症真实性的实证证据也很充分，而支持的证据都是有偏差的（Kihlstrom, 2005; Loftus, 2011）。

有关记忆压抑现象的大部分证据来自对已知受过虐待或自称受过虐待的人，或者是自称忘记或压抑了过去受虐记忆之人的研究。例如，琳达·威廉斯（Williams, 1995）调查了 129 名有档案记载显示在 1973 年至 1975 年间遭受性虐待的女性。这些女性被虐待时的年龄为 10 个月至 12 岁不等，她们在受虐事件发生大约 17 年后接受了会谈。威廉斯发现，129 名女性中有 49 人对有记载的受虐事件没有记忆或已经遗忘了。

布瑞尔和康特（Briere & Conte, 1993）找到了 450 位确认自己是虐待受害者的就医患者。他们询问这些人在 18 岁生日前是否曾经有一段时间“不能记起”他们的受虐经历。其中 59% 的人承认有过这种情况。另一个例子中，赫尔曼和哈维（Herman & Harvey, 1997）调查了 77 名报告有童年创伤记忆的女性会谈记录，发现 17% 的人主动报告她们对创伤事件的回忆有些延迟，其中 16% 的人报告创伤事件发生后曾一度完全遗忘这段经历。

记忆压抑的怀疑者对这些研究的方法和结论都提出了质疑（Kihlstrom, 2005; Loftus, 2003; McNally, 2003）。例如，根据威廉斯的研究，49 名声称自己不记得被问及特定受虐事件的女性中，有 33 人能回忆起童年时的其他受虐事件。因此，她们并未完全遗忘或压抑所有的受虐记忆。相反，她们只是无法记起被问到的特定事件。对于 16 名完全遗忘童年时受到性骚扰女性的情况，威廉斯并未做出进一步说明。这些女性可能因过于年幼而不记得当时的情形——大约 3 岁前发生的任何事情通常都很难留下记忆。

记忆压抑的怀疑者也引用了大量有关证人指认和作证的研究来证明，人们会受诱导，进而相信一些实际没有发生过的事件（Ceci & Bruck, 1995; Frenda, Nichols, & Loftus, 2011; Read & Lindsay, 1997），而且这些信念可以持续长达数月或数年（Zhu et al., 2012）。例如，伊丽莎白·罗夫斯及其同事发明了一种方法，可以给人灌输 5 岁时在某个场合走失的童年记忆（Loftus, 2003）。这种方法需要一位可信赖的家庭成员和被试谈论他当时走失的情况（Loftus, 1993, p.532）：

> 吉姆使 14 岁的弟弟克里斯相信他 5 岁时曾在一家商场走失。吉姆把下面的故事讲得如同真的一般：“那是 1981 年或 1982 年，我记得克里斯当时是 5 岁。我们去斯波凯恩的大学城购物广场买东西。一阵恐慌之后，我们发现一个上年纪的高个子男人正领着克里斯在商场里走（我想那个男

子穿着一件法兰绒衬衫）。克里斯哭着抓着男子的手。那名男子解释说他刚才发现克里斯哭着在商场里乱走，他当时试着帮克里斯寻找父母。”只过了两天，克里斯就回忆起走失时的感受：“那天我害怕极了，担心再也见不到家人。我知道自己遇到麻烦了。”第三天，他记起了母亲的一次谈话：“我记得妈妈告诉我再也不要那样了。”第四天：“我也记得那个老人穿着一件法兰绒衬衫。”第五天，他开始回忆起商场的样子：“我依稀记得那个商店。”最后一次回忆时，他甚至能记得和那名男子的对话：“我记得那个男的问我是不是和家人走散了。”……两周后，克里斯描述了那些并不存在的记忆，而且还详细描述了一番。“当时我和你们在一起，我想后来我走进一家玩具商店去看凯比玩具，我们走散了，我四处张望，心想，‘哦，我遇到麻烦了。’你看，然后我想到再也见不到家人了。我真是害怕极了。接着那个老头，我记得他穿着一件蓝色法兰绒衣服，朝我走了过来……他上了年纪，头顶有点儿秃……头上好像有一圈灰白色头发……戴着眼镜。”

其他研究发现，反复向成年人询问虚构的童年事件会使一部分人（或许 20% ~ 40%）最终“记起”那些事情，甚至还能说出些细节（Frenda et al., 2011; Hyman & Billings, 1998; Schacter, 1999）。例如，在一项实验中，样本中 40% 的英国人说他们见过 2005 年伦敦恐怖袭击中巴士爆炸的影像片段，但这样的影像片段并不存在（Ost, Granhag, Udell. & Hjelmsater, 2008）。35% 的人描述了他们从未见过的一些记忆细节。

通过模仿那些“恢复”被压抑记忆的人使用过的一些心理治疗方法，参与者中对从未发生的事件产生虚假记忆的人数比例会增加。例如，心理治疗中有时会使用家庭相册来帮助人们回忆创伤性事件。在虚假记忆实验中，在讲述虚假记忆的故事背景下，向参与者展示他们自己或其他家庭成员的照片，导致参与者更容易相信虚假记忆证据确凿（Lindsay et al., 2004）。心理学家仅仅暗示梦境反映了个体被压抑的童年记忆，大多数参与者随后就会报告梦中的事件的确发生过（Mazzoni & Loftus, 1998）。

这一系列研究的批评者认为，这些研究可能并不适合对性虐待压抑记忆是否存在给出结论（Barlow & Freyd, 2009; Gleaves, Hernandez, & Warner, 2003）。他们认为，人们也许愿意附和实验者，实验者想让他们相信自己童年时曾在商场走失过；但是人们可能并不愿意附和心理治疗师，承认他们事实上并未经历的性虐待事件。回忆曾经受过的虐待是很可怕的事情，而且承认自己受过虐待的社会影响以及面对虐待自己的人都是非常负面的，如果没有发生这些事情，人们根本不可能承认。

研究者已经运用认知心理学范式来检验压抑记忆真实性的假设。理查德·麦克拉里及其同事在一系列研究中（McNally, 2003; McNally, Clancy & Schacter, 2001; McNally, Clancy, Schacter, & Pitman, 2000a, 2000b）发现，那些报告恢复了儿童期性虐待或被外星人劫持的记忆的个体，更可能在完成特定的实验室任务时形成虚假记忆。例如，一项实验任务要求参与者说出，他们是否能够识别与之前学过的其他单词相似但不完全相同的单词。与对照组相比，那些声称自己恢复了被外星人劫持的记忆的人，更容易错误地认出他们之前并未见过的单词（Clancy, Schacter, McNally, & Pitman, 2000; Clancy et al., 2002）。研究者认为，这些人的信息加工方式使他们更容易相信自己经历过一些特定事件，如儿童期性虐待，但实际上，他们经历的是其他相似的事件，如身体虐待或情感忽视。

詹妮弗·弗莱德及其同事（Freyd et al., 2007）认为，麦克拉里等人使用的认知任务类型并没有针对与压抑记忆有关的特定认知现象。他们特别指出，与受虐待经历分离并发生遗忘的人在要求分配注意力的认知任务中最有可能与其他人存在差异，因为分离的关键就是注意力的分配（DePrince & Freyd, 1999, 2001; Freyd et al., 1998）。一项注意力分配任务要求参与者一边注意并记住电脑屏幕上出现的单词，一边按键盘上的某个键来完成另一个次级任务。在这些分心任务情况下，分离测试得分高的人对创伤相关的词回忆的更少，但对中性词回忆的更多；而分离测试得分低的参与者情况则正好相反。这意味着分离测试得分高的人能够更好地阻止具有威胁性的信息进入意识，如果他们能够将注意力转移到当时环境中的其他任务或事件时尤其如此。

关于记忆压抑的争论看来还会持续一段时间。研究者试图运用科学方法来支持他们的观点，而心理学家也被召到法庭上为记忆恢复或虚假记忆的情况作证。贯穿所有这些争议，那些努力理解自身痛苦症状的人，发现他们自己正位于这场科学漩涡的中心。

图 6.3 躯体症状障碍及分离障碍中的心身关系

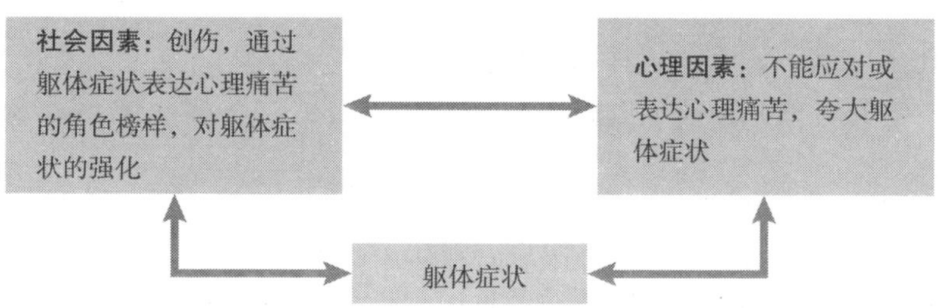

本章整合

哲学家和科学家就心身问题的争论由来已久：心理会对身体机能产生影响吗？身体的变化会影响人的"自我"意识吗？身体和心理通过什么机制相互影响呢？

正如之前提到的，分离障碍和躯体症状障碍有力地证明了身体和心理之间千丝万缕的联系（图 6.3）。在转换障碍中，心理应激导致失明、失聪或其他重要生理系统的功能丧失。在躯体症状障碍中，处于心理应激状态的人会产生剧烈头痛等生理症状。这些障碍产生的一个根本共同点是，可能是因为文化或社会规范的束缚，与直接表达悲伤、恐惧或愤怒相比，有些人觉得通过身体变化来体验心理痛苦会更容易或更能接受。

我们在某种程度上都会把心理痛苦躯体化——因某事而沮丧时，身体也会比心情愉快时感觉到更多的疼痛。躯体症状障碍或分离障碍的个体都可能以极端的躯体症状来表达心理痛苦。他们对在他们心理上发生的事情与在他们身体上发生的事情进行区分的意愿极小，并且可能更喜欢以极端的躯体症状来表达心理上发生的某些事情。

灰色地带

讨论（对第171页的回顾）

本对健康的担忧似乎确实与父母分居有关，而不是某种躯体疾病造成的。他坚称疼痛是真实的，并且不肯回去上课，意味着他从感知到的头痛和胃痛中体验到明显的身体和心理痛苦。因此，他的症状更可能符合躯体症状障碍，而不是疾病焦虑障碍。

批判性思考

想象你自己是下面一宗谋杀案的陪审员（Loftus, 1993）。被告是 51 岁的老乔治·富兰克林，他因 20 多年前发生的一起谋杀而受审。被害者是 8 岁的苏珊·凯·纳森。谋杀发生的时候，富兰克林的女儿伊莲才 8 岁，她提供了不利于她父亲的重要证据。然而，伊莲对这次谋杀的记忆被压抑了 20 年，最近才恢复。

伊莲的记忆恢复始自一次她与 2 岁的儿子和 5 岁的女儿玩耍的时候。某个瞬间，她的女儿抬起眼睛，问了一个类似"是这样吗，妈咪？"的问题，关于苏珊·纳森的记忆突然回到了伊莲的脑海之中。她回忆起了谋杀发生前的那一刻苏珊眼中被出卖的神情。后来，更多的记忆片段回来了，直到伊莲的记忆变得丰富和详细。她记起了她父亲在货车后车厢里对苏珊进行性侵。她记得苏珊一边挣扎一边说"不，不要！"和"停下！"她记得她父亲说"别怕，苏珊"，她甚至模仿了他准确的语调。接下来，她的记忆把他们三个带到了货车外面，在那里她看见她父亲举起了一块石头。她记得自己尖叫着走向苏珊躺着的地方，满地鲜血，她手上的银戒指碎裂了。检察官进一步追问，但伊莲对自己的记忆非常确信。

你会判乔治·富兰克林谋杀了苏珊·纳森吗？为什么会或为什么不会？（讨论见本书末尾。）

本章小结

- 躯体症状障碍是一组障碍，患者体验到痛苦的躯体症状，并对这些症状产生异常的想法、情感和行为。
- 躯体症状障碍包括长期的身体不适史，个体为此寻求治疗。转换障碍的核心特征是某种程度上医学无法解释的症状。这些障碍的患者表现出焦虑和抑郁的比率较高。
- 有疾病焦虑障碍的人害怕患病，尽管他们并未出现真实的疾病症状。
- 躯体症状障碍的认知理论认为，受影响者相信他们容易患病，过度关注身体症状，并对这些症状做出灾难化的解释。这些症状会受到他人关注和关心的强化。治疗方法包括帮助他们更现实地看待其健康状况，消除对疾病行为的强化，教会他们更好地应对压力。
- 有转换障碍的个体身体某一部位丧失全部感觉或运动机能，如失明或瘫痪。转换障碍往往发生在经历创伤或应激事件之后。有转换障碍的个体中出现抑郁、焦虑、酗酒及反社会人格障碍的比例很大。治疗的核心在于表达相关的情绪或记忆。
- 有分离障碍的个体身份、记忆和意识相互分离或割裂。有分离性身份障碍的个体会形成两种或更多截然不同的人格，这些人格交替控制患者的行为。有分离性身份障碍的个体往往有自毁和自残的行为。
- 诊断为分离性身份障碍的个体绝大多数是女性，并且多半有童年期遭受性虐待或身体虐待的经历。交替人格可能在经历创伤期间形成，作为对创伤经历的防御，易被催眠者尤其如此。分离性身份障碍的治疗通常包括帮助把各种不同的人格整合为一个功能正常的人格。
- 分离性或心因性的遗忘症包括心理原因引起的记忆丧失。它不同于脑部损伤导致的器质性遗忘症。有器质性遗忘症的个体可能难以记住新的信息（顺行性遗忘），但是心因性遗忘症中很少发生顺行性遗忘。此外，有器质性遗忘症引起的过去记忆丧失（逆行性遗忘）通常是广泛的，而心因性遗忘通常仅限于个人信息。
- 心因性遗忘症通常发生在创伤事件之后。心因性遗忘症发生的原因可能是主动遗忘，或事件发生时过度唤醒导致信息存储不良，或为了逃避创伤事件发生时的情绪体验及与事件相关的记忆。
- 分离性漫游是分离性遗忘症的一种亚型，有该障碍的个体会突然离家出走，获得一个全新的身份，并完全遗忘以前的身份。
- 有人格解体/现实解体障碍的个体经常感到脱离了自己的心理过程或身体。短暂的人格解体/现实解体状态很普遍，特别是在受到睡眠剥夺或药物影响的情况下。

关键术语

躯体症状障碍
疾病焦虑障碍
转换障碍（功能性神经症状障碍）
做作性障碍
诈病
对他人的做作性障碍
分离障碍
分离
分离性身份障碍
分离性遗忘症
器质性遗忘症
顺行性遗忘
心因性遗忘症
逆行性遗忘
分离性漫游
人格解体 / 现实解体障碍

第7章

心境障碍和自杀

本章提纲

连续谱模型下的心境障碍

在对事件做出反应时，出现典型的心境症状（感到忧郁或沮丧，但是功能正常；逢好事时感到快乐或充满活力）

有符合轻躁狂诊断标准的症状的潜在可能性（经常产生中等程度的欣快，自尊心膨胀，有些冲动，精力旺盛）

很可能达到躁狂发作诊断标准的症状（膨胀的心境包括易激惹、夸大、思维奔逸和睡眠需要减少，明显干扰功能运作）

功能正常

功能失调

有符合抑郁诊断标准症状的潜在可能性（经常产生中等程度的悲伤、淡漠、疲倦等症状，某种程度上干扰了功能运作）

很可能达到重性抑郁发作诊断标准的症状（悲伤、淡漠、疲倦、无望、缺乏精力等重度症状，明显干扰了功能运作）

当考试成绩不如预期或有个朋友生气不理你时，你可能会说“我好郁闷”这样的话。这样的事件常常会消耗我们的精力，削弱我们的动机，动摇我们的自尊，让我们感到沮丧和忧郁，这都是抑郁的症状。

更重大的事件，如亲人死亡、婚姻破裂或失业，会引起更加严重的抑郁症状。有些人的症状可能是轻度或中度的，不影响日常功能。然而，负性事件之后出现的抑郁症状会令人衰弱，并且会持续很长一段时间。在一些案例中，重度的抑郁症状没有任何明显原因就出现了。抑郁的诊断取决于症状的严重程度和持续时间。

与抑郁症状一样，躁狂症状在严重程度和持续时间上也各有不同。当生活中某件事进行得非常顺利时，如被大学录取或跟某个特别的对象开始一段恋情，你可能会体验到一种“迫切”的兴奋感。跟抑郁一样，中度的躁狂症状通常与特定情境有关，情境消失后症状也随之减轻。然而，躁狂发作的症状超过了因为发生好事而感到快乐的程度。被诊断为躁狂症的人常常易激惹，对别人缺乏耐心。极度的自信可能导致他们去实施一些赚取财富或影响他人的宏大计划，或做出极端冒险或冲动的行为。

对研究者和临床医生来说，区分对常见或不常见事件的正常情绪反应和心境障碍具有极大的挑战性。当你因丧亲而哀伤时，这些情感可以持续多长时间而不被认为是心理障碍？ 在 *DSM-5* 的修订过程中，一个最大的争议就是如何定义与丧亲反应有关的抑郁障碍（Frances & Widiger, 2012）。一些人认为丧亲导致的抑郁症状在大部分时候都不应被诊断为心理障碍，另一些人则认为在诊断中排除与丧亲有关的抑郁，就忽视了这些抑郁症状对人们生活的负面影响和治疗的需求。

另一方面，极端自信、雄心勃勃、敢于冒险、精力充沛是在我们这个蓬勃发展的高科技社会取得成功的秘诀。其实在历史上，这些就是商业、政治、政府和艺术领域中很多领导者和创新者的特征（Jamison, 1993）。我们要如何区分创造性天才或创业精神和躁狂症呢？

非常人物

凯·雷德菲尔德·贾米森，*不平静的心*

第一次发病时，我是一名高中生。起先，每一件事情在我看来都非常简单易行。我像只疯狂的鼬鼠一样跑来跑去，踌躇满志，热情洋溢，痴迷运动，整夜不眠地和朋友们外出，阅读各种并没有要求的内容，在手抄本上写满诗歌和戏剧的片段，对未来做出完全不切实际的宏大计划。世界充满了快乐和希望；我感觉好极了。不只是很好，是真的太美妙了。我感到自己无所不能，什么都难不倒我。我的思维清晰，极其专注，在数学上能够凭直觉取得让自己都难以理解的飞跃。事实上，它们至今仍然让我难以理解。然而，当时一切看起来都显得那么顺理成章，意义非凡，而且开始融入一种奇迹般的宇宙关联之中。对自然法则的痴迷让我兴奋过头，我会抓住朋友告诉他们自己的美妙感觉。我对宇宙之美及宇宙中种种联系的见解并未令他们吃惊，尽管他们大多感到我热烈的长篇大论让人吃不消：你说得太快了，凯；慢一点儿，凯；我跟不上了，凯。有时他们并不会真的说出来，但我仍能从眼神里读懂他们的意思：天啊，凯，说慢点儿。

最后，我的确放慢了速度。事实上，我是戛然而止。我的生活和我的头脑都被掏空了。我曾经比水晶还要清晰的思维变得混沌。我一遍又一遍地读同一段文章，却发现自己根本记不住读过的内容。我的头脑跟我作对：它嘲弄我乏味的热情；它讥笑我愚蠢的计划；它再也找不到任何有趣的、令人愉快的或有价值的东西。它再也不能集中精神，屡次产生自杀的念头：我会死去，这会改变任何事情吗？生命只是一个短暂和无意义的过程；为何活着？我精疲力竭，早晨几乎无法把自己从床上拽起来。不管去哪里都要花正常两倍的时间，我总是穿同一身衣服，因为决定穿什么实在伤脑筋。我怕和别人说话，千方百计避开朋友，清晨和傍晚都坐在学校图书馆里，实际上了无生气，只有一颗已死的心和如泥土一样冰冷的大脑。”（Jamison, 1995, pp. 35-38; www.randomhouse.com. For online information about other Random House, Inc. books and authors, see the internet web site at http://www.randomhouse.com）

贾米森所描述的过山车式的情绪体验就是**双相障碍**（bipolar disorder），或称为躁郁症（manic depression）。一开始，贾米森有**躁狂**（mania），她精力充沛，对任何事都热情高涨，言谈和思考的速度快到令朋友们跟不上。然而最终，她跌入**抑郁**（depression）的深渊。她的精力和热情消失了，思考、言谈和行动变得迟缓。生活中不再有欢乐。双相障碍是两种主要的心境障碍之一。另一种是**抑郁障碍**（depressive disorders）。具有抑郁障碍的人只体验到抑郁，没有躁狂。

抑郁障碍的特征

我们首先考虑抑郁障碍。在抑郁障碍中，抑郁的症状控制着整个人，包括情绪、身体功能、行为和思维。

抑郁的症状

抑郁的核心症状是与任何原因都不相称的抑郁心境。很多被诊断为抑郁的人称自己对生活中的一切都失去兴趣，这种症状被称为*快感缺乏*（anhedonia）。甚至他们努力想做一些有趣的事时，也可能感觉没情绪。正如凯•贾米森（Jamison, 1995, p. 110）所述，她感到"难以忍受的痛苦，似乎再也无法体会任何快乐或激情。"

抑郁发作时，食欲、睡眠及活动水平的变化会以多种形式表现出来。某些抑郁者没有胃口，而其他人则胃口大开，甚至出现暴食现象。某些人成天昏昏欲睡，而另一些则难以入睡。他们可能在凌晨就醒来了，然后，无法再次入眠。

行为上，许多抑郁者行动迟缓，这种状况被称为*精神运动性迟滞*（psychomotor retardation）。他们的步履、手势变得缓慢，语速更慢，语调更加低沉。由于无法迅速做出反应来避免事故，他们发生事故的次数也会增加。许多抑郁者无精打采，而且称自己长期感到疲惫。一部分抑郁者表现出*精神运动性激越*（psychomotor agitation）而非迟滞。他们感觉身体亢奋，坐立不安，可能无目的地四处游荡或心烦意乱。

一些抑郁者的思想中会充满无价值感、内疚、绝望甚至自杀的想法。他们常常难以集中注意力和做决定。正如贾米森（Jamison, 1995, p. 100）所描述的，"我的头脑似乎放慢了速度，而且已经磨损至实际上全无用处的境地。"

在某些重度病例中，抑郁者与现实完全脱节，而且还会出现妄想（没有现实基础的信念）和幻觉（看到、听到或感觉到实际不存在的事物）。这些妄想和幻觉通常是消极的。抑郁者可能会产生这样的妄想：他们犯下了可怕的罪孽，正在接受惩罚，或者他们杀害或伤害了某个人。他们也可能听到有声音在控诉他们犯下的罪孽或者命令他们结束自己的生命。

抑郁障碍的诊断

抑郁有多种形式。持续两个星期或更长时间的重度抑郁发作可被诊断为**抑郁症**（major depressive disorder，也译作重性抑郁障碍）。抑郁症的诊断要求患者体验到抑郁心境或对日常活动失去兴趣，以及至少还有 4 种其他抑郁症状，并持续至少两周（表 7.1）。而且，这些症状的严重程度必须达到妨碍患者在日常生活中的功能运作。只经历一次抑郁发作的患者被诊断为*重性抑郁单次发作*（major depression disorder, single episode）。两次或更多的发作之间有至少两个月的无症状期，则满足*重性抑郁反复发作*（major depression disorder, recurrent episode）的诊断。

表 7.1 的 *DSM-5* 诊断标准包括了给临床医生的注释，即对丧亲等负性事件的"正常和预期的"抑郁反应不应被诊断为抑郁症，除非出现其他非典型症状，包括无价值感、自杀的念头、精神运动性迟滞和严重损害。此外，研究显示有 10% ~ 15% 的丧亲者会产生名为*复杂哀伤*（complicated grief）的综合征，表现为强烈思念逝者，丧亲之痛盘踞心头，持续为自己或他人对逝者的行为感到悔恨，无法接受丧亲的既成事实，感到生命空虚、没有意义（Horowitz et al., 1997）。相比哀伤反应较轻或只表现出抑郁症症状的人，丧亲后出现复杂哀伤的人更可能在丧亲后的 2 ~ 3 年内有功能不良问题（Bonanno et al., 2007; Bonanno, Westphal, & Mancini, 2011）。

慢性抑郁的形式在 *DSM-5* 中有所修订。抑郁心境是**持续性抑郁障碍**（persistent depressive disorder）（*DSM-IV* 中的*恶劣心境障碍*和*慢性抑郁症*）的主要特征，患者一

表 7.1 *DSM–5* 对抑郁症的诊断标准

A. 在同样的两周时期内，出现5个或以上的下列症状，表现出与先前功能相比不同的变化，其中至少1项是（1）心境抑郁或（2）丧失兴趣或愉悦感。

1. 几乎每天大部分时间都心境抑郁，既可以是主观的报告（例如，感到悲伤、空虚、无望），也可以是他人的观察（例如，表现流泪）。（**注**：儿童和青少年，可能表现为心境易激惹。）
2. 几乎每天或每天的大部分时间，对于所有或几乎所有活动的兴趣或乐趣都明显减少（既可以是主观体验，也可以是观察所见）。
3. 在未节食的情况下体重明显减轻或体重明显增加（例如，一个月内体重变化超过原体重的5%），或几乎每天食欲都减退或增加（**注**：儿童则可表现为未达到应增体重）。
4. 几乎每天都失眠或睡眠过多。
5. 几乎每天都精神运动性激越或迟滞（由他人观察所见，而不仅仅是主观体验到的坐立不安或迟钝）。
6. 几乎每天都疲劳或精力不足。
7. 几乎每天都感到自己毫无价值，或过分地、不恰当地感到内疚（可以达到妄想的程度），（并不仅仅是因为患病而自责或内疚）。
8. 几乎每天都存在思考或注意力集中的能力减退或犹豫不决（既可以是主观的体验，也可以是他人的观察）。
9. 反复出现死亡的想法（而不仅仅是恐惧死亡），反复出现没有特定计划的自杀意念，或有某种自杀企图，或有某种实施自杀的特定计划。

B. 这些症状引起有临床意义的痛苦，或导致社交、职业或其他重要功能方面的损害。

C. 这些症状不能归因于某种物质的生理效应或其他躯体疾病。

注：诊断标准A—C构成了重性抑郁发作。

注：对于重大丧失（例如，丧痛、经济破产、自然灾害的损失、严重的躯体疾病或伤残）的反应，可能包括诊断标准A所列出的症状：如强烈的悲伤、沉浸于丧失、失眠、食欲不振或体重减轻，这些症状可以类似于抑郁发作。尽管此类症状对于丧失来说是可以理解的或反应恰当的，但除了对于重大丧失的正常反应之外，也应该仔细考虑是否还有重性抑郁发作的可能。这个决定必须要基于个人史和在丧失的背景下表达痛苦的文化常模来作出临床判断。

D. 这种重性抑郁发作的出现不能更好地用分裂情感性障碍、精神分裂症、精神分裂症样障碍、妄想障碍或其他特定的或未特定的精神分裂症谱系及其他精神病性障碍来更好地解释。

E. 从无躁狂发作或轻躁狂发作。

注：若所有躁狂样或轻躁狂样发作都是由物质滥用所致的，或归因于其他躯体疾病的生理效应，则此排除条款不适用。

资料来源：Reprinted with permission from the *Diagnostic and Statistical Manual of Mental Disorders*, Fifth Edition.
Copyright © 2013 American Psychiatric Association.

天中的大部分时间都处于抑郁心境中，并且在至少两年时间里，抑郁的天数多于不抑郁的天数。对于儿童和青少年，持续性抑郁障碍的诊断要求抑郁或易激惹的心境持续至少 1 年。此外，该障碍的诊断还要求出现 2 个或以上下列症状：（a）食欲不振，（b）失眠或睡眠过多，（c）精力不足或疲倦，（d）低自尊，（e）注意力难以集中，和 / 或（f）无望感。在这 2 年中（儿童或青少年为 1 年），个体没有抑郁症状的时间不能持续 2 个月以上。当个体在 2 年内都符合抑郁症的诊断标准时，他也会被诊断为持续性抑郁障碍。*DSM-5* 合并了 *DSM-IV* 的恶劣心境障碍和慢性抑郁症，因为尽管 *DSM-IV* 认为恶劣心境障碍（dysthymic disorder）是一种不太严重的抑郁形式，但研究并未发现这两种障碍存在重大差异。实际上，与只具有抑郁症的人相比，具有持续性抑郁障碍的人显示出更高的共病风险，尤其是焦虑和物质滥用障碍，并且倾向于产生更严重的功能不良。

在被诊断为抑郁症或持续性抑郁障碍的人中，超过 70% 的人在一生中的某些时候也患有另一种心理障碍。最常与抑郁共病（同时出现）的心理障碍包括物质滥用，例如酗酒；焦虑障碍，例如惊恐障碍；以及进食障碍（Kessler et al., 2003）。有时，抑郁障碍先出现，再导致其他心理障碍。其他时候，抑郁在其他心理障碍之后发生，可能是其结果。

DSM-5 确定了抑郁的几个亚型，也就是该障碍的不同表现形式（表 7.2）。第一个亚型是伴焦虑痛苦的抑郁，焦虑在抑郁障碍中非常普遍（Watson, 2009），并且具有该亚型的人在抑郁症状之外还具有明显的焦虑症状。第二个亚型是伴混合特征的抑郁。具有该亚型的人符合抑郁症的诊断标准，并出现至少 3 种躁狂症状，但没有达到躁狂发作的全部标准（见后文讨论）。第三个亚型是伴忧郁特征的抑郁，其中抑郁的生理症状特别突出。第四个亚型是伴精神病性特征的抑郁，具有该亚型的人出现妄想和幻觉。妄想和幻觉的内容可能与典型的抑郁主题一致，如个人的无能、内疚、死亡或惩罚（心境协调），也可能与抑郁主题无关或混杂（心境不协调）。第五个亚型是伴紧张症特征的抑郁，具有该亚型的人会表现出统称为紧张症的奇怪行为，范围从完全不动到亢奋。第六个亚型是伴非典型特征的抑郁，其诊断标准为各种古怪症状的集合（见表 7.2）。

第七个亚型是伴季节性模式的抑郁，也称为**季节性情感障碍**（seasonal affective disorder）或 SAD。具有季节性情感障碍的人至少有两年经历重性抑郁发作并完全康复的历史。当日照时间短时，他们出现抑郁症状，日照时间延长后又恢复正常。在北半球，这意味着患者会在 11 月至 2 月表现出抑郁，6 月至 8 月则不会抑郁。事实上，一些患者在夏季会出现轻度的躁狂症状，甚至完全的躁狂发作，因此可以被诊断为患有伴季节性模式的双相障碍。季节性情感障碍的诊断要求患者的心境变化不是由社会心理事件造成的，例如经常在冬季失业。相反，心境变化必须看起来没有理由或起因。

虽然我们当中许多人都会随季节经历心境变化，但是只有约 5% 的美国人符合季节性情感障碍的诊断标准，世界范围内约为 1% ~ 5%（Rohan, Roecklein, & Haaga, 2009; Westrin & Lam, 2007）。这种障碍在冬季日照时间短的纬度地区更为常见。例如，在格陵兰岛进行的一项研究发现了相对较高的 SAD 发病率（9%），并发现纬度偏北地区的居民比纬度偏南地区的居民更可能达到 SAD 的诊断标准（Kegel, Dam, Ali, & Bjerregaard, 2009）。类似地，该障碍在佛罗里达州的发病率只有 1.4%，而在阿拉斯

表 7.2　重性抑郁发作的亚型

亚型	症状特点
伴焦虑痛苦	明显的焦虑症状
伴混合特征	至少出现3个躁狂/轻躁狂症状，但不符合躁狂发作的诊断标准
伴忧郁特征	无法体验到愉悦感，抑郁心境明显，抑郁常在早晨更严重，早醒，明显的精神运动性迟滞或激越，明显厌食或体重下降，过度的内疚
伴精神病性特征	出现心境协调或心境不协调的妄想或幻觉
伴紧张症特征	紧张症行为：无主动地与环境联系、缄默、作态、激越、模仿他人的言语或动作
伴非典型特征	对某些事件做正性心境反应，明显体重增加或食欲增加，睡眠增加，上肢或下肢有沉重的、灌铅样的感觉，长期存在对人际拒绝敏感模式
伴季节性模式	至少有两年时间，在一年中的某个季节（通常为冬季）出现重性抑郁发作，该季节结束则缓解
伴围产期起病	孕期或产后4周内出现重性抑郁发作

加州的发病率则是 9.9%（Rohan et al., 2009）。

第八个亚型是伴围产期起病的抑郁。孕期或产后 4 周内经历重性抑郁发作的女性被诊断为该障碍。50% 的产后重性抑郁发作实际上开始于分娩前，因此 *DSM-5* 把它们统称为围产期发作。更罕见的是，某些女性会发生产后躁狂，从而被诊断为伴围产期起病的双相障碍。在产后的头几周内，多达 30% 的产妇会经历产后忧郁——情绪多变（不稳定和迅速转换的心境）、频繁哭泣、易激惹和疲倦。对大多数产妇来说，这些症状在产后两周内就完全消失了。大约每 10 个人中有 1 个人会经历重度的产后抑郁，达到伴围产期起病的抑郁症的诊断标准（O' Hara et al., 2013）。

我们要讨论的最后一种抑郁障碍是**经前期烦躁障碍**（premenstrual dysphoric disorder）。有些女性在经期前烦躁不安的症状经常明显增加。她们的症状通常混合了抑郁、焦虑和应激，易激惹和愤怒，这些症状可能在月经开始前一周的心境波动中出现，一旦月经开始就有所改善，月经一周后变得轻微或不存在。这些女性也经常报告一些生理症状，如乳房疼痛或肿胀，感觉"膨胀"或体重增加，关节或肌肉疼痛。这些女性可被诊断为经前期烦躁障碍。大多数女性的经前症状是轻度的，只有 2% 的女性符合经前期烦躁障碍的诊断标准（Epperson et al., 2012）。

抑郁障碍的患病率和病程

16% 的美国人会在一生中的某个时间经历一次重性抑郁发作（Kessler, Merikangas, & Wang, 2007）。在北美洲、拉丁美洲、欧洲和日本进行的国际性研究显示，抑郁症的终生患病率的范围从日本的 3% 到美国的 16%（Andrade et al., 2003）。

在美国，18 ~ 29 岁的人最可能在上一年经历重性抑郁发作（Kessler, et al., 2003）。上一年抑郁障碍的发病率稳步下降，65 岁以上的人群发病率最低（Kessler et al., 2010）。然而，超过 85 岁的人群中，发病率上升了。如果老年人患上抑郁障碍，其症状大多是重度、慢性的，并且令人衰弱（Fiske, Wetherell, & Gatz, 2009）。

令人惊讶的是，65 岁以上的成人中抑郁发病率如此之低。对老年人进行抑郁障碍的诊断比较复杂（Fiske et al., 2009）。首先，与年轻人相比，老年人更不愿意报告自己的抑郁症状，因为他们成长的社会环境对抑郁的接受程度更低。其次，老年人的抑郁症状往往伴有严重的躯体疾病，这可能会干扰做出恰当的诊断（Kessler et al., 2010）。最后，老年人比年轻人更可能出现从轻度到重度的认知损害，而抑郁障碍和认知障碍（见第 10 章）的早期阶段往往难以区分。

虽然这些因素很重要，但是其他研究者认为低发病率是真实的，并提供了几个解释（Lyness, 2004）。第一个解释很残酷：抑郁通常会影响身体健康，因而具有抑郁史的人很有可能在进入老年之前就已经去世。第二个解释较为乐观：随着年龄的增长，人们形成了更具适应性的应对技巧，而且树立了心理上更健康的人生观（Fiske et al., 2009）。我们将在本章后面探讨第三个解释，人们的抑郁易感性发生了历史性的变化。

抑郁在成人中比在儿童中更常见。然而在任何给定时间点，仍有多达 2.5% 的儿童和 8.3% 的青少年可被诊断为抑郁症，并且多达 1.7% 的儿童和 8.0% 的青少年可被诊断为恶劣心境障碍（Garber & Horowitz, 2002; Kessler et al., 2012; Merikangas & Knight, 2009）。多达 24% 的年轻人会在 20 岁之前的某个时间经历重性抑郁发作。儿童经常表现出易激惹而不是悲伤；同样，他们可能只是未达到应增体重，而不是体重下降。

女性出现轻度和重度抑郁症状的可能性约是男性的两倍（Nolen-Hoeksema & Hilt, 2013）。在许多国家、大多数族群以及各年龄段的成人中都发现了抑郁的性别差异。我们将在本章后面讨论对这些差异的可能解释。

对一部分人来说，抑郁似乎是个长期存在、反复发生的问题。一项全美研究发现，抑郁症患者在上一年里平均有 16 个星期体验到明显的抑郁症状（Kessler, et al., 2003）。这表明抑郁者在大部分时间里至少是中度抑郁的。抑郁者经历一次抑郁发作并恢复后，复燃的风险依然很大。多达 75% 的人在首次抑郁发作之后还会出现发作（Kessing, Hansen, & Andersen, 2004）。有多次抑郁发作史的人甚至更可能在长时间内处于抑郁状态。

抑郁对个人和社会来说都是一个代价高昂的心理障碍。被诊断为患上抑郁症的人每年平均有 27 天因抑郁症状而无法工作。员工罹患抑郁障碍给雇主带来的生产上的损失估计达到每年 370 亿美元（不包括治疗花费）（Kessler et al., 2007）。

好消息是，一旦人们接受抑郁障碍的治疗，他们的恢复会比不接受治疗快得多，并且复燃风险也会降低。坏消息是，很多具有抑郁障碍的人从不就医，或在症状开始多年后才去就医（Kessler et al., 2003）。为何人们承受抑郁症状的折磨却不寻求治疗呢？一个原因是，他们可能没有足够的钱或保险来支付医疗费用，而是往往希望靠自己来克服这些症状。他们以为这些症状不过是一个阶段，将随时间推移而消失，不会长期影响他们的生活。

抑郁在儿童中不如成人常见。不过，在任何时间点，仍然有多达2.5%的儿童和8.3%的成人可被诊断为抑郁症。

灰色地带

思考下面的个案研究，其中的大学生可能跟你认识的某个人相似。

卡门在宿舍里昏迷不醒，旁边的地板上还有一个装安眠药的空瓶。朋友们发现她的时候都吓坏了。卡门多年来一直不快乐，自我价值感低，悲观，且长期感到疲倦。她常常告诉朋友，她不记得自己曾经有过好几天都感到心情愉快的时候。然而，冬季学期开始以来，卡门的抑郁心境更加严重了，她整天把自己锁在卧室里，显然是在睡觉。她说去上课没有用，因为她没法集中注意。她总是不吃饭，已经瘦了 12 磅。

根据所描述的时间框架和症状，卡门最可能被给予何种诊断？（讨论见本章末尾。）

双相障碍的特征

讲 述

这种疯狂使人体会到一种特别的痛苦、兴高采烈、孤独和恐惧。当你兴奋时，那种感觉妙极了。各种想法和感觉如同流星般快速频繁地闪现，你跟随着它们，直至找到更好更妙的想法和感觉。你不再羞怯，突然之间妙语连珠，仪态万方，确信自己拥有吸引和征服他人的力量。那些乏味的人也令你产生了兴趣。纵欲之心在蔓延，吸引他人和被他人吸引的欲望无法抵挡。舒适、振奋、强大、幸福、富足、无所不能的感觉深入骨髓。

但是，某时某处，这种感觉发生了改变。快速闪现的想法来得太快太多，压倒一切的混沌取代了清晰的思维。记忆丧失。在朋友的脸上，你看到恐惧和担忧代替了兴致和专注。以前无往不利，如今万事不顺——你变得易怒、生气、害怕、失去控制，完全陷入了意识的无尽黑洞之中。你从不知道这些黑洞的存在。这一切没有尽头。（Goodwin & Jamison, 1990, pp. 17-18）

此人描述的正是双相障碍的症状。躁狂时，她精力充沛，骄傲自大，满脑子都是主意，自信心十足。然后，当她变得抑郁时，她感到绝望和恐惧，怀疑自己和身边的每一个人，甚至产生轻生的念头。躁狂发作和抑郁发作交替出现是双相障碍的典型表现。

躁狂症状

我们已经详细讨论了抑郁的症状，所以我们将在此着重于躁狂的症状（表 7.3）。躁狂者的心境是高涨的，但是这种高涨往往伴有易激惹和激越。

躁狂者有着脱离现实的积极和夸大（膨胀）的自尊。想法和冲动在他们的脑海里奔逸。有时，这些夸大的想法是一种妄想，而且还伴有夸大的幻觉。患者在躁狂发作时可能语速快且有力，试图将快速闪现的绝妙想法传递给他人。有些人可能变得激越和易激惹，尤其是对那些他们认为“挡了道”的人。他们可能做出许多冲动的行为，例如轻率的性行为或大肆挥霍。他们往往会疯狂地追求宏伟的计划和目标。

躁狂发作的诊断标准要求，个体必须至少持续 1 周表现出高涨、扩张或易激惹的心境，以及至少 3 项表 7.3 所列的其他症状。这些症状必须对个体的功能造成损害。

符合以上标准的躁狂发作者被认为患有**双相 I 型障碍**（bipolar I disorder）。几乎所有这些人最终都会进入抑郁发作；没有任何抑郁症状的躁狂十分罕见（Goodwin & Jamison, 2007）。一些具有双相 I 型障碍的人的抑郁症状和重性抑郁发作一样严重，而另一些人的抑郁症状则相对较轻且发作频率较低。一些被诊断为双相 I 型障碍的人存在混合发作，即在同一天体验到完全的躁狂发作和至少 3 项重性抑郁发作的关键症状，并且这种状况不间断地持续至少 1 周。

具有**双相 II 型障碍**（bipolar II disorder）的人出现严重的抑郁症状，且符合抑郁症的诊断标准，但是躁狂症状较轻，被称为**轻躁狂**（hypomania；表 7.4）。轻躁狂和躁狂的症状相同，主要差别在于轻躁狂的症状严重程度不足以影响日常工作和生活，而且不会出现幻觉或妄想。

表 7.3　*DSM–5* 对躁狂发作的诊断标准

A. 在持续至少1周的一段时间内，在几乎每天的大部分时间里（或如果有必要住院治疗，则可以是任何时长），有明显异常且持续的心境高涨、扩张或易激惹，或异常且持续的有目标的活动增多或精力旺盛。

B. 在心境紊乱、精力旺盛或活动增加的时期内，存在3项（或更多）以下症状（如果心境仅仅是易激惹，则为4项），并达到明显的程度，且表现出与平常行为相比明显的改变。

1. 自尊心膨胀或夸大。
2. 睡眠需求减少（例如，仅3小时睡眠就精神饱满）。
3. 比平时更健谈或有持续讲话的压力感。
4. 意念飘忽或主观感受到思维奔逸。
5. 自我报告或被观察到的随境转移（即，注意力太容易被不重要或无关的外界刺激所吸引）；
6. 目标导向的活动增多（工作或上学时的社交或性活动）或精神运动性激越（即，无目的非目标导向的活动）。
7. 过度地参与那些很可能产生痛苦后果的高风险活动（例如，无节制的购物，轻率的性行为，愚蠢的商业投资）。

C. 这种心境障碍严重到足以导致明显的社交或职业功能的损害，或必须住院以防止伤害自己或他人，或存在精神病性特征。

D. 这种发作不能归因于某种物质的生理效应（例如，滥用的毒品、药物，其他治疗）或由其他躯体疾病所致。

注：诊断为双相 I 型障碍需要个体一生中至少有1次躁狂发作。

资料来源：Reprinted with permission from the *Diagnostic and Statistical Manual of Mental Disorders,* Fifth Edition. Copyright © 2013 American Psychiatric Association.

正如恶劣心境障碍是症状较轻但更慢性的一种抑郁障碍一样，双相障碍也有一种症状较轻但更慢性的形式，称为**环性心境障碍**（cyclothymic disorder）。具有环性心境障碍的人在至少两年时间里持续交替出现轻躁狂症状和中度抑郁症状。轻躁狂症状和抑郁症状的数量、严重性和持续时间都不足以满足轻躁狂或重性抑郁发作的全部诊断标准。在轻躁狂期，患者的功能或许可以运转得相当好。而抑郁期的症状虽然严重程度不如重性抑郁发作，但是往往会明显干扰患者的日常功能。具有环性心境障碍的人发生双相障碍的风险也会增加（Goodwin & Jamison, 2007）。

约 90% 的双相障碍患者一生中会出现多次或循环发作（Merikangas et al., 2007）。双相障碍每次发作的持续时间存在很大的个体差异。一些人在进入抑郁期之前会在几个星期或几个月里都处于躁狂状态。更少见的是，患者会在几天之内，甚至像上面提到的在同一天内，从躁狂转为抑郁又转回躁狂。一生中发作的次数也存在极大的个体差异，但是相对普遍的情况是发作更频繁和间隔时间更短。在一年内出现 4 次或更多的躁狂与抑郁的循环，就可被诊断为**快速环性双相障碍**（rapid cycling bipolar disorder）。

表 7.4　双相Ⅰ型障碍和双相Ⅱ型障碍的诊断标准

双相Ⅰ型障碍和双相Ⅱ型障碍的区别在于是否存在重性抑郁发作、达到躁狂全部诊断标准的躁狂发作以及轻躁狂发作。

诊断标准	双相Ⅰ型	双相Ⅱ型
重性抑郁发作	可能出现，但不是诊断的必要条件	诊断的必要条件
达到躁狂全部诊断标准的躁狂发作	诊断的必要条件	诊断要求不可出现
轻躁狂发作	可能出现在重度躁狂发作或重性抑郁发作之间，但并非诊断的必要条件	诊断的必要条件

经常发脾气的一些孩子可能有双相障碍或另一种疾病，如在*DSM-5*中被称为破坏性心境失调障碍的新类别。

青少年的双相障碍研究是一个饶有兴趣又充满争议的领域。直到10年前，人们还假定，对于处在青少年晚期或成年早期之前的个体，不能可靠地做出双相障碍的诊断。渐渐地，研究者和临床医生开始对识别儿童和青少年的双相障碍早期信号产生兴趣，从而得以施加干预，使得研究者可以探索该障碍在年轻人中的病因和病程（Leibenluft & Rich, 2008; Taylor & Miklowitz, 2009）。

尽管有些儿童表现出的双相障碍是躁狂发作和抑郁发作的交替，并间隔着心境正常期（Birmaher et al., 2006），但另一些儿童则表现出慢性症状和心境的快速转换。后一类儿童多半极其易激惹，经常大发脾气或狂怒（Leibenluft & Rich, 2008）。这些儿童以后罹患焦虑障碍或单相抑郁障碍的风险也较高，但不太可能罹患典型的双相障碍（Stringaris, Cohen, Pine, & Leibenluft, 2009）。此外，我们很难在青少年身上将伴躁狂的激越和冒险行为与注意缺陷/多动障碍（ADHD；见第10章）的症状（包括多动、判断力差和冲动），或者与对立违抗障碍（见第10章）的症状（包括慢性易激惹和拒绝遵守规则）区分开来。关于这些激越、易激惹的儿童是否具有双相障碍、注意缺陷/多动障碍或对立违抗障碍，存在很大争议，这些障碍似乎都不完全符合他们的症状。

*DSM-5*的作者决定将这些大发脾气的儿童与那些具有更加典型的双相障碍的儿童区分开来，加入了一个针对6岁及以上儿童的新诊断，称为**破坏性心境失调障碍**（disruptive mood dysregulation disorder）。要符合该诊断，年轻人必须表现出严重的脾气爆发，其强度和持续时间与情境极不相称，与发育水平也不一致。在脾气爆发时，这些儿童可能对他人恶语相向，进而变为对他人的身体暴力。在爆发的间歇，他们的心境是持续性的明显易激惹和发怒。儿童必须每周有三次脾气爆发，至少维持12个月，并且至少出现在两种场景中（如家和学校）。

双相障碍的患病率和病程

双相障碍不如抑郁障碍常见。世界范围内，只有0.6%的人在一生中会出现双相Ⅰ型障碍，只有0.4%的人会出现双相Ⅱ型障碍（Merikangas et al., 2011）。男性和女性患此障碍的几率相当，该障碍的患病率也没有明显的族裔或文化差异。这些事实表明，生物学因素对双相障碍的影响大于抑郁障碍，后者在不同的文化中表现出更大的差异。大多数人在青少年后期或成年早期发病（Merikangas et al., 2011）。

和抑郁障碍一样，具有双相障碍的人经常面临着工作及人际关系上的慢性问题（Marangell, 2004）。大多数具有双相障碍的人同时符合其他精神病性障碍的诊断标准，最常见的是某种焦虑障碍（Merikangas et al., 2011）。此外，具有双相障碍的人往往滥用酒精和硬性毒品等物质，这会损害患者控制疾病的能力、配合治疗的意愿及其功能。尽管他们的症状带来损害，但大多数具有双相障碍的人并不接受任何治疗，尤其是在发展中国家（Merikangas et al., 2011）。

温斯顿・丘吉尔有躁狂发作，这可能既是资产也是负债。

创造力和双相障碍

“连续谱模型下的心境障碍”专栏中提到，一些理论家提出，躁狂症状在某些环境中实际上是有好处的，它使人自尊心增强、思如泉涌、勇于实现想法、精力充沛、睡眠需求低、高度警觉和坚定果断。而抑郁中的忧郁往往被认为是艺术家的灵感源泉。历史上确实有一些极有影响力的人物罹患双相障碍或抑郁，并可能因此获益（Jamison, 1993）。

包括亚伯拉罕・林肯、亚历山大・汉密尔顿、温斯顿・丘吉尔、拿破仑・波拿巴和贝尼托・墨索里尼在内的政治领袖，以及马丁・路德和乔治・福克斯（教友派或称贵格会的创始人）等宗教领袖，他们死后都被精神病学方面的传记作者诊断为躁狂、轻躁狂或抑郁患者（Jamison, 1993）。这些领导者虽然在抑郁发作期往往无所作为，但是在躁狂发作期和轻躁狂发作期却取得了卓越成就。在躁狂期，他们为取得战争胜利和解决国内问题制定英明大胆的策略，而且具备贯彻这些策略的精力、自信和毅力。

作家、艺术家和作曲家的躁狂和抑郁患病率高于常人。例如，对 1005 位 20 世纪著名的艺术家、作家和其他专业人士进行的研究发现，与商业界、科学家和公共事务方面的成功人士相比，艺术家和作家患心境障碍、精神病及自杀企图的比例是前者的两到三倍。其中诗人最可能患躁狂（Ludwig, 1992）。近来，演员扎克・布拉夫和柯尔斯滕・邓斯特、游戏节目主持人德鲁・凯里、说唱艺人 DMX、歌手艾米・怀恩豪斯和珍妮特・杰克逊等名人都公开承认患有心境障碍。

游戏节目主持人德鲁・凯里与抑郁进行抗争。

虽然许多富有创造力的双相障碍患者或许能够在抑郁发作期有所收获，并充分利用躁狂发作期，但是也有许多人无法忍受这种障碍引起的情绪起伏，因而试图自杀或成功自杀。一般来说，心境障碍会明显损害思维能力和产出能力。正如伊丽莎白・伍特泽尔（Wurtzel, 1995, p. 295）所述：

> 尽管确实有许多艺术家从忧伤中获取灵感的源泉，但我们也不应该自欺欺人，这些人因陷入这种悲惨境地而浪费并损失了多少光阴。许多可以有所作为的时间在令人衰弱的绝望中流逝。这并不是说，我们应该否认忧伤在诗歌及各种艺术创作中的适当位置，但是让我们不要再称它为疯狂，不要再假装这种感觉自身也很有趣。让我们称之为抑郁，并承认它非常之凄凉。

抑郁的理论

抑郁障碍是被研究得最多的心理障碍之一。我们将讨论相关的生物学、行为、认知、人际和社会文化理论。

抑郁的生物学理论

很多不同的生物学因素似乎都与抑郁障碍有关，包括遗传、神经递质系统、大脑结构和功能异常以及神经内分泌系统。

遗传学因素

家庭史研究发现，具有抑郁障碍的人，其一级亲属比不具有该障碍的人的一级亲属罹患抑郁症的可能性高两到三倍（Levinson, 2010）。抑郁症的双生子研究表明，同卵双生子的同病率高于异卵双生子，说明这种障碍受到遗传的影响（Kendler, Myers, Prescott, & Neale, 2001）。生命早期开始的抑郁症比成年后才开始的抑郁症有更强的遗传基础（Levinson, 2010）。

抑郁可能是多种基因异常导致的。有几项研究表明，5–羟色胺转运基因可能起了作用（Saveanu & Nemeroff, 2012）。我们接下来将讨论，5–羟色胺是影响抑郁症的神经递质之一。5–羟色胺转运基因的异常可以导致5–羟色胺失调，反过来影响个体的心境稳定性。阿夫沙洛姆•卡斯皮及其同事（Caspi, Sugden, et al., 2003）在一项纵向研究中发现，5–羟色胺转运基因异常的人们在面对消极生活事件时，罹患抑郁症的风险增加（也见 Kaufman et al., 2004, 2006）。然而，其他研究并没有重复这些发现（也见 Risch et al, 2009），但近期的一项元分析支持5–羟色胺转运基因与后期抑郁的早期应激指标之间存在交互作用。

图 7.1　与抑郁有关的神经递质异常

5 - 羟色胺和去甲肾上腺素分泌和调节方面的一些问题可能促使了抑郁发生。

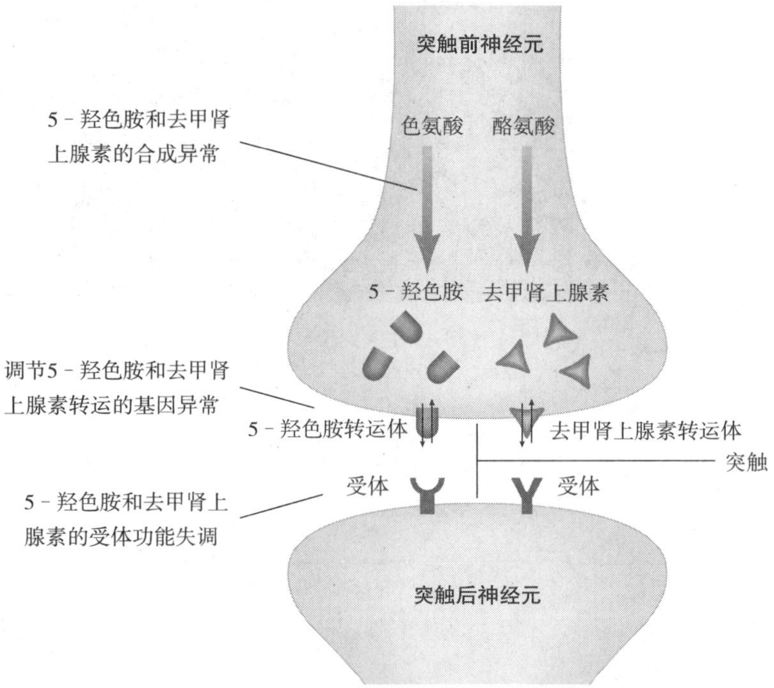

神经递质理论

最常影响抑郁的神经递质是**单胺类**（monoamines）物质，具体而言是**去甲肾上腺素**（norepinephrine）和**5–羟色胺**（serotonin），以及影响程度较低的**多巴胺**（dopamine）。人们发现这些神经递质大量集中在和睡眠调节、食欲及情绪加工有关的边缘系统。关于神经递质影响心境障碍的早期理论认为，抑郁症是神经元突触之间的去甲肾上腺素或5–羟色胺的减少所致（Glassman, 1969; Schildkraut, 1965）。

随着我们对脑中神经递质的功能有了更多的了解，神经递质影响抑郁的理论也变得更加复杂（Belmaker & Agam, 2008）。在抑郁障碍中，脑细胞内一系列影响神经递质功能的过程可能发生了错误（图 7.1）。例如，5–羟色胺和去甲肾上腺素在神经元中分别由色氨酸和酪氨酸合成，一些研究表明这一合成过程的异常可能促使抑郁发生（Zhang et al., 2004）。5–羟色胺和去甲肾上腺素都是由一个神经元（指突触前神经元）释放到突触中，然后与其他神经元（指突触后神经元；见图 7.1）上的受体结合。释放过程由 5–羟色胺转运基因调节，抑郁障碍中的该过程可能是异常的。此外，具有抑郁障碍的人，其突触后神经元上的 5–羟色胺和去甲肾上腺素受体可能不如正常人敏感，或者有时会功能失调（Saveanu & Nemeroff, 2012）。

图 7.2　与抑郁症有关的脑区（见彩插）

神经成像研究已经发现了前额叶皮层、前扣带回、海马和杏仁核的异常。

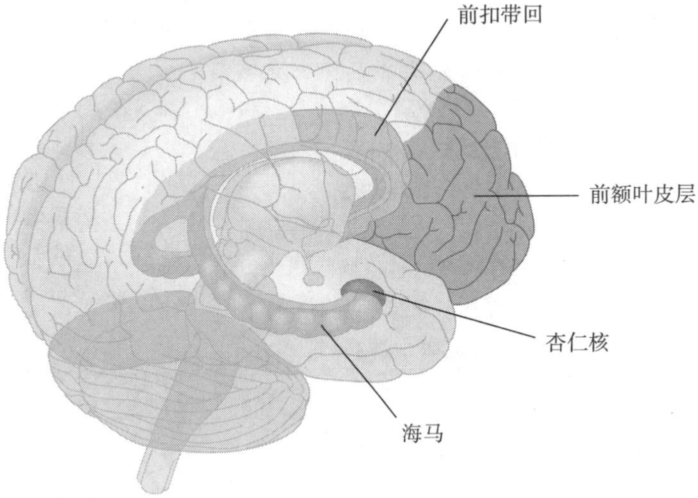

大脑结构和功能异常

神经成像研究发现，抑郁者至少有四个脑区持续异常：前额叶皮层、前扣带回、海马和杏仁核（图 7.2）。

前额叶皮层的主要功能包括注意、短时记忆、计划和新问题解决。很多研究已经显示，重度抑郁者的前额叶，尤其是左侧前额叶，新陈代谢活动水平降低，且灰质体积减少（Saveanu & Nemeroff, 2012）。此外，脑电图（EEG）研究表明，与非抑郁者相比，抑郁者的左侧前额叶皮层脑波活动较低（Davidson, Pizzagalli, Nitschke & Putnam, 2002）。左侧前额叶皮层更多地与动机及目标导向有关，这一区域的不活跃与抑郁表现出的动机缺乏有关。抗抑郁药物对抑郁障碍的成功治疗与增加左侧前额叶皮层的新陈代谢及脑波活动有关（Kennedy et al., 2001）。

前扣带回是前额叶皮层的一个分区，在应激反应、情绪表达、社交行为方面有重要作用（Davidson et al., 2010）。抑郁者前扣带回的活动水平不同于控制组（Thase, 2010）。这个区域的活动水平改变可能与注意、对适当反应的计划及应对方面的问题以及抑郁障碍者的快感缺乏有关。同样，当个体的抑郁得到成功治疗时，该脑区的活动便恢复正常（Dougherty & Rauch, 2007）。

海马对记忆和与恐惧相关的学习十分重要。神经成像研究显示，抑郁症患者的海马体积较小，新陈代谢活动水平低（Konarski et al., 2008）。海马的损伤可能是身体对应激反应慢性唤起的结果。正如我们将要探讨的，抑郁者皮质醇水平长期偏高，在应激反应状态下尤其如此，这表明他们的身体对应激产生过度反应，而且皮质醇水平恢复正常的速度慢于非抑郁者。海马中有大量皮质醇受体，长期偏高的皮质醇水平可能杀死新神经元或抑制其发育（Pittenger & Duman, 2008）。抗抑郁药治疗或电休克治疗导致大鼠海马中新细胞的生长（Pittenger & Duman, 2008）。

杏仁核结构和功能异常也被发现与抑郁障碍有关（Thase, 2010）。杏仁核帮助人们将注意力指向具有情绪明显性和对个体有重大意义的刺激。研究发现，具有心境

图 7.3 下丘脑–垂体–肾上腺轴

下丘脑合成促肾上腺皮质激素释放激素（CRH）。CRH被转运至垂体，并刺激促肾上腺皮质激素（ACTH）的合成与释放，然后ACTH循环至肾上腺，产生皮质醇。随后，皮质醇抑制ACTH和CRH的进一步生成。正常情况下，这一过程会防止在应激源发生后产生过度或时间过长的生理唤醒。然而，抑郁症患者往往皮质醇功能异常，意味着其下丘脑 - 垂体 - 肾上腺（HPA）轴功能失调。

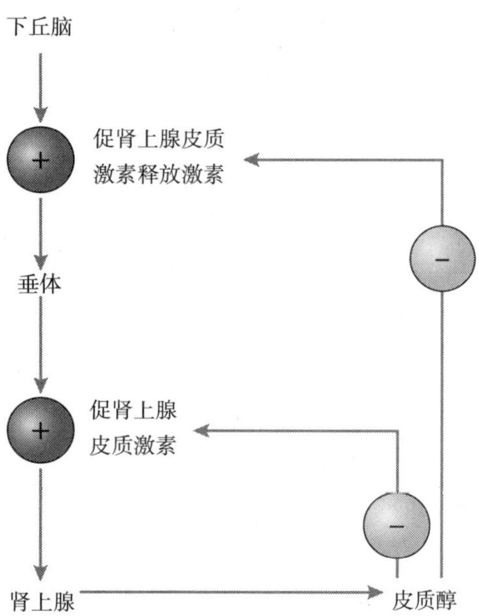

障碍的人，其杏仁核增大且活动水平增加，在抑郁得到成功治疗的人身上则观察到杏仁核的活动降至正常值（Thase, 2010）。杏仁核过度活动有何影响尚不完全清楚，但是这种过度活动可能使人们偏向于负性的或导致情绪唤起的信息，并反复思考消极记忆和环境的负性方面（Davidson, Pizzagalli, & Nitschke, 2009）。

神经内分泌因素

长期以来，人们都认为激素会影响心境障碍尤其是抑郁症。神经内分泌系统调节许多重要的激素，而这些激素反过来影响睡眠、食欲、性欲及快感体验等基本功能（回顾神经内分泌系统，见第 2 章）。这些激素也有助于身体对环境应激源做出反应。

神经内分泌系统中的三个主要组成部分——下丘脑、垂体和肾上腺皮质——在一个生物反馈系统中共同工作，该系统与杏仁核、海马及大脑皮层密切相关。该系统通常被称为**下丘脑 – 垂体 – 肾上腺轴**（hypothalamic-pituitary-adrenal axis）或 **HPA 轴**，参与战斗或逃跑反应（见第 5 章）。

正常情况下，我们在面对应激源时，下丘脑会释放促肾上腺皮质激素释放激素（CRH）到垂体前叶的受体上（图 7.3）。这导致肾上腺皮质激素被释放到血流里的血浆中，刺激肾上腺皮质释放皮质醇到血液中。这个过程帮助身体对应激源做出战斗或逃跑反应。下丘脑也有皮质醇受体。当皮质醇水平升高时，下丘脑的皮质醇受体探测到这个变化并通过降低促肾上腺皮质激素释放激素来调节应激反应。因此，生物反馈回路既有助于在应激状态下激活 HPA 轴，也有助于在应激消失后使系统平静下来。

抑郁障碍个体大多皮质醇和促肾上腺皮质激素释放激素水平偏高，意味着 HPA 轴持续活跃，并且在应激源发生后难以回到正常功能水平（Saveanu & Nemeroff, 2012）。HPA 轴高度活跃产生的过量激素可能对单胺类神经递质受体有抑制作用。抑郁发展的一个模型提出，长期处于应激状态的人可能发展出调节不良的神经内分泌系统。之后这些人即使面对微小的应激源，HPA 轴也会反应过度，且不易回到基线水平。这种过度反应导致脑中单胺类神经递质功能的变化，抑郁发作也可能随之发生（Southwick, Vythilingam, & Charney, 2005）。此外，长期暴露在过度的皮质醇中也是造成抑郁者数个脑区体积减小的原因，这包括海马、前额叶皮层和杏仁核。

早期的创伤性应激，例如受到性或身体虐待、严重被忽视，或暴露于其他严重慢性应激，可能导致某些神经内分泌异常，使这些人更容易罹患抑郁障碍（Southwick et al., 2005）。对受到虐待或忽视的儿童的研究发现，他们对应激的生物反应，尤其是 HPA 轴的反应，常常要么夸大要么迟钝（Cicchetti & Toth, 2005）。克里斯汀 • 海姆及其同事（Heim & Nemeroff, 2001; Heim, Plotsky, & Nemeroff, 2004）已经发现，儿童期受到性虐待的女性成年后表现出 HPA 轴的应激反应改变，甚至当她们不抑郁时也是如此。类似地，动物研究显示，早期应激（例如与母亲分离）促使神经生物应激反应过度，以及更容易对未来的应激源产生抑郁样反应（Saveanu & Nemeroff, 2012）。值得注意的是，后续提供支持性的母亲照料和 / 或药理学干预，可以降低动物身上的这些神经生物易感性。

女性更容易患抑郁障碍常常与激素因素有关（Nolen-Hoeksema & Hilt, 2013）。卵巢激素、雌激素和孕酮的变化影响了 5–羟色胺和去甲肾上腺素神经递质系统，因此理论上能够影响心境。一些女性在孕期、产后和经前期等雌激素和孕酮水平变化时期，抑郁心境的表现也会增加（Epperson et al., 2012; O' Hara & McCabe, 2013）。此外，女孩在约 13 ~ 15 岁时，抑郁发病率提高（Twenge & Nolen-Hoeksema, 2002），这可能是青春期的激素变化导致的（Angold, Castello & Worthman, 1998）。然而，关于雌激素和孕酮水平变化与抑郁易感性之间的直接联系，人们还没有得到一致的发现。青春期、月经周期、产后期和停经期的激素变化，可能只在具有抑郁的遗传或其他生物易感性的女性身上才会诱发抑郁障碍（Steiner, Dunn, & Born, 2003; Young & Korszun, 1999）。

抑郁的心理学理论

行为主义者关注无法控制的应激源对诱发抑郁的作用。认知理论家则提出能够诱发和维持抑郁的思维方式。人际理论家考虑的是人际关系在诱发和维持抑郁方面的作用。社会文化理论家则关注对不同社会统计学群体之间抑郁发病率差异的解释。

行为理论

抑郁往往是对具有压力的负性事件的反应，这些事件包括一段关系的破裂、爱人的去世、失业或严重的躯体疾病等（Hammen, 2005; Monroe, 2010）。高达 80% 具有抑郁障碍的人都称自己在抑郁起病前经历了负性的生活事件（Mazure, 1998）。与非抑郁者相比，抑郁者更可能在生活中经历慢性的应激源，例如经济拮据或婚姻问题。他们往往过去也经历过创伤性事件，尤其是与丧失有关的事件（Hammen, 2005）。

抑郁的行为理论（behavioral theories of depression）认为生活压力会导致抑郁，因为压力会减少生活中的正性强化物（Lewinsohn & Gotlib, 1995）。人会变得退缩，导致正性强化物进一步减少，引起更多的退缩，从而形成了自身永存的恶性循环。

例如，一位男性遇到的婚姻问题可能起源于他和妻子的互动变少了，因为他们的互动不再像以前那样产生正性的强化作用。这只会使他和妻子的沟通出现更大的问题，夫妻关系也因此恶化。然后他会更加退缩，并对生活中的婚姻感到抑郁。行为主义者认为，缺乏社交技巧的人尤其可能陷入这种模式，因为他们更可能遭到他人的拒绝，并且更可能以退缩来反应，而不是寻找克服他人拒绝的办法（Lewinsohn, 1974）。此外，人一旦开始出现抑郁行为，就会引起他人的同情和关注，因此这些抑郁行为就会得到进一步的强化。

另一种行为理论——**习得性无助理论**（learned helplessness theory）认为，最可能导致抑郁障碍的应激事件是无法控制的负性事件（Seligman, 1975）。这类事件，尤其是如果频繁出现或长期存在的话，会使人们认为自己无力控制所处环境中的重要结果。这种无助的信念使人丧失动机，减少对环境中可控部分的行动，并使他们不能学会如何控制那些可控的局面。这些习得性无助缺陷与抑郁的症状类似：低动机、被动、犹豫不决（seligman, 1975）。例如，经常遭受殴打的妇女可能逐渐会认为自己对所受的殴打以及生活中的其他方面都无能为力，这可能解释了她们较高的抑郁发病率以及为何倾向于维持受虐关系（Koss & Kilpatrick, 2001）。

失去所爱之人会增加发生抑郁的风险。

认知理论

艾伦·贝克（Beck, 1967）认为抑郁者通过**消极认知三联征**（negative cognitive triad）来看待世界：他们对自己、世界和未来的看法都是消极的。因而他们在思考时会犯很多支持其消极认知三联征的错误，例如忽视好的事件和夸大负性事件。消极的思维方式既是导致抑郁的原因，又使疾病得以持续。很多研究显示，抑郁者表现出消极的思维方式，并有一些纵向研究表明，这种思维方式预测了抑郁症状的逐渐发展（Abramson et al., 2002; Joormann, 2010）。贝克的理论产生了使用最广泛并且最成功的抑郁障碍治疗方法之一——认知行为疗法。

关于抑郁的另一个认知理论是**形成式习得性无助理论**（reformulated learned helplessness theory），它解释了认知因素如何影响个体在经历负性事件后是否会变得无助和抑郁（Abramson et al.,1978; Peterson & Seligman, 1984）。该理论关注人对事件的因果性归因。因果性归因是对事件发生原因的解释。根据这一理论，习惯用内在、稳定和整体的原因解释负性事件的人会因发生负性事件而责备自己，预期负性事件今后还会发生，并预期自己在生活诸多方面都会发生负性事件。因而，正是这些预期，致使他们体验到长期的习得性无助缺陷，并在生活的诸多方面丧失自尊。

例如，试想一个学生因心理学考试不及格而变得抑郁。形成式习得性无助理论认为她将考试失败归咎于内在自身的原因——她学习不够用功；而不是外在环境的原因——试题太难。此外，她假定考试失败是由于某些稳定的原因，例如她在学习心理学方面没有天赋；而非不稳定的原因，例如老师给的考试时间不够。因此，她预期下一次考试还会失败。最后，她将考试失败归因于整体原因，例如自己学习这些资料有困难。这种整体归因导致她预期自己在其他学科上同样会失败。

当人们对生活中最重要的事件做出悲观的归因，且认为自己无法应对这些事件的后果时，就会发展出*无望感抑郁*（hopelessness depression）（Abramson, Metalsky, & Alloy, 1989）。形成式习得性无助理论和无望理论推动了大量其他的研究（Abramson et al., 2002）。抑郁的无望理论中最具决定性的研究之一是一项对大学生的长期研究（Alloy, Abramson & Francis, 1999）。研究者对两所大学的一年级学生进行访谈，区别出具有无望归因风格和乐观归因风格的学生，然后在接下来的两年半时间里对这些学生进行跟踪研究，每六个星期和他们会谈一次。在没有抑郁史的学生中，具有无望归因风格的学生经历重性抑郁首次发作的可能性远远大于具有乐观归因风格的学生（17% 对 1%）。此外，在有抑郁史的学生中，具有无望归因风格的学生抑郁复发的可能性也远远大于具有乐观归因风格的学生（27% 对 6%）。因此，悲观的归因风格不但能够预测抑郁的首次发作，还能够预测抑郁的复发。

另一个认知理论，思维反刍反应风格理论更关注将思考的过程而不是内容作为导致抑郁发生的原因（Nolen-Hoeksema, Wisco, & Lyubomirsky, 2008）。一些人在悲伤、忧郁和沮丧时会专注于自身感受，即疲惫和注意不集中的症状，还有他们的悲伤和绝望，并且可以确定许多可能的原因。然而，他们并不试图做任何事来消除这些原因，而只是继续沉湎于对其抑郁的**思维反刍**（rumination）之中。几项研究显示，采用思维反刍应对风格的人更可能患抑郁症（Nolen-Hoeksema et al., 2008）。

将负性事件如考试失败归因于内在原因（“我失败了”）、稳定原因（“我总是失败”）和整体原因（“我做每件事都失败”）的人发生抑郁的风险更高。

抑郁者在基本的注意和记忆过程中表现出对消极思维的偏好（Harvey, Watkins, Mansell, & Shafran, 2004; Joormann, 2010）。抑郁者比非抑郁者更可能停留在负性刺激上，如悲伤的面孔（Gotlib, Krasnoperova, Yue, & Joormann, 2004），并且很难让注意力离开负性刺激（Joormann, 2004）。在学习一组词语并意外地被要求完成回忆这些词语的任务时，抑郁者倾向于回想起更多负性的词语而非正性的词语，那些对照组中的非抑郁者则表现出相反的记忆偏差（Blaney, 1986; Matt, Vasquez, & Campbell, 1992）。这些对负性信息的注意和记忆偏差能够形成并维持抑郁者消极地看待世界的倾向。

此外，抑郁者倾向于表现出过度概括化的记忆。当给人们一个简单的词语提示如“愤怒”，并要求他们描述该提示所激发的记忆时，抑郁者比非抑郁者更可能提供高度概括的记忆（如“卑鄙的人们”），而不是具体的记忆（如“简妮上星期五对我很粗鲁”）。马克•威廉姆斯及其同事（Willams et al., 2007）提出，抑郁者在应对过去的创伤时倾向于以概括化的方式来储存和提取记忆。相比细节丰富详尽的记忆，模糊、概括化的记忆不会引起那么强烈的情绪负荷和痛苦，因此有助于减轻抑郁者对过去感到的情绪痛苦。有趣的是，以过度概括化的记忆为特征的另一种障碍是创伤后应激障碍（见第 5 章），该障碍是由特定创伤性事件所引发的（Williams et al., 2007）。

人际理论

抑郁者的人际关系常常充满了困难。这些关系是**抑郁的人际理论**（interpersonal theories of depression）的重点（Coyne, 1976; Hames, Hagan, & Joiner, 2013）。人际方面的困难和丧失往往出现在抑郁之前，并且是人们所报告的最常见的诱发抑郁的应激源（Hammen, 2005; Rudolph, 2008）。抑郁者比非抑郁者更可能在家庭、朋友和同事关系当中经历了持续的冲突（Hammen, 2005）。

抑郁者的行为方式可能会引起人际冲突（Hammen, 2005）。一些抑郁者可能非常需要其他人表达支持和赞同他们（Leadbeater, Kuperminc, Blatt, & Herzog, 1999; Rodolph & Conley, 2005），同时又很容易感觉到其他人的拒绝，这种特点被称为**拒绝敏感性**（rejection sensitivity）（Downey & Feldman, 1996）。他们会沉湎于过度地寻求反复确认之中，不断从接纳他们、爱他们的人那里寻求肯定（Joiner & Timmons,

2009）。然而，他们从不太相信别人做出的保证，相反，总是焦虑再度提出更多的要求。一段时间后，他们的家人和朋友会对这样的行为感到厌倦，可能会变得挫败或厌烦。没有安全感的人捕捉到了人们对他们感到烦恼和恐慌的信号，然后他们会感到更加的不安全，并变本加厉地做出过度寻求反复确认的行为。最终，个体得到的社会支持可能会全部被收回，导致抑郁加重并持续更长时间。

社会文化理论

社会文化理论家关注人口统计学群体的社会状况的差异如何导致了抑郁易感性的差异。

世代效应 历史的变迁可能使近几代人患抑郁的风险高于前几代人，这种现象称为**世代效应**（cohort effect）（Kessler et al., 2003; Klerman & Weissman, 1989）。例如，1915年以前出生的人中只有不到20%的人可能患抑郁症，而1955年后出生的人中有超过40%的人在一生中存在患抑郁症的风险。一些理论家认为，20世纪60年代以来社会价值观的迅速改变以及家庭单位的解体，造成近几代人患抑郁的风险增大（Klerman & Weissman, 1989）。另一种可能的解释是，年轻一代对自己有不切实际的高期望，这是他们的前几辈人所不曾有的。

性别差异 之前我们提到，女性患抑郁的可能性是男性的两倍左右。对于这一性别差异，人们提出了几种解释（Nolen-Hoeksema & Hilt, 2013）。

在面对痛苦时，男性比女性更可能求助于酒精这样的应对方式，并否认自己感到痛苦；女性则比男性更可能反刍地思考她们的感受和问题（Nolen-Hoeksema & Hilt, 2009）。因此男性也许更可能产生酒精滥用这样的障碍，而女性的反刍式冗思倾向让她们更可能变得抑郁。这些不同的应激反应可能是社会规范造成的——社会更能接受男性的酗酒行为以及女性的思维反刍行为（Addis, 2008; Nolen-Hoeksema & Hilt, 2013）。

可能也是出于性别社会化的影响，女性大多比男性有更强的人际取向（Feingold, 1994）。一方面，女性强大的人际网络在需要的时候会给她们提供支持。另一方面，当不好的事情发生在其他人身上，或者当他们的关系出现冲突时，女性比男性更可能报告抑郁症状（Hammer, 2003; Rudolph, 2009）。女性似乎也比男性更可能将自我价值建立在人际关系的健康上（Jack, 1991）。此外，大多数社会中女性的地位和权力都不如男性，这使得她们承受更多的偏见、歧视和暴力（Nolen-Hoeksema & Hilt, 2013）。性虐待，尤其是儿童期的性虐待，对女性抑郁有着终生的影响（Widom, DuMont, & Czaja, 2007）。

在本章前面，我们提到了对于女性抑郁易感性风险大于男性的生物学解释。生物因素和社会文化因素的相互作用，进一步扩大了抑郁发病率的性别差异（Nolen-Hoeksema & Hilt, 2013）。

族裔/种族差异 在美国进行的一项大规模研究发现，拉美裔美国人上一年的抑郁患病率高于非拉美裔白人（Anderson & Mayes, 2010; Blazer, Kessler, McGonagle, & Swartz, 1994）。这可能反映了拉美裔美国人的贫穷、失业和受歧视水平相对较高。

对成人的研究显示，非裔美国人患抑郁的比例低于美国白人（Anderson & Mayes, 2010; Blazer et al., 1994）。鉴于非裔美国人在美国社会中的不利处境，这种情况似乎难以理解。然而，非裔美国人患焦虑障碍的比例较高，这说明社会地位的压力可能使他们更易患焦虑障碍而非抑郁。其他研究则发现，美国印第安人，尤其是年轻人中患抑郁的比例极高（Saluja et al., 2004）。美国印第安青少年患抑郁可能与贫穷、无望和酗酒有关。

双相障碍的理论

双相障碍的大部分现有理论关注生物原因。然而，近年来，人们对导致双相障碍新一轮发作的心理和社会因素越来越感兴趣。

双相障碍的生物学理论

遗传学因素

尽管我们目前尚不清楚导致双相障碍的特定遗传异常为何，但双相障碍和遗传因素之间的联系是紧密而一致的。双相障碍患者的亲属（父母、孩子和兄弟姐妹）患双相障碍和抑郁障碍的比例比非双相障碍患者的一级亲属高 5 ～ 10 倍（Farmer, Elkin, & McGuffin, 2007）。一方患双相障碍的同卵双生子，另一方患该障碍的可能性比一般人群高 45 ～ 75 倍（McGuffin et al., 2003）。

大脑的结构和功能异常

与抑郁障碍一样，双相障碍与杏仁核和前额叶皮层的结构和功能异常有关，杏仁核参与情绪加工（图 7.4；Rich et al., 2007），前额叶皮层则参与对情绪的认知控制以及计划和决策（Konarski et al., 2008）。与抑郁障碍相比，双相障碍与海马的体积或功能改变并无一致关系。

被称为纹状体的脑区是所谓基底神经节的脑结构的一部分，它参与对环境的奖赏线索的加工。例如，当存在美味的食物或赚钱机会等奖赏刺激时，纹状体就会变得活跃。双相障碍个体的该脑区异常激活，但抑郁症患者并不一定如此，意味着双相障碍个体可能对环境中的奖赏线索过于敏感（Caligiuri et al., 2003; Saxena et al., 2002）。从前额叶皮层通过纹状体到达杏仁核的神经通路，与适应奖赏相倚变化的可能性（例如，知道何时应该为了获得奖赏而放弃一个策略并选择另一个策略）有关。一些研究者认为，双相障碍个体的该神经通路功能异常，导致他们对奖赏的反应不再灵活（Leibenluft & Rich, 2008）。躁狂状态下，他们会僵化地、过度地追求奖赏；抑郁状态下则对奖赏极度不敏感（Depue & Iacono, 1989）。

图 7.4　患有双相障碍的青少年的杏仁核激活（见彩插）

在评估他们对中性面孔的恐惧时，具有双相障碍的青少年比健康青少年表现出更高的杏仁核激活水平（黄色区域）。

（资料来源：Leibenluft & Rich, 2008.）

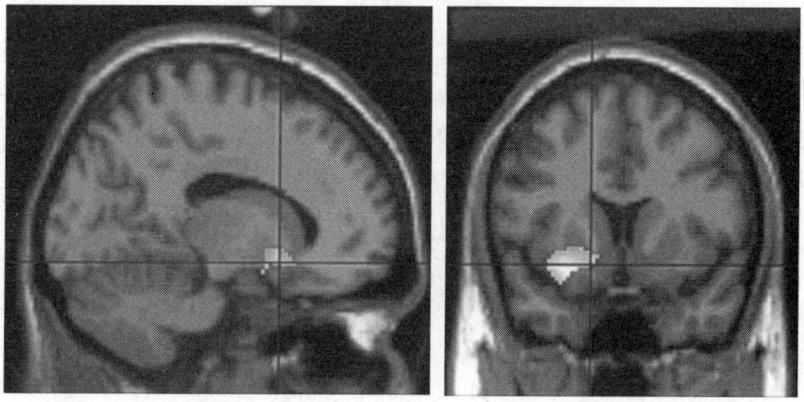

一些研究表明，患有双相障碍的青少年脑白质出现异常，尤其是前额

叶皮层（Frazier et al., 2007; Pillai et al., 2002）。白质是连接各种脑结构并在它们之间传递信息的组织。研究者在双相障碍首次发作且尚未接受治疗的儿童身上发现了白质异常（Adler et al., 2006），也在因家族史而有患双相障碍风险的儿童身上发现了这种白质异常（Frazier et al., 2007）。白质异常能够导致前额叶区难以与其他脑区（如杏仁核）进行交流并对其施加控制，从而产生双相障碍的情绪紊乱和极端行为特征。

神经递质因素

双相障碍和抑郁症都受到单胺类神经递质的影响。具体来说，几个研究已经表明，多巴胺系统与双相障碍有关（Leibenluft & Rich, 2008）。高水平的多巴胺与高强度的奖赏寻求行为有关，而低水平则与对奖赏不敏感有关。因此，多巴胺系统失调可能会导致患者在躁狂期过度寻求奖赏，而在抑郁期缺乏奖赏寻求行为（Berk et al., 2007; Depue & Iacono, 1989）。

双相障碍的社会心理因素

与双相障碍受到奖赏系统失调影响的生物学证据一致，心理学家也考察了双相障碍与奖赏敏感性的行为指标之间的关系。在其中一些研究中，个体在电脑上玩赌博之类的游戏，游戏会评估其为获得可能的奖赏而冒风险的意愿，以及对于什么样的行为会获得奖赏的探测能力。这些研究证实，具有双相障碍的人甚至在没有表现出症状时，也显示出比不具有双相障碍的人要有更高的奖赏敏感性（Alloy et al., 2008; Johnson, Cuellar, & Miller, 2012）。此外，一项研究跟踪具有双相障碍的人近3年，发现对奖赏更敏感的人会比对奖赏较不敏感的人更快地复发躁狂或轻躁狂症状（Alloy et al., 2008）。相反，对惩罚更敏感的人会比对惩罚较不敏感的人更快地复发抑郁症状。

对于具有双相障碍的人，另一个得到研究的心理因素是应激。经历应激事件并生活在缺乏支持的家庭中，可能会诱发双相障碍的新一轮发作（Altman et al., 2006; Frank, Swartz, & Kupfer, 2000; Hlastsala et al., 2000）。甚至正性事件也能诱发新一轮的躁狂和轻躁狂发作，尤其是当这些事件与谋求高回报的目标有关时。一项对大学生的研究发现，准备考试或完成考试很可能在具有双相障碍的人身上诱发轻躁狂症状，对奖赏高度敏感的学生尤其如此（Nusslock et al., 2007）。因此，谋求目标的情境可能会诱发对奖赏的高敏感性，从而在具有双相障碍的人身上诱发躁狂或轻躁狂症状。

身体节律或日常生活的变化也会诱发具有双相障碍的人发作（Frank et al., 2000）。例如，睡眠和饮食模式的变化能够导致复发。日常生活的重大改变也能导致复发，如果这种改变是社会环境的变化如开始一份新工作造成的，则更是如此。本章后面我们要讨论一种心理社会治疗，即人际和社会节奏疗法，有助于具有双相障碍的人维持其身体和社会节律的稳定。

心境障碍的治疗

对于具有心境障碍的人来说，现在有很多种治疗形式可以采用。然而，在任何一年中，只有大约一半双相障碍个体和大约60%抑郁症患者会寻求治疗（Kessler et al., 2003; Merikangas et al., 2011）。最终确实去寻求治疗的患者，往往也是在症状开始多年后才去寻求就医的。

心境障碍的生物治疗

抑郁障碍和双相障碍的大多数生物治疗均为药物治疗。除药物治疗外，一些具有心境障碍中的人还接受电休克治疗（ECT）。治疗心境障碍的三种新方法——重复经颅磁刺激（rTMS）、迷走神经刺激和深部脑刺激——给很多人带来了希望。具有季节性情感障碍（SAD）的人则可以从一种简单的疗法当中受益：接受强光照射。

抑郁的药物治疗

20 世纪晚期，治疗抑郁的药物及其应用都迅速增长。表 7.5 总结了治疗抑郁障碍以及双相障碍中的抑郁症状的常用药物类型。最初，人们认为这些药物是通过改

表 7.5 抗抑郁药 许多不同类型的药物都可用于治疗抑郁。

类型	通用名	商品名	主要副作用
选择性5–羟色胺再摄取抑制剂	西酞普兰 依他普仑 氟西汀 氟伏沙明 帕罗西汀 舍曲林	喜普妙 来士普 百忧解 兰释 百可舒 左洛复	恶心、腹泻、失眠、震颤、性功能障碍、日间嗜睡、激越/坐立不安、自杀念头和自杀行为可能增加。
选择性5–羟色胺–去甲肾上腺素再摄取抑制剂	文拉法辛 度洛西汀	郁复伸 欣百达	恶心、腹泻、失眠、震颤、性功能障碍、日间嗜睡、激越/坐立不安、自杀念头和自杀行为可能增加、多汗、口干、心跳加快、头痛。
去甲肾上腺素–多巴胺再摄取抑制剂	安非他酮	威博隽 载班	恶心、呕吐、失眠、头痛、惊厥。
三环类抗抑郁药	阿米替林 氯丙咪嗪 多塞平 丙咪嗪 三甲丙咪嗪 脱甲丙咪嗪 去甲替林 普罗替林 阿莫沙平 麦普替林	依拉维 安拿芬尼 凯舒 托法尼 曲米帕明诺波明 Aventyl Vivactil Ascendin 路滴美	抗胆碱作用（口干、便秘、排尿困难、视力模糊、记忆损害、意识混乱）。 较不常见的：睡眠困难、头痛、震颤、食欲变化。 尤其存在问题的：血压降低、心脏病患者心律不齐、剂量过大可致命。
单胺氧化酶抑制剂	异卡波肼 苯乙肼 反苯环丙胺	闷可乐 Nardil Parnate	口干、便秘、排尿困难、视力模糊、记忆损害、意识混乱。 较不常见的：睡眠困难、头痛、震颤、食欲变化。 尤其存在问题的：血压降低、心脏病患者心律不齐、摄入特定食物或药物后可能致命的血压升高。

资料来源：Thase, M.E., & Denko, T. "Pharmacotherapy of mood disorders." *Adapted and reprinted, with permission from the Annual Review of Clinical Psychology*, Volume 4,

copyright © Annual Reviews, Inc., 2008, www.annualreviews.org, in the format Textbook via Copyright Clearance Center.

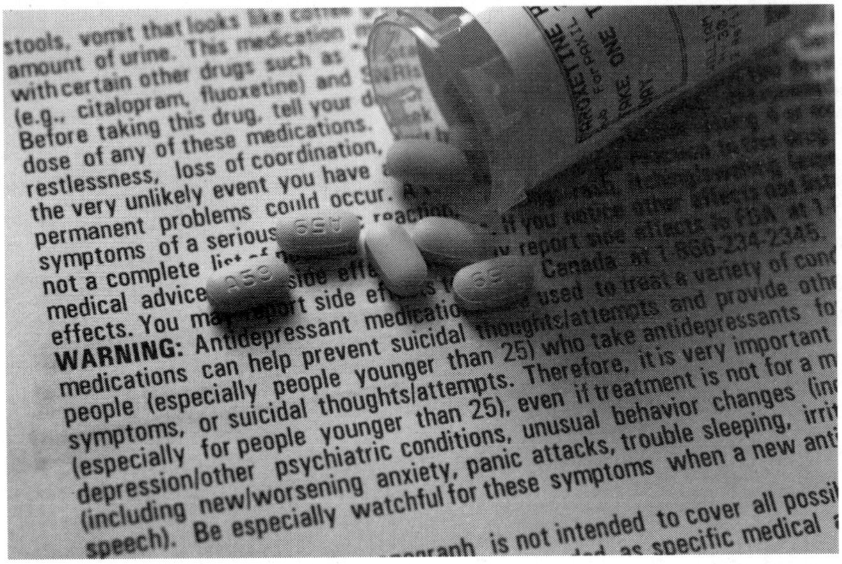

美国食品药品监督管理局（FDA）要求SSRI类药物注明可能增加自杀风险的警告。

变突触中的神经递质5-羟色胺、去甲肾上腺素或多巴胺水平，或通过影响这些神经递质的受体来起作用。然而，这些变化发生在服药后的几个小时或几天内，而抑郁症状的减轻通常几个星期后才会出现。新近的理论认为，对于前面讨论过的神经递质系统的细胞内过程（见图 7.1）以及调节神经传递、边缘系统和应激反应的基因活动，这些药物的影响是逐渐显现的（Thase & Denko, 2008）。

目前可以使用的所有不同的抗抑郁药物能够减轻大约 50% ~ 60% 服药者的抑郁症状（Thase & Denko, 2008）。这些药物治疗持续性的重度抑郁比治疗轻度到中度的抑郁更有效。对来自 6 项研究的 718 名患者的元分析发现，仅对于非常重度的抑郁者，抗抑郁药减轻症状的效果才明显胜过安慰剂；对于轻度到中度的抑郁者，抗抑郁药的效果很小或者完全不存在（Fournier et al., 2010; 也见 Khan, Leventhal, Khan, & Brown, 2002; Kirsch et al., 2008）。

选择首先使用哪种药物，多半取决于医生的经验和对患者承受副作用能力的考虑。通常需要几个星期才能知道药物对个体是否起作用。大多数人在发现对自己起作用的药物之前都会尝试一种以上的药物。目前，抗抑郁药被用于减轻抑郁的急性症状。为了防止复发，个体在症状消退后通常继续服用抗抑郁药至少 6 个月。若在症状消退后的最初 6 ~ 9 个月内没有继续服用抗抑郁药，似乎会使重度抑郁障碍复发的风险翻倍(Geddes et al. 2004)。双相障碍个体继续服用抗抑郁药来防止抑郁复发。

选择性5-羟色胺再摄取抑制剂 **选择性5-羟色胺再摄取抑制剂**（selective serotonin reuptake inhibitors）或称SSRIs被广泛用于治疗抑郁症状。SSRI类药物的疗效并不比其他抗抑郁药更好，但是它们具有较少让人难以忍受的副作用（Thase & Denko, 2008）。此外，如果服药过量，它们要比下面描述的其他老式抗抑郁药要安全得多，如三环类抗抑郁药和单胺氧化酶抑制剂。最后，它们对与抑郁同时出现的焦虑、进食障碍和冲动等诸多症状也有积极效果。

不过，SSRI 类药物确实存在副作用，5% ~ 10% 的患者因为这些副作用而中断服药（Thase & Denko, 2008）。最常见的副作用是胃肠症状（例如，恶心和腹泻）、震颤、神经质、失眠、日间嗜睡、性欲降低和难以达到性高潮。初次开始服用 SSRI 类药物的人们有时会报告感到“神经过敏”或“皮肤上有搔抓感”。一些具有双相障碍的人服用 SSRI 类药物时会产生躁狂症状。某些患者在服用 SSRI 类药物时会高度兴奋，可能会导致自杀念头以及自杀行为的增加。这种风险在儿童和青少年当中最大；对对照研究的回顾显示，在接受 SSRI 类药物治疗的儿童和青少年中有 4% 的人表现出自杀念头和自杀行为，是安慰剂组的两倍（Thase & Denko, 2008）。SSRI 类药物也与成人的自杀念头和自杀行为增加有关，但增加幅度小于儿童。对于老年人，SSRI 类药物则与自杀念头和自杀行为的减少有关。

选择性5-羟色胺-去甲肾上腺素再摄取抑制剂　**选择性5-羟色胺-去甲肾上腺素再摄取抑制剂**（selective serotonin-norepinephrine reuptake inhibitors; SNRIs）的作用是影响去甲肾上腺素和5-羟色胺的水平。可能是因为这些药物影响两种神经递质，所以它们在防止抑郁复发方面比选择性5-羟色胺再摄取抑制剂略胜一筹（Nemeroff et al., 2007）。这些药物的副作用范围比SSRI类药物略广，这可能也是它们的双重作用造成的（见表7.5）。

安非他酮：一种去甲肾上腺素-多巴胺再摄取抑制剂　安非他酮影响去甲肾上腺素和多巴胺系统，因此是一种**去甲肾上腺素-多巴胺再摄取抑制剂**（norepinephrine-dopamine reuptake inhibitor）。它对治疗有精神运动性迟滞、快感缺乏、嗜睡、认知迟缓、注意缺陷和渴求（例如，安非他酮能帮助人们停止对香烟的渴求）症状的患者尤其有用。此外，安非他酮也能克服SSRI类药物带来的性功能失调的副作用，因此有时会和SSRI类药物一起使用（Thase & Denko, 2008）。

三环类抗抑郁药　尽管**三环类抗抑郁药**（tricyclic antidepressants, TCA）是最早表现出持续缓解抑郁症状的药物之一，但现在三环类药物的使用频率低于这里提到的其他药物（Thase & Denko, 2008）。这在很大程度上是由于它们有诸多副作用。其中很多副作用被称为抗胆碱作用，因为它们与神经递质乙酰胆碱的水平有关。三环类抗抑郁药也能导致血压下降和心脏病患者的心律失常。此外，三环类药物剂量过大会危及生命，而平均每日处方量的三至四倍即为过量。因而，临床医生在开具这类药物的处方时很谨慎，对于可能存在自杀倾向的抑郁者尤其如此。

单胺氧化酶抑制剂　另一类已经不太被用来治疗抑郁的早期药物是**单胺氧化酶抑制剂**（monoamine oxidase inhibitors; MAOIs）。单胺氧化酶是一种会引起突触中的单胺类神经递质分解的酶。单胺氧化酶抑制剂使单胺氧化酶的活性降低，从而提高突触内的神经递质水平。

单胺氧化酶抑制剂和三环类抗抑郁药同样有效，但它们的副作用也有很大的潜在危害（Thase & Denko, 2008）。服用单胺氧化酶抑制剂的患者在食用陈年干酪、红酒或啤酒时会发生可能致命的血压升高。单胺氧化酶抑制剂也会和抗高血压药及抗组胺药等非处方药相互作用。单胺氧化酶抑制剂还会造成肝脏损伤、体重增加、血压严重降低，以及一些与三环类抗抑郁药一样的副作用。

心境稳定剂

双相障碍个体可能会服用抗抑郁药物来缓解其抑郁症状，但是他们也通常服用心境稳定剂（锂盐或抗惊厥药物）来缓解或防止躁狂症状。锂盐对抑郁者的抑郁症状也有积极效果。此外，医生也给很多人开了非典型抗精神病药以控制心境波动。

锂盐　锂盐可能是通过改善心境障碍中出现异常的细胞内过程来起作用（Belmaker, 2004）。为了防止复发，大部分双相障碍个体在没有躁狂或抑郁症状时也会服用锂盐。相比没有持续服用锂盐的双相障碍个体，持续服用足量锂盐的人复发比例明显降低（Geddes et al., 2004; Ghaemi, Pardo, & Hsu, 2004）。正如我们在本章后面要谈到的，锂盐还能有效降低自杀风险。

虽然锂盐确实是许多双相障碍个体的救星，但是它也存在一些问题。锂盐的有效剂量和中毒剂量之间距离很小，使得有效治疗剂量的窗口非常狭窄。因此，服用锂盐的患者必须在医生的小心监控下服药，医生能够确定患者服用的剂量是否足以缓解症状，又不会过大而产生毒副作用。锂盐的某些副作用令人烦恼，有些则可能危及生命。许多患者会出现腹痛、恶心、呕吐、腹泻、发抖和抽搐。服用锂盐的患者抱怨视线模糊并且难以集中注意力，工作能力因此受到影响。锂盐还可能引起糖尿病、甲状腺功能减退和肾功能障碍，孕期头三个月摄入锂盐还会导致婴儿出生缺陷。多达 55% 的患者会在三年内对锂盐产生抗药性，而且仅有 33% 的患者持续没有对锂盐产生症状（Nemeroff, 2000）。

抗惊厥药和非典型抗精神病药 20世纪90年代中期，人们发现一种有助于缓解惊厥症状的药物丙戊酸钠（商品名Depakote）也有助于稳定双相障碍个体的心境。另一种抗惊厥药卡马西平（商品名Tegretol, Equetro）已经被批准用于治疗双相障碍。卡马西平的副作用包括视力模糊、疲惫、眩晕、头晕、皮疹、恶心、嗜睡和肝脏疾病。丙戊酸钠的副作用似乎小得多，比卡马西平更常用（Thase & Denko, 2008）。但是孕妇服用抗惊厥药会导致婴儿出生缺陷，它们也不像锂盐那样能有效地防止自杀。抗惊厥药会影响多种神经递质，但是其通过何种机理减轻躁狂症状尚不明确（Nemeroff, 2000）。抗惊厥药可能通过恢复杏仁核内的神经递质系统之间的平衡来起作用（Thase & Denko, 2008）。

我们将在第 8 章更详细地描述**非典型抗精神病药**（atypical antipsychotic medications），它也可用于抑制重度躁狂症状（Thase & Denko, 2008）。这些药物包括奥氮平（商品名 Zyprexa）、阿利哌唑（商品名 Abilify）、喹硫平（商品名 Seroquel）和利培酮（商品名 Risperdal），它们可降低多巴胺的功能水平，并且似乎对精神病性躁狂症状尤为有效。这些药物的副作用包括体重增加和产生问题的新陈代谢改变（例如，糖尿病的风险增加，胰岛素、葡萄糖和低密度脂蛋白胆固醇水平升高）。

随着在儿童中发现的双相障碍及相关障碍（如破坏性心境调节障碍）病例的增多，使用药物来治疗儿童也随之增多。这些药物包括心境稳定剂、非典型抗精神病药以及抗抑郁药。现有研究显示，这些药物有助于稳定儿童的心境，但控制良好的大群体研究的数量还比较少，这些药物对儿童脑和身体发育的短期及长期毒效应成为重大关注的问题（Liu et al., 2011）。

电休克治疗

电休克治疗（ECT，也译作电抽搐治疗、电痉挛治疗）可能是最具争议性的心境障碍生物疗法。电休克治疗在 20 世纪早期被引入，最初用于治疗精神分裂症（见第 2 章）。电休克治疗包括一系列治疗手段，在治疗中让电流通过患者大脑引起大脑发作。患者首先被麻醉并注射肌肉松弛药，这样患者在发作时并无知觉，肌肉也不会在发作期间剧烈抽搐。在患者头部贴上金属电极，让 70 ~ 130 伏的电流通过一侧大脑，持续约 1 秒钟。患者通常会发生持续约 1 分钟的痉挛。整个电休克治疗由 6 ~ 12 个疗程组成。神经成像研究显示，电休克治疗会降低包括前额叶皮层和前扣带回等多个脑区的新陈代谢活动，但是电休克治疗缓解抑郁症状的机制尚不清楚（Henry et al., 2001; Oquendo et al., 2001）。

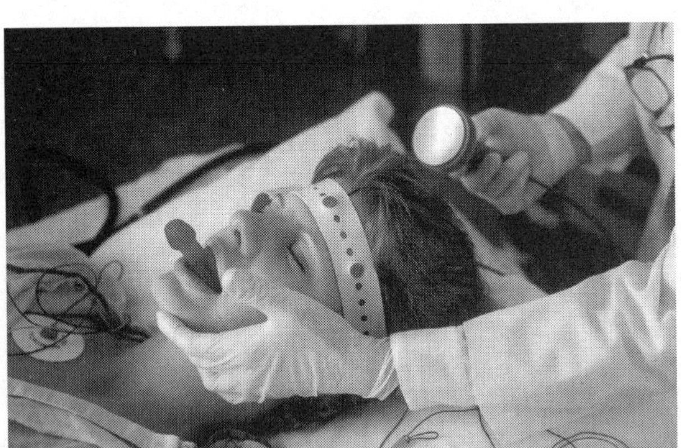
电休克治疗是一种颇具争议但有效的抑郁治疗方法。

电休克治疗会导致记忆丧失和难以学习新的信息，

尤其是在治疗之后的日子里（Sackeim et al., 2007）。电休克治疗刚发展起来时，大脑两侧都会通上电流，有时会对记忆和学习能力造成严重且永久性的影响。如今，电休克治疗通常只对单侧大脑通电，一般是右侧，因为大脑右侧与学习及记忆的关系较小。因而，接受现代电休克治疗的患者大多不会出现明显或长期的记忆或学习困难，但是接受电休克治疗的患者的记忆出现问题的个案仍然明显增加（Sackeim et al., 2007）。此外，由于单侧通电的治疗效果有时不如双侧通电理想，一些患者仍然被给予双侧通电治疗。虽然电休克治疗在消除抑郁症状方面极为有效，但是接受该治疗的患者复发率高达 85%（Fink, 2001）。

脑部刺激的新方法

近年来，研究者一直在寻找不使用电流来对脑部进行刺激的新方法。在随机临床测试中，对于其他治疗方法无法治疗其抑郁症状的抑郁障碍或双相障碍患者，这些方法都比安慰剂更多地改善了抑郁症状（Slotema, Blom, Hoek, & Sommer, 2010）。在被称为**重复经颅磁刺激**（repetitive transcranial magnetic stimulation; rTMS）的治疗

图 7.5　脑部刺激的新方法

（a）重复经颅磁刺激将患者暴露于重复的高强度磁脉冲下，磁脉冲集中于特定的脑结构。（b）实施迷走神经刺激时，电极附着在迷走神经上，迷走神经是自主神经系统中将信息传递到多个脑区的部位。（c）实施深部脑刺激时，将电极植入脑部深处，并与置入皮肤下的脉冲发生器相连。脉冲发生器对目标脑区给予刺激。

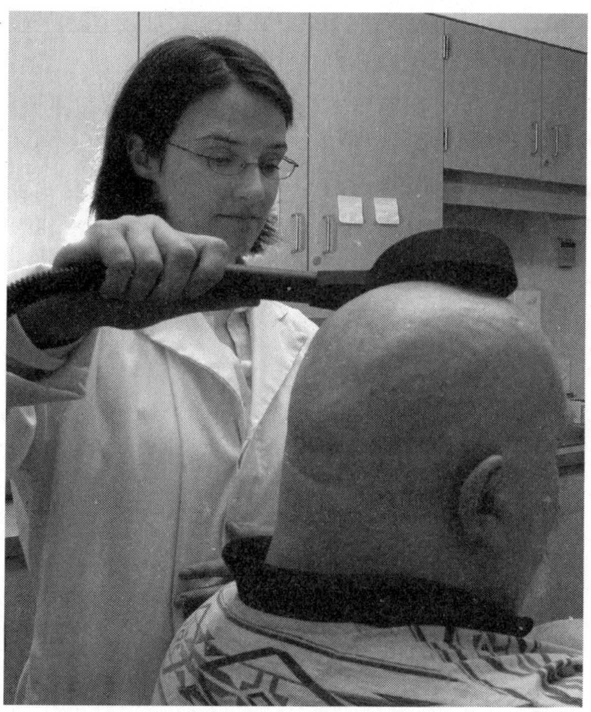

(a)

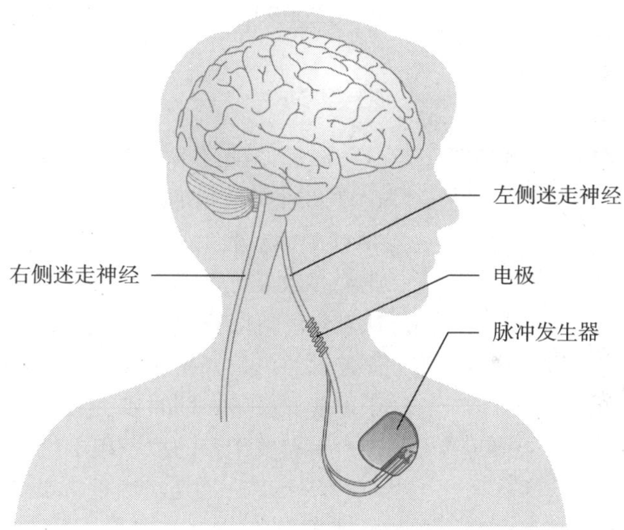

(b)

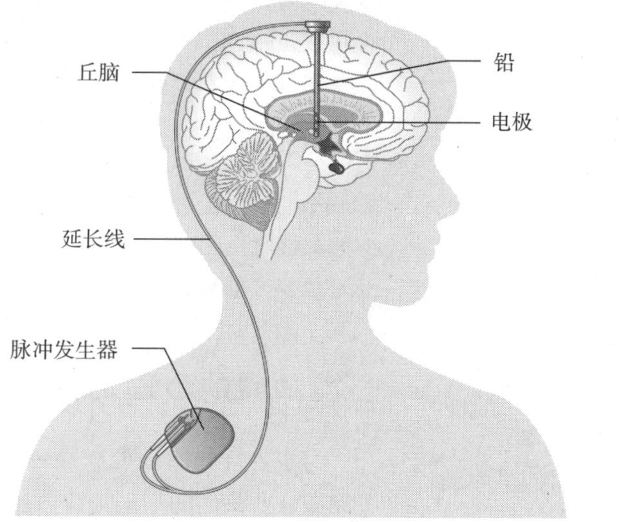

(c)

方法中，科学家让患者暴露于重复的高强度磁脉冲下，磁脉冲集中在特定的脑结构（图 7.5a）。治疗抑郁者时，研究者以左侧前额叶皮层为目标，一些抑郁者的该脑区往往新陈代谢活动水平异常低。接受重复经颅磁刺激的患者报告的副作用很少，通常只有轻微的头痛，服用阿司匹林可治愈。患者能够保持清醒，而不像接受电休克治疗时那样需要被麻醉，因此可以避免可能的麻醉并发症。

另一种相当具有前景的治疗重度抑郁的新方法是**迷走神经刺激**（vagus nerve stimulation; VNS；图 7.5b）。迷走神经是自主神经系统的一部分，负责将头、颈、胸、腹处的信息传递到多个脑区，包括下丘脑和杏仁核这两个与抑郁相关的区域。在实施迷走神经刺激时，将一个类似心脏起搏器的小型电子装置植入患者左胸壁的皮肤组织下，这个装置可以刺激迷走神经。迷走神经刺激缓解抑郁症状的原理尚不清楚，但是正电子发射研究显示，迷走神经刺激可以增加下丘脑和杏仁核的活动，可能产生抗抑郁作用（Slotema et al., 2010）。

目前最新也是研究最少的程序是**深部脑刺激**（deep brain stimulation）。使用时通过手术将电极植入特定脑区（图 7.5c）。电极与置入皮肤下的脉冲发生器相连，并对这些脑区进行刺激。深部脑刺激只要很少的次数就能缓解难以治疗的抑郁（Mayberg et al., 2005）。

光疗法

前面谈到过季节性情感障碍（SAD）是心境障碍的一种形式，具有该障碍的人在日照时间最短的冬季月份里变得抑郁，在日照时间较长的夏季月份里心境好转。SAD 个体对光的视网膜敏感性不足，这意味着他们的身体对一天中光量变化的反应比大多数人更强烈（Rohan, Roecklein, Lacy, & Vacek, 2009）。证据显示在冬季月份里让 SAD 个体每天暴露在明亮光照下数小时可以明显缓解一些患者的症状，这被称为**光疗法**（light therapy）。一项研究发现，完成了一次光疗法的 SAD 个体中有 57% 显示出症状缓解，同时接受光疗法和认知治疗（上文所述）的人中有 79% 显示出缓解，而没有接受干预的控制组中这个比例只有 23%（Rohan et al., 2007）。

一个理论是光疗法重新设定人的生理节奏，有助于减轻季节性情感障碍的症状。生理节奏是每 24 小时发生的生物活动的自然循环。根据人的生理节奏，在一天的不同时间多种激素和神经递质的合成会有所不同。这些节奏由生物钟控制，也受到环境刺激包括光的影响。抑郁者有时会出现生理节奏失调。光疗法可能是通过重新设定生理节奏而发挥作用的，从而使激素与神经递质的分泌趋于正常（Westrin & Lam, 2007）。

另一个理论认为光疗法是通过减少松果体分泌的褪黑激素发挥作用的（Westrin & Lam, 2007）。褪黑激素水平下降会使去甲肾上腺素和 5–羟色胺水平升高，从而减少抑郁症状。最后，研究表明暴露于明亮的光照或许可以直接提高 5–羟色胺的水平，也能减少抑郁症状。

心境障碍的心理治疗

对于心境障碍的发生和维持，每一种心理学理论都有各自主张的病因，并形成了克服这些病因的不同治疗方法。

行为治疗

缺乏活动可能导致抑郁。行为治疗鼓励人们变得更加活跃。

行为治疗（behavior therapy）的重点是，通过帮助抑郁个体改变其与环境和他人互动的方式来增加积极强化物，减少个体在生活中的厌恶体验（Dimidjian et al., 2011; Hollon, Haman, & Brown, 2002）。行为治疗是持续 12 周左右的短程疗法。

行为治疗的第一阶段包括对特定环境与抑郁个体症状之间的联系进行功能分析。抑郁个体何时感觉最差？是否存在什么情境令他们感觉更好？这种分析帮助治疗师确定治疗中需要聚焦的行为和互动模式。它也帮助来访者理解症状与其日常活动或人际交往之间的密切联系。

一旦明确了促成来访者的抑郁症状的环境，治疗师就可以帮助来访者改变环境中导致其抑郁的方面，例如隔离。治疗师也会向抑郁的来访者传授改变负性环境尤其是不良社交方式的技巧。他们也会帮助来访者学习新技巧，如放松技术，以在不愉快的情境中控制情绪。下面的个案研究中描述了一些上述技术。

个案研究

马克总是在工作。当他不在公司的时候，其实是在家工作。他的工作责任重大，而且他确信自己若不专心工作，就可能出现疏漏，因而被开除或事业受挫。马克多年来都没有休假。虽然他渴望和从前一样年年加薪升职，但是他也痛苦地意识到生命的流逝。他感到紧张和郁闷，完全不指望过“正常”的生活。

显然，马克觉得他的单向度生活通过赞扬、加薪、升职和从不出错受罚得到了奖赏。马克的行为受工作重心的支配。他不参加社交活动，独居，除了工作从不安排时间参加任何活动。行为治疗师建议，如果他希望提高生活质量，改变人生观，就必须学会一些特殊的新行为。医生鼓励他安排时间参加社交和娱乐活动。他明白自己需要积极地、有意识地从事一些有趣和愉快的活动。治疗师和他一起练习待人接物，建立社交关系（交友、约会）的新方式。治疗师还教他减轻压力的放松技巧。马克终于感到他对生活有了新的控制感，抑郁症状也离他而去。（改编自 Yapko, 1997）

认知行为治疗

认知行为治疗（cognitive-behavioral therapy; CBT）代表了抑郁的认知理论与行为理论的结合（Beck, Weissman, Lester, & Trexler, 1974; Ellis & Harper, 1961; Lewinsohn, Muñoz, Youngren, & Zeiss, 1986; Rehm, 1977）。这种治疗有两个基本目标。第一，它旨在改变抑郁的认知模型所描述的消极无望的思维方式。第二，它旨在帮助抑郁者解决生活中的具体问题，并培养对其来说更有效的技巧，从而摆脱抑郁的行为理论中所描述的强化物缺乏。

图 7.6 认知行为治疗中使用的自动思维记录

在认知行为治疗中，患者记录在他们感觉到负性情绪时产生的消极想法，然后用该记录来质疑患者的抑郁思维方式。

日期	事件	情绪	自动化思维
4月4日	老板生气了。	悲伤、焦虑、担心	噢，我现在做了什么吗？如果我老是让他生气，我会被开除的。
4月5日	丈夫不想做爱。	悲伤	我又肥又丑。
4月7日	老板训斥另一个员工。	焦虑	下一个就是我。
4月9日	丈夫说他下个月要去很远的地方出差。	悲伤、挫败感	他可能在哪儿养了情人。我的婚姻要破裂了。
4月10日	邻居拿来一些饼干。	有一点高兴，主要还是悲伤。	她可能认为我不会烹调。我看起来总是一团糟，而且她来的时候，家里乱得一塌糊涂！

和行为治疗一样，认知行为治疗疗程短、时间有限。治疗师和来访者通常会确定他们希望在 6 ~ 12 周内完成的一套目标，这些目标聚集于来访者认为和他们的抑郁相关的具体问题，例如婚姻问题或工作不如意。从治疗一开始，治疗师就会鼓励来访者确立自己的目标、自己做决定。

认知行为治疗的第一步是帮助来访者发现他们习以为常的消极自动化思维，并弄清这些想法和抑郁之间的关系。治疗师往往会给来访者布置家庭作业，让他们记录自己感到忧伤和抑郁的时间，并将当时的想法写在如图 7.6 的记录单上，上边记录了他们在这些时刻的想法。

个案研究

苏珊是个 24 岁的年轻单身女性。她的治疗目标是学会消除她的慢性抑郁感，克服暴食的诱惑。苏珊没有工作，和叔叔婶婶住在乡下。她没有私人交通工具。她对重要他人的反应极为敏感，觉得这些人能够控制她的感受，这两点可能是她消极的自我概念和无望感的根本原因。苏珊将其母亲描述为知道应该“按哪个按钮”的人。这个比喻得到了检查和质疑。治疗师问苏珊，母亲是怎样控制她的情绪的：这些按钮在哪里？治疗师重申一条原则：情绪不是他人的行为导致的，而是个体对这些行为的认知造成的。

随后，他们又检查了苏珊对某些表情和批评话语的认知。她的婶婶有时看起来“苍白而沉默”，苏珊认为这是因为她帮得不够多，婶婶因此感到不快。对这种信念的证据进行检查，发现它其实毫无根据。他们探讨了一些其他可能的解释：例如，婶婶也许真的病了，或者这一天不顺利，又或者和丈夫怄气。苏珊承认这些解释似乎都有道理。治疗师还注意到，在模糊的社会情境下，她通常都会得出最为个人化和消极的结论。

在治疗的最后阶段，苏珊的母亲来访。这为苏珊所取得的成果提供了一个测试机会，因为苏珊最害怕的正是母亲的批评。最初，她说母亲的批评很容易伤害她的感情。治疗师利用这些例子作为机会来让苏珊认识并质疑那些自我挫败的想法。不久，苏珊就能够把母亲的批评看成其实是母亲的问题，而不是自己的错。她还发现，当她越来越能不理会母亲的批评性评论并不将它们放在心上时，母亲也变得更加放松，对她更加接纳，批评也减少了。（改编自 Thorpe & Olson, 1997, pp. 225-227）

表 7.6 人际治疗 人际治疗师关注诱发抑郁的四类人际问题。

问题类型	治疗方法
哀伤、丧失	帮助来访者接受这些情绪，并对来访者和失去之人的关系做出评价；帮助来访者投入到新的人际关系中
人际角色冲突	帮助来访者决定自己愿意做出的让步，并学会更好的沟通方式
角色转换	帮助来访者发展出更加现实的角度来看待自己已经失去的角色，并以更积极的心态看待自己的新角色
缺乏人际技巧	回顾来访者过去的人际关系，帮助他们理解这些关系及其对当前人际关系的影响；直接向来访者传授自信等社交技巧

资料来源：Hollon et al., 2005.

认知行为治疗的第二步是帮助来访者对消极的想法提出质疑。抑郁者往往认为只有一种解释情境的方式，也就是他们的消极方式。治疗师会用一系列的问题来帮助来访者思考看待情境的其他方式及其优缺点，例如“有什么证据能证明你解释这件事情的方式是正确的？”“有没有看待这件事情的其他方式？”以及“如果发生最糟糕的情况，你能够做什么？”

认知行为治疗的第三步是帮助来访者识别他们所持有的加剧其抑郁症状的更深层的基本信念或假设。这些信念可能包括“如果不能取悦所有人，我就是失败者”或“如果做不到事事成功，我的人生便毫无意义。”治疗师帮助来访者质疑这些信念，并确定他们是否真的希望将自己的生活建立在这些信念之上。苏珊的案例显示了认知行为治疗中的一些认知成分。

人际治疗

在**人际治疗**（interpersonal therapy; IPT）中，治疗师会在抑郁个体身上寻找四类问题（表 7.6; Weissman &Verdeli, 2013）。首先，许多抑郁者确实会因失去一位他所爱的人而哀伤，可能并非因为死亡，而是因为一个重要关系的破裂。人际治疗师帮助来访者正视这种丧失，并探讨来访者对此的感受。治疗师还会帮助来访者开始投入新的关系。

人际治疗关注的第二类问题是人际角色冲突。当人们不同意自己在某种关系中的角色定位时，就会引起此类冲突。例如，在选择职业应在多大程度上遵从父母意愿上，大学生和父母可能会产生分歧。人际治疗师首先帮助来访者认识到这些争议，然后指导他们选择可以对关系中的另一方做出何种让步。治疗师可能还需要帮助来访者修正并改善他们在关系中与他人的沟通模式。例如，讨厌父母干预自己私生活的学生可能大多表现出退缩和生闷气，而不是直面父母的干预。治疗师可以帮助他找出更有效的方式来表达父母的干预给他造成的苦恼。

人际治疗处理的第三类问题是角色转换，如从上大学到工作的转换，或从工作到全职母亲的转换。有时人们会因不得不放弃一些角色而变得抑郁。治疗师会帮助来访者发展出更加现实的角度来看待失去的角色，学会以更加积极的心态来看待新角色。如果来访者不确定自己是否能够胜任新角色，那么治疗师应该帮助他们逐渐去适应。有时，来访者还需要治疗师帮助他们建立新的社会支持网络，取代已放弃的旧角色所在的支持系统。

第四，抑郁者也会因为人际技巧缺乏所引发的问题而向人际治疗寻求帮助。人际技巧缺乏可能是抑郁者社会支持网络不足的原因。治疗师会回顾来访者以前的人际关系，尤其是儿童期的重要人际关系，帮助他们理解这些关系及其对当前人际关系的影响。治疗师也可能直接向来访者传授自信等社交技巧。

人际和社会节奏疗法以及家庭焦点疗法

人际和社会节奏疗法（interpersonal and social rhythm therapy; ISRT）是人际治疗的加强版，专门为双相障碍个体所设计（Frank et al., 2005）。当双相障碍个体在日常活动或社会环境中感到混乱时，他们有时会体验到症状恶化。人际和社会节奏疗法将人际治疗和行为治疗的技术结合起来，帮助患者维持有规律的日常进食、睡眠和活动日程，以及其人际关系的稳定性。通过让患者对其模式进行一段时间的自我监控，治疗师帮助患者理解睡眠模式、生理节律和饮食习惯的变化是如何诱发症状的。然后治疗师和患者共同建立一个计划来稳定患者的日程和活动。类似地，患者了解到家庭和工作环境中的应激源如何影响他们的心境，学会更好地应对这些应激源的策略。研究显示，同时接受人际和社会节奏疗法以及药物治疗的患者在一段时间内产生的症状和复发都比不接受人际和社会节奏疗法的患者少（Frank et al., 2005）。

家庭焦点疗法（family-focused therapy; FFT）的重点也是减少双相障碍个体的人际应激，尤其是在家庭环境中的人际应激。患者及其家庭要学习有关双相障碍的知识，并接受沟通和问题解决技巧方面的训练。将家庭焦点疗法和标准疗法（药物治疗配合精神病医生的定期个人检查）进行比较的研究发现，接受家庭焦点疗法的成人随时间推移表现出更低的复发率（Miklowitz et al., 2003）。此外，将家庭焦点疗法应用于患双相障碍的青少年，发现它有望帮助这些青少年及其家庭来管理症状，以及减少这一障碍对青少年的功能和发展方面的影响（Taylor & Miklowitz, 2009）。

各种疗法的比较

心境障碍的各种疗法中，哪种效果最佳呢？过去几十年里，一些研究比较了行为治疗、认知行为治疗、人际治疗和药物治疗对抑郁障碍的治疗效果。或许结果令人吃惊，尽管这些疗法差别很大，但是它们对大部分抑郁者的治疗效果都差不多（Cuijpers et al, 2008; DeRubeis, Gelfand, Tang, & Simons, 1999; Dimidjian et al., 2006; Hollon et al., 2002; Weissman &Verdeli, 2013）。例如，一项研究让 240 名抑郁症患者随机分别接受 16 个星期的 5–羟色胺再摄取抑制剂帕罗西汀（商品名 Paxil）治疗或认知行为治疗（DeRubeis et al., 2005）。在治疗结束时，每一组都有同样比例（约 60%）的患者不再出现重度抑郁。另一项研究比较了 240 名抑郁症患者分别接受行为治疗、认知治疗（无行为干预）和药物治疗（帕罗西汀）的结果（Dimidjian et al., 2006）。其中接受行为治疗的患者症状改善人数最多，之后是认知治疗，然后是药物治疗。

我们可能会预期将心理治疗和药物治疗结合使用比单独使用某种疗法能够更有效地治疗具有持续性抑郁障碍的人，这一观点得到一些研究的支持（Cuijpers, Dekker, Hollon, & Andersson, 2009; Cuijpers, van Straten, Warmerdam, & Andersson, 2009）。例如，一项研究中，681 名持续性抑郁障碍患者在 12 个星期内随机服用 5–羟色胺调节剂（萘法唑酮，一种因副作用大而不再销售的药物），或接受认知行为治疗，或同时接受两种治疗（Keller et al., 2000）。只服用萘法唑酮或只接受认知行为治疗的患者中约 50% 其抑郁症状得到缓解，同时服用药物并接受心理治疗的患者中有 85% 其抑郁症状得到缓解。

抑郁复发的比例很高，甚至在治疗后症状完全消失的患者中也是如此。这促使许多精神病学家和心理学家提出，有抑郁复发史的人即使在抑郁症状消失后也应该维持一定程度的治疗（Thase & Denko, 2008）。通常，维持的主要是药物治疗，许多人在抑郁首次发作几年后仍坚持服用抗抑郁药。对行为治疗、人际治疗及认知行为治疗的研究显示，通常包括每月和治疗师会面一次的治疗的维持水平也能极大地减少复燃率和复发率（Hollon et al., 2002;Verdeli et al., 2013）。

甚至当不能获得维持水平的心理治疗时，接受任何受实证支持的心理疗法的人，其复发的可能性也小于只接受药物治疗的人。例如，前面描述过的一个研究中的 240 名患者从急性抑郁中恢复后，研究者对他们进行了为期一年的跟踪调查。他们发现接受认知行为治疗的患者比仅接受药物治疗（帕罗西汀）的患者表现出更低的复发率，并且两组人的复发率都低于在 12 个月内只服用安慰剂的患者（图 7.7；Hollon et al., 2005）。

图 7.7 对抑郁症进行药物治疗和认知行为治疗后的复发率比较

接受认知行为治疗的抑郁症患者在第二年的复发率低于那些持续只服用选择性5－羟色胺再摄取抑制剂的患者。两组人的复发率都低于只服用安慰剂的患者。

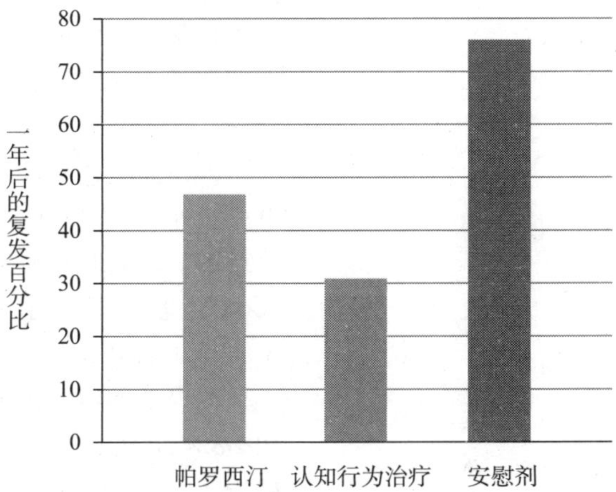

资料来源：Hollon et al., 2005.

在一个双相障碍的案例中，与只服用锂盐的患者相比，同时接受药物治疗和心理治疗能够减少不遵医嘱而停止服药患者的比例，并让更多患者的症状彻底缓解（Miklowitz, 2010; Swartz & Frank, 2001）。心理治疗能够帮助具有双相障碍的人理解和接受服用锂盐的需要，并帮助他们正确应对该障碍对其生活的影响。

自杀

自杀是世界范围内导致 15 ~ 44 岁人群死亡的三大原因之一（WHO, 2012）。在全世界，死于自杀的人多于他杀。自杀与心境障碍有关，因此我们在本章的最后部分对它进行探讨。然而，要注意，患有任何心理障碍的人其自杀风险都会增大。

自杀的定义和测量

美国疾病预防控制中心（CDC）是一家追踪自杀率的联邦机构，它将**自杀**（suicide）定义为“因受伤、中毒或窒息死亡，并有证据（直接或间接）表明该受伤是由自己造成的，而且死者有意图杀死自己。”

尽管这个定义看起来很清晰，但是自杀的形式千差万别，对于是否可以将某些类型的死亡称为自杀还存在争议。我们很容易同意一个沮丧的年轻人朝自己的头部开枪是自杀。但是要确定一个沮丧的、酗酒后开车撞到树上的年轻人是否属于自杀就不再那么容易。因痛苦的疾病而生命垂危的老人拒绝继续维持生命是自杀吗？患有重度心脏病的中年男子仍继续抽烟、吃高脂食物和酗酒是自杀吗？显然，类似自杀的行为分布在本书所讨论的连续谱上。

我们可以区分成功自杀（completed suicide），以死亡作为结束；**自杀企图**（suicide attempts, 也译作自杀未遂），可能以死亡，也可能不以死亡作为结束；以及**自杀意念**（suicidal ideation）或想法。很多具有心理障碍的人都会考虑自杀但从未尝试过自杀。实际的自杀未遂也比成功自杀要常见得多，一些研究估计，自杀未遂的数量是成功自杀的 20 倍（WHO, 2012）。

考虑到定义自杀的困难，因此，难以收集准确的自杀率也就并不令人意外。很多死亡是模棱两可的，尤其是当没有留下遗言，也不存在自杀者生前精神状态的线索。有记录的自杀率可能很低，因为自杀的污名易招致人们给死亡贴上自杀之外的任何标签。关于非致命自杀未遂的准确数据就更难收集了。

即便如此，统计表明自杀比我们以为的要更常见。在美国，每年有超过 3.3 万人自杀，平均每天 90 人。此外，整个人口中多达 3% 的人在一生中试图自杀（有死亡意图）（Nock & Kessler, 2006），超过 13% 的人报告曾有过自杀想法（Borges et al., 2008）。然而，自杀并非美国独有的现象。世界范围内，估计每年有 100 万人死于自杀，或者说每 40 秒有 1 个人自杀（WHO, 2012）。

在以上回顾的这些令人悲痛的数据背景之下，*DSM-5* 在对待自杀风险和行为上比 *DSM-IV* 更加谨慎。*DSM-5* 始终强调那些使得人们更易自杀的特定特征，还特别确定了与自杀风险升高有关的精神障碍（例如，不只是心境障碍或人格障碍，还包括精神分裂症、厌食症和创伤后应激障碍）。通过描述与一系列诊断相关的自杀模式，*DSM-5* 鼓励临床医生在治疗早期就时常要对自杀风险加以关注。此外，*DSM-5* 还在手册临近结尾的一个特别部分中列出了两个新的需要进一步研究的状况。其中包括了对自杀行为障碍和非自杀性自我伤害的建议诊断标准系列，以促进未来对此加以研究，两者都是大学校园中的严重问题。这些建议的诊断标准不是用于临床使用（并且尚未被官方确定为障碍），但将它们加入进来，显然更加强调了自杀作为未来临床研究的重要性。

图 7.8　性别、年龄和自杀

在世界上的很多国家中，几乎所有年龄段的男性都比女性更可能自杀成功。

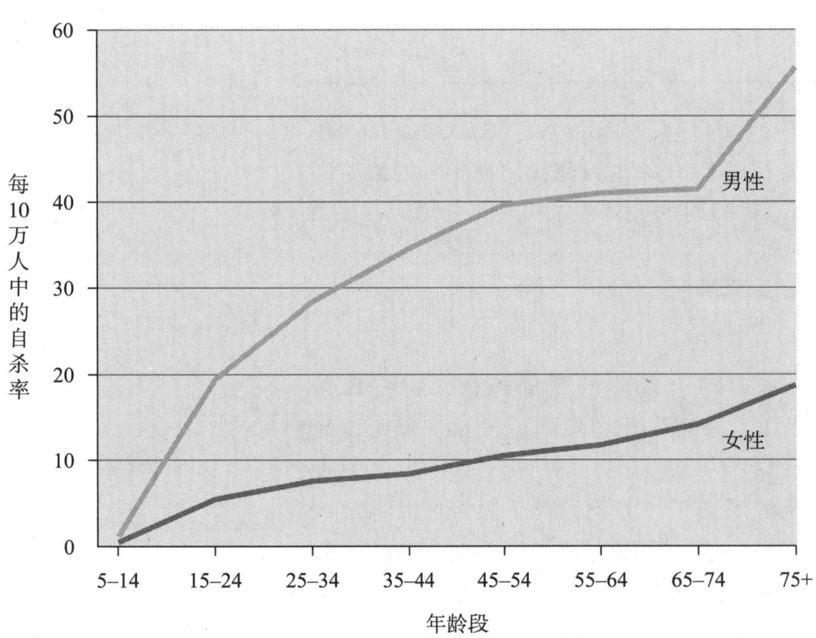

资料来源：World Health Organization, 2004.

性别差异

尽管企图自杀的女性人数比男性高两到三倍（Nock & Kessler, 2006），但自杀成功的男性人数则比女性多四倍（CDC, 2007）。这一性别差异在所有年龄段都存在，如图 7.8 所示。

自杀成功率的性别差异可能在某种程度上是自杀手段的性别差异造成的。男性比女性更倾向于选择致命性高的自杀手段，一半以上的男性会开枪自杀（CDC, 2007）。女性最常采用的自杀方式是服毒。此外，男性在试

图 7.9 自杀率地图（见彩插） 各国的自杀率有明显差异。这张地图显示了不同地区每10万人中的自杀率。

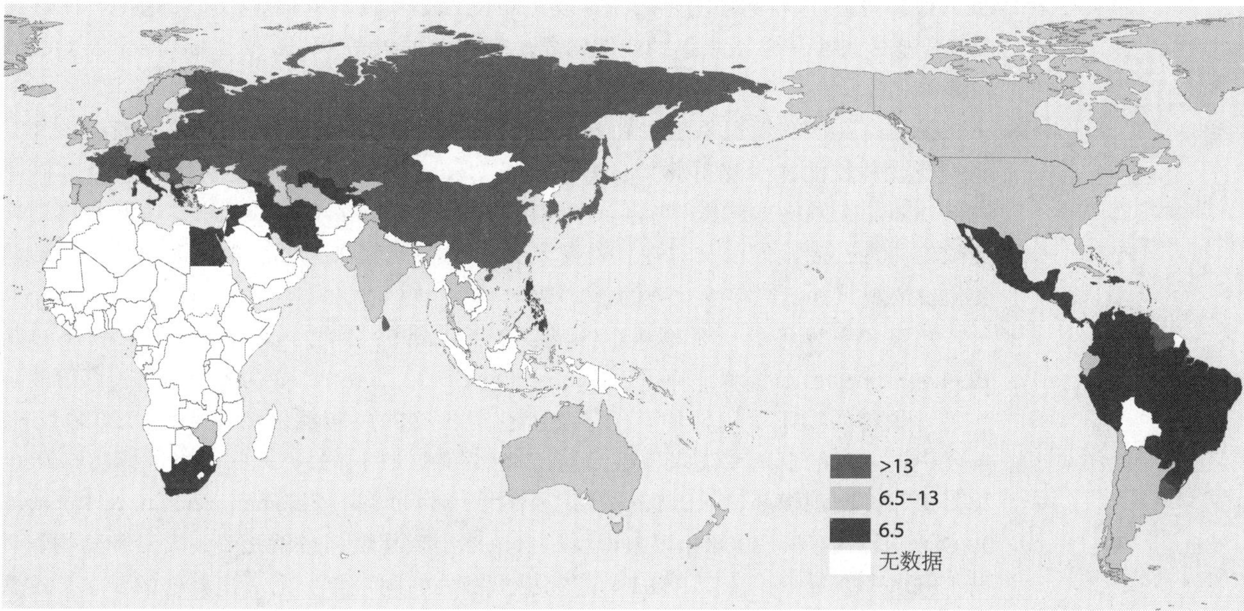

资料来源：World Health Organization, 2012.

图自杀时大多比女性有更确定的死亡意图（Jack, 1992; Linehan, 1973）。

族裔和跨文化差异

在美国，不同的族裔或种族之间自杀率存在着极大的差异（CDC, 2005; Oquendo et al., 2001）。欧裔美国人的自杀率高于几乎所有其他群体，每 10 万人中就有 12 人左右自杀。紧随其后的是美国印第安人，每 10 万人中 11 人左右。美国印第安人中的自杀与贫穷、受教育程度低、无望、歧视、物质滥用及容易获得枪支有关（Berman & Jobes, 1995）。非裔美国男性中的自杀率在近几十年来大幅上升（Joe & Kaplan, 2001）。

自杀率存在跨文化差异，欧洲大部分地区、前苏联和中国的自杀率都较高，而拉丁美洲和南美洲的自杀率较低（图 7.9；WHO, 2012）。澳大利亚、美国、加拿大和英国的自杀率介于这两极之间。这种差异部分是因为文化和宗教规范。宗教信仰禁止自杀的人群企图自杀的可能性较小（O' Donnell, O' Donnell, Wardlaw, & Stueve, 2004; Statham et al., 1998）。

儿童和青少年的自杀

尽管年幼儿童的自杀相对少见，但并非没有发生过。自杀率在青少年早期大幅上升。美国的青少年中，每年有 17% 的人认真地考虑过自杀，15% 的人做出了企图自杀的具体计划，超过 8% 的人企图自杀，大约 2% 的人因自杀未遂而造成严重伤害需要就医（Jacobson & Gould, 2009）。青少年自杀也比儿童更常见，因为包括抑郁、焦虑障碍、药物滥用等与自杀有关的心理障碍的发病率在青少年期上升。青少年期自杀率上升的另一个原因是青少年的思想较儿童复杂，谋划自杀也更清晰。最后，青少年也比儿童拥有更多实施自杀的方法（例如获取药物和枪支）。

跟成人一样，女孩更可能企图自杀，但是男孩更有可能自杀成功（Jacobson & Gould, 2009）。该年龄段男性自杀成功的可能性是女性的 6 倍（CDC, 2004）。同性恋和双性恋的青少年自杀未遂的比例比异性恋的青少年高 2 ～ 6 倍（Jacobson & Gould, 2009）。

拉美裔女孩产生自杀想法和自杀计划并企图自杀的比例远高于拉美裔男孩和其他族裔或种族的青少年群体（Jacobson & Gould, 2009）。路易斯•萨亚斯及其同事（Zayas et al., 2005）提出，高自杀率与拉美裔女孩和父母的冲突有关，女孩高度适应美国价值观，而她们的父母还持有*家庭主义*（将家庭作为个人生活的中心）的传统文化价值观，并拒绝接受女孩的独立要求。

儿童和青少年的自杀率从 20 世纪 50 年代到 90 年代早期翻了一倍多，不过从 1994 年以来就已经稳步下降了（Jacobson & Gould, 2009）。最初的自杀率提高可能与当时青少年的物质滥用增加有关，加上获得枪支的可能性也增加了。从 20 世纪 90 年代中期以来的自杀率下降被认为与抗抑郁药的使用有关，尤其是将选择性 5–羟色胺再摄取抑制剂类药物（SSRIs）用于治疗青少年抑郁（Zalsman, Shoval, & Rotstein, 2009）。不幸的是，2004 年以来青少年自杀率出现猛增，也就是美国食品和药物管理局（FDA）就青少年使用 SSRI 类药物提出警告的同一年。由于该警告的要求，给青少年开 SSRI 类药物的处方减少了（Nemeroff et al., 2007）。一些专家担心 FDA 的警告会造成意想不到的后果，让很多抑郁的青少年不能得到治疗，并容易产生自杀的想法和行为（Zalsman et al., 2009）。

大学生的自杀

大学时代充满学业和社交上的压力和挑战。在一项以大学生为对象的调查中，9% 的学生称自己进入大学后想过自杀，而且 1% 称自己在大学期间尝试过自杀（Furr, Westfeld, McConnell, & Jenkins, 2001）。和从未有过自杀念头或试图自杀的学生相比，曾考虑或尝试过自杀的学生更可能经历抑郁、无望、孤独以及与父母的关系问题。不幸的是，曾打算自杀的学生中仅有 20% 寻求过某些类型的咨询。

疾病往往是导致老年人自杀的原因。

老年人的自杀

虽然过去几十年里 65 岁以上老年人的自杀率降低了 50%，但是老年人尤其是老年男性仍然存在较高的自杀风险。自杀风险最大的是 85 岁以上的欧裔美国男性（CDC, 2004）。在企图自杀时，老年人自杀成功的可能性大大高于年轻人。似乎大多数试图自杀的老年人都抱定了必死的决心（McIntosh, 1995）。

某些老年人选择自杀是因为无法承受配偶或其他亲人的离世。失去亲人后的第一年里自杀率最高，但是之后数年内依然会保持一个较高的水平（McIntosh, 1995）。其他老年人选择自杀是希望摆脱疾病带来的痛苦和折磨。摆脱疾病和残疾可能对自杀的男性来说是特别强烈的动机，他们不愿意成为其他人的负担（Conwell & Thompson, 2008）。以自杀的老年人为对象的研究发现，44%的老年人称自己无法忍受被安置在养老院，宁愿结束生命（Loebel et al., 1991）。

大多数丧偶或患病的老年人不会实施自杀。有抑郁或其他心理疾病史的老年人最有可能以自杀的方式来应对老年期的挑战（Harwood, Hawton, Hope, & Jacoby, 2000）。

非自杀性自我伤害

一些人，常常是青少年，会反复割伤、烧伤、刺伤或严重伤害他们的皮肤，但没有自杀的意图，这种行为被称为**非自杀性自我伤害**（nonsuicidal self-injury; NSSI）（Nock, 2010）。非自杀性自我伤害似乎相对常见，估计有 13% ~ 45% 的青少年报告一生中有过非自杀性自我伤害行为（Lloyd-Richardson, Perrine, Dierker, & Kelley, 2007; Plener et al., 2009; Ross & Heath, 2002）。临床医生、教师和其他健康专业人士报告近年来非自杀性自我伤害行为急剧增长，但仍缺少纵向数据（Nock, 2010）。

有非自杀性自我伤害行为的个体更可能试图自杀（Nock, 2010）。非自杀性自我伤害的理论认为它的功能是一种调节情绪或影响社会环境的方式（Nock & Prinstein, 2004）。有非自杀性自我伤害行为的个体常报告有疼痛感，以及见血会让他们平静下来并释放压力（Lloyd-Richardson et al., 2007）。自我伤害也可以作为一种获得他人的支持和同情或惩罚其他人的方式（Nock & Prinstein, 2004）。然而，对自我伤害的诱因还需要更多的研究。

认识自杀

我们对自杀原因的了解受到许多因素制约。第一，虽然自杀比我们预期的更常见，但还是比较少见，因而很难对其进行科学研究。第二，自杀发生后，家人或朋友可能会选择性地记住有关死者的某些信息（例如死者抑郁的证据），而遗忘了其他信息。第三，大部分自杀者没有留下遗言。留下的遗言也不能提供多少关于自杀原因的信息（Jamison, 1999）。在这一部分，我们将简要讨论自杀的历史观点，以及有关自杀成因的研究发现。

自杀的历史观点

弗洛伊德曾经提出，抑郁者不会对背叛或抛弃自己的人发泄怒气，反而将自己作为发泄的对象。当抑郁者的愤怒变得极其强烈，以至于他们希望毁灭此人的形象时，他们就会毁灭自己。例如，无法对父母表达愤怒的少年可能试图用自杀来惩罚父母。像弗洛伊德的很多其他理论一样，这种观点难以验证，因为它涉及人们不能或不愿表达或承认的情绪。

社会学家埃米尔·迪尔凯姆（Durkheim, 1897）在其有关自杀的经典著作中，关注特定社会环境下产生的能够增加自杀风险的思维模式。他提出三种自杀类型。与他人感到疏远、缺少社会接触、生活孤立无援的自杀者属于**利己型自杀**（egoistic suicide)。完全与社会脱离而自杀的精神分裂症患者可能就属于利己型自杀。由于与社会的关系发生重大改变而严重迷失方向的自杀者属于**失范型自杀**(anomic suicide)。工作20年后失业的人会感到失范，对自身的角色及其社会价值感到彻底的迷茫，可能导致失范型自杀。最后，相信其自杀对社会有益的自杀者属于**利他型自杀**(altruistic suicide)。例如，越南战争中僧侣用公开自焚来表示反对战争。

迪尔凯姆的理论认为，如果社会不鼓励自杀，并且支持人们采取自杀之外的其他方式来战胜逆境，那么社会联结和融入社会有助于防止自杀。但是，如果社会支持将自杀作为某些情况下的有益行为，那么与这类社会的联结会促进自杀。例如，一些恐怖组织在袭击敌人时将自杀推崇为一种可敬甚至是光荣的行为。

现代实证研究确定了增加自杀风险的很多心理、生物和环境因素。我们接下来介绍这些研究。

心理障碍和自杀

超过90%的自杀者患有某种可诊断的精神障碍(Borges et al., 2010; Jacobson & Gould, 2009; Joiner, Brown, & Wingate, 2005)。抑郁使企图自杀的可能性增加了近6倍，双相障碍使企图自杀的可能性增加了7倍(Nock et al., 2008)。世界上，每4名双相I型障碍患者中有1人曾经自杀未遂，每5名双相II型障碍患者中有1人曾经自杀未遂(Merikangas et al., 2011)。

迄今为止，对未来自杀想法和行为的最佳预测因素是过去的自杀想法和行为(Borges et al., 2008, 2010)。对于青少年来说，曾经自杀未遂的男孩自杀的可能性增加了30倍，女孩则是3倍(Shaffer et al., 1996)。因此，无论与其他何种心理问题有关，对自杀想法和自杀行为进行评估和干预都极其重要。

应激生活事件和自杀

跨文化研究显示，各种应激生活事件增加了自杀风险(Borges et al., 2010)。一项大型的跨国研究发现，人际暴力，尤其是性虐待，是与自杀想法和企图最紧密相关的创伤性事件(Stein et al., 2010)。这类经历不只是自杀想法和行为的直接诱因，还与受害者一生中的风险增加有关。例如，一项全美调查显示，童年时遭受过性虐待的女性试图自杀的可能性增加2 ~ 4倍，男性则增加4 ~ 11倍(Molnar, Berkman, & Buka, 2001; 也见Brent et al., 2002)。

因死亡、离婚或分离而失去所爱之人也与自杀未遂或自杀成功持续相关(Jacobson & Gould, 2009)。失去这段关系令很多人感到无法继续生存，希望以死来结束痛苦。以女性为对象的研究发现，受到伴侣的身体虐待是企图自杀的一个潜在预测源(Kaslow et al., 2000; Ragin et al., 2002)。

与自杀易感性增加有关的另一个应激生活事件是经济拮据(Borges et al., 2010; Fanous, Prescott, & Kendler, 2004)。例如，失业会使人们产生自杀的念头并企图自杀(Crosby, Cheltenham, & Sacks, 1999; Platt & Hawton, 2000)。近几年非裔美国男性自杀率居高不下，可能也和其经济前景不确定以及经济地位与主流文化的差距有关。调查发现，在美国，非裔和欧裔美国人的职业及收入差距最大的社区中非裔美国男性的自杀率最高(Joe & Kaplan, 2001)。

最后，一项国际性大型研究发现，躯体疾病，特别是发生在生命早期的躯体疾病，也是自杀意念、计划和企图的高危因素，甚至在那些没有精神障碍的人中也是如此（Scott et al., 2010）。与自杀想法和行为相关最强的疾病是癫痫。

自杀传染

自杀会传染吗？社会中知名人士的自杀会使高度认同该自杀者的人对自杀的接受度提高（Jacobson & Gould, 2009）。当两次或更多的自杀或自杀未遂并非巧合地在发生在同一时间或空间时，例如同一所高中的一系列自杀未遂事件或由于某个名人自杀引起的自杀连锁反应，科学家则将这种现象称为**丛集性自杀**（suicide cluster; Joiner, 1999）。丛集性自杀似乎主要出现在青少年当中（Jacobson & Gould, 2009）。

丛集性自杀也似乎最可能出现在认识自杀者的人当中。一所约 1500 名学生的中学就发生过一件有详细记录的案例。2 名学生在 4 天内先后自杀。随后的 18 天里，又有 7 名学生企图自杀，另有 23 名学生称自己有自杀的想法（Brent et al., 1989）。许多企图自杀或有自杀想法的学生都是朋友，而且都是成功自杀的学生的朋友。

其他丛集性自杀并不发生在亲密的朋友圈中，而是发生在那些通过媒体曝光知道某个陌生人（常常是名人）自杀而联系在一起的人群之中。研究显示在有公开报道的自杀事件后至少青少年中的自杀率会上升（Gould, Jamieson, & Romer, 2003）。例如，涅槃乐队颇受欢迎的主唱科特•柯本自杀后，人们就担心认同柯本及其音乐理念的年轻人会将自杀作为回应他在音乐中表达的社会迷茫的恰当方式。一名 28 岁的男性歌迷参加完悼念柯本的烛光守夜仪式后回家，和柯本一样用手枪结束了自己的生命。在关于名人自杀的媒体报道前一个月试图自杀的人，比近期没有试图自杀的人更可能报告在看到媒体报道后再次自杀。

丛集性自杀发生的原因是什么呢？一些理论家将这种现象称为**自杀传染**（suicide contagion; Stack, 1991）。幸存者可能因模仿自杀的朋友或崇拜的名人而产生自杀倾向。已发生的自杀也使自杀的想法更易被接受，幸存者对自杀的心理抑制力下降。此外，当地及媒体对自杀的关注可能会吸引一些感到被疏远和被抛弃的人。美国科罗拉多州利多顿的科伦拜恩中学两名少年因泄愤而实施的杀人—自杀式暴力案件发生后，一些青少年认为，媒体给予他们的关注，使得此举显得很具有吸引力。

自杀的人格和认知因素

能够最好地预测自杀的人格特征是**冲动性**（impulsivity），即因一时冲动行事而不是抑制冲动以等待时机的一般倾向（Joiner et al., 2005）。当冲动性叠加在其他心理问题，如抑郁、物质滥用或慢性应激环境等之上时，那么它就可能成为导致自杀的有力因素。一项家族史研究表明，心境障碍患者的孩子如果冲动性测量得分高，则试图自杀的风险也较高（Brent et al., 2002）。

能够最稳定地预测自杀的认知变量是**无望感**（hopelessness），即感到前途渺茫、无法变得更积极（Beck, Steer, Kovacs, & Garrison, 1985）。托马斯•乔伊纳及其同事（Joiner et al., 2005）提出，成为他人负担或没有归属的无望感尤其与自杀相关。无望感可能也是有自杀倾向的人不去寻求治疗的一个原因。

自杀的生物因素

自杀行为会在家族中传播。例如，一项研究发现，如果父母曾企图自杀，那么

媒体热衷对校园枪击和自杀的报道是否诱发了其他学生做出类似的行为?

孩子自杀的可能性比有心境障碍但没有企图自杀者的孩子高 6 倍（Brent et al., 2002, 2003）。

虽然家族内的丛集性自杀可能和环境因素有关，例如家庭成员相互模仿或承受同样的应激源，但是双生子和领养研究表明遗传也有影响（Joiner et al., 2005）。双生子研究估计，如果同卵双生子中的一个企图自杀，那么另一个企图自杀的风险增加 5.6 倍，而如果异卵双生子中的一个企图自杀，那么另一个企图自杀的风险增加 4 倍（Glowinski et al., 2001; Joiner et al., 2005）。研究者控制了双生子及其家庭的精神病史、近期和过去的负性事件、双生子之间的社交亲密程度和人格因素，依然发现存在有力的证据表明自杀与遗传有关。

许多研究发现自杀和神经递质 5–羟色胺水平偏低有关（Asberg & Forslund, 2000; Mann, Brent, & Arango, 2001）。例如，自杀者脑部的尸检研究发现其 5–羟色胺水平偏低（Gross-lsseroff, Biegon, Voet, & Weizman, 1998）。同样，有家族自杀史的人或曾企图自杀的人更可能存在 5–羟色胺调节基因异常（Courtet et al., 2004; Joiner et al., 2005; Joiner, Johnson & Soderstrom, 2002）。5–羟色胺水平低的自杀未遂者再次尝试自杀的可能性比 5–羟色胺水平较高者高 10 倍（Roy, 1992）。甚至在不抑郁的人身上，自杀倾向也和偏低的 5–羟色胺水平有关，这说明 5–羟色胺和自杀之间的联系并不完全是由于它们和抑郁存在同样的联系。

治疗和预防

某些干预和预防计划可以降低自杀的风险。干预计划包括危机干预服务（如自杀热线）和辩证行为疗法。干预计划一般集中于对人们进行广泛的教育，内容有关自杀风险以及当他们想要自杀或知道某人要自杀时应采取的步骤。由于拥有枪支与高自杀率有关，一些干预措施致力于禁止拥有枪支，从而减少冲动性自杀的几率。

对自杀者的治疗

有严重自杀倾向者需要立即进行看护。有时候会要求人们住院来防止即将发生自杀企图。人们可能自愿住院，但是如果他们不愿意，可强迫他们短期住院（通常约 3 天）。我们将在第 16 章中探讨强迫入院的优点和缺点。

基于社区的*危机干预计划*可以帮助自杀者在短期内控制情绪，然后转介给心理健康专家接受长期治疗。某些危机干预是通过电话完成的，也就是自杀热线。某些社区设有无须预约的诊所或隶属于综合心理健康系统的自杀干预中心。

危机干预的目的是为自杀者提供一位能够理解他们的感受及困难的交谈者，以降低即将发生的自杀风险。危机干预咨询师可以帮助他们调动家人和朋友的支持，并制定在短期内解决具体困难的计划。咨询师可以和自杀者订立不自杀的约定，或至少让对方同意在自杀念头重新出现时立刻和咨询师取得联系。咨询师可以帮助此人确定在恐慌或不知所措时向谁寻求帮助，约定随后见面的时间，或将他转介其他咨询师接受长期治疗。

锂盐是最一致地显示出可以降低自杀风险的药物。对 33 项已发表的治疗抑郁症或双相障碍个体的研究进行回顾发现，未服用锂盐的人自杀或企图自杀的比例比服用锂盐的人高 13 倍（Baldessarini, Tondo, & Hennen, 2001）。

选择性 5–羟色胺再摄取抑制剂也可以降低自杀的风险，因为它们可以减少抑郁症状，也可能是因为它们调节了 5–羟色胺的水平，而 5–羟色胺的水平能够独立地影响自杀意图（Thase & Denko, 2008）。然而，就像我们之前说过的，有一些证据表明选择性 5–羟色胺再摄取抑制剂会增加儿童和青少年的自杀风险。临床医生必须权衡潜在的益处和风险，并在个体开始服用选择性 5–羟色胺再摄取抑制剂时仔细监控个体出现自杀念头增多的迹象（Zalsman et al., 2008）。

抑郁的心理治疗也可以有效地治疗自杀倾向。*辩证行为疗法*（dialectical behavior therapy; DBT）的发展是为了治疗边缘性人格障碍个体，这类个体经常企图自杀（见第 9 章；Linehan, 1999）。该疗法的重点是管理负性情绪并控制冲动行为。其目的在于提高人们解决问题、人际交往和管理负性情绪的技能。研究表明，该疗法不但能减少自杀的想法和行为，还可以改善人际交往能力（Lynch et al., 2007）。

从对有自杀倾向者进行治疗的文献资料中可以清楚地看到，不幸的是，他们没有得到足够的治疗（Crosby et al., 1999）。其家人甚至在知道他们有自杀倾向时，也会因为否认和对污名化的恐惧而不带他们就医。

自杀预防

自杀热线和危机干预中心在自杀者最需要的时候伸出援手，希望防止他们实施自杀行为，直到他们打消自杀念头。此外，许多干预计划旨在让全社会了解自杀。这些计划通常立足于中小学或大学，让学生了解与同龄群体自杀率相关的信息、导致自杀的高危因素，以及当自己或朋友有自杀倾向时应采取的行动。

遗憾的是，广泛的干预或教育计划的效果不尽人意，甚至反倒可能有害（Gould, Greenberg, Velting, & Shaffer, 2003）。一个主要问题是，这些计划往往同时面向一般学生群体和那些有较高自杀风险的学生。这些计划可能试图通过让自杀显得很常见来使得自杀去污名化，并回避提及大多数自杀者都患有某种心理障碍，希望这样做可以使学生更安心地寻求帮助。但是这些信息可能让没有自杀倾向的学生觉得自杀似乎是一种可以理解的应激反应方式。另外，对以学校为基础的自杀干预计划的研究发现，本已存在自杀想法的学生通常对这些计划反应消极，他们说参加这些计划之后他们更不情愿寻求帮助了（Gould, Greenberg et al., 2003）。

研究者已经为特定人群，尤其是自杀的高危人群，专门制作了自杀预防信息，希望最需要帮助的人可以得到恰当的帮助。戴维 • 沙弗及其同事设计了一个计划，其中包括筛查有自杀倾向的青少年，对自杀风险高的青少年进行诊断会谈，然后通过会谈将他们转介给适合的心理健康专业人士（Shaffer & Gould, 2000）。这个计划在识别自杀风险高的年轻人，并让他们接受有效治疗方面取得了一些成效。针对大学生的类似计划已经开发出来了（Haas, Hendin, & Mann, 2003）。

父母和学校管理人员常常担心，询问青少年关于他们的自杀想法“反倒会把这个念头植入到他们的脑子里”。一项研究直接探讨了这一可能性（Gould et al., 2005）。研究者将 2000 多名青少年进行随机分配，分别完成两种问卷。其中一种问卷包含关

限制枪支拥有看来可以降低自杀率。

于自杀想法和行为的问题，另一种问卷则不包含这类问题。两天后，研究者让青少年填写有关自杀想法的量表。完成包含自杀问题问卷的青少年报告自杀想法的数量并不多于（或少于）没有被问及自杀的青少年。因此，没有证据表明回答有关自杀的问题会诱使青少年考虑自杀或给他们造成高度的心理痛苦。

枪支和自杀

在美国，53%的自杀使用了枪支（Miller & Hemanway, 2008）。一项纵向研究对在加利福尼亚州购买手枪者进行了调查，发现在购买枪支后的第一个星期里，他们的自杀风险提高了57倍（Wintemute et al., 1999）。然而，大多数使用枪支的自杀者用的都是已在家中存有一段时间的枪支。家中存有枪支让自杀的风险提高了4 ~ 5倍（Brent & Bridge, 2003; Miller & Hemenway, 2008）。

事实上，家中枪支最常见的用途就是自杀。研究者对连续发生在枪支（通常是手枪）持有家庭中的398起枪杀致死事件进行了调查。这些死亡中仅0.5%是闯入者因这些家庭出于自卫而被开枪打死。相比之下，83%是家庭中的青少年或成人自杀。另外12%是家庭中的一个成人被另一个家庭成员开枪打死，通常是在发生争吵时。最后3%的死亡是家庭成员使用枪支时意外走火所致（Kellermann, Rivara, Somes, & Reay, 1992）。

将其他高危因素纳入考虑后，只要家中存有枪支就是自杀的高危因素，尤其是在手枪保管不当或子弹上膛的情况下（Brent et al., 1991; Miller & Hemenway, 2008）。这些自杀并不仅仅发生在心理障碍者身上。一项研究发现，在存有枪支的家庭中，心理障碍者的自杀风险增大了3倍，而无心理障碍者的自杀风险增加了33倍（Kellerman, Rivara, Somes, & Reay, 1992; 也见 Brent et al., 1993）。这个显然违反直觉的发现，是持有上膛枪支的家庭中冲动性自杀数量急剧增长的结果，甚至对于不存在已知的心理病态高危因素的人也是如此（Brent & Bridges, 2003）。

限制枪支拥有可以减少此类自杀的发生吗？一些研究发现，在颁布严格限制枪支拥有的禁枪法令的城市、州或国家，自杀率都比较低（Brent & Bridges, 2003; Leenaars, 2007）。例如，一项国际性研究发现，使用枪支的自杀率与拥有枪支的家庭数量成比例地下降；此外，当国家颁布了更严厉的控枪法令后，开枪自杀的比例也下降了（Ajdacic-Gross et al., 2006; 也见 Bridges, 2004）。类似地，在美国，相比有枪支限制法令的州（如纽约州、康涅狄格州和罗德岛州），在无枪支限制法令的州（如阿拉斯加州、肯塔基州、蒙大拿州）男性中的枪支自杀率高出3.7倍，女性中高出7.9倍（Miller & Hemenway, 2008）。甚至在对社会经济地位、种族和族裔以及城市化水平的差异进行控制后，枪支法令和自杀之间的这种关系模式依然存在（Conner & Zhong, 2003）。

虽然企图自杀的人们在无法获得枪支的情况下可以另觅他途，但是限制枪支拥有似乎可以减少使用枪支的冲动性自杀。限制枪支拥有后，使用其他方式（例如跳楼或吸入一氧化碳）自杀的数量并未显示出增加，这说明无法获取枪支时人们并不一定会用其他方式代替（Connor & Zhong, 2003; Miller & Hemenway, 2008）。相反，无法获得枪支让自杀者有一段冷静期，在此期间自杀的冲动会减弱（Brent & Bridges, 2003; Lambert & Silva, 1998）。

当朋友有自杀倾向时要怎么做

如果你怀疑一个朋友或家人有自杀倾向时，你应该做什么？抑郁和双相障碍支持联盟（Depression and Bipolar Support Alliance, 2008）是一个由患者管理的倡议团体，它在《自杀和抑郁疾病》（*Suicide and Depressive Illness*）中给出了下列建议：

1. 认真对待此人。尽管绝大多数表达自杀想法的人都不会企图自杀，但是大多数实施自杀的人都在自杀之前与朋友或家人交流过他们的自杀意图。
2. 获取帮助。打电话给这个人的治疗师、自杀热线、911或任何其他专业心理健康保健组织。
3. 表达关切。具体地告诉这个人为什么你认为他有自杀倾向。
4. 给予关注。仔细倾听，保持目光接触，用身体语言来表明你正在关注着这个人所说的一切。
5. 直接询问这个人是否有自杀的计划，如果有，这个计划是什么。
6. 认可这个人的感受而不加以评判。例如，你可以说一些类似这样的话，如"我知道你现在真的感觉很糟糕，但是我想帮助你熬过去"或"我还没有完全理解你的感受，但我想要帮助你"。
7. 安慰这个人事情会好转。强调自杀是对暂时性问题的一个不可逆转的解决方案。
8. 不承诺保密。你需要自由、主动地联系精神健康专业人士，准确告诉他们正在发生的事情。
9. 确保无法获取枪支、以前的药物和其他自我伤害手段。
10. 可能的话，不要让这个人独处，直到把他交给专业人士。如果需要就陪同他到急诊室。然后，一旦他要住院或接受其他治疗，继续跟进以显示你的关心。
11. 照顾好自己。与有自杀倾向的人沟通是极具压力和令人烦恼的。与你信任的人谈论这件事，可能是朋友、家人或咨询师，尤其是当你担心要如何处理这个情境或发现自己再次处于这个情境时。

图 7.10 抑郁的整合模型

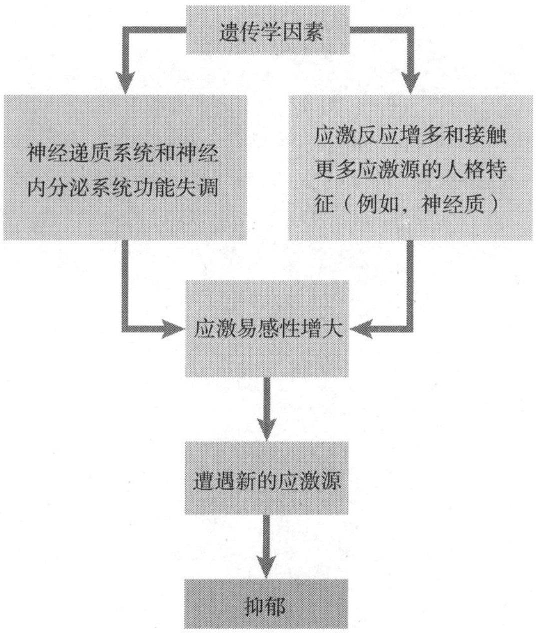

本章整合

心境障碍会影响到整个人。抑郁和躁狂涉及各个方面的功能变化，包括生物、认知、人格、社交技能和人际关系。其中一些变化可能是抑郁或躁狂的病因，另一些变化则可能是抑郁或躁狂的结果。

心境障碍这个现象会影响到整个人，这一事实说明生物、认知、人格和社交互动之间存在错综复杂的关系。这些功能领域相互交织，以至于任一领域的重大变化几乎都必然引起其他领域的改变。目前的许多心境障碍模型说明大多数抑郁者一生中大部分时间都具有抑郁的易感性。这可能是生物易感性，例如神经递质系统功能失调；或者心理易感性，例如过分依赖他人。然而，只有当这些易感性与特定的应激源相互作用时，才会诱发完全的抑郁发作（图 7.10）。

幸运的是，这些功能领域的相互联系也许意味着某一个领域的功能改善也会促进其他领域的功能改善：改善生物功能能够改善认知和社会功能及人格；改善认知和社会功能能够改善生物功能，等等。因此，虽然发生心境障碍的途径有多种（生理、心理和社会的），但摆脱心境障碍的方法也有很多种。

灰色地带

讨论（对第199页的回顾）

卡门的症状目前处于重度的抑郁心境背景，包括长期不开心、每天睡眠过度（嗜睡）、难以集中注意以至于干扰了她投入大学课程学习的能力、无价值感以及由于减少餐数而导致明显的体重减轻（可能超过体重的5%），这些都是重性抑郁发作的特征。我们知道她“待在卧室几天都不出门”，但我们不完全清楚她目前的症状是否满足抑郁症中连续两周的诊断标准。我们比较确定地知道她有很多年（超过两年）的中度心境低落、低自尊、悲观和慢性疲倦。因此，她明确地符合持续性抑郁障碍的诊断标准，很可能早年起病（21 岁以前），重度，但我们还需要了解更多的信息才能加上“伴间歇性重性抑郁发作，目前为发作状态”的标注。加上这个标注意味着她目前符合重性抑郁发作的全部诊断标准，但她在过去两年中至少有两个月的症状在重性抑郁完全发作的阈限之下。因为卡门的症状从冬季开始变得更加严重，你可能想知道她是否患伴季节性模式的抑郁症，以前称之为季节性情感障碍（SAD）。“伴季节性模式”这个标注是给予反复发作的抑郁症，以突出重性抑郁发作和一年中特定时期（如秋季或冬季）之间的时间关系。目前没有足够的理由加上这个标注，因为（a）该标注要求有证据证明卡门在至少两年时间里经历季节性的心境变化，而我们只有证据证明在这一年里卡门的抑郁恶化了，以及（b）该标注要求卡门的抑郁症状在春季或夏季消失，而卡门的抑郁症状似乎持续了一整年。

批判性思考

抑郁对人们的生活有灾难性的影响，轻则破坏生活质量，重则导致悲剧结果。基于来自抑郁的认知行为治疗和人际治疗中的技术，你如何设计一个计划来防止具有抑郁易感性的人们患上抑郁？（讨论见本书末尾。）

本章小结

- 抑郁障碍个体只体验到抑郁症状（悲伤心境、兴趣丧失、睡眠和食欲紊乱、精神运动性迟滞或激越、精力不足、无价值感和内疚感、自杀想法和行为）。
- 双相障碍个体则体验到抑郁和躁狂（情绪高涨或激越、夸大、睡眠需要少、言语增多、思维奔逸、目标增多、危险行为）。出现1次或多次轻躁狂发作或躁狂发作是双相障碍的核心特征（见表7.4）。
- 抑郁症是抑郁障碍中的典型疾病，其特征为抑郁心境的间断发作和/或丧失兴趣或愉悦感及其他症状持续至少两周。此外，抑郁症还有几种亚型：伴混合特征、伴焦虑特征、伴忧郁特征、伴精神病性特征、伴紧张症特征、伴非典型特征、伴季节性模式以及伴围产期起病。
- 持续性抑郁障碍（恶劣心境）是抑郁的慢性形式，在成人中持续至少两年，或在儿童和青少年中持续至少1年。它的严重程度可能低于抑郁症（过去两年中不符合全部的诊断标准），或者可能代表间歇性或持续性的重性抑郁发作，它包括很多与抑郁症相同的亚型。
- 被诊断为经前期烦躁障碍的女性在月经开始前一周痛苦症状增加，并在月经开始后症状减轻。
- 抑郁是最常见的心理障碍之一，具有明显的年龄、性别和跨文化差异。双相障碍不及抑郁障碍常见，并且大多是终生问题。跟抑郁一样，双相障碍的发作时间长短在个体之间以及一生中不同时期都有较大差异。
- 去甲肾上腺素、5–羟色胺和多巴胺等神经递质都与心境障碍有关。异常基因可能导致这些神经递质系统的功能失调。此外，神经成像研究显示几个脑区的结构或活动异常，包括前额叶皮层、海马、前扣带回和杏仁核。有证据表明抑郁者的下丘脑–垂体–肾上腺轴长期过度活跃，这可能使他们更容易受到应激的影响。
- 抑郁的行为理论认为，在生活中承受大量应激的人可能强化水平过低，而惩罚水平过高，从而导致抑郁。应激事件可能引起习得性无助，认为自己对控制环境无能为力，这也和抑郁有关。
- 认知理论认为，抑郁者对自己、世界和未来的看法都很消极，并且具有助长这种消极的偏差思维。用思维反刍的方式来对痛苦做出反应的人更可能抑郁。
- 人际理论认为，容易抑郁的人对拒绝高度敏感，并有过度寻求反复确认的行为。抑郁者的人际应激或人际冲突的水平较高。
- 社会文化理论家试图解释不同人口统计学群体在抑郁发病率上的差异。老年人发生抑郁的风险下降可能是因为历史世代效应。女性发生抑郁的风险较高可能是因为两性应对痛苦的方式不同，女性有更强的人际取向，权力和地位较低，以及女性成为受害者的比例较高。拉美裔美国人的抑郁发病率高可能是因为社会经济地位较低。
- 遗传因素对双相障碍的影响大于对抑郁的影响。与双相障碍关系最密切的脑区是杏仁核、前额叶皮层和纹状体。具有双相障碍的青少年脑白质出现异常。多巴胺是与双相障碍关系最密切的神经递质。
- 双相障碍个体的奖赏系统可能出现功能失调：他们在躁狂状态下对奖赏过度敏感，而在抑郁状态下则对奖赏不敏感。
- 心境障碍的生物治疗大多为药物治疗，包括抗抑郁药和心境稳定剂。电休克治疗用于药物治疗效果不佳的重度抑郁。脑部刺激的新方法包括经颅磁刺激、迷走神经刺激和深部脑刺激，它们为治疗心境障碍带来新的希望。光疗法有助于治疗伴季节性模式的抑郁症。
- 行为治疗的重点是通过培养社交技能，指导来访者如何参与愉快的活动、如何应对心境，以此来增加正性强化物和减少负性事件。认知行为治疗帮助抑郁者形成更具适应性的思维方式。人际治疗帮助抑郁者识别并改变其人际关系模式。
- 人际和社会节奏疗法帮助双相障碍个体控制他们的人际关系和日常节律来防止复发。家庭焦点疗法可用来帮助双相障碍个体应对他们的障碍。
- 对各种心理治疗和药物治疗进行比较，发现它们治疗抑郁的效果相近。心理治疗在减少复发方面比药物治疗更有效。
- 自杀的定义是因受伤、中毒或窒息造成的死亡，并且有证据（直接或间接的）显示伤害是自己造成的，死者的目的就是杀死自己。
- 女性比男性更可能企图自杀，但是男性成功自杀的比例高于女性。自杀率的跨文化差异可能与宗教禁忌、应激源和文化规范有关。年轻人自杀的可能性小于成年人，但是近几十年来，年轻人的自杀率发生了剧烈的波动。老年人是自杀的高危人群，尤其是老年男性。
- 增大自杀风险的心理障碍包括抑郁、双相障碍、物质滥用、精神分裂症和焦虑障碍。

- 增加自杀风险的负性事事件或环境包括经济拮据、严重疾病、丧失和虐待。
- 丛集性自杀（也称为自杀传染）是指两次或更多的自杀或自杀未遂并非偶然地发生在同一地点和时间。
- 冲动性和无望感能预测自杀行为。
- 家族史、双生子和领养研究都表明自杀存在遗传易感性。许多研究发现5–羟色胺水平低与自杀有关。
- 对自杀者的常见药物治疗包括锂盐或抗抑郁药。自杀的心理治疗和抑郁类似。辩证行为疗法专门针对有自杀倾向者的能力缺陷及思维模式问题。
- 自杀热线和危机干预计划为自杀的高危人群提供即时的帮助。社区预防计划旨在让公众了解自杀，并鼓励自杀者接受治疗。
- 大多数自杀都使用了枪支，一些研究表明，限制枪支拥有可以减少自杀企图的数量。

关键术语

双相障碍
躁狂
抑郁
抑郁障碍
抑郁症（或重性抑郁障碍）
持续性抑郁障碍
季节性情感障碍（SAD）
双相 I 型障碍
双相 Ⅱ 型障碍
轻躁狂
环性心境障碍
快速环性双相 I 型障碍
快速环性双相 Ⅱ 型障碍单胺类
去甲肾上腺素
5–羟色胺
多巴胺
皮质醇
下丘脑–垂体–肾上腺轴（HPA 轴）
抑郁的行为理论
习得性无助理论
消极认知三联征
形成式习得性无助理论
思维反刍
抑郁的人际理论
拒绝敏感性
世代效应
选择性 5–羟色胺再摄取抑制剂（SSRIs）
选择性 5–羟色胺–去甲肾上腺素再摄取抑制剂（SNRIs）
去甲肾上腺素–多巴胺再摄取抑制剂
三环类抗抑郁药
单胺氧化酶抑制剂（MAOIs）
重复经颅磁刺激（rTMS）
迷走神经刺激（VNS）
深部脑刺激
光疗法
行为治疗
人际和社会节奏疗法（ISRT）
家庭焦点疗法（FFT）
自杀
自杀企图
自杀意念
非自杀性自我伤害（NSSI）
利己型自杀
失范型自杀
利他型自杀
丛集性自杀
自杀传染
冲动性
无望感

第8章

精神分裂症谱系及其他精神病性障碍

本章提纲

连续谱模型下的精神分裂症谱系及其他精神病性障碍

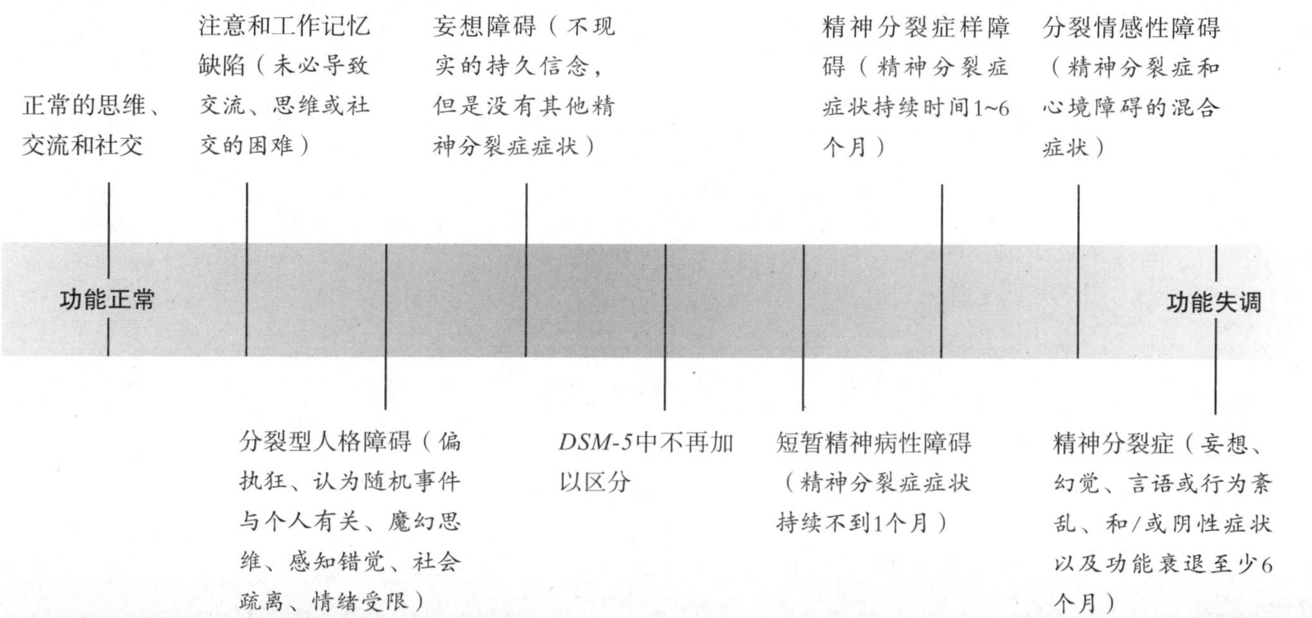

你可能见过媒体对精神分裂症这类障碍的描述。这类障碍的个体能看到、听到和感受到不真实的事物（幻觉），他们可能有顽固的信念，如认为将受到某些组织迫害，或自己的思想被某种外部力量“删除了”（妄想）。这种与现实分离的体验和信念被称为是精神病性的（psychotic）。精神病患者可能语无伦次，举止不定。尽管你可能认为，精神分裂症与正常体验的差别如此之大，以致它不可能分布在连续谱上。然而，在很多不完全符合任何障碍诊断标准的人身上，会表现出轻度到中等的精神分裂症的各种症状（Ahmed, Buckley, & Mabe, 2012; Linscott & van Os, 2010）。例如，一项研究以未经选择的社区样本中的8 580人为对象，发现28%的人报告至少存在一种具有精神分裂症特征的症状，例如听到其他人听不见的声音，或认为自己的思想被其他人所控制（Johns et al., 2004）。此外，与精神分裂症个体具有血缘关系的家人往往存在注意和记忆问题，以及与精神分裂症类似的神经异常，但严重程度较轻。

DSM-5 承认精神病性体验的连续性，根据严重程度按顺序列出了精神分裂症及其他精神病性障碍。连续谱上的第一个障碍是分裂型人格障碍，涉及与精神分裂症相似的轻度症状，但与现实还保留一些联系。人格障碍个体说话的方式古怪反常，他们拥有异常的信念或知觉，很难与其他人相处。沿着连续谱往下是一些脱离现实的障碍。在妄想障碍中，个体拥有持久的、与现实相反的信念，但是并没有精神分裂症的其他症状，并且功能往往没有受损。他们的妄想常与可能发生但实际并未发生的事情有关。在短暂精神病性障碍中，个体的精神分裂症症状持续1个月或不足1个月。在精神分裂症样障碍中，个体的精神分裂症症状持续1～6个月，但通常可以过正常生活。分裂情感性障碍表现为精神分裂症与抑郁症或双相障碍的混合。其他精神病性障碍包括物质所致的精神病性障碍和与其他躯体疾病相关的精神病性障碍（或紧张症），分别是由某种物质或者疾病特别导致的精神病。它们可能是短期的，也可能是持久的。

这里展示的障碍连续谱在 *DSM-5* 中被称为精神分裂症谱系，它是一组精神病性障碍，与精神分裂症具有一些相似之处，但不如后者严重或持久。

非常人物

约翰·纳什，《美丽心灵》

1959 年，30 岁的约翰·纳什是麻省理工学院的教授，也是一位广受赞誉的数学家。还在普林斯顿读研究生时，他已经在博弈论中引入均衡的概念，最终让经济学领域发生了革命性变化，也为他赢得了诺贝尔奖。

正如作家西尔维亚·娜萨在为约翰·纳什所写的传记《美丽心灵》（同名电影获得了奥斯卡奖）中所讲述的那样，约翰·纳什总是很古怪，几乎没有社交能力。但是在 1959 年，纳什开始给联合国、联邦调查局和其他政府机构写信，诉说有人企图霸占世界的种种阴谋。他还公开宣称，他认为来自外太空或外国政府的力量正在通过《纽约时报》的头版与自己交流。后来纳什描述了他的一个妄想：

> 我觉得校园里的其他人系着红色领带，以便我可以注意到他们。这种妄想症状变得越来越严重，不仅麻省理工的校园，甚至整个波士顿市里的人也系着红色领带（看起来对我很重要）……这也和一些密谋（有些联系）。”（Nasar, 1998, p. 242）

纳什的妻子艾里西亚注意到他对自己越来越疏远、冷淡，并且行为越来越古怪：

> 当两个人单独在一起时，可能在家里或者车上，纳什好几次追问她一些古怪的问题。“为什么你不把它告诉我？”他无缘无故地用愤怒激动的语调问道。“告诉我你知道什么”，他要求道。（Nasar, 1998, p. 248）

他威胁要伤害妻子的情形日趋严重，行为也变得更加不可预测。1959 年 4 月，他的妻子艾里西亚决定把他送到麦克莱恩医院接受治疗。在那里，纳什被诊断出患有偏执型精神分裂症，他要服药并每天接受精神分析治疗。尽管纳什的内心世界还是一如既往，但他学会了掩饰自己的妄想和幻觉，并表现出理性的行为。纳什一出院就从麻省理工学院辞职了，他对学院策划让自己住院的“阴谋”非常愤怒。

在欧洲各地旅行两年后，纳什走在普林斯顿的大街上，表情凝固，目光呆滞，经常穿着俄罗斯农民的外衣，光着脚走进餐厅。他不停地给朋友和全世界的显赫人物写信打电话，谈论数字命理学和国际事务。艾里西亚无奈再次送纳什入院。这次是特伦顿州立医院。6 个星期后，医生认为纳什的病情已经大为改善，将他转移到医院的另一个病房。在那里，他开始撰写一篇关于流体力学的论文。经过 6 个月的住院治疗后，也就是在他 33 岁生日的一个月后，他得以出院。有段时间他的状态似乎不错，但是随后他的思维、言谈和行为又开始变差。他后来和母亲一起生活在维吉尼亚州的罗阿诺克。

尽管他每天走出去最远的地方不会超过图书馆或格兰丁路尽头的商店，但在他的脑海里，他已经遨游到这个星球上最遥远的地方，住在难民营、使馆、监狱和防空洞里。还有些时候，他感觉自己居住在地狱、炼狱或者被污染的天堂里。他有很多个身份，包括巴勒斯坦难民、日本幕府的将军甚至一只老鼠（Nasar, 1998）。

母亲去世后，他回到普林斯顿与艾里西亚生活在一起。20 世纪 70 年代到 80 年代这段时间里，他的疾病逐渐好转，尽管并没有接受任何治疗。纳什由于对博弈论的贡献被授予了诺贝尔经济学奖。他和艾里西亚居住在普林斯顿，在那里研究他的数学理论。他也帮忙照顾儿子约翰尼。约翰尼在几年前取得数学博士学位，同样患有偏执型精神分裂症。尽管约翰尼接受了最新的精神分裂症治疗，但收效甚微，依然经常需要住院治疗。

如果你在街上散步，感知到的事情与现实并不相符，就像约翰·纳什在疾病的急性期那样，那会是什么样子？你会看到并不真实存在的事物。你可能听到自己脑子里的声音。你还可能认为自己的想法已经在电视上播出，因此其他人都已经知道你在想什么。如果你不能区分真实与虚幻，那么你就患了**精神病**（psychosis）。

精神病有多种形式。最常见和令人困惑的精神病性障碍就是**精神分裂症**（schizophrenia）。有些时候，精神分裂症患者能够清晰地思考和交流，对现实有正确的看法，能够正常生活。而另一些时候，他们的言语和思维都是紊乱的，失去与现实的接触，甚至生活都不能自理。

精神分裂症及其他精神病性障碍会造成严重的损害，包括高额的医疗花费。在任何一年中，都有超过 90% 的精神分裂症个体需要在心理健康机构或一般的医疗机构接受治疗（Narrow et al., 1993）。国际研究表明，许多国家把 3% 的医疗保健预算用于治疗精神分裂症患者，由此带来的生产力损失超过数百亿美元（Gustavsson et al., 2011; Knapp, Mangalore, & Simon, 2004）。大多数精神分裂症个体在青少年晚期或成年早期发病，正值他们准备为社会做出贡献的阶段。这使得他们无法追求教育、职业或家庭，反而需要持续的照料和服务，包括安置、康复治疗、津贴补助，并通过社会工作者的帮助获取必需的资源，而且他们的余生一直都需要这些服务，因为精神分裂症是慢性的。

图 8.1 精神分裂症个体的分布

大多数人独自生活或与家人一起生活，也有一定数量的人生活在医院、疗养院、团体之家或监狱中，或者流落街头。

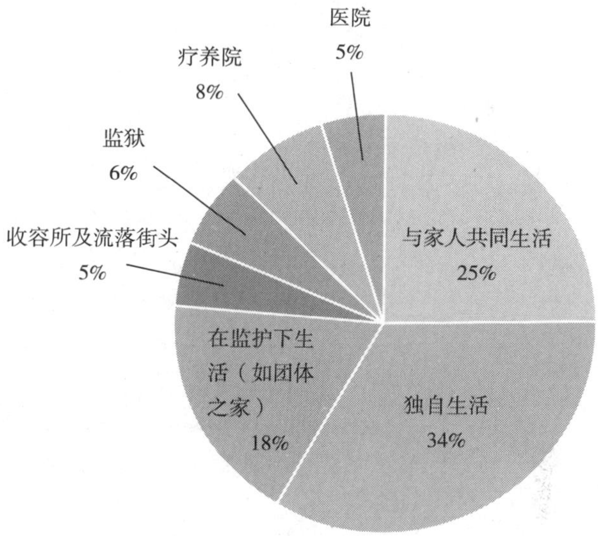

资料来源：Torrey, 2006.

在美国，1% ~ 2% 的人口在一生中可能患精神分裂症（Lieberman, Stroup, & Perkins, 2012; Walker, Kestler, Bollini, & Hochman, 2004）。类似地，全球研究发现，精神分裂症在一般人群中的发病率为 0.5% ~ 2%（Gottesman, 1991; Linscott & van Os, 2010）。

富勒·托里（Torrey, 2006）总结了来自几方面的数据，估计了精神分裂症个体生活的几个地点，如图 8.1 所示。注意大部分个体都是独自生活或者与家人住在一起。还要注意，身处牢狱、无家可归而住在收容所或流落街头的精神分裂症个体与医院及护理机构中的人数差不多。那些没有家庭支持或没有资源获得精神援助的个体，通常被安置在司法系统和收容所。

症状、诊断和病程

精神分裂症是一种复杂的障碍，它的核心诊断症状是精神病。*DSM-5* 所称的**精神分裂症谱系**（schizophrenia spectrum），反映了定义精神病性障碍的五类症状，以及它们的数量、严重性和持续性，以区别不同精神病性障碍。精神分裂症患者可能会表现出所有或部分精神病性症状，但是该障碍在不同个体中表现不同。五类精神病性症状包括四种*阳性症状*，也就是妄想、幻觉、思维（言语）紊乱、行为（包括紧张症）紊乱或异常；以及*阴性症状*（例如，情感或情绪表达受限）。精神分裂症患者也表现出大量的*认知缺陷*，研究表明这些认知缺陷与功能衰退有关，尽管认知症状不属于诊断标准。

阳性症状

精神分裂症的**阳性症状**（positive symptom）包括妄想、幻觉、思维和言语紊乱、行为紊乱或紧张症行为。因为这些症状代表了异常的知觉、思维和行为的外显表达，所以称其为阳性。

妄想

妄想（delusion）指个体认为真实但极不可能且通常完全不可能的想法。当然，大多数人偶尔都会持有可能错误的信念，比如相信自己会中彩票。这种自我欺骗与妄想至少在三个方面不同（Strauss, 1969）。第一，自我欺骗至少是可能的，而妄想往往不可能。中彩票的可能性虽然极低，但并不是完全不可能的，而身体分解并且飘到空中则是不可能的。第二，持有自我欺骗想法的人只是偶尔会有这种想法，而妄想者却被这些妄想完全占据了。妄想者寻找证据支持自己的想法，试图使其他人相信这些想法，并且据此采取行动，例如起诉那些他认为企图控制其思想的人。第三，自我欺骗的人通常承认他们的想法可能是错误的，但是妄想者经常会强烈抵制那些与其妄想相反的论证或令人信服的事实。其他人若给出相反的论证，可能都会被他们视为一种阴谋，以便让他们保持沉默，这恰好证明其信念是真实的。

表 8.1 列出了一些比较常见的妄想类型。**被害妄想**（persecutory delusion）是最常见的一种（Bentall et al., 2008）。有被害妄想的个体可能认为自己被人监视或折磨，可能是他们认识的人，比如他们的教授，也可能是他们从未直接接触过的权威机构或人员（如联邦调查局的特工或某个国会议员）。下面案例中的精神分裂症患者瓦格纳描述了她在牙医那里补牙后产生的妄想。

表 8.1 妄想的类型

这些类型的妄想经常在复杂而可怕的信念系统中互相交织。

妄想	定义	例子
被害妄想	认为自己或亲人正在遭受其他人的迫害、监视或阴谋	认为中情局、联邦调查局和当地警察正在密谋诱捕自己
关系妄想	认为日常事件、物体或其他人有着非比寻常的个人意义	认为新闻播音员正在报告自己的行动，或者认为随机的井盖之所以放在那就是为了让自己可以看到它
夸大妄想	错误地认为自己具有强大的权力、知识或才智，或认为自己是某个著名人物或有权势的人	认为自己是马丁•路德•金转世
影响妄想	认为自己的感觉、想法和行为受外部力量的控制或影响	认为外星人接管了自己的身体，并控制着自己的行为
思维被广播	认为自己脑中的想法被广播给其他人听	认为自己的想法违背自身意愿地在网上传播
思维被插入	认为他人或物正在把思维插入自己脑中	认为配偶将亵渎神明的想法植入自己脑中
思维被撤走	认为他人或物正在把思维从自己脑中删除	认为室友在自己睡觉时窃取自己的所有想法
罪恶妄想	认为自己做出了可怕的行为，或要为某个可怕的事件负责	认为自己杀了某个人，或者认为自己要为某场灾难负责
躯体妄想	认为自己的外表或某个身体部位患病或改变了	认为自己的肠子被蛇代替了

讲 述

几天以后，我开始明白牙医给我补牙时用的不只是汞合金。通过身边的各种迹象和证据，我意识到他植入了一块微型电脑芯片，原因我还不清楚。街对面的药房里有几台电脑由五人编程，它们已经连上我的电视机并用雷达监控我的活动。如果我出门，特工会监视我的一举一动。(Wagner & Spiro, 2005, p.205)

另一种常见的妄想类型是**关系妄想**（delusions of reference)，认为偶然事件或其他人不经意的评论是针对自己的。有关系妄想的人可能会认为某个当地政客在集会上的评论是针对自己的。约翰•纳什认为波士顿的人都系着红色领带，以便让他注意到他们，这是某些密谋的一部分。

夸大妄想（grandiose delusions）是认为自己是特别的人物或拥有特别的能力（Mueser & McGurk, 2004)。个体可能会认为自己是神的化身，或者认为自己是世界上最有智慧的人，或者认为自己已经找到了治愈某种疾病的方法。另一种常见的妄想类型是**思维插入妄想**（delusion of thought insertion)，即认为自己的思维被外部力量所控制。

妄想信念可以是简单而短暂的，比如一位有精神分裂症的人认为自己刚刚经历的胃痛是因为有人穿过房间朝他发射激光束的结果。但妄想信念往往是复杂而精细的，个体会长时间坚持这些信念。下面的案例展示了妄想的几种类型——夸大妄想、被害妄想、关系妄想和思维插入妄想——是如何在一个人的信念系统中同时发挥作用的。尽管下面这段话是一名精神分裂症患者对自身经历的叙述，但他是以第三人称的口吻来表达的。

讲 述

在一场关于人类心理学的会议上，一出给大卫•泽尔特带来深远影响的戏剧开演了。大卫很尊重演讲者，认为他们是学者，同时也希望自己写的关于心灵感应的论文能够得到他们的认同。在会议召开前一周，大卫把他的论文《心灵感应的源泉》送到一位演讲者的手中，其他的演讲者也都阅读了论文。他提出了新奇的科学观点：只有婴儿出生的过程是研究心灵感应的最佳时机……

大卫的论文被认为对本次会议和心理学研究做出了非常重要的贡献。他关于心灵感应的概念普遍出现在出生阶段，并且是可以测量的，如果得到科学的证实，那么其影响丝毫不逊色于达尔文和弗洛伊德的基本理论。每一位演讲者都关注着大卫。通过使用暗示和非言语交流如指点和扫视，每位演讲者分别阐述了大卫论文不同方面的贡献。尽管他的名字从来没有被提起，演讲者的暗示使得大卫感觉他写作这篇论文已经取得了非凡的成就……大卫被描述为头顶光环以及即将到来的基督复临。他感觉自己就像是救世主。他的使命就是帮助那些贫穷和有需要的人，尤其是那些落后国家的人民……

大卫对非言语交流极其敏感；他精通如何读懂别人的心理。他的感知力是如此发达，以至于他不能在别人的话语和接收到的心灵感应之间做出区分。其他人以一种前所未有的方式使他分心了。人们与他互动的非言语行为就好像是一种代码。其他人的面部表情、手势和身体姿势经常决定了他的想法和感觉。

> 参加会议的几百人都在谈论大卫。他是一个巨大的谜团，他的沉默意义深远。但怀疑基督即将复临的人也经常表达出他们的批评之声。后来，大卫感觉关于自己的激烈讨论简直就是一种折磨，他希望所有这些谈论、非言语行为和无处不在的关于他的思绪能够停下来。(Zelt, 1981, pp. 527-531)

大卫的夸大妄想是认为自己发现了心灵感应的来源，并且得到所有科学家们的高度评价，自己可能就是救世主。这种夸大妄想经常与被害妄想一同出现，如认为批评他的科学家是出于嫉妒。大卫的关系妄想使他认为所有的科学家都在直接或间接地谈论他。大卫相信他能读懂别人的心理。最后，他还有思维控制妄想，认为科学家的面部表情、手势和身体姿势决定了他的感觉。

其他心理障碍也会出现妄想，尤其是重度抑郁或双相障碍（第 7 章）个体常常具有跟他们的心境一致的妄想：抑郁时，他们可能认为自己犯下了不可饶恕的罪行，躁狂时则认为自己就是某尊神（Bentall et al., 2008）。

尽管上述妄想类型在各种文化中都可能出现，但在不同的文化里，妄想的具体内容是不同的（Suhail & Cochrane, 2002; Tateyama, et al., 1998）。例如，一项研究发现，患精神分裂症的英国人的妄想集中在受电视、无线电广播和电脑的控制方面，但这些内容很少出现在患精神分裂症的巴基斯坦人的妄想中，他们更可能妄想被黑暗魔法控制（Suhail & Cochrane, 2002）。妄想内容的这些差异反映的是文化信念系统的差异，以及人们所处环境的差异。研究比较了患精神分裂症的日本人和西欧人，发现日本人较普遍地妄想自己被别人恶意中伤，或其他人知道一些自己的不利信息，这可能是由于日本文化非常注重个体在其他人眼中的形象。而对于患精神分裂症的德国人和奥地利人而言，关于犯下罪孽的宗教妄想（例如，“撒旦命令我向他祈祷，我将受到惩罚”）相对常见，这可能是由于基督教在西欧的影响所致（Tateyama, et al., 1993）。

一些理论家认为，如果某些古怪或不可能的信念是某种文化共享的信念系统的组成部分，则这些信念不应该被视为妄想（Fabrega, 1993）。例如，在某些文化中，人们认为亡故亲人的灵魂在关注活着的人，那么这一信念不应该被视为妄想。尽管如此，那些将所在文化的共享信念系统表现到极端的人仍然属于妄想的范畴。例如，某个来自上述文化背景的人认为死去的亲属引起她的心脏腐烂，这种想法应该视为妄想。*DSM-5* 也对妄想的定义做出了改变，从“错误的信念”（*DSM-IV* 中）变成了“不能随相互冲突的证据而改变的固定信念”，因为通常极难确定某一信念完全错误的本质（Coltheart et al., 2011）。

幻觉

你是否曾经有过奇怪的感知体验，例如当附近没有人时以为自己看到了人，以为听到某个声音在对你说话，或者感觉自己的身体飘浮在空中？一项研究表明，心理健康的大学生中有 15% 的人称他们有时会听到声音，如听到他们的“良知”在给他们建议，或听到两个声音（通常都是他们自己的声音）在争论某个话题（Chapman, Edell & Chapman, 1980）。这样的学生大多数都不会被诊断为精神分裂症，因为他们的听“幻觉”是偶然的和短暂的，往往在他们疲劳、紧张或者受到酒精或其他药物影响时出现，不会损害他们的日常生活功能。此外，酒精或药物诱发的幻觉往往是主观的感知体验，如闪光或爆炸音（Aleman & Laroi, 2008）。

与这些大学生的幻觉相比，精神分裂症患者的**幻觉**（hallucinations）——不真实的感知体验——更加古怪离奇，也更加复杂，它不是睡眠剥夺、应激或药物造成的，就像下述案例中的人所描述的。

讲 述

在某个时刻，我注视着同事，感觉他们的脸是扭曲的。他们的牙齿看起来就像是獠牙，随时会吞噬我。大部分时间，我不敢看任何人，唯恐自己被吞掉。这种疾病的折磨从来没有停止过。甚至在我试图入睡的时候，魔鬼也会让我保持清醒，我在屋子里到处找寻他们。不管是在清醒还是熟睡的时候，我都感觉自己正在从四面八方被吞食，被魔鬼吞食。（Long, 1996）

幻觉可以涉及任何感觉通路（Aleman & Laroi, 2008）。听幻觉（听到说话声、音乐等）是最普遍的幻觉。这些幻觉可能包括大声说出个体想法的声音，或不断对个体的行为进行评论的声音，或以第三人称的方式谈论个体的声音集合，或发出命令或指示的声音（Aleman & Laroi, 2008）。这些声音不是来自个体头脑中，就是来自外部。它们常常具有负面的性质，对个体进行批评或威胁，或让个体伤害自己或别人（Aleman & Laroi, 2008）。精神分裂症个体可能会应答这些声音，甚至就像正在与房间里真实的人对话一样。第二种常见的幻觉是视幻觉，经常伴随着听幻觉。例如，某个女人可能看到有个男人站在她的床边，说她被诅咒了，必须死去。个体的幻觉和妄想往往是一致的——某个人看到撒旦告诉她，她必须死去，这个人可能会认为她自己就是撒旦。

触幻觉是指对发生在身体外部的事情的知觉，例如，感觉虫子正在背上爬行。躯体幻觉是指对发生在身体内部的事情的知觉——例如，感觉蠕虫正在吃掉自己的内脏。这些幻觉常令人感到毛骨悚然（NIMH, 2008; Torrey, 2006）。

幻觉不仅发生在精神分裂症中，也出现在其他精神病性障碍中（Aleman & Laroi, 2008）。一项对视幻觉个体的研究（Gauntlett-Gilbert & Kuipers, 2003）发现，60% 的人被诊断为精神分裂症或分裂情感性障碍（后文详述），25% 的人被诊断为抑郁，15% 的人被诊断为双相障碍（见第 7 章）。

与妄想一样，不同文化背景的人幻觉类型相似，但具体内容有文化特异性。例如，亚洲人可能会看到祖先的鬼魂正在缠绕着他，而这对于欧洲人来说是不常发生的体验（Browne, 2001; Westermeyer, 1993）。和妄想一样，临床医生必须根据文化背景来解释幻觉（Aleman & Laroi, 2008）。比如，一名波多黎各妇女可能被欧裔美国治疗师诊断为患有精神分裂症，因为她认为自己具有预测事件的特殊能力，并且她的描述听起来就像幻觉，如“我在房间里看到了圣徒和圣女的形象，还看到了耶稣，头上戴着荆棘的王冠，正在流血。”但是了解波多黎各文化的治疗师可能就会发现这名妇女的信念和体验与拉丁美洲某一宗教团体的信仰是一致的，这个团体相信超视力和宗教幻象的存在（Guarnaccia et al.,1992）。

文化可能影响幻觉和妄想的具体内容。

言语和思维紊乱

精神分裂症个体的思维紊乱通常是指**思维形式障碍**（formal thought disorder）。精神分裂症最常见的紊乱是毫无连贯性地从一个话题转移到另一个不相关的话题，常称为联想松弛（loosening of association）或思维脱轨（derailment）。例如，一名精神分裂症患者发表了如下“声明”：

> 事情都是相互关联的，如羚羊镇、俄勒冈州、琼斯镇、查理·曼森、山腰绞杀者、极道杀手、水门事件、洛杉矶的国王审判以及更多事件。例如，仅仅在过去 7 年间，超过 23 名研究星球大战的科学家在没有明显原因的情况下自杀。1987 年在南美洲举行的一次关于艾滋病的会议上，1000 多名医生宣称昆虫会传播艾滋病。在本人完全不知情的情况下读取其想法或者在其脑中植入某种想法的实验已经完成。意识是生物电磁控制下的现实，是一种思维传递和情绪控制，可以记录个体的思维、感觉和情绪的脑电波频率。

这篇声明的作者可以清楚地看到他在前半段列出的事件之间的联系，以及这些事件与他对思维读取及生物电磁控制的担忧之间的联系。然而我们很难看到这些联系。

精神分裂症患者对问题的回答可能答非所问。例如，询问他们为什么在医院里，可能会得到这样的回答：“意大利面看起来像虫子，我认为它真的是虫子。地鼠会挖洞而田鼠会筑巢。”有时，患者的言语过于紊乱，以至于毫无连贯性，这种现象被称为词语杂拌（word salad）。例如，“在这些产品牛奶糖浆和其他东西中，很多抽象概念没有被说出来或执行，由于经济、差额、津贴、破产、工具、建筑、债券、国有股、基础骰子、天气、贸易、处于分裂状态的政府和电子学中的引信，所有以前的状态都不一定是确凿的”（Maher, 1966, P. 395）。患者可能会编造一些只对他们自己有意义的词汇，称为新语症（neologism）；或者经常基于词的发音而不是含义把两个词语联系在一起，称为音连（clangs）；或者持续不断地重复同一个词或同一段话。

精神分裂症的男性比女性更可能出现严重的言语缺陷，这可能是因为女性的语言更多是由双侧大脑半球共同控制的（Goldstein et al., 2002）。因为女性的双侧脑半球可以相互补偿缺陷，所以与精神分裂症相关的大脑异常对女性的语言和思维能力的影响要小于男性。相反，男性的语言能力更为局部化，因此当这些脑区受到精神分裂症影响时，男性可能不能像女性那样补偿这些缺陷。

紊乱或紧张症行为

精神分裂症个体的紊乱行为经常引起其他人的恐惧。个体可能会表现出不可预测的、无明显原因的激动，如突然大喊大叫、破口大骂或快走。这些行为可能由幻觉或妄想造成。例如，一个有被害妄想的人可能幻想有个可怕的人在追赶他，因此做出尖叫和逃跑的反应。另一个人认为其皮肤下被植入了电脑芯片并受到控制，因为没有人相信他并提供帮助而激动地踱步。

精神分裂症患者的日常生活一般不能自理，例如洗澡、选择合适的穿着以及按时饮食。因为注意和记忆都受到损害，即使完成简单任务（如刷牙）他们也必须付出他们全部的注意力（NIMH, 2008; Torrey, 2006）。他们可能做出一些社会不可接受的行为，如在公共场所手淫。很多人外表邋遢，有时在寒冷的天气里衣着单薄，天气炎热时却层层包裹。

紧张症（catatonia）是反映个体对环境极度缺乏反应性的紊乱行为。涵盖范围从对指示缺乏反应（例如*违拗症* [negativism]），到表现出刻板、不恰当或怪异的姿态，甚至完全丧失言语或动作反应（例如*缄默症* [mutism]）。*紧张性兴奋*（catatonic excitement）是指个体在没有明显原因的情况下变得非常激动。个体可能清楚表达各种妄想和幻觉，或者可能缺乏连贯性（Mueser & Jeste, 2008）。

很多精神分裂症个体会落到无家可归、流落街头的地步。

阴性症状

你可能会认为，精神分裂症的所有症状似乎都是阴性的。然而，只有特定的精神病性症状会被明确界定为**阴性症状**（negative symptom），因为它们涉及某些个人特定品质的丧失，而不只是个人外显的行为或思想（Messinger et al., 2011）。精神分裂症的核心阴性症状包括情感受限以及意志减退或社交退缩。尽管精神分裂症的阳性症状给人的印象要比阴性症状更严重、更让人衰弱，但是与强阳性症状相比，强阴性症状与不良预后更加相关，部分是因为阴性症状持续时间更长，也更难治疗（Galderisi et al., 2012; Strauss, Harrow, Grossman, & Rosen, 2010）。在其他精神病性障碍中，阴性症状不是那么明显。

情感受限

情感受限（restricted affect）是指精神分裂症患者在情绪表达上的严重减少或缺失。精神分裂症患者的面部表情较少，他们可能回避眼神接触，比正常人更少使用肢体语言来表达情绪。他们的语调可能很单调，很少通过重音变化、声调（语调旋律）、节奏、语速或响度来表现情绪或社交参与（Kirkpatrick, Fenton, Carpenter, & Marder, 2006）。

精神分裂症患者体验到的情感是否真比无此障碍的人更少？自我报告问卷常常发现，精神分裂症患者会报告明显的*快感缺失*（anhedonia），或失去了体验快乐的能力（e.g. Horan, Kring, & Blanchard, 2006）。然而，在实验室研究中，评估个体对标准化的正性刺激（如令人愉悦的户外风景或食物照片）做出的反应，发现精神分裂症患者报告的正性情感和无此障碍的人一样多（Minor & Cohen, 2010; Kring & Moran, 2008）。类似地，一些研究向精神分裂症患者和无此障碍的人播放情感丰富的影片，同时记录他们的面部表情和生理唤起（Kring & Neale, 1996）。与正常组相比，精神分裂症患者对影片的面部反应更少，但是他们报告体验到的情绪却一样多，甚至表现出更多的生理唤起。因此，没有表现出情绪的精神分裂症患者内心可能体验了强烈情绪，只不过他们无法表露。精神分裂症患者自我报告里的快感缺失可能反映了自我报告问卷法的缺陷，或者存在抑郁症等次级问题，这在精神分裂症中也是常见的（Messinger et al., 2011）。

意志减退或社交退缩

意志减退（avolition）指对常见的目标导向的活动缺乏发起和坚持下去的能力，包括工作、学校和家中的活动。个体的身体行动迟缓，看起来缺乏动机。可能整天坐着，什么都不做，也不打理个人卫生和仪表。意志减退可能会表现为社交退缩，缺乏与他人接触的欲望。精神分裂症个体通常是退缩的，与社会疏离。某些社会疏离源于精神分裂症带来的污名，家人有时会疏远患精神分裂症的家庭成员，人们常常躲避他们。只有当个体能够接近温暖的家人和朋友，但没有表现出与他们交往的兴趣时，才会诊断为社交退缩（Messinger et al.; 2011）。

认知缺陷

精神分裂症患者表现出认知加工方面的基本缺陷，涉及注意、记忆和加工速度（Savla, Moore, & Palmer, 2008）。与无此障碍的个体相比，他们更难集中或维持注意，如用眼睛追踪运动的物体。此外，精神分裂症个体表现出工作记忆缺陷，即无法将信息保持在记忆中并加以操作（Barch, 2005）。注意和工作记忆的这些缺陷让精神分裂症患者很难注意相关信息，压抑不想要的和无关的信息。因此，他们发现很难辨别头脑中与当前情境有关的想法，并忽视与自己正在做的事情无关的环境刺激。这些缺陷可能共同导致了精神分裂症患者的幻觉、妄想以及紊乱的思维和行为（Barch, 2005）。信息和刺激不断在意识中涌现，而个体不能过滤无关信息或确定信息的来源。这让他们难以集中注意力，维持连贯的思维或谈话，完成基本的任务，或区分真实和虚幻。社会关系和工作绩效受到严重影响，日常生活功能也受到损害（Bowie et al., 2008）。当个体试图弄清楚不断侵袭其意识的想法和感知觉时，就会产生妄想和幻觉（Beck & Rector, 2005）。

精神分裂症个体的近亲即使没有精神分裂症的症状，也会表现出很多这类认知缺陷（Snitz, MacDonald, & Carter, 2006）。此外，对精神分裂症患者的纵向研究表明，很多认知缺陷发生在精神分裂症急性症状出现之前（Cannon et al., 2003），并且认知缺陷在障碍病程或治疗中通常得不到改善。因此认知缺陷可能是精神分裂症的早期风险指标，促发了其他症状的出现（Gur et al., 2007），而且很大程度上导致了这一疾病的致残性（Green et al., 2000）。

诊断

精神分裂症从 19 世纪早期就被公认为一种心理障碍（Gottesman, 1991）。1883 年，德国精神病学家埃米尔•克雷佩林（Emil Kraepelin）将其命名为*早发性痴呆*（dementia praecox 或 precocious dementia），因为他认为这种障碍是大脑在成熟前病变导致的。他认为这是一种进行性的、不可逆转的慢性疾病（Lavretsky, 2008）。

厄根•布洛伊勒（Eugen Bleuler）不同意克雷佩林的观点，他不认为这种疾病在早期发生，并且总会导致大脑严重退化（Lavretsky, 2008）。布洛伊勒为这种障碍引入了一个新名字——*精神分裂症*（schizophrenia），来源于希腊语“*schizein*”和“*phren*”，意思分别是“分裂”和“精神”。布洛伊勒认为，这种障碍是因为通常整合、组织在一起的心理联系、思维和情绪出现了心理功能分裂造成的。（布洛伊勒并不认为精神分裂症是分离性身份障碍中的人格分裂。现代心理学家和精神病学家也持相同的看法。）

布洛伊勒认为，精神分裂症症状潜在的主要问题是“联系线索的中断”，也就是思维、语言、记忆和问题解决之间的联系被破坏。他还认为，精神分裂症的注意问题是心智的不同方面缺乏必要的联系造成的，精神分裂症的行为紊乱也是不能维持思绪造成的（Lavretsky, 2008）。

DSM-5 指出，要确诊精神分裂症，个体必须表现出两项或以上的精神病性症状，其中至少有一项是妄想、幻觉或言语紊乱（见表 8.2）。这些症状必须至少持续强烈地出现一个月，也就是障碍的急性期。此外，个体出现此障碍的某些症状必须至少有 6 个月，并达到损害社交或职业功能的程度。这些症状不能是因为物质使用、躯体疾病或某种心境障碍而引起的（见第 7 章）。如果出现紧张症症状，则要在诊断中进行标注。

在活跃期前后的 6 个月里（符合表 8.2 的标准 A），个体可能主要表现出阴性症状，伴随较轻的阳性症状。这些通常被称为**前驱症状**（prodromal symptom；急性期前）和**残留症状**（residual symptom；急性期后）。精神分裂症患者在经历前驱症状和残留症状时，可能会退缩并对他人没兴趣。他们可能会表达一些不同寻常的想法，但并非妄想（Nelson & Yung, 2008）。他们可能有奇怪的感知体验，如感觉另一个人

表 8.2　精神分裂症的*DSM–5*诊断标准

A. 两项（或更多）下列症状，每一项症状均在1个月中有相当明显的一段时间里存在（如经成功治疗。则时间可以更短），至少其中一项必须是1，2或3：

1. 妄想
2. 幻觉
3. 言语紊乱（例如，频繁的思维脱轨或联想松弛）
4. 有明显紊乱的行为或紧张症行为
5. 阴性症状（例如，情绪表达减少或意志减退）

B. 自障碍发生以来的明显时间段内，一个或更多的重要方面的功能水平，如工作、人际关系或自我照顾，明显低于障碍发生前具有的水平（或若障碍发生于儿童期或青少年期时，则人际关系、学业或职业功能未能达到预期的发展水平）。

C. 这种障碍的体征至少持续6个月。此6个月应包括至少1个月（如经成功治疗，则时间可以更短）符合诊断标准A的症状（即活动期症状），可包括前驱期或残留期症状。在前驱期或残留期，该障碍的体征可表现为仅有阴性症状，或有轻微的诊断标准A所列的两项或更多症状（例如，奇特的信念、不寻常的知觉体验）。

D. 分裂情感性障碍和抑郁或双相障碍伴随精神病性特征已经被排除，因为：（1）没有与活动期症状同时出现的重性抑郁或躁狂发作；或（2）如果心境发作出现在症状活动期，则它们只是存在此疾病的活动期和残留期整个病程的小部分时间内。

E. 这种障碍不能归因于某种物质（例如，滥用的毒品、药物）的生理效应或其他躯体疾病。

F. 如果有孤独症（自闭症）谱系障碍或儿童期发生的交流障碍的病史，除了精神分裂症的其他症状外，还需有明显的妄想或幻觉，且存在至少1个月（如经成功治疗，则时间可以更短），才能作出精神分裂症的额外诊断。

标注如果是：

伴紧张症

资料来源： Reprinted with permission from the *Diagnostic and Statistical Manual of Mental Disorders,* Fifth Edition.
Copyright © 2013 American Psychiatric Association.

在房间里，但并不报告完全的幻觉。他们可能会以一种离题的、紊乱的方式讲话，但依然保持着连贯性。他们的行为可能古怪，如收集碎纸片，但并不太紊乱。在前驱症状期，家人和朋友可能会看到患者“逐渐恶化”（Torrey, 2006）。如果不加以治疗，精神分裂症会长期存在并反复发作；在初次急性发作后，个体可能会存在长期的残留症状并时而复发急性症状。

精神分裂症表现出的古怪行为和社交退缩与孤独症谱系障碍的症状相似（见第10章）。为了区分这两种障碍，精神分裂症的诊断标准标注，只有明确地出现妄想或幻觉症状时才能诊断为精神分裂症。此外，孤独症谱系障碍的社交控制缺陷始于非常早的发展期。

精神分裂症症状对人们的生活有严重影响。有37项纵向研究，在个体的急性精神分裂症症状初次发作后，对他们进行了平均为期3年的跟踪调查，对这些研究进行总结发现，只有约40%的人在工作或上学，只有约37%的人恢复到比较好的功能水平（Menezes, Arenovich, & Zipursky, 2006）。精神分裂症的阴性症状——缺乏动机和恰当的情绪反应——所造成的功能困难并不少于阳性症状。与主要表现出阳性症状的个体相比，表现出更多阴性症状的个体受教育水平相对较低，更难获得工作，在认知任务上的表现较差，预后也更差（Andreasen et al., 1990; Messinger et al., 2011）。此外，与阳性症状相比，药物对阴性症状的效果更差：通过服用药物，精神分裂症患者可以克服幻觉、妄想和思维紊乱，却不能克服情感受限和意志减退。所以，即使患者没有急性精神病症状，也可能长期处于缺乏反应和动机以及社会疏离的状态（Messinger et al., 2011）。

你可能听过媒体用“偏执型精神分裂症”来指代精神分裂症个体。*DSM*之前的版本列出了精神分裂症的亚型，偏执型精神分裂症是其中最广为人知的。该类精神分裂症个体的妄想和幻觉涉及迫害和夸大的主题，如约翰·纳什。他们的妄想内容通常集中于被追捕、被秘密监视、被迫害以及被他人阴谋反对，涉及政府机构、媒体、家人和朋友以及完全陌生的人，可能是因为他们具有特殊的知识或权力。他们可能认为任何不认同其妄想的人都是阴谋的一部分。他们会和约翰·纳什一样变得愤怒、猜疑甚至暴力。他们通常并没有严重的言语或行为紊乱。他们可能会清晰而详细地讲述阴谋反对他们的故事。

尽管我们依然将偏执列为精神分裂症的常见症状，但*DSM-5*删除了*DSM-IV*中的各种精神分裂症亚型，因为支持这些诊断稳定性、有效性和实用性的证据并不有力（Linscott, Allardyce, & van Os, 2009）。

预后

精神分裂症是最严重、最让人衰弱的精神障碍，很多患有该障碍的人即使接受了治疗，也要忍受很多年的症状和损害（Harrow, Grossman, Jobe, & Herbener, 2005）。因精神分裂症发作而住院的个体当中，50%~80%的人在一生中会再次住院（Eaton, Moortensenk, Herrman, & Freeman, 1992; Harrow et al., 2005）。与非精神分裂症个体相比，精神分裂症患者的平均寿命要短10年（McGlashan, 1998; Mortensen, 2003）。精神分裂症个体患传染病或循环系统疾病的比例要高于正常人，原因尚不清楚。多达10% ~ 15%的个体会自杀（Joiner, 2005）。下面是一位女性对自杀想法的叙述，从中我们可以体会到精神分裂症个体的痛苦，以及他们为什么会用自杀来结束生命。

讲 述

我有一些斩首自杀的幻觉，幻想自己正准备上断头台。我已经就彻底毁灭自己的主题写过几篇文章，也许我的内心被深深地毒害了。在我看来，问题不是杀死自己，而是用这种不会损害创造性的方式摆脱我的本质。(Anonymous, 1992, p.334)

尽管统计数据极为严峻，很多精神分裂症个体一生中并没有表现出进行性的功能恶化。相反，在第一个发作期的 5~10 年内，许多人的情况是相对稳定的，很少或完全没有复发，并重新达到较好的功能水平 (Eaton et al., 1992; Eaton, Thara, Federma, & Tien, 1998; Menezes et al., 2006)。例如，一项为期 15 年的研究发现，41% 的精神分裂症个体至少有过 1 次或多次持续至少 1 年的完全康复期 (Harrow et al., 2005)。

性别和年龄因素

女性精神分裂症个体的预后要好于男性 (Seeman, 2008)。例如，对精神分裂症个体进行的一项为期 20 年的研究发现，61% 的女性个体有过康复期，而男性只有 41% (Grossman et al., 2008)。女性比男性更少住院，住院时间也更短；在活动期症状发作期间，女性表现出更轻的阴性症状；在没有精神病症状时，女性的社会调适能力更强 (Grossman et al., 2008)。这些性别差异的原因尚未完全弄清。诊断为精神分裂症的女性一般比男性拥有更好的既往史：女性更可能从高中或大学毕业，结婚生子，并发展出良好的社会技能 (Seeman, 2008)。部分原因可能是女性一般在 30 岁左右发病，而男性更多地在 20 岁左右发病 (Goldstein & Lewine, 2000)。女性精神分裂症个体的认知缺陷也少于男性 (Goldstein et al., 2002) 所有这些因素都导致女性有更好的预后，但无法完全解释 (Grossman et al., 2010)。

雌激素可能影响与精神分裂症有关的神经递质多巴胺的调节，从而对女性起到保护作用 (Seeman, 2008)。某些性别差异，尤其是认知缺陷方面的差异，可能是因为大脑的正常性别差异造成的 (Goldstein et al., 2002)。胎儿期大脑发育的速度是由激素调节的，男性发育比女性慢，这可能会增加男性大脑发育不良的风险。胎儿在子宫中如果接触有毒物质和疾病，会增加大脑发育异常和患精神分裂症的风险。几项研究表明，精神分裂症男性的脑结构和功能异常程度要高于女性 (Goldstein & Lewine, 2000)。

无论是男性还是女性精神分裂症个体，其功能都随年龄增长而改善 (Jablensky, 2000; Harrow et al., 2005)。为什么？这可能是因为他们找到了使病情稳定的治疗方法，或者因为他们及其家人学会了识别疾病复发的一些早期症状，并在症状加剧之前寻求更早期的治疗 (Torrey, 2006)。另一种可能是，大脑的老化以某种方式降低了新一轮发作的可能性。一些人认为这种情况可能与大脑中多巴胺水平随年龄的增长而降低有关；正如我们将讨论的，高水平的多巴胺可能与精神分裂症有关 (Downar & Kapur, 2008)。

社会文化因素

文化对精神分裂症的病程有巨大影响。与发达国家相比，发展中国家个体一般拥有更为良性的病程 (Anders, 2003; Jablensky, 2000)。跨国研究发现，长期来看，与

图 8.2 精神分裂症病程的文化差异

发展中国家的精神分裂症个体表现出的病程发展好于发达国家的个体。

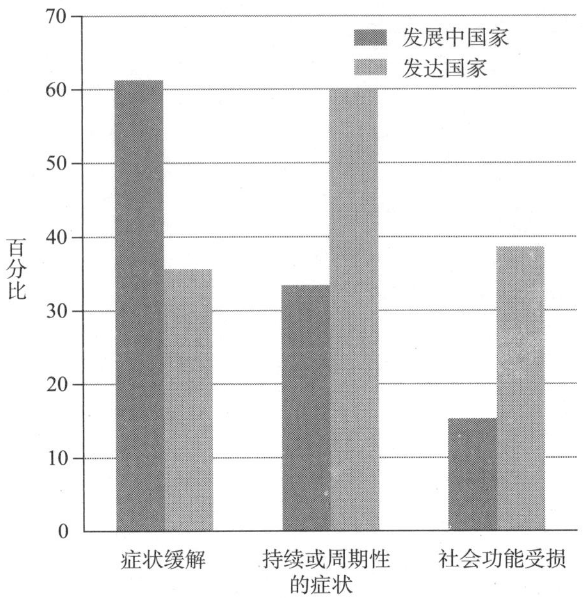

资料来源：Jablensky, 2000.

英国、丹麦和美国这些国家的精神分裂症个体相比，印度、尼日利亚和哥伦比亚等国家的个体因患病而丧失能力的可能性更小（图 8.2；Jablensky, 2000）。

与发达国家的精神分裂症个体相比，发展中国家的个体所处的社会环境可能更有利于适应和恢复（Anders, 2003）。在发展中国家，精神分裂症个体有更广泛、更紧密的家庭关系网络（Karno & Jenkins, 1993）。这就保证了对精神分裂症患者的照料不只是某个人的责任，由单个人负全责的情形对患者和照料者都具有风险。与发达国家相比，发展中国家的家庭在敌意、批评和过度卷入方面的测量得分更低（Hooley, 2007），这可能有助于降低其患病家人的复发率。

无论精神分裂症病程的文化差异和性别差异的原因是什么，传统观点都认为精神分裂症不可避免地是一种进行性障碍，且会随着时间推移逐渐恶化。但这种观点已经被新的证据所否定，随着时间的推移，一些个体的状况得到了改善。

其他精神病性障碍

DSM-5 确定了具有精神分裂症特征的其他精神病性障碍。这些障碍按严重性沿着连续谱分布（见本章开头的“连续谱模型下的精神分裂症谱系及其他精神病性障碍”）。在这些障碍中，精神分裂症的长期结果最为恶劣，其次是分裂情感性障碍、精神分裂症样障碍以及其他精神病性障碍（Harrow et al., 2005）。**分裂情感性障碍**（schizoaffective disorder）是精神分裂症和心境障碍的混合（表 8.3）。分裂情感性障碍的个体同时具有精神分裂症的症状（妄想、幻觉、言语和行为紊乱，和 / 或阴性症状）和符合抑郁发作、躁狂发作诊断标准的明显心境

表 8.3 分裂情感性障碍的*DSM–5*诊断标准

A. 在一个不间断的疾病周期中，有主要心境发作（抑郁症或躁狂），同时存在符合精神分裂症诊断标准A的症状。
注：重性抑郁发作必须包括诊断标准A1：抑郁心境。

B. 在此疾病的全程中，在缺少主要心境发作（抑郁或躁狂）的情况下，存在持续两周或更长时间的妄想或幻觉。
C. 在此疾病的活动期和残留期的整个病程的大部分时间内，存在符合主要心境发作诊断标准的诊断。
D. 这种障碍不能归因于某种物质（例如，滥用的毒品、药物）的生理效应或其他躯体疾病。

标注是否是：

双相型：如果临床表现的一部分是躁狂发作，则适用此亚型，也可以出现重性抑郁发作。
抑郁型：如果临床表现的一部分仅仅是典型重性抑郁发作，则适用此亚型。
标注如果是：**伴紧张症**

资料来源：Reprinted with permission from the *Diagnostic and Statistical Manual of Mental Disorders,* Fifth Edition.
Copyright © 2013 American Psychiatric Association.

表 8.4　精神分裂症样障碍的*DSM–5*诊断标准

A. 满足精神分裂症的A、D和E标准（见表8.2）。

B. 这种障碍的发作持续至少1个月，但少于6个月。当不能等待其痊愈就需作出诊断时，应定性为“临时”。

标注如果是：

伴良好的预后特征：此标注需要存在至少两项下列特征：

1. 明显的精神病性症状发生在日常行为或功能首次出现可察觉变化的4周内
2. 意识模糊或混乱
3. 病前社交或职业功能良好
4. 无情感迟钝或平淡

无良好的预后特征

伴紧张症

资料来源：Reprinted with permission from the *Diagnostic and Statistical Manual of Mental Disorders*, Fifth Edition. Copyright © 2013 American Psychiatric Association.

障碍症状。在患病的大部分时间，心境障碍症状也必须出现。与具有精神病性特征的心境障碍不同的是，分裂情感性障碍要求在至少两个星期内表现出妄想或幻觉而没有出现心境障碍症状。

精神分裂症样障碍（schizophreniform disorder）的诊断要求个体符合精神分裂症的诊断标准 A、D 和 E，但症状只需要持续 1 ~ 6 个月（表 8.4）。1 ~ 6 个月的时间要求是介于短暂精神病性障碍（接下来要讨论）与精神分裂症之间的。个体可能会出现功能受损，但这不是做出精神分裂症样障碍诊断的必要条件。预后良好的精神分裂症样障碍个体症状发作快，发病前功能良好，体验到混乱但并不迟钝或情感平淡。不具备上述两种或更多特征的个体则认为是预后情况不好。多数精神分裂症样障碍的个体（约三分之二）最终会被诊断为精神分裂症或分裂情感性障碍（American Psychiatric Association, 2013）。

短暂精神病性障碍（brief psychotic disorder；表 8.5）个体表现出妄想、幻觉、言语紊乱和 / 或行为紊乱的突然发作。然而，发作只持续 1 天到 1 个月，此后症状完全消失（表 8.5）。症状有时出现在重大应激源之后，例如发生严重交通事故。有时则没有明显的应激源。每 1 万名女性中约有 1 名在产后会经历短暂精神病性障碍发作（Steiner et al., 2003）。尽管复发的风险很高，但大多数人的治疗效果都非常好。

妄想障碍（delusional disorder；表 8.6）个体的妄想持续至少 1 个月，并以实际生活中发生的情况为依据，例如被跟踪、被下毒、被配偶欺骗或患病。与精神分裂症不同，他们不表现出任何其他精神病性症状。除了妄想导致的行为，他们也没有怪异的行为或功能困难。妄想障碍在一般人群中十分少见，估计其终生患病率是 0.2%。该障碍对女性的影响大于男性。它比大部分障碍发作晚，个体首次进入精神病机构的平均年龄为 40 ~ 49 岁（Munro, 1999）。

最后，**分裂型人格障碍**（schizotypal personality disorder; 表 8.7）个体的自我概念、人际关系以及思维和行为的终身模式是明显扭曲的。他们没有强烈和独立的自我感知，并且很难设立现实或清晰的目标。与精神分裂症个体一样，他们的情

表 8.5 短暂精神病性障碍的*DSM–5*诊断标准

A. 出现下面一个（或更多）症状。其中至少一项必须是1、2或3：

1. 妄想
2. 幻觉
3. 言语紊乱（例如，频繁地思维脱轨或联想松弛）
4. 极度紊乱的或紧张症的行为

注：不包括文化认可的反应性症状。

B. 这种障碍的发作持续至少1天，但少于1个月，最终能完全恢复到发病前的功能水平。

C. 这种障碍不能更好地用抑郁症或双相障碍伴精神病性特征或其他精神病性障碍如精神分裂症或紧张症来解释，也不能归因于某种物质（例如，滥用的毒品、药物）的生理效应或其他躯体疾病。

标注如果是：

伴明显的应激源（短暂反应性精神病）：患者的症状是对单一或复合事件的反应，该事件在患者所处的文化中及在相同的环境下，对几乎所有人都是明显的应激。
无明显的应激源：患者的症状不是对单一或复合事件的反应，该事件在患者所处的文化中及在相同的情境下，对几乎所有人都是明显的应激。
伴产后起病：如果发生于孕期或产后4周之内。

伴紧张症

资料来源：Reprinted with permission from the *Diagnostic and Statistical Manual of Mental Disorders,* Fifth Edition.
Copyright © 2013 American Psychiatric Association.

绪表达可能受限，或者不合时宜。他们很少有亲密关系，很难理解他人的行为。他们倾向于认为他人是欺诈和敌对的，并可能因为猜疑而变得社交焦虑和疏离。虽然分裂型人格障碍个体还保持着与现实的联系，但其思维和行为的方式都很古怪。他们认为随机事件或情况与自己相关。例如，他们会认为自己昨天刚买过东西的商店发生火灾具有极大的象征性。他们的知觉也是奇怪的，例如，他们认为在墙纸图案中能看到人。他们很容易分心，或长时间注视着某个物体，迷失在思绪和幻觉中。在神经心理学测试中（见第 3 章），分裂型人格障碍个体在工作记忆、学习和回忆方面都表现出缺陷，这与精神分裂症患者相似，但较轻微（Barch, 2005）。他们还与精神分裂症个体有着相似的遗传特质和神经异常（Cannon, van Erp, & Glahn, 2002）。一些被诊断为分裂型人格障碍的人会出现短暂精神病性障碍的一些症状，其中一些最终会出现完全的精神分裂症综合征。虽然分裂型人格障碍没有达到精神病性障碍的诊断要求阈限，但是 *DSM-5* 承认它是精神分裂症谱系障碍中的一部分（Heckers et al., 2013）。*DSM-5* 同时将其视为人格障碍。关于分裂型人格障碍的更多信息将呈现在第 9 章人格障碍中。

表 8.6　妄想障碍的*DSM–5*诊断标准

A. 存在1个或多个妄想，至少持续1个月或更长。

B. 从不符合精神分裂症的诊断标准A。

注：如果存在幻觉，则不突出，并与妄想主题相关（例如，感觉被昆虫寄生，这与虫害成灾的妄想有关）。

C. 除妄想或其结果的影响之外，功能没有明显损害，行为也没有明显的离奇或古怪。

D. 如果出现躁狂与重性抑郁发作，那么它们的持续时间相比妄想来说是短暂的。

E. 这种障碍不能归因于某种物质的生理效应或其他躯体疾病，且不能用其他精神障碍来更好地解释，如躯体变形障碍或强迫症。

标注是否是：

钟情型：妄想的核心主题是另一个人爱上自己。
夸大型：妄想的核心主题是个体坚信自己拥有伟大（但未被认可）的天赋或洞察力或取得了重大的发现。
嫉妒型：妄想的核心主题是个体的配偶或爱人不忠。
被害型：妄想的核心主题是个体认为自己被密谋算计、欺骗、监视、跟踪、下毒或下药、恶意诽谤、骚扰，或者在追求长期目标时受阻碍。
躯体型：妄想的核心主题涉及躯体功能或感觉。
混合型：没有一个妄想主题占主导地位。
未特定型：占主导地位的妄想信念不能被清楚地确定或其特定类型不能被清楚地描述（例如，关系妄想中没有突出的被害或夸大的成分）。

标注如果是：

伴离奇的内容：如果妄想的内容显然是难以置信、不可理解的，也不是来自于平常的生活经验（例如，个体相信一个陌生人移除了其内部器官，取而代之以他人的器官，且没有留下任何伤口或疤痕），那么妄想就被视为离奇的。

资料来源：Reprinted with permission from the *Diagnostic and Statistical Manual of Mental Disorders,* Fifth Edition.
Copyright © 2013 American Psychiatric Association.

表 8.7　分裂型人格障碍的*DSM–5*诊断标准

A. 一种社交和人际关系缺陷的普遍模式，明显特点是对亲密关系有强烈不适感，建立亲密关系的能力下降，且有认知或知觉的扭曲和古怪行为，起始于成年早期，存在于不同环境中，表现出下述症状中的5项或更多：

1. 牵连观念（不包括关系妄想）。
2. 影响行为的古怪信念或魔幻思维，与所在亚文化规范不一致（例如，迷信、相信千里眼、心灵感应或“第六感”；儿童和青少年，可表现为怪异的幻想或先占观念）。
3. 不寻常的知觉体验，包括躯体错觉。
4. 古怪的思维和言语（例如，模糊的、详尽的、隐喻的、繁琐的或刻板的）。
5. 猜疑或偏执的想法。
6. 不恰当的或受限制的情感。
7. 行为或外表古怪、反常或怪异的。
8. 除一级亲属外，缺少亲密的朋友或知己。
9. 过度的社交焦虑，并不随着熟悉程度而减弱，倾向于与偏执的恐惧相关，而非对自己的负性判断。

B. 并不只出现在精神分裂症、伴精神病性特征的双相障碍或抑郁症、其他精神病性障碍或孤独症谱系障碍的病程中。

注：如在精神分裂症发生之前已符合此诊断标准，可加上“病前”，即“分裂型人格障碍（病前）”。

资料来源：Reprinted with permission from the *Diagnostic and Statistical Manual of Mental Disorders,* Fifth Edition.
Copyright © 2013 American Psychiatric Association.

灰色地带

阅读下面的个案研究（摘自 Andreasen, 1998）。

直到大约两年前，19 岁的杰夫还是个有点害羞的正常孩子。高中到法国旅行时，他变得非常焦虑并提早回家了。从那以后，杰夫开始变得退缩。他不再想和朋友们待在一起，并退出了足球队。他的成绩从往常的 A 和 B 骤然下降，不过他还是毕业了。他的父母认为他在过去两年里逐渐发生了人格剧变，他看起来是“空虚的”。他们鼓励杰夫，帮助他找到新的方向，或重新评估他的目标，但所有努力都没有效果。

杰夫开始在大学上课，但是因为无法学习而退学了。他找了一份送比萨的工作，但是甚至在自己长大的这个城市里，他都找不到路将比萨送到正确的地址。他的父母说他大部分时间都疑心重重，不想和朋友或同伴待在一起。杰夫似乎对任何事都漠不关心。他的仪表和个人卫生状况很糟糕。他租住的公寓臭烘烘的，堆满了腐败的食物和脏衣服。他没有滥用任何药物的历史。

在与精神病医生会谈时，杰夫说他并不感到悲伤或忧郁，只是“空虚”。杰夫说他在周围没人时没有听到过声音，没有看到其他人看不到的东西，也没有感到精神或身体失控。

杰夫是否患有精神分裂症或精神分裂症谱系中的某一种障碍？（讨论见本章末尾）

生物学理论

由于精神分裂症的症状和患病率在不同文化背景和不同时间下的相似性，生物学因素长久以来就被认为在精神分裂症的产生过程中扮演重要角色。精神分裂症有几种不同的生物学理论。第一，尽管遗传学还不能完全解释人们为何会得这种疾病，但精神分裂症的基因传递已经得到证据证实。第二，一些精神分裂症个体的特定脑区出现结构和功能异常，这可能与该障碍有关。第三，许多精神分裂症个体有分娩并发症的历史，或在出生前受到病毒感染，这可能影响大脑的发育。第四，神经递质理论认为多巴胺水平过高可能会导致精神分裂症；新的研究也关注神经递质 5–羟色胺、γ–氨基丁酸（GABA）和谷氨酸。

精神分裂症的遗传因素

家族、双生子和领养研究都表明精神分裂症的传递具有遗传性（Allen et al., 2008）。许多科学家认为，单个基因异常不能解释这种复杂的障碍（或一组障碍）。事实上，可能是不同的基因导致了该障碍的不同症状；例如，一组基因可能导致了阳性症状，另一组基因可能导致了阴性症状（Gur et al., 2007）。

家族研究

心理学家欧文·高特斯曼汇集了 40 多份研究资料，试图确定与精神分裂症个体具有不同亲属关系的人一生中患这种障碍的风险（Gottesman & Shields, 1976）。他的结论总结在图 8.3 中。父母都有精神分裂症的儿童或同卵双生子有精神分裂症的人，与精神分裂症个体的基因相似度最高。如图 8.3 最上方的条形图所示，他们在一生中患精神分裂症的风险也最大。

随着与精神分裂症个体的基因相似度降低，患病的风险也降低。因此，个体的一级亲属，如和个体有 50% 相同基因的非双生子亲兄弟姐妹，他们患病的风险约为

图 8.3　精神分裂症的风险和遗传相关性

随着与精神分裂症个体的遗传关系越来越远，患精神分裂症的风险明显下降。

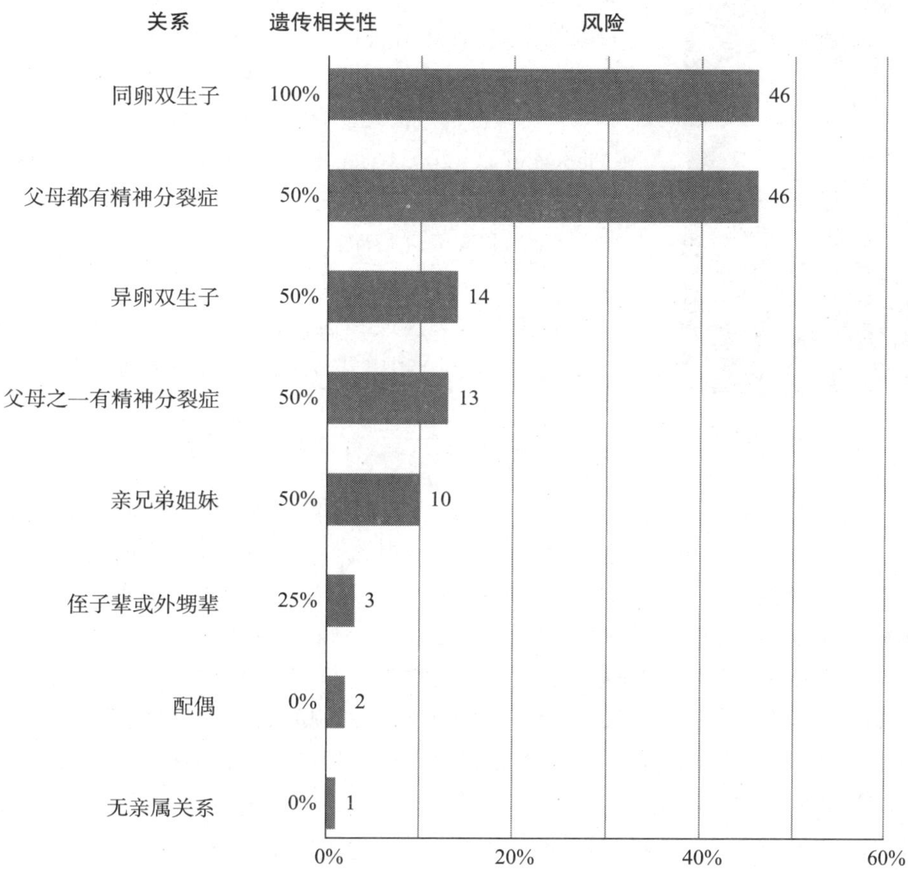

资料来源：Gottesman, 1991.

10%。相应地，个体的侄子辈或外甥辈只有 25% 的基因与个体相同，他们患病的风险约为 3%。一般人群的患病风险约为 1% ~ 2%。个体与其患精神分裂症的亲属的基因相似度和个体自身的患病风险之间的关系充分表明，精神分裂症的发生与基因有关。

尽管生物学亲属中有精神分裂症患者会增加个体患病的风险，但并不意味着他一定会患病。例如，父母之一有精神分裂症，87% 的子女不会患病；另一方面，63% 的精神分裂症个体没有患病的一级或二级亲属（Gottesman & Erlenmeyer-Kimling, 2001）。

领养研究

即使个体的子女患有精神分裂症，也并不意味着它就是遗传造成的。父亲或母亲患有精神分裂症的家庭很可能存在令人紧张的环境。当父亲或母亲患精神病时，子女经常要面对无逻辑的思维、情绪波动和紊乱的行为。即使父母的精神病症状不严重，残留的阴性症状——情感受限、缺乏动机和紊乱，也会损害父母照料孩子的能力。

几项针对遗传和环境问题的领养研究表明，遗传对精神分裂症有重要影响。例

吉内四胞胎长大后都患有精神分裂症，但四姐妹的具体表现形式各不相同。

如，西摩·科蒂及其同事（Kety et al., 1994）发现，与没有精神分裂症的被领养者的生物学亲属相比，具有精神分裂症的被领养者的生物学亲属被诊断患该障碍的可能性要高 10 倍。相反，具有精神分裂症的被领养者的领养亲属，其患病的风险并没有增加。

在一项规模最大的领养研究中，派卡·蒂纳瑞（Tienari et al., 2003; Tienari, Wahlberg, & Wynne, 2006）对 155 名母亲有精神分裂症的孩子和 185 个母亲无精神分裂症的孩子进行跟踪研究；所有的孩子都在幼年被领养。生母有精神分裂症的孩子当中，大约 10% 的人患有精神分裂症或其他精神病性障碍，而生母无精神分裂症的孩子当中，只有大约 1% 的人患这类疾病。

双生子研究

图 8.3 也汇总了几项关于精神分裂症的双生子研究的结果，这些研究表明同卵双生子的同病率是 46%，而异卵双生子的同病率是 14%。一项研究用统计模型对 1940 ~ 1957 年芬兰出生的所有双生子进行评估，发现精神分裂症中 83% 的变化都是遗传因素导致的（Cannon et al., 1998）。

然而，即使个体携带患病基因，许多其他的生物和环境因素也会影响个体是否以及怎样表现出症状。对这个观点的经典描述是吉内四胞胎的故事。她们的基因相同，在相同的家庭环境中成长。尽管都患有精神分裂症，但她们的具体症状、发病时间、病程和结局都有很大的差异（Mirsky et al., 2000）。

近来，研究者致力于调查表观遗传学因素对基因表达的影响。回忆第 2 章，不同的环境状况可以从化学上对 DNA 进行修改，导致基因开启或关闭，从而改变器官、组织或器官的发育。研究者将患精神分裂症情况不一致的同卵双生子（例如，双生子中一个患精神分裂症，而另一个则没有）和同时患有精神分裂症的同卵双生子进行比较，发现前者在 DNA 的分子结构上有很大的差异，尤其是在与多巴胺系统有关的基因上。相反，同时患有精神分裂症的同卵双生子的 DNA 在分子水平上的差异要小得多（Petronis et al., 2003）。造成这些表观遗传学差异的原因还不清楚。然而，很多环境事件都会影响胎儿在子宫内的发育，增加精神分裂症的患病风险。其中一些事件可能会改变指引大脑发育的基因。

脑结构和功能异常

长期以来，临床医生和研究者一直认为，精神分裂症个体的大脑与正常人存在根本的差异。随着正电子断层扫描（PET）、计算机轴向断层扫描（CAT）和核磁共振成像（MRI）技术的发展，科学家能够检测大脑结构和功能的细节。这些新技术能够显示某些精神分裂症个体脑部的主要结构和功能缺陷（Barch, 2005; Karlsgodt, Sun, & Cannon, 2010）。大部分理论家认为精神分裂症是一种神经发育障碍，很多因素都会导致胎儿期和幼儿期的大脑发育异常。

最一致的发现是，精神分裂症个体大脑皮层的灰质总量有所减少，特别是内侧、颞叶、颞上叶和前额叶区域（图 8.4；Karlsgodt et al., 2010）。此外，某些个体由于家族史而使其有精神分裂症风险，但又未表现该障碍，其前额叶皮层活动异常（Lawrie et al., 2008）。前额叶皮层是语言、情绪表达、规划和计划实施的重要脑区（Barch, 2005）。前额叶皮层与所有其他的皮质区域、边缘系统和基底神经节相连，边缘系统参与情绪和认知，基底神经节涉及运动动作。因此，如果个体的前额叶皮层特别小或不活跃，那么其表现出精神分裂症中可见的认知、情绪和社交缺陷似乎是合乎逻辑的，例如，在与人交谈、对社交情境作出恰当反应以及执行任务上都存在困难。

图 8.4　精神分裂症患者的脑室扩大（见彩插）

左边显示的是一名健康男性的大脑，右边显示的是他患有精神分裂症的同卵双生子的大脑。注意患有精神分裂症的双生子的脑室明显扩大（中脑的蓝色区域）。

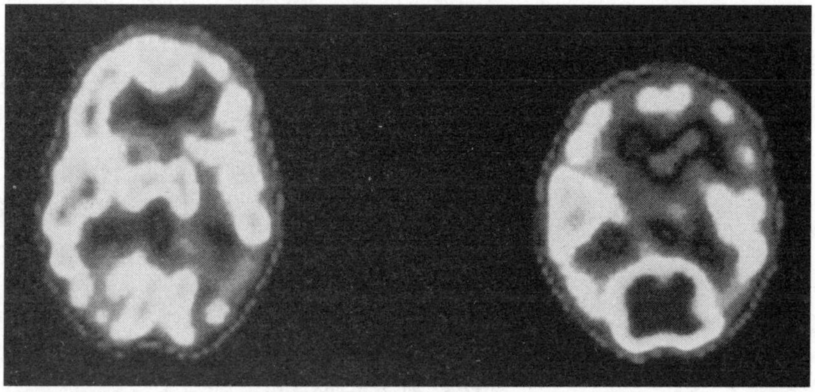

从青少年期到成年早期，前额叶皮层会经历一次重大发育（Steinberg et al., 2006）。青少年中晚期前额叶皮层正常发育中的偏差可能有助于解释发生在这一时期的障碍（Cannon et al., 2003）。对精神分裂症青少年个体的神经成像研究显示，在症状出现之前和之后，大脑不同皮层都有明显的结构变化，尤其是前额叶皮层（图 8.4；Sun et al., 2009）。

海马是精神分裂症个体与正常人之间一直存在差异的另一个脑区（Karlsgodt et al., 2010）。海马对长时记忆的形成有重要作用。一些研究要求精神分裂症个体对储存在记忆中的信息进行解码或从记忆中提取信息，精神分裂症个体在执行这些任务时海马活动出现异常（Barch, Csernansky, Conturo, & Snyder, 2002; Schacter, Chiao, & Mitchell, 2003）。其他研究显示，精神分裂症个体的海马体积和形状以及在分子水平上都出现异常（Knable et al., 2004; Shenton et al., 2001）。在精神分裂症个体的一级亲属中也发现了类似的海马异常现象（Seidman et al., 2002）。

除了灰质减少，精神分裂症个体的白质（形成不同脑区间联系的物质）也发现减少和异常，特别是与工作记忆相关的区域（Karlsgodt et al., 2008）。这些白质异常在个体具有明显的精神分裂症症状之前就出现了，这说明它们是该障碍的早期迹象而不是病程的结果（Karlsgodt, Niendam, Bearden, & Cannon, 2009）。白质异常会导致不同脑区协同工作困难，从而导致精神分裂症中出现的严重缺陷。

除了皮质和其他脑区的结构与活动改变，精神分裂症个体还表现出脑室扩大，脑室是大脑中充满液体的腔室（Lawrie et al., 2008）。脑室扩大意味着其他脑组织的萎缩或退化。脑室扩大的精神分裂症个体一般在出现精神分裂症的核心症状很久之前就存在社交、情绪和行为缺陷。与其他精神分裂症个体相比，他们的症状一般也更为严重，对药物的反应性更低。这些特征表明，大脑功能的整体改变很难通过治疗缓解。

发育中的脑损伤

导致精神分裂症个体神经解剖学异常的因素是什么？遗传因素和表观遗传学因素都起到了重要作用（via Heren et al., 2012）。此外，这些异常还可能与分娩并发症、创伤性脑损伤、病毒感染、营养不良和认知刺激缺乏有关（Barch, 2005; Conklin & Iacono, 2002）。

分娩并发症 与无精神分裂症的人相比，精神分裂症个体在其出生前和出生时更可能出现过严重的问题，这些问题在神经疾病的形成过程中可能起了一定作用（Cannon et al., 2003）。而且，一项针对精神分裂症高危人群的纵向研究发现，具有产科问题史的人更可能发生完全的精神分裂症综合征（Mittal et al., 2009）。

围产期缺氧（在分娩过程中或分娩前后的几个星期内缺氧）是一种对神经发育尤其重要的分娩并发症（Goldstein et al., 2000）。多达 30% 的精神分裂症个体曾经历过围产期缺氧。一项对 1956 年至 1966 年间出生在费城的 9 236 人的前瞻性研究发现，成年人被确诊为精神分裂症的概率与其围产期缺氧程度成正比（Cannon et al., 1999）。研究还认为，围产期缺氧的影响与精神分裂症的遗传易感性相互作用，从而导致个体出现该障碍。然而，大部分经历产前或分娩缺氧的人并没有出现精神分裂症。

产前病毒感染 流行病学研究表明，母亲在怀孕期间感染病毒，则子女出现精神分裂症的比例较高（Cannon et al., 2003）。例如，1957年芬兰的赫尔辛基爆发流感疫情，那些受到病毒感染的孕妇与未受病毒感染的孕妇相比，其子女更可能出现精神分裂症。对于那些母亲在妊娠中期感染病毒的人，这一关联性更强（Mednick, Machon, Huttunen, & Bonett, 1988; Mednick et al., 1998）。妊娠中期是胎儿中枢神经系统发育的重要时期，这个阶段的大脑发育受到损害可能是导致一些精神分裂症个体大脑出现主要结构性缺陷的原因。有趣的是，相比一年中的其他时间，精神分裂症个体在某种程度上更可能出生在春季（Ellman & Cannon, 2008）。如果女性在秋季和冬季怀孕，那么孕妇更容易在胎儿发育的关键期感染流感和其他病毒。

其他产前损害似乎也会增加精神分裂症的风险。例如，在中国，母亲在 1959 ~ 1961 年大饥荒时期怀孕，则其子女发生精神分裂症的风险是其他时期的两倍（Xu et al., 2009）。另一个研究发现，母亲在怀孕期间感染单纯疱疹病毒，则子女更可能发生精神病性障碍，并且往往是精神分裂症（Buka et al., 2008）。该研究的作者认为，病毒感染让母亲的免疫系统变得更加活跃，这对胎儿的脑细胞和多巴胺系统发育有负面作用。

神经递质

长期以来，人们一直认为神经递质多巴胺对精神分裂症有影响（Howes & Kapur, 2009）。最初的多巴胺理论认为精神分裂症是大脑中的多巴胺水平过高导致的，尤其是前额叶和边缘系统。

该理论得到一些证据支持。第一，倾向于减轻精神分裂症症状的一组药物，如**吩噻嗪类**（phenothiazines）或**神经阻滞剂**（neuroleptics），阻断了多巴胺的再摄取，降低了脑中的功能水平（Dolder, 2008）。第二，提高大脑多巴胺功能水平的药物（如苯丙胺类）一般会加重精神分裂症的阳性症状（Davis, Kahn, Ko, & Davidson, 1991）。第三，神经成像研究表明，精神分裂症个体比无此障碍的人有更多的多巴胺受体，一些脑区的多巴胺水平也更高（Conklin & Iacono, 2002）。

精神分裂症最初的多巴胺理论已被证明过于简单（Conklin & Iacono, 2002; Davis et al., 1991; Howes & Kapur, 2009）。许多精神分裂症个体服用吩噻嗪类药物后并没有反应。即使吩噻嗪类对个体有疗效，更多也是缓解阳性症状（幻觉和妄想）而非阴性症状（Kutscher, 2008）。这表明仅仅多巴胺耗竭并不能解释阴性症状。此外，个体在开始药物治疗后，多巴胺水平的变化比较快，而症状的变化往往需要更长的时间。这表明脑中多巴胺水平不是症状的唯一决定因素。

戴维斯及其同事提出了修正理论，指出不同的多巴胺受体和脑区中不同的多巴胺水平能解释精神分裂症的症状（Davis et al., 1991）。首先，**中脑边缘系统通路**（mesolimbic pathway）的多巴胺活动过度，该通路是与认知和情绪有关的皮层下脑区（图 8.5）。该通路的功能异常可能会导致个体特别关注本来无害的刺激，进而引起幻觉和妄想以及动机缺乏（Howes & Kapur, 2009）。治疗精神分裂症的新药，*非典型抗精神病药*就是通过与中脑边缘系统中的特定多巴胺受体结合来阻断多巴胺活动，从而减少精神分裂症症状（Sajatovic, Madhusoodanan, & Fuller, 2008）。

图 8.5　精神分裂症大脑中多巴胺活动异常的脑区（见彩插）

中脑边缘系统通路的多巴胺活动可能过多。该通路始于腹侧被盖区，投射到下丘脑、杏仁核和海马。不过前额叶皮层多巴胺活动也存在异常低下的情况。

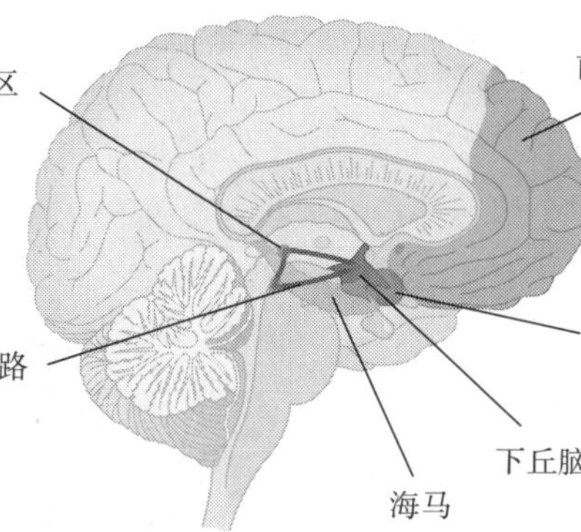

第二，大脑前额叶区的多巴胺活动水平可能异常低下，而该脑区参与了注意、动机和行为组织（Barch, 2005）。该脑区多巴胺活动水平低可能导致精神分裂症的阴性症状：缺乏动机，没有能力照料自己的日常生活和情感迟钝。证据表明，该脑区的结构和功能异常与精神分裂症的阴性症状有关，上述观点与此证据是相一致的。这一观点也有助于解释：为什么减少多巴胺活动的吩噻嗪类药物不能有效缓解精神分裂症的阴性症状。

尽管修正的多巴胺假说是 20 年前提出的，但是它的很多内容依然成立（见 Howes & Kapur, 2009）。多巴胺系统失调与多种精神病（以及心境障碍）有关，而不只是精神分裂症。

其他神经递质也对精神分裂症有重要影响。5–羟色胺能神经元对中脑边缘系统中的多巴胺能神经元有调节作用，一些治疗精神分裂症的最新药物是与 5–羟色胺受体结合的（Howes & Kapur, 2009）。5–羟色胺与多巴胺的相互作用可能在精神分裂症中起关键作用。另一些研究发现，精神分裂症个体的神经递质谷氨酸和 γ– 氨基丁酸（GABA）处于异常水平（Tiihonen & Wahlbeck, 2006）。谷氨酸和 GABA 在脑中广泛存在，这些神经递质的缺陷可能与认知和情绪症状有关。谷氨酸能神经元是连接皮层、边缘系统和丘脑的主要兴奋性通路，精神分裂症个体的这些脑区表现异常。像苯环己哌啶（PCP）和氯胺酮这种阻断谷氨酸受体的药物会导致正常人产生幻觉和妄想（Tiihonen & Wahlbeck, 2006）。

心理社会观点

尽管精神分裂症与生物因素有很强的联系，但社会因素也会影响它的发作、病程和结局。

社会流动和城市出生

与无精神分裂症的个体相比，精神分裂症个体更可能处于慢性应激环境中，如城市贫困地区、地位低的职业或者失业（Dohrenwend, 2000）。大多数研究支持用**社会流动**（social drift）来解释这一联系：因为精神分裂症症状干扰了个体完成教育和保有一份工作的能力，因此与他们的原生家庭成员相比，个体往往向下流动到更低的社会阶层。

一项证明社会流动的经典研究追踪了男性精神分裂症个体的社会经济地位，并与其父亲和兄弟的地位进行比较（Goldberg & Morrison, 1963）。男性精神分裂症个体的社会经济地位通常远低于他们的父亲。相反，其健康兄弟大多和父亲处于相同或更高的阶层。更多的近期数据也支持社会流动理论（Dohrenwend, 2000）。

几项研究显示精神分裂症个体和其他精神病个体更可能出生在大城市而不是小城镇（Kendler, Gallagher, Abelson, & Kessler, 1996; Lewis, David, Andreasson, & Allebeck, 1992; Takei, Sham, O' Callaghan, & Murray, 1992; Takei et al., 1995; Torrey, Bowler & Clark, 1997; van Os, Hanssen, Bijl, & Vollebergh, 2001）。例如，研究发现出生和成长在美国大都市区的精神病性障碍人数比出生在乡村地区的人数高 5 倍。城市的应激会导致精神病吗？托里和犹肯（Torrey & Yolken, 1998）认为，城市生活和精神病之间的联系并不是应激造成的，而是过度拥挤引起的。过度拥挤增加了孕妇或新生儿感染病毒的风险。很多研究显示，许多传染性疾病，如流感、肺结核、呼吸系统感染、疱疹和麻疹的发病率在拥挤的城市地区要高于不太拥挤的地方。正如前面提到的，产前或围产期的病毒感染与精神分裂症有关。

应激和复发

虽然应激环境可能不会使人患上精神分裂症，但可能诱发精神分裂症个体的新一轮发作。研究者发现，与精神分裂症个体一生中的其他时期相比，新一轮发作期总是紧随着较高水平的应激之后（Norman & Malla, 1993）。例如，一项研究对一组精神分裂症个体进行为期一年的跟踪调查，每两周与他们进行一次面谈，以确定他们是否经历任何应激事件或症状是否恶化。结果显示，精神病复发者比没有复发者更可能在复发前一个月内经历过负性事事件（Ventura, Neuchterlein, Lukoff, & Hardesty, 1989）。

与精神分裂症发作风险增加有关的一个重要应激源是移民。新移民往往远离亲朋好友，搬迁到一个没什么熟人的新国家。他们可能面临着经济压力，如果新的国家不承认他们在原来国家所受的教育，尤其如此。他们可能不会说新国家的语言，不适应新的文化。美国和英国的研究发现，相比属于同一族群但在这个国家生活了更长时间的人和土生土长的人，第一代和第二代移民急性精神分裂症症状的发病率更高（Cantor-Graae & Selten, 2005; Coid et al., 2008; Kirkbride et al., 2006）。

不要过分夸大应激生活事件与疾病新一轮发作之间的关系，这很重要。一项研究对精神分裂症个体进行了为期一年的跟踪，其中超过一半的复发者在同期经历了急性症状的复发，但复发前并没有经历负性事事件（Ventura et al., 1989）。此外，其他研究表明，精神分裂症个体在复发前经历的很多生活事件可能是复发的前驱症状引起的，前驱症状发生在精神病复发之前（Dohrenwend et al.,1987）。例如，精神分裂症复发的一个前驱症状是社会退缩。相应地，经常出现在复发之前的负性事事件，如人际关系破裂或失去工作，可能部分是个体的社会退缩造成的。

精神分裂症和家庭

历史上，理论家们将精神分裂症归咎于母亲。早期心理动力学理论家认为，当母亲过分保护孩子同时又拒绝孩子亲近时，就会导致精神分裂症（Fromm-Reichmann, 1948）。这些导致精神分裂症的母亲支配着孩子，不让他们发展自主的自我感，致使孩子感到自己没有价值，也不讨人喜爱。类似地，贝特森及其同事（Bateson et al., 1956）指出，精神分裂症孩子的父母（尤其是母亲）不断地给孩子冲突的信息，致使孩子处于双重束缚的境地。这样的母亲可能在孩子摔倒或受伤的时候，能够给予身体上的安慰，但同时在言语上攻击或批评孩子。长期接收这种矛盾信息的孩子不相信自己对这个世界的认识和感受，因而对自己、环境和他人的看法变得扭曲，这种扭曲是产生精神分裂症的原因。这些理论经不起科学推敲，但它们的确让精神分裂症个体的家庭成员充满内疚。

研究表明，家庭互动中有一个与精神分裂症多次发作有关的因素是**情绪表达**（expressed emotion）。情绪表达程度高的家庭成员彼此间过度卷入，家人对患者过分保护，提倡对患病的家人要有一种自我牺牲的精神，而同时又对其苛责、敌视和怨恨（Hooley, 2007）。尽管情绪表达程度高的家庭成员并不怀疑家人的病情，但是他们说话时就好像患者能够控制自己的症状一样（Hooley & Campbell, 2002）。他们对其如何能够改善症状或功能通常有自己的看法。

研究者对精神分裂症个体及其家人进行长时间访谈、投射测验以及直接观察家庭互动，以评估情绪表达。很多研究表明，与情绪表达程度低的家庭相比，情绪表达程度高的家庭中的个体更可能复发精神疾病（例如，Hooley, 2007）。近期，一项针对精神分裂症高危人群的纵向研究发现，温情较少和批评较多（情绪表达程度高的组成部分）的家庭与温情较多和批评较少的家庭相比，前者的家庭成员更容易发生完全的精神分裂症综合征（Schlosser et al., 2010）。情绪表达程度高的家庭可能给精神分裂症个体带来超出其应对能力的压力，并诱发精神疾病的首次或新一轮发作。

家庭情绪表达程度高和高复发率之间的关系在不同文化的研究中都得到了重复，包括欧洲、美国、墨西哥和印度。然而，在印度和墨西哥，精神分裂症个体家庭的情绪表达分数要低于欧洲国家和美国同类家庭的分数（图 8.6；Karno & Jenkins, 1993; Karno et al., 1987）。发展中国家的家庭情绪表达程度较低可能有助于解释这些国家的精神分裂症个体的复发率也较低。

情绪表达观点的批评者认为，在一些精神分裂症个

图 8.6　精神分裂症个体家庭的情绪表达在患病率上的文化差异

与发达国家的精神分裂症患者家庭相比，发展中国家的患者家庭倾向于表现出较低程度的情绪表达。这可能是发展中国家的精神分裂症患者比发达国家的患者更少复发的一个原因。

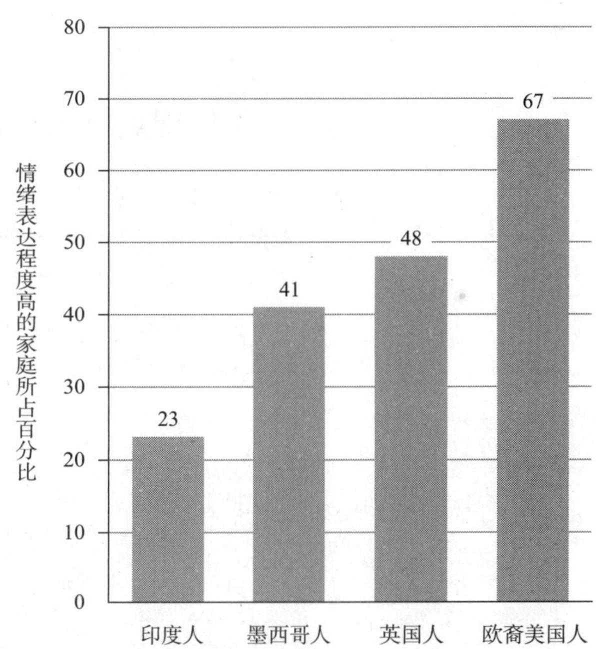

资料来源：Karno & Jenkins, 1993.

体家庭中观察到的敌意和侵扰可能是个体症状的结果，而不是复发的原因（Parker, Johnston & Hayward, 1988）。家庭通常能够谅解精神分裂症的阳性症状（例如幻觉和妄想），因为他们认为这些症状是不可控制的，但他们不能谅解阴性症状（例如缺乏动机、情感迟钝），他们认为这些症状是个体可以控制的（Hooley & Campbell, 2002）。阴性症状较多的个体可能会使家人产生更多的情绪表达，他们也可能特别容易复发，但不是由情绪表达引起的。

情绪表达程度特别高的家庭成员自身也更可能具有某种心理障碍（Goldstein, Talovic, Nuechterlein, & Fogelson, 1992）。因此，这些家庭中精神分裂症个体的高复发率可能是因为他们携带更多的心理障碍致病基因，而不是因为家庭成员的情绪表达程度高。或许证明家庭情绪表达确实影响精神分裂症个体复发的最佳证据是：减少家庭情绪表达的干预手段倾向于降低精神分裂症家庭成员的复发率（Hooley, 2007）。

认知观点

贝克和雷克托（Beck & Rector, 2005）提出，精神分裂症个体在注意、抑制和遵守交流规则方面有根本性的困难，这使得他们试图节约自己有限的认知资源。一种方法是使用特定倾向或思维方式来理解涌入脑中的大量信息。妄想是精神分裂症个体试图解释陌生的感知体验而产生的。幻觉来自对知觉输入的过度敏感，以及将体验归因于外部来源的倾向。精神分裂症个体的想法不是“我听到了声音”，而是“有人想跟我说话”。精神分裂症个体对社会互动厌恶的预期，以及退缩和节约稀缺的认知资源的需要，共同导致了阴性症状。

这种认知的构想和理解，相应地导致了精神分裂症的认知治疗。认知治疗帮助患者识别和应对与症状形成和恶化有关的应激环境。认知治疗也指导患者抵抗其妄想信念和幻觉体验。认知治疗帮助患者形成这样的预期，即更活跃、更多地与他人互动是有好处的，以此来治疗其阴性症状。在减轻症状方面，认知干预比单纯向个体提供支持更成功（Beck & Rector, 2005）。

跨文化观点

不同文化对精神分裂症的解释相差甚远（Anders, 2003; Karno & Jenkins, 1993）。大部分文化对该障碍都提出了生物学解释，包括普遍认为该障碍具有家族遗传性。还有一些与生物学解释并存的理论将这种障碍归因于应激、缺乏宗教虔诚和家庭动力。布朗尼（Browne, 2001）提供了一名爪哇妇女的个案研究，她对自己的精神分裂症症状的理解包括所有这些因素。

个案研究

阿妮克是一名29岁的爪哇妇女，出生在农村，但过去4年里一直生活在日惹市。她结婚已经一年半了，但是婚姻很不幸福。她觉得自己的丈夫不够坦诚、缺乏同情心。她有一个8个月大的女儿，但最近几个月来，她已经不能照顾自己的女儿，现在女儿和阿妮克的姑妈一起生活在雅加达。发病的时候，阿妮克开始变得退缩，并且不吃也不睡。她出现了幻觉，听到有声音指责自己的丈夫、家人和房东。她也遭受着嫉妒妄想的折磨，认为丈夫有外遇。她被弟弟送到医院，在那里她的症状包括无目的地踱步、易怒、易被冒犯和多疑、自言自语、大喊大叫、失眠、做白日梦、情绪快速变化。她的弟媳报告说一段时间以来，她总是感到恐惧和易怒，经常摔门并且大声喊叫。在爪哇文化中，社交场合中的情绪控制是非常重要的，阿妮克的爆发被认为是患有某种疾病的明确信号。

阿妮克对自己的行为有几种解释。首要的一点是，她认为自己的婚姻很不幸，这种应激是其患病的一个原因。在她发作前不久，房东对她说了一些苛刻的话，她认为自己对此（突发事件）产生的惊吓反应导致了肝部不适。此外，阿妮克的妈妈在她小时候有过短期的“发疯”症状，变得大喊大叫和暴力。她相信自己可能从母亲那里遗传了这种倾向。一开始，阿妮克试图通过反复祷告和请求进入祷告室来克服这些症状。在被送进医院后，她同意服用一些能够减轻症状的抗精神病药。不久后她就出院了，但在接下来的一年里，她又数次被送进医院。

阿妮克的经历展现了对于精神分裂症个体的传统观念和实践与现代生物治疗手段的相互交织。尽管她同意服用抗精神病药，但她和家人都认为其症状的主要根源不是生物学因素，而是源于对应激以及某种程度上对宗教的担忧。

治　疗

对精神分裂症患者的综合治疗包括使用药物来帮助个体减轻症状，通过治疗来帮助个体应对障碍的后果，以及提供社会服务来帮助他们重新融入社会，并确保他们能够获得日常生活所需的各种资源。

生物学治疗

几个世纪以来，基于不同时期的科学理论，人们发展出了许多治疗精神分裂症的方法（Valenstein, 1998）。外科医生给精神分裂症个体做脑部手术，试图“修复”或移除产生幻觉或妄想的脑区。这些患者有时在手术后表现得较为平静，但是手术使他们经常出现严重的认知和情绪缺陷。20 世纪 30 年代，人们使用*胰岛素休克疗法*来治疗精神分裂症。精神分裂症个体被注射大剂量的胰岛素（治疗糖尿病的药物），直到他们休克。然而病人苏醒后少有好转，并且这个过程非常危险（Valenstein, 1998）。*电痉挛疗法*（ECT）也被用于治疗精神分裂症，直到人们清楚地认识到它几乎没有什么疗效（尽管这种疗法对于治疗重度抑郁有效，正如第 7 章所论述的）。

然而，大部分精神分裂症个体只是被关在屋子里。1955 年，精神病医院里的人有一半被诊断为精神分裂症，尽管用今天的诊断标准来看他们实际上可能患有不同的障碍（Rosenstein, Milazzo-Sayre & Manderscheid, 1989）。这些患者受到监护，需要他人为其洗澡、喂食，并且身体经常被束缚起来以防止他们伤害自己，但很少有患者接受了能够真正缓解症状并改善功能的治疗。直到 20 世纪 50 年代，人们才引入了一种治疗精神分裂症的有效药物——氯丙嗪。此后，几种其他的抗精神病药物（也称为*神经阻滞剂*）也被应用于精神分裂症的一系列治疗中。最近，非典型抗精神病药也有望减轻阳性症状，同时副作用也小于传统的抗精神病药。

典型抗精神病药

20 世纪 50 年代早期，法国研究者让·迪雷（Jean Delay）和皮埃尔·迪尼科（Pierre Deniker）发现了**氯丙嗪**（chlorpromazine），它属于吩噻嗪类药物的一种，能够使精神分裂症患者平静并减少幻觉和妄想（Valenstein, 1998）。其他得到广泛使用的吩噻嗪类药物包括三氟拉嗪（trifluoperazine; 商品名 Stelazine）、硫利哒嗪（thioridazine; 商品名 Mellaril）、氟奋乃静（fluphenazine; 商品名 Prolixin）和奋乃静（perphenazine; 商品名 Trilafon）。这些药物通过阻断多巴胺受体来减少脑中多巴胺的活动。这是精神分裂症个体第一次可以在无症状时通过服药来控制精神分裂症的阳性症状（幻觉、妄想和思维紊乱）。

正是由于这些药物得使用，到 1971 年，需要住院治疗的精神分裂症人数已经减少到不使用药物时预计人数的一半（Lavretsky, 2008）。在吩噻嗪类药物之后，人们又发现了其他种类的抗精神病药，包括丁酰苯类（butyrophenones；如 Haldol）和硫杂蒽类（thioxanthenes；如 Navane）。

尽管典型抗精神病药对精神分裂症的治疗产生了革命性的影响，但约有 25% 的个体对这些药物没有反应（Adams, Awad, Rathbone, & Thornley, 2007）。即使在对药物有反应的个体中，典型抗精神病药对阳性症状的疗效也要好于阴性症状（缺乏动机和人际缺陷）。许多服用这些药物的患者尽管其精神病症状并不活跃，但仍不能正常工作或建立积极的人际关系。精神分裂症个体通常必须持续服用这些药物，以防急性症状的新一轮发作。如果中断服药，一年内有 78% 的个体会复发，两年内有 98% 的个体复发，而持续服药的个体只有 30% 会复发（Gitlin et al., 2001）。

然而，不幸的是，这些药物都有很大的副作用，使得很多患者想中断服药（Adams et al., 2007）。这些副作用包括头昏眼花、口干舌燥、视力模糊、流口水、性功能障碍、视觉障碍、体重增加或减少、便秘、女性月经不调以及抑郁。另一种常见的副作用是运动不能（akinesia），其特征是肌肉动作缓慢、言语单调和面无表情。患者服用吩噻嗪类药物后经常出现类似帕金森氏病的症状，包括肌肉僵硬、面部肌肉冻结、四肢震颤和痉挛以及静坐不能（akathesis），患者由于激动而不停踱步，无法静坐（Adams et al., 2007）。帕金森氏病是脑中缺少多巴胺造成的，这个事实意味着这些副作用的产生原因是药物降低了大脑中多巴胺的功能水平。

一些现代治疗机构在积极、愉悦的环境中为精神分裂症患者提供综合服务。

最严重的一个副作用是一种称为**迟发性运动障碍**（tardive dyskinesia）的神经障碍，包括舌头、面部、嘴和下颌的无意识运动。患者可能不自觉地咂嘴，发出吮吸的声音，伸出舌头，鼓腮或反复做一些古怪的其他动作。迟发性运动障碍往往是不可逆转的，在长期服用吩噻嗪类药物的患者中，大约 20% 的人会患此障碍（Kutscher, 2008）。

通过减少剂量可以降低神经阻滞剂的副作用，因此很多临床医生给精神分裂症个体开具处方时都维持在不出现急性症状的最低剂量即维持剂量上。不幸的是，维持剂量通常不足以恢复个体的全部功能（Kutscher, 2008）。个体服药后，阳性症状可能减轻，但阴性症状仍表现得很强烈，这使得个体很难正常生活。一些精神分裂症个体频繁住院，出院后又持续遇到困难。

非典型抗精神病药

幸运的是，**非典型抗精神病药**（atypical antipsychotics）这类新型药物似乎比神经阻滞剂能更有效地治疗精神分裂症，并且没有神经阻滞剂在神经方面的副作用（Sharif, Raza, & Ratakonda, 2000; Walker et al., 2009）。其中最常见的一种药物是氯氮平（clozapine; 商品名为 Clozaril），它能够和多巴胺 D4 受体结合，但也对包括 5–羟色胺在内的几种神经递质有影响（Sajotovic et al., 2008）。氯氮平帮助了很多对吩噻嗪类没有反应的精神分裂症患者，并且似乎能够同时减轻很多患者的阳性症状和阴性症状（Sharif et al., 2007）。

尽管服用氯氮平不会产生迟发性运动障碍，但也有副作用，包括眩晕、恶心、镇静、癫痫、唾液分泌过多、体重增加和心率过速。此外，氯氮平的服用者中有 1% ~ 2% 的人会出现*粒性白细胞缺乏症*（Sharif et al., 2007）。粒性白细胞是骨髓产生的一种抗感染物质。缺乏粒性白细胞可能致命，因此医生要小心监控服用氯氮平的患者。由于存在这些副作用，通常只在尝试过其他非典型抗精神病药后才会使用氯氮平。

过去 20 年引入了许多其他非典型抗精神病药，包括利培酮（商品名 Risperdal）、奥氮平（商品名 Zyprexa）、齐拉西酮（商品名有 Geodone 和 Zeldox）。这些药物并不会诱发粒性白细胞缺乏症，但它们会导致很多其他副作用，包括明显的体重增加、患糖尿病的风险增加以及性功能失调、镇静、低血压、癫痫、肠胃问题、视力问题和注意问题。

美国国立精神卫生研究所在全美多个地点进行了随机临床试验，在 1000 多名精神分裂症患者身上比较了五种药物（喹硫平、奋乃静、利培酮、奥氮平和齐拉西酮）的疗效（Levine et al., 2011）。试验的重点在于，在长达 18 个月的追踪期中有多少患者的症状得到了缓解。不幸的是，期间只有 44.5% 的患者出现了持续时间不等的缓解，21.0% 的患者出现了至少长达 3 个月的缓解，只有 11.7% 的患者出现了至少长达 6 个月的缓解。在这五种药物中，6 个月缓解率最高（12.4%）的是奥氮平治疗组，接着是喹硫平（8.2%）、奋乃静（6.8%）、齐拉西酮（6.5%）和利培酮（6.3%）。显然，要寻找安全有效的精神分裂症药物，还有太多的工作要做。

心理和社会治疗

即使抗精神病药确实有助于减轻精神分裂症的精神病性症状，它们也通常无法完全恢复精神分裂症个体的生活，正如下面的案例所阐述的那样。

讲 述

药物并不会让人理智，它只是让其成为可能。外部现实经常没有任何意义，而内心的现实充满了意义，理智来源于每一分钟对外部现实所做的选择。理智意味着选择不真实的现实，并且相信有一天会发现，为这个选择而承受的所有恐惧都是值得的，有一天它终会具有意义。（Anonymous, 1992, p.335）

许多个体服药后阳性症状得到控制，但仍然会体验到很多阴性症状，尤其是动机和社交方面的问题。心理干预可以帮助他们提高社交技能，减少他们的疏离和情感淡漠（Bustillo, Lauriello, Horan, & Keith, 2001）。这些干预手段也可以帮助精神分裂症个体及其家人减少生活中的应激和冲突，从而降低精神病复发的风险（Pharoah, Mari, Rathbone, & Wong, 2006）。此外，前面章节所回顾的研究中指出了抗精神病药缺乏有效性，部分原因是人们没有持续用药，因为他们觉得自己不需要药物，或者他们觉得药物的副作用不可忍受（Barkhof et al., 2012）。心理干预还能帮助精神分裂症个体了解自己的障碍，认识到维持药物治疗的必要性，并更有效地应对药物治疗产生的副作用。由于精神分裂症如此严重，许多个体很难找到或保有一份工作，解决自己的衣食住行，以及获得必要的医疗或精神病护理。心理学家、社会工作者和其他心理健康专业人士可以协助精神分裂症个体满足这些基本需求。

行为、认知和社交治疗

大多数精神分裂症治疗专家认为，应该使用一种综合性的治疗方法来处理精神分裂症个体广泛的行为、认知和社交缺陷，并根据每个患者的具体需求进行调整（Liberman , 2008; Mueser et al., 2013）。这些治疗方法是对药物治疗的补充，可以提高患者的日常生活功能，并有效降低复发的风险（综述见 Barkhof et al., 2012）。

认知治疗包括帮助精神分裂症个体认识和改变他们对待疾病的消极态度，从而在他们需要帮助的时候能主动寻求帮助，并尽可能地融入社会（Beck & Rector, 2005）。建立在社会学习理论（见第 2 章）上的行为治疗包括，使用操作性条件作用和模仿来教给精神分裂症个体一些技巧，例如，如何开始和维持交谈，如何从医生那里寻求帮助和信息，如何坚持进行某项活动，如做饭或清洁（Liberman , 2008）。这些干预手段可以由家庭成员实施。此种情况下，治疗师要教来访者的家人忽视个体的精神分裂症症状（如古怪的评论），但要给予注意和积极的情绪反应来强化社会认同的行为。精神病医院和住宿式治疗中心有时会建立基于操作性条件作用的代币制。个体通过完成指定的自我照料任务（如洗澡或换衣服），或仅仅是与其他人进行一次恰当的交谈，然后就可以赢取代币，他们可以用这些代币交换到一些特权（比如，常规外出之外的额外外出的机会）。

社交干预包括增加精神分裂症患者与支持者之间的接触，一般通过自助小组的形式来进行（Liberman, 2008）。小组成员讨论精神分裂症给自己生活带来的影响，试图让他人理解自己的疾病发作时的沮丧、对复发的恐惧、服用各种药物的经历以及其他日常的担忧。小组成员可以互相给予反馈或者提供论坛，让每个人都可以通过角色扮演来练习新技巧，从而帮助彼此学习社交技巧和问题解决技巧。治疗师通常也会直接教给精神分裂症个体在常见社交场合中的问题解决技巧。例如，当接待人员告诉他们，公司现在找不到人对他们进行工作面试时，他们可以尝试自己想出解决办法，并通过角色扮演来进行练习。

家庭治疗

如前所述，在精神分裂症个体的家庭中，情绪表达程度高会大幅增加疾病复发的风险和频率。很多研究者检测了家庭取向疗法对精神分裂症个体的疗效。成功的家庭疗法会把精神分裂症的基本教育与家庭成员的训练结合起来，以应对亲人的不恰当行为以及障碍对其生活造成的影响（Hogarty et al., 1991; 综述见 Barkhof et al., 2012）。

在这些疗法的教育部分，家庭成员要学习精神分裂症的生物学病因、症状、药物及其副作用的知识。目的是希望这些信息能够减少家庭成员的自责，增强他们对无法控制的精神分裂症症状的承受力，并使他们能够监督患者服药的情况及可能的副作用。家庭成员也要学习一些交流技巧，以减少生硬的、冲突性的互动，同时学习一些问题解决技巧来处理家庭中的问题如缺钱，以减少家庭整体应激水平。他们还要学习一些具体的行为技巧，以鼓励患精神分裂症的家庭成员做出恰当的行为，减少不恰当的行为。

结合使用家庭取向的干预和药物治疗，在降低复发率方面比单独使用药物治疗更有效。平均来说，接受药物治疗并辅助家庭治疗的精神分裂症个体中有 24% 的人复发，而只接受药物治疗的患者中有 64% 的人复发（Bustillo et al., 2001; Pitschel-Walz et al., 2001）。基于家庭的治疗还能促使患者坚持使用抗精神病药。例如，研究者（Guo et al., 2010）将 1268 名精神分裂症早期患者随机分配在只接受抗精神病药组或者药物结合家庭治疗组，家庭治疗包括技能培训和认知行为干预。对这些患者进行一年的追踪随访，只接受药物组有 47% 的患者中止了用药，而同时接受家庭干预的患者只有 33% 中止用药，后者症状复发更少，社会功能与生活质量也得到了更大的改善。

某些文化中的精神分裂症个体更可能得到家庭成员的照顾，并且融入家庭的程度更深。对于这些文化中的个体，家庭取向的干预甚至更加重要（Lopez, Kopelowicz & Canive, 2002）。干预必须具有文化敏感性。一项研究发现，在一些拉美文化的家庭里，增加交流的行为疗法适得其反，这可能是因为这些家庭本身的情绪表达水平就比较低，他们可能认为治疗师的建议违反了家庭成员之间交流的文化规范（Telles et al., 1995）。例如，在这项研究中，一些最传统的家庭成员报告，在鼓励他们与权威人士进行目光接触或向权威人士表达消极感受的练习中，他们感觉非常不舒服，因为这些举动被认为是不尊敬的。与其他障碍一样，治疗师在设计干预方法时必须考虑来访者的文化背景。

主动性社区治疗计划

有些精神分裂症个体缺乏家庭照顾，即使那些得到家庭照顾的个体也有如此广泛的需求：服药情况的监控和调整、职业培训、获取经济来源的帮助（如社会保险和医疗补助）、社交技巧培训、情感支持，有时还包括基本的居住需要，因此基于社区的综合治疗计划必不可少。**主动性社区治疗计划**（assertive community treatment program）为精神分裂症个体提供综合的服务，依靠医学专家、社会工作者和心理学家的专门技能，全天候地满足患者的各种需求（Bustilllo, Lauriello, Horan, & Keith, 2012）。

在第 1 章中，我们讨论过社区心理健康运动，它是在 20 世纪 60 年代由肯尼迪总统发起的，倡导将严重精神疾病患者的护理工作从精神病医院转移到以社区为基础的综合治疗计划中。其设想是，精神分裂症和其他严重心理障碍个体只有在症状非常严重需要住院时才入院治疗，出院后则进入社区治疗计划，社区将帮助他们重新融入社会，维持药物治疗，使他们获得必要的技能，并且最大程度地发挥他们的功能。成百上千的中途之家、团体之家、治疗社区得以建立，为严重精神障碍个体提供支持性的居住地。

一个经典的案例是“乐居”（Lodge）住宿式治疗中心，它是由费尔韦瑟及其同事（Fairweather et al., 1969）为精神分裂症患者建立的。在这里，心理健康专家提供支持和帮助，要求居住者操持家务，并且与其他居住者一起培养健康的行为，消除不恰当的行为。居住者也建立了自己的求职机构来帮助找工作。随后的研究表明，与出院后由家庭照顾的个体和进入只有较低程度治疗的治疗计划的个体相比，“乐居”中心居住者的状况要好得多（Fairweather et al., 1969）。例如，与对照组的个体相比，“乐居”中心的居住者再次住院的可能性更小，并且更可能保有一份工作，甚至在该中心关闭后也是如此。

其他的综合治疗计划为在家中居住的精神分裂症个体提供技巧培训、职业康复训练和社会支持。对这些计划的研究发现，它们能够减少个体住院的时间，因此也是比较经济的（Bustillo et al., 2001）。

一项称为*主动性社区治疗*的计划成为基于社区的干预的黄金标准（Test & Stein, 1980）。这类治疗的示范计划最先在威斯康星州的麦迪逊开展。心理健康专业人士与长期丧失能力的精神分裂症个体一起工作。在患者家中或其所在社区对患者进行为期 14 个月的干预，随后对患者进行 28 个月的跟踪观察。将这些患者的病程和另一组接受阳性症状标准住院治疗的患者进行比较，两组患者都接受了抗精神病药物治疗。比较发现，接受以家庭为基础的强化技巧干预的患者住院的可能性小于控制组，并且更可能在治疗期间和随后的 28 个月内找到工作（图 8.7）。以家庭为基础的干预组患者的情绪痛苦程度以及干预期间的阳性症状强度也低于控制组。干预期结束后，两组患者在症状强度上的差异减小。一般而言，在技巧训练的干预结束后，患者取得的成果会逐渐减少，说明这些干预需要持续进行。尽管如此，它们仍有很大的益处。自最初的主动性社区治疗测试以来，很多其他的随机临床试验都支持此类治疗的疗效优于大多数控制类型（Catty et al., 2002; Williams et al., 2011）。

尽管美国有 38 个州将主动性社区治疗作为精神分裂症和其他严重心理疾病的黄金医疗标准，但是这些障碍的个体中只有 2% 正在接受此类计划的服务（Padgett & Henwood, 2011）。不幸的是，*主动性社区心理健康运动*的资金从来就不足以支持它的崇高目标。随着近年来医疗保险制度的不断改革，用于严重精神疾病个体的心理健康护理的资金变得更加紧张。美国每年用于心理健康的花费高达数十亿美元，但是大部分资金没有直接服务于精神分裂症个体，而是用于生存计划，如残障社会保险支出，以及为不太严重的精神疾病患者

图 8.7 基于家庭的治疗影响了对专业机构护理的需求

一项研究中，接受以家庭为基础的强化技巧训练和护理的精神分裂症患者，住院治疗精神疾病症状或需要其他专业机构护理的可能性大为下降。

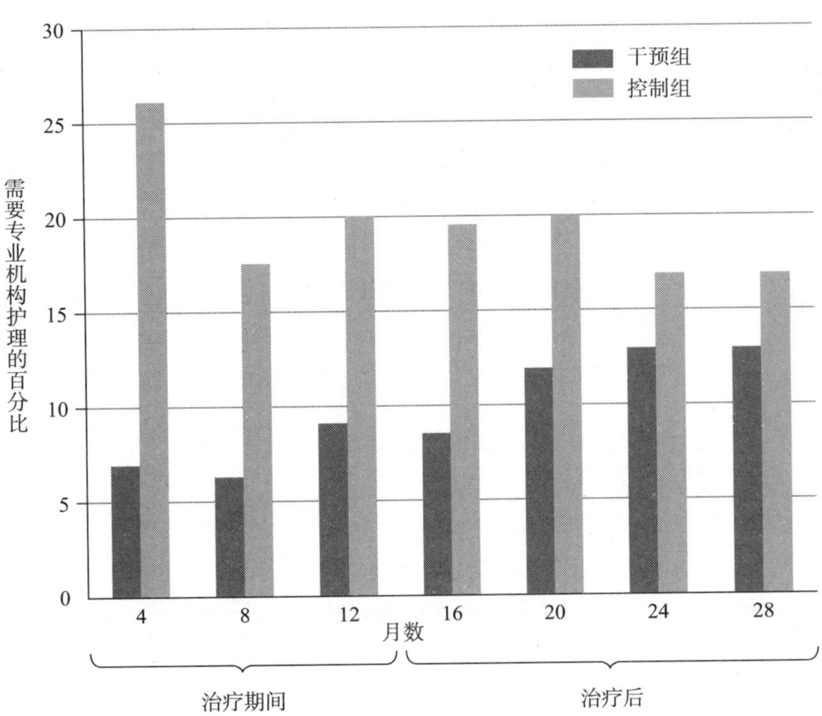

资料来源：Test & Stein, 1980.

提供社区服务（Torrey, 2006）。护理精神分裂症个体的财政负担大部分落到了缺少必要财政来源的州政府和当地政府肩上，或者患者的家庭肩上，而这些家庭经常因为医疗费用而破产。

结果，任何一年，都有 40 ~ 60% 的精神分裂症个体只能得到很少的护理或根本没有得到任何护理（Torrey, 2006）。那些得到护理的个体也只有出现急性症状才会被送入医院，并且住院时间不足以使病情得到稳定。出院后也几乎没有或根本没有接受后续治疗。有的人回到家中，很多人则住到只提供监管护理的疗养院，或住在位于城内破旧街区的旅馆单间或出租屋。很多人最终无家可归或身陷牢狱（Torrey, 2006）。

跨文化治疗：传统治疗方法

在发展中国家和部分工业化国家，有时会根据有关症状的意义和病因的文化信念，采用民间和宗教的方法来治疗精神分裂症。人类学家和文化精神病学家描述了传统治疗师在治疗精神分裂症时经常遵循的四个模型（Karno & Jenkins, 1993）。结构模型认为存在相互关联的体验水平，如身体、情感和认知，或者个体、社会和文化，当这些不同水平失去整合时，就会出现症状。因此，治疗包括通过改变饮食习惯或环境、服用草药或举行仪式，以此把不同的水平重新整合到一起。

社会支持模型认为症状是充满冲突的社会关系造成的，治疗需要动员患者亲属来支持患者渡过难关，并使之重新融入积极的社会支持网络中。说服模型认为仪式可以改变症状对患者的意义，减轻他们的痛苦。最后，临床模型则认为，患者具有对传统医治者治愈其症状的信念就已足够。在发展中国家，对精神分裂症个体的护理多半由大家庭而不是心理健康机构承担（Karno & Jenkins, 1993）。因此在这些国家里，对精神分裂症个体及其家庭进行干预尤为重要。

本章整合

与本书中讨论的其他心理障碍相比，心理健康专业人士在精神分裂症的生物学根源方面的意见可能是最一致的。精神分裂症易感性本质上是生物性的，这方面的证据非常有说服力，不过依然有越来越多的人开始认同，心理社会因素会增加精神分裂症生物易感者的患病风险。理论家正在建立新的模型来整合引发精神分裂症的生物学因素和心理社会因素，从而对精神分裂症的发生和发展做出全面的解释（图 8.8; Cannon, 2009; Fatemi & Folsom, 2009）。

遗传因素在精神分裂症的易感性上显然起着一定作用。个体生命早期的环境因素，例如在子宫内接触有毒物质或病毒，或者分娩时缺氧，都会与源自表观遗传学过程的遗传倾向相互作用，增加精神分裂症的易感性。具有精神分裂症生物易感性的人，如果成长在一个支持性且情绪表达程度低的家庭中，并且没有经受重大应激源，那么可能永远不会出现完全的精神分裂症。不过，他依然可能出现一些轻微的症状，因为生物基础对该障碍的影响非常大。相反，如果个体既具有生物易感性，又成长在应激环境中，则更可能出现完全的精神分裂症。心理社会应激显然也会导致精神分裂症患者的新一轮发作。

心理健康专业人士普遍认为，精神分裂症最有效的疗法就是那些既处理生物学因素也处理心理社会因素的方法。

图 8.8 精神分裂症中生物学因素与心理社会因素的相互作用

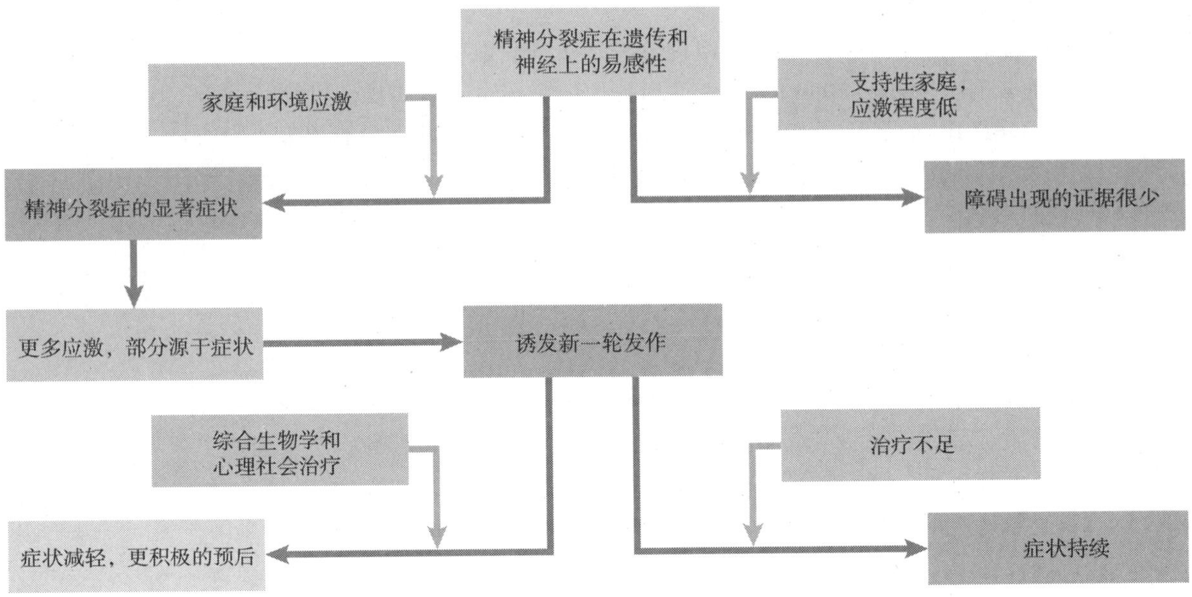

灰色地带

讨论（对第256页的回顾）

你可能已经注意到的，杰夫的症状不完全符合 *DSM-5* 中的任何一种障碍类别。因为他自述有空虚感，你可能怀疑他是否抑郁。但是他没有表现出抑郁的大多数其他症状（见第 7 章），所以抑郁并不是恰当的诊断。他的空虚感、社会疏离、缺乏动机和功能的普遍退化都像是精神分裂症的阴性症状。然而，他没有出现任何阳性症状——妄想、幻觉、言语或思维的不连贯。

治疗杰夫的精神病医生认为他表现出的是精神分裂症的前驱症状或早期症状，这类症状往往以阴性症状为主。医生让他服用抗精神病药物，并允许他随父母回家。尽管他仍然感到疏离和冷漠，他还是停止了服药。两个月后，他说自己的头部有强烈的电流感，这种感觉是通过他父亲的心灵传递的。他也开始产生“可怕的想法”，并认为是父亲放在那里的。他变得激动不安，有一天晚上他抓起刀子走进父母的卧室，威胁说如果父亲不停止折磨他，他就要杀死他的父亲。幸运的是，父亲得以说服他放下刀子，然后送他去了急诊室。

杰夫住进了医院，他被诊断为精神分裂症，并接受更大剂量的抗精神病药物治疗。他的阳性症状减轻了，但阴性症状仍然存在。（摘自 Andreasen, 1998）

批判性思考

同卵双生子卡罗琳·斯皮罗和帕梅拉·斯皮罗·瓦格纳在其著作《分裂的心智》（*Divided Minds*）中，除了描写典型的同胞相争之外，还叙述了一段亲密无间的童年关系。卡罗琳常常觉得她必须证明自己和帕梅拉一样聪明和富有创造力。然而长到十来岁的时候，这对双生子的成长道路分开了。帕梅拉越来越古怪的行为让卡罗琳感到尴尬。当时她们都是布朗大学的学生，帕梅拉变得越来越孤僻。最终，帕梅拉经历了一次精神病发作，尽管几年之后她才被确诊为偏执型精神分裂症。卡罗琳先后从布朗大学和哈佛医学院毕业，现在是一名执业精神病医生。帕梅拉住在附近，在她能够工作的时候从事艺术创作，但她必须不断与精神分裂症抗争，接受药物和治疗的控制。这对双胞胎姐妹再一次在感情上变得非常亲密。

根据你已经学到的关于精神分裂症病因的知识，你会如何解释为什么帕梅拉出现精神分裂症，而卡罗琳却没有？（讨论见本书末尾）

本章小结

- 定义精神病性障碍的症状主要有五类。包括阳性症状和阴性症状。
- 精神分裂症的阳性症状包括妄想（固定不变的信念，尽管存在相反的证据）、幻觉（不真实的感知体验）、思维紊乱（思维和言语不连贯）、极度紊乱的或紧张症的行为。
- 精神分裂症的阴性症状包括情感受限和意志减退（没有能力发起和坚持目标导向的活动）或社交退缩。前驱症状和残留症状是比较轻微的阳性症状和阴性症状，分别出现在急性症状发作前和发作后。
- 精神分裂症的认知缺陷包括在注意、工作记忆、加工速度、学习与记忆、抽象思维和问题解决方面出现问题。
- 精神分裂症在不同国家的患病率估计在0.1%~2.0%之间，但大部分国家通常在0.5%~1.0%之间。精神分裂症的患病率也存在微小的种族差异，但这可能是社会经济地位的差异造成的。
- 在不同文化中，妄想和幻觉的内容有所变化，但症状的形式仍然是相似的。许多临床医生和研究者认为，精神分裂症可以在不同的文化中得到可靠的确诊。
- *DSM-5*确定了一系列其他精神病性障碍。当精神分裂症症状与抑郁症或躁狂症同时发生时，就可以诊断为分裂情感性障碍。精神分裂症样障碍个体符合精神分裂症诊断标准，但症状持续时间只有1~6个月。短暂精神病性障碍个体符合精神分裂症诊断标准，但症状持续时间不到1个月，并且有时是对重大应激的反应。妄想障碍的特征就是仅出现妄想这种精神病性症状。分裂型人格障碍的特征是，在思维、行为和自我概念方面具有极端古怪的终身模式，但并未达到精神病的标准。
- 精神分裂症的生物学理论关注遗传、脑结构和功能异常以及神经递质。有明确的证据表明精神分裂症具有基因传递性。精神分裂症个体表现出大脑皮质区的功能异常，尤其是前额叶区和海马，并且脑室扩大。许多精神分裂症个体有过产前问题的历史，例如在妊娠中期感染流感病毒，或经历分娩并发症，包括围产期缺氧。脑部异常和多巴胺系统的功能失调在精神分裂症中起到一定作用。
- 应激事件可能无法让不具有精神分裂症易感性的人产生精神分裂症，但是它们可以诱发精神分裂症个体的新一轮发作。
- 情绪表达理论家认为，一些精神分裂症个体的家庭在过度保护的同时又充满敌意，从而增加了复发的风险。
- 认知理论认为一些精神分裂症症状是个体试图理解和应对认知缺陷造成的。
- 吩噻嗪类是在20世纪50年代被引入的药物，减轻了很多精神分裂症个体的痛苦。吩噻嗪类药物减少了个体的阳性症状，但对阴性症状影响甚微。其主要的副作用包括迟发性运动障碍，这是一种不可逆的神经性疾病，特征是舌头、面部、嘴或下颚的无意识运动。
- 大多数非典型抗精神病药是在过去20年被引入的，其副作用比吩噻嗪类药物少，并且能够有效治疗很多精神分裂症个体的阳性症状和阴性症状。但仍然有很多精神分裂症个体对这些药物没有反应或只有部分反应。
- 精神分裂症的心理和社会治疗注重帮助个体减少应激、改善家庭互动、学习社交技巧，以及应对这一疾病给他们的生活带来的影响。结合药物治疗和一系列心理社会疗法的综合治疗计划可以明显地减少复发。

关键术语

精神病
精神分裂症
精神分裂症谱系
阳性症状
妄想
被害妄想
关系妄想
夸大妄想
思维插入妄想
幻觉
思维形式障碍
紧张症
阴性症状
情感受限
意志减退
前驱症状
残留症状
分裂情感性障碍

精神分裂症样障碍
短暂精神病性障碍
妄想障碍
分裂型人格障碍
吩噻嗪类
神经阻滞剂
中脑边缘系统通路
社会流动
情绪表达
氯丙嗪
迟发性运动障碍
非典型抗精神病药
主动性社区治疗计划

第 9 章

人格障碍

本章提纲

连续谱模型下的人格障碍

功能正常 —— 功能失调

形成积极的社会和职业功能的行为、思维和感受的长期模式

一名学生，喜欢上课，与朋友关系很好，能调节自己的情绪，能准确地反省自己

不干扰社会或职业功能的非正常的行为、思维和感受的长期模式

一名学生，有点笨拙，或有时人际交往失当；努力维持自我感觉、自尊或生活目标；或有时情绪反应过度

有符合人格障碍的诊断标准的潜在可能性

在某种程度上干扰社会或职业功能的行为、思维和感受的长期模式

一名学生，常常有人际交往失当或社会退缩，理解自身或他人有明显困难，或经常情绪或行为反应过度

很可能符合人格障碍的诊断标准

在很大程度上干扰社会或职业功能的行为、思维和感受的长期模式

一名学生，有长期人际交往失当或社会退缩；在同一性、自尊或自我导向上存在严重困难，或在痛苦情境中情绪失控

人格会持续影响你的日常生活。它决定了你如何看待日常事件、如何感受以及如何与他人互动。自我感或者说同一性，是人格的一个重要方面（Bender et al., 2011; Morey et al., 2011）。自我概念相对稳定，并且有别于他人，具有这样的自我概念的人位于人格连续谱功能正常的一端。他们在生活中有意义和目的感，并且具有追求被社会认可的重要个人目标的能力。人格的另一个重要方面是我们与他人相处的方式（Bender et al., 2011; Morey et al., 2011）。具有适应性人格的人有同理心，能够与他人合作，能够与他人形成恰当的亲密关系，并在生活中能够欣赏不同人的各自独特性。

一些人存在自我概念和人际关系的问题。他们可能同一性扩散，自尊不稳定，容易因轻微的怠慢而泄气，或因简单的赞美而自负。他们在生活中可能漫无目的地徘徊，或没有建设性的内在行为标准。或者他们的同一性可能过于死板，无法适应周围环境的变化，例如失业或生病。人们在建立和维持良好人际关系的能力上也有很大差异。有些人则发现就是适当地关心一下他人都很困难，与他人共情时或者太过自我牺牲，或者太过自私。有些人难以忍受不同的观点，难以区分自身和他人的需要和欲望。有些人可能发现人际关系让人痛苦或毫无意义，干脆不与他人交往。当个体在他们的同一性和人际关系能力上有明显的缺陷时，他们就可能被诊断为人格障碍。

贯穿本书，我们已注意到，对所有精神障碍来说，在正常和异常、功能正常和功能失调之间划出一条严格的界限是有问题的。人格障碍在定义那些构成障碍的不健康功能方面尤为困难。*DSM-5* 包含两种人格障碍模式。现有的类别模式几乎和 *DSM-IV* 一样。作为替代的维度模式基于有充足的证据表明，大部分人格障碍代表的是典型人格特质的极端形式（Krueger et al., 2008; Trull & Durrett, 2005; Widiger & Mullins-Sweatt, 2009）。

非常人物

苏珊娜·凯森，*受阻的女孩*

苏珊娜·凯森，18岁，抑郁，浑噩度日，无休止地与父母和老师对抗。她曾试图自杀，最后进了医院，在那里待了将近两年。后来，凯森发现她被诊断为边缘型人格障碍。在自传《受阻的女孩》（*Girl, Interrupted*）中，她对这一诊断提出了许多疑问。

……我不得不找一本《精神障碍诊断与统计手册》，查找边缘型人格障碍的介绍，看一下上面对我到底是怎么描述的。

它是对18岁的我的真实写照，除了一些怪癖，如鲁莽驾驶和暴食……我忍不住去反驳，但那样我就会被进一步指控为"防御"和"阻抗"。

我能做的就是增加细节：带注释的诊断。

……"自我形象、人际关系和心境的不稳定性……不能确定……长期目标或职业选择……"难道这不是对青春期的极好描述吗？情绪化、浮躁、好赶时髦、不安全感：总而言之，无药可救。

"自残行为（例如割腕）……"我跳过了一点内容。当我坐在书店的地板上看我的诊断时，这一条信息突然引起了我的注意——割腕！我想这应该是我创造的。撞击手腕，准确点说……

"个体经常因为长期的空虚和厌倦感而体验到这种自我形象的不稳定性。"我长期的空虚感和厌倦感来自这个事实：我的生活建立在无能的基础上，这些无能不计其数。下面列出了一部分。我不能做和不想做的事：滑雪、打网球或上健身课；参加学校开设的除英语和生物学之外的任何课程；写命题文章（我在英语课上写了诗而不是文章，我得了F）；打算上大学或者申请大学；对这些拒绝给出一个合理的解释。

我的自我形象并非不稳定的。我能非常准确地看待自己，我与教育和社会系统格格不入。但我的父母和老师并不认可我的自我形象。在他们看来我的形象是不稳定的，因为它脱离了现实，脱离了他们的需要和期望。他们对我的能力评价并不高。我的能力的确很少，这是事实。我读了很多书，不停地写东西，我有很多男朋友……

我经常会问自己是否疯了，也这样问其他人。"这样说是不是很疯狂？"在说一些其实可能并不疯狂的事情之前，我会这样问。

我说话时经常用"也许我是疯了"或者"也许我有精神病"来开头。如果我做出任何超出常规的事——例如一天洗两次澡——我会对自己说：你疯了吗？（Kaysen, 1993, pp.150–159）

苏珊娜·凯森只是一个处于迷茫中的青少年吗？父母对她有太高的期望，当她没有遵从时就被关起来？或者她是一个有深层问题的年轻女性，在医院接受治疗阻止了她心理上的彻底恶化？边缘型人格障碍的诊断合理吗？还是说它仅仅是我们给反抗者贴的一个标签？凯森的《受阻的女孩》（1999年被拍成电影，薇诺娜·赖德主演），再度引发了对边缘型人格障碍诊断有效性和伦理性的长期争论。

在你的日常交谈中，可能总是会提及人们的人格。**人格**（personality）是个体感知、感受、思考自我和环境并与之相联系的持久模式。你可能会说刚刚遇到的那个人很开朗，或者你有点散漫，或者你的一个朋友非常情绪化。**人格特质**（personality traits）是人格的一个突出方面，具有跨时间、跨情境的相对一致性，比如开朗、有同情心和关心他人、喜欢利用他人或对他人充满敌意、冲动或不稳定。

人格的主导理论之一是**五因素模型**（five-factor model）。这种维度视角的理论认为，任何个体的人格都是由人格的五个广义人格特质或因素组成的。这五个因素常被称为大五（Big 5）：负情绪性、外向性、开放性、宜人性和尽责性（McCrae & Costa, 1999, 2013）。每个因素都具有一系列层面或维度，如表 9.1 所示。人格的五因素模型得到大量研究的支持。这些特质似乎囊括了大部分的人格变化范围，而且在与美国差异很大的其他文化中也发现了同样的人格维度（Benet-Martinez & John, 1998; Yang et al., 2002）。五因素模型中的人格特质，尤其是维度层面，似乎受到遗传的很大影响（Briley & Tucker-Drob, 2012; John, 1998, 2006）。你也许可以在大五的特质和层面中找到自己的位置。

如前所述，*DSM-5* 包含两种人格障碍模式。与 *DSM-IV-TR* 相似，第一种模式是

表 9.1　大五人格因素

大五的每一个人格因素都由不同的层面或成分构成。

因素1：负情绪性与情绪稳定性		
层面	**该层面高水平个体的特点**	**该层面低水平个体的特点**
焦虑性	恐惧的、担忧的	放松的、漠不关心的、冷静的
愤怒敌意	愤怒的、怨恨的	心平气和的
抑郁性	悲观的、愁闷的	乐观的
自我意识	羞怯的、尴尬的	自信的、能说会道的、厚颜无耻的
冲动性	冒险的、急迫的	约束的、克制的
脆弱性	无助的、虚弱的	思维清晰、无所畏惧、从容镇定的
因素2：外向性与内向性		
层面	**该层面高水平个体的特点**	**该层面低水平个体的特点**
热情	诚恳的、亲切的、依恋的	冷漠的、疏离的、无动于衷的
合群性	好交际的、开朗的	退缩的、孤僻的
果断性	占主导地位、强硬的	谦逊的、寡言的、顺从的
活跃性	积极的、精力充沛的	消极的、没精打采的
刺激寻求	鲁莽的、大胆的	谨慎的、单调的、乏味的
积极情绪	兴致高昂的	平静的、缺乏兴趣的
因素3：个人经验的开放性与封闭性		
层面	**该层面高水平个体的特点**	**该层面低水平个体的特点**
幻想	梦想家、不现实的、富于想象力	注重实际、实在的
审美	兴趣反常、具有审美趣味的	不参与的、不具审美趣味的
感受	自知的	抑制的、未察觉的
行动	非传统的、怪异的	常规的、可预测的、习惯的、顽固的
想法	不寻常的、创造性的	务实的、死板的
价值观	自由的、心胸开阔的	传统的、不灵活的、教条的

因素4：宜人性与对抗性		
层面	该层面高水平个体的特点	该层面低水平个体的特点
信任	易受骗的、天真的、轻信的	怀疑的、愤世嫉俗的、多疑的、偏执的
直率	倾诉的、诚实的	狡猾的、善于操纵的、虚伪的
利他	牺牲的、付出的	吝啬的、自私的、贪婪的、利用他人的
服从	温顺的、合作的	反抗的、好斗的、有侵略性的
谦逊	谦和的、不出风头的、谦卑的	自信的、吹嘘的、傲慢的
和善	温和的、感同身受的	强硬的、无情的、残忍的
因素5：尽责性与不可靠性		
层面	该层面高水平个体的特点	该层面低水平个体的特点
能力	完美主义、高效的	松懈的、漫不经心的
秩序	井然有序、有条不紊、有组织的	随意的、杂乱无章、草率的
尽职	严格的、可靠的、可信赖的	疏忽的、不可靠的、缺乏道德的
成就	工作狂、有野心的	无目标的、随便的
自律	坚持不懈的、专心致志的	享乐主义、散漫的
慎重	谨慎的、深思熟虑的、反省的	草率的、粗心的、鲁莽的

资料来源：T. A. Widiger, personal communication, 2009.

类别化的，根据不同的诊断标准，定义了10种不同的人格障碍。类别模式用于现阶段的临床应用。作为替代的特定特质模式，或者说维度模式，在*DSM-5*中是旨在为进一步研究制定的，两种模式分别在手册的不同章节中。维度模式是对人格障碍连续谱模型的应用，正如大五模型所表示的。维度模式本质上假定正常和异常人格都位于一个整合的人格连续谱上，人格障碍代表的是更加极端和适应不良的人格特质变体，正如本章“连续谱模型下的人格障碍”中所描述的。我们首先介绍*DSM-5*的现有模式，接着再转向评价此模式的局限性，最后介绍人格障碍的*DSM-5*维度模式。

人格障碍的一般定义

*DSM-5*贯彻了在1980年的*DSM-III*中首次建立的分类观点。它认为人格障碍完全不同于“正常的”人格特质。然而，与之前的手册不同，*DSM-5*提供了**人格障碍**（personality disorder）的一般定义，适用于10种特定人格障碍中每一种（表9.2）。人格障碍的一般诊断标准规定，个体的人格模式必须明显偏离其所处文化的期望，表现为看待自身、他人或事件的方式；情绪体验和表达；人际功能；和/或冲动控制。个体的人格模式必须具有跨情境的普遍性和缺乏弹性，跨时间的稳定性，首次发作于青少年期或成年早期，并且导致明显的痛苦或功能损害。个体的长期功能模式也不能被其他精神疾病、物质使用或躯体疾病的表现或后果来更好地解释。

按照定义，人格障碍是思维、感受和行为的持久模式，具有跨时间的相对稳定性，在成年早期就明显表现出特定的人格特征。对18岁以下的个体做出人格障碍的诊断时，人格模式必须显现至少1年（除了反社会型人格障碍，此障碍只适用于18岁以上的成人）。因此，大多数临床医生会评估人格特质的跨时间和跨不同情境的稳定性，考虑族裔、文化和社会背景的影响，注意区分界定人格障碍的人格特质与对情境应激源的反应特征以及诸如心境障碍、焦虑障碍或物质使用障碍这类更短暂的精神状态。

表 9.2 人格障碍

人格障碍的一般诊断标准规定，个体的人格模式必须明显偏离其所在文化的期望，表现的方面包括：看待自身、他人或事件的方式；情绪体验和表达；人际功能；和/或冲动控制。 按照定义，人格障碍是思维、感受和行为的一种持久模式，具有跨时间的相对稳定性，这些特殊的人格特征必然在成年早起就会表现出来。

DSM-5 也删除了 *DSM-III* 中首次提出的多轴诊断系统，将轴 I 和轴 II 压缩成共同部分（见第 3 章）。在 *DSM-5* 之前，人格障碍被区别对待置于轴 II，因为人们认为人格障碍尤其具有弥散性和慢性的特点，而不像属于轴 I 的临床障碍，没有分散或急性的发作期。然而大部分被诊断为人格障碍的人，在一生中的某些时期也会出现其他临床障碍（Grant, Stinson, et al., 2004），*DSM-5* 的一个目标是减少共病现象，不再认为区分轴 I 和轴 II 在临床上是实用的（Links & Eynan, 2013; Skodal et al., 2011）。

DSM-5 根据描述上的相似性，将 10 种不同的人格障碍分为三组（表 9.3）。*DSM-5* 明确承认此分组系统有局限性，并不总是有效，也不能解释为什么某些个体常常表现出来自不同分组的双重人格障碍，这一点很重要。A 组包括以古怪-奇异的行为和思维为特征的三种人格障碍：偏执型人格障碍、分裂样人格障碍和分裂型人格障碍。这些人格障碍都具有精神分裂症的某些特征，但是被诊断为这些人格障碍的人并没有与现实脱离。他们的行为常常显得古怪、反常和不恰当。例如，他们可能习惯性地怀疑别人，或者说话方式古怪难懂。

B 组包括以戏剧化、无规律、情绪化的行为和人际关系为特征的四种人格障碍：反社会型人格障碍、表演型人格障碍、边缘型人格障碍和自恋型人格障碍。被诊断为这些障碍的人在人际关系中更倾向于操控，反复无常，在社交关系中表现冷漠，并且容易做出冲动的行为。他们经常以夸张的方式行动，甚至会通过自杀来获取关注。

C 组包括以焦虑、恐惧情绪和长期的自我怀疑为特征的三种障碍：回避型人格障碍、依赖型人格障碍和强迫型人格障碍。被诊断为这些障碍的人缺乏自信，并且有人际关系问题。

表 9.3 人格障碍群组

DSM-5 基于描述上的相似性将人格障碍分为三组。
A组：奇异–古怪性人格障碍
这些人格障碍个体具有类似精神分裂症患者的症状，包括不恰当或淡漠的情感、古怪的思维或言语模式以及偏执狂。尽管如此，有这些障碍的人仍能维持对现实的掌控。
B组：戏剧化–情绪性人格障碍
这些人格障碍个体在人际关系中倾向于支配别人、性情暴躁、漠不关心。他们容易做出冲动、有时是暴力的行为，几乎不考虑自身安全或者他人的安全或需要。
C组：焦虑–恐惧性人格障碍
这些人格障碍个体极其担心被其他人批评或抛弃，因此与他人的人际关系是功能失调的。

A组：奇异–古怪性人格障碍

被诊断为奇异–古怪性人格障碍（表 9.4）的个体，其行为与精神分裂症个体的行为相似，但前者一般能在更大程度上维持自己对现实的掌控。他们可能会显得偏执，言谈方式古怪得难以理解，有人际关系问题和异常的信念或感知体验，但还没有达到妄想和幻觉的程度。一些研究者认为这组人格障碍应该属于精神分裂症谱系的一部分（Nigg & Goldsmith, 1994），尤其是分裂型人格障碍（见第 8 章）。也就是说，这些人格障碍显示出一些轻微的精神分裂症样症状，可能在小部分人群中有精神分裂症的先兆，这些人有可能会进一步发展出精神分裂症或其他精神病性障碍，尤其是分裂型人格障碍（Woods et al., 2009）。这些人格障碍也更经常发生在精神分裂症或被害型妄想障碍个体的一级亲属身上。

偏执型人格障碍

偏执型人格障碍（paranoid personality disorder）的定义特征模式是对他人的不信任和猜疑，比如把他人的动机解释为恶意的。被诊断为此障碍的人深信其他人长期试图欺骗或剥削他们，他们过分担忧被其他人伤害或虐待，对证实他们怀疑的证据过度警惕。他们通常是敏锐的环境观察者，能够注意到大多数人错过的细节信息。例如，他们会注意到其他人根本就不会注意的细节，如老板面部微小的扭曲或配偶舌头的轻微滑动。而且，被诊断为偏执型人格障碍的人认为这些事情都是非常有意义的，并且花费大量的时间试图解开这些线索，弄清楚他人的真正意图。他们对真实存在或感知到的批评也非常敏感、愤怒反应，通常还会怀恨在心。

偏执型人格障碍个体一般还会错误地解释与他们的猜疑相一致的情境。例如，丈夫某天晚上看到妻子兴高采烈，可能会认为她在工作中与某个男人有外遇。他们排斥反对其猜疑的合理观点，而且认为反对者也是针对自己的阴谋的一部分。为了保护自己，一些人变得神神秘秘，在他人面前表现出退缩；还有一些人则变得充满敌意而且喜欢争辩，认为自己对世界的看法是正确和优越的，并且认为保护自己免遭阴谋算计的最好办法就是主动进攻。下面个案研究中的费利克斯就被诊断为偏执型人格障碍。

流行病学研究认为，一般人群中能够被诊断为偏执型人格障碍的人口比例在 0.7% ~ 5.1% 之间（Lenzenweger, 2008）。被诊断为偏执型人格障碍的人产生许多临床障碍，包括抑郁症、焦虑障碍、药物滥用或精神病发作（Bernstein, Useda, &

表 9.4 A组：奇异–古怪性人格障碍

奇异–古怪性人格障碍个体可能会表现出轻微的精神分裂症特征。		
名称	**主要特点**	**与精神分裂症的关系**
偏执型人格障碍	不信任和怀疑的模式，以至于把他人的动机解释为恶意的	关系薄弱
分裂样人格障碍	脱离社会关系、情绪表达范围受限的模式	关系不明确
分裂型人格障碍	对亲密关系严重不适、认知或知觉扭曲、行为古怪的模式	关系很强——被认为是精神分裂症的轻微形式

个案研究

费利克斯是一名 59 岁的建筑工人，他总是担心同事要伤害他。上个星期，他在使用台锯的时候，手滑了一下，手指差点儿被电锯切掉。费利克斯怀疑有人对电锯做了手脚，导致他正在锯的一块木头滑动了，把手带到电锯的刀片下。这次事件后，费利克斯还发现同事们总是盯着他并相互窃窃私语。他把自己怀疑电锯被动手脚的事情告诉了老板，但老板认为他的想法很疯狂，他只是不小心而已。

费利克斯没有一个亲近的朋友。甚至他的弟弟妹妹都会躲着他，因为他总是把他们对他说的话当成责备。他的婚姻只维持了几年，妻子就离他而去，因为他怀疑妻子有外遇，不准她看望任何朋友，没有他的陪同不许外出。费利克斯住在小镇上的一个中产阶级街区，这里的犯罪率很低。但他却拥有三把手枪和一杆霰弹猎枪，并且时刻上膛，因为他总是认为会有人突然闯入他家中。

Siever, 1995; Grant, Stinson et al., 2004），也会损害职业功能（McGurk et al., 2013）。并不奇怪的是，他们难以相处，人际关系包括亲密关系都是不稳定的。回顾性研究表明，他们的预后普遍不乐观，并且处在压力下会加剧症状，有时会出现非常短暂的精神病发作。

偏执型人格障碍的理论

一些家族史研究表明，相比控制组健康被试的家族，偏执型人格障碍在有精神分裂症个体的家族中更常见，意味着这种疾病可能属于精神分裂症谱系障碍的一部分（Chang et al., 2002; Nigg & Goldsmith, 1994）。一项双生子研究发现，偏执型人格障碍的遗传力是 0.50（Coolidge, Thede, & Jang, 2004）。

认知理论家认为具有偏执型人格障碍的人拥有一种潜在的信念，认为其他人都是不怀好意和欺骗性的，并且对保护自己免遭他人伤害缺乏自信（Beck & Freeman, 1990）。所以，个体时刻对其他人欺骗或批评自己的迹象保持警惕，并且迅速采取对抗他人的行动。对 17 名偏执型人格障碍患者的研究发现，他们比其他人格障碍患者持有更多该认知理论所预测的信念（Beck et al., 2001）。

偏执型人格障碍的治疗

被诊断为偏执型人格障碍的人只有在处于危机时才会与临床医生联系，他们可能会为抑郁或焦虑的重度症状寻求治疗，但一般不认为需要治疗自己的偏执。他们防御且多疑的作风经常会阻碍一段相互信任的治疗关系的发展。此外，对于治疗师挑战其偏执想法的尝试，他们很可能做出与其偏执信念系统一致的错误解释。因此，治疗偏执型人格障碍非常困难（Million et al., 2000）。

为了获得偏执型人格障碍患者的信任，治疗师必须保持冷静、尊重，而且要非常直率（Siever & Kendler, 1985）。治疗师不要直接挑战来访者的偏执想法，而是通过间接的方式，就来访者头脑中解释情境的特定方式提问。尽管许多治疗师并不期望偏执的来访者能够洞察自己的全部问题，但是他们希望通过至少对治疗师产生某种程度上的信任，使得来访者学会对其他人多一点信任，从而在某种程度上改善其人际关系。

偏执型人格障碍的认知治疗的重点是提高个体在处理困难事情上的自我效能感，从而减少他们对其他人的恐惧和敌意。下面的例子是认知治疗师与一位名叫安妮的女性来访者之间的交流，后者认为同事故意试图激怒自己，好让上司批评她。

在这次交流中，治疗师并没有直接挑战安妮对其同事意图的信念，而是通过帮助她重新定义工作环境，即这个环境只是让人恼怒并不具有威胁，努力减少她感到的危险。治疗师也鼓励安妮努力找出新的应对策略来进一步减少她的恼怒。

治疗对话实录

治疗师：你的反应似乎意味着这是一个危险的情境，能告诉我你注意到的危险吗？

安妮：他们总是通过摔东西或者制造噪音来激怒我。

治疗师：你能确定没有比这更糟的情况吗？

安妮：是的。

治疗师：那么你不认为他们有可能攻击你或者做出类似的事？

安妮：不，他们不可能会那样做。

治疗师：如果他们一直摔东西和制造噪音，那对你来说会有多糟？

安妮：就像我告诉你的，那会越来越糟糕。这让我很烦。

治疗师：我想这还会持续下去，毕竟他们这样做已经有几年了。

安妮：是的，这让我真的很烦，不过，我能忍受。

治疗师：你知道如果这种事情还在发生，至少你能继续用过去的方法来处理——克制住恼怒，回家后把怒火发泄在你丈夫身上。如果我们能够帮助你找到一些更好的方法来处理你的恼怒，或者让你的同事少找一些麻烦，你感兴趣吗？

安妮：这个主意听起来不错。

治疗师：你之前提到，你面对的另一个危险是他们可能会向上司打你的小报告，让上司批评你。你发现他们这样做多长时间了？

安妮：我想是从我在那里工作就开始了。

治疗师：到现在为止你认为他们得逞的次数多吗？

安妮：不是很多。

治疗师：你认为她们得逞的次数会有增多的迹象吗？

安妮：不，我不这样认为。

治疗师：你的本能反应就好像是你的工作环境非常危险。但当你停下来想一想，你的结论是他们能做的最恶劣的事就是激怒你，即使我们不提供任何新办法，你依然能处理得很好。你认为我说的对吗？

安妮：[微笑] 是的，我想是这样。

治疗师：如果我们能找到更好的办法来应对这些压力和这些人，他们对你的伤害可能就会更少。

（Beck & Freeman, 1990, pp.111-112）

分裂样人格障碍

你可能听过人们用“精神分裂样”这个术语来描述那些特别喜欢将注意力指向内部而非外部世界，经常单独活动的人。被诊断为**分裂样人格障碍**（schizoid personality disorder）的人表现出社交关系的脱离和人际交往中情绪表达范围受限的普遍模式。他们似乎对发展亲密关系的机会漠不关心，不能从家庭或社交互动中得到任何快乐。他们的正性情绪体验和表达非常低下，尤其对与他人发生性行为的兴趣也相当有限。其他人将他们描述为：情感冷漠或平淡、“独行者”或“冷漠者”、乏味无趣以及没有幽默感。被诊断为此障碍的人经常对他人的赞扬或批评显得无所谓，几乎没有什么活动能引起他们的兴趣。他们倾向于认为和其他人的关系是无价值的、麻烦和侵入性的，在为数不多的那些让他们暂时能够自如地谈论自己的情境中，他们可能会承认有痛苦的感觉，尤其是与社交互动相关的情境。下面描述的这名男子表现出其中一些症状。

个案研究

罗伊是一位成功的环境卫生工程师，其工作包括规划和维护大型城市的水资源；他的工作要求具有相当强大的前瞻性和独立判断能力，但几乎没有监管责任。总的来说，他被认为是一名不够杰出但称职可靠的雇员。他的工作没有什么人际交往方面的要求，大多数同事认为他寡言羞怯，其他人则认为他冷漠疏远。

他的困难和问题主要集中在与妻子的关系上。在妻子的催促下，他们一起寻求婚姻咨询，因为如她所说，“他不愿参与家庭活动，他对孩子们不感兴趣，他没有感情，没有性欲。”

这种社交冷漠、情感平淡和人际隔离的模式构成了罗伊大部分行为的特点，这些特点没有影响到那些不需要更深层或更亲密关系的人，但对其直系亲属产生了消极影响。（Millon, 1969, p.224）

罗伊可以被诊断为分裂样人格障碍，因为他长期回避人际交往，缺乏与家人的亲密关系。

分裂样人格障碍非常少见，只有大约 0.8% ~ 1.7% 的成年人会在一生的某个时期表现出这种障碍（Lenzenweger, 2008）。在因为此障碍而寻求治疗的人中，男性的数量超过了女性（Zimmerman, Rothschild, & Chelminski, 2005）。分裂样人格障碍个体可以在社会中发挥功能，尤其是在不需要频繁进行人际交流的职业中。

分裂样人格障碍的理论

精神分裂症个体亲属的分裂样人格障碍发病率略高，但这两种疾病的关系还不是很清楚（Kendler, Neale, Kessler, Heath, & Eaves, 1993; Nigg & Goldsmith, 1994）。对分裂样人格障碍相关人格特征（如低社交性和冷漠）的双生子研究清楚地表明，这些特征具有一定的遗传性（Costa & Widiger, 2002）。尽管如此，分裂样人格障碍遗传性的证据都只是间接的。

分裂样人格障碍的治疗

你或许会想到，分裂样人格障碍个体可能对治疗没有积极性，治疗中密切的人际关系会被他们认为是有压力的而不是支持性的。尽管治疗充满挑战，分裂样人格障碍的心理社会疗法的重点是提高来访者对自身感受的认识，以及提高社交技能和增加社会接触（Beck & Freeman, 1990; Quality Assurance Project, 1990）。治疗师可能对来访者模仿情感表达，从而帮助来访者识别和表达自身感受。社交技能训练是认知疗法的一个重要组成部分，通过与治疗师的角色扮演或以家庭作业的方式进行，家庭作业是让来访者与其他人尝试新的社交技巧。一些治疗师推荐对分裂样人格障碍个体使用团体治疗。在团体治疗的环境中，团体成员可以模拟人际关系，每个人可以直接与其他成员练习新的社交技能。

分裂型人格障碍

被诊断为**分裂型人格障碍**（schizotypal personality disorder）的人表现出与精神分裂症类似的症状，只是程度更轻（Kwapil & Barrantes-Vidal, 2012）。与分裂样人格障碍和偏执型人格障碍相似，分裂型人格障碍个体也倾向于社会隔离，情绪范围受限，并且在人际交往中感到不适（表 9.5）。他们在童年时就表现得被动、缺乏社交以及对批评过度敏感（Olin et al., 1999），他们可能会招致取笑，因为他们显得“古怪”或“反常”。分裂型人格障碍的突出特征是认知和知觉扭曲，以及行为古怪和反常。这些特征一般可分成四类（Beck & Freeman, 1990）。

第一类是偏执或猜疑。与偏执型人格障碍一样，被诊断为分裂型人格障碍的人认为其他人具有欺骗性和敌意，他们的社交焦虑大部分来自这种偏执。第二类是牵连观念。分裂型人格障碍个体倾向于认为偶然的事件或者环境对自己有特殊意义。例如，他们会认为昨天他们去的那家商店发生火灾显然与自己有关。第三类是古怪信念和魔幻思维。例如，他们可能会认为其他人知道自己现在在想什么。第四种是除幻觉之外的错觉。例如，他们可能认为自己在墙纸的图案中看到了人形。

除了这些认知和知觉扭曲，分裂型人格障碍个体的言谈也倾向于离题、绕圈、模糊或啰嗦。在人际互动中，他们可能对其他人的言行做出不恰当的情绪反应或者没有反应。他们的行为也非常古怪，有时反映了他们古怪的思维。他们很容易分心或长时间固着于某一事物上，迷失在自己的思绪或幻想之中。

尽管个体在言行举止和思维方面的怪异性与精神分裂症的症状相似，但其严重程度不如精神分裂症，并且个体始终维持着与现实的基本接触。下面个案研究中的男子表现出了分裂型人格障碍的许多古怪之处。

表 9.5 分裂型人格障碍

社交和人际关系缺陷的普遍模式，特点是对亲密关系感到强烈不适和能力下降，且有认知或知觉扭曲和古怪行为，起始于成年早期。

— 症状包括：

- 情绪范围受限
- 令人不适的人际互动
- 古怪和反常行为
- 偏执

— 总人口中的患病率为3.9%

— 这种诊断在男性中比女性中更常见

个案研究

一名 41 岁的男子被转介来参加社区心理健康中心的一个活动项目，以提高其社交技能。他的社会隔离模式持续一生，没有真正的朋友，大量时间都在担心自己对哥哥的愤怒想法会伤害到哥哥。他之前是行政部门的职员，但因为出勤率低和效率低被解雇了。

会谈中患者表现得疏远并有点多疑。他详细描述了自己不平静的日常生活，描述中常常包含着无关的细节。他花了两天时间研究一条新牛仔裤上的水洗标："穿着前洗涤"的意思是在第一次穿着前洗涤，还是说出于某种原因，它在每次穿着前都需要洗涤？他并不认为这些担忧是无意义的，尽管他承认自己花了太多时间思考这些问题。他可以背出最近一个月的银行对账单，包括每一张支票的金额和开具支票时的余额。他知道自己任何一天的余额，有时他会想着某张支票或某笔存款是否真的已经结清了，并因此感到焦虑。（资料来源：Reprinted with permission from the *DSM-V* Casebook: A Learning Companion to the Diagnostic and Statistical Manual of Mental Disorders, Fifth Edition, (Copyright 2013). American Psychiatric Publishing, Inc.）

分裂型人格障碍在总人口中的患病率为 3.9%（Pulay et al., 2009）。在寻求治疗的人中，男性比女性更常见（Zimmerman et al., 2005）。分裂型人格障碍个体出现抑郁、精神分裂症或单次精神病发作的风险也较高（Siever, Bernstein & Silverman, 1995）。

对于被诊断出分裂型人格障碍的人来说，他们古怪、异常的思维并不属于文化信仰的一部分，比如在某些文化中对魔力的信仰或一些特殊的迷信。此外，一些心理学家认为，与白人相比，有色人种更经常被诊断出类似精神分裂症的疾病，如分裂型人格障碍，因为白人临床医生经常会把一些文化相关的信仰错误地认为是分裂型思维的证据（Snowden & Cheung, 1990）。一项对接受治疗者的大型研究发现，基于自我报告和标准化诊断性会谈，非裔美国人比白人或拉美裔患者更可能被诊断为分裂型人格障碍（Chavira et al., 2003）。这一发现表明，即使采取措施防止临床医生产生偏见，非裔美国人也会相对更多地被诊断为该障碍。这可能是因为非裔美国人更可能暴露于增加精神分裂样障碍的生物易感性的条件。这些条件包括城市生活和社会经济地位低下（见第 8 章对精神分裂症中这些条件的讨论）。

分裂型人格障碍的理论

分裂型人格障碍是研究最多的一种 A 组人格障碍。家族史、领养和双生子研究都显示，分裂型人格障碍是通过基因传递的（Siever & Davis, 2004）。实际上，一项双生子研究发现分裂型人格障碍的遗传力为 0.81（Coolidge, Thede, & Jang, 2004）。此外，与其他精神病患者或者健康控制组的亲属相比，分裂型人格障碍在精神分裂症的一级亲属中常见得多（Gilvarry, Russell, Hemsley, & Murray, 2001; Kendler et al., 1993）。这就支持了这样一种观点，即分裂型人格障碍是精神分裂症的轻度形式，它像精神分裂症一样通过基因传递。调节 NMDA 受体系统的基因与精神分裂症和分裂型人格障碍都有关（Ohi et al., 2012）。

分裂样人格障碍个体显示出多种与精神分裂症个体相似的认知缺陷，包括言语不流畅、当任务需要时无法抑制信息以及记忆缺陷（Barch, 2005; Cochrane, Petch, & Pickering, 2012; Mitropoulou et al., 2003）。与精神分裂症个体一样，分裂型人格障碍个体脑中的神经递质多巴胺也可能失调（Abi-Dargham et al., 2004）。因此，与精神分裂症个体一样，分裂型人格障碍个体也有几个脑区的多巴胺含量异常偏高。

虽然分裂型人格障碍个体与精神分裂症个体显示出了相同脑区的异常，但前者的程度比后者轻，或许反映了前者的症状更轻（Barch, 2005）。例如，有一项研究显示，与控制组相比，这两种障碍个体的大脑颞叶区域的灰质更少，但分裂型人格障碍个体的减少程度比精神分裂症个体更轻（Takahashi et al., 2011）。此外，分裂型人格障碍个体并没有像精神分裂症个体那样显示出大脑前额叶区域的异常（Hazlett et al., 2008; Suzuki et al., 2005），这或许反映了分裂型人格障碍个体的症状也更轻。

分裂型人格障碍个体与一般人群相比，倾向于经常有广泛的童年不幸的历史，包括身体、情感以及性虐待，父母之一受到虐待，有物质滥用或坐牢的经历。

分裂型人格障碍的治疗

治疗分裂型人格障碍常使用与治疗精神分裂症相同的药物，包括传统的神经阻滞剂如氟哌啶醇和氨砜噻吨以及非典型抗精神病药如奥氮平，剂量一般小于精神分裂症（Ripoll et al., 2011）。与精神分裂症一样，这些药物可以减轻一些精神病样症状，包括牵连观念、魔幻思维和错觉。抗抑郁药有时也会被用来治疗明显感到痛苦的分裂型人格障碍个体。

尽管关于分裂型人格障碍的心理学理论很少，但人们还是提出了可以帮助分裂型人格障碍个体克服一些症状的心理疗法。在分裂型人格障碍的心理治疗中，治疗师首先与来访者建立良好的关系是非常重要的，因为这类来访者的典型特点就是缺乏紧密的人际关系，并且倾向于与偏执想法和过度社交焦虑进行抗争（Beck & Freeman, 1990）。治疗的下一步是通过社交技能训练，帮助来访者增加社会接触，学会恰当的社交行为。团体治疗在提高来访者的社交技能方面非常有用。

针对分裂型人格障碍个体的认知治疗的关键在于，教来访者在环境中寻找支持其想法的客观证据，进而达到放弃那些古怪的想法。例如，一个来访者总认为自己是不真实的，治疗师可以教他辨别出这种想法是古怪的，并且在这种想法出现时忽视它，而不是严肃对待和采取行动。

B组：戏剧化–情绪性人格障碍

被诊断为戏剧化–情绪性人格障碍的人会做出戏剧化和冲动的行为，并且经常不考虑自身及他人的安全（表 9.6）。例如，他们可能会做出自杀或者自我伤害的行为，如割伤自己。他们也会对其他人做出敌意甚至暴力的行为。这组人格障碍的一个核心特征就是缺乏对其他人的关心。其中，边缘型人格障碍和反社会型人格障碍得到了大量的研究，而对表演型人格障碍和自恋型人格障碍的研究则比较少。由于反社会型人格障碍与品行障碍具有相同的重要症状模式，两者也属于同一发展连续谱，因此反社会型人格障碍将在第 11 章进行讨论。

边缘型人格障碍

回忆一下苏珊娜•凯森，我们在“非常人物”专栏中了解过她的故事。凯森承受着各种各样的症状，并且被诊断为**边缘型人格障碍**（borderline personality disorder），她后来对此提出了质疑。在下面的个案研究中，一位临床医生描述了她对一名后来被诊断为患有边缘型人格障碍的女子的介绍。

表 9.6　B组：戏剧化–情绪性人格障碍

戏剧化–情绪性人格障碍个体倾向于表现出不稳定的情绪以及做出戏剧化和冲动的行为。

名称	主要特点	类似的障碍
反社会型人格障碍	其模式是：漠视、侵犯他人权利；犯罪、冲动、欺骗、冷酷的行为；缺乏懊悔	品行障碍（起始于15岁前）
边缘型人格障碍	其模式是：自我形象、心境以及人际关系不稳定，明显的冲动性；短暂解离状态；对真实或想象的被遗弃过度敏感和高度反应	心境障碍
表演型人格障碍	其模式是：极度情绪化、寻求关注；戏剧化、诱惑、挑逗的行为；易受暗示；肤浅的情绪表达和人际关系	躯体形式障碍、心境障碍
自恋型人格障碍	其模式是：夸张，需要他人赞扬，缺乏同理心；自以为享有特权，自大，有剥削和利用他人的态度和行为	躁狂症状

个案研究

在第一次会面时，辛迪是一位 30 岁的已婚白人女子。她没有孩子，和丈夫居住在城郊的中产阶级街区，拥有大学学历，并且成功完成了近两年的医学院课程。辛迪是由她的精神病医生转介来的。医生对她进行了 11 年的治疗，但最近她因一次几乎致命的自杀而住院后，这位医生再也不愿提供给她除药物以外任何其他的治疗。在转介前的两年中，辛迪因为企图自杀而至少 10 次住院接受精神病治疗（有一次持续了 6 个月）；她采取了各种各样的自杀方式，至少 10 次喝漂白剂，多处深度割伤和烧伤，三次严重或几乎致命的自杀，包括一次割破颈动脉。

直到 27 岁的时候，辛迪在学业和工作上都很顺利，她和丈夫都对两人的婚姻十分满意，尽管丈夫有时会抱怨她爱发脾气。辛迪在医学院的第二年，她不太熟识的一个同学自杀了。辛迪说，听到这个消息时，她立即产生了自杀的念头，并且不清楚究竟是什么情况导致她产生了自杀的倾向。她在几个星期后离开了学校，变得非常抑郁，自杀的念头活跃起来。尽管在那位同学自杀前，辛迪表现出的心理问题非常少，但进一步的询问揭示出，她从 14 岁开始就有严重的神经性厌食症、神经性贪食症、酗酒和处方药物滥用。

在接受一段时间的治疗后，一种与自我伤害有关的持续模式渐渐显现出来。一系列事件的导火索通常是一次人际冲突（几乎都是和丈夫），这些人际冲突使她被威胁、被批评和不再被爱的感觉达到了顶点。这些感受之后通常就是自残或自杀的冲动，其程度取决于她无望、愤怒和悲伤的水平。自残或者自杀的念头经常伴随着“我要死给你们看”的想法。有时，无望感以及永远结束痛苦的愿望会占上风。当有意识地决定自杀和自残后，辛迪就会立即进入分离状态，然后开始割伤或烧伤自己，这时候她通常处于一种“自动导航”的状态。随后，辛迪通常很难记住实际行为的细节。有一次，她把自己的腿烧得非常严重（为了从医生那里得到更多注意力，她还把污物注射到伤口里），最终不得不做修复手术。（摘自 Linehan, Cochran, & Kehrer, 2001, pp.502-504）

辛迪的症状代表了边缘型人格障碍的一部分典型特征：失控且不能平息的情绪，对被遗弃过度敏感，过分依赖他人的倾向，以及自我伤害史（见表 9.7 *DSM-5* 诊断标准）。此障碍的特征是同一性和人际关系的根本缺陷。边缘型人格障碍个体的自我概念不稳定，有时极度自我怀疑，有时又极度自负，伴随着需要他人来支持他们的自尊。此外，像辛迪一样，此障碍个体容易出现短暂的解离状态，在这种状态下他们感到不真实，失去时间概念，甚至忘了自己是谁。

表 9.7 边缘型人格障碍

人际关系、自我形象和感情不稳定以及明显冲动的普遍模式，始于成年早期：
—症状包括： ● 失去控制的情绪 ● 不稳定的人际关系 ● 身份或同一性紊乱：明显的持续而不稳定的自我形象或自我感觉 ● 担心被遗弃 ● 自我伤害行为 ● 冲动 ● 时常伴随抑郁、焦虑或愤怒
—一般人群中的患病率为5.9%
—这种诊断在女性中比男性中更常见

他们的人际关系极其不稳定——无缘由地对一些人从崇拜变为鄙视。边缘型人格障碍个体常常描述有一种空虚感，这导致他们依赖新认识的人或者治疗师来填补自己内心的空虚。他们担心被遗弃，常把其他人的日常行为错误地解释为抛弃或拒绝。例如，如果治疗师因为生病不得不取消会面，具有边缘型人格障碍的来访者很可能会认为这是治疗师对自己的拒绝，因而变得非常抑郁或愤怒。

伴随着自我概念和人际关系的不稳定性，边缘型人格障碍个体的心境也不稳定，频繁且无原因地产生重度的抑郁、焦虑或者愤怒。此障碍个体还表现出强烈的冲动和自我伤害的行为倾向，包括自残和自杀行为。辛迪的自残行为是割伤或烧伤自己。

边缘型人格障碍症状的多样性以及多变的性质导致对其诊断和治疗都很复杂。这种复杂性表现在边缘型人格障碍个体经常也被诊断为其他精神障碍，例如物质滥用、抑郁、广泛性焦虑障碍、简单恐怖症、广场恐怖症、创伤后应激障碍、惊恐障碍或者躯体化障碍（Eaton et al., 2011; Hasin et al., 2011）。约 75% 的边缘型人格障碍个体试图自杀，10% 死于自杀（Soloff & Chiapetta, 2012）。一般在被诊断为边缘型人格障碍后的第一年或第二年，个体自杀的风险最大。这可能是因为直到某种危机使精神健康系统注意到个体之前，通常他们都未能得到正确诊断。

美国一项针对成人的大型研究显示，5.9% 的人能被诊断为边缘型人格障碍（Zanarini, Frankenburg, et al., 2012）。在临床中，被诊断为边缘型人格障碍的女性多于男性，但在美国一项针对社区成人的研究中，这种性别差异很小。某种程度上，被诊断为该障碍的有色人种多于白人，社会经济地位较低的人多于其他阶层的人（Chavira et al., 2003; Grilo, Sanislow, & McGlashan, 2002）。一项大型研究以接受治疗的人格障碍个体为对象，发现拉美裔人群比白人或非裔美国人更可能被诊断为边缘型人格障碍（Chavira et al., 2003）。这可能是因为该障碍的诱发因素如极端应激在拉美裔人群中更常见。抑或临床医生可能在拉美裔人群中对该障碍做出了过度的诊断，因为他们没有考虑到拉美文化规范允许人们更多地表达愤怒、攻击性和性吸引力等强烈情绪（Chavira et al., 2003）。

虽然边缘型人格障碍被临床医生认为是慢性、难以治疗的障碍，但近期的研究显示，超过 85% 被诊断为此障碍的人在 10~15 年内表现出症状得以逐渐缓解，只有少部分人在缓解后复发（Gunderson, Srout, et al., 2011; Zanarini et al., 2012）。这些个体在研究期间持有一份工作的能力明显提高，但他们仍然难以拥有稳定、积极的社会关系。压力大的生活事件以及缺乏足够的社会支持，是个体在症状减轻后再度复发的诱因（Gunderson et al., 2011）。

边缘型人格障碍的理论

考虑到边缘型人格障碍的特征是情绪不稳定，一些理论家认为该障碍个体在情绪调节方面具有根本性的缺陷，这一点并不令人惊奇（Baer et al., 2012; Gunderson, 2001; Selby, Anestis, Bender, & Joiner, 2009）。在测量情绪调节上的困难时，以及在评估忍受痛苦情绪以达成目标的不情愿程度的实验室任务中，边缘型人格障碍个体比健康被试得分都高（Gratz et al., 2006; Rosenthal et al., 2008）。在一项研究中，参与者携带会随机提示他们提供心境评估的传呼机。相比非人格障碍个体，边缘型人格障碍个体心境变化更大，尤其是在敌意、恐惧和悲伤方面（Trull et al., 2008）。

认知上，边缘型人格障碍个体对环境中的负性情绪刺激高度注意，他们的记忆倾向于更消极，更易对情境做出带有负面偏见的解释（Baer et al., 2012）。虽然他们经常试图抑制消极想法，但这种尝试常常失败，最终他们还是会深陷在消极想法里，并通过冲动或侵犯行为做出反应（Selby et al., 2009）。

这些加工和调节情绪上的困难源自何处？实证研究已经发现，边缘型人格障碍个体比没有这种障碍的人更可能报告在童年时存在不稳定性、被忽视和父母罹患心理障碍的情况（Gunderson, Zanarini, et al., 2011; Helgeland & Torgersen, 2004）。他们往往在童年时遭受过身体虐待或者性虐待（Afifi et al., 2011; Martins et al., 2011）。这种虐待、被忽视和不稳定可能导致了他们在情绪调节和通过多个机制获得积极、稳定的同一性上的困难。

玛莎•莱恩汉（Linehan et al., 2001) 认为，被重要他人虐待、忽视和批评的历史使得边缘型人格障碍个体难以学会恰当的情绪调节技能，以及理解和接受他们对事件的情绪反应。个体变得依赖他人来帮助他们应对困难的情境，但是又没有足够的自信以成熟的方式请求帮助。所以他们在试图获得别人支持时会表现得充满操纵性和不坦率，而且他们对情境的极端情绪反应会导致冲动行为。

精神分析理论家，尤其是客体关系学派的学者（Kernberg, 1979; Klein, 1952）认为，边缘型人格障碍个体一直没有学会清晰地区分哪些是他们自己对自我的看法，哪些是别人对他们的看法，这使得个体对其他人关于他们的看法以及被遗弃的可能性过度敏感。当他们感到别人拒绝他们的时候，他们就会拒绝自己，做出自我惩罚或者自残的行为。他们既不能把他们的自我概念中积极的品质和消极的品质整合起来，也不能把他人对他们的积极品质和消极品质整合到一起，这是因为在他们表现出依赖和顺从的时候，就会从他们的早期照料者那里得到奖励；而试图独立的时候，就会遭到照料者的反对。个体对自己或者他人的看法要么完美无缺，要么一无是处，总是在这两个极端之间摇摆，这个过程就是所谓的分裂（splitting）。情绪和人际关系上的不稳定性就是这种分裂造成的，反映出他们在认为自己或他人是完美无缺还是一无是处上摇摆不定。

神经成像研究显示，边缘型人格障碍个体的杏仁核和海马比非边缘型人格障碍个体体积更小（Ruocco, Amirthavasagam, & Zakzanis, 2012）。杏仁核是大脑对情绪加工十分重要的一部分，而海马参与压力调节和记忆。此外，边缘型人格障碍个体对情绪化面孔做出反应时，杏仁核激活程度更高，这可能造成他们在心境调节上的困难（Donegan et al., 2003）。神经成像研究也发现，边缘型人格障碍个体前额叶皮层的结构和新陈代谢异常（Soloff et al., 2012）。大脑的这个区域对情绪反应的调节和冲动行为的控制非常重要。

边缘型人格障碍个体和健康个体之间的神经生物学差异可能归因于遗传因素。此障碍在家族中传递（Gunderson, Zanarini, et al., 2011），双生子研究为边缘型人格障碍症状的遗传性提供了证据（Distel et al., 2009）。早期虐待和打骂也与大脑结构和组织的变化有关，尤其是杏仁核和海马，这也许能部分解释为什么儿童期虐待会导致此障碍患者出现这些缺陷（Ruocco et al., 2012）。

边缘型人格障碍的治疗

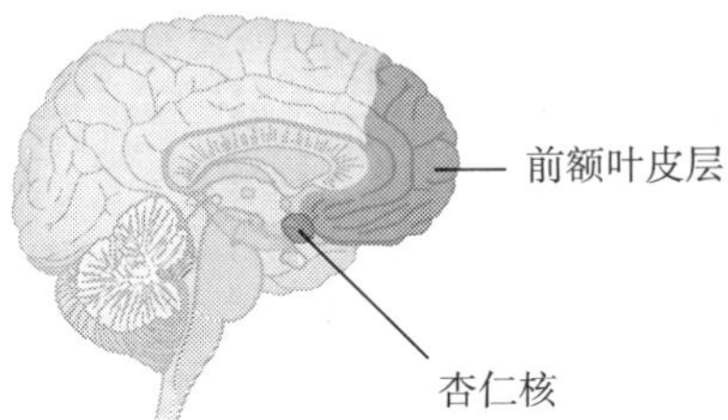

杏仁核和前额叶皮层与边缘型人格障碍有关。

最早对边缘型人格障碍产生积极作用的心理治疗之一是**辨证行为疗法**（dialectical behavior therapy; Linehan et al., 2001）。这种疗法的重点是帮助来访者获得更加现实和积极的自我意识，学会适应性的问题解决和情绪调节技能，以及纠正两极化思维。治疗师教来访者监控自我贬低的想法，以及对他人和环境非黑即白的评判，并质疑和评估这些想法。治疗师也帮助来访者学会在亲密关系中建立恰当的自信，使之能够用成熟的方式表达自己的需要和情绪。来访者通过监控最有可能导致冲动行为的情境来学习如何控制这些行为以及处理这些情境的不同方式。控制性临床试验比较了辩证行为疗法和等待名单控制组，发现该疗法能够减少抑郁、焦虑和自残行为，同时改善其人际功能（Bohus et al., 2004; Linehan , Heard, & Armstrong, 1993）。

也有证据表明，认知疗法有助于边缘型人格障碍的治疗。*情绪预测能力和问题解决系统训练*（systems training for emotional predictability and problem solving, STEPPS）是对边缘型人格障碍患者的一种团体干预，它将认知技术（质疑非理性和适应不良的认知）和行为技术（处理自我管理和问题解决）结合起来。将 STEPPS 的临床试验与一般治疗（支持结合药物治疗）进行比较发现，接受 STEPPS 的来访者在负性情感、冲动性和功能上都比接受一般疗法的来访者显示出更大的改善（Blum et al., 2008）。类似地，认知行为治疗聚焦于质疑患者适应不良的核心信念并教他们用更具适应性的方式来执行日常功能，与接受一般治疗的患者相比，该疗法使患者住院和自杀意图明显减少，心境也得到改善（Davidson et al., 2006; Giesen-Bloo et al., 2006）。

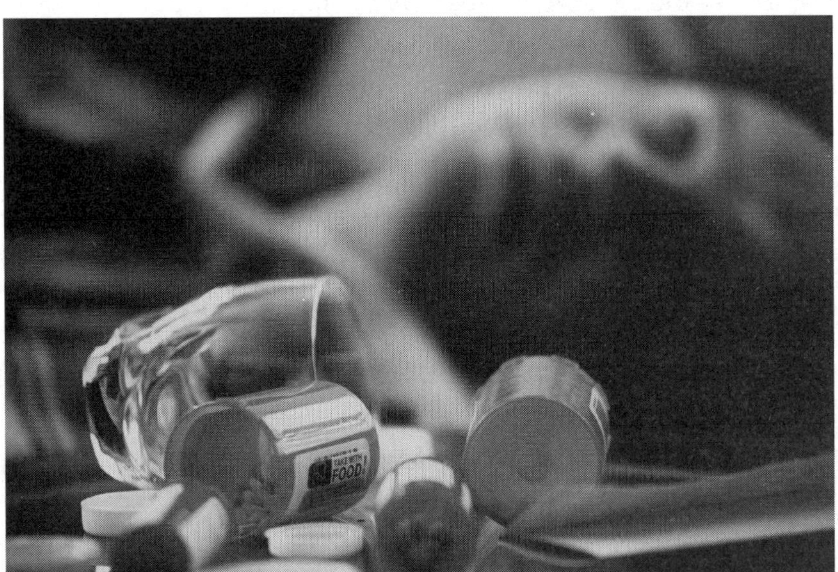

自杀行为在边缘型人格障碍个体中很常见。

心理动力学取向的疗法对边缘型人格障碍的治疗也展现出不错的前景。**移情焦点疗法**（transference-focused therapy）利用患者和治疗师之间的关系来帮助患者对他们自身及其人际关系形成更真实和更健康的理解。接受该疗法的边缘型人格障碍患者的自杀倾向、冲动性、攻击性和愤怒都有所减少（Clarkin, Levy, Lenzenweger, & Kernberg, 2007）。**基于心智化疗法**

（mentalization-based therapy）基于这样一个理论，即因为童年期创伤经历以及与养育者之间糟糕的依恋关系，边缘型人格障碍个体理解自己和他人的心理状态存在根本困难（Fonagy & Bateman, 2008）。这种心理动力学取向的疗法给患者提供认可和支持。此外，它利用患者与治疗师及其他人的关系来展示患者关于自我和他人的主观意识的其他视角，试图借此帮助患者理解这些不同的视角。一项长期研究发现，相比接受典型社区保健的患者，接受基于心智化疗法的患者在心境和功能上明显改善；此外，相比接受一般保健的患者，接受这一疗法的患者在 5 年后需要的药物治疗更少，自杀意图更少，在几个维度上能够更好地维持功能（Bateman & Fonagy, 2008）。

有证据表明，治疗边缘型人格障碍最有效的药物是心境稳定剂阿立哌唑和拉莫三嗪以及非典型抗精神病药如奥氮平（Lieb et al., 2010; Znarini, Schulz, et al,. 2012）。你可能认为 5-羟色胺再摄取抑制剂可以提高边缘型人格障碍个体的心境和降低他们的攻击性和冲动性，但目前为止缺乏有效性的证据（Lieb et al., 2010）。总的来说，药物治疗的研究结果仍不明确，并且在有效的心理疗法如辩证行为疗法之上加入药物治疗似乎并不能提高康复率（Lieb et al., 2010; Linehan et al., 2001; Paris, 2008; Simpson et al., 2004）。

表演型人格障碍

表演型人格障碍（histrionic personality disorder）的很多特征和边缘型人格障碍相同，包括迅速变化的情绪和强烈、不稳定的人际关系。然而，边缘型人格障碍个体也表现出自我毁灭、亲密关系的愤怒式破裂和慢性的内心空虚感，而表演型人格障碍个体在任何情境下都想成为人们注意的焦点。边缘型人格障碍个体的自我怀疑和不稳定的同一性可能表达为极度依赖他人，而表演型人格障碍个体则仅仅想要赞美式关怀和引人注目，可能过度信任别人或被他人影响，尤其是强大的权威人士。表演型人格障碍个体追求他人的关注，其行为表现出高度的戏剧化（例如好交际，夸张的情绪表达）和公然的性诱惑，并夸大地强调自己外表的吸引力。其他人认为他们自我中心、肤浅、不能延迟满足、苛求且过度依赖，他们常常因为需要持续被关注，致使最终与朋友疏远。在下面的个案研究中，黛比被诊断为表演型人格障碍。

个案研究

26 岁的黛比是一家时装店的售货员，因伴广场恐怖症的惊恐障碍而寻求治疗。她的穿着花哨，发型精致而戏剧化。她的外表非常引人注目，因为她的身材不高（不到 1 米 5），但体重却超重了至少 75 磅。在整个评估过程中，她都在室内戴着太阳镜，一直拨弄它，神经质地摘下又戴上，在讲话时挥动眼镜以强调自己的观点。在会谈过程中，她不时发出戏剧性的大叫，并用掉大量纸巾。她不停地寻求安慰。（“我会没事吧？”“我会好起来的吧？”）在整个评估过程中，她不停地说话。当评估者温和地打断她时，她非常抱歉，笑着说：“我知道我说得太多了。”然而她在整个会谈过程中都一直如此。（Beck & Freeman, 1990, pp. 211-212）

2001—2002 年全美流行病学调查显示，表演型人格障碍的患病率为 1.84%（Grant et al., 2004），临床中女性比男性更可能被诊断为该障碍。该障碍个体更倾向于分居或者离婚，而不是已婚（Disney, Weinstein, & Oltmanns, 2012）。和躯体形式障碍个体一样，他们倾向于夸大躯体问题，比一般人更多地就医，同时，这类人群也做自杀威胁，其自杀行为的概率更高，以此胁迫得到悉心照料（Kraus & Reynolds, 2001; Nestadt, Romanowski, Chahal, & Merchant, 1990）。表演型人格障碍个体最常在感到抑郁或者焦虑时寻求治疗（Fabrega, Ulrich, Pilkonis, & Mezzich, 1991）。

表演型人格障碍的理论

尽管对表演型人格的探讨可以追溯到古希腊哲学家，但我们对其病因或有效的治疗方法所知甚少。家族史研究显示，表演型人格障碍在家族中群集和传递，并伴有边缘型人格障碍、反社会型人格障碍和躯体症状障碍（Dahl, 1993）。目前还不清楚这些障碍是遗传导致的，还是家庭内部过程或环境作用的结果。

表演型人格障碍的治疗

心理动力学治疗的重点在于揭示表演型人格障碍患者被压抑的情绪和需要，并帮助他们用社会更加认可的方式来表达这些情绪和需要。认知治疗的重点是识别来访者认为他们不能自己发挥功能的假设，并帮助他们形成不依赖他人赞同的人生目标和计划（Beck & Freeman, 1990）。治疗师通过质疑来访者对情境的戏剧化评价，从而试图帮助他们使这些评价变得柔和，并提出一些更具适应性的评价。对旨在提高该障碍患者日常生活背景下适应行为的治疗进行的几个案例相关研究表明患者自我报告的抑郁和人际困难有所减少（Callaghan, Summers, & Weidman, 2003; Kellett, 2007）。到目前为止，这些疗法都还没有得到实证检验。

自恋型人格障碍

自恋狂这个词源自希腊神话的纳西索斯，他爱上了水中自己的倒影，无法自拔，最终死去。

我们中的大部分人都遇到过自恋狂——那些认为自己比其他任何人都优秀，在所有情况下都可以为所欲为，为了达成自己的目标而随意利用他人的人。自恋者或自恋狂（narcissist）这个词源自希腊神话中的纳西索斯（Narcissus），他爱上了水中自己的倒影，无法自拔，最终死去。

自恋型人格障碍（narcissistic personality disorder）的特征与表演型人格障碍类似。这两种人格障碍个体都表现出戏剧化的行为风格，寻求他人的赞赏，并且在情绪表达和人际关系上非常肤浅。具有表演型人格障碍的人寻求其他人的赞同，而具有自恋型人格障碍的人则依赖于他们膨胀的自我评价，认为依赖其他人是软弱、危险的。正如其名，浮夸是其明显特征之一，具有自恋型人格障碍的人充满了自我重要性的想法以及对权力和成功的幻想，自认为比大多数人更优秀。在人际关系中，他们总是根据自己的意愿，有权对其他人提出要求，忽略或贬低其他人的需要和愿望，利用他人获得权力，并且表现得傲慢和居高临下。与边缘型人格障碍相比，他们并不担忧被遗弃，尽管他们也需要他人的赞扬。在下面的个案研究中，戴维被诊断为自恋型人格障碍。

个案研究

戴维是一名律师，他在 40 岁出头时开始因抑郁心境寻求治疗。他提出事业和婚姻问题是造成他痛苦的原因，他想知道自己是否正在经历中年危机。戴维在一个大城市的舒适郊区长大，他是家中三个孩子中最大的也是唯一的儿子，父亲是一个成功的商人，母亲以前是秘书。戴维一直宣称自己是一个“杰出”的学生和“出色”的运动员，但是不能提供任何细节来证明自己在这两个领域的非凡表现。他还回忆说，他选女朋友那是非常挑剔的，和他约会的女人都会“激动万分”。

进入大学后，戴维开始幻想在一个引人注目的职业领域中扬名立万。他的专业是通信，他计划进入法学院，最后从政。在上大学期间，他结识了自己的第一任妻子，她是那年的大学校花。两人一起毕业后不久，他们结婚了。丈夫继续去法学院深造，而妻子则开始工作养家。

在法学院期间，戴维变成了一个工作狂，满脑子里都是对工作出色和国际认可的幻想。他和妻子在一起的时间很少，儿子出生后，陪伴母子两人的时间甚至更少。同时，他一直有外遇，大部分是短暂的一夜情。他总是以恼怒、轻蔑的口吻与妻子说话，抱怨她如何让自己失望。他等到第一份工作敲定，确保能够脱离妻子的财政支持，然后就和妻子离了婚。离婚后，他偶尔也会去看望儿子，但几乎没有给予孩子任何支持。

离婚后，戴维感觉自己彻底自由了，他所需要做的就是取悦自己。他喜欢把所有的钱都花在自己身上，奢侈地装修自己的公寓，买了一个引人注目的大衣柜。他不停地寻找有吸引力的异性伴侣。在第一次接触和约会时，他做得很成功，但是他觉得这些对象都不够好，不值得再约。

在工作中，戴维认为其他人没有资格批评他，因为他认为自己是“与众不同”的。但他却有权利去批评别人。他还认为其他人都是软弱的，为了给他们的生活带来方向和快乐，他们需要和像他这样的人接触。他认为如果人们“愚蠢”到允许自己利用他们，那么他这样做便是完全合理的。（摘自 Beck & Freeman, 1990, pp.245-247）

自恋型人格障碍个体在崇尚自信和果敢的社会中（例如美国）会取得成功（Millon et al., 2000）。但当他们极大地高估自己的能力时，他们会在事业上做出糟糕的选择，可能遭遇很多失败，他们也可能激怒其他人，或与生活中重要的人变得渐行渐远（Miller, Campbell, & Pilkonis, 2007）。该障碍个体通常会因抑郁或者在生活应激调适方面的问题寻求治疗（Fabrega, Ulrich, Pilkonis, & Mezzich, 1991）。

一项全美研究发现，7.7% 的男性和 4.8% 的女性可被诊断为自恋型人格障碍（Stinson et al., 2008）。这些数据也表明，自恋型人格障碍在年轻人群中更常见，这可能支持了这种看法，即自恋型人格障碍之所以在持续增多，可能是因为当今的社会和经济条件支持更极端的关注自我的个人主义（Bender, 2012）。该障碍个体出现物质滥用以及心境障碍和焦虑障碍的概率很高。另外，他们出现身体攻击、性侵犯、冲动性、杀人想法和自杀行为的概率也更高（Pincus et al., 2009; Ronningstam, 2011）。

自恋型人格障碍的理论

心理动力学取向的理论家认为，自恋型人格障碍的症状是情绪管理和自我观念的适应不良性策略导致的（Ronningstam, 2011）。此障碍个体在儿童期未能形成现实的、积极的自我观念或处理压力和痛苦的适应性策略，因此他们只能依赖他人的赞扬和控制来维持自尊（Kernberg, 1993; Kohut, 1977）。认知理论家则认为，儿童期重要他人的纵容和高估，导致一些自恋型人格障碍个体对其自我价值形成不现实的积极假设(Beck & Freeman, 1990)。还有一些有这种障碍的人认为自己独一无二或与众不同，则是源于情感需要未被满足或被生活中重要他人拒绝后的防御反应。一项研究发现，与被诊断为其他障碍的人相比，被诊断为自恋型人格障碍的人明显更可能认可诸如“规则是用于其他人的，我不需要受其约束”这样的想法（ Beck et al., 2001 ）。

研究者（ Pincus & Lukowitzky, 2010 ）强调，自恋者既是浮夸的也是脆弱的。浮夸的自恋者在处理自尊困境时，将自己看作卓越和独特，并陷入自以为是的幻想之中。这类人自认为享有特权，利用、嫉妒和攻击他人，尤其是当他们痛苦的时候。他们可能会对别人做出犯罪或暴力行为。脆弱的自恋者在处理自尊困境时，也会陷入自以为是的幻想中，以此平息强烈的羞耻感。这类人对拒绝和批评高度敏感，因此会回避他人。有证据表明，自恋型人格障碍个体或在自恋测量上得分高的人，其行为和想法可分为这两种亚型（ Pincus & Lukowitzky, 2010; Ronningstam, 2011 ）。

像边缘型人格障碍一样，自恋型人格障碍也与童年的不幸经历有关，包括躯体虐待和忽视，或者父母之一被虐待或有精神健康问题（ Afifi et al., 2011 ）。

自恋型人格障碍的治疗

自恋型人格障碍个体一般不会寻求治疗，除非他们产生抑郁或面临严重的人际关系问题（ Ronningstam, 2011 ）。他们一般认为自己遇到的所有问题都是别人的缺点和问题导致的。不足为奇的是，自恋型人格特质使得来访者和治疗师之间建立稳定的工作同盟变得非常困难。通过强调合作性的治疗取向，治疗师使用认知技术来教来访者质疑其最初的自我夸大的情境解释方式，以此帮助他们形成对自身能力更加现实的期望，并对他人的需要更加敏感（ Beck & Freeman, 1990 ）。尽管如此，这些自我理解和自我服务偏差的改变对自恋型人格障碍个体来说着实不易，一旦急性症状或者人际关系问题得到缓解，这些人通常就不会继续接受治疗。然而，与表演型人格障碍一样，尚未发表对自恋型人格障碍的系统性的心理治疗和药物治疗方面的研究（ Dhawan et al., 2010; Stoffers et al., 2011 ）。

C组：焦虑-恐惧性人格障碍

C 组焦虑-恐惧性人格障碍包括回避型人格障碍、依赖型人格障碍和强迫型人格障碍，特征是慢性的焦虑感或者恐惧感，以及意图回避恐惧情境的行为（ 表 9.8 ）。具有这三种人格障碍之一的人，其恐惧的对象不同，但都是神经质的和不愉快的。

回避型人格障碍

回避型人格障碍（ avoidant personality disorder ）个体自尊低，容易感到羞愧，对于别人的批评感到极度焦虑，因此他们尽量避免与其他人交流，以减少被批评的可能（ 见表 9.9 ）。他们可能会选择社会隔离性较高的职业，如荒野公园的管理员。他们典型的两种病理人格特质是负性情感和分离。当必须和别人交流的时候，回避型人格障碍个体表现得拘谨、紧张，并且对可能被评价或批评的信号高度敏感。他们害怕自己会说一些愚蠢的话或者做出让自己尴尬的事情。他们容易感到抑郁和孤独。

表 9.8　C组：焦虑–恐惧性人格障碍

焦虑–恐惧性人格障碍个体经常焦虑或恐惧。		
名称	**主要特点**	**类似障碍**
回避型人格障碍	其模式是：社交抑制、自感能力不足、害怕被批评，导致回避社交活动且神经质	社交恐惧
依赖型人格障碍	其模式是：过度需要他人照顾以至于产生顺从和依附行为，导致对其他人的高度依赖	分离焦虑障碍、持续性抑郁障碍（恶劣心境）
强迫型人格障碍	其模式是：沉湎于有秩序、极端的完美主义和控制，导致情感抑制，在日常活动和人际关系上表现出僵化，甚至日程中的微小变动也会引起焦虑	强迫症

虽然他们可能渴望和其他人建立关系，但他们感觉这种关系是没有价值的，并自我孤立起来，如下面的个案研究所描述的。

个案研究

32 岁的鲁斯安是一名邮递员。她请求上级给她分配一条乡村邮递路线，这样她一天的大部分时间都不用跟人说话。鲁斯安总是害怕跟其他人交谈，认为他们会评判她。当被迫与其他人接触时，她认定对方会发现她又蠢又丑，并找出她感到自己在这些交流过程中犯下的许多“社交错误”。鲁斯安独自居住，不和任何人约会，因为她觉得男人会发现她毫无魅力且愚蠢，因而拒绝与她交往。

全美研究发现，2.4% 的人可被诊断为回避型人格障碍，女性多于男性（Grant, Hasin, et al., 2004）。该障碍个体容易产生持续性抑郁障碍，包括重性抑郁和重度焦虑的交替发作（Grant, Stinson, et al., 2004）。

回避型人格障碍和社交焦虑障碍的特征有如此多的重叠（见第 5 章），以至于它们可能是同一种障碍的不同形式。特别是，这两种障碍个体都对他们的社交互动进

表 9.9　回避型人格障碍

回避型人格障碍个体可能选择可以让他们回避他人的职业。

— 症状包括：

- 容易羞愧
- 对批评高度敏感
- 抑制和分离
- 与他人隔离
- 对社交情境重度焦虑

— 一般人群中的患病率为2.4%

— 这种诊断在女性中比男性中更常见

— 经常伴有抑郁和焦虑

行高度的自我批评（Gox et al., 2011）。回避型人格障碍个体比社交焦虑障碍个体对社交场合往往会有更加严重和普遍的焦虑，并且焦虑会对他们造成更大的损害（Huppert et al., 2008）。尽管如此，他们也可能渴望被接纳和喜爱，有时幻想与他人建立了理想化的关系。

回避型人格障碍的理论

双生子研究显示，回避型人格障碍受到遗传的影响，并且影响回避型人格障碍和社交焦虑障碍的基因可能相同（Reichborn-Kuennerud et al., 2007）。与其他人格障碍不同，回避型人格障碍与儿童期性虐待和躯体虐待没有很强的联系，但此障碍个体报告了更多的情感忽视（Afifi et al., 2011）。

认知理论家提出，回避型人格障碍个体发展出功能失调的信念，认为自己没有价值，这是生命早期被重要他人拒绝的结果（Beck & Freeman, 1990）。他们主张，遭受父母拒绝的孩子会得出这样的结论："如果我的父母都不喜欢我，还有谁会喜欢我？"因而他们回避与其他人交流。他们的想法是这样的："一旦人们认识我，他们就会发现我真的很差劲。"当必须与其他人交流的时候，他们会变得不自信和神经质，心想："我一定要在时时处处都取悦对方，否则她就会批评我。"他们也倾向于低估自己从他人那里得到的正性反馈，认为其他人只是出于礼貌，或者尚还没有发现他们有多么无能。一项针对130名回避型人格障碍患者的研究发现，他们比其他人格障碍患者更赞同这类想法（Beck et al., 2001）。

回避型人格障碍的治疗

认知和行为疗法已经被证明对回避型人格障碍个体有帮助。这些治疗包括让他们逐渐接触社交环境，进行社交技能训练，以及质疑个体对自身和社交情境的负性自动思维。接受这些治疗的人社交频率增加，社交范围扩大，回避行为减少，并且参与社交活动时的舒适感和满意度也增大（Emmelkamp et al., 2006; Pretzer, 2004）。

5–羟色胺再摄取抑制剂有时被用来减少具有回避型人格障碍之人的社交焦虑，但对其治疗回避型人格障碍有效性的研究还很少（Ripoll, Triebwasser, & Siever, 2011）。

回避型人格障碍个体通常会选择可以让他们回避其他人的职业。

依赖型人格障碍

依赖型人格障碍（dependent personality disorder）个体对人际交往感到焦虑，但他们的焦虑来源于渴望得到他人关心这样一种深层的需要，而不是担心受到批评。依赖型人格障碍个体渴望得到其他人的关心和爱，致使他们否认任何可能令他人不悦并导致分歧的自身想法和感受，屈服于极不合理或令人不悦的要求，极度地依附于他人。依赖型人格障碍个体很难做出日常决定，过度依赖他人的建议和保证；他们不会发起一项新的活动，除非是为了努力取悦别人。回避型人格障碍个体避免人际交往，除非确信他们会被喜欢，与之相反，依赖型人格障碍个体只有处在人际关系中才能发挥功能，为了获得关心和支持而过度迁就他人。依赖型人格障碍个体十分害怕失去人际关系的支持，害怕必须承担责任，为了维持关系，他们宁愿被利用或者虐待，就像下面案例中的弗兰西丝卡一样。

个案研究

弗兰西丝卡感到恐慌，因为她的丈夫好像对她越来越生气。昨天晚上，因为害怕自己一个人留在家里，她问丈夫能否取消他这次的商务旅行，丈夫勃然大怒，大声嚷道，“你不能自己一个人待着！你不能自己一个人做些事情！你甚至连决定晚饭吃什么都做不到了，我受够了！你要长大，像个成年人！”

的确，让弗兰西丝卡自己做决定非常困难。高中的时候，她不能决定自己应该选什么课，于是她花了很长时间去问父母和朋友自己该怎么办。最终，她按照母亲和好朋友的主意去选课。高中毕业后，她认为自己不够聪明，上不了大学，尽管她高中的成绩还相当不错。她去了一家公司上班，因为她的一个好朋友也在那里上班，她希望和这个朋友保持亲密的关系。尽管如此，这位朋友最终离她而去，因为她实在受不了弗兰西丝卡无休止地向她寻求安慰和保证。弗兰西丝卡经常为朋友买礼物，帮助朋友洗衣服或者煮饭，显然是想赢得朋友的好感。但是她也会在晚上把朋友留在身边，连续几个小时询问对方，她在一些鸡毛蒜皮的小事上所做的决定是否正确，如圣诞节应该给母亲买什么礼物，以及对方如何看待她在工作中的表现。

朋友离去后不久，弗兰西丝卡遇到了她未来的丈夫。当他对弗兰西丝卡表现出一些好感时，她立即试图和他形成更加紧密的关系。她喜欢他看起来强壮、自信，所以在他向她求婚的时候，她认为自己终于能够感到安全了。但是自从丈夫开始频繁地对她发脾气，弗兰西丝卡也就不停地担心丈夫将要离她而去。

全美流行病学调查数据显示，依赖型人格障碍的终生患病率估计为 0.49%，相对较低（Grant et al., 2004）。自我报告法发现的患病率高于结构化临床会谈，这表明许多人觉得自己患了依赖型人格障碍，但临床医生并没有得出这样的诊断。在临床条件下，被诊断为这种障碍的女性人数多于男性（Fabrega et al., 1991）。依赖型人格障碍个体往往也会同时出现抑郁和焦虑障碍，通常由人际冲突或关系破裂引发（Bornstein, 2012; Grant, Stinson, et al., 2004）。回避型人格障碍使得躯体疾病、配偶和儿童虐待、自杀行为以及高水平功能损害和高额医疗保健费用的风险增大（Bornstein, 2012; Loas, Cormier, & Perez-Diaz, 2011）。

依赖型人格障碍的理论

依赖型人格障碍存在家族遗传，一项双生子研究估计该障碍的遗传力为 0.81（Coolidge et al., 2004）。曾经有过分离焦虑障碍或慢性身体疾病的儿童和青少年更容易发展成依赖型人格障碍。

认知理论认为，依赖型人格障碍个体具有与他们的依赖需要相关的夸大和顽固的信念，如“我是穷困和软弱的”，正是这类信念驱使他们做出依赖行为。对 38 名依赖型人格障碍患者的研究发现，他们比其他人格障碍患者更赞同这类信念（Beck et al., 2001）。

依赖型人格障碍的治疗

与其他类型的人格障碍个体不同，依赖型人格障碍个体经常寻求治疗（Millon et al., 2000），可能表现出更好的自知力和自我意识。他们希望加强与关心他人的权威人士之间的联系，这可能促进了他们与治疗师的积极工作同盟的早期发展（Paris, 1998）。尽管多种心理社会疗法被用于治疗该障碍，但还没有任何一种疗法的有效性得到过系统检验。心理动力学疗法常常通过检视他们与治疗师的关系风格和解释移情过程，从而帮助来访者洞察他们与其照料者相处的早期经历，该经历导致了他们的依赖行为。非指导性疗法和人本主义疗法有助于培养依赖型人格障碍个体的自主性和自信（Millon et al., 2000）。

依赖型人格障碍的认知行为治疗包括行为技术和认知技术，前者的目的是增加自信行为并减少焦虑，后者的目的是质疑来访者需要依赖别人的假设（Beck & Freeman, 1990）。来访者被逐级暴露于引起焦虑的环境中，例如做出日常决定，然后再独立做出更重要的决定，这样逐级递进。例如，来访者和治疗师之间建立起独立行为难度逐渐增加的等级，来访者可以逐步尝试独立行动，一开始是自己决定午饭吃什么，最后则是自己决定做什么工作。每做出一个决定后，治疗师鼓励来访者认可自己的能力，质疑他们在做决定时的负性想法。治疗师还可以教给来访者一些放松技巧，使他们可以克服焦虑，完成家庭作业。除了治疗方法，关注来访者的社交网络对治疗师来说也很重要，有时婚姻或家庭治疗有助于阐明助长依赖、强化无助感和焦虑感、妨碍独立做出决定的那些关系模式（Bornstein, 2012）。

灰色地带

35 岁的埃伦•法伯是一名单身的保险公司经理，她来到一所大学医院的精神科急诊室，主诉有抑郁和驾车冲向悬崖的想法……她报告在 6 个月时间里持续心境恶劣、无精打采、丧失乐趣，并且情况越来越严重。法伯女士感到自己“像是铅做的”，最近每天有 15 ~ 20 个小时都躺在床上。她也报告每天都会有暴食发作，那一刻她可以吃下“能找到的任何东西”，包括整个巧克力蛋糕和很多盒饼干。她报告从青春期开始就有间歇性暴食问题，但是近来发作频率提高了，导致她在过去几个月体重增加了 20 磅……

法伯女士把症状的恶化归因于经济困难。她两个星期前被解雇了，就在看急诊之前。她声称那是因为她“欠了一小笔钱”。当被询问更多细节时，她自述欠了前雇主 15 万美元，另有一笔 10 万美元的欠款分散在当地多家银行，这些钱都被她挥霍了。

除了有生以来的空虚感，法伯女士描述她一直不确定自己在生活中想做什么，以及想和谁成为朋友。她与很多男性和女性有过短暂而密切的关系，但是她的急性子导致双方频繁争吵甚至动手。尽管她一直认为自己的童年是快乐和无忧无虑的，但是当她变得抑郁时，她开始回忆起童年时被母亲虐待的片段。一开始，她说梦到母亲把她推下楼梯，当时她只有 6 岁。后来，她又开始报告先前没有想起来的被母亲殴打或责骂的记忆。资料来源：Reprinted with permission from the *DSM-V* Casebook: A Learning Companion Disorders, Fifth Edition, (Copyright 2013). American Psychiatric Publishing, Inc.

你会对法伯女士做出什么诊断？（讨论见本章末尾。）

强迫型人格障碍

自我控制、注意细节、毅力、可靠性，这些品质在包括美国在内的很多社会都会受到高度赞许。然而，一些具备这些品质的人却走向了极端，变得僵化、完美主义、教条、反刍思维以及情绪郁结。这些人被认为具有**强迫型人格障碍**（obsessive-compulsive personality disorder）。强迫型人格障碍个体将他们的自尊建立在效率和实现不合理的高目标的基础上。他们是强迫性的；沉湎于规则、细节和秩序；过度追求完美。他们倾向于即使方法不对头，也顽固坚持一项任务，致使他们体验到负性情感。人际关系上，他们难以欣赏他人或忍受他人的怪癖，严格遵守规则。他们常常很固执，强迫他人遵守严格的行为标准。很多该障碍的特征都与“A 型”人格重叠。

强迫型人格障碍的许多特点和强迫症（OCD；见第 5 章）一致，而且和强迫症有较高的共病率（Lochner et al., 2011）。但强迫型人格障碍以一种更加普遍的方式与外界互动，而强迫症往往只表现出具体的强迫思维和强迫行为。强迫症个体关注非常具体的想法、想象、观念或行为，如果他们没有做这些就会感到非常焦虑（例如，如果他们没有检查炉子是否关了，他们会变得焦虑），而强迫型人格障碍个体通常更倾向于完美主义、僵化和强调秩序。

强迫型人格障碍个体往往看起来严厉、冷酷，并且紧张地控制自己的情绪，缺少自发性（Millon et al., 2000）。他们是不需要休闲活动和友谊的工作狂。其他人感觉他们固执、吝啬、占有欲强、喜欢说教和多管闲事。他们倾向于根据等级或地位与他人交往，对地位高的人恭敬奉承，对地位低的人则表现为鄙视、贬损和专制。尽管他们极度关心效率，但他们的完美主义和沉湎于遵守规则，却经常会妨碍任务的完成以及与他人的相处，就像下面的个案研究中那样。

个案研究

罗纳德·刘易斯是一位 32 岁的会计师，他的问题是“守不住一个女人”。他不明白这是为什么，但是当他讲述自己的故事时，原因是显而易见的。刘易斯先生是一个极其整洁和有条理的人，他认为其他人干扰了他那如精密机械般、完美的生活安排。多年来，他一直保持着几乎是一成不变的日程安排。工作日的时候，他早晨 6:47 起床，用 2 分 45 秒煮两个半熟的鸡蛋，在 8：15 坐到办公桌前。午饭时间是 12：00，晚饭是 6：00，晚上 11：00 上床睡觉。他星期六和星期日的日程安排是不同的，星期日主要是按部就班地阅读《纽约时报》。日程安排的任何改变都会在不同程度上使他感到焦虑、愤怒，产生一种做错事或者浪费时间的感觉。

秩序渗透在刘易斯先生生活的方方面面。他的公寓收拾得非常洁净，东西摆放得井井有条。他收集的大量书籍、录影带、邮票被仔细分类，整齐地摆放在恰当、熟悉的位置上。刘易斯先生的工作受到很高的评价，因为他对细节的注意，多次使公司免于陷入困境……尽管如此，他的完美主义也带来了一些问题。他是办公室里工作最慢的，可能也是效率最低的。他弄清了很多的细节，但可能无法正确地看待它们。他和同事的关系非常融洽，但却过于正式。他以“先生和女士”来称呼与自己在同一个办公室共事多年的同事，而通常同事们的习惯都是直呼其名。刘易斯先生的主要问题是他和女性的关系，总是重复着同样的模式。

一开始，事情进行得很顺利。但是不久以后，他开始讨厌那些由于不可避免的原因而打乱他的日程安排的女人。表现最明显的就是作息时间的安排。刘易斯先生睡眠很轻，并且有些神经衰弱，每天必须要完成一套精细的程序才能入睡。他必须喷一些鼻窦炎喷雾，吃两片阿司匹林，整理好房间，做 35 个仰卧起坐，再读两页词典。床单必须是干爽的，温度必须是合适的，房间必须没有噪音。显然，女人在此过夜会扰乱他的一方净土，因此在性爱之后，刘易斯先生总是设法让女人回家，或者待在客厅里。没有一个女人愿意长期忍受这种生活。（资料来源：Spitzer, R. L., Skodol, A. E., Gibbon, M., & Williams, J. B. W., 1983, *Psychopathology: A Case Book*, pp. 63-64. Copyright©1983 The McGraw-Hill Companies, Inc. Reprinted with Permission.）

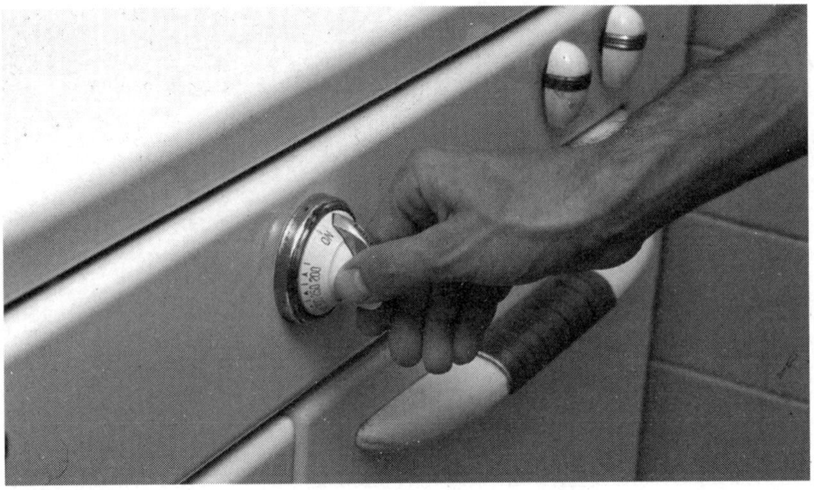

强迫型人格障碍个体非常关注秩序。

强迫型人格障碍是一种最普遍的人格障碍，多达 7.9% 的美国人口符合诊断标准，患病率没有性别差异（Grant, Hasin, et al., 2004）。该障碍个体容易产生抑郁、焦虑和进食障碍，但是不会达到前面讨论的其他那些人格障碍的程度（Grant, Stinson, et al., 2004）。有意思的是，大部分强迫症个体不会有强迫型人格障碍，但当这两种障碍同时出现时，强迫症和抑郁症状会更严重（Gordon, Salkovskis, et al., 2013）。

强迫型人格障碍的理论

认知理论认为，强迫型人格障碍个体持有类似这样的信念，如“瑕疵、缺陷或错误是无法容忍的”。一项研究发现，赞同这类信念的强迫型人格障碍个体明显多于其他人格障碍个体（Beck et al., 2001），但一项更近的研究并没有发现这种情况（Arntz, Weertman, & Salet, 2011）。

强迫型人格障碍似乎与在强迫症中发现的相似的基因因素有关（Lochner et al., 2011; Taylor, Asmundson, & Jang, 2011）。强迫型人格障碍个体与健康人群相比，经历过稍多的身体忽视的历史（Afifi et al., 2011）。

强迫型人格障碍的治疗

目前针对强迫型人格障碍的心理治疗还没有控制型研究，只有一项药物试验。支持性的疗法可以帮助这类个体克服促使他们寻求治疗的危机，行为疗法可以减少他们的强迫行为（Beck & Freeman, 1990; Millon et al., 2000）。例如，可以给来访者一个任务，让他在这一天对过去僵化的日程安排做出调整，开始只是把起床时间推迟 15 分钟，然后逐渐改变日程安排的其他部分。同时，来访者可以学习一些放松技术来克服因改变日程而产生的焦虑。来访者也可以记录下因日程改变而产生的自动负性思维（“晚起床 15 分钟让我的一整天都泡汤了”）。在下一次治疗时，治疗师可以和来访者讨论支持和反对这些自动思维的证据，逐渐用更灵活的信念和态度（包括评估亲密关系、休闲和娱乐、感受）来代替那些适应不良的想法和僵化的预期。有时选择性 5–羟色胺再摄取抑制剂类药物（例如，百忧解 [Prozac]）可以用来降低强迫性。

人格障碍的*DSM–5*维度模式

本章提到的 *DSM-5* 对人格障碍的定义和诊断标准与 *DSM-IV-TR* 相比没有变化。事实上，自从 1980 年 *DSM-III* 发布以来，这种理解人格障碍的类别化方案已经沿用了 30 多年。但是，*DSM-5* 包含了诊断人格障碍的维度模式，该维度模式吸收了维度或连续谱的视角。*DSM-5* 将此模式放在了另一部分，用于进一步研究（第三部分），并不用于当前的临床诊断。我们在此阐述是为了给人格障碍诊断的演变提供一个视角，也是对类别化诊断系统存在的问题予以回应。

多年来，临床医生和研究者指出，*DSM* 中人格障碍诊断标准的分类方法存在很多局限性（Kupfer, First, & Regier, 2002; Bernstein et al., 2007）。最明显的局限之一是 10 种人格障碍的诊断标准有大量的重叠之处（Grant et al., 2005; Zimmerman, Tothschild, & Chelminski, 2005）。临床医生们对于个体是否符合这些障碍的诊断标准很难达成共识（Trull & Durrett, 2005; Zanarini et al., 2000）。尽管人格障碍被概念化为个体的稳定特征，但纵向研究发现，随着时间推移，被诊断为这些障碍的人们表现出来的症状数量和严重程度都在发生变化，有些仍然符合人格障碍的诊断标准，有些则不再符合（Shea et al., 2002）。人们在发生急性障碍（如抑郁症）时，尤其可能看起来像是出现了人格障碍，但是当抑郁症状减少后，人格障碍的症状也会消退。最后，尽管存在 10 种不同的人格障碍诊断，但 *DSM* 诊断标准并不适用于很多看起来似乎有病理性人格的人，这些标准也不能反映出大量文献中具有跨文化一致性的基本人格特质（Verheul & Widiger, 2004）。

DSM-5 维度模式根据人格功能的损害和病理性人格特质来描述人格障碍的特征。诊断人格障碍的第一步是利用量表测量个体的自我感（或同一性）或与他人的关系，在此基础上决定他们的功能水平。自我和人际功能紊乱是人格精神病理的核心，可在一个基于“人格功能量表等级”的连续谱上来评估，范围从极少或无损害（0 级，健康的，适应功能）到极严重损害（4 级）。依据定义，做出人格障碍的诊断需要中度及以上水平的损害（2 级）。

诊断人格障碍的第二步是判断个体是否有任何病理性人格特质。虽然本章开头提到，不同的人的某些人格特性有着巨大的差异（例如，大五），但人们的人格似乎是在一个相对较小的人格特质或维度范围内变化的（Krueger et al., 2011; McCrae & Terracciano, 2005）。其中一个基本特质是，人们在多大程度上倾向于平和、镇静、安全，能够处理压力；或者情绪易变、不安全，对压力反应过度。这个维度在人格理论中被称为神经质（neuroticism）（McCrae & Costa, 1999），在 *DSM-5* 维度模式中被称为**负性情感**（negative affectivity）。第二个核心人格特质领域包括人们在多大程度上是适当外向的，适当地信任他人；或者倾向于退缩、回避和不信任。这个维度在 *DSM-5* 维度模式中被称为**分离**（detachment）。第三个维度，在 *DSM-5* 中被称为**对抗**（antagonism），该维度正性端的特征有诚实、适当的谦逊和关心他人，负性端的特征是欺诈、浮夸、无情。第四个核

核心人格特质包括人们在某种程度上倾向于适当外向、信任他人（左图），或者倾向于退缩、回避和不信任。

心人格特质领域称为**脱抑制**（disinhibition），变化范围从负责、有条理、谨慎到倾向于冲动、冒险、不负责任。

DSM-5 维度模式还有第五个维度，即**精神质**（psychoticism），此维度包含了一般人群中相对少见的一些人格特征，但在某些类型的功能失调中却是很重要的方面（Krueger et al., 2011; Watson, Clark, & Chmielewski, 2008）。在此维度上得分高的人有高度不寻常的信念和认识，倾向于相当反常。

总之，*DSM-5* 维度模式提出，要诊断个体患有人格障碍，他必须在同一性和人际功能上表现出明显困难，并有明显的病理性人格特质。另外，这些困难和特质对个体所处的发展阶段和社会文化环境来说必须是反常的。例如，如果一个人相信他能和死去的亲人对话，可这在他的文化中是一种普遍的观念，那么或许就不能在精神质上对他评高分。最后，这些困难和病理性特质不能归因于物质摄入（例如在麻醉中的幻觉）或躯体疾病（例如头部受击）的结果，也不能被其他精神障碍更好地解释。

虽然 *DSM-5* 将连续谱取向吸收进了人格障碍维度模式的一般标准中，但同时也包含了人们可能会被诊断的六种特定的人格障碍：反社会型、回避型、边缘型、自恋型、强迫型和分裂型。注意：本章讨论的另外四种人格障碍在维度模式中并未被明确承认。

诊断人格障碍的第三步是，确定个体是否符合这六种障碍之一的诊断标准。若个体不符合这些障碍的诊断标准，但仍然在他的自我感和人际关系上有明显困难，并伴有病理性人格特质，那么他就可以被诊断为特定特质型人格障碍（personality disorder-trait specified）。例如，一个人并不符合反社会型、回避型、边缘型、自恋型、强迫型或分裂型人格障碍的诊断标准，但他对他人是否喜欢他感到高度焦虑，因此为了从他人那里获得关注则会表现得不负责任，他可能会被诊断为具有特定特质型人格障碍。

反社会型人格障碍与包括虐待、忽视和不稳定的养育等这样的儿童期逆境史有关。

当临床医生诊断某人为特定特质型人格障碍时，随后要指明他具有哪些病理性人格特质。因此，*DSM-5* 的人格障碍取向是一个混合模型；即它将维度或连续谱取向与类别化取向相结合，类别化取向更适用于其他类型精神障碍的诊断。

这种维度—类别化混合模型及其成分旨在处理单纯的人格障碍类别化取向带来的明显局限。*DSM-5* 的作者们将此模型放在手册的单独部分，意在鼓励可能支持该诊断模型的研究，对人格障碍个体负责，同时也有助于提高人们对人格障碍成因和治疗的理解。未来将 *DSM-5* 维度模式与一般人格特质（例如，大五）联系起来的研究可能也会促进正常人格与病理性人格的整合（Core & Widiger, 2013）。

图 9.1　人格障碍的整合模型

难养型气质与不良教养方式的结合可能会导致人格障碍。

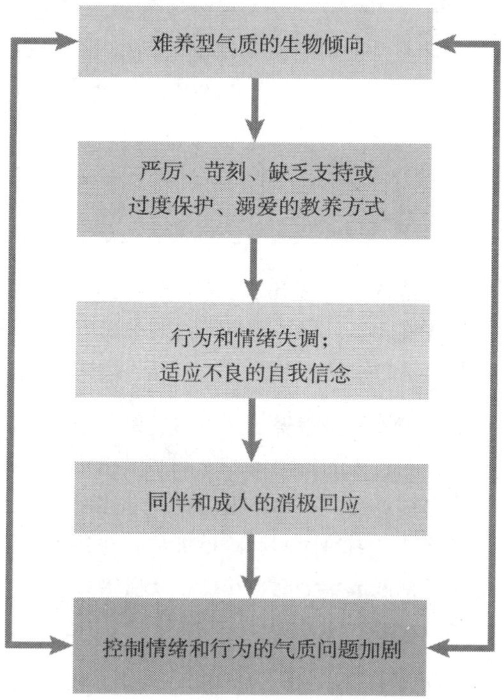

本章整合

本章讨论的几种人格障碍以及反社会型人格障碍（见第 11 章），都与儿童期逆境史有关，包括虐待和忽视、不稳定的养育和心理病态（Afifi et al., 2011）。这种联系有很多可能的原因（见图 9.1）。或许是遗传因素的结果，这既会造成父母的心理病态（导致忽视和虐待的教养方式以及家庭不稳定），也会造成孩子易患人格障碍。虐待和忽视以及遗传倾向，可能会引起一些儿童大脑发育的永久性改变，这些改变导致产生某些人格障碍的症状（Ruocco et al., 2012）。父母的心理病态造成的虐待、忽视和不良教养方式，也会导致儿童以适应不良的方式看待自身和世界，而且其调节情绪的能力也很差（Beck & Freeman, 1990; Millon et al., 2000）。遗传因素可能还会导致儿童产生适应不良的认知和情绪调节策略。有人格障碍早期症状的儿童更难养育，这也可能导致其父母产生更多的敌意和忽视行为。另一方面，那些生来就有人格障碍症状易感性的儿童，如果父母认可孩子的情绪体验，对他们的需求做出回应，帮助他们建立恰当的自我观念、处理压力和与世界相处的适应性方式，那么他们可能永远都不会发展出达到诊断标准的人格障碍。

灰色地带

讨论（对第300页的回顾）

法伯女士表现出心境障碍的体征，伴有心境恶劣、缺乏精力或乐趣，还有自杀的念头。她的睡眠和饮食模式也发生了急剧的变化。这可能表明她患有抑郁症，然而她的故事中的其他细节指出了某种人格障碍的可能性。法伯女士的挥霍行为、紧张甚至暴力的人际关系、空虚感以及不稳定的自我感和人际关系，表明她可能患有边缘型人格障碍。这一案例显示了临床医生在做出人格障碍诊断时面临的一个普遍问题:往往要到出现危机时，人格障碍个体才会被心理健康专业人士注意到，因此，很难诊断他们是只患有像抑郁症这样的急性障碍，还是同时患有或只是患有人格障碍。

批判性思考

临床上被诊断为边缘型人格障碍的女性远多于男性，但对一般人群的流行病学研究显示此障碍在女性中只是略微更普遍（Zanarini, Frankenburg, et al., 2012）。你认为在临床应用中对边缘型人格障碍诊断的性别歧视，是否能解释临床上女性比男性更多被诊断为该障碍？为什么？（讨论见本书末尾）

本章小结

- 人格是感知、感受、思考以及与自我和环境发生联系的持久模式。人格特质是人格的突出方面，具有跨时间和跨情境的相对一致性。
- *DSM-5*将人格障碍定义为明显偏离个体文化期望的内部经验和行为的持久模式（例如，感知和解释自我、他人或事件的方式；情绪反应；冲动控制；人际功能）。人格模式具有跨时间和跨情境的普遍性和稳定性，起始于少年期或成年早期，并且导致临床明显的痛苦和/或功能损害。
- 与*DSM-IV-TR*一样，*DSM-5*在人格障碍的分类上采用类别化取向，假定正常人格和病理性人格之间存在分界线。然而，*DSM-5*不再像*DSM-IV-TR*那样在独立的轴上对人格障碍进行分类。
- 根据描述上的相似性人格障碍可分为三组：A组包括奇异–古怪性人格障碍，B组包括戏剧化–情绪性人格障碍，C组包括焦虑–恐惧性人格障碍。
- A组奇异–古怪性人格障碍包括偏执型人格障碍（极端不信任他人）、分裂样人格障碍（极端社会退缩和分离）和分裂型人格障碍（在亲密关系中感到不适、行为古怪、不当的社交和认知–知觉扭曲）。这些障碍，尤其是分裂型人格障碍，可能和精神分裂症存在基因上的关联，也可能代表精神分裂症的温和形式。具有这些障碍的人通常社交关系不佳，并且患抑郁症和精神分裂症的风险增加。
- 奇异–古怪性人格障碍的心理疗法的疗效还没有得到实证检验。典型抗精神病药和非典型抗精神病药可用于治疗该障碍。
- B组戏剧化–情绪性人格障碍的特征是戏剧化、不稳定、情绪化的行为和人际关系，包括四种人格障碍：反社会型人格障碍（见第11章）、边缘型人格障碍、表演型人格障碍和自恋型人格障碍。边缘型人格障碍个体表现出严重不稳定的自我概念、情绪调节和人际关系以及冲动行为。表演型人格障碍个体表现出快速变化的心境、不稳定的人际关系、对注意和赞同的需要以及戏剧化和诱惑性的行为。自恋型人格障碍个体表现为浮夸、自大和利用他人。
- 边缘型人格障碍的理论认为，该障碍的起因是自我概念和情绪调节的困难。这些困难可能与童年逆境（特别是虐待）有关，该障碍个体经常（但并不总是）报告有这种情况。该障碍也与海马和杏仁核体积更小有关，杏仁核对情绪刺激有更大的反应，前额叶皮层的活动更少，这可能导致冲动行为和情绪调节困难。
- 辩证行为疗法已显示出在治疗边缘型人格障碍上的有效性。这种疗法的重点是帮助来访者获得更加现实和积极的自我意识，学会适应性技巧来处理痛苦、调节情绪和解决问题，以及纠正两极化思维。认知和心理动力学疗法（例如，移情焦点疗法和基于心智化疗法）也有所帮助。心境稳定剂和非典型抗精神病药可能是最有用的药物。
- 表演型人格障碍和自恋型人格障碍的疗法发展得更不完善，这些障碍个体并不倾向于寻求治疗，除非他们有明显的痛苦（例如，抑郁）或问题。认知疗法可能对他们有帮助。
- C组焦虑–恐惧性人格障碍的特征是焦虑、恐惧的情绪和长期的自我怀疑，导致适应不良的行为，包括三种人格障碍：依赖型人格障碍（极其需要关心且害怕被拒绝）、回避型人格障碍（社交焦虑和不足感导致的社交回避）和强迫型人格障碍（活动和人际关系的僵化）。
- 遗传因素和被重要他人拒绝的儿童期经历与回避型人格障碍的形成有关。其疗法包括认知行为干预，将来访者暴露在引起焦虑的人际情境下，帮助他们改变解释他人批评的方式。

- 强迫型人格障碍个体通常也有强迫症，这两种障碍有一些共同的遗传高危因素。行为干预治疗可以减少强迫，认知技术可以挑战僵化、完美主义的信念，这两种疗法能起到一定作用。
- 除了诊断人格障碍现有的分类模式之外，*DSM-5*在手册另一部分包含了一个替代的维度特质模式，以用于进一步的深入研究。维度模式要求临床医生根据人格功能的特殊困难和病理性人格特质的具体模式来诊断人格障碍。维度模式可能代表了未来人格障碍诊断的发展方向，并促进正常人格和病理性人格理论及研究的整合。

关键术语

人格
人格特质
五因素模型
人格障碍
偏执型人格障碍
分裂样人格障碍
分裂型人格障碍
边缘型人格障碍
辨证行为疗法
移情焦点疗法
基于心智化疗法
表演型人格障碍
自恋型人格障碍
回避型人格障碍
依赖型人格障碍
强迫型人格障碍
负性情感
分离
对抗
脱抑制
精神质

第10章

神经发育与神经认知障碍

本章提纲

连续谱模型下的神经发育与神经认知障碍

在过去几十年间，最令人激动的发现之一是人类的大脑在一生中发生如此巨大的变化。大脑发育的速度在生命早期十分惊人，其大小与复杂性在婴儿及儿童期急剧增长，随后在成年早期进一步成型与成熟（Casey, Tottenham, Liston, & Durston, 2005）。在整个成年期，大脑因人们的生活方式、经历以及健康状况而继续改变。之后随着人们变老，大脑的结构变化与功能完整性逐渐衰退，但大脑加工信息的方式具有适应性，这使得大部分人直到老年都保持着高水平的功能（Park & Reuter-Lorenz, 2009; Sowell et al., 2003）。

然而个体间大脑的发育与老化以及相关的认知、情绪和行为功能差异极大。年幼儿童的父母经常忐忑地记录孩子在重要发育里程碑上的进步，例如说话、走路和阅读。尽管一些孩子到达这些里程碑较晚，但大部分最终都获得了可使日常生活正常运转的关键技能。然而有些却仍然在基本学业技能上存在严重问题，例如阅读、写作和数学。还有一些儿童存在更广泛的认知缺陷，这会妨碍他们在许多生活领域中的功能。有些儿童的缺陷在于调节情绪与行为以及理解社交互动的能力不足。尽管这些困难可能部分源自不利的环境如创伤或贫困的影响，但其根源通常是异常的大脑发育。

与此类似，随着我们的大脑在成年中、晚期老化，其体积缩小，效率下降，致使大部分人体验到在感知和加工信息的速度、工作记忆中保持和操纵信息的能力以及长时记忆等方面逐渐衰退（见图 10.1）。大部分人可以利用我们积累的知识与经验弥补认知加工能力的衰退。然而对于某些人，大脑退化比一般情况更严重、更广泛，导致信息加工出现中度或严重缺陷，并因此影响到他们的日常生活功能。

图 10.1　认知加工随着年龄变化

有些认知功能随年龄增长而下降，而词语知识则随年龄而增加。

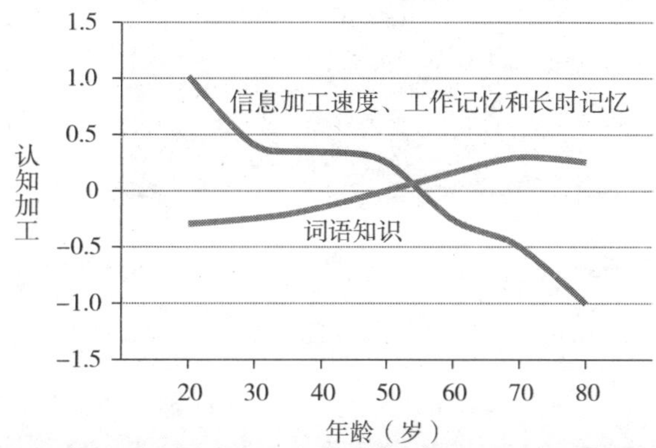

资料来源：Park & Reuter-Lorenz, 2009.

无论是儿童期还是老年期的脑功能失调，只有置于相应阶段个体应具有的典型或正常功能的背景之下，才能得以正确理解。侧重于研究儿童功能的正常与异常发育的心理学家被称为*发展心理病理学家*（developmental psychopathologist）。那些关注老年功能正常与失调变化的心理学家被称为*老年心理学家*（geropsychologist）。

非常人物

坦普尔·格兰丁，《用图像思考》

坦普尔·格兰丁博士是科罗拉多州立大学的动物学教授，美国各地三分之一的畜牧设施都是她设计的。她发表了数十篇科学论文，并在世界各地进行演讲。有些演讲描述了更加安全和人性化的动物饲养新设备及流程。有些描述了她作为一个孤独症患者的生活。

格兰丁在儿时表现出孤独症的典型症状（现称为孤独症谱系障碍）。还是个婴儿的时候，她就没有让母亲抱着的欲望，即便独自一人呆着也会很平静。年幼时的她很少与人目光接触，似乎对其他人缺乏兴趣。她经常大发脾气。一个人呆着的时候，她会前后摇晃，或反复转圈。她可以在海边坐几个小时，精神恍惚地看着沙子从指缝间流下。两岁时，她还没有开口说话，被标记为"脑部受损"，因为那时的医生还不了解孤独症谱系障碍。

幸运的是，格兰丁的母亲下定决心找到好老师，学习让女儿情绪平静的方法，并鼓励她说话和与他人交往。到上小学时格兰丁学会了说话，尽管大部分社交方面的缺陷仍然存在。12 岁时她的智商测试得分为 137（非常优秀），但仍被踢出普通学校，因为她不能适应。然而经过不懈地努力，她最终升入大学并获得心理学学位，之后进入研究生院获得动物学博士学位。

格兰丁在事业和个人生活上都取得了成功。她发现自己理解情绪和社会关系仍然很困难。她不能很好地"读懂"他人，经常发现自己冒犯了别人或者由于社交上的笨拙被他人注视：

> 我总觉得自己像一个从外部观察的旁观者。我无法参与高中的社交活动……同学们经常站在那里长时间地谈论珠宝首饰或者其他一些毫无意义的话题。他们能从这里面得到什么呢？我就是不能融入其中。我从未融入人群，但是我有几个有着同样兴趣比如喜欢滑雪和骑马的朋友。友情总是围绕着我做的事，而非我是谁（Grandin, 1995, p. 132）。

尽管如此，格兰丁并不为自己有孤独症而感到遗憾和自卑。她说：

> 即使我打个响指就能变成一个没有孤独症的人，我也不会这么做。孤独症是真正的我的一部分（p. 60）。

本书介绍的所有障碍都与大脑功能某种程度或某些方面的失调有关。本章我们讨论的障碍在 *DSM-5* 中具体分类为神经系统障碍。我们先思考一组通常首发于儿童期的这类障碍，叫作**神经发育障碍**（neurodevelopmental disorder）：注意缺陷 / 多动障碍；孤独症谱系障碍；智力障碍；学习、交流和运动障碍。然后我们考虑通常出现在老年期的这类障碍，称为**神经认知障碍**（neurocognitive disorder），即各种重度和轻度神经认知障碍以及谵妄。

注意缺陷 / 多动障碍

"专心！慢点！你今天太兴奋了！"大部分父母至少偶尔都会这样说。社会化的重点之一就是帮助儿童学会专心、控制冲动以及管理自己的行为，从而实现长远的目标。然而，有些儿童很难学会这些技巧，并可能被诊断为**注意缺陷/多动障碍**（attention-deficit/hyperactivity disorder，ADHD，见表 10.1）。下面个案研究中的埃迪就是一个有 ADHD 的小男孩。

表 10.1　注意缺陷/多动障碍的*DSM-5*诊断标准

A. 一种持续的注意缺陷和/或多动—冲动的模式，妨碍了功能或发育，以下列（1）和/或（2）为特征：

1. 注意缺陷：6项（或更多）的下列症状持续至少6个月，且达到了与发育水平不相符的程度，并直接负性地影响社会和学业/职业活动。

   注：这些症状不仅仅是对立行为、违拗、敌意的表现，或不能理解任务或指令。年龄较大的青少年和成年人（17岁及以上），至少需要符合下列症状中的5项。

   a. 经常不能密切注意细节，或在学校功课、工作或其他活动中犯粗心的错误（例如，忽视或遗漏细节，作品不精确）。
   b. 常常难以把注意力维持在任务或者游戏活动上（例如，在听课、对话或长篇阅读中难以保持专注）。
   c. 在他人对其直接说话时经常似乎并没有在听（例如，即使在没有任何明显干扰的情况下，显得心不在焉）。
   d. 经常不遵守指示，以致不能完成学校功课、家务或工作职责（例如，开始了任务但很快失去重点并且容易分神）。
   e. 经常难以组织任务和活动（例如，难以管理有次序的任务；难以把材料和物品放得井然有序；凌乱、工作没有头绪；时间管理差；易于错过截止日期）。
   f. 经常回避、厌恶或不情愿参与需要持续精神努力的任务（例如，学校功课或家庭作业；对于年龄较大的青少年和成年人，则指准备报告、完成表格或审阅长篇文章）。
   g. 经常丢失任务或活动所需的物品（例如，学校的材料、铅笔、书、工具、钱包、钥匙、文件、眼镜、手机）。
   h. 常常容易被外界的刺激分心（对于年龄较大的青少年和成年人，可能包括不相关的想法）。
   i. 在日常活动中常常忘记事情（例如，做家务、外出办事；对于年龄较大的青少年和成年人，则指回电话、付账单、约会）。

2. 多动和冲动：6项（或更多）的下列症状持续至少6个月，且达到了与发育水平不相符的程度，并直接负性地影响了社会和学业/职业活动。

   注：这些症状不仅仅是对立行为、违拗、敌意的表现，或不能理解任务或指令。年龄较大的青少年和成年人（17岁及以上），至少需要符合下列症状中的5项。

   a. 手或脚经常有些小动作，或在座位上扭动。
   b. 经常在被期待坐着的情景下擅自离开座位（例如，离开他或她在教室、办公室或其他工作场所，或者在其他情况下需要保持原位的位置）。
   c. 经常在不合时宜的场合乱跑或攀爬（注：对于青少年或成年人可以仅限于感到坐立不安）。
   d. 常常难以安静地玩耍或参与休闲活动。
   e. 常常"忙个不停"，好像"被发动机驱动着"（例如，在餐厅、会议中无法长时间保持不动或感到不舒服；可能被他人感受为坐立不安或难以跟上）。
   f. 常常过于多话。
   g. 经常在问题还没讲完之前答案就脱口而出（例如，接他人的话；在对话中不能等待轮流说话）。
   h. 经常难以等待轮到他/她（例如，当排队等待时）。
   i. 常常打断或侵扰他人（例如，插入他人的对话、游戏或活动；没有询问或未经允许就开始使用他人的东西；对于青少年和成年人，可能是侵扰或接管他人正在做的事情）。

B. 若干注意缺陷或多动—冲动的症状在12岁前就已出现。

C. 若干注意缺陷或多动—冲动的症状出现在两种或更多情境中（例如，在家里、学校或工作中；与朋友或亲属在一起时；在其他活动中）。

D. 有明确的证据显示这些症状干扰或降低了社交、学业或职业功能的质量。

E. 这些症状不仅仅出现在精神分裂症或其他精神病性障碍的病程中，也不能用其他精神障碍来更好地解释（例如，心境障碍、焦虑障碍、分离障碍、人格障碍、物质中毒或戒断）。

标注是否是：

组合表现：如果在过去6个月内，同时符合诊断标准A1（注意缺陷）和诊断标准A2（多动—冲动）。

主要表现为注意缺陷：如果在过去的6个月内，符合诊断标准A1（注意缺陷）但不符合诊断标准A2（多动—冲动）。

主要表现为多动/冲动：如果在过去的6个月内，符合诊断标准A2（多动—冲动）但不符合诊断标准A1（注意缺陷）。

资料来源：Reprinted with permission from the *Diagnostic and Statistical Manual of Mental Disorders*, Fifth Edition.
Copyright© 2013 American Psychiatric Association, pp. 59-60.

个案研究

由于 9 岁的埃迪在班上造成麻烦，在学校的要求下他被转介给儿童精神病医生。他的老师抱怨说埃迪没有一刻能够停下来，以致他的同学很难集中注意力。他很少在椅子上坐着，总是在其他孩子学习时走来走去，跟人家说话。坐在座位上时，他总是烦躁不安，手脚乱动，并且把东西丢到地板上。他最近一次被停课是因为他抓住黑板上方的日光灯支架荡秋千，结果挂在上面下不来了，造成全班轰动。

他妈妈说，埃迪还在学步时就存在行为问题。3 岁时，他极度多动并且要求很多。他睡眠一直很少，比其他任何人醒得都早。当他很小的时候，"没有他不干的事情"，特别是在清晨，他一般 4：30 到 5：00 之间就会醒来，然后自己下楼。父母起床后就发现客厅或者厨房一片狼藉。他 4 岁时有一次自己打开公寓的房门游荡到车水马龙的大街上。幸运的是，一位过路人把他救了下来。

埃迪对电视毫无兴趣，也不喜欢那些需要注意力或者耐心的游戏或者玩具。他不受别的孩子欢迎，在家里时更喜欢到户外去和他的狗玩耍或者骑自行车。如果他玩玩具，他的游戏杂乱无章并且经常中断。妈妈从来无法让他把东西摆放整齐。（Reprinted from the *DSM Casebook*: *A Learning Companion to the Diagnostic and Statistical Manual of Mental Disorders*, Fifth Edition. Copyright © 2013 American Psychiatric Association.）

大多数小学生都能安静地坐上一会儿，玩一些需要耐心和注意力的游戏。他们能够抑制住在课堂上跳起来或者走到车流中的冲动。埃迪做不到这些。他的行为是被驱使的和混乱的，这在 ADHD 儿童身上很普遍。

DSM-5 中，ADHD 有三种亚型。组合表现要求 6 项或以上注意力不集中症状以及 6 项或以上多动—冲动症状。如果出现 6 项或以上注意力不集中症状，但多动—冲动症状少于 6 项，则诊断为*主要表现为注意缺陷*。出现 6 项或以上多动—冲动症状，但注意力不集中症状少于 6 项，则诊断为*主要表现为多动/冲动*。埃迪似乎患有最后一种表现类型的 ADHD。

根据定义，ADHD 始于儿童期。*DSM-5* 中 ADHD 诊断标准最主要的变化之一，是症状起始的年龄限制由 7 岁提高至 12 岁，以体现相关的研究结果，即 7 岁的年龄截点不能充分体现许多最终表现出 ADHD 的儿童，而 12 岁的年龄截点可以充分体现 95% 有 ADHD 的个体（Barkley & Brown, 2011; Frick & Nigg, 2012; Kieling et al., 2010）。以先前 7 岁为年龄截点的流行病学研究显示，5% 的儿童有 ADHD（Polanczyk & Jensen, 2008）。根据 *DSM-5* 始发年龄到 12 岁的新诊断标准，这一数字可能低估了 ADHD 的实际患病率。男孩在儿童期和青春期早期出现 ADHD 的可能性是女孩的两倍多一点（Ramtekker et al., 2010）。有 ADHD 的女孩主要倾向于表现出注意缺陷的特征，破坏行为则少于有 ADHD 的男孩，这可能导致对女孩的病情识别不足（Biederman et al., 2002）。ADHD 在大多数文化和种族中都有发现。与一些媒

儿童通常精力旺盛，但只有一小部分孩子会被称为多动。

体的描述相反，在美国被诊断为 ADHD 的儿童百分比并不远高于其他国家（Polanczyk & Jensen, 2008）。就像埃迪，大多数 ADHD 儿童是在小学时确诊的。

ADHD 儿童通常在学校表现糟糕（Langberg et al., 2012）。因为他们不能集中注意力或者使自己平静下来，他们学不会课程内容，学业表现经常低于其智力水平。此外，20% ~ 25% 的 ADHD 儿童可能存在特殊的学习障碍，这使得他们在学校集中注意力以及学习都加倍困难（Wilens, Biederman, & Spencer, 2002）。

ADHD 儿童与其他孩子的关系可能会很差（就像埃迪），经常会遭到其他孩子的直接拒绝（Hoza et al., 2005）。在与同伴交流时，他们表现得唐突、易激惹、要求过多。他们只想以自己的规则行事，并且有时出现情绪和脾气问题。当事情不合他们的心意时，可能会变得具有攻击性。

一些 ADHD 儿童的行为问题在其发展的进程中会加重，严重到足以被诊断为品行障碍。对于 ADHD 组合表现型的儿童尤其如此。有品行障碍的儿童行事不顾及他人甚至反社会，因而严重违反恰当对待他人的社会和文化规范（见第 11 章）。ADHD 儿童中有 45% ~ 60% 的人会形成品行障碍、滥用毒品或酒精或触犯法律（Frick & Nigg, 2012; Lee et al., 2011）。对一些个体来说，品行问题会持续到成年期。

ADHD 儿童的长期结果差异很大。案例中约 50% 的症状会持续到成年早期（Klassen, Katzman, & Chokka, 2010）。在童年期被诊断为 ADHD 的成年人出现反社会人格障碍、物质滥用、情绪和焦虑障碍、婚姻问题、交通事故、违法行为，以及工作频繁跳槽的风险增大（Fischer & Barkley, 2006; Wilens et al., 2002）。某些终生难以在学业和职场以及社会关系中取得成功的成年人，可能在童年时曾患有未经诊断和治疗的 ADHD。一项美国的流行病学研究发现，4.4% 的成年人可能患有 ADHD（Kessler, Adler et al., 2006）。这些人更可能是男性，并在工作和社会生活中出现各种各样的困难。尽管其中很多人接受过其他障碍的治疗，但大部分人并没有得到专门的 ADHD 治疗。患有 ADHD 的成年人出现抑郁、焦虑障碍、物质滥用和反社会人格障碍的风险更高（Klassen et al., 2010）。

生物学因素

ADHD 表现出的注意、规划和完成活动以及冲动控制等困难，似乎与基本的大脑异常有关（Cubillo et al., 2012）。异常的活动见于若干脑区，包括前额叶皮层，它是控制认知、动机和行为的关键；纹状体，参与工作记忆和规划；以及小脑，它影响运动行为（Cubillo et al., 2012）。儿童的大脑皮层体积较小，并且皮层的额叶区域与影响运动行为、记忆和注意及情绪反应的脑区之间的连接较少。因为大脑皮层会继续发育直至进入青春期，一个假设是 ADHD 儿童的神经发育不成熟，即他们的脑发育比其他儿童缓慢，使得他们的注意维持和行为控制无法达到与年龄适宜的水平。这种未成熟假设有助于解释为什么一些儿童的 ADHD 症状（尤其是多动症状）会随着年龄增长而减少（Cubillo et al., 2012）。

儿茶酚胺类神经递质（特别是多巴胺和去甲肾上腺素）的功能在 ADHD 个体中

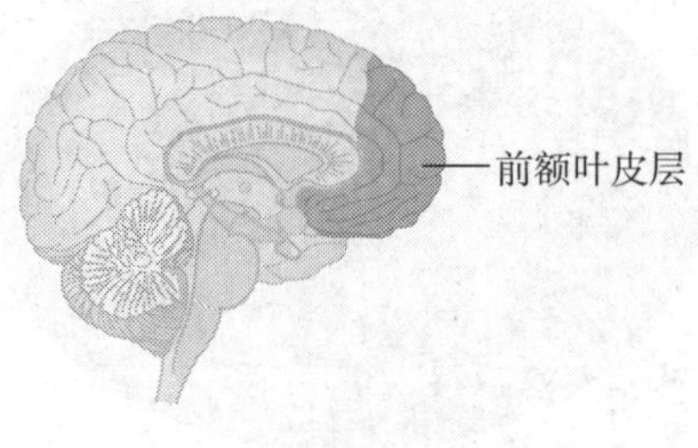

ADHD儿童的前额叶皮层较小且出现异常活动。

似乎存在异常（del Campo, Chamberlain, Sahakian, & Robbins, 2011）。前面我们已经讨论过神经递质在心境中的作用，然而神经递质在维持注意、抑制冲动和处理错误方面也起着重要的作用（Barnes et al., 2011）。影响这些神经递质水平的药物对治疗 ADHD 有益。

ADHD 与遗传因素有很强的关联（Albayrak et al., 2008; Poelmans et al., 2011）。ADHD 儿童的兄弟姐妹出现该障碍的可能性是无此障碍儿童的兄弟姐妹的三到四倍（Todd, Lobos, Sun, & Neuman, 2003）。一些其他障碍也有在 ADHD 儿童家族中遗传的趋势，包括反社会人格障碍、酗酒及抑郁（Barkley, 1991; Faraone, Biederman, Keenan, & Tsuang, 1991）。双生子研究和领养研究表明，遗传因素对 ADHD 的易致病性有影响（Mick & Faraone, 2008）。ADHD 的注意和多动症状似乎都具有遗传基础（Nikolas & Burt, 2010）。分子遗传学研究显示，影响多巴胺、去甲肾上腺素和 5–羟色胺的基因，在 ADHD 个体中可能存在异常（Barnes et al., 2011）。

ADHD 儿童往往经历过出生前和出生时的并发症。ADHD 与出生体重低、早产以及难产导致的缺氧有关（Nigg, 2006）。一些研究者怀疑，母亲在怀孕期间中度或者重度饮酒或大量摄入尼古丁或巴比妥类药物，则会导致 ADHD 儿童的各种行为抑制缺陷。另一些人则认为，这些关联是 ADHD 与饮酒和抽烟习惯之间共同的遗传风险导致的结果。一些 ADHD 儿童在学龄前因接触含铅的颜料而摄入了高浓度的铅（Fergusson, Horwood, & Lynskey, 1993）。

饮食与 ADHD 症状之间的联系并不一致。含有太多脂肪、钠、糖和食品添加剂的不健康“西方”食品与更严重的多动症症状有关，无论对于健康儿童还是 ADHD 儿童都是如此，但尚不清楚这种饮食是否引起了 ADHD 或其他精神功能障碍（Howard et al., 2011）。当移除饮食中的合成食物色素时，一小部分 ADHD 儿童的症状有所缓解（Nigg, Lewis, Edinger, & Falk, 2012）。

心理和社会因素

与没有心理障碍的儿童相比，ADHD 儿童通常生活在动荡的家庭环境中，并且父母有攻击和敌意行为以及物质滥用倾向（Barkley, Fischer, Smallish, & Fletcher, 1990）。然而这些关联可能是因为遗传因素对冲动性和认知问题的影响，导致了父母和 ADHD 儿童两者的行为（Handley et al., 2011）。家庭互动模式（尤其在儿童早期）会影响 ADHD 的病程及严重性，包括品行障碍的形成。

注意缺陷 / 多动障碍的治疗

对大部分 ADHD 儿童的治疗采用兴奋剂类药物，例如利他林、右旋苯丙胺和阿得拉（McBurnett & Starr, 2011）。让多动儿童服用兴奋剂似乎有点奇怪，但是 70% ~ 85% 的 ADHD 儿童对这些药物的反应是苛求、破坏和违拗行为的减少（Swanson et al., 2008）。此外，他们的积极情绪有所增加，目标导向能力和人际互动的质量也有所提升。兴奋剂可能是通过提高脑内突触中的多巴胺水平、增加多巴胺的释放并抑制其再摄取而起作用的（Swanson, Baler, & Volkow, 2011）。

兴奋剂的副作用包括食欲降低、失眠、烦躁和胃肠不适。兴奋剂也会增加

ADHD 儿童痉挛的频率。有人担心兴奋剂会阻碍生长发育，并且有证据表明开始服用兴奋剂的 ADHD 儿童生长速度出现下降（Swanson et al., 2007）。兴奋剂也存在滥用风险：追求刺激、转售赚钱，或希望在高中、大学或职场获得优势（见第 14 章）。

20 世纪 80 年代至 90 年代，全美被开具兴奋剂处方的儿童人数增长了 2 ~ 3 倍，在 2000 年后增长有所减缓（Zuvekas & Vitiello, 2012）。非拉美裔白人以及东北部各州的儿童使用率最高。有些研究者主张，该增长反映了人们对 ADHD 儿童以及他们的治疗需求有了更好的认识。另一些人则认为这代表了药物不恰当的过度使用，尤其对那些难以控制的儿童（Angold, Erkanli, Egger, & Costello, 2000）。现今尚缺乏实证证据来判断这些相互矛盾的观点。

在一项对美国东南部儿童进行的纵向研究中，72% 的 ADHD 儿童在 4 年的追踪期间曾使用兴奋剂，这表明绝大多数 ADHD 儿童都在接受治疗（Angold et al., 2000）。然而在这项研究中，多数服用兴奋剂的儿童的症状并不符合 ADHD 的诊断标准，这表明兴奋剂药方开错了，尤其是对于该研究中的男孩和较年幼的儿童。还需要更多研究来确定兴奋剂在儿童治疗中的使用是否恰当。

其他治疗 ADHD 的药物包括阿托西汀、氯压定和胍法新，它们不是兴奋剂，但会影响去甲肾上腺素水平。这些药物有助于减少 ADHD 儿童常见的痉挛，并提升认知表现（del Campo et al., 2011; Kratochvil et al., 2007）。这些药物的副作用包括口干、疲倦、眩晕、便秘和冷漠。

医生有时也给 ADHD 儿童和青少年开具抗抑郁药，特别是当他们也存在抑郁时。这类药物对于认知表现有一定的积极作用，但是对于治疗 ADHD 不如兴奋剂有效（Wilens et al., 2002）。安非他酮是一种强烈影响多巴胺水平的抗抑郁药，治疗 ADHD 似乎比其他抗抑郁药更有效。不幸的是，单独使用药物治疗 ADHD 儿童的效果是短暂的（Joshi, 2004）。只要一停药，症状往往重现。

ADHD 的行为疗法着重于强化专注的、目标指向的和亲社会的行为，以及消除冲动的和多动的行为（Miller & Hinshaw, 2012）。这些疗法通常会让家长和老师参与进来，以改变奖励和惩罚的方式来影响儿童生活中的很多方面。儿童可以和父母达成协议，每次他服从要求洗手或放好玩具，就获得一个筹码。每个周末，他可以用筹码换取有趣的奖励。每次儿童拒绝服从要求，则失去一个筹码。这类技巧可以帮助父母打破这样一个循环——与孩子争吵，进而导致孩子的问题行为升级，而这又导致更多的争论，甚至引发身体暴力。孩子学习预期自己行为的后果，从而较少做出冲动选择。教导他们更恰当地与人互动，包括在游戏中等待轮到自己，找到非攻击性的方法来表达挫折感以及聆听其他人说话。对 174 项评估行为疗法有效性

ADHD行为疗法中，儿童和父母可以达成协议，每次她服从要求洗手时，就将获得一个筹码。在每个周末，她可以用筹码换取有趣的奖励，如吃一个蛋卷冰淇淋，或换得更多的看电视时间。

的研究进行元分析，发现了有力且一致的证据，表明行为疗法在减轻儿童的 ADHD 症状方面非常有效（Fabiano et al., 2009）。

一些研究表明，结合使用兴奋剂和心理社会疗法比单独使用一种疗法更能产生短期的改善。在一项多地域研究中，579 名 ADHD 儿童被随机分组，一部分接受利他林和行为疗法的联合治疗，一部分只接受其中一种疗法，还有一部分只接受常规社区看护（Jensen et al., 2001）。14 个月后，联合治疗组中 68% 的儿童 ADHD 行为（如注意力不集中和攻击行为）减少或停止。药物治疗组中 56% 的 ADHD 行为减少或停止。行为疗法组中仅有 34% 的儿童症状得到缓解。常规社区看护组中只有 25% 的儿童症状得到缓解。在 3 年、6 年和 8 年的跟踪调查中，全部三个治疗组的 ADHD 症状都持续地少于治疗前，但各治疗组间的结果并无差异（Jensen, Arnold, et al., 2007; Molina et al., 2009）。此外，在治疗结束后的 6 个月和 8 个月，全部三个组的症状仍多于没有被诊断为 ADHD 的同学（Molina et al., 2009）。

灰色地带

阅读下面对大学生杰克的描述。

在华盛顿大学上一年级时，杰克的平均绩点（GPA）只有 2.4，学业如此糟糕，于是父母带他去看心理医生。在与心理医生的会面中，父母认为杰克是一个懒惰、缺乏动机、固执和没有条理的人。他的兄弟与父母一样，在学校都很成功。在成长过程中，杰克看似聪明，却总是因为忘记做作业，中途放弃或没有完成考试而毁掉自己的学分。完成一个项目后，他常会将其抛诸脑后或者弄丢。他可以全神贯注地看电视或玩游戏，但做作业时总是心不在焉。父母也注意到，他总是迟到，并且似乎不介意让所有人等他一个人。

当心理医生与杰克单独交谈时，他看起来是个友善、礼貌的年轻人。他对学校感到沮丧和困惑。他承认自己没有像兄弟那样有好成绩，也知道父母对他有更高的期望。小的时候他在学校的表现不错，在小学时他认为自己是聪明的。但是升入初中后他的成绩下滑了，高中时又下滑了，如今在大学里成绩再次下滑。他认为自己理解课堂内容，但总是忘记或漏掉东西，并且经常走神。在课堂以外，他有一小群支持他的朋友，并参与各种各样的体育和休闲活动。他否认吸毒或参与违法行为（改编自Vitkus, 2004, pp. 193-199）。

杰克的问题可能是什么因素造成的？在做出诊断前，你还想了解哪些额外的信息？（讨论见本章末尾。）

孤独症谱系障碍

孤独症谱系障碍（autism spectrum disorder, 也译作自闭症谱系障碍）包含两个基础行为领域的损伤——社交和交流缺陷以及受限的、重复的行为、兴趣和活动模式（见表 10.2）。下面个案中的理查德是一名患有孤独症谱系障碍的儿童，表现了该障碍一系列的典型缺陷。

个案研究

三岁半的理查德看起来沉默寡言且远离他人。他早晨不和母亲打招呼，父亲下班回家时也不问候。然而，如果将其留给保姆照看，他往往大部分时间都在尖叫。他对其他孩子毫无兴趣，对自己的弟弟也同样忽视。他说话含糊不清，没有交谈的语调。直到 3 岁他才能理解简单的实用指令。他的话语只是重复以前听来的字词和短语，并带有最初说这话人的口音和语调；他可以用一两个短语表达自己的简单需要。比如，如果他说“你想喝点什么吗？”这表示他渴了。除了牵着别人并把对方的手放在他想要的物体上，他不会用表情、手势或者模仿动作来交流。他对明亮的光线和旋转的物体着迷，会盯着这些东西拍着手笑、踮着脚跳舞。他非常迷恋一辆玩具汽车，时刻拿在手里，但是从没有带着想象力玩过这个或者其他玩具。从两岁起他开始收集厨房餐具，按照重复的模式摆满了整个房子的地板。这些爱好以及偶尔漫无目的的跑动构成了他全部的自发行为。

管教理查德最主要的问题是他对任何改变或培养他兴趣的尝试都强烈抵制。拿走他的玩具汽车，甚至恢复物品的原有功能，例如将打蛋器或勺子用于烹饪，或者让他看图画书，都会使理查德突然大发脾气一小时以上，尖叫、踢打、咬自己和别人。只有恢复原样，才能让他停止发脾气。

父母曾经怀疑过他是否耳聋，但他对音乐的喜爱，准确的模仿，对某些极其微弱的声音的敏感，例如在隔壁房间打开巧克力包装的声音，都使他们确信耳聋并不是他行为异常的原因。心理测试表明，理查德的非语言技能（例如组装物品）与 3 岁儿童相当，但是语言理解能力只有 18 个月儿童的水平。（Reprinted from the *DSM Casebook: A Learning Companion to the Diagnostic and Statistical Manual of Mental Disorders,* Fifth Edition. Copyright © 2013 American Psychiatric Association.）

表 10.2 孤独症谱系障碍的*DSM–5*诊断标准

A. 在多种场所下，社会交往和社交互动方面存在持续性的缺陷，表现为目前或历史中的下列情况（以下为示范性举例，而非详尽列举；见*DSM-5*正文）：

1. 社交情感互惠方面的缺陷；从异常的社交接触和不能正常地来回对话，到兴趣、情绪或情感分享的减少，或者不能启动或对社交互动做出回应。
2. 在社交互动中使用非语言交流行为的缺陷，例如，从语言和非语言交流的整合困难，到异常的眼神接触和身体语言，到理解和使用手势方面的缺陷，或者到面部表情和非语言交流的完全缺失。
3. 发展、维持和理解人际关系的缺陷，例如，从难以调整自己的行为以适应各种社交情境，到难以分享想象的游戏或交友困难，到对同伴缺乏兴趣。

B. 受限的、重复的行为模式、兴趣或活动，表现为目前或历史上的至少下列2项情况（以下例子为示范性举例，而非全部列举；见*DSM-5*正文）：

1. 刻板或重复的躯体运动、物体使用或言语（例如，简单的躯体刻板运动、摆放玩具或翻转物体、模仿言语、特殊短语）。
2. 坚持相同性、缺乏弹性地固守常规或者仪式化的语言或非语言的行为模式（例如，对微小的改变极端痛苦、难以转变、僵化的思维模式、仪式化的问候、需要走相同的路线或每天吃同样的食物）。
3. 高度受限的、固定的兴趣，其强度和专注度方面是异常的（例如，对不寻常物体的强烈依恋或先占观念，过度局限或持续的兴趣）。
4. 对感觉输入的过度反应或反应不足，或在对环境的感受方面不同寻常的兴趣（例如，对疼痛/温度明显地漠不关心，对特定的声音或质地的不良反应，对物体过度地嗅或触摸，对光线或运动着迷）。

C. 症状必须存在于发育早期（但是，直到社交需求超过有限的能力时，缺陷可能才会完全表现出来，或可能被后天学会的策略所掩盖）。

D. 这些症状造成社交、职业或目前其他重要功能方面的有明显临床意义的损害。

E. 这些症状不能用智力障碍或全面发育迟缓来更好地解释。智力障碍和孤独症谱系障碍经常共同出现；做出孤独症谱系障碍和智力障碍的合并诊断时，其社会交往（标准A）必须低于预期的总体发育水平。

资料来源：Reprinted with permission from the *Diagnostic and Statistical Manual of Mental Disorders*, Fifth Edition. Copyright© 2013 American Psychiatric Association.

孤独症（autism）的社交和交流缺陷可能首次出现于婴幼儿与父母的互动中，这些互动的特征通常是相互喜爱。与正常发育的儿童相比，有孤独症谱系障碍的婴儿不会对照料者报以微笑或发出咿呀声，或主动和照料者一起玩耍。甚至受到惊吓时，他们也不想依偎到父母怀里。与相应的文化常模相比他们可能极少进行目光接触；或者表现出联合注意（即无法跟随照料者的指向或注视）。其他早期症状通常包含语言发展迟缓。长大一些后，孤独症谱系障碍儿童可能不喜欢与其他儿童一起玩，而更愿意独自玩耍。他们对他人的情绪似乎也不会作出反应。本章开篇坦普尔·格兰丁描述了她如何不得不努力克服社交理解缺陷。

约 50% 的孤独症谱系障碍儿童不具备有效沟通的言语。那些确实发展了语言能力的儿童，也可能不像其他儿童那样使用语言。在理查德的个案研究中，他表现出孤独症谱系障碍儿童若干典型的沟通问题。他不能产生自己的词汇，而是单纯重复自己刚刚听到的，这种行为被称为**言语模仿症**（echolalia）。他颠倒代词，用你来表示我。当他的确试图产生自己的词句时，其语言是单方的，缺乏社交的相互性，并且他不会为了提高表现力而调节自己的声音，其话语听起来几乎像单音调的合成语音。

第二种缺陷与孤独症谱系障碍儿童的活动和兴趣有关。他们不是象征性地玩玩具，而是专注于玩具或者物体的某一个特征。理查德迷恋他的玩具汽车，走到哪里都带着但又不玩，而坦普尔·格兰丁只对看着沙子从指间流下感兴趣。他们会对玩具做出古怪的重复行为。孤独症谱系障碍儿童可能会将洋娃娃的胳膊卸下来，在手中掂来抛去，而不是用两个洋娃娃玩“过家家”的游戏。常规和仪式对孤独症谱系障碍儿童常常极其重要。如果日常惯例的任何一个方面发生改变——例如母亲在去学校的途中在银行停下来——他们就会变得过分害怕和非常痛苦。有些儿童用身体的某个部位做出重复的刻板行为，例如不停地拍手或者用头撞墙。这种行为有时被称为自我刺激行为，其假设是这些儿童做出这些举动是为了获得自我刺激。然而，尚不清楚这是否是他们真正的目的。

孤独症谱系障碍儿童通常在 IQ 测试等智力的测量上表现糟糕，其中大约 50% 的孤独症儿童表现出至少中度的智力缺陷（Mattila et al., 2011; Sigman, Spence, & Wang, 2006）。然而，有些孤独症谱系障碍儿童的缺陷仅限于需要语言和理解他人观点的技能，他们在不需要语言技能的测验中得分可能处在正常范围。尽管坦普尔·格兰丁有孤独症谱系障碍，但她的智力显然在平均水平之上。大众媒体大肆报道过一些孤独症谱系障碍儿童的特殊才能，例如无师自通的音乐和出众的绘画才能，或者超强的记忆和数学计算能力，就像电影《雨人》中所描绘的。这些人有时被称为低能天才。然而，这样的案例相当少见（Bölte, & Poustka, 2004）。

要诊断为孤独症谱系障碍，其症状必须始发于儿童期早期。值得注意的是，孤独症的严重程度和后果都不尽相同。一项研究对 68 个人进行了追踪，他们都曾在儿童期被诊断为孤独症且操作（非言语）智商至少为 50（Howlin, Goode, Hutton, & Rutter, 2004）。成年后，其中 13 人获得了学位，5 个人上了大学，2 个人取得了研究生学位。在 68 人当中，23 人有工作，18 人有亲密的朋友。然而，大部分人仍需要父母持续的支持或接受居住式护理。39 人（58%）的整体结果被评价为“差”或“非常差”。他们不能独自居住或保有工作，并且在交流和社交方面一直有问题。

迄今为止，孤独症谱系障碍结局的最佳预测因素是儿童的智商和 6 岁前的语言发展（Howlin et al., 2004; Nordin & Gillberg, 1998）。智商高于 50 并且 6 岁前能够进行言语沟通的儿童，其预后比其他儿童好得多。智商达到 70 或以上的孤独症谱系障碍个体尤其可能获得“好”或“很好”的结果（Howlin et al., 2004）。

在 *DSM-IV-TR*（1994 年出版）中，孤独症属于**广泛性发育障碍**（pervasive developmental disorders, PDDs）类别中的一种，其诊断要求（四种可能症状中）出现两种社交缺陷症状，交流问题和重复的 / 刻板的行为症状各一种（各有四种可能的症状）；此外症状起始必须在 3 岁前。艾斯伯格症（Asperger's disorder）是另一种 PDD 并且经常被认为是一种高功能孤独症，包括社交缺陷和受限的重复行为，但并无明显的交流缺陷。另外两种相对少见的变型（雷特氏障碍和儿童期崩解症），连同非特定的广泛性发育障碍（pervasive developmental disorder not otherwise specified, PDD-NOS）一起，也属于 PDD。所有 PDD 的终生患病率大约为 1% ~ 2%（Baird et al., 2006; Kim et al., 2011; Fombonne, 2009）。

在电影《雨人》中，达斯廷 • 霍夫曼扮演了一位具有某些非凡能力的孤独症患者。

在 *DSM-5* 中，PDD 类别已被删除，只剩下孤独症谱系障碍，见表 10.2 的定义。这种变化是由于有证据表明，不同 PDD 间的区别难以准确辨别，尤其是孤独症和艾斯伯格综合征，并且这些 PDD 似乎有着共同的病因（Swedo et al., 2012）。此外，由于该障碍的表现因症状的严重程度、发展水平（例如 IQ）和年龄差异而不同，*DSM-5* 用“谱系”这一术语来涵盖这一系列有关但又不同的表现。*DSM-5* 中孤独症谱系障碍治疗方面的变化所带来的影响，引起了一些争论和担忧。几项初期的研究重新分析了 *DSM-IV-TR* 标准下确诊的儿童的数据，发现 *DSM-5* 孤独症谱系障碍诊断标准只能涵盖大约 50% ~ 60% 之前会被诊断为孤独症、艾斯伯格综合征或 PDD-NOS 的儿童（Mattila et al., 2011; McPartland, Reichow, & Volkmar, 2012）。这些研究表明，最可能不符合 *DSM-5* 孤独症谱系障碍诊断标准的是那些智商较高并且没有语言交流缺陷的儿童。此前被诊断为艾斯伯格综合征或 PDD-NOS 的个体，只有约四分之一的个体符合 *DSM-5* 孤独症谱系障碍诊断标准（McPartland et al., 2012）。这些结果使人们担忧诊断标准的改变会影响一些个体——即此前被诊断为孤独症障碍而非典型的低功能孤独症的个体——获取服务（McPartland et al., 2012）。不过，此类研究中一个最新及最大的项目发现，*DSM-5* 诊断标准识别了 91% 的 *DSM-IV* 诊断标准下的 PDD 儿童（Huerta et al., 2012），这意味着大部分儿童仍符合诊断及相关服务的条件。未来研究可能会进一步阐明这些诊断标准的变化所产生的影响。

孤独症谱系障碍的致病因素

多年来，有关孤独症的理论大量涌现。最先描述孤独症的精神病学家利奥 • 肯纳（Kanner, 1943）认为，孤独症是生物学因素和糟糕的养育共同导致的。他和其后

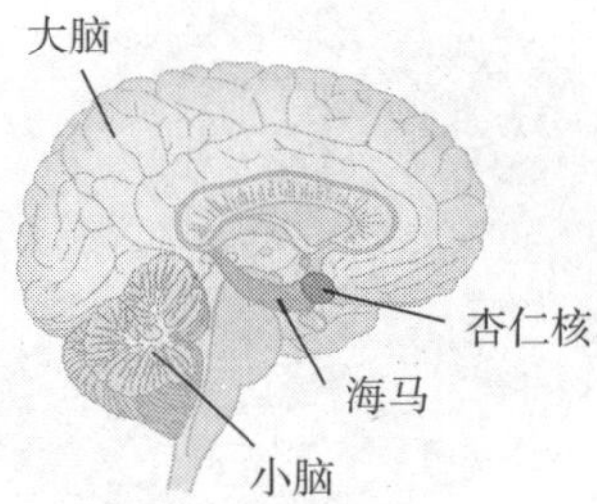

这些脑区都与孤独症有关。

的精神分析学家（Bettelheim, 1967）认为孤独症儿童的父母冷漠、疏远、毫无关爱之心。儿童的症状被视为其对父母角色缺失的反应，他们退缩至个人秘密的幻想世界里。然而，数十年的研究已经明确证实，无回应的养育方式与孤独症的形成几乎或完全没有关系。

一些生物学因素与孤独症谱系障碍的形成有关。家族研究和双生子研究有力地表明，这种障碍的形成受到遗传的影响。孤独症谱系障碍儿童的兄弟姐妹出现此障碍的可能性比无此障碍儿童的兄弟姐妹高 50 倍（Sigman et al., 2006）。双生子研究发现，同卵双生子都患孤独症谱系障碍的概率约为 60%，而异卵双生子此概率在 0% ~ 10% 之间（Folstein & Rosen-Sheidley, 2001）。此外，90% 有孤独症谱系障碍的同卵双生子存在严重的认知缺陷，而异卵双生子只有 10%。另外，孤独症谱系障碍儿童出现认知缺陷有关的其他遗传障碍的概率也高于平均水平，如脆性 X 综合征和苯丙酮尿症（Volkmar, State, & Klin, 2009）。这些数据表明，家族中存在针对若干类认知缺陷普遍的易致病性，其中只有一种认知缺陷表现为孤独症谱系障碍。似乎没有单一基因会引起孤独症谱系障碍；相反，几个基因的异常与孤独症谱系障碍有关（Liu, Paterson, Szatmari, and the Autism Genome Project Consortium, 2008; Sigman et al., 2006）。

神经学上的因素可能在孤独症谱系障碍中起着作用。孤独症谱系障碍所表现的大量缺陷表明，脑部的正常发育和组织被打乱（Sigman et al., 2006）。另外，约 30% 的孤独症谱系障碍儿童到青春期产生痉挛障碍，表明存在着严重的神经功能失调（Fombonne, 1999）。研究一致发现，孤独症谱系障碍儿童的头部和大脑比没有这种障碍的儿童体积大（Lotspeich et al., 2004; Via et al., 2011）。

神经成像研究发现，孤独症谱系障碍个体的脑部存在多种结构异常，包括小脑、大脑、杏仁核，可能还有海马（Sigman et al., 2006; Via et al., 2011）。孤独症谱系障碍儿童在做一些任务时，如果任务需要感知面部表情、与另一个人的联合注意、同理心或思考社交情境，他们的相关脑区的功能就会异常。例如，将面孔照片展示给他们时，他们与面孔知觉有关的梭状回激活程度低于正常发展的儿童（图 10.2; Schultz, 2005）。面部表情的感知和理解困难会导致这些儿童的社交缺陷。

神经机能障碍可能是遗传因素造成的。要不就是孤独症谱系障碍儿童在产前或者分娩时出现并发症的比例高于平均水平，这些并发症可能造成神经机能异常（Sigman et al., 2006）。而且，研究发现孤独症谱系障碍的有和无，会表现在儿童体内神经递质 5–羟色胺和多巴胺水平的差异，虽然尚不完全清楚这种差异意味着什么（Anderson & Hoshino, 1997）。

图 10.2 这类扫描有助于研究者理解孤独症谱系障碍的大脑活动

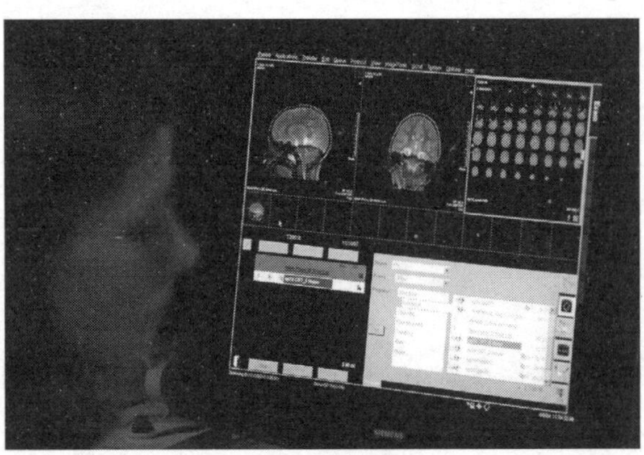

孤独症谱系障碍的治疗

已发现许多药物能够改善孤独症谱系障碍的一些症状，包括过度活跃、刻板行为（例如撞头和拍手）、睡眠障碍和紧张（McPheeters et al., 2011）。选择性 5–羟色胺再摄取抑制剂似乎能减少重复行为和攻击性，并改善部分孤独症谱系障碍个体的社会交往。非典型抗精神病药可减少强迫和重复的行为，增强自控能力。纳曲酮是一种阿片受体阻断剂，已证明有助于缓解一部分孤独症谱系障碍儿童的多动症状。最后，兴奋剂可用来提高注意力（Handen, Taylor, & Tumuluru, 2011）。虽然这些药物不能改变孤独症谱系障碍的核心特征，但有时便于孤独症谱系障碍个体更容易地融入学校和接受行为治疗。

孤独症谱系障碍的心理社会疗法结合了行为技术和结构化的教育服务（Lovaas & Smith, 2003; Reichow, Barton, Boyd, & Hume, 2012; Vismara & Rogers, 2010）。操作性条件反射策略可减少儿童的过度的行为，如重复行为和仪式行为、暴怒、攻击行为，以及缓解缺陷或延迟，如与他人交流和互动的缺陷。这些方法可以在专为孤独症谱系障碍儿童设立的高度结构化的学校里或在以这些儿童为主的常规课堂上实施。这些方法针对儿童在认知、运动或交流技能方面的具体缺陷，并使用能减少干扰的教学资料（例如不含明亮色彩文字的图书）。可以教导父母在家中这用这些方法不断对孩子进行训练。

一项先驱性研究显示，接受至少为期两年、每周至少 40 个小时的密集行为治疗后，47% 的孤独症谱系障碍儿童在 7 岁时达到了正常的智力和受教育水平。而仅接受常规机构照料的此类儿童只有 2% 的人达到同样的水平（Lovaas, 1987）。其他几项研究也表明，从早期开始就在家中和学校一起接受综合性行为疗法的孤独症谱系障碍儿童，在认知技能和行为控制方面有重大改善（元分析见 Eldevik et al., 2009）。

智力障碍

智力障碍（intellectual disabilities）（或智力发育障碍），以前称为精神发育迟滞，涉及在日常生活三大领域中明显的功能缺陷（见表 10.3）。首先，在概念领域个体存在技能上的缺陷，如语言、阅读、写作、数学、推理、知识、记忆和问题解决。第二，在社会生活领域个体在对他人体验的觉察和理解、人际沟通技能、结交和维持朋友的能力、社会判断以及社交中调节自身反应等方面存在困难。第三，在实践领域个体在进行个人护理（如保持卫生、购买生活用品、做饭）、管理个人财务、休闲娱乐、交通及管理自己以保有一份工作或上学等方面存在缺陷。有智力障碍的人通常也存在运动技能问题，如手眼协调及平衡。与其他同龄且具有相似社会人口统计背景和文化的人相比，这些缺陷必须是严重的。

表 10.3 智力障碍的*DSM–5*诊断标准

智力障碍（智力发育障碍）是在发育阶段发生的障碍，包括智力和适应功能两方面的缺陷，表现在概念、社交和实用的领域中。必须符合下列 3 项诊断标准：

A. 经过临床评估和个体化、标准化的智力测评确认，存在智力功能缺陷，如推理、问题解决、计划、抽象思维、判断、学业学习和从经验中学习。

B. 适应功能的缺陷导致未能达到个体独立和社会责任方面的发育水平和社会文化标准。如果没有持续的支持，适应缺陷会导致一项或多项日常生活功能受限，如交流、社会参与和独立生活，且跨越多种环境，如家庭、学校、工作和社区。

C. 智力和适应缺陷在发育阶段发生。

基于适应功能（而不是单独的智商分数）和所需的支持水平，智力障碍的严重程度可分为轻度、中度、重度或极重度。

资料来源：Reprinted with permission from the *Diagnostic and Statistical Manual of Mental Disorders*, Fifth Edition.
Copyright© 2013 American Psychiatric Association.

DSM-5 将智力障碍分为四种严重水平：轻度、中度、重度和极重度。轻度智力障碍的儿童和成年人掌握与学业或工作相关技能的能力存在一定的局限性，社交方面可能看起来不成熟并且与他人的交流过于拘泥于现实，表现出有限的社会判断和风险理解，除了在复杂情境（如法律或健康方面的决策）下，可以大致地照顾好自己。轻度智力障碍的成年人通常拥有一份有竞争性的但不强调概念技能的工作。

中度智力障碍的儿童一般语言发展明显延迟，例如在 3 岁时只能使用 4 ~ 10 个词语。他们可能动作笨拙，在自己穿衣和吃饭方面有一定的困难。他们的学业技能一般不会超过二年级的水平，但是如果接受特殊教育，可获得简单的职业技能。成年后，他们可以拥有一份只要求小学水平概念技能的工作，但可能需要很多帮助。通过大量的训练，他们可以学着照顾自己的个人需要（进食、个人卫生）。他们的社交可能因交流困难而受损，并且可能表现出较差的社会判断。

重度智力障碍的个体词汇量非常有限，而且可能只会说 2 ~ 3 个字词组成的句子。在儿童期他们的运动技能发展可能有严重缺陷，且可能不恰当地摆弄玩具（例如将两个洋娃娃相撞）。成年后，他们能够自己用勺子进食，如果衣服不复杂（没有拉链或者很多扣子）能自己穿衣服。他们不能独自旅行，无论距离远近，也不能自己购物或做饭。其中一些人能够学会一些不需要技巧的体力劳动，但是很多人做不到。在社交领域，他们通常缺乏风险意识，并且由于幼稚在一些社交情境中易受人诱导。他们在日常生活的方方面面都需要支持。

极重度智力障碍的个体通常不具备概念化技能，除了简单地匹配物体的具体物理特征。感觉和运动的同时受损会妨碍物体的功能性使用且使个体对日常活动的参与仅限于旁观。在社交领域，个体可能仅能理解简单而具体的指令和手势。即使在成年期，个体仍完全依赖于他人对其日常生活的全方位照顾，包括身体照料、健康和安全。不容忽视的少数极重度智力障碍个体存在适应不良行为。

单独施测的智力测验可评估疑似存在智力障碍个体的智力功能水平。智力测验可测量言语理解、工作记忆、知觉推理、数量推理、抽象思维和加工速度。智力障碍个体的 IQ 分数通常低于总人口的平均 IQ 分数（100）两个标准差；换言之，IQ 分数为 70 ± 5（65 ~ 75）或更低。但是，在确定智力障碍的严重程度时，*DSM-5* 不再强调诊断标准中的智力测验分数，相反，将临床医师的关注聚焦于个体在概念、社交和实践领域的适应功能水平上，部分原因是 IQ 分数可能会误导或被误用。据估计 1% ~ 3% 的人口存在智力发育障碍（Humeau, Gambino, Chelly, & Vitale, 2009）。

智力障碍的生物学因素

许多生物学因素会造成智力障碍，包括染色体和妊娠期异常、出生前或儿童早期接触有毒物质、大脑损伤或畸形、新陈代谢和营养问题以及某些痉挛症。我们先考察这些因素，然后再探讨社会文化因素。

遗传因素

近 300 种基因会影响大脑的发育和功能，它们也与智力障碍的形成有关（Vaillend, Poirier, & Laroche, 2008）。这些基因不会导致这类障碍，但会导致智力障碍个体显现的一种或多种缺陷。所以并不奇怪，在智力障碍儿童的家庭，各种智力问题倾向于高发，包括不同程度的智力障碍以及孤独症谱系障碍（Humeau et al., 2009）。

苯丙酮尿症（Phenylketonuria diease; PKU）和家族黑蒙性白痴病（Tay-Sachs disease）是两种导致智力障碍的遗传性代谢障碍。PKU 由隐性基因携带，发病率为两万分之一。有 PKU 的儿童不能代谢苯基丙氨酸（一种氨基酸）。其结果是，苯基丙氨酸及其衍生物苯基丙酮酸在体内堆积，造成脑损伤。幸运的是，那些从早期就接受不含苯基丙氨酸的特殊饮食的儿童，能够达到平均智力水平。美国大多数州对新生儿都要求检测 PKU。如果不治疗，有 PKU 的儿童智商一般在 50 以下并有重度或极重度智力障碍。

家族黑蒙性白痴病同样由隐性基因携带，发病人群主要为犹太人。患有此病的儿童 3 ~ 6 个月大时，其神经系统开始进行性退化，导致精神和身体状况恶化。这些儿童通常在 6 岁前死亡，并且目前没有有效的治疗方法。

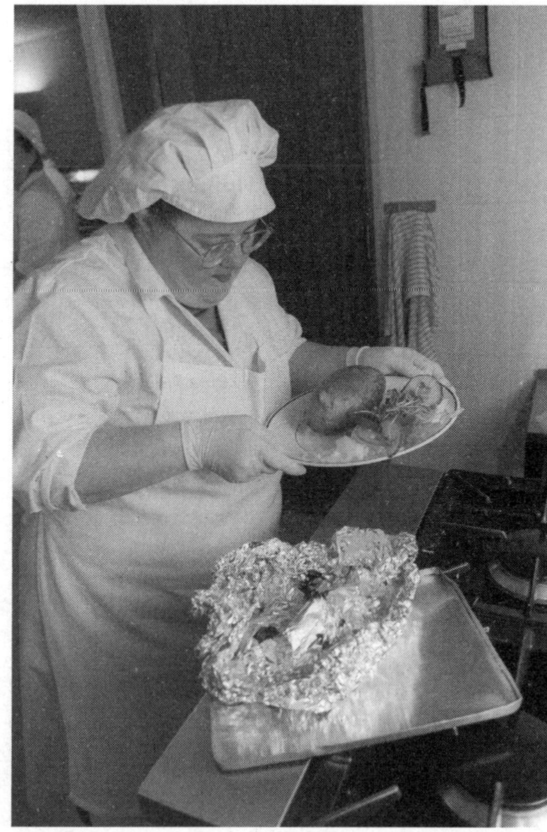

主流化的支持者认为，有智力障碍的人应该融入日常生活中。

一些染色体异常也会导致智力障碍（Williams, 2010）。儿童生来具有 23 对染色体。其中 22 对染色体是常染色体，第 23 对是性染色体。智力障碍最有名的病因是唐氏综合征，如果第 21 对染色体出现三条而非两条就会患该病。（因此唐氏综合征也被称为 21 三体综合征。）美国每 800 名儿童中就有一名唐氏综合征患者。

从儿童期起，几乎所有唐氏综合征患者都有智力障碍，尽管程度轻重不一。他们照料自己、某种程度地独立生活以及维持一份工作的能力取决于他们智力缺陷的程度和得到的训练和支持。有唐氏综合征的儿童具有圆而扁平的面孔、杏仁形的眼睛、小鼻子、微微突出的嘴唇和舌头、短而方的手。他们一般体形矮小且有些肥胖。许多人有先天性心脏缺陷和肠胃功能紊乱。成年后，他们衰老的速度似乎比正常人快，而且寿命低于平均水平。有唐氏综合征的人脑内的神经元异常，这与阿尔茨海默病的情况相似。几乎所有 40 岁以上有唐氏综合征的人都存在思维和记忆缺陷——阿尔茨海默病典型的神经认知障碍特征（见后文），并失去自理能力（Visser et al., 1997）。

脆性 X 染色体综合征是智力障碍的另一个常见病因，是由 X 染色体末端断裂引起的（Turk, 2011）。该综合征主要影响男性，因为他们没有第二个正常的 X 染色体来弥补这种突变。该综合征的特征是重度到极重度的智力障碍、言语缺陷和人际互动方面的严重缺陷。有该综合征的男性有大耳、长脸、增大的睾丸特征。有该综合征的女性智力障碍程度相对较轻（Koukoui & Chaudhuri, 2007）。造成严重智力障碍和寿命缩短的另外两种染色体异常是 13 三体综合征（第 13 条染色体出现三条）和 18 三体综合征（第 18 条染色体出现三条）。

随着父母年龄增加，所生孩子出现唐氏综合征或者其他染色体异常的风险亦增大。这可能是因为父母年龄越大，其染色体就越可能退化或者受到毒素侵害。

孕期和生命早期的脑损伤

智力发展受到胎儿出生前环境的深刻影响（King, Hodapp, & Dykens, 2005）。孕妇如果感染风疹（德国麻疹）病毒、疱疹病毒或梅毒，胎儿就可能因此受到伤害，导致智力障碍。慢性母体疾病（如高血压、糖尿病）会妨碍胎儿的营养摄取和脑发育，从而影响胎儿的智力。如果母体疾病在整个怀孕期间能够得到有效的治疗，则胎儿受伤害的风险减少。

孕妇酗酒则子女出现**胎儿酒精综合征**（Fetal alcohol syndrome, FAS; 见 Mukherjee, Hollins, & Turk, 2006）的风险增加。有胎儿酒精综合征的儿童智商为 68，低于平均值，并且判断力差、注意力涣散、难以察觉社交线索。进入青春期后，他们的学习能力仅为二至四年级水平，并且难以按指示行事。据估计，美国每 10 000 个儿童中有 2 ~ 15 个患有胎儿酒精综合征，还有三倍于此的儿童在出生时患有程度较轻的与酒精有关的神经和其他先天缺陷（CDC, 2008b）。下面个案研究中的亚伯·多里斯出生时即有胎儿酒精综合征。

个案研究

亚伯·多里斯在 3 岁时由迈克尔·多里斯收养。亚伯的母亲在整个怀孕期间以及亚伯出生以后酗酒成性。她在 35 岁时死于酒精中毒。亚伯早产了差不多 7 周，出生时体重不足。他在被收养之前受到虐待，而且营养不良。3 岁时，他的身高没有达到同龄孩子应有的水平，不能自行如厕，只会说约 20 个单词。他被诊断为轻度智力障碍。他的养父希望在积极的环境下亚伯的发展能够赶上来。

然而，亚伯 4 岁时仍然需要使用尿布，而且体重仅有 12 公斤。他很难记住其他孩子的姓名，并且活动水平异乎寻常地高。他独自一人时会有节奏地摇来晃去。4 岁他第一次遭受了严重的惊厥发作，昏迷了好几天。药物治疗似乎都没有用。

上学后，亚伯学计数、识别颜色、系鞋带都很困难。他的注意力持续时间短，并且连简单的指示也难以执行。尽管他的老师们都非常尽力，他在读完小学后仍然不会加减运算，也不能认出自己的住所。他的智商在 65 左右。

最终，亚伯在 20 岁时参加了一项职业训练计划，并且搬到了监护之家居住。他最关注的是他收集的填充动物玩具、纸娃娃、报纸上的卡通画、家族照片和旧的生日贺卡。23 岁时，他因车祸去世。（改编自 Dorris, 1989; Lyman, 1997）

孕期即使少量和适度饮酒也会导致不良后果，如更高的流产率、早产、低出生体重、先天畸形以及受损的社会和认知发育（Jacobson & Jocobson, 2000; Kelly, Day, & Streissguth, 2000; Olson et al., 1998）。例如，对出生前暴露于酒精儿童的纵向研究发现，酒精对他们 6 岁时的生长发育和 10 岁时的学习和记忆技能有不利影响，即便没有表现胎儿酒精综合征的全部症状（Cornelius, Goldschmidt, Day, & Larkby, 2002）。一项研究发现，孕妇即使每周仅饮一到三杯酒，也与幼儿的社交参与和互动技能的明显缺陷有关（Brown, Olson, & Croninger, 2010）。

严重的头部创伤会损伤儿童的大脑，也会导致智力障碍。婴儿摇晃综合症是婴儿受到剧烈摇晃引起颅内损伤和视网膜出血而导致的（Caffey, 1972）。婴儿的头部相对身体其他部位来说大而沉重，而颈部肌肉过于柔弱，被晃动时不足以控制头部。晃动时头部的快速运动会导致脑与颅骨撞击而产生瘀伤。大脑及眼底出血会导致惊厥、部分或完全失明、瘫痪、智力障碍甚或死亡。尽管晃动婴儿可能是一种长期虐待，但是平时没有虐待行为的父母哪怕只是在受挫时这样做了一次，也可能造成婴儿摇晃综合症。

幼儿还面临着可能造成脑损伤的一些其他危险。在幼年接触有毒物质如铅、砷和汞，会损害某些脑区，导致智力障碍。意外事故也可能使儿童出现创伤性大脑损伤，导致智力障碍，比如汽车交通事故中儿童在车上没有固定好。

社会文化因素

智力障碍儿童更可能来自社会经济背景较差的家庭（Emerson, Shahtahmasebi, Lancaster, & Berridge, 2010）。这可能是因为他们的父母也有智力障碍，未能获得报酬高的工作。贫穷带来的社会劣势也可能是智力发展低于平均水平的原因。贫困的母亲较难得到良好的产前护理，这增加了早产的风险。生活在社会经济较差地区的儿童接触铅的风险更高，因为许多老建筑都有含铅的油漆，它会剥落并有可能被儿童吸收。生活贫困的儿童集中在缺乏资金的学校，在那里低智商的儿童得到老师正面关注及学习机会都比较少，如果他们还是少数族裔时尤其如此（Alexander, Entwisle, & Thompson, 1987）。贫困儿童的父母较少读书给孩子听，也不太关注他们的学习。这些因素可能直接影响儿童的智力发展，并加剧阻碍儿童认知发展的生物学因素（Zigler, Gilliam, & Jones, 2006）。

智力障碍的治疗

对智力障碍儿童和成人的干预必须全面、密集、长期才能见效（Zigler et al., 2006; Zigler & Styfco, 2004, 2008）。

药物疗法

药物可缓解智力障碍个体常见的惊厥；控制攻击或自我伤害行为；以及改善情绪（Matson & Neal, 2009）。精神抑制类药物（见第 8 章）能够减少攻击性、破坏性和反社会的行为；然而这类药物潜在的神经副作用使其备受争议。非典型抗精神病药（如利培酮）已被证实能够减少智力障碍成年人的攻击行为和自我伤害行为，而且不会产生严重的神经副作用（Unwin & Deb, 2011）。抗抑郁药可以缓解抑郁症状，改善睡眠，帮助控制智力障碍个体的自我伤害行为。

行为策略

儿童的父母或照料者以及老师可以共同努力，使用行为策略促进儿童的正面行为，减少其负面行为。这些策略有助于儿童和成人学习新技能，从正确辨别颜色到运用职业技能。或许还可以传授社交和沟通技能。个体可以学习通过提问发起谈话，以及将自己想说的话表达得更清楚。可以渐进地塑造期望的行为，并在个体接近掌握技能的目标时给予奖励。行为策略同样有助于减少自我伤害和其他适应不良行为。一般来说，行为方法并不单纯地关注孤立的技能，而是将之纳入旨在最大限度地提高个体社区生活能力的全面方案（Feldman, 2004）。

社会项目

社会项目着重尽可能地让儿童融入主流，或者安置于提供全面看护的群体之家，以及必要时收入专业性机构。干预方案实施越早，儿童发展出其全部潜能的可能性就越大。

早期干预方案（Early Intervention Programs） 很多专家建议对可能有智力发展障碍的儿童从出生伊始即启动综合干预方案。这些措施包括密集的一对一干预，以促进儿童基本技能的发展；努力减少干扰儿童成长的社会因素，例如虐待儿童、营养不良或者接触有毒物质以及充分的医疗护理（Zigler & Styfco, 2004）。

婴儿健康与发展项目就是这类早期干预方案，主要针对出生时体重不足 2.5 公斤，孕龄不足 37 周的儿童（Gross, Brooks-Gunn, & Spiker, 1992）。该项目包括三部分。第一，在婴儿出生后的头 3 年，派遣受过专业训练的咨询顾问拜访每个孩子的家庭，为妈妈们提供支持，并开展促进儿童发展的亲子活动。妈妈们要接受优秀的育儿技能及促进儿童认知能力发展方法的训练。例如，传授她们让（有易激惹倾向的）孩子冷静下来的方法，给儿童提供适当水平的刺激和探索的机会，以及减少家庭环境中的压力。第二，孩子们每天要去儿童发展中心，在那里由受过专业训练的教师帮助他们克服自身的智力和身体缺陷。第三，组建父母支持小组以帮助他们应对养育压力。

到 36 个月大时，干预组儿童低智商的比例明显低于只接受医疗护理的控制组儿童（Infant Health and Development Program, 1990）。接受干预帮助的儿童在 36 个月时的行为和情绪问题也少于控制组儿童。

如何解释干预项目的积极效果？人们注意到几个因素。干预组儿童的家庭环境得到明显改善（Berlin, Brooks-Gunn, McCartoon, & McCormick, 1998; McCormick et al., 1998）。孩子能够获得更多的学习资料，妈妈们也更积极地激发孩子学习。干预项目中的妈妈能够更好地帮助孩子解决问题，保持对孩子的回应和恒心。反过来，这些儿童也对学习任务表现出更多的热情和参与。此外，与控制组妈妈相比，干预组妈妈的心理更为健康，而且更少使用严厉的管教方式对待孩子。这些因素都和干预组儿童更好的结果有关。

主流化（Mainstreaming） 对于智力障碍儿童应该编入特殊教育班级还是主流化——即编入普通班级，存在着争议。一方面，特教班可以额外训练儿童所缺乏的技巧。另一方面，一些批评者认为，特教班会使儿童感到羞耻，并且所提供的教育对他们的要求低于他们所能达到的水平。

将智力障碍儿童与智力正常的儿童安排在同一个班级里，可能会将他们置于某种不利的位置。一项研究发现，班内的其他儿童对有智力障碍的同学持有负面的看法（Zigler & Hodapp, 1991）。此外，编入普通班级的智力障碍儿童可能接受不到他们所需的特殊训练。一些比较两种班级智力障碍儿童学业进展的研究，报告了矛盾的结果（Dessemontet, Bless, & Morin, 2012; Freeman & Alkin, 2000）。如今很多儿童花一部分时间接受特殊教育，接受强化训练以克服技能缺陷，在其余时间则在普通班级上课。

群体之家（Group Homes） 许多有智力障碍的成年人生活在群体之家，在那里他们可以获得日常生活上的帮助（例如做饭和清洁）以及职业和社会技能训练。他们白天可以在福利工厂里做一些无需专门训练的或技术要求低的工作。现在，他们越来越多地进入主流的普通劳动力大军，大多从事服务行业（例如在快餐店上班或者在杂货店负责装袋）。一些为智力障碍的成年人而设的社区项目已证明能有效地提升他们的社交和职业技能（Chilvers, Macdonald, & Hayes, 2006）。

机构看护（Institutionalization） 过去，大部分智力障碍儿童在专业看护机构中度过一生。现在即使是对于重度智力障碍的儿童，机构看护也不那么常见了。与欧裔美国家庭相比，非裔和拉美裔家庭较少将智力障碍的子女送入专业看护机构（Blacher, Hanneman, & Rousey, 1992）。这可能是因为非裔和拉美裔家庭的经济状况不足以将子女送入高质量的看护机构，也可能是因为其文化更重视在家中照料生病或者有残障的家人。

学习、交流和运动障碍

与智力障碍存在一系列广泛的技能缺陷不同，有学习、交流和运动障碍的儿童只在特定技能或行为上存在缺陷或异常。此类障碍并非由智力障碍、全面发育迟缓、神经机能失调或一般的外在因素如经济劣势引起。此类障碍的严重程度可由轻到重。

特定学习障碍

有**特定学习障碍**（specific learning disorder）的个体存在一项或多项学业技能的缺陷：阅读、书面表达、数学（见表 10.4）。只有个体的表现在一个或多个领域中明显低于其年龄、学校教育和整体智力所应有的水平时，*DSM-5* 才会将其诊断为特定学习障碍。尽管特定学习障碍的诊断门槛具有一定的主观性，对于学龄期个体，通常是以在单独进行的、适合文化和语言的、标准化的学业成绩测验中出人意料的低分作为诊断标准（例如，低于同龄人群平均值 1 或 1.5 个标准差）。

学习障碍会导致沮丧感和低自尊。

阅读方面的困难，通常被称为*阅读障碍*（dyslexia），其症状通常在四年级开始显现并代表了最常见的特定学习障碍。阅读损伤包括读字准确性差、阅读速度慢以及阅读理解力差。该障碍约见于 4% 的儿童，多数是男孩（Katusic et al., 2001, 2005; Rutter et al., 2004）。数学方面的困难可能包括理解数学名词、识别数字符号、对物体分组、计数、掌握数学事实以及理解数学定理方面的问题。尽管很多人都觉得自己不擅长数学，但只有 1% 儿童的数学技能严重缺陷足以被诊断为数学障碍（Tannock, 2005）。书面表达困难包括拼写、组织句子或

表 10.4　特定学习障碍的*DSM–5*诊断标准

A. 学习和使用学业技能的困难，如存在至少1项下列所示的症状，且持续至少6个月，尽管针对这些困难提供了干预措施：

1. 不准确或缓慢而费力地读字（例如，读出单词时不正确或缓慢、犹豫、频繁地猜测，难以念出单词）。
2. 难以理解所阅读内容的意思（例如，可以准确地读出文本但不能理解其顺序、关系、推论或更深层次的意义）。
3. 拼写方面的困难（例如，可能添加、省略或替代元音或辅音）。
4. 书面表达方面的困难（例如，在句子中犯下多种语法或标点符号的错误；段落组织差；书面表达的思想不清晰）。
5. 难以掌握数字感、数字事实或计算（例如，数字理解能力差，不能区分数字的大小和关系；用手指加个位数而不是像同伴那样回忆数字事实；在算术计算中迷失，也可能转换步骤）。
6. 数学推理方面的困难（例如，应用数学概念、事实或步骤去解决数量问题有严重困难）。

B. 受到影响的学业技能明显地、可量化地低于个体生理年龄的预期水平，明显地干扰了学业或职业表现或日常活动。技能损伤由

单独进行的标准化成就测评和综合临床评估确认。对于17岁及以上的个体，关于损害性学习困难的病史记载可以代替标准化测评。

C. 学习方面的困难开始于学龄期，但直到对那些受影响的学业技能的要求超过个体的有限能力时，才会完全表现出来（例如，在限时测验中，读或写冗长、复杂的报告并有严格的截止日期，过于沉重的学业负担）。

D. 学习困难不能用智力障碍、未校正的视力或听力，其他精神或神经病性障碍、心理社会的逆境、对学业指导所用的语言不熟练，或不充分的教育指导来更好地解释。

标注所有受损的学业领域和次级技能。当超过1个领域受损时，每一个都应根据下列标注单独编码。

伴阅读受损：

字词阅读的准确性

阅读速度或流畅性

阅读理解力

伴书面表达受损：

拼写准确性

语法和标点准确性

书面表达清晰度或条理性

伴数学受损：

数字感

算术事实的记忆力

计算的准确性或流畅性

数学推理的准确性

资料来源：Reprinted with permission from the *Diagnostic and Statistical Manual of Mental Disorders,* Fifth Edition.
Copyright© 2013 American Psychiatric Association.

段落，或语法和标点使用等方面的明显缺陷。

有学习障碍的儿童经常要与低学业表现作斗争或不得不付出巨大的努力才能达到平均水平。他们可能会变得萎靡不振或扰乱课堂秩序。如果不加以治疗，他们很可能辍学，多达 40% 的孩子完不成高中学业。成年后，他们可能难以找到或者保有一份好的工作，并且经常逃避需要阅读、算术、写作的休闲活动或工作。学习障碍在情绪方面的副作用也会影响他们的社会关系（Fletcher, Lyon, Fuchs, & Barnes, 2007）。

交流障碍

交流障碍（communication disorder）涉及在获得和使用语言及其他交流手段上的持续的困难（见表 10.5）。有**语言障碍**（language disorder）的儿童在口语、书面语和其他语言形式（如手语）上存在困难。他们的症状可能包括词汇、语法、叙述（即知道如何描述某件事物或组织一个故事）及其他实用语言能力上存在的问题。有**语音障碍**（speech sound disorder）的儿童在讲话方面有着持续的困难。他们可能在表达中无法使用适合其年龄或身份的语音，或者可能用一个音替换另一个音（例如用 t

表 10.5 交流障碍的诊断特征

障碍	描述
语言障碍	由于词汇、句子结构或论述的理解或生成方面的缺陷而造成的持续性的语言习得和使用困难（包括口语、书面语或手语）。
语音障碍	持续的语音生成困难影响了语音的可理解度，或妨碍了信息的口头交流。包括语音的语音学知识缺陷，和/或协调讲话清晰所需的下颌、舌头或嘴唇的运动与呼吸和发声两方面的困难。
童年发生的言语流畅障碍（口吃）	言语的正常流畅程度和时间模式的紊乱（例如，语音音节的重复、元音和辅音的语音延长、字词内停顿）。
社交（语用）交流障碍	自然情境中语用或语言和非言语交流的社交使用的持续困难，影响社交关系的发展和社交参与。其症状不能用孤独症谱系障碍、智力障碍，或构词和语法或一般认知能力方面的能力低下来更好地解释。

替换 k）或者省略某些发音（例如省略单词末尾的辅音）。他们说出的词语听起来就像儿语。他们会将“rabbit”说成“wabbit”，或者将“blue”说成“bu”（Kartheiser, Ursano, & Barnhill, 2007）。

DSM-5 中第三种交流障碍是**童年发生的言语流畅性障碍**（childhood-onset fluency disorder）或口吃。口吃儿童表达的平稳性和流畅性都存在严重的问题。他们经常重复某个声音或音节（例如“我、我、我、我看见他”）。某些儿童也会重复整个单词或短语，例如“孩子们嘲笑我的，嘲笑我的口、口、口、口吃。”他们言语问题的严重程度因场合而异，但一般在要讲好的压力下会更加糟糕，比如做口头报告。口吃通常是逐渐地开始的，且几乎都是在 10 岁前发生。口吃的发生率估计从 0.3% 到 5% 不等，男孩约为女孩的两倍（Howell, 2007; McKinnon, McLeod, & Reilly, 2008; Proctor, Yairi, Duff, & Zhang, 2008）。80% 的口吃儿童到 16 岁时能够自行恢复正常（Drayna & Kang, 2011）。然而，其余的人口吃症状会持续到成年。口吃会降低儿童的自尊心，导致他们限制自己的目标和活动。

最后，有**社交交流障碍**（social communication disorder）的儿童在使用语言或非语言交流进行社交时存在缺陷，比如以适合社交情境的方式进行问候和分享信息。因为存在社交交流障碍的儿童难以改变他们的交流方式以适合听众的需要或难以遵循交谈和讲故事的规则，他们的社交参与与社会关系经常受到损害。请注意孤独症谱系障碍儿童也存在社交交流困难。*DSM-5* 明确规定只有在儿童的交流困难不能用孤独症谱系障碍更好地解释时才能诊断为社交交流障碍，因此儿童现阶段或过往也不能出现受限 / 重复的行为模式、兴趣或活动。

学习和交流障碍的病因和治疗

遗传因素与所有学习和交流障碍都有关（Davis, Haworth, & Plomin, 2009; Drayna & Kang, 2011; Wittke-Thompson et al., 2007）。尽管某些障碍一般并不是某个特定基因造成的，但某些基因变异可以解释许多不同的学习障碍（Davis et al., 2009）。

长期以来学界都认为脑结构和功能异常会导致学习障碍。对阅读困难个体的研究已确定了与三种不同但又相互关联的技能有关的三个脑区（Shaywitz & Shaywitz, 2008）。额下回的布洛卡区与表达和分析词语的能力有关。顶颞区中的一个区域涉及将印刷文字的视觉感知映射到基本语言结构上。枕颞区的一个区域与快速、自动、流畅的词语识别有关（Shaywitz & Shaywitz, 2008）。神经成像研究显示，阅读困难的个体——他们难以准确、流畅地识别词语——顶颞区和枕颞区的活动水平异常低下（Shaywitz, 2003）。

与学习障碍有关的环境因素包括铅中毒、出生缺陷、感觉剥夺和社会经济地位低下（Fletcher et al., 2007）。这些不利条件可能对关键脑区造成损伤。如果儿童的成长环境中发展语言技能的机会少，他们就更难克服导致学习问题的生物学因素的不利影响（Shaywitz & Shaywitz, 2008）。

这些障碍的治疗通常包含旨在培养缺失技能的一些疗法（Fletcher et al., 2007）。依据《残障者教育法案》，这些干预手段都被纳入儿童综合的个别化教育计划（Individualized Education Plan; IEP）之中。IEP 通过正式测试及父母和老师的观察而确认儿童特定的技能缺陷。该计划也将父母和老师纳入帮助儿童克服这些缺陷的策略当中。阅读障碍儿童可能会在学校里接受词语识别方面的系统性指导，并辅以家中的练习，可能会使用计算机化的训练。这类项目似乎明显改善了学习障碍儿童的技能（Gajria, Jitendra, Sood, & Sacks, 2007）。

研究显示，利用专业化指导来克服技能缺陷确实能够改变脑功能。在一项研究中，阅读障碍儿童每天接受一次单独辅导。分别在干预前、干预后立即和一年后对儿童进行神经成像测试。接受干预的儿童不仅阅读能力改善，而且顶颞和枕颞区域激活增强（Shaywitz et al., 2004）。其他研究者也观察到克服学习问题的专业化训练对神经的影响（Richards et al., 2000; Temple et al., 2003）。

运动障碍

DSM-5 详细说明了四种**运动障碍**（motor disorder）（见表 10.6）。其中两种是抽动障碍，**抽动秽语综合征**（Tourette's disorder）和**持续性运动或发声抽动障碍**（persistent motor or vocal tic disorder, PMVTD）。这两种障碍相对常见，患病率分别为 1% 和 3% ～ 4%（Roessner, Hoekstra, & Rothenberger, 2011）。**抽动**（tic）是突然的、快速的、反复的、无节律的运动或发声（Walkup et al., 2010）。运动抽动的例子有头部、胳膊或腿的抽动；眨眼；做鬼脸及颈部伸展。发声抽动可以是几乎任何声音或噪音，但常见的包括清嗓子、擤鼻子、打呼噜（Singer, 2005）。有抽动秽语综合征

表 10.6 运动障碍诊断标准

障碍	描述
抽动秽语综合征	在疾病的某段时间内存在多种运动抽动和至少一种发声抽动，尽管不一定同时出现。
持续性运动或发声抽动障碍	单一运动抽动或发声抽动，持续至少1年，并于18岁前发生。
刻板运动障碍	重复的、看似被驱使的、显然无目的的运动行为（例如，握手或挥手、摆动身体、撞头、咬自己）造成临床意义显著的痛苦或功能损伤。
发育性协调障碍	运动表现明显低于基于个体的生理年龄和之前习得技能的预期水平（例如，平衡力差、笨拙、掉落或碰撞到物体；习得基础运动技能方面的明显迟缓，如走、爬、坐、抓、扔、切割、涂色或描红）。

注：对于不符合抽动秽语综合征和持续性运动或发声抽动障碍诊断标准的抽动障碍，*DSM-5*提供了**其他特定的或非特定的抽动障碍**的诊断。

的人存在多种运动抽动和至少一种发声抽动，并且自第一次抽动发作起持续超过 1 年。大约 10% 有抽动秽语综合征的人存在复杂的发声抽动，包括发出或大喊秽语或其他引起社会反感的词语（Singer, 2005）。有 PMVTD 的人仅有运动或发声抽动存在，两者不会并存。有此类障碍的个体在抽动前经常会预感抽动即将来临并且有一种强烈的欲望；抽动行为会短暂地减轻这种强烈的抽动欲望（Flessner, 2011）。当人们处于压力下或没有其他替代活动使他们保持忙碌时，两种障碍的抽动频率都会上升。

抽动秽语综合征和 PMVTD 之间的区别似乎很小，而且研究表明相似的遗传和其他生物学因素可能是两者背后的原因（Harris & Singer, 2006）。与 PMVTD 相比，抽动秽语综合征（特别是伴有复杂的发声抽动）更使人衰弱并且更多地与其他障碍（如 ADHD 或 OCD）共同发生，所以 *DSM-5* 将这两种障碍作为不同的诊断（Walkup et al., 2010）。

有**刻板运动障碍**（stereotypic movement disorder）的人会进行重复的、看似被驱使的、显然毫无目的的运动行为，如握手或挥手、捻弄头发、摆动身体、撞头和咬自己。这些行为有别于抽动，因为个体可以长时间继续这些行为（Stein et al., 2010），它们也常见于有其他障碍的个体，特别是孤独症谱系障碍、智力障碍和注意缺陷 / 多动障碍（Stein et al., 2010）。

这三种运动障碍通常都起始于儿童期，其症状在青少年期加重，之后在成年期减弱（Roessner et al., 2011; Walkup et al., 2010）。它们都与强迫症（OCD）共病性高并且可能与 OCD 有共同的病因（Walkup et al., 2010）。特别地，这三种运动障碍和 OCD 共同发生于家庭中，可能是由于相似的遗传因素所致。而且，它们都与参与运动行为控制的脑区中的多巴胺系统功能失调有关，例如端脑、基底神经节和额叶皮层，而 OCD 也是如此（Roessner et al., 2011; Stein et al., 2010; Walkup et al., 2010）。抽动秽语综合征和 PMVTD 都对改变多巴胺系统的药物有反应，如非典型抗精神病药物。这三种运动障碍也可以用*习惯逆转疗法*（habit reversal therapy）的行为疗法进行治疗（Azrin & Nunn, 1973）。该方法对即将发生的抽动或刻板行为的触发物和迹象进行确认，教导来访者进行竞争性行为（例如，当他们感到发声抽动即将来临时紧握双手，当感到将要甩手时交叉双臂），并且取得了积极的治疗效果（Flessner, 2011; Miller, Singer, Bridges, & Waranch, 2006）。

发育性协调障碍（developmental coordination disorder）是另一种运动障碍，涉及三种技能发育的基本缺陷或明显延迟：基础运动技能，如坐、爬、走、跑；简单的体育运动技能（投球或接球）；以及书写、切割、或着色等所需的运动技能。这些缺陷不能由身体疾病所引起，如肌肉萎缩症。此类明显缺陷较为常见，在儿童中患病率为 5% ~ 6%（男孩多于女孩），并且可以在儿童生活中引起中度到重度的痛苦及功能失调（Blank, Smits-Engelsman, Polatajko, & Wilson, 2012）。它们常与其他障碍共同发生，特别是 ADHD，其比例达 50%（Sigurdsson, van Os, & Fombonne, 2002）。发育性协调障碍的病因尚属未知，且可能高度多样化（Blank, et al., 2012）。这种障碍最常使用物理疗法或职业理疗进行治疗。

重度和轻度神经认知障碍

本章剩余部分，我们将讨论晚年常发的心理障碍，即**神经认知障碍**（neurocognitive disorders, NCDs），包括重度和轻度神经认知障碍和谵妄。这些障碍是由造成认知功能损害的身体疾病及物质中毒或戒断引起的。认知问题包括记忆受损、言语混乱、知觉紊乱、计划和组织能力受损以及不能识别和辨别物品。

个案研究

61岁的高中科学部主任是一位经验丰富的野营和徒步旅行的狂热爱好者。一次在山中远足的时候，他变得极其害怕。在接下来的几个月，他逐渐对自己往常的爱好丧失了兴趣。作为一名曾经如饥似渴的读者，他不再看书。他计算有困难，在家庭财务管理上犯了重大错误。有几次他在以前熟悉的地方开车迷路了。他开始给自己写便条，提醒自己不要忘记做杂务。非常突然地，并且与他一贯的风格不符，他决定退休，也没有与妻子讨论过他的计划。智力衰退逐步加剧。他每天花大部分时间将各种各样的物品堆积在房子某处，然后又将它们搬到另一个地方。他变得固执、爱发牢骚。最终他需要别人协助他剃须和穿衣。

在症状首次出现的6年之后进行了检查，患者表现得警觉、合作。他分不清方向和时间。转移注意力5分钟后，他就不能回忆起4或5个物体的名称。他不记得自己就读的大学和研究生院的名字，或自己主修的专业。对于自己的工作他只能说出职位。在1978年他认为肯尼迪是美国总统。他不知道斯大林的国籍。他的语言流利且表达清晰，但很难找到合适的词，并且使用了很多冗长、基本无意义的短语。他把杯子叫作花瓶，把玻璃杯的边缘看成"杯架"。简单的计算他也做得很差。他不能临摹立方体或画房子。（Spitzer et al., 2002, p. 302）

我们先来讨论重度和轻度神经认知障碍。

个案研究中这名男性正在慢慢失去对其生命中最基本事实的记忆能力、语言表达能力和完成基本日常任务的能力。这就是一幅**重度神经认知障碍**（major neurocognitive disorders）的画面，当用于指代有阿尔茨海默病这类退行性障碍的老年人时，通常被称为**痴呆症**（dementia）（见表10.7的*DSM-5*诊断标准）。此类障碍症状较轻时，虽然认知水平略有下降，但还没有造成明显的功能损伤，可以诊断为**轻度神经认知障碍**（mild neurocognitive disorders）。

表10.7 重度神经认知障碍（NCD）的*DSM-5*诊断标准

A. 在一个或多个认知领域内（复杂的注意、执行功能、学习和记忆、语言、知觉运动或社会认知），与先前的表现水平相比存在明显的认知衰退，其证据基于：

1. 个体、知情人或临床医生对认知功能存在明显下降的担心；
2. 认知表现多方面受损，最好能用标准化的神经心理测评证实，若无则用另一个量化的临床评估证实。

B. 认知缺陷干扰了日常活动的独立性（即最低限度而言，较为复杂的工具性日常生活活动需要帮助，如支付账单或管理药物）。

C. 认知缺陷不仅仅发生在谵妄的背景下。

D. 认知缺陷不能用其他精神障碍来更好地解释（例如，抑郁症、精神分裂症）。

注：神经认知障碍是根据它们的病因学亚型来界定的，如是否由下列疾病所致，例如：阿尔茨海默病、额颞叶退化、路易体病、创伤性脑损伤或物质/药物使用。

资料来源：Reprinted with permission from the *Diagnostic and Statistical Manual of Mental Disorders,* Fifth Edition.
Copyright© 2013 American Psychiatric Association.

重度神经认知障碍多发于老年期。据估计，最常见的重度神经认知障碍——即由阿尔茨海默病引起的——在 65 岁以上人群中的患病率为 5% ~ 10%（Epple, 2002）。大多数重度神经认知障碍的患病率随着年龄而升高，专家估计 85 岁及以上的人群中，30%的人有重度神经认知障碍（Ferri et al., 2005）。

重度神经认知障碍的症状

重度神经认知障碍的特征是认知功能衰退严重到足以妨碍日常生活（见表 10.7）。记忆受损很突出。在重度神经认知障碍的早期，记忆差错可能与我们时常都会经历的遗忘很相似——忘记某个我们偶然认识的人的名字、自己的电话号码或者走进房间要拿的东西。大多数人最后能够想起自己暂时忘记的东西，自发地或者通过某些手段唤起记忆。重度神经认知障碍的不同之处在于记忆无法自发地唤起，对提示或其他记忆线索可能也没有反应。

处于重度神经认知障碍早期的人，或有轻度神经认知障碍的人，可能会不断重复问题，因为他们不记得自己刚才问过，或者不记得已经得到答复。他们经常把东西放错地方，比如钥匙或者钱包。他们可能试着弥补自己的健忘。比如，小心地写下自己的约会安排或其他要做的事情。然而，最终他们会忘记看那些日程表或清单。当记忆问题变得更加明显时，他们可能会在被提问时生气，或者捏造答案以掩饰自己的健忘。随着障碍的加剧，如果无人陪伴他们可能会在熟悉的环境中迷路。

最终，长时记忆也会受损。有重度神经认知障碍的人会忘记生命中重大事件发生的顺序，例如大学毕业、结婚、孩子出生。一段时间后，他们会完全记不起这些事件，甚至不知道自己的名字。

重度神经认知障碍的另一种认知缺陷是**失语症**（aphasia），即语言退化。有重度神经认知障碍的人极难说出物体名称或人的名字，他们经常使用一些词语如东西或模糊地提及物品和人以掩饰自己无法说出具体的名称。如果让他们辨认一只杯子，他们可能会说那是一种饮水工具，而不能叫出“杯子”这个名称。他们可能理解不了另一个人正在说的话，或者不能遵从一些简单的指令如“开灯、关门”。在重度神经认知障碍晚期，人们可能出现仿语症（echolalia）——简单地重复他们听到的话语，或者**语言重复症**（palilalia）—— 一遍遍地重复某些声音或词语。

美国前总统罗纳德•里根被诊断出罹患阿尔茨海默病（于2004年去世，享年93岁）。

另一种常见的认知缺陷是**失用症**（apraxia），即完成日常行为的能力受损，如挥手告别或穿上衬衣。这种缺陷并非由运动功能（如移动手臂）或感觉功能的问题引起，亦非因为不能理解需要采取的行动所致。有重度神经认知障碍的人只是不能按照别人的要求或自身意愿做出行动。

失认症（agnosia）指不能识别物体或人。有重度神经认知障碍的人不能识别常见的物体，如椅子或桌子。起初，他们认不出普通朋友和远房亲戚。随着时间推移，他们可能认不出自己的配偶或孩子，甚至镜子中的自己。

大部分有重度神经认知障碍的人最终都会丧失**执行功能**（executive functions），即参与计划、发起、监控和终止复杂行为的脑功能。例如，准备感恩节晚餐就需要执行功能的参与。菜谱上的每道菜（火鸡、填料和南瓜派）都要求不同的食材和准备工作。各道菜的烹制必须协调好，这样所有的菜可以同时准备好。有轻度神经认知障碍的人可能会尝试烹饪感恩节晚餐但忘记重要的菜品（比如火鸡），或没有协调好，有些菜烧焦了，另一些则没熟。有重度神经认知障碍的人甚至不能开始这样一项复杂的任务。

执行功能缺陷也包括抽象思维方面的困难，抽象思维对于评估新环境并做出适宜反应必不可少。例如，如果给一个有重度神经认知障碍的人呈现"住在玻璃房子里的人不该扔石头"*这一谚语，他可能无法理解其抽象含义，而将其具体地理解为"人们不想自己的窗户被砸碎"。

除了这些认知缺陷，有重度神经认知障碍的人还经常表现出情绪机能和人格的变化。商店行窃和露阴癖是他们判断力下降和无法控制冲动的常见表现。一旦认识到自己认知功能下降，有重度神经认知障碍的人可能变得抑郁。然而，他们经常意识不到或者不承认自己的认知缺陷。这会导致他们从事不现实或者危险的活动，比如当障碍严重到无法安全驾驶时开车。他们可能对家人和朋友变得偏执和愤怒，认为他们妨碍了自己的愿望和自由。他们可能把东西放错了地方，却指责别人偷窃他们的东西。他们可能会认为其他人在合谋反对自己——当他们忘记了自己同意做某事（例如，开始服用一种新药，或搬进一家重度神经认知障碍治疗机构）时，这是他们唯一能得出的结论。有时会爆发暴力和好斗行为，尤其是在中度到重度神经认知障碍的阶段。

重度和轻度神经认知障碍的类型

根据病因，神经认知障碍可分为几种类型。*DSM-5* 建议将重度或轻度神经认知障碍依据医学或者物质 / 药物诱导的成因分类。最常见的是阿尔茨海默病，多达三分之二的神经认知障碍都是它造成的（Gatz, 2007）。血管疾病（如脑梗塞或脑血渗漏，俗称中风）、创伤性脑损伤、进行性疾病如帕金森氏病和艾滋病、长期物质滥用都会导致神经认知障碍。

阿尔茨海默病导致的神经认知障碍

患有**阿尔茨海默病**（Alzheimer's disease, 又译阿尔采末病、老年痴呆症）所致的神经认知障碍的人符合重度或轻度神经认知障碍的诊断标准，学习和记忆有明显衰退。这种病一般开始时只有轻微的记忆丧失，但是随着病情加重，记忆丧失和定向障碍迅速加重。约三分之二的阿尔茨海默病患者表现出精神病症状，包括激越、易激惹、冷漠和烦躁。对阿尔茨海默病人的照料者来说，这些情绪和行为症状通常与认知障碍症状一样难以应对。随着病情恶化，患者可能会变得暴力，并产生幻觉和妄想。阿尔茨海默病多在 65 岁后发病，但是有一种早发性阿尔茨海默病，比晚发性阿尔茨海默病的病情发展更为迅速（Gatz, 2007）。有阿尔茨海默病的人平均在确诊后 8 ~ 10 年内病逝，通常死于身体机能衰退或者其他不相关的老年期常见疾病，如心脏病。

阿尔茨海默病的脑部异常 阿洛伊斯·阿尔茨海默（Alois Alzheimer）于1906年首次

* People who live in glass house, shouldn't throw stones.字面意思是"家居玻璃房，切忌乱扔石"，其实际意思是"自己有缺点，勿揭他人短"。——译者注

图 10.3　阿尔茨海默病的神经元纤维缠结和 β –淀粉样蛋白斑块

蛋白质沉淀物堆积并造成阿尔茨海默病人脑内神经元纤维缠结和 β –淀粉样蛋白斑块。

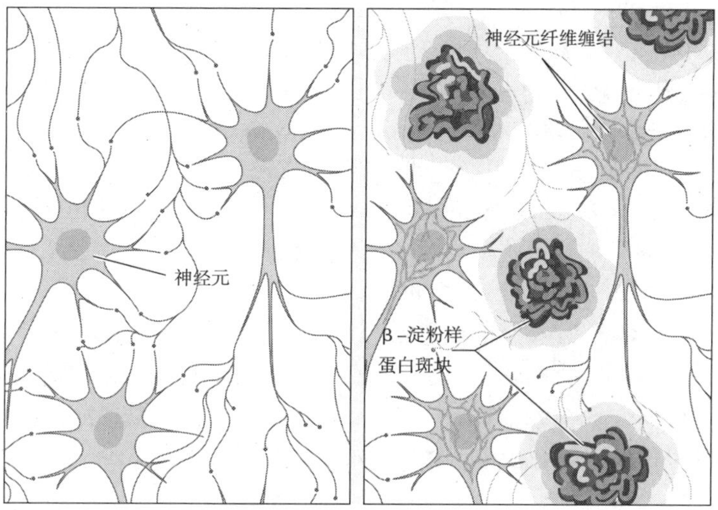

正常　　阿尔茨海默病

图 10.4　阿尔茨海默病患者的大脑皮层区域

细胞死亡导致晚期阿尔茨海默病人大脑皮层萎缩（左侧；与右侧健康大脑比较）。

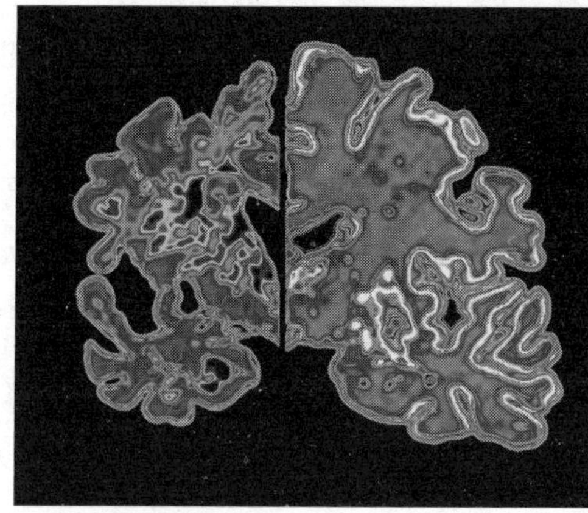

描述了这种疾病，我们现在称为阿尔茨海默病。他发现一位51岁的女病人有严重的记忆丧失和定向障碍。这名妇女55岁时死亡，尸检发现她脑部神经细胞内的纤维扭曲并缠结在一起。这些**神经元纤维缠结**（neurofibrillary tangles）在阿尔茨海默病患者中普遍存在，但是在没有神经认知障碍的人群中则很少见（图10.3）。这些缠结由tau蛋白构成，会阻碍营养物质和其他必要供给物通过细胞，最终导致细胞死亡。阿尔茨海默病的另一种脑部异常是斑块（见图10.3）。**斑块**（plaques）是一类名为**β–淀粉样蛋白**（beta-amyloid）的蛋白质沉淀物，具有神经毒性，堆积在大脑皮层、海马、杏仁核及其他记忆和认知关键脑区的细胞间隙（Atiya, Hyman, Albert, & Killiany, 2003; Du et al., 2001）。

阿尔茨海默病患者的大脑皮层细胞大量死亡，造成大脑皮层萎缩和脑室扩张（图10.4）。残存的神经元失去了大量树突——将神经元彼此连接起来的枝状突起（图 10.5）。这些脑部异常的后果是严重的记忆丧失和自理及其他日常活动协调能力的丧失。

阿尔茨海默病的病因　遗传因素似乎使一些人更易出现阿尔茨海默病中常见的脑部变化。家族病史研究指出，阿尔茨海默病患者的一级亲属中有24%～49%的人最终出现这种疾病（Gatz, 2007）。与没有该疾病家族史的人相比，具有该疾病家族史的人的终生患病率要高出1.8～4.0倍。双生子研究证实，

图 10.5　阿尔茨海默病的细胞损伤

在阿尔茨海默病人的脑中，神经元失去连接彼此的树突。

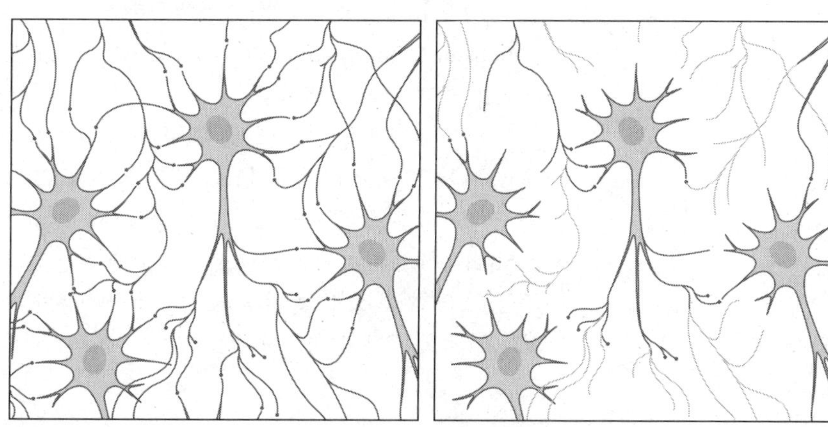

健康神经元　　患者的神经元

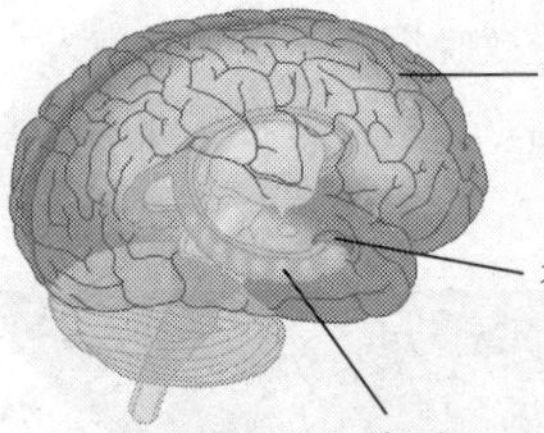

在阿尔茨海默病中，斑块在这些脑区和其他脑区的细胞间隙中堆积。

遗传对阿尔茨海默病及其他类型的神经认知障碍的患病风险有重要影响。对于所有类型的神经认知障碍，同卵双生子的同病率在男性当中是44%，女性当中是58%；异卵双生子的同病率在男性当中是25%，女性当中是45%（Gatz et al., 2006）。

有几种基因与阿尔茨海默病有关。与该病最有关的是 19 条染色体上的载脂蛋白 E 基因（ApoE）。该基因调节 ApoE 蛋白质，而该蛋白质参与经血液运送胆固醇的过程。ApoE 还与 β-淀粉样蛋白结合，并且可能在后者的调节中起作用。ApoE 基因具有三种等位基因或变种：e2、e3 和 e4。与没有遗传 e4 等位基因的人相比，从父母一方遗传了 e4 的人罹患阿尔茨海默病的风险要高 2 ~ 4 倍，从父母双方遗传了双重 e4 的人患此病的风险要高 8 ~ 12 倍（Coon et al., 2007）。

神经成像研究显示，与不具有 e4 型 ApoE 基因的人相比，具有该基因的个体大脑皮层和海马体积更小，甚至在儿童或青少年期也是如此（Jack et al., 2007; Shaw et al., 2007; Thompson et al., 2004）。成年时，具有 e4 型 ApoE 基因的人表现出更严重的认知缺陷，阿尔茨海默病的起病时间也更早（Perneczky, Alexopoulos, Wagenpfeil, & Kurz, 2012）。

还有一些基因与不太常见的阿尔茨海默病有关，它们通常在中年发病，且具有较强的家族遗传性。其中一种基因位于 21 条染色体上（Webb & Murphy, 2012）。关于该染色体上的基因缺陷可能与阿尔茨海默病有关的最早线索来自于这样一个事实：有唐氏综合征的人晚年出现阿尔茨海默病的概率高于一般人群。研究人员推测，造成某些阿尔茨海默病的基因可能位于 21 条染色体上，唐氏综合征患者更易患上阿尔茨海默病，因为他们多了一条 21 条染色体。

对阿尔茨海默病高发家族的研究支持这一假设。这些研究已经发现这一疾病与 21 条染色体上的异常基因有关（Webb & Murphy, 2012）。此外，与这一异常基因相邻的另一基因与淀粉样蛋白前体的生成有关，即淀粉样前体蛋白基因或 APP 基因。21 条染色体该部分的异常可能造成了脑中淀粉样蛋白的生成和积累异常，从而导致阿尔茨海默病。还有很多基因与阿尔茨海默病有关，但研究结果并不一致（Gatz, 2007）。然而，总体来说，与阿尔茨海默病有关的基因也只能解释大约 50% 的病例。

阿尔茨海默病人的一些神经递质也不足，包括乙酰胆碱、去甲肾上腺素、5-羟色胺、生长激素抑制素（一种促肾上腺皮质激素释放因子）和多肽 Y（Micheau & Marighetto, 2011）。乙酰胆碱缺乏尤其值得注意，因为有人认为这一神经递质对记忆功能非常重要。阿尔茨海默病患者的认知功能衰退与乙酰胆碱的不足显著相关（Micheau & Marighetto, 2011）。提升乙酰胆碱水平的药物可以延缓某些阿尔茨海默病患者的认知衰退速度。

在今后几年，我们有可能更深入地了解阿尔茨海默病的致病机理。研究这一疾病的遗传和神经过程的技术正在迅猛发展，探索该疾病的研究者也为数众多。美国有 450 万阿尔茨海默病的确诊病例，全世界的患病人数为 1 800 万，而该数字到 2050 年预期将至少增加三倍（Hebert et al., 2003; Tariot, 2003）。到 2050 年美国每年用于照料神经认知障碍病人的费用预计将达到 4 000 亿美元（Lyketsos & Miller, 2012）。希望到那时，我们对这种疾病有足够的了解，可以对其进行有效的治疗。

血管性神经认知障碍

另一种常见的神经认知障碍是**血管性神经认知障碍**（vascular NCD）。根据认知症状和机能衰退的严重程度，患有此障碍的人符合重度或轻度神经认知障碍的诊断标准。最突出的认知症状是加工速度、注意能力和前面提及的执行功能的明显下降。此外，必须要有近期血管或脑血管疾病的证据。当大脑某些区域供血堵塞使脑组织受损时，**脑血管疾病**（cerebrovascular disease）就发生了。神经成像技术（如 PET 和 MRI）能检测出脑组织损坏和血流量减少的区域，以确认脑血管疾病。

血流堵塞或者出血引起某一脑区突发性的损伤称为**中风**（stroke）。血管性神经认知障碍可发生于一次大面积的中风或几次累积的小中风之后。高血压和阻碍脑血流的动脉脂肪堆积也会引发脑血管疾病。除此之外，使脑部发炎的疾病和头部外伤也可能并发脑血管疾病。

大约 25% 的中风患者认知缺陷严重到足以做出神经认知障碍诊断（Stephens et al., 2004）。年龄较大（超过 80 岁）、受教育程度低、有中风病史或有糖尿病的中风病人更可能患血管性神经认知障碍。

福克斯（Michael J. Fox）是一位有帕金森氏病的名人。

即使那些没有立即出现神经认知障碍的中风患者，与没有中风的同龄人相比，前者认知衰退的风险也更高（Hachinski, 2008）。最终很可能出现神经认知障碍的中风病人一般在随后时间内更易中风，其中有些症状比较明显，有些则是“无声的”（或没有明显症状），只有过后才能发现。此外，患有痉挛、心律失常、充血性心力衰竭和肺炎等可能引发广泛缺氧或供血不足病症的病人，也更可能出现血管性神经认知障碍（Hachinski, 2008）。

与其他疾病有关的神经认知障碍

很多重大疾病都会导致神经认知障碍，包括路易体病、帕金森氏病、艾滋病和亨廷顿病。帕金森氏病是一种退行性大脑障碍，在一般人群中的发病率约 0.3%，在 60 岁以上人群中的发病率为 1%（Samii, Nutt, & Ransom, 2004）。阿里（Muhammed Ali）和福克斯是两位有帕金森氏病的名人。该病主要症状为颤抖、肌肉僵硬和不能发起运动。这些症状是由于制造神经递质多巴胺的脑细胞死亡引起的。约 75% 的帕金森氏病患者会出现神经认知障碍（Aarsland & Kurz, 2009）。

*因路易体疾病所致的神经认知障碍*是仅次于阿尔茨海默病最常见的进行性神经认知障碍。它是由脑中生长的一些异常的圆形结构造成的。它的典型症状是注意与警觉的变化、视幻觉以及帕金森氏病的症状。有些证据表明它与阿尔茨海默病和帕金森氏病有关。

艾滋病会引起轻度或重度神经认知障碍，记忆和注意力受损。艾滋病人的心理过程变得缓慢——他们可能难以跟上谈话，或需要更长时间组织自己的想法和完成一些简单而熟悉的任务。他们可能会回避社交，失去自发性。四肢无力、行动笨拙、失去平衡能力以及缺乏协调性也很普遍。如果神经认知障碍进一步发展，这些缺陷会变得更加严重。言语能力受损越来越严重，对语言的理解力亦是如此。他们只能卧床，通常对周围的事物漠不关心。

与艾滋病有关的重度神经认知障碍的诊断是在缺陷和症状变得严重而全面、日常活动和机能遭到严重破坏时做出的。随着抗逆转录病毒治疗广泛用于治疗艾滋病，相关的神经认知障碍新增病患数和严重程度都下降了。另一方面，由于这些药物让更多艾滋病人存活更长时间，相关的神经认知障碍患者的数量在增加，特别是在药物滥用或丙型肝炎感染人群中（Nath et al., 2008）。

亨廷顿病是一种罕见的遗传性障碍，发病较早，通常在 25 ~ 55 岁之间。这类患者最终会出现重度神经认知障碍和舞蹈症——无规律的抽搐、面部扭曲和痉挛。亨廷顿氏症通过第 4 条染色体上的单一显性基因遗传（Gusella, MacDonald, Ambrose, & Duyao, 1993）。如果父母一方携带此基因，那么子女有 50% 的可能性遗传该基因并发生此病症。亨廷顿病影响大脑中的多种神经递质，但目前尚不清楚哪些变化会导致舞蹈症和神经认知障碍。

轻度和重度神经认知障碍的病因还包括另外一种罕见的疾病——朊病毒病（也称克雅二氏症）、脑肿瘤、内分泌疾病（如甲状腺机能减退）、营养不良（如缺乏维生素 B_1、烟酸和维生素 B_{12}）、感染（如梅毒）和其他神经疾病（如多发性硬化）。此外，长期大量饮酒、滥用吸入剂和镇静剂，特别是在营养不良的情况下，也会引发脑损伤和神经认知障碍。多达 10% 的长期酗酒者可能出现神经认知障碍（Winger, Hofmann, & Woods, 1992）。酗酒引发的神经认知障碍往往发病缓慢、隐秘。虽然补充营养可以减缓发病，但是这种障碍一般是持续的，尤其是长期饮酒或年龄增大时。

创伤性脑损伤是神经认知障碍的另一个潜在病因。脑损伤可以是枪击等穿透性伤害或闭合性脑外伤，后者通常是对头部的撞击和 / 或冲击力造成的，例如机动车交通事故，爆炸，或运动损伤。在美国的脑损伤病例中摔倒占 28%，机动车事故占 20%，被物体击中占 19%，暴力占 11%，自行车事故占 3%（Langlois, Rutland-Brown, & Wald, 2006）。下述案例中的利兰在经历机动车事故后出现了重度神经认知障碍。

个案研究

41 岁的工人利兰一天夜里下班后正行驶在回家的乡村公路上。一个醉酒司机驾车闯过停车标志，猛烈地撞到利兰车子的驾驶位一侧。利兰没有系安全带。猛烈的撞击将他抛出挡风玻璃，甩到了人行道上。他保住了性命，但是头部严重受伤，还有多处骨折和伤口。利兰昏迷了两个多星期，然后在医院住了两个月的时间养伤。

回家以后，他似乎变成了另一个人。出事以前他热爱家庭、安分守已，有很强的幽默感。车祸之后，利兰变得郁闷而易怒。因为琐事便对妻子和孩子们大喊大叫。有一次当利兰的妻子因为他辱骂孩子们而表示不满时，他甚至掌掴了妻子。

利兰工作上的表现也好不到哪里去。他发现自己很难集中精神工作，不能遵循老板的指示。当老板找他谈他未能正常工作的问题时，利兰表达不出多少他正在经历的困境。他很生老板的气，指责他想解雇自己。利兰的同事们以前一直很喜欢他，并且欢迎他在事故后重返工作岗位，但是利兰不久就开始对他们发脾气，就像他对妻子和孩子们发脾气一样。他指责好朋友偷了他的东西。这些激烈的症状持续了大约 3 个月。逐渐地，症状开始减轻。车祸发生 18 个月后，利兰的情绪和人格似乎回归正常。他的认知能力也有了很大的改进，但是他发现与事故发生前相比，他仍然难以集中注意力和完成任务。

利兰的症状正是严重的**创伤性脑损伤**（traumatic brain injury）之人的典型特征。他的认知能力、情绪和人格都有所变化。幸运的是，利兰的症状在几个月后逐渐减轻。许多中度到重度的脑损伤患者永远不能完全康复（Beatty, 1995）。

单次闭合性头部损伤引起的神经认知障碍一般是轻度的，而且与诸如拳击手、一些士兵或经历多次车祸的人所承受的反复闭合性头部损伤所造成的神经认知障碍相比，更可能随着时间推移而消失。美国每年有 160 ~ 380 万起创伤性脑损伤事件是由体育和娱乐活动造成的；年轻人最可能因为头部损伤而出现神经认知障碍，因为他们比其他人群更可能参与导致头部外伤的风险活动（CDC, 2007）。

在伊拉克和阿富汗服役的士兵由于路边炸弹和其他引爆装置导致的爆炸，出现创伤性脑损伤的比率也很高。据估计，这些战争的所有伤害中，22% 是创伤性脑损伤（Committee on Gulf War and Health, 2008）。创伤性脑损伤的士兵会出现与神经认知障碍类似的神经认知功能下降，以及抑郁、攻击行为、长期失业和社会关系问题。

性别、文化和教育对神经认知障碍的影响

有神经认知障碍的老年女性多于老年男性，特别是阿尔茨海默病（Gatz, 2007）。这可能只是因为女性一般比男性长寿，因而活得更长就更易出现与年龄有关的神经认知障碍。在由阿尔茨海默病所致的脑部改变程度相同的人群中，女性比男性显示出更严重的认知损害（Barnes et al., 2005; Perneczky et al., 2007）。这些性别差异的原因尚属未知。

总体来说，非裔美国人比欧裔美国人更多地被诊断为神经认知障碍（Chin, Negash, & Hamilton, 2011; Chui & Gatz, 2005）。非裔美国人高血压和心血管疾病发病率高，这两者都是血管性神经认知障碍的致病因素。不过，导致神经认知障碍的遗传因素在欧裔美国人中可能比在非裔美国人中更为普遍。

人们的受教育程度也可能与神经认知障碍的发病率有关。在美国、欧洲、以色列和中国进行的研究显示，受教育程度低的人群比受教育程度高的人群更可能被诊断为神经认知障碍（Chen et al., 2012; Katzman, 1993; Stern, Gurland, Tatemichi, & Tang, 1994）。对神经认知障碍者的神经成像研究发现，受教育程度低的人比受教育程度高的人表现出更多与神经认知障碍相关的大脑退化。这可能是因为受教育程度高的人具有较高的社会经济地位，这让他们获得了更好的营养和保健，从而保护他们免受阿尔茨海默病致病因素的影响。教育，以及更广泛地说，贯穿人一生的认知活动，事实上可能会增加脑资源，从而预防易患病人群发生神经认知障碍（Gatz, Prescott, & Pedersen, 2006）。

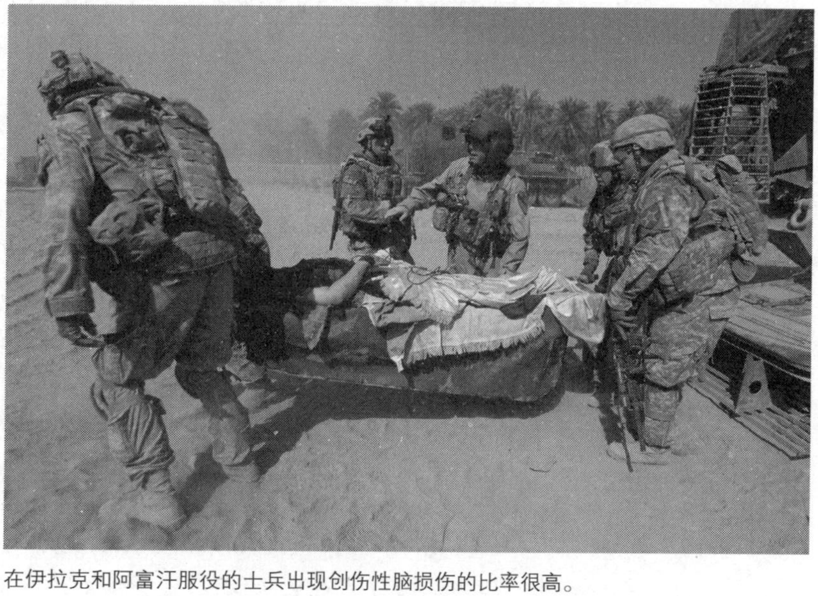

在伊拉克和阿富汗服役的士兵出现创伤性脑损伤的比率很高。

有神经认知障碍的人被送入看

圣母修女会的修女们参加了一项关于早年智力活动对晚年心理和身体健康影响的奇妙研究。

护机构而不是由家人照顾，这种现象在欧裔美国人中比在亚洲或西班牙和拉丁美洲人中更常见（Chin et al., 2011; Mausbach et al., 2004; Torti et al., 2004）。原因之一可能是欧裔美国人更可能拥有治疗患有神经认知障碍的家庭成员所需的可观的财政资源（Chin et al., 2011）。此外，与欧裔美国文化相比，亚洲和拉丁美洲文化可能对于照料患病和年老的家庭成员持有更加积极的看法。亚洲和拉丁美洲文化也会施加更大的社会压力让人们在家中照料患病的家人。

神经认知障碍的治疗和预防

有两类药物已批准用于治疗神经认知障碍的认知症状（Martorana, Esposito, & Koch, 2010）。第一类是胆碱酯酶抑制剂，例如多奈哌齐（安理申 [Aricept]）、利凡斯的明（艾斯能 [Exelon]）和加兰他敏（利忆灵 [Reminyl]）。这些药物有助于防止神经递质乙酰胆碱分解，并且随机试验显示它们对神经认知障碍症状有一定的积极效果（Martorana et al., 2010）。这些药物的副作用包括恶心、腹泻和厌食。第二类是调节神经递质谷氨酸活动的药物，谷氨酸对学习和记忆有重要作用；二甲金刚胺（美金刚 [Namenda]）就是这样一种药物。

许多其他用来治疗神经认知障碍的药物只影响该障碍的次级症状而不是初级认知症状。抗抑郁和抗焦虑药物可用于控制情绪症状。抗精神病药可能有助于控制幻觉、妄想和激越（Sultzer et al., 2008）。

行为疗法有助于控制患者的愤怒爆发和情绪不稳定（Fitzsimmons & Buettner, 2002; Teri et al., 2003）。通常，要培训家人的行为技术，以帮助他们照料家中的病人。这些技术不仅能够缓解家人的压力和忧虑情绪，也可能会减少患者的行为问题（Teri et al., 2003）。

很多人对减少神经认知障碍风险的行为方法感兴趣。有氧运动和智力活动可能有一定的保护作用（Deeny et al., 2008; Valenzuela, 2008）。减少中风的危险——例如，避免抽烟、肥胖和高血压——可能减少血管性神经认知障碍发生的风险（Gatz, 2007）。

揭示生命早期智力活动与阿尔茨海默病风险降低之间关系的最奇妙的研究是修女研究，即对圣母修女会中数百名老年修女进行的纵向研究。即使她们的大脑出现明显的神经元纤维缠结和老年斑块，智力更高的老年修女出现严重神经认知障碍的可能性也较小（Snowdon, 1997）。例如，修女们二十多岁时在日记里所体现出来的语言技能水平明显地预测了她们晚年时出现神经认知障碍的风险（Snowdon et al., 1996）。最好的例子是修女玛丽，直到 101 岁那年去世前，她一直在认知能力测试中获得高分。脑部检查发现，阿尔茨海默病已在玛丽的脑部广泛性扩散，虽然她的认知测试得分随着衰老仅仅从“出众”下滑到“非常好”。这一研究还发现，轻微的中风可能会使脑部的轻度退化发展为重度神经认知障碍（Snowdon et al., 1997）。

谵　妄

谵妄（delirium）的特征是定向障碍、近期记忆丧失、注意缺陷（表 10.8）。谵妄者难以集中、维持或转移注意力。这些症状在几个小时或者数天之内突然出现。病情在一天中起伏不定，通常在夜间加重，被称为*日落现象*。这些症状持续时间短——很少超过一个月。谵妄患者常激越或惊恐不安。他们的睡眠-觉醒周期也可能被打乱，说话前言不搭后语，产生妄想和幻觉。

谵妄的症状通常遵循一种普遍的发展模式（Cole, 2004）。在早期，患者报告轻度症状，如疲倦、注意力下降、易激惹、烦躁不安或抑郁。他们可能经历轻度的认知受损或知觉紊乱甚至视幻觉。随着病情加重，他们的方位知觉被破坏。患者可能认为自己身在童年时代的家中，而不是在医院里。如果没有及时发现，病情继续恶化，他们将无法正确识别自己熟悉的人。例如，谵妄者可能认错自己的妻子或者认不出自己的子女。最先受影响的是瞬时记忆，接下来是中期记忆（对过去 10 分钟内发生的事情的记忆），最后是久远的记忆。如果症状发作期与神志清醒期交替出现，并且病情在夜间加重，那么就可能是谵妄。如果此人没有定向障碍（对于时间、地点或人）或近期记忆受损，则不太可能是谵妄。

谵妄的发作可能很突然，如一个平常沉默寡言的人突然变得吵闹、恶语相向和好斗，或者一个顺从的病人试图拔掉输液管。但有时，谵妄的发作表现为个体正常人格特质的夸张表现。例如，一个通常坏脾气的人在术后恢复期刻薄地大声抱怨护士“服务不周”。后者很容易认为这种暴躁与病人的个性是一致的：“她一定感觉好多了；她开始抱怨了。”这种情况下，谵妄可能不会被识别，直至更严重的症状出现。

有时，谵妄者只是看起来糊涂了。熟悉他们的人可能会说，“他完全不像他自己了。”这些谵妄患者可能会在和熟人打招呼时叫错他们的名字，或者忘了如何前往熟悉的地点，例如自己的房间。这种情况下，对谵妄最初的确认通常是来自他们的家人或医护人员的观察。他们注意到当事人似乎日间比较平静，但是在夜间变得激越。全天监护这样的人很重要。要辨别谵妄也可能需要经常检测他们的定向能力（问他

表 10.8　谵妄的*DSM-5*诊断标准

A. 注意障碍（即指向、聚焦、维持和转移注意的能力减弱）和环境定向及意识障碍（对环境的定向减弱）。

B. 该障碍在较短时间内发生（通常为数小时到数天），表现为偏离注意和意识基线的变化，以及在一天中严重程度倾向于波动。

C. 额外的认知障碍（例如，记忆力缺陷，定向障碍，语言，视觉空间能力，或知觉）。

D. 诊断标准A和C中的障碍不能用其他已患的、已经确定的，或正在发展中的神经认知障碍来更好地解释，也不是出现在唤醒水平严重降低的背景下，例如，昏迷。

E. 病史、体格检查或实验室发现的证据表明，该障碍是其他躯体疾病，物质中毒或戒断，或接触有毒物质，或多种病因导致的直接生理结果。

资料来源：Reprinted with permission from the *Diagnostic and Statistical Manual of Mental Disorders,* Fifth Edition.

Copyright© 2013 American Psychiatric Association.

的姓名、日期和时间、地点)。密切监控也很重要，因为谵妄患者从床上跌落或者走进车流当中这样的意外很常见。

谵妄通常是严重疾病的信号。如果谵妄症状被发现，并且潜在的严重疾病得到治疗，谵妄本身是短暂和可逆的(Cole, Ciampi, Belzile, & Zhong, 2009)。然而谵妄持续时间越长，患者就越有可能受到永久性的大脑损伤，因为谵妄的病因如果得不到治疗，将会引起脑功能的永久性改变。

谵妄的病因

神经认知障碍是谵妄最强的预测因子，可将发病风险提高5倍(Cole, 2004)。多种疾病，包括中风、充血性心力衰竭、感染性疾病、高烧或者艾滋病，都与谵妄的发病风险有关。违禁药物中毒、违禁药物或处方药物戒断也可以引发谵妄。其他可能的病因包括体液与电解质失衡、药物副作用和有毒物质。

影响脑内乙酰胆碱水平的疾病、药物或有毒物质也会引发谵妄(White, 2002)。在谵妄者身上也观察到若干其他神经递质，包括多巴胺、5–羟色胺和GABA的异常。

谵妄可能是综合医院中最常见的精神疾病综合征，特别是在老年人群中。因某种严重疾病入院的老年人中，入院时大约15% ~ 20%的人有谵妄症状，另有10% ~ 15%的老年人在住院期间才出现谵妄症状。老年人常在手术后产生谵妄(Brown & Boyle, 2002; Cole, 2004)。谵妄可能是本人的疾病造成的或者是药物的作用。也可能是感觉隔绝所致。ICU/CCU精神病综合征发生在重症护理和心脏病护理病房(Maxmen & Ward, 1995)。当患者被限制在陌生、单调的环境中，他们可能把机器的噪声听成说话声，看见墙面颤抖，或产生有人拍他肩膀的幻觉。

在老年人中，谵妄与高死亡率有关(Cole, 2004)。原因往往是潜在的病症或谵妄的病因非常严重。15% ~ 40%有谵妄的住院病人在一个月内死亡，而没有谵妄患者的死亡率只有前者的一半。

有些人出现谵妄的风险更高。高危因素包括年龄(年龄越大，风险越高)、性别(男性的风险高于女性)，以及先前存在的脑损伤或神经认知障碍(Brown & Boyle, 2002)。非裔美国人的谵妄发病率高于欧裔美国人，可能是因为非裔美国人较少拥有健康保险，因此在严重疾病的早期没有得到干预。因此他们的疾病更可能加重到引发谵妄的程度。

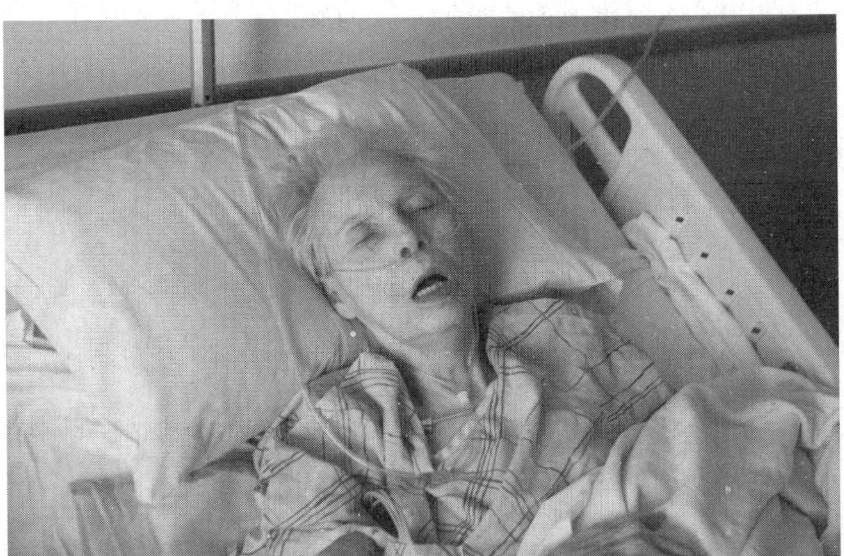

谵妄是医院里老年患者常见的病症。

谵妄的治疗

及时识别和治疗谵妄是极其重要的。如果谵妄者尚未住院，要立即转介其就诊。如果另一种疾病与谵妄有关(如中风或充血性心力衰竭)，首要任务是治疗该疾病（Cole, 2004）。可能导致谵妄的药物必须停用。抗精神病药物有时也用于治疗他们的意识混乱。防止有谵妄的人意外伤害到自己可能也是必要的（Maxmen & Ward, 1995）。通常需要护理人员监控患者的状况，防止他们游荡、跌倒或者拔掉静脉导管，并在他们变得不合作或激越好斗时控制他们的行为。某些情况下，约束措施是必要的。提供一种使人安心的、充满私人熟悉物品（如家庭照片和自己的衣物）的氛围，有助于舒缓有谵妄倾向患者的激越并让其感到更安全和有控制感。

本章整合

正如在本章开头的连续谱特征所提到的，发展心理病理学家和老年心理学家都强调在正常的发展和老化的背景下理解神经发展障碍和神经认知障碍的重要性。发展和老化不仅仅是生物过程，更包含了生物、环境和心理过程的相互作用，如图 10.6 中所描述的那样。

图 10.6　整合神经发育和神经认知障碍中的生物、环境和心理因素

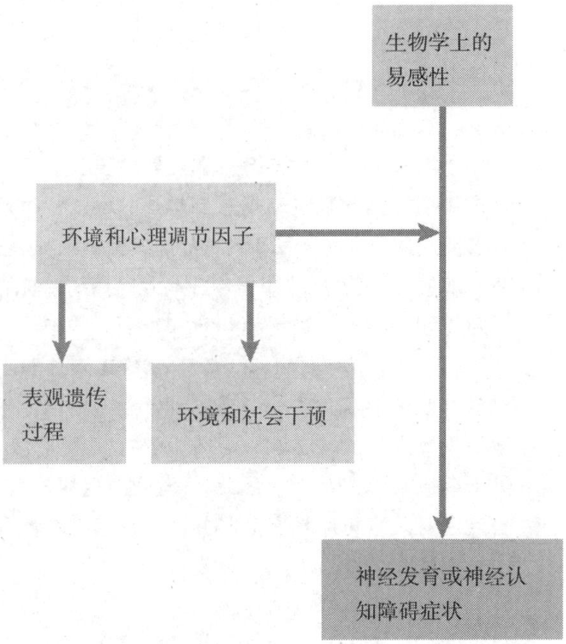

本章所提到的所有障碍都与基因异常有关，但是环境可以通过表观遗传过程影响基因的表达（见第 2 章）。例如，有证据表明，受孕时生父年龄较大（如大于 40 岁）的儿童出现孤独症谱系障碍的风险更高（Hultman et al., 2011）。这可能是因为老化造成的精子质量下降，或可能是因为一生中累积的毒素接触引起 DNA 受损，导致孩子出现孤独症谱系障碍的风险增高。

此外，神经发育障碍与神经认知障碍的生物学易感性对机体功能的作用受到环境和个体行为的明显影响。接受了早期、密集行为干预的孤独症谱系障碍儿童最终可能会达到与无此障碍儿童非常相似的功能水平，而没有接受干预的孤独症谱系障碍儿童相比之下则极难达到正常的功能水平。另一个例子是，老年时的很多疾病受到个体年轻时行为的很大影响——进入中年和老年仍保持精神活跃的个体不太可能出现阿尔茨海默病或较轻的神经认知障碍。

同样，社会和情感环境会影响那些有神经发育障碍和神经认知障碍个体缺陷的严重程度。相比于父母更加有效地回应 ADHD 儿童的行为，如果父母对 ADHD 儿童的行为不知所措、退缩甚或表现出攻击性的回应，后者较难培养调节自己行为的能力。如果一位容易糊涂或遗忘的老年人因为家人经常对她恼怒或者期望过高而备受压力，那么她的认知缺陷会变得更加严重。因此，尽管神经发育障碍或神经认知障碍的根源在于大脑功能失常，但心理社会因素能够影响这些障碍的严重程度及表现形式。

灰色地带

讨论（对第316页的回顾）

在对杰克做出诊断之前，有几种可能性值得考虑。首先，你可以思考杰克是否有学习障碍，从而影响了他的学业表现。你可能通过测试来验证这一点。其次，你可能会注意到，注意缺陷型 ADHD 个体并不多动，他们常常看起来心不在焉。杰克健忘、做项目半途而废、开小差和迟到的倾向都符合主要表现为注意缺陷的 ADHD 症状。然而，这些也可能是由于抑郁导致的。杰克的父母常常对他持批评态度并认为他没有达到他们的期望，而集中注意力、记忆和完成工作方面的困难是抑郁的常见特征。另外，杰克的成绩倾向于在环境转换阶段下降这一事实可能表明他难以应对改变。在做出诊断前,你需要全面考察这些可能性。不仅要存在症状，ADHD精确的诊断要求症状起始于儿童期，与发展阶段不相适宜而且是持续的，表现在多种场景下，引起明显的功能问题，且并非由其他任何精神障碍所引起。

批判性思考

近年来，人们对于给儿童开具主要在成年人中测试过的精神类药物越来越感到担忧。例如，为治疗成年人精神分裂症而开发和测试的非典型抗精神病药（见第 8 章），现正被广泛用于治疗有品行障碍、孤独症谱系障碍和多种其他障碍的儿童和青少年的破坏和自我伤害行为（Jensen et al., 2007）。少数比较这些药物和安慰剂效果的双盲对照研究发现，通常它们能够有效地减少青少年的攻击和破坏行为及自我伤害（元分析见 Jensen et al., 2007）。因此，非典型抗精神病药似乎是治疗对儿童可能具有危险并严重损害其功能的症状的一种有价值的工具。

然而，非典型抗精神病药确实引起了人们对安全性的担心。彼得•詹森等人的元分析表明，这些药物在青少年中最常见的副作用是嗜睡和体重增加（Jensen et al., 2007）。明显的体重增加可能会使糖尿病的风险上升。一部分服用非典型抗精神病药的儿童体内催乳激素水平上升，而这一变化的长期影响仍然未知。也有一些罕见的不良反应，如心律不齐。

假如你的孩子有严重的攻击和破坏行为或自我伤害行为，如果儿童精神病医生开具了处方，你会同意让他服用非典型抗精神病药物吗？当药物测试主要基于成年人时，你认为给儿童开具药物处方的政策应该是什么？（讨论见本书末尾。）

本章小结

- 注意缺陷／多动障碍（ADHD）的特征是注意力不集中和多动。有ADHD的儿童在学业和同伴关系方面表现不佳，并且发生行为问题的风险增加。ADHD在男孩当中比在女孩当中更常见。
- 与ADHD有关的生物学因素包括遗传，出生前及儿童早期接触有毒物质，以及神经系统机能异常。
- ADHD的治疗通常包括兴奋剂和行为疗法，用于减轻儿童的冲动和多动行为，并帮助他们提高注意力。
- 孤独症谱系障碍的特征是社交互动、与他人交流以及日常行为、兴趣和活动的明显缺陷。许多孤独症谱系障碍儿童在智商测试中处于智力障碍的范围。孤独症谱系障碍的后果差异很大，尽管大部分必须接受持续的照管，即使是成年之后。好的结果的最佳预测因素是智商50以上，并且语言技能在6岁以前得以发展。
- 孤独症谱系障碍可能的生物学致病因素包括对认知缺陷的遗传易感性，中枢神经系统受损，产前并发症和神经递质失衡。
- 药物能够减轻孤独症谱系障碍的某些症状，但不能根治其核心症状。行为疗法用于减少不当的行为和自我伤害行为，并鼓励其亲社会行为。

- 智力障碍是指在发育阶段发生，影响日常功能的概念、社交和实用技能方面的明显缺陷。诊断不单纯因智商分数低而作出，其严重水平取决于适应功能缺陷。
- 智力障碍与多个生物学因素有关，包括新陈代谢障碍（苯丙酮尿症和家族黑蒙性白痴病）；染色体障碍（唐氏综合征、脆性X综合征、13三体综合征和18三体综合征）；产前感染风疹、疱疹、梅毒，或接触精神活性物质（特别是酒精，如胎儿酒精综合征）；早产；创伤性脑损伤（如在婴儿被摇晃造成的损伤）。
- 有证据表明，对儿童从很小就施行强化的、全面的教育干预，有助于降低智力障碍的程度。
- 特定学习障碍影响阅读、数学或书面表达技能。
- 交流障碍涉及习得和使用语言和其他交流方式方面持续的困难。
- 有语言障碍的儿童在口语、书面语和其他形式的语言（例如，手语）上存在困难。他们的症状可能包括词汇、语法、叙述（即，懂得如何描述某物或组成一个故事）和其他实用语言能力问题。
- 有语音障碍的儿童在言语生成方面存在持续的困难。
- 有社交交流障碍的儿童在自然场景的社交交流中，在习得和使用口语或书面语或其他非文字的交流形式方面存在持续困难，影响了他们的社交关系。
- 有些学习和交流障碍的根源可能在于遗传。脑结构和功能的异常被指与这些障碍有关。环境因素，包括铅中毒、出生缺陷、感觉剥夺和社会经济地位低下，可能促成脑功能障碍。
- 学习和交流障碍的治疗通常着重于通过专门的训练和计算机化练习来建立儿童在问题领域的技能。
- 抽动秽语综合征和长期运动或发声抽动障碍是有持续性抽动出现的运动障碍。刻板运动障碍是以重复的、看似被驱使的、显然漫无目的的运动行为为特征的运动障碍。这些障碍与强迫症高度并发，并且可能与类似的生物学因素有关。
- 发展协调障碍涉及基本运动技能的缺陷。
- 神经认知障碍中存在认知功能退化，通常伴随着情绪和行为的变化。神经认知障碍的认知损害包括记忆损害，失语症，失用症，失认症和执行功能丧失。
- 最常见的神经认知障碍类型是由阿尔茨海默病所致的神经认知障碍。阿尔茨海默病患者的大脑出现神经纤维缠结、β-淀粉样蛋白形成的斑块和大脑皮层萎缩。近期的阿尔茨海默病理论专注于可能促使患者脑部β-淀粉样蛋白积累的基因，尤其是ApoE基因。
- 下列情况也会引发神经认知障碍：脑血管疾病，创伤性脑损伤以及进行性疾病如帕金森氏病、路易体病、艾滋病、亨廷顿病、皮克病和朊病毒病（克雅二氏症）。长期药物滥用及其经常伴随的营养不良也能导致神经认知障碍。
- 药物可能有助于减轻神经认知障碍患者的认知症状及某些患者的抑郁、焦虑和精神病性症状等伴随病症。
- 谵妄的特征是定向障碍、近期记忆丧失和广泛的注意紊乱。谵妄一般是严重疾病如中风、充血性心力衰竭、感染性疾病、高烧、毒品或药物中毒或戒断等的信号。谵妄是医院里常见的综合征，特别是在老年外科病人中。
- 治疗谵妄需要治疗导致谵妄的潜在疾病，并在症状消退前保证患者的安全。

关键术语

神经发育障碍
神经认知障碍
注意缺陷 / 多动障碍（ADHD）
孤独症谱系障碍（ASD）
孤独症
言语模仿症
广泛性发育障碍
智力障碍
胎儿酒精综合征
特定学习障碍
交流障碍
语言障碍
语音障碍
童年发生的言语流畅障碍
社交交流障碍
运动障碍
抽动秽语综合征
持续性运动或发声抽动障碍（CMVTD）

刻板运动障碍
发育性协调障碍
重度神经认知障碍
痴呆症
轻度神经认知障碍
失语症
语言重复症
失用症
失认症
执行功能
阿尔茨海默病
神经元纤维缠结
斑块
β–淀粉样蛋白
血管性神经认知障碍
脑血管疾病
中风
创伤性脑损伤
谵妄

第11章

破坏性、冲动控制及品行障碍

本章提纲

连续谱模型下的品行障碍和冲动控制障碍

功能正常

健康水平的品行和冲动控制

对他人有同理心，有约束力，遵循社会准则和价值观

偶尔有品行和/或冲动控制问题

通常有同情心、遵纪守法，但偶尔会违规或违抗权威

有可能符合品行障碍或冲动控制障碍的诊断标准

频繁违抗或不尊重他人的感受或尊严

很可能符合品行障碍或冲动控制障碍的诊断标准

对待他人冷酷无情或无动于衷，行为残忍或违法

功能失调

本章所讨论的障碍全部与违反主要社会规范的破坏性、冲动性和反社会行为有关。毫无疑问，人们对社会规范的遵循和对待他人的同理心和关心存在差异。连续谱的一端是非常遵守社会道德准则的人，他们十分关心他人，甚至愿意为了别人牺牲自己的幸福（想想特蕾莎修女）。大部分人在连续谱上都距此稍远：虽然我们一般都遵纪守法且努力对他人保持同情心，但我们偶尔也会违反一些规则（如超速行驶），有时对他人并不友善，尤其是当我们有压力或心情不好时就更是如此。然而，连续谱上更远端的人认为某些社会规范并不适用于他们，他们会对他人十分残酷，尤其是在为了满足自己的目标时，正如梅丽尔·斯特里普在影片《穿普拉达的女王》中扮演的米兰达·普里斯特利那样。

符合本章所述诊断标准的人，会持续地违反规范行为的基本社会准则，往往非常残酷地对待他人，甚至攻击他人或表现出暴力行为。本章的两种障碍只存在于儿童。被诊断为对立违抗障碍的儿童经常生气且易怒；好争吵和挑衅，拒绝遵从成人的要求；对他人怀恨在心，经常因为他们自己的过错和不良行为责怪他人。被诊断为品行障碍的儿童表现出更加反社会的行为，反复攻击和残酷地对待动物和他人，肆意破坏和损毁他人财物，偷窃撒谎，违反基本的家规和校规。另外两个诊断只针对18岁及以上的个体。间歇性暴怒障碍的特征是对他人反复爆发性地进行言语或身体攻击，远超对任何挑衅的合理反应。反社会型人格障碍的特征是长期罔顾他人的基本权利。有此障碍的人自私、喜欢操控、狡诈、残忍，常常为了达到目的侵犯他人。

本章我们要讨论可能促成这些障碍的生物学和心理社会因素。这或许还能帮助解释达不到任何诊断标准的不良行为——那些我们与之打交道的或媒体上的人们所表现出的不良日常行为。从根本上讲，所有行为（好或坏、道德或不道德）都与生物学和心理社会因素有关。这便引发了以下问题：辨别导致不良行为的原因有什么意义，社会该如何对待那些违反主要社会规范且伤害他人的人？我们将在本章末尾的批判性思考专栏再谈这个问题。

非常人物

泰德·邦迪，*连环杀手肖像*

泰德·邦迪出生在佛蒙特州的伯灵顿。尽管有时会惹麻烦，跟其他孩子斗殴，但他在学校里表现良好，大部分功课都是优等。后来他把学业成功的大部分原因归功于其母亲坚持不懈的鼓励。虽然他喜欢母亲，但他们从未谈论过私人生活，他说母子关系并不坦率。邦迪自述很难参与社交，高中时他常常选择独处，或者只参与一些单人的兴趣活动。尽管人们觉得他迷人、聪明、富有魅力，但他的社会交往很少，不喜欢喝酒，更喜欢让自己看上去像个学者。他在高中时很少跟女孩交往，只有过一次约会。

邦迪毕业后热心于政治，并参与了几次成功的竞选活动，人们认为他有责任心、热忱且工作努力。这一经历使他得以建立广泛的社交圈。邦迪利用自己的魅力和机智，为自己树立了一个未来政治家的形象，甚至因其政治头脑被人称为“年轻的肯尼迪”。

邦迪27岁时开始绑架、强奸和杀害年轻女性。他常常欺骗女性，引诱她们进入他的车里，例如伪装成一名警方的侦探。残忍的谋杀包括棒击、毁尸和强奸。邦迪的谋杀引起了媒体和警方的注意，但他还是继续绑架女性、躲避侦查。为避免被人发现，他极其谨慎地计划和实施绑架。他的同事认为他十分迷人、招人喜爱，无法想象他会做出如此暴行。最终，邦迪在其第一次谋杀大约15个月后被捕。之后，人们发现他与几起谋杀案有关，并确定了开庭审判的时间。

在拘押期间，他的魅力、英俊和合作很快就打动了看守人员。他们给了他特殊的待遇，包括最少的管制措施。他坚持要在法庭上为自己辩护，并获准进入当地图书馆，在里面努力研究法律资料。他证明了自己能够快速地学习法律，还将听证会和审判推迟了相当长的时间。在推迟期间，他减掉很多体重，以通过监室屋顶他锯开的一条30厘米长的缝隙，然后爬过囚室和办公室上方的通风口逃走了。

逃出监狱后，他在佛罗里达州立大学附近安顿下来。不久后，他再次强奸、殴打并杀害女性。这一次他用了假名，靠偷来的信用卡过活。他将女生联谊会多名成员在睡眠中重击致死，之后终于被捕。他随后被证实有罪，并两次被判处死刑。在审判期间，他表现出极高的法律敏锐度，以致法官在判刑后说邦迪“应该做个律师”。他在监狱中继续利用这些法律知识为自己服务，将死刑推迟了10年。然而，也有人认为泰德的傲慢和自负使他没有寻求专业的法律顾问，且作为律师为自己辩护最终对他不利。

邦迪在监狱里同意了许多面谈请求，并透露他将谋杀作为完全占有这些女性的一种手段。他声称这些强奸并不残忍，并且他试图在谋杀中尽可能少地给受害者造成痛苦。邦迪对谋杀从未表达过任何明显或令人信服的忏悔之情。事实上，为了推迟死刑，他隐瞒了很多受害者的身份（改编自 T. A. Widiger, personal communication, 2009）。

泰德·邦迪是许多人称作精神变态者（psychopath）或反社会者（sociopath）的最极端例子之一。他一方面迷人、富有魅力、精明，另一方面却是骇人的虐待狂，从给他人造成的痛苦中获得极大的快乐。他从未为自身的行为承担责任，而是将他的非法行为怪罪到幼年所接触到的色情和暴力的不良影响。

本章要讨论的障碍全都与不良行为倾向有关，即侵犯他人的基本权利或违反主要社会规范。大多数情况下，这些反社会行为远不及泰德·邦迪那样极端，但依旧会对行为对象造成极其不良的影响。我们从品行障碍和对立违抗障碍开始，显然这两种障碍都起病于儿童期。接着我们要探讨间歇性暴怒障碍，顾名思义，其特征是间歇但反复发生的愤怒爆发。最后，我们讨论反社会型人格障碍，此诊断仅针对成人，自然适用于泰德·邦迪。

品行障碍和对立违抗障碍

你撒过谎、偷过东西或打过人吗？我们大多数人至少会对其中一个问题做出肯定的回答。但是对下面的问题，较少有人会做出肯定回答：

- 你曾经用刀或枪指向过别人吗？
- 你以凶器强迫别人与你发生过性行为吗？
- 你曾蓄意纵火，希望将别人的财产付之一炬吗？
- 你曾为了偷窃撬开别人的汽车或者闯入别人的房子吗？

许多存在**品行障碍**（conduct disorder）的孩子对这些问题的回答是肯定的，并且他们还从事其他严重违背社会规范的行为（见表 11.1 的 *DSM-5* 诊断标准）。这些儿童已经形成了漠视他人基本权利的长期模式。思考下面个案中的菲利普。

个案研究

12 岁的菲利普被爱荷华州一个小镇的学校停学后，校长引介他接受精神病治疗，并附了如下的说明：

> 这名儿童自从进入我校后一直是个问题孩子。在操场上他和大家玩不到一起，因为他对同学十分恶劣。他违反校纪，捉弄值勤的学生，偷窃，蔑视所有的权威。菲利普还经常在校车上与同学打架。

菲利普不诚实。当他的不良行为被抓住时，他会矢口否认，表现出一副受伤和无辜的样子。他认为我们故意找他的麻烦。拒绝他的任何要求都会令他不高兴。问他为什么做这些事时，他撅着嘴，指着自己的脑袋说，因为这里有问题。这个男孩十分需要帮助。他没有任何朋友。他的攻击行为令其他孩子都讨厌他。学校心理医生为菲利普做了测试。结果表明，他的智力水平正常，但学业表现只相当于三年级或者四年级的较低水平（Jenkins, 1973, pp.60-64）。

品行障碍儿童的行为分为四类：（1）攻击他人和动物，（2）破坏财产，（3）欺诈或盗窃以及（4）严重违反规则。大约有 3% ~ 7% 儿童和青少年的不端行为非常严重，足以诊断为品行障碍（Costello et al., 2003; Maughan et al., 2004）。他们非常可能发生暴力和犯罪行为（Frick & Nigg, 2012）。每年由于青少年恶意破坏给美国学校造成的损失达 6 亿美元之多。

研究者将起始于儿童期和青春期的品行障碍区别开来（Frick & Nigg, 2012; Moffitt, 2006），且 *DSM-5* 要求明确品行障碍的发病年龄段。**儿童期起病品行障碍**（childhood-onset conduct disorder）的个体（起始于 10 岁前）经常在学前或小学早期就表现出行为问题，并且随着年龄增长有恶化的趋势。他们比**青少年期起病品行障碍**（adolescent-onset conduct disorder）的个体（起始于 10 岁或以后）在青春期和成年期更易持续地违反社会规范，该模式称为**终身持续性反社会行为**（life-course-persistent antisocial behavior）（Moffitt, Caspi, Harrington, & Milne, 2002; Odgers et al., 2008）。例如，被诊断为儿童期起病品行障碍的个体进入青春期后有 50% 的人有违法

表 11.1 品行障碍的*DSM–5*诊断标准

A. 一种侵犯他人的基本权利或违反与年龄匹配的主要社会规范或规则的反复的、持续的行为模式，在过去的12个月内，表现为下列任意类别的15项标准中的至少3项，且在过去的6个月内存在下列标准中的至少1项：

攻击人和动物

1. 经常欺负、威胁或恐吓他人。
2. 经常引发打架。
3. 曾对他人使用可能引起严重躯体伤害的武器（例如，棍棒、砖块、破碎的瓶子、刀、枪）。
4. 曾残忍地伤害他人。
5. 曾残忍地伤害动物。
6. 曾当着受害者的面夺取（例如，抢劫、抢包、敲诈、持械抢劫）。
7. 曾强迫他人与自己发生性行为。

破坏财产

8. 曾故意纵火企图造成严重的损失。
9. 曾蓄意破坏他人财产（不包括纵火）。

欺诈或盗窃

10. 曾破门闯入他人的房屋、建筑或汽车。
11. 经常说谎以获得物品或好处或规避责任（即“哄骗”他人）。
12. 曾盗窃值钱的物品，但没有当着受害者的面（例如，入店行窃，但没有破门而入；伪造）。

严重违反规则

13. 尽管父母禁止，仍经常夜不归宿，在13岁前开始。
14. 生活在父母或父母的代理人家里时，曾至少2次离家出走在外过夜，或曾1次长时间不回家。
15. 在13岁前开始经常逃学。

B. 此行为障碍在社交、学业或职业功能方面引起有临床意义的损害。
C. 如果个体的年龄为18岁或以上，则需不符合反社会型人格障碍的诊断标准。

资料来源：Reprinted with permission from the *Diagnostic and Statistical Manual of Mental Disorders,* Fifth Edition.
Copyright © 2013 American Psychiatric Association.

犯罪和药物滥用行为。成年后，有 75% ~ 85% 的人长期失业，人际关系不稳定，频繁参与冲动性的暴力攻击行为，或者虐待配偶（Moffitt et al., 2008）。35% ~ 40% 的人在成年时被诊断为反社会型人格障碍。

DSM-5 对此诊断给出了另一个区分特征，即有限的亲社会情感，可用作品行障碍的诊断标准，并且在多种关系和环境中表现出至少下列两种特征的儿童：（a）对他们的行动缺乏悔恨和内疚；（b）对他人缺乏同理心（麻木不仁）；（c）对学校、职场或其他重要活动中的表现缺乏关注；（d）肤浅或匮乏的情绪（如情感不真诚，利用情感操纵他人）。有这种冷漠无情表现的儿童对他人惧怕和痛苦的迹象反应性较低，对惩罚也较不敏感（Frick & White, 2008）。他们往往胆大包天，寻求刺激。这些已经是**精神变态**（psychopathy）的特征，即一种更为严重、更具攻击性并且更难治疗的障碍形式，可预测更多进入成年期的长期问题（Cleckley, 1941/1982; Hare & Neumann, 2008; McMahon et al., 2010; Rowe et al., 2009）。由于精神变态研究更多的是成年人而非儿童，我们将在后面涉及反社会型人格障碍的部分进行讨论。

表 11.2　对立违抗障碍的*DSM-5*诊断标准

A. 一种愤怒/易激惹的心境，争辩/对抗的行为，或报复的模式，持续至少6个月，以下列任意类别中至少4项症状作为证据，并表现在与至少1个非同胞个体的互动中。

愤怒的/易激惹的心境

1. 经常发脾气。
2. 经常是敏感的或易被惹恼的。
3. 经常是愤怒和怨恨的。

争辩/对抗的行为

4. 经常与权威人士辩论，或儿童和青少年与成年人争辩。
5. 经常主动地对抗或拒绝遵守权威人士或规则的要求。
6. 经常故意惹恼他人。
7. 自己有错误或不当行为却经常指责他人。

报复

8. 在过去的6个月内至少曾有2次是怀恨的或报复性的

注：这些行为的持续性和频率应被用来区分那些在正常范围内的行为与有问题的行为。对于年龄小于5岁的儿童，此行为应出现在至少6个月内的大多数日子里，除非另有说明（诊断标准A8）。对于5岁或年龄更大的个体，此行为应每周至少出现1次，且持续至少6个月，除非另有说明（诊断标准A8）。这些频率方面的标准为定义症状所需的最低频率提供了指南，但其他因素也应考虑在内，如此行为的频率和强度是否超出了个体的发育水平、性别和文化的正常范围。

B. 该行为障碍与个体或其身边的其他人（例如，家人、同伴、同事）的痛苦有关，或对社交、教育、职业或其他重要功能方面产生了负性影响。

C. 此行为不仅仅出现在精神病性、物质使用、抑郁或双相障碍的病程中，并且，也不符合破坏性心境失调障碍的诊断标准。

资料来源： Reprinted with permission from the *Diagnostic and Statistical Manual of Mental Disorders,* Fifth Edition.
Copyright © 2013 American Psychiatric Association.

DSM-5 也明确了一种不太严重的长期不当行为，即**对立违抗障碍**（oppositional defiant disorder）（见表 11.2）。对立违抗障碍的症状可分为三类，反映了情感与行为的症状分类。不同于品行障碍儿童，对立违抗障碍儿童对人或动物没有攻击性，不会毁坏财产或表现出偷窃和欺骗行为。然而，他们长时期地对人生消极悲观、叛逆反抗、桀骜不驯、充满敌意（Frick & Nigg, 2012）。在下列案例中 9 岁的杰瑞米身上，我们可以看到对立违抗障碍的若干症状。

个案研究

从进幼儿园时起，杰瑞米就越来越难管教了。在学校他嘲笑和欺负其他同学，把他们绊倒，辱骂他们。在老师眼里他是一个坏脾气、易怒的孩子，尽管他有时看似喜欢上学。他好像经常有意激怒其他同学，尽管他总是声称是别人先挑起争端的。他不挑起严重的斗殴，但是偶尔会与其他同学互相对打几拳。

杰瑞米有时会拒绝做两位老师布置的任务，而且今年他在算术、艺术和科学课上尤其难以管理。为了不做作业，他找出种种理由，并且在老师要求他做作业时极力争辩。杰瑞米在家里的表现时好时坏。有些日子他对妈妈毫不理会、态度粗鲁。如果要求他做些事情，尽管他最后一般会完成，但是通常要督促好几次。另一些日子，他很招人喜欢，主动提供帮助，不过不友好的日子更多。他妈妈说："一点小事就会让他不安，然后就大喊大叫。”杰瑞米对待弟弟瑞克既恶劣又刻薄。他妈妈还说他撒过许多小谎，但是被追问的时候，他在重要的事情上还是诚实的。(Reprinted from the *DSM Casebook: A Learning Companion to the Diagnostic and Statistical Manual of Mental Disorders*, Fifth Edition. Copyright © 2013 American Psychiatric Association.)

女孩对他人的攻击性表现方式可能与男孩不同。

对立违抗障碍的症状通常在学步期或者学前期就会显露出来。反抗和固执是“可怕的两岁”的常见特征，对立违抗障碍的诊断将儿童的典型行为归为病态，这引起了人们的担忧。事实上，一些符合对立违抗障碍诊断标准的儿童到了儿童期后期或青少年早期，似乎由于成长而不再有这些行为。然而，与不符合对立违抗障碍诊断的儿童相比，被诊断为此障碍的儿童在后续发展中更可能出现品行障碍、物质使用障碍以及心境和焦虑障碍（Loeber, Burke, & Pardini, 2009b; Rowe et al., 2010）。

在不同文化中，男孩被诊断为品行障碍或对立违抗障碍的可能性是女孩的3倍（Frick & Nigg, 2012; Moffitt, Caspi, Rutter, & Silva, 2001）。男性出现持续终身的反社会行为的可能性是女性的10 ~ 15倍（Moffitt, 2006）。导致这类障碍的生物学和心理社会因素可能更常出现在男孩身上。此外，品行障碍的男孩比品行障碍的女孩更具暴力攻击性，这也使他们更可能引起社会的注意（Maughan et al., 2000; Tiet et al., 2001）。

一些研究者指出，女孩的反社会行为并不比男孩少——只不过表现形式不同（Crick & Grotpeter, 1995; Zoccolillo, 1993）。女孩的攻击性更间接，更多言语而非身体攻击。女孩似乎会进行关系攻击，如排斥同伴，传播谣言，与人串通合谋损害目标对象的社会地位（Crick & Grotpeter, 1995）。

然而，有品行障碍的女孩和男孩都同样可能偷窃、说谎和滥用物质（Tiet et al., 2001）。对诊断为品行障碍女孩的长期研究显示，她们在进入青少年期或成人期后，抑郁和焦虑障碍、严重的婚姻问题、犯罪行为和早孕等也同样高发（Loeber & Burke, 2011; Moffitt et al., 2001）。

品行障碍和对立违抗障碍的影响因素

品行障碍与对立违抗障碍的高危因素大体相同，所以我们将一起讨论，且主要探讨品行障碍，因为大多数研究都侧重此障碍。

生物学因素

与无此障碍的儿童相比，品行障碍儿童的双亲更可能有反社会行为的历史（Odgers et al., 2007）。双生子研究和领养研究表明，家庭中反社会行为的这种集结源于遗传和环境两种因素（Arsenault et al., 2003; Silberg, Maes, & Eaves, 2012）。儿童期起病的品行障碍尤其受遗传的强烈影响。品行障碍和对立违抗障碍风险的增加与若干特定的基因有关，主要是参与神经递质多巴胺、5-羟色胺和去甲肾上腺素调节的基因（Moffitt et al., 2008）。其中一种基因是单胺氧化酶A（MAOA）基因，该基因负责对一种代谢5-羟色胺、多巴胺和去甲肾上腺素的酶进行编码（元分析见 Dodge &

灰色地带

思考以下对杰克的描述

杰克生下来就比大多数婴儿要大些。现在他 10 岁了，他的身高超过了身边所有其他的男孩，体重也比大多数人重十多斤，而超出的体重几乎都是肌肉的重量。前两年，杰克的父母鼓励他利用自己的大块头和好体力，投入体育运动，但他的协调性不太好，并遭到其他孩子的取笑，他们叫他“大猩猩”。发生这种情况时，杰克有时会痛打取笑他的孩子，拳打脚踢。鉴于杰克的体型优势，这通常会导致被打的孩子中度到重度的伤情。在过去6个月内，对那些曾对他不友好的孩子，杰克在放学回家的路上伏击了他们，并将他们打得相当严重。这实现了杰克的目标——对其他孩子的报复使他感觉良好，并且再也没有其他孩子取笑他。不久前，他开始伏击从来没有取笑过他的孩子，只是为了向其他孩子发出信息，要他们保持距离并向他表示尊重。

根据描述中的信息，杰克能诊断为品行障碍吗？（讨论见本章末尾。）

Sherrill, 2007; Taylor & Kim-Cohen, 2007）。多项研究发现，既存在 MAOA 基因变异且又有儿童期虐待（包括身体虐待、性虐待和忽视）经历的儿童，尤其可能形成各种攻击性特质，特别是品行障碍（如 Caspi et al., 2002）。此为遗传和环境交互作用促成心理障碍的又一例子。

基因和环境易感性造成品行障碍的确切机制尚在探索之中（Dodge, 2009）。品行障碍的儿童在负责行为计划和控制的大脑系统上可能存在神经缺陷。他们中很多人同时存在注意缺陷 / 多动障碍（ADHD；见第 10 章；Beauchaine, Hinshaw, & Pang, 2010），后者主要是一种神经障碍，其特征是注意困难、冲动和多动。神经成像研究显示，品行障碍儿童前额叶皮层涉及应对情绪刺激的功能区域存在异常，包括前扣带回（Stadler et al., 2006; Sterzer et al., 2005）。在对情绪刺激做出反应时，他们的杏仁核活动也较少（Sterzer et al., 2005），这可能表示他们处理情绪线索的方式与正常儿童不同。的确，品行障碍儿童在测量计划和组织能力及情绪线索加工的任务中表现出缺陷（Blair et al., 2006; Nigg & Huang-Pollock, 2003）。

除遗传因素外，这些儿童神经功能缺陷的另一个原因可能是，在产前或学前期受到神经毒素或药物侵害。孕妇若在怀孕期间吸烟，其产下的男孩在童年早期显现对立行为的可能性高出 2.6 倍，并且随着年龄增长其攻击性和反社会行为也越来越严重（Wakschlag, Pickett, Kasza, & Loeber, 2006）。

5–羟色胺在暴力行为中的作用成为众多研究的重点。基于社区的大型样本研究发现，血液中 5–羟色胺浓度比同龄男性高的年轻男性更可能实施暴力犯罪（Moffitt et al., 1998）。也有部分研究发现，5–羟色胺的活跃程度与儿童的反社会行为有联系（van Goozen, Fairchild, Snoek, & Harold, 2007）。

品行障碍儿童的心率比无此障碍的儿童更为缓慢，在休息时尤其是面对应激源时都是如此（Ortiz & Raine, 2004）。他们在这两种状态下也出现皮质醇水平异常（van Goozen et al., 2007）。因为品行障碍儿童面对紧张刺激时的生理唤醒水平低于其他儿童，所以他们可能更乐于冒险，并且更难以从对其行为的惩罚中学到教训。

人们经常将攻击行为与睾丸激素联系在一起。对人类睾丸激素和攻击性研究的元分析发现，两者存在细微但统计学上显著的 .14 的相关（Book, Starzyk, & Quinsey, 2001）。睾丸激素和攻击性的关系取决于参与者的社会背景。在一项对 9 ~ 15 岁男孩的研究中，男孩的同伴若具有不正常的社会行为，则更高的睾丸激素水平与更多的品行障碍症状相关（Rowe et al., 2004）。对于同伴没有异常社会行为的男孩，睾丸激素与领导力而非品行障碍症状相关。

社会因素

存在品行障碍和对立违抗障碍的儿童更多地出现在社会经济状况较差的阶层和城市地区，而不是社会经济状况较好的阶层和乡村地区（Costello, Keeler, & Angold, 2001）。"天性实验"的证据表明，贫穷可能是导致反社会行为的一个原因。研究者花了若干年跟踪了北卡罗来纳州乡村地区的 1 420 名儿童，其中四分之一是美国原住民（Costello, Compton, Keeler, & Angold, 2003）。研究期间美国原住民管理的赌场开业，突然给其中一些儿童的家庭带来了大量收入。家庭从赌场受益的儿童，其品行障碍和对立违抗障碍的发生率都有所下降。

儿童（尤其那些具有品行问题易感性的儿童）得到的养育质量与其是否会出现品行障碍的全部症状密切相关（Kim-Cohen et al., 2006; Loeber, Burke, & Pardini, 2009a）。存在品行障碍的儿童一般在婴儿期或学步期就难以相处，至少他们的父母是这么说的（Shaw, Keenan, & Vondra, 1994; shaw & Winslow, 1997）。其他人对他们的描述是易怒、苛求、不听话和易冲动。他们似乎缺乏自我控制，遇到挫折就会表现出攻击行为。一些理论家认为，这些儿童出生时就具有由生物学基础决定的先天困难型气质，这种气质与养育及环境因素交互作用，从而导致行为问题（Caspi, Harrington, et al., 2003）。

遭受过身体虐待的儿童更可能发生破坏行为和违法行为。

孩子若遭受父母身体虐待或严重忽视，则更可能出现破坏行为和违法行为（Stouthamer-Loeber, Loeber, Homish, & Wei, 2001）。父母若不参与孩子的日常生活——例如，父母不知道孩子有哪些朋友，或者他们在学校做些什么——则更容易导致孩子产生品行问题。即使他们与有品行问题的子女有互动，其互动通常充满敌意、暴力和嘲弄（Dishion & Patterson, 1997）。这类父母经常忽视孩子或不在家，而孩子只要稍有逾越，就会拳脚交加（Kim-Cohen et al., 2006; Smith & Farrington, 2004）。这些父母对男孩的体罚通常比对女孩更严重，这可能部分地解释了男孩的品行障碍患病率高于女孩（Lytton & Romney, 1991）。

生活在这种家庭的儿童可能逃避父母，转而寻求同伴的认可。不幸的是，他们的同伴团体很可能是由具有类似品行问题的孩子组成，这些同伴往往鼓励违法行为，甚至提供犯法的机会（Dishion & Patterson, 1997）。例如，他们可能挑动新成员抢劫，以"显示他是个男人"，甚至会给他提供武器和逃跑的车辆。儿童加入这些不良团伙后，尤其可能就此染上酗酒和吸毒的恶习，而这反过来又加剧了不良行为（Loeber et al., 2009a）。

具有反社会倾向的个体往往会选择具有类似倾向的伴侣（Smith & Farrington, 2004）。相反，那些与没有品行问题的人建立密切关系的个体，很可能会随着成长摆脱其行为问题。行为不良的年轻男性与未曾有过品行问题的年轻女性结婚后往往永久性地停止其违法行为（Sampson & Laub, 1992）。

认知因素

存在品行障碍的儿童加工处理社会互动信息的方式有助长攻击性反应的倾向（Crick & Dodge, 1994）。他们想当然地认为其他人会对自己抱有敌意，并据此解释同伴的行为，而不是特定情境中的线索（Dodge & Schwartz, 1997）。例如，如果不小心与另一个孩子撞到一起，品行障碍儿童会认为对方有意冒犯，就是为了挑起争斗。感知到同伴的挑衅后，品行障碍儿童想到的回应一般很有限，通常都包含攻击行为（Pettit, dodge, & Brown 1988）。如果要求考虑其他回应方式，他们会产生无效或模糊的想法，并且觉得除了攻击之外的任何回应都无用或者毫无吸引力（Crick & Ladd, 1990）。

以这种方式看待社会互动的儿童可能对他人采取攻击性行为。他人则会进行报复——被攻击的儿童将回击，父母和老师会处罚他们，人们会对他们持负面看法。这些反应又助长了这些儿童的假设：全世界都与他们为敌，导致他们对他人未来的行为做出错误的理解。这样就会形成一种维系和鼓励攻击性反社会行为的互动循环。

关于思维模式是儿童反社会行为的原因而非仅仅是其相关因素的最有力证据来自这一研究结果：改变儿童的攻击性思维模式就能减少其攻击行为。我们将考虑这类及其他用于治疗儿童品行障碍的干预手段。

整合模型

引发品行障碍的生物学、社会和认知因素经常同时出现并相互作用，将儿童送上一条难以阻止的反社会行为的轨道（图 11.1）（Dodge, 2009; Dodge & Pettit, 2003; Loeber et al., 2009a）。反社会的父母似乎既会将品行问题的基因易感性遗传给孩子，也会以引起反社会行为的方式养育孩子，例如，展示暴力和敌意、忽视以及缺乏温情（Loeber et al., 2009a; Silberg et al., 2012）。这些儿童也可能暴露于孕期滥用药物、产前营养不良、产前或产后中毒、儿童虐待、贫穷和暴力的邻里环境下的成长压力（Loeber et al., 2009a; Silberg et al., 2003）。有些婴儿和学步儿有常见于品行障碍儿童的神经心理问题，他们与同龄人相比，更加易怒、冲动、笨拙、反应过度、缺乏注意，并且学得慢。这使他们更难照料，更易遭受忽视和虐待。儿童攻击性和对立行为的早期症状会导致严厉的纪律、父母缺乏温情以及与具有攻击性同伴的冲突，并与这些结果相互作用。这些儿童在学校的学业和社交都可能出现问题，这会促使他们转向那些鼓励反社会行为的异常同伴群体。如此下去，

图 11.1 反社会性发展的整合模型

生物学、社会及心理因素在儿童发展过程中相互作用，导致一些儿童终身的反社会性。

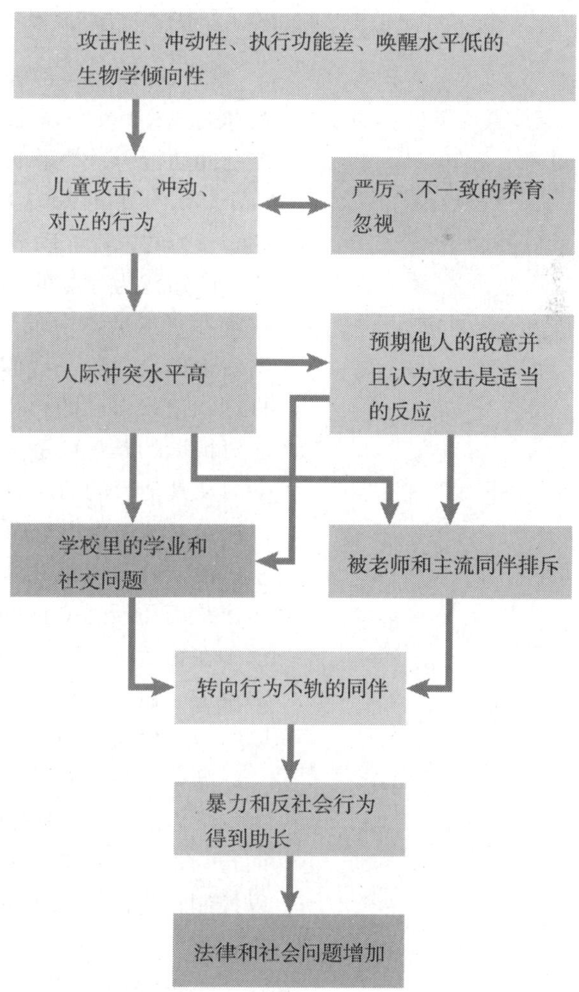

资料来源：Dodge & Pettit, 2003

此类儿童认为世界是充满敌意的，他们必须迅速地挥起拳头自卫。他们容易对他人做出冲动行为或者鲁莽反应。当他们进入成年期时，已有很长一段与他人消极交往、暴力且冲动的爆发以及与主流社会疏远的经历。所有这些因素彼此助长，使反社会行为的恶性循环延续至成年期。

一项纵向研究跟踪调查了一批儿童，从他们 3 岁直至成年。研究者（Mofffit & Caspi, 2001; Moffitt et al., 2001）发现，认知缺陷的生物学倾向及困难型气质，再加上以养育缺乏和家庭纽带断裂为特征的危险环境，这些结合在一起常常会导致形成于儿童期并持续到成年期的品行障碍。相反，只在青少年期反社会的年轻人受到生物和环境不利因素共同影响的可能性要小得多。另一项研究发现，只有那些在暴力和贫穷的邻里长大的男孩，其冲动性才更可能与青春期晚期的违法行为的增加有关（Lynam et al., 2000）。

品行障碍和对立违抗障碍的治疗

心理和社会治疗可以减少存在此类障碍儿童的暴力和破坏性行为。还会对某些儿童进行药物治疗，以减少他们的情绪调节异常和困难行为。

心理和社会疗法

品行障碍的大部分心理疗法都着眼于认知—行为，旨在改变儿童对人际交往的阐释方式，其方法是教导儿童采择并尊重他人的观点，使用*自我对话*（self-talk）来控制冲动行为，并采取比攻击更具适应性的冲突解决方法（Kazdin, 2003b; Lochman, Barry, & Pardini, 2003）。许多疗法尝试让父母也加入进来，以改变有助于维系儿童反社会行为的家庭互动模式（Webster-Stratton & Reid, 2003）。

认知行为疗法的第一步是指导儿童识别引发愤怒或冲动及攻击行为的情境。治疗师在自然情境中观察儿童的表现，随即指出他们发怒或者做出不当行为的情形。然后他们会讨论一些假想的情境，以及儿童会如何反应，让年龄较大的儿童坚持写日记，记录自己的感受和行为。儿童也要学习分析他们在这些情境中的想法，并考虑对情境的其他解释方式。儿童认为他人故意恶劣地对待自己的假设受到质疑，并学习从其他人的角度看待这些情境。治疗师指导儿童运用自我对话，重复一些词语，以避免对情境做出负面反应。

治疗师可以跟儿童讨论真实和假想的问题情境，并帮助他们形成积极的解决方案，从而传授适应性的问题解决技巧。例如，治疗师可以跟儿童讨论，如果另一个孩子在餐厅里插队，他应该怎么做。治疗师可以首先示范一种坚定而自信（而非攻击）的反应，例如对插队的孩子说："我希望你到后面排队。"然后，接受治疗的儿童可以练习这种反应，也可以假扮成那个插队的孩子，从而获得一些关于对方行为的想法。

品行障碍儿童的一些心理社会疗法也会包括父母，特别是如果儿童的行为得到家庭动力的支持（Kazdin, 2003a; Kazdin & Wassell, 2000）。父母要学习强化子女的正面行为，并阻止其攻击行为或反社会行为。同时教给他们非暴力的管教方法和策略，以控制自身的愤怒爆发。年幼的儿童可能没有能力分析和质疑他们的思考和问题解决过程，在对待他们时，这些行为技术尤其重要。

不幸的是，很难让那些亟须改善养育技巧的父母参与治疗（Kazdin, 2003a）。治疗师也要对儿童和父母在行为规范上的文化差异保持敏感。例如，对于有色人种的家庭，在家庭治疗中除包括患儿的父母之外，让大家庭成员（祖父母、叔婶姨舅、等）一同参与往往非常有益（Dudley-Grant, 2001）。

所有这些认知—行为疗法都减少了儿童的攻击和冲动行为，特别是在家庭中、课堂上和同伴团体中进行的干预（August, Realmutto, Hektner, & Bloomquist, 2001; Kazdin, 2003b; Webster-Stratton & Reid, 2003）。不幸的是，很多儿童会复发，尤其是在父母养育方法不佳，或有酗酒、药物滥用或其他心理障碍历史的情况下。如果能够在心理失常儿童的生命早期就进行干预，则最有可能取得长期的正面效果（Estrada & Pinsof, 1995）。在最初的治疗结束后，后期巩固治疗也能帮助儿童避免复发（Lochman, White, & Wayland, 1991）。

一个雄心勃勃的项目试图延缓或预防那些表现出一系列高危因素（如父母有反社会行为史）儿童的品行障碍发作。这个项目（Fast Track）为儿童提供密集的认知行为疗法，向父母提供前面描述的行为培训，同时提供自幼儿园至 10 年级的学业辅导（Conduct Problem Prevention Research Group, 1992）。3 年后，与控制组没有接受干预的儿童相比，干预组的儿童在课堂上显现出更好的社交技能和同伴关系以及较少的攻击行为（Conduct Problem Prevention Research Group, 2002）。5 年后，22% 的干预组儿童出现品行障碍，而控制组则为 29%（Conduct Problem Prevention Research Group, 2007）。进入青少年期，干预组报告的反社会行为相对更少，更少因精神健康问题而寻求门诊治疗（Jones et al., 2010）。

药物疗法

医生给表现出严重攻击行为的儿童开过各种药物。在美国、加拿大等诸多国家，兴奋剂是最广泛的品行障碍处方药物，部分原因是品行障碍常与 ADHD 共病（Michelson, 2004）。临床试验的元分析发现，兴奋剂对于缓解品行障碍儿童的 ADHD 症状极其有效，对减少这些儿童的攻击性也有一定效果（Pappadopulos et al., 2006）。抗抑郁药，特别是选择性 5–羟色胺再摄取抑制剂和 5–羟色胺–去甲肾上腺素再摄取抑制剂，可能有助于减少儿童易激惹和激越行为的发作（Emslie, Portteus, Kumar, & Hume, 2004）。医生有时也给品行障碍儿童开具非典型抗精神病药（见第 8 章），这类药物似乎可以抑制攻击行为（Pappadopulos et al., 2006）。尚不清楚这些药物对品行障碍的其他症状（如说谎和偷窃）是否有效。传统的抗精神病药物如氟哌啶醇（Haldol）和硫利哒嗪（Mellaril）（见第 8 章）也被用于治疗品行障碍儿童，取得了一定的疗效（Pappadopulos et al., 2006）。然而，这些药物（见第 8 章）对神经系统的副作用阻碍了很多医生开具这些药品。有些对照研究表明，包括锂制剂和抗惊厥药在内的心境稳定剂（见第 7 章）对治疗患有攻击性品行障碍的儿童可能有效（Chang & Simeonova, 2004）。

反社会型人格障碍

在本章开篇的非常人物专栏，你阅读了对连环强奸杀人犯泰德•邦迪骇人听闻的描述。像邦迪这样长期出现反社会行为的人可被诊断为**反社会型人格障碍**（antisocial personality disorder, ASPD; 表 11.3）。虽然 *DSM-5*，将 ASPD 诊断标准放在了“人格障碍”这一章，但同时也将它编入了品行障碍。本书将 ASPD 放在此处探讨，是因为它与破坏性、冲动控制及品行障碍连续谱密切相关，包括发病起源，

表 11.3 反社会型人格障碍的*DSM-5*诊断标准

A. 一种无视和侵犯他人权利的普遍模式，始于15岁，表现为下列三项（或更多）症状：

1. 不能遵守关于合法行为的社会规范，表现为反复做出会被逮捕的行为。
2. 欺骗性，表现为反复撒谎、用假名，或为个人利益或享乐而欺诈他人。
3. 冲动性或不能提前做出计划。
4. 易激惹和攻击性，表现为反复的斗殴或攻击。
5. 全然不顾自己或他人的安全。
6. 一贯不负责任，表现为重复性地不能保持稳定的工作表现或履行经济义务。
7. 缺乏懊悔之心，表现为做出伤害、虐待或偷窃他人的行为后不在乎，或将其合理化。

B. 个体至少18岁。

C. 有证据表明品行障碍始于15岁前。

D. 反社会行为并不仅仅出现在精神分裂症或双相障碍的病程内。

资料来源：Reprinted with permission from the *Diagnostic and Statistical Manual of Mental Disorders,* Fifth Edition.
Copyright © 2013 American Psychiatric Association.

虽然它依旧与人格障碍有着共同的关键特征（见第 9 章）。

根据 *DSM-5* 的定义，反社会型人格障碍的主要特征包括：建立积极人际关系的能力受损，侵犯他人基本权利和违反主要社会规范及价值观的行为倾向，以及为满足私欲不择手段。这类人具有欺骗性，为了个人利益或享乐反复地撒谎或欺诈他人。像泰德•邦迪一样，他们为了享乐或得到自己想要的东西，可能对别人犯下攻击、谋杀和强奸等暴力罪行。被抓住后，他们一般也不会忏悔，并且对自己给他人造成的折磨和痛苦无动于衷。

反社会型人格障碍的一个显著特征就是冲动控制能力差。这类人对挫折缺乏承受力，行为常冲动，并且明显不关心自己行为可能带来的后果。他们常常冒险，追求刺激而无视危险。他们很容易变得厌烦和焦躁不安，不能忍受日常事务的单调乏味，或者坚持婚姻或工作中日复一日的责任（Millon et al., 2000）。因此他们往往会移情别恋，并且经常会从事一些地位较低的工作。他们可能会冲动地参与犯罪活动——监狱里大约 50% ~ 80% 的男囚和 20% 的女囚可能被诊断为反社会型人格障碍（Cale & Lilienfeld, 2002; Fazel & Danesh, 2002; Warren et al., 2002）。

如前所述，有些理论家会将泰德•邦迪称为精神变态（psychopathy）。研究精神变态的先驱，例如赫维•克列莱（Cleckley, 1941/1982）和罗伯特•黑尔（Hare & Neumann, 2008），给精神变态下的定义拓展了 *DSM-5* 反社会型人格障碍的诊断标准，强调某些宽泛的人格特质。*DSM-5* 反社会型人格障碍的诊断标准和精神变态的各种定义有重叠的部分，但并不完全相同。精神变态者的特征包括肤浅的魅力、夸大的自我价值感、无聊和需要刺激的倾向、病态的撒谎史、欺诈和操控他人以及缺乏忏悔之心。这类人冷酷无情，为享乐不惜与每个人或任何人竞争，羞辱他人。他们极为残忍和恶毒。他们往往坚持要求他人视其为完美无瑕，固执己见。然而，在需要的时候，精神变态者也能表现出和蔼可亲及令人愉快的一面——直到他们得到自己想要的。然后他们就会恢复傲慢自负的状态。克列莱（Cleckley, 1941/1982）注意到，尽管精神变态者常常最后入狱或死亡，但很多人却也成了成功的商人或专业人士。他认为成功的精神变态者和在监狱中度过余生的精神变态者的差异在于，取得成功的人更善于保持正常的外部形象，这也许是因为他们的智商更高，能够戴上“心智健全的面具”，具有表面化的社交魅力，以实现他们的目标。

根据 *DSM-IV* 的定义评估反社会型人格障碍的流行病学研究表明，该障碍是最普遍的人格障碍之一，人群中多达 4.1% 的人都曾被诊断为该障碍（Lenzenweger, 2008）。男性被诊断出该障碍的可能性远高于女性（Lenzenweger, Lane, Loranger, & Kessler, 2007）。流行病学研究并没有发现诊断率的民族或种族差异（Lenzenweger et al., 2007）。

多达 80% 的反社会型人格障碍者滥用物质，如酒精和违禁药物（Kraus & Reynolds, 2001; Trull, Waudby, & Sher, 2004）。物质滥用（如酗酒）可能只是一种冲动行为，是反社会型人格障碍的一部分。物质滥用可能助长这类人的冲动和反社会行为。酒精和其他物质可以减少他们对自己的那点约束，从而更可能暴力攻击他人。这类人企图自杀（尤其是女性）或暴力死亡的风险也稍微大点（Cale & Lilienfeld, 2002）。

反社会型人格障碍的成年人一般从童年起就表现出对社会规范的漠视和反社会的行为倾向，并且绝大多数在青少年中期就被诊断为品行障碍（见表 11.3，标准 C）。但是一些人的反社会行为有随着年龄增长逐渐消失的趋势，尤其是那些在童年时没有反社会倾向，但在青少年时期或刚成年时才出现反社会倾向的人（Moffitt, 1993）。这一趋势可能是因为心理或生物学方面的成熟，也可能是因为有此障碍的很多人被关进了监狱或者受到社会的约束而不能实施其反社会行为。

反社会型人格障碍的影响因素

由于被诊断为反社会型人格障碍的大多数成人从儿童期起就表现出反社会倾向，故而与此障碍有关的生物学和心理社会因素类似于品行障碍。在这里我们要总结这些因素，侧重于有反社会倾向的成人研究。很多此类研究以罪犯（男性为主）为样本，而非特定的有反社会人格障碍的人。

大量证据表明反社会行为（尤其是犯罪行为）受遗传影响（Baker et al., 2007; Eley, Lichenstein, & Stevenson, 1999; Taylor, Iacono, & McGue, 2000）。双生子研究发现，犯罪行为在同卵双生子中的同病率接近 50%，而异卵双生子只有 20% 或更低（Larsson et al., 2007; Rutter et al., 1990）。领养研究发现，与养父相比，养子的犯罪记录与生父更为相似（Cloniger & Gottesman, 1987; Mednick, Reznick, Hocevar, & Baker, 1987）。

最可能关涉成人反社会性的基因是那些与控制冲动的 5-羟色胺系统功能有关，以及与寻求和加工奖赏的多巴胺系统功能有关的基因。这些基因与其他基因在反社会型人格障碍的形成中似乎有着复杂的相互作用（Arias et al., 2011）。与儿童研究一样，成人研究发现，那些有着某种影响 5-羟色胺功能基因型的人和在社会经济剥夺环境下长大的人，出现反社会型人格障碍症状的风险尤其增高（Lyons-Ruth et al., 2007）。

反社会型人格障碍者一般在言语技能和大脑执行功能方面也有缺陷，包括保持精神集中的能力、抽象推理、概念和目标形成、预测和计划的能力、规划和发起有目标的一系列行为的能力、自我监控和自我意识，以及从适应不良的行为方式转变为更具适应性的行为方式的能力（Henry & Moffitt, 1997）。另一方面，有些研究发现，反社会的成年人与普通人在大脑前额叶皮层的特定区域上存在结构或功能差异。这些脑区与许多高级认知过程有关，例如决策、计划、冲动控制、情绪管理、从奖惩中学习和与他人共情（Morgan & Lilienfeld, 2000; Siever, 2008）。例如，研究者观察发现，反社会型人格障碍的男性与无此障碍的男性相比，前者的前额叶皮层灰质体积减少了 11%（Raine et al., 2000）。另一个研究发现，与没有反社会型人格障碍症状的个体相比，有症状的个体（包括男性和女性）前额叶皮层体积更小（Raine et al., 2011）。另外，将样本作为一个整体来看，男性的前额叶皮层体积小于女性，这种前额叶皮层体积的性别差异解释了两性在反社会症状数量上的差别。因此，这些研究者认为，男性前额叶皮层特殊区域灰质比女性更少的倾向，有助于解释反社会型人格障碍患病率的性别差异。

大脑结构和功能的这些缺陷可能与见诸于反社会型人格障碍者的基因异常有关。这也可能是婴儿期和童年期的生理疾病或中毒所致，这两种情况在有反社会和犯罪行为的人中更为常见。无论原因是什么，执行功能、对他人的共情、从惩罚中学习这三方面的缺陷都可能导致反社会型人格障碍者冲动控制能力差，并且难以预测自身行为的后果。

反社会型人格障碍者的冒险、无惧和无法从惩罚中学习的特点，也与唤醒水平较低有关，体现在静息心率较慢，皮肤导电活动水平低，或脑电图记录中慢波过多（Sylvers et al., 2008）。对这些数据的一种解释是，较低的唤醒水平表明对危险情境的恐惧程度也较低（Raine, 1997）。无惧可以派上好用场——拆弹专家和英国伞兵的唤醒水平也很低（McMillan & Rachman, 1987; O' Connor, Hallam, & Rachman, 1985）。然而，无惧也可能使一些人倾向于暴力和反社会行为，如斗殴和抢劫，实施这些行为都需要无惧。此外，唤醒水平低的儿童可能不害怕惩罚，所以不会因为惩罚的威胁而停止反社会行为。

长期处于低唤醒也可能是一种令人不舒服的状态，会导致个体寻求刺激（Eysenck, 1994）。如果个体通过亲社会或者中性的行动（如跳伞）来寻求刺激，那么这种特质可能就不会导致反社会行为。但有些人可能会通过危险或冲动的反社会行为（如斗殴）来寻求刺激。寻求刺激的方向是朝着反社会行为，还是朝着偏中性的行为，可能取决于个体行为所获得的强化。因反社会行为而获得家人或者同伴奖赏的人很可能形成反社会人格，而因反社会行为持续受到惩罚，并且有人提供可替代的更中性选项的人则可能不会形成反社会人格（Dishion & Patterson, 1997）。

与其他人格障碍一样，反社会型人格障碍与童年期的不幸和虐待有关。一项对全美代表性样本的研究发现，被诊断为反社会型人格障碍的成人，遭受过照料者毒打，父母有物质使用障碍，父母坐牢和 / 或试图自杀的比率更高（Afifi et al., 2011）。他们遭受身体、情感或性虐待的可能性是无此障碍的人两倍以上。

正如有品行障碍的儿童，与反社会型人格障碍有关的遗传、神经生物和社会因素也可能会相互作用（见图 11.1），从而在患有此类障碍个体的生活中形成暴力循环。之后他们会在自身的亲密关系和家庭中延续这种暴力。

反社会型人格障碍的治疗

反社会型人格障碍者一般认为自己不需要治疗。只有在婚姻不和、工作冲突或被监禁的时候，他们才可能被迫接受治疗。然而，他们倾向于把自己当前的处境归罪于其他人，而不是为自己的行为承担责任。因此，许多临床医生对通过心理疗法有效治疗这种障碍并不抱太大的希望（Kraus & Reynolds, 2001; Millon et al., 2000）。

当临床医生尝试心理治疗时，他们一般侧重于帮助反社会型人格障碍者控制其愤怒和冲动行为，方法是识别诱因和找出替代的应对策略（Kraus & Reynolds, 2001）。一些临床医生也试图让个体更多地了解其行为对他人造成的影响（Hare & Hart, 1993）。

锂制剂和非典型抗精神病药已被成功用于控制反社会型人格障碍者的冲动和攻击行为（Markovitz, 2004; Ripoll et al., 2011）。抗癫痫药物也被用于减轻冲动性和攻击性（Ripoll et al., 2011）。

间歇性暴怒障碍

有品行障碍的儿童和有反社会型人格障碍的成人经常出现攻击行为，可能是冲动性的爆发或者缓慢展现的预谋行为。**间歇性暴怒障碍**（intermittent explosive disorder）的诊断通常针对 6 岁及以上有相对频繁的冲动性攻击行为的人（见表 11.4）。攻击行为可能是语言的或身体的（虽然没有造成伤害），而且必须远超情境许可的范围（如愤怒地向不给你打折的售货员扔水瓶）。这种爆发不能是为了得到某些好处而蓄意为之的，例如棒球运动员对判他击球失败的裁判怒吼。相反，爆发必须是由于愤怒变得“失控”，代表着在挫折或感受到压力的即时情境下无法抑制攻击冲动，而这些情境通常不会导致攻击性的爆发。流行病学研究表明，多达 7% 的人口可以被诊断为间歇性暴怒障碍（Kessler, Coccaro, et al., 2006），但在更狭义的定义下，该障碍的一年患病率为 2.7%（APA, 2013）。该障碍通常起病于儿童期晚期或青少年期，极少在 40 岁后发病。这种慢性障碍会导致违法问题、关系破裂和失业（McCloskey et al., 2008）。

间歇性暴怒障碍的一种理论认为，冲动性攻击行为是由 5-羟色胺水平不平衡导

表 11.4　间歇性暴怒障碍的*DSM-5*诊断标准

A. 代表攻击性冲动控制失败的反复行为爆发，表现为下列两项之一：

1. 言语攻击（例如，发脾气、言辞激烈的长篇大论、争论或吵架）或对财产、动物或他人的躯体攻击，持续三个月，平均每周出现两次。躯体性攻击没有导致财产的损坏或损毁，没有使动物或其他个体的身体受伤。
2. 在12个月内有三次行为爆发破坏导致财产损坏或损毁，和/或导致动物或他人身体受伤的攻击。

B. 反复爆发过程中所表现出的攻击性程度与受到的挑衅或任何心理社会的诱发应激源严重不成比例。

C. 反复的攻击性爆发是非预谋的（即冲动的和/或基于愤怒的），而不是为了达到某些实际的目的（例如金钱、权利、恐吓）。

D. 反复的攻击性爆发引起个体产生显著的痛苦，或导致职业或人际功能的损害，或者与财务或法律后果有关。

E. 实际年龄至少6岁（或同等发育水平）。

F. 反复的攻击性爆发不能用其他精神障碍来更好地解释（例如，抑郁症、双相障碍、破坏性情绪失调障碍、精神病性障碍、反社会型人格障碍、边缘型人格障碍），也不能归因于其他躯体疾病（例如，头部创伤、阿尔茨海默病）或某种物质（例如，滥用的毒品，药物）的生理效应。对6～18岁的儿童，其攻击性行为作为适应障碍的一部分出现时，不应考虑此诊断。

注：当反复的冲动性攻击爆发超出了注意缺陷/多动障碍、品行障碍、对立违抗障碍或孤独症谱系障碍中通常所见的程度，需要在临床上单独加以关注时，可同时做出此诊断。

资料来源：Reprinted with permission from the *Diagnostic and Statistical Manual of Mental Disorders,* Fifth Edition.
Copyright © 2013 American Psychiatric Association.

致的，虽然相关研究数量较少（Coccaro, Lee, & Kavoussi, 2010）。该障碍会在家族内传播，但不清楚这是遗传因素还是环境和养育因素所致（Coccaro, 2010）。

间歇性暴怒障碍的认知行为治疗以不激发其攻击性的方式帮助个体识别和避免情绪暴发的诱因，并对情境进行评估。一项研究发现，个人和团体的认知行为疗法在提高间歇性暴怒障碍者控制愤怒能力的同时，能减轻愤怒、攻击、敌对想法和抑郁症状，其效果胜过等候名单的对照组（McCloskey et al., 2008）。无对照组的小型研究显示，5-羟色胺和去甲肾上腺素再摄取抑制剂和心境稳定剂（如锂制剂）也能减轻该障碍个体的攻击性（Myrseth & Pallesen, 2010）。

本章整合

如前所述，破坏性、冲动控制及品行障碍的整合模型将它们看作生物学因素和心理社会因素相互作用的结果。这些因素的交互作用对这些障碍的影响是惊人的。反社会的父母将基因遗传给他们的孩子，其养育方式促进不加控制的、攻击的和违反规则的行为。另外，有反社会行为成员的家庭可能会经历社会阶层下移（downward social drift）：这种家庭的成人不能维持好工作，家庭社会经济地位趋于下降，导致孩子在贫困的环境中成长，这种环境会使他们接触到损害大脑发育的毒素。

这些孩子一般易激惹和难相处，因此会引起父母、教师和同伴的敌意。他人的负面反馈会助长这些孩子自身的敌对倾向，使他们确信世界就是在与他们作对。他们加入行为不轨的同伴群体，其成员会强化他们的不良行为。学业成就缺乏，无法与他人相处以及犯罪行为，都导致他们生活在贫困中。以后当他们有了自己的孩子，新一轮的循环又开始了。

图 11.2 破坏性、冲动控制及品行障碍中生物学因素和心理社会因素的相互作用

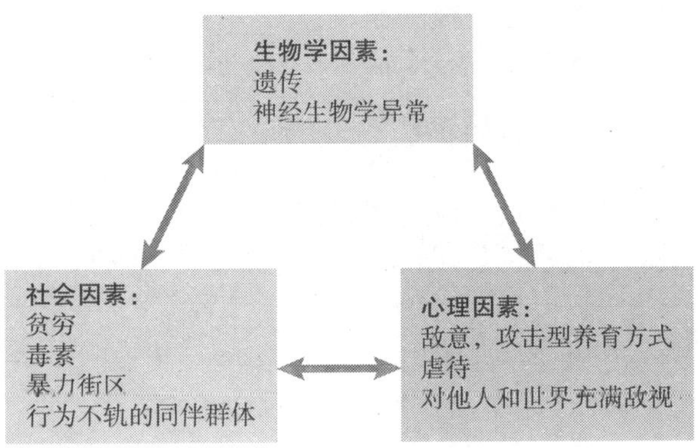

灰色地带

讨论（对第355页的回顾）

品行障碍的诊断标准要求在 12 个月内有 3 项症状，其中 1 项出现在过去 6 个月内。杰克目前伏击其他儿童的行为如果持续下去，则可能符合品行障碍的标准——他挑起争端、手段残忍、故意恐吓他人。在他开始伏击其他孩子前，他卷入的打架都是因他人取笑而激起的，所以尚不清楚这是否应计入品行障碍的诊断。

杰克似乎变成了欺凌者，反复侵扰和伤害那些无辜且往往无助的人（Olweus, 2011）。一项对美国学生的研究发现，11% 的学生曾是欺凌的受害者，13% 的学生曾是欺凌者，6% 的学生曾经既是受害者也是施害者（Tanner, 2001）。成人也可以是欺凌者，正如电影《华尔街》中迈克尔•道格拉斯所演绎的戈登•盖柯。欺凌与一系列广泛的儿童及成人的反社会行为有关联，包括打架、学校与工作的出勤问题、虐待动物、偷窃以及侵扰（Vaughn et al., 2010）。与非欺凌者相比，欺凌者在童年期更可能被诊断为品行障碍，并且其父母更可能有反社会行。他们在进入成年后更可能犯罪以及被诊断为反社会型人格障碍和物质使用障碍（Ttofi, Farrington, & Lösel, 2012; Vaughn et al., 2010）。

批判性思考

本章对一些研究证据进行了回顾。这些证据表明，冲动、侵犯和反社会的倾向与某些基因异常、大脑结构和功能异常及神经递质和神经内分泌系统的异常有关。在审理有反社会人格障碍者的暴力犯罪案件时，法官和陪审团应该考虑被告的反社会行为有生物学基础这一证据吗？如果是这样，那么这种证据会如何影响他们对罪行的判断，以及对被判有罪的暴力罪犯的量刑？（讨论见本书末尾。）

本章小结

- 品行障碍的特征是持续性模式的（a）攻击人和动物，（b）破坏财产，（c）欺诈或盗窃，以及（d）严重违反规则和社会规范。
- 品行障碍在男孩中要普遍得多，并且在儿童期和青春期都相当稳定。儿童期起病品行障碍比青少年期起病品行障碍更持久。
- 如儿童符合品行障碍全部标准，且在多种关系和环境中表现出至少下列两种特征，则诊断为伴有限的亲社会情感品行障碍：（a）对他们的行动缺乏悔恨和内疚；（b）对他人缺乏同理心；（c）对在生活中重要领域的表现缺乏关注；（d）情感浅薄或缺乏（例如，情感不真诚，利用情感操纵他人）。
- 有对立违抗障碍的儿童长期持负性态度、目中无人、不顺从以及充满敌意。与有品行障碍的儿童不同的是，他们对人或动物没有攻击性，也不会偷窃或破坏财物。
- 品行障碍与对立违抗障碍与参与神经递质多巴胺、5-羟色胺和去甲肾上腺素调节的基因有关。特别是某些基因和被虐待经历的结合，与品行障碍有紧密关联。
- 有品行障碍的儿童，其负责控制行为和冲动的大脑系统表现出一系列神经缺陷。这些缺陷可能是由基因因素和/或与毒素接触所引起的。
- 5-羟色胺水平异常、生理唤醒低以及睾丸激素水平高也与品行障碍相关联。
- 与品行障碍相关的社会因素有：贫穷、虐待、缺乏温暖的严厉管教以及离经叛道的同伴群体。
- 有品行障碍的儿童倾向于从敌意的视角加工社交信息，并且认为攻击是回应的唯一方式。
- 治疗品行障碍最常用的是认知行为疗法，侧重于改变儿童阐释人际情境的方式，帮助他们控制愤怒冲动。教授父母以适当惩罚和强化来控制儿童行为的方法。抗精神病药、抗抑郁药和兴奋性药物有时也被用于治疗品行障碍。
- 反社会型人格障碍的特征是建立积极人际关系的能力受损，侵犯他人的基本权利，违反主要社会规范和价值观的行为倾向，欺骗和操纵，以及为满足私欲不择手段。
- *DSM-5*中并未列出精神变态，但此概念与反社会型人格障碍有重叠。精神变态扩展了反社会型人格障碍的诊断标准，除了持续侵害他人权利和社会准则之外，还包括类似自我中心，情感肤浅，操纵，以及缺乏共情、内疚和忏悔心等特质。
- 基因因素，尤其是那些影响5-羟色胺和多巴胺系统的基因，可能在反社会型人格障碍中起着作用。如同品行障碍，某些基因和在被剥夺的环境下成长之间的相互作用与反社会型人格障碍有关。
- 具有反社会人格的人趋向于显示出与言语技能、计划和行为控制相关脑区的损坏。
- 低唤醒水平可能导致了反社会型人格障碍者的冒险、无惧和无法从经验中学习。
- 心理疗法被认为对反社会型人格障碍者不太有效。锂制剂、抗精神病药和抗癫痫药可能有助于控制他们的冲动行为。
- 间歇性暴怒障碍的特征是长期因愤怒而间歇性地爆发，这些爆发是无害的和非破坏性的身体或言语侵犯，且是对当前情境的过度反应（例如，对一个微小的应激做出反应）。

- 间歇性暴怒障碍可能与5-羟色胺系统不平衡或基因因素有关，但几乎没有对该障碍成因的研究。
- 间歇性暴怒障碍的认知行为治疗以不激发其攻击性的方式帮助个体识别和避免情绪暴发的诱因，并对情况进行评估。5-羟色胺再摄取抑制剂和心境稳定剂（例如，锂制剂）也能降低有该障碍个体的攻击性。

关键术语

品行障碍
儿童期起病品行障碍
青少年期起病品行障碍
终身持续性反社会行为
精神变态
对立违抗障碍
反社会型人格障碍
间歇性暴怒障碍

第 12 章

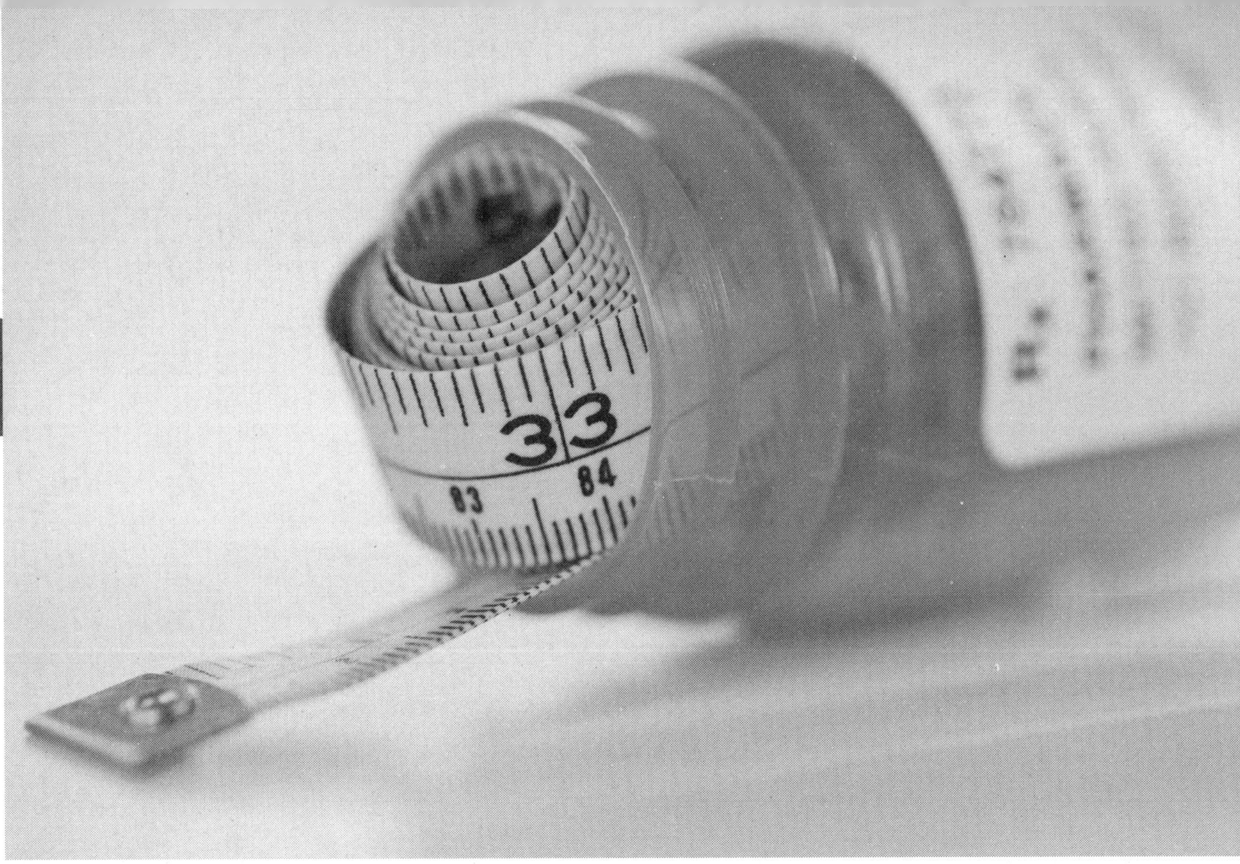

进食障碍

本章提纲

连续谱模型下的进食障碍

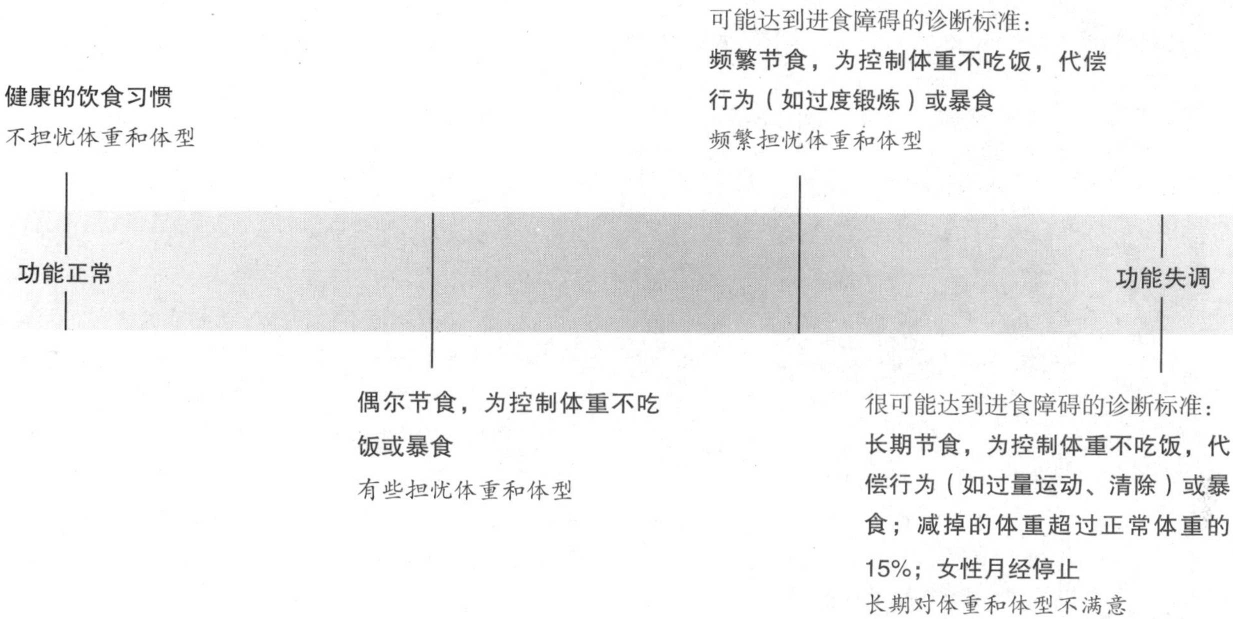

“常态不满”是 30 年前研究者们用来描述人们对体重和体型不满意的术语，这种不满在发达国家女性中蔓延，尤其是年轻女性（Rodin, Silberstein, & Striegel-Moore, 1984）。令人悲伤的是，这种不满在过去的 30 年中不仅愈演愈烈，而且通过大众传媒在全世界传播（Becker et al., 2011）。84% 的美国年轻女性希望比现在更瘦（Neighbors & Sobal, 2007）。一项来自冰岛的研究发现，64% 的体重正常的女性认为她们需要减肥（Matthiasdottir, Jonsson, & Kristjansson, 2010）。近年来男性也越来越渴望流行文化和媒体所宣扬的身材：精瘦的下半身和强壮有力的上半身。将近一半的男性希望自己更精瘦、更强健（Neighbors & Sobal, 2007; Pope et al., 2000; Tiggemann, Martins, & Kirkbride, 2007）。

节食是人们试图克服对身体不满的最常用方法。大部分人至少偶尔节食过：一项针对大学生的研究发现，只有 33% 的女生表示她们“从未”节食，而男生则为 58%（Rozin, Bauer, & Catanese, 2003）。其他可能与进食障碍有关的行为也很常见，尤其是在年轻人中。一项对全美 6 所大学中的 2 200 名学生进行的研究发现，在接受调查的女性中有 15% 的人承认曾经有过一些清除行为（如自我引吐），并有 28% 的人认为自己十分在意体重（Rozin et al., 2003）。相对应的男性比例分别为 4% 及 11%。

处在连续谱远端的人，他们对体重如此忧心忡忡，对进食有关的行为完全失去控制，以致形成进食障碍。进食障碍有三种具体类型：神经性厌食症、神经性贪食症和暴食障碍。*神经性厌食症*是人们因追求瘦身而使自己挨饿。*神经性贪食症*为暴食过后采用极端行为（如自我诱导性呕吐）防止体重增加形成的恶性循环。*暴食障碍*的特征是周期性的暴食，但并不会清除吃下去的食物。本章你将看到，虽然完全符合这些进食障碍诊断标准的人相对较少，但更多的人都具有其中一些症状，研究者称之为*部分综合征进食障碍*（Lewinsohn, Striegel-Moore, & Seeley, 2000）。

本章我们将讨论进食障碍的诊断标准和流行病学表现；进食障碍的病因，包括使某些人形成进食障碍的心理和生物学因素；以及治疗进食障碍的有效方法。

非常人物

时装模特，瘦身不要命

伊莎贝尔·卡罗

他们从T台轻盈地走下，他们是美丽、高雅与优越的杰出代表。他们代表着极致的形象，不仅仅是他们所展示的服饰，还有其自身的体型。瘦到憔悴等于完美。但实际上，时装模特在努力达到并维持行业要求的极度苗条中生命垂危。当法国模特、女演员伊莎贝尔·卡罗参加意大利广告活动拍摄时，体重只有27公斤（身高163厘米），而活动所针对的正是时尚界所信奉的模特应该超瘦的理念。伊莎贝尔每天只靠一块巧克力和一杯茶维生。她脱发，掉了几颗牙齿并不止一次陷入昏迷。但她通过厌食症照片获得的名声使她成为法国版“全美超模大赛”的一位评委。几年后她28岁便英年早逝。在此之前，巴西模特安娜·卡罗莱娜·赖斯顿去世时才21岁，体重仅有40公斤。乌拉圭模特露西尔·拉莫斯在时尚走秀后因心力衰竭而死，原因正是自我禁食。2010年，男模杰里米·吉利特泽于38岁死于神经性厌食症并发症。此前几年他曾向记者透露其体重仅有40公斤。

由于自我禁食并发症导致许多模特死亡，这促使一些欧洲城市（如马德里）限定了时装模特的最低体重标准。2012年3月，以色列政府通过了一项法律，对在本国工作的模特的最低体重进行了规定。美国时尚界声称他们正在制定减少模特自我禁食的行业举措。

但是我们都知道，大多数人对这些模特的体型和体重都可望不可及，所以没有人会真的认为他们应该像这些模特一样，对吧？研究显示，少女和成年女性对自身的态度都受到纤瘦典范的影响，模特及时尚杂志都宣扬着这种体重和体型（见 Grabe, Ward, & Hyde, 2008; Groesz, Levine, & Murnen, 2002）。例如，研究者向大学年龄的女性展示时尚杂志中的模特图片或者那些没有描绘纤瘦模特的图片，展示时间仅为3分钟（Eric Stice & Heather Shaw, 1994）。与观看其他图片的女性相比，观看时尚杂志图片的女性其抑郁、羞耻、内疚、压力、不安全感和身体不满感都有增加。其他研究显示，与获赠非时尚杂志的青少年女孩相比，获赠时尚杂志的青少年女孩更为抑郁、对自己的身体更不满、有更多节食行为，并且随时间推移表现出更多贪食症症状，曾经表达过对自己身体不满并且很少获得社会支持的女孩尤为如此（Stice, Spangler, & Agras, 2002）。一些研究让少年或成年男性暴露于媒体对理想化男性身体的描述之下，发现了相似结论（Blond, 2008）。

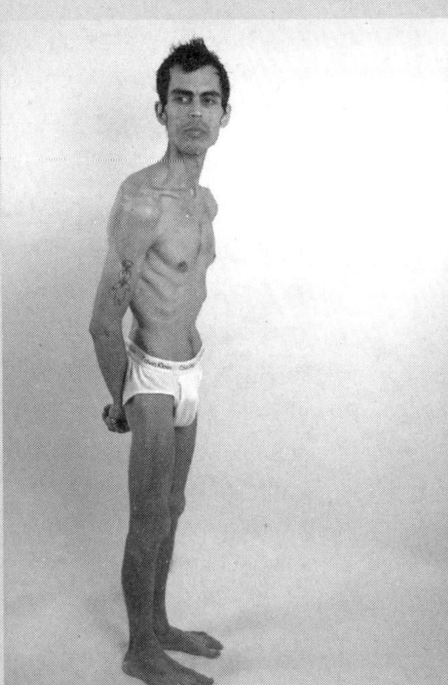

杰里米·吉利特泽

显然，阅读时尚杂志或在电视上观看时装模特的人不会全都变得执着于体重和体型，或者产生进食障碍的症状。本章稍后，我们将讨论提升这些压力易感性的因素。但值得思考的是，由时装模特与媒体明星设立的特别标准确实影响了男女两性对自己身体的审视和对待方式。

以下这段话摘自某个大学生的日记，听起来像你认识的某个人吗？

讲 述

早上我只吃了半个柚子，喝了一些咖啡（不加糖不加奶油）。中午我吃了一个苹果，喝了一瓶无糖汽水；晚餐是一些白米饭和一份只加了点柠檬汁的沙拉。因此这一天我对自己非常满意，做得非常好。然而，当杰姬过来的时候，我这一天都被毁了。她带来一张影碟，这很好。但是接下来她坚持要订一份比萨。我告诉她，我什么都不想吃，一点都不饿（这是个谎言，因为我很饿）。但是不管怎样，她还是叫了一份比萨。比萨送来了，我本以为我能够控制住自己，一点儿都不吃。但是比萨就放在桌子上，除了想吃一点，我无法思考其他任何事情，也无心欣赏电影了。我嗅着比萨的味道，感觉饥肠辘辘。于是，就像一个怯懦的人，我伸手拿了一块比萨，只是一小块。此时比萨已经凉了，而且有些油腻，但是我已经顾不了这些，在 5 秒钟内就把它吃到了肚子里。紧接着，我吃了一块又一块，直到吃掉了 4 块后才停下来。但是我仍然没有心情欣赏那部电影。我满脑子都是自己真是猪，竟然会吃那份比萨，我永远也减不掉那 5 公斤肉，不能穿进 2 号的牛仔裤。杰姬走了，我却依然在想自己是多么丑陋、肥胖，没有一点自制力。今晚我没有资格吃比萨，因为这个月我还没有减掉足够的重量。所以明天我不得不省掉早餐和午餐，并进行几个小时的运动，把今晚的失误弥补回来。

超重会带来很多负面影响，例如高血压、心脏病和糖尿病，本章稍后将进行讨论。但是大部分人关心体重是因为，体重等同于你在社会中的自我价值。进食已经不仅是营养的来源，运动也不仅是改善健康的方式。人们吃什么以及做多少运动已经与价值感、荣誉感、内疚感、罪恶感、叛逆和蔑视规范的感受联系在一起，进而影响人们的自尊。

本章我们重点关注那些关心自身体重和体型，以及那些进食行为严重妨碍日常生活功能甚至危及生命的人。然而，正如在前面“连续谱模型下的进食障碍”一节中所谈到的，人们对食物与对自己的身体的态度和行为涵盖了广泛的问题。

进食障碍的特征

尽管我们要分别讨论神经性厌食症、神经性贪食症和暴食障碍，但是大多数起初符合其中某个障碍的诊断标准的个体，都会在这些障碍之间“移动”，在不同时期符合两个或更多这类障碍的诊断标准（Fairburn & Cooper, 2011; Keel, Brown, Holland, & Bodell, 2012）。此外，很多人表现出一个或更多进食障碍所特有的行为和担忧，但并不完全符合任何进食障碍的诊断标准。这些个体可能被诊断为其他特定的喂食或进食障碍。

神经性厌食症

有**神经性厌食症**（anorexia nervosa）的人经常忍饥挨饿，在很长一段时间里只吃很少的食物或者一点儿都不吃，但是仍然确信自己还需要减掉更多体重。因此，他们的体重明显低于其年龄和身高所对应的最低限度的正常标准（见表 12.1 中的 *DSM-5* 诊断标准）。例如在“非常人物”专题中描述的伊莎贝尔 • 卡罗，她身高 163

表 12.1 神经性厌食症的*DSM-5*诊断标准

A. 相对于需求而言，在年龄、性别、发育轨迹和身体健康的背景下，出现了因限制能量的摄取而导致明显的低体重。明显的低体重被定义为低于正常体重的最低值或低于儿童和青少年的最低预期值。

B. 即使处于显著的低体重，仍然强烈害怕体重增加或变胖，或有持续的影响体重增加的行为。

C. 对自己的体重或体型的体验障碍，体重或体型对自我评价的不当影响，或持续地缺乏对目前低体重的严重性的认识。

明确现有亚型：

限制型：在过去3个月内，个体没有反复的暴食或清除行为（即，自我引吐或滥用泻药、利尿剂或灌肠）。体重减轻主要通过节食、禁食和/或过量运动而达成。

暴食/清除型：在过去3个月内，个体有反复的暴食或清除行为（即，自我引吐或滥用泻药、利尿剂或灌肠）。

资料来源：Reprinted with permission from the *Diagnostic and Statistical Manual of Mental Disorders*, Fifth Edition.
Copyright © 2013 American Psychiatric Association.

厘米，体重仅有 27 公斤。对于已有月经的女孩和女性，体重的严重减轻常常导致月经停止，这种情况称为**闭经**（amenorrhea）；不过有一些符合 *DSM-5* 神经性厌食症的其他标准的女性仍然会报告一定的月经活动。（Attia & Roberto, 2009）。事实上，*DSM-5* 删除了神经性厌食症的 *DSM-IV* 诊断标准中的闭经一项。

尽管变得消瘦，神经性厌食症个体对自己身体的意象是歪曲的，总认为自己极胖，需要减掉更多体重。他们与体重增加或变胖的强烈恐惧作斗争，然而，尽管体重已经很轻，他们仍照例进行着所有减肥的行为。他们只有在完全控制了饮食并且体重正在减轻时，才会对自己有较好的评价。体重减轻也使厌食症个体处于慢性疲劳的状态，但是他们还会强迫自己做过量运动，并且在工作或者学校中坚持令人筋疲力尽的时间表。

有神经性厌食症的人经常形成一些与食物有关的精细仪式，如作家玛雅•郝芭琪在其自传《颓废》中所描述的。

讲 述

我把论文在面前摊开，把酸乳酪放在旁边，再看一眼时间。我一遍又一遍地读着同一句话，以此证明我可以坐在食物旁边，不为所动，证明这根本算不了什么。5 分钟以后，我开始刮我的酸乳酪……用汤匙的边缘轻轻掠过酸乳酪的表面，确保只刮到那些溶化的部分。然后，让汤匙中的酸乳酪滴下，直到只剩薄薄一层附着在汤匙上。轻轻地舔它——等下——要当心，你每次只能舔一点点，确保这一层酸乳酪可以舔 4 次到 5 次，并且你应该从汤匙的背面开始舔，然后翻过来用舌尖舔正面。然后再次把酸乳酪放在一边，读完一整页论文，但是不能去看酸乳酪融化的过程。重复。重复。不能大口地吃，也不能在酸乳酪融化之前吃。吃的时候不要幻想配料、奥利奥饼干沫或者巧克力酱，也不能幻想三明治。三明治会让事情变得复杂。（Hornbacher, 1998, pp. 254-255）

郝芭琪描述了两种神经性厌食症之一的限制型神经性厌食症（表 12.2）。**限制型神经性厌食症**（restricting type of anorexia nervosa）个体单纯地将不进食或过度锻炼作为防止体重增加的方法。有些人会试图几天不吃任何食物，而大多数人每天只吃

表 12.2　不同类型进食障碍的对比

不同进食障碍具有一些不同的特征。

特征	限制型神经性厌食症	暴食/清除型神经性厌食症	神经性贪食症	暴食障碍
体重	体重显著不足	体重显著不足	通常体重正常或超重	通常显著超重
体像	严重困扰	严重困扰	过分关注体重和体型	通常因超重而深受困扰
暴食	否	是	是	是
清除或其他代偿行为	否	是	是	否
对进食的失控感	否	在暴食期间	是	是

极少量的食物，部分原因是为了维持生命，部分原因是出于他人的压力。郝芭琪靠每天只吃一杯酸乳酪和一块脱脂松饼存活了数月。在下面的个案研究中，达芙妮也有限制型神经性厌食症，她将过量运动作为减肥行为模式的重要内容。

个案研究

达芙妮身高 180 厘米，体重 46 公斤。五年级时，她的身高超过了其他同学，从那以后，她感觉自己过于“高大”，并开始节食。高一时，达芙妮决定必须采用极端的办法来减掉更多的体重。她开始把每天的卡路里摄入量减少到大约 1000。她减轻了几公斤，但她对此仍不满意，因此将每天的卡路里摄入量设定为 500。她还开始进行剧烈的越野跑。每天达芙妮都要跑至少 15 公里之后才允许自己进食。她只吃少量的蔬菜和谷物。晚些时候，她或许会再吃一些蔬菜和水果，但是只有十分饥饿，几乎要昏厥时才会这样。很快，达芙妮的体重下降到了 50 公斤，月经也停止了。达芙妮的母亲对女儿的食量表示担心，但由于她自己超重，所以并没有劝阻达芙妮的节食行为。

上大学后，达芙妮既兴奋又担心，因为她在高中一直都很优秀，但她不知道到了大学是否还能保持全 A。在大学的第一个考试周里，达芙妮的课程成绩大部分是 A，但有一个 B。她感到很脆弱，像个失败者，并且感觉自己失去了控制力。达芙妮对自己的社交生活也感到不满，第一个学期过了一半，她的社交生活还没有任何进展。达芙妮认为，如果再减掉一些体重，或许一切都会好起来。所以，她每天只吃两个苹果和一小把谷物。她仍然每天至少跑 20 多公里。秋季学期结束的时候，她的体重下降到了 46 公斤。她总是很疲劳，难以集中注意力，偶尔还会出现眩晕。即使这样，达芙妮照镜子时，仍觉得自己肥胖、相貌平平，需要减掉更多的体重。

另一种神经性厌食症类型是**暴食 / 清除型神经性厌食症**（binge/purge type of anorexia nervosa）。这类人周期性地发生暴食或消除行为（如自我引吐或者滥用轻泻剂和利尿剂）。此类障碍不同于神经性贪食症的地方在于，暴食 / 清除型神经性厌食症者的体重仍然远低于健康体重，而神经性贪食症者的体重通常处于正常水平或者高于正常水平。通常情况下，暴食 / 清除型神经性厌食症个体实际上并不会暴食，但是，当她吃下少量食物时，也仍会觉得自己在暴食，并会将已吞食的食物清除掉（Stoving et al., 2012）。

与 *DSM-IV* 相似，有神经性厌食症的个体须符合标准 A（见表 12.1），即处于明显的低体重。然而，*DSM-5* 对于明显的低体重及其严重程度提供了指导意见。例如，*DSM-5* 建议使用 18.5kg/m^2 的体重指数（BMI）作为正常体重的下限，此为美国疾病控制与预防中心（CDC）以及世界卫生组织（WHO）所采用的基准。如果 BMI $\geq$ 17kg/m^2 则为轻度体重不足，如果 BMI 为 16 ～ 16.99kg/m^2 则为中度，BMI 为 15 ～ 15.99kg/m^2 则为重度，BMI < 15kg/m^2 则为极重度。然而，严重程度不只是基于 BMI，还可以根据临床症状、功能丧失的程度或监护的需要而调整。

美国及欧洲社区的研究发现，神经性厌食症在成年女性中的终生患病率为 0.9%（Hudson, Hiripi, Pope, & Kessler, 2007; Preti et al., 2009），在青少年女性中为 0.3%（Swanson, Crow, et al., 2011）。美国的两项研究发现男性中该比例为 0.3%（Hudson et al., 2007; Swanson, Crow, et al., 2011），而在欧洲的社区样本中并没有发现有神经性厌食症的男性（Preti et al., 2009）。这些比率是基于比 *DSM-5* 更为严格的 *DSM-IV* 标准。在 *DSM-IV* 中，个体须至少低于正常体重的 15%，并且女性还须闭经，才能被诊断为神经性厌食症。在将来使用 *DSM-5* 标准的研究中，可能会发现更高的患病率。

在美国，相较于非裔与拉美裔美国人，白人更可能发生此障碍（Strirgrl-Moore & Franko, 2008; Swanson, Crow, et al., 2011）。这可能是因为白人更可能接受媒体所宣扬的纤瘦典范（Smolak & Striegel-Moore, 2001）。与此类似，有些证据表明，文化不崇尚纤瘦女性的国家神经性厌食症的患病率低于美国与欧洲（Hoek et al., 2005）。

自 20 世纪早期以来，神经性厌食症的患病率大幅度增长（Hoek & van Hoeken, 2003）。例如，一项涉及 3 万多对瑞典双生子的研究发现，1945 年以后出生的双生子，其神经性厌食症患病率明显高于 1945 年以前出生的双生子（Bulik et al., 2006）。在不同时期和不同文化中，人们节食的动机也不一样。过去几个世纪里，在美国与欧洲国家以外的地区，节食动机与对体重担忧的关系不大，而是出于胃部不适或宗教原因（Keel & Klump, 2003）。亚洲国家的厌食症个体并不像欧美厌食症个体那样对体像有着扭曲的认识，并且愿意承认自己非常瘦。尽管如此，他们还是顽固地拒绝进食，如下述中国女性的个案研究所示。

个案研究

Y 小姐 31 岁，身高 160 厘米。她过去体重 50 公斤，现在只有 22 公斤。Y 小姐的厌食症从 4 年前开始，来自邻村的男朋友突然抛弃她去了英国，Y 小姐陷入了极度的悲伤中。从那以后她就开始抱怨腹部不适，并减少了食物摄入。她在社交上变得退缩，也丢了工作。当接受精神病检查时，她披散着长发，消瘦得令人震惊——就像一副骨架，眼窝深陷，双颊也凹了下去，皮肤苍白、冰冷。她承认自己极度消瘦，但还是声称没有一点饥饿感，并将体重下降的原因归咎于无法辨识的腹部不适。她对自己身体状况的严重性并不太关心。当被问及是否有意限制自己的饮食时，她回答："没有"。当询问她为什么一连 8 个小时甚至更长时间不吃任何东西时，她指着左下腹说，她完全不感到饥饿，反而有些腹胀。然而，所有的身体检查都找不到 Y 小姐饱胀感有任何生物学上的原因。Y 小姐经常情绪低落，并且因关系破裂被人们知道而时时恐惧，极易哭泣。然而，她拒绝讨论这件事的细节，也不接受任何心理治疗和药物治疗。后来，Y 小姐死于心脏骤停。除了饥饿引起多脏器萎缩以外，尸检没有发现其他病变。（改编自 Sing, 1995, pp. 27-29）

DSM-5 将对体重的担忧作为神经性厌食症的标志性特征，由此引发一个问题：如果并未表达出对体重的担忧，那么主动节食还能不能被称为神经性厌食症（见表 12.1，标准 B）。或者说，也有可能是 Y 小姐将更为文化所认可的因肠胃不适而限制饮食的理念作为理由，替代对体重担忧的表达。*DSM-5* 的标准 B 得到了扩充，不仅包括对体重增长公开表达的恐惧，还包括控制体重增长的持续行为；显然 Y 小姐属于后者。虽然 *DSM-5* 本身是一则基于其文化背景的标准，代表了"西方"文化对精

神障碍的看法，但它的正文部分经常会对理解和描述疾病体验方面与文化有关的诊断问题加以阐释。

神经性厌食症多发于青少年期或成年早期（Hudson et al., 2007; Preti et al., 2009; Swanson, Crow, et al., 2011）。这一障碍的病程因人而异。长期研究表明，女性从障碍起始到缓解的中位数为 7 年，男性为 3 年，这甚至包括了接受治疗的患者（Stoving et al., 2011）。确诊后的 10 到 15 年，大约 70% 患者不再符合诊断标准，但其中很多人仍然存在进食问题或其他心理病理，尤其是抑郁（Stoving et al., 2011; Wade et al., 2006）。相比限制型神经性厌食症，暴食 / 清除型神经性厌食症个体倾向于存在更多共病的心理病理问题，尤其是冲动、自杀和自我伤害的行为（Peat, Mitchell, Hoek, & Wonderlich, 2009），病程也更长（Stoving et al., 2012）。

神经性厌食症是一种危险的障碍，死亡率达 5% ~ 9%（Arcelus, Mitchell, Wales, & Nielson, 2011; Erdur et al., 2012）。厌食症导致的最严重后果可能是心血管并发症，包括心动过缓、心律不齐和心力衰竭。厌食症还会导致的另一种严重并发症是急性胃扩张，甚至导致胃破裂。闭经女性存在骨骼强度问题，可能是因为低水平的雌激素使骨骼强度下降。在一些厌食症个体身上发现了肾脏受损问题，而免疫系统功能的受损会导致厌食症个体更易患生理疾病。此外，神经性厌食症个体的自杀率是一般人群的 31 倍（Preti et al., 2011）。

神经性贪食症

神经性贪食症（bulimia nervosa）的核心特征是毫无节制的进食或**暴食**（bingeing），随后有目的地采取行动以防止暴食导致体重增加（见表 12.3 中的 *DSM-5* 诊断标准）。轻度贪食症症状表现为每周平均发生 1 ~ 3 次不恰当的代偿行为，而更极端的形式则表现为每周平均发生 14 次或更多。*DSM-5* 将暴食定义为发生在一定时间内（如一到两个小时），并且进食量绝对超过大多数人在相似时间内及相似场合下的进食量。然而，进食障碍个体在暴食时的食量有极大差异。有些人在一次进食中摄入 3000 ~ 4500 大卡，以富含脂肪及碳水化合物的食物为主；在另一些情况下，暴食在 1200 ~ 2000 大卡之间（Hilbert et al., 2011; Wolfe, Baker, Smith, & Kelly-Weeder,

表 12.3　神经性贪食症的*DSM-5*诊断标准

A. 反复发作的暴食。暴食发作以下列2项为特征：

1. 在一段固定的时间内（例如，在任意2小时内）进食，食物量明显大于大多数人在相似时间段内和相似场合下的进食量。
2. 发作时感到无法控制进食（例如，感觉不能停止进食或控制进食品种或进食数量）。

B. 反复出现不恰当的代偿行为以预防体重增加，例如自我引吐，滥用泻药、利尿剂或其他药物，禁食或过度锻炼。

C. 暴食和不恰当的代偿行为同时出现，并且出现频率维持在3个月内平均每周至少1次。

D. 自我评价受到身体体型和体重的过度影响。

E. 该障碍并非仅仅出现在神经性厌食症的发作期。

资料来源：Reprinted with permission from the *Diagnostic and Statistical Manual of Mental Disorders*, Fifth Edition.
Copyright © 2013 American Psychiatric Association.

2009）。暴食量较少是因为人们感到违反了某些为自己设立的节食规则，而且对进食行为感到无法控制，尽管不饿却感到必须进食（Fairburn & Cooper, 2007; Wolfe et al., 2009）。因认识到暴食的这个方面，暴食的 *DSM-5* 诊断标准中包括了对进食的缺乏控制感（标准 A2）。

神经性贪食症个体用于控制体重的方法有自我诱导性呕吐，滥用轻泻剂、利尿剂或其他清除性药物，禁食和过量运动。与神经性厌食症个体一样，神经性贪食症个体的自我评价也受到体型和体重的强烈影响。身材瘦削时，他们会觉得自己“挺不错”。尽管如此，神经性贪食症个体的体像并未出现整体性的扭曲。极度消瘦的厌食症女性看到镜中的自己时认为自己是肥胖的，而神经性贪食症个体对自己的体型有着更客观的认识。尽管如此，神经性贪食症个体长期对自己的体型和体重不满，并且十分关注减肥。

自我诱导性呕吐是与神经性贪食症最为相关的行为。许多神经性贪食症个体都是因为被抓住正在呕吐，或者是因为呕吐后留下的污物而被家人、室友或朋友发现的。牙医有时也能发现神经性贪食症个体，因为经常性的呕吐会使胃酸腐蚀牙齿。暴食之后采取清除或其他代偿行为来控制体重，这种循环成为了一种生活方式。

另一些人通过过度锻炼或禁食来控制体重。如下“讲述”中的男子在暴食后会禁食一天或更长的时间以控制体重。随着工作和失败的婚姻给他带来的压力越来越

讲述

当星期天的傍晚来临时，我会宽慰地松口气，因为到第二天上午之前我都没有工作上的职责，也刚刚把儿子送回他母亲那里。然后，我会到便利店认真地采购一批“恰到好处”的食品：奶酪、午餐肉、薯片和巧克力棒等甜食。我还会在附近的报亭停留一下，买一本逃避现实的平装小说（这是暴食必不可少的部分），然后坐下来边读边慢慢吃，吃上三个小时，直到眼睛睁不开为止。我用暴食来取代周日的晚餐，平均食量约 6000 大卡。暴食过后我的胃开始胀痛。我会仔细地清洁牙齿，清洗所有的盘子，然后依靠药物昏昏入睡。第二天，我会把日程安排得满满当当，晚上也会参加会议，为了使自己忘掉在禁食时逐渐增强的饥饿感。我开始跑步……一般来说，我每星期跑 4 ~ 5 次，每次 1 个小时，并步行上班，以进一步控制体重……随着时间推移，我的暴食节奏更频繁，这可能是因为固定的时间安排减少了。暴食行为由一星期一次发展到一星期两次。之后，每个星期我不是在暴食就是在禁食，已经完全没有饮食正常的时候了。我的睡眠模式也变得极端，要不接近昏迷，要不完全无法入睡，不是暴食之后的满身大汗，就是禁食之后的浑身颤抖。我变得越来越易怒和沉默寡言……我开始憎恨我的朋友、病人甚至儿子打扰我的生活，为此我越发感到内疚……当我发现自己给晚上约好的病人打电话，解释说自己病了，然后用这个空闲的夜晚开始暴食时，神经性贪食症让我的生活陷入了最低谷……我常感到筋疲力尽，我的手、脚和腹部时常浮肿。当然我对此的解释是身体脂肪增加了，而这种状态又加深了我对体重和食物的执念。我每天在不同地点多次测量自己的体重，注意哪怕是半磅的变化，就好像我的生活完全取决于此。（" Male Bulimia Nervosa: An Autobiographical Case Study," by Wilps, R. F., Jr. from MALES WITH EATING DISORDERS by A. E. Andersen (ed.), copyright 1990 TAYLOR & FRANCIS GROUP LLC-BOOKS. Reproduced with permission of TAYLOR & FRANCIS GROUP LLC-BOOKS in the format Textbook via Copyright Clearance Center.）

多，他的暴食过后再禁食的这种贪食模式变得越来越严重。

神经性贪食症的终生患病率在成人中大约为 0.5%（Hudson et al., 2007），在青少年中约为 0.9%（Swanson, Crow, et al., 2011）。有此障碍的女性比男性更为常见（Swanson, Crow, et al., 2011）。上述患病率是基于 *DSM-IV* 的标准，并且与神经性厌食症一样，神经性贪食症的 *DSM-5* 诊断标准在某些方面有所调整（每周暴食 / 清除行为的平均最低次数由 2 次降低到 1 次）。因此，未来使用 *DSM-5* 标准的研究所揭示的患病率可能更高。神经性贪食症的男性比女性更可能通过过度锻炼来控制体重，并且过分关注塑造精瘦、强壮的外表，而不是极度消瘦（Morgan, 2012）。

神经性贪食症的男性比女性更可能通过过度锻炼来控制体重。

有明确证据表明，神经性贪食症患病率存在文化、种族 / 族裔和历史差异。美国白人的神经性贪食症比非裔美国人更为常见（Striegel-Moore & Franko, 2008; Swanson, Crow, et al., 2011），并且一项元分析发现，西方文化中的神经性贪食症比其他文化明显更为常见（Keel & Klump, 2003）。此外，20 世纪后半叶神经性贪食症的患病率明显增长。自 1990 年以来，尽管此障碍的有效疗法更加普及，神经性贪食症的患病率在美国、欧洲以及澳大利亚都保持平稳（Crowther et al., 2008; Keel et al., 2006）。

神经性贪食症大多发生在青少年期（Hudson et al., 2007; Swanson, Crow, et al., 2011）。尽管神经性贪食症个体的死亡率不如神经性厌食症个体高，但仍会发生很多严重的医疗并发症，并且死亡率是一般人群的两倍（Arcelus et al., 2011）。最严重的并发症之一是电解质失衡，这是长期过度呕吐、滥用轻泻剂和利尿剂而使体液流失的结果。电解质失衡可能导致心力衰竭。神经性贪食症个体的自杀率比一般人群高 7.5 倍（Preti et al., 2011）。

神经性贪食症往往是慢性疾病。一项对寻求治疗的人群的长期研究发现，患此障碍 15 年后，50% 的人症状已经缓解，但另外 50% 的人仍然符合诊断标准（Stoving et al., 2012）。

暴食障碍

暴食障碍作为一种需要进一步研究的病状被收录于 *DSM-IV* 中。过去 20 年间，大量研究支持了其临床效用及效度，因此暴食障碍作为一种精神障碍被收录在 *DSM-5* 中。**暴食障碍**（binge-eating disorder）与神经性贪食症类似，但是暴食障碍者不会经常性地进行清除、禁食或过度锻炼来弥补暴食行为（表 12.4）。暴食障碍者可能在一天内持续不断地进食，没有计划的用餐时间（Masheb, Grilo, & White, 2011）。另一些人则间歇性地暴食大量食物，通常是因压力、焦虑感或者抑郁（Munsch, Meyer, Quartier, & Wilhelm, 2012; Wonderlich et al., 2009）。他们进食的速度非常快，进食时似乎处在恍惚状态，正如下面个案研究中的这位男性。

表 12.4 暴食障碍的*DSM–5*诊断标准

A. 反复发作的暴食。暴食发作以下列2项为特征：

1. 在一段固定的时间内（例如，在任意2小时内）进食，食物量明显大于大多数人在相似时间段内和相似场合下的进食量。
2. 发作时感到无法控制进食（例如，感觉不能停止进食或控制进食品种或进食数量）。

B. 暴食发作与下列3项（或更多）有关：

1. 进食比正常情况快得多。
2. 进食直到撑得难受为止。
3. 在没有感到身体饥饿时进食大量食物。
4. 因进食过多感到尴尬而单独进食。
5. 进食之后感到厌恶自己、抑郁或非常内疚。

C. 对暴食感到显著的痛苦。

D. 在3个月内平均每周至少出现1次暴食。

E. 暴食与神经性贪食症中反复出现的不恰当的代偿行为无关，也并非仅仅出现在神经性贪食或神经性厌食的病程中。

资料来源： Reprinted with permission from the *Diagnostic and Statistical Manual of Mental Disorders*, Fifth Edition.
Copyright © 2013 American Psychiatric Association.

个案研究

"新年的第二天，我兑现了自己的支票。通常我都会大吃一顿来庆祝，所以我知道这一次可能也会发生同样的事。去银行的路上，我坚定地要抵制这个念头。我不断地提醒自己关于治疗的事和新年立下的节食诺言……"

"支票兑现了，我拿出 100 美元。此时，周围一切似乎都变成空白，我不知道发生了什么，所有积极的目标似乎都消失了，再也没有任何意义。我只说了句'管他的'，便吃了起来，之后我所做的一切完全是罪过。"

他描述自己从一家杂货店开始，买了一块蛋糕、几块馅饼和几盒饼干。然后，他用一只手驾车穿过拥挤的市中心，另一只手从袋子中抓取食物，并以最快的速度吃了起来。吃掉所有的食物后，他偷偷摸摸走进好几家餐馆，每次只待一小会儿，吃少量的食物。尽管一直害怕被发现，但是他并不清楚自己正在犯的"罪"到底是什么。他只知道这并不愉快。"我一点也不喜欢，它就这样发生了。就像我失去了部分意识。这一切发生时，除了食物和我以外什么都不存在。"最后，他去了一家熟食店，又买了 20 美元的食物，之后开车回家，一路上吃个不停，"直到肚子痛了起来。"（Stunkard, 1993, pp. 20-21）

有暴食障碍的人通常明显超重，厌恶自己的身体，并为暴食行为感到羞耻（Stunkard, 2011; Wonderlich et al., 2009）。他们一般有频繁节食的历史，参加过减肥项目，家人也较肥胖（Fairburn et al.,1997）。减肥项目的参与者中多达 30% 的人可能有暴食障碍（Stunkard, 2011）。相比之下，一般人群中只有 2% ~ 3.5% 的人有该障碍（Hudson et al., 2007）。

在一般人群及减肥项目的参与者中，暴食障碍都在某些程度上更多见于女性而不是男性，尽管一些研究中暴食障碍的性别差异并不明显（Hudson et al., 2007; Stunkard, 2011）。在美国，族裔或种族之间的暴食障碍发病率似乎没有差异（Striegel-Moore & Franko, 2008）。暴食障碍个体的抑郁症和焦虑障碍发病率高，并且更可能酗酒和发生人格障碍（Striegel-Moore & Franko, 2008）。暴食障碍一般是慢性的；一项回顾性研究发现，该障碍的平均持续时间是 8 年（Hudson et al., 2007）。另一项研究则发现该障碍平均持续时间达 14.4 年（Pope et al., 2006）。

其他特定的喂食或进食障碍

正如进食障碍的连续谱模型中所提到的，进食障碍的亚临床症状相当普遍，尤其是在青少年女孩和年轻成年女性中。俄勒冈州的研究者们对很多青少年进行了多年的跟踪研究，检验所谓*部分综合征进食障碍*（partial-syndrome eating disorder）的消长，这是一种不完全符合神经性厌食症或神经性贪食症的诊断标准的综合征（Lewinsohn et al., 2000; Striegel-Moore, Seeley, & Lewinsohn, 2003）。有该障碍的青少年可能一周暴食几次，但不会每周都暴食。他们体重可能过轻，但还不严重。他们通常对体重高度关注，并根据体重来评判自己。但是他们的症状综合起来并不能判定为完全的进食障碍。

这些研究者发现，有该障碍的青少年（绝大部分是女孩）与那些有完全型进食障碍的人一样有多种心理问题，在青少年期和 20 多岁时都是如此。这些问题包括焦虑障碍、物质滥用、抑郁和自杀未遂。其中几乎 90% 的人在 20 岁出头时患有某种可诊断的精神疾病。与没有进食障碍迹象的人相比，被诊断为部分综合征进食障碍的个体自尊较低，社会关系、身体健康更差，生活满意度也较低。他们获得学士学位的可能性更低，也更可能失业。

DSM-5 创建了一个新的诊断类别，叫作**其他特定的喂食或进食障碍**（other specified feeding or eating disorder），以捕捉那些引起有临床意义的痛苦或损害，但不符合前述任何进食障碍的全部诊断标准的症状表现。部分综合征进食障碍应属于这一新的类别。*DSM-IV* 中包含一种类似的分类，即未特定的进食障碍（eating disorder not otherwise specified; EDNOS）。事实上，大约 5% 的普通人群有过 EDNOS（Fairburn et al., 2007; Wade et al., 2006）。EDNOS 的严重程度和持续时间与神经性厌食症或神经性贪食症类似（Fairburn et al., 2007）。

DSM-5 中的其他特定的喂食或进食障碍类别中包括**非典型神经性厌食症**（atypical anorexia nervosa），它符合神经性厌食症的全部诊断标准，除了一点：尽管体重明显减轻，但仍处于或高于正常范围。另一例子为**低频率和/或有限病程的神经性贪食症**（bulimia nervosa of low frequency and/or limited duration），它符合神经性贪食症的全部诊断标准，除了暴食及不恰当的代偿行为平均少于每周一次和/或持续时间少于三个月。最后一个例子为**夜间进食综合征**（night eating syndrome），是 *DSM-5* 中新增的障碍。有此障碍的个体有规律地在晚餐后及夜间摄取过量食物（Vander Wal, 2012）。此进食行为不属于文化或社会规范——不是通常的聚会后与朋友一起订比萨或偶尔的

有夜间进食障碍的人们通常超重并忍受着抑郁之苦。

深夜小点心。有夜间进食障碍的人在一周的大部分夜晚感受到难以抑制的进食欲望，并且为他们无法控制进食行为而非常烦恼。他们频繁失眠并且认为只有进食才能入睡。他们早晨一般不饿并且不吃早餐（Allison et al., 2010）。夜间进食障碍大多起始于成年早期，一般延续时间长（Vander Wal, 2012）。有此障碍的人通常超重和抑郁。夜间进食障碍与睡眠进食（sleep eating）不同，后者会发生在一些睡眠障碍（见第15章）中，有夜间进食障碍的人在进食时是清醒并有意识的，而睡眠进食的人则不是。

肥胖

尽管肥胖并未作为一种精神障碍收录在 *DSM-5* 中，但它常见于有暴食障碍的人中，并且是国际公共健康最大的问题（Gearhardt et al., 2012）。这里探讨肥胖是因为它与众多精神障碍高度相关，是一些精神障碍发生的危险因素（例如抑郁症），也是精神性药物治疗副作用的结果（例如第 8 章中的非典型抗精神病药）。

肥胖（obesity；过量的体脂肪）被定义为体重指数（body mass index, BMI）为 30 或 30 以上。BMI 的计算方法是体重的磅数乘以 703，再除以身高的英寸数的平方（CDC, 2010）*。1980 年至 2002 年间，美国成年人肥胖的患病率翻了一倍，儿童和青少年则翻了三倍（Flegal, Carroll, Ogden, & Johnson, 2002; Hedley et al., 2004; Ogden, Flegal, Carroll, & Johnson, 2002）。这个比例还在继续攀升，目前估计超过 1/3 的美国成年人和超过 17% 的美国儿童存在肥胖问题（Ogden, Carroll, Kit, & Flegel, 2012）。非裔美国人的肥胖比例最高，其次是拉美裔和非拉美裔白人（图 12.1）。全世界的肥胖比例也在攀升，尤其是在那些生活标准提高及美式快餐越来越普及的国家（Novak & Brownell, 2011）。

肥胖会增加冠心病、高血压、Ⅱ型糖尿病及某些癌症的风险（Novak & Brownell, 2011）。在美国，5%～7% 的医疗保健开支应归于肥胖的影响。肥胖人群不仅身体多病，而且生活质量较低，情绪问题也更多，其中的部分原因是对肥胖人群的污名化（Gearhdardt et al., 2012）。例如，实验性研究表明，雇主更可能雇用或提拔体重正常的个体，而不是资历一样的超重个体（Roehling, Pichler, Oswald, & Bruce, 2008）。存

图 12.1 美国的肥胖状况

美国成年人基于年龄、性别和族裔/种族达到肥胖标准（BMI≥30）的百分比。

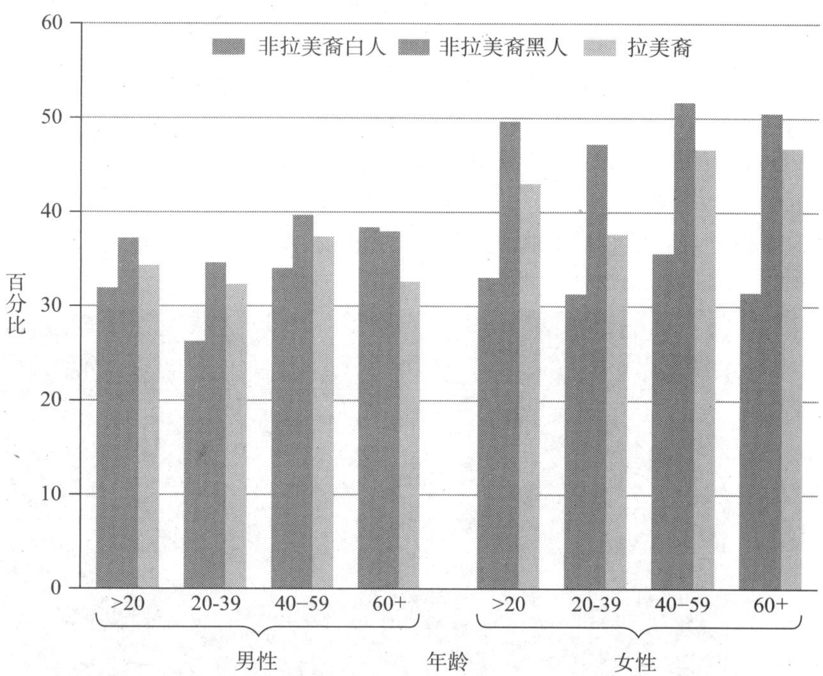

资料来源：Flegel, Carroll, Ogden, & Curtin (2010). *Journal of the American Medical Association,* 303, 235-241.

* BMI指数的公制计算方法：体重公斤数除以身高米数的平方。——译者注

在肥胖问题的高中生报告称频繁受到嘲笑和欺凌，并因此逃学（Puhl & Luedicke, 2012）。尽管许多人认为此类污名化可以成为肥胖人群减肥的动机，但实验研究表明，处于污名化的媒体描绘之下，肥胖人群进食更甚而非减少（Pearl, Puhl, & Brownell, 2012）。

有害的环境包括大量的廉价高脂食物。

历史上肥胖急剧增长的原因指向环境因素。研究者凯利·布劳内尔认为我们生活在有害的环境中，身边充斥着高脂肪、高卡路里的廉价食物，并且广告商鼓动人们大量消费此类食物（Brownell & Horgen, 2004; Gearhardt et al., 2012）。过去几十年里，“大号的我”文化盛行，人们参与的体育活动明显减少 。超过 60% 的美国人每天锻炼身体的时间不到 30 分钟，25% 的人甚至完全不锻炼（Godfrey & Brownell, 2008）。在美国只有 2% 的高中、8% 的初中及 4% 的小学要求每日开设体育课（Story, Nanney, & Schwartz, 2009）。典型美国人的一天是开车去上班或学校，经过快餐店时买一份高脂肪、高胆固醇的早餐三明治，坐着工作一整天，起身只为去另一家快餐店吃一份高热量的午餐，然后开车回家，整晚坐在电视机前面。这样进食就等于一剂增重处方。

此外，更多证据表明，快餐店所售的过度加工食物易导致类似于药物滥用的成瘾（Gearhardt et al., 2012）。食品公司使用能增味并使原料快速被吸收（如糖进入血液中）的方式来加工食品中的脂肪、糖、盐、食品添加剂、增味剂和咖啡因，增加了食物成瘾性（Gearhardt, Davis, et al., 2011）。喂食此类食物的老鼠，为了获得更多高脂肪、高糖的食物，比喂食普通食物的老鼠更愿意忍耐反复的电击，其脑变化类似于人对毒品上瘾（Johnson & Kenny, 2010）。在人类中，进食更多过度加工食物的肥胖人群看到此类食物照片时，其与药物滥用相关的奖励脑区比精瘦人群表现得更活跃（Rothemund et al., 2007; Stoekel et al., 2008）。然而在实际进食此类食物时，肥胖人群的某些奖励脑区表现出的活动比精瘦人群少，意味着在长期接触过度加工的食品之后，肥胖人群发生了类似毒品成瘾者的大脑变化。（Stice et al., 2008; Stice, Spoor, Ng, & Zald, 2009）。最后，表现出食物成瘾行为迹象的人们，如渴望、耐受性及对高脂肪、高糖的过度加工食品出现戒断症状，他们在浏览食物照片与进食加工食品时，产生的大脑活动反应类似于肥胖（及药物成瘾）人群（Gearhardt, Yokum, et al., 2011）。因此，过度加工的食品可能会引起对此类食物的成瘾，使之很难被抗拒，而这是美国的主要食品，并且愈发成为国际性的食品。

其他有害的食物环境造成肥胖的证据来自移民的研究。一项研究比较了亚利桑那州的皮马印第安女性移民和她们留在墨西哥的女性亲属。前者膳食脂肪摄入量平均占总卡路里的 41%，平均体重为 90 公斤，平均 BMI 为 37。与之相比，后者膳食脂肪摄入量平均只占总卡路里的 23%，平均体重为 70 公斤，平均 BMI 为 25（Ravussin et al., 1994）。

并非每个生活在有害食品环境中的人都会超重或肥胖。这种差异似乎很大程度是由基因决定的（Stice, Yokum, et al., 2011）。基因影响着脂肪细胞的数量、脂肪贮存、过量进食的倾向及大脑对食物反应的活动水平。这些遗传因素与有害环境交互作用，造成肥胖。例如，埃里克·斯蒂斯和他的同事们（Stice et al., 2008, 2010）发现，大脑奖励区对可口食物表现出非典型活动反应的个体，只有他们拥有与奖励过程相关的变异基因，才会有体重增加的风险。

电视天气预报员阿尔·罗克接受了减肥手术以减轻体重。

数以百万计的人试图在自助书籍的帮助下自主减肥，还有数百万人则参加像“体重监控者”这样的商业减肥项目。对流行的减肥方法的评估显示，这些方法能够小幅减肥（Gearhardt et al., 2012）。例如，克里斯托弗·加德纳及其同事（Gardner et al., 2007）将BMI在27 ~ 40之间的女性随机分配到采用Atkins（限制碳水化合物）、Ornish（限制脂肪）、Zone（膳食平衡）或LEARN（运动并改变进食模式）方法的小组。一年后，采用Atkins方法的女性平均减重4.5公斤，明显高于采用Zone方法（1.6公斤）的女性，但是与采用Ornish方法（2.2公斤）与LEARN方法（2.6公斤）的女性没有明显差异。另一项包括了男性和女性的研究发现，Atkins、Ornish、Zone和体重监控者方法的减肥结果近似（Dansiger et al., 2005）。体重监控者法平均减重1.8 ~ 3.2公斤，但只有50% ~ 65%的人能够坚持节食一年。甚至在坚持参与项目的人当中，减肥效果之差也令人沮丧，尤其是考虑到广告声称这些方法能够让肥胖者减掉大量体重。然而即使是较少地减掉体重的5% ~ 10%，也能明显改善肥胖者的健康。

减肥药物能抑制食欲并能帮助人们减轻体重，如西布曲明（商品名Meridia）、奥利司他（商品名Xenical）和利莫那班（商品名Acomplia）。对这些药物的对照试验的元分析显示，它们的减肥效果在1 ~ 4年内，依据药物的不同，平均减重5公斤或更少（Rucker et al., 2007）。所有这些药物都有副作用，如胃肠不适（奥利司他）、血压和心率上升（西布曲明）和消极情绪变化（利莫那班）。

对于BMI在30 ~ 39之间的肥胖人群，建议采用低卡路里饮食（每天900 ~ 1200大卡），通常用预先包装、控制份量的形式（例如SlimFast奶昔）（Wadden, Neiberg, et al., 2011）。也鼓励个体加强体育锻炼。相比个体食用自己选择的传统食品来减重，这样的方法能够明显地减掉更多的重量（Berkowitz et al., 2011）。对于BMI达40或以上且至少存在一种严重健康问题（如糖尿病）的极端肥胖人群，可以选择减肥手术。在食道底部造一个小袋，严格限制食物摄入，可对胃采取胃间隔、胃束带或胃旁路手术。这样的手术能够明显减重25% ~ 30%（Wadden, Faulconbridge, et al., 2011）。电视天气预报员阿尔·罗克就接受了减肥手术。

对于超重和肥胖人群，减肥很难，保持不反弹则更难。很多人对减肥感到沮丧，为了与这种沮丧感作斗争，研究者鼓励肥胖人群采纳合理的适度减肥目标，并专注于多参加体育活动，这两者都可以明显改善心脏功能以及患糖尿病的风险（Wadden, Wilson, Stunkard, & Berkowitz, 2011）。总的来说，已证明能够减肥和防止体重增加的方法有：

- 多吃营养丰富的食物，少吃无营养只有卡路里的食物。

• 坚持每天至少 30 分钟的体育锻炼。
• 构造更容易做出健康选择的环境；例如，让低脂食物在你的房子里随手可得，并清除橱柜里的垃圾食品。
• 增加一天中的活动量：爬楼梯而不是搭乘电梯，将车停在离建筑物最远而不是最近的地方，并寻找其他机会进行运动而不是站着或坐着（Godfrey & Brownell, 2008）。

灰色地带

阅读下面的个案研究。

19 岁的雷切尔是一所竞争激烈的文理学院的新生。在父母的坚持下，她在春假时接受了精神病评估。据她父母说，雷切尔自去年 8 月的入学前体检以来已经瘦了 7 公斤多。她现在身高 165 厘米，体重 47 公斤，而像她这个身高的小骨架女性的健康体重是 54 公斤左右。雷切尔解释说，她在高中曾是优秀学生和曲棍球运动员。当决定上大学不再打曲棍球后，为了避免发生“新生胖 15 磅”的现象，她开始每个星期抽几个早晨跑步，并戒掉了垃圾食品。那年夏天雷切尔瘦了几公斤，朋友和家人称赞她看起来特别“健康”。她说感到更加自信，为进入大学所做的准备工作也比预想的更好。学业开始后，雷切尔每天都跑步，常常为了及时赶到课堂而不吃早餐，并选择沙拉作为午餐和晚餐。她学习努力，第一学期进了优秀学生名单。

当雷切尔在圣诞节假期回到家中时，家人注意到她看起来瘦弱又疲惫。尽管家人都鼓励她多休息，她还是早早地起床跑步。她在1月份回到学校，觉得自己可能得了抑郁症。课程似乎不那么有趣了，她想知道自己上的大学究竟是否适合自己。她的睡眠质量开始下降，一天大部分时候都感到寒冷。春假回家的第一天晚上，父母要求她站到卫生间的体重秤上。雷切尔惊讶地发现她的体重掉到了47公斤，她同意去看医生，医生没有发现任何医学上患病的迹象，并建议她接受精神疾病方面的咨询。（改编自Evelyn Attia and B. Timothy Walsh, 2007. “Anorexia Nervosa”, *American Journal of Psychiatry*, 164. Reprinted with permission from the American Journal of Psychiatry, Copyright© 2007 American Psychiatry Association.）

雷切尔是否有进食障碍？她符合哪些诊断标准？有任何诊断标准是她不符合的吗？（讨论见本章末尾。）

理解进食障碍

大量的生物学、社会文化和心理因素与进食障碍的发生有关。正如我们在本章最后所讨论的，任何个体的进食障碍可能都是数个因素的累积结果。然而在这一节中，我们将分别考虑每个因素。

生物学因素

与大部分心理障碍类似，神经性厌食症、神经性贪食症和暴食障碍有家族遗传倾向（Trace, Baker, Peñas-Lledó, & Bulik, 2013）。对 30 000 多对双生子的研究发现，神经性厌食症的遗传率为 56%（Bulik et al., 2006）。一项针对暴食障碍的双生子研究发现其遗传率为 41%（Bulik, Sullivan, & Kendler, 2003）。基因似乎携带进食障碍的一般性风险而非某种进食障碍的特定风险（Bulik et al., 2010）。进食障碍的遗传风险似乎与青春期的生理变化相互作用，造成女孩进食障碍的发作，但是男孩没有类似情

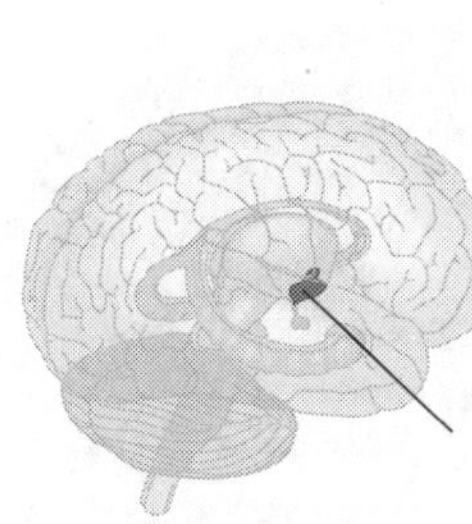

下丘脑是调节进食行为的核心，并与神经性贪食症和神经性厌食症紊乱的进食行为特点有关。

况（Klump et al., 2012）。也就是说，女孩青春期的激素变化可能有激活进食障碍的基因风险。青春期的生理变化伴随着女孩社交世界的变化，这可能助长进食障碍风险，我们将在下文详述。

当前关于进食障碍生物病因的大部分研究都集中在调节食欲、饥饿、饱腹感、启动和停止进食的身体系统（Trace et al., 2013; Keel et al., 2012）。下丘脑对进食行为的调节起着核心作用（Berthoud & Morrison, 2008）。它可以接受食物摄入和营养水平的信息，并在身体的营养需求得到满足后发出停止进食的信息。传递这些信息的神经递质包括去甲肾上腺素、5–羟色胺和多巴胺，以及多种激素如皮质醇和胰岛素。进食行为失调可能是因为此系统中某种神经化学物质失衡或失调，或者下丘脑的结构或功能发生问题。例如，此系统如果出现故障，个体就难以准确觉察饥饿，或难以在饱足时停止进食，这些都是进食障碍的特征。

神经性厌食症者的下丘脑功能出现减退，影响下丘脑运作的重要激素也出现异常，包括5–羟色胺和多巴胺（Attia & Walsh, 2007; Lock et al., 2011）。尚不清楚这一现象是厌食症个体禁食行为的原因还是结果。有些研究发现，当厌食症个体体重有所增加后，其下丘脑和激素功能以及神经递质水平仍持续异常，但另一些研究显示当体重增加后，这些异常症状随即消失（Polivy & Herman, 2002）。

许多贪食症个体调节神经递质5–羟色胺的系统出现异常（Keel et al., 2012）。5–羟色胺的缺乏可能会导致个体渴求碳水化合物，贪食症个体经常大量进食富含碳水化合物的食物，随后采用自我引吐或者其他清除行为，以防止体重增加。

因而，我们已经发现一系列生物因素异常与神经性厌食症和神经性贪食症有关。这些异常导致个体渴求某些食物或让个体难以判断饥饿和饱足的身体信号，从而产生紊乱的进食行为。为什么进食障碍者也会产生扭曲的体像和其他认知、情绪问题，目前还不清楚。

社会文化和心理因素

以瘦为美的社会压力可能在进食障碍的形成中具有一定的作用。尽管如此，如上所述，许多处于这种社会压力中的人并没有产生进食障碍。进食障碍的产生或许也需某些心理因素的参与。

社会压力和文化规范

心理学家将进食障碍患病率的历史及文化差异与不同社会对女性的审美标准差异联系在一起（Garner & Garfinkel, 1980; McCarthy, 1990; Sobal & Stunkard, 1989）。此外，特定群体（如运动员）可能具有使他们更易形成进食障碍的外貌标准。

纤瘦典范与身体不满 从20世纪中叶以来，许多发达国家女性所追求的理想身材越来越瘦（Keel & Klump, 2003）。时尚杂志上的模特、美国小姐和环球小姐获胜者甚至芭比娃娃（美女的象征）都在不断变瘦（见图12.2；Garner & Garfinkel, 1980; Wiseman, Gray, Mosimann, & Ahrens, 1992）。同时，正如在"非常人物"专栏中所讨论的，现在时尚杂志上的模特普遍骨瘦如柴，大部分成年女性根本无法达到她们那种体型。一些研究表明，内化了媒体所宣扬的理想苗条体形的女性有出现进食障碍

图 12.2　我们审美标准的变化

1959年至1978年，《花花公子》上的女性和“美国小姐”获胜者的平均体重相对于其身高变得越来越轻。

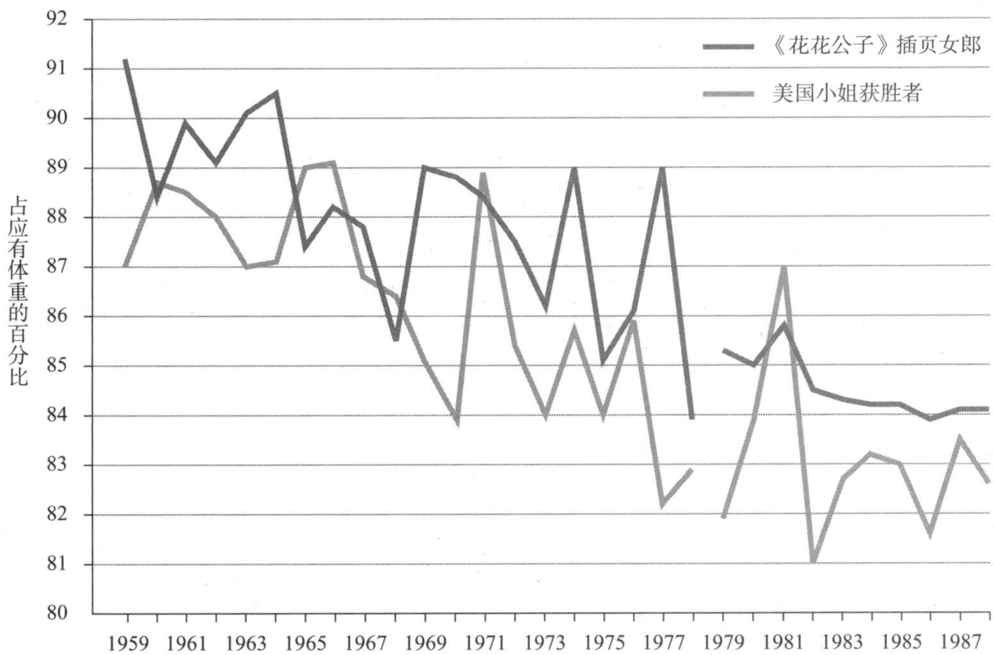

资料来源：Wiseman,et al., 1992.

的风险（见Stice, 2002中的元分析）。

神经性厌食症和神经性贪食症的女性比男性更多，可能是因为女性比男性更推崇和鼓励纤瘦的体型。例如，对男性和女性时尚杂志的调查发现，女性杂志中关于节食的文章数量是男性杂志的 10 倍还多（Andersen & DiDomenico,1992; Nemeroff, Stein, Diehl, & Smilack, 1994）。正如在“非常人物”专栏中所讨论的，年轻女性越多暴露在瘦身的媒体压力下，她们越会对自己的身体不满（Grabe et al., 2008; Groesz et al., 2002）。瘦身压力所滋生的身体不满是年轻女性进食障碍最强的预测因子。在一项针对高中女生的纵向研究中，24% 对身体有强烈不满的人后来诊断为进食障碍，相比之下，对身体不满不甚强烈的人中该比例为 6%（Stice, Marti, & Durant, 2011）。

电视节目《减肥达人》可能鼓励了人们为减肥采取极端、危险的手段。

电视真人秀将变瘦的社会压力推向了新的极端。在电视真人秀中，个人通过整容手术“改头换面”。这些节目在 50 岁以下的成年人群中极受欢迎。一项研究发现，相比观看了某个住房改善真人秀节目的女性，观看了整容类节目《天鹅》的大学年龄段的女性称自己感到更大的瘦身压力，对控制自己的形体有更强的信念（Mazzeo, Trace, Mitchell, & Gow, 2007）。美国国家广播公司（NBC）节目《减肥达人》曾被指责鼓励竞争者及观看者使用极端手段不健康地快速减肥，包括禁食与过量运动（Wyatt, 2009）。

人们可以不看时尚杂志或其他媒体，以避开一些遵从纤瘦标准的压力。然而，人们不能完全避开朋友，有时同伴是最有效的外貌信息传递者。斯蒂斯和同事让女大学生与另一名女大学生交谈。前者以为对方只是另一名学生，但对方实际上是研究助手（Stice, Maxfield, & Wells, 2003）。此助手是个苗条、富有吸引力的 19 岁女子。在压力条件下，助手抱怨她对自己的体重有多么不满，并谈论她极端的日常锻炼和严格的节食。在中性条件下，助手谈论她正在上的课程和周末计划。压力条件下，目标女性在与纤瘦的助手谈论其对体重的担忧后，明显对自己的身体更加不满。相反，中性条件下目标女性在与同一助手谈论与体重或节食无关的话题后，对身体的不满并未增加。

一项关于斐济青少年期女孩的研究证明了同伴与媒体对进食行为的双重影响（Becker et al., 2011）。在斐济本土人口中，接触流行媒体（电视和网络）机会的地区差异极大。直接接触媒体更多的女孩具有更多的进食障碍症状，但进食障碍症状最强的预测因子是女孩朋友接触媒体的量。朋友观看电视和上网最多的那些女孩在进食障碍测量中得分最高。当女孩被媒体宣扬的苗条典范信息淹没，并且这些信息在她的朋友圈得到强化时，她形成进食障碍的风险显著增加。

运动员与进食障碍 运动员是有着额外压力的群体，要维持特定体重和体型，尤其是体重对竞争力有重要影响的运动员，如体操、滑冰、舞蹈、赛马、摔跤和健美选手（Smolak, Murnen, & Ruble, 2000）。挪威的研究人员评估了522名12～35岁的杰出女运动员进食障碍的情况。他们发现，参加“难美技能类”或者“体重依赖”类运动项目的运动员最有可能发生神经性厌食症或神经性贪食症，如跳水、花样滑冰、体操、舞蹈，或者柔道、空手道和摔跤（表12.5；Sundgot-Borgen, 1994; Krentz & Warschburger, 2011）。很多有进食障碍的女运动员报告说，青春期的身体变化削弱了她们的竞争力。她们开始严格控制饮食，试图保持青春期前的身材。一位治疗师描述的个案展示了其中的一些触发因素。

健美是一项在男性中越来越流行的运动项目。然而，健美运动员的体重通常会产生剧烈波动，他们在比赛时塑身，在休赛的时候暴食。男性健美运动员的进食和

表 12.5 杰出女运动员存在进食障碍的比例

强调体重的运动项目更可能引起进食障碍。

运动项目	存在进食障碍的比例（%）
难美技能类运动（如花样滑冰、体操）	35
体重依赖类运动（如柔道、摔跤）	29
耐力类运动（如自行车、跑步、游泳）	20
技术类运动（如高尔夫、跳高）	14
球类运动（如排球、足球）	12

资料来源：Sundgot-Borgen, 1994.

个案研究

海蒂完成体操训练后来到我的办公室，她是金发美人，穿着一件闪亮的红白相间的训练服。我们谈论起海蒂 6 岁就开始学习的体操。那时，她得到选拔，接受大学教练的指导。现在，她每天练习 4 个小时，每星期练 6 天。她不指望参加奥运会，但是希望能够获得十大联盟学校的奖学金。

海蒂在谈论体操时兴高采烈，但是我发现，她眼睛红红的，右手食指上有一小块疤痕（应该是反复把手伸进喉咙被口腔中的酸性物质弄伤）。当她说到此行是为治疗贪食症而来时，我一点都不感到惊讶。

海蒂说："这个问题已经两年了，但是最近它影响了我的训练。我的身体太虚弱了，特别是在起跳时需要很大的力量。我很难全神贯注。"

"我认为体操训练导致了我的进食障碍"，海蒂继续说。"教练每周都会测量我们的体重，我们会互相数对方的肋骨，如果谁的肋骨难以数清，那么她就有麻烦了。"

我啧啧地表示不赞同。海蒂解释说，自从进入青春期后，她就很难控制自己的体重了。饭后她会为自己吃得过多而紧张不安。她计算着卡路里，哪怕很饿也不敢吃东西。课堂上，她用手指捏到了身体侧面的脂肪吓坏了。她第一次呕吐是在一次体操比赛之后。教练带着她和其他运动员到了一家牛排馆。海蒂点了双份奶酪汉堡和洋葱圈。吃完以后，她为第二天的体重测量担忧不已，因此她决定就这一次，她要把吃下去的食物弄出来。她偷偷溜进餐馆的洗手间将食物都吐了出来。

她脸红了。"它比你想的更难。我的身体抵制这一行为，但是我能做到。它太让人恶心了，我想着，'再也没有下一次了。'可是一个星期后我又这么做了。起先是每星期一次，然后是每星期两次。现在几乎是每天。我的牙医说胃酸正在腐蚀我的牙釉质。"（改编自 Pipher, 1994, pp. 165-168）

运动模式往往和有进食障碍的男性一样具有强迫性，但是健美运动员的目标是增加肌肉，而不是减少脂肪（Morgan, 2012）。在一项关于男性健美运动员的研究中，46% 的人报告在多数比赛过后暴食，85% 的人报告在休赛期间体重明显增加，平均达 6.8 公斤。之后，他们会为了准备比赛而节食，平均要减掉 6.4 公斤。一项关于女性健美运动员和举重运动员的平行研究发现，42% 的人曾厌食，67% 的人害怕变胖，58% 的人痴迷于食物（Anderson, Bartlett, Morgan, & Brownell, 1995）。一项关于女性举重运动员的研究发现，她们经常滥用麻黄碱，尤其是出现进食障碍症状的女性举重运动员，而麻黄碱是一种有助于减少体内脂肪的兴奋剂（Gruber & Pope, 1998）。

业余运动员身份是否会促使进食障碍行为的发生，这方面的证据并不一致。对女大学生的研究发现，校队运动员产生进食障碍行为的比例最高，不过俱乐部运动员和独立运动者的某些进食障碍行为比例仍然高于不运动的女性（Holm-Denoma et al., 2009）。然而，对这些研究的元分析发现，尽管杰出运动员存在进食障碍的比例比一般人高，但是不杰出的运动员，特别是参加不强调纤瘦的运动项目的运动员，存在进食问题的比例低于普通人（Smolak et al., 2000）。

一些有进食障碍的人可能会通过过度锻炼来控制他们的体重。

CATHY© 1983 Cathy Guisewite. Reprinted with permission of Universal Uclick. All rights reserved.

认知因素

如果追求特定体型或体重的社会压力所滋生的身体不满与低自尊及完美主义相结合，就会产生一种有害的认知因素组合，而这种组合能有力地预测进食障碍的形成（Fairburn et al., 2008; Vohs, Bardone, Joiner, & Abramson, 1999; Vohs et al., 2001）。觉得自己需要完美身材，对身体不满意并且低自尊的女性，会采取不良的适应策略来控制体重，包括过度节食和清除行为。

此外，有进食障碍的个体往往更在意他人的看法以及更顺应他人的意愿，这可能使他们更易受瘦身的社会压力的影响（Fairburn et al., 2008; Wade et al., 2008）。有进食障碍的个体往往具有非此即彼的思维方式，即判断事物不是全好即为全坏。例如，如果他们吃了一块饼干，他们会认为自己的节食计划已经告吹，可能会干脆将一整盒饼干都吃掉。他们会说决不能打破自己严格的饮食程序，否则将会对进食完全失去控制。他们过分关注这种程序，并围绕它来计划每天的活动，具体到最微小的细节（Abramson et al., 2006）。

有进食障碍的女性可能在无意识层面为自己的身材担忧（Keel et al., 2012）。研究者向具有或不具有贪食症症状的女性展示不同身材和面部表情的女性照片。女性参与者并不知道这些是区分照片的关键维度。研究发现有贪食症症状的女性更可能关注身材而不是面部表情，并且基于身材而不是面部表情将照片分类（Viken et al., 2002）。因此，相比没有贪食症症状的女性，有贪食症症状的女性会在无意识中更多地围绕身材组织其对世界的感知。

情绪调节困难

进食障碍行为有时可能是用以应对痛苦情绪的适应不良的策略（Fairburn et al., 2009; Stice, Agras, et al., 2001; Svaldi, Griepenstroh, Tuschen-Caffier, & Ehring, 2012）。有抑郁症状，或更广泛地说，消极情感的个体，有出现厌食症和贪食症的风险（Bulik, 2005; Stice, Burton, & Shaw, 2004; Stice, Presnell, & Spangler, 2002）。斯蒂斯和同事们对一组青少年期女孩进行的为期两年的跟踪研究发现，有情绪性进食行为——在情绪低落时进食以求让自己感觉好点儿——的女孩，明显更可能在这两年内发生慢性暴食行为（Stice et al., 2002）。

斯蒂斯和同事们确定了两种涉及暴食行为的紊乱进食模式的亚型（Stice et al.,

2002; Stice, Bohon, Marti, & Fischer, 2008)。一种亚型与过度尝试减肥有关。有这种节食亚型(dieting subtype)的女性非常担心她们的体型和身材，竭尽全力坚持严格的低卡路里饮食，但是她们经常放弃饮食计划并陷入暴食行为。然后她们通常利用呕吐将食物清除出体外或进行运动不让体重增加。另一种是抑郁亚型(depressive subtype)。这类女性同样担心体重和身材，但她们受到抑郁和低自尊的困扰，并常常通过进食来平息这些感受。

随着时间推移，抑郁亚型进食紊乱的女性会比节食亚型的女性承受更严重的社会和心理后果(Stice et al., 2002; Stice, Bohon, et al., 2008)。她们与家人和朋友的关系更为困难；更可能出现重大的精神病性障碍，如焦虑障碍；对治疗的反应可能更差。纵向研究发现，与节食亚型的女性相比，抑郁亚型的女性随时间推移更可能确诊为抑郁症或焦虑障碍，也更可能继续严重的暴食行为(Stice & Fairburn, 2003; Stice, Bohon, et al., 2008)。在 8 年跟踪研究期间，80% 的抑郁亚型的女性发展为抑郁症。在同时存在抑郁症状加重和对身体不满的女性中，43% 确诊为进食障碍(Stice, Marti, & Durant, 2011)。

家庭动力因素

希尔德•布鲁赫(Bruch, 1973, 1982)是研究进食障碍的先行者，他认为，神经性厌食症经常发生在那些非常"优秀的女孩"身上，即有高成就并且总是试图通过"完美"来取悦父母和他人的本分、顺从的女孩。她们的父母大多在培养女儿的服从性和成就方面倾注了过多精力，过度控制，并且不允许她们表达自己的情感，特别是消极情感(Minuchin et al., 1978)。结果，这些女孩没有学会识别和接受自己的情感和愿望，相反，她们学会了密切注意他人的需要和愿望，并服从他人的要求，就像我们在蕾妮及其家人的案例中看到的。

个案研究

蕾妮 16 岁，有神经性厌食症。她的父母都是高学历的成功人士，大部分时间都在从事外交官的工作。尽管蕾妮和两个哥哥的日常生活都是由保姆来照顾，但是这三个孩子和父母"非常亲密，许多外交官的家庭都是这样，因为我们总是在搬家。"不管是在家还是在外，孩子们都必须遵守严格的规定，举止要得体。部分是因为外交官家庭必须在所驻国表现出"最佳举止"，部分是因为蕾妮父母保守的宗教信仰。作为家中唯一的女孩，蕾妮必须时刻保持"淑女"的形象，以反驳人们对美国女孩轻率、不检点的刻板印象。父母要求所有孩子都要表现得比实际年龄更成熟，控制任何情绪迸发，毫无怨言地接受失败和失望，并且欣然接受每两年随父母的工作调动而搬到另一个国家。

蕾妮的厌食行为是在父母宣布他们将离开外交使团返回美国的那段时间出现的。那时，蕾妮已经深深地爱上了她的家在欧洲最后一站的驻留地，因为她终于结交了一批她喜爱并且父母也认可的好朋友，她也喜欢自己的学校。她在学校的表现向来出色，但是讨厌那些严厉苛刻的老师。在目前就读的学校，她感到了老师的认可和学习上的挑战。当蕾妮告诉父母，她希望能在这个学校读完高中最后一个学年，不想随他们回美国时，被她的父母断然拒绝。蕾妮试图与父母谈谈，提议搬到一个愿意收留她的朋友家里去住，但是父母打断了她，并且表示不愿再谈论此事。蕾妮变得郁闷、孤僻。回到美国后不久，她就开始停止进食。

青少年期的一个重要任务就是脱离家庭，成为独立的个体。布鲁赫认为过度控制型家庭的女孩深深地恐惧分离，因为她们还没有形成脱离家庭、独立思考和行动

进食障碍的一种理论强调过度控制的家庭的作用。

的能力。她们也害怕与同伴之间的交往，特别是性方面的关系，因为她们既不能理解自己的情感，也不相信自己的判断。但是，她们在某种程度上认识到自己需要脱离家庭。她们对父母的过度控制满怀愤怒，变得气愤、叛逆和怀疑。她们发现，控制食量让她们感觉可以控制生活，并且能引起父母的关注。对身体的严格控制给她们一种从未有过的对自己和家庭的掌控感。同时还能避开同伴人际关系，这些女孩戴上了厌食者的面具——虚弱、冷淡、不可接近，并具有高人一等的自我控制能力。

研究证实，进食障碍女孩的家庭冲突较多，反对消极情绪的表露，强调控制和完美主义（Polivy & Herman, 2002; Wade, Gillespie, & Martin, 2007）。这些不良特征在有抑郁症、焦虑障碍和其他心理障碍的孩子们的家庭中也十分普遍。出现神经性厌食症或神经性贪食症的家庭可能区别于其他家庭的特征是这些母亲认为女儿应该减肥，批评女儿的体重，她们自己也更可能表现出紊乱的进食模式（Hill & Franklin, 1998）。一项纵向研究显示，儿童 5 岁时在就餐时间因餐桌礼仪和进食控制权问题与母亲发生冲突的数量，可以预测其 10 岁时的进食和体重问题（Stein et al., 2006）。此外，对身体感觉意识不足可能导致这些家庭的女孩甚至忽视最剧烈的饥饿疼痛（Leon, Fulkerson, Perry, & Early-Zald, 1995）。来自这些问题家庭但不能完全忽视自身饥饿感的女孩，可能会形成暴食 / 清除型神经性厌食症或神经性贪食症。

对有暴食障碍的成年女性的研究表明，父母给予的温暖少但要求高这两个因素可以将有暴食障碍的女孩和成年女性同有其他心理障碍的女孩和成年女性区分开来（Striegel-Moore et al., 2005; Wilfley, Pike, & Striegel-Moore, 1997）。另一个具有同样区分功能的家庭特征是家庭成员的暴食病史（Striegel-Moore et al., 2005）。因此，产生暴食倾向的个体可能来自示范和强化了暴食行为的家庭。

不幸的是，大量对进食障碍的家庭和人格特征的研究，是将已有进食障碍的人群与无此障碍的人群进行比较（Policy & Herman, 2002）。所以，我们并不清楚家庭和人格因素到底在多大程度上导致了进食障碍。父母对孩子的控制性行为可能是导致进食障碍的原因，同时也可能是其结果——父母施加控制是为了挽救孩子的生命。

进食障碍的治疗

在这一部分，我们将讨论治疗进食障碍个体的心理疗法和药物疗法。相比神经性厌食症，对神经性贪食症和暴食障碍疗法的研究更多，部分原因是神经性厌食症的患病率较低。

神经性厌食症的心理疗法

让有神经性厌食症的人接受心理治疗十分困难。因为他们非常珍视自己已取得的瘦身成果，并且相信必须保持对自身行为的绝对控制，所以他们通常会抵制治疗，特别是抵制想改变其行为或态度的治疗师。不论治疗师对厌食症来访者采用何种心理疗法，都必须做大量的工作来赢取来访者的信任，鼓励来访者参与治疗，并让来访者在开始恢复“可怕的”体重时仍保持这种信任和参与（Wade & Watson, 2012）。

如果来访者已经减掉太多体重，面临生命危险，治疗师必须让其住院，那么此时取得来访者的信任将尤为困难。但是住院治疗和强制复食有时是必要的（Olmsted et al., 2010）。由于有神经性厌食症的人通常不会主动寻求治疗，只有因极度营养不良而产生健康危机如心脏问题，或者直到家人担心其生命安全，才会引起治疗师的注意。住院期间，治疗师将设法使来访者面对和解决让自己挨饿的心理问题。

心理疗法可以帮助很多厌食症个体，尤其是青少年，但它通常是一个漫长而充满挫折的过程（Wade & Watson, 2012）。在此过程中，许多起初有所恢复——恢复正常体重及健康的进食模式——的厌食症个体，贪食或厌食行为会复发（Carter et al., 2012）。他们通常仍然存在自尊问题、家庭问题、抑郁和焦虑。

认知行为疗法（CBT）是被研究的最多的神经性厌食症疗法（Yu et al., 2011）。这类方法正视来访者对纤瘦的过度推崇，并依个体的体重增加情况给予奖励。如果来访者是住院就医，则将医院中的某些特权作为奖励，如到医院外购物或接受家人探访（假设所有当事人都同意此方案）。同时传授来访者放松技巧，当她对进食感到非常焦虑时，可以使用这些技巧。随机临床试验发现，认知行为疗法可以使体重增加并减轻症状，尽管有大量患者退出治疗或随着时间的推移恢复了厌食行为（Wade & Watson, 2012）。

在家庭治疗中，厌食症个体和家人作为一个整体接受治疗。家庭疗法中，关于莫兹利模型（Maudsley model）的研究最多（Lock, le Grange, Agras, & Dare, 2001）。该干预包括在 6 ～ 12 个月内进行的 10 ～ 20 次治疗。治疗师指导父母控制孩子的进食和体重。随着治疗推进，孩子的自主性明确地与进食障碍的解决联系起来。有证据表明家庭疗法可以成功治疗患神经性厌食症的女孩（Lock, Agras, Bryson, Kraemer, 2005; RieneckeHoste, Celio Doyle, & le Grange, 2012）。

神经性贪食症和暴食障碍的心理疗法

认知行为疗法在治疗神经性贪食症方面得到了最多的实证支持（Fairburn, 2005; Wade & Watson, 2012）。认知行为疗法基于这样一个观点，即对体型和体重的过分担忧是神经性贪食症的中心特征（Fairburn et al., 2008）。治疗师教导来访者监控伴随其进食行为的认知，特别是暴食和呕吐发作时的认知。然后治疗师帮助来访者面对这些认知，并对体型和体重形成更具适应性的态度。治疗师和来访者之间的互动可能是这样的：

治疗师：在你正要暴食之前想到了什么？

来访者：我想我真的对自己没有社交生活感到非常不安和悲伤。我想吃东西只是让自己感觉好一点儿。

治疗师：那么当你正在吃东西的时候，你想些什么？

来访者：我在想冰淇淋确实很好吃，它让我感觉很好，同时又想我不应该吃这个，我又在暴食了。但之后我会觉得自己的生活是如此的糟糕，为了感觉好点儿，我有权吃自己想吃的食物。

治疗师：暴食之后，你都想些什么？

来访者：我觉得自己是个失败者，一个死胖子，没有自制力，这个治疗一点也不管用。

治疗师：好的，让我们回到开始的时候。你说你吃东西是因为你认为它可以让你感觉更好，是这样吗？

来访者：是的。我是这样说的，冰淇淋的味道很好，纵容自己的感觉也很好。

治疗师：但是从长远来看，暴食让你感觉更好吗？

来访者：当然不。事后我感觉糟透了。

治疗师：想象一下下次你陷入这种状态，打算吃东西来让自己感觉好点儿时，你会对自己说些什么？

来访者：我会告诫我自己，暴食只能让我暂时感觉好点儿，而过后却非常糟糕。

治疗师：你觉得你记得这样对自己说的可能性大吗？

来访者：不太大。

治疗师：有什么办法可以使这种可能性增加吗？

来访者：我想我可以将这些话写到卡片之类的东西上面，并且把这张卡片放到冰箱附近。

治疗师：这真是个好主意。还有什么办法可以防止你不安时吃东西吗？或者说，除了吃东西，你还能做什么事来减少不安？

来访者：我可以给朋友凯莎打电话，谈谈我的感受。或者我可以去散步——到一些远离食物的地方——比如山上，那里很美。在那里散步总是让我感觉好多了。

治疗师：这些都是非常好的想法，在你感到难过时，除了吃东西，还有很多事可以缓解坏情绪，这一点很重要。

该疗法的行为成分包括将来访者禁止的食物（如面包）重新列入食谱，并帮助他们消除对这些食物的不理性的看法，例如“如果吃了一个甜甜圈，我就将不可避免地开始暴食。”类似地，治疗师指导来访者每天 3 次健康进食，并挑战她对这些食物和体重增加可能性的看法。贪食症的认知行为疗法通常持续 3 ~ 6 个月，包括 10 ~ 20 次治疗。

对贪食症的认知行为疗法疗效的控制研究发现，大约一半来访者完全停止了暴食 / 清除的恶性循环（Fairburn, 2005; Shapiro et al., 2007）。接受该疗法的来访者抑郁和焦虑减少，社会功能有所增强，对节食和体重的担忧减轻。在完全消除暴食 / 清除行为和长期预防复发方面，认知行为疗法比药物治疗更有效（Fairburn, 2005）。同时兼顾情绪调节困难的综合认知行为疗法，对于那些既有进食障碍又抑郁的人尤其有效（Fairburn et al., 2009）。

其他关于贪食症疗法的研究比较了认知行为疗法（CBT）和其他三种心理疗法：人际疗法（IPT）、支持－表达心理动力学疗法及不以认知为焦点的行为疗法（Agras et al., 2000; Fairburn Jones, Peveler, & Carr, 1991; Fairburn et al., 1995; Garner, Rockert, Davis, & Garner, 1993; Wilson et al.,1999, 2002）。在人际疗法中，来访者和治疗师讨论与进食障碍有关的人际关系问题，并且治疗师积极地与来访者共同找出解决这些问题的方法。在支持－表达心理动力学疗法中，治疗师同样鼓励来访者谈论与进食障碍有关的问题，特别是人际关系问题，但是以一种高度非指导性的方式进行。在行为疗法中，治疗师教导来访者监控自己摄入的食物，对来访者将回避的食物引入食谱的行为进行强化，并教授来访者避免暴食的应对技巧。在这些研究中，所有疗法都明显地改善了来访者的进食行为和情绪健康，但是接受认知行为疗法和人际疗法的来访者所表现出的改善最为突出和持久。比较认知行为疗法和人际疗法发现，认知行为疗法治疗贪食症明显更加有效，并且起效更快。接受认知行为疗法 3 ~ 6 周后就能取得实质性的改善（Agras et al., 2000; Fairburn, 2005; Wilson et al., 1999, 2002）。在随后的 1 年和 6 年的跟踪研究中，认知行为疗法和人际疗法对于防止复发具有同等的效果（Agras et al., 2000）。

对于暴食障碍，认知行为疗法比其他心理疗法或抗抑郁药物治疗更为有效（Vocks et al., 2010）。它不但能减少暴食障碍个体的暴食，而且能减少他们对体重、体型和进食行为的过度关注。

生物疗法

选择性 5–羟色胺再摄取抑制剂（SSRIs；如氟西汀，商品名 Prozac）是很多神经性贪食症生物疗法研究的重点。这些药物似乎能够减少暴食和清除行为，但是往往不能让个体恢复正常的饮食习惯（见元分析 Flament, Bissada, & Spettigue, 2012; Reas & Grilo, 2008）。将认知行为疗法加入抗抑郁药物治疗可提高康复率（Fairburn, 2005）。抗抑郁药物常用于治疗神经性厌食症，在一半的研究中能减轻症状（Flament et al., 2012）。奥氮平是一种非典型抗精神病药物（见第 8 章），可以使神经性厌食症个体增重（Flament et al., 2012）。对暴食障碍药物治疗的元分析发现，包括 SSRIs、抗癫痫药物（如托吡酯）、减肥药（如奥利司他）在内的一系列药物，都能比安慰剂更有效地减少暴食行为，但一般不能减少对体型或体重的担忧（Flament et al., 2012; Reas & Grilo, 2008; Vocks et al., 2010）。

本章整合

专家们一般认为，进食障碍是由生物、心理和社会因素交互作用导致的（Agras & Kirkley, 1986; Garner & Garfinkel, 1985; Polivy & Herman, 2002; Striegel-Moore, 1993）。任何单一因素均不足以导致神经性厌食症或神经性贪食症，但它们结合在一起则可以（图 12.3）。

第一，追求苗条的社会压力确实有力地影响了人们对饮食的不健康态度，尤其是对女性。如果这些压力只是追求正常体重和保持健康，则不会如此危险。然而，发达国家中象征美女的理想体重远远低于一般女性的健康正常体重，女性因此形成了消极的体像。这导致了她们过度节食。不幸的是，过度节食为冲动性暴食创造了条件，而暴食又导致负性情绪甚至更低的自尊。

第二，生物学因素与社会压力的交互作用使某些人更可能产生进食障碍。有进食障碍的人可能具有这些障碍或者激素或神经递质系统失调的遗传倾向。我们尚不清楚基因的易感性具体如何导致进食障碍症状，但是它们可能影响过度节食行为。某些人易于顺从节食和瘦身压力的另一个生物学因素是焦虑或轻度抑郁的倾向。许

图 12.3 形成进食障碍的多种途径

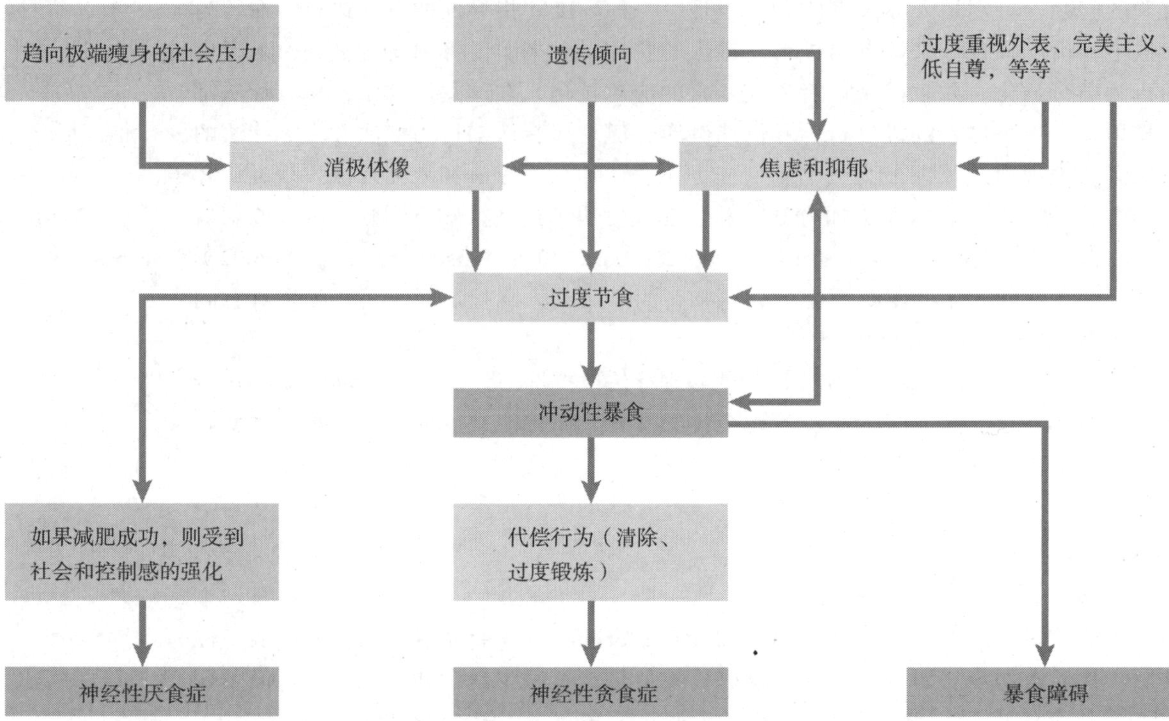

多有进食障碍的人，特别是有神经性贪食症的人，经常抑郁并且以冲动进食来应对他们的情绪。尽管进食障碍者的情绪问题可能是环境或由此产生的心理压力导致的，但是对某些进食障碍者来说，他们的情绪问题也可能具有生物学根源。

第三，人格因素也可以与追求苗条的社会压力和 / 或易形成进食障碍的生物学倾向产生交互作用。完美主义、非此即彼的思维方式和低自尊，使人们更可能在追求理想形体时采用极端手段来控制体重。在父母疏于关爱和养育，同时又严格管教、要求完美的家庭中，子女更易形成此类人格特征。

不论个体是通过何种途径产生进食障碍的，这些行为一旦开始，就很可能持续下去。有神经性厌食症或神经性贪食症的人对体重的过度关注受到社会形象的持续强化，并且他们取得的任何减肥成果皆得到同伴和家人的强化。厌食症个体通过十分严格的节食获得对自己生活的控制感，从而得到强化。贪食症和暴食障碍个体可能非常渴求控制，却没有能力保持，因此陷入暴食行为来逃避负性情绪。神经性贪食症的代偿行为有助于个体重新获得一些控制感，因而得到强化，尽管这些控制感非常脆弱。

因此，导致人们产生可诊断的进食障碍可能需要这些因素的结合，而非任何一个单一因素。然而，障碍一旦形成就倾向于得到强化并持续。也请注意，不同的进食障碍可能受到同样一些因素的影响。

灰色地带

讨论（对第383页的回顾）

雷切尔的进食和运动行为对于女大学生来说是很常见的，并且在某种程度上与拒绝垃圾食品、多吃水果和蔬菜、多锻炼的建议是一致的。然而，雷切尔的体重掉到了比健康体重低得多的水平。她对每天的例行锻炼变得非常执着，总是情绪低落，对学业丧失兴趣。

在 *DSM-5* 诊断标准之前，不能将雷切尔诊断为神经性厌食症，因为没有证据表明她的月经已经停止。依照*DSM-IV*的诊断标准，可能会将雷切尔诊断为未特定的进食障碍，因为她具有明显的症状，但其症状没有达到神经性厌食症、神经性贪食症或暴食障碍的任一诊断标准。神经性厌食症的*DSM-5*诊断标准并不要求月经停止，所以如今雷切尔大概可以符合该标准了。雷切尔的案例表明了过去几年一直争论的一些问题，关于进食障碍诊断标准是否过于严格，或者避免对这样的普遍行为做精神病性诊断是否更好。

批判性思考

根据你已经知道的进食障碍影响因素，你会给你的学校设计哪种干预计划来降低这些障碍在学生中的患病率？（讨论见本书末尾。）

本章小结

- 进食障碍包括神经性厌食症、神经性贪食症和暴食障碍。
- 神经性厌食症的特征是主动挨饿、扭曲的体像、对发胖的强烈恐惧，并常有闭经现象。有限制型神经性厌食症的人拒绝进食和/或过度锻炼以防止体重增加。有暴食/清除型厌食症的人周期性地暴食然后采用清除行为来防止体重增加。
- 厌食症的终生患病率低于1%，其中90%～95%的案例见于女性。厌食症通常始于青少年期，病程因人而异。该障碍非常危险，有着自我挨饿和自杀的并发症，因而死亡率相当高。
- 神经性贪食症的特征是无法控制的暴食，为防止因暴食而增加体重，会出现不恰当的代偿行为（如自我引吐、滥用轻泻剂或利尿剂、过度锻炼）。
- 神经性贪食症在女性中比在男性中更常见。神经性贪食症通常始于青少年期。尽管有贪食症的人没有体重过轻的问题，但这种病症会产生一些危险的并发症。
- 暴食障碍个体有暴食行为，但是并不采用清除行为或对暴食采取补偿措施。有暴食障碍的个体通常严重超重。
- *DSM-5*用其他特定的喂食或进食障碍替代了*DSM-IV*中的非特定的进食障碍。对于表现出严重的进食障碍症状，但不符合任一种进食障碍全部标准的个体，可以诊断为其他特定的喂食或进食障碍（例如，非典型神经性厌食症，低频率和/或有限病程的神经性贪食症）。对于在夜间摄取大量卡路里的夜间进食障碍者，可以给予此诊断。
- 肥胖的定义是体重指数BMI为30及以上。近年来肥胖率的飙升在很大程度上是高脂、低营养食物的摄入量增加和体育活动减少造成的。肥胖的疗法包括商业减肥项目、药物、低卡路里饮食和手术减肥。
- 影响进食障碍发展的生物学因素包括遗传、激素和神经递质系统失调，以及下丘脑功能减退。
- 社会文化理论家将进食障碍归咎于瘦身压力，特别是在发达国家。
- 某些人可能把进食障碍作为一种应对负性情绪的不良适应策略。此外，某些认知因素，包括过度重视外表、完美主义、低自尊、过于在意他人看法，以及僵化的非此即彼的思维模式，可能会促进进食障碍的发展。

- 有进食障碍的女孩的家庭可能控制和保护过度、充满敌意，并且禁止表达情感，特别是负性情感。在青少年期，这些女孩可能把进食障碍作为一种行使控制力的方式。
- 研究显示，认知行为疗法和家庭疗法可以有效地治疗神经性厌食症。
- 认知行为疗法被证明是减少神经性贪食症及暴食障碍症状和防止复发的最有效疗法。人际疗法、支持–表达心理动力学疗法和行为疗法也表现出可以有效治疗神经性贪食症。
- 抗抑郁药物可以减轻神经性厌食症、神经性贪食症及暴食障碍的症状。非典型抗精神病药奥氮平可以帮助有神经性厌食症的人恢复体重。

关键术语

神经性厌食症
闭经
限制型神经性厌食症
暴食 / 清除型神经性厌食症
神经性贪食症
暴食
暴食障碍
其他特定的喂食或进食障碍
非典型神经性厌食症
低频率和 / 或有限病程的神经性贪食症
夜间进食综合征
肥胖

第
13
章

性障碍

本章提纲

连续谱模型下的性

可能符合性障碍的诊断标准：

- 存在性功能问题，导致中等程度的心理痛苦或关系困难（经常难以达到性高潮）
- 非典型的性活动，导致心理痛苦或社会功能困难（伴侣不同意在性活动中使用器具）
- 性别认同不确定

性功能、性活动和性别认同对个体的安康和关系有积极作用

功能正常 **功能失调**

- 偶有性功能问题，不会导致心理痛苦或关系困难（偶尔达不到性高潮）
- 非典型的性活动，不会导致心理痛苦或社会功能困难（征得伴侣同意在性爱中使用器具）
- 在性别认同方面有问题最终得到解决

很可能达到性障碍的诊断标准：

- 长期的性功能问题，导致明显的心理痛苦或关系困难（完全缺乏性欲）
- 非典型的性活动，导致明显的心理痛苦或社会功能问题（不适宜的器具成为性活动的唯一焦点，因为不合法的性行为被逮捕）
- 性别认同导致明显的心理痛苦，渴望改变性别

研究者威廉·马斯特斯（William Masters）和维吉尼亚·约翰森（Virginia Johnson）于20世纪50年代和60年代做了很多性研究工作，在此之前，我们对典型和非典型的**性功能**（sexual functioning），也就是身体在性活动中的反应知之甚少。他们认为性反应周期可以分为五个阶段：性欲期、唤起或兴奋期、平台期、高潮期和消退期，本章随后将对此进行概述。性功能偶尔出现问题相当普遍，如难以达到性高潮或者性欲缺乏。当性功能困难持续并导致明显的心理痛苦或人际困难时，有可能诊断为性功能失调（Balon, Segraves, & Clayton, 2007）。世界各地的研究指出，40%～45%的女性以及20%～30%的男性频繁体验到性功能失调（Lewis et al., 2010）。

让人们感到性唤起的活动和事物大相径庭。当人们将自己的性活动聚焦于某些社会不认可的人或事物时，如无生命物体、青春期前的儿童、未征得同意的成人、痛苦或羞辱，他们可能被诊断为性欲倒错障碍。很多人偶尔会产生性欲倒错的幻想。一项研究发现，62%的男性幻想过与女童发生性关系，33%的人幻想过强奸女性，12%的人幻想过在性活动中被羞辱（Crepault & Couture, 1980）。被诊断为性欲倒错障碍的人常感到被迫做出性欲倒错行为，即使这些行为给他们造成痛苦或带来社交、职业或法律问题。

最后，个体的**性别认同**（gender identity）也不尽相同。性别认同是个体对自己作为男性或女性的认识。性别认同和性别角色不同。性别角色指男性和女性应该如何行事的社会期待。许多女性会做出男性角色的行为，如参与攻击性的体育活动或追求竞争激烈的事业，但是她们从根本上感觉自己仍是女性。类似地，很多男性做出女性角色的行为，如照料孩子、做饭或缝纫，但是他们从根本上感觉自己仍是男性。当个体认为自己出生的性别错误时，*DSM-5* 将之定义为性别烦躁（以前称为性别认同障碍）。有性别烦躁障碍的人感到自己被困在错误的身体里，希望移除他们的生殖器官，以另一性别生活。

DSM-5 对性障碍的定义具有争议性，因为这些定义把某些性行为作为异常和障碍行为区别对待，而对另一些性行为则没有。例如，基于 *DSM-5* 的标准，如果成年人的性幻想、性冲动和性行为聚焦于女性乳房，可以被诊断为性障碍；但那些偏好与性从业者进行性活动的成人则不会被诊断为性障碍。

非常人物

大卫·雷默，*被当成女孩养育的男孩*

1966 年 4 月，8 个月大的布鲁斯·雷默接受了一次常规的包皮环切手术，以减轻疾病引起的阴茎疼痛。然而手术严重失败，布鲁斯的阴茎被意外地切断了。悲伤的父母咨询了很多医生，但是没有人能够提供任何使阴茎复原的希望，他们认为布鲁斯将永远不可能做一名正常男性了。但约翰·马尼博士提供了一个解决方案，就是把布鲁斯当成女孩来抚养，让他接受性别再造治疗。马尼坚信个体的性别认同是由生长环境而非基因或出生性别决定的。布鲁斯的情况为他提供了完美的机会来验证他的理论。布鲁斯不仅出生性别为男性，而且他还有同卵双生兄弟。如果通过外科手术再造布鲁斯的性别，将他作为女孩来抚养，并且导致他完全接受自己为女孩，而他的双胞胎弟弟认同自己为男孩，那么马尼的性别认同理论就会得到有力的支持。

布鲁斯的父母将他改名为布兰达·李，并开始让他穿女孩的衣服。布兰达 22 个月大的时候接受了双侧睾丸切除手术，两个睾丸都被摘除了。父母给她买了许多洋娃娃，并试图强化她的女性身份。但是，布兰达一直抵制这种改变。她的弟弟布赖恩回忆道："我说布兰达身上没有任何女性化特征的时候……我的意思就是一丝一毫都没有。她走路像个男孩，坐下时叉开双腿。我们都喜欢和男孩一起玩，建城堡、打雪仗和玩军队游戏。她曾得到一根跳绳作为礼物，但是我们只用它绑人和抽人"（Colapinto, 2000, p.57）。

当布兰达长大后，她拒绝接受再造阴道的手术，并坚持站着撒尿。12 岁时，布兰达开始服用雌激素，结果她的乳房开始发育。然而她也开始变声，就像她的兄弟布莱恩一样。最后，当布兰达 14 岁时，她的父亲告诉了她真相，包括失败的包皮环切手术，以及父母将她作为女孩来养育的决定。布兰达说，"我解脱了……突然之间我所有的感受都有了意义。我不是个怪胎，我也没有疯"（Colapinto, 2000, p.180）。

布兰达马上决定恢复自己的生物学性别。她以圣经上的一个国王和巨人杀手的名字重新给自己取名为大卫。大卫开始注射睾丸素，并在 1980 年接受了双侧乳房切除手术，切除了已经长成的乳房。16 岁生日前一个月，他通过手术植入了一个未发育的阴茎。然而，大卫很难再次作为男孩来生活。他的外表和言谈方式与别的男孩不一样，因此受到嘲笑和排斥。为他人工再造的阴茎经常堵塞，因此他又接受了几次手术和治疗。在接下来的几年里，大卫试图自杀，也曾经把自己关在山中小屋里达数月之久。

最后，在他 22 岁生日后，大卫接受了一种新的手术，再造一个更实用、更令人满意的阴茎。1990 年，大卫和一个名叫珍妮的年轻姑娘结婚了，一切暂时都很顺利。然而，在经历了失业、经济困顿和与妻子分居后，大卫在 2004 年自杀。据他母亲说，大卫也为弟弟的死悲痛异常，弟弟在他自杀前两年去世。大卫死后，他的传记作者约翰·科拉平托在新闻报道里写道："童年的阴影始终萦绕着大卫的心灵。就在他死前，他和妻子谈到他在性方面的'不足'，他不能做一个真正的丈夫。珍妮试图安慰他。但大卫已经走向了那扇门"（*Slate*, 3 June 2004）。

大卫•雷默的故事提出了很多关于生物学和社会影响因素的问题，它们会影响性别的自我概念、性偏好以及性行为和性别在心理健康中的作用。本章我们将思考生物学因素如何与社会规范及心理因素相互作用，导致性健康或性障碍。

正如我们在“连续谱模型下的性”提到的，关于人类身体在性活动中发生了什么，我们的所知大都来源于马斯特斯和约翰森的开拓性研究（Master & Johnson, 1970）。他们观察了人们在实验室环境下进行的各种性活动，并记录了期间的生理变化，他们总结认为，人类的性反应周期包含五个阶段：性欲期、唤起或兴奋期、平台期、高潮期和消退期（图 13.1）。**性欲**（sexual desire）指想进行任何性活动的强烈愿望。**唤起期**（arousal phase）或兴奋期包括愉悦的心理体验，以及*血管充血*和*肌强直*的生理变化。当血管和组织充满了血液，就发生了血管充血。男性阴茎的勃起，是因为流入阴茎动脉的血液增加，同时通过静脉流出阴茎的血液减少。血管充血会使女性的阴蒂增大，阴唇膨胀，阴道湿润。肌强直是肌肉绷紧的过程。在唤起期，很多肌肉会变得更加紧张，肌肉收缩在性高潮时达到顶点。

唤起期之后是**平台期**（plateau phase），此时兴奋保持在一个很高但是稳定的水平上。这个阶段本身是很愉悦的，一些人会设法在达到**性高潮**（orgasm）之前尽可能地延长平台期。性高潮是兴奋期和平台期积累起来的神经肌肉紧张的释放。男性的性高潮包括前列腺及整个阴茎和尿道的有节奏收缩，伴随着精液的射出。射精后是持续几分钟到几小时的*不应期*，在此期间，不论以何种方式和强度进行性刺激，男性也不能达到完全的勃起和另一次性高潮。女性的性高潮通常包括阴道有节奏的收缩和子宫较无规律的收缩，后者不一定能感觉到。因为女性没有不应期，她们能够在一次性高潮后立即体验到另一次性高潮。然而，并非所有女性都能轻易达到或希望达到多重高潮。性高潮过后，人的全身肌肉都会松弛下来，男性和女性都可能体验到深度的放松状态，这个阶段被称为**消退期**（resolution）。

如果你性事较活跃，或许你能在自己的性反应周期中辨别所有这些阶段。人们在各个阶段的时长和特点上差别很大。尽管马斯特斯和约翰森的工作是我们理解性功能的关键，但很快我们就清楚地认识到，无论人们在何时进行性活动，他们对各个阶段的意识体验是极其不同

图 13.1　性反应周期

马斯特斯和约翰森将性反应周期分为五个阶段（见“连续谱模型下的性”）。

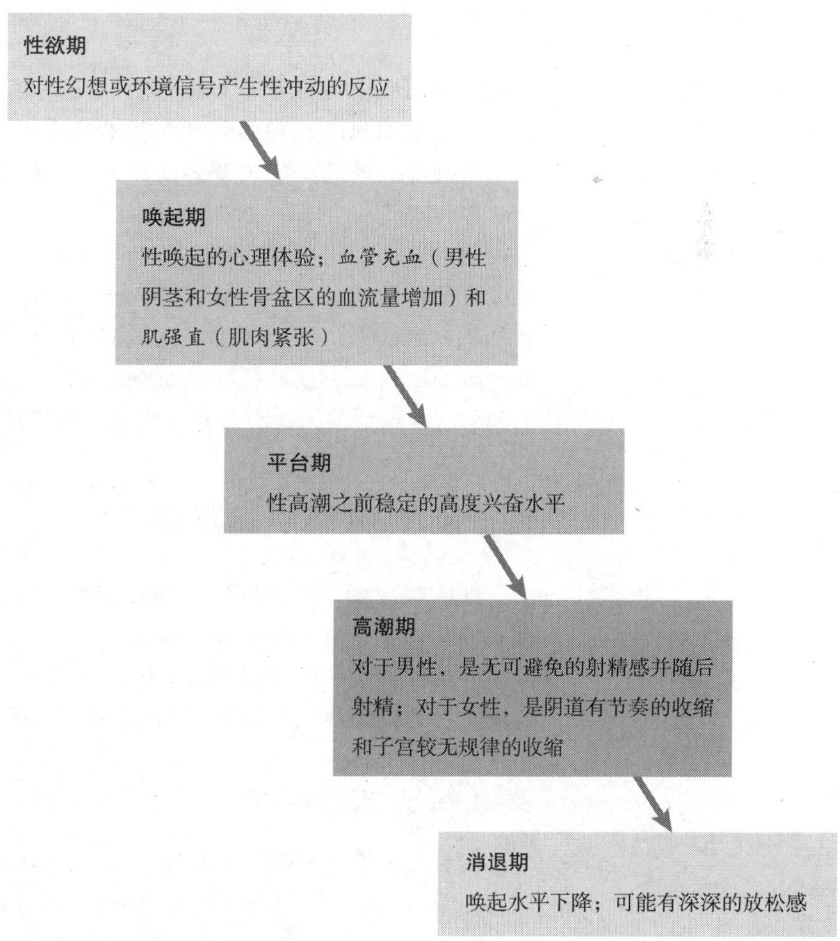

资料来源：Masters & Johnson, 1970.

图 13.2 过去一年性方面出现困难的人群所占百分比

一项全美调查发现许多人报告过去一年有过性方面的困难。

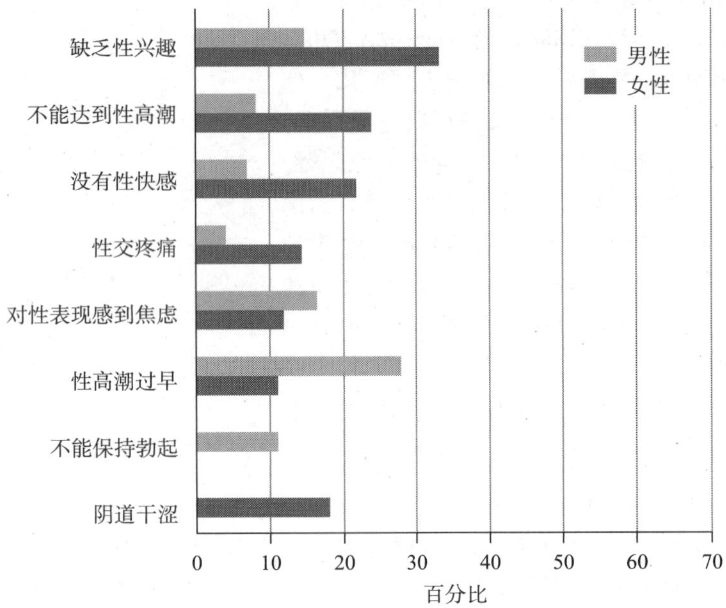

资料来源：Michael et al., 1994, p. 126.

的。例如，马斯特斯和约翰森对性反应周期的描述可能更加符合男性的特点，而女性的反应更加多变（Basson et al., 2001）。有时，女性的兴奋期和平台期较短，很快就达到了明显的性高潮。有时，她们的兴奋期和平台期较长，并且不一定能达到完全的性高潮。

性反应周期的各个阶段出现偶然的困难是正常的（见图 13.2；Michael, Gagnon, Laumann, & Kolata, 1994）。正如我们之后将讨论的，这些困难可能与个体生活中的应激、他们所服用的药物、疾病或其人际关系中的问题有关。若个体的困难是持久的，并引起痛苦或干扰了他们的社交或职业功能，则可能诊断为**性功能失调**（sexual dysfunctions）。

性功能失调

性功能失调是一组人们难以作出性反应或体验到性愉悦的障碍（表 13.1）。这种障碍的发生必须不是偶然或短暂情形，并且必须导致明显的心理痛苦和人际困难，才符合性功能失调的诊断标准。*DSM-5* 确定了 7 种不同的性功能失调障碍，可以粗略地分为性兴奋和唤起障碍、性高潮和性交疼痛障碍（见表 13.1）。要诊断为此类障碍，这种功能失调都必须至少发生在 6 个月内的大部分时间里，必须引起明显的痛苦或损害，而且必须不能归因于另一种与性无关的精神问题（如抑郁）、物质或药物、一般躯体疾病或应激源。如果个体的性功能失调确实是由物质（如长期的酗酒）或药物（如抗抑郁药）引起的，则可以诊断为物质/药物所致的性功能失调。事实上，这些功能失调明显重叠，很多为性方面问题寻求治疗的人也有各种与性无关的功能失调。

性兴趣/性欲和唤起障碍

性欲表现在个体的性想法和性幻想、对发起或参与性活动的兴趣以及对他人性暗示的觉知等方面（Sand & Fisher, 2007）。人们的性欲水平相差很大，同一个人在不同时间的性欲水平也有很大的变化（Michael et al., 1994）。性欲或性兴趣低下是人们寻求治疗的最为常见的问题（Bach, Wincze, & Barlow, 2001; Hackett, 2008）。

男性性欲低下障碍

男性性欲低下障碍（male hypoactive sexual desire disorder）个体缺乏性欲，他们不会产生性幻想或发起性活动，并且可能在伴侣发起性活动时没有回应（American Psychiatric Association, 2013）。性欲的缺乏给他们造成明显的心理痛苦或人际困难。在一些罕见的例子中，有些男性报告对性从无兴趣，不论是与别人一起，还是私下

表 13.1　*DSM–5* 中的性功能失调

性功能失调障碍可以粗略地分为性欲和唤起障碍以及性高潮和性交疼痛障碍。如果性功能失调是由物质（如酒精）或药物引起的，那么就诊断为物质 / 药物所致的性功能失调。所有的性功能失调（除物质 / 药物所致的性功能失调以外）都要求至少持续约 6 个月。

障碍	描述
性兴趣/性欲或唤起障碍	
女性性兴趣/唤起障碍	持续缺乏对性活动的兴趣或明显减少，和/或对性活动缺乏性唤起的反应。
男性性欲低下障碍	持续丧失或缺乏性/情色的想法、幻想或性欲。
勃起障碍	反复不能获得或维持勃起，或者勃起硬度明显降低。
性高潮或性交疼痛障碍	
女性性高潮障碍	在性活动中，性高潮强度降低、延迟或缺乏。
早泄	反复在与伴侣发起性活动的1分钟里违背意愿地射精。
延迟射精	在性交中明显地射精延迟、减少或没有射精。
生殖器–盆腔痛/插入障碍	阴道插入明显困难；在插入期间有疼痛感或盆底肌肉紧缩。

里（如观看色情电影、手淫或性幻想）。由于这种紊乱一直存在，所以这些男性被诊断为终身性性欲低下障碍（lifelong hypoactive sexual desire disorder）。大多数情况下，个体曾是享受性爱的，但却失去了对性爱的兴趣，这种状况被诊断为获得性性欲低下障碍（acquired hypoactive sexual desire disorder）。性欲抑制可能在所有性伴侣或情境中都普遍存在，也可能只特异于特定的伴侣和特定类型的刺激。显然，判断某人的性欲是否长期过低，这是主观的判断。*DSM-5* 指出，临床医生在做出决定时要考虑当事人生活的其他方面如年龄。5% ~ 13% 的男性报告，存在频繁的性欲低下问题，并且年长男性的发病率高于年轻男性（Laumann et al., 1999; Laumannn, Das, & Waite, 2008）。

女性性兴趣/唤起障碍

性欲或性兴趣的本质对男女而言是不同的。*DSM-5* 将男性性欲定义为出现性幻想或渴望性事，但很多女性说她们很少性幻想或渴望性事，虽然她们的确渴望和享受性事（Sand & Fisher, 2007）。此外，相比男性而言，性兴趣或性欲以及性唤起在女性中是更为紧密的联系在一起（Brotto, 2009; Maserejian et al., 2012）。对一些女性来说，性兴趣出现在性唤起之前，而另一些则在性唤起之后（Graham et al., 2004）。作为男女之间这些差异的结果，*DSM-5* 将性兴趣或性唤起困难合并成了一项诊断，即**女性性兴趣 / 唤起障碍**（female sexual interest/arousal disorder）。要做出该诊断，女性必须在至少 6 个月时间内报告下述症状中的至少三项：丧失或明显减少对性活动的兴趣、性或情色的想法或幻想、性活动的发起或接受、在大多数性接触中体验到的兴奋或愉悦、对情色暗示的性反应，或者生殖器或非生殖器层面对性活动的反应。与男性性欲低下障碍相似，女性性兴趣 / 唤起障碍既可以是终身性的，也可以是获得性的。

有关女性这些问题的数据大多来源于 *DSM-IV* 的诊断体系，它将女性的性欲问题与性唤起问题区分开来。如图 13.2 所示，超过 30% 的女性报告有偶然的性欲缺

诸如拉斐尔·帕梅罗之类名人的广告宣传，是治疗男性勃起障碍的药物销量猛增的一部分原因。

乏。在一项涉及31 000多名女性的研究中，被诊断为性欲异常低下的女性占9.5%（Clayton, 2007）。低性欲的比率在已绝经的女性中增加到26%（Leiblum et al., 2006）。低性欲的女性比男性更容易报告焦虑、抑郁和生活压力。约20%的女性报告在性事中有阴道干涩或唤起困难（Laumann et al., 1999; Lewis et al., 2004; Lewis et al., 2010）。这项针对31 000多名女性的研究发现，有5.4%的人可以诊断为*DSM-IV*中的性唤起障碍（Clayton, 2007）。

勃起障碍

男性的**勃起障碍**（erectile disorder, 有时也称为阳痿）包括反复地无法达到或维持勃起至性活动完成。具有终身性勃起障碍的男性从未维持勃起到想要的时长。具有获得性勃起障碍的男性曾经能够维持勃起，但是现在不能了。偶尔不能勃起或不能维持勃起是很常见的，多达三千万美国男性在一生的某个时候都曾有过勃起问题。这些问题并不构成勃起障碍，除非它们变得持续，并明显影响男性个体的人际关系或令其感到痛苦。勃起障碍的诊断标准明确规定，男性个体必须在约6个月内的所有或几乎所有（75%～100%）的性活动中无法勃起或维持勃起直至性活动完成。

一项全美调查（Saigal et al., 2006）发现，20岁以上的男性当中，每5人就有1人被诊断为勃起障碍。勃起障碍的患病率随年龄增长而急剧增加，75岁以上的男性人群中，超过77%的人都患有该障碍（Lewis et al., 2010; Saigal et al., 2006）。正如下面的个案研究，勃起功能问题既可能是造成夫妻关系中其他困难的原因，也可能是其结果。

个案研究

保罗和杰拉尔丁在过去6个月里一直共同生活，并打算结婚。杰拉尔丁描述了让他们来到性治疗门诊的问题。"在过去两个月里，他进入我的身体后就不能保持勃起状态了。"

医生了解到，26岁的保罗是一个刚毕业的律师，而24岁的杰拉尔丁是一个事业有成的大百货公司采购员。他们都成长在受过良好教育的中产阶级郊区家庭里。他们通过共同的朋友结识，在认识几个月后发生了性关系，那时没有出现任何问题。

两个月后，保罗从自己家搬进了杰拉尔丁的公寓。这是她的主意，保罗还不确定自己是否已经准备好踏出这么重要的一步。几个星期后，保罗注意到尽管他有性唤起，也渴望发生性关系，但是只要进入伴侣的身体，他就不能保持勃起，不能停留在里面。他们会再次尝试，但那时他的性欲已经消退，不能再次勃起。

医生了解到，性不是他们关系中唯一争吵的方面。杰拉尔丁抱怨保罗没有足够时间陪她，而更愿意和他的男性朋友们观看棒球比赛。即使在家，他也总是坐在电视前观看体育节目，而没有兴趣陪她看外国电影、参观博物馆或者听音乐会。尽管存在这些分歧，但两个人正在筹划结婚，并且已经定下了日期。

（资料来源：*DSM-IV-TR Casebook: A Learning Companion to the Diagnostic and Statistical Manual of Mental Disorders*, Fourth Edition, Text Revision. Copyright © 2000 American Psychiatric Association.）

性高潮或性交疼痛障碍

个体对性有欲望，也能在性活动中产生唤起，但是体验不到性高潮。此外，女性会在阴茎插入时体验到明显的疼痛或盆底肌肉紧缩。

女性性高潮障碍

具有**女性性高潮障碍**（female orgasmic disorder）或性冷淡的女性在至少 75% 的性接触中，在达到性反应周期的兴奋期后，会经历性高潮强度明显降低，或者性高潮延迟或缺失。女性性高潮障碍可以是终身性的，也可以是获得性的。

约四分之一的女性报告偶尔难以达到性高潮（Laumann et al.,1999），4.7% 的女性可以诊断为性高潮障碍（Clayton, 2007）。此障碍在绝经后的女性当中更加严重，约三分之一的女性报告在受到性刺激时难以达到性高潮（Clayton, 2007）。

早泄和延迟射精

最常见的男性性高潮障碍是**早泄**（early or premature ejaculation）。此类障碍的男性持续性地只要受到轻微的性刺激就会无法控制地射精。同样地，在什么情况下过早射精会变成性功能失调，这也是一个主观判断。*DSM-5* 指出，为了做出该诊断，男性必须在至少 6 个月内 75% 的情况下，在与伴侣的性活动中插入 1 分钟内无法控制地射精。这可以是终身性的，也可以是获得性的。*DSM-5* 也指出，早泄可能也适用于非生殖器的性活动中，但具体的时长标准还未知。

劳曼及其同事（Laumann et al., 1999）发现有 21%的男性报告早泄问题。有些男性只是因为无法在伴侣达到性高潮之前控制射精而寻求治疗。有些人则在受到极其轻微的刺激后就射精了，这时他们的性伴侣还远远没有达到完全的性唤起状态。一项基于社区的调查发现，根据 *DSM-IV-TR* 的诊断标准，13% 的男性可以诊断为早泄，而 *DSM-5* 的诊断标准更加具体，表现在早泄的定义或要求早泄发生在至少 75% 的情况中（Patrick et al., 2005）。

男性试图通过在性行为之前使用脱敏膏或多个安全套、在性行为中用其他想法分散注意力、不允许伴侣触碰自己以及在性行为之前多次手淫来控制早泄的问题（Althof, 1995）。这些方法通常不会奏效，而且会使伴侣感到被排除在性事 / 性活动之外，就像下面这个案例。

个案研究

比尔和玛格丽特是一对近 30 岁的夫妻，已经结婚两年了。在结婚前，他们各自的性关系都十分混乱。一名治疗师帮助比尔和玛格丽特处理他们关系中的问题。然而，治疗师做出了一个不正确的假设：他认为随着亲密感的提升和对婚姻的承诺，比尔的射精控制问题就会消失……

玛格丽特把早泄看成是比尔不再爱她的标志。这个问题持续两年后，玛格丽特变得更加沮丧和退缩。她拒绝他的性要求以表现她的不满。他们的性事频率也由原来的每星期三四次减少到 10 天 1 次。玛格丽特认为当他们性交时，比尔也表现得越来越冷淡和疏远，这种想法加剧了性和婚姻危机。他们讨论性关系通常在性交后躺在床上之时，这种交流很快就变成了泪水、愤怒和指责。比尔总是防御的一方，他通过回避与玛格丽特谈论性关系来处理这个问题，这让她更加沮丧。

玛格丽特不知道的是，比尔在尝试用一种自助的方法来控制射精。他买了一种在成人杂志上看到的降低敏感性的乳膏，在性交前 20 分钟把它涂在龟头上。在性交时，他试图绷紧腿部肌肉，并想一些关于运动的事情来控制自己的性唤起状态。比尔没有意识到这使玛格丽特感觉在情感上被排斥在性活动之外。比尔对性唤起周期变得更加敏感，并开始担心勃起问题。他没能更好地控制射精，而且也不那么享受性爱了。他们的性关系降到了谷底，误会和沮丧情绪滋长。（McCarthy, 1989, pp. 151-152）。

延迟射精（delayed ejaculation）的男性在至少 75% 的性接触中，在达到性反应周期的兴奋期后经历明显的高潮延迟或缺失。与早泄不同，对“延迟”的定义并不精确，研究也还未给出清晰的定义。在大多数的该障碍案例中，男性在性交时无法射精，但是可以通过手淫或口交射精。8% 的男性报告难以达到性高潮（Laumann et al., 1999）；估计不到 3% 的人可以被诊断为延迟射精（Perelman & Rowland, 2008）。

生殖器－盆腔痛/插入障碍

在社区调查中，12% ~ 39% 的女性报告在性交时经常感到疼痛（Farmer, Kukkonen, & Binik, 2008）。插入（将阴茎插入阴道）时的疼痛可能不明显，而在阴茎抽插时疼痛则会加剧。有些女性在插入卫生棉条、妇科检查、骑自行车甚至走路时也会感到疼痛（Farmer, Kao, & Binik, 2009）。这种疼痛可能是抗组胺药或其他药物导致的阴道干燥、阴蒂或外阴区感染、阴道受伤或受刺激或者内生殖器肿瘤造成的。性交疼痛在男性中较为少见，如果发生则包括勃起疼痛或者抽插时的疼痛（Farmer et al., 2009）。

此外，当插入阴茎、手指、棉球或金属内窥镜时，一些女性的阴道外三分之一的周围肌肉会发生非自主性收缩。这些女性能够体验到性唤起，刺激阴蒂时能够达到性高潮。对于其他女性而言，仅仅是对插入的预期都会导致肌肉痉挛。据估计，约 5% ~ 17% 的女性会发生这种肌肉紧缩（Reissing, Binik, & Khalife, 1999）。

在大约 6 个月的时间里，在性活动中反复体验到疼痛或肌肉紧缩的女性可以诊断为**生殖器－盆腔痛 / 插入障碍**（genito-pelvic pain/penetration disorder）。

性功能失调的原因

大多数性功能失调都有多种原因，包括生物学原因和心理社会原因。

生物学原因

DSM-5 明确指出，要诊断任何一种性功能失调，它都不能只是由某种躯体疾病引起的。许多躯体疾病都会导致两性的性功能失调。最常见的一个致病因素是糖尿病，糖尿病会降低性冲动、性唤起、性快感和满意度，尤其是对男性而言（Incrocci & Gianotten, 2008）。糖尿病经常诊断不出来，使得人们以为心理因素导致了他们的性功能失调，而实际的原因是未被确诊的糖尿病。导致性功能失调（尤其是男性）的其他疾病通常包括心血管疾病、多发性硬化、肾衰竭、血管疾病、脊髓损伤以及由手术或辐射导致的自主神经系统损伤（Lewis et al., 2010）。

多达 40% 的男性勃起障碍是上述疾病引起的（Lewis, Yuan, & Wangt, 2008）。对于有心血管疾病的男性而言，该疾病会减少流入阴茎的血流量，从而直接导致性功能失调，或者对该疾病的心理反应也可能导致性功能失调。例如，最近心脏病刚刚发作的男性可能害怕在性事中再次发病。

对男性而言，雄激素尤其是睾丸素水平过低，或雌激素和催乳素水平过高，都可能导致性功能失调（Hackett, 2008）。对女性而言，雄激素和雌激素的水平在性功能失调中都有一定的作用，但是不像对男性的影响那样一致（Meston & Bradford, 2007）。例如，女性的雌激素问题可能使阴道不够湿滑，从而降低性唤起。更年期女性的雌激素水平大幅下降，因此绝经后的女性往往抱怨性欲和性唤起低下。同样地，接受了广泛性子宫切除术的女性，移除了卵巢这一分泌雌激素的主要器官，她们也会经历性欲和性唤起的下降。雄激素似乎有助于保持性欲和心境以及增强阴道组织的功能。

抗组胺药、阴道冲洗、卫生棉条、阴道避孕药、放射治疗、子宫内膜异位以及阴道炎、盆腔炎等感染都会引起阴道干涩或过敏，从而导致性交疼痛，性欲和性唤起低下（Meston & Bradford, 2007）。分娩时的伤口愈合不良，例如外阴切开术后愈合不良也会引起女性的性交疼痛（Masters, Johnson, & Kolodny, 1993）。患妇科癌症的女性有时会报告疼痛、阴道的解剖学变化，以及身体形象或性方面的自我概念问题（Lagana, McGarvey, Classen, & Koopman, 2001）。

有些处方药物会降低性冲动和性唤起，并干扰性高潮（Clayton, 2007）。这些药物包括抗高血压药物、抗精神病药物、抗抑郁药物、锂制剂和镇静剂。事实上，广泛使用的选择性 5–羟色胺再摄取抑制剂最常见的一个副作用就是可能导致性功能失调（Meston & Bradford, 2007）。

许多消遣性药物如大麻、可卡因、苯丙胺类和尼古丁都可能损害性功能（Lewis et al., 2010; Schiavi & Segraves, 1995）。尽管人们经常通过饮酒以使自己更加性感并降低性抑制，但是极少量的酒精就会明显地损害性功能。长期酗酒者和酒精依赖者通常都可能被诊断为性功能失调（Lewis et al., 2008）。如上所述，如果性功能失调是药物引起的，则通常被诊断为**药物所致的性功能失调**（substance-induced sexual dysfunction）。

为确定男性是否能够勃起，临床医生可以进行心理生理评估，使用仪器直接测量男性的勃起状况。在实验室里将张力测量器套在男性阴茎的根部和龟头上，在其观看色情电影或听色情录音时记录勃起程度、持续时间和唤起模式（Lewis et al., 2008）。女性性唤起的生理能力可以通过阴道光体积描记器测量，这是一种卫生棉条状的仪器，插入女性阴道可以记录血管充血引起的变化，即唤起期间血液流向阴道带来的变化（Geer, Morokoff, & Greenwood, 1974）。

尽管很多人通过饮酒来降低性抑制，但是酒精也会损害性表现。

心理原因

人们的情绪健康以及对性的看法和态度会极大地影响他们的性行为。

精神障碍 性功能失调的*DSM-5*诊断标准再次要求排

除由其他（非性方面）精神障碍引起的性失调，但是许多精神障碍都能导致性功能失调（Meston & Bradford, 2007; van Lankveld, 2008）。抑郁者可能没有性欲，或发生本章所述的任一性唤起和性功能问题。不幸的是，治疗抑郁的药物通常都会导致性功能问题。同样，具有焦虑障碍如广泛性焦虑障碍、惊恐障碍或强迫症的人，可能发现自己的性欲和性功能减退。性欲和性功能丧失在精神分裂症个体中也十分常见（van Lankveld, 2008）。

态度和认知　有些人从小就听说性是肮脏、可耻或邪恶的，或者是一种"罪恶之源"，这些人缺乏性欲是可以理解的（van Lankveld, 2008）。他们对自己的身体和性反应知之甚少，以致不知道怎么让性变得令人愉悦，就像下面个案研究中布斯夫人的例子。

个案研究

布斯先生和布斯夫人已经结婚 14 年了，他们有 3 个孩子，年龄在 8 岁到 12 岁。他们都很聪明，受过良好的教育。他们都出生在苏格兰，并在 10 年前因为布斯先生的产业顾问工作而移居此地。他们的问题是：布斯夫人只能为尽"义务"被动地参与性行为，但是自从他们结婚以来，她从未享受过性爱。

在婚前，尽管他们只有过两次性行为，但是布斯夫人在亲吻和爱抚时产生了强烈的性唤起，这让她觉得是在利用自己的魅力"引诱"丈夫和她结婚。然而，她确实对婚前的两次性行为感到羞愧。在度蜜月时，她开始把性看成一种义务，不会令人愉悦。尽管她有时也会被动地同房，但是几乎没有自发的性欲望。她从不手淫，也从来没有过性高潮，对所有其他的性爱方式如口交都极其排斥。她心底里认为，如果她做出这样的行为，她的家庭肯定会蒙羞。

布斯太太几乎完全确信：她所尊敬的任何女性长辈都不会享受性行为，而且不管性的"潮流"如何，她认为只有那些低俗的妇女才会做出像"动物"一样的行为。这些观念使她和丈夫保持着有规律但是不多的性事，更像是一种乐于助人的行为，两人都无法从中得到愉悦。每当她快要产生性唤起的感觉时，她就会萌生许多消极的想法，如"我这样像什么，妓女吗？""如果我喜欢，他肯定会要得更频繁。"还有"在我这样做之后，我怎么面对镜子里的自己呢？"这些想法不可避免地会伴随着情绪冷淡和对肉体愉悦的不敏感。结果，性对她而言永远是不愉快的体验。任何借口（如劳累或忙碌）都足以让她有理由回避性事。（摘自 Spitzer et al., 2002, pp. 251-252）

尽管如今持布斯夫人这种性态度的年轻人越来越少，但还是有相当多的年轻女性或者是年龄更大点的妇女对"释放"自己感到害怕，这会妨碍性高潮的产生（Nobre & Pinto-Gouveia, 2006; Tugrul & Kabakci, 1997）。她们说害怕失去控制或做出某些让自己感到尴尬的行为。对失控的恐惧可能源自对伴侣的猜疑、对性的羞耻感、糟糕的身体意象或者许多其他因素。

妨碍性功能的另一类态度常被称为表现担忧（performance concerns）或**表现焦虑**（performance anxiety）（LoPiccolo, 1992; Masters & Johnson, 1970）。这些人极度担忧自己是否能够产生性唤起和性高潮，以至于干扰了他们的性功能："如果我不能勃起可怎么办呢？我会尴尬死的！""我最好能有性高潮，不然他会以为我不爱他。"这些担忧令人分心，使担忧者无法专注于性刺激带来的愉悦，因此也不能达到他们所希望的或者性高潮所需的性唤起程度（图 13.3；Barlow, Sakheim, & Beck, 1983; Cranston-Cuebas & Barlow, 1990）。

此外，许多人会做出*旁观者反应*：他们焦虑地注意自己在性活动中的反应和表现，就像他们是旁观者而不是参与者（Masters & Johnson, 1970）。旁观者效应使人们

图 13.3 下面的模型显示了焦虑和认知干扰是怎样导致勃起障碍及其他性障碍的

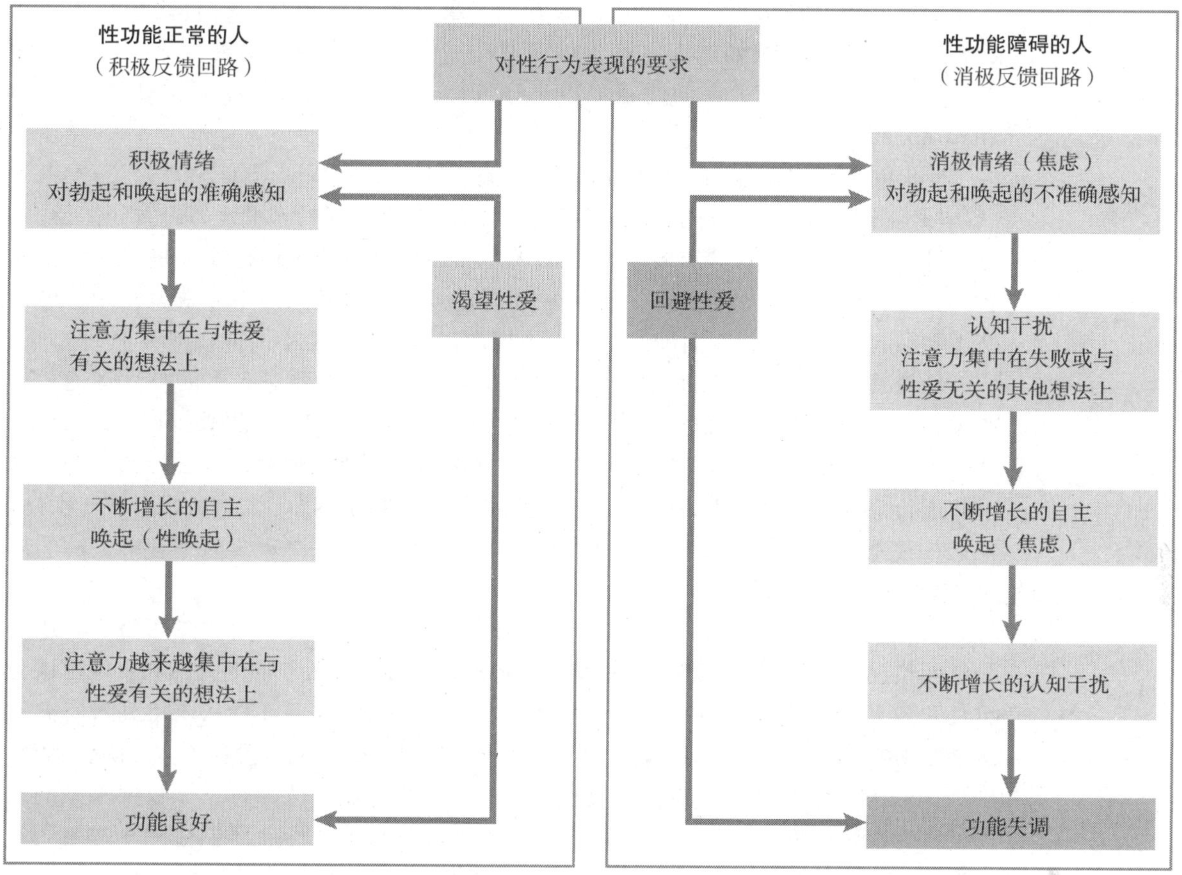

资料来源：Barlow, 1986.

在享受性快感时分心，干扰性功能。不幸的是，性功能方面有问题的人只会产生更多的表现担忧，这又进一步干扰了他们的性功能。当他们因性功能失调而寻求治疗时，他们对“表现”如此焦虑以至于回避所有性行为。

创 伤 性欲和性功能下降往往发生在个体受到创伤之后，如失去亲人、失去工作或子女被诊断患重病。男性失业可能导致其性欲和性功能下降。失业这样的创伤会损害个体的自尊，干扰他在性方面的自我概念。创伤也会导致个体产生抑郁，对大部分娱乐活动失去兴趣，包括性活动。在这样的案例中，临床医生通常聚焦于治疗抑郁症，期望只要抑郁消失性欲就会恢复。

性侵犯是一种常与女性性欲障碍关联的个体创伤（van Lankveld, 2008）。受过性侵犯的女性可能对性完全丧失兴趣，并在任何人尤其是男性触摸她时产生厌恶或极度焦虑。她的性厌恶可能与脆弱感、失控感或对所有形式的性接触的条件化厌恶联系在一起。此外，受侵女性的男性伴侣有时不能很好地应对这种创伤，并回避与性侵受害者进行性接触。受害者因此再次感到受伤害，对性的兴趣则会进一步降低。

人际和社会文化因素

尽管我们的内在心理状态和信念在性事中起着重要作用，但是性在很大程度上仍然是一种人际行为，是社会试图加以控制的一种行为。因此，人际和社会文化因素对人的性兴趣和性活动也有重要影响。

人际因素 性功能失调人士的亲密关系极其普遍地存在问题。有时这些问题是性功能失调的结果，例如夫妻之间不能就其中一方的性功能失调进行交流，俩人变得越来越疏远。人际关系问题也可以是导致性功能失调的直接原因（McCarthy & Thestrup, 2008）。

伴侣间的冲突可能与他们的性活动有关（Meston & Bradford, 2007）。一方想尝试某种性行为，而另一方则对此感到不适，或一方对性事的需求比另一方频繁得多。对于性欲、性唤起或性高潮受到压抑的人，其性伴侣通常不懂得如何唤起他们，或者不关心他们是否产生性唤起，而只关注自己。伴侣之间往往不会就怎样做才可以产生性唤起进行交流，因而即使其中一方想取悦另一方，也不知道如何着手。

性快感缺乏（缺少性高潮）是女性性高潮障碍的一个特征，可能与性沟通缺乏有关，她们很少与男伴交流自己需要何种刺激才能达到性高潮（Meston & Bradford, 2007）。在男女之间发生的性行为中，男性依然更多地决定何时发起性行为，用多长时间进行前戏，何时插入，以及采用何种体位。男性的性唤起模式通常不同于女性，他们往往基于自己的性唤起水平和对刺激的需求做出上述决定，而不理解女性的需求可能不同。

大多数女性只依靠性交难以达到性高潮，而需要用口交或手刺激阴蒂，以达到足够性唤起才能达到性高潮（Hite, 1976; Kaplan, 1974）。由于许多男性和女性都认为男性只要插入阴茎和抽插就能使女性达到性高潮，因此许多女性从未得到过所需的刺激，以充分唤起并达到性高潮。她们不愿告诉伴侣，她们希望得到更多的阴蒂刺激，因为她们害怕会伤害对方的感情或让对方生气，或者她们认为自己无权要求她们想要的那种刺激。有些女性假装性高潮以保护伴侣的自尊。然而伴侣往往知道她们并未完全满足。伴侣间的交流进一步被打断，性事变得充满敌意，而不是双方的愉悦（McCarthy & Thestrup, 2008）。

有些伴侣间的冲突与性活动没有直接联系，但也会影响性关系，就像我们在保罗和杰拉尔丁的案例中看到的（McCarthy & Thestrup, 2007; Rosen & Leiblum, 1995）。愤怒、怀疑、不尊重伴侣都会极大地妨碍性欲和性功能。如果一方怀疑另一方不忠诚，或者对双方的关系失去了兴趣，那么所有的性兴趣都会消失。通常，在一段关系中都会存在权力上的不平等，伴侣中的一方会觉得自己被利用、被支配或被贬低，这些都会导致性关系出现问题（Rosen & Leiblum, 1995）。

因性问题寻求治疗的人中，女性比男性更可能报告婚姻关系问题和其他生活压力事件以及，而且心理痛苦也更甚（McCarthy & Bradford, 2007）。寻求治疗的男性则比女性更多地经历除性欲低下之外的其他性功能失调，如勃起障碍。

文化因素 其他文化中存在许多*DSM-5*没有描述的性功能失调类型。例如，中医和印度本土的阿育吠陀医学认为精子流失对男性健康有害（Dewaraja & Sasaki, 1991）。手淫受到强烈的反对，因为它造成精子流失而又不可能受孕。印度某性诊所对连续前来就诊的1000名患者进行了研究，发现77%的男性有早泄问题，而71%的人对春梦导致的夜间遗精十分担忧（Verma, Khaitan, & Singh, 1998）。

有一种被称为缩阳症恐惧症（Koro）的人格解体综合征，据说是精子流失引起的，在马来西亚、东南亚和中国南方有一些病例报告。该综合征包括急性的焦虑状态，特征是恐慌感和濒死感，以及阴茎正缩回体内消失的妄想（American Psychiatric Association, 2013）。为了防止阴茎消失在体内，患者或其亲人会抓住其生殖器，直到恐缩症发作消退。

在波利尼西亚文化中，没有专门的词指代男性的勃起障碍（Mannino, 1999）。如果男性不能勃起，人们通常认为他不想性交。在某些非洲文化中，男性喜欢同阴道干涩紧致的女性性交（Brown, Ayowa, & Brown, 1993）。有几种草药可以使阴道达到这种状态。

美国的调查显示，教育程度低和贫穷的人可能会经历更多的性功能失调。这些问题包括性交疼痛、没有快感、不能达到性高潮、对性缺乏兴趣、过早达到性高潮，男性还会有不能持续勃起的问题（Laumann, Gagnon, Michael, & Michaels, 1994; Lewis et al., 2010）。由于低学历和低收入群体的心理压力更大，健康状况更差，从关于身体和健康社会关系的教育项目中受益也更少，因此更可能发生性功能失调。此外，对性持消极态度文化背景中的人更可能因此发生性功能失调（Gagnon, 1990）。

毕生趋势

我们的文化传递着这样的信息：年轻人（尤其男性）的性欲总是不能得到充分满足，但随着年龄增长，性活动又会持续减少。一般认为，老年人（如 65 岁以上）很少有性行为。尽管年轻人的性活动比老年人更活跃，但是许多人在步入老年后性事仍然活跃（Bartlik & Goldstein, 2001a, 2001b; Laumann et al., 2008）。

与年龄有关的生理变化会对性功能产生影响（Brotto & Luria, 2008）。男性和女性都需要足够的睾丸素水平以保持性欲。睾丸素水平在个体 50 多岁时开始下降，并在之后持续稳定地下降。低水平的睾丸素会使勃起及其保持更为困难（Agronin, 2009）。绝经后的女性雌激素分泌减少，会导致阴道干涩和不够润滑，因此对性的反应度会下降（Brotto & Luria, 2008）。在很多老年人的性功能失调病例中，原因并不是年龄本身，而是老年人比年轻人更普遍地存在某些躯体疾病。

对老年男性和女性而言，失去相伴一生的伴侣、失去其他家庭成员和朋友、对健康的担忧以及对衰老的不适感都会导致性问题（Brotto & Luria, 2008）。老年夫妻在退休或孩子离开家庭后，相处时间增加，夫妻关系中的冲突和不满也加剧了。随着身体状况的变化，老年夫妻要学习更灵活、更耐心地对待彼此，要尝试用新的技巧刺激对方。许多生物疗法和心理社会疗法可以治疗老年人和年轻人的性功能失调。

很多老年人仍然保持着性活跃状态，性功能也下降很少。

性功能失调的治疗

由于大多数性功能失调都存在多重原因，因此其治疗通常会结合多种方法，包括生物学干预，重在解决关系中的问题或个体来访者的担忧的心理社会治疗，以及帮助来访者学习新技巧以增强性唤起和性愉悦的性治疗。

生物疗法

如果性功能失调是其他躯体疾病直接导致的（比如糖尿病），那么治疗该疾病往往可以减少性功能失调（Incrocci & Gianotten, 2008）。同样，如果性功能失调是药物引起的，则调整服药剂量或改服其他药物就能够缓解性功能失调。此外，让个体停止使用大麻这类消遣性药物往往能够治愈性功能失调。

许多生物疗法可以治疗男性勃起障碍（Lewis et al., 2008）。近年来最受媒体关注的药物是西地那非（商品名 Viagra，中文名是威尔刚或万艾可）。西地那非经证实既对未查出器质性原因的勃起障碍有效，又对由躯体疾病如高血压、糖尿病或脊髓损伤导致的勃起障碍有效（Lewis et al., 2008）。另外两种药物，希爱力和艾力达也有类似的积极效果。这些药物确实有副作用，包括头痛、脸红和胃刺激，并且对多达 44% 的男性不起作用（Bach et al., 2001）。

一些抗抑郁药，尤其是选择性 5–羟色胺再摄取抑制剂（SSRIs），会导致性功能失调。将抗抑郁药和其他药物联合使用，能够减少其在性方面的副作用（Balon & Segraves, 2008）。安非他酮（商品名有 Wellbutrin 和 Zyban）就是经证实在这方面有帮助的一种药物。安非他酮可以减少 SSRI 类药物在性方面的副作用，同时自身也是一种抗抑郁药。西地那非对因服用抗抑郁药而导致勃起障碍的男性也有帮助，使得他们可以继续服用抗抑郁药而不会丧失性功能（Balon & Segraves, 2008）。

对于有勃起障碍的男性，可以直接将某些药物注入阴茎以诱发勃起。这种方法虽然有效，但有一个明显的缺点就是需要注射（Lewis et al., 2008）。

机械干预也可以用于治疗有勃起障碍的男性（Lewis et al., 2008）。有一种装置将阴茎置于圆筒中，并与一个手动的或电池动力的真空泵相连，从而诱导阴茎充血。或者，也可以通过手术在阴茎中植入假体，使其勃起。假体由插入阴茎的一对棒状物组成。这种假体能够保持永久的勃起状态，还可以上下弯曲。另一种是液压膨胀装置，这种装置可以将生理盐水泵入阴茎里的假体以产生勃起，再抽出生理盐水以消除勃起。这些装置在技术上可以使阴茎完全勃起，但往往并不能产生身体和心理上的性唤起感受（Delizonna et al., 2001）。

某些抗抑郁药对于早泄的男性有效，包括氟西汀（商品名 Prozac）、氯丙咪嗪（商品名 Anafranil）和舍曲林（商品名 Zoloft）。一些研究指出这些药物能够明显降低早泄的频率（Rowland & McMahon, 2008）。

一些研究考察了激素疗法的效果，特别是使用睾丸素增强性欲低下障碍的男性和女性的性欲。对于因睾丸素水平低而导致性欲低或性唤起不足的男性，激素替代疗法非常有效；对于性欲或性唤起不足与睾丸素水平低无关的男性，则无效（Segraves, 2003）。对于女性，睾丸素治疗的效果是复杂的（综述见 Meston & Bradford, 2007）。一些研究发现，高水平的睾丸素能增强女性的性欲或性唤起，但也有风险，有可能产生严重副作用，包括男性化（如长出胸毛、嗓音改变）（Shifren et al., 2000）。中等水平的睾丸素对女性性欲没有持续的影响。安非他酮经证明有助于治疗某些性欲低下的女性（Segraves et al., 2004）。

大量控制研究调查了西地那非对女性性功能失调的效果，也发现不一致的结果（Basson et al., 2002; Meston & Bradford, 2007; Nurnberg et al., 2008）。药物确实能够增加女性的充血和润滑，但这些生理变化并不会持续引起更强的主观性唤起。只有生理唤起还不足以实现性唤起和性愉悦，对女性来说尤其如此。

心理治疗和性治疗

至少对男性而言，治愈性功能失调的药物如西地那非的出现，已经极大改变了这些障碍的治疗性质。考虑到管理型医疗保健在经济和时间上的局限，许多因性功能失调而寻求治疗的人只能获得药物治疗而没有心理治疗（McCarthy & Thestrup, 2008）。此外，很多人只想接受药物治疗，而不愿意接受心理治疗来处理导致其性问题的潜在心理和人际原因。

不过，现在有多种心理治疗技术，并且已经证明这些技术能够帮助性功能失调的人（Leiblum & Rosen, 2000）。在个体治疗技术中，个体探索妨碍他们享受积极性爱的想法和过去的经验。夫妻治疗常常能够帮助伴侣建立更令人满意的性关系。行为技术是个体治疗和伴侣治疗都采用的手段，治疗师使用行为技术来教导人们提升性体验、改善与性伴侣的交流和互动。

个体治疗和伴侣治疗 为了发现可能导致性问题的经历、想法和情感，治疗师在治疗首先要评估个体来访者或伴侣的态度、信念和个人史。认知行为干预常常用于处理妨碍性功能的态度和信念（McCarthy & Thestrup, 2008; Pridal & LoPiccolo, 2000; Rosen & Leiblum, 1995）。例如，如果某位男性担心性交时不能保持勃起而让自己尴尬，那么治疗师就会挑战他的焦虑，让他去寻找过去这类事件发生在他身上的证据。如果这种情况对他而言经常发生，则治疗师要探索与这类体验相关的思维模式，帮助他质疑这些认知，并练习更加积极的认知。类似地，因为性在父母的教导中是肮脏的而导致性欲低下的女性要学会质疑该信念，并对性采取更接纳的态度。

如果丈夫或妻子发生性功能失调，那么这既可能是夫妻关系出现问题的结果，也可能是造成夫妻关系出现问题的原因。因此如果可能，很多治疗师更愿意在夫妻关系的背景中治疗性功能失调，而不是只关注性功能失调的个体。在治疗会谈中，治疗师使用角色扮演来观察夫妻如何谈论性，如何看待各自在性事中的角色（Pridal & LoPiccolo, 2000）。

一些长期共同生活的夫妻已经放弃了以诱惑仪式来激发双方的性兴趣，虽然他们刚在一起时是这样做的（McCarthy, 2001; Verhulst & Heiman, 1988）。双职工夫妻尤其倾向于在深夜勉强进行性事，因为彼此都很累，对性没多大兴趣。即使有性接触，也是匆匆忙忙而无法令人满意，导致对任何性亲密的兴趣都逐渐减少。治疗师可以鼓励夫妻留出充足的时间进行诱惑仪式和令人满意的性活动（McCarthy, 1997）。例如，夫妻可以考虑雇人照看孩子，外出吃顿浪漫的晚餐，然后去宾馆过夜，这样他们在性爱中不必匆忙，也不会受到孩子的打扰。

很多忙碌的夫妻不在那些能够维持他们彼此性兴趣的活动上花时间。

夫妻双方的性行为脚本是不一

样的，包括对性活动内容的预期以及双方各自的职责（Pridal & LoPiccolo, 2000）。解决这些脚本的分歧是治疗有益的目标。例如，如果女性因为伴侣太粗暴而缺乏性欲，那么治疗师可以鼓励其伴侣放慢节奏，表现出她所需要的那种温柔的亲密。通常，治疗师会帮助夫妻双方了解彼此对性互动的需求，并通过协商达成双方都能接受和满意的性活动内容。

当伴侣间的冲突涉及性活动以外的其他事务时，治疗师将首先集中处理这些冲突，而将性功能失调放在第二位。此类冲突可能包括关系中的权力不平等、不信任或敌意以及重要价值观或决策上的分歧。认知行为疗法的应用最为广泛，不过一些治疗师也会使用心理动力学的方法进行干预，还有一些治疗师会使用基于家庭系统治疗的干预手段。认知行为疗法的研究比其他种类的疗法都要多，并且已经证实它对几种性功能失调都有效（见 Leiblum & Rosen, 2000; Meston, Seal, & Hamilton, 2008）。

性治疗 不论治疗师运用认知行为疗法还是其他疗法来处理性功能失调中的心理问题，使用行为技术的直接性治疗都会是治疗的一部分。如果性功能失调主要或至少部分是由于来访者或其伴侣的性技巧不足造成的，那么侧重技巧练习的性治疗就是适宜的。有些人从来不知道哪些行为可以给他们或性伴侣带来快感，有些人则不习惯这样去做。性治疗不仅教导这些技巧，而且帮助双方建立令人满意的性活动所具有的规律性的模式。

性治疗通常包括指导和鼓励来访者手淫（Heiman, 2000; Meston et al., 2008）。手淫的目的是让人们探索自己的身体，了解什么是性唤起，并减少性压抑。然后治疗师指导伴侣们互相交流他们新发现的欲望。这个技术对性冷淡的女性尤其有用，她们中的很多人从来不手淫，也不知道要怎样做才能产生性唤起（Meston & Bradford, 2007）。研究显示，80% 以上的性冷淡女性在学会手淫后能够获得性高潮，20% ~ 60% 的人在学会手淫后，能够在与伴侣一起时获得性高潮（Heiman, 2000）。这些女性也报告性愉悦和满意度增加了，对性和生活的态度更加放松，对身体的接纳程度也提高了。

治疗师可以评估来访者在使用新的性技巧时的认知，并将其作为治疗的焦点来使用（McCarthy & Thestrup, 2008）。例如，第一次学习手淫的女性可能会认识到诸如此类的想法："我会被人发现，这会让我很尴尬"；"我不应该这样做——这是不对的"；"堕落的人才做这种事情"。认知行为治疗师可以帮助女性探讨这些想法的正确性，以及决定是否想继续保持对手淫的这种态度。如果这名女性正在接受心理动力学治疗，治疗师会在她的早期关系中探索这种对待手淫态度的起源。因此，性治疗的行为技术不仅直接教给来访者新的性技巧，而且会提供一些可以在治疗会谈中讨论的材料。

感官聚焦疗法 性治疗的一个主流分支是**感官聚焦疗法**（sensate focus therapy）（Althof, 2000; Masters & Johnson, 1970）。这个疗法的早期阶段要求伴侣不要关注或试图性交，而是把注意力集中到练习带来的性快感上。这些指示是为了减少人们的表现焦虑和对能否达到性高潮的担忧。

在感官聚焦疗法的第一阶段，双方花时间轻柔地抚摸彼此，但不涉及生殖器官。要求他们把注意力集中在身体感受上，并相互交流哪些动作让人感到舒服和不舒服。这一阶段的目标是让伴侣一起度过相互交流的亲密时光，而没有性交的压力。这一阶段也许会持续几个星期，直到双方对练习感到舒适，并学会怎样带给对方愉悦。

在感官聚焦疗法的第二阶段，伴侣直接刺激彼此的乳房和生殖器，但是仍然不性交。如果是女性存在性兴趣 / 唤起障碍，则由女方指导伴侣以能够产生性唤起的方式刺激她。在练习过程中，女性可能会被唤起达到性高潮，这是可以接受的，但是要求双方仍然不要性交，直到女方在感官聚焦练习期间可以经常性地被伴侣完全唤起。如果是男性存在勃起障碍，则由男方引导伴侣以能够产生性唤起的方式抚摸他。如果他勃起了，则应该让勃起自然地产生和消退；性交仍然是被禁止的，直到他在感官聚焦练习期间能够经常性地轻易勃起。

在这些练习中，要求有问题的一方表现得“自私”一些，只关注自己的性唤起感受，以及与伴侣交流何种做法让自己感觉更好。抚摸需要在轻松不苛求的氛围中进行。一旦有问题的一方能够经常性地通过生殖器官的刺激体验到性唤起，就可以开始性交了。但是注意力仍然要放在提高和保持快感上，而不是放在性高潮或表现上。

下面的个案研究表明，感官聚焦疗法的行为技术如何帮助伴侣双方认识和应对可能干扰他们性快乐的复杂个人问题和人际问题。

感官聚焦疗法鼓励人们花时间探索能够让彼此产生性唤起的做法，而不对达到性高潮感到压力。

个案研究

53 岁的默里是一名成功的保险经纪人，他 50 岁的妻子是一名营养顾问，两人结婚已经 28 年了。除开度假时间，默里有 7 年的勃起障碍史。他们做爱的频率逐渐下降，目前是 4 个月 1 次。默里自述有强烈的表现焦虑，他的竞争性人格加剧了这一点。他总结了自己的困境：“当你的生活中充满了成功时，你就没有了太多机会去练习如何应对无能的状况。”

在治疗的第一个小时里，治疗师建议他们使用感官聚焦练习，并指导他们进行不涉及生殖器的感官抚摸。他们在一个星期后回来，表示很难抽出时间来让彼此愉悦。他们对夫妻双方的回避进行了讨论，并认识到这是回避无能感的一种手段。克服这种抗拒之后，夫妻双方在接下来的一个星期里进行了三次练习。默里有了快感，开始获得长时间持续的充分勃起。

治疗继续深入，加入了生殖器部位的抚摸。第一个星期后，他们谈论了自己的“傻里傻气”问题。他们意识到自己在使用幽默来应对性功能失调。然而现在，床第间的玩笑似乎抑制了性亲密。尽管默里有点难以将精神集中在自己的感受上，但他仍然维持着较好的勃起状态。进一步的探索则揭示出，他采用一种被动、紧张的方式来集中注意力。为了克服这一点，治疗师重新指导他保持类似于冥想的放松意识状态。默里发现这种类比是有帮助的，夫妻双方都觉得做好了阴道性交的准备。在接下来的一个星期里，他们“违背”指示，发生了性交，且让双方都感到满意。他们害怕老问题再次发生，但是它并没有重现，剩下的两次治疗会谈用于谈论他们的性事。尽管在其他方面沟通无碍，但他们之前从未谈论过这个性话题。(Althof, 2000, p. 270)

治疗早泄的技术　有两种技术可以帮助早泄男性控制射精：“停–动”技术（Semans, 1956）和挤捏技术（Masters & Johnson, 1970）。**“停–动”技术**（stop-start technique）既可以通过手淫进行，也可以与伴侣一起进行。在第一阶段，要求男性在即将射精之前停止刺激自己，或告诉伴侣不要再刺激自己。然后，他放松下来，将注意力集中在身体的感觉上，直到性唤起消退。这时，他或伴侣可以恢复刺激，并再次在将要射精前停止。如果刺激停止得晚了一点而导致射精，也不要生气或失望，而要享受射精的快感，思考自己对身体又了解了什么，并重新训练。如果男性和女性伴侣共同参与训练，在女方用手刺激男方直到他能够完全控制射精之前，双方不要性交。

在该过程的第二阶段，如果有女性伴侣参与，则男性仰卧，女性位于其上方，并将男性的阴茎插入自己的阴道，然后保持不动。大多数早泄男性在性交时只采取男上位姿势，并且抽插时间短而频率快，使他们更难控制射精。这一阶段的目标是让男性享受处于女性阴道中而不射精的感觉。在这个训练中，鼓励男方抚摸或按摩性伴侣，并和她交流彼此的体验。当感到即将射精时，他可以要求她下来，躺在他身边，直到性唤起消退。鼓励伴侣们至少将这种训练进行 10 ~ 15 分钟，即使中途为了避免射精而需要中断几次。

在“停–动”技术的第三阶段，女性仍然位于上方，可以做一些插入的动作，但是动作要长而缓慢。双方通常会达到性高潮，并体验到整个性活动是非常亲密和令人愉悦的。早泄男性的女性伴侣通常也有性高潮困难，因为女方远未达到高度唤起状态时，男方在射精后已经不能勃起了，所以他们的性关系会十分紧张。“停–动”技术的训练也可以让女方得到性高潮所需的足够刺激。

挤捏技术（squeeze technique）用得稍微少一些，因为更难教会伴侣使用（McCarthy, 2001）。男性的伴侣刺激他让他勃起，当他示意快要射精时，伴侣坚定但轻柔地挤捏阴茎的龟头或根部 3 ~ 4 秒钟。这会使得勃起部分消退。然后伴侣再次刺激男性到即将射精，并用挤捏技术阻止他射精。与“停–动”技术一样，该技术的目的是让早泄男性学会辨别自己的射精临界点，并将性唤起控制在这个水平。

治疗盆底肌紧缩的技术　盆底肌紧缩通常通过解除女性阴道肌肉的自主性紧缩来进行治疗（Leiblum, 2000）。治疗师指导女性认识阴道口处的肌肉紧张，以及学会放松这些肌肉的必要性。在安全的环境中，指导她将自己的手指插入阴道。她可以在镜子前仔细观察自己的阴道，并进行放松训练。她也可以使用适用于该训练的硅胶或金属阴道扩张器。随着放松训练的进行和她对扩张器在阴道中的感觉的适应，可以逐渐插入越来越大的扩张器。如果她有性伴侣，可以用伴侣的手指来代替扩张器。如果她的伴侣是男性，最后她可以引导伴侣的阴茎插入阴道，同时保持控制。

同性恋男性、同性恋女性和双性恋者

同性恋男性、同性恋女性和双性恋者也会出于和异性恋者同样的原因而产生性功能失调，如疾病、药物、衰老或伴侣间的冲突。同性恋男性、同性恋女性和双性恋者面临更多与性相关的应激源，因为针对他们的污名和歧视仍然存在（Gilman et al., 2001）。

同性恋男性、同性恋女性和双性恋者因性取向而受到社会的排斥，这使得这些来访者面临心理应激，治疗师必须对这些应激及其对性功能的影响保持敏感。大多数性治疗方法稍加修改就能用于同性恋和双性恋伴侣。

临床心理学对同性恋的职业态度在几十年前发生了改变。早期的 *DSM* 将同性恋尤其是自我不和谐型同性恋（ego-dystonic homosexuality；意指个体不想成为同性恋）列为一种精神疾病。同性恋男性、同性恋女性和双性恋者认为，他们的性取向是天性的一部分。除了社会对同性恋的恐惧之外，性取向并没有给他们造成不适。此外，没有证据表明心理治疗可以让同性恋者变成异性恋者。1973 年，美国精神病学会将同性恋从公认的精神障碍名单中删除（Spitzer, 1981）。

性欲倒错障碍

在性活动中，让人们产生性唤起的对象有极大的差异（见表 13.2）。非典型的性偏好被称为性欲倒错（paraphilias）（在希腊语中指“此外”和“爱”）。性欲倒错有时分为征得他人同意（如某些性虐行为）和未征得他人同意的（如窥阴症）。性欲倒错也可以分为接触他人身体的（如恋童症）和无须接触他人身体的（如某些恋物症）。*DSM-5* 明确指出，性欲倒错就其本身而言不是一种精神障碍，不能被诊断为**性欲倒错障碍**（paraphilic disorder）。性欲倒错障碍是一种当前导致个体明显痛苦或功能损害，或者引起个体伤害或伤害他人风险的性欲倒错。表 13.3 列出了 *DSM-5* 所认可的性欲倒错障碍。

性欲倒错和性欲倒错障碍的定义颇具争议。*DSM-5* 试图严格地定义性欲倒错障碍，它明确指出性欲倒错未必构成某种障碍，而且只有在引起个体明显痛苦或功能损害或对他人造成伤害时才能做出诊断。然而，问题在于为什么性行为的某些变化形式就被认为是精神障碍，而另一些则没有（Gijs, 2008）。另一方面，一些造成他人受害的性行为（如恋童症）如果被划分为精神障碍，则可能为这种社会希望禁止和惩罚的行为提供“借口”（Gijs, 2008）。

一些研究者试图在 *DSM-5* 中加入被称为性欲倒错强迫障碍的一种障碍，该诊断适用于从强迫他人进行未征得同意的性行为（如强奸）中获得性快感的个体。果然，这个提案引发了一场热议（Frances & First, 2011; Knight, 2010; Wollert & Cramer, 2011），*DSM-5* 的起草者决定否决这个提案，再次明确了强奸不是一种精神障碍，而是犯罪行为。另一项被拒绝纳入 *DSM-5* 诊断的提议是性欲过度障碍，它的特征是过度沉湎于性幻想、性冲动和性行为（有时也指性成瘾），且持续至少 6 个月。再次，最初将该诊断纳入 *DSM-5* 的提案（kafka, 2010）遭到了尖锐的批评，没有足够的证据支持其作为精神障碍的有效性（Halpern, 2011; Moser, 2011）。尽管后来的一项研究表明将其应用于临床环境时，其有效性的可靠度较高（Reid et al., 2012）。性成瘾问题需要进一步研究，而尽管具有性成瘾（例如过度沉溺于色情作品）及承受其相关痛苦或功能损害的个体会为此寻求治疗，但这个问题尚未被定义为精神障碍。

这些争议很难解决，因为它们涉及了道德评判和强大的社会规范。此外，大部分性欲倒错相关的研究文献有限且不一致，几乎无法针对这些行为的病理学提供信息来做出基本判断（Laws & O' Donohue, 2008）。

表 13.2　人们认为有吸引力的性活动类型

一项对 18 ~ 44 岁人群的全美调查显示，多种不同的性活动都对人们有吸引力。而与女性相比，男性认为有吸引力的性活动更多。

	表示“很有吸引力”的百分比	
性活动类型	男性	女性
阴道性交	83%	78%
观看伴侣脱衣服	50	30
接受口交	50	33
为伴侣口交	37	19
群交	14	1
伴侣用手指刺激肛门	6	4
使用假阴茎或震动器	5	3
观看他人的性行为	6	2
拥有同性性伴侣	4	3
和陌生人做爱	5	1

资料来源：Michael et al., 1994.

表 13.3 性欲倒错障碍

性欲倒错障碍涉及非典型的、反复的、强烈的性唤起，表现为性幻想、性冲动或性行为，引起个体的明显痛苦或损害，或对他人造成伤害。

诊断	幻想、冲动或行为的对象
恋物障碍	无生命物体（如女性内衣）或非生殖器的身体部位
易装障碍	穿着异性的衣物
性施虐障碍	在（真实而非假装的）行为中，让另一个人在心理或身体上遭受痛苦（包括羞辱）
性受虐障碍	（真实而非假装的）行为，包括被羞辱、殴打、捆绑或其他造成痛苦的方式
窥阴障碍	在对方不知情的情况下，观察对方裸体、脱衣或性活动过程
露阴障碍	在毫不知情的陌生人面前暴露自己的生殖器
摩擦障碍	接触或摩擦未征得同意的人
恋童障碍	与青春期前的一个或多个儿童发生性行为

恋物障碍和异装障碍

恋物障碍（fetishistic disorder）是指使用无生命物体或非生殖器的身体部位来获得性唤起或性满足。引起性欲的身体部位通常包括脚、脚趾和毛发。软性的恋物对象是柔软、毛茸茸、带花边的物品，例如多褶边的女式内裤、长袜和吊袜带。硬性的恋物对象则是光滑、坚硬或黑色的物品，如高跟鞋、黑色手套或者皮革或橡胶制成的服装（Darcangelo, Hollings, & Paladino, 2008）。这些物品对许多人都有一定的性唤起作用，实际上，它们的制造商营销借助的就是这一点。然而对大部分人来说，这些物品只是让穿戴它们的人显得更性感，他们的性欲对象是人，而恋物症者的性欲则指向这些物品本身（Darcangelo et al., 2008），正如下面的个案研究所示。

个案研究

一位 32 岁的单身男性自由摄影师主诉有“不正常的性冲动”。患者提到，他虽然也受到女性的性吸引，但是更被“她们的内裤”所吸引。

根据患者回忆，他在大约 7 岁时开始有性兴奋。那时他偶然看到了一本色情杂志，杂志里的图片上那些只穿着内裤而部分裸露的女郎使他感到兴奋。他的第一次射精发生在 13 岁，一边手淫一边幻想只穿内裤的女郎。他偷拿姐姐的内裤，在上面手淫。后来，他开始偷她朋友的和自己遇到的其他女性的内裤。在社交场合，他经常找借口逛到其他女性的卧室里，飞快地翻找她们的内裤直到找到一条让自己满意的。他在这些内裤上手淫，然后把它们“收藏”在一个“隐秘的地方”。从青少年期到现在，他一直偏好在女性内裤上手淫的方式来达到性兴奋和性高潮。

患者在 18 岁时有了第一次性交。从那以后，他在许多场合下发生过性关系，他喜欢花钱让妓女穿着裆部被剪掉的内裤，然后与她们发生关系。在比较少见的场合下，他在伴侣不穿内衣时尝试性活动，此时他的性兴奋就会降低。

患者在与某些“好女人”约会时常常感到不适，因为他觉得友谊可能会发展为性亲密，而她们不能理解他的性需求。他尽量避免认识那些可能会给他介绍这类女性的朋友。他发现自己的外貌、社交风格和职业都使他成为众人眼里的钻石王老五。他感到焦虑和抑郁，因为他的社交生活被他的性偏好限制了。

（资料来源：*DSM-IV-TR Casebook: A Learning Companion to the Diagnostic and Statistical Manual of Mental Disorders*, Fourth Edition, Text Revision.
Copyright © 2000 American Psychi a tric Association.）

恋物障碍的临床样本几乎只在男性中有过报告。尽管很多男性都可能表现出恋物行为，但因为他们的行为并不造成明显的痛苦或损害，所以只有不到 1% 的人会被诊断为障碍（Darcangelo, 2008）。

异装障碍（transvestic disorder, 也译作易装障碍）是恋物障碍的一种变化形式，即通过穿着异性服装来产生性唤起。该诊断要求异装行为给个体造成明显的痛苦或损害。异装障碍要与异装症（transvestism）区分开，后者的异装行为并不一定是为了获得性唤起或性满足（Wheeler, Newring, & Draper, 2008）。一项基于社区的研究发现，只有 2.8% 的男性和 0.4% 的女性报告，其异装行为是为了获得性唤起（Langstrom & Zucker, 2005）。

异装障碍是指穿异性服装，有时还包括男性将戴假发和化妆作为获得性唤起的一种途径。

对很多异装的男性来说，具有性唤起作用的并非女性衣物本身，而是穿着女性衣物的行为。他们可能会偷偷地只穿一件女性衣物，如一条女式内裤。他们也可能会穿着全套的女性服装，包括化妆和戴假发。有些男性只是独自穿着女装，另一些则参与异装癖者的亚文化，他们打扮成女性的模样聚在一起喝酒、吃饭和跳舞（Wheeler et al., 2008）。为了获得性满足而异装的男性当中，大约一半的人发现这种行为是可以接受的，因此他们可能并不符合 *DSM-5* 对该障碍的诊断标准（Langstrom & Zucker, 2005）。

大部分发生异装行为的成人报告，这种行为秘密地开始于青春期或青春期前（Wheeler et al., 2008）。儿童时期异装行为的功能可能并没有明显的性含义，而是更加一般的愉悦或兴奋，或者可以缓和与男性性别角色有关的消极心理状态。进入青春期后，异装活动越来越多地和性行为相关。大多数有异装行为的男性都已经结婚并且有了孩子（Langstrom & Zucker, 2005）。随着年龄增长，异装在性方面的功能逐渐减弱，即使男性继续将异装作为一种自我安慰的行为以获得舒适或幸福感（Newring et al., 2008）。

性施虐和性受虐障碍

性施虐障碍（sexual sadism disorder）和**性受虐障碍**（sexual masochism disorder）是两种不同的诊断，尽管性施虐和性受虐行为经常被合称为 **"施虐受虐症"**（sadomasochism）。在性施虐障碍中，个体的性幻想、性冲动或性行为涉及在性伴侣身上施加疼痛和羞辱。此外，该诊断要求，性冲动必须给个体造成明显的心理痛苦或功能损害，或者个体必须在性冲动的驱使下向未征得同意的对象施加这些行为。在性受虐障碍中，个体的性幻想、性冲动或性行为涉及在性活动中承受疼痛或羞辱，并且这些疼痛或羞辱给个体造成明显的心理痛苦或功能损害。

类似地，有些人偶尔会在性事中做出轻度或中度的施虐或受虐行为，或者模仿这些行为，但并未真正造成疼痛或伤害（Hucker, 2008）。这些人可能不会被诊断为性施虐障碍或性受虐障碍，尤其当他们的行为发生在受信任的关系背景中，并设置了界限和适当的安全措施（例如，设有一个"安全词"，当任何一方说出该词时，就停止这类行为）。而被诊断为性施虐障碍或性受虐障碍的人，通常把这些行为作为首选的或唯一的性满足方式。

灰色地带

阅读下面的个案研究。

65岁的A先生是一名保安，他很苦恼妻子反对他晚上在家穿女式睡袍，尽管最小的孩子都已经搬出去了。除了穿着女装的时候，他的外表和举止都是很男性化的，他也是一个完全的异性恋者。在过去五年里，他会时不时地穿着一些不引人注目的女性服装，甚至在作男子打扮时也是如此——有时是一条内裤，有时是暧昧的尾戒。他总是随身带着一张自己的女装照片。

他记忆中第一次对女性服装发生兴趣是在12岁，他穿上姐姐的内衣，并在这样做的时候产生了性兴奋。他继续定期穿着女式内裤，这种活动总是能够产生勃起，有时是自发的射精，有时是手淫，但从来不会伴随着性幻想。尽管他偶尔也会希望自己是个女孩，但这种愿望从来没有进入过他的性幻想中。在单身的时候他也为女性所吸引，但是对性很羞怯。他在22岁时结婚，第一次与异性性交。

结婚后，他对女性服装还是一样有兴趣。45岁时，他偶然看到了一本叫《异装》的杂志，之后他的异装行为开始增加。他了解到还有其他男人跟他一样，越来越着迷于对女性服装的幻想，并发展到有时完全是女性的穿着。最近，他加入了一个异装者组织，通过杂志与其他异装者联系，并偶尔参加异装聚会。只有在参加这些聚会的时候，他才会在外面穿着女性服装。

尽管他对婚姻还保持着忠诚，但是随着清醒时的想法和行为越来越多地以异装为中心，他与妻子的性事在过去20年中已经大为减少。随着时间推移，他的异装行为变得不那么色情，而更多地以其本身为目的，但是这仍然是性兴奋的一个来源。当面对压力的时候，他总是更有穿着女装的冲动；这种行为有一种使人平静的作用。如果环境不允许他穿着女装，他会感到极度沮丧。（资料来源：*DSM-IV-TR Casebook: A Learning Companion to the Diagnostic and Statistical Manual of Mental Disorders,* Fourth Edition, Text Revision. Copyright © 2000 American Psychiatric Association.）

A先生应该诊断为异装障碍吗？（讨论见本章末尾）

性虐待和性受虐存在于连续谱上。较为中度的形式发生在征得同意的成人之间，如在E. L.詹姆斯轰动一时的爱情小说《五十度灰》中所叙述的那些形式就不符合*DSM-5*的诊断标准。

施虐障碍和受虐障碍的性仪式有四种：身体束缚，即在性行为中使用捆绑、锁链和手铐；施加疼痛，即一方通过击打、鞭打、电击、灼烧、刀割、针戳、绳勒、拷打、致残等方式给另一方施加疼痛或伤害，甚至致其死亡；过度男性化的行为，包括在性行为中侵犯性地使用灌肠剂、拳头和假阴茎；以及羞辱，即性行为中一方在言语上或身体上对另一方进行羞辱（Sandnabba, Santtila, Alison, & Nordling, 2002）。其中受害的一方可以是受虐癖者、自愿的受害者或未征得同意的受害者。这些性接触中会使用很多道具，包括黑色皮质服装、锁链、手铐、皮鞭、挽具和绳索。男性比女性更喜欢施虐受虐的性行为方式，不管是作为施虐者还是受虐者的角色（Sandnabba et al., 2002）。有些女性觉得这类行为很刺激，但是许多人只是为了愉悦另一半，或者有人付钱才会这样做，另一些则是被施虐者逼迫的受害者。

尽管成年人之间自愿发生的施虐受虐性行为通常不会导致身体损伤，但是这些活动也可能失去控制或过于极端。有一种很危险的活动被称为窒息式性爱，即通过剥夺氧气供给的方式产生性唤起，包括用绳索勒颈、用塑料袋或面罩蒙住头部或者剧烈地压迫胸部（Hucker, 2008）。窒息式性爱中发生的意外可能导致永久性伤害甚至死亡。

窥阴障碍、露阴障碍和摩擦障碍

窥阴症（voyeurism）是一种性唤起形式，包括观看其他人脱衣、裸体或从事性行为。窥阴可能是最常见的违法的性欲倒错（Langstrom, 2009）。一项调查从瑞典的总人口中随机选择了 2 450 名成人，发现 12% 的男性和 4% 的女性报告至少有一次因偷窥他人的性行为而产生性唤起（Langstrom & Seto, 2006）。对 60 名美国男大学生的研究表明，42% 的人曾偷窥过他人的性活动（Templeman & Stinnet, 1991）。

个体必须在 6 个月内反复出现这种行为并且具有强迫性，才能诊断为**窥阴障碍**（voyeuristic disorder）。此外，诊断要求这种冲动必须给个体造成明显的心理痛苦或功能损害，或者窥阴者必须是在冲动驱使下偷窥不知情的人。大部分窥阴者都是偷窥女性的男性（Lavin, 2008）。他们可能会在偷窥时手淫或在偷窥后立刻手淫。

露阴症（exhibitionism）者通过在非自愿的观察者面前暴露自己的生殖器来获得性满足，这些观察者通常是陌生人。上述瑞典调查发现 4.1% 的男性和 2.1% 的女性报告至少有一次因为在陌生人面前暴露生殖器而体验到性唤起（Langstrom & Seto, 2006）。要诊断为**露阴障碍**（exhibitionistic disorder），个体必须在冲动的驱使下做出该行为，或者行为必须给个体造成明显的心理痛苦或损害。大多数露阴者是男性，其目标通常是女性、儿童或青少年（Murphy & Page, 2008）。露阴者通常会在公共场所寻找受害者，如公园或公共汽车上。其性唤起来源于目睹受害者吃惊、恐惧或厌恶的表情，或幻想受害者产生了性唤起。其行为常常具有强迫性和冲动性，即感到激动、恐惧、烦躁和性唤起，感到自己无法抗拒地需要通过暴露行为来获得放松（Murphy & Page, 2008）。一些露阴者会在暴露自己的同时手淫。另一些人则在手淫时回忆或幻想暴露行为以唤起性兴奋，如下面的个案研究所示。

个案研究

一位 27 岁的工程师因为不可抑制地想在陌生女性面前暴露阴茎的冲动而到精神病诊所寻求治疗。18 岁那年，他第一次不明原因地体验到强烈的暴露冲动。他寻找与陌生女性单独相处的机会。当靠近她时，他会产生性兴奋。然后他就会走上前去，暴露自己勃起的阴茎。他发现她的震惊和恐惧进一步刺激了他，通常这种时候他就会射精。他也会在手淫时幻想过去的暴露行为。在暴露行为后，他经常会感到内疚和羞耻，并发誓不再做这样的事。然而，这种渴望无法抗拒，暴露行为反复发生，通常是在感到紧张的时候。

（资料来源：*DSM-IV-TR Casebook: A Learning Companion to the Diagnostic and Statistical Manual of Mental Disorders,* Fourth Edition, Text Revision. Copyright © 2000 American Psychiatric Association.）

露阴者比大多数其他的性犯罪者更容易被抓获，部分是因为其行为的公开性。此外，其中一些人会再次回到他们暴露过自己的地方。被抓的危险增加了他们的性唤起。露阴者也可能在被抓后继续其行为（Murphy & Page, 2008）。

摩擦症（frotteurism）是经常伴随露阴症和窥阴症发生的一种性欲倒错。摩擦症个体通过摩擦或抚摸未征得同意者的身体部位获得性满足。该行为常常发生在拥挤的地方（如电梯），目标对象可能意识不到这种接触的性意味（Krueger & Kaplan, 2008）。要诊断为**摩擦障碍**（frotteuristic disorder）个体必须在冲动的驱使下进行该行为，或者冲动必须导致明显的心理痛苦或损害。大多数摩擦症个体是男性，该障碍的首次出现常常发生在成年早期（Lussier & Piché, 2008）。

恋童障碍

恋童障碍（pedophilic disorder）个体的性幻想、性冲动和性行为指向青春期前的儿童。要被诊断为恋童障碍，个体的行为必须受到性冲动的驱使，或者性冲动必须导致明显的心理痛苦或损害。大多数恋童障碍个体是受到女童吸引的异性恋男性（Seto, 2008）。有恋童症的男同性恋通常受到男童的吸引。也有女性恋童者，但是这种情况更加少见。

DSM-5 承认，恋童障碍可以是专一型的（如只被儿童吸引），也可以是非专一型的。附加的标注指明，个体是被男性或女性吸引还是被双性吸引，性欲倒错行为是否仅限于乱伦。

并非所有具有恋童幻想的个体都会与儿童发生性接触；相反，很多人使用儿童色情作品来产生性唤起（Seto, 2009）。然而，我们对于恋童障碍的大部分了解都是基于对儿童性犯罪者的研究。恋童障碍个体与儿童受害者的性接触通常是短暂的，但是会反复频繁发生。恋童障碍个体经常会用伤害、身体束缚来威胁儿童，或者恐吓他们如果不服从命令就惩罚他们或他们所爱的人。另一些恋童障碍个体则对儿童加以关爱、照顾，温柔以待，利用感情上的亲密来达到与孩子发生性接触的目的。对于乱伦关系来说尤其如此。在乱伦关系中，恋童障碍个体可能认为自己是善良、慈爱的父母。他们相信自己对孩子做的不是性行为，而是关爱（Seto, 2009）。一些掠夺性的恋童障碍个体会处心积虑地接近这些儿童，如获得他们母亲的信任或与他们的母亲结婚，与其他恋童障碍个体交换儿童，或者比较少见的情况是从别国诱拐或领养儿童（McConaghy, 1998）。

个案研究

35 岁的科罗尼博士是一名单身的儿童精神病医师。他因抚摸几名年龄在 6 ~ 12 岁之间的邻居女童而被逮捕和起诉。他的朋友和同事得知这一消息都极为震惊和失望，因为所有人一直都认为他是个特别喜欢孩子、帮助孩子的人。

科罗尼博士的第一次性经历发生在 6 岁时，那个夏天，一个 15 岁的女性夏令营辅导员给他口交了几次——这段经历他一直讳莫如深。长大后，他惊奇地发现对他有性吸引力的女性的年龄范围没有改变，他一直对 6 ~ 12 岁的女孩怀有性冲动和幻想。当他手淫时，他就会幻想这个年龄段的女孩，这些年里有几次他发现自己爱上了这样一名小女孩。

理智上，科罗尼博士知道其他人会反对他与女童的性接触，但他从不认为他的行为会给女童带来伤害，他认为他们只是一起分享快乐。他一直祈祷自己的行为不要被别人发现。他总是发誓不再做这种事，但是诱惑太大，他难以控制自己。

（资料来源：*DSM-IV-TR Casebook: A Learning Companion to the Diagnostic and Statistical Manual of Mental Disorders,* Fourth Edition, Text Revision. Copyright © 2000 American Psychiatric Association.）

恋童障碍个体对受害儿童的影响是巨大的。受到性侵犯的儿童最常见的症状是恐惧、创伤后应激障碍、品行障碍和多动症、性化行为（乱交或者与其年龄不符的性行为）以及自尊低下（Kendall-Tackett et al., 1993; McConaghy, 1998）。那些长期频繁地受到虐待的儿童症状更加严重，例如被强暴的儿童、被家庭成员（多为父亲或继父）虐待的儿童以及母亲知情后也不帮助他们的儿童。大约三分之二的受害儿童在虐待停止的 12 ~ 18 个月后有明显的恢复，但也有相当数量的儿童甚至在成年后仍有心理问题（Burnam et al., 1988; Kendall-Tackett et al., 1993）。

性欲倒错的原因

图 13.4　性欲倒错形成的行为解释

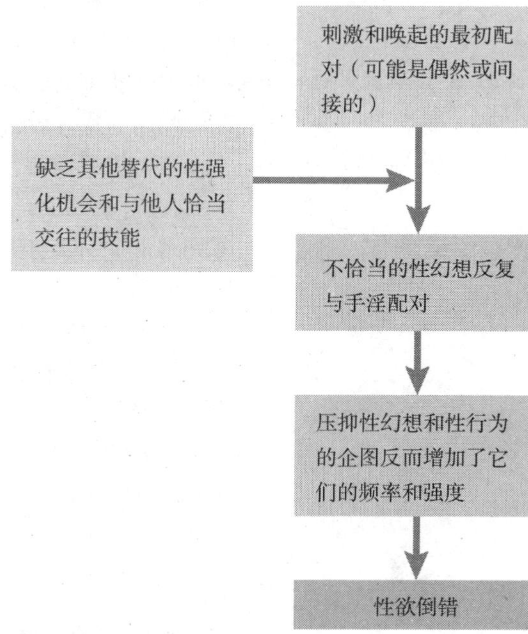

行为理论将性欲倒错归因为最初早期强烈的性唤起和特定的刺激发生了经典条件作用的配对（图 13.4; Gijs, 2008）。例如，儿童可能在偷看保姆和其男朋友做爱时或在被带有色情意味的按住或挠痒时产生性唤起。之后，这个刺激可能会在个体手淫时出现，从而形成强烈的操作条件作用。例如，个体会在手淫时反复幻想某个特定情景，如窥视保姆做爱。这强化了该刺激和性唤起之间的关联。个体可能试图压抑不想出现的唤起或行为，但是努力抑制反而增加了幻想的频率和强度。最终，性唤起可能泛化到与最初的幻想相似的其他刺激上，例如真的偷窥他人做爱，从而导致性欲倒错行为（如窥阴症）。一些性欲倒错者有强烈的性冲动并且经常手淫，给性幻想与性满足的匹配提供了大量的机会（Kafka & Hennen, 2003）。性欲倒错者往往也很少有机会得到其他类型的性强化，并且难以与其他成人恰当交往。

这些经典的行为理论已经得到了社会学习理论原理的补充（见第 2 章）。社会学习理论认为儿童的家庭和文化大环境会影响他异常性行为倾向的形成。如果父母经常体罚孩子，并且在彼此接触时表现出攻击性，则孩子长大后更可能对他人采取冲动的、攻击性的和性欲化的行为。许多恋童者的人际交往能力很差，并且害怕与成人发生性接触（Seto, 2008）。

表 13.4　与性欲倒错有关的扭曲、假设和合理化

性欲倒错者或强奸者的认知为其行为提供了理由。

类型	恋童障碍	露阴障碍	强奸
错误归因	“她先挑起来的，她太讨人喜欢了。” “她总是半裸着跑来跑去。”	“她总是看着我，就好像她期待这样。” “她的穿着看起来在要求我这样做。”	“她嘴上说‘不’，但是身体在说‘可以’。”
弱化或否认性意图	“我在教她性知识……父亲告诉她总比外人好。”	“我只是想找个地方小便。” “我的裤子刚好掉下来了。”	“我想给她一个教训……她活该。”
贬低受害者	“她和男朋友发生过性关系了。” “她总是撒谎。”	“她反正是个荡妇。”	“聚会时这样对我，她活该。” “她不反抗……她肯定喜欢这样。”
淡化后果	“她一直对我很友善，甚至以后也会。” “在这件事发生之前，她已经一团糟了。”	“我没有碰她，因此我不可能伤害到她。” “她笑了，也许她喜欢这样。”	“她已经和几百个男人发生过关系了。没什么大不了的。”
回避责难	“这是很多年以前的事了……为什么人们不能忘了它呢？”	“我又没有强奸谁。”	“我只干过一次。”
将原因合理化	“如果我小时候没有被性骚扰过，我也不会这样做。”	“如果我知道怎么约会，就不会露阴了。”	“如果我女朋友能满足我想要的，我就不会去强奸了。”

资料来源：From *A Guide to Treatments That Work,* edited by Peter Nathan and Jack Gorman (1998): Table 24.5 (p. 448) from “The Paraphilias: Research and Treatment” by Barry M. Maletzky. By permission of Oxford University Press, Inc.

一项研究调查了 64 名具有各种性欲倒错的性犯罪者，发现与没有性欲倒错的经济犯罪者相比，前者在儿童期遭受虐待和家庭功能失调的比例更高（Lee, Jackson, Pattison, & Ward, 2002）。儿童期性虐待是恋童障碍很强的预测因素。类似地，大多数青少年性犯罪者都对更小的儿童进行过性侵犯，一项针对他们的研究发现其中很多人可能遭受过性虐待（Gerardin & Thibaut, 2004）。

认知理论家也发现，性欲倒错者对于自身行为和受害者行为有着一系列扭曲的认知和假设（见表 13.4；Gerardin & Thibaut, 2004; Maletzky, 1998）。这些扭曲的认知可能是从父母关于性行为的异常信息中习得的。他们习惯于对其加害他人的行为进行合理化。

多种证据表明，大脑和激素系统发育的异常是性欲倒错的原因之一（Seto, 2008）。恋童症者更可能在 13 岁之前头部受伤，认知和记忆存在缺陷，智力更低，并且脑结构的体积有所差异（Cantor et al., 2008）。此外，一些小规模的研究表明，恋童症者的大脑前额区功能失调，该脑区参与调节冲动和攻击性行为以及睾丸素水平（Jordan, Fromberger, Stolpmann, & Müller, 2011）。目前还不清楚这些因素具体是如何导致恋童症的。

性欲倒错的治疗

大部分性欲倒错者不会主动寻求治疗（Darcangelo et al., 2008）。通常只有在这些人因窥阴、露阴、摩擦或恋童行为触犯法律而被捕后，才会被强制接受治疗。单纯的监禁对改变这些行为没有什么作用，被判有罪的这类性犯罪者很可能会成为惯犯（Seto, 2008）。

为了减少性欲倒错行为，生物干预通常以减少性冲动为目标。手术阉割几乎完全去除了雄激素的分泌，从而降低性犯罪者的重犯率（Maletzky & Field, 2003; Seto, 2009）。在荷兰、德国和美国，曾经有成百上千被判有罪的性犯罪者被阉割，不过如今人们很少这样做了（Seto, 2009）。

还可以给性犯罪者提供抗雄激素药物来抑制睾丸素分泌，从而降低性冲动。这些药物常和心理治疗联合使用，对希望改变其行为的性欲过度的男性十分有用（Guay, 2009）。跟踪研究显示，接受抗雄激素药物治疗的性欲倒错者减少了其性欲倒错行为，但结果并不一致（Gerardin & Thibaut, 2004; Jordan et al., 2011; Maletzky, & Field, 2003）。然而，这些药物有很多副作用，包括疲惫、嗜睡、抑郁、体重增加、腿部抽筋、乳房发育、脱发和骨质疏松（Gijs, 2008）。美国有 9 个州立法要求，希望假释出狱的性犯罪者服用抗雄激素药物或接受手术阉割（Seto, 2009）。

选择性 5-羟色胺再摄取抑制剂（SSRIs）已经被用于减少性冲动和性欲倒错行为。一些研究发现，这些药物对性驱力和冲动控制有积极作用（如 Greenberg, Bradford, Curry & O' Rouch, 1996），尽管这种作用在不同研究间并不完全一致（Gijs, 2008; Setol, 2009）。

行为矫正疗法较普遍地用于治疗性欲倒错，如果性欲倒错者希望改变他们的行为，这种疗法会成功（Seto, 2009）。**厌恶疗法**（aversion therapy）被用于消除使性欲倒错者产生性唤起的物品或情境所带来的性反应。治疗时，性欲倒错者观看使他们产生性唤起的照片（如儿童）或触摸产生性唤起的物品（如女性的内裤），同时受到电击或听到巨响，这会带来痛感但不会造成伤害。脱敏技术可以减少个体在与其他成人进行正常性接触时的焦虑。例如，可以教性欲倒错者做放松练习，在他们逐渐能够幻想与其他成人进行让彼此都满足的性行为时，可以使用放松练习来控制自己的焦虑（Maletzky, 1998）。这些行为疗法能够有效治疗非掠夺性的性欲倒错，例如恋物症（Darcangelo et al., 2008）。

认知干预可以和行为干预结合使用，以帮助人们学习用社会更加接受的方式来接近吸引他们的对象并与之交往（Cole, 1992）。角色扮演可以让性欲倒错者练习如何接近别人并最终实现积极的性接触。此外，在团体治疗中，性欲倒错者可以在改变自身行为过程中相互支持，也是有帮助的。多重研究发现，结合使用认知疗法和行为疗法，能够有效治疗那些愿意改变的非掠夺性的性欲倒错者（Darcangelo et al., 2008）。

认知行为疗法也被用于帮助掠夺性的性欲倒错者（例如恋童症、露阴症、窥阴症个体）来识别并挑战那些激发其行为并使这些行为合理化的想法和情境，如表 13.4 所列举的（Maletzky, 1998; McConaghy, 1998）。不幸的是，使用认知行为疗法治疗性犯罪者的随机临床试验发现，接受治疗和没有接受治疗的男性在重犯率上没有明显差异（Camilleri & Quinsey, 2008; Marques et al., 2005）。

性别烦躁

性别烦躁（gender dysphoria）是 *DSM-5* 诊断标准中的新类别，取代了 *DSM-IV* 的性别认同障碍。性别认同障碍强调跨性别的身份认同，而 *DSM-5* 的性别烦躁则是在个体的性别认同（感觉自己是男性或女性）与他们的生理性别不一致时做出的诊断（表 13.5）。下面个案研究中的斯蒂芬妮就可以被诊断为性别烦躁。

DSM-5 承认性别不一致的情况复杂多变，并为儿童、青少年和成年人的性别烦躁分别提供了独立的一整套诊断标准，青少年和成年人的诊断标准更加详细（见表

个案研究

斯蒂芬妮第一次来我们诊所时 30 岁。她一直坚信自己是个男人，而且希望摆脱可识别的女性特征，并获得男性的特质和特征。她说在结束一段长达 10 年的婚姻后，她以男性的身份生活并且被雇用已经有 1 年时间。她服用家庭医生给她开的睾丸素。她到诊所来的目的是摘除子宫和卵巢。

她在童年时并没有假小子的态度、想法或行为。她说她很少和其他孩子交往，不论是男孩还是女孩。渴望朋友的她迷上了一个“强壮而且能言善辩”的男孩，和她年龄相仿，名叫罗南。他们经常在一起，无话不说，包括想法、情感以及生活中的事情。她也是在童年时开始穿着父亲的衣服。据她说，她没有因为穿着异性的衣服而产生性唤起或性幻想。

12 岁开始的青春期和随之而来的身体变化并未给她带来多少苦恼。她对那些“苗条且外表女性化的男人”有性和爱的感觉。16 岁那年，斯蒂芬妮碰上了一个这样的男人，他们一起生活了两年。她的下一个爱侣是“男性双性恋异装者”。根据斯蒂芬妮的叙述，他们的性行为包括尝试药物和“角色交换”。他们一起异装，斯蒂芬妮承担支配和主动的角色。在阴道性交中，她总是幻想着自己是个男性，与另一个男性在一起。

19 岁那年，她遇到了一个苗条、漂亮的男人。他们很合得来，马上结婚了。婚姻是成功的。在性行为中，斯蒂芬妮喜欢的姿势是双方都跪着，她跪在丈夫身后，用阴部摩擦他，同时为他手淫。她总是在幻想自己有阴茎可以插入他的身体。在夫妻俩的生意失败后，他们的婚姻破裂了。她决定完全以名叫“雅各布”的男性身份来生活。住在西海岸时，她开始接受雄性激素治疗。之后她搬回了东部，来到我们的诊所接受评估。她把自己视为男性，主要对男同性恋或看起来像同性恋的男性感兴趣。除了短时间的单纯性接触之外，她对与女性的关系没有兴趣。（摘自 Dickey & Stephens, 1995, pp. 442-443）

表 13.5 青少年或成年人性别烦躁的*DSM–5*诊断标准

A. 个体体验表达的性别与出生性别之间显著地不一致，持续至少6个月，表现为下列至少2项：

1. 个体体验表达的性别与第一和/或第二性征之间明显地不一致（或在青少年早期，则为预期的第二性征）。
2. 由于与体验表达的性别明显地不一致，因而产生去除自己的第一和/或第二性征的强烈欲望（或在青少年早期，防止预期的第二性征发育的欲望）。
3. 对拥有另一种性别的第一和/或第二性征有着强烈的欲望。
4. 成为另一种性别的强烈欲望（或与出生性别不同的某种替代性别）。
5. 希望被视为另一种性别的强烈欲望（或与出生性别不同的某种替代性别）。
6. 深信自己拥有另一种性别的典型感觉和反应（或与出生性别不同的某种替代性别）。

B. 该疾病与有临床意义的痛苦或者社交、职业或其他重要功能方面的损害有关。

资料来源：Reprinted with *permission from the Diagnostic and Statistical Manual of Mental Disorders,* Fifth Edition.
Copyright © 2013 American Psychiatric Association.

13.5）。儿童性别烦躁（gender dysphoria in children）十分少见，这类儿童对自己的解剖学性别很排斥，希望或坚持认为自己属于另一性别。有这种障碍的女孩总是寻求参加男性化的活动或男孩同伴团体，其程度远远超过通常所说的“假小子”。有时，这些女孩说她们相信自己迟早会长出阴茎。有这种障碍的男孩则寻求参加女性化的活动和女孩同伴团体，并且很早就开始穿女孩的衣服（Zucker & Wood, 2011）。他们厌恶自己的阴茎，希望它消失。这些行为一般始于学前期。因性别烦躁而得到关注的男孩多于女孩，这可能反映了男性的性别烦躁发病率更高，或者反映了父母对男孩违反性别角色的行为更加关注（Zucker & Cohen-Kettenis, 2008）。

一些易性症者争论说，他们并没有障碍，他们有权按自己的意愿生活。

被诊断为性别烦躁的成年人也可以称为**易性症者**（transsexuals）（Sohn & Bosinski, 2007）。而跨性别者（transgender）这个词被更广泛地用来指代具有不同程度的跨性别认同的个体，既包括易性症者，也包括异性装扮者和异装症恋物者（见 Lawrence, 2008）。性别烦躁者不会因为穿异性服装而获得性唤起，他们只是认为自己穿着真正所属性别的服装。性别烦躁者的性偏好差异很大。有些是无性欲的，对两种性别都没有欲望，有些是异性恋，还有些是同性恋（Lawrence, 2008）。能够承担费用的性别烦躁者可能会去做变性手术。性别烦躁十分罕见，估计其在男性和女性中的发病率分别为1/12 900 和 1/33 800（De Cuypere et al., 2007）。

有些性别烦躁者对自己错误分配的性别感到非常困扰，他们会产生酒精或药物滥用和其他心理障碍（Lawrence, 2008）。经常受到别人排斥也会导致低自尊和心理痛苦。一些研究表明性别烦躁者的 HIV 感染率很高（Lawrence, 2008）。HIV 可通过高危性行为或者在使用药物或注射激素时共用针头而传播。许多性别烦躁者因为与医生之间消极的互动而回避治疗。事实上，有些医生拒绝治疗性别烦躁者。

性别烦躁的成因

性别烦躁的生物学理论关注产前激素对大脑发育的影响（Bradley, 1995; Zucker & Wood, 2011）。尽管大部分理论都提出了一些具体的机制，但都认为性别烦躁的人曾暴露于异常的激素水平，它通过影响与性有关的脑结构的发育来影响之后的性别认同和性取向。女性的性别烦躁与激素紊乱有关，这种激素紊乱源于产前接触了过高水平的雄激素（Baba et al., 2007）；而男性的性别烦躁与产前暴露于非常低水平的雄激素有关（Hines, Ahmed, & Hughes, 2003; Wisniewski & Migeon, 2002）。

多个研究表明，下丘脑中被称为终纹床核的细胞簇对性行为起一定作用，也会影响性别烦躁（Chung, De Vries, & Swaab, 2002; Kruijver et al., 2000; Zhou, Hofman, & Swaab, 1995）。一般来说，女性脑内的该细胞簇要小于男性。研究已经发现，男性易性症者该细胞簇的大小与女性相当，只有无此障碍的男性的一半。

影响性别烦躁的激素紊乱可能与基因异常有关。家族研究和双生子研究发现，性别烦躁可能有遗传上的原因（Coolidge, Thede, & Young, 2002;Heylens et al., 2012），尽管具体涉及哪些遗传因素还不清楚（Ujike et al., 2009）。

大多数性别烦躁的心理社会理论关注父母在塑造子女性别认同上所起的作用。父母通过强化“性别适宜”的行为，并惩罚“性别不适宜”的行为，来鼓励孩子认同某一性别。从婴儿早期，他们就为孩子购买男性化或女性化的衣服和具有典型性别特征的玩具（洋娃娃或卡车玩具）。他们鼓励或阻止孩子玩打斗游戏或玩洋娃娃。一项针对大样本的性别烦躁男孩的长期研究发现，与无性别烦躁男孩的父母相比，前者不太注意阻止孩子的跨性别行为（Green, 1986）。也就是说，与正常男孩相比，这些男孩不会因为表现出女性化行为（如玩洋娃娃或穿裙子）而直接或间接地受到惩罚。此外，有些非常女性化的男孩（不一定有性别烦躁）的妈妈往往更想要女儿而非儿子，因此她们把男孩当成女儿养，把他们打扮成女孩。当这些孩子长大后，母亲也不允许他们玩打斗游戏，他们很少有男性玩伴。这类男孩中有三分之一家里没有父亲，即使那些家里有父亲的男孩也倾向于与母亲的关系更加亲密。然而，一般来说，支持性别烦躁的心理成因的证据较为薄弱（Zucker & Wood, 2011）。

性别烦躁的治疗

治疗师在治疗性别烦躁者时可以帮助这些个体澄清他们的性别认同、性别体验和治疗愿望。除心理治疗之外，性别烦躁还有三种主要的治疗方法：（1）跨性别激素治疗，（2）在实际生活中全时段地体验另一性别角色，（3）性别再造术，提供个体所认同性别的生殖器和第二性征（如乳房）（Byne et al., 2012）。

跨性别激素治疗刺激个体所偏好性别的第二性征的发育，并抑制出生性别的第二性征。对男性的性别烦躁个体进行女性化激素治疗时会使用雌激素。这些激素可以使脂肪聚积在乳房和臀部，使皮肤变得柔软，抑制胡须生长。睾丸素则被用于女性的性别烦躁个体以诱发男性化。它使声音变得低沉，毛发分布变得具有男性特征，乳房的脂肪组织萎缩，肌肉增大，阴蒂也可能变大（Byne et al., 2012）。不论个体是否希望接受性别再造术，都可以进行激素治疗。

在接受性别再造术之前，个体要花一年或更长时间全时段地以他们期望的性别角色来生活。有些人即便不接受性别再造术或激素治疗，也会选择完全以另一性别的角色来生活（Byne et al., 2012）。

性别再造包括一系列的手术和激素治疗，通常需要两年或者更长的时间。在男性变女性的手术中，阴茎和睾丸会被切除，然后用阴茎中的组织造出一个人工的阴道。从女性变成男性的再造术要造出阴茎，技术上更加困难（Byne et al., 2012）。首先，内生殖器（卵巢、输卵管和子宫）和乳房内的脂肪组织都要切除。尿道改道到经过增大的阴蒂，或用身体其他部位的组织造出人工阴茎和阴囊。这种阴茎可以让人站立排尿，但是不能自然勃起。可以通过其他手术如植入人工假体来产生勃起。

性别再造术一直存在争议。跟踪研究显示，如果患者基于其变性的动机以及整体心理健康状态，谨慎地选择性别再造术，并且得到心理咨询来帮助他们度过变性后的时期，则结局多半是积极的（Byne et al., 2012）。关于结局研究的综述发现，性别再造术之后的性功能处于适当的水平，性满意度也较高（Klein & Gorzalka, 2009; Murad et al., 2010）。

对儿童和青少年性别烦躁的治疗主要集中在用心理疗法来帮助他们澄清性别身份并处理由此引发的人际和心理问题。大多数临床医生认为激素疗法和手术不可用于儿童和青少年，因为他们无法对此做到完全知情同意（Byne et al., 2012）。

图 13.5　性行为中生物学、心理和社会因素的相互作用

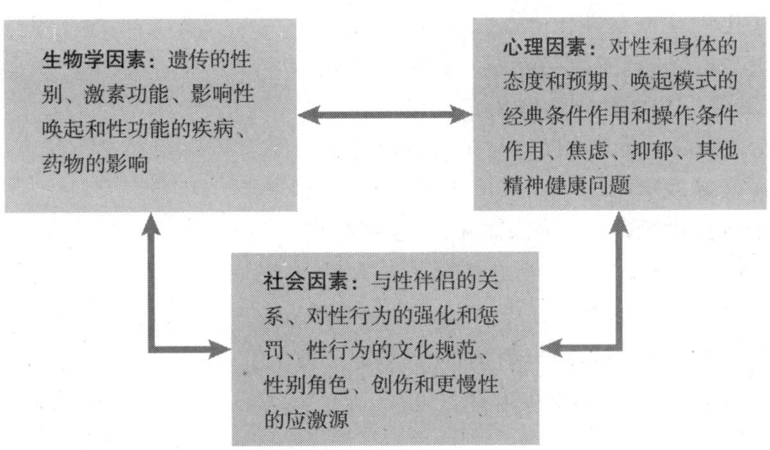

本章整合

没有任何其他领域比性问题更加显而易见地表现出生物学、心理和社会因素的相互作用（图 13.5）。生物学因素影响性别认同、性取向和性功能。然而，这些生物学因素在很大程度上会受到心理和社会因素的调节。人们对性的态度和周围人的反应强烈地影响着他们赋予性功能失调、不常见的性活动或非典型的性别认同的含义。此外，正如我们在性功能失调中看到的，单纯的心理和社会因素便能够使个体的身体停止正常运作。

灰色地带

讨论（对第420页的回顾）

由于A先生的状况从他妻子反对他穿女式睡衣发展到参加异装聚会，你可能认为异装障碍的证据越来越多，但尽管如此，A先生仍可能不会被诊断为异装障碍。要做出异装障碍的诊断，他必须表现出因异装导致了明显的心理痛苦或功能损害。目前并没有证据表明他因为自己的行为或行为的后果而痛苦，即使他的妻子反对其行为。尽管A先生的状况现在不符合诊断标准，但如果异装行为造成婚姻质量下降或工作出现问题，使他产生明显的心理痛苦，那么他未来仍有可能被诊断为异装障碍。

批判性思考

一名男子去公共海滩观看穿着性感比基尼的女性。第二名男子在夜总会付费观看裸露上身的舞娘。第三名男子夜里站在女性的卧室窗外，偷窥她脱衣服。

如同各个文化和历史时期的所有社会一样，我们的社会对于我们允许和不允许的性活动做出了判断。上述三名男子的行动都是由全裸或几乎全裸的女性所唤起的性冲动激发的。然而，思考一下我们的社会是如何对各个行为做出不同评判的：第一名男子的行为不仅是被允许的，也是很多电影、电视节目和商业广告所常见的；第二名男子的行为是一种性交易；只有第三名男子的行为被界定为性障碍，并且是文化规范或法律所不允许的。尽管我们可能会觉得，在现代文化中，我们只禁止那些真正“病态的”行为，但我们的判断仍然是主观和文化特定的。

根据你的判断，你觉得本章中是否有一些性障碍不应该被认为是障碍，而仅仅是个人偏好？（讨论见本书末尾。）

本章小结

- 性反应周期可以分为性欲期、唤起期、平台期、高潮期和消退期。
- 性兴趣/性欲和唤起障碍（男性性欲低下障碍、女性性兴趣/唤起障碍、勃起障碍）是最常见的性功能失调。有这些障碍的人长期体验到性欲低下或缺乏，或者性唤起缺陷。
- 女性性高潮障碍个体在达到性反应周期中的兴奋期后，持续或反复多次发生性高潮延迟或缺失。
- 早泄男性持续在插入前、插入时或插入后不久，（受到最轻微的性刺激后）就在希望射精之前射精。延迟射精的男性在达到性反应周期的兴奋期后，持续或反复多次发生性高潮延迟或缺失。
- 生殖器–盆腔痛/插入障碍包括与性交相关的阴茎疼痛；或在女性中，当阴道被插入时，阴道外三分之一的周围肌肉非自主性收缩。
- 一系列生物学因素，包括躯体疾病、药物副作用、神经系统损伤、激素缺乏，都会导致性功能失调。导致性功能失调的最常见心理因素和社会文化因素包括对性的消极态度、创伤或承受压力的经验，或与性伴侣的冲突。
- 幸运的是，大多数性功能失调可以治愈。生物治疗包括服用增强性功能的药物如万艾可，以及缓解引起性功能失调的躯体疾病的药物。
- 心理疗法结合了（1）心理治疗，针对功能失调个体的个人担忧以及个体与其伴侣之间的冲突（2）性治疗，降低性抑制并教授新技巧以最大程度享受性乐趣。
- 感官聚焦疗法是性治疗的一整套技巧。该练习引导伴侣双方经过三个阶段，从不涉及生殖器的轻柔抚摸到对生殖器的直接刺激，再到最后专注于提升和维持性快感而非性高潮和性表现的性交。
- “停–动”技术或挤捏技术对早泄男性有帮助。
- 性欲倒错障碍包括反复发生非典型的性幻想、性冲动和性行为，并导致个体痛苦或功能损害，或者导致伤害自己或他人的风险。
- 恋物障碍是一种性欲倒错障碍，其性幻想、性冲动或性行为的对象是非生命物体或非生殖器的身体部位。恋物障碍的一种特定形式是异装障碍，即个体通过异装来获得性唤起。
- 性施虐障碍的性幻想、性冲动或性行为集中于给性伴侣施加痛苦或羞辱。性受虐障碍的性幻想、性冲动或性行为集中于在性行为中承受痛苦和羞辱。
- 窥阴障碍的性幻想、性冲动或性行为集中于偷窥其他人脱衣、裸体行事或性活动。绝大部分的窥阴症者都是偷窥女性的男性。
- 露阴障碍的性幻想、性冲动或性行为集中于在未征得同意的观察者面前暴露生殖器，暴露的对象通常是陌生人。
- 摩擦障碍常伴随窥阴障碍和露阴障碍发生。摩擦障碍的性幻想、性冲动或性行为集中于摩擦或抚摸未征得同意者的身体部位。这种行为通常发生在拥挤的公共场合。
- 恋童障碍者的性幻想、性冲动或性行为集中于青春期前的儿童。

- 人们发现恋童障碍者和无此障碍者之间存在一些神经发育上的差异。
- 行为理论认为有性欲倒错者的性行为是经典条件作用或操作条件作用的结果。
- 性欲倒错的治疗包括利用生物学干预减少性冲动，利用行为干预对性欲倒错的对象造成的性唤起去条件化，利用认知行为干预挑战支持性欲倒错行为的认知并提升应对技巧。
- 如果个体认为自己的出生性别是错误的，而完全应该属于另一性别，则可以被诊断为性别烦躁。该障碍个体对自己的性别和生殖器长期感到不舒服和不适宜，并希望以另一性别生活。儿童性别烦躁十分少见，该障碍儿童持续排斥自己的解剖学性别，希望变成另一性别，或坚持自己属于另一性别，并对跨性别角色和活动表现出强烈的偏好。
- 生物学理论认为，性别烦躁是因为产前接触的激素影响了下丘脑和其他与性相关的脑结构的发育。社会化理论认为有性别烦躁儿童（主要是男孩）的父母没有对性别适宜的行为加以鼓励。
- 性别烦躁的治疗包括跨性别激素疗法、体验希望成为的性别成员的真实生活以及性别再造术。

关键术语

性功能
性别认同
性欲
唤起期
平台期
性高潮
消退期
性功能失调
男性性欲低下障碍
女性性兴趣 / 唤起障碍
勃起障碍
女性性高潮障碍
早泄
延迟射精
生殖器 – 盆腔痛 / 插入障碍
物质所致的性功能失调
表现焦虑
感官聚焦疗法
“停 – 动”技术
挤捏技术
性欲倒错障碍
恋物障碍
异装障碍
性施虐障碍
性受虐障碍
施虐受虐症
窥阴障碍
露阴障碍
摩擦障碍
恋童障碍
厌恶疗法
性别烦躁
易性症者

第14章

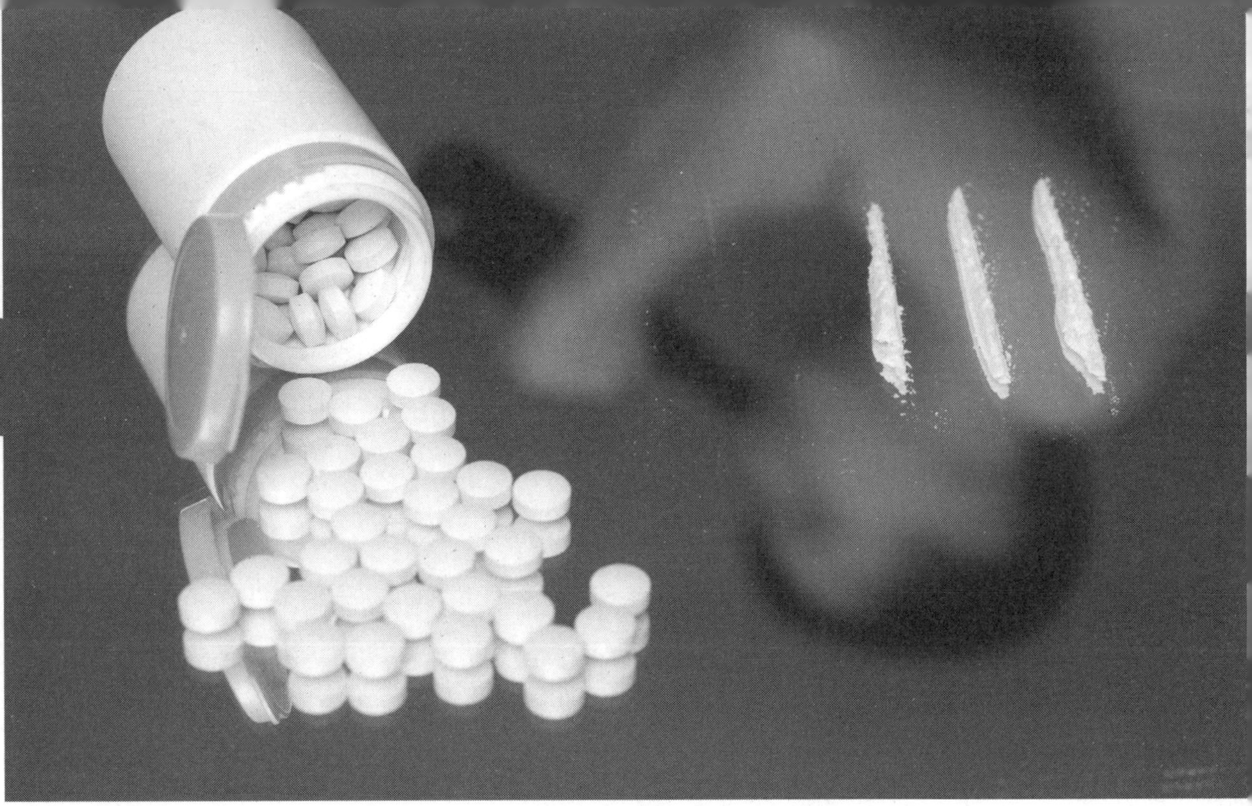

物质使用和赌博障碍

本章提纲

连续谱模型下的物质使用

功能正常 —— 功能失调

戒酒

少量社交性饮酒

没有明显的社会、职业或身体方面的后果

中度饮酒，主要在社交场合

通常没有社会、职业或身体方面的后果，但可能发生意外（微醺状态下开车），损害第二天的表现，体弱的人可能身体受损（有心脏病的人血压升高）

可能符合轻度酒精使用障碍的诊断标准：

大量饮酒，伴随一些社会、职业、法律或身体方面的后果（酒驾，醉酒时行为不端而影响工作，时常在工作或学业上表现不佳，血压升高，肝脏损伤，等等）

可能符合中度酒精使用障碍的诊断标准：

- 有明确证据表明产生了社会、职业、法律或身体方面的严重后果
- 不计后果地持续使用

可能符合重度酒精使用障碍的诊断标准：

- 有明确证据表明产生了社会、职业、法律或身体方面的严重后果
- 有耐受性和戒断症状
- 尝试控制或节制饮酒失败
- 获取物质、使用物质和戒断物质恢复正常占据了整个生活

作为学生，在你所认识的人当中，分布在物质使用连续谱上的人数很可能超过之前各章中的其他连续谱。电视节目和电影常常将物质使用作为成年礼来展示——想一想像《动物屋》这样的电影里大学生饮酒的场景——统计数据表明这样的描写有一定的真实性。使用违禁药物最多的是年轻人（图 14.1；Substance Abuse and Mental Health Services Administration [SAMHSA], 2008b），大约 20% 的大学生报告正在使用违禁药物。

连续谱的一端是完全戒除的人。一些人不喜欢物质的作用；另一些人的文化背景或宗教信仰禁止饮酒或吸毒。全球有 46% 的男性和 73% 的女性戒除酒精，这些人大部分分布在横跨地中海东部的北非、中亚南部以及东南亚至印度尼西亚群岛一带（WHO, 2011）。在世界其他地区（如欧洲），只有不到 20% 的人戒除酒精。

沿着这个连续谱往前是“出于消遣”而吸毒和饮酒的人。将近一半的美国人承认曾经尝试过违禁物质，大约 14% 的人在过去一年中使用过违禁物质（SAMHSA, 2008b）。

尽管电影和电视常常让物质使用显得很酷，但其后果实际上极其严重。因使用物质而导致的交通事故死亡人数超过其他所有类型的事故。2008 年，15% 的美国司机报告在酒精作用的状态下开车，另外有 5% 的人报告在开车时处于某种违禁药物的作用之下（SAMHSA, 2008c）。在美国，超过 10% 的急诊与酒精、违禁药物或处方药物的不当使用有关（SAMHSA, 2008a）。

处于连续谱另一端的个体将物质使用作为生活的中心。过度的物质使用损害了他们的日常功能——他们逃避工作和家庭责任，行为冲动或怪异，危害自己和他人的生命。这些人有物质使用障碍。

非常人物

吸毒的名人

惠特妮·休斯顿于2012年因药物过量死亡。

惠特妮·休斯顿是有史以来最成功的音乐家之一，她的专辑、单曲和MV销量超过1.7亿，所获的音乐奖项超过任何其他女艺人。单曲《我将永远爱你》作为她主演电影《保镖》的主题曲，成为了史上女歌手销量最佳的单曲。20世纪80年代至90年代，她在流行歌曲排行榜上位居榜首。但是，当吸毒导致行为怪异和失去天籁嗓音的传闻出现时，她的辉煌戛然而止，专辑销量骤然下跌。2012年她在美国广播公司的访谈上承认滥用可卡因、大麻和违禁药片。她试图复出，但在公众场合她的声音经常嘶哑而颤抖。接着，2012年2月，惠特妮·休斯顿被发现淹死在比弗利山酒店客房的浴缸里，年仅48岁。尸检报告显示，她体内的可卡因、大麻和其他多种药物超标，她还有与长期滥用药物有关的心脏病，从而导致了此次意外死亡。

惠特妮·休斯顿只是众多因吸毒而早逝的名人之一。希斯·莱杰在电影《黑暗骑士》中对“小丑”的塑造获得了2009年的奥斯卡金像奖。然而，这名演员没有到场领奖，因为他在2008年1月22日死于处方药物过量，这些药物包括氧可酮、氢可酮、安定、替马西泮、赞安诺和多西拉敏（一种催眠药）。莱杰只有28岁，星途灿烂。其他很多名人也有公开的吸毒和饮酒问题，包括凯特·摩丝、布兰妮·斯皮尔斯、林赛·罗韩、小罗伯特·唐尼、德鲁·巴里摩尔、科特妮·洛芙。因毒品致死的名人还有迈克尔·杰克逊、D.J. AM、克里斯·法利、安娜·妮科尔·史密斯、约翰·贝鲁西、拉塞尔·琼斯、艾米·怀恩豪斯、瑞克·詹姆斯。正如滚石乐队吉他手基思·理查兹所说：“我曾认识一些整天吸毒的家伙，但是他们都死了……去过几次葬礼，你就明白了。”

名人比普通大众更容易染上毒瘾吗？也许不是这样的。正如我们在本章中要讨论的，酒精和毒品使用障碍是美国乃至全世界最常见的精神健康问题。名人有更多钱购买违禁药物，并且毒品和酒精是娱乐圈社交场合的重要组成部分。有些名人无法承受在其领域维持巅峰的压力，因而可能会通过吸毒来缓解。同时，当名人滥用毒品或酒精时，媒体会大肆宣扬他们的失足行为。但很多名人吸毒的原因可能与那些有毒品和酒精使用障碍的普通人一样，是相同的生物学和社会心理因素所导致的。

每个人都会受到诱惑，并且有些人更难抵制诱惑。我们在本章中要探讨的一类障碍与长期难以抵制饮酒或吸毒的欲望有关，在*DSM-5*中被称为**物质使用障碍**（substance use disorders）。我们还会探讨**赌博障碍**（gambling disorder），即无法抵制赌博的冲动，因为此障碍的行为模式和成因似乎与物质使用障碍的相似（Denis, Fatsèas, & Auriacombe, 2012）。

我们从物质使用障碍开始。**物质**（substance）是具有精神活性作用的任何天然或合成产物——能够改变知觉、想法、情绪和行为。我们在这一章要讨论的一些物质通常称为毒品（如可卡因和海洛因）。滥用毒品的人通常被称为*吸毒成瘾者*。然而，正如*成瘾*这个术语所暗示的，人们因物质使用而产生问题，却未必形成生理依赖。例如，一些爱泡夜店的人对摇头丸并没有生理依赖，但是他们仍然认为自己需要这种毒品才能玩得痛快。

不同社会对待精神活性物质的态度是不同的，有的社会认为精神活性物质的使用是一种个人选择，也有社会则视其为严重的公共健康和安全问题。在美国，不同时期和不同人群对物质使用的态度差别很大（Keyes et al., 2011）。美国民众对酒精的矛盾态度在前国会议员比利·马修斯给一位选民的回信中表现得淋漓尽致。选民写道："尊敬的国会议员，你是如何看待威士忌的？"因为这位国会议员不知道提问者对酒精的立场，所以他做出了下面这样保险的回答：

> 我亲爱的朋友，我本来不想在此特殊时刻谈论这一有争议的问题。但是，我想让你知道，我不会回避争议；相反，无论问题多么充满争议，我都会在任何时候面对任何问题明确表态。你问我怎么看待威士忌，以下就是我的立场。
>
> 如果你说的威士忌，指的是邪恶的酒精；苦难的毒药；张开血盆大口的怪物，它玷污清白，夺人理智，破坏家庭，制造痛苦、贫穷和恐惧；从孩童嘴里夺食；如果你认为这邪恶的饮料让基督徒们从正义、高尚的生活之巅跌入堕落、绝望、羞耻、无助和无可救药的无底深渊；那么，当然，我会尽我所有的力量反对它。
>
> 但是，假如你说的威士忌，指的是交谈的润滑剂，助兴的酒，要好的朋友们相聚时喝的麦芽酒，让大家心中响起歌声、嘴上挂着笑容、眼里充满友善和满足；假如你是指圣诞时的干杯；假如你是指那令人振奋的、在严寒的晨曦给老人的步履带来春意的酒；假如你是指能够增进人们的喜悦和幸福，或者忘却（即使是暂时忘却）生命中的悲剧、心碎和悲伤的酒；假如你是指这样一种饮料，它的销售给我们带来数百万美元的财富，用于照料残疾儿童、失明者、失聪者、可怜的年老者和体弱者；以及用于建造高速公路、医院和学校；那么，当然，我赞同饮酒。这就是我的立场，而且我将来也不会妥协。国会议员敬上。（引自 Marlatt, Larimer, Baer, & Quigley, 1993, p.462）

图 14.1　过去一年违禁药物的使用情况。

在美国，不同种族和年龄段的人群使用违禁药物的比例是不同的。

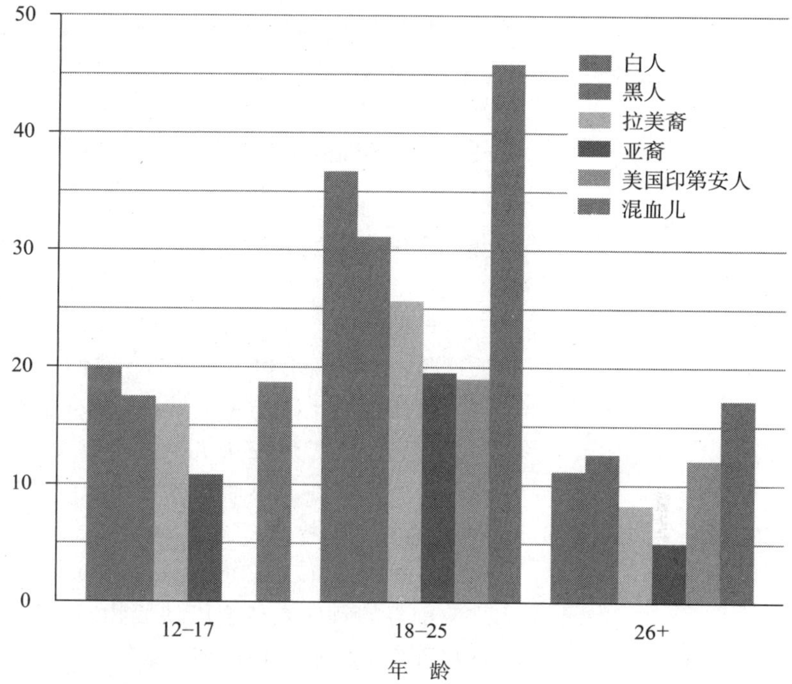

资料来源：SAMHSA, 2008c.

注：违禁药物包括大麻、可卡因、海洛因、致幻剂、吸入剂，或者非医疗用途的处方药物。缺少12～17岁美国印第安人的估测数据，因为这一人群的回复率很低。

可口可乐最初含有可卡因成分。

几个世纪以来许多物质都曾用于医疗。早在公元前 1500 年，安第斯高地的土著人就咀嚼古柯叶来增强耐力(Cocores, Pottash, & Gold, 1991)。古柯叶可以制作可卡因，使用可卡因缓解疲劳直到 20 世纪在欧洲和美国都是合法的。最初的可口可乐里就含有可卡因成分，而且有 50 多种广泛使用的饮料和药剂里也含有可卡因。

精神活性物质传统上也出现在宗教仪式中。例如，佩奥特掌（一种墨西哥产仙人掌——译者注）在咀嚼后能够产生视幻觉，让人看到彩色光芒或几何形状、动物或人。北美洲的土著人几百年来都在宗教仪式上使用它。

物质使用障碍的定义

长期以来，人们认为有四种状况对定义个体的物质使用很重要：物质中毒、物质戒断、物质滥用和物质依赖。我们先定义这些状况。

物质中毒（substance intoxication）是物质对中枢神经系统的生理作用所导致的一系列行为和心理变化。人们在摄入某些物质后很快就会中毒，摄入越多，中毒就越深。当物质在人体血液或者组织中的含量下降之后，中毒状态也会随之减轻，但即使体内已经检测不到这些物质，中毒状态可能还会持续数小时或数天（Virani, Bezchlybnik-Butler, & Jeffries, 2009）。

中毒的具体症状会因使用物质的种类、剂量、摄入时间以及使用者的耐受性、环境而异。例如，你可能已经观察到，酒精会让一些人产生攻击性，而让另一些人变得退缩。短期或急性中毒的症状与慢性中毒的症状也不一样。当人们第一次摄入中等剂量的可卡因时，也许会变得外向乐观。但长期使用几天或者几周后，他们或许在社交上开始变得退缩（Virani et al., 2009）。人们对物质效果的期望也会影响症状表现。预期大麻会使他们放松的人或许会体验到放松的感觉，而害怕大麻去抑制作用的人可能会感到焦虑（Ruiz, Strain, & Langrod, 2007）。

使用物质的环境会影响人们中毒后的症状。例如，人们在聚会中喝下几杯酒后可能会变得毫无顾忌、大声喧哗，但在自己家喝下同量的酒，却可能会变得疲倦和沮丧。

使用物质的环境也会影响中毒的症状。例如，聚会中喝下几杯酒的人可能会变得毫无顾忌、大声喧哗，但在自己家喝下同量的酒，却可能会变得疲倦和沮丧（Brick, 2008）。环境同样会影响中毒状态的适应不良程度：人们在家里喝酒造成的伤害可能要比在酒吧喝酒并带着醉意驾车回家要小得多。物质中毒的诊断要求个体的行为和心理变化具有明显的适应不良性质，即严重破坏个体的社会关系和家庭关系，引起职业问题或财务问题，或者有极大可能对个体产生不利后果，如交通事故、严重的医疗并发症或法律问题。例如，当明显处于某种物质的影响下时参与斗殴，可能就符合物质中毒的诊断。物质中毒在物质使用障碍者身上较普遍，但没有物质使用障碍的人也会出现。

物质戒断（substance withdrawal）是人们在长期大量使用物质后停用或者大幅减少用量而导致的一系列生理和行为症状。戒断症状一般与中毒症状相反。物质戒断的诊断要求个体承受明显的痛苦或者日常生活功能损害。

DSM-IV 区分了*物质滥用*和*物质依赖*。当人们反复使用某种物质而导致以下 4 类严重的有害后果时，就可以诊断为**物质滥用**（substance abuse）。第一，个体无法完成工作、学习或家庭中的重要责任。个体无法上班或上学，不能集中注意力因而表现很差，甚至在工作或学校中使用该物质。第二，个体在可能对身体造成重大伤害的情况下仍反复使用该物质，例如在驾驶时。第三，个体因为使用该物质而不断地触犯法律，如因持有违禁物质或酒后驾车被逮捕。第四，即使不断引起社会或法律问题，个体仍继续使用该物质。物质滥用的 *DSM-IV* 诊断要求个体在 12 个月里反复出现这 4 种后果中的至少 1 种。

DSM-IV 对**物质依赖**（substance dependence）的诊断标准最接近人们通常所说的*药物成瘾*。对某种物质产生依赖或成瘾的人通常会表现出**耐受性**（tolerance）——使用相同剂量的该物质产生的效果越来越小，需要越来越大的量才能达到中毒状态。有多年抽烟史的人一天往往要吸 20 多根烟，而在他们刚开始抽烟的时候，这个数量会让他们大病一场。当个体对某种物质具有很高的耐受性时，即使血液中该物质含量非常高时他也不会感觉到该物质的作用。不同物质产生耐受性的风险迥异。酒精、阿片类物质、兴奋剂和尼古丁很容易产生耐受性，而大麻和苯环利定产生耐受性的风险较低（Brick, 2008）。对某种物质形成生理依赖的人在停用该物质之后，经常会表现出严重的戒断症状。有时物质使用量只能逐渐减少，以免症状变得无法承受或造成危险（Brick, 2008）。这些人也许需要继续摄入以缓解或避免戒断症状。

然而，*DSM-IV* 的物质依赖诊断标准并不要求出现生理依赖（耐受性或戒断的迹象）。个体只需强迫性地使用物质，而不顾因此产生严重的社会、职业、心理或躯体问题。物质依赖的诊断先于物质滥用的诊断。有些人滥用物质多年，严重破坏了自己的生活，但并不符合物质依赖的诊断标准。

DSM-5 将物质滥用和物质依赖合并为一个诊断，即物质使用障碍。这是因为在临床和研究情境中区分滥用和依赖很困难，并且物质滥用诊断的信度很低（Hasin et al., 2012）。*DSM-5* 对物质使用障碍的诊断标准包括控制受损，尽管产生消极的社会、职业和健康后果仍继续使用物质，冒险使用，以及耐受或戒断的迹象（见表 14.1）。使用者必须在一年以上的时间里出现与物质使用障碍有关的两种或更多症状才符合诊断标准。*DSM-5* 删去了 *DSM-IV* 中关于法律问题的诊断标准，因为这种问题在成年人中相对少见，因此并不能提供有效信息，但新增了渴求的标准，因为这对有物质使用问题的人来说是一种普遍且对诊断很重要的症状（Hasin et al., 2012）。临床医师也将物质使用障碍的严重程度分为轻度（符合 2 ~ 3 条标准）、中度（符合 4 ~ 5 条标准）或重度（符合 6 条及以上）。

为了确定酒精相关障碍诊断标准从 *DSM-IV* 到 *DSM-5* 的变化带来的影响，一项研究对全美具有代表性的大样本进行再分析，发现基于 *DSM-5* 诊断标准，酒精使用障碍的 12 个月患病率（10.8%）与 *DSM-IV* 诊断为酒精滥用或酒精依赖的 12 个月患病率（9.7%）十分相似（Agrawal, Heath, & Lynskey, 2011）。这说明，基于 *DSM-IV* 诊断标准的各种物质滥用和依赖的患病率合并后可以用来估计本章中讨论的各种物质使用障碍的患病率。

DSM-5 确定了 10 种可能出现物质使用障碍的物质。本章将这些物质分为 5 类：

表 14.1 物质使用障碍的诊断标准

中央控制受损
1. 摄入物质的剂量或时间比原先的打算更严重。
2. 使用者渴求物质使用。
3. 使用者对减少或控制物质滥用有持久的欲望。
4. 花费大量时间获得物质、使用物质或从物质的效应中恢复。
社交受损
5. 反复的物质使用通常导致无法履行家庭、工作或学校的责任。
6. 因为物质使用而放弃或减少重要的社交、职业或娱乐活动。
7. 尽管物质的效应引起或加重反复的社交或人际关系问题，仍继续使用物质。
冒险使用
7. 在可能对躯体造成伤害的情况下仍反复使用物质，例如开车或操作机器。
8. 尽管认识到物质可能引发或加重持久的生理或心理问题，仍继续使用物质。
药理学标准
10. 需要更大剂量的物质来达到预期的效应，或随着时间推移摄入同等剂量物质体验到的中毒效应减弱，表明物质使用者对物质的耐受性改变。
11. 物质的典型戒断症状和/或摄入相同或相似的物质来减轻戒断症状，表明出现戒断。
注：通常需要符合两条及以上的上述标准才能做出物质使用障碍的诊断。

（1）中枢神经系统抑制剂，包括酒精、巴比妥类、苯二氮卓类和吸入剂；（2）中枢神经系统兴奋剂，包括可卡因、苯丙胺类、尼古丁和咖啡因；（3）阿片类物质，包括海洛因和吗啡；（4）致幻剂和苯环利定（PCP）；（5）大麻。接下来将探讨人们在使用各类物质时出现问题的特点，并介绍普遍滥用的其他几种药物。

抑制剂

抑制剂（depressants）会减缓中枢神经系统的活动。适量使用时，会使人感到放松和昏昏欲睡，注意力减退，损害思考、判断和运动能力。大量使用可能造成昏迷甚至死亡（见表 14.2）。

表 14.2 抑制剂的中毒和戒断

抑制剂会抑制中枢神经系统的活动。

物质	中毒症状	戒断症状
酒精	行为症状（例如，不适当的性行为或攻击行为，情绪多变，判断力受损）	自主神经活动亢进（例如，出汗，脉搏过快）
苯二氮卓类	嗜睡	手部震颤
巴比妥类	口齿不清	失眠
	失协调	恶心或呕吐
	步态不稳	短暂性的幻觉或错觉
	不自主的眼球运动	精神运动性激越
	注意或记忆损害	焦虑
	意识模糊或昏迷	癫痫

酒精

酒精对大脑的作用具有两个独立的阶段（Brick, 2008）。少量摄入时，酒精会让人感到更加自信、放松，或许还有一些欣快感。他们可能变得不那么拘谨，许多人喜欢饮酒可能就是因为这种去抑制作用。然而随着摄入量增加，酒精会引起许多抑郁症状，包括疲倦、昏睡、动机降低、睡眠障碍、心境低落和混乱。虽然许多人饮酒后也觉得自己更性感（主要是因为酒精降低了他们的性抑制），但即使少量的酒精也会损害性功能。

酒精中毒的人说话含混不清，步履蹒跚，难以注意或记忆事物，躯体反应迟缓而笨拙。他们或许会做出一些不当行为，变得有攻击性、好斗或说粗话，情绪也在高涨与绝望之间摇摆。严重中毒时，他们会陷入昏迷。他们往往认识不到自己显然已经酒精中毒了，或者直接否认这一点。一旦清醒过来，他们会忘记酒精中毒期间发生的事情，即暂时的意识丧失（blackout）（Ruiz, Strain, & Langrod, 2007）。

决定人们酒精中毒快慢的一个关键因素是胃中是否有食物。空腹喝酒时，酒精会很快从胃进入小肠，快速被身体吸收。饱腹时，人们要喝下大量的酒，血液中的酒精含量才会达到危险水平，或者表现出明显的酒精中毒体征（Brick, 2008）。如法国人总是在吃饭时喝酒，与那些经常空腹喝酒的国家的人相比，前者发生酒精使用障碍的比例更低。

酒精中毒的法律定义要比酒精中毒的诊断标准严格得多。美国大多数州认定人体血液酒精含量达到或超过 0.08 的时候，人就处于酒精的影响之下。如表 14.3 所示，大多数人不用喝太多酒就会达到这一含量。女性饮用更少的酒血液中的酒精含量就能达到较高水平，因为女性体型更小，身体含水量更低，因此同等剂量的酒精在血液中浓度更高。人们在喝下第一杯酒之后注意力、反应时间和协调性就会受到损害，并影响驾车或操作机器的安全，其他一些需要手部稳定、协调性、思维清晰、视觉清楚的任务也会受影响。即使是训练有素的观察者，要判断这些损害也不容易。人们在离开聚会或酒吧的时候，血液中的酒精含量经常远超法律允许的范围，但却不会表现出喝醉的样子（Brick, 2008）。

过度饮酒可能是同辈群体文化现象，但这仍然会使某些成员出现酒精使用障碍。即使不是长期酗酒者，大量喝酒也会导致死亡。其中三分之一的死亡是因为人们在喝醉后继续大量饮酒，造成呼吸麻痹。酒精也会与很多物质发生致命的相互作用，其中包括抗抑郁药（Brick, 2008）。

全球每年大约有 60 万起死亡事件是与酒精有关的意外伤害造成的，包括交通事故、溺水、烧伤、中毒和坠落（WHO, 2005）。所有致命的交通事故、坠落、火灾造成的死亡中将近一半与饮酒有关，超过三分之一的溺亡与饮酒有关（Fleming & Manwell, 2000; Hunt, 1998）。即使只是“微醺”（例如，血液酒精含量水平为 0.02%）也比完全清醒时发生交通事故的风险大得多（Phillips & Brewer, 2011）。超过一半的杀人犯和被害者在凶杀发生时处于醉酒状态，而且企图自杀或实施自杀的人也常常受到酒精的影响才这样做。

一边进食一边喝酒可以减慢酒精的吸收速度。

表 14.3 性别、体重、饮酒量和血液酒精含量的关系

大多数人不用喝太多酒，血液酒精含量就会达到0.08的水平，这在美国很多州是法定的醉酒状态。

		血液中酒精含量（百分比）					
全部酒精含量（盎司）	饮酒量*	女性（100磅）	男性（100磅）	女性（150磅）	男性（150磅）	女性（200磅）	男性（200磅）
1/2	1 盎司烈酒+ 1 杯红酒 1 听啤酒	0.045	0.037	0.03	0.025	0.022	0.019
1	2 盎司烈酒 2 杯红酒 2 听啤酒	0.090	0.075	0.06	0.050	0.045	0.037
2	4 盎司烈酒 4 杯红酒 4 听啤酒	0.180	0.150	0.12	0.100	0.090	0.070
3	6 盎司烈酒 6 杯红酒 6 听啤酒	0.270	0.220	0.18	0.150	0.130	0.110
4	8 盎司烈酒 8 杯红酒 8 听啤酒	0.360	0.300	0.24	0.200	0.180	0.150
5	10 盎司烈酒 10 杯红酒 10 听啤酒	0.450	0.370	0.30	0.250	0.220	0.180

*一小时内

+100-proof 烈酒（酒精含量50%）

译者注：1盎司约为29.57毫升；1磅约为453.6克。

资料来源： Ray & Ksir, 1993, p. 194.

酒精戒断症状表现为三个阶段（Brick, 2008）。第一阶段，通常会在停止饮酒或急剧减少饮酒量后的几个小时内开始，症状包括震颤（“发抖”）、虚弱、大量出汗。个体可能自述焦虑（“紧张不安”）、头疼、恶心和腹部绞痛，可能会反胃或呕吐。个体表现出脸红、躁动、易受惊吓和警觉。脑电图模式可能有轻微异常。个体可能会看到或听到一些东西，一开始只在闭眼时出现，后来在睁眼时也是如此。中度酒精使用障碍者可能只经历戒断的第一阶段，且症状在几天内就会消失。

酒精戒断症状的第二阶段包括痉挛发作，痉挛最早在停止饮酒 12 个小时后就会发生，但通常在第二天或第三天出现。戒断的第三阶段的特征是**震颤性谵妄**（delirium tremens）。个体产生听幻觉、视幻觉和触幻觉，可能产生怪异而可怕的妄想，例如认为有怪物正在袭击自己。他们几乎不睡觉，变得焦虑不安，失去判断力。还可能出现发烧、大量排汗和心律不齐。在大约 10% 的病例中，震颤性谵妄是致命的。死因可能是体温过高或者外周血管系统衰竭。幸运的是，只有大约 11% 的重度酒精使用障碍者会产生痉挛或震颤性谵妄（Schuckit, Tip, Reich, & Hesselbrock, 1995）。在一次性大量饮酒的人和有其他疾病的人群中，这些症状更为普遍。

酒精滥用

正如物质使用的连续谱所示，酒精使用和滥用的范围很广泛，从完全戒除酒精到在社交情境下偶尔饮酒，再到经常大量饮酒，最后到由于饮酒导致严重的社会、职业和健康问题。靠近连续谱适应不良一端的是重度饮酒（男性每天两杯或更多，女性每天一杯或更多）或酗酒（男性在几小时内喝 5 杯或更多，女性在几小时内喝 4 杯或更多）。重度饮酒和酗酒与严重的健康问题有关（Paul et al., 2011）。全美大型研究发现，大约 7% 的成年人是重度饮酒者，17% ~ 23% 的成年人报告在上个月至少酗酒一次（Paul et al., 2011; SAMHSA, 2008c）。酗酒在大学校园里很普遍。全美大约有 35% 的大学生报告上个月有过酗酒，而 18 ~ 22 岁的非大学生为 32%（Johnston, O' Malley, Bachman, & Schulenberg, 2012）。酗酒在兄弟会和姐妹会中尤其常见，有 75% 的成员表示他们酗酒（Wechsler et al., 2002）。

图 14.2　过去一个月酒精使用的性别差异

男性比女性饮酒更多。

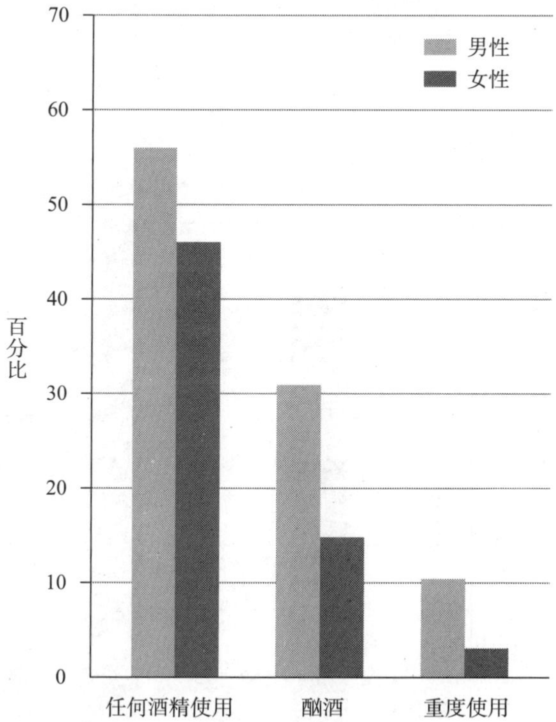

资料来源：SAMHSA, 2008c.

注： 酗酒的定义是在过去30天内至少在同一场合喝了5杯酒或更多。重度使用的定义是在过去30天的至少5天里在同一场合喝了5杯酒或更多。

性别和年龄差异　在大多数国家，男性比女性更可能饮酒，也更可能重度饮酒或酗酒（Wisnack et al., 2009）。同样在所有年龄段中，男性发生酒精使用障碍的可能性比女性高得多，如图14.2所示。饮酒的性别差异在认同传统性别角色的人群中更大，因为传统观念容忍男性的饮酒行为，而女性则不行（Huselid & Cooper, 1992; Wilsnack et al., 2009）。类似地，在美国的少数族裔群体如拉美裔和亚洲新移民中，对于传统性别角色的接受更加广泛，其饮酒的性别差异比欧裔美国人大得多，主要是因为少数族裔的女性大多完全不饮酒。本章稍后会讨论导致物质使用性别差异的其他因素。

酒精使用障碍巨大的年龄差异随着年龄增大而减小，这有很多原因。首先，随着年龄增大，肝脏对酒精的代谢速度变慢，并且体内水分含量较低，导致对酒精的吸收增加。因此，年纪大的人会更快地喝醉，酒精的负面作用也产生得更快、更严重。其次，随着年龄增大，人们在做选择时会更加成熟，包括选择是否过度饮酒。再次，与年轻人相比，年长者的成长环境更加强烈地反对酒精使用和滥用。最后，多年过度饮酒的人可能在进入老年期之前就因为酒精相关疾病而死亡了（Sher, Grekin, & Williams, 2005）。

虽然饮酒对 21 岁以下的美国人来说是非法的，但有三分之一的八年级学生和 70% 的十二年级学生曾经尝试过酒精（Johnston et al., 2012）。特别值得关注的是，有 22% 的十二年级学生报告在过去一年有过酗酒。若干研究揭示年轻人酒精使用和酒精相关问题的患病率在近几十年有所上升，人们首次饮酒的年龄也有所下降（Grucza, Bucholz, Rice, & Bierut, 2008; Keyes et al., 2008, 2010）。首次饮酒和发生饮酒相关问题的年龄越小，个体出现酒精使用障碍的可能性越大（Alvanzo et al., 2011）。

文化和族裔/种族差异　酒精使用和酒精相关问题的发生率有明显的文化差异（图 14.3）。俄罗斯男性和女性的饮酒量都很大，酒精引发负面健康问题的发生率在俄

图 14.3 世界不同地区的纯酒精消耗量

酒精消耗量有很大的文化差异。（东南亚包括印度及其周边国家。西太平洋地区包括澳大利亚、中国、日本和环太平洋国家。）

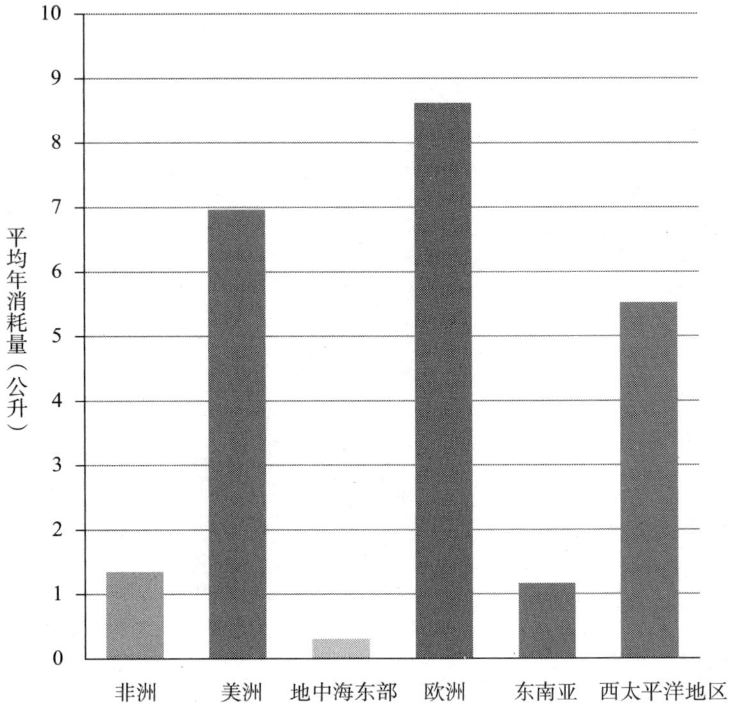

资料来源：World Health Organization, 2005b.

罗斯及其周边国家是最高的（Rehm et al., 2009）。一些非洲国家和中东国家的酒精消耗量较小与伊斯兰教禁止饮酒有关。

在美国，不同族群的饮酒行为也有很大差异。美国印第安人是酒精相关问题的高危群体，43% 的人曾经一度符合酒精滥用或酒精依赖的诊断标准（Hasin, Stinson, Ogburn, & Grant, 2007）。美国印第安人中，酒精引起的死亡比美国一般人群高 5 倍（Manson et al., 1992）。酒精相关问题的高发率与过高的贫困和失业率、较低的受教育程度以及更强烈的无助感和无望感有关（Manson et al., 1992）。

酒精滥用的长期影响

长期重度饮酒会使身体系统产生中毒反应，包括胃、食道、胰腺和肝脏（Paul et al., 2011）。与酒精滥用有关的最常见疾病是轻度高血压，再加上甘油三酯和低密度脂蛋白（或“坏”）胆固醇含量增加，使酒精滥用者出现心脏病的风险提高。重度酒精使用易诱发癌症，尤其是女性乳腺癌（Chen et al., 2011）。酒精使用障碍者往往营养不良，一部分原因是长期的酒精摄取削弱了肠胃系统吸收重要营养物质的能力，另一部分原因是因为他们常常以酒代食。一些酗酒者长期缺乏硫胺素（维生素 B1），这会导致中枢神经系统障碍，表现为手足麻木和疼痛、肌肉退化以及远、近物体的视敏度降低（Martin & Bates, 1998）。长期重度饮酒有可能导致痴呆，这是一种永久性的由物质所致的重度神经认知障碍，表现为丧失智力，包括记忆、抽象思维、判断和问题解决能力。也经常伴随人格改变，例如更加偏执（见第 10 章）。在很多长期酒精滥用者身上可以发现中枢神经系统受损造成的一些不明显的缺陷（如物质所致的轻度神经认知障碍），甚至在他们停止饮酒后也是如此（Mattin & Bates, 1998）。

如前所述，酗酒在青少年和年轻成人中更为普遍。越来越多的证据表明，在青少年和成年早期重度饮酒和长期使用酒精可能给大脑带来永久性的不利后果，大脑发育在此阶段正发生巨大变化（Jacobus & Tapert, 2013）。神经影像学研究显示，经常酗酒或长期重度饮酒的青少年和年轻成人，其大脑多个区域的结构和功能都发生了变化，这些变化与各种认知测试的表现不佳有关。少数几个纵向研究表明这些饮酒的有害后果在人们停止喝酒后还可能存在。

一些研究指出，适度饮酒（尤其是红酒）对健康有益。红酒含有增加好胆固醇的抗氧化剂，以及其他有助于保护血管、减少坏胆固醇和对心脏有益的化学物质（Fillmore et al., 2006; Le Strat & Gorwood, 2011）。几项研究表明，与完全不饮酒的人相比，每日饮一到两杯酒的人身体更健康、死亡率更低（Corrao, Bagnardi, Zambon, & LaVecchia, 2004; Rehm, Greenfield, & Rogers, 2001）。然而，戒酒者和适度饮酒者在影响健康的很多其他变量上也存在差异。与适度饮酒者相比，戒酒者的年龄可能更大、受教育程度更低、身体缺乏运动、超重以及有糖尿病、高血压和高胆固醇（Naimi et al., 2005）。一部分戒酒者曾经重度饮酒，因为健康受损才戒酒（Fillmore et al., 2006）。这些因素让我们不能确定适度饮酒是否对健康有潜在益处。

灰色地带

如你所见，周末酗酒在大学校园里相当普遍。阅读尼克和他的朋友们的故事，他们也许和你认识的人一样。

尼克在高中时就开始喝酒了，但离家上大学以后，他喝得越来越多。仅仅过了几个星期，尼克就与一些喜欢周末聚会的人成了朋友。他们在周四晚上喝酒，大声喧哗，令人讨厌，隔壁宿舍的人因此颇有怨言。周五时他们往往宿醉未醒，不去上课，然后从周五下午又开始喝酒，一直喝到周六和周日才停下来睡觉恢复。尽管缺了很多课，尼克在大学一年级还能保持不错的学习成绩。到了大学二年级，他所学专业的课程变难了。他从周日下午开始戒酒，直到周四中午。但是周四下午他会给朋友们买桶装啤酒，然后一切又和从前一样。

有一天晚上在喝酒比赛中，尼克不小心在自己宿舍的墙上钻了一个洞，因而被赶出了学校宿舍。再加上他的成绩也下降了，尼克的父母威胁要停止供他上大学。

你会对尼克做出酒精使用障碍的诊断吗？（讨论见本章末尾）

苯二氮卓类和巴比妥类

像酒精一样，苯二氮卓类和巴比妥类物质会抑制中枢神经系统。这些物质的中毒和戒断症状与酒精相似。使用者最初感到欣快和去抑制，但随后就会产生抑郁心境、昏睡、知觉扭曲、丧失协调性以及其他一些中枢神经系统抑制症状。

苯二氮卓类（benzodiazepines；如阿普唑仑 [Xanax]，安定 [Valium]，酣乐欣 [Halcion]，利眠宁 [Librium]，和克诺平 [Klonopin]）和**巴比妥类**（barbiturates；如安眠酮 [Quaalude]）药物可以合法生产并依据处方出售，常用作治疗焦虑和失眠的镇静剂。苯二氮卓类也用作肌肉松弛剂和抗癫痫药物。美国大约 90% 住院接受治疗或手术的病人都会使用镇静剂（Virani et al., 2009）。但是这类药物最终都大量出现在黑市交易中。这类药物常常与其他精神活性物质一起被人滥用，以产生更强烈的欣快感或减轻其他物质引起的激越。处方镇静剂和安定药的滥用在近几年增加了。全美研究发现，大约 9% 的成年人、9.6% 的大学生以及近 5% 的青少年报告在上一年将处方镇静剂或安定药用于非医疗目的（Johnston et al., 2012; McCabe, Cranford, & West, 2008; SAMHSA, 2008）。*DSM-5* 将这些药物带来问题的滥用归类为镇静剂、催眠药或抗焦虑药使用障碍。

巴比妥类和苯二氮卓类会降低血压、呼吸频率和心率。过量时会造成极大的危险，甚至让人因呼吸停止或者心血管破裂而死亡。在服用这些物质（尤其是苯二氮卓类）的同时饮酒，更容易导致过量。希斯·莱杰过量使用的药物就包括这些（见本章的非常人物）。

兴奋剂

兴奋剂（stimulants）刺激中枢神经系统，让人感到精力充沛、快乐和有力，减少睡眠和降低食欲（表 14.4）。可卡因和苯丙胺类（包括与之相关的甲基苯丙胺类）

表 14.4 兴奋剂中毒和戒断

兴奋剂刺激中枢神经系统。		
药物	**中毒症状**	**戒断症状**
可卡因和苯丙胺类	行为改变（例如，欣快或情感迟钝；社交能力改变；高度警觉；人际关系敏感；焦虑、紧张或愤怒；判断力受损） 心动过速 瞳孔扩大 血压升高或降低 出汗或寒颤 恶心或呕吐 体重减轻 精神运动性激越或迟滞 肌力减弱 呼吸抑制 胸痛 意识模糊、惊厥发作、昏迷	心境烦躁不安 疲乏 生动、不愉快的梦 失眠或嗜睡 食欲增加 精神运动性迟滞或激越
尼古丁	*DSM-5*中无此诊断	心境烦躁不安或抑郁 失眠 易激惹、沮丧或愤怒 焦虑 难以集中注意 焦躁不安 心率降低 食欲增加或体重增加
咖啡因	焦躁不安 神经过敏 兴奋 失眠 面红 多尿 胃肠功能紊乱 肌肉抽搐 思维或言语散漫 心动过速或心律失常 一段时间不知疲倦 精神运动性激越	明显的疲劳或困倦 心境烦躁或易激惹 感冒样症状 （例如，恶心或呕吐）

是与严重的物质使用障碍有关的两种兴奋剂，可以提升心理状态或者带来快感。这两种物质都能将血压和心率提升到危险的程度，改变心脏的节律和电活动，收缩血管，从而导致心脏病发作、呼吸停止和痉挛。在美国所有药品相关的急诊病例中，可卡因和苯丙胺类的中毒反应超过三分之一（SAMHSA, 2008a）。作为处方药物的兴奋剂，包括迪西卷（Dexedrine）和利他林（Ritalin），用来治疗哮喘和其他呼吸道疾病、肥胖、神经障碍、注意缺陷 / 多动障碍（ADHD;见第 10 章）以及其他各种疾病。这些处方类兴奋剂的非医疗使用近几十年来急剧增加（McCabe et al., 2008）。咖啡因和尼古丁也是兴奋剂，虽然它们的心理效应不如可卡因和苯丙胺类那么强烈，但这些药物尤其是尼古丁有长期负面影响。

可卡因

可卡因（cocaine）是一种白色粉状物，从古柯叶中提炼而来，是已知的最容易成瘾的物质之一。人们摄入可卡因的方式有嗅吸粉末或静脉注射。20 世纪 70 年代，使用者将可卡因与醚混合加热，提取可卡因中最有效的化学成分，从而获得了更强效的精炼可卡因。人们通常用水烟筒吸入这种可卡因，或将它混在烟草或大麻烟里。快克（crack）是精炼可卡因的一种，浓缩为小块状，通常是抽吸式的。

摄入可卡因最初会产生瞬间强烈的欣快感，随后会感觉自尊、警觉性和精力提升，并感到自己富有能力和创造力。由于可卡因的心理和生理作用，使用者对其渴求的量会越来越大（Ruiz et al., 2007）。然而，反复使用或剂量过大时，可卡因会导致自尊膨胀、冲动、性欲过度、强迫行为、激越和焦虑，并达到惊恐和偏执的程度。停止使用则会导致精力耗竭和抑郁。

可卡因会刺激管理奖赏和愉悦的脑区。通常发生令人愉悦的事情时，多巴胺会被释放到这些脑区的突触中，然后与邻近突触的受体结合（图 14.4）。可卡因会阻断传导神经元对多巴胺的再摄取，使多巴胺在突触中积聚，保持愉悦感（Ruiz et al., 2007）。可卡因对大脑奖赏中枢这种迅速、强烈的作用，使其比大多数其他物质更容易导致兴奋剂使用障碍。下面的个案研究描述了这一过程。

使用可卡因会提升血压和心率，改变心脏的节律和电活动，收缩血管，从而导致心脏病发作、呼吸停止和痉挛，危及生命。

个案研究

阿尼•罗森塔尔博士是一位 31 岁的白人男牙医，结婚 10 年，有两个孩子。他的妻子坚持让他去看精神病医生，因为他使用可卡因的行为已经失控，过去一年他越来越难以胜任牙医的工作。过去五年里，除了偶有一两个星期的戒除期外，他几乎每天都使用可卡因。在过去四年，他一直想要戒掉可卡因，但是他对毒品的渴求压倒了戒断的愿望。

婚后一年他开始使用大麻，每天从学校回到家里就会吸上一支大麻烟，然后整晚盯着电视看。当他从牙科学校毕业时，妻子怀孕了，他知道自己就要做父亲后“吓死了”。他极度沮丧，表现为社会隔离、兴趣丧失，经常大发脾气。他需要大麻（偶尔需要镇静剂）才能做爱、放松和社交。在孩子出生后，他感到“从来没有如此疯狂过”，大麻和镇静剂的使用量也增大了。两年后，第二个孩子出生了。罗森塔尔医生收入丰厚，搬到了郊区一栋昂贵的带游泳池的房子里，他拥有两部车以及“我父母想让我拥有的一切”。他 27 岁了，觉得没有什么值得自己期待的了，他感到痛苦的被孤立感，而药物已经不能再提供安慰了。

罗森塔尔第一次尝试可卡因，感觉立刻就变好了。“我不再抑郁了。我尽可能地使用可卡因，这样一来我所有的问题都烟消云散了，但是我必须一直这么做才行。效果是短暂的，而且价格也不菲，但我不在乎。当短暂的作用消失后，我就会感到更加痛苦和沮丧，所以我能获得多少可卡因就使用多少。”他现在仍然紧张和易激惹。（摘自 Spitzer, R.L., Skodol, A.E., Gibbon, M., & Williams, J.B.W., 1983, *Psychopathology: A Case Book,* pp. 81-83. Copyright©1983 The McGraw-Hill Companies, Inc. Reprinted with permission.）

图 14.4 可卡因对多巴胺系统的作用

可卡因阻断了多巴胺再摄取过程的转运蛋白，导致突触内积聚过多的多巴胺。

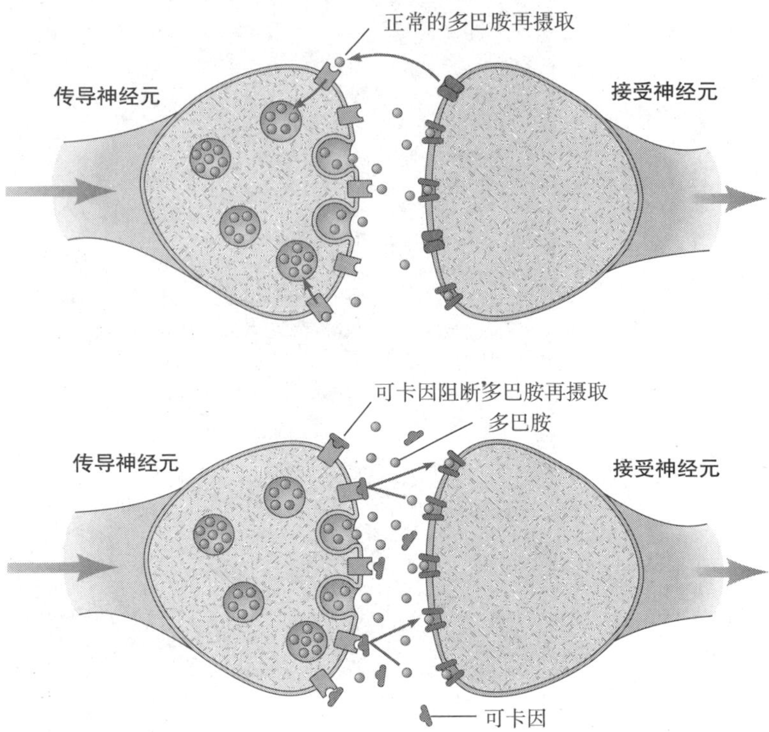

可卡因的作用消失得很快，而依赖可卡因的人为了维持兴奋状态，必须频繁地使用这种物质。使用者也会产生耐受性，因此必须不断增大剂量才能达到兴奋状态（Ruiz et al., 2007）。可卡因相关兴奋剂使用障碍者要花费大量的金钱购买可卡因，可能会偷窃、卖淫或从事毒品交易，以获得足够的钱购买可卡因。绝望会让频繁使用者做出极端危险的行为。许多可卡因使用者在与 HIV 感染者共用针头时，或者为了钱或可卡因而进行无保护的性行为时，感染 HIV 并导致艾滋病（Ruiz et al., 2007）。

使用可卡因还会引起其他一些并发症，例如心律不齐和心脏病；呼吸衰竭；神经性疾病，包括中风、癫痫和头痛；胃肠并发症，包括腹痛和恶心。生理症状包括胸痛、视力模糊、发烧、肌肉痉挛、惊厥和昏迷（Ruiz et al., 2007）。

20 世纪六七十年代长大的人大部分都尝试过可卡因，但在近几代人中这个比率就低得多：一项全美研究发现，在 1979 年高中毕业的人中有 48% 曾经尝试过可卡因，而在 1980 年至 1995 年间高中毕业的人中这一比例只有 20%（Johnston et al., 2012）。美国大学生中，5.5% 的人报告曾经使用过可卡因，而在 18 ~ 22 岁的非大学生中有 12% 曾经使用过可卡因；约 3.5% 的高中生报告曾经使用过可卡因（Johnston et al., 2012）。

苯丙胺类

苯丙胺类（amphetamine）和相关的甲基苯丙胺类（methamphetamines）是用于治疗注意缺陷（如利他林 [Ritalin] 和阿得拉 [Adderall]）、嗜睡症和慢性疲乏的处方类兴奋剂。抗组胺药（如速达菲 [Sudafed]）和减肥药中也含有苯丙胺类。许多兴奋剂要在医生的指导下恰当地使用，但也有许多被转向非法使用和滥用（Ruiz et al., 2007）。因为存在被滥用的可能性，美国很多州控制了减肥药和抗组胺药的非处方销售。街头出售的苯丙胺类被叫作“speed”“meth”和“chalk”。它们通常以药片形式吞服，但也可以静脉注射，而且甲基苯丙胺类可以通过鼻吸或者抽烟方式摄入。

苯丙胺类会释放神经递质多巴胺和去甲肾上腺素，并阻断其再摄取。其中毒症状类似可卡因：欣快、自信、警觉、激越和偏执（Ruiz et al., 2007）。像可卡因一样，苯丙胺类也能使人产生幻觉。他人或物体的移动看起来可能扭曲夸张。滥用者可能听到可怕的声音正在贬损他们，看到自己全身布满伤口，或者觉得胳膊有蛇。他们可能产生被人跟踪的错觉而做出暴力行为。一些使用者知道这些体验是不真实的，但另一些人则丧失了对现实的掌控，表现出苯丙胺类所致精神障碍（Ruiz et al., 2007）。

街头出售的苯丙胺类被叫作“speed”“meth”和“chalk”。它们通常以药片形式吞服，但也可以静脉注射，而且甲基苯丙胺类可以通过嗅吸或者抽烟方式摄入。这些物质的使用会导致严重的健康问题。

苯丙胺类滥用者常常会因为中毒时的攻击行为或不当行为，或者因为非法购买苯丙胺类而触犯法律。人体对苯丙胺类的耐受性和生理依赖都提高得很快。使用者会从吞服药片转向静脉注射。有些人会表现出极速模式，他们在几天内频繁注射苯丙胺类，既不吃也不睡。之后他们会陷入可怕的抑郁。急性戒断症状一般在几天后会消退，但是长期使用者在几个星期、几个月甚至几年内都会体验到情绪多变、记忆丧失、混乱、偏执思维和知觉异常。他们常常通过再一次的极速模式来摆脱戒断症状（Ruiz et al., 2007）。

滥用苯丙胺类和甲基苯丙胺类会引起许多疾病，特别是心血管疾病，包括心跳过速或心律不齐、血压升高以及中风导致的不可逆的脑部小血管损伤。过量使用会导致体温升高和惊厥，造成死亡。共用针头注射苯丙胺类的人可能感染 HIV 或者肝炎（Brick, 2008）。长期使用时，人们会变得易激惹和充满敌意，并且需要更大剂量的兴奋剂避免戒断症状。他们的人际关系和健康状况变差。从 1995 年到 2002 年，美国涉及苯丙胺类的急诊增加了 54%（SAMHSA, 2005）。

近年来这些药物的滥用情况持续增多。2011 年，8.2% 的十二年级学生表示使用过苯丙胺类或甲基苯丙胺类（Johnston et al., 2012）。熬夜学习的大学生可能会使用它们提神；全美研究发现 13.4% 的大学生报告曾经使用过苯丙胺类或甲基苯丙胺类，9.3% 的大学生在过去一年内使用过（Johnston et al., 2012）。雇主甚至为雇员提供苯丙胺类以增加生产效率。

尼古丁

迄今为止我们讨论过的所有物质中，除了酒精之外，非处方使用都是非法的，而且许多法律管制酒精的使用。然而，有一种已知的最容易成瘾的物质对于成年人却是完全合法的，而且青少年也很容易获得，那就是**尼古丁**（nicotine）。

尼古丁是烟草中的生物碱。香烟是最受欢迎的尼古丁载体，几秒钟就能把尼古丁传递到脑部。美国 12 岁以上的人群中有 70% 曾经吸过烟，28% 的人现在正在抽烟（Johnston et al., 2012; SAMHSA, 2008c）。抽烟通常始于青少年早期。2011 年一项针对十二年级学生的调查显示，40% 的人抽过烟，10% 的人每天抽烟（Johnston et al., 2012）。在欧洲和其他发展中国家，烟草使用率很高（Danielsson, Wennberg, Hibell, & Romelsjö, 2012）。三分之二以上的抽烟者对尼古丁产生依赖，这比大部分精神活性物质的依赖率都高得多（Lopez-Quintero et al, 2011）。在过去几十年里，美国和其他工业化国家的烟草使用量下降了，部分原因是烟草产品的税率明显提高，法律也约

美国的抽烟率有所下降，但世界上许多发展中国家的抽烟率在上升。

束在公共场所抽烟的行为，并且限制烟草公司的广告投放。相反，在发展中国家，烟草的使用仍在增加。

尼古丁对中枢神经系统和外周神经系统都有作用。它有助于几种生化物质在脑内的释放，包括多巴胺、去甲肾上腺素、5–羟色胺和内源性阿片类物质。尽管人们经常说抽烟是为了减轻压力，但尼古丁的生理作用实际上类似于战斗或逃跑反应（见第 5 章）——人体的几个系统包括心血管和呼吸系统被唤起。抽烟减轻压力的主观感觉可能恰恰反映了作为尼古丁戒断体征的紧张和易激惹状态的逆转。也就是说，由于尼古丁对身体和大脑的影响，尼古丁成瘾者需要尼古丁来让自己感觉正常（Ruiz et al., 2007）。*DSM-5* 将尼古丁依赖识别为烟草使用障碍。

1964 年，基于 6000 项实证研究的总结，美国公共卫生署长下结论说：抽烟（尤其是香烟），会引起肺癌、支气管炎，也很可能引起冠心病。与不抽烟的人相比，抽烟者的死亡率要高出 70%。这意味着，一个 30 ~ 35 岁的人如果每天抽两包香烟，会比不抽烟的人早死 8 ~ 9 年。据估计，美国每年有 44.3 万人过早死亡与抽烟导致的冠心病、肺癌、肺气肿、慢性支气管炎或二手烟有关。另有 860 万人患有与抽烟导致的严重疾病（CDC, 2009）。在怀孕期间抽烟的女性产下的婴儿个头较小。人们抽烟时间越长，每天抽烟越多，健康的风险就越高。

长期重度抽烟的人若想戒烟，或在一段较长时间里（如工作中或在飞机上）不抽烟，就会出现严重的戒断症状。他们变得抑郁、易激惹、生气、焦虑、沮丧、烦躁不安和饥饿；无法集中注意力；极度渴求抽上一支烟。这些症状在抽烟后马上消失，这是生理依赖的另一个标志（Ruiz et al., 2007）。

因为尼古丁相对廉价，容易获得，所以尼古丁依赖者并不需要为了获得尼古丁而花费大量时间。但是如果他们的烟抽完了又没有替代品，他们会变得惊慌失措。他们也可能花大量时间抽烟或咀嚼烟草，即使健康受到损害（例如被诊断为肺气肿之后）也会继续使用尼古丁。他们或许会推掉不允许抽烟的社交活动，或者因为呼吸问题而不参加体育运动等娱乐活动。

超过 70% 的人都表示想戒烟（Goldstein, 1998）。然而戒烟是非常困难的，部分原因是尼古丁的戒断症状令人难以忍受。只有 7% 的抽烟者在戒烟一年后不抽烟，大多数人在中断抽烟几天后就再次抽烟了（National Institute on Drug Abuse[NIDA], 2002b）。抽烟者在停止抽烟后仍然渴求抽烟——有 50% 的戒烟者说自己在过去 24 小时里仍渴望抽烟（Goldstein, 1994）。尼古丁贴片和口香糖可以帮助人们抵制这种强烈的欲望。

咖啡因

咖啡因（caffeine）是迄今为止使用量最大的兴奋剂；75% 的咖啡因是通过咖啡摄入的（Chou, 1992）。美国人平均每天要喝两杯咖啡，一杯煮制咖啡大约含 100 毫克咖啡因。咖啡因的其他来源包括茶（每 170 克含约 40 毫克咖啡因），咖啡苏打（每 340 克含约 45 毫克咖啡因），非处方止痛药和感冒药（每片含约 25 ~ 50 毫克咖啡因），减肥药（每片含约 75 ~ 200 毫克咖啡因），巧克力和可可（每条含约 5 毫克咖啡因）。

咖啡因刺激中枢神经系统，提高多巴胺、去甲肾上腺素和 5–羟色胺水平。它也会加快新陈代谢，使体温和血压升高，食欲减退，警觉性增强。摄入约两到三杯咖啡的剂量后，就会引起许多不适的症状，包括烦躁不安、神经质和手部震颤，人们可能会感到胃部不适、心跳过速或心律不齐，还可能难以入睡和尿频。这些都是咖啡因中毒的症状。极大剂量的咖啡因会造成极端的激越、痉挛、呼吸衰竭和心脏病。

DSM-5 明确规定，只有当个体因为这些症状而感到明显的心理痛苦或功能损害时，才可以诊断为咖啡因中毒。例如，有些人可能在考试周连续几天喝了太多咖啡，导致如此激越以至于无法坐着考试，颤抖得太厉害而无法驾车；这样的人才能诊断为咖啡因中毒。

一些喝很多咖啡的人开玩笑说他们是“咖啡上瘾”。实际上，根据 *DSM-5* 的诊断标准，他们不能被诊断为咖啡因依赖障碍，因为咖啡因依赖似乎没有引起他们严重的社会和职业问题。不过，咖啡因使用者会对咖啡因产生耐受性，停止摄入后会经历戒断症状。他们会发现自己在早上必须喝几杯咖啡才能感觉“正常”，如果不喝咖啡，他们就会感到强烈的头痛、疲劳和焦虑。

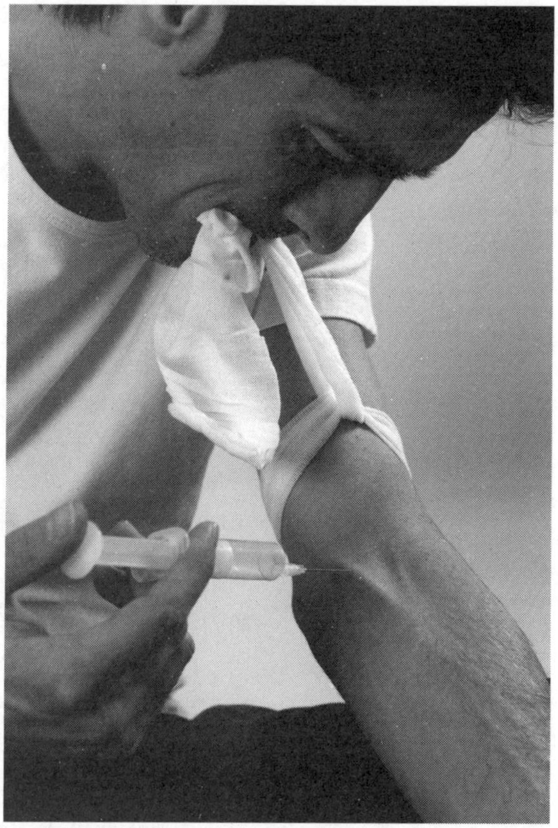

使用海洛因导致的严重中毒会导致意识丧失、昏迷和痉挛。

阿片类物质

吗啡、海洛因、可待因和美沙酮都被称为**阿片类物质**（opioids）。它们是从罂粟汁里提炼出来的，罂粟汁几千年来一直用于镇痛。疼痛时，我们的身体会产生天然的阿片类物质，包括内啡肽和脑啡肽。例如，运动损伤会促使身体产生内啡肽以减轻疼痛，避免休克。医生也会在处方中开出合成的阿片类物质镇痛，如氢可酮（Lorcet, Lortab, Vicodin）或氧可酮（Percodan, Percocet, OxyContin）。

吗啡在 19 世纪被广泛用作镇痛剂，直到后来发现它很容易上瘾。海洛因是 19 世纪晚期从吗啡中提取出来的，在一段时间内也被用于医疗。但直到 1917 年，人们才清楚海洛因和所有阿片类物质都具有危险的成瘾性，因此美国国会通过了一项法律，宣布海洛因是违法的，并禁止在特定医疗用途之外使用阿片类物质。然而街头出售海洛因的现象仍然存在（Winger et al., 1992）。

非法使用的阿片类物质通常都是通过注入静脉、嗅吸或者抽烟等方式摄入的。阿片类物质中毒的最初症状是欣快（表 14.5）。人们描述腹部有类似性高潮的感觉，称之为颤抖、刺激或闪现。他们会感觉到麻刺感和弥漫的温暖，会进入一种昏昏欲睡的状态，有气无力、言语含糊、头脑混乱。可能会体验到伴有逼真梦境的轻度睡眠。疼痛减轻了（Ruiz et al., 2007）。这种状态通常被称为“昏迷状态（on the nod）”。严重的中毒状态会导致意识丧失、昏迷和痉挛。

阿片类物质会抑制呼吸系统和心血管系统，从而导致死亡。这类物质与抑制剂

表 14.5 阿片类物质中毒和戒断

阿片类物质包括吗啡、海洛因、可待因和美沙酮。		
药物	**中毒症状**	**戒断症状**
阿片类物质	行为改变（例如，最初的欣快感，随后出现淡漠、烦躁不安，精神运动性激越或迟滞、判断力受损） 瞳孔缩小 嗜睡或昏迷 口齿不清 注意力和记忆力问题	烦躁不安的心境 恶心或呕吐 肌肉疼痛 流泪或流涕 瞳孔扩大 起鸡皮疙瘩 出汗 腹泻 打哈欠 发烧 失眠

如酒精和镇静剂一起使用时特别危险。戒断症状包括烦躁不安、背部和腿部感到疼痛、对疼痛的敏感度增强、渴求更多的阿片类物质。个体感到恶心、呕吐、大量出汗、起鸡皮疙瘩、腹泻和发烧（Ruiz et al., 2007）。这些症状通常在停用的 8 ~ 16 小时后出现，并在 36 ~ 72 小时内达到顶峰。长期或重度使用者，强烈的症状会持续 5 ~ 8 天，而且在几周到几个月内都有轻微症状。

街头出售的大多数海洛因都是用其他物质稀释过的，因此使用者不知道其实际效力或成分，很容易过量使用或导致死亡。使用者也可能因为污染的注射器或者无保护的性交而感染 HIV，许多阿片类物质滥用者通过卖淫来换取更多的海洛因。在美国一些地区，60% 的长期海洛因使用者感染了 HIV。静脉注射使用者也很容易感染肝炎、肺结核、严重的皮肤脓肿和深部感染。怀孕期间使用海洛因的女性有流产和早产的风险，而有阿片类物质使用障碍的母亲产下的婴儿猝死的风险更高（Brady, Back, & Greenfield, 2009）。

阿片类处方镇痛药（如氧可酮或维柯丁）的使用和滥用在过去 10 年间明显增长，希斯 • 莱杰过量服用的药物中也包含这类处方药。美国三分之一的中年人报告曾经将这些药物用于非医疗目的。13% 的十二年级学生、12% 的大学生和 18% 的 18 ~ 22 岁的非大学生报告曾经将这些药物用于非医疗目的（Johnston et al., 2012）。

致幻剂和苯环利定

迄今为止我们所讨论过的大部分物质在用量较大时都会产生幻觉和认知扭曲。**致幻剂**（hallucinogens）和苯环利定（phencyclidine, PCP）则在用量较小时也会改变人的知觉（表 14.6）。致幻剂是一组混合的物质，包括麦角酸二乙基酰胺（lysergic acid diethylamide, LSD）和佩奥特掌。1943 年，艾伯特 • 霍夫曼博士偶然吞下了少量的 LSD，体验到了视幻觉，才首次发现这种物质的精神活性作用。后来，他故意吞服了少量 LSD，并报告了它的效应。

讲 述

就我所能记起的，下面这些症状最突出：眩晕、视觉紊乱；周围人的面孔像是怪诞的彩色面具；明显的运动不协调，间或出现轻微麻痹；头部、四肢和整个身体断续地感到沉重，好像它们都填满了金属；腿抽筋，寒冷，手失去知觉；舌头有金属味；喉咙干涩；感到窒息；对自身情况的认知时而混乱时而清晰，有时像一个独立和中立的观察者，看着自己半疯似地大喊或者语无伦次。偶尔，我感到自己如同灵魂出窍。医生发现我的脉搏相当微弱，但频率正常。在服用 LSD 6 个小时以后，我的身体状况已经有了相当的改善。只有视觉紊乱仍然很强烈。所有东西好像都在摇晃，形状就像流动水面上的倒影一样扭曲。不仅如此，所有物体都显现出不停变化的不悦颜色，主要的色彩是苍白的绿色和蓝色。当我闭上眼睛时，彩色、逼真、奇异的图像无休止地涌现。一个明显的特征是所有的听觉（例如汽车开过的声音）都转变为视觉效应，每个声音都会产生相应的彩色幻觉，其形状和颜色总是不停地变化着，就像万花筒里的画面（Hoffman, 1968, pp.185-186）。

正如霍夫曼所描述的，LSD 和其他致幻剂中毒的一个症状是*联觉*（synesthesia），即从一种感觉通道溢出到另一种感觉通道。人们会说自己听到了颜色和看到了声音。他们感觉自己与环境融为一体，时间好像过得非常慢。心境可能从抑郁转变为兴高采烈再到恐惧。有些人会变得焦虑。另一些人则有分离感，并且对艺术、音乐和情感非常敏感。这样的体验让这类药物被称为*迷幻剂*（psychedelic），源于希腊语中的“灵魂”和“使显现”。LSD 在 20 世纪 60 年代用于意识扩张运动（consciousness-expanding movement）（Winger et al., 1992）。

然而，致幻剂是危险的药物。尽管 LSD 的使用在 20 世纪 60 年代早期是合法的，但到 1967 年，关于“幻觉体验”和“不适反应”的报告已经很普遍了，特别是在来自美国各地的很多 LSD 狂热者聚集的海特－黑什伯里区（Smith & Seymour, 1994）。其症状包括严重的焦虑、偏执和失去控制。有些处于幻觉体验中的人相信自己能够飞行，会从屋顶上走下去或者从窗户跳出去；或者走进大海，相信自己“和宇宙合一”。有些人的焦虑和幻觉太严重，以至于产生精神错乱，需要住院和长期治疗。有些人会在药效消失很长时间后再次经历迷幻体验（尤其是视觉紊乱），并可能产生致幻剂所致的持久性知觉障碍，造成痛苦或损害。

苯环利定（phencyclidine, PCP）被制成粉状，也叫天使粉（angel dust）、PeaCePill、Hog 和 Tranq，可以嗅吸或者抽吸。尽管苯环利定并没有被归类为致幻剂，但是它具有许多相同的效果。小量使用就会产生陶醉感、欣快感或情感迟钝，爱说话、不担忧、反应慢、眩晕、眼睑抽搐、过度紧张、异常的不自主运动、虚弱。中量使用则会产生思维混乱、体像扭曲（如感觉手臂不再是身体的一部分）、人格解体和非真实感。使用者变得充满敌意、好斗甚至暴力（Morison, 1998）。大量使用时，苯环利定会引发记忆缺失和昏迷、足以需要手术的痛觉缺失、痉挛、严重的呼吸问题，体温过低或过高。苯环利定在注射、嗅吸或抽吸之后立即起效，几分钟就会达到顶峰。严重的中毒症状可以持续数天。因此，苯环利定中毒者可能被误诊为与物质使用无关的精神病性障碍（Morrison, 1998）。

当人们因为苯环利定或其他致幻剂中毒而一再地不能履行学校、职场或者家庭中的主要义务时，就可以诊断为苯环利定或其他致幻剂使用障碍。人们可能会在危

表 14.6 致幻剂和苯环利定中毒

致幻剂和苯环利定会引起多种不同的知觉和行为改变。	
药物	**中毒症状**
致幻剂	行为改变（例如，明显的焦虑或抑郁，觉得别人正在谈论自己，害怕失去理智，偏执，判断力受损） 清醒时的知觉改变（例如感觉增强、人格解体、错觉、幻觉） 瞳孔扩大 心动过速 出汗 心悸 视力模糊 震颤 不协调
苯环利定	行为改变（例如好斗、攻击、冲动、不可预测性、精神运动性激越、判断力受损） 不自主的快速眼动 过度紧张 麻木 丧失肌肉协调性 肌肉控制力下降导致说话困难 肌肉僵直 痉挛或昏迷 听觉极其敏锐 知觉紊乱

险情况下（如开车时）使用这类毒品，也可能因为拥有它们而触犯法律。因为这类毒品会引起偏执或攻击行为，经常使用的人会发现自己的工作和人际关系受到影响。约有 11% 的美国人表示曾经使用过致幻剂或苯环利定，但只有 0.4% 的人表示上个月曾使用过（Johnston et al., 2012; SAMHSA, 2002）。然而，青少年和年轻成人的使用比例更高，5.8% 的十二年级学生、4.1% 的大学生和 6.4% 的 18 ~ 22 岁非大学生表示自己在过去一年里曾经使用过致幻剂（Johnston et al., 2012）。

大麻

大麻（cannabis）的叶子可以切碎、烘干，然后卷成烟卷或者混在食物和饮料里。在北美，大麻的最终产品被称为 marijuana、weed、pot、grass、reefer 和 Mary Jane。大麻是使用最广泛的违禁药物，42% 的美国成年人和 23% 的欧洲人曾使用过大麻（Degenhardt et al., 2008; European Monitoring Centre for Drugs and Drug Action, 2011; Johnston et al., 2012）。大约一半的大龄青少年和年轻成人说他们曾经使用过大麻，大约 20% 过去一年使用过大麻（Johnston et al., 2012）。

大麻中毒最初表现为极度的幸福感、放松和宁静（表 14.7）。使用者会感到眩晕、嗜睡、恍惚。他们对周围环境的意识变得更加清楚，一切看来都很有趣。个体可能变得自尊膨胀或昏沉。原本焦虑、抑郁或愤怒的人会进一步加重（Ruiz et al., 2007）。抽吸大麻后几分钟就会出现大麻中毒的症状，但口服则需要几个小时。急性症状会持续 3 ~ 4 个小时，但一些症状会在 12 ~ 24 个小时内持续或反复出现。

表 14.7　大麻的中毒和戒断症状

大麻是美国使用最广泛的违禁药物。		
毒品	**中毒症状**	**戒断症状**
大麻	行为改变（例如运动共济损害、欣快、焦虑、感到时间变慢、判断力受损） 眼结膜充血 食欲增加 口干 心动过速	易激惹、生气或攻击 神经过敏或焦虑 睡眠困难 食欲下降或体重减轻 烦躁不安 心境抑郁 腹痛、颤抖、出汗、发热、寒战、头痛

人们通常认为大麻是一种无危害或安全的毒品，然而它明显会影响认知和运动功能。服用大麻的人可能以为自己思考深刻，但是他们的短期记忆受损，导致他们的想法还不足以用句子表达出来就遗忘了。他们的运动功能也受到损害，反应变慢，专注力和判断力下降，因而有发生意外的风险。重度使用者停用后，认知受损的现象仍会持续一个星期（Pope et al., 2001）。与男性相比，女性受到的影响更大（Pope et al., 1997）。

大麻中毒的生理症状包括心跳过速、心律不齐、食欲增加和口干。大麻烟雾是刺激性的，可能会引发慢性咳嗽、鼻窦炎、支气管炎和肺气肿。大麻比烟草含有更多的致癌物，所以它致癌的风险更高。长期使用大麻会导致男性精子减少，女性排卵不规律（Ruiz et al., 2007）。

中等或较大剂量的大麻会让使用者发生知觉扭曲，产生人格解体的感觉和偏执想法。有些人体验到的幻觉可能是愉快的，另一些人则是可怕的。一些使用者会出现严重的焦虑，类似于惊恐发作。几项研究发现，使用大麻明显增加了精神病性障碍的风险（Kuepper et al., 2011）。大麻可以产生生理耐受性，使用者必须增加用量以避免戒断症状。大麻的戒断症状包括食欲不振、潮热、流涕、出汗、腹泻和打嗝（Kouri & Pope, 2000）。7% ~ 10% 的美国人群符合大麻使用障碍的诊断标准（Kendler & Prescott, 1998; SAMHSA, 2008c）。

7% ~ 10%的美国人口可能符合大麻使用障碍的诊断标准。

吸入剂

吸入剂（inhalants）是一种挥发性物质，可以产生化学蒸汽，吸入后会抑制中枢神经系统（表 14.8; Virani et al., 2009）。有一类吸入剂是溶剂，如汽油、胶水、涂料稀释剂和喷漆。使用者可以从装有这类物质的瓶罐中直接吸入蒸汽，将浸泡了这类物质的碎布捂在嘴和鼻子上，或把这类物质放在纸袋或塑料袋中，从袋中吸入气体。这些化学物质会快速进入肺部、血流和大脑中。另一类吸入剂是医用麻醉气体，例如一氧化二氮（“笑气”），在奶油枪和提升辛烷含量的产品中也可以发现这种物质。还有一类吸入剂是亚硝酸酯，它可以扩张血管、放松肌肉，用于增强性欲。

表 14.8 吸入剂中毒

吸入剂根据具体物质的不同具有各种不同的效应。	
物质	**中毒症状**
吸入剂	行为改变（例如，好战、攻击、淡漠、判断力受损） 头晕 眼球震颤 不协调 口齿不清 步态不稳 昏睡 反射抑制 精神运动性迟滞 震颤 全身肌肉无力 视力模糊或复视 木僵或昏迷 欣快

街头非法出售的袋装亚硝酸酯叫作“poppers”或者“snappers”（NIDA, 2002a）。在做出吸入剂使用障碍的诊断时，*DSM-5* 建议尽可能标注特定的吸入物质（如溶剂使用障碍）。

一项对成年人的全美研究发现，不到 2% 的人报告曾经使用过吸入剂，其中大约 75% 的使用者是男性（Howard et al., 2010）。青少年报告的使用率更高，大约 10% 的青少年报告曾经使用过吸入剂（Johnston et al,. 2012）。一些研究发现，在美国某些印第安人保留地，几乎所有的孩子都曾经尝试过吸入汽油。

长期使用吸入剂的人会产生各种呼吸道炎症和皮疹。吸入剂会造成中枢神经系统的永久性损害，包括脑退化和脑损伤；也会导致认知缺陷，包括严重的痴呆。反复使用吸入剂也会引起肝炎和其他肝肾疾病。呼吸系统或者心血管系统衰退可能导致死亡。吸气性猝死是急性心律不齐或缺氧引起的。使用者有时把装满吸入剂的塑料袋套在鼻子和嘴上时，会失去意识导致窒息而死。吸入剂产生的幻觉让使用者以为他们可以做一些奇幻的事（如飞行），进而为了测试他们自认为的能力而从悬崖或高楼上跳下来，导致死亡或者重伤（Virani et al., 2009）。

其他被滥用的药物

药商在寻找新的精神活性物质方面极具创造力。这些物质往往一开始合法地用于医疗目的，然后就被操控或转变为街头毒品。本节，我们将讨论摇头丸（3,4– 亚甲二氧基甲基苯丙胺或 MDMA）、GHB（γ– 羟基丁酸）、克他命（ketamine）和洛喜普诺（rohypnol; 氟硝安定）。

摇头丸（ecstasy）具有苯丙胺类的兴奋作用，并且偶尔会使人产生幻觉（NIDA, 2009）。摇头丸在年轻成人中相当盛行；6.8% 的大学生和 13.0% 的 18 ~ 22 岁的非大学生报告曾一度使用过摇头丸（Johnston et al., 2012）。使用者感到精力充沛、烦躁不安，并表示社交抑制减弱、对他人的喜爱增强。然而，即使短期使用也会对认知和健康造成长期的负面影响。使用者在注意、记忆、学习能力和一般智力测验中的得分低于非使用者。摇头丸的欣快作用和某些脑部损害可能是脑内 5–羟色胺功能的改变造成的——使用者的 5–羟色胺水平只有非使用者的一半（Gold, Tabrah, & Frost-Pineda, 2001）。长期使用者可能出现各种心脏问题或肝功能衰竭，并且焦虑、抑郁、精神病性症状和偏执的发病率增加（Gold et al., 2001）。摇头丸的另一个影响是磨牙；一些使用者在聚会上使用婴儿奶嘴来缓解该效应。

GHB 是一种中枢神经系统抑制剂，被批准用于治疗嗜睡症（NIDA, 2008a）。小剂量时可缓解焦虑和促进放松。较大剂量时会导致睡眠、昏迷或死亡。在 20 世纪 80

年代，该药物在健美者和运动员当中被普遍用于减脂和肌肉塑形，并且无需处方就可以在保健食品商店购买。1990 年，由于有报告称其存在严重的副作用，包括高血压、广泛的心境波动、肝脏肿瘤和暴力行为，该药物被禁止使用，除非是在医生的监督下。其他副作用包括出汗、头痛、心率减慢、恶心、呕吐、呼吸损害、反射丧失和震颤（NIDA, 2008a）。由于 GHB 与性侵犯有关，它也被认为是一种约会强奸药物（NIDA, 2008a）。

克他命（ketamine）是一种快速起效的麻醉药，能够产生幻觉，其范围从狂喜、偏执到厌倦（NIDA, 2008a）。克他命能够诱发灵魂出窍或濒死的体验，也能造成使用者昏迷。它具有与苯环利定类似的效果，包括麻木、失去协调性、感觉不会受伤害、肌肉僵硬、攻击或暴力行为、言语含糊或受阻、夸大的力量感以及眼神茫然。因为克他命是麻醉药，使用者没有疼痛感，会导致他们伤害自己（NIDA, 2008a）。

克他命造成的兴奋通常持续 1 个小时，但可能延续到 4 ~ 6 个小时，使用者在 24 ~ 48 个小时后才能恢复正常。大剂量使用会导致呕吐和痉挛，并使脑部和肌肉缺氧。1 克该药物就能致死。克他命是另一种被用来麻醉受害者的约会强奸药物（NIDA, 2008a）。

洛喜普诺（rohypnol）是一种广为人知的约会强奸药物，俗称 Roofies、Rophies、Roche 和 Foget-Me-Not Pill。它是一种苯二氮卓类药物，具有镇静和催眠作用（NIDA, 2008a）。使用者感到高度兴奋、肌肉放松、昏昏欲睡、判断力受损、暂时的意识丧失、幻觉、眩晕和意识模糊。洛喜普诺药片很易压碎并偷偷放进他人的饮料中。洛喜普诺无色无味，受害者往往不会注意到他们的饮料被动了手脚。副作用包括头痛、肌肉疼痛和癫痫。洛喜普诺与酒精或其他镇静剂同时使用可致命（NIDA, 2008a）。

物质使用障碍的理论

我们讨论过的所有物质都对大脑有强烈的作用，影响其奖赏效应。个体是否使用物质以及是否会发展为物质使用障碍，取决于生物、心理和社会易感性三者复杂的相互作用（Koob & Volkow, 2010）。

生物学因素

大脑似乎有自己的“享乐通路”，它会影响我们的奖赏体验。该通路始于中脑腹侧被盖区，穿过边缘系统的伏隔核，一直延伸到额叶皮层，通路上有非常多的对神经递质多巴胺敏感的神经元（Koob & Volkow, 2010）。

一些药物如苯丙胺类和可卡因，会直接提高该通路上多巴胺的易得性，产生强烈的奖赏感或“快感”。可卡因作用于大脑的时间比苯丙胺类更短，这解释了为什么可卡因使用者为了维持快感，使用该物质的频率比苯丙胺类使用者高得多（Koob & Volkow, 2010）。嗅吸、抽吸或注射使药物到达大脑的速度比口服快得多，因此使用者会体验到更快、更强烈的反应。另一些药物则间接促进多巴胺的易得性。例如，GABA 神经元持续放电会抑制腹侧被盖区的神经元，因此 GABA 神经元的放电减弱了多巴胺神经元活动产生的兴奋。鸦片类毒品会抑制 GABA，从而阻止 GABA 神经元抑制多巴胺，使奖赏中枢的多巴胺变得可以利用（Koob & Volkow, 2010）。

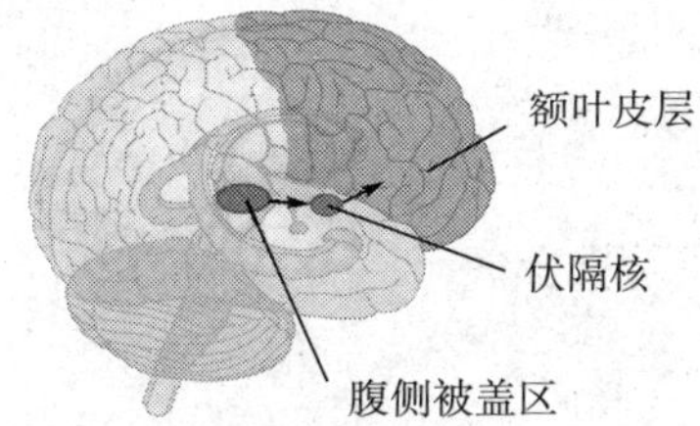

大脑的“享乐通路”始于腹侧被盖区，然后穿过伏隔核到达额叶皮层。这条通路上有非常多的对多巴胺敏感的神经元。

额叶皮层的其他区域，包括眶额叶皮层、背外侧额叶皮层和额下回，对控制饮酒或使用药物的冲动有重要作用（Bechara, 2005; Goldstein & Volkow, 2002）。奖赏网络强于控制网络的个体更可能使用物质（ Goldstein & Volkow, 2002; Hutchison, 2010）。

长期使用精神活性物质会使奖赏中枢发生改变，从而对这些物质产生渴求（Robinson & Berridge, 1993）。反复使用可卡因、海洛因和苯丙胺类等物质，会使大脑多巴胺的分泌减少，脑内多巴胺受体的敏感度下降。随着大脑分泌的多巴胺变少，为了达到想要的效果，就需要更多的药物。如果个体停止使用药物，大脑不能立刻补偿多巴胺的缺失，就会产生戒断症状。此外，因为大脑分泌的多巴胺不足，个体会感到悲伤、动机缺失，难以从其他来源如食物和趣事中获得愉悦感。个体开始对药物有渴求，因为只有药物才能带来快乐（Robinson & Berridge, 1993）。

精神活性物质也会影响若干其他的生化物质（包括谷氨酸）和脑系统。酒精具有镇静和抗焦虑作用，这种作用在很大程度上是通过增强中隔或海马系统中的神经递质 GABA 的活动来实现的。酒精也会影响 5–羟色胺系统，该系统与心境的变化有关（Brick, 2008）。

虽然长期使用物质的个体对物质奖赏敏感度会降低，但他们对物质使用相关的线索变得更加敏感，比如他们经常使用物质的地点或用具。对药物线索的这种条件反应会引发对物质的强烈渴求，导致旧瘾复发（Koob & Volkow, 2010）。压力也会激活奖赏系统，引发对物质的渴求。另外，长期使用药物似乎会破坏包括冲动控制在内的大脑额叶区域的活动，导致个体更难抵抗对物质的渴求。

遗传因素会调节神经递质系统的功能，包括物质使用的奖赏效果。家族史、领养和双生子研究均表明，遗传是决定物质使用障碍个体风险的重要因素，大约 50% 的物质使用障碍风险可以归因于遗传因素（Urbanoski & Kelly, 2012; Young-Wolff, Kendler, Ericson, & Prescott, 2011）。一般来说，似乎存在某种普遍的物质使用障碍的潜在遗传易感性，而非使用某种特定物质，这可能是使用了某种物质的个体也可能使用多种物质的原因。

考虑到多巴胺系统对于物质的强化作用的重要性，很多研究已将控制多巴胺系统的基因作为重点。多巴胺受体基因（标记为 DRD2）和多巴胺转运体基因（标记为 SLC6A3）的遗传变异会影响大脑对多巴胺的处理，从而影响尼古丁这样的物质对个体的强化作用（Nemoda, Szekely, & Sasvari-Szekely, 2011）。此外，控制 GABA 的基因也与物质使用障碍有关，尤其是酒精使用障碍。

孩子可能从父母那里习得物质相关行为。

心理因素

社会学习理论（见第 2 章）认为儿童和青少年通过模仿父母和其文化中的重要人物而习得物质使用行为。甚至在学龄前，酗酒者的子女也比其他孩子更能识别出酒精饮料，并且视饮酒为日常生活的一部分（Zucker, Kincaid, Fitzgerald, & Bingham, 1995）。如果父母经常喝醉或者酒后驾车，孩子会认为这些都是可以接受的行为，因此更可能做出这些行为（Chassin, Pitts, DeLucia, & Todd, 1999）。

与女性相比，男性的酗酒问题更加普遍，所以示范酒精使用不当行为的成年人大多数都是男性。相应地，儿童更可能学习与他们相似的成年人，所以男孩比女孩更可能习得这些行为。因此，适应不良的酒精使用模式可能会通过模仿在家族中的男性身上代代相传（Chassin et al., 1999）。

酒精使用障碍的认知理论侧重于人们对酒精效应的预期以及他们认为可使用酒精来应对压力的信念（Marlatt, Baer, Donovan, & Kivlahan, 1988）。预期酒精能减轻心理痛苦，以及缺乏更具适应性的应对方式（例如问题解决技巧或者支持自己的朋友或家人），这样的人在沮丧时更可能饮酒，也更可能发生与饮酒有关的社会问题（Cooper et al., 1992）。在对酒精使用障碍者儿子的长期研究中，那些用酒精应对压力和放松自己的男性更可能发生酒精使用障碍（Schuckit, 1998）。

与物质使用障碍风险升高始终有关的一个人格特征是行为控制不足，或者说冲动、感觉寻求和容易犯罪等反社会行为的倾向。高度缺乏行为控制的人摄入精神活性药物的年龄更早，剂量更大，更可能被诊断为物质使用障碍（McGue et al., 2001; White, Xie, & Thompson, 2001）。行为控制不足家族共感性强，双生子研究显示基因可能是造成这种状况的部分原因（Rutter, Silberg, O' Connor, & Simonoff, 1999）。因此，行为控制不足受到遗传的影响，进而影响个体发生物质使用障碍的风险。

社会文化因素

物质的强化作用——兴奋剂产生的极度兴奋，抑制剂和阿片类物质的镇静和“灵魂出窍”效应——对于长期承受压力的人具有更强的吸引力。因此，穷人、被伴侣虐待的女性、父母频繁争吵和打架的青少年发生物质使用障碍的比例更高（Hughes et al., 2010; Zucker, Chermack, & Curran, 1999）。对于这些人，精神活性物质的作用可能尤其强烈。此外，他们或许觉得自己没有什么可失去的。

更微妙的环境强化和惩罚明显会影响人们的物质使用习惯。一些社会反对饮酒，通常是由于宗教信仰，酒精滥用和依赖在这些社会非常少见。其他社会，包括欧洲很多地方，虽然允许饮酒，但也强烈反对过量饮酒和醉酒做出的不负责任的行为。与这些社会相比，酒精相关障碍在对饮酒的法律或文化限制较少的社会中更加普遍（Sher et al., 2005）。

女性醉酒的剂量比男性低。

性别差异

许多社会对于男性使用物质（特别是酒精）的接纳程度比对女性高得多（Hughes et al., 2010）。大量饮酒是“男子气概”的一部分，而且很多英雄和文化偶像也做出了这样的示范。相反，直到现在，人们还是认为女性大量饮酒意味着她“不是淑女”。近几代人对女性大量饮酒的社会接纳程度更大，所以年轻女性饮酒的人数也增多了（Nolen-Hoeksema, 2004）。

女性出现物质使用障碍的风险低于男性（Nolen-Hoeksema, 2004）。她们不太可能具有与物质使用障碍有关的人格特质（行为控制不足，感觉寻求），没有使用酒精减少痛苦的强烈动机，并且不太可能期望使用物质会有好结果（Nolen-Hoeksema & Harrell, 2002）。

与男性相比，女性摄入较少的酒精就可能发生酒精相关的躯体疾病（Fillmore et al., 1997）。另外，重度饮酒与女性的生殖问题有关。女性比男性更可能因酒精产生更严重的认知和运动损害，在饮酒后更可能遭受身体伤害和性侵犯（Abbey, Ross, McDuffie, & McAuslan, 1996）。

饮酒的女性会注意到，她们醉酒的感觉比男性快得多；她们也更可能厌恶或害怕酒精的作用，因而控制自己的饮酒量（Nolen-Hoeksema, 2004）。较小的饮酒量反过来保护女性不致对大量酒精产生耐受性，并降低其发生酒精相关的社会和职业问题的风险。

当女性变成物质滥用者时，她们使用物质的模式和理由往往不同于男性。男性往往是在和男性朋友们聚会时开始使用物质的，而女性更多是在家人、伴侣或情人的引导下开始的（McCrady et al., 2009）。一项研究发现，70% 的女性快克使用者的同居男性也是物质使用者，而且身边很多人都滥用物质（Inciardi, Lockwood, & Pottieger, 1993）。这可能是因为女性的物质使用行为与她们的亲密关系有更加紧密的联系，研究已经发现，在减轻女性的物质使用障碍上，纳入其伴侣的治疗更加有效（McCrady et al., 2009）。

物质使用障碍的治疗

物质相关障碍的治疗是富有挑战的。在媒体的描述中，吸毒的名人这个月进戒毒所，下个月出来，不久又复吸了，表明治疗很少有效果。对现有治疗方法的元分析和综述显示，总体而言，它们只能帮助 17% ~ 35% 的物质使用障碍者戒断物质一年时间（Hutchison, 2010）。下文将探讨最常见和最受支持的生物治疗和心理社会治疗。

生物治疗

药物治疗可以帮助个体戒掉某种物质，减轻他们对物质的欲望，将他们的物质使用量维持在可控水平（O' Malley & Kosten, 2006）。

抗焦虑药、抗抑郁药和拮抗剂

尽管许多物质使用障碍者能依靠情感支持忍受戒断症状，但另一些人可能需要药物治疗。对于酒精依赖者，苯二氮卓类具有与酒精相似的抑制作用，可以帮助他们减轻震颤和焦虑，降低脉搏和呼吸频率，稳定血压（Ntais, Pakos, Kyzas, & Ioannidis, 2005）。药物的剂量逐天减少，这样患者能够慢慢地戒酒而不会对苯二氮卓类形成依赖。

抗抑郁药有时也用来治疗抑郁的物质依赖者，但是在不进行心理治疗的情况下，无论是治疗酒精或其他毒品问题还是抑郁症，这些药物的疗效都没有得到一致的支持(Nunes & Levine, 2004)。人们对选择性 5 – 羟色胺再摄取抑制剂的反应有很大差异。

拮抗剂（antagonist drugs）阻断或改变成瘾物质的作用，减轻成瘾者对毒品的欲望。纳曲酮和纳洛酮是阿片类拮抗剂，可以阻断海洛因等阿片类物质的作用。理论上，这可以减少对成瘾药物的欲望和使用。但是阿片类拮抗剂必须谨慎使用，因为它们可能给阿片类物质成瘾者造成严重的戒断反应（O' Malley & Kosten, 2006）。

纳曲酮也已证实有助于治疗酒精依赖者和滥用者，这可能是因为在饮酒时它阻断了内啡肽的作用。服用了纳曲酮的酒精依赖者报告对酒精的渴望下降，饮酒量因而减少了（O' Malley & Kosten, 2006）。

阿坎酸作用于脑内的谷氨酸和 GABA 受体，两者与酒精的渴求有关。临床试验的元分析显示，阿坎酸比安慰剂更能帮助人们维持戒酒状态（O' Malley & Kosten, 2006）。

有一种药物可以让酒精真正成为惩罚，它就是戒酒硫，常称为安塔布司（Antabuse）（Carroll, 2001）。服用了戒酒硫的人喝一杯酒就会感到恶心和眩晕，并可能导致呕吐、面红甚至昏厥。人们必须有非常强烈的动机才会持续使用戒酒硫，只有持续服用才能减少饮酒量。

尼古丁依赖的药物治疗通常有两种方法（Mooney & Hatsukami, 2001）。最普遍的是尼古丁替代疗法——使用尼古丁口香糖、尼古丁贴片、尼古丁喷鼻剂或尼古丁吸入剂以防戒断症状。医师希望使用者能逐渐减少尼古丁替代品的使用，并慢慢消除尼古丁造成的生理影响。

另一种方法是用处方药减轻对尼古丁的渴求。现在唯一被核准使用的药物是抗抑郁药物安非他酮（用于戒烟的商品名是 Zyban）。一种名为伐尼克兰（Chantix）的药物与尼古丁受体结合，并在一定程度上对其产生刺激，也证明能够减轻对尼古丁产品的渴求，降低其带来的愉悦感（Jorenby et al., 2006）。

美沙酮维持计划

美沙酮（methadone）可以用来逐渐戒断海洛因。它本身是一种阿片类物质，但口服效果不如海洛因强烈，持续时间也较短。海洛因依赖者可以服用美沙酮以减轻极端不利的戒断症状。使用美沙酮的人在使用海洛因时不会体验到海洛因强烈的心理作用，因为美沙酮会阻断海洛因的受体（O' Malley & Kosten, 2006）。

尽管治疗的目标是最终让个体戒断美沙酮，但是有些患者会在医生监护下持续几年使用美沙酮。这种美沙酮维持计划是有争议的。一些人认为这种方法只不过是把对海洛因的依赖变成对另一种由医生提供的合法物质的依赖。另一些人则认为，美沙酮维持计划是防止海洛因依赖者回到街头、毒瘾复发的唯一办法。研究发现，与那些试图在不使用美沙酮的情况下戒断海洛因的人相比，参加美沙酮维持计划的人更可能持续地接受心理治疗，也不太可能复发（Mattick et al., 2003）。

心理社会疗法

一些行为和认知技术已证明有助于治疗物质使用障碍（Carroll & Rounsaville, 2006）。这些技术有几个共同的目标。第一个目标是激发个体停止使用成瘾物质的动机。接受治疗的人往往对停止使用毒品犹豫不决，并且可能是违背自己的意愿被迫

德鲁·平斯基医生在VH1电视台的节目《名人康复所》中治疗各种物质相关障碍患者。

接受治疗的。第二是教会患者新的应对技能，以处理压力和消极情绪，从而取代物质使用。第三是改变物质使用的强化物——例如，个体可能需要脱离鼓励使用毒品的社交圈。第四是增强不使用毒品的朋友和家人对个体的支持。最后往往是培养他们对药物治疗结合心理治疗的坚持性。

行为疗法

基于厌恶经典条件作用的行为疗法有时单独使用，或者结合生物疗法或其他心理社会疗法（Finney & Moos, 1998; Schuckit, 1995）。让酒精依赖者服用那些使饮酒变得令人不快或中毒的药物，如戒酒硫（安塔布司）。最终，通过经典条件作用，人们对酒精形成了条件反应，即恶心和呕吐。然后，通过操作化条件作用，他们学会避开酒精，以防止发生厌恶反应。至少在短期内，厌恶条件作用能有效地减少酒精摄入（Schuckit, 1995）。然而它往往需要后续的“增强”期以强化这种条件作用，因为其效果会随时间推移而减弱。

内隐致敏疗法是通过想象在饮酒和令人极其不快的后果这两种想法之间建立联系。下面的例子是一个致敏场景，治疗师可能如下所述地带领来访者这样开始致敏治疗。

讲 述

你喝下第一口啤酒，然后，你……注意到胃里有一种奇怪的感觉……或许再喝口酒会有用……当你喝了第二口之后……那种奇怪的感觉更加强烈了，而且你感到自己要打嗝了……你再次吞咽，努力把它压下去，但不起作用。你感觉到有股气涌了上来……你又咽了一口，但是突然间你的嘴里充满了酸酸的液体，这种液体灼伤了你的喉咙，而且涌到了鼻子里……[你] 呕吐的液体弄得台子上和水槽里到处都是……（Rimmele, Miller, & Dougher, 1989, p.135）

想象变得更加生动形象了。内隐致敏技术似乎有效，个体在看到和闻到酒精时会形成厌恶性条件反应，并减少酒精的摄入。

随因性管理计划为个体减少物质使用提供强化物，例如，工作、住所或可在当地商店购物的代金券。研究显示，如果海洛因、可卡因、大麻或酒精依赖者提交不含毒品的尿液样本能够获得奖励，那么他们会接受更长时间的心理治疗，戒毒的可能性也高得多（Carroll & Rousaville, 2006）。

认知疗法

基于酒精滥用和依赖认知模型的干预手段有助于来访者识别他们最可能饮酒和饮酒失控的情境，以及他们对于酒精有助于应对此类情境的期望（Daley & Marlatt, 2006）。治疗师和来访者一起回顾酒精对来访者行为的负面影响以挑战这些期望。来访者或许在最近的某个聚会上感到焦虑，并开始大量饮酒。治疗师会让来访者回忆自己醉酒时尴尬的行为，以挑战酒精有助于有效应对的观念。治疗师也会帮助来访者学会适应性地处理压力情境，例如寻求他人帮助或积极解决问题。最后，治疗师帮助来访者学会在被人劝酒时说“不，谢谢”，并用自我决断技巧处理社会压力。

下面摘自一位治疗师和有酒精相关问题的来访者的交谈（改编自 Sobell & Sobell, 1978, pp.97-98）。治疗师正在帮助来访者制定策略，来应对可能的职位晋升所带来的压力。治疗师鼓励来访者采用头脑风暴法，寻找应对策略，暂时不要评估它们，从而让来访者自由地想出尽可能多的策略。

来访者：我真的很想要这份工作，它意味着我会赚更多钱，不仅是现在，还包括退休以后。此外，如果我拒绝这次晋升，我该怎么对我的妻子或老板说呢？

治疗师：现在与其担心这个，为什么我们不探讨一下对于这次晋升对于你有哪些可能的行为选择呢？记住，现在不要评估你的选择。此刻备选方案可以包含任何甚至极不可能的情形；我们想让你做的就是提出一系列可能的备选方案。考虑某个方案并不意味着你一定要实施它。

来访者：你知道，在这种情况下，我可以像往常那么做。实际上，在过去两个月中我一直很紧张，我经常那么做。

治疗师：你是说喝酒吗？

来访者：是的。有些晚上我回家后喝得很多，我的妻子真的在抱怨。

治疗师：哦，好吧，喝酒是一种选择。你还有其他应对这个问题的方法吗？

来访者：是的，我可以接受这份工作，然后在一所本地大学上夜间的商务课程。这样我可以学会如何做一名管理者，但是，哎呀，那可不轻松。我甚至都不知道自己是否有时间。此外，我不知道他们是否提供我所需要的培训。

治疗师：此时确实没有必要担心如何实施你的选择，你只要说出来就行了。你做得不错。还有其他处理这个问题的方法吗？

来访者：是的，我可以做的另一件事就是去告诉老板我不确定自己能否胜任这份工作，或者告诉他我不想要这份工作，或者问他能不能给我一些时间来适应这个新角色。

治疗师：好的，继续，你做得很好。

来访者：但是假如老板说我必须接受这份工作怎么办，我没有任何选择的余地？

治疗师：好吧，在那种情况下你认为可能会发生什么？

来访者：噢，我可以接受这份工作然后以失败告终。那是一种可能。我可以接受这份工作然后学习如何做一名管理者。我可以拒绝这份工作，冒着被解雇的风险，或许最终不得不再找另一份工作。你知道，我想我应该现在就去和上级谈谈，把这个问题解释给他听，然后看看会有什么结果。

治疗师：好吧，你已经描述了很多选择。让我们在你做决定之前花点时间评估一下。

治疗师帮助来访者评估每一种选择的效果，并预测任何负面结果。在此个案中，来访者决定接受晋升，但是要在当地大学学习一些课程扩展他的商务背景知识。治疗师和来访者一起讨论了应对新工作和课程的压力，然后提出一些可以让来访者应对这些压力的方法，除了喝酒。

在大多数个案中，治疗师使用认知行为方法鼓励来访者戒酒，尤其是当来访者具有频繁复发酗酒行为的历史时。如果来访者的目标是学习社交饮酒，并且治疗师相信他有能力达到这一目标时，就会重点指导来访者进行社交性或控制性的饮酒。

研究显示，认知行为方法对治疗酒精、大麻、尼古丁、海洛因、苯丙胺类和可卡因的滥用和依赖都有效（Dennis et al., 2000; McCrady, 2001; Mooney & Hatsukami, 2001; Waldron et al., 2001）。

动机性访谈

如果个体缺乏戒除物质使用的动机，那么任何疗法都不会起效。威廉•米勒（Miller, 1983; Miller & Rose, 2009）开创了**动机性访谈**（motivational interviewing），用来引发和巩固来访者改变物质使用行为的动机和决心。动机性访谈者不是与来访者对抗，而是采取具有同理心式的互动风格，鼓励来访者说出愿望、能力、理由、需要以及最终的改变决心。访谈者聚焦于来访者的矛盾心理，帮助来访者说出自己改变的理由。很多有控制组的研究发现，只要四次动机性访谈就能产生物质使用持续减少的效果，尤其是酒精使用（Ball et al., 2007; Carroll et al., 2006; 综述见 Miller & Rose, 2009）。

预防复发

不幸的是，无论接受何种治疗，酒精使用障碍的复发率都非常高。**破堤效应**（abstinence violation effect，又译禁欲违反效应、失操守效应）是复发的一个促成因素。破堤效应有两个组成部分。第一部分是已经戒酒的酒精滥用者或依赖者违反禁欲饮酒时的冲突感和内疚感。个体可能会继续饮酒，以抑制这种冲突感和内疚感。第二部分是把违反禁欲归咎于缺少意志力和自控力而非情境因素的倾向。因此，当事人会想，"我是一个酒鬼，我没办法让自己不喝酒。我刚才喝了酒的事实就证明了这一点。"这种思维方式为接下来无节制地饮酒铺平了道路。

复发预防计划（relapse prevention program）教会酒精滥用者把过失视为暂时的、由情境引起的（Donovan & Witkiewitz, 2012）。治疗师帮助来访者识别高危情境，如聚会，或者避免出现在这些场合，或者找出有效的应对策略。决定参加聚会的来访者首先和治疗师一起练习一些抵抗朋友劝酒压力的自我肯定技巧，并写下受到诱惑时可以使用的其他应对策略，例如与一个支持自己戒酒的朋友聊天或者做深呼吸练习。她还可以决定，当觉得诱惑过大时，请求一个支持自己戒酒的朋友和自己一起离开聚会，找个咖啡馆坐坐，直到饮酒的冲动消失。很多研究证实，复发预防计划能降低多种物质使用障碍者的复发率（Donovan & Witkiewitz, 2012）。

在物质使用障碍者的治疗中，这些认知和行为干预可以与正念冥想训练结合，让他们不加评判地接受自己当前的情绪和身体状态（Bowen, Chawla, & Marlatt, 2010）。人们学会认清自己的内部状态以及引发这些状态的外部诱因，接受并“经受住”他们的负面状态，而不以习惯方式反应（即使用物质）。对酒精及其他物质使用障碍者的研究显示，在常用的疗法中加入正念冥想训练，导致后续疗程中对物质的渴求和复发明显减少（Bowen et al., 2009）。

匿名戒酒者协会聚会的目的是帮助个体克服酒精依赖。

匿名戒酒者协会

匿名戒酒者协会（Alcoholics Anonymous, AA, 又译戒酒无名会）是由有酒精相关问题的人为有同样问题的人建立的。该组织的宗旨以酗酒的疾病模型为基础，即认为生物、心理和精神方面的缺陷使某些人只要喝下一杯酒，就会完全丧失控制饮酒行为的能力。因此，控制酒精摄入的唯一方法就是完全戒酒。匿名戒酒者协会描述了酒精依赖者恢复正常必须采取的12个步骤。第一步，承认自己是酒精依赖者，并且没有能力控制其影响。匿名戒酒者协会鼓励成员求助于更强大的力量，承认自己的不足，并请求原谅。所有成员的目标都是完全戒酒。

组织内的成员会提供道德和社交支持，并在危急时刻彼此支持。一旦成员成功戒酒，组织就期望他们致力于帮助其他正在戒酒的酒精依赖者。匿名戒酒者协会的成员相信人们永远不能完全治愈酒精依赖——他们总是“正在康复的酗酒者”，只要喝上一杯酒就可能回到失控的饮酒状态。匿名戒酒者协会的聚会包括成员发表证言，以激励其他人戒酒，如下所示。

讲 述

我是邓肯，我是一个酗酒者……我知道自己永远是一个酗酒者，知道自己再也不能沾任何酒了。假如不戒酒，它会杀了我的。实际上，它已经快让我没命了……我肯定是在刚过 15 岁生日时第一次喝了每个人都在谈论的酒。像许多人（包括你们）一样，我感觉酒就像一个奇迹。肚子里的一点点酒就让整个世界发生了变化。我不再胆小怕事了，我能打败街上任何一个人。所以，像你们中的许多人和会众朋友一样，酒精变成了通向爱、尊敬和自尊的康庄大道。

尽管现在看来很明显，在我高中时和进入大学后，饮酒已经成了问题。当时我却不这么认为。几起小交通事故，一次酒驾的判决，几次斗殴——那时我觉得是稀松平常的。确实，那时我就喝得很多，不过我的朋友们似乎也跟我喝得一样多。我从来没有喝到失去意识的地步，而且也能好几天不喝酒，这些都使我相信事情尚未失控。

后来，饮酒开始影响我的婚姻和工作了。因为灌了一肚子酒，又承受着无法为妻儿负责的内疚带来的压力，我有时会对他们动粗。我打破家具，乱扔东西，然后冲出门开车一走了之。我开车出了几次事故，其中一次使我的驾照被吊销两年。最糟糕的事情是在我企图戒酒的时候发生的。因为那个时候我完全酒精成瘾了，所以每当我试图停止喝酒的时候，我都会经历戒断的所有痛苦。我从来没有发生过震颤性谵妄，但是很多次都非常接近，我会呕吐和“发抖”，无法静坐或躺下。而且每次都持续几天时间……后来，大约在四年前，我的生活崩溃了，我的妻子带着孩子离开了我，我失业了，我的运气不佳，然后我找到了戒酒会。好心的吉姆，就在那儿，决定帮助我——我们成为朋友已经很长时间了，而且我知道他也是通过这个组织戒酒的。我差不多有两年多的时间没有喝酒了，凭借运气和他人的支持，我会保持戒酒。（摘自 Spitzer, R. L., Skodol, A. E., Gibbon, M., & Williams, J. B. W., 1983, *Psychopathology: A Case Book,* pp.81-83. Copyright©1983 The McGraw-Hill Companies, Inc. Reprinted with permission.）

匿名戒酒者协会的实践和宗旨并非对每个人都有吸引力。它强调个体的无能为力、需要更强的外力以及完全戒酒，这让很多人转身离开。此外，许多赞成匿名戒酒者协会宗旨的人也觉得完全戒酒是很困难的，而且一不留神就会在某个时刻“旧瘾复发”。但是，很多人认为匿名戒酒者协会攸关他们酒精使用障碍的康复，并且戒酒会仍是有酒精相关问题的人获得治疗的最普遍来源。美国登记成立的匿名戒酒者协会团体超过 10 万个，日夜都有集会在各处举行，作为饮酒的替代品，匿名戒酒者协会提供了支持性的社群（Tonigan & Connors, 2008）。一些模仿匿名戒酒者协会建立的自助组织——包括匿名麻醉剂滥用者协会、匿名可卡因滥用者协会和匿名大麻滥用者协会——也致力于帮助那些依赖其他毒品的人。

加入者和不加入者的个体差异，干预的自助性质以及结果常常是自我报告的事实，都使得对匿名戒酒者协会有效性的评估十分复杂（Kelly, 2003）。可能正是因为这些原因，匿名戒酒者协会有效性研究的元分析和综述结果是矛盾的，其中一些表明匿名戒酒者协会是有效的，另一些则表明它比不治疗更糟糕（Emrick, Tonigan, Montgomery, & Little, 1993; Kaskutus, 2009; Kelly, 2003; Kownacki & Shadish, 1999; Tonigan, Toscova, Miller, 1996）。

老年人的物质使用治疗

我们一般认为物质使用障碍是年轻人的问题。确实，老年人很少使用可卡因或海洛因这样的硬性毒品。许多长期使用违禁药物的人等不到年老就已死亡，另一些人年龄增长后就不再使用。然而某些物质滥用及依赖在老年人中十分普遍，包括酒精相关问题和滥用处方药物（Lisansky-Gomberg, 2000）。

在 65 岁以上的人群中，大约有 2% 的人可以被诊断为酒精使用障碍，约 10% 的人饮酒过度（Helzer, Burnam, & McEvoy, 1991; Merrick et al., 2008）。三分之一到一半的酗酒者在 65 岁之后才产生问题（Liberto, Oslin, & Ruskin, 1996）。此外，处方药物（如镇静剂、催眠药或抗焦虑药使用障碍）的滥用和依赖也是老年人严重的问题。尽管 65 岁以上的人只占美国人口的 13%，但是这个群体消耗了 1/3 的处方药物（NIDA, 2008b）。最常用的处方药物包括利尿剂、心血管药物和镇静剂。老年人购买的非处方药物也比年轻人多，包括止痛剂、维生素和轻泻剂。

滥用诸如苯二氮卓类这样的药物，起初多因无知。医生频繁地给老年患者开具此类药物，多达三分之一的老年人至少偶尔服用这些药物——例如为了治疗失眠或者在亲人去世后使用。随着耐受性增强和停药后的戒断症状变得明显，老年人可能会复印处方或者看多个医生以获得更多药物。药物导致的言语含混和记忆问题经常被视为老年期的正常症状而受到忽视。老年人往往能长时间地隐藏自己滥用药物的情况。最终，药物的副作用、试图停药时的戒断反应或与其他药物产生的相互作用可能导致他们需入院急救。

老年人药物滥用的治疗与年轻人类似，但是戒断症状对老年人更加危险，所以必须对其进行更严密的监控（Lisansky-Gomberg, 2000）。对药物滥用有效的心理疗法具有以下特征（Schonfeld & Dupree, 2002）：

- 老年人与其同龄人一起参加治疗，采用支持性、非对抗性的方法。
- 负性的情绪状态（例如抑郁和孤独）以及它们与物质滥用的关系是干预的重点。
- 重建社交技巧和社交网络。
- 工作人员尊重老年人，并有兴趣与老年人一起工作。
- 与医疗机构和社区资源（例如住房服务）建立联动。

由于寿命延长以及婴儿潮一代的人口庞大，在未来几十年内，65 岁以上老年人的比例将急剧增加（King & Marcus, 2000）。另外，未来美国老年人在族裔上将更加多样化：1995 年 65 岁以上的美国人中有 85% 是非拉美裔的白人，预期这一比例在 2030 年将降至 66%（Whitebourne, 2000）。相应地，拉美裔和亚裔在老年人中的比例将会上升。对于老年人的心理健康问题还需要进行更多研究，特别是少数族裔群体中有物质使用障碍的老年人。

各种疗法的比较

一个被称为 MATCH 项目的大型多地点的临床试验，比较了三种旨在帮助酒精使用障碍者的干预手段：认知行为干预、动机性访谈和促进治疗以及由专业咨询师主导的基于匿名戒酒者协会模型的 12 步计划（Project MATCH Research Group, 1998）。令人惊奇的是，研究表明在减少饮酒行为和防止下一年复发方面，这三种干预手段具有同等的效果（Project MATCH Research Group, 1998; Witkiewitz, Van der Maas, Hufford, & Marlatt, 2007）。

另一项包括 1300 多名酒精使用障碍者的多地点研究（COMBINE 项目）显示，心理社会干预结合药物治疗并不比单一疗法结果更好（Anton et al., 2006）。心理社会干预结合了认知行为疗法、动机性访谈、专业人士协助的 12 步计划和社区支持。药物治疗为纳曲酮、阿坎酸或两者结合使用。心理社会疗法和纳曲酮都能明显减少饮酒行为，而两者结合使用并不比单一疗法更好。阿坎酸不管是单独使用还是与心理社会疗法结合使用，效果都并不比安慰剂更好（Anton et al., 2006）。对同一批人进行的一年跟踪研究发现了相似的结果，那些接受心理社会治疗的人尤其可能有好的疗效，不论他们是否接受了纳曲酮药物治疗（Donovan et al., 2008）。

预防计划

只有约 25% 的酒精使用障碍者会寻求治疗（Dawson et al., 2005）。大约 25% 的人能自行康复，原因往往是自身的成熟或环境中的积极变化（如得到一份好工作或与支持自己的人结婚）促使他们控制饮酒行为（Dawson et al., 2005）。剩下的有严重酒精相关问题的人则会持续一生酗酒。某些人会发生躯体疾病，或者不能保住工作或维持亲密关系。另一些人则掩盖或控制其酒精使用障碍，其亲密关系的对象可能助长了其行为。他们往往有段时间禁酒，有时还很长，但或许面对压力事件时又再次饮酒。因而预防物质使用障碍发展十分重要。

美国 18 ~ 24 岁的年轻人是饮酒比例最高的人群，并且存在饮酒问题的人所占比例也是所有年龄层中最大的。很多大学都有减少饮酒和酒精相关问题的计划。这些计划强调酒精对健康的影响，但往往不能引起年轻人的注意，他们更关注饮酒带来的短期收益。一些大学辅导员推荐有酒精问题的学生去参加戒酒计划，例如匿名戒酒者协会，但是大学生往往并不喜欢承认自己无能和接受终生戒酒。最后，许多大学会组织一些不把饮酒作为重点的替代性活动。但总的看来，这些旨在终止饮酒的预防计划作用非常有限。

华盛顿大学的心理学家艾伦•马勒特及其同事们（Marlatt, Blulme, & Parks, 2001; Marlatt & Witkiewitz, 2010; Parks, Anderson, & Marlatt, 2001）认为，控制大学生饮酒更可靠的方法是，承认饮酒是一种正常的行为，教育的重点要放在过量饮酒的直接后果（酒精相关事故）以及适度饮酒的益处（避免宿醉）。他们认为年轻人在控制饮酒方面经验相对不足，因此需要一些技巧训练来防止他们酗酒。学习安全饮酒类似于学习安全驾驶，个体必须学会预测危险，避免发生“不必要的事故”。

基于这个**伤害减少模型**（harm reduction model），饮酒技巧训练计划（Alcohol Skills Training Program; ASTP）以重度饮酒的大学生为干预对象。在为期 8 周、每周 90 分钟的训练中，参与者每天记录饮酒量和饮酒情境，以此学会了解自己的饮酒习惯，包括他们在何时、何地、和谁一起最可能过量饮酒。他们还要学习计算血液中的酒精含量。当他们了解喝下那么一点酒就可以达到法定的醉酒标准时，常常感到很惊讶。

接下来，要挑战饮酒对社交技能和性魅力具有“神奇”效果的信念。参与者讨论宿醉和酒精对社交行为、驾驶能力和体重增加的负面影响。鼓励参与者根据血液中的酒精含量和避免饮酒负面影响的愿望，设定限制饮酒的个人目标。他们要学习限制饮酒的技巧，例如交替喝酒精饮料和非酒精饮料，选择饮酒的质量而不是数量（如买两瓶好的啤酒，而不是 6 瓶装的普通啤酒）。随后，参与者学习用其他方法消解负性情绪状态，例如使用放松练习或者减少压力源。最后，参与者通过角色扮演学习抵抗同伴压力，避开可能过量饮酒的高风险情境。

对饮酒技巧训练计划的评估表明，参与者的饮酒量和酒精相关问题发生率减少了，抵抗酒精滥用的社交技巧增强了（Fromme, Marlatt, Baer, & Kivlahan, 1994; Marlatt, Baer, & Larimer, 1995）。饮酒技巧训练计划是针对群体模式设计的，利用群体压力促使个体改变，并且允许角色扮演，这有许多优势。该计划经过调整后也可用于个人，或以书面形式作为自助手册，都显示出积极的效果（Baer et al., 2001; Baer, Marlatt, Kivlahan, & Fromme, 1992）。

赌博障碍

超过四分之三的美国成人称自己在上一年曾经赌博，但大部分赌博是偶然的

赌博障碍似乎与物质使用障碍相同的脑区有关，也与调节神经递质多巴胺系统的紊乱有关。

和娱乐性的（Potenza, Kosten, & Rounsaville, 2001）。如前所述，*DSM-5* 扩展了关于物质相关及成瘾障碍的内容，并纳入赌博障碍，有些人认为赌博属于行为成瘾。表 14.9 列出了 *DSM-5* 赌博障碍的诊断标准。不到 1% 的美国人符合这些标准（Kessler et al., 2008），但对于有赌博障碍的人而言，其赌博行为常常导致财务、人际关系和工作方面的严重问题。最普遍的标准与沉湎于赌博和“追回”损失有关。

病理性嗜赌者往往也有物质使用、抑郁和焦虑问题，并有物质滥用和赌博问题的家族史（Grant et al., 2008）。男性比女性；非拉美裔黑人比其他族群；未受过大学教育的人比接受高等教育的人更普遍地出现赌博障碍（Kessler er al., 2008）。男性倾向于更早地出现赌博障碍，而女性更可能在中年或老年出现。

赌博障碍似乎与物质使用障碍相同的脑区有关（如大脑奖赏系统的激活），也与调节神经递质多巴胺系统的紊乱有关（Leeman & Potenza, 2012）。赌博障碍者显示出

表 14.9　赌博障碍的*DSM–5*诊断标准

A. 持久的和反复的有问题的赌博行为，引起有临床意义的损害或心理痛苦，个体在12个月内出现下列4项（或更多）特征：

1. 需要加大赌注去赌博以实现期待的兴奋。
2. 试图减少或停止赌博时，出现坐立不安或易激惹。
3. 反复的失败的控制、减少或停止赌博的努力。
4. 沉湎于赌博（例如，持久的重温过去赌博的出现，预测赌博结果或计划下一次赌博，想尽办法获得金钱去赌博）。
5. 感到痛苦时经常赌博（例如，无助、内疚、焦虑、抑郁）。
6. 赌博输钱之后，经常在另一天返回去想赢回来（“追回”损失）。
7. 对参与赌博的程度撒谎。
8. 因为赌博而已经损害或失去一个重要的关系、工作或者教育或事业机会。
9. 依靠他人提供金钱来缓解赌博造成的严重财务状况。

B. 赌博行为不能用躁狂发作来更好地解释。

标注如果是：

阵发性：符合诊断标准超过1次以上，在赌博障碍发作之间，其症状至少有几个月的时间是减轻的。
持续性：出现持久的症状，且符合诊断标准几年。
严重程度：轻度（符合4 ~ 5项标准）；中度（符合6 ~ 7项标准）；重度（符合8 ~ 9项标准）。

资料来源：Reprinted with permission from the *Diagnostic and Statistical Manual of Mental Disorders,* Fifth Edition. Copyright © 2013 American Psychiatric Association.

高水平的冲动性，在评估冲动控制的认知任务中表现不佳，这些也与物质使用障碍者相同（Potenza et al., 2003）。

认知行为疗法（CBT）的重点是改变个体扭曲的观念，即认为自己比一般人更能控制赌博（随机）结果、过度自信甚至迷信，并开发新的活动和应对策略取代赌博。认知行为疗法的控制研究显示它有助于减少冲动的赌博行为（Ladouceur et al., 2001, 2003; Pallesen et al., 2005）。利用 5–羟色胺再摄取抑制剂治疗病理性赌博只取得了部分的成功（Grant & Potenza, 2006; van Holst, van den Brink, Veltman, & Goudriaan, 2010）；纳曲酮能影响奖赏敏感性，在减轻病理性赌博症状方面似乎比选择性 5–羟色胺再摄取抑制剂更有效（Grant & Kim, 2002b）。然而，赌博障碍者很少会寻求治疗（Kessler et al., 2008），寻求治疗的人通常都有中度到重度的症状。

本章整合

本章讨论的物质都是具有强烈生理作用的药剂。它们直接作用于大脑，改变心境、思维和知觉。某些人具有特定的遗传或生物化学倾向，更容易发现这些变化更加积极或有更大的奖赏力（图 14.5）。但是，环境中的奖赏或惩罚显然能够影响个体对于是否继续使用物质的选择。如果得到强大的环境和社会支持，许多长期滥用物质的人甚至也能够戒断这些物质。

图 14.5 物质相关障碍发展的生物和心理社会因素整合

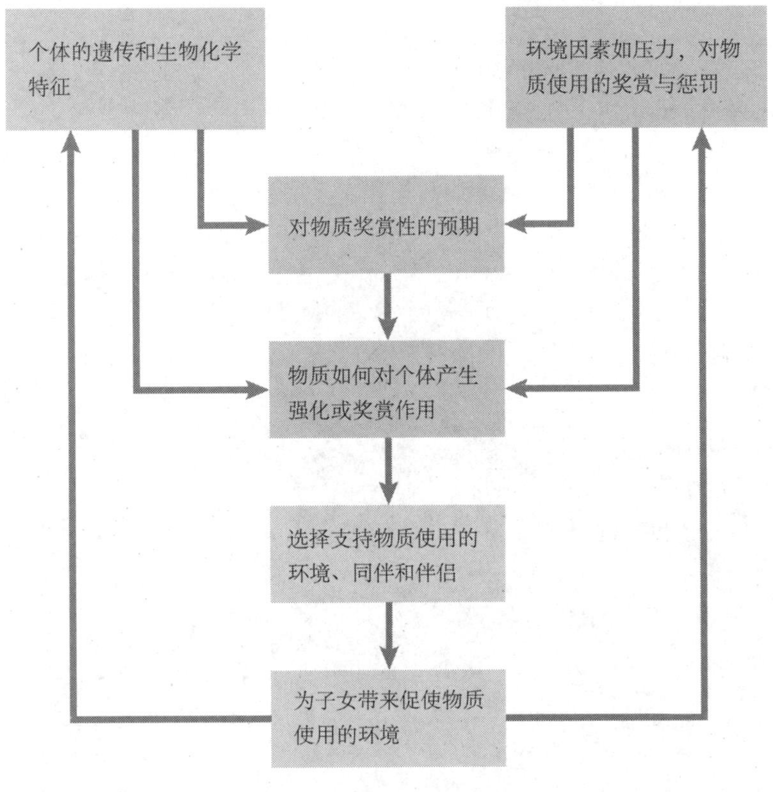

不管是出于生物学因素还是环境因素，当人们发现某种物质具有奖赏性时，就会对这种奖赏性形成期望，而这一期望又会反过来增强该物质实际的奖赏效果。类似地，重度物质使用者会选择支持他们使用物质的朋友和环境。他们往往寻找同为重度物质使用者的伴侣，并为子女带来增强物质使用障碍易感性的生物学或心理社会环境。因此，物质滥用的家庭循环传递，乃是生物学因素与心理社会因素共同作用的结果。

赌博障碍也具有相似的过程。例如，生物学因素可能影响个体对赌博奖赏性的感受；然后个体会跟其他赌博者发生联系，后者强化了个体的赌博行为，最终赌博冲动变成病理性的。

灰色地带

讨论（对第443页的回顾）

尼克的行为肯定符合酒精使用障碍的诊断标准。他不能完成自己的学习义务，并且不顾所引发的社会问题（被学校开除，以及父母威胁不再提供经济支持）而继续饮酒。他的宿醉是戒断的一个迹象，他在饮酒和恢复上花费了大量的时间，而且饮酒影响了他的成绩。尽管饮酒的加剧表明尼克需要更多的酒才能达到想要的效果，但我们并不知道尼克是否对酒精产生了耐受性。尼克看起来没有任何想要控制饮酒的意图，因此不符合试图控制物质使用这一条标准。

将大学生与朋友一起饮酒的行为作为一种精神病性诊断，这似乎有点奇怪。一些批评者认为，酒精使用障碍的诊断标准过于宽泛，符合标准的人太多。另一些人则认为，仅仅因为符合滥用或依赖标准的人在总人口中所占比例较大，并不意味着我们应该无视这种行为。你是怎么想的？

批判性思考

年满 18 岁的美国公民可以参军，担任陪审员，参与选举，但是在 21 岁之前，法律规定他们是不能饮酒的。由于证据表明，在饮酒年龄更高的州，与酒精有关的交通死亡事故较少，因此 1984 年美国国会通过了《美国最低饮酒年龄法案》。然而，一些大学管理者认为提高饮酒年龄并不会减少 18 ~ 21 岁人群的饮酒行为，反而使其转为地下进行，更加难以控制。

你认为将饮酒年龄放宽到 18 岁会产生怎样的影响？它会使 18 ~ 21 岁人群的饮酒大幅增加吗？它会增加与酒精有关的负面结果（如酒驾）吗？如果饮酒年龄放宽到 18 岁，是否有什么计划能够抵消可能的负面结果呢？*（讨论见本书末尾）*

本章小结

- 物质是指天然或合成的、具有精神活性作用的产品。最常见的导致物质相关障碍的五种物质是：（1）中枢神经系统抑制剂，包括酒精、巴比妥类、苯二氮卓类和吸入剂；（2）中枢神经系统兴奋剂，包括可卡因、苯丙胺类、尼古丁和咖啡因；（3）阿片类物质；（4）致幻剂和苯环利定；（5）大麻。

- 物质中毒是物质对中枢神经系统的生理作用而直接产生的一系列行为和心理变化。物质戒断是指长期大量使用物质的人停止或者减少使用物质所导致的一系列生理和行为症状。物质中毒和戒断的具体症状与摄入物质的种类、数量和摄入方式有关。

- 物质使用障碍的特征为适应不良的物质使用模式，该模式导致个人生活出现严重问题，并且导致对物质的耐受性，停止使用会引发戒断症状以及强迫性的物质使用行为。

- 摄入较少的酒精时，可以让人感到放松和轻度的欣快感。当大量摄入时，会产生典型的抑郁症状以及认知和运动方面的损害。因事故、谋杀和自杀导致的死亡中大部分都和饮酒有关。酒精戒断症状可能很轻微，也可能非常严重，甚至威胁到生命。酒精使用障碍者会遇到很多社会和人际关系问题，而且也很可能发生很多严重的健康问题。

- 苯二氮卓类和巴比妥类起初会引起快感和去抑制，随后心境会变得抑郁、昏睡，并出现中枢神经系统抑制的生理体征。这些物质在过量使用或与其他物质混合使用时具有危险性。

- 可卡因刺激掌管奖赏和愉悦的脑区，产生即刻的欣快感，接着会增强自尊、警觉和精力，感到自己拥有更高的能力、创造性和社会认可。使用者也可能经历可怕的知觉变化。可卡因的戒断症状包括疲乏、昏睡和抑郁。可卡因对大脑奖赏中心的作用极其迅速和强烈，这使得它比其他违禁物质更可能导致滥用和依赖。

- 苯丙胺类是治疗特定疾病的处方药，但它们最终往往出现在黑市上。它们可以使人感到精神愉悦、精力充沛、自信和善于社交，但也会让人感到烦躁不安、高度警觉、焦虑和好斗，并且会引起一些危险的生理症状和变化。

- 尼古丁的使用广泛。抽烟是合法的，但会导致癌症、支气管炎和冠心病。怀孕的女性抽烟会使导致婴儿出生体重偏低。人们会对尼古丁形成生理依赖，停止抽烟后要经受戒断症状。
- 阿片类物质是从罂粟汁中提炼出来的。使用最广泛的非法阿片类物质是海洛因。阿片类物质中毒的最初症状是欣快感，然后就会感到嗜睡、昏睡和周期性的入眠浅或浅眠。严重的中毒可以导致呼吸困难、丧失意识、昏迷和痉挛。戒断症状包括烦躁不安、焦虑、激越、对疼痛敏感和对更多毒品的渴求。
- 致幻剂、苯环利定（PCP）和大麻都能产生知觉变化，包括感觉扭曲和幻觉。这些体验对有些人是愉快的，对另一些人则是极其可怕的。一些人在使用这类物质的时候有欣快感或放松感，而另一些人则会变得焦虑和激越。
- 吸入剂是一种挥发性制剂，通过鼻子吸入，能够产生欣快感，去抑制，增强攻击性和性表现。吸入剂非常危险，即使偶尔使用也可能造成永久性的脑损伤或引起严重的疾病。
- 其他被滥用的药物包括摇头丸（3,4–亚甲二氧基甲基苯丙胺或MDMA）、GHB（γ–羟基丁酸）、克他命和洛喜普诺（氟硝安定）。这些药物具有一些欣快和镇静效果，被用在舞厅里，有时也被约会强奸的犯罪者使用。
- 所有物质滥用都对参与奖赏加工的脑区有强大的影响。物质的反复使用会引发这些脑区的改变，导致需要更多的物质才能体验到奖赏效应。
- 有证据表明，基因通过作用于物质的合成及新陈代谢来影响物质使用障碍的易感性。
- 酗酒的行为理论指出，人们可能因酒精相关的行为而受到强化或者惩罚，也会做出重要他人所示范的行为。认知理论认为那些出现酒精相关问题的人预期酒精会使他们的感觉变好，并帮助他们更好地应对应激事件。与物质使用障碍有关的人格特质是行为缺乏控制。
- 男性发生物质使用障碍的高危因素比女性多，女性可能对物质使用的消极后果更敏感。
- 药物治疗可以减轻戒断症状以及对许多物质的渴求。阿片类物质的戒断症状非常严重，以至于依赖者尝试停止使用海洛因时要服用美沙酮。美沙酮也可以阻断随后使用海洛因的作用，降低对海洛因的渴求。美沙酮维持计划是有争议的。
- 基于厌恶经典条件作用的行为疗法有时被用于治疗酒精使用障碍者。他们服用药物让自己在摄入酒精时感到不适，或通过想象让自己对看到或闻到酒精产生条件化的厌恶反应。随因性管理计划为减少物质使用提供强化物。
- 认知疗法的核心是训练酒精使用障碍者的应对技巧，以及质疑其对酒精作用的积极预期。
- 动机性访谈试图通过共情使个体产生改变物质使用行为的动机和决心。
- 破堤效应包括个体对复发的负疚感和将复发归因于缺乏自制力。复发预防计划帮助识别复发的诱因。
- 酒精使用障碍最常见的治疗方式是匿名戒酒者协会（AA），这是一种鼓励酗酒者承认自己的不足，并请求更强的外力和其他成员来帮助他们戒酒的自助组织。
- 基于伤害减少模型的预防计划的目的是教会参与者负责任地使用酒精。
- 赌博障碍是*DSM-5*中新增的类别，代表一种行为成瘾。其特征是即使面临严重的社会、财务和心理后果也依然强迫性赌博。赌博障碍似乎与物质使用障碍有许多相同的高危因素和临床模式。

关键术语

物质使用障碍
赌博障碍
物质
物质中毒
物质戒断
物质滥用
物质依赖
耐受性
抑制剂
震颤性谵妄（DT）
苯二氮卓类
巴比妥类
兴奋剂
可卡因
苯丙胺类
尼古丁
咖啡因
阿片类物质
致幻剂
苯环利定（PCP）
大麻
吸入剂
拮抗剂
美沙酮
动机性访谈
破堤效应
复发预防计划
匿名戒酒者协会（AA）
伤害减少模型

第15章

健康心理学

本章提纲

连续谱模型下的应激

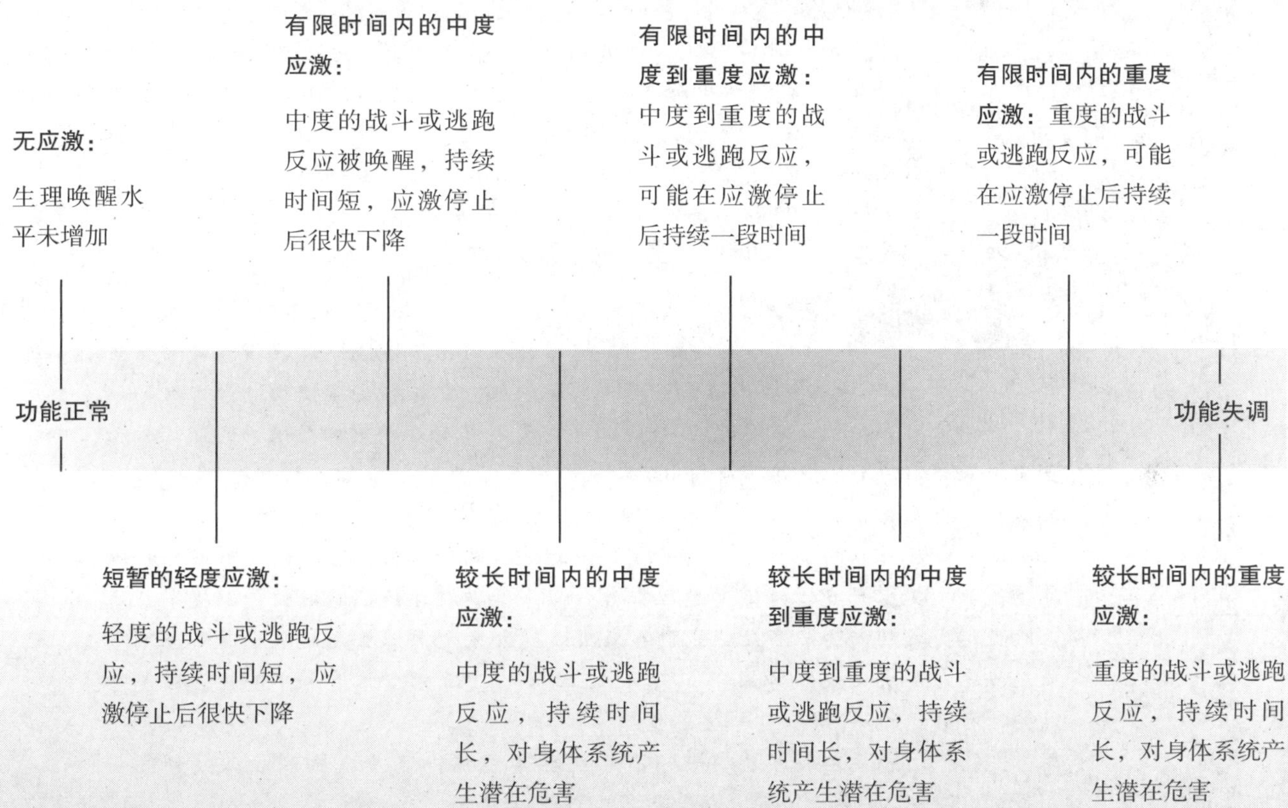

每当我们面对应激源，就会产生一系列的生理反应，正如第5章所讨论的。这些被统称为*战斗或逃跑反应*（fight-or-flight response；见表5.1），心率加快和血压增高等躯体变化使身体做好了面对威胁或从中逃离的准备。交感神经系统还会刺激多种激素的分泌，包括肾上腺素和去甲肾上腺素，使身体做好反应的准备。最主要的应激激素之一是由肾上腺皮质分泌的皮质醇。最终，当威胁性的刺激过去之后，上升的皮质醇会指示躯体停止释放这些激素。这个过程使得身体可以适应各种程度的应激。

即使轻度的应激源也会触发战斗或逃跑反应。如果应激源是即时的，反应会受到激活，随后消退。这种适应称作*稳态应变*（allostasis），躯体学习如何在应激源不严重且持续时间不长、在它出现和消失时，更有效地做出反应（McEwen, 2000）。但如果应激源是长期的，也就是如果它持续较长一段时间，而且人或动物无法与之斗争或从中逃离，那么它所导致的长期生理唤醒就可能对身体有严重的危害，这种情况称作**非稳态负荷**（allostatic load）。

持久的不可控和不可预测的应激会产生非稳态负荷。很多因素，包括性别、少数族裔地位、社会经济地位和文化都会影响个体所接触到的不可控和不可预测事件，以及我们对这些事件的认识和反应（Chen & Miller, 2012）。例如，很多非裔美国人因种族主义、歧视和低于很多欧裔美国人的社会经济地位而面临大量的应激（Mays, Cochran, & Barnes, 2007）。相应地，非裔美国人在非稳态负荷的一系列指标上得分更高，如持续的高血压（Geronimus, Hicken, Keene, & Bound, 2006）。

文化可以改变应激源的特有含义，即使是像无家可归这样严重的事件。在尼泊尔进行的一项研究显示，街头无家可归的儿童实际上比与家人一起生活在农村的儿童表现出更低的非稳态负荷（Worthman & Panter-Brick, 2008）。无家可归的儿童会与其他街头儿童形成家庭团体，互相保护，共同寻找食物和庇护所。虽然农村的儿童有稳定的家，但这些家的卫生条件差，这些孩子获取的营养仅能维持生存，并面临着沉重的体力劳动。相反，在更为发达的国家如美国，无家可归的街头儿童比与家人一起生活在农村小镇里的儿童有更多应激，并且健康状况更差（Worthman & Panter-Brick, 2008）。

非常人物

诺曼·卡曾斯，用欢笑疗愈

1964年，《星期六评论》杂志的著名作家诺曼·卡曾斯被诊断为强直性脊柱炎，一种痛苦的胶原性疾病。接受了多项医学检查并在医院度过多日之后，医生说他的生存概率只有五百分之一。卡曾斯不相信自己会向病魔屈服，他开始行动起来，寻找使病情逆转的行动计划。他的《疾病解析》（*Anatomy of an Illness*）一书描述了自己如何利用喜剧和电影来提高积极情绪水平，从而影响肾上腺和内分泌系统的功能：

> 我想，从搞笑电影开始挺好。偷拍电视节目“偷拍镜头”（Candid Camera）的制作人阿伦·芬特寄来了该节目的一些经典内容和一台电影放映机。护士学会了使用这台机器。
>
> 它很管用。我欣喜地发现10分钟的开怀大笑具有麻醉剂的效果，它能让我至少安睡两个小时而不感到疼痛。当笑的止痛效果消失后，我们又打开电影放映机，常常我又能没有痛苦地睡上一觉。有时护士也读很多幽默故事给我听。
>
> 发笑以及总体而言积极情绪使我身体的化学过程好转，这个想法有多少科学依据？如果笑真对身体的化学过程有益，似乎至少在理论上它应该能够提高身体系统抵抗炎症的能力。因此，我们在每次欢笑发生之前以及之后数小时都会测量血沉降率。每次血沉降率都会下降至少5个点。下降幅度本身并不明显，但是它是持续和累积的。
>
> “笑是良药”这个古老的理论有了生理学依据，这使我感到欢欣鼓舞……（1985, p. 55–66）

卡曾斯最终康复了。在回到作家岗位几年后，他在加州大学洛杉矶分校医学院度过了自己生命的最后12年，和研究人员一起为自己的信念寻找科学根据，他相信积极情绪有治疗功能。研究心理因素对身体健康影响的前沿机构之一是以他的名字命名的，这就是“加州大学洛杉矶分校卡曾斯心理神经免疫学中心”。

*From ANATOMY OF AN ILLNESS AS PERCEIVED BY THE PATIENT: Reflections on Healing and Regeneration by Norman Cousins. Copyright © 1979 by W. W. Norton & Company, Inc. Used by permission of W. W. Norton & Company, Inc. This selection may not be reproduced, stored in a retrieval system, or transmitted in any form or by any means without the prior written permission of the publisher.

自从卡曾斯发现笑对他是一剂良药以来，数量可观的研究已证明积极情绪对生理功能的影响（Fredrickson & Joiner, 2002; Fredrickson, Tugade, Waugh, & Larkin, 2003）。这些发现使人想起这个古老的心–身问题：心理会影响身体，或者身体会影响心理吗？答案现在很明确，心理和身体是互相影响的。

在本章中，我们将回顾健康心理学（health psychology）（也称为行为医学，behavioral medicine）方面的研究，该领域探索生物学、心理学和社会 / 环境的因素如何交互作用影响身体健康。图15.1展示身体健康的生物心理社会取向的各个组成部分（Baum, Perry, & Tarbell, 2004）。第一，生物学因素，如基因构成、年龄和性别，

图 15.1　身体健康的生物心理社会取向的组成部分

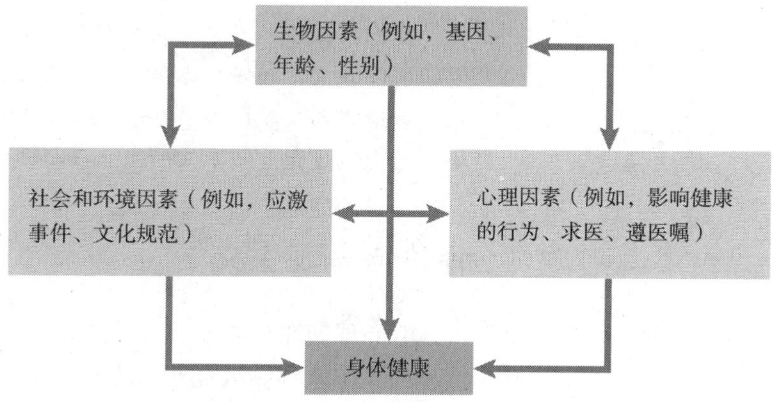

资料来源：Baum et al., 2004.

显然对疾病易感性有主要的影响。例如，基因在癌症的易感性中起着极大的作用，年龄的增长会增加罹患大部分癌症的风险，而某些形式的癌症如乳腺癌，在女性比在男性中要常见得多。第二，社会或环境因素能直接影响健康。正如我们在下面将要详细讨论的，应激是健康心理学家最常研究的因素。另一个重要的社会因素是文化，它影响我们接触疾病的机会和对这些疾病采用的治疗方法。例如，人类免疫缺陷病毒（HIV）在撒哈拉沙漠以南的非洲比在世界任何其他地区都更普遍（UNAIDS, 2009），而对避孕套使用的文化羞耻感在其中起了作用（UNAIDS, 2004）。第三，许多心理因素能够影响健康。我们可以做出改善健康的行为，如定期锻炼和刷牙，也可以做出促发疾病的行为，如吸烟和吃高脂食物。生病的时候，我们可以求医并遵从医嘱，也可以回避治疗，或者不遵从医嘱。

除了分别直接影响健康之外，生物、心理和社会 / 环境因素还可以通过交互作用来影响健康。考虑几个例子：基因不仅影响对特定疾病的易感性，也会影响我们在生活中接触到的应激的数量和对应激的感知（Kendler, Karkowski, & Prescott, 1999; Kendler & Karkowski-Shuman, 1997）。相应地，应激可以使人们更难以从事健康的行为，如得到足够的锻炼。人格影响我们在生活中所感知的应激的大小，这反过来又影响我们的健康。在本章中，我们将用整个的篇幅来讨论生物、心理和社会 / 环境因素如何交互作用，从而增进或损害健康。

近几十年来，随着心理和社会 / 环境因素对我们生命的长度和质量变得越来越重要，健康心理学作为一门学科迅速发展。20 世纪初，除心血管疾病外，死亡的主要原因是传染病，包括流感、肺炎和肺结核（表 15.1）。在上个世纪，医学的进步极大地减少了这些疾病的死亡人数。进入 21 世纪，死亡原因的前 5 位都是受心理和社会因素影响很大的疾病，这些因素包括吸烟、饮食和应激。因此，保持人们身体健康的一个关键部分是，了解心理和社会 / 环境因素如何相互作用以及如何与生物学上的易感性相互影响从而造成疾病。

表 15.1　1900年和2009年美国人的主要死因

1900年		2009年	
死因	死亡率（每10万人）	死因	死亡率（每10万人）
1. 心血管疾病（心脏病、中风）	345	1. 心脏病	246
2. 流感和肺炎	202	2. 癌症	233
3. 肺结核	194	3. 慢性下呼吸道疾病	56
4. 胃炎、十二指肠炎、小肠炎和结肠炎	143	4. 脑血管疾病（中风）	53
5. 意外事故	72	5. 意外事故	48

资料来源：Data for 1900: U.S. Bureau of the Census, 1975, *Historical Statistics of the United States: Colonial Times to 1970*, I. Washington, DC: U.S. Government Printing Office. Data for 2009: Heron, M. (2012). Deaths: Leading Causes for 2009, *National Vital Statistics Report*, Vol. 61, No. 7.

心理因素与总体健康状况

我们都认识一些似乎能够将严重的应激处理得非常好的人，他们在遭遇挫折后重新振作起来，焕发出新的活力，好像充满压力的经历让他们在心理上得到了成长。我们称这些人心理韧性强（resilient）（Masten & Powell, 2003）。而另一些人则更脆弱，小小压力就能让他们不知所措，身心俱疲。

评价与悲观主义

有心理韧性和心理脆弱的人之间的一个差异是他们评价或解释事件的方式。那些倾向于用悲观风格解释事件的人——认为消极事件是他们的错，以后还可能发生且有着广泛的后果——在生活中到处看到应激事件（Peterson et al., 1998）。悲观可能使身体处于战斗或逃跑反应的长期唤醒状态，导致生理性损害，从而损害健康。这种解释在多项研究中都得到了支持。其中一项研究连续三天对悲观者和乐观者的血压进行监测。在这三天里，悲观者的血压一直高于乐观者的血压值（Raikkonen et al., 1999）。另一项研究发现，乐观的老年人的免疫系统功能优于悲观的老年人，即使研究人员在统计分析中对两组老年人目前的健康状况、抑郁、药物使用、睡眠和饮酒等方面的差异进行了控制之后，情况依然如此（Kamen-Siegel, Rodin, Seligman, & Dwyer, 1991）。

悲观的看法也可能使人们从事不健康的行为。在一项对 HIV 阳性人群的研究中，研究人员发现性格较悲观者不太可能去实践有益健康的行为，如保持合理膳食、保证充足睡眠和锻炼身体（Milam et al., 2004; Taylor, Kemeny, Aspinwall, & Schneider, 1992）。这些行为对 HIV 阳性的人们尤其重要，因为它们能够降低这些人发展成艾滋病的风险。

悲观态度的影响可能是终身性的。一项对 1939 级和 1940 级哈佛大学男生的长期研究发现，那些在大学时悲观的学生比更加乐观的学生更可能在之后的 35 年中罹患身体疾病（Peterson, Seligman, & Vaillant, 1988; 同见 Peterson et al., 1998）。

总之，悲观的态度可能通过使身体对应激的生理反应过度唤起而直接影响健康，或通过减少积极的应对策略以及有益健康的行为而间接地产生影响。相反，乐观的态度，正如诺曼•卡曾斯试图在自己身上通过发笑来创造的，可能会通过降低应激的生理反应及提升积极的应对策略而促进身体健康（Chen & Miller, 2012）。

应对策略

人们应对疾病和生活中其他压力情境的方式能够影响他们的健康（Taylor & Stanton, 2007）。一种可能对健康不利的应对方法是回避型应对（avoidance coping），即否认自己生病了或正面临其他显而易见的应激事件。回避型应对已被证明与几种健康问题有关，如手术后疼痛更剧烈（Rosenberger et al., 2004），术后身体功能恢复不佳（Stephens, Druley, & Zautra, 2002），HIV 阳性个体不遵守治疗方案且其后健康状况较差（Weaver et al., 2005），HIV 阳性静脉注射吸毒者中更多的危险行为（Avants, Warburton, & Margolin, 2001），以及艾滋病照料者躯体症状增多（Billings, Folkman, Acree, & Moscowitz, 2000）。此种应对策略还可以预测慢性疾病的进程

和 / 或癌症病人的死亡率（Epping-Jordan, Compas, & Howell, 1994），HIV 感染（Leserman et al., 2000）、充血性心力衰竭（Murberg, Furze, & Bru, 2004）及类风湿性关节炎（Evers et al., 2003）。

相反，谈论消极情绪和生活中存在的重要问题似乎对健康有积极作用（Panagopoulou, Maes, Rime, & Montgomery, 2006）。在一系列大型研究中，詹姆斯·彭尼贝克（Pennebaker, 2007）发现，鼓励人们在日记或文章中披露个人创伤可以改善他们的健康。在一项研究中，50 名身体健康的学生被随机分为两组，一组连续 4 天每天花 20 分钟写下生活中最令他们受伤和烦恼的事件，另一组用同样的时间记录一些微不足道的话题。在写作开始的前一天，最后一天，以及完成 6 周以后对每个学生采血取样，并对血液中几个免疫系统功能指标进行检测。研究者还记录了在写作完成后的 6 周内学生到学校健康中心就医的次数，并与研究开始前的次数进行比较。如图 15.2 所示，与控制组的学生相比，在文章中披露个人创伤的学生表现出更好的免疫系统功能，并且到健康中心就医的频率更低（Pennebaker, Kiecolt-Glaser, & Glaser, 1988）。相反，描写无关紧要事件的小组到健康中心就医的次数略有增加，免疫系统的功能也有所下降，原因不详。彭尼贝克（2007）相信写作能帮助人们理解和发现生活事件的意义。理解和寻找意义反过来减少了人们对于事件的消极情绪，所以可能降低了与长期消极情绪有关的生理紧张。

一种与之相关的积极应对策略是寻求社会支持。多种不同的研究发现，从其他人那里寻求并获得积极情绪支持的人健康状况更好，不管是微观层面的衡量标准如免疫系统活动，还是宏观层面的标准如重大疾病的病情发展（Hallaraker, Arefjord, Havik, & Maeland, 2001; Pakenham, Chiu, Bursnall, & Cannon, 2007）。泰勒及其同事（Taylor et al., 2006）发现，在支持性家庭中长大的年轻人在观看刺激情绪的照片时，大脑某些区域的反应性较低。这种较低的情绪反应性可以降低这些人对应激的生理反应。

图 15.2 描写创伤事件或日常琐事后学生的健康状况

在系列文章中披露个人创伤的学生比描写无关紧要事件的学生免疫系统功能更强，就医次数更少。

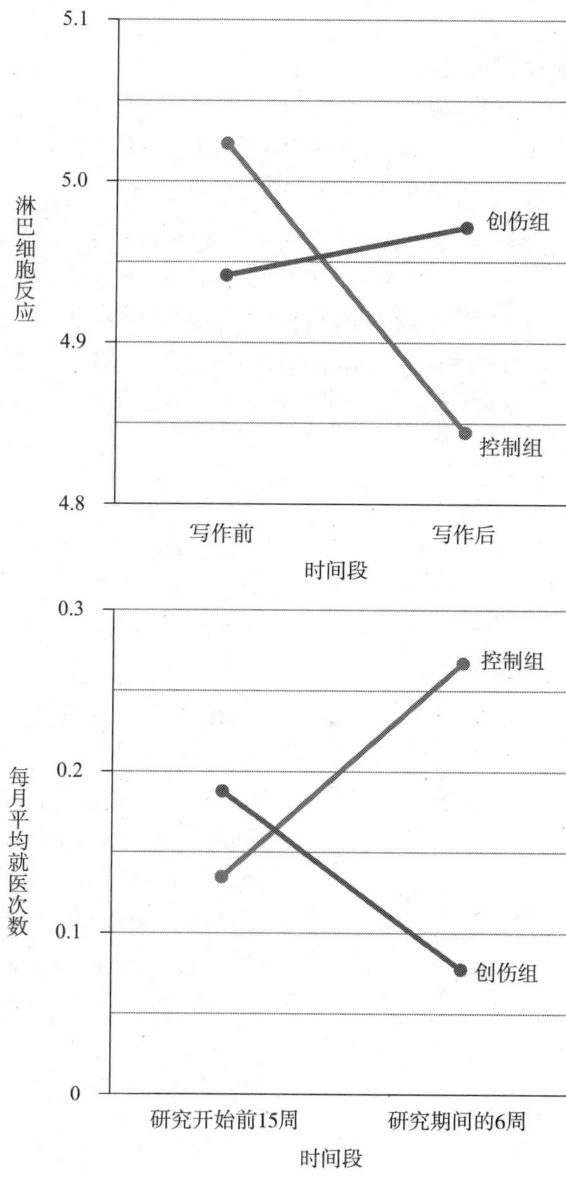

资料来源：Pennebaker et al., 1988.

应对方式的性别差异

女性和男性似乎有着不同的应激反应。泰勒和她的同事（Taylor et al., 2000）提出，女性在面对威胁时会进入一种被称为照料与结盟（tend and befriend）的模式。从整个进化史来看，在体能上女性无法像男性一样击退攻击者；此外，由于她们对后代负有主要责任，她们不是总能逃离侵略者。女性们不是试图击退或逃离威胁，而是加入社会团体以获得保护和资源。女性对应激的这种行为反应的基础是对应激的一种不同的神经生物学反应：与战斗或逃跑反应相关的生理变化在女性中不像在男性中那样显著，但应激中的女性会经历催产素的释放，这与亲和行为增多有关，如寻觅和关爱他人。

面对应激时，女性确实比男性更可能向他人寻求支持，并拥有更广泛的社会网络，包括朋友和大家庭成员（Kiecolt-Glaser & Newton, 2001）。相反，男性求助的人际网络通常要小得多，他们也不太会像女性那样将个人的问题和忧虑告知朋友和家人。因此，女性可能比男性有更多的机会从社会支持对健康的积极作用中获益。

灰色地带

当你阅读下面的个案研究时，问问自己，它所展示的应激事件应对方式是否对健康有益。

约翰·帕克是一名 62 岁的工程师，原籍韩国，现居住在俄亥俄州的哥伦布。他最近从医生处获知自己患了前列腺癌。约翰所咨询的泌尿科医生建议他接受放射性治疗。约翰把诊断和治疗方法告诉了妻子，但是没有告诉孩子。孩子们都已经成年，住在其他城市。约翰也没有告诉任何同事他患癌的事。他利用假期接受治疗，并从治疗的副作用中恢复。约翰和他妻子很少提关于癌症的事。他更愿意让自己的人生继续，过尽可能正常的生活。他喜欢跟妻子谈论孩子们的生活，孙辈的恶作剧，以及与朋友和家人的出游计划。

约翰是在以一种有益于健康的方式应对癌症吗？（讨论见本章末尾。）

社会支持的一个主要来源是伴侣或配偶。已婚者比未婚者更少患病，死于包括癌症、心脏病、手术等在内的各种情况的概率也更低（见 Kiecolt-Glaser & Newton, 2001）。然而，充满冲突的婚姻可能会严重危害健康。对已婚夫妻的实验研究发现，相比在讨论婚姻问题时保持冷静和无敌意的夫妻，讨论婚姻问题时变得对彼此持有敌意和否定态度的夫妻，在免疫系统功能的 4 项指标上都有更大幅度的下降。产生敌意的夫妻血压升高的时间也更长（Kiecolt-Glaser, Malarkey, Chee, & Newton, 1993）。

女性对婚姻冲突的生理反应比男性强烈（Kiecolt-Glaser & Newton, 2001）。这可能是由于与男性的自我概念相比，女性的自我概念和经济状况都和配偶有着更紧密的联系（Cross & Madson, 1997）。此外，女性在情感上更加依赖配偶，更能意识到关系中的冲突。由于这些原因，女性可能在情绪、认知和生理上都对婚姻中的冲突更加敏感，这种敏感性可能抵消任何她们有可能从配偶的支持中得到的有利于健康的效应（Kiecolt-Glaser & Newton, 2001）。总的来说，女性能够在生理上从一段密切的关系中获益，但这段关系必须是积极的。

应对方式的文化差异

不同文化对处理应激事件有不同的规范。来自亚洲文化的人们在寻求他人帮助或表达个人忧虑方面，倾向于比欧裔美国人更为迟疑，因为他们更关注这样做可能会给他们的人际关系带来的危害（Kim, Sherman, & Taylor, 2008）。他们可能会寻找不需要泄露个人忧虑或弱点或给他人造成潜在负担的方法，以此从他们的社会关系中获益。例如，他们可能会提醒自己亲密关系的存在或享受所爱的人的陪伴。对亚洲人或亚裔美国人的研究发现，相比明确地向他人求助或诉说需求，他们从这种微妙的、更隐晦的求助方式中能够获得更多情绪和生理上的益处（就更低的皮质醇水平而言）（Kim et al., 2008）。相反，直接求助更能让欧裔美国人受益。因此，尽管应对在所有文化中对于健康都很重要，但具体哪种应对方式有用则可能受其文化规范的影响。

心理障碍与身体健康

有心理障碍的人比没有之人有更多的身体健康问题。例如，一项对曾被诊断有心理障碍的人长达 20 年的研究发现，他们在整个这段时期内都比没有心理障碍的人有更多的身体健康问题（Chen et al., 2009）。严重的健康问题包括严重过敏、慢性呼吸道疾病、慢性消化道疾病、心血管疾病、癌症和糖尿病。特别是有几项研究已经发现抑郁症与多种疾病有关，包括癌症、心脏病、糖尿病、关节炎和哮喘（Everson-Rose & Lewis, 2005; Katon, 2003）。

将心理障碍与身体健康问题关联起来的机制可能有很多种。在某些情况下，心理障碍和躯体疾病可能有共同的基因病因。例如，抑郁症和心血管疾病都与导致 5–羟色胺系统失调的遗传因素有关（McCaffery et al., 2006）。在另一些情况下，身体疾病可能会导致心理障碍。阿尔茨海默病，一种使人痴呆的神经系统疾病，也会导致抑郁、焦虑、人格改变和精神病性症状如幻觉和妄想（见第 10 章）。甲状腺疾病可引起抑郁症状。此外，罹患严重疾病所带来的社会和心理上的应激也会导致抑郁或焦虑（Hammen, 2005）。

还有一些时候，心理障碍可能会带来躯体疾病。神经性厌食症者的禁食行为会导致骨质疏松和骨密度下降，以及心血管问题（Polivy & Herman, 2002）。物质滥用或依赖可引起多种躯体疾病，包括高血压和肝肾疾病（见第 14 章）。

在生活中心理障碍会带来多方面的压力。个体可能难以保住一份工作，受到歧视和社会排斥，并且难以获得医疗服务（Everson-Rose & Lewis, 2005）。有各种心理障碍的人显现出战斗或逃跑反应长期唤醒的迹象，包括长期皮质醇水平升高（McEwen, 2000）。这种过度的非稳态负荷又能反过来引起躯体疾病。

有心理障碍也可能让个体更加悲观，处理应激事件的能力更差，从而加重其非稳态负荷。例如，一项研究发现，有抑郁症的群体比没有心理障碍的群体患躯体疾病比例高的部分原因是前者的神经质水平较高（Rhebergen et al., 2010）。神经质是一种人格特质，其特征是对应激的高敏性和应对技巧不佳。

有心理障碍的人似乎也不太可能去从事对健康有益的行为（Zvolensky & Smits, 2008）。有心理障碍的人吸烟的比例比没有心理障碍的人高 2 ~ 3 倍（Grant, Hasin, et al., 2004; Lasser et al., 2000）。有心理障碍的人似乎也不太可能锻炼身体（Whooley et al., 2008）或遵守治疗方案（Chen et al., 2009）。这会将个体置于罹患某种躯体疾病或病情恶化的危险之中。

特定疾病的心理社会因素

健康心理学家对某些疾病的进程进行了深入的研究，他们预期心理因素和应激在这些进程中起着一定作用。在这里我们考虑两组疾病：免疫系统疾病和心血管疾病。

免疫系统

免疫系统（immune system）通过识别并杀死病原体和肿瘤细胞来保护我们免遭疾病侵袭。免疫系统分为两种：*先天免疫系统*（innate immune system）和*特异性免疫系统*（specific immune system），两者都有一系列攻击入侵者的细胞机制。先天免

图 15.3 可控制和不可控制的电击对大鼠免疫系统的影响

在一项研究中，受到不可控电击的大鼠，其杀灭有害细胞的T细胞的增加少于受到可控电击的大鼠和没有受到电击的大鼠。

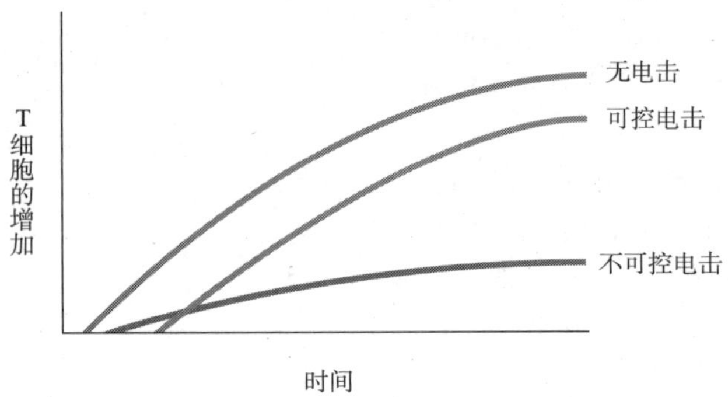

资料来源：Laudenslager et al., 1983.

疫系统对进入身体的任何微生物或毒素做出迅速、非特异性的反应，释放出杀死并吸收入侵者的细胞。特异性免疫系统反应较慢，但它的反应是为出现的特定病原体量身打造的。特异性免疫系统会记住该病原体，如果它再次发起攻击，免疫系统就能更迅速有效地对其进行杀灭。

应激可能从几个方面影响免疫系统。尽管短期应激似乎能提高免疫反应的效能，但长时间的应激则会削弱免疫功能，一部分原因是如果应激源持续时间较长，战斗或逃跑反应所释放的皮质醇等生化物质会抑制免疫系统（Segerstrom & Miller, 2004）。在探索应激和免疫系统功能的关系方面，其中得到最好控制的研究是在动物身上进行的。在实验中将动物暴露于应激源，然后直接测量免疫系统功能。研究表明，承受巨大噪音、电击、在幼仔时期和母亲分离和同伴分离以及其他各种应激源的动物，其免疫系统细胞受到抑制（Segerstrom & Miller, 2004）。

当被置于不可控的应激源时，动物最可能表现出免疫系统的损害。在一项实验中，一组受到电击的大鼠可以通过按压杠杆来关闭电击（Laudenslager et al., 1983）。另一组大鼠也受到同样序列的电击，但却不能对其加以控制。第三组大鼠没有受到电击。研究人员检查了面对外来侵犯时 T 细胞繁殖增加的情况。T 细胞是特异性免疫系统的组成部分，它们分泌化学物质杀死有害细胞。研究者发现，可以控制电击的大鼠和没有遭受电击的大鼠体内的 T 细胞都增加了（图 15.3）。然而，受到无法控制的电击的大鼠体内的 T 细胞增加得较少。采用相同的实验设计进行的另一次实验中，研究人员将肿瘤细胞植入大鼠体内，分别对它们施加可以控制和不可控制的电击，然后观察大鼠的自身防御系统是否会对肿瘤细胞产生排斥。受到不可控电击的大鼠中只有 27% 对肿瘤细胞产生了排斥，而受到可以控制的电击的大鼠有 63% 对肿瘤细胞产生了排斥（Visintainer, Volpicelli, & Seligman, 1982）。

不可控制的应激也会损害人类的免疫系统（Schneiderman, Ironson, & Siegel, 2005）。最常见的受免疫系统影响的疾病是感冒。你可能已经观察到，你和你的朋友在应激状态下更容易患感冒。为了检验这个普遍的观察经验，研究人员让约 400 名身体健康的志愿者接受鼻腔冲洗，冲洗液或含有 5 种感冒病毒之一，或是无害的盐溶液（Cohen, Tyrrell, & Smith, 1991）。根据参与者在过去一年中经历的应激事件的数量，自我感觉能够应对日常事务的程度，以及产生愤怒或抑郁等消极情绪的频率，分别给予他们一个从 3 分（应激水平最低）到 12 分（应激水平最高）不等的应激分数。每天检查参与者的感冒症状，以及上呼吸道分泌物中是否有感冒病毒。报告生活中应激水平最高的志愿者，有 35% 的人患上了感冒；相比之下，应激分数最低的人群，只有 18% 的人患上了感冒。

其他很多对人类的研究比较了正在经历和没有经历某种应激源的人们的免疫功能。研究证实了在应激状态下，人们患传染性疾病如感冒、疱疹、单核白细胞增多症的比例更高。例如，1994 年洛杉矶北岭市地震后，与未因地震而经历很大应激的人相比，生活受到严重干扰的人免疫系统功能下降的幅度更大（Solomon et al., 1997）。更为担心地震对生活的影响的人，尤其可能出现免疫系统功能受损（Segerstrom, Solomon, Kemeny, & Fahey, 1998）。

消极的人际关系事件似乎特别容易影响免疫系统功能。争吵多的夫妻比争吵较少的夫妻免疫功能弱（Kiecolt-Glaser & Newton, 2001）。近期分居或离婚的夫妻比已婚的控制组夫妻免疫系统功能弱（Robles & Kiecolt-Glaser, 2003）。但是，对离婚和分居有较大控制权的一方，也就是说发起分居或离婚的一方，其免疫系统功能和健康状况均好于另一方。这再次例证了人对应激源可控性的感知会影响到应激源对健康的作用。

癌　症

心理社会因素能否影响严重的与免疫相关的疾病，如癌症？一项对患有乳腺癌的女性的研究发现，虽然两组人所患癌症的类型和最初的严重程度并无差别，但是对疾病和生活的其他方面都感到无能为力的女性比控制感较强的女性更可能在 5 年内出现新的肿瘤（Levy & Heiden, 1991; Watson et al., 1999）。另一项研究发现，悲观的癌症患者比乐观的癌症患者更可能在确诊后的头几年里去世（Schulz et al., 1996）。应对行为也可能会影响癌症：对患有乳腺癌的女性的研究发现，积极向其他人寻求社会支持的女性免疫系统更活跃（Levy, Herberman, Whiteside, & Sanzo, 1990; Turner-Cobb et al., 2000）。

如果心理社会因素诸如社会支持和悲观情绪等确实影响癌症的进程，这就出现了一种可能性，即可以通过心理社会干预来影响疾病的进程。早期研究带来了希望。在一项对乳腺癌晚期且预期存活时间不足两年的女性所进行的里程碑式的研究中，一组参加了一系列每周进行的支持小组的活动，另一组人则不参加（Spiegel, Bollm, Kraemer, & Gottheil, 1989）。所有这些女性都接受了对其所患癌症的常规医疗护理。支持小组将注意力集中于面对死亡以及如何圆满地度过余下的日子。研究者并未期望能够改变癌症的发展进程，只是希望提高这些女性的生活质量。令他们惊讶的是，4 年之后，参加支持小组的女性中有三分之一的人依然活着，而所有未参加支持小组的女性都去世了。参加支持小组的女性的平均存活时间大约为 40 个月，而另一组女性平均存活了大约 19 个月。因为两组人之间没有其他差异可以解释平均存活时间的这种差异，所以支持小组似乎确实有助于延长参与者的生命。作者认为支持小组减轻了这些女性的应激和精神痛苦，因而降低了皮质类固醇的分泌，而皮质类固醇会促进肿瘤生长（Spiegel, 2001）。更多的社会支持或许也能帮助癌症患者养成更健康的习惯，并坚持艰难的医学治疗，如化疗。

一些后续研究也发现，减轻应激可以改善癌症患者的健康状况（Fawzy, Kemeny, et al., 1990; Richardson, Shelton, Krailo, & Levine, 1990）。在一项对恶性黑色素瘤（皮肤癌）患者的研究中，一些患者要接受每周 1 次共 6 周的治疗课程，他们要学习应激管理程序、放松和应对疾病的方法。治疗结束 6 个月后，接受减轻应激干预的这组患者，其免疫系统功能要好于只接受常规医疗护理的控制组（Fawzy, Cousins, et al., 1990; Fawzy, Kemeny, et al., 1990）。5 年后的跟踪研究发现，接受干预的患者癌症复发率较低，且死亡率显著低于控制组（Fawzy et al., 1993）。在 10 年后的跟踪研究中，干预组和控制组在癌症复发率上没有差异，但在考虑了其他高危因素之后，干预组的生存率要高于控制组（Fawzy, Canada, & Fawzy, 2003）。

然而，也有一些研究并未发现心理社会干预对癌症病情的发展有任何影响。例如，一项大型临床试验试图复制上面描述的乳腺癌研究的结果，但未能发现支持小组对女性乳腺癌患者的健康状况有任何作用（Goodwin et al., 2001; 也见 Kissane et al., 2007)。就心理社会干预对癌症患者生存率的影响所进行的元分析和综述，没有发现总体上的积极效果(Chow, Tsao, & Harth, 2004; Coyne, Stefanek, & Palmer, 2007; Edwards, Hulbert-Williams, & Neal, 2008; Smedslund & Ringdal, 2004)。不过，心理社会干预可以改善癌症患者的生活质量(例如，Antoni et al., 2001)。

人体免疫缺陷病毒/艾滋病

美国疾病控制中心估计在美国有一百多万人感染了人体免疫缺陷病毒(HIV)，这种病毒会导致艾滋病(AIDS)(CDC, 2008a)。全世界有三千多万 HIV 感染者(WHO, 2008)。HIV 感染者的病情发展差异很大。个体可能好多年没有任何症状，然后开始出现相对较轻的健康问题如体重减轻、发烧和夜汗。最终，他们可能会罹患多种严重的、可能致命的疾病，包括肺囊虫肺炎、癌症、痴呆和表现为身体逐渐衰弱的消耗综合征。当这些疾病出现的时候，个体就可能被诊断为艾滋病了。幸运的是，抗逆转录病毒药物似乎可以抑制感染者体内的病毒并延缓艾滋病的发展。不幸的是，这些药物并不能消灭病毒，并且其副作用让很多人停止使用。此外，世界上有数百万的 HIV 感染者无法获得这些药物。

有些研究指出心理因素能够影响 HIV 感染者的病情发展(Leserman, 2008)。大多数此类研究以男同性恋者为对象，他们中的很多人因艾滋病而失去了伴侣和密友，尤其是在抗逆转录病毒药物变得可用之前。一项研究在 3 ~ 4 年的时间里跟踪了 85 名感染 HIV 病毒的男同性恋者，发现那些有伴侣或密友死于艾滋病的人免疫系统功能下降更快(Kemeny & Dean, 1995)。另一组研究者对 96 名男同性恋者进行了超过 9 年的跟踪研究，发现那些经历了较严重应激源的人，包括密友和伴侣的死亡，其病情向艾滋病发展的速度更快(Leserman et al., 1999, 2000, 2002)。承受的应激指数每上升 1 个点，发展出与艾滋病相关的临床疾病(例如，肺囊虫肺炎)的风险就增至原来的 3 倍。在研究结束时，应激指数高于中位数的人当中有 74% 患上了艾滋病，而应激指数低于中位数的人当中只有 40%。

较长期的应激源似乎也会影响男同性恋者 HIV 的发展。对 HIV 阳性的男同性恋者的研究发现，那些感到被迫要对他人隐瞒其性取向的人比不加隐瞒的人病情发展得更快(Cole et al., 1995)。“出柜”者和“深柜”者健康状况的差异并没有反映出他们在健康相关行为(例如，吸烟、锻炼)上的差异。这可能是由于长期压抑个人身份的应激会对健康有直接影响。更广泛地说，研究者发现经受社会支持下降和孤独感上升的 HIV 阳性的男性，显示出免疫系统对病毒的控制力较弱(Dixon et al., 2001)。

应激也会影响感染 HIV 的儿童和青少年的病情发展。一项对 618 名 HIV 阳性的年轻人为期一年的研究发现，那些经历两次或更多应激事件，如父母一方重病，家庭成员死亡，或失去家园的 HIV 阳性的年轻人，其免疫系统功能下降的可能性比其他人高 3 倍(Howland et al., 2000)。

甚至个体感染 HIV 很久之前发生的应激也会增加病情恶化的风险。“东南部人体免疫缺陷病毒 / 艾滋病应对”(Coping with HIV/AIDS in the Southeast，CHASE)课题跟踪了来自美国南方 5 个农业州的 490 名 HIV 阳性的成年男性和女性，时间长达 41 个月(Leserman et al., 2007)。那些经历过创伤(包括童年期身体或性虐待、忽视或家庭成员被杀害)的人，与没有经历过创伤的人相比，其机会性感染发展得更快，也更可能死于与艾滋病有关的原因(Mugavero et al., 2007)。

对应激源的看法似乎是其影响的一个重要调节因素。在一项对 412 名感染了 HIV 的患者的研究中，那些在研究开始时在测量悲观的问卷中得分高的人，与开始时悲观程度较低的人相比，在 18 个月后携带的病毒更多（Milam et al., 2004）。类似地，一项对 HIV 阳性的男同性恋者的研究发现，随着时间的推移，为消极事件自责的人和对未来悲观的人比那些对未来更为乐观的人免疫系统功能下降幅度更大，HIV 症状发展得也更快（Reed, Kemeny, Taylor, & Visscher, 1999; Segerstrom et al., 1996）。

冠心病和高血压

个案研究

奥林气疯了，简直想大声尖叫。下午 3 点公司才通知他准备一份关于他所在部门的财务状况报告，供次日上午就要召开的董事会使用。下班回家途中，在等信号灯时被别人追尾，给他的新车造成好几百美元的损失。回到家，妻子留言说要晚下班，不能及时赶回家给孩子做饭，所以只好奥林做。吃饭时，12 岁的儿子说自己下午的数学考试不及格。

洗完餐具，奥林到书房去赶写报告。孩子们把电视声音开得很大，吵得他无法集中精神。他大声嚷着让他们把电视关掉，但孩子们听不见他的话。他怒气冲冲地走到起居室，开始就电视和能够想到的所有事情对孩子们大声斥责。

突然，奥林开始感到胸部有一股巨大的压力，仿佛卡车从上面驶过。胸部一阵剧痛，并蔓延到左臂。他感到晕眩和恐惧，接着便瘫倒在地。他 7 岁的孩子开始尖叫。幸运的是，12 岁的儿子拨打了 911 急救电话叫救护车。

奥林出现了*心肌梗死*（myocardial infarction）——突发性心脏病。心肌梗死是**冠心病**（coronary heart disease，CHD）最严重的情况。一种叫作*斑块*（plaque）的坚硬脂肪物质逐渐堆积或血管壁发炎，会使向心肌供血的血管变得狭窄或堵塞，输送到心脏的氧气和营养物质受阻，此时就会发生冠心病。这个过程被称为*动脉粥样硬化*（atherosclerosis）。血管阻塞会引起疼痛，称为*心绞痛*（angina pectoris），这种疼痛会辐射到胸部和手臂。供给心脏的氧气被完全阻断时，就会发生心肌梗死。

当给心脏供血的血管被斑块堵塞时，就会发生冠心病；完全的堵塞会造成心肌梗死——突发性心脏病。

冠心病是世界上导致死亡和慢性疾病的首要原因。从 1990 年以来，因冠心病死亡的人数比因其他任何原因死亡的人数都多（WHO, 2007）。在美国，35% 的死亡是冠心病导致的，或者说每 2.9 个人中就有 1 个（American Heart Association, 2010）。冠心病也是一种慢性疾病，其症状伴随着超过 1200 万美国人每天的生活。男性比女性更易罹患此病，但冠心病依然是导致女性死亡的头号杀手。非裔美国人和拉美裔美国人患冠心病的比例高于欧裔美国人。基因似乎对冠心病的发生有一定的影响，有家族冠心病史的人群患此病的风险更高。然而，因冠心病而濒临死亡的人群中，有 80% ~ 90% 的人有一个或多个受其所选择的生活方式影响的主要高危因素，如高血压、高血清胆固醇、糖尿病、吸烟和肥胖（WHO, 2007）。

长期生活在不可控的应激环境中的人群患冠心病的风险似乎更大。一项研究对52个国家的3万人进行了调查，发现三分之一的心脏病发病风险与环境的应激性有关（Rosengren et al., 2004; Yusuf et al., 2004）。从事压力大的工作的人更可能患冠心病，尤其是当工作对员工要求高而员工对其控制程度低的时候（Hintsanen et al., 2005; Schneiderman et al., 2005）。例如，一项研究跟踪记录了约900名中年男女十年间的冠心病发病情况（Karasek, Russell, & Theorell, 1982）。这些人从事的工作形形色色，研究人员按照工作要求和员工对工作的控制程度将这些工作分类。在研究进行的十年中，从事要求高而控制程度低的工作的员工，如在工厂的流水线上工作，患冠心病的风险比其他行业的从业者高1.5倍。

以动物为对象的实验研究显示，社会环境的破坏能够诱发类似冠心病的病理变化（Sapolsky, 2007）。其中的一些实验是在某类猕猴中进行的，此种猕猴社会组织的形成包括建立稳定的统治等级，一个群体内哪些猕猴处于支配地位、哪些处于服从地位，这些都可根据该动物的社会行为识别出来。将陌生猴子引入一个已建立的社会群体就是一种应激源，群体成员试图重建社会统治等级（Sapolsky, 2007），因此会导致攻击行为增加。在这些研究中，有一些猴群保持稳定，群体成员固定不变；另一些猴群则因反复引入新成员而处于应激之中。在这些环境中经过大约两年后，处于不稳定社会环境中的那些高等级的或处于支配地位的雄性比低等级雄性表现出更广泛的冠心病症状（Sapolsky, 2007）。

高血压（hypertension 或 high blood pressure）是指血管内血液的流动力量过大，给血管壁造成压力的状况。心脏对血液的推力太大或血管壁收缩都会造成高血压。慢性高血压可以引起动脉血管壁硬化及细胞组织退化，最终导致冠心病、肾衰竭和中风。近三分之一的美国人口患有高血压（Hajjar, Kotchen, & Kotchen, 2006）。高血压的易致病性似乎和遗传因素有关，但只有大约10%的高血压病例可以追溯到遗传因素或具体的器质性原因，如肾功能障碍。其余90%属于病因不明的*原发性高血压*（essential hypertension; Klabunde, 2005）。

贫穷带来的长期应激会促成高血压等疾病。

因为躯体对应激的部分反应——战斗或逃跑反应——是升高血压，因此长期生活在应激环境中的人群更容易患高血压便不足为奇了（Schneiderman et al., 2005）。例如，从安静的乡村移居到拥挤喧哗的都市的人们患高血压的比例增加。

长期生活在应激环境中并且高血压特别多发的一个群体是低收入的非裔美国人（American Heart Association, 2002）。他们常常缺乏足够的经济来源以维持日常开销，可能受教育程度低且难以找到好工作，居住环境充斥着暴力，还经常遭受种族歧视。这些因素都与血压升高有关（Chen & Miller, 2012; Lehman, Taylor, Kiefe, & Seeman, 2009）。

A型人格者往往给自己施加过高的压力，这会使他们处于患冠心病的风险之中。

有高血压的人和高血压者的孩子在面对各种应激源时其血压的反应更强烈。在实验中让人们解算术题或将手浸入冰水中，没有高血压个人或家族史的人，血压反应要远小于有高血压史的人（Harrell, 1980）。另外，面对应激源之后，有高血压的人比没有的人需要用更长时间才能让血压恢复到原来的水平。

因此，有高血压的人和有高血压家族或遗传史的人可能会对应激产生更强烈的生理反应。如果他们长期置身于应激之中，那么他们长期升高的血压就可能导致动脉硬化和变窄，形成生理性高血压。低收入的非裔美国人可能既有这种应激高反应性体质，又长期处在应激的环境中，致使他们患高血压的风险翻倍（Lehman et al., 2009）。

人格与冠心病

传统上被认为与冠心病有关的人格因素是**A 型行为模式**（Type A behavior pattern）。根据最早确定 A 型行为模式的医师们的观点，它包括 3 个方面（Friedman & Rosenman, 1974）：时间紧迫感、易产生敌意、强烈的竞争意识。A 型行为模式者总是行色匆匆，给自己设一些不必要的最后期限，并试图在同一时间干多件事情。他们争强好胜，即使是在某些竞争意识显得很可笑的场合也是如此。他们常对他人心怀敌意，一点小事也能令他们火冒三丈。

展示 A 型行为模式与冠心病之间关系的一项最具说服力的研究对 3000 多名身体健康的中年男性进行了为期 8 年半的追踪（Rosenman et al., 1976）。在研究进行期间，A 型男性发生心肌梗塞或其他形式的冠心病的次数是 B 型男性的两倍。即使考虑了饮食、年龄、吸烟及其他与冠心病有关的因素之后，结果也依然成立。其他研究证实了这个风险翻倍的结果，并且发现无论男性还是女性，A 型模式与心脏病之间都存在着联系（Myrtek, 2007; Schneiderman et al., 2005）。另外，尸体解剖和 X 光检测都证实 A 型行为和冠状动脉堵塞的严重程度有关（Friedman et al., 1968; Williams, Barefoot, Haney, & Harrell, 1988）。基于这些证据，美国心脏学会在 1981 年将 A 型行为划为冠心病的高危因素。

后续研究指出，A 型行为模式最初的定义过于模糊。预测冠心病的关键变量是敌意，尤其是以猜疑、憎恨、经常生气、敌对和不信任他人为特点的愤世嫉俗式的敌意（Barefoot et al., 1989; Miller, Smith, Turner, & Guijarro, 1996）。时间紧迫感和争强好胜似乎对心脏病的预测力较低。

例如，对 118 名男性律师长达 25 年的研究发现，那些在法学院读书时在人格测试的敌意特质上得分高的人比其得分低的同学在 50 岁以前死亡的可能性高 5 倍（Barefoot et al.,1989）。同样，一项针对医师的研究也发现，在医学院上学时测得的敌意得分能够预测个体的冠心病患病率，以及各种原因导致的总死亡率（Barefoot, Dahlstrom & Williams, 1983）。在两项研究中，敌意和疾病之间的关系都独立于年龄、吸烟和高血压所造成的影响。

敌意是如何导致冠心病的呢？同样，交感神经系统的过度唤醒可能也在其中起了作用。怀有敌意的人在预期应激源即将出现和应对应激源的初期会表现出更为强烈的生理唤醒（Benotsch, Christensen, & McKelvey, 1997; Lepore, 1995）。与待人友善者相比，这些人的心率更快，血压更高，身体会分泌更多和应激有关的生化物质儿茶酚胺。在应激源消失后，其交感神经系统活动比没有敌意的人需要更长时间才能回到基线水平。这种过度反应可能导致冠状动脉的磨损，从而引发冠心病。或者，怀有敌意的人在应激反应中所分泌的过多的儿茶酚胺，也可能会对血管产生直接的化学作用。儿茶酚胺水平的频繁波动可能引起血压的频繁变化，降低血管的弹性。怀有敌意的人也倾向沉溺于一些增加心脏病风险的行为，包括吸烟、酗酒和高胆固醇的饮食（Schneiderman et al., 2005）。

有些研究提出男性比女性更可能具有 A 型人格模式（ Barefoot, Siegler, Nowlin, & Peterson, 1987; Haynes, Feinleib, & Kannel, 1980）。男性也比女性更可能携带其他 3 个冠心病高危因素：吸烟、高血压和高胆固醇。过去，死于心血管疾病的男性人数远远多于女性。然而近年来，世界上死于心血管疾病的女性人数有所增加，而男性人数则有所减少（Espnes & Byrne, 2008）。

与一般人的观念相反，女性的愤怒和敌意并不少于男性，她们只是不那么轻易表达出来（Kring, 2000; Lavoie, Miller, Conway, & Fleet, 2001; Nolen-Hoeksema & Rusting, 1999）。过度的敌意和愤怒，不论是表达出来还是压抑下去，都与两性罹患冠心病的高危因素有关（Espnes & Byrne, 2008; Matthews et al., 1998）。

改变敌意以改善心血管功能

有一种认知行为联合技术已被证实能够通过减少 A 型行为，特别是敌意，来改善心血管健康（Williams, 2008）。一项标志性研究包括了 1000 多个至少有过一次心脏病发作的个体（Friedman et al., 1994）。治疗内容包括帮助带有敌意的参与者学习不暴躁地表达自己，并改变某些行为，如打断他人或匆忙地说话或进食。治疗的目标也包括 A 型行为的其他方面，因为该项研究是在敌意被确认为关键因素之前进行的。参与者通过练习排队（这令 A 型人恼火）来学习克服时间紧迫感，并利用这个机会来反思、观察别人，或者跟陌生人攀谈。认知技术帮助参与者重新评价可能导致急迫和敌意行为的某些信念（如成功取决于所完成的工作量的看法）。此外，参与者也要想办法减少其家庭和工作环境的应激水平，如减少不必要的社交活动。4 年半之后研究结束，期间干预组心脏病发作次数只是另一组（没有学习改变生活方式）的一半。

抑郁与冠心病

住院冠心病患者中 15% ~ 20% 的人患有抑郁症，多达 50% 的人有抑郁症状（Frasure-Smith & Lesperance, 2005）。有几个其他变量可以解释抑郁和冠心病之间的联系。导致冠心病的动脉堵塞也会导致脑部缺氧和免疫系统的重新调配，这两者都会助长心境变化，包括抑郁（Alexopoulos et al., 1997; Dantzer, Wollman, & Yirmiya, 2002）。冠心病和抑郁都有可能是多元不饱和脂肪酸 omega-3 的相对缺乏造成的，这种脂肪酸主要存在于多脂的鱼类（Ali et al., 2009）。并且，如前所述，抑郁和冠心病都和改变 5–羟色胺系统功能的基因有关（Frasure-Smith & Lesperance, 2005）。

几项研究表明，抑郁会使患有冠心病的个体心脏病复发的风险和死亡率加倍（Frasure-Smith & Lesperance, 2005）。例如，一项针对冠心病患者的研究发现，即使在考虑了其他一系列心脏病高危因素，如年龄和高血压之后，那些被诊断为抑郁症的人在两年的追踪期间心脏病发作或发生其他心脏问题（例如，紧急心脏手术）的可能性是其他冠心病患者的两倍多（Frasure-Smith & Lesperance, 2008）。

抑郁可通过几个途径来影响冠心病。抑郁与心率变异性减小有关（即一次心跳到另一次心跳之间的变化减小），这是自主神经系统功能不良的迹象。反过来，心率变异性低是冠心病的一个高危因素（Frasure-Smith & Lesperance, 2005）。

与不伴抑郁的冠心病患者相比，伴抑郁的冠心病患者较少进行能够降低未来心脏问题风险的活动，如食用低脂食物和加强锻炼（Gehi, Haas, Pipkin, & Whooley, 2005; Ziegelstein et al., 2000）。在一项对 1017 名有冠心病的成年人的纵向研究中，伴抑郁比不伴抑郁的人更可能吸烟，身体活动少，不服用处方药物，平均体重指数更高（Whooley et al., 2008）。与不伴抑郁的患者相比，伴抑郁的患者在 4 年的追踪期间内经历心脏问题（如心脏病发作）的次数要多 50%。即使在控制了一系列生理学高危因素和可能的第三变量后，伴抑郁患者的不良健康行为仍可解释其发生心脏问题的高风险。特别是伴抑郁的冠心病患者疏于锻炼，这一点解释了伴抑郁与不伴抑郁的患者间心脏问题发生率差异的 31%。

这些结果表明，加强体育锻炼是对伴抑郁的冠心病患者进行干预的一个重要目标。锻炼对缓解冠心病和抑郁都有效果（Blumenthal et al., 2005, 2007）。相反，通过使用抗抑郁药或认知行为治疗来减轻冠心病患者抑郁症状的尝试对抑郁和冠心病的效果都有限（Berkman et al., 2003; Glassman et al., 2002; Rees et al., 2004; van Melle et al., 2007）。

改善健康相关行为的干预措施

我们知道行为对健康有很大的影响，然而大多数人并不听从专家的建议。这是为什么呢？健康心理学家认为，改变人们的行为需要的不只是信息。人们必须拥有改变行为的动机，相信他们能够改变，并且具有相应的技巧（Ajzen, 1991; Bandura, 2006; Leventhal, Weinman, Leventhal, & Phillips, 2008）。这里我们考虑一些旨在为人们提供改变其健康相关行为所需工具方面的尝试。

指导掌握技术

指导掌握技术（guided mastery technique）向人们提供有关如何进行有益健康的行为的明确信息，以及在难度逐渐提高的情境中实践这些行为的机会。其目的是提高人们的技巧以及能够从事这些行为的信心，即*自我效能感信念*（self-efficacy belief）（Bandura, 2006）。目标行为可能包括在性行为中使用避孕套以避免艾滋病和其他性传播疾病的感染和扩散，在被劝酒时拒绝饮酒，或开始一项锻炼计划。

以教会女性如何协商进行安全性行为为目标的指导掌握项目可从避孕套的使用知识开始。然后，指导老师会给这些女性示范如何要求男性使用避孕套。参加培训的女性可以先观察，然后以指导老师或其他参加者为对象进行坚持要求使用避孕套的角色扮演。在角色扮演中，坚持使用避孕套所面临的挑战难度会不断增大，这些女性要学习应对这些挑战的策略，并练习使用这些策略。她们可能还要学会判断何时再继续争论下去是无用的，以及从不安全的性邂逅中退出的技巧。

指导掌握技术已被成功应用于一项针对非裔美国女性的项目，其名称为“姐妹：黑人女性健康项目干预方案”（Jemmott, Jemmott Ⅲ, & O' Leary, 2007）。在5次简短的干预中，护士向这些女性介绍了有关性传播疾病（STDs）的病因、传播及预防方面的知识。然后，这些女性参加了指导掌握练习，以提高她们在要求男伴使用避孕套时的技巧和自信。这些女性还学习了用可提升对避孕套使用的积极态度的方式，将避孕套的使用融入前戏和性交过程，让避孕套的使用变得更有情趣。相比那些只获得了相关信息但没有进行指导掌握练习的女性，这些女性更有信心说服对方使用避孕套，并且使用避孕套的意向更强烈（O' Leary, Jemmott & Jemmott Ⅲ, 2008）。最重要的是，该项目实施后的12个月，性风险行为减少了，性传播疾病的发病率也降低了。

关于健康行为的文化规范能够影响人们实施这些行为的意愿（Azjen, 1991）。一些类似于前面描述的指导掌握练习的项目已作了部分调整，以应对那些可能鼓励或妨碍目标健康行为的文化规范（Bandura, 2006）。例如，很多拉美裔群体具有一种强烈的*家庭主义*（familism）文化价值观，或认为家人的尊重和关心优先于个人需求。一项针对拉美裔青少年的研究对指导掌握项目进行了调整，纳入了关于危险的性行为对他们所爱的人的影响的讨论（Koniak-Griffen et al., 2008）。参与项目的青少年都是十几岁就做了父母，因此该项目的内容以父母的保护责任这一文化价值为核心，采用奇卡诺人（注：墨西哥裔美国人）、拉美人或美洲原住民祖先的传统教导。对照组只获得关于HIV预防的一般信息。与之相比，那些接受了根据文化而调整的干预措施的青少年，其避孕套的使用有了更大的增长。

基于网络的健康干预

每天全世界都有数百万人从互联网上获取健康信息。互联网可以传递高质量的健康信息和干预手段，从而促进有益健康的行为。此外，互联网可以给那些可能无法参加现场项目的人提供在线的干预，这些人或是因为其所在地区没有现场干预，或是因为负担不起。在大多数工业化国家，半数以上的人都可以使用互联网，而且大部分互联网用户称他们从网上获取健康信息（Vandelanotte, Spathonis, Eakin, & Owan, 2007）。对在线干预效果的对照研究为人们带来了希望，它们能够有效地帮助人们改变行为和改善健康。

很多基于网络的行为干预以增加锻炼和改善饮食为目标。定期的体育锻炼显著降低罹患心血管疾病、糖尿病和数种癌症的风险（Ehrman, Gordon, Visich, & Keteyian, 2009）。然而大多数人并不会定期锻炼。同样，尽管每天食用新鲜水果和蔬菜可以降低几种重大疾病的风险，但世界范围内人们的饮食都越来越多地充斥着高脂、高糖和低营养的食物（Brownell & Horgen, 2004）。结果，肥胖率蹿升，尤其是在发达国家。密集、面对面的现场项目可促使人们增加锻炼和改善饮食。但是这些项目昂贵、费时，而且很多人都无法得到这样的机会。互联网提供了以相对低廉的费用向大部分人群传播锻炼和营养项目的机会。

通用电气公司就设计了一个这样的项目来提升雇员的健康（Pratt et al., 2006）。该项目通过电子邮件邀请雇员参加，内容包括将日常锻炼水平提高到一万步或 30 分钟中等强度的体育锻炼，每天吃 5 份水果和蔬菜，显著超重的人还需要减体重。参加项目的雇员填写了对当前行为和身体需求的在线评估。根据其个人资料，这些雇员会定期收到电子邮件，内容包括他们在项目中取得的进展，附有健康小知识的电子通讯，以及在生活方式上做出了重大改变的雇员的个案研究。他们可以通过电话和电子邮件联系营养和健身教练，后者回答他们的问题并提供个人化的建议。参与者可在聊天室里讨论锻炼和饮食。体重监控者（Weight Watchers）减重法的资料也可以在线获取。该公司甚至制作了一个"视频真人秀系列"，对两个参与计划的雇员进行追踪。

53 个国家的 2498 名雇员参加了该项目，历时 8 个月。评估显示，这些雇员的身体活动和水果、蔬菜的消耗量都显著提高（Pratt et al., 2006）。在此期间，他们还减掉了平均 4 ~ 5 磅的体重。

一篇综述分析了 15 个以增加身体活动和改善饮食为目标的网上项目。与对照组相比，多数项目为参与者带来了积极的效果（Vandelanotte et al., 2007）。但参与者的获益相对有限，并且如果项目终止，这些益处也会很快消失。然而，因为这类项目可能涉及成千上万甚至数百万人，所以它们对公共健康的潜在影响还是巨大的。

睡眠与健康

获得足够的睡眠对于健康极其重要。每晚睡眠时间不足 6 小时的人比那些至少睡 7 或 8 小时的人死亡率要高 70%（Ikehara et al., 2009; Kryger, Roth, & Dement, 1994）。不同性别、民族和健康背景的人都是如此。睡眠不足会损害免疫系统（Cruess et al., 2003; Irwin et al., 2008）。在中年人当中，那些睡得较少的人随着时间的推移，心脏病发展得更为严重（King et al., 2008）。与其他人相比，倒班工作的人罹患心血管和胃肠道等疾病的比例更高（Ohayon, Smolensky, & Roth, 2010）。

睡眠剥夺还会产生许多心理影响：它会损害记忆力、学习、逻辑思维、计算能力、复杂的语言处理以及决策。例如，将每晚的睡眠减少到 5 个小时，只需两个晚上便会显著降低在解决数学难题和进行创造性思维任务上的表现。这意味着，为考试熬夜复习几个晚上就会显著损害考出好成绩的能力（Wolfson, 2010）。睡眠剥夺还会使人易怒、情绪波动，并产生如轻度幻觉这样的知觉扭曲（Harvey, 2008）。

忙碌的学生常常睡眠不足。

睡眠剥夺确实能够置人于死地。在美国，每年大约 20% 的严重车祸受伤是由司机的困倦造成的。半数以上的汽车司机承认在过去一年里至少有过一次在开车时昏昏欲睡，28% 的人说他们在驾车时睡着了（National Sleep Foundation, 2009）。医务人员的工作时间比几乎所有其他行业的人员都要长，在美国每年医疗失误造成的死亡高达 9 万 8 千起，很多都跟睡眠

波士顿列车相撞事故发生时，司机睡着了几秒钟。

剥夺有关。有些现代史上最严重的灾难就是由困倦者的失误造成的（Mitler & Mitler, 1995）。美国最严重的核事故发生在 1979 年，当时三里岛上疲倦的工作人员没能及时对核电站的机械问题做出反应。1986 年，在乌克兰（当时属于苏联）的切尔诺贝利发生了全世界最严重的核灾难，当时一组精疲力竭的工程师正在进行试验。2008 年，一辆波士顿有轨电车的司机闯红灯后撞上了另一辆停着的有轨电车。美国国家运输安全委员会的结论是，该司机进入了“微睡眠”——仅持续几秒钟的入睡——导致了撞车和她的死亡（Ahlers, 2009）。

令人害怕的是，睡眠剥夺如此普遍。一半以上的美国人称自己长期睡眠不足（National Sleep Foundation, 2009）；约 9% 的男性和 13% 的女性报告他们长期严重困倦（Ohayon, 2012）。年轻人平均每天需要 9.2 小时的睡眠，然而大多数每天的睡眠时间只有 7.5 小时甚至更短（National Sleep Foudation, 2009）。同样，大多数中年人每天至少需要 7 到 8 小时的睡眠，但是大部分人睡不到 7 小时。需要倒班或长时间工作的人，如护士、医生、消防队员、警察和营救人员，经常处于长期睡眠剥夺状态（Chatzitheochari & Arber, 2009）。即使有时间睡觉时，他们也难以入眠，因为他们体内的自然节律已经被不规律的日程安排打乱了。睡眠剥夺的影响是累积性的。在每个 24 小时周期里若无法获得足够睡眠，其“睡眠债务”都会增加。

压力是导致睡眠问题的一个常见因素。2009 年经济危机期间的一项民意调查发现，三分之一的美国人因美国经济状况和个人财务问题而失眠（National Sleep Foundation, 2009）。总的来说，美国人睡得越来越少，他们试图在一天当中塞进更多的活动，包括多份工作、锻炼、社交和上学。类似模式也存在于包括英国在内的其他发达国家（Chatzitheochari & Arber, 2009）。上个世纪，这些国家的平均夜晚睡眠时间减少了 20% 以上（National Sleep Foundation, 2009）。

评估睡眠

什么是睡眠？对脑电波活动的分析表明，睡眠有 5 个阶段，包括 4 种不同深度的睡眠和被称为快速眼动（rapid eye movement，REM）睡眠的第五阶段（图 15.4）。当个体闭上眼睛并放松时，脑电波特征性地显示出一种 8 ~ 12 赫兹（每秒的循环数）的规律性模式。这些波被称为 α 波（alpha waves）。随着个体进入睡眠的第一阶段，脑电波的规律性下降，波幅也降低了。第二阶段包括纺锤波（spindle）——短期的频率为 12 ~ 16 赫兹的节律性反应——以及整个脑电波波幅偶尔的急剧上升和下降（称为 K–复合波）。程度更深的第三和第四阶段睡眠的特征是 1 ~ 2 赫兹的慢波，即 δ 波（delta waves）。

成年人在入睡约 1 小时后，脑电波变得非常活跃。置于眼睛旁边的电极可探测

图 15.4　睡眠各阶段的脑电波记录

清醒阶段（闭眼放松）的特征是 α 波（8～12赫兹）。睡眠的第一阶段基本上是从清醒到更深层次睡眠的过渡。第二阶段以睡眠纺锤波（短暂爆发的12～16赫兹的脑电波）和K－复合波（急剧上升和下降的脑电波模式）的出现来界定。δ 波（1～2赫兹）的出现标志着睡眠的第三和第四阶段，这两个阶段唯一的差别就是出现 δ 波的数量。当记录的脑电波有20%～50%是 δ 波时，为第三阶段；当 δ 波达到50%或更多时，为第四阶段。

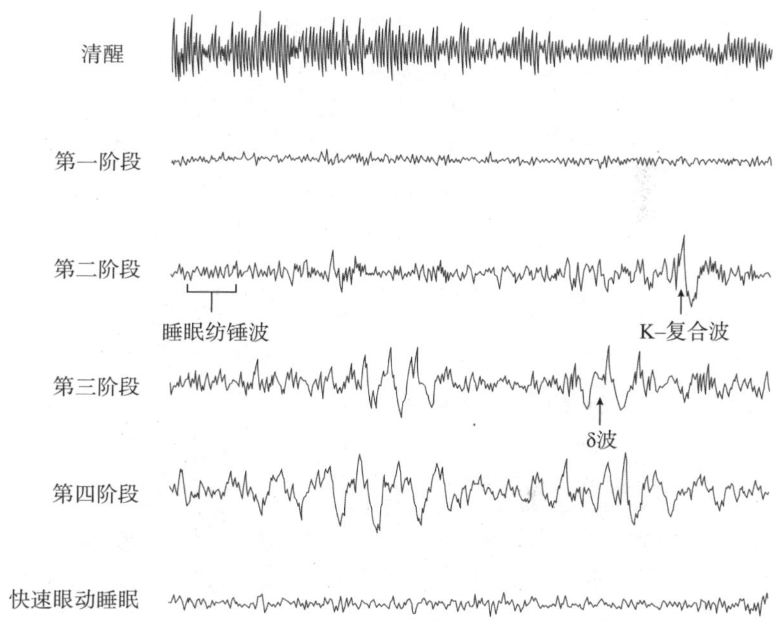

到明显的快速眼动。这个阶段被称为*快速眼动睡眠*；其他 4 个阶段被称为*非快速眼动*（或 NREM）*睡眠*。睡眠阶段会在夜里不断交替，从非快速眼动睡眠阶段开始。整个睡眠期间会出现几个睡眠周期，每个周期都包括一些快速眼动和非快速眼动睡眠。通常在 8 小时的夜间睡眠期间会有 4 或 5 个明显的快速眼动睡眠阶段，并偶尔在早晨来临时短暂觉醒。做梦发生在快速眼动睡眠期间。

睡眠周期的模式随个体的年龄而变化。例如，新生儿大约一半的睡眠都是快速眼动睡眠。5 岁时这个比例降至总睡眠时间的 20% ～ 25%，其后保持基本稳定，到老年时降为总睡眠时间的 18% 或更低。老年人第三和第四阶段的睡眠倾向于减少（有时这两个阶段会消失），夜间醒来的次数增多，觉醒的时间也更长（Liu & Ancoli-Israel, 2006）。

多导睡眠描记（polysomnographic，PSG）可用来对人们的睡眠状况进行全面的评估。这要求个体在睡眠实验室中待一个或多个晚上，并连接一些工具来测试呼吸和氧减饱和度（一种气流指标）、腿部运动、眼动，脑电波和心脏活动（Buysse et al., 2006）。另一个方法是让个体佩戴一个叫作*活动记录器*（actigraph）的类似于手表的装置，它可以记录运动情况（Morgenthaler et al., 2007）。所收集的数据可以和已知的睡眠期间的活动模式进行比较，以确定个体是醒着还是睡着。

这些睡眠评估方法客观详尽，但也相当昂贵并且需要特殊的设备。更多的时候，研究者会要求人们每天对自己的睡眠模式做详细的记录（上床的时间、夜间醒来的时间、早晨起床的时间）。问卷可能被用来更加快捷地评估人们的睡眠状况。

睡眠障碍

有些睡眠非常困难的人可能患有睡眠－觉醒障碍。睡眠中断或觉醒障碍可能是多种原因引起的。它们可能是另一种心理障碍造成的。尤其失眠是单相抑郁的症状之一，并且与其他心理障碍并发的比率很高，包括双相障碍、精神分裂症、注意缺陷 / 多动障碍、焦虑障碍及物质使用障碍（Harvey, 2008）。这些心理障碍的症状，如焦虑，可能会让人难以入睡。而失眠反过来又会加重这些障碍的症状，部分原因可能是缺乏睡眠的人情绪反应更强烈，更难以调节自身情绪。由于注意力和执行力下降，他们更加难以行使日常生活功能，导致应激源的进一步累积（Harvey, 2008）。

睡眠障碍（sleep disorders）也常常是由某种疾病的生理效应造成的。许多躯体疾病都会扰乱睡眠，包括退行性神经系统疾病（如帕金森氏病）、脑血管疾病（包括中风）、内分泌问题（如甲状腺功能亢进和减退）、病毒和细菌感染（如病毒性脑炎）、肺部疾病（如慢性支气管炎）以及肌肉骨骼疾病引起的疼痛（如类风湿性关节炎或纤维肌痛症）（Wolfson, 2001）。此外，违禁药物、酒精或处方药等物质都会干扰睡眠；这些情况属于**物质/药物所致的睡眠障碍**（substance-induced sleep disorder）。

失 眠

失眠障碍（insomnia disorder）也许是最为人们所熟悉的睡眠–觉醒障碍：长期难以入睡或易醒，或不能通过睡眠恢复精力和警觉性。失眠者通常自述难以入睡，并在夜间不断醒来。

偶尔失眠的情况极其普遍，多达50%的成年人称他们曾在某个时候有过这样的经历，三分之一的成年人抱怨自己在过去一年中曾经失眠（National Sleep Foundation, 2009）。偶发性失眠的特点是难以入睡或易醒的状况只持续几天，并且是孤立事件（Wolfson, 2001）。这种睡眠困难往往与特定的应激源有关，如面临重要的考试或来到某个陌生的地方，当应激源消失后，睡眠困难也没有了。

为了符合失眠障碍的诊断，必须每周至少3晚出现失眠症状，持续至少3个月，睡眠紊乱必须引起显著痛苦或功能损害（表15.2）。10% ~ 15%的成年人受长期失

表 15.2 失眠障碍的*DSM-5*诊断标准

A. 主诉对睡眠数量或质量不满意，并伴有下列1项（或更多）症状：

1. 入睡困难。（儿童可能表现为在没有照料者干预下的情况下入睡困难。）
2. 睡眠维持困难，其特征表现为频繁地觉醒或醒后再入睡困难。（儿童可能表现为在没有照料者干预的情况下再入睡困难。）
3. 早醒，且不能再入睡。

B. 睡眠紊乱引起显著临床意义上的痛苦，或导致社交、职业、教育、学业、行为或其他重要功能的损害。

C.每周至少出现3晚睡眠困难。

D. 至少3个月存在睡眠困难。

E. 尽管有足够的睡眠机会，仍然出现睡眠困难。

F. 失眠不能更好地用另一种睡眠–觉醒障碍来解释，也不仅仅是出现在另一种睡眠–觉醒障碍的病程中（例如，发作性睡病、与呼吸相关的睡眠障碍、昼夜节律睡眠–觉醒障碍、睡眠异态）。

G. 失眠不能归因于某种物质的生理效应（例如，滥用的毒品、药物）。

H. 共存的精神障碍和躯体状况不能充分解释失眠的主诉。

标注是否：

伴非睡眠障碍的精神共病，包括物质使用障碍
伴其他医学共病
伴其他睡眠障碍

资料来源：Reprinted with permission from the *Diagnostic and Statistical Manual of Mental Disorders,* Fifth Edition.
Copyright © 2013 American Psychiatric Association.

眠影响，其中女性多于男性，年长的人多于年轻人（Wolfson, 2001; Zhang & Wing, 2006）。

生物节律尤其是体温节律强烈地影响着我们入睡和醒来的时间（Lack et al., 2008）。如果我们的时间表是夜间睡眠、白天清醒活跃，那么我们的核心体温一般在凌晨 4 ~ 6 点达到最低点；在达到最低点的 5 ~ 6 个小时前（晚上 11 点到凌晨 1 点）最容易入睡。人们通常在达到最低核心体温的 1 ~ 3 个小时后醒来。有些人的体温节律受到干扰，影响了他们在夜晚入睡或在清晨保持睡眠的能力（Lack et al., 2008）。

任何重大应激源都能导致失眠发作，包括人际关系困难、失业、亲人死亡和财务问题（Wolfson, 2001）。在恶性循环中，这种偶发性的失眠有可能转变为长期失眠。个体躺在床上无法入睡的时间越长，就会变得越痛苦和烦躁。个体的不眠状态逐渐与环境——床和卧室——形成了条件化的联系，使第二天的睡眠变得越发困难。

认知因素会助长失眠的持续（Harvey, 2005）。第一，失眠者在白天和试图入睡的时候担心他们是否能睡着。他们可能在努力入睡的时候关注着钟表，并随着时间推移而越来越担忧（Tang, Schmidt, & Harvey, 2007）。这种担忧产生了认知和生理唤醒使他们保持觉醒。第二，他们对于可能使他们睡不着的事物过度警觉，如环境噪音和身体疼痛（Semler & Harvey, 2007）。第三，他们低估了自己的睡眠时间，并把白天发生的问题归咎于失眠。这种认知加深了他们对失眠的焦虑。第四，为了帮助自己入睡，他们会做出适得其反的行为。他们可能会饮酒，这会加剧失眠；或避免晚间的社交活动，这反而会留给他们更多独自担忧的时间。

认知行为干预能够非常有效地治疗失眠（例如，Bastien et al., 2004; Harvey, McGlinchey, & Gruber, 2010）。这些干预旨在减少对睡眠的担忧（“我想知道今晚是否又将度过一个糟糕的夜晚！”），关于睡眠的无益信念（“夜里醒来意味着我完全没睡好”），以及对于睡眠缺失所产生的影响的误解（“如果我不能睡够 8 个小时，我明天就会是一个废物！”）。这些干预的行为成分包括刺激控制法，即对可能干扰睡眠的条件加以控制（Morin et al., 2006）。失眠者将会被告知按照下列要求去做：

1. 有睡意时才上床。
2. 卧室和床只用于睡觉和做爱，不要用来看书、看电视、吃东西或工作。
3. 如果 15 ~ 20 分钟后仍无法入睡，起床去另一个房间，等有睡意后才返回。
4. 每天早上在同一时间起床。
5. 白天不要小睡。

睡眠限制疗法包括在一开始限制失眠者每晚可用来睡眠的时间（Morin et al., 2006）。一旦他们上了床能够入睡，允许其在床上停留的时间便可逐渐延长。另外，人们往往还要进行放松练习，并获得关于膳食、锻炼和物质使用对睡眠的影响方面的信息。

很多药物被用来治疗失眠，包括抗抑郁药、抗组胺剂、色氨酸、δ 睡眠诱导肽（DSIP）、褪黑素和苯并二氮卓类药物（Dündar et al., 2004）。虽然对这些药物中的多数研究还不多，但至少有一些研究证明它们全部有效。效果最不明确的是抗组胺剂和色氨酸（Lee, 2004; Nowell et al., 1998）。被证明疗效最可靠的药物是苯并二氮卓和唑吡坦（商品名 Ambien）。然而个体可能对这些协助睡眠的药物形成依赖，并在停药时经历戒断反应（Dündar et al., 2004）。极少数唑吡坦使用者出现了睡眠–进食现象，他们夜里起来吃下大量的食物，到了早晨却不记得这么做过（Mahowald & Bornemann, 2006）。个体停药后，失眠往往会复发。相反，行为和认知干预的积极效果倾向于更持久（Nowell et al., 1998）。

嗜睡障碍和发作性睡病

嗜睡障碍（hypersomnolence disorders）的特征是过度嗜睡，可指睡眠的数量过多（也称为 hypersomnia），或清醒程度不够（见表 15.3）。有嗜睡障碍者总在犯困且睡很长时间。他们可能一口气睡上 12 个小时，醒来后依然睡意蒙眬。白天的小睡可能会持续 1 个小时或更长时间，醒来后可能也没有恢复精神。如果处在沉闷的环境中（例如听一堂乏味的讲座），他们肯定会睡着。甚至开着车也能睡着。嗜睡症的诊断要求症状每周至少出现 3 次，持续至少 3 个月，并造成严重的精神痛苦或功能损害。嗜睡是一种慢性疾病，最常出现于成年早期（Ali et al., 2009; Anderson et al., 2007; Vernet & Arnulf, 2009; Vernet, Leu-Semenescu, Buzare, & Arnulf, 2010）。据估计，人口中只有 1% 的人完全符合嗜睡障碍的诊断标准（Ohayon, Dauvilliers, & Reynolds, 2012）。

发作性睡病（narcolepsy）指的是无法抑制的睡意反复来袭，陷入睡眠状态，或一天内多次打盹。睡眠发作时间通常持续 10 ~ 20 分钟，但可高达 1 小时，且有发作性睡病的人在几分钟之内就能进入快速眼动睡眠。多数有发作性睡病的人会经历**猝倒**（cataplexy），通常以突然发生的肌张力丧失为特征，持续时间不超过 2 分钟，由大笑或笑话触发，多发生于已有发作性睡病很长时间的人。猝倒发作时病人可能会突然掉东西、膝盖发软，甚至摔到地上，但是他们并没有睡着，他们的听力和意识可能是正常的。更为少见的是，猝倒发作可能表现为自发地扮鬼脸或下颌张开伴吐舌，或者是肌张力降低。这些症状倾向于出现在儿童身上，之后他们会发展出更为常见的猝倒特征（Plazzi et al., 2011）。当有发作性睡病的人醒来时，可能会体验到短期的无法移动或说话，称为*睡瘫症*（sleep paralysis）。

发作性睡病有两种形式。绝大多数伴猝倒的有发作性睡病症状的人，其下丘脑

表 15.3 嗜睡障碍的*DSM-5*诊断标准

A. 尽管主要睡眠周期持续至少7小时，依然自我报告过度困倦（嗜睡），至少有下列1项症状:

1. 在同一天内反复睡眠或陷入睡眠之中。
2. 每天的主要睡眠周期延长至9小时以上，且为非恢复性的（即不能恢复精神）。
3. 突然觉醒后难以完全清醒。

B. 嗜睡每周至少出现3次，持续至少3个月。

C. 嗜睡伴有显著的痛苦，或导致认知、社交、职业或其他重要功能的损害。

D. 嗜睡不能更好地用另一种睡眠障碍来解释，也不仅仅出现在另一种睡眠障碍的病程中（例如，发作性睡病、与呼吸相关的睡眠障碍、昼夜节律睡眠–觉醒障碍或睡眠异态）。

E. 嗜睡不能归因于某种物质的生理效应（例如，滥用的毒品、药物）

F. 共存的精神障碍和躯体状况不能充分解释嗜睡的主诉。

资料来源：Reprinted with permission from the *Diagnostic and Statistical Manual of Mental Disorders,* Fifth Edition.
Copyright © 2013 American Psychiatric Association.

表 15.4 发作性睡病的*DSM-5*诊断标准

A. 在同一天内反复地抑制不住地需要睡眠、陷入睡眠或打盹。在过去3个月内每周必须出现至少3次。

B. 存在下列至少1项：

1. 猝倒发作，定义为（a）或（b），每月至少出现几次：
   a. 长期患病的个体中，短暂（数秒到数分钟）发作性双侧肌张力丧失，但维持意识清醒状态，可由大笑或开玩笑诱发。
   b. 儿童或个体在起病的6个月内，无意识地扮鬼脸或下颌张开发作，伴吐舌或全面张力减退，且无任何明显的情绪诱因。

2. 下丘脑分泌素缺乏，采用脑脊液（CSF）测量下丘脑分泌素-1的免疫反应值（使用相同的测定法，小于或等于健康受试者三分之一的数值，或者小于或等于110皮克/毫升）。脑脊液的下丘脑分泌素-1测试水平低，不能是在急性脑损伤、炎症反应或感染的背景下观察到的。

3. 夜间多导睡眠图显示快速眼动睡眠潜伏期小于或等于15分钟，或多次睡眠潜伏期测试显示平均睡眠潜伏期小于或等于8分钟，以及2次或更多次睡眠起始期快速眼动睡眠。

资料来源：Reprinted with permission from the *Diagnostic and Statistical Manual of Mental Disorders,* Fifth Edition.
Copyright © 2013 American Psychiatric Association.

都缺少一种能分泌神经递质下丘脑分泌素的细胞，该激素能促进觉醒状态（Mignot et al., 2002）。相反，有发作性睡病症状但不伴有猝倒的人中只有少部分下丘脑分泌素水平低下（Dauvilliers et al., 2003）。*DSM-5* 将发作性睡病定义为一种障碍（见表 15.4 的诊断标准），包括根据下丘脑分泌素是否缺乏而划分的亚型。

其他一些生物因素被指与嗜睡及不伴猝倒的发作性睡病有关。在患有这些障碍的人身上发现，另一种能促进觉醒状态的神经递质组胺的水平较低（Kanbayashi et al., 2009; Nishino et al., 2009）。此外，嗜睡和发作性睡病有家族遗传性，且某些特定基因被指与发作性睡病有关（Longstreth et al., 2007）。嗜睡通常与其他精神障碍有关，特别是抑郁（Harvey, 2008）。

一致的证据表明，兴奋剂莫达非尼能够有效地治疗发作性睡病或嗜睡症患者的日间困倦（Morgenthaler et al., 2007）。其他兴奋剂，包括苯丙胺类、甲基苯丙胺和哌甲酯，也用于治疗发作性睡病或嗜睡症导致的日间困倦。羟丁酸钠和司来吉兰可缓解发作性睡病的猝倒、幻觉和睡瘫症状。此外，一些医生会开具抗抑郁药，但其治疗发作性睡病或嗜睡的效果还没有得到对照研究的证实（Morgenthaler et al., 2007）。

与呼吸相关的睡眠障碍

如果你呼吸不好就很难睡得好。*DSM-5* 认可三种与呼吸问题相关的睡眠障碍（见表 15.5）。有**中枢性睡眠呼吸暂停**（central sleep apnea）的人会出现短暂的（20 秒或更长）呼吸完全中止，但不会频繁醒来，白天一般也不会感觉疲惫。当大脑不给呼吸系统发送呼吸的信号时，就会发生中枢性睡眠呼吸暂停。包括脑血管疾病和头部创伤在内的中枢神经系统障碍、心脏病以及长期使用鸦片都可导致该病症（Ramar & Guilleminault, 2008）。它也会发生在早产儿身上。治疗该病症首先需治疗引起中枢性呼吸暂停的潜在障碍。**睡眠相关的通气不足**（sleep-related hypoventilation）是 *DSM-5* 新增的障碍，其特点是间歇性的呼吸减少，伴随二氧化碳水平升高。它常常与肺部或胸壁疾病有关（Casey, Cantillo, & Brown, 2007）。

最常见的**与呼吸相关的睡眠障碍**（breathing-related sleep disorder）是**阻塞性**

表 15.5 与呼吸相关的睡眠障碍的*DSM–5*诊断标准

障碍	*DSM–5*诊断标准
中枢性睡眠呼吸暂停	A. 由多导睡眠图提供的每小时睡眠有5次或更多的中枢性呼吸暂停的证据。 B. 此障碍不能更好地用另一种目前的睡眠障碍来解释。
睡眠相关的通气不足	A. 多导睡眠图证明间歇性的与CO_2浓度升高相关联的呼吸减少。（注：在缺乏客观的CO_2测量指标的情况下，持续的低水平血红蛋白氧饱和度不伴有呼吸暂停/低通气,可能表示通气不足。） B. 此现象不能更好地用另一种目前的睡眠障碍来解释。
阻塞性睡眠呼吸暂停/低通气	（1）或者（2）： 1. 由多导睡眠图提供的每小时睡眠至少有5次阻塞性睡眠呼吸暂停或低通气的证据，以及下列睡眠症状之一： a. 夜间呼吸紊乱：打鼾、打鼾/喘息，或在睡眠时呼吸暂停。 b. 日间困倦、疲劳或尽管有充足的睡眠机会，但睡眠仍不能让人精神焕发，且不能更好地用另一种精神障碍来解释（包括某种睡眠障碍），也并非另一种躯体状况所致。 2. 由多导睡眠图提供的每小时睡眠有15次或更多的阻塞性呼吸暂停和/或低通气的证据，无论伴随症状如何。
标注目前的严重程度： **轻度：**呼吸暂停低通气指数少于15。 **中度：**呼吸暂停低通气指数为15 ~ 30。 **重度：**呼吸暂停低通气指数多于30。	

资料来源： Reprinted with permission from the *Diagnostic and Statistical Manual of Mental Disorders,* Fifth Edition.

Copyright © 2013 American Psychiatric Association.

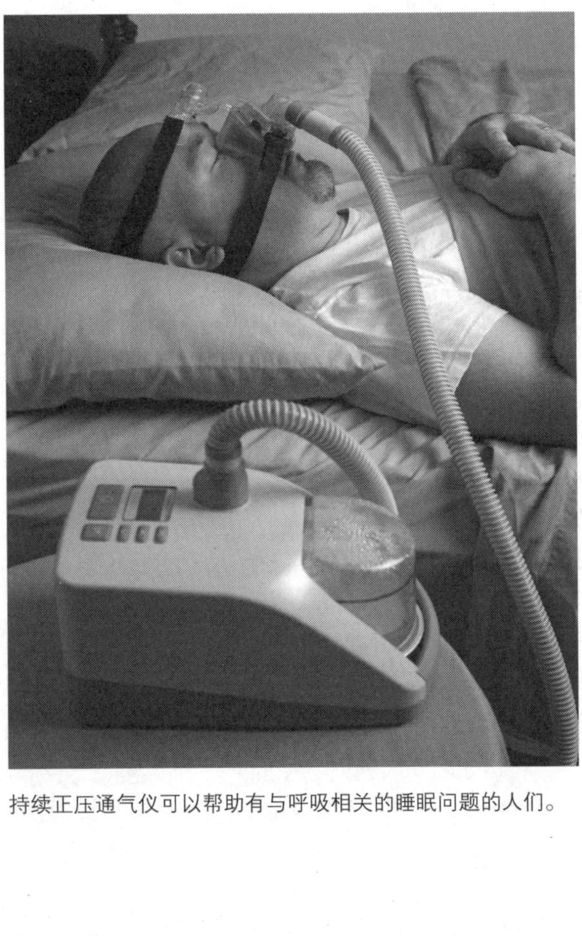

持续正压通气仪可以帮助有与呼吸相关的睡眠问题的人们。

睡眠呼吸暂停低通气（obstructive sleep apnea hypopnea syndrome）。如上所述，呼吸暂停是短时间的呼吸完全停止。低通气是指异常的浅呼吸或呼吸率低。要符合诊断标准，个体的多导睡眠图必须显示出频繁的呼吸暂停或低通气（频率见表 15.5）。有该障碍的人可能会大声打鼾，然后鼾声停止，呼吸暂停数秒，接着又大口喘气。造成阻塞性睡眠呼吸暂停 / 低通气的原因是气道狭窄或气道内有障碍物（异常或损伤），导致气流受阻。尽管与肥胖、高血压以及糖尿病有关，扁桃体炎或导致气道发炎的其他疾病也会造成这种现象（Ramar & Guilleminault, 2008）。它在人口中的发生率可高达 10%，而且各个年龄段的人都可能出现此症状。

阻塞性睡眠呼吸暂停 / 低通气综合征可用一种叫作持续正压通气（continuous positive air pressure, CPAP）仪的设备来治疗。CPAP 仪软管将一股压缩气流引入鼻罩内，使气道在空气压力下保持敞开，因而使呼吸不受阻碍。CPAP 能够有效治疗阻塞性睡眠呼吸暂停和低通气，但有 25% ~ 50% 的人不接受这种治疗，因为治疗让他们感觉不适或不能很好地缓解其呼吸问题（Veasey et al., 2006）。CPAP 有时也被用来治疗中枢性睡眠呼吸暂停。

作用于 5–羟色胺系统的药物如 5–羟色胺再摄取抑制剂，对阻塞性睡眠呼吸暂停 / 低通气的疗效并不一致。兴奋剂如莫达非尼可减轻与这一病症有关的日间困倦（Veasey et al., 2006）。对于极端病例，可采用手术移除阻塞气道的组织或扩展上呼吸道区域。只有少量的研究对这些手术的效果进行了评估，对这些评估研究的元分析显示，手术对该障碍没有一致的疗效（Franklin et al., 2009）。

昼夜节律睡眠–觉醒障碍

如前所述，生物节律尤其是核心体温受到干扰，会导致失眠。这些生物节律，也称为*昼夜节律*（circadian rhythm），它由脑部机制驱动，使人们与一天当中的光暗周期模式保持同步。这些机制位于下丘脑的视交叉上核，可以调节人体多个系统的昼夜节律，包括睡眠和警觉性（Sack et al., 2007）。昼夜节律基本以 24 小时为周期，但会受到环境中时间信号的影响，尤其是太阳的光和暗信号。一些人的昼夜节律受到干扰后比其他人更难调整。这些个体间的差异似乎存在遗传根源（Sack et al.,

表 15.6 昼夜节律睡眠–觉醒障碍的*DSM–5*诊断标准

A. 一种持久或反复发作的睡眠中断模式，主要是由于昼夜节律系统的改变，或者是内源性昼夜节律与个体的物理环境或社交或职业时间表所要求的睡眠–觉醒周期之间的错位。

B. 睡眠中断导致过度的睡意或失眠，或两者兼有。

C. 睡眠紊乱引起有临床意义的痛苦，或导致社交、职业或其他重要功能的损害。

标注是否是：

睡眠时相延迟型：一种睡眠起始和觉醒时间延迟的模式，不能在期望的或常规可接受的较早时间入睡和觉醒。

标注如果是：

家族型：存在睡眠时相延迟的家族史。

标注如果是：

与非24小时睡眠－觉醒重叠型：睡眠时相延迟型可能与另一种昼夜节律睡眠–觉醒障碍——非24小时睡眠–觉醒障碍——重叠。

睡眠时相提前型：一种睡眠起始和觉醒时间提前的模式，且不能保持觉醒或睡眠到期望的或常规可接受的较晚的入睡或觉醒时间。

标注如果是：

家族型：存在睡眠时相提前的家族史。

睡眠－觉醒不规则型：一种暂时混乱的睡眠–觉醒模式，以致睡眠和觉醒的时段可在24小时周期内的任何时间改变。

非24小时睡眠－觉醒型：一种睡眠–觉醒周期与24小时的环境不同步的模式，伴持续的每日睡眠起始和觉醒时间的漂移（通常为越来越晚）。

倒班工作型：与倒班工作时间表（即要求非常规的工作时间）相关的，在主要的睡眠时段失眠和/或在主要觉醒时段过度有睡意（包括无意的睡眠）。

未特定型

标注如果是：

间歇性：症状持续至少1个月，但少于3个月。

持续性：症状持续3个月或更长。

复发性：1年内发作2次或更多。

资料来源： Reprinted with permission from the *Diagnostic and Statistical Manual of Mental Disorders,* Fifth Edition.

Copyright © 2013 American Psychiatric Association.

2007）。如果节律调整方面的困难一直持续并造成痛苦，则可被诊断为**昼夜节律睡眠–觉醒障碍**（circadian rhythm sleep-wake disorder; 表 15.6）。

DSM-5 将昼夜节律睡眠–觉醒障碍分为 5 种。睡眠时相延迟型（delayed sleep phase type）表现为持续的晚睡晚醒模式，并且即使渴望也无法更早入睡或醒来。青少年一般会发生生物钟的相位后移，使他们想熬夜晚睡（Wolfson, 2001）。只有当症状严重干扰个体的功能且令人苦恼时，才能做出睡眠时相延迟型昼夜节律障碍的诊断。它是临床诊断中最常见的昼夜节律障碍（Dagan & Eisenstein, 1999）。

相反，睡眠时相提前型（advanced sleep phase type）指的是一种持续的模式，睡眠开始和醒来的时间比希望的要提前 2 个小时或更多。这种模式会导致清晨的失眠症状和白天的过度睡意。有该障碍的个体表现出昼夜节律的生物标记物时间提前的迹象，包括褪黑素和核心体温的改变（Sack et al., 2007）。

睡眠–觉醒不规则型（irregular sleep-wake type）的人没有可辨识的睡眠–觉醒节律。他们的睡眠倾向于碎片化，每 24 小时至少有三段。他们可能会在夜间失眠，但在白天的某些时段则非常困倦。这种障碍可能与某些神经性障碍有关（Sack et al., 2007）。有非 24 小时型（non-24-hour type）昼夜节律睡眠–觉醒障碍的人似乎拥有一个自由运行的睡眠–觉醒周期，不受光–暗周期的影响。它开始可能是个渐变的过程，夜间睡得越来越晚，直到个体在白天睡觉晚上清醒。有该障碍的个体主诉白天困倦，并表现出认知和功能缺陷。此障碍最常见于失明的人，但也存在于有视力的个体中（Hayakawa et al., 2005）。

最后，倒班工作型（shift work type）昼夜节律睡眠–觉醒障碍是由于轮流换班或工作时间不规律造成的。在一项研究中，31% 的夜间工作者和 26% 的倒班工作者符合该障碍的诊断标准（Drake et al., 2004）。

行为干预有助于治疗昼夜节律睡眠–觉醒障碍。熬夜要比早入睡容易，因此倒班工人感到顺时针变换班次要比逆时针容易（Sack et al., 2007）。在夜班期间进行有计划的小睡也能够帮助工人减轻困倦及减少相关的意外事故（Sallinen et al., 1998）。让夜班工人接受明亮的灯光照射也可以帮助他们调节昼夜节律（Sack et al., 2007）。同样，让有睡眠时相延迟型障碍的个体在清早接受明亮光线照射也能帮助他们调节昼夜节律。

有证据表明，在白天按照处方规定的时间给予褪黑素，可促进有睡眠时相延迟型和倒班工作型昼夜节律障碍的人的昼夜节律转换（Sack et al., 2007）。然而，褪黑素的给药剂量和给药时间都相当棘手，具有较大的个体差异（Arendt, 2009）。有些兴奋剂，例如莫达非尼，可以提高夜班工作时和跨越时区后个体的警觉性，咖啡因也有同样的效果（Arendt, 2009; Sack et al., 2007）。

唤醒障碍

唤醒障碍（disorder of arousal）涉及反复发作的从睡眠中不完全觉醒，似乎是觉醒与非快速眼动睡眠成分的混合（见表 15.7）。它有三种类型：睡惊、睡行和意识不清的唤醒。**睡惊障碍**（sleep terror disorder）最常出现在儿童中（Neylan, Reynolds, & Kupfer, 2007）。睡眠中的儿童会尖叫、流汗，并心跳加速。不像梦魇发生在快速眼动睡眠期，睡惊则发生在非快速眼动睡眠期。经历睡惊的儿童不容易被叫醒，并且通常在醒来后也不记得发生了什么。成人也会经历睡惊。在挪威进行的一项大型的流行病学研究发现，在过去 3 个月内有 2.7% 的成人至少经历过 1 次睡惊，有 1% 的成

表 15.7 非快速眼动睡眠唤醒障碍的*DSM–5*诊断标准

A. 反复发作的从睡眠中不完全觉醒，通常出现在主要睡眠周期的前三分之一，并伴有下列任一项症状：

1. **睡行：** 反复发作的睡觉时从床上起来和走动。睡行时，个体面无表情、目不转睛，对于他人与其沟通的努力相对无反应，唤醒个体存在巨大的困难。

2. **睡惊：** 反复发作的从睡眠中突然惊醒，通常始于恐慌的尖叫。每次发作时有强烈的恐惧感和自主神经唤起的体征，如瞳孔散大、心动过速、呼吸急促、出汗。发作时，个体对于他人安慰的努力相对无反应。

B. 没有或很少（例如，只有一个视觉场景）有梦境能被回忆起来。

C. 存在对发作的遗忘。

D. 此发作引起有临床意义的痛苦，或导致社交、职业或其他重要功能方面的损害。

E. 该障碍不能归因于某种物质（例如，滥用的毒品、药物）的生理效应。

F. 共存的精神或躯体障碍不能解释睡行或睡惊的出现。

资料来源：Reprinted with permission from the *Diagnostic and Statistical Manual of Mental Disorders,* Fifth Edition. Copyright © 2013 American Psychiatric Association.

人至少每周经历 1 次睡惊（Bjorvatn, Gronli, & Pallesen, 2010）。

与睡惊相似，**睡行障碍**（sleepwalking disorder）在儿童中也相对常见，有 15% ~ 30% 的人至少经历过 1 次（Neylan et al., 2007）。在挪威的这项研究中，约 22% 的成人报告在人生的某个时候有过睡行经历，但只有 1.7% 报告在过去 3 个月内有过睡行经历（Bjorvatn et al., 2010）。睡行发生在非快速眼动睡眠期，所以睡行的人所做的并非是梦境中的行为。睡行者可能会对他人的问题或指令作出反应，但是无法进行对话。在夜里他们可能会在睡着的状态下走进厨房吃东西。他们可能会因为撞上家具或到处折腾而使自己受伤，尤其是如果他们也正经历着睡惊（American Psychiatric Association, 2000）。睡行者很难被叫醒（虽然这样做并不像大众所认为的那样是危险的）。人们通常不记得他们的睡行活动（Neylan et al., 2007）。

意识不清的唤醒是在非快速眼动睡眠期的不完全觉醒，但不涉及睡惊或睡行。这样的片段在成人中相对常见。那项在挪威进行的研究发现，近 7% 的人报告在过去 3 个月内出现过意识不清的唤醒，近 2% 的人每周至少经历了 1 次（Bjovatn et al., 2010）。

睡行和睡惊具有家族性遗传倾向（Szelenberger, Niemcewicz, & Dabrowska, 2005）。睡惊的双生子研究显示，同卵双生子的共同患病率高于异卵双生子，说明基因对睡惊有影响（Hublin et al., 1997）。压力、前期的睡眠剥夺、极度疲劳以及镇静或催眠药物的使用都与睡惊和睡行有关（Neylan et al., 2007）。

抗抑郁药有时被用来治疗睡惊障碍，但治疗效果并不一致（Neylan et al., 2007）。一种行为治疗方法是，在夜里孩子通常发生睡惊或睡行的时间之前的 30 分钟，唤醒孩子；当孩子至少一个星期没有出现夜惊后，这种预定时间的唤醒可以逐步停止。一项研究显示，按预定时间唤醒能够迅速减少儿童夜惊的频率；治疗停止 1 年后，这种睡惊减少的效果仍然存在（Durand & Mindell, 1999）。

表 15.8 快速眼动睡眠行为障碍的*DSM–5*诊断标准

A. 睡眠中反复发作的与发声和/或复杂的运动行为有关的唤醒。

B.这些行为在快速眼动睡眠期出现，因此通常出现在睡眠开始超过90分钟以后，且在睡眠时间的后期更频繁，在白天打盹时不常出现。

C. 一旦从这些发作中觉醒，个体会完全清醒、警觉，而不是意识模糊或失去定向。

D. 下列任1项表现：

1. 在多导睡眠图记录中，快速眼动睡眠期无张力缺乏。
2. 病史提示有快速眼动睡眠行为障碍和已明确的突触核蛋白病的诊断（例如，帕金森氏病、多系统萎缩）。

E. 此行为引起有临床意义的痛苦，或导致社交、职业或其他重要功能方面的损害（可能包括伤害自己或同睡一床的人）。

F. 该障碍不能归因于某种物质（例如，滥用的毒品、药物）的生理效应或其他躯体状况。

G. 共存的精神和躯体障碍不能解释此发作。

资料来源：Reprinted with permission from the *Diagnostic and Statistical Manual of Mental Disorders,* Fifth Edition.
Copyright © 2013 American Psychiatric Association.

快速眼动睡眠行为障碍

睡行、睡惊和意识不清的唤醒都发生在非快速眼动睡眠期，但有些人在快速眼动睡眠期变得活跃，进行一些复杂并且通常是危险或暴力的行为。他们似乎在将梦境表现出来，并与梦中的人们进行对话。多数进行暴力行为的人报告当时正在做栩栩如生的梦，通常涉及被某个人或动物攻击，或保护所爱之人免受伤害（Ohayon et al., 2010）。他们的行为可能真会伤害到自己或同床而眠的人。约 4% 的成年人报告曾经在睡眠中伤害过自己或他人（Bjorvatn et al., 2010）。当快速眼动睡眠期间的行为频繁出现且具有损害性时，可诊断个体患有**快速眼动睡眠行为障碍**（rapid eye movement [REM] sleep behavior disorder；表 15.8）。

相当比例的有快速眼动睡眠行为障碍的人患上了神经退行性疾病，如帕金森氏病（Iranzo et al., 2006; Postuma, Gagnon, & Vendette, 2009）。例如，一项研究发现，有快速眼动睡眠行为障碍的人在 10 年间得帕金森氏病或相关的神经退行性疾病的风险是 65%（Schenck & Mahowald, 2003）。有快速眼动睡眠行为障碍的个体显示出脑部多巴胺系统功能的异常，与有帕金森氏病的人所显示出的类似（见第 8 章），即使他们还未出现任何神经系统症状（Boeve, 2010; Iranzo et al., 2010）。此外，快速眼动睡眠行为障碍中特征性的暴力行为与其他睡眠 – 觉醒障碍并存，包括睡行、睡惊，意识不清的唤醒和阻塞性呼吸睡眠暂停（Ohayon, Guilleminault, & Chokroverty, 2010），说明这些障碍具有某些共同的致病因素。

最常用于治疗快速眼动睡眠行为障碍的药物是氯硝安定，一种非典型性抗精神病药物（Boeve et al., 2007）。单独使用褪黑素或将其与氯硝安定合用也对治疗该障碍有一些效果。相反，某些影响去甲肾上腺素和 5–羟色胺水平的抗抑郁药，如文拉法辛和米氮平，已被证明会使快速眼动睡眠行为障碍恶化，而过度摄入咖啡因和巧克力也有同样作用（Boeve et al., 2007）。

表 15.9 梦魇障碍的*DSM–5*诊断标准

A. 反复出现延长的、极端烦躁和能够详细记忆的梦，通常涉及努力避免对生存、安全和躯体完整性的威胁，且一般发生在主要睡眠期的后半程。

B. 从烦躁的睡梦中觉醒，个体能够很快恢复定向和警觉。

C. 该睡眠障碍引起有临床意义的痛苦，或导致社交、职业或其他重要功能方面的损害。

D. 梦魇症状不能归因于某种物质（例如，滥用的毒品、药物）的生理效应。

E. 共存的精神和躯体障碍不能充分解释烦躁梦境的主诉。

资料来源：Reprinted with permission from the *Diagnostic and Statistical Manual of Mental Disorders,* Fifth Edition. Copyright © 2013 American Psychiatric Association.

梦魇障碍

超过三分之二的成年人有过梦魇或者恐怖的梦（Bjovatn et al., 2010）。人们通常会从梦魇中惊醒，冒汗且心跳加速。他们可能对这些通常涉及人身危险的梦境有着清晰的记忆。梦魇在近期经历过创伤性事件的人中较为常见（Krakow et al., 2007）。梦魇在儿童中比在成人中更为普遍，有 10% ~ 50% 的儿童出现梦魇的次数多到令其父母焦虑不安（Neylan et al., 2007）。要作出**梦魇障碍**（nightmare disorder）的诊断，梦魇必须足够频繁以至于引起显著的痛苦或功能损害（表 15.9）。在挪威进行的流行病学研究发现，有 2.8% 的成年人至少每周出现 1 次梦魇（Bjorvatn et al., 2010）。针对梦魇障碍的认知行为干预包括使个体对梦魇去敏感化。由个体记录下梦魇的详细内容，并在做放松练习的同时反复阅读（Burgess, Gill, & Marks, 1998）。一些小型的对照实验显示，此类干预可减少梦魇频率，以及与之相伴的焦虑、抑郁和失眠。这些收益在 4 年后的随访中依然存在（Grandi et al., 2006）。

不安腿综合征

想象一下你躺在床上，你腿上爬行、蠕动、刺痛和痒的感觉明显到让你无法入睡。你感到仿佛必须挪动你的腿。你站起来，来回走动了一下，并抖了抖腿，然后这种感觉消失了。然而，当你回到床上，如果你没有很快睡着，那种爬行、蠕动的感觉又回来了，因而你必须再次挪动。这就是**不安腿综合征**（restless legs syndrome，RLS）。

很多人都偶尔体验过不安腿综合征，通常或仅仅是在夜里。为了作出不安腿综合征的诊断，*DSM-5* 规定，症状必须足够频繁和严重，会显著干扰睡眠并引起疲劳、精神健康问题和功能困难（表 15.10）。人群中约有 2% ~ 3% 的人有达到这种程度的 RLS（Cho et al., 2009; Hening et al., 2004; Winkelmann et al., 2005）。有该综合征的人出现抑郁症和焦虑障碍的比率显著高于一般人（Cho et al., 2009; Winkelmann et al., 2005）。

RLS 与特殊的基因位点有关（Winkelmann et al., 2007）。它也与多巴胺系统的异常有关，利用改变多巴胺水平的药物能够对其进行有效的治疗（Zintzaras et al., 2010）。该障碍还与缺铁有关，扭转缺铁的状况可减轻症状（Trotti & Rye, 2011）。

表 15.10 不安腿综合征的*DSM-5*诊断标准

A. 移动双腿的冲动，通常伴有腿部不舒服和不愉快的感觉或是对此做出的反应，表现为下列所有特征：

1. 移动双腿的冲动，在休息或不活动时开始或加重。
2. 移动双腿的冲动，通过运动可部分或完全缓解。
3. 移动双腿的冲动，在傍晚或夜间比白天更严重，或只在傍晚或夜间出现。

B. 诊断标准A所列症状每周至少出现3次，持续至少3个月。

C. 诊断标准A所列症状引起显著痛苦，或导致社交、职业、教育、学业、行为或其他重要功能方面的损害。

D. 诊断标准A所列症状不能归因于其他精神障碍或躯体疾病（例如，关节炎、下肢水肿、外周缺血、下肢痉挛），也不能用行为状况来更好地解释（例如，体位性不适、习惯性顿足）。

E. 此症状不能归因于滥用的毒品或药物的生理效应（例如，静坐不能）。

资料来源：Reprinted with permission from the *Diagnostic and Statistical Manual of Mental Disorders,* Fifth Edition.
Copyright © 2013 American Psychiatric Association.

图 15.5 应激相关障碍中心理、社会和生物因素的相互作用

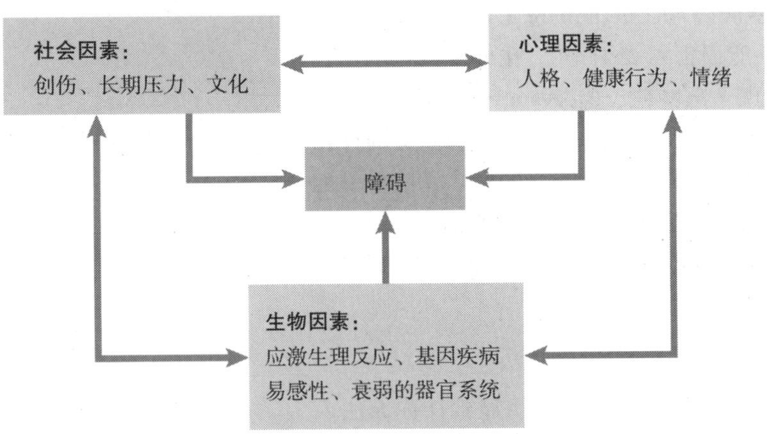

本章整合

本章充分地展示了身体、心理和环境之间的相互影响（图 15.5）。心理和社会因素能够对人体的生理产生直接的影响，并通过引导人们参与有益或有害健康的行为间接地影响健康。躯体健康状况也会反过来影响人的情绪健康和自我概念。有危及生命或衰竭性疾病的人出现抑郁和其他情绪问题的风险要高很多。基于这些原因，健康心理学家开始提出生物、心理和社会环境三者相互影响的观点。然后，他们试图描述这些影响的特点，并确定其相对重要性。

灰色地带

讨论（对第478页的回顾）

乍一看，你可能会认为约翰避免思考和谈论他的癌症是一种不健康的应对方式。他没有从子女或同事那里寻求社会支持。你甚至会怀疑他是否生活在对所患重症的否认中。不过，更仔细地观察一下，约翰似乎处于一种不易觉察的具有亚洲文化特征的社会支持形态之中。他享受与妻子谈论他们的孩子和孙辈，以及对朋友和家族成员的拜访。相比直白地向妻子以外的人寻求支持，这可能是约翰更能接受的一种应对方式。

批判性思考

我们愿意相信我们能够通过改变态度和减少生活中的应激来改善自身的健康状况。自助产业通过向公众出售这样的希望每年赚取数十亿美元（见 www.pbs.org/thisemotionallife/perspective/self-help-or-self-harm）。然而在本章中你会看到，关于心理社会干预是否能够影响诸如癌症和心脏病等疾病的进程，研究结果并不一致。尽管一些研究显示了成功的迹象，在其他很多研究中这样的干预对疾病的进程却不起作用。考虑到证据的不一致性，你认为心理学家应该给癌症或心血管疾病患者提供心理社会干预吗？这些干预的目标应该是什么？（讨论见本书末尾）

本章小结

- 影响应激水平的3个维度分别是不可控性、不可预测性和持续时间。
- 战斗或逃跑反应是个体面对威胁时身体所发生的一系列生理变化。在短期内战斗或逃跑反应具有适应性，如果持续时间长则会损害身体，这种情况被称为非稳态负荷。
- 与健康状况较差相关的心理因素包括悲观和回避型应对，而表达性写作和寻求社会支持则与较好的健康状况相关。有心理障碍的人，尤其是抑郁症，更可能出现多种身体健康问题。
- 免疫系统通过识别并杀死病原体和肿瘤细胞来保护我们免遭疾病侵袭。不可控的长期应激、悲观情绪和回避型应对与免疫系统功能受损有关，且具有这些特征的癌症患者或艾滋病毒携带者/艾滋病人，其健康状况更差。然而，减少应激或改善应激认知的干预措施是否影响癌症的病情发展，还不是很清楚。
- 长期应激也与冠心病有关。以时间紧迫感、易产生敌意和竞争性强为特征的A型行为模式，可预测冠心病。最能预测冠心病的A型行为模式成分是敌意。 抑郁也是冠心病的预测因素之一。
- 指导掌握技术帮助人们增加有益健康的行为。目前，在世界范围内人们正在使用互联网传播指导掌握干预法。
- 物质/药物所致的睡眠障碍是由于物质的使用，包括处方药，例如控制高血压或心律不齐的药物；以及和非处方物质，例如酒精和咖啡因。
- 失眠指难以入睡或易醒，或长期不能通过睡眠恢复精力和警觉性。体温节律遭到破坏，应激，以及关于睡眠的错误认知和习惯都会导致失眠。认知行为治疗对失眠有效。多种药物也被用来治疗失眠，但认知行为疗法最为有效。
- 嗜睡障碍是长期的过度困倦，表现为睡眠时间很长，或几乎每天白天都会睡觉。发作性睡病涉及无法抵挡的睡意；有发作性睡病的人还会发生（1）猝倒，或（2）在睡眠和觉醒的过渡期间，快速眼动睡眠成分的反复侵扰。兴奋剂作为一种处方药被用来治疗嗜睡症或发作性睡病。
- 与呼吸相关的睡眠障碍（中枢性睡眠呼吸暂停，或阻塞性睡眠呼吸暂停/低通气，与睡眠相关的通气不足）包含大量由呼吸问题造成的短暂的睡眠中断。持续正压通气仪被用于治疗阻塞性睡眠呼吸暂停；有时也采用减肥和/或外科手术来治疗这一障碍。有时医生会开具5–羟色胺再摄取抑制剂和兴奋剂。
- 昼夜节律睡眠–觉醒障碍包括睡眠时相延迟型、睡眠时相提前型、不规则的睡眠–觉醒型、非24小时睡眠–觉醒型，以及倒班工作型。褪黑素、兴奋剂、光线疗法和改变睡眠习惯的行为技术，都被用于治疗昼夜节律睡眠觉醒障碍。
- 唤醒障碍包括睡惊、睡行和意识不清的唤醒。这些综合征出现在非快速眼动睡眠期。
- 快速眼动睡眠行为障碍的特点是快速眼动睡眠期的活动，有时是暴力或有伤害性的。此障碍与神经退行性疾病有关，可用非典型抗精神病药氯硝安定进行治疗。
- 梦魇障碍涉及频繁体验快速眼动睡眠期的梦魇。
- 不安腿综合征的特点是傍晚或夜间腿部有爬行、蠕动和痒的感觉，并伴随想要移动腿的冲动。多巴胺系统异常和缺铁可引起此障碍，使用旨在扭转这些因素的药物可取得治疗效果。

关键术语

非稳态负荷
免疫系统
冠心病（CHD）
高血压
A 型行为模式
指导掌握技术
睡眠障碍
物质 / 药物所致的睡眠障碍
失眠障碍
嗜睡障碍
发作性睡病
猝倒
中枢性睡眠呼吸暂停
睡眠相关的通气不足
与呼吸相关的睡眠障碍
阻塞性睡眠呼吸暂停低通气
昼夜节律睡眠 – 觉醒障碍
唤醒障碍
睡惊障碍
睡行障碍
快速眼动睡眠行为障碍
梦魇障碍
不安腿综合征

第 16 章

精神健康与法律

本章提纲

精神健康连续谱与法律

一个没有精神健康问题的人被怀疑犯了罪

司法判决无须考虑精神健康因素

一个有精神健康问题的人被怀疑犯了罪

司法判决必须听取精神健康专家的意见

精神健康工作者就当事人是否适合受审或是否应被认为因精神病而无罪提出建议

DSM-5 **精神障碍诊断**

功能正常 —— **功能失调**

尽管当事人没有被诊断为患有精神障碍也没有犯罪，但精神健康问题使其受到司法系统的关注

如果当事人对自己或他人具有危险性，司法判决可能强制性地将其安置在精神卫生机构*中。

一个被诊断患有精神健康障碍的人犯了罪

司法判决必须对这一诊断加以考虑，但精神障碍诊断并不保证当事人将在法律面前享受特殊待遇

当事人不一定因精神病而被判无罪

回想一下，在你上这门课之前，在你意识到我们对精神障碍的定义和理解可能多么的含糊不清之前，想象你在新闻上听到一则报告：一个大学生在 YouTube 上发布他自己的视频，咆哮着他所遭受的不公正待遇，然后在校园内疯狂扫射，之后被捕入狱。那时，你可能想过对学校有关部门来说，显然这个人有很严重的问题。在其被监禁起来之后，你可能会认为权力机构只需要确定他是否有导致暴力行为的精神障碍，然后采取恰当的行动。如果他的暴力行径是精神障碍导致的，他应该得到治疗，以克服精神障碍；如果他的暴力行径不是由于精神障碍，而是自愿的和蓄意的，他就应该被监禁起来。

现在你认识到，情况并不是那么界限分明。*DSM* 提供了精神障碍的诊断标准，但某个特定的人的行为是否符合这些标准往往需要作出主观判断。而且，我们将研究文献推论到个体案例的能力有限。例如，仅因为个体患有某种可能与攻击或暴力风险增高有关的精神障碍，我们还不能确切地知道这个特定的个体未来是否会变得暴力。

当看起来似乎存在精神健康问题的个体与司法系统打交道时，这些基于判断力的决定就变得更加复杂。诊断标准以及我们对精神障碍的理解的模糊性，与这些案例中复杂的伦理和社会问题掺杂在一起。一个 *DSM-5* 的精神障碍诊断并不能确保个体在法律上将被以某种特定的方式对待。例如，精神障碍诊断并不足以保证个体获得所需的治疗，或让一个犯了罪的人免除责任。关于有精神健康问题群体的法律存在地区差异，并且在过去 50 年里发生了巨大的变化，这使精神健康法律变得更加复杂。

于是，因心理问题是一个连续谱这一事实而带来的诊断系统固有的模糊性，与法律及将其应用于有精神健康问题的个体时的模糊性混在一起，意味着精神健康法律中含有大量的主观判断。

* mental health facility 精神卫生机构或设施，包括精神病医院、综合性医院精神科、收容所以及社区精神卫生中心等。

非常人物

格雷格·博顿斯，*Angelhead*

迈克尔·博顿斯受精神病性的信念驱使暴力发作，而这些信念是精神分裂症的症状。他开始相信任何治疗他的精神分裂症的药物都是为了控制他思想的阴谋的一部分，并且经常拒绝服用药物。他的暴力行为经常指向家人，其程度严重到他的弟弟格雷格和他的父母在夜间要锁上卧室门，以防在睡眠时遭到他的攻击。正如格雷格·博顿斯在*Angelhead*（2000）一书中所描述的，他的家人尝试把迈克尔送到专门的机构但被告知行不通，除非他们证明迈克尔对自己或他人是一个迫在眉睫的危险。

最终，他的家人找到了一家机构，同意接受他们的保险并将迈克尔安置在那里。但迈克尔却憎恨这个地方，他拒绝药物治疗，并试图自杀。这让他在州立精神病院呆了一段时间。后来，迈克尔“供认”了一项他未曾犯过的谋杀罪，脑海中的声音使他确信自己有罪。迈克尔被判入狱，但后来的DNA证据证明，不可能是迈克尔犯下这一谋杀罪。

被无罪释放后，迈克尔又重新回到了家中，服用着大剂量的抗精神病药物，但处于妄想状态，相信上帝直接跟他说话，并且他的家人都是魔鬼。他确信，他的父亲是个反基督者，为了解救全家人的灵魂，他必须杀死他们。一天夜里，他患癌的父亲奄奄一息地躺在床上，家人都在上了锁的房间里沉睡着，迈克尔点着了屋子。他骑自行车跑到了街道的尽头，然后坐在那里看着，期待着家人的灵魂从他身边飘过进入天堂。全家人都逃出来了。当他们站在那里看消防队员灭火时，博顿斯先生对其他家庭成员说，这事最好不过了，因为迈克尔真的可以被送走了。但转瞬之间，博顿斯先生担心迈克尔还在房子里快被烧死了。他努力想冲回房子里去寻找迈克尔，但消防队员阻止了他。与此同时，迈克尔骑在自行车上，完全漠不关心。一名警察问他是否可以回答几个问题，而迈克尔则把双手伸向了手铐。然后他转向母亲，漫不经心地问她早餐准备做什么吃。迈克尔供认纵火，其意图是杀死家人。他因企图谋杀和纵火罪被判入狱30年。

精神健康专家常被要求帮助像博顿斯家这样的家庭应对指导心理障碍治疗的法律和社会系统。关于社会价值观的基本问题与有精神障碍的人和其家人的个人意愿相冲突：社会有权对非自愿的个体进行强制治疗吗？在什么情况下人们不需要为危害他人的行为负责？一个人的心理障碍诊断是否意味着应当赋予其特殊的服务，并使其免遭歧视？

本章探讨法律如何开始涉入有精神健康问题的人的生活，首先重点关注在何种情况下可以违背个体意愿而将其送入精神健康机构。然后我们考查法律如何看待可能患有精神障碍的被控犯罪的人。最后，我们将讨论社会如何对待被判有罪的精神障碍者。

民事收容

最好的情形是，需要接受心理障碍治疗的人主动求医。他们和精神健康专家一起，找到可以减轻症状、控制病情的药物治疗和/或心理疗法。然而，许多患有严重心理问题的人没有意识到自己需要治疗，或者可能以各种理由拒绝治疗。例如，迈克尔·

博顿斯认为对他进行治疗的医生是阴谋计划的一部分，并拒绝遵守医嘱。一个处于躁狂期的男性或许很享受他的很多症状——充沛的精力、膨胀的自尊、浮夸的想法，因此不愿意服用会减轻这些症状的药物。一个滥用毒品的青少年可能认为这样做是他的权利，他没有做错什么。其他人能够违背这些人的意愿将他们强制送进精神健康机构并接受治疗吗？这些就是本节所要讨论的问题。

民事收容的标准

20 世纪中期以前，在美国，**治疗需求**（need for treatment）就是一个可以违背人们的意愿强制其入院接受治疗的充分理由。这种非自愿入院被称为**民事收容**（civil commitment，也译作民事拘禁）。民事收容只需要一份由两位医师签署的证明，说明此人需要接受治疗，而且不同意自愿接受治疗。然后这个人就会被监禁起来，通常是无限期的，没有律师的帮助，也没有听证会或上诉（Meyer & Weaver, 2006）。

在美国的大多数州，单独的治疗需求在法律上已不再是民事收容的充分理由。这一变化来自 20 世纪 60 年代的病人权利运动，该运动引起了对违反精神病人的个人自由和公民自由权的关注。民事收容的反对者认为，它容许人们仅仅因为生活方式、政治或道德观念不同就被监禁起来（Szasz, 1963, 1977）。的确，在前苏联和其他一些国家有许多案例，不同政见者被贴上精神病患者和需要治疗的标签，然后被送入监狱长期监禁。在美国，也有许多令人不安的错误地使用民事收容程序的案件。比如，19 世纪 60 年代，伊利诺伊州的法律允许丈夫在没有证据证明妻子与现实世界脱节或具有危险的情况下，可以违背妻子的意愿强制送其入院。例如，帕卡德女士就是被她的丈夫以持有“不正常的”、“无法接受的”政治或道德观点的名义强制送入收容机构的（Weiner & Wettstein, 1993）。帕卡德女士在医院里被关了三年之后终于获得了释放，此后她便投入了改革民事收容制度的运动中。

在程序上，目前美国大部分的州规定，正被考虑强制收容的个体享有公开听证、拥有辩护律师、传唤并与人证对质、上诉，以及被安置于限制最少的治疗环境的权利。然而实际上，法官通常听从精神健康专家关于个体的精神健康及是否达到收容标准的判断（Meyer & Weaver, 2006）。甚至理应维护当事人权利的代理律师也倾向于默认精神健康专家的判断，法庭指派的律师尤其如此，而律师经常是由法庭指派的。

在美国和其他许多国家，要违背个人意愿而将其强制送入精神病治疗机构，必须判定其符合下列标准之一：（1）严重失能；（2）对本人危险；（3）对他人危险。此外，美国大多数州均要求对自己或他人造成的危险是迫近的——换句话说，如果不马上将其监禁，他们自己或他人就可能在不久后受到伤害。最后，所有被送入精神病机构的人都必须有精神障碍的诊断，尽管各州对精神障碍或精神疾病的定义有所不同（Meyer & Weaver, 2006）。尤其有些州在其精神障碍或精神疾病列表中排除了物质滥用或依赖，以及精神发育迟滞。

严重失能

严重失能（grave disability）的诊断标准为当事人由于精神障碍而严重地丧失了能力，以致不能满足自己的饮食起居等基本需求。这个标准在理论上比治疗需求的标准更加严格，因为它要求当事人的生存因精神障碍而处于紧迫的危险之中。

你可能会想，严重失能标准可用于收容那些在大街上无家可归，看起来精神不正常并且不能满足自己基本需求的流浪汉。1988 年冬天，当时的纽约市长埃德•科赫援用了“*parens patriae*”（政府监护）的法则，将无家可归的精神病人送往精神健康机构。科赫市长认为保护那些无家可归的精神病人免受寒冷天气的侵袭是城市的责任，因为他们不能保护自己。其中一位被强制入院的无家可归者是 40 岁的乔伊丝•布朗，她后来被诊断为妄想型精神分裂症。布朗断断续续地在大街上住了好几年，抗拒她的家庭试图让她接受精神病治疗的努力。布朗和美国民权同盟（ACLU）就布朗被强制收容的事件进行辩驳，并以如果本人没有接受治疗的意愿，则城市无权将其监禁为由获得了释放（Kasindorf, 1988）。

一个与乔伊丝•布朗开释有关的法律上的先例是唐纳森诉奥康纳案（*O' Connor v. Donaldson*）（1975）。肯尼思•唐纳森被关在佛罗里达州立医院长达 14 年。最初是唐纳森的父亲将儿子送入医院看管，他认为唐纳森有妄想症，所以危害其自身安全。当时佛罗里达州的法律规定，如果当事人的精神障碍可能损害他们管理自己的财务或保护自己免遭欺骗的能力，可以送其入院看管。在整个住院期间，唐纳森拒绝接受药物治疗，因为他认为这违背了他的基督教科学派的信仰。医院主管奥康纳博士认为，这种拒绝本身就是唐纳森的精神障碍的一个症状。尽管唐纳森在入院前能够照顾自己，并且也有朋友愿意在他出院后帮助照顾他，但奥康纳和院方却不断地拒绝他的出院请求。最后，唐纳森以自己在住院期间接受的只是监护并且他本人不具有自我伤害的危险为由，将奥康纳和院方告上了法庭。他要求被释放，由家人和朋友照料其生活。最高法院同意了他的请求并裁定：州当局不能监禁……一个不具有危险性的、能够依靠自己或在愿意并且有责任心的家庭和朋友的帮助之下安全地自由地生活的个体（*O' Connor v. Donaldson,* 1975, p.4）。

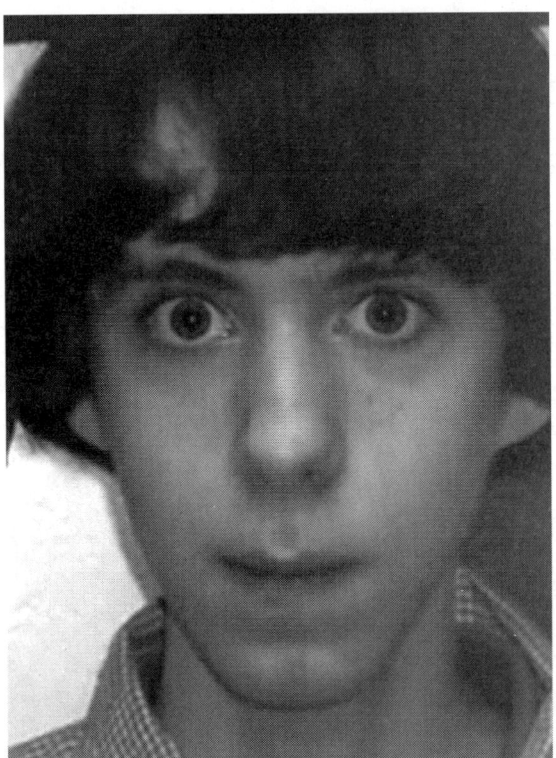

亚当•兰扎，之前曾表现出可能预示着精神障碍的行为，在康涅狄格州纽敦的桑迪胡克小学杀死了20名儿童及6名成人，然后向自己开了致命的一枪。

然而实际上，大部分因严重失能而非自愿入院者常常得不到美国民权同盟（ACLU）对他们权利的支持，或没有提起诉讼的个人能力。通常,这些人的财政资源都非常有限，或几乎没有朋友。他们的家庭成员也可能患有严重的精神障碍。老年精神疾病患者尤其可能因严重失能而被收入院（Turkheimer & Parry, 1992）。一般来说，这些人被送往精神病机构，因为他们的家庭无法照顾他们，并且在他们的社区里也缺少足够的较宽松的治疗设施。

对本人的危险性

对本人的危险性（dangerousness to self）标准最常用于当人们认为某人具有急迫的自杀倾向时。在这种情况下，当事人通常被控制在一个精神病机构住几天，以便进行进一步评估并可能进行一些治疗。在类似这样的紧急情况下，美国许多州都允许没有经过法庭听证的短期收容。所需要的只是主治精神健康专家关于当事人处于对自身的迫切危险之中的一份证明。如果精神健康专家认为当事人需要接受进一步治疗，而当事人却拒绝接受时，就可以向法院要求对当事人实施更长时间的强制收容。

对他人的危险性

对他人的危险性（dangerousness to others）是强制收容的第 3 个标准。如果一个有精神障碍的人在自由状态下可能会伤害他人，则社会有权保障自身的安全。这个标准看似很合理，但是其适当性基于对当事人是否具有危险性的预测。准确作出此类预测极其困难（Monahan & Walker, 1990）。我们都能回想起那些存在严重精神健康问题的个体变得暴力的事件，然后媒体与大众哭喊着“我们怎么会没有预见事件将要发生？”2007 年，被诊断为多重精神障碍的大学生赵承熙，在弗吉尼亚理工大学（也被称为弗吉尼亚理工）校园内开枪杀死了 32 人，另有 17 人受伤。由于赵承熙令人不安的文字和行为，教授和学生们曾经向学校官员提出过警告，并且他曾因跟踪女生而被调查。他被法庭要求接受门诊治疗，但他没有服从也没有被强制执行。2009 年，美国精神科军医尼达尔•哈桑少校在得克萨斯州的胡德堡军事基地枪杀了 13 个人。在哈桑曾工作过的沃尔特•里德医院里，学生和职工们称哈桑的行为是“分离的、冷漠的、偏执的、好战的和精神分裂的”（Zwerdling, 2009）。但仍然没有人把这些联系起来并预料到哈桑会给其他人造成危险，也没有人采取行动将其调离职位。

如果精神健康专家们认为某一个体可能伤害另一个人，他们有责任警告那个人，即使这样做有违来访者保密协定。这种警告责任始于塔拉索夫诉加州大学评议会案（Tarasoff v. Regents of the University of California）（1974）的一项决定。塔蒂亚娜•塔拉索夫是 20 世纪 60 年代晚期加州大学伯克利分校的学生。一个名叫普若森吉特•鲍达的研究生迷恋塔拉索夫，但后者拒绝了他。鲍达在学生咨询服务中心告诉他的治疗师，他计划在塔拉索夫假期结束返校时杀死她。治疗师将此事告知了校警，随后校警将鲍达带走审问。鲍达同意不再骚扰塔拉索夫，校警释放了他。两个月后，鲍达杀死了塔拉索夫。塔拉索夫的父母将加州大学告上法庭，认为治疗师应该保护塔拉索夫免遭鲍达的伤害。加州法院同意塔拉索夫父母的诉讼请求，并建立了这一判例：治疗师有责任警告在治疗期间被其来访者威胁的人们，并采取行动保护这些人（Meyer & Weaver, 2006）。

诸如弗吉尼亚理工大学赵承熙（图）与桑迪胡克小学亚当 • 兰扎枪击事件这样的悲剧使得公众要求对精神有问题的、有潜在暴力倾向的年轻人施加更多干预。

在赵承熙枪击事件后，弗吉尼亚理工的官员重新评估了他们对于联邦隐私法的解读，正是由于之前的解读使得他们没有在枪击发生前与有关的教职工及管理人员共享有关赵的行为或诊断的信息。2008 年，鉴于赵承熙事件，美国教育部对控制保护学生隐私权与公共安全两者间平衡的规则做出了一些修改。弗吉尼亚理工还被指责当枪击发生时，没有及时向校园发出警告。自此事件后，为在暴力事件爆发时向学生、教师和职员发出警告，许多大学制定了新的政策和警报系统。

有精神障碍的人的暴力行为

一些轰动事件，如上面讨论的枪击案，使得公众认为有精神障碍的人比没有精神障碍的人更具暴力倾向。这也导致公众要求对问题青少年施加更多干预，不管本人或其父母是否愿意。一组研究人员考察了公众对于有精神健康问题的青少年伤害自己或他人的可能性的判断，以及公众对于强迫这些人接受治疗的意愿（Pescosolido et al., 2007）。他们请 1100 多名成年人阅读描绘患有注意缺陷 / 多动障碍（ADHD）、抑郁症、哮喘或有“日常烦恼”的青少年的小短文。与患哮喘（15%）或有“日常烦恼”（13%）的青少年相比，更多的患有 ADHD 和抑郁症的青少年被视为某种程度上可能或很可能伤害自己或其他人（ADHD 33%，抑郁症 81%）。研究中超过三分之一的成年人希望用法律手段强迫有抑郁症的青少年接受精神治疗。将患 ADHD 或抑郁症的青少年视为“精神病患者”的成年人与不这样认为的成人相比，前者更可能认为这些青少年会有暴力行为（是后者的两倍），并且支持强制治疗（比后者高 5 倍）。这些结果表明，公众把青少年的精神障碍诊断跟危险性联系在一起，并且相当一部分公众愿意通过法律来强迫有精神障碍的青少年接受治疗。

有精神障碍的人是否确实比没有精神障碍的人更具暴力倾向呢？研究显示答案很复杂（Skeem & Monahan, 2011）。在一项重点研究中，研究者对 1136 名有精神障碍的男性和女性在他们从精神病院出院之后进行了一年的追踪，跟踪调查了他们对暴力行为的自我报告、报警和医院记录，以及其他信息提供者如家庭成员的报告（Steadman, et al., 1998）。严重的暴力行为被定义为造成人身伤害的殴打、性侵犯、使用武器的攻击行为以及手持武器进行威胁。研究者将这些前精神病院病人的暴力行为记录与和他们出院后居住在同一社区的 519 个人进行了比较。在一年的调查结束之时，研究者对社区组进行了一次面谈，询问过去 10 周的暴力行为情况。

图 16.1 实施暴力行为的可能性

图中曲线代表出院患者有或无物质滥用问题（SA）出现暴力行为的百分比，点代表有或无物质滥用问题的社区对照组在过去10个星期中出现暴力行为的百分比。

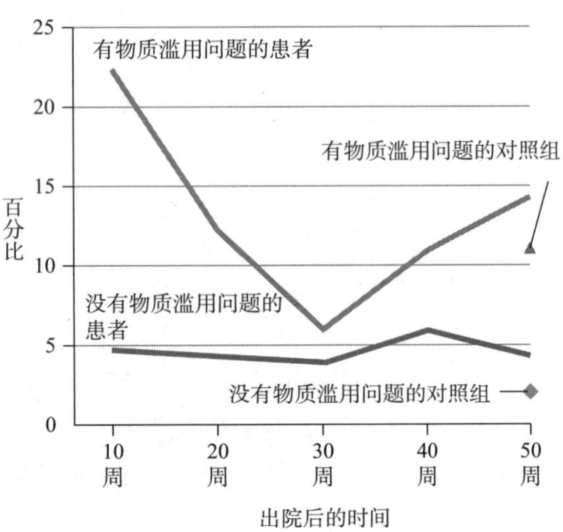

资料来源：Steadman et al., 1998.

这些出院患者实施暴力行为的可能性与他们各自具体的诊断以及是否存在物质滥用问题密切相关。约 18% 患重度精神障碍（例如精神分裂症、抑郁症，某些其他精神病性障碍）但没有物质滥用史的患者在出院后一年内实施了严重的暴力行为；该比例在患重度精神障碍并有物质滥用史的人中为 31%；被诊断为“其他”精神障碍（例如人格或适应性障碍）并有共发的物质滥用问题的人则为 43%（Steadman et al., 1998）。研究人员有些意外地发现这些人最可能在出院后的前几个月发生暴力行为，在这一年中随着时间的推移，出现暴力行为的可能性逐渐降低（见图 16.1）。他们认为刚出院时病人可能仍处于危机之中，并且社会支持系统和治疗可能需要几个月才开始影响他们的行为（Steadman et al., 1998）。

社区样本组的暴力行为发生率也与个体是否有物质滥用史密切相关。在研究进行的一年内，11% 的物质滥用者发生了暴力行为，而这一比率在没有物质滥用问题的人当中只有 3%（Steadman et al., 1998）。尽管社区样本组的暴力行为发生率整体上低于患者组，但只有当研究者考虑曾住院的患者在出院不久的一段时间内的暴力行为时，这种差别才具有统计上的明显性。在研究接近尾声的时候，患者组的暴力行为发生率并不高于社区对照组。

无论是从精神病院出院的患者还是社区成员，其暴力行为的目标往往都指向家人，其次是朋友和熟人。出院患者对陌生人实施暴力的可能性实际在某些程度上低于社区对照组（出院患者为 13.8%，而社区对照组为 22.2%）。

该研究所记录的患者组和社区对照组的暴力行为发生率可能看起来都偏高。患者组可能代表了那些在生活中面临严峻危机的有较严重精神障碍的人。社区对照组成员则大多由社会经济地位低、居住在贫困社区的人们组成。这些背景因素可能是两组人员暴力行为发生率均相对较高的原因。

研究人员强调，他们的数据表明，把"前精神病人"作为一个具有暴力倾向的同质群体来看待，是非常不恰当的。不论对于这个群体还是无精神病群体来说，物质滥用问题的存在都是预测暴力行为的重要指标。此外，大部分有严重精神障碍的人在出院一年后没有实施过任何暴力行为，尤其是对随机的陌生人，这与媒体对"前精神病人"的描述相反。

其他研究指出，临床医生倾向于低估女性精神病人的暴力行为（Coontz, Lidz, & Mulvey, 1994; Robbins, Monahan, & Silver, 2003）。临床医生的预期是女性精神病人的暴力程度不会像男性精神病人那样高。其结果是，他们不会像对待男性精神病人那样，深入地查找女性精神疾病患者的暴力倾向的证据。然而在现实中，有精神疾病的女性与男性对他人实施暴力行为的可能性相当（Robbins et al., 2003）。女性精神疾病患者暴力行为的受害者以家庭成员居多；男性精神疾病患者的目标往往也是家庭成员，但他们比女性精神疾病患者更可能对陌生人实施暴力行为（Newhill, Mulvey, & Lidz, 1995）。与实施暴力行为的女性精神疾病患者相比，实施暴力行为的男性患者更可能在事前饮了酒，并在事后被拘捕（Robbins et al., 2003）。

种族刻板印象使人们认为少数族裔的精神疾病患者比白人精神疾病患者更容易发生暴力行为。然而，各族裔的精神疾病患者暴力行为发生的比率并无不同（Mulvey, 1995）。

一项对 31 项研究的综述发现，平均而言，精神障碍人群比非精神障碍人群更易发生暴力行为，其具体比率因各种因素而不同（Choe, Teplin, & Abram, 2008）。然而值得一提的是，精神障碍人群成为暴力的受害者比成为施行者的可能性更高，并且比非精神障碍人群更易受到伤害。

强制收容的发生率

人们非自愿地被送入精神病机构的频率如何呢？回答这个问题所需的数据很稀少，但现有的研究显示，在美国约 25% 入住精神病机构的患者是非自愿的，在欧洲这个数字大约在 15% ~ 20% 之间（Monahan et al., 2001）。在州立和郡立精神病院，非自愿入院的可能性远高于其他类型的医院（见表 16.1）。此外，12% ~ 20% 的精神病门诊患者报告说民事法庭曾命令他们接受门诊治疗（Monahan et al., 2005）。对于居住在精神病机构的个体，以及那些缺乏社会支持、心理社会功能不良、近期有过暴力行为或与警察打过交道、有药物滥用问题、终身入院率和非自愿入院率较高的个体，法院发出指令要求他们接受门诊治疗的情况更加普遍（Swartz, Swanson, Kim, & Petrila, 2006）。

表 16.1　精神病机构非自愿入院发生率

这些数据显示各种类型的精神病机构的强制收容百分比。数据来自 1986 年的美国。

机构类型	强制收容的百分比
州立和郡立精神病院	61.6%
精神健康多重服务组织（例如社区精神卫生中心）	46.1
私立精神病院	15.6
非联邦综合医院	14.8
退伍军人医院	5.6

资料来源：Monahan et al., 2001.

表 16.1 中的数字可能低估了被强制接受精神治疗的人数，因为不服管教的儿童和生活无法自理的成人常常被其父母和法定监护人“自愿”送进来（Monahan et al., 2001）。在一项研究中，近一半“自愿”入住精神病机构的成年患者报告说是其他人而非他们本人提议他们入院的，14% 的患者在入院时处于其他人的监护之下（Hoge, Poythress, et al., 1997; Segal, Laurie, & Franskoviak, 2004）。近 40% 的自愿入院的患者相信如果他们没有同意入院，也将会被强制收容。还有一些患者认为他们受到了治疗师的强迫，后者没有让他们参与入院的过程。被强制收容的患者往往意识不到自己需要治疗。大约一半认为自己是被逼迫接受治疗的患者最终认识到自己的确需要治疗，但还有约一半的人继续认为治疗是不必要的（Gardner et al., 1999）。

讲 述

我今天早上跟他谈了话。我说，“你……甚至都没听我说话。你……管你自己叫咨询师……为什么你决定这样做而不是……试着听我说并设法理解……我那时在经历着什么。”他说，“那不重要，你知道的，你反正都得进去。”……他根本就不听我所要说的……他也不想了解我的情况……其实他在进屋以前就做出了决定……我将会来到这里。要么我自愿来，要么政府官员将我制服后带进来。（Bennett et al., 1993）

马文 • 斯沃茨和他的同事们对在纽约非自愿接受门诊精神健康护理的个体开展了为期 8 年的效果评估（Swartz et al., 2010）。与他们被命令接受治疗前的阶段相比，非自愿接受治疗的个体住院的次数更少，更可能拥有充足的适合于其诊断的药品供应，更可能得到对其状况的深化管理。此外，与自愿接受治疗的有类似精神健康问题的个体相比，接受非自愿治疗个体的住院次数更少。因此，非自愿治疗对于具有严重精神健康问题的个体似乎可以产生一些积极的效果。

进入精神卫生机构的人的一项基本权利就是接受治疗，而不是简单地被安置进仓库式收容所。

患者的权利

多年来的无数法庭案例已经确立，被送入精神健康机构的人仍然保有大部分的民事权利。他们还拥有一些额外的权利，我们在这一节将加以讨论。

接受治疗的权利

被收容的人们的一项基本权

利是**接受治疗的权利**（right to treatment）。在过去，精神病人，包括被强制收容者和主动寻求治疗者，通常只是被安置进仓库式收容所。他们的生活条件令人震惊，几乎没有什么外界刺激和令人愉快的事，更不必说对其精神障碍的治疗了。在怀亚特诉斯蒂克尼案（*Wyatt v. Stickney,* 1971）中，患者里基 • 怀亚特和其他病人对阿拉巴马州一家监管机构提起集体诉讼，指出他们没有在此得到有效的治疗，而且居住条件仅达到最低生活标准。这场官司打了 33 年，最终在 2003 年结案。法院的判决产生了评估精神疾病患者照护质量的四项标准，即"怀亚特标准"：（1）必须提供人道的心理和物理环境；（2）必须有合格的且数量充足的工作人员施行治疗；（3）必须有个体化的治疗计划；（4）对患者自由的限制必须保持在最低限度（Sundram, 2009）。

拒绝治疗的权利

另一项基本权利是**拒绝治疗的权利**（right to refuse treatment）。被强制收容的人们最害怕的事情之一是：他们将被给予剥夺他们的意识和自由意志的药物或其他治疗。现在许多州都不允许精神病机构或监狱在未征得患者知情同意的情况下对其进行治疗。**知情同意**（informed consent）是指对于所提供的治疗，患者只有在得到全面的、能够理解的解释，并根据自身情况，对该治疗的风险和获益做出判断之后，才决定是否接受治疗（Meyer & Weaver，2006）。

然而，拒绝治疗的权利在一些州不被承认，并且在大多数州这一权利在许多情况下可以被驳回（Monahan et al., 2001）。尤其当个体处于精神错乱或躁狂时，他们可能会被判定不能对治疗做出合理的决定。在某些司法管辖区，患者被诊断为患有某种精神疾病这一简单的事实，就足以使他们被宣布为不具备对治疗做出决定的能力，诊断为精神分裂症时尤其如此（Appelbaum, Appelbaum, & Grisso, 1998）。然而，一些使用可靠手段测量患者做出合理决定能力的研究指出，75% 的精神分裂症和 90% 的抑郁症患者都具有足够的决策能力（Grisso & Appelbaum, 1995）。

即使患者拒绝接受治疗，他们的精神病医生或者家人也可以寻求法庭裁决允许他们对患者进行治疗。法官一般会同意精神病医生或家人对患者给予强制治疗的要求。不过，大部分患者拒绝接受治疗的案子从未走上法庭。相反，在临床医生和家人的压力下，大部分人在开始的拒绝之后，最终都同意了接受治疗（Griffen, Steadman, & Petrila, 2002; Monahan et al., 2001）。

受审能力

法律的一条基本原则是，为了接受审判，被告必须对他被指控的罪名和审判的程序有理性的认识，必须有能力参与对自己的辩护。那些对法庭上正在进行的审判不能理解的人以及不能参与为自己进行辩护的人，被认为**无受审能力**（incompetent to stand trial）。它涉及几个方面能力的受损，包括信息理解、对可选择的行动步骤的理性思考、做出明智选择，以及理解一个人作为刑事被告处境的能力（Hoge, Bonine, et al., 1997）。

能力受损也许是一个普遍的问题。辩方律师怀疑在多达 10% 的案件中其委托人能力受损。尽管这其中只有一小部分被提交进行正式的评估，但在美国每年对刑事

受审能力是法庭要求心理学家帮助做出的最常见的判断之一。

被告受审能力所进行的评估就达约六万宗（Bonnie & Grisso, 2000）。受审能力判断是法庭要求精神健康专家最常作的判断类型之一。法官似乎很重视精神健康专家关于被告受审能力的证言，并且很少否决专家的建议。

受审能力的评估结果对被告是非常重要的。如果被告被判断为无受审能力，只要有理由相信被告会在可预见的未来恢复受审能力，审判就会被延期，并且被告可能会被强迫接受治疗。另一方面，被错误地判断为具备受审能力的被告可能无法充分地参与辩护，并且可能被错误地宣判有罪而入狱。被怀疑无受审能力的被告被他们的代理律师描述为在建立案件事实方面帮助很小，并且也不太积极参与关于辩护的决策（MacArthur Research Network on Mental Health and the Law, 1998）。

毫不奇怪，有长期精神疾病史的被告，特别是精神分裂症或其他精神病症，比那些没有类似病史的人们，更可能被移送进行受审能力评估（Pirelli, Gottdiener, & Zapf, 2011）。相比那些没有被移送评估的人，接受受审能力评估的被告往往受教育程度低、贫穷、失业和未婚。还有一些证据显示，少数族裔 / 种族的个体比白人更可能被评估为无受审能力（Pirelli et al., 2011）。

心理学家设计了一些测验，用于测量那些对于理解法律程序的能力十分重要的认知特征，在这些测验中表现差的人更可能被认为无受审能力。然而，这些测试还没有得到广泛应用。相反，通常是已经被诊断为精神障碍或表现出预示着严重心理障碍的症状的人，如严重的定向障碍、幻觉、错觉及思维障碍等，被判定为无受审能力（Cochrane, Grisso, & Frederick, 2001; Pirelli et al., 2011）。

精神病辩护

精神病（insanity，也译作精神失常）是一个法律术语而非心理学或医学术语，它有多种定义。**精神病辩护**（insanity defense，也译作精神失常辩护）基于这样一个信念：如果个体在实施行为时精神上是如此地无行为能力，以至不能遵守社会规则，则不能承担违法行为的全部责任（Meyer & Weaver, 2006）。请注意，精神病辩护的适用人群不必是长期的精神上无行为能力者。他们只需被判定在实施犯罪行为时处于精神上无行为能力的状态。做出这一判断可能很困难。

精神病辩护是心理学在法律中最具争议的应用之一。普通公众经常把精神病辩护看成犯罪者逃脱制裁的一种手段。当精神病辩护被成功地用于著名的案件时——例如约翰 • 欣克利在 1981 年枪击罗纳德 • 里根总统及其新闻发言人吉姆 • 布雷迪后成功地运用了精神病辩护——有很多人呼吁完全取消这种辩护制度（Steadman et al., 1993）。确实，这些著名的案件常常引起对精神病辩护的重新评估，以及对精神病的法律含义的重新定义。

精神病辩护的实际使用远比公众倾向于认为的要少。如表 16.2 所示，重案中的被告提出精神病辩护的不到 1%，而这些人中只有 26% 被宣判无罪（Silver, Cirincione, & Steadman, 1994）。这意味着在大约 400 名被指控重罪的人中，仅有 1 人因精神病而被判无罪。其中大约 265 人患有精神分裂症，大部分人有精神病院住院

表 16.2 公众对精神病辩护的感知与实际使用情况及结果的比较

公众所认为的通过精神病辩护免罪的比例远高于实际情况。

	公众感知	实际情况
重罪被告提出精神病辩护请求的百分比	37%	1%
精神病辩护申请带来"因精神病而无罪"结果的百分比	44%	26%
因"精神病而无罪"的人被送往精神病院的百分比	51%	85%
因"精神病而无罪"的人被释放的百分比	26%	15%
被有条件释放的百分比		12%
被指定门诊治疗的百分比		3%
被无条件释放的百分比		1%
因"精神病而无罪"的人被监禁的时间		
所有犯罪		21.8个月
谋杀罪		32.5个月

资料来源：Silver et al., 1994.

史和犯罪前科（McGreevy, Steadman, & Callahan, 1991）。

在申请精神病辩护后被判无罪的人当中，几乎 90% 是男性，且 66% 是白人（McGreevy, et al., 1991; Warren et al., 2004）。男性和白人更可能成功地运用精神病辩护的原因尚不清楚，但可能与他们更易获得有能力的、能够有效地论证精神病辩护的代理律师有关。近一二十年，因为遭受虐待和殴打的女性的困境越来越为人们所知晓，妇女在伤害或杀死虐待她们的伴侣后提出精神病辩护的数量也在不断增加。

洛雷娜•博比特案就是其中一例。据洛雷娜说，她丈夫约翰多年来一直对其进行性虐待和情感虐待。在 1994 年的一个夜晚，约翰醉酒回家并强奸了洛雷娜。用她辩护律师的话说，她在短暂的精神错乱的状态下，割掉了丈夫的阴茎并把它扔掉了。最后，她因短暂性精神错乱而被宣布恶意伤害的罪名不成立。她被移送到一家精神病机构进行进一步的评估，几个月后被释放。

即使被告因精神病而被宣判无罪，他们通常也并不会被释放。其中 85% 的人被送往精神病院，99% 的人处于某种监管和看护之下。被送往精神病院的人中，考虑到所有类型的犯罪，平均住院（或监禁）的时间差不多是 3 年，而被指控犯谋杀罪（并因精神病而获判无罪）的人，平均住院（或监禁）的时间达 6 年以上（McGreevy et al., 1991; Silver et al., 1994）。美国有些州规定：因精神病而无罪的人在精神病院接受监管的时间，不能超过其假设被判有罪而应当在监狱服刑的时间。不过，并不是所有的州都有这样的规定。总之，没有什么证据显示精神病辩护被广泛用于帮助人们避免因犯罪而被监禁。

罗纳德•里根总统枪击案中的约翰•欣克利因精神病而被判无罪。这一判决使得人们重新评估精神病辩护制度。

精神病辩护的规则

在现代历史上，有 5 条规则被用来对被告提出的因精神病而无罪的请求进行评估（表 16.3）。

表 16.3 精神病辩护规则

有5条规则被用于判断当事人实施犯罪行为时是否精神失常，并因此不应为其罪行承担责任。	
规则	**当事人不需要为其罪行承担责任，如果……**
麦纳顿规则	在实施犯罪行为时，当事人受精神疾病的影响，以致不理解所施行行为的性质，或不知道其错误性。
不能控制规则	在实施犯罪行为时，当事人受到不可抑制的冲动的驱使，或抗拒实施这种行为的能力减弱。
德赫姆规则	犯罪行为是精神疾病或缺陷的产物。
美国法律学会规则	在实施犯罪行为时，当事人因精神疾病或者缺陷，对其行为的犯罪性（错误性）缺乏辨别力，或没有能力使其行为符合法律的要求。
精神病辩护改革法案	在实施犯罪行为时，当事人由于精神疾病或精神发育迟滞，不能辨别其行为的错误性。

麦纳顿规则

精神病辩护的第一条规则是**麦纳顿规则**（M' Naghten Rule）（Meyer & Weaver, 2006）。丹尼尔·麦纳顿生活在19世纪中期的英格兰，他认为英国保守党在迫害他。于是他出发去枪击保守党的首相，却误杀了首相的秘书。在1843年对他的审判中，陪审团裁定其因精神病而无罪。当时，公众强烈抗议这一判决，这使得上议院制定了一条规则，正式规定了在什么情况下个体可以因精神障碍而免于为其行为承担责任。这一规则被称为麦纳顿规则，目前仍在很多司法管辖区中使用：

> 为使以精神错乱为理由的辩护成立，必须清楚地证明，在行为发生时，被告因受某种精神疾病的影响而缺乏理智，不知道所施行行为的性质；或者虽然了解，却不知道自己的行为是错误的。

麦纳顿规则反映了这样一个信条，即个体必须有“犯罪心理”——拉丁语为 *mens rea*——即实施违法行为的意图，才应对其违法行为承担责任。

应用麦纳顿规则看似直截了当，只需确定当事人是否患有精神疾病，以及在犯罪时是否清楚其行为是错的。不幸的是，事情并没有这么简单。应用麦纳顿规则的一大难题是“精神疾病”的界定。法律上对于何种障碍可以被确认为精神疾病是模糊的和不一致的。最为得到一致承认的疾病是精神错乱。法庭和公众相对地容易认可出现严重错觉和幻觉的人患有疾病，且有时不能分辨对错。然而，被告方辩称其他几种障碍，包括酗酒、抑郁症以及创伤后应激障碍，也属于会削弱是非判断力的精神疾病。让法庭、普通公众和精神健康专家对这些说法的正确性达成一致意见，的确困难重重（Meyer & Weaver, 2006）。

另一个难题是，麦纳顿规则要求申请因精神病而被判无罪的人在实施犯罪行为时不具备辨别是非的能力（Meyer & Weaver, 2006）。这是一个追溯性的问题，所以判断起来很困难。即使所有的人都同意被告患有严重的心理障碍，也不必然意味着其在实施犯罪行为时不具备辨别是非的能力，如麦纳顿规则所要求的。例如，折磨、杀害、肢解并吃掉受害者的连环杀手杰弗里·达默，似乎明显患有心理障碍。然而，陪审团拒绝了他提出的精神病辩护请求，部分原因是他想方设法掩盖罪行以避免被当地警察发现，表明他知道自己的所作所为是错误的或违背法律的。

不能控制规则

丹 • 怀特（图）枪击了旧金山督察员及同性恋权益运动人士哈维 • 米尔克和市长乔治 • 莫斯康尼，他的律师抗辩说，巨大的压力和食用大量垃圾食品所带来的心理效应使其抗拒实施这一冲动行为的能力减弱。

用于判断精神病辩护能否被接受的第二条规则是**不能控制规则**（irresistible impulse rule）。不能控制规则的首次应用是在 1934 年的俄亥俄州，它拓宽了精神病辩护的条件范围，将“激情行为”包括在内。即使一个人知道自己正在实施的行为是错误的，但如果他或她是受到执行这种行为的不可抗拒的冲动驱使，或抵抗自己去实施这种行为的能力减弱，那么当事人可以免于为其行为承担责任（Meyer & Weaver, 2006）。

应用“能力减弱”这一概念的著名案例之一是丹 • 怀特的“甜点抗辩”（Twinkie Defense）。正如在上映于 2008 年的电影《米尔克》中所描述的，丹 • 怀特在 1979 年暗杀了旧金山监督委员会成员哈维 • 米尔克和市长乔治 • 莫斯康尼。怀特抗辩说，由于巨大的压力和食用大量垃圾食品造成的心理影响，他抗拒枪击莫斯康尼和米尔克这一冲动的能力减弱。利用当时加利福尼亚州法律对能力减弱非常宽泛的定义，陪审团判定怀特犯有过失杀人罪而非一级谋杀罪。自从怀特案以来，很少有人尝试各种形式的“甜点抗辩”。

德赫姆规则

1954 年，法官戴维 • 贝兹伦在审理德赫姆诉美国（*Durham v. United States*）一案时，进一步放宽了精神病法律定义的标准，从而产生了界定精神病的第三条规则——**德赫姆规则**（Durham rule）。根据德赫姆规则，任何犯罪行为，只要是精神疾病或缺陷的产物，就适用精神病辩护。这条规则允许被告将自身存在的被精神健康专家认可的任何障碍称为其罪行的“原因”。德赫姆规则不要求被告证明自己由于精神障碍而丧失能力，或不知道其行为是违法的。到 70 年代初，几乎所有司法管辖区都终止了这一规则（Meyer & Weaver, 2006）。

美国法律学会规则

决定精神病辩护可接受性的第四条规则是由美国法律学会（American Law Institute, ALI）于 1962 年提出的。因为对当时精神病的法律定义不满意，一批与美国法律学会有合作关系的律师、法官和学者共同努力以制定一个更好的定义，最终形成了我们现在所知的**美国法律学会规则**（ALI rule；也称为模范刑法典规则）：

> 如果在实施犯罪行为时，个体因精神疾病或缺陷而缺乏辨别其行为的犯罪性（错误性），或使其行为符合法律要求的实际能力，则对其犯罪行为不承担责任。

该规则比麦纳顿规则宽松，因为它只要求被告缺乏对其行为犯罪性的辨别力，而不是要求这种能力完全不存在。被告不能使其行为符合法律的要求可以是心理障碍的情绪症状造成的，也可以是心理障碍导致的认知缺陷造成的。这项扩展的规则包含了为不能控制规则所承认的一些犯罪情况。然而，美国法律学会规则明显比德赫姆规则要严格，因为它要求当事人对其行为的犯罪性在某种程度上缺乏辨别力，而不是仅仅要求当事人患有某种精神障碍（Meyer & Weaver, 2006）。模范刑法典规则还进一步限制了可促成精神病辩护的精神疾病的种类：

> 正如在本条款所使用的，“精神疾病或缺陷”这一术语不包括仅以反复的犯罪或其他反社会行为为特征的异常。

该限制防止了辩护律师以长期反社会行为本身作为被告有精神疾病或缺陷的证据来进行辩护。另外，1977 年的巴雷特诉美国一案（*Barrett v. United States*）裁定，“自主使用酒精或毒品造成的短暂性精神错乱”，也不能使被告符合因精神病而无罪的条件。

美国法律学会规则在美国得到广泛采用，包括审理约翰•欣克利被控枪击美国前总统罗纳德•里根案的司法管辖区。约翰有长期的精神分裂症病史，并对女演员朱迪•福斯特非常痴迷。他在枪击里根之前写给福斯特的信显示，他的行为基于一种妄想，他认为这样做会让福斯特印象深刻，可使她回应他的爱。约翰的辩护律师成功地辩称其理解枪击里根的错误性或使其行为符合法律要求的行为能力减弱。公众对欣克利因精神病而无罪这一判决的强烈抗议，促成了对精神病法律定义和精神病辩护应用的又一次重新评估（Meyer & Weaver, 2006; Steadman et al., 1993）。

精神病辩护改革法案

自约翰•欣克利枪击总统里根案之后，对精神病辩护的重新评估产生了定义法律意义上的精神病的第五条规则，该规则被编纂在《**精神病辩护改革法案**》（Insanity Defense Reform Act）中，并于 1984 年获国会通过。《精神病辩护改革法案》采纳了 1983 年**美国精神病学协会的精神病定义**（American Psychiatric Association definition of insanity）。这个定义去掉了美国法律学会规则中如果当事人不能使其行为符合法律要求则不需为其犯罪行为承担责任的条款，保留了最初在麦纳顿规则中提出的错误性标准（Meyer & Weaver, 2006）。其定义如下：

> 如果有证据表明，由于精神疾病或精神发育迟滞，被指控犯罪的当事人在实施犯罪行为时不能辨别其行为的错误性，则应被判因精神病而无罪。

这一定义现用于美国联邦法庭审理的所有案件，并且大约半数的州也采用这一定义。同样是在欣克利案之后，大部分的州现在都要求提出因精神病而无罪申请的被告证明其在实施犯罪行为时精神错乱，而之前，证明被告在实施犯罪行为时神志清醒的责任则在起诉方（Steadman et al., 1993）。

灰色地带

阅读下面的案例研究。

2001 年 6 月 20 日，丈夫鲁斯狄离家去上班之后，安德莉娅•耶茨将她 5 个年幼的孩子在浴缸中全部溺死。然后她拨打了 911 电话并要求派一名警察上门。她也给正在工作的丈夫打了电话，告诉丈夫他需要回家一趟。

安德莉娅有长期的精神病性抑郁病史。1999 年夏天，她曾试图自杀并被送院治疗两次。幻觉和妄想使她自认为是魔鬼，并且孩子们都受到了无法挽回的损伤，并注定要下地狱。精神科医生诊断她患有产后精神病并成功治愈了她，但力劝这对夫妻不要再生育子女，因为将来其精神病性抑郁的发作不可避免。出院后7个星期左右，她怀上了第五个孩子。

第五个孩子出生三个月后，安德莉娅的父亲去世了，她的状况更加恶化，需要住院治疗。出院的时候精神科医生叮嘱，安德莉娅需要全天候的看护。在安德莉娅将孩子们溺死那天，她丈夫去上班了，预料他母亲很快就会到家里指导安德莉娅和孩子们。安德莉娅就在那个时候溺死了孩子们。她后来告诉精神病医生，“我的孩子们生不逢时。因为我是魔鬼，他们的人生必定跌跌撞撞。以我抚养他们的方式，他们永远不能得到救赎。他们注定要在地狱的火焰中毁灭。”（*Houston Chronicle*, March 5, 2002）

你会判定安德莉娅·耶茨“因精神病而无罪”吗？为什么是或不是？（讨论见本章末尾。）

精神病辩护存在的问题

在被告方申请了精神病辩护的案件中，法庭常常让精神健康专业人士提供专家意见。尽管拥有专业知识，精神健康专家们对于心理障碍的本质和成因、某种心理障碍存在与否，以及对当事人实施犯罪时精神状态的评估，意见往往也不一致（Warren et al., 2004）。通常，双方律师都会找到一名支持自己观点的精神健康专家，而这两位专家不可避免地意见相左。这种观点的不一致使法官、陪审团和公众在行使其职责时感到困惑。

精神健康专家也表示了对这些用于决定精神病辩护可接受性的规则的担心（Meyer & Weaver, 2006）。这些规则背后的假设是，大部分人，包括大部分有心理障碍的人都拥有自由意志，且在任何特定的情况下通常都可以选择如何行动。目前许多关于正常和异常行为的模型都显示，人们对自己的行为并没有那么大的控制力。生物学上的倾向性、早期生活经验和混乱的思维模式，会使人以非理性或许是不受控制的方式行动。此观点使得判断当事人是否应该对其行为负责任变得更加困难。

安德莉娅·耶茨抗辩说，正是由于严重的精神病和产后抑郁，才导致她在2001年溺死了自己5个年幼的孩子。

有罪但患有精神病

在精神病辩护第六次也是最近的一次改革中，一些州采用了**有罪但患有精神病**（guilty but mentally ill, GBMI）来作为“因精神病而无罪”判决的一种替代性选择。被判处有罪但患有精神病的被告将按其罪行的正常刑期被监禁，同时预期他们也会得到精神疾病的治疗。GBMI 判决的支持者认为，这个判决承认被告患有精神疾病，同时仍然要求他们为自己的行为承担责任。批评者则认为，GBMI 判决实质上是一种有罪判决且取消了精神病辩护（Tanay, 1992）。陪审团可能认为他们作出有罪但患有精神病的判决确保了被告能够得到治疗，但被宣判“有罪但患有精神病”并不能保证被告将得到治疗。在美国大部分的州是由司法部门决定将这些人送进监狱还是精神病院，以及如果将他们送入监狱，是否为他们的精神疾病提供治疗。就像我们在下一节讨论的，有精神障碍的人被监禁时通常得不到适当的治疗——如果有的话。

司法系统内的精神健康保健

男性精神障碍者被监禁的可能性比同性别的非精神障碍者高 4 倍，而女性精神障碍者被监禁的可能性比相同性别的非精神障碍者高 8 倍（Teplin, Abram, & McClelland, 1996）。虽然精神障碍者的一部分犯罪涉及暴力或偷窃，他们的很多犯罪都涉及持有和使用毒品（Osher & Steadman, 2007）。这些人多是累犯，他们在监狱和伴随着失业、无家可归和贫穷的自由之间循环。

其结果是，监狱系统成为了数百万精神障碍者实际上的精神健康系统（Osher & Steadman, 2007）。对被拘留的青少年研究发现，60% 的男孩和三分之二的女孩存在可诊断的精神障碍，即使将品行障碍排除在外（Teplin et al., 2002）。超过 50% 被监禁的成年男性可被诊断为患有某种精神障碍，最常见的是药物滥用或反社会人格障碍（Collins & Schlenger, 1983; Hodgins & Cote, 1990; Neighbors et al., 1987）。一项对女性囚犯的研究发现，64% 的人有终身的严重精神障碍史，如抑郁症、焦虑障碍、物质滥用障碍以及人格障碍；46% 的人在此前的 6 个月中有过某种严重的精神障碍症状（Jordan, Schlenger, Fairbank, & Caddell, 1996）。另外，这些女性中近 80% 的人都曾在生命中的某段时间经受过巨大的创伤，例如性虐待。另一项对于在芝加哥被拘留并等待审判的 1272 名女性的研究发现，超过 80% 的人有终身性的精神障碍史，70% 的人在此前的 6 个月内曾出现过精神障碍症状（Teplin et al.,1996）。在这些研究中，对这些女性最普遍的诊断是物质滥用或依赖，但其中很大比例的人也被诊断为患有抑郁症和 / 或边缘性或反社会人格障碍。

许多法庭判决都要求囚犯得到必要的精神健康服务，正如他们应该得到必要的医疗服务一样。然而，大多数患有精神障碍的囚犯并没有获得这些服务。一项对男性囚犯的研究显示，只有 37% 患有精神分裂症或重性心境障碍的囚犯在狱中得到过治疗（Teplin, 1990）；另一项对女性囚犯的研究显示，只有 23.5% 的精神分裂症或重性心境障碍者在狱中接受过治疗（Teplin, Abram, & McClelland, 1997）。在拘留机构中，有精神障碍的青少年只有 15.4% 得到了治疗（Teplin et al., 2002）。被囚禁者的抑郁症尤其会被忽视并且得不到治疗，尽管自杀位列囚犯死亡原因的前列。

囚犯实际得到的治疗往往是最低限度的。对物质滥用的治疗可能仅包括药物信息的提供，或者由匿名戒酒互助会或匿名戒毒互助会在狱中举办会议。对精神分裂症或抑郁症的治疗可能包括狱医的偶尔造访并开具一些常规药物，但他们既没时间也没有专业的技能对个体进行密切的跟踪治疗。

针对患有精神障碍的囚犯特殊需求的综合治疗方案，能够有效减轻他们的精神障碍症状、降低物质滥用水平和累犯率。这些治疗方案大都着眼于男性囚犯，他们的数量远远超过女性囚犯。然而，在过去 10 年里，女性囚犯人数增长得比男性囚犯更快，数量翻了 3 倍还多（Montaldo, 2003）。

女性囚犯对于精神治疗服务可能具有与男性不同的需求（Teplin et al., 1997）。与男性囚犯相比，女性囚犯更可能曾经受到过性虐待和身体虐待，这些问题都需要包含在治疗内容当中。另外，女性囚犯比男性囚犯更易患有抑郁症或焦虑症，并且更可能育有子女，而出狱后她们将变为孩子的照料者。

有意思的是，各社区正在建立一些系统，将患有精神障碍的罪犯转移到基于社区的治疗项目中，而不是将其监禁（Redlich et al., 2006）。其希望是为这些人提供综合性的精神健康治疗，并结合职业康复和社会服务，使其能够作为健康的、有用的公民生活于社区之中。对于青少年罪犯，从监狱到社区服务的转移尤其可能成为一个目标（Steinberg, 2009）。

有些州建立了精神健康法庭，由专门与精神健康和社会服务专业人员共事的法官复审患有精神障碍的罪犯的案件，以便将罪犯转入治疗和康复计划。专门审判毒品罪犯的法庭常被称为*毒品法庭*（drug courts）。通过精神健康法庭或毒品法庭转移到社区治疗的罪犯仍然处于法庭的监督之下。如果不遵循精神健康法庭为他们制定的治疗和康复计划，他们可能被送回监狱。精神健康法庭的这一做法是有争议的，因为它意味着强迫罪犯接受治疗。大多数法庭试图避免再次监禁，代之以较为宽大的处罚，例如要求罪犯再次去见法官，以激励他们配合其治疗计划（Redlich et al., 2006）。精神健康法庭和毒品法庭在减少累犯和促进罪犯康复以融入社区方面的有效性高度依赖于高质量社区服务的存在，而在很多社区这种服务非常缺乏（Boothroyd et al., 2005）。

本章整合

与精神健康领域本身相比，法律在对待精神健康问题时或许至今还较少地将生物学、社会和心理学的观点结合起来。规范精神病辩护的规则表明法律对心理障碍持生物学观点，认为精神疾病就如同一般内科疾病一样（图 16.2）。类似地，民事收容的规则要求在收容前出具当事人患有精神疾病或障碍的证明，从而将基于医学模型的精神病诊断系统进一步合法化。

然而在本章所讨论的每一个领域中，都有精神健康专家提倡用一种比传统上法律系统所持有的更复杂、更具整体性的观点去看待精神障碍。这些专家正努力教育法官、陪审团和普通民众，以帮助他们理解有些人具有生物、心理或社会方面的精神障碍易感性，并且其他生物、心理或社会因素可能和这些易感性相互作用，触发精神障碍或精神障碍的某些症状表现。最难以解释的就是对精神障碍及具有这些障碍的人们的行为所能做出的预测的概率的性质。尽管某种易感性或某些特定的近期生活经历可能使某人更易产生精神障碍或实施某种行为（例如暴力行为），但这些并不能决定这种障碍或这个特定的行为。

图 16.2 法律观点与精神健康行业观点间的差异

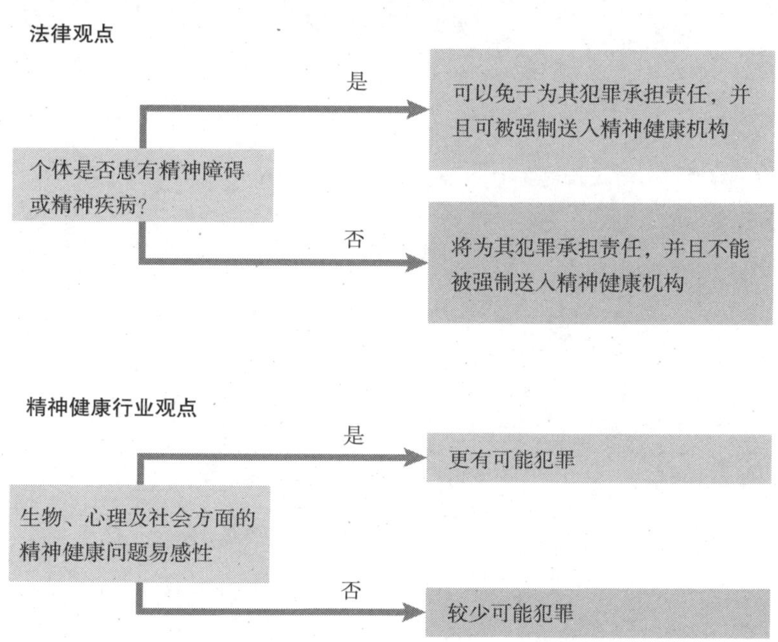

我们都更愿意拥有对未来的具有确定性的预测，尤其是当我们的决策将决定某个人是获得自由还是被监禁的时候。然而，鉴于我们目前对生物、心理和社会因素如何相互作用来影响人们行为的了解，这种确定性是不可能的。

灰色地带

讨论（对第520页的回顾）

在做决定时，你可能注意到的一点首先是安德莉娅·耶茨有一份记载详尽的精神病性抑郁病史——实际上，于1999年对她进行过治疗的精神病医生曾警告说，她可能会因精神病的影响而伤害自己的孩子。耶茨作证说，在溺死孩子们的当天早晨，妄想和幻觉让她认为她必须杀死孩子们来“拯救”他们。但考虑一下耶茨在溺死孩子们后拨打了911和她丈夫的电话这个事实。这会影响你的决定吗？它影响了2002年审判耶茨谋杀案的陪审团。他们驳回了精神病辩护，接受了得克萨斯州的主张，即尽管耶茨具有精神缺陷，但她拨打911的事实证明她知道自己的行为是错误的。耶茨被控谋杀罪并被判处终身监禁。2005年，因为一名控方证人的虚假证言，耶茨的定罪被推翻。2006年耶茨被重新审判，这一次她被判“因精神病而无罪”，并被送入得克萨斯州立精神病院。

在做出自己的判断时，你可能会发现自己在与因接受父母杀害子女这个事实而引发的情绪作斗争。不只你一个人会这样。对这样的罪行，公众往往拒绝接受任何借口，因此“因精神病而无罪”的抗辩，据信是由于精神病性产后抑郁，在这样的案件中极具争议（Williamson, 1993）。伴有精神病性症状的重度产后抑郁非常少见，罹患该病症的妇女对她们的新生儿施加暴力的情况则更加罕见（Nolen-Hoeksema, 1990）。当这样的暴力行为确实发生时，有一些法院认可了母亲的行为是产后精神错乱造成的，并判定这些妇女因精神病而无罪，正如得克萨斯州在耶茨一案中最终所做的判决。然而，在其他情况下，即使法律意欲做到客观公正，其应用也会受到人们对精神障碍者所作所为的情绪反应的影响。

批判性思考

有些州已经采用了允许对性犯罪者实行强制收容的特殊法律（Winick, 2003）。根据这些法律，“暴力的性侵犯者”即使在服完他们的刑期后仍可被监禁。在堪萨斯州，“暴力的性侵犯者”的定义是“任何被判决或指控性暴力犯罪的人，以及因精神异常或人格障碍可能实施暴力性侵犯行为的人。”1997年，美国最高法院支持了堪萨斯州性侵犯法，判决该案中对儿童实施了性犯罪的被告的精神状况足以使其批准将该被告强制收入精神病院。

你支持允许在性罪犯服完刑期后对他们实行强制收容的法律吗？为什么？（讨论见本书末尾。）

本章小结

- 民事收容指可违背个体的意愿而将其送入精神病机构接受治疗的程序。在大多数司法管辖区，决定是否对当事人进行强制收容有三个标准：当事人是否严重缺乏自理能力，不能满足自己的基本生活需求；是否对自身安全具有一种紧迫的威胁；是否可能对他人形成紧迫的威胁。每一条标准都要求临床医生做出主观判断，且常常还要做出他们可能无法胜任的对未来的预测。尤其是对哪个当事人会在未来对他人造成威胁的预测非常难以做出，既是做了也经常是错误的。
- 当患者被认为需要强制收容时，他们有权请律师、举行听证会、传唤证人及与之对质、对判决上诉以及被安置于限制最少的治疗环境中。（在紧急情况下短期强制收容的听证权经常被免除。）被强制收容后，患者有接受和拒绝治疗的权利。
- 与没有精神障碍的人相比，患有精神障碍的人，尤其是如果同时有物质滥用史的人，某种程度上更可能做出暴力行为，特别是针对其家人和朋友。然而，精神障碍者的暴力行为发生率并不像公众和媒体认为的那样高。
- 法律的一条基本原则是，为了接受审判，被告必须对他被指控的罪名和审判的过程有适当程度的理性了解，必须能够参与对自己的辩护。不能理解法庭上正在进行的对他们的审判以及不能参与辩护的人，被认为无受审能力。有精神病史、目前有精神病症状或在重要的认知能力测验中表现差的被告，可能会被判定为无受审能力。
- 在近期历史上有五条规则被用来判定精神病辩护的可接受性：麦纳顿规则、不能控制规则、德赫姆规则、美国法律学会规则和精神病辩护改革法案。每一条规则都要求被告有精神障碍诊断，大部分规则要求证明被告在犯罪时不能鉴别其行为的犯罪性，或不能控制自己的行为。
- “有罪但患有精神病”判决的引入，是在一些受人瞩目的案件中使用精神病辩护引起公众一片哗然之后。被判有罪但患有精神病的人被关押的时间与他们应服的刑期相同，但是假定其在被监禁期间将得到精神疾病的治疗。
- 精神健康专家对精神病辩护有很多担忧。首先，这要求对当事人在实施犯罪行为时的精神状况做事后判断。此外，精神病辩护的规则假定个体拥有自由意志并且通常可以控制自己的行为。这些假定与一些正常和异常行为的模型相冲突，这些模型认为人的行为受到生物、心理和社会因素的强烈影响。
- 社区正日益尝试将犯罪的精神障碍者从监狱转移到基于社区的治疗方案中。精神健康法庭和毒品法庭就是专门为此而建立起来的。

关键术语

治疗需求
民事收容
严重失能
对本人的危险性
对他人的危险性
接受治疗的权利
拒绝治疗的权利
知情同意
无受审能力
精神病
精神病辩护
麦纳顿规则
不能控制规则
德赫姆规则
美国法律学会规则
精神病辩护改革法案
美国精神病学会的精神病定义
有罪但患有精神病（GBMI）

批判性思考问题的讨论

第1章

学生学习变态心理学课程，往往是因为他们想理解生活中某个人令人困扰的行为。也有些学生在阅读本书所讨论的心理问题时，在他们自己身上发现存在这些问题。回想一下，我们在本书中讨论的所有心理问题都呈连续谱分布，其中只有少部分人处于符合心理障碍标准的极端位置，而更多人的症状则处于中度或轻度的情况。如果你认为你或你关心的某个人可能患有心理障碍，你可以根据4D原则来评估你或某人的行为和感受的痛苦、功能失调、反常和危险的程度。大部分情况下，你不会有什么发现。如果这些行为和感受导致严重的痛苦和功能运作方面的困难，如果你认为它们极为反常或可能是危险的，你可以咨询心理健康专家。大部分学校都有心理咨询师，他们也可以把你的问题转介给当地的心理健康专家。

第2章

阿尼卡的生活艰难，这使她发生心理问题的风险很高。如果你是生物学理论家，你可能认为原因在于阿尼卡的母亲。你可能会提出，她在怀孕期间酗酒和吸毒影响了阿尼卡的大脑发育，造成阿尼卡难以控制愤怒、不能集中注意力甚至做出自毁行为。你也会指出阿尼卡可能遗传了冲动和情绪性的基因。

如果你从心理学理论家的角度来处理阿尼卡的案例，你可能会关注阿尼卡认为自己"不够好"、"有缺陷"等这些信念。你可能会提出，受到母亲和养父母虐待和拒绝的经历，致使阿尼卡逐步形成了这些信念。如果你是行为理论家，你会寻找阿尼卡从攻击和自毁行为中可能获得的强化物——也许它们带来了她所需要的关注。你可能会指出，诸如逃课和抽烟这样的行为得到了同伴的强化。如果你是人际关系理论家，你可能会在阿尼卡辗转寄养于多个有破坏性的家庭中寻找问题的根源。你可能会考察阿尼卡所处的家庭动力是否助长了她的自毁行为。

如果作为社会文化理论家来看待阿尼卡的案例，你可能会将阿尼卡的行为视为她在生活中所承受的压力的直接结果。你会认为，阿尼卡所处的社会环境——社区、学校和家庭——促进了她的消极行为，并且她可能需要离开这些有害的环境。

大部分心理障碍是多重因素造成的。上面对阿尼卡行为的所有解释至少有一部分是真实的。有时，对其中一个因素进行干预就能改善个体的整体功能运作。如果人际关系治疗师将阿尼卡安置在一个支持性的、稳定的家庭环境中，仅这一点就可能帮助到她。另一些时候，干预必须在多个不同层面进行，然后个体的行为和感受才能得到改善。行为理论家的干预可以帮助阿尼卡处理学校的同伴压力，人际关系理论家的干预可以帮助她解决家庭问题，此外，生物学理论家针对她的问题可以提供药物治疗。阿尼卡的复杂案例可能需要将这些方法结合起来才行。

第3章

使用问卷或结构式会谈的方式，就惊恐障碍的每一条诊断标准，对布莱特进行系统性地询问，如表3.1所示，这对诊断有很大的帮助。问卷或结构式会谈可以根据表3.4中的诊断标准逐条进行，以确定个体是否表现出某个症状、症状的频率和持续时间以及症状出现时的环境。人格问卷有助于确定布莱特是否长期对这些症状感到恐惧，或视其为灾难逼近的证据。为了确定他的心跳加速和呼吸困难是否是某种躯体疾病造成的（见表3.4中的诊断标准C），布莱特应该做一次彻底的体检，主要检查如药物使用情况、心脏功能和激素功能等因素。

第4章

这里是对你如何回答这些问题的一些建议。

1. 因变量是进食障碍（见第12章）的症状或诊断。自变量是对"瘦身压力"的一些测量。
2. 因为青少年期女孩和年轻女性患进食障碍的比例很高，你可能想要招募她们作为样本来源。
3. 你可以使用问卷来测量瘦身的压力，即询问参与者她们在生活中承受了多大的压力。你也可以使用问卷来测量进食障碍，即询问参与者她们是否经历过*DSM-5*中列举进食障碍的每一个症状（见第12章）。
4. 案例研究可以让你深入探索，瘦身的压力和进食障碍的形成在某一个女性身上是如何联系起来的。该方法的主要缺点在于，你不知道你的发现能否推广到其他女性。
5. 相关研究可以考察瘦身压力的测量分数和进食障碍的测量分数之间的相关性。

6. 实验研究包括两组参与者。实验共谋者主动发起与参与者的交谈。对于其中一组参与者，交谈内容为男性喜爱苗条女性的程度；对于另一组人，交谈内容与瘦身无关。因变量可以是每一组参与者对其身体的不满程度（见第12章中一个类似的研究）。
7. 治疗结果研究考察的是，与不特别处理瘦身压力的疗法相比，帮助有进食障碍的年轻女性抵制瘦身压力的疗法，是否能够更加有效地缓解进食障碍的症状。
8. 元分析对所有考察瘦身压力和进食障碍症状之间关系的研究进行总结，以确定各个研究中二者关系的平均强度。元分析的优势在于，它不反映任何一项研究的特殊性（例如所使用的样本或测量手段），而是提供多种不同研究的概括性信息。

第5章

这个问题并没有一个非对即错的明确答案——它依赖于你所认为的创伤后应激障碍的定义范围的宽窄程度。缩小定义范围会减少被诊断为该障碍的人数。一方面，这样将使治疗和研究资源能够集中提供给最饱受障碍之苦的患者。它也可以防止人们轻易被贴上精神障碍的标签，而精神障碍在我们的社会中仍然是被污名化的。另一方面，缩小诊断范围可能导致一些受到严重影响的人无法得到帮助，因为他们并不符合那一诊断标准。

第6章

这些是审判乔治·富兰克林时的一些事实，审判是在1990年进行的，而对苏珊·纳森的谋杀却发生在1969年。在审判后的采访中，陪审员报告说，他们的结论是，伊莲能够获知她在证词中说出的那些细节，唯一的途径就是她是现场目击者。伊莲在讲述谋杀过程时表现出的强烈情感，以及她在坚持其记忆真实性时的自信和坚定，的确给他们留下了深刻的印象。在做出“一级谋杀罪”的判决前，他们只认真讨论了一天。

这是美国第一起基于明显被压抑而后又恢复的记忆来定罪的案件，在它之后发生了一系列其他案件，其中对被告的暴力和性虐待指控均基于被压抑的记忆。正如这一章指出的，研究者已经提供了一些证据，支持或反对记忆会被压抑的说法。但在具体案件中，这些证据在帮助我们判断真假时的作用有限。这些证据往往由相互矛盾的专家证人在法庭上出示。自从富兰克林案之后的多年以来，关于被压抑记忆的陪审团判决和公众观点总是摇摆不定。

1996年，乔治·富兰克林的定罪被撤销，他随之被释放。因为核查的结果表明，伊莲·富兰克林对这场谋杀的很多记忆细节可能来自于当时的新闻报道，例如苏珊·纳森被压碎的手指上的银戒指。实际上，伊莲所陈述的一些细节存在事实性错误，并恰好与对谋杀案的新闻报道中的错误相一致。另一些细节则是无法证实的，例如在案件发生时纳森所说的话。此案的法官裁决富兰克林的权利受到了侵犯，考虑到已经发现伊莲·富兰克林的记忆出现了一些问题，地区检察官决定不再重审此案。

第7章

研究者已经采用认知行为治疗和人际治疗技术来防止高风险人群产生抑郁（Munoz, Le, Clarke, & Jaycox, 2002）。大部分时候，临床医生以团体治疗的形式，帮助个体识别和抵抗消极的思维模式。教授和练习有效的社交技巧可以以团体形式进行，同时，临床医生集中关注个体的具体问题，并帮助他们设计解决方案。

青少年期是众所周知的人生困难阶段——你可能还记得自己那些充满痛苦的经历。尽管对很多人来说，困难随时间推移而减轻了，但有证据表明，抑郁者最初发病就是在青少年期。基于这一证据，一些研究者致力于在高风险的青少年人群中预防抑郁。

一项研究将具有轻度到中度的抑郁症状并因此患抑郁症风险高的青少年作为实验对象。他们被随机分配到认知行为干预组或无干预控制组。认知行为干预组的学生以小团体形式接受15次治疗干预，以帮助他们克服消极的思维方式并学习更有效的应对策略。在15次治疗干预的过程中，干预组的个体即刻受益并表现出抑郁症状有明显减退。治疗结束之后，研究人员对干预组和无干预控制组都进行为期18个月的跟踪。干预组成员中发生抑郁的人数相对较少。相反，控制组的很多成员都发生了抑郁。干预似乎降低了参与者未来抑郁的风险（Clarke et al., 1995）。

如果没有得到治疗，这些青少年可能会继续在低自尊、消极看法以及对他们生活有负面影响的其他症状中挣扎。类似这样的干预计划给我们带来了希望，即让脆弱的年轻人能够免遭抑郁的伤害。

第8章

在这一章里，你阅读了关于表观遗传的知识，即不同的环境条件可以使DNA发生化学变化，导致基因开启或关闭。这些基因变化改变了细胞、组织和器官的发育。是什么因素在双生子身上激发了这个表观遗传过程呢？原因可能是帕梅拉在子宫中或分娩过程中受到了伤害，例如导致她缺氧的分娩并发症，而卡罗琳没有受到伤害。或者帕梅拉（而非卡罗琳）可能在生命早期接触过传染性疾病，从而影响了她的脑部发育。

第9章

一些理论家提出，边缘型人格障碍的特征是极端的情绪化和依赖他人，这个诊断只是对于女性人格的负面刻板印象的极端形式（Kaplan, 1983; Sprock, 2000; Walker, 1994）。出于这一原因，临床医生有时可能过快在女性来访者身上看到这些特征，并对她们做出诊断。另外，边缘型人格障碍的诊断带有相当多的污名，临床医生可能更愿意对女性而不是男性做出这个污名化的诊断。

关于临床医生做出边缘型人格障碍诊断的性别偏差的证据并不一致，一些研究显示存在偏差而另一些研究则没有显示（见 Ford & Widiger, 1989; Moery, Alexander, & Boggs, 2005）。例如，伍德沃德及其同事（Woodward et al., 2009）向一组心理学家和精神病学家展示一段短文，描述了一个人具有儿童期虐待史以及边缘型人格障碍和创伤后应激障碍（PTSD；见第 5 章）的均衡症状。短文中的主角在一半的情况下是女性的名字，一半情况下是男性的名字。短文中主角的性别并未影响临床医生做出边缘型人格障碍或 PTSD 的诊断，临床医生的性别也没有影响。然而，心理动力取向的临床医生更可能做出边缘型人格障碍的诊断，而认知行为取向的临床医生更可能做出 PTSD 的诊断。这表明理论取向的不同可能使临床医生对相同症状表现的解释发生偏差，但性别不会。

第10章

对于父母来说，是否给孩子服用某种药物是一个非常私人的决定。如果药物治疗可以显著地改善孩子的功能和生活质量，没有人想要剥夺孩子服用药物。然而，我们常常广泛地对儿童使用药物治疗，却很少有控制性研究表明药物的益处明显超过了其可能的副作用风险以及对儿童生长发育的长期影响。彼得•詹森及其同事（Jensen et al., 2007）在元分析中指出，对于儿童的破坏性、攻击和自我伤害行为，应该首选心理社会治疗。如果这些疗法不够有效，詹森及其同事证实，现有的研究显示非典型抗精神病药的潜在益处超过了其明显的副作用。不过，他们建议进行更多的研究，尤其是要研究非典型抗精神病药对儿童生长发育的长期影响。

第11章

阿斯平沃尔及其同事（Aspinwall et al., 2012）考察了法官如何使用关于反社会倾向具有生物学基础的信息。他们向 181 名初审法庭法官展示了一篇基于真实故事的短文，假设一个男人被指控在商店抢劫中打了一名店员并导致其永久的脑损伤。在对被告人的初审中，一名精神病学专家作证，声称被告人被诊断为精神变态，这是一种反社会型人格障碍的变化形式。然后法官被随机分配到两组，一组阅读关于被告人精神变态的“生物化学”解释（如他的行为是 MAOA 活动性低和非典型杏仁核功能导致的），另一组没有得到这样的解释。一方面，法官回应说，对被告人被诊断为精神变态的证据产生了“从重处罚情节”，判决的刑期更长。但那些得到生物化学解释的法官往往认为这是减轻处罚情节，应当减少被告人的责任。研究结果支持了这一说法，被告人的刑期从“无解释”条件下的平均 13.93 年减少为“生物化学解释”条件下的 12.83 年。因此，这表明，存在暴力倾向的诊断会导致刑期更长，而显示这种暴力倾向具有生物学基础的证据则会导致刑期缩短。

第12章

你不是唯一一个给学校设计进食障碍干预计划的人——人们已经在学校环境下开发了一系列这样的计划并进行了测试（例如，Stice et al., 2008）。这些计划大多针对已知的高危因素，包括过大的瘦身压力、苗条理想形象的内化、对体形的不满和消极情绪。这些计划包括一次会谈或一段时间的多次会谈。计划可能包括一名有过进食障碍的患者，她会告诉其他人她的经历，以及她是如何克服进食障碍的。或者，在多次会谈的计划中，参与者学习如何保持健康的体重、抵抗苗条的社会压力和处理应激。最后，一些计划只针对有风险的个体，而另一些计划则面向整个群体。

对这些计划进行的元分析发现，51% 的计划减少了进食障碍的高危因素（例如，不良的体象），29% 的计划减少了当前或未来的进食病态心理（Stice, Shaw, & Marti, 2007）。尽管 29% 的成功率听起来并不高，但针对公共健康领域的其他问题，如肥胖和 HIV，其干预计划的成功率也都差不多。人们发现，包含下列情况的计划具有更大的积极效应：（a）目标参与者已经产生进食障碍症状或高危因素，（b）计划只针对 15 岁以上的女性，（c）不以宣讲为基础，而是鼓励参与，（d）由训练有素的干预专家实施，以及（e）关注对体形的接纳和减少苗条理想形象的内化。一些指导有患病风险的女性抵制苗条的理想形象和识别媒体压力的干预计划，其结果都相当不错。这样的计划已经减少了参与者对苗条理想形象的认同、对体形的不满以及节食和暴食症状（Stice et al., 2008）。

第13章

DSM-5 中的某些性障碍诊断是有争议的，包括异装障碍和恋物障碍、性受虐障碍和经双方同意的性施虐障碍，因为它们也可以被认为是代表了人们性行为偏好的变化形式，而不是精神障碍（Moser, 2009）。很多易性者认为他们没有心理障碍，并且有权以自己想要的方式生活。

你可能认为任何对其他人造成伤害的性行为——例如窥阴症、露阴症、摩擦症，尤其是恋童症——都应该被划分为心理障碍。然而，很多人都具有这些性偏好，他们没有实施这些行为，很大程度上只是因为害怕被抓到（Moser, 2009）。甚至在恋童症的案例中，研究也发现，根据自我报告、犯罪记录或任何其他可获得的信息，在受到青春期前儿童性吸引的人群中，大部分人过去从未与儿童发生过性接触（Seto, 2009）。另一方面，因为对儿童实施性犯罪而被捕的人当中，基于其性唤起模式和典型行为，40% ~ 50% 的人不会被诊断为恋童症（Seto, 2009）。符合伤害他人定义的其他一些罪行，如强奸，并不被认为是心理障碍。

DSM 的最近两个版本（*DSM-IV-TR* 和 *DSM-5*）试图缩小窥阴症、露阴症、摩擦症和恋童症的定义范围，这样只有那些在冲动驱使下做出了行为，或因为这些性癖而经受了临床上显著的痛苦或损害的个体才会得到诊断。然而，正如我们在本书中一直讨论的，人们对于心理障碍的构成要素的判断是主观的，并且受到社会规范和历史趋势的影响。对于性障碍分类来说尤为如此。

第14章

辩论的双方可以收集支持各自论点的证据。包括杜克大学、俄亥俄州立大学和达特茅斯大学在内的大约 100 所美国大学的校长，呼吁美国政府将法定饮酒年龄放宽到 18 岁，他们声称，现行的法律通常被忽视并且鼓励了危险的暴饮行为（见 www.amethystinitiative.org）。他们建议，将 18 ~ 21 岁人群的饮酒行为合法化使得这些人群无需隐瞒饮酒行为，大学也有更多的机会去干预问题饮酒行为。美联社分析联邦记录发现，1999 ~ 2005 年，有 157 名大学年龄段（18 ~ 23 岁）的年轻人因饮酒死亡。

其他大学的校长认为，放宽饮酒年龄将使高中生的非法饮酒行为增加。美国酒精滥用与酗酒组织的统计数据表明，法定饮酒年龄提高到 21 岁以后，与 16 ~ 20 岁年轻人饮酒行为有关的事故发生率下降了。反酒驾母亲组织估计，有 25000 条生命因此存活（见 www.madd.org）。关于该辩论的更多内容请见 www.cbsnews.com/stories/2009/02/19/60minutes/main4813571.shtml.

类似这一章所描述的那些预防计划可以用来减少 18 ~ 21 岁人群饮酒的有害后果。然而，我们并不知道有多少大学会建立这样的计划，或者这些计划能否抵消放宽饮酒年龄的不利后果。

第15章

心理社会干预未能对癌症或心血管疾病的病程产生显著影响，科学界正在就此导致的伦理和实践问题展开争论。一些研究者认为，让患者错误地期望他们能够通过改变想法和减少应激来影响疾病的进程是不道德的，并且这会导致在健康状况恶化时责怪受害者（Coyne et al., 2007；也见 Ehrenreich, 2009）。另一些人认为，尽管心理社会干预不能影响患者的生存率，但它们能够改善患者的生活质量，这本身就是一个有价值的目标（Frasure-Smith & Lesperence, 2005）。他们说，关键在于，关于心理社会干预能做什么、不能做什么，要给病人一个坦诚的、符合实际的期望。

第16章

一方面，你可能认为性罪犯刑满释放才是公正的。另一方面，你可能害怕这个罪犯未来会造成伤害，因此希望将他继续关押。在 1997 年的案件中，最高法院认定允许对性罪犯实施强制收容的法律符合宪法，前提是实施该法律是为了保护公众免遭未来的伤害，而不是为了进一步惩罚这些罪犯。公众倾向于支持对这些罪犯实行无限期监禁，认为这种做法可以让公众免遭未来的伤害（Carlsmith, Monahan, & Evans, 2007）。然而，未来谁将会伤害他人是很难预测的，陪审员的动机也并不总是纯粹从公众利益出发。在一项研究中，研究者让潜在的陪审员阅读一段基于 1997 年堪萨斯案的描述，发现他们一边倒地支持在罪犯服完刑期后继续监禁，无论他再次犯罪的可能性有多大（Carlsmith et al., 2007）。这表明人们支持这些法律的一个动机是为了保护公众，另一个同样强烈的动机则是要对令人憎恶的罪犯施加更严厉的惩罚。

术 语 表

A

ABAB设计（逆向设计）

ABAB (reversal) design type of experimental design in which an intervention is introduced, withdrawn, and then reinstated, and the behavior of a participant is examined on and off the treatment

破堤效应

abstinence violation effect what happens when a person attempting to abstain from alcohol use ingests alcohol and then endures conflict and guilt by making an internal attribution to explain why he or she drank, thereby making him or her more likely to continue drinking in order to cope with the self-blame and guilt

急性应激障碍

acute stress disorder disorder similar to post-traumatic stress disorder but occurs within 1 month of exposure to the stressor and does not last more than 4 weeks; often involves dissociative symptoms

适应障碍

adjustment disorder stress-related disorder that involves emotional and behavioral symptoms (depressive symptoms, anxiety symptoms, and/or antisocial behaviors) that arise within 3 months of the onset of a stressor

青少年期起病品行障碍

adolescent-onset conduct disorder a conduct disorder characterized by aggression, destructiveness, deceitfulness, and rules violation beginning after age 10

领养研究

adoption study study of the heritability of a disorder by finding adopted people with a disorder and then determining the prevalence of the disorder among their biological and adoptive relatives, in order to separate out contributing genetic and environmental factors

失认症

agnosia impaired ability to recognize objects or people

广场恐怖症

agoraphobia anxiety disorder characterized by fear of places and situations in which it would be difficult to escape, such as enclosed places, open spaces, and crowds

匿名戒酒者协会

Alcoholics Anonymous (AA) an organization created by and for people with alcoholism involving a 12-step treatment program

美国法律学会规则

ALI rule legal principle stating that a person is not responsible for criminal conduct if he or she lacks the capacity to appreciate the criminality (wrongfulness) of the act or to conform his or her conduct to the requirements of the law as a result of mental disease

非稳态负荷

allostatic load physiological condition resulting from chronic arousal of the fight-or-flight response to stress

利他型自杀

altruistic suicide suicide committed by people who believe that taking their own life will benefit society

阿尔茨海默病

Alzheimer's disease progressive neurological disease that is the most common cause of dementia

闭经

amenorrhea cessation of the menses

美国精神病学协会的精神病定义

American Psychiatric Association definition of insanity definition of insanity stating that people cannot be held responsible for their conduct if, at the time they commit crimes, as the result of mental disease or mental retardation they are unable to appreciate the wrongfulness of their conduct

遗忘症

amnesia impairment in the ability to learn new information or to recall previously learned information or past events

苯丙胺类

amphetamines stimulant drugs that can produce symptoms of euphoria, self-confidence, alertness, agitation, paranoia, perceptual illusions, and depression

杏仁核

amygdala structure of the limbic system critical in emotions such as fear

动物研究

animal studies studies that attempt to test theories of psychopathology using animals

动物型恐怖症

animal-type phobias extreme fears of specific animals that may induce immediate and intense panic attacks and cause the individual to go to great lengths to avoid the animals

失范型自杀

anomic suicide suicide committed by people who experience a severe disorientation and role confusion because of a large change in their relationship to society

神经性厌食症

anorexia nervosa eating disorder in which people fail to maintain body weights that are normal for their age and height and have fears of becoming fat, distorted body images, and amenorrhea

对抗

antagonism hostility toward others

拮抗剂

antagonist drugs drugs that block or change the effects of an addictive drug, reducing desire for the drug

顺行性遗忘
anterograde amnesia deficit in the ability to learn new information

抗焦虑药
antianxiety drugs drugs used to treat anxiety, insomnia, and other psychological symptoms

抗惊厥药
anticonvulsants drugs used to treat mania and depression

抗抑郁药
antidepressant drugs drugs used to treat the symptoms of depression, such as sad mood, negative thinking, and disturbances of sleep and appetite; common types are tricyclics, selective serotonin reuptake inhibitors, and serotonin-norepinephrine reuptake inhibitors

抗精神病药
antipsychotic drugs drugs used to treat psychotic symptoms, such as delusions, hallucinations, and disorganized thinking

反社会型人格障碍
antisocial personality disorder (ASPD) pervasive pattern of criminal, impulsive, callous, and/or ruthless behavior, predicated on disregard for the rights of others and an absence of respect for social norms

焦虑
anxiety state of apprehension, tension, and worry

焦虑敏感性
anxiety sensitivity belief that bodily symptoms have harmful consequences

失语症
aphasia impaired ability to produce and comprehend language

应用紧张技术
applied tension technique technique used to treat blood-injection-injury type phobias in which the therapist teaches the client to increase his or her blood pressure and heart rate, thus preventing the client from fainting

失用症
apraxia impaired ability to initiate common voluntary behaviors

唤起期
arousal phase in the sexual response cycle, psychological experience of arousal and pleasure as well as physiological changes, such as the tensing of muscles and enlargement of blood vessels and tissues (also called the excitement phase)

主动性社区治疗计划
assertive community treatment programs system of treatment that provides comprehensive services to people with schizophrenia, employing the expertise of medical professionals, social workers, and psychologists to meet the variety of patients' needs 24 hours a day

评估
assessment process of gathering information about a person's symptoms and their possible causes

关联研究
association studies genetic studies in which researchers identify physical disorders associated with a target psychological disorder for which genetic abnormalities or markers are known; the DNA of individuals with the psychological disorder and their first-degree relatives is then examined to determine if they also have this genetic marker (one form of molecular genetic studies)

注意缺陷／多动障碍
attention-deficit/hyperactivity disorder (ADHD) syndrome marked by deficits in controlling attention, inhibiting impulses, and organizing behavior to accomplish long-term goals

非典型抗精神病药
atypical antipsychotics drugs that seem to be even more effective in treating schizophrenia than phenothiazines without the same neurological side effects; they bind to a different type of dopamine receptor than other neuroleptic drugs

幻听
auditory hallucinations auditory perceptions of a phenomenon that is not real, such as hearing a voice when one is alone

孤独症
autism childhood disorder marked by deficits in social interaction (such as a lack of interest in one's family or other children), communication (such as failing to modulate one's voice to signify emotional expression), and activities and interests (such as engaging in bizarre, repetitive behaviors)

孤独症谱系障碍
autism spectrum disorder a spectrum of neurodevelopmental disorders characterized by disrupted social and language development (formerly referred to as autism)

厌恶疗法
aversion therapy treatment that involves the pairing of unpleasant stimuli with deviant or maladaptive sources of pleasure in order to induce an aversive reaction to the formerly pleasurable stimulus

回避型人格障碍
avoidant personality disorder pervasive anxiety, sense of inadequacy, and fear of being criticized that lead to the avoidance of most social interactions with others and to restraint and nervousness in social interactions

意志减退
avolition inability to persist at common goal-directed activities

B

巴比妥类
barbiturates drugs used to treat anxiety and insomnia that work by suppressing the central nervous system and decreasing the activity level of certain neurons

行为取向
behavioral approaches approaches to psychopathology that focus on the influence of reinforcements and punishments in producing behavior; the two core principles or processes of learning according to behaviorism are *classical conditioning* and *operant conditioning*

行为抑制
behavioral inhibition set of behavioral traits including shyness, fearfulness, irritability, cautiousness, and introversion; behaviorally inhibited children tend to avoid or withdraw from novel situations, are clingy with parents, and become excessively aroused when exposed to unfamiliar situations

行为观察
behavioral observation method for assessing the frequency of a client's behaviors and the specific situations in which they occur

抑郁的行为理论
behavioral theories of depression theories that view depression as resulting from negative life events that represent a reduction in positive reinforcement; sympathetic responses to depressive behavior then serve as positive reinforcement for the depression itself

行为治疗
behavioral therapies psychotherapeutic approaches that focus on identifying the reinforcements and punishments contributing to a person's maladaptive behaviors and on changing specific behaviors

行为疗法
behavioral therapy therapy that focuses on changing a person's specific behaviors by replacing unwanted behaviors with desired behaviors

行为遗传学
behavior genetics study of the processes by which genes affect behavior and the extent to which personality and abnormality are genetically inherited

行为主义
behaviorism study of the impact of reinforcements and punishments on behavior

苯二氮卓类
benzodiazepines drugs that reduce anxiety and insomnia

β-淀粉样蛋白
beta-amyloid class of proteins that accumulates in the spaces between neurons in the brain, contributing to Alzheimer's disease

暴食障碍
binge-eating disorder eating disorder in which people compulsively overeat either continuously or on discrete binges but do not behave in ways to compensate for the overeating

暴食
bingeing eating a large amount of food in one sitting

暴食/清除型神经性厌食症
binge/purge type of anorexia nervosa type of anorexia nervosa in which periodic bingeing or purging behaviors occur along with behaviors that meet the criteria for anorexia nervosa

生物学取向
biological approach view that biological factors cause and should be used to treat abnormality

生物学理论
biological theories theories of abnormality that focus on biological causes of abnormal behaviors

生物心理社会取向
biopsychosocial approach approach to psychopathology that seeks to integrate biological, psychological, and social factors in understanding and treating psychopathology

双相障碍
bipolar disorder disorder marked by cycles between manic episodes and depressive episodes; also called manic-depression

双相I型障碍
bipolar I disorder form of bipolar disorder in which the full symptoms of mania are experienced; depressive aspects may be more infrequent or mild

双相Ⅱ型障碍
bipolar II disorder form of bipolar disorder in which only hypomanic episodes are experienced and the depressive component is more pronounced

血液-注射-损伤型恐怖症
blood-injection-injury type phobias extreme fears of seeing blood or an injury or of receiving an injection or another invasive medical procedure, which cause a drop in heart rate and blood pressure and fainting

躯体变形障碍
body dysmorphic disorder syndrome involving obsessive concern over a part of the body the individual believes is defective

边缘型人格障碍
borderline personality disorder syndrome characterized by rapidly shifting and unstable mood, self-concept, and interpersonal relationships, as well as impulsive behavior and transient dissociative states

与呼吸相关的睡眠障碍
breathing-related sleep disorder group of sleep disorders characterized by numerous brief sleep disturbances due to problems breathing

短暂精神病性障碍
brief psychotic disorder disorder characterized by the sudden onset of delusions, hallucinations, disorganized speech, and/or disorganized behavior that lasts only between 1 day and 1 month, after which the symptoms vanish completely

神经性贪食症
bulimia nervosa eating disorder in which people engage in bingeing and behave in ways to prevent weight gain from the binges, such as self-induced vomiting, excessive exercise, and abuse of purging drugs (such as laxatives)

C

咖啡因
caffeine chemical compound with stimulant effects

大麻
cannabis substance that causes feelings of well-being, perceptual distortions, and paranoid thinking

个案研究（也译作案例研究）
case studies in-depth analyses of individuals

猝倒
cataplexy episodes of sudden loss of muscle tone lasting under 2 minutes, triggered by laughter or joking in people who have had narcolepsy for a long time

紧张症
catatonia group of disorganized behaviors that reflect an extreme lack of responsiveness to the outside world

宣泄
catharsis expression of emotions connected to memories and conflicts, which, according to Freud, leads to the release of energy used to keep these memories in the unconscious

因果归因
causal attribution explanation for why an event occurred

中枢性睡眠呼吸暂停
central sleep apnea sleep disorder characterized by complete cessation of respiratory activity for brief periods of time (20 seconds or more); sufferers do not have frequent awakenings and do not tend to feel tired during the day; occurs when the brain does not send the signal to breathe to the respiratory system

大脑皮层
cerebral cortex part of the brain that regulates complex activities, such as speech and analytical thinking

脑血管疾病
cerebrovascular disease disease that occurs when the blood supply to the brain is blocked, causing tissue damage to the brain

儿童期起病品行障碍
childhood-onset conduct disorder a conduct disorder characterized by aggression, destructiveness, deceitfulness, and rules violation beginning before age 10 that tends to worsen with age

氯丙嗪
chlorpromazine antipsychotic drug

长期运动或发声抽动障碍
chronic motor or vocal tic disorder (CMVTD) a motor disorder characterized by persistent motor or vocal tics

昼夜节律睡眠–觉醒障碍
circadian rhythm sleep-wake disorder sleep disorder characterized by insomnia, excessive sleepiness, or both due to disruptions in circadian rhythms

民事收容
civil commitment forcing of a person into a mental health facility against his or her will

经典条件作用
classical conditioning form of learning in which a neutral stimulus becomes associated with a stimulus that naturally elicits a response, thereby making the neutral stimulus itself sufficient to elicit the same response

分类系统
classification system set of syndromes and the rules for determining whether an individual's symptoms are part of one of these syndromes

来访者中心疗法
client-centered therapy (CCT) Carl Rogers's form of psychotherapy, which consists of an equal relationship between therapist and client as the client searches for his or her inner self, receiving unconditional positive regard and an empathic understanding from the therapist

可卡因
cocaine central nervous system stimulant that causes a rush of positive feelings initially but that can lead to impulsiveness, agitation, and anxiety and can cause withdrawal symptoms of exhaustion and depression

认知
cognitions thoughts or beliefs

认知行为治疗（也译作认知行为疗法）
cognitive-behavioral therapy (CBT) treatment focused on changing negative patterns of thinking and solving concrete problems through brief sessions in which a therapist helps a client challenge negative thoughts, consider alternative perspectives, and take effective actions

认知理论
cognitive theories theories that focus on belief systems and ways of thinking as the causes of abnormal behavior

认知治疗
cognitive therapies therapeutic approaches that focus on changing people's maladaptive thought patterns

世代效应
cohort effect effect that occurs when people born in one historical period are at different risk for a disorder than are people born in another historical period

集体无意识
collective unconscious according to Carl Jung, the wisdom accumulated by a society over hundreds of years of human existence and stored in the memories of individuals

交流障碍
communication disorders disorders characterized by persistent difficulties in the acquisition and use of language and other means of communicating

社区精神卫生中心
community mental health centers institutions for the treatment of people with mental health problems in the community; may include teams of social workers, therapists, and physicians who coordinate care

社区精神卫生运动
community mental health movement movement launched in 1963 that attempted to provide coordinated mental health services to people in community-based treatment centers

共病
comorbidity meeting the criteria for two or more diagnostic categories simultaneously

强迫行为
compulsions repetitive behaviors or mental acts that an individual feels he or she must perform

计算机断层扫描
computerized tomography (CT) method of analyzing brain structure by passing narrow X-ray beams through a person's head from several angles to produce measurements from which a computer can construct an image of the brain

同病率
concordance rate probability that both twins will develop a disorder if one twin has the disorder

条件化回避反应
conditioned avoidance response behavior that is reinforced because it allows individuals to avoid situations that cause anxiety

条件反应
conditioned response (CR) in classical conditioning, response that first followed a natural stimulus but that now follows a conditioned stimulus

条件刺激
conditioned stimulus (CS) in classical conditioning, previously neutral stimulus that, through pairing with a natural stimulus, becomes sufficient to elicit a response

品行障碍
conduct disorder syndrome marked by chronic disregard for the rights of others, including specific behaviors such as stealing, lying, and engaging in acts of violence

意识
conscious refers to mental contents and processes of which we are actively aware

连续变量
continuous variable factor that is measured along a continuum (such as 0–100) rather than falling into a discrete category (such as "diagnosed with depression")

异常的连续谱模型（也译作异常的连续体模型）
continuum model of abnormality model of abnormality that views mental disorders not as categorically different from "normal" experiences but as lying somewhere along a continuum from healthy, functional behaviors, thoughts, and feelings to unhealthy, dysfunctional behaviors, thoughts, and feelings

控制组（也译作对照组）
control group in an experimental study, group of subjects whose experience resembles that of the experimental group in all ways except that they do not receive the key manipulation

转换障碍（功能性神经症状障碍）
conversion disorder (functional neurological symptom disorder) syndrome marked by a sudden loss of functioning in a part of the body, usually following an extreme psychological stressor

冠心病
coronary heart disease (CHD) chronic illness that is a leading cause of death in the United States, occurring when the blood vessels that supply the heart with oxygen and nutrients are narrowed or closed by plaque, resulting in a myocardial infarction (heart attack) when closed completely

相关研究
correlational studies method in which researchers assess only the relationship between two variables and do not manipulate one variable to determine its effects on another variable

相关系数
correlation coefficient statistic used to indicate the degree of relationship between two variables

皮质醇
cortisol hormone that helps the body respond to stressors, inducing the fight-or-flight response

横断
cross-sectional type of research examining people at one point in time but not following them over time

文化相对论
cultural relativism view that norms among cultures set the standard for what counts as normal behavior, which implies that abnormal behavior can only be defined relative to these norms and that no universal definition of abnormality is therefore possible; only definitions of abnormality relative to a specific culture are possible

环性心境障碍
cyclothymic disorder milder but more chronic form of bipolar disorder that consists of alternation between hypomanic episodes and mild depressive episodes over a period of at least 2 years

D

对他人的危险性
dangerousness to others legal criterion for involuntary commitment that is met when a person would pose a threat or danger to other people if not incarcerated

对本人的危险性
dangerousness to self legal criterion for involuntary commitment that is met when a person is imminently suicidal or a danger to him- or herself as judged by a mental health professional

日间护理中心
day treatment centers mental health facilities that allow people to obtain treatment, along with occupational and rehabilitative therapies, during the day but to live at home at night

深部脑刺激
deep brain stimulation procedure to treat depression in which electrodes are surgically implanted in specific areas of the brain and connected to a pulse generator that is placed under the skin and stimulates these brain areas

防御机制
defense mechanisms strategies the ego uses to disguise or transform unconscious wishes

降解
degradation process in which a receiving neuron releases an enzyme into the synapse, breaking down neurotransmitters into other biochemicals

去机构化运动
deinstitutionalization movement in which thousands of mental patients were released from mental institutions; a result of the patients' rights movement, which was aimed at stopping the dehumanization of mental patients and at restoring their basic legal rights

延迟射精
delayed ejaculation marked delay, infrequency, or absence of ejaculation during sexual encounters

谵妄
delirium cognitive disorder including disorientation and memory loss that is acute and usually transient

震颤性谵妄
delirium tremens (DTs) symptoms that result during severe alcohol withdrawal, including hallucinations, delusions, agitation, and disorientation

妄想障碍
delusional disorder disorder characterized by delusions lasting at least 1 month regarding situations that occur in real life, such as being followed, poisoned, or deceived by a spouse or having a disease; people with this disorder do not show any other symptoms of schizophrenia

关系妄想
delusion of reference false belief that external events, such as other people's actions or natural disasters, relate somehow to oneself

妄想
delusions fixed beliefs with no basis in reality

思维插入妄想
delusions of thought insertion beliefs that one's thoughts are being controlled by outside forces

需求特征
demand characteristics factors in an experiment that suggest to participants how the experimenter would like them to behave

痴呆症
dementia cognitive disorder in which a gradual and usually permanent decline of intellectual functioning occurs; can be caused by a medical condition, substance intoxication, or withdrawal

因变量
dependent variable factor that an experimenter seeks to predict

人格解体/现实解体障碍
depersonalization/derealization disorder syndrome marked by frequent episodes of feeling detached from one's own body and mental processes, as if one were an outside observer of oneself; symptoms must cause significant distress or interference with one's ability to function

抑制剂
depressants drugs that slow the nervous system

抑郁
depression state marked by either a sad mood or a loss of interest in one's usual activities, as well as feelings of hopelessness, suicidal ideation, psychomotor agitation or retardation, and trouble concentrating

抑郁障碍
depressive disorders a set of disorders characterized by depressed mood and/or anhedonia (and not mania)

脱敏
desensitization treatment used to reduce anxiety by rendering a previously threatening stimulus innocuous by repeated and guided exposure to the stimulus under nonthreatening circumstances

分离
detachment the inability to connect with others

发育性协调障碍
developmental coordination disorder disorder involving deficits in the ability to walk, run, or hold on to objects

诊断
diagnosis label given to a set of symptoms that tend to occur together

《精神障碍诊断与统计手册》
Diagnostic and Statistical Manual of Mental Disorders (DSM) official manual for diagnosing mental disorders in the United States, containing a list of specific criteria for each disorder, how long a person's symptoms must be present to qualify for a diagnosis, and requirements that the symptoms interfere with daily functioning in order to be called disorders

辩证行为疗法
dialectical behavior therapy cognitive-behavioral intervention aimed at teaching problem-solving skills, interpersonal skills, and skill at managing negative emotions

素质－应激模型
diathesis-stress model model that asserts that only when a diathesis or vulnerability interacts with a stress or trigger will a disorder emerge

脱抑制
disinhibition lack of restraint

唤醒障碍
disorders of arousal sleep disorders that involve recurrent episodes of incomplete awakening from sleep that seem to mix elements of wakefulness and NREM sleep

破坏性心境失调障碍
disruptive mood dysregulation disorder a disorder in children characterized by immature and inappropriate temper outbursts that are grossly out of proportion to a situation in intensity and duration

分离
dissociation process whereby different facets of an individual's sense of self, memories, or consciousness become split off from one another

分离性遗忘症
dissociative amnesia loss of memory for important facts about a person's own life and personal identity, usually including the awareness of this memory loss

分离性漫游
dissociative fugue disorder in which a person moves away and assumes a new identity, with amnesia for the previous identity

分离性身份障碍
dissociative identity disorder (DID) syndrome in which a person develops more than one distinct identity or personality, each of which can have distinct facial and verbal expressions, gestures, interpersonal styles, attitudes, and even physiological responses

异卵双生子
dizygotic (DZ) twins twins who average only 50 percent of their genes in common because they developed from two separate fertilized eggs

多巴胺
dopamine neurotransmitter in the brain, excess amounts of which have been thought to cause schizophrenia

双盲实验
double-blind experiment study in which both the researchers and the participants are unaware of which experimental condition the participants are in, in order to prevent demand effects

德赫姆规则
Durham rule legal principle stating that the presence of a mental disorder is sufficient to absolve an individual of responsibility for a crime

恶劣心境障碍
dysthymic disorder type of depression that is less acute than major depression but more chronic; diagnosis requires the presence of a sad mood or anhedonia, plus two other symptoms of depression, for at least 2 years, during which symptoms do not remit for 2 months or longer

E

早泄
early ejaculation recurrent ejaculation within 1 minute of initiation of partnered sexual activity when not desired

未特定的进食障碍
eating disorder not otherwise specified (EDNOS) diagnosis for individuals who have some symptoms of anorexia or bulimia nervosa but do not meet the full criteria

言语模仿症
echolalia communication abnormality in which an individual simply repeats back what he or she hears rather than generating his or her own speech

有效性
effectiveness in therapy outcome research, how well a therapy works in real-world settings

效力
efficacy in therapy outcome research, how well a therapy works in highly controlled settings with a narrowly defined group of people

自我
ego part of the psyche that channels libido to be acceptable to the superego and within the constraints of reality

利己型自杀
egoistic suicide suicide committed by people who feel alienated from others and who lack social support

自我心理学
ego psychology branch of psychodynamic theory emphasizing the importance of the individual's ability to regulate defenses in ways that allow healthy functioning within the realities of society

电休克治疗（也译作电痉挛治疗、电抽搐治疗）
electroconvulsive therapy (ECT) treatment for depression that involves the induction of a brain seizure by passing electrical current through the patient's brain while he or she is anesthetized

脑电图
electroencephalogram (EEG) procedure in which multiple electrodes are placed on the scalp to detect low-voltage electrical current produced by the firing of specific neurons in the brain

排泄障碍
elimination disorders disorders in which a child shows frequent, uncontrolled urination or defecation far beyond the age at which children usually develop control over these functions

内分泌系统
endocrine system system of glands that produces many different hormones

流行病学
epidemiology study of the frequency and distribution of a disorder, or a group of disorders, in a population

表观遗传学
epigenetics study of how environmental conditions can change the expression of genes without changing the gene sequence

勃起障碍
erectile disorder in men, recurrent inability to attain or maintain an erection until the completion of sexual activity

寻求反复确认
excessive reassurance seeking constantly looking for assurances from others that one is accepted and loved

执行功能
executive functions functions of the brain that involve the ability to sustain concentration; use abstract reasoning and concept formation; anticipate, plan, and program; initiate

purposeful behavior; self-monitor; and shift from maladaptive patterns of behavior to more adaptive ones

露阴障碍
exhibitionist disorder obtainment of sexual gratification by exposing one's genitals to involuntary observers

实验组
experimental group in an experimental study, group of participants that receive the key manipulation

实验研究
experimental studies studies in which the independent variables are directly manipulated and the effects on the dependent variable are examined

暴露与反应阻止疗法
exposure and response prevention type of therapy in which individuals with anxiety symptoms are exposed repeatedly to the focus of their anxiety but prevented from avoiding it or engaging in compulsive responses to the anxiety

情绪表达
expressed emotion family interaction style in which families are over-involved with each other, are overprotective of the disturbed family member, voice self-sacrificing attitudes to the disturbed family member, and simultaneously are critical, hostile, and resentful of this member

外部效度
external validity extent to which a study's results can be generalized to phenomena in real life

F

做作性障碍
factitious disorder disorder marked by deliberately faking physical or mental illness to gain medical attention

对他人的做作性障碍
factitious disorder imposed on another disorder in which the individual creates an illness in another individual in order to gain attention

家庭焦点疗法
family-focused therapy treatment for people with bipolar disorder in which patients and their families are given education about bipolar disorder and training in communication and problem-solving skills

家族史研究
family history study study of the heritability of a disorder involving identifying people with the disorder and people without the disorder and then determining the disorder's frequency within each person's family

家庭系统理论
family systems theories theories that see the family as a complex system that works to maintain the status quo

家庭系统治疗
family systems therapy psychotherapy that focuses on the family, rather than the individual, as the source of problems; family therapists challenge communication styles, disrupt pathological family dynamics, and challenge defensive conceptions in order to harmonize relationships among all members and within each member

女性性高潮障碍
female orgasmic disorder in women, recurrent delay in or absence of orgasm after having reached the excitement phase of the sexual response cycle (also called anorgasmia)

女性性兴趣/唤起障碍
female sexual interest/arousal disorder in women, recurrent inability to attain or maintain the swelling-lubrication response of sexual excitement

胎儿酒精综合征
fetal alcohol syndrome (FAS) syndrome that occurs when a mother abuses alcohol during pregnancy, causing the baby to have lowered IQ, increased risk for mental retardation, distractibility, and difficulties with learning from experience

恋物障碍
fetishistic disorder paraphilic disorder in which a person uses inanimate objects as the preferred or exclusive source of sexual arousal

战斗或逃跑反应
fight-or-flight response physiological changes in the human body that occur in response to a perceived threat, including the secretion of glucose, endorphins, and hormones as well as the elevation of heart rate, metabolism, blood pressure, breathing, and muscle tension

满灌
flooding behavioral technique in which a client is intensively exposed to a feared object until the anxiety diminishes (also called implosive therapy)

民间疾病
folk illnesses problems held by a particular culture to be caused by natural forces, supernatural forces, and strong emotions, etc.

思维形式障碍
formal thought disorder state of highly disorganized thinking (also known as loosening of associations)

自由联想
free association method of uncovering unconscious conflicts in which the client is taught to talk about whatever comes to mind, without censoring any thoughts

摩擦障碍
frotteuristic disorder disorder characterized by obtainment of sexual gratification by rubbing one's genitals against or fondling the body parts of a nonconsenting person

G

赌博障碍
gambling disorder a disorder, similar to substance abuse, characterized by the inability to resist the impulse to gamble

性别烦躁
gender dysphoria condition in which a person believes that he or she was born with the wrong sex's genitals and is fundamentally a person of the opposite sex

性别认同
gender identity one's perception of oneself as male or female

可推广性（也译作普遍性）
generalizability extent to which the results of a study generalize to, or inform us about, people other than those who were studied

生殖器–盆腔痛/插入障碍
genito-pelvic pain/penetration disorder marked difficulty having vaginal penetration; pain or tightening of pelvic floor muscles during penetration

广泛性焦虑障碍
generalized anxiety disorder (GAD) anxiety disorder characterized by chronic anxiety in daily life

麻痹性痴呆
general paresis disease that leads to paralysis, insanity, and eventually death; discovery of this disease helped establish a connection between biological diseases and mental disorders

整体性假定
global assumptions fundamental beliefs that encompass all types of situations

夸大妄想
grandiose delusions false, persistent beliefs that one has superior talents and traits

严重失能
grave disability legal criterion for involuntary commitment that is met when a person is so incapacitated by a mental disorder that he or she cannot provide his or her own basic needs, such as food, clothing, or shelter, and his or her survival is threatened as a result

对照组研究
group comparison study study that compares two or more distinct groups on a variable of interest

指导掌握技术
guided mastery techniques interventions designed to increase health-promoting behaviors by providing explicit information about how to engage in these behaviors, as well as opportunities to engage in the behaviors in increasingly challenging situations

有罪但患有精神病
guilty but mentally ill (GBMI) verdict that requires a convicted criminal to serve the full sentence designated for his or her crime, with the expectation that he or she will also receive treatment for mental illness

H

拔毛障碍
hair-pulling disorder disorder characterized by recurrent pulling out of the hair resulting in noticeable hair loss; these individuals report tension immediately before or while attempting to resist the impulse, and pleasure or relief when they are pulling out their hair (also known as trichotillomania)

中途之家
halfway houses living facilities that offer people with long-term mental health problems the opportunity to live in a structured, supportive environment while they are trying to reestablish employment and ties to family and friends

幻觉
hallucinations perceptual experiences that are not real

致幻剂
hallucinogens substances, including LSD and MDMA (ecstasy), that produce perceptual illusions and distortions even in small doses

伤害减少模型
harm reduction model approach to treating substance use disorders that views alcohol use as normative behavior and focuses education on the immediate risks of the excessive use of alcohol (such as alcohol-related accidents) and on the payoffs of moderation (such as avoidance of hangovers)

海马
hippocampus structure of the brain involved in memory and in the stress response

囤积障碍
hoarding a compulsive disorder characterized by the inability to throw away unneeded possessions (such as trash)

无望感
hopelessness sense that the future is bleak and there is no way to make it more positive

激素
hormone chemical that carries messages throughout the body, potentially affecting a person's mood, level of energy, and reaction to stress

人本主义理论
humanistic theories views that people strive to develop their innate potential for goodness and self-actualization; abnormality arises as a result of societal pressures to conform to unchosen dictates that clash with a person's self-actualization needs and from an inability to satisfy more basic needs, such as hunger

人本主义治疗
humanistic therapy type of therapy in which the goal is to help the client discover his or her place in the world and to accomplish self-actualization through self-exploration; based on the assumption that the natural tendency for humans is toward growth (also called person-centered therapy)

人类实验室研究
human laboratory study experimental study involving human participants

嗜睡障碍
hypersomnolence disorders disorders characterized by excessive sleepiness, which can be expressed as either an excessive quantity of sleep (also referred to as hypersomnia) or a low quality of wakefulness

高血压
hypertension condition in which the blood supply through the blood vessels is excessive and can lead to deterioration of the cell tissue and hardening of the arterial walls

轻躁狂
hypomania state in which an individual shows mild symptoms of mania

下丘脑–垂体–肾上腺轴（HPA轴）
hypothalamic-pituitary-adrenal axis (HPA axis) three key components of the neuroendocrine system that work together in a feedback system interconnected with the limbic system and the cerebral cortex

下丘脑
hypothalamus component of the brain that regulates eating, drinking, sex, and basic emotions; abnormal behaviors involving any of these activities may be the result of dysfunction in the hypothalamus

假设
hypothesis testable statement about two or more variables and the relationship between them

I

本我
id according to Freud, most primitive part of the unconscious; consists of drives and impulses seeking immediate gratification

疾病焦虑障碍
illness anxiety disorder a form of anxiety characterized by a preoccupation with fears of having a serious medical illness based on misinterpretations of bodily sensations (formerly called hypochondriasis)

免疫系统
immune system system that protects the body from disease-causing microorganisms and affects susceptibility to diseases

冲动性
impulsivity difficulty controlling behaviors; acting without thinking first

发病率
incidence number of new cases of a specific disorder that develop during a specific period of time

无受审能力
incompetent to stand trial legal status of an individual who lacks a rational understanding of the charges against him or her, an understanding of the proceedings of his or her trial, or the ability to participate in his or her defense

自变量
independent variable factor that is manipulated by an experimenter or used to predict the dependent variable

知情同意
informed consent procedure (often legally required prior to treatment administration) in which a patient receives a full and understandable explanation of the treatment being offered and makes a decision about whether to accept or refuse the treatment

吸入剂
inhalants solvents, such as gasoline, glue, or paint thinner, that one inhales to produce a high and that can cause permanent central nervous system damage as well as liver and kidney disease

精神病
insanity legal term denoting a state of mental incapacitation during the time a crime was committed

精神病辩护（也译作精神失常辩护）
insanity defense defense used by people accused of a crime in which they state that they cannot be held responsible for their illegal acts because they were mentally incapacitated at the time of the act

精神病辩护改革法案
Insanity Defense Reform Act 1984 law, affecting all federal courts and about half the state courts, that finds a person not guilty by reason of insanity if it is shown that, as a result of mental disease or mental retardation, the accused was unable to appreciate the wrongfulness of his or her conduct at the time of the offense

失眠障碍
insomnia disorder a disorder characterized by chronic difficulty initiating or maintaining sleep or by sleep that does not restore energy and alertness

智力发育障碍
intellectual development disorder a spectrum of neurodevelopmental disorders characterized by impaired general intellectual functioning (formerly referred to as mental retardation)

智力测验
intelligence tests tests that assess a person's intellectual strengths and weaknesses

间歇性暴怒障碍
intermittent explosive disorder disorder characterized by (a) several episodes of failure to resist aggressive impulses that result in serious assaultive acts or destruction of property, (b) a degree of aggressiveness grossly out of proportion to the situation, and (c) symptoms not better explained by another mental disorder (such as antisocial personality disorder), the effects of substances, or a medical condition (e.g., a head trauma)

内部效度
internal validity extent to which all factors that could extraneously affect a study's results are controlled within a laboratory study

内感受知觉
interoceptive awareness sensitivity to stimuli arising from within the body, such as heart rate

内感受条件作用
interoceptive conditioning process by which symptoms of anxiety that have preceded panic attacks become the signals for new panic attacks

人际和社会节奏疗法
interpersonal and social rhythm therapy (ISRT) treatment for people with bipolar disorder that helps them manage their social relationships and daily rhythms to try to prevent relapse

抑郁的人际理论
interpersonal theories of depression theories that view the causes of depression as rooted in interpersonal relationships

人际治疗
interpersonal therapy (IPT) more structured, short-term version of psychodynamic therapies

不能控制规则
irresistible impulse rule legal principle stating that even a person who knowingly performs a wrongful act can be absolved of responsibility if he or she was driven by an irresistible impulse to perform the act or had a diminished capacity to resist performing the act

L

语言障碍
language disorder a communication disorder characterized by difficulties with spoken and written language and other language modalities (e.g., sign language)

习得性无助理论
learned helplessness theory view that exposure to uncontrollable negative events leads to a belief in one's inability to control important outcomes and a subsequent loss of motivation, indecisiveness, and failure of action

力比多
libido according to Freud, psychical energy derived from physiological drives

终身持续性反社会行为
life-course-persistent antisocial behavior a form of conduct disorder involving aggression, destructiveness, deceitfulness, and rules violation that persists into adulthood

光疗法
light therapy treatment for seasonal affective disorder that involves exposure to bright lights during the winter months

边缘系统
limbic system part of the brain that relays information from the primitive brain stem about changes in bodily functions to the cortex, where the information is interpreted

连锁分析
linkage analysis genetic study that looks for associations between psychological disorders and physical disorders for which genetic causes are known

锂
lithium drug used to treat manic and depressive symptoms

蓝斑
locus ceruleus area of the brain stem that plays a part in the emergency response and may be involved in panic attacks

纵向
longitudinal type of research evaluating the same group(s) of people for an extended period of time

M

磁共振成像
magnetic resonance imaging (MRI) method of measuring both brain structure and brain function through the construction of a magnetic field that affects hydrogen atoms in the brain, emitting signals that a computer then records and uses to produce a three-dimensional image of the brain

抑郁症（重性抑郁障碍）
major depressive disorder disorder involving a sad mood or anhedonia plus four or more of the following symptoms: weight loss or a decrease in appetite, insomnia or hypersomnia, psychomotor agitation or retardation, fatigue, feelings of worthlessness or severe guilt, trouble concentrating, and suicidal ideation; these symptoms must be present for at least 2 weeks and must produce marked impairments in normal functioning

重度神经认知障碍
major neurocognitive disorder a brain disorder characterized by a deteriorating course of deficits in neurocognitive functioning (e.g., memory, attention) that interferes significantly with independent living

男性性欲低下障碍
male hypoactive sexual desire disorder condition in which a man's desire for sex is diminished to the point that it causes him significant distress or interpersonal difficulties and is not due to transient life circumstances or another sexual dysfunction

诈病
malingering feigning of a symptom or a disorder for the purpose of avoiding an unwanted situation, such as military service

管理型医疗保健
managed care health care system in which all necessary services for an individual patient are supposed to be coordinated by a primary care provider; the goals are to coordinate services for an existing medical problem and to prevent future medical problems

躁狂
mania state of persistently elevated mood, feelings of grandiosity, overenthusiasm, racing thoughts, rapid speech, and impulsive actions

心理卫生运动
mental hygiene movement movement to treat mental patients more humanely and to view mental disorders as medical diseases

精神疾病
mental illness phrase used to refer to a physical illness that causes severe abnormal thoughts, behaviors, and feelings

基于心智化疗法
mentalization-based treatment a form of psychodynamic treatment for borderline personality disorder based on attachment

麦斯默术
mesmerism treatment for hysterical patients based on the idea that magnetic fluids in the patients' bodies are affected by the magnetic forces of other people and objects; the patients' magnetic forces are thought to be realigned by the practitioner through his or her own magnetic force

中脑边缘系统通路
mesolimbic pathway subcortical part of the brain involved in cognition and emotion

元分析
meta-analysis statistical technique for summarizing results across several studies

美沙酮
methadone opioid that is less potent and longer-lasting than heroin; taken by heroin users to decrease their cravings and help them cope with negative withdrawal symptoms

轻度神经认知障碍
minor neurocognitive disorder a brain disorder characterized by a deteriorating course of deficits in neurocognitive functioning (e.g., memory, attention) that is not so severe that it interferes significantly with independent living

麦纳顿规则
M'Naghten rule legal principle stating that, in order to claim a defense of insanity, accused persons must have been burdened by such a defect of reason, from disease of the mind, as not to know the nature and quality of the act they were doing or, if they did know it, as not to know what they were doing was wrong

模仿
modeling process of learning behaviors by imitating others, especially authority figures or people like oneself

分子遗传学研究
molecular genetic studies studies of the structure and function of genes that help in understanding how genetic mutations can lead to disease

单胺氧化酶抑制剂
monoamine oxidase inhibitors (MAOIs) class of antidepressant drugs

单胺类
monoamines neurotransmitters, including catecholamines (epinephrine, norepinephrine, and dopamine) and serotonin, that have been implicated in the mood disorders

同卵双生子
monozygotic (MZ) twins twins who share 100 percent of their genes because they developed from a single fertilized egg

人道治疗
moral treatment type of treatment delivered in mental hospitals in which patients were treated with respect and dignity and were encouraged to exercise self-control

动机性访谈
motivational interviewing intervention for sufferers of substance use disorders to elicit and solidify individuals' motivation and commitment to changing their substance use; rather than confronting the user, the motivational interviewer adopts an empathic interaction style, drawing out the user's own statements of desire, ability, reasons, need, and, ultimately, commitment to change

运动障碍
motor disorders a group of disorders characterized by motor symptoms such as tics, stereotypic movements, or dyscoordination

多轴系统
multiaxial system a system of diagnoses on three axes used by the *DSM-5*, with the first axis representing mental disorders, the second axis representing psychosocial and environmental problems, and the third axis representing global level of functioning

多基线设计
multiple baseline design type of study in which an intervention is given to the same individual but begun in different settings or is given to different individuals but at different points in time and in which the effects of the intervention are systematically observed

N

自恋型人格障碍
narcissistic personality disorder syndrome marked by grandiose thoughts and feelings of one's own worth as well as an obliviousness to others' needs and an exploitative, arrogant demeanor

发作性睡病
narcolepsy sleep disorder characterized by irresistible attacks of sleep plus (1) cataplexy or (2) recurrent intrusions of elements of rapid eye movement (REM) sleep into the transition between sleep and wakefulness

发作性睡病/下丘脑分泌素缺乏障碍
narcolepsy/hypocretin deficiency disorder recurrent attacks of an irrepressible need to sleep, lapses into sleep, or naps occurring within the same day accompanied by low levels of hypocretin and cataplexy or abnormally short onset of REM sleep

自然环境型恐怖症
natural environment type phobias extreme fears of events or situations in the natural environment that cause impairment in one's ability to function normally

治疗需求
need for treatment legal criterion operationalized as a signed certificate by two physicians stating that a person requires treatment but will not agree to it voluntarily; formerly a sufficient cause to hospitalize the person involuntarily and force him or her to undergo treatment

负性情感

negative affectivity a dimension of personality characterized by negative mood states

消极认知三联征

negative cognitive triad perspective seen in depressed people in which they have negative views of themselves, of the world, and of the future

负强化

negative reinforcement process in which people avoid being exposed to feared objects and their avoidance is reinforced by the subsequent reduction of their anxiety

阴性症状

negative symptoms in schizophrenia, deficits in functioning that indicate the absence of a capacity present in people without schizophrenia, such as restricted affect

神经认知障碍

neurocognitive disorders behavioral disorders known or presumed to result from disruptions of brain structure and functioning

神经发育障碍

neurodevelopmental disorders behavioral disorders with onset during childhood known or presumed to result at least in part from disruption of brain development

神经元纤维缠结

neurofibrillary tangles twists or tangles of filaments within nerve cells, especially prominent in the cerebral cortex and hippocampus, common in the brains of Alzheimer's disease patients

神经阻滞剂

neuroleptics drugs used to treat psychotic symptoms

神经心理测验

neuropsychological tests tests of cognitive, sensory, and/or motor skills that attempt to differentiate people with deficits in these areas from normal subjects

神经递质

neurotransmitters biochemicals, released from a sending neuron, that transmit messages to a receiving neuron in the brain and nervous system

尼古丁

nicotine alkaloid found in tobacco; operates on both the central and peripheral nervous systems, resulting in the release of biochemicals, including dopamine, norepinephrine, serotonin, and the endogenous opioids

夜间进食障碍

night eating disorder an eating disorder characterized by the regular intake of excessive amounts of food after dinner and into the night

梦魇障碍

nightmare disorder sleep disorder characterized by nightmares frequent enough to cause significant distress or impairment in functioning

非自杀性自我伤害

nonsuicidal self-injury (NSSI) act of deliberately cutting, burning, puncturing, or otherwise significantly injuring one's skin with no intent to die

去甲肾上腺素

norepinephrine neurotransmitter that is involved in the regulation of mood

去甲肾上腺素-多巴胺再摄取抑制剂

norepinephrine-dopamine reuptake inhibitors drugs used to treat depression; inhibit the reuptake of both norepinephrine and dopamine

虚无假设

null hypothesis alternative to a primary hypothesis, stating that there is no relationship between the independent variable and the dependent variable

O

肥胖

obesity condition of being significantly overweight, defined by the Centers for Disease Control as a body mass index (BMI) of 30 or over, where BMI is calculated as weight in pounds multiplied by 703, then divided by the square of height in inches

客体关系

object relations view held by a group of modern psychodynamic theorists that one develops a self-concept and appraisals of others in a four-stage process during childhood and retains them throughout adulthood; psychopathology consists of an incomplete progression through these stages or an acquisition of poor self- and other concepts

观察学习

observational learning learning that occurs when a person observes the rewards and punishments of another's behavior and then behaves in accordance with the same rewards and punishments

强迫观念

obsessions uncontrollable, persistent thoughts, images, ideas, or impulses that an individual feels intrude on his or her consciousness and that cause significant anxiety or distress

强迫症

obsessive-compulsive disorder (OCD) anxiety disorder characterized by obsessions (persistent thoughts) and compulsions (rituals)

强迫型人格障碍

obsessive-compulsive personality disorder pervasive rigidity in one's activities and interpersonal relationships; includes qualities such as emotional constriction, extreme perfectionism, and anxiety resulting from even slight disruptions in one's routine

阻塞性睡眠呼吸暂停低通气

obstructive sleep apnea hypopnea syndrome sleep disorder characterized by repeated episodes of upper-airway obstruction during sleep

操作性条件作用

operant conditioning form of learning in which behaviors lead to consequences that either reinforce or punish the organism, leading to an increased or a decreased probability of a future response

操作化
operationalization specific manner in which variables in a study are measured or manipulated

阿片类物质
opioids substances, including morphine and heroin, that produce euphoria followed by a tranquil state; in severe intoxication, can lead to unconsciousness, coma, and seizures; can cause withdrawal symptoms of emotional distress, severe nausea, sweating, diarrhea, and fever

对立违抗障碍
oppositional defiant disorder syndrome of chronic misbehavior in childhood marked by belligerence, irritability, and defiance, although not to the extent found in a diagnosis of conduct disorder

器质性遗忘症
organic amnesia loss of memory caused by brain injury resulting from disease, drugs, accidents (blows to head), or surgery

性高潮
orgasm discharge of neuromuscular tension built up during sexual activity; in men, entails rhythmic contractions of the prostate, seminal vesicles, vas deferens, and penis and seminal discharge; in women, entails contractions of the orgasmic platform and uterus

P

语言重复症
palilalia continuous repetition of sounds and words

惊恐发作
panic attacks short, intense periods during which an individual experiences physiological and cognitive symptoms of anxiety, characterized by intense fear and discomfort

惊恐障碍
panic disorder disorder characterized by recurrent, unexpected panic attacks

性欲倒错障碍
paraphilic disorder disorder characterized by atypical sexual activity that involves one of the following: (1) nonhuman objects, (2) nonconsenting adults, (3) the suffering or humiliation of oneself or one's partner, or (4) children

患者权利运动
patients' rights movement movement to ensure that mental patients retain their basic rights and to remove them from institutions and care for them in the community

恋童障碍
pedophilic disorder disorder characterized by adult obtainment of sexual gratification by engaging in sexual activities with young children

表现焦虑
performance anxiety anxiety over sexual performance that interferes with sexual functioning

被害妄想
persecutory delusions false, persistent beliefs that one is being pursued by other people

人格
personality patterns of thinking, emotions, and behavior that tend to be enduring

人格障碍
personality disorder chronic pattern of maladaptive cognition, emotion, and behavior that begins by adolescence or early adulthood and continues into later adulthood

人格量表
personality inventories questionnaires that assess people's typical ways of thinking, feeling, and behaving; used to obtain information about people's well-being, self-concept, attitudes, and beliefs

人格特质
personality trait a facet of personality on which people differ from one another

广泛性发育障碍
pervasive developmental disorders disorders characterized by severe and persisting impairment in several areas of development

苯环利定
phencyclidine (PCP) substance that produces euphoria, slowed reaction times, and involuntary movements at low doses; disorganized thinking, feelings of unreality, and hostility at intermediate doses; and amnesia, analgesia, respiratory problems, and changes in body temperature at high doses

吩噻嗪
phenothiazines drugs that reduce the functional level of dopamine in the brain and tend to reduce the symptoms of schizophrenia

垂体
pituitary major endocrine gland that lies partly on the outgrowth of the brain and just below the hypothalamus; produces the largest number of different hormones and controls the secretions of other endocrine glands

安慰剂控制组
placebo control group in a therapy outcome study, group of people whose treatment is an inactive substance (to compare with the effects of a drug) or a nontheory-based therapy providing social support (to compare with the effects of psychotherapy)

斑块
plaques deposits of amyloid protein that accumulate in the extracellular spaces of the cerebral cortex, hippocampus, and other forebrain structures in people with Alzheimer's disease

平台期
plateau phase in the sexual response cycle, period between arousal and orgasm, during which excitement remains high but stable

多基因
polygenic combination of many genes, each of which makes a small contribution to an inherited trait

阳性症状
positive symptoms in schizophrenia, hallucinations, delusions, and disorganization in thought and behavior

正电子发射断层扫描
positron-emission tomography (PET) method of localizing and measuring brain activity by detecting photons that result from the metabolization of an injected isotope

创伤后应激障碍
post-traumatic stress disorder (PTSD) anxiety disorder characterized by (1) repeated mental images of experiencing a traumatic event, (2) emotional numbing and detachment, and (3) hypervigilance and chronic arousal

前意识
preconscious according to Freud, area of the psyche that contains material from the unconscious before it reaches the conscious mind

经前期烦躁障碍
premenstrual dysphoric disorder a set of symptoms occurring immediately prior to onset of menses characterized by a mixture of depression, anxiety and tension, and irritability and anger; may occur in mood swings during the week before onset of menses and subside once menses has begun

有准备的经典条件作用
prepared classical conditioning theory that evolution has prepared people to be easily conditioned to fear objects or situations that were dangerous in ancient times

患病率
prevalence proportion of the population who have a specific disorder at a given point or period in time

一级预防
primary prevention prevention of the development of psychological disorders before they start

前驱症状
prodromal symptoms in schizophrenia, milder symptoms prior to an acute phase of the disorder, during which behaviors are unusual and peculiar but not yet psychotic or completely disorganized

投射测验
projective test presentation of an ambiguous stimulus, such as an inkblot, to a client, who then projects unconscious motives and issues onto the stimulus in his or her interpretation of its content

精神时疫
psychic epidemics phenomena in which large numbers of people begin to engage in unusual behaviors that appear to have a psychological origin

精神分析
psychoanalysis form of treatment for psychopathology involving alleviating unconscious conflicts driving psychological symptoms by helping people gain insight into their conflicts and finding ways of resolving these conflicts

心理动力学理论
psychodynamic theories theories developed by Freud's followers but usually differing somewhat from Freud's original theories

心理动力学治疗
psychodynamic therapies therapies focused on uncovering and resolving unconscious conflicts that drive psychological symptoms

心因性遗忘症
psychogenic amnesia loss of memory in the absence of any brain injury or disease and thought to have psychological causes

心理学取向
psychological approach approach to abnormality that focuses on personality, behavior, and ways of thinking as possible causes of abnormality

心理学理论
psychological theories theories that view mental disorders as caused by psychological processes, such as beliefs, thinking styles, and coping styles

心理病理学
psychopathology symptoms that cause mental, emotional, and/or physical pain

精神变态
psychopathy set of broad personality traits including superficial charm, a grandiose sense of self-worth, a tendency toward boredom and need for stimulation, pathological lying, an ability to be cunning and manipulative, and a lack of remorse

心理生理测试
psychophysiological tests tests in which instruments are attached to the periphery of the body to record changes due to activity in the nervous system

性心理发展阶段
psychosexual stages according to Freud, stages in the developmental process children pass through; in each stage, sex drives are focused on the stimulation of certain areas of the body, and particular psychological issues can arouse anxiety

精神病状态
psychosis state involving a loss of contact with reality as well as an inability to differentiate between reality and one's subjective state

精神外科手术
psychosurgery rare treatment for mental disorders in which a neurosurgeon attempts to destroy small areas of the brain thought to be involved in a patient's symptoms

精神质
psychoticism proneness to psychotic-like symptoms, such as illusions

伴明显解离（人格解体或现实解体）症状的创伤后应激障碍
PTSD with prominent dissociative (depersonalization/derealization) symptoms a form of post-traumatic stress disor-

der in which the individual experiences feelings of being detached from his or her mental processes or body and of the unreality of the surroundings

R

随机分配
random assignment assignment of participants in an experiment to groups based on a random process

快速环性双相障碍
rapid cycling bipolar disorder diagnosis given when a person has four or more cycles of mania and depression within 1 year

快速眼动睡眠行为障碍
rapid eye movement (REM) sleep behavior disorder frequent and impairing behaviors such as sleepwalking, sleep terrors, and confusional episodes during REM sleep

受体
receptors molecules on the membranes of neurons to which neurotransmitters bind

反映
reflection method of responding in which a therapist expresses his or her attempt to understand what the client is experiencing and trying to communicate

形成式习得性无助理论
reformulated learned helplessness theory view that people who attribute negative events to internal, stable, and global causes are more likely than other people to experience learned helplessness deficits following such events and thus are predisposed to depression

拒绝敏感性
rejection sensitivity tendency to be hypervigilant and overreactive to signs of rejection from others

复发预防计划
relapse prevention programs treatments that seek to offset continued alcohol use by identifying high-risk situations for those attempting to stop or cut down on drinking and teaching them either to avoid those situations or to use assertiveness skills when in them, while viewing setbacks as temporary

信度
reliability degree of consistency in a measurement—that is, the extent to which it yields accurate measurements of a phenomenon across several trials, across different populations, and in different forms

关系精神分析
relational psychoanalysis a subfield of psychoanalysis that emphasizes internalized relationships with other people based on the influences of early formative relationships with parents and other attachment figures

重复经颅磁刺激
repetitive transcranial magnetic stimulation (rTMS) biological treatment that exposes patients to repeated, high-intensity magnetic pulses that are focused on particular brain structures in order to stimulate those structures

压抑
repression defense mechanism in which the ego pushes anxiety-provoking material back into the unconscious

残留型精神分裂症
residual schizophrenia diagnosis made when a person has already experienced a single acute phase of schizophrenia but currently has milder and less debilitating symptoms

阻抗
resistance in psychodynamic therapy, when a client finds it difficult or impossible to address certain material; the client's resistance signals an unconscious conflict, which the therapist then tries to interpret

消退期
resolution in the sexual response cycle, state of deep relaxation following orgasm in which a man loses his erection and a woman's orgasmic platform subsides

不安腿综合征
restless legs syndrome (RLS) creeping, crawling, tingling, itching sensations in the legs that are prominent enough to interfere with sleep

情感受限
restricted affect a symptom in which emotional expression is reduced or absent

限制型神经性厌食症
restricting type of anorexia nervosa type of anorexia nervosa in which weight gain is prevented by refusal to eat

逆行性遗忘
retrograde amnesia deficit in the ability to recall previously learned information or past events

再摄取
reuptake process in which a sending neuron reabsorbs some of the neurotransmitter in the synapse, decreasing the amount left in the synapse

拒绝治疗的权利
right to refuse treatment right, not recognized by all states, of involuntarily committed people to refuse drugs or other treatment

接受治疗的权利
right to treatment fundamental right of involuntarily committed people to receive active treatment for their disorders rather than shelter alone

高危因素
risk factors conditions or variables associated with a higher risk of having a disorder

思维反刍
rumination focusing on one's personal concerns and feelings of distress repetitively and passively

S

施虐受虐症
sadomasochism pattern of sexual rituals between a sexually sadistic "giver" and a sexually masochistic "receiver"

样本
sample group of people taken from a population of interest to participate in a study

分裂情感性障碍
schizoaffective disorder disorder in which individuals simultaneously experience schizophrenic symptoms (i.e., delusions, hallucinations, disorganized speech and behavior, and/or negative symptoms) and mood symptoms meeting the criteria for a major depressive episode, a manic episode, or an episode of mixed mania/depression

精神分裂症
schizophrenia disorder consisting of unreal or disorganized thoughts and perceptions as well as verbal, cognitive, and behavioral deficits

精神分裂症谱系
schizophrenia spectrum the set of psychiatric disorders related to schizophrenia that vary along a severity continuum

精神分裂症样障碍
schizophreniform disorder disorder in which individuals meet the primary criteria for schizophrenia but show symptoms lasting only 1 to 6 months

分裂型人格障碍
schizotypal personality disorder chronic pattern of inhibited or inappropriate emotion and social behavior as well as aberrant cognitions and disorganized speech

科学方法
scientific method systematic method of obtaining and evaluating information relevant to a problem

季节性情感障碍
seasonal affective disorder (SAD) disorder identified by a 2-year period in which a person experiences major depression during winter months and then recovers fully during the summer; some people with this disorder also experience mild mania during summer months

二级预防
secondary prevention detection of psychological disorders in their earliest stages and treatment designed to reduce their development

选择性5–羟色胺–去甲肾上腺素再摄取抑制剂
selective serotonin-norepinephrine reuptake inhibitors (SNRIs) drugs that affect both the serotonin system and the norepinephrine system and are used to treat anxiety and depression

选择性5–羟色胺再摄取抑制剂
selective serotonin reuptake inhibitors (SSRIs) class of antidepressant drugs

自我实现
self-actualization fulfillment of one's potential for love, creativity, and meaning

自我效能感信念
self-efficacy beliefs beliefs that one can engage in the behaviors necessary to overcome a situation

自我监控
self-monitoring method of assessment in which a client records the number of times per day that he or she engages in a specific behavior and the conditions surrounding the behavior

自体心理学
self psychology a form of psychoanalytic theory and therapy developed by Heinz Kohut in which psychopathology is viewed as being the result of disrupted or unmet developmental needs

感官聚焦疗法
sensate focus therapy treatment for sexual dysfunction in which partners alternate between giving and receiving stimulation in a relaxed, openly communicative atmosphere in order to reduce performance anxiety and concern over achieving orgasm by learning each partner's sexual fulfillment needs

分离焦虑障碍
separation anxiety disorder syndrome of childhood and adolescence marked by the presence of abnormal fear or worry over becoming separated from one's caregiver(s) as well as clinging behaviors in the presence of the caregiver(s)

5–羟色胺
serotonin neurotransmitter involved in the regulation of mood and impulsive responses

性欲
sexual desire in the sexual response cycle, an urge or inclination to engage in sexual activity

性功能失调
sexual dysfunctions problems in experiencing sexual arousal or carrying through with sexual acts to the point of sexual arousal

性功能
sexual functioning the ability and capacity to engage in sexual behavior

性受虐障碍
sexual masochism disorder disorder characterized by obtaining sexual gratification through experiencing pain and humiliation at the hands of one's partner

性施虐障碍
sexual sadism disorder disorder characterized by obtaining sexual gratification through inflicting pain and humiliation on one's partner

单被试实验设计
single-case experimental design experimental design in which an individual or a small number of individuals are studied intensively; the individual is put through some sort of manipulation or intervention, and his or her behavior is examined before and after this manipulation to determine the effects

单光子发射计算机断层扫描

single photon emission computed tomography (SPECT) procedure to assess brain functioning in which a tracer substance is injected into the bloodstream and then travels to the brain, where it can indicate the activity level of specific areas of the brain when viewed through a SPECT scanner

情境型恐怖症

situational type phobias extreme fears of situations such as public transportation, tunnels, bridges, elevators, flying, driving, or enclosed spaces

皮肤搔抓障碍

skin-picking disorder a disorder characterized by recurrent picking at scabs or places on the skin, creating significant lesions that often become infected and cause scars

睡眠相关的通气不足

sleep-related hypoventilation episodes of decreased breathing associated with high carbon dioxide levels

睡眠障碍

sleep disorders disturbances in sleeping or staying awake, such as insomnia and narcolepsy

睡惊障碍

sleep terrors disorder of arousal in which the individual screams, sweats, and has a racing heart during NREM sleep; the person cannot be easily wakened and usually does not remember the episode on awakening

睡行障碍

sleepwalking disorder of arousal characterized by repeated episodes of walking during NREM sleep

社交焦虑障碍

social anxiety disorder an anxiety disorder in which the individual experiences intense fear of public humiliation or rejection and therefore tends to avoid social situations

社交交流障碍

social communication disorder a communication disorder characterized by difficulty using language and other modalities for communicating in social situations

社会流动

social drift explanation for the association between schizophrenia and low social status that says that because schizophrenia symptoms interfere with a person's ability to complete an education and hold a job, people with schizophrenia tend to drift downward in social class compared to their family of origin

社会文化取向

sociocultural approach approach to psychopathology focusing on the role of the environment, stress, and culture in producing psychopathology

躯体幻觉

somatic hallucinations unreal perceptions that something is happening inside one's body—for example, that worms are eating one's intestines

躯体症状障碍

somatic symptom disorder syndrome marked by health concerns that are excessive given actual physical health, that persist despite contrary evidence, and that interfere with daily functioning

特定学习障碍

specific learning disorder disrupted or delayed development in a specific domain of cognition, such as reading

特定恐怖症

specific phobias extreme fears of specific objects or situations that cause an individual to routinely avoid those objects or situations

语音障碍

speech disorder a communication disorder characterized by difficulties in producing speech

挤捏技术

squeeze technique sex therapy technique used for premature ejaculation; the man's partner stimulates him to an erection, and then when he signals that ejaculation is imminent, the partner applies a firm but gentle squeeze to his penis, either at the glans or at the base, for 3 or 4 seconds; the goal of this technique is for the man to learn to identify the point of ejaculatory inevitability and to control his arousal level at that point

统计显著性

statistical significance likelihood that a study's results have occurred only by chance

刻板运动障碍

stereotypic movement disorder a motor disorder characterized by repetitive, seemingly driven, and apparently purposeless motor behavior, such as hand waving or head banging

兴奋剂

stimulants drugs that activate the nervous system

“停–动”技术

stop-start technique sex therapy technique used for premature ejaculation; the man or his partner stimulates his penis until he is about to ejaculate; the man then relaxes and concentrates on the sensations in his body until his level of arousal declines; the goal of this technique is for the man to learn to identify the point of ejaculatory inevitability and to control his arousal level at that point

应激接种疗法

stress-inoculation therapy a form of cognitive-behavior therapy that focuses on developing skills that allow the individual to cope with stress

中风

stroke sudden damage to the brain due to blockage of blood flow or hemorrhaging

结构式会谈

structured interview meeting between a clinician and a client or a client's associate(s) in which the clinician asks questions that are standardized and are usually designed to determine whether a diagnosis is warranted

口吃
stuttering significant problem in speech fluency, often including frequent repetitions of sounds or syllables

物质
substance naturally occurring or synthetically produced product that alters perceptions, thoughts, emotions, and behaviors when ingested, smoked, or injected

物质滥用
substance abuse diagnosis given in the *DSM-IV* when a person's recurrent substance use leads to significant harmful consequences, as manifested by a failure to fulfill obligations at work, school, or home; the use of substances in physically hazardous situations; legal problems; and continued use despite social and legal problems

物质依赖
substance dependence diagnosis given in the *DSM-IV* when a person's substance use leads to physiological dependence or significant impairment or distress, as manifested by an inability to use the substance in moderation; a decline in social, occupational, or recreational activities; or the spending of large amounts of time obtaining substances or recovering from their effects

药物所致的性功能失调
substance-induced sexual dysfunction problems in sexual functioning caused by substance use

物质/药物所致的睡眠障碍
substance-induced sleep disorder sleep disturbance due to the use of substances, including prescription medications (e.g., medications that control hypertension or cardiac arrhythmias) and nonprescription substances (e.g., alcohol and caffeine)

物质中毒
substance intoxication experience of significantly maladaptive behavioral and psychological symptoms due to the effect of a substance on the central nervous system that develops during or shortly after use of the substance

物质使用障碍
substance use disorders disorders characterized by inability to use a substance in moderation and/or the intentional use of a substance to change one's thoughts, feelings, and/or behaviors, leading to impairment in work, academic, personal, or social endeavors

物质戒断
substance withdrawal experience of clinically significant distress in social, occupational, or other areas of functioning due to the cessation or reduction of substance use

自杀
suicide purposeful taking of one's own life

自杀企图
suicide attempts behaviors engaged in with some intent to kill oneself

丛集性自杀
suicide cluster when two or more suicides or attempted suicides nonrandomly occur closely together in space or time

自杀传染
suicide contagion phenomenon in which the suicide of a well-known person is linked to the acceptance of suicide by people who closely identify with that person

自杀意念
suicide ideation thoughts about killing oneself

超我
superego part of the unconscious that consists of absolute moral standards internalized from one's parents during childhood and from one's culture

超自然理论
supernatural theories theories that see mental disorders as the result of supernatural forces, such as divine intervention, curses, demonic possession, and/or personal sins; mental disorders then can be cured through religious rituals, exorcisms, confessions, and/or death

症状问卷
symptom questionnaire questionnaire that assesses what symptoms a person is experiencing

突触
synapse space between a sending neuron and a receiving neuron into which neurotransmitters are first released (also known as the synaptic gap)

综合征
syndrome set of symptoms that tend to occur together

系统脱敏疗法
systematic desensitization therapy type of behavior therapy that attempts to reduce client anxiety through relaxation techniques and progressive exposure to feared stimuli

T

触幻觉
tactile hallucinations unreal perceptions that something is happening to the outside of one's body—for example, that bugs are crawling up one's back

迟发性运动障碍
tardive dyskinesia neurological disorder marked by involuntary movements of the tongue, face, mouth, or jaw, resulting from taking neuroleptic drugs

三级预防
tertiary prevention program focusing on people who already have a disease with the aim of preventing relapse and reducing the impact of the disease on the person's quality of life

丘脑
thalamus structure of the brain that directs incoming information from sense receptors (such as vision and hearing) to the cerebrum

理论
theory set of assumptions about the likely causes of abnormality and appropriate treatments

治疗效果研究
therapy outcome studies experimental studies that assess the effects of an intervention designed to reduce psychopathology in an experimental group, while performing no intervention or a different type of intervention on another group

第三变量问题
third variable problem possibility that variables not measured in a study are the real cause of the relationship between the variables measured in the study

第三浪潮取向
third-wave approaches modern psychotherapeutic techniques that combine elements of the first- and second-wave approaches—behavioral therapy and cognitive therapy, respectively—with mindfulness meditation practices derived from Zen Buddhism to help people accept, understand, and better regulate their emotions

耐受性
tolerance condition of experiencing less and less effect from the same dose of a substance

抽动秽语综合征
Tourette's disorder a motor disorder characterized by multiple motor tics and one or more vocal tics

移情
transference in psychodynamic therapies, the client's reaction to the therapist as if the therapist were an important person in his or her early development; the client's feelings and beliefs about this other person are transferred onto the therapist

移情焦点疗法
transference-focused therapy a highly structured psychodynamic treatment for borderline personality disorder that uses the relationship between patient and therapist to help patients develop a more realistic and healthier understanding of their interpersonal relationships

易性症者
transsexuals people who experience chronic discomfort with their gender and genitals as well as a desire to be rid of their genitals and to live as a member of the opposite sex

异装障碍
transvestic disorder paraphilic disorder in which a heterosexual man dresses in women's clothing as his primary means of becoming sexually aroused

创伤性脑损伤
traumatic brain injury injury to the brain resulting from traumatic force; often associated with loss of consciousness

环钻术
trephination procedure in which holes were drilled in the skulls of people displaying abnormal behavior, presumably to allow evil spirits to depart their bodies; performed in the Stone Age

三环类抗抑郁药
tricyclic antidepressants class of antidepressant drugs

双生子研究
twin studies studies of the heritability of a disorder by comparing concordance rates between monozygotic and dizygotic twins

A型行为模式
Type A behavior pattern personality pattern characterized by time urgency, hostility, and competitiveness

U

无条件反应
unconditioned response (UR) in classical conditioning, response that naturally follows when a certain stimulus appears, such as a dog salivating when it smells food

无条件刺激
unconditioned stimulus (US) in classical conditioning, stimulus that naturally elicits a reaction, as food elicits salivation in dogs

无意识
unconscious area of the psyche where memories, wishes, and needs are stored and where conflicts among the id, ego, and superego are played out

V

迷走神经刺激
vagus nerve stimulation (VNS) treatment in which the vagus nerve—the part of the autonomic nervous system that carries information from the head, neck, thorax, and abdomen to several areas of the brain, including the hypothalamus and amygdala—is stimulated by a small electronic device much like a cardiac pacemaker, which is surgically implanted under a patient's skin in the left chest wall

效度
validity degree of correspondence between a measurement and the phenomenon under study

变量
variable measurable factor or characteristic that can vary within an individual, between individuals, or both

血管性神经认知障碍
vascular neurocognitive disorder a form of dementia resulting from multiple strokes and/or ischemic events

视幻觉
visual hallucination visual perception of something that is not actually present

窥阴障碍
voyeuristic disorder disorder characterized by obtainment of sexual arousal by compulsively and secretly watching another person undressing, bathing, engaging in sex, or being naked

W

等候名单控制组

wait list control group in a therapy outcome study, group of people that functions as a control group while an experimental group receives an intervention and then receives the intervention itself after a waiting period

修通

working through method used in psychodynamic therapies in which the client repeatedly goes over and over painful memories and difficult issues as a way to understand and accept them

参考文献

A

Aarsland, D., & Kurz, M. W. (2009). The epidemiology of dementia associated with Parkinson disease. *Journal of the Neurological Sciences*, *289,* 18–22.

Abbey, A., Ross, L. T., McDuffie, D., & McAuslan, P. (1996). Alcohol and dating risk factors for sexual assault among college women. *Psychology of Women Quarterly, 20,* 147–169.

Abi-Dargham, A., Kegeles, L. S., Zea-Ponce, Y., Mawlawi, O., Martinez, D., Mitropoulou, V., O'Flynn, K., Koenigsberg, H. W., van Heertum, R., Cooper, T., Laruelle, M., & Siever, L. J. (2004). Striatal amphetamine-induced dopamine release in patients with schizotypal personality disorder studied with single photon emission computed tomography and [123I]lodobenzamide. *Biological Psychiatry, 55,* 1001–1006.

Abramowitz, J. S., & Braddock, A. E. (2011). *Hypochondriasis and health anxiety.* Cambridge, MA: Hogrefe.

Abramson, L. Y., Alloy, L. B., Hankin, B. L., Haeffel, G. J., MacCoon, D. G., & Gibb, B. E. (2002). Cognitive vulnerability-stress models of depression in a self-regulatory and psychobiological context. In I. H. Gotlib & C. L. Hammen (Eds.), *Handbook of depression* (pp. 268–294). New York: Guilford Press.

Abramson, L. Y., Bardone-Cone, A. M., Vohs, K. D., Joiner, T. E., Jr., & Heatherton, T. F. (2006). Cognitive vulnerability to bulimia. In L. B. Alloy & J. H. Riskind (Eds.), *Cognitive vulnerability to emotional disorders* (pp. 329–364). Mahwah, NJ: Erlbaum.

Abramson, L. Y., Metalsky, G. I., & Alloy, L. B. (1989). Hopelessness depression: A theory-based subtype of depression. *Psychological Review, 96,* 358–372.

Abramson, L. Y., Seligman, M. E. P., & Teasdale, J. (1978). Learned helplessness in humans: Critique and reformulation. *Journal of Abnormal Psychology, 87,* 49–74.

Adams, C. E., Awad, G., Rathbone, J., & Thornley, B. (2007). Chlorpromazine versus placebo for schizophrenia. *Cochrane Database of Systematic Reviews, 2,* CD000284.

Addis, M. E. (2008). Gender and depression in men. *Clinical Psychology: Science and Practice, 15,* 153–168.

Aderibigbe, Y. A., Bloch, R. M., & Walker, W. R. (2001). Prevalence of depersonalization and derealization experiences in a rural population. *Social Psychiatry & Psychiatric Epidemiology, 36,* 63–69.

Adler, C. M., Adams, J., DelBello, M. P., Holland, S. K., Schmithorst, V., Levine, A., Jarvis, K., & Strakowski, S. M. (2006). Evidence of white matter pathology in bipolar disorder adolescents experiencing their first episode of mania: A diffusion tensor imaging study. *American Journal of Psychiatry, 163,* 322–324.

Afifi, T. O., Mather, A., Boman, J., Fleisher, W., Enns, M. W., MacMillan, H., & Sareen, J. (2011). Childhood adversity and personality disorders: Results from a nationally representative population-based study. *Journal of Psychiatric Research*, *45*, 814–822.

Agras, W. S., & Kirkley, B. G. (1986). Bulimia: Theories of etiology. In K. D. Brownell & J. P. Foreyt (Eds.), *Handbook of eating disorders: Physiology, psychology, and treatment of obesity, anorexia, and bulimia* (pp. 367–378). New York: Basic Books.

Agras, W. S., Walsh, B. T., Fairburn, C. C., Wilson, G. T., & Kraemer, H. C. (2000). A multicenter comparison of cognitive-behavioral therapy and interpersonal psychotherapy for bulimia nervosa. *Archives of General Psychiatry, 57,* 459–466.

Agrawal, A., Heath, A. C., & Lynskey, M. T. (2011). *DSM-IV* to *DSM-5*: The impact of proposed revisions on diagnosis of alcohol use disorders. *Addiction, 106,* 1935–1943.

Agronin, M. E. (2009). Sexual disorders in elderly patients. In R. Balon & R. T. Segraves (Eds.), *Clinical manual of sexual disorders* (pp. 403–422). Arlington, VA: American Psychiatric Publishing.

Ahlers, M. M. (2009, July 14). NTSB: Sleep disorder may have contributed to Boston train crash. http://www.cnn.com/2009/US/07/14/ntsb.train.crash/index.html (accessed July 23, 2009)

Ahmed, A. O., Buckley, P. F., & Mabe, P. A. (2012). Latent structure of psychotic experiences in the general population. *Acta Psychiatrica Scandinavia, 125,* 54–65.

Ajdacic-Gross, V., Killias, M., Hepp, U., Gadola, E., Bopp, M., Lauber, C., Schnyder, U., Gutzwiller, F., & Rossler, W. (2006). Changing times: A longitudinal analysis of international firearm suicide data. *American Journal of Public Health, 96,* 1752–1755.

Ajzen, I. (1991). The theory of planned behavior. *Organizational Behavior and Human Decision Processes, 50,* 179–211.

Alarcon, R. D., Becker, A. E., Lewis-Fernandez, R., Like, R. C., Desai, P., Foulks, E., Gonzales, J., Hansen, H., Kopelowicz, A., Lu, F. G., Oquendo, M. A., & Primm, A. (2009). Issues for *DSM-V:* The role of culture in psychiatric diagnosis. *Journal of Nervous and Mental Disease, 197,* 559–560.

Albayrak, O., Friedel, S., Schimmelmann, B. G., Hinney, A., & Hebebrand, J. (2008). Genetic aspects in attention-deficit/hyperactivity disorder. *Journal of Neural Transmission, 115*, 305–315.

Aldao, A., Mennin, D. S., Linardatos, E., & Fresco, D. M. (2010). Differential patterns of physical symptoms and subjective processes in generalized anxiety disorder and unipolar depression. *Journal of Anxiety Disorders, 24,* 250–259.

Alegría, M., Canino, G., Shrout, P. E., Woo, M., Duan, N., Vila, D., et al. (2008). Prevalence of mental illness in immigrant and nonimmigrant U.S. Latino groups. *American Journal of Psychiatry, 165,* 359–369.

Aleman, A., & Laroi, F. (2008). *Hallucinations: The science of idiosyncratic perception.* Washington, DC: American Psychological Association.

Alexander, K. L., Entwisle, D. R., & Thompson, M. S. (1987). School performance, status relations, and the structure of sentiment: Bringing the teacher back in. *American Sociological Review, 52,* 665–682.

Alexopoulos, G. S., Meyers, B. S., Young, R. C., Campbell, S., Silbersweig, D., & Charlson, M. (1997). "Vascular depression" hypothesis. *Archives of General Psychiatry, 54,* 915–922.

Ali, S., Garg, S., Cohen, B. E., Bhave, P., Harris, W. S., & Whooley, M. A. (2009). Association between omega-3 fatty acids and depressive symptoms among patients with established coronary artery disease: Data from the Heart and Soul Study. *Psychotherapy and Psychosomatics,* 78, 125–127.

Allderidge, P. (1979). Hospitals, madhouses and asylums: Cycles in the care of the insane. *British Journal of Psychiatry, 134,* 321–334.

Allen, J. B., & Iacono, W. G. (2001). Assessing the validity of amnesia in dissociative identity disorder: A dilemma for the DSM and the courts. *Psychology, Public Policy, & Law, 7,* 311–344.

Allen, N. C., Bagade, S., McQueen, M. B., Ioannidis, J. P., Kavvoura, F. K., Khoury, M. J., Tanzi, R. E., & Bertram, L. (2008). Systematic meta-analyses and field synopsis of genetic association studies in schizophrenia: The SzGene database. *Nature Genetics, 40,* 827–834.

Allison, K. C., Lundgren, J. D., O'Reardon, J. P., Geliebter, A., Gluck, M. E., Vinai, P., Mitchell, J. E., Schenck, C. H., Howell, M. J., Crow, S. J., Engel, S., Latzer, Y., Tzischinsky, O., Mahowald, M. W., & Stunkard, A. J. (2010). Proposed diagnostic criteria for night eating syndrome. *International Journal of Eating Disorders, 43,* 241–247.

Alloy, L. B., Abramson, L. Y., & Francis, E. L. (1999). Do negative cognitive styles confer vulnerability to depression? *Current Directions in Psychological Science, 8,* 128–132.

Alloy, L. B., Abramson, L. Y., Walshaw, P. D., Cogswell, A., Grandin, L. D., Hughes, M. E., Iacoviello, B. M., Whitehouse, W. G., Urosevic, S., Nusslock, R., & Hogan, M. E. (2008). Inhibition system sensitivities and bipolar spectrum disorders: Prospective prediction of bipolar mood episodes. *Bipolar Disorders, 10,* 310–322.

Alonso, J., Angermeyer, M. C., Bernert, S., Bruffaerts, R., Brugha, T. S., Bryson, H., de Girolamo, G., de Graaf, R., Demyttenaere, K., Gasquet, I., Haro, J. M., Katz, S. J., Kessler, R. C., Kovess, V., Lepine, J. P., Ormel, J., Polidori, G., Russo, L. J., & Vilagut, G. (2004). 12-month comorbidity patterns and associated factors in Europe: Results from the European Study of the Epidemiology of Mental Disorders (ESEMeD) project. *Acta Psychiatrica Scandinavica, 109,* 28–37.

Althof, S. E. (1995). Pharmacologic treatment of rapid ejaculation. *Psychiatric Clinics of North America, 18,* 85–94.

Althof, S. E. (2000). Erectile dysfunction: Psychotherapy with men and couples. In S. R. Leiblum & R. C. Rosen (Eds.), *Principles and practice of sex therapy* (3rd ed., pp. 242–275). New York: Guilford Press.

Altman, S., Haeri, S., Cohen, L. J., Ten, A., Harron, E., Galynker, I. I., et al. (2006). Predictors of relapse in bipolar disorder: A review. *Journal of Psychiatric Practice, 12,* 269–282.

Alvanzo, A. A. H., Storr, C. L., La Flair, L., Green, K. G., & Wagner, F. A. (2011). Race/ethnicity and sex differences in progression from drinking initiation to the development of alcohol dependence. *Drug and Alcohol Dependence, 118,* 375–382.

American Heart Association. (2002). Diseases and conditions. Retrieved from www.americanheart.org

American Heart Association. (2010). Cardiovascular disease statistics. http:/www.heart.org/HEARTORG/General/Heart-and-Stroke-Association-Statistics_UCM_319064_SubHomePage.jsp

American Psychiatric Association (APA). (2000). *Diagnostic and statistical manual of mental disorders* (4th ed., Text Revision). Washington, DC: American Psychiatric Association.

American Psychiatric Association. (2012). *Rationale for the proposed changes to the personality disorders classification in the DSM-5.* Washington, DC: Author.

American Psychiatric Association. (2013). *Diagnostic and Statistical Manual of Mental Disorders* (5th ed.). Washington, DC: Author.

Anders, S. L. (2003). Improving community-based care for the treatment of schizophrenia: Lessons from native Africa. *Psychiatric Rehabilitation Journal, 27,* 51–58.

Andersen, A. E., & DiDomenico, L. (1992). Diet vs. shape content of popular male and female magazines: A dose-response relationship to the incidence of eating disorders? *International Journal of Eating Disorders, 11,* 283–287.

Anderson, E. R., & Mayes, L. C., (2010). Race/ethnicity and internalizing disorders in youth: A review. *Clinical Psychology Review, 30,* 338–348.

Anderson, G., Yasenik, L., & Ross, C. A. (1993). Dissociative experiences and disorders among women who identify themselves as sexual abuse survivors. *Child Abuse & Neglect, 17,* 677–686.

Anderson, G. M., & Hoshino, Y. (1997). Neurochemical studies of autism. In D. J. Cohen & F. R. Volkmar (Eds.), *Handbook of autism and pervasive developmental disorders* (pp. 325–343). Toronto: Wiley.

Anderson, K. N., Pilsworth, S., Sharples, L. D., Smith, I. E., & Shneerson, J. M. (2007). Idiopathic hypersomnia: A study of 77 cases. *Sleep, 30,* 1274–1281.

Anderson, R. E., Bartlett, S. J., Morgan, G. D., & Brownell, K. D. (1995). Weight loss, psychological, and nutritional patterns in competitive male body builders. *International Journal of Eating Disorders, 18,* 49–57.

Andrade, L., Caraveo-Anduaga, J. J., Berglund, P., Bijl, R.V., DeGraaf, R., Volbergh, W., et al. (2003). The epidemiology of major depressive episodes: Results from the International Consortium of Psychiatric Epidemiology (ICPE) surveys. *International Journal of Methods in Psychiatric Research, 12,* 3–21.

Andreasen, N. C. (1998). Jeff: A difficult case of schizophrenia. In R. P. Halgin & S. K. Whitbourne (Eds.), *A casebook in abnormal psychology from the files of experts* (pp. 197–210). New York: Oxford University Press.

Andreasen, N. C., Flaum, M., Swayze, V. W., Tyrrell, G., & Arndt, S. (1990). Positive and negative symptoms in schizophrenia: A critical reappraisal. *Archives of General Psychiatry, 47,* 615–621.

Andrews, G., Hobbs, M. J., Borkovec, T. D., Beesdo, K., Craske, M. G., Heimberg, R. G., Rapee, R. M., Ruscio, A. M., & Stanley, M. A. (2010). Generalized worry disorder: A review of *DSM-IV* generalized anxiety disorder and options for *DSM-V. Depression and Anxiety*, *0,* 1–14.

Angold, A., Costello, E. J., & Worthman, C. M. (1998). Puberty and depression: The roles of age, pubertal status, and pubertal timing. *Psychological Medicine, 28,* 51–61.

Angold, A., Erkanli, A., Egger, H. L., & Costello, J. (2000). Stimulant treatment for children: A community perspective. *Journal of the American Academy of Child & Adolescent Psychiatry, 39,* 975–994.

Angst, J., Gamma, A., Endrass, J., Goodwin, R., Ajdacic, V., Eich, D., & Rössler, W. (2004). Obsessive-compulsive severity spectrum in the community: Prevalence, comorbidity, and course. *European Archives of Psychiatry & Clinical Neuroscience, 254,* 156–164.

Angst, J., Gamma, A., Pezawas, L., Ajdacic-Gross, V., Eich, D., Rossler, W., & Altamura, C. (2007). Parsing the clinical phenotype of depression: The need to integrate brief depressive episodes. *Acta Psychiatrica Scandinavica, 115,* 221–228.

Anonymous. (1992). First-person account: Portrait of a schizophrenic. *Schizophrenia Bulletin, 18,* 333–334.

Anton, R. F., O'Malley, S. S., Ciraulo, D. A., Cisler, R. A., Couper, D., Donovan, D. M., Gastfriend, D. R., Hosking, J. D., Johnson, B. A., LoCastro, J. S., Longabaugh, R., Mason, B. J., Mattson, M. E., Miller, W. R., Pettinati, H. M., Randall, C. L., Swift, R., Weiss, R. D., Williams, L. D., & Zweben, A. (2006). Combined pharmacotherapies and behavioral interventions for alcohol dependence: The COMBINE study: A randomized controlled trial. *Journal of the American Medical Association, 295,* 2003–2017.

Antoni, M. H., Lehman, J. M., Kilbourn, K. M., Boyers, A. E., Culver, J. L., Alferi, S. M., Young, S. E., McGregor, B. A., Arena, P. L., Harris, S. D., Price, A. A., & Carver, C. S. (2001). Cognitive-behavioral stress management intervention decreases the prevalence of depression and enhances benefit finding among women under treatment for early-stage breast cancer. *Health Psychology, 20,* 20–32.

Appelbaum, B. C., Appelbaum, P. S., & Grisso, T. (1998). Competence to consent to voluntary psychiatric hospitalization: A test of a standard proposed by APA. *Psychiatric Services, 49,* 1193–1196.

Arcelus, J., Mitchell, A. J., Wales, J., & Nielson, S. (2011). Mortality rates in patients with anorexia nervosa and other eating disorders. *Archives of General Psychiatry, 68,* 724–731.

Arendt, J. (2009). Managing jet lag: Some of the problems and possible new solutions. *Sleep Medicine Reviews, 13,* 249–256.

Arias, J. M. C., Palacio Acosta, C. A. , Valencia, J. G., Montoya, G. J., Arango Viana, J. C., Nieto, O. C., Florez, A. F., Camarena Medellind, B. E., Montoya, R. M., Lopez Jaramilloa C. A., Achury, J. G., Fuentes, C. C., Berrio, G. B., & Andres Ruiz-Linares, A. (2011). Exploring epistasis in candidate genes for antisocial personality disorder. *Psychiatric Genetics, 21*, 115–124.

Arntz, A., Weertman, A., & Salet, S. (2011). Interpretation bias in Cluster-C and borderline personality disorders. *Behaviour Research and Therapy, 49*, 472–481.

Arseneault, L., Moffitt, T. E., Caspi, A., Taylor, A., Rijsdijk, F. V., Jaffee, S. R., Ablow, J. C., & Measelle, J. R. (2003). Strong genetic effects on cross-situational antisocial behaviour among 5-year-old children according to mothers, teachers, examiner-observers, and twins' self-reports. *Journal of Child Psychology & Psychiatry, 44,* 832–848.

Asberg, M., & Forslund, K. (2000). Neurobiological aspects of suicidal behavior. *International Review of Psychiatry, 12,* 62–74.

Aspinwall, L., et al. (2012). The double-edged sword: Does biomechanism increase or decrease judges' sentencing of psychopaths? *Science, 337,* 846–849.

Atiya, M., Hyman, B. T., Albert, M. S., & Killiany, R. (2003). Structural magnetic resonance imaging in established and prodromal Alzheimer's disease: A review. *Alzheimer's Disease & Associated Disorders, 17,* 177–195.

Attia, E., & Roberto, C. A. (2009). Should amenorrhea be a diagnostic criterion for anorexia nervosa? *International Journal of Eating Disorders, 42,* 581–589.

Attia, E., & Walsh, B. T. (2007). Anorexia nervosa. *American Journal of Psychiatry, 164,* 1805–1810.

August, G. L., Realmutto, G. M., Hektner, J. M., & Bloomquist, M. L. (2001). An integrated components preventive intervention for aggressive elementary school children: The early risers' program. *Journal of Consulting & Clinical Psychology, 69,* 614–626.

Avants, S. K., Warburton, L. A., & Margolin, A. (2001). How injection drug users coped with testing HIV-seropositive: Implications for subsequent health-related behaviors. *AIDS Education and Prevention, 13,* 207–218.

Aybek, S., Kanaan, R. A., & David, A. S. (2008). The neuropsychiatry of conversion disorder. *Current Opinion in Psychiatry, 21,* 275–280.

Ayers, C. R., Saxena, S., Golshan, S., & Wetherell, J. L. (2009). Age at onset and clinical features of late life compulsive hoarding. *International Journal of Geriatric Psychiatry, 25,* 142–149.

Azrin, N. H., & Nunn, R. G. (1973). Habit-reversal: A method of eliminating nervous habits and tics. *Behaviour Research and Therapy, 11*, 619–628.

B

Baba, T., Endo, T., Honnma, H., Kitajima, Y., Hayashi, T., Ikeda, H., et al. (2007). Association between polycystic ovary syndrome and female-to-male transsexuality. *Human Reproduction, 22,* 1011–1016.

Bach, A. K., Wincze, J. P., & Barlow, D. H. (2001). Sexual dysfunction. In D. H. Barlow (Ed.), *Clinical handbook of psychological disorders: A step-by-step treatment manual* (3rd ed., pp. 562–608). New York: Guilford Press.

Bachrach, H. M., Galatzer-Levy, R., Skolnikoff, A., & Waldron, S. (1991). On the efficacy of psychoanalysis. *Journal of the American Psychoanalytic Association, 39,* 871–916.

Baer, J. S., Kivlahan, D. R., Blume, A. W., McKnight, P., & Marlatt, G. A. (2001). Brief intervention for heavy-drinking college students: 4-year follow-up and natural history. *American Journal of Public Health, 91,* 1310–1316.

Baer, J. S., Marlatt, G. A., Kivlahan, D. R., & Fromme, K. (1992). An experimental test of three methods of alcohol risk reduction with young adults. *Journal of Consulting & Clinical Psychology, 60,* 974–979.

Baer, R. A., Peters, J. R., Eisenlohr-Moul, T. A., Geider, P. J., & Sauer, S. E. (2012). Emotion-related cognitive processes in borderline personality disorder: A review of the empirical literature. *Clinical Psychology, 32,* 359–369.

Baird, G., Simonoff, E., Pickles, A., Chandler, S., Loucas, T., Meldrum, D., & Charman, T. (2006). Prevalence of disorders of the autism spectrum in a population cohort of children in South Thames: The Special Needs and Autism Project (SNAP). *Lancet, 368*(9531), 210–215.

Baker, D., Hunter, E., Lawrence, E., Medford, N., Patel, M., Senior, C., Sierra, M., Lambert, M. V., Phillips, M. L., & David, A. S. (2003). Depersonalisation disorder: Clinical features of 204 cases. *British Journal of Psychiatry, 182,* 428–433.

Baker, L. A., Jacobson, K. C., Raine, A., Lozano, D. I., & Bezdjian, S. (2007). Genetic and environmental bases of childhood antisocial behavior: A multi-informant twin study. *Journal of Abnormal Psychology, 116,* 219–235.

Baldessarini, R. J., Tondo, L., & Hennen, J. (2001). Treating the suicidal patient with bipolar disorder: Reducing suicide risk with lithium. *Annals of the New York Academy of Sciences, 932,* 24–38.

Ball, S. A., Martino, S., Nich, C., Frankforter, T. L., Van Horn, D., Crits-Christoph, P., Woody, G. E., Obert, J. L., Farentinos, C., & Carroll, K. M. (2007). Site matters: Multisite randomized trial of motivational enhancement therapy in community drug abuse clinics. *Journal of Consulting and Clinical Psychology, 75,* 556–567.

Ballenger, J. C., Davidson, J. R. T., Lecrubier, Y., Nutt, D. J., Marshall, R. D., Nemeroff, C. B., Shalev, A. Y., & Yehuda, R. (2004). Consensus statement update on posttraumatic stress disorder from the International Consensus Group on Depression and Anxiety. *Journal of Clinical Psychiatry, 65*(Suppl. 1), 55–62.

Balon, R., & Segraves, R. T. (Eds). (2008). *Clinical manual of sexual disorders*. Arlington, VA: American Psychiatric Publishing.

Balon, R., Segraves, R. T., & Clayton, A. (2007). Issues for *DSM-V*: Sexual dysfunction, disorder, or variation along normal distribution: Toward rethinking *DSM* criteria of sexual dysfunctions. *American Journal of Psychiatry, 164*, 198–200.

Bandura, A. (1969). *Principles of behavior modification.* New York: Holt, Rinehart & Winston.

Bandura, A. (2006). Going global with social cognitive theory: From prospect to paydirt. In S. I. Donaldson, D. E. Berger, & K. Pezdek (Eds.), *Applied psychology: New frontiers and rewarding careers* (pp. 53–79). Mahwah, NJ: Erlbaum.

Barch, D. M. (2005). The cognitive neuroscience of schizophrenia. *Annual Review of Clinical Psychology, 1,* 321–353.

Barch, D. M., Csernansky, J. G., Conturo, T., & Snyder, A. Z. (2002). Working and long-term memory deficits in schizophrenia: Is there a common prefrontal mechanism? *Journal of Abnormal Psychology, 111,* 478–494.

Barefoot, J. C., Dahlstrom, W. G., & Williams, R. B. (1983). Hostility, CHD incidence, and total mortality: A 25-yr follow-up study of 255 physicians. *Psychosomatic Medicine, 45,* 59–63.

Barefoot, J. C., Dodge, K. A., Peterson, B. L., Dahlstrom, W. G., & Williams, R. B., Jr. (1989). The Cook-Medley Hostility Scale: Item content and ability to predict survival. *Psychosomatic Medicine, 51,* 46–57.

Barefoot, J. C., Siegler, I. C., Nowlin, J. B., &Peterson, B. L. (1987). Suspiciousness, health, and mortality: A follow-up study of 500 older adults. *Psychosomatic Medicine, 49,* 450–457.

Barkhof, E., Meijer, C. J., de Sonneville, L. M. J., Linszen, D. H., & de Haan, L. (2012). Interventions to improve adherence to antipsychotic medication in patients with schizophrenia: A review of the past decade. *European Psychiatry, 27*, 9–18.

Barkley, R. A. (1991). Attention deficit/hyperactivity disorder. *Psychiatric Annals, 21,* 725–733.

Barkley, R. A., & Brown, T. E. (2008). Unrecognized attention-deficit/hyperactivity disorder in adults presenting with other psychiatric disorders. *CNS Spectrums, 13*, 977–984.

Barkley, R. A., Fischer, M., Edelbrock, C. S., & Smallish, L. (1990). The adolescent outcome of hyperactive children diagnosed by research criteria: I. An 8-year prospective follow-up study. *Journal of the American Academy of Child & Adolescent Psychiatry, 29,* 546–557.

Barlow, D. H. (1986). Causes of sexual dysfunction: The role of anxiety and cognitive interference. *Journal of Consulting & Clinical Psychology, 54,* 140–148.

Barlow, D. H. (2011). The development and evaluation of psychological treatments for panic disorder. In M. Gernsbacher, D. Pew, & L. Hough (Eds.), *Psychology and the real world: Essays illustrating fundamental contributors to society* (pp. 198–204). New York: Worth.

Barlow, D. H., Gorman, J. M., Shear, M. K., & Woods, S. W. (2000). Cognitive-behavioral therapy, imipramine, or their combination forpanic disorder: A randomized controlled trial. *Journal of the American Medical Association, 283,* 2529–2536.

Barlow, D. H., Sakheim, D. K., & Beck, J. G. (1983). Anxiety increases sexual arousal. *Journal of Abnormal Psychology, 92,* 49–54.

Barlow, M. R., & Freyd, J. J. (2009). Adaptive dissociation: Information processing and response to betrayal. In P. F. Dell & J. A. O'Neil (Eds.), *Dissociation and the dissociative disorders: DSM-V and beyond* (pp. 93–105). New York: Routledge.

Barnes, J. J., Dean, A. J., Nandam, L. S., O'Connell, R. G., & Bellgrove, M. A. (2011). The molecular genetics of executive function: Role of monoamine system genes. *Biological Psychiatry, 69*, e127–143.

Barnes, L. L., Wilson, R. S., Bienias, J. L., Schneider, J. A., Evans, D. A., & Bennett, D. A. (2005). Sex differences in the clinical manifestations of Alzheimer disease pathology. *Archives of General Psychiatry, 62*, 685–691.

Bartlik, B., & Goldstein, M. Z. (2001a). Practical geriatrics: Maintaining sexual health after menopause. *Psychiatric Services, 51,* 751–753.

Bartlik, B., & Goldstein, M. Z. (2001b). Practical geriatrics: Men's sexual health after midlife. *Psychiatric Services, 52,* 291–293.

Basson, R., Berman, J., Burnett, A., Derogatis, L., Ferguson, D., Fourcroy, J., Goldstein, I., Graziottin, A., Heiman, J., Laan, E., Leiblum, S., Padma-Nathan, H., Rosen, R., Segraves, K., Segraves, R. T., Shabsigh, R., Sipski, M., Wagner, G., & Whippie, B. (2001). Report of the international consensus development conference on female sexual dysfunction: Definitions and classifications. *Journal of Sex & Marital Therapy, 27,* 83–94.

Basson, R., McInnes, R., Smith, M. D., Hodgson, G., & Koppiker, N. (2002). Efficacy and safety of sildenafil citrate in women with sexual dysfunction associated with female sexual arousal disorder. *Journal of Women's Health & Gender-Based Medicine, 11,* 367–377.

Bastien, C. H., Morin, C. M., Ouellet, M.-C., Blais, F. C., & Bouchard, S. (2004). Cognitive-behavioral therapy for insomnia: Comparison of individual therapy, group therapy, and telephone consultations. *Journal of Consulting & Clinical Psychology, 72,* 653–659.

Batelaan, N. M., Van Balkom, A. J. L. M., & Stein, D. J. (2012). Evidence-based pharmacotherapy of panic disorder: An update. *International Journal of Neuropsychopharmacology, 15,* 403–415.

Bateman, A., & Fonagy, P. (2008). 8-year follow-up of patients treated for borderline personality disorder: Mentalization-based treatment versus treatment as usual. *American Journal of Psychiatry, 165,* 631–638.

Bateson, G., Jackson, D. D., Haley, J., & Weakland, J. (1956). Toward a theory of schizophrenia. *Behavioral Science, 1,* 251–264.

Baum, A., Perry, N. W., Jr., & Tarbell, S. (2004). The development of psychology as a health science. In T. J. Ball, R. G. Frank, A. Baum, & J. L. Wallander (Eds.), *Handbook of clinical health psychology: Volume 3. Models and perspectives in health psychology* (pp. 9–28). Washington, DC: American Psychological Association.

Baxter, L., Schwartz, J., Bergman, K., & Szuba, M. (1992). Caudate glucose metabolic rate changes with both drug and behavior therapy for obsessive-compulsive disorder. *Archives of General Psychiatry, 49,* 681–689.

Beatty, J. (1995). *Principles of behavioral neuroscience.* Dubuque, IA: Wm. C. Brown.

Beauchaine, T. P., Hinshaw, S. P., & Pang, K. L. (2010). Comorbidity of attention-deficit/hyperactivity disorder and early-onset conduct disorder: Biological, environmental, and developmental mechanisms. *Clinical Psychology: Science and Practice, 17*, 327–336.

Bechara, A. (2005). Decision making, impulse control and loss of willpower to resist drugs: A neurocognitive perspective. *Nature Neuroscience, 8,* 1458–1463.

Beck, A. T. (1967). *Depression: Clinical, experimental, and theoretical aspects.* New York: Harper & Row.

Beck, A. T. (1976). *Cognitive therapy and the emotional disorders.* New York: International Universities Press.

Beck, A. T., & Beck, R. W. (1972). Screening depressed patients in family practice: A rapid technique. *Postgraduate Medicine, 52,* 81–85.

Beck, A. T., & Emery, G. (1985). *Anxiety disorders and phobias: A cognitive perspective.* New York: Basic Books.

Beck, A. T., & Freeman, A. M. (1990). *Cognitive therapy of personality disorders.* New York: Guilford Press.

Beck, A. T., & Rector, N. A. (2005). Cognitive approaches to schizophrenia: Theory and therapy. *Annual Review of Clinical Psychology, 1,* 577–606.

Beck, A. T., Butler, A. C., Brown, G. K., Dahlsgaard, K. K., Newman, C. F., & Beck, J. S. (2001). Dysfunctional beliefs discriminate personality disorders. *Behaviour Research & Therapy, 39,* 1213–1225.

Beck, A. T., Rush, A. J., Shaw, B. F., & Emery, G. (1979). *Cognitive therapy of depression.* New York: Guilford Press.

Beck, A. T., Steer, R. A., Kovacs, M., & Garrison, B. (1985). Hopelessness and eventual suicide: A 10-year prospective study of patients hospitalized with suicidal ideation. *American Journal of Psychiatry, 142,* 559–563.

Beck, A. T., Ward, C. H., Mendelson, M., Moch, J. E., & Erbaugh, J. (1962). Reliability of psychiatric diagnosis: II. A study of consistency of clinical judgments and ratings. *American Journal of Psychiatry, 119,* 351–357.

Beck, A. T., Weissman, A., Lester, D., & Trexler, L. (1974). The measurement of pessimism: The Hopelessness Scale. *Journal of Consulting & Clinical Psychology, 42,* 861–865.

Becker, A. E., Fay, K. E., Agnew-Blais, J., Kahn, A. N., Striegel-Moore, R. H., & Gilman, S. E. (2011). Social network media exposure and adolescent eating pathology in Fiji. *British Journal of Psychiatry 198,* 43–50.

Becker-Blease, K. A., Deater-Deckard, K., Eley, T., Freyd, J. J., Stevenson, J., & Plomin, R. (2004). A genetic analysis of individual differences in dissociative behaviors in childhood and adolescence. *Journal of Child Psychology & Psychiatry, 45,* 522–532.

Beekman, A. T., Bremmer, M. A., Deeg, D. J., van Balkom, A. J., Smit, J. H., deBeurs, E., van Dyck, R., & van Tilburg, W. (1998). Anxiety disorders in later life: A report from the Longitudinal Aging Study Amsterdam. *International Journal of Geriatric Psychiatry, 13,* 717–726.

Belle, D., & Doucet, J. (2003). Poverty, inequality, and discrimination as sources of depression among U.S. women. *Psychology of Women Quarterly*, 27, 101–113.

Belmaker, R. H. (2004). Medical progress: Bipolar disorder. *New England Journal of Medicine, 351,* 476–486.

Belmaker, R. H., & Agam, G. (2008). Major depressive disorder. *New England Journal of Medicine, 358,* 55–68.

Bender, D. S. (2012). Mirror, mirror on the wall: reflecting on narcissism. *Journal of Psychology, 68,* 877–885.

Bender, D. S., Morey, L. C., & Skodol, A. E. (2011). Toward a model for assessing level of personality functioning in *DSM-5*,

Part I: A review of theory and methods. *Journal of Personality Assessment, 93*, 332–346.

Bender, L. (1938). *A visual motor gestalt test and its clinical use.* New York: American Orthopsychiatric Association.

Benet-Martinez, V., & John, O. P. (1998). Los Cinco Grandes across cultures and ethnic groups: Multitrait-multimethod analyses of the Big Five in Spanish and English. *Journal of Personality & Social Psychology, 75*, 729–750.

Benjamin, L. T., Jr. (2005). A history of clinical psychology as a profession in America (and a glimpse at its future). *Annual Review of Clinical Psychology, 1*, 1–30.

Bennett, N. S., Lidz, C. W., Monahan, J., Mulvey, E. P., Hoge, S. K., Roth, L. H., & Gardner, W. (1993). Inclusion, motivation, and good faith: The morality of coercion in mental hospital admission. *Behavioral Sciences and the Law, 11*, 295–306.

Benotsch, E. G., Christensen, A. J., & McKelvey, L. (1997). Hostility, social support, and ambulatory cardiovascular activity. *Journal of Behavioral Medicine, 20*, 163–176.

Bentall, R. P., Rouse, G., Kinderman, P., Blackwood, N., Howard, R., Moore, R., et al. (2008). Paranoid delusions in schizophrenia spectrum disorders and depression: The transdiagnostic role of expectations of negative events and negative self-esteem. *Journal of Nervous and Mental Disease, 196*, 375–383.

Berger, W., Coutinho, E. S., Figueira, I., Marques-Portella, C., Luz, M. P., Neylan, T. C., Marmar, C. R., & Mendlowicz, M. V. (2012). Rescuers at risk: A systematic review and meta-regression analysis of the worldwide current prevalence and correlates of PTSD in rescue workers. *Social Psychiatry and Psychiatric Epidemiology, 47*, 1001–1011.

Berk, M., Dodd, S., Kauer-Sant'Anna, M., Malhi, G. S., Bourin, M., Kapczinski, F., Norman, T. (2007). Dopamine dysregulation syndrome: Implications for a dopamine hypothesis of bipolar disorder. *Acta Psychiatrica Scandinavica, 116*, 41–49.

Berkman, L. F., Blumenthal, J., Burg, M., et al. (2003). Effects of treating depression and low perceived social support on clinical events after myocardial infarction: The Enhancing Recovery in Coronary Heart Disease Patients (ENRICHD) randomized trial. *Journal of the American Medical Association, 289*, 3106–3116.

Berkowitz, R. I., Wadden, T. A., Gehrman, C. A., Bishop-Gilyard, C. T., Moore, R. H., Womble, L. G., Cronquist, J. L., Trumpikas, N. L., Levitt-Katz, L. E., & Xanthopoulos, M. S. (2011). Meal replacements in the treatment of adolescent obesity: A randomized control trial. *Obesity, 19*, 1193–1199.

Berlin, L. J., Brooks-Gunn, J., McCartoon, C., & McCormick, M. C. (1998). The effectiveness of early intervention: Examining risk factors and pathways to enhanced development. *Preventive Medicine, 27*, 238–245.

Berman, A. L., & Jobes, D. A. (1995). Suicide prevention in adolescents (age 12–18). *Suicide & Life-Threatening Behavior, 25*, 143–154.

Bernstein, D. P., Iscan, C., Maser, J. & the Boards of Directors of the Association for Research in Personality Disorders and the International Society for the Study of Personality Disorders. (2007). Opinions of personality disorder experts regarding the *DSM-IV* personality disorders classification system. *Journal of Personality Disorders, 21*, 536–551.

Berthoud, H. R., & Morrison, C. (2008). The brain, appetite, and obesity. *Annual Review of Psychology, 59*, 55–92.

Bettelheim, B. (1967). *The empty fortress: Infantile autism and the birth of the self.* New York: Free Press.

Biederman, J., Faraone, S. V., Hirschfeld-Becker, D. R., Friedman, D., Robin, J. A., & Rosenbaum, J. F. (2001). Patterns of psychopathology and dysfunction in high-risk children of parents with panic disorder and major depression. *American Journal of Psychiatry, 158*, 49–57.

Biederman, J., Mick, E., Faraone, S. V., Braaten, E., Doyle, A., Spencer, T., Wilens, T. E., Frazier, E., & Johnson, M. (2002). Influence of gender on attention deficit hyperactivity disorder in children referred to a psychiatric clinic. *American Journal of Psychiatry, 159*, 36–42.

Biederman, J., Rosenbaum, J. F., Bolduc-Murphy, E. A., Faraone, S. V., Chaloff, J., Hirshfeld, D. R., & Kagan, J. (1993). Behavioral inhibition as a temperamental risk factor for anxiety disorders. *Child & Adolescent Psychiatric Clinics of North America, 2*, 667–684.

Biederman, J., Rosenbaum, J. F., Hirshfeld, D. R., Faraone, V., Bolduc, E., Gersten, M., Meminger, S., & Reznick, S. (1990). Psychiatric correlates of behavioral inhibition in young children of parents with and without psychiatric disorders. *Archives of General Psychiatry, 47*, 21–26.

Billings, D. W., Folkman, S., Acree, M., & Moskowitz, J. T. (2000). Coping and physical health during caregiving: The roles of positive and negative affect. *Journal of Personality and Social Psychology, 79*, 131–142.

Birmaher, B., Axelson, D., Strober, M., Gill, M. K., Valeri, S., Chiappetta, L., Ryan, N., Leonard, H., Junt, J., Iyengar, S., & Keller, M. (2006). Clinical course of children and adolescents with bipolar spectrum disorders. *Archive of General Psychiatry, 63*, 175–183.

Birmaher, B., Axelson, D. A., Monk, K., Kalas, C., Clark, D. B., Ehmann, M., Bridge, J., Heo, J., & Brent, D. A. (2003). Fluoxetine for the treatment of childhood anxiety disorders. *Journal of the American Academy of Child & Adolescent Psychiatry, 42*, 415–423.

Biron, M., Risch, N., Hamburger, R., Mandel, B., Kushner, S., Newman, M., Drumer, D., & Belmaker, R. H. (1987). Genetic linkage between X-chromosome markers and bipolar affective illness. *Nature, 326*, 289–292.

Bjorvatn, B., Grønli, J., & Pallesen, S. (2010). Prevalence of different parasomnias in the general population. *Sleep Medicine Reviews, 11*, 1031–1034.

Blacher, J. B., Hanneman, R. A., & Rousey, A. B. (1992). Out-of-home placement of children with severe handicaps: A comparison of approaches. *American Journal on Mental Retardation, 96*, 607–616.

Blair, R. J. R., Peschardt, K. S., Budhani, S., Mitchell, D. G. V., & Pine, D. S. (2006). The development of psychopathy. *Journal of Child Psychology and Psychiatry, 47*, 262–275.

Blaney, P. H. (1986). Affect and memory: A review. *Psychological Bulletin, 99*, 229–246.

Blank, R., Smits-Engelsman, B., Polatajko, H., & Wilson, P. (2012). European Academy for Childhood Disability (EACD): Recommendations on the definition, diagnosis and intervention of developmental coordination disorder (long version). *Developmental Medicine and Child Neurology, 54*, 54–93.

Blazer, D. G., Kessler, R. C., McGonagle, K. A., & Swartz, M. S. (1994). The prevalence and distribution of major depression in a national community sample: The National Comorbidity Study. *American Journal of Psychiatry, 151*, 979–986.

Bliss, E. L. (1980). Multiple personalities: A report of 14 cases with implications for schizophrenia and hysteria. *Archives of General Psychiatry, 37*, 1388–1397.

Bliss, E. L. (1986). *Multiple personality, allied disorders, and hypnosis.* New York: Oxford University Press.

Bloch, M. H., Landeros-Weisenberger, A., Rosario, M. C., Pittenger, C., & Leckman, J. F. (2008). Meta-analysis of the symptom structure of obsessive-compulsive disorder. *American Journal of Psychiatry, 165*, 532–542.

Blond, A. (2008). Impacts of exposure to images of ideal bodies on male body dissatisfaction: A review. *Body Image, 5*, 244–250.

Blum, N., St. John, D., Pfohl, B., Stuart, S., McCormick, B., Allen, J., Arndt, S., & Black, D. W. (2008). Systems training for emotional predictability and problem solving (STEPPS) for outpatients with borderline personality disorder: A randomized controlled trial and 1-year follow-up. *American Journal of Psychiatry, 165*, 468–478.

Blumenthal, J. A., Babyak, M. A., Doraiswamy, P. M., Watkins, L., Hoffman, B. M., Barbour, K. A., Herman, S., Craighead, W. E., Brosse, A. L., Waugh, R., Hinderliter, A., & Sherwood, A. (2007). Exercise and pharmacotherapy in the treatment of major depressive disorder. *Psychosomatic Medicine, 69,* 587–596.

Blumenthal, J. A., Sherwood, A., Babyak, M. A., Watkins, L. L., Waugh, R., Georgiades, A., Bacon, S. L., Hayano, J., Coleman, R. E., & Hinderliter, A. (2005). Effects of exercise and stress management training on markers of cardiovascular risk in patients with ischemic heart disease: A randomized controlled trial. *Journal of the American Medical Association, 293,* 1626–1634.

Boeve, B. F. (2010). Predicting the future in idiopathic rapid-eye movement sleep behaviour disorder. *Lancet Neurology, 9*, 1040–1042.

Boeve, B. F., Silber, M. H., Saper, C. B., Ferman, T. J., Dickson, D. W., Parisi, J. E., Benaroch, E. E., Ahlskog, J. E., Smith, G. E., Caselli, R. C., Tippman-Peikert, M., Olson, E. J., Lin, C.-S., Young, T., Wszolek, Z., Schenck, C. H., Mahowald, M. W., Castillo, P. R., Del Tredici, K., and Braak, H. (2007). Pathophysiology of REM sleep behavior disorder and relevance to neurodegenerative disease. *Brain, 130,* 2770–2788.

Bogels, S. M., Alden, L., Beidel, D. C., Clark, L. A., Pine, D. S., Stein, M. B., & Voncken, M. (2010). Social anxiety disorder: Questions and answers for the *DSM-V. Depression and Anxiety, 27,* 168–189.

Bohart, A. C. (1990). Psychotherapy integration from a client-centered perspective. In G. Lietaer (Ed.), *Client-centered and experiential psychotherapy in the nineties* (pp. 481–500). Leuven, Belgium: Leuven University Press.

Bohart, A. C. (1995). The person-centered psychotherapies. In A. S. Gurman (Ed.), *Essential psychotherapies: Theory and practice* (pp. 55–84). New York: Guilford Press.

Bohus, M., Haaf, B., Simms, T., Limberger, M. F., Schmahl, C., Unckel, C., Lieb, K., & Linehan, M. M. (2004). Effectiveness of inpatient dialectical behavioral therapy for borderline personality disorder: A controlled trial. *Behaviour Re-search & Therapy, 42,* 487–499.

Bölte, S., & Poustka, F. (2004). Comparing the intelligence profiles of savant and nonsavant individuals with autistic disorder. *Intelligence, 32,* 121–131.

Bonanno, G. A., Galea, S., Bucciarelli, A., & Vlahov, D. (2006). Psychological resilience after disaster: New York City in the aftermath of the September 11th terrorist attack. *Psychological Science, 17,* 181–186.

Bonanno, G. A., Neria, Y., Mancini, A., Coifman, K. G., Litz, B., & Insel, B. (2007). Is there more to complicated grief than depression and posttraumatic stress disorder? A test of incremental validity. *Journal of Abnormal Psychology, 116*, 342–351.

Bonanno, G. A., Westphal, M., & Mancini, A. D. (2011). Resilience to loss and potential trauma. *Annual Review of Clinical Psychology, 7,* 511–535.

Bonnie, R. J., & Grisso, T. (2000). Adjudicative competence and youthful offenders. In T. Grisso & R.G. Schwartz (Eds.), *Youth on trial: A developmental perspective on juvenile justice.* Chicago: University of Chicago Press.

Book, A. S., Starzyk, K. B., & Quinsey, V. L. (2001). The relationship between testosterone and aggression: A meta-analysis. *Aggression & Violent Behavior, 6,* 579–599.

Boothroyd, R. A., Mercado, C. C., Poythress, N. G., Christy, A., & Petrila, J. (2005). Clinical outcomes of defendants in mental health court. *Psychiatric Services, 56,* 829–834.

Borges, G., Angst, J., Nock, M. K., Ruscio, A. M., & Kessler, R. C. (2008). Risk factors for the incidence and persistence of suicide-related outcomes: A 10-year follow-up study using the national comorbidity surveys. *Journal of Affective Disorders, 105,* 25–33.

Borges, G., Nock, M. K., Haro Abad, J. M., Hwang, I., Sampson, N. A., Alonso, J., Andrade, L. H., Angermeyer, M. C., Beautrais, A., Bromet, E., Bruffaerts, R., de Girolamo, G., Florescu, S., Gureje, O., Hu, C., Karam, E. G., Kovess-Masfety, V., Lee, S., Levinson, D., Medina-Mora, M. E., Ormel, J., Posada-Villa, J., Sagar, R., Tomov, T., Uda, H., Williams, D. R., & Kessler, R. C. (2010). Twelve-month prevalence of and risk factors for suicide attempts in the World Health Organization World Mental Health Surveys. *Journal of Clinical Psychiatry, 71*, 1617–1628.

Borkovec, T. D., & Roemer, L. (1995). Perceived functions of worry among generalized anxiety disorder subjects: Distraction from more emotionally distressing topics? *Journal of Behavior Therapy and Experimental Psychiatry, 26,* 25–30.

Borkovec, T. D., & Ruscio, A. M. (2001). Psychotherapy for generalized anxiety disorder. *Journal of Clinical Psychiatry, 62*(Suppl. 11), 37–42.

Borkovec, T. D., Alcaine, O., & Behar, E. (2004). Avoidance theory of worry and generalized anxiety disorder. In R. G. Heimberg, C. L. Turk, & D. S. Mennin (Eds.), *Generalized anxiety disorder: Advances in research and practice* (pp. 77–108). New York: Guilford Press.

Borkovec, T. D., Newman, M. G., & Castonguay, L. G. (2003). Cognitive-behavioral therapy for generalized anxiety disorder with integrations from interpersonal and experiential therapies. *CNS Spectrums, 8,* 382–389.

Borkovec, T. D., Newman, M. G., Pincus, A. L., & Lytle, R. (2002). A component analysis of cognitive-behavioral therapy for generalized anxiety disorder and the role of interpersonal problems. *Journal of Consulting & Clinical Psychology, 70,* 288–298.

Bornstein, R. F. (2012). Illuminating a neglected clinical issue: societal costs of interpersonal dependency and dependent personality disorder. *Journal of Clinical Psychology, 68,* 766–781.

Bottoms, G. (2000). *Angelhead.* New York: Three Rivers Press.

Bouchard, T. J., & Loehlin, J. C. (2001). Genes, evolution, and personality. *Behavior Genetics, 31,* 243–273.

Bouton, M. E., Mineka, S., & Barlow, D. H. (2001). A modern learning theory perspective on the etiology of panic disorder. *Psychological Review, 108,* 4–32.

Bowen, S., Chawla, N., & Marlatt, G. A. (2010). *Mindfulness-based relapse prevention for the treatment of substance-use disorders: A clinician's guide.* New York: Guilford Press.

Bowen, S., Chawla, N., Collins, S. E., Witkiewitz, K., Hsu, S., Grow, J., & Marlatt, G. A. (2009). Mindfulness-based relapse prevention for substance-use disorders: A pilot efficacy trial. *Substance Abuse, 30,* 295–305.

Bowie, C. R., Leung, W. W., Reichenberg, A., McClure, M. M., Patterson, T., Heaton, R. K., & Harvey, P. D. (2008). Predicting schizophrenia patients' real-world behavior with specific neuropsychological and functional capacity measures. *Biological Psychiatry, 63*, 505–511.

Boysen. G. A. (2011). The scientific status of childhood dissociative identity disorder: A review of published research. *Psychotherapy and Psychosomatics, 80,* 329–334.

Bradley, S. J. (1995). Psychosexual disorders in adolescence. In J. M. Oldham & M. B. Riba (Eds.), *Review of psychiatry* (Vol. 14, pp. 735–754). Washington, DC: American Psychiatric Press.

Brady, K .T., Back, S. E., & Greenfield, S. F. (Eds.). (2009). *Women and addiction: A comprehensive handbook.* New York: Guilford Press.

Braun, B. G. (Ed.). (1986). *Treatment of multiple personality disorder.* Washington, DC: American Psychiatric Press.

Brawman-Mintzer, O., & Yonkers, K. A. (2001). Psychopharmacology in women. In N. L. Stotland (Ed.), *Psychological aspects of women's health care: The interface between psychiatry and obstetrics and gynecology* (2nd ed., pp. 401–420). Washington, DC: American Psychiatric Press.

Brent, D. A., & Bridge, J. (2003). Firearms availability and suicide. *American Behavioral Scientist, 46*(9), 1192–1210.

Brent, D. A., Kerr, M. M., Goldstein, C., Bozigar, J., Wartella, M., & Allan, M. J. (1989). An outbreak of suicide and suicidal behavior in a high school. *Journal of the American Academy of Child & Adolescent Psychiatry, 28,* 918–924.

Brent, D. A., Oquendo, M., Birmaher, B., Greenhill, L., Kolko, D., Stanley, B., Zelazny, J., Brodsky, B., Bridge, J., Ellis, S., Salazer, J. O., & Mann, J. J. (2002). Familial pathways to early-onset suicide attempt. *Archives of General Psychiatry, 59,* 801–807.

Brent, D. A., Oquendo, M., Birmaher, B., Greenhill, L., Kolko, D., Stanley, B., Zelazny, J., Brodsky, B., Firinciogullari, S., Ellis, S. P., & Mann, J. J. (2003). Peripubertal suicide attempts in offspring of suicide attempters with siblings concordant for suicidal behavior. *American Journal of Psychiatry, 160,* 1486–1493.

Brent, D. A., Perper, J. A., Allman, C. J., Moritz, G. M., Wartella, M. E., & Zelenak, J. P. (1991). The presence and accessibility of firearms in the homes of adolescent suicide: A case-control study. *Journal of the American Medical Association, 266,* 2989–2995.

Brent, D. A., Perper, J., Moritz, G., Baugher, M., & Allman, C. (1993). Suicide in adolescents with no apparent psychopathology. *Journal of the American Academy of Child and Adolescent Psychiatry, 32,* 494–500.

Brick, J. (Ed.). (2008). *Handbook of the medical consequences of alcohol and drug abuse* (2nd ed.). New York: Haworth Press/ Taylor & Francis Group.

Bridges, F. S. (2004). Gun Control Law (Bill C-17), suicide, and homicide in Canada. *Psychological Reports, 94,* 819–826.

Briere, J., & Conte, J. R. (1993). Self-reported amnesia for abuse in adults molested as children. *Journal of Traumatic Stress, 6,* 21–31.

Briley, D. A., & Tucker-Drob, E. M. (2012). Broad bandwidth or high fidelity? Evidence from the structure of genetic and environmental effects on the facets of the five factor model. *Behavior Genetics, 42,* 743–763.

Britton, J. C., & Rauch, S. L. (2009). Neuroanatomy and neuroimaging of anxiety disorders. In M. M. Antony & M. B. Stein (Eds.), *Oxford handbook of anxiety and related disorders* (pp. 97–110). New York: Oxford University Press.

Brosschot, J. F., Van Dijk, E., & Thayer, J. F. (2007). Daily worry is related to low heart rate variability during waking and the subsequent nocturnal sleep period. *International Journal of Psychophysiology, 63,* 39–47.

Brotto, L. A., & Luria, M. (2008). Menopause, aging and sexual response in women. In D. L. Rowland & L. Incrocci (Eds.), *Handbook of sexual and gender identity disorders* (pp. 251–283). Hoboken, NJ: Wiley.

Brown, C. W., Olson, H. C., & Croninger, R. G. (2010). Maternal alcohol consumption during pregnancy and infant social, mental, and motor development. *Journal of Early Intervention, 32,* 110–126.

Brown, J. E., Ayowa, O. B., & Brown, R. C. (1993). Dry and tight: Sexual practices and potential risks in Zaire. *Social Science & Medicine, 37,* 989–994.

Brown, T. A., O'Leary, T. A., & Barlow, D. H. (2001). Generalized anxiety disorder. *Clinical handbook of psychological disorders: A step-by-step treatment manual* (3rd ed., pp. 154–208). New York: Guilford Press.

Brown, T. M., & Boyle, M. F. (2002). The ABC of psychological medicine: Delirium. *British Medical Journal, 325,* 644–647.

Browne, K. O. (2001). Cultural formulation of psychiatric diagnoses. *Culture, Medicine, & Psychiatry, 25,* 411–425.

Brownell, K., & Horgen, K. B. (2004). *Food fight: The inside story of the food industry, America's obesity crisis, and what we can do about it.* New York: McGraw-Hill.

Bruch, H. (1973). *Eating disorders: Obesity, anorexia nervosa, and the person within.* New York: Basic Books.

Bruch, H. (1982). Anorexia nervosa: Therapy and theory. *American Journal of Psychiatry, 139,* 1531–1538.

Bryant, C., Jackson, H., & Ames, D. (2008). The prevalence of anxiety in older adults: Methodological issues and a review of the literature. *Journal of Affective Disorders, 109,* 233–250.

Bryant, R. A., & Das, P. (2012). The neural circuitry of conversion disorder and its recovery. *Journal of Abnormal Psychology, 121,* 289–296.

Bryant, R. A., Friedman, M. J., Spiegel, D., Ursano, R., & Strain, J. (2011). A review of acute stress disorder in *DSM-5. Depression and Anxiety, 28,* 802–817.

Buka, S. L., Cannon, T. D., Torrey, E. F., Yolken, R. H., and the Collaborative Study Group on the Perinatal Origins of Severe Psychotic Disorders. (2008). Maternal exposure to herpes simplex virus and risk of psychosis among adult offspring. *Biological Psychiatry, 63,* 809–815.

Bulik, C. M. (2005). Exploring the gene-environment nexus in eating disorders. *Journal of Psychiatry and Neuroscience, 30,* 335–339.

Bulik, C. M., Sullivan, P. F., & Kendler, K. S. (2003). Genetic and environmental contributions to obesity and binge eating. *International Journal of Eating Disorders, 33,* 293–298.

Bulik, C. M., Sullivan, P. F., Tozzi, F., Furberg, H., Lichtenstein, P., & Pedersen, N. L. (2006). Prevalence, heritability, and prospective risk factors for anorexia nervosa. *Archives of General Psychiatry, 63,* 305–312.

Bulik, C. M., Thornton, L. M., Root, T. L., Pisetsky, E. M., Lichtenstein, P., & Pedersen, N. L. (2010). Understanding the relation between anorexia nervosa and bulimia nervosa in a Swedish national twin sample. *Biological Psychiatry, 67,* 71–77.

Burgess, M., Gill, M., & Marks, I. M. (1998). Postal self-exposure treatment of recurrent nightmares. *British Journal of Psychiatry, 172,* 257–267.

Burnam, M. A., Stein, J. A., Golding, J. M., & Siegel, J. M. (1988). Sexual assault and mental disorders in a community population. *Journal of Consulting & Clinical Psychology, 56,* 843–850.

Busfield, J. (1986). *Managing Madness: Changing Ideas and Practice.* London: Unwin Hyman.

Bustillo, J. R., Lauriello, J., Horan, W. P., & Keith, S. J. (2001). The psychosocial treatment of schizophrenia: An update. *American Journal of Psychiatry, 158,* 163–175.

Butzel, J. S., Talbot, N. L., Duberstein, P. R., Houghtalen, R. P., Cox, C., & Giles, D. E. (2000). The relationship between traumatic events and dissociation among women with histories of childhood sexual abuse. *Journal of Nervous & Mental Disease, 188,* 547–549.

Buysse, D. J., Ancoli-Israel, S., Edinger, J. D., Lichstein, K. L., & Morin, C. M. (2006). Recommendations for a standard research assessment of insomnia. *Sleep, 29,* 1155–1173.

Byne, W., Bradley, S. J., Coleman, E., Eyler, A. E., Green, R., Menvielle, E., Meyer-Bahlburg, H. F., Pleak, R. R., & Tompkins, D. A. (2012). Treatment of gender identity disorder. *American Journal of Psychiatry, 169,* 875–876.

Bystritsky, A., Ackerman, D. L., Rosen, R. M., Vapnik, T., Gorvis, E., Maidment, K. M., & Saxena, S. (2004). Augmentation of serotonin reuptake inhibitors in refractory obsessive-compulsive disorder using adjunctive olanzapine: A placebo-controlled trial. *Journal of Clinical Psychiatry, 65,* 565–568.

C

Caffey, J. (1972). On the theory and practice of shaking infants. *American Journal of Diseases of Children, 124,* 161–172.

Cale, E. M., & Lilienfeld, S. O. (2002). Sex differences in psychopathy and antisocial personality disorder: A review and integration. *Clinical Psychology Review, 22,* 1179–1207.

Caligiuri, M. P., Brown, G. G., Meloy, M. J., et al. (2003). An fMRI study of affective state and medication on cortical and subcortical brain regions during motor performance in bipolar disorder. *Psychiatry Research, 123,* 171–182.

Callaghan, G. M., Summers, C. J., & Weidman, M. (2003). The treatment of histrionic and narcissistic personality disorder behaviors: a single-subject demonstration of clinical improvement using functional-analytic psychotherapy. *Journal of Contemporary Psychotherapy, 33,* 321–339.

Cameron, N., & Rychlak, J. F. (1985). *Personality development and psychopathology: A dynamic approach.* Boston: Houghton Mifflin.

Camilleri, J. A., & Quinsey, V. L. (2008). Pedophilia: Assessment and treatment. In D. R. Laws & W. T. O'Donohue (Eds.), *Sexual deviance: Theory, assessment, and treatment* (pp. 183–213). New York: Guilford Press.

Campbell-Sills, L., & Barlow, D. H. (2007). Incorporating emotion regulation into conceptualizations and treatments of anxiety and mood disorders. In J. J. Gross (Ed.), *Handbook of emotion regulation* (pp. 542–559). New York: Guilford Press.

Cannon, T. D. (2009). What is the role of theories in the study of schizophrenia? *Schizophrenia Bulletin, 35,* 563–567.

Cannon, T. D., & Keller, M. C. (2006). Endophenotypes in the genetic analysis of mental disorders. *Annual Review of Clinical Psychology, 2,* 267–290.

Cannon, T. D., Hennah, W., van Erp, T. G., Thompson, P. M., Lonnqvist, J., Huttunen, M., Gasperoni, T., Tuulio-Henriksson, A., Pirkola, T., Toga, A. W., Kaprio, J., Mazziotta, J., & Peltonen, L. (2005). Association of DISC1/TRAX haplotypes with schizophrenia, reduced prefrontal gray matter, and impaired short- and long-term memory. *Archives of General Psychiatry, 62,* 1205–1213.

Cannon, T. D., Kapiro, J., Lonnqvist, J., Huttunen, M., & Koskenvuo, M. (1998). The genetic epidemiology of schizophrenia in a Finnish twin cohort. *Archives of General Psychiatry, 55,* 67–74.

Cannon, T. D., Rosso, I. M., Bearden, C. E., Sanchez, L. E., & Hadley, T. (1999). A prospective cohort study of neurodevelopmental processes in the genesis and epigenesis of schizophrenia. *Development & Psychopathology, 11,* 467–485.

Cannon, T. D., van Erp, T. G. M., & Glahn, D. C. (2002). Elucidating continuities and discontinuities between schizotypy and schizophrenia in the nervous system. *Schizophrenia Research, 54,* 151–156.

Cannon, T. D., van Erp, T. G. M., Bearden, C. E., Loewy, R., Thompson, P., Toga, A.W., Huttunen, M.O., Keshavan, M. S., Seidman, L. J., & Tsuang, M. T. (2003). Early and late neurodevelopmental influences in the prodrome to schizophrenia: Contributions of genes, environment, and their interactions. *Schizophrenia Bulletin, 29,* 653–669.

Cantor, J. M., Kabani, N., Christensen, B. K., Zipursky, R. B., Barbaree, H. E., Dickey, R.,Klassen, P. E., Mikulis, D. J., Kuban, M. E., Blak, T., Richards, B. A., Hanratty, M. K., & Blanchard, R. (2008). Cerebral white matter deficiencies in pedophilic men. *Journal of Psychiatric Research, 42,* 167–183.

Cantor-Graae, E., & Selten, J. P. (2005). Schizophrenia and migration: A meta-analysis and review. *American Journal of Psychiatry*, *162,* 12–24.

Cardeña, E., & Carlson, E. (2011). Acute stress disorder revisited. *Annual Review of Clinical Psychology, 7,* 245–267.

Cardeña, E., van Duijl, M., Weiner, L. A., Terhune, D. B. (2009). Possession/trance phenomena. In P. F. Dell & J. A. O'Neil (Eds), *Dissociation and the Dissociative Disorders: DSM-V and Beyond* (pp. 171–184). New York: Routledge.

Cardozo, B. L., Bilukha, O. O., Gotway Crawford, C. A., et al. (2004). Mental health, social functioning, and disability in postwar Afghanistan. *Journal of the American Medical Association, 292,* 575–584.

Cardozo, B. L., Kaiser, R., Gotway, C. A., & Agani, F. (2003). Mental health, social functioning, and feelings of hatred and revenge in Kosovar Albanians one year after the war in Kosovo. *Journal of Traumatic Stress, 16,* 351–360.

Cardozo, B. L., Vergara, A., Agani, F., & Gotway, C. A. (2000). Mental health, social functioning, and attitudes of Kosovar Albanians following the war in Kosovo. *Journal of the American Medical Association, 284,* 569–577.

Carlsmith, K. M., Monahan, J., & Evans, A. (2007). The function of punishment in the civil commitment of sexually violent predators. *Behavioral Sciences and the Law, 25,* 437–448.

Carroll, K. M. (2001). Combined treatments for substance dependence. In M. T. Sammons & N. B. Schmidt (Eds.), *Combined treatments for mental disorders.* Washington, DC: American Psychological Association.

Carroll, K. M., Ball, S. A., Nich, C., Martino, S., Frankforter, T. L., Farentinos, C., Kunkel, L. E., Mikulich-Gilbertson, S. K., Morgenstern, J., Obert, J. L., Polcin, D., Snead, N., & Woody, G. E. (2006). Motivational interviewing to improve treatment engagement and outcome in individuals seeking treatment for substance abuse: A multisite effectiveness study. *Drug and Alcohol Dependence, 81,* 301–312.

Carroll, K. M., & Rounsaville, B. J. (2006). Behavioral therapies: The glass would be half full if only we had a glass. In W. R. Miller & K. M. Carroll (Eds.), *Rethinking substance abuse: What the science shows and what we should do about it* (pp. 223–239). New York: Guilford Press.

Carter, J. C., Mercer-Lynn, K. B., Norwood, S. J., Bewll-Weiss, C. V., Crosby, R. D., Woodside, D. B., & Olmstead, M. P. (2012). A prospective study of predictors of relapse in anorexia nervosa: Implications for relapse prevention. *Psychiatry Research, 200,* 518–523.

Casey, B. J., Tottenham, N., Liston, C., & Durston, S. (2005). Imaging the developing brain: what have we learned about cognitive development? *Trends in Cognitive Sciences, 9,* 104–110.

Casey, K. R., Cantillo, K. O., & Brown, L. K. (2007). Sleep-related hypoventilation/hypoxemic syndromes. *Chest, 131,* 1936–1948.

Caspi, A., Harrington, H., Milne, B., Amell, J. W., Theodore, R. F., & Moffitt, T. E. (2003). Children's behavioral styles at age 3 are linked to their adult personality traits at age 26. *Journal of Personality, 71,* 495–513.

Caspi, A., McClay, J., Moffitt, T. E., Mill, J., Martin, J., Craig, I. W., et al. (2002). Role of genotype in the cycle of violence in maltreated children. *Science, 297,* 851–854.

Caspi, A., Sugden, K., Moffitt, T. E., Taylor, A.,Craig, I. W., et al. (2003). Influence of life stress on depression: Moderation by a polymorphism in the 5-HTT gene. *Science, 301,* 386–389.

Castiglioni, A. (1946). *Adventures of the mind* (1st American ed.). New York: Knopf.

Castro, F. G., Barrera, M., Jr., & Holleran Steiker, L. K. (2010). Issues and challenges in the design of culturally adapted evidence-based interventions. *Annual Review of Clinical Psychology, 6,* 213–239.

Catty, J., Burns, T., Knapp, M., Watt, H., Wright, C., Henderson, J., et al. (2002). Home treatment for mental health problems: A systematic review. *Psychological Medicine, 32,* 383–401.

Ceci, S. J., & Bruck, M. (1995). *Jeopardy in the courtroom.* Washington, DC: American Psychological Association.

Centers for Disease Control (2005). Annual smoking-attributable mortality, years of potential life lost, and productivity losses—United States, 1997–2001. *Morbidity and Mortality Weekly Report, 54,* 625–628.

Centers for Disease Control (CDC). (2007). Suicide: Facts at a glance. www.cdc.gov/ncipc/dvp/suicide/SuicideDataSheet.pdf (accessed April 1, 2010)

Centers for Disease Control (CDC). (2008a). HIV/AIDS in the United States. http://www.cdc.gov (accessed March 13, 2009)

Centers for Disease Control (CDC). (2008b). Tracking fetal alcohol syndrome. http://www.cdc.gov/ncbddd/fas/fassurv.htm (accessed December 5, 2008)

Centers for Disease Control (CDC). (2009). The burden of tobacco use. http://www.cdc.gov/nccdphp/publications/aag/osh.htm (accessed March 26, 2009)

Centers for Disease Control (CDC). (2010). *Obesity.* Retrieved April 20, 2010, from http://www.cdc.gov/obesity

Centers for Disease Control (CDC), National Center for Injury Prevention and Control. (2004). Web-based injury statistics query and reporting system. Retrieved from http://www.cdc.gov/ncipc/wisqars/default.htm

Cervantes, R. C., Salgado de Snyder, V. N., & Padilla, A. M. (1989). Posttraumatic stress in immigrants from Central America and Mexico. *Hospital & Community Psychiatry, 40,* 615–619.

Chang, K. D., & Simeonova, D. I. (2004). Mood stabilizers: Use in pediatric psychopharmacology. In H. Steiner (Ed.), *Handbook of mental health intervention in children and adolescents: An integrated developmental approach* (pp. 363–412). San Francisco: Jossey-Bass.

Chapman, L. J., Edell, W. S., & Chapman, J. P. (1980). Physical anhedonia, perceptual aberration, and psychosis proneness. *Schizophrenia Bulletin, 6,* 639–653.

Chard, K. M., Schuster, J. L., & Resick, P, A. (2012). Empirically supported psychological treatments: Cognitive processing therapy. In J. G. Beck & D. M. Sloan (Eds.), *The Oxford handbook of traumatic stress disorders* (pp. 439–448). New York: Oxford University Press.

Charney, D. S. (2004). Psychobiological mechanisms of resilience and vulnerability: Implications for successful adaptation to extreme stress. *American Journal of Psychiatry, 161,* 195–216.

Charney, D. S., Nagy, L. M., Bremner, J. D., Goddard, A. W., Yehuda, R., & Southwick, S. M. (2000). Neurobiologic mechanisms of human anxiety. In B. S. Fogel (Ed.), *Synopsis of neuropsychiatry* (pp. 273–288). Philadelphia: Lippincott Williams & Wilkins.

Chassin, L., Pitts, S. C., DeLucia, C., & Todd, M. (1999). A longitudinal study of children of alcoholics: Predicting young adult substance use disorders, anxiety, and depression. *Journal of Abnormal Psychology, 108,* 106–119.

Chatzitheochari, S., & Arber, S. (2009). Lack of sleep, work and the long hours culture: Evidence from the UK time use survey. *Work, Employment and Society, 23,* 30–48.

Chavira, D. A., Grilo, C. M., Shea, M. T., Yen, S., Gunderson, J. G., Morey, L. C., et al. (2003). Ethnicity and four personality disorders. *Comprehensive Psychiatry, 44,* 483–491.

Chen, E., & Miller, G. E. (2012). "Shift-and-persist" strategies: Why being low in socioeconomic status isn't always bad for health. *Perspectives on Psychological Science, 7,* 135–158.

Chen, H., Cohen, P., Crawford, T. N., Kasen, S., Guan, B., & Gordon, K. (2009). Impact of early adolescent psychiatric and personality disorder on long-term physical health: A 20-year longitudinal follow-up study. *Psychological Medicine, 39,* 865–874.

Chen, R., Ma, Y., Wilson, K., Hu, Z., Sallah, D., Wang, J., Fan, L., Chen, R. L., & Copeland, J. R. (2012). A multicentre community-based study of dementia cases and subcases in older people in China—the GMS-AGECAT prevalence and socio-economic correlates. *International Journal of Geriatric Psychiatry, 27,* 692–702.

Chen, W. Y., Rosner, B., Hankinson. S. F., Colditz, G. A., & Willett, W. C. (2011). Moderate alcohol consumption during adult life, drinking patterns, and breast cancer risk. *Journal of the American Medical Association, 306,* 1884–1890.

Cheng, A. T., Hawton, K., Lee, C. T., & Chen, T. H. (2007). The influence of media reporting of the suicide of a celebrity on suicide rates: A population-based study. *International Journal of Epidemiology, 36,* 1229–1234.

Chevez, L. G. (2005). Latin American healers and healing: Healing as a redefinition process. In R. Moodley & W. West (Eds). *Integrating traditional healing practices into counseling and psychotherapy* (pp. 85–99). Thousand Oaks, CA: Sage.

Chilvers, R., Macdonald, G. M., & Hayes, A. A. (2006). Supported housing for people with severe mental disorders. *Cochrane Database of Systematic Reviews, 4,* CD000453.

Chin, A. L., Negash, S., & Hamilton, R. (2011). Diversity and disparity in dementia: The impact of ethnoracial differences in Alzheimer's disease. *Alzheimer's Disease and Associated Disorders, 25,* 187–195.

Cho, S. J., Hong, J. P., Hahm, B. J., et al. (2009). Restless legs syndrome in a community sample of Korean adults: Prevalence, impact on quality of life, and association with *DSM-IV* psychiatric disorders. *Sleep, 32,* 1069–1076.

Choe, J. Y., Teplin, L. A., & Abram, K. M. (2008). Perpetration of violence, violent victimization, and severe mental illness: Balancing public health concerns. *Psychiatric Services, 59,* 153–164.

Chou, T. (1992). Wake up and smell the coffee: Caffeine, coffee, and the medical consequences. *Western Journal of Medicine, 157,* 544–553.

Chow, E., Tsao, M. N., & Harth, T. (2004). Does psychosocial intervention improve survival in cancer? A meta-analysis. *Palliative Medicine, 18,* 25–31.

Christenson, G. A., & Mansueto, C. S. (1999). Trichotillomania: Descriptive characteristics and phenomenology. In D. J. Stein, G. A. Christenson, & E. Hollander (Eds.), *Trichotillomania* (pp. 1–42). Washington, DC: American Psychiatric Publishing.

Christenson, G. A., Pyle, R. L., & Mitchell, J. E. (1991). Estimated lifetime prevalence of trichotillomania in college students. *Journal of Clinical Psychiatry, 52,* 415–417.

Chu, J. (2011). *Rebuilding shattered lives: Treating complex PTSD and dissociative disorders.* Hoboken, NJ: Wiley.

Chui, H. C., & Gatz, M. (2005). Cultural diversity in Alzheimer disease: The interface between biology, belief, and behavior. *Alzheimer Disease and Associated Disorders, 19,* 250–255.

Chung, W. C., De Vries, G. J., & Swaab, D. F. (2002). Sexual differentiation of the bed nucleus of the striaterminalis in humans may extend into adulthood. *Journal of Neuroscience, 22,* 1027–1033.

Cicchetti, D., & Rogosch, F. A. (2001). Diverse patterns of neuroendocrine activity in maltreated children. *Development & Psychopathology, 13,* 677–694.

Cicchetti, D., & Toth, S. L. (2005). Child maltreatment. *Annual Review of Clinical Psychology, 1,* 409–438.

Clancy, S. A., McNally, R. J., Schacter, D. L., Lenzenweger, M. F., & Pitman, R. K. (2002). Memory distortion in people reporting abduction by aliens. *Journal of Abnormal Psychology, 111,* 455–461.

Clancy, S. A., Schacter, D. L., McNally, R. J., & Pitman, R. (2000). False recognition in women reporting recovered memories of sexual abuse. *Psychological Science, 11,* 26–31.

Clark, D. A., & Beck, A. T. (2010). Cognitive theory and therapy of anxiety and depression: Convergence with neurobiological findings. *Trends in Cognitive Sciences, 14,* 418–424.

Clark, D. A., & Purdon, C. (1993). New perspectives for a cognitive theory of obsessions. *Australian Psychologist, 28,* 161–167.

Clark, D. M. (1988). A cognitive model of panic attacks. In S. Rachman & J. D. Maser (Eds.), *Panic: Psychological perspectives* (pp. 71–89). Hillsdale, NJ: Erlbaum.

Clark, D. M., & Wells, A. (1995). A cognitive model of social phobia. In R. G. Heimberg, M. R. Liebowitz, D. A. Hope, & F. R. Schneier (Eds.), *Social phobia: Diagnosis, assessment and treatment* (pp. 69–93). New York: Guilford Press.

Clarke, G. N., Hawkins, W., Murphy, M., Sheeber, L. B., Lewinsohn, P. M., & Seeley, J. R. (1995). Targeted prevention of unipolar depressive disorder in an at-risk sample of high school adolescents: A randomized trial of a group cognitive intervention. *Journal of the American Academy of Child & Adolescent Psychiatry, 34,* 312–321.

Clarkin, J. F., Levy, K. N., Lenzenweger, M. F., & Kernberg, O. F. (2007). Evaluating three treatments for borderline personality disorder: A multiwave study. *American Journal of Psychiatry, 164,* 922–928.

Clayton, A. H. (2007). Epidemiology and neurobiology of female sexual dysfunction. *Journal of Sexual Medicine, 4,* 260–268.

Cleckley, H. M. (1941/1982). *The mask of sanity: An attempt to reinterpret the so-called psychopathic personality.* St. Louis, MO: C. V. Mosby.

Cloninger, C. R., & Gottesman, I. I. (1987). Genetic and environmental factors in antisocial behavior disorders. In S. A. Mednick, T. E. Moffitt, & S. A. Stack (Eds.), *The causes of crime: New biological approaches* (pp. 92–109). New York: Cambridge University Press.

Coccaro, E. F. (2010). A family history study of intermittent explosive disorder. *Journal of Psychiatric Research, 44,* 1101–1105.

Coccaro, E. F., Lee, R., & Kavoussi, R. J. (2010). Aggression, suicidality, and intermittent explosive disorder: Serotonergic correlates in personality disorder and healthy control subjects. *Neuropsychopharmacology, 35,* 435–444.

Cochrane, M., Petch, I., & Pickering, A. D. (2012). Aspects of cognitive functioning in shizotypy and schizophrenia: Evidence for a continuum model. *Psychiatry Research, 196,* 230–234.

Cochrane, R. E., Grisso, T., & Frederick, R. I. (2001). The relationship between criminal charges, diagnoses, and psycholegal opinions among federal pretrial defendants. *Behavioral Sciences & the Law, 19,* 565–582.

Cocores, J., Pottash, A. C., & Gold, M. S. (1991). Cocaine. In N. S. Miller (Ed.), *Comprehensive handbook of drug and alcohol addiction* (pp. 341–352). New York: Marcel Dekker.

Cohen, S., Tyrrell, D. A., & Smith, A. P. (1991). Psychological stress and susceptibility to the common cold. *New England Journal of Medicine, 325,* 606–612.

Coid, J. W., Kirkbride, J. B., Barker, D., Cowden, F., Stamps, R., Yang, M., et al. (2008). Raised incidence rates of all psychoses among migrant groups. *Archives of General Psychiatry, 65,* 1250–1258.

Colapinto, J. (2000). *As nature made him: The boy who was raised as a girl.* New York: HarperCollins.

Cole, M. G. (2004). Delirium in elderly patients. *American Journal of Geriatric Psychiatry, 12,* 7–21.

Cole, M. G., Ciampi, A., Belzile, E., & Zhong, L. (2009). Persistent delirium in older hospital patients: A systematic review of frequency and prognosis. *Age Ageing, 38,* 19–26.

Cole, S. W., Kemeny, M. E., Taylor, S. E., Visscher, B. R., & Fahey, J. L. (1995). Accelerated course of human immunodeficiency virus infection in gay men who conceal their homosexual identity. *Psychosomatic Medicine, 58,* 219–238.

Cole, W. (1992). Incest perpetrators: Their assessment and treatment. *Psychiatric Clinics of North America, 15,* 689–701.

Collins, J. J., & Schlenger, W. E. (1983, November 9–13). *The prevalence of psychiatric disorder among admissions to prison.* Paper presented at the American Society of Criminology 35th Annual Meeting, Denver.

Coltheart, M., Langdon, R., & McKay R. (2011). Delusional belief. *Annual Review of Psychology, 62,* 271–298.

Committee on Gulf War and Health. (2008). *Gulf War and health: Vol. 7. Long-term consequences of traumatic brain injury.* Washington, DC: National Academies Press.

Conduct Problems Prevention Research Group. (2002). Evaluation of the first 3 years of the Fast Track Prevention Trial with children at high risk for adolescent conduct problems. *Journal of Abnormal Child Psychology, 30,* 19–35.

Conduct Problems Prevention Research Group. (2007). The Fast Track randomized controlled trial to prevent externalizing psychiatric disorders: Findings from grades 3 to 9. *Journal of the American Academy of Child and Adolescent Psychiatry, 46,* 1250–1262.

Conklin, H. M., & Iacono, W. G. (2002). Schizophrenia: A neurodevelopmental perspective. *Current Directions in Psychological Science, 11,* 33–37.

Conner, K. R., & Zhong, Y. (2003). State firearm laws and rates of suicide in men and women. *American Journal of Preventive Medicine, 25,* 320–324.

Conwell, Y., & Thompson, C. (2008). Suicidal behavior in elders. *Psychiatric Clinics of North America, 31,* 333–356.

Coolidge, F. L., Thede, L., & Jang, K. L. (2004). Are personality disorders psychological manifestations of executive function deficits? Bivariate heritability evidence from a twin study. *Behavior Genetics, 34,* 75–84.

Coolidge, F. L., Thede, L. L., & Young, S. E. (2002). The heritability of gender identity disorder in a child and adolescent twin sample. *Behavior Genetics, 32,* 251–257.

Coon, K. D., Myers, A. J., Craig, D. W., Webster, J. A., Pearson, J. V., Lince, D. H., Zismann, V. L., Beach, T. G., Leung, D., Bryden, L., Halperin, R. F., Marlowe, L., Kaleem, M., Walker, D. G., Ravid, R., Heward, C. B., Rogers, J., Papassotiropoulos, A., Reiman, E. M., Hardy, J., & Stephan, D. A. (2007). A high-density whole-genome association study reveals that APOE is the major susceptibility gene for sporadic late-onset Alzheimer's disease. *Journal of Clinical Psychiatry, 68,* 613–618.

Coons, P. M. (1980). Multiple personality: Diagnostic considerations. *Journal of Clinical Psychiatry, 41,* 330–336.

Coons, P. M. (1984). *Childhood antecedents of multiple personality.* Paper presented at the Meeting of the American Psychiatric Association, Los Angeles.

Coons, P. M. (1986). Treatment progress in 20 patients with multiple personality disorder. *Journal of Nervous & Mental Disease, 174,* 715–721.

Coons, P. M. (1994). Confirmation of childhood abuse in child and adolescent cases of multiple personality disorder and dissociative disorder not otherwise specified. *Journal of Nervous & Mental Disease, 182,* 461–464.

Coons, P. M., Cole, C., Pellow, T. A., & Milstein, V. (1990). Symptoms of posttraumatic stress disorder and dissociation in women victims of abuse. In R. P. Kluft (Ed.), *Incest-related syndromes of adult psychopathology* (pp. 205–226). Washington, DC: American Psychiatric Press.

Coons, P. M., & Milstein, V. (1986). Psychosexual disturbances in multiple personality: Characteristics, etiology, and treatment. *Journal of Clinical Psychiatry, 47,* 106–110.

Coons, P. M., & Milstein, V. (1990). Self-mutilation associated with dissociative disorders. *Dissociation: Progress in the Dissociative Disorders, 3,* 81–87.

Coontz, P. D., Lidz, C. W., & Mulvey, E. P. (1994). Gender and the assessment of dangerousness in the psychiatric emergency room. *International Journal of Law & Psychiatry, 17,* 369–376.

Cooper, M. L., Russell, M., Skinner, J. B., Frone, M. R., & Mudar, P. (1992). Stress and alcohol use: Moderating effects of gender, coping, and alcohol expectancies. *Journal of Abnormal Psychology, 101,* 139–152.

Cornelius, M. D., Goldschmidt, L., Day, N. L., & Larkby, C. (2002). Alcohol, tobacco and marijuana use among pregnant teenagers: 6-year follow-up of offspring growth effects. *Neurotoxicology & Teratology, 24,* 703–710.

Cororve, M. B., & Gleaves, D. H. (2001). Body dysmorphic disorder: A review of conceptualizations, assessments, and treatment strategies. *Clinical Psychology Review, 21,* 949–970.

Corrao, G., Bagnardi, V., Zambon, A., & La Vecchia, C. (2004). A meta-analysis of alcohol consumption and the risk of 15 diseases. *Prevention by Medicine, 38,* 613–619.

Costello, E. J., Compton, S. N., Keeler, G., & Angold, A. (2003). Relationships between poverty and psychopathology: A natural experiment. *Journal of the American Medical Association, 290,* 2023–2029.

Costello, E. J., Keeler, G. P., & Angold, A. (2001). Poverty, race/ethnicity, and psychiatric disorder: A study of rural children. *American Journal of Public Health, 91,* 1494–1498.

Costello, E. J., Mustillo, S., Erkanli, A., Keeler, G., & Angold, A. (2003). Prevalence and development of psychiatric disorders in childhood and adolescence. *Archives of General Psychiatry, 60,* 837–844.

Cottone, J. G., Drucker, P., & Javier, R. A. (2002). Gender differences in psychotherapy dyads: Changes in psychological symptoms and responsiveness to treatment during 3 months of therapy. *Psychotherapy: Theory, Research, Practice, Training, 39,* 297–308.

Courtet, P., Picot, M.-C., Bellivier, F., Torres, S., Jollant, F., Michelon, C., Castelnau, D., Astruc, B., Buresi, C., & Malafosse, A. (2004). Serotonin transporter gene may be involved in short-term risk of subsequent suicide attempts. *Biological Psychiatry, 55,* 46–51.

Cousins, N. (1985). Therapeutic value of laughter. *Integrative Psychiatry, 3,* 112.

Cox, B. J., Turnbull, D. L., Robinson, J. A., Grant, B. F., & Stein, M. B. (2011). The effect of avoidant personality disorder on the persistence of generalized social anxiety disorder in the general population: Results from a longitudinal, nationally representative mental health survey. *Depression and Anxiety, 28,* 250–255.

Coyne, J. C. (1976). Toward an interactional description of depression. *Psychiatry, 39,* 28–40.

Coyne, J. C., Stefanek, M., & Palmer, S. C. (2007). Psychotherapy and survival in cancer: The conflict between hope and evidence. *Psychological Bulletin, 133,* 367–394.

Craig, T. K., Boardman, A. P., Mills, K., & Daly-Jones, O. (1993). The South London Somatisation Study: I. Longitudinal course and the influence of early life experiences. *British Journal of Psychiatry, 163,* 579–588.

Cranston-Cuebas, M. A., & Barlow, D. H. (1990). Cognitive and affective contributions to sexual functioning. *Annual Review of Sex Research, 1,* 119–161.

Craske, M. G., & Barlow, D. H. (2001). Panic disorder and agoraphobia. In D. H. Barlow (Ed.), *Clinical handbook of psychological disorders: A step-by-step treatment manual* (3rd ed., pp. 1–59). New York: Guilford Press.

Craske, M. G., & Waters, A. M. (2005). Panic disorder, phobias, and generalized anxiety disorder. *Annual Review of Clinical Psychology, 1,* 197–226.

Craske, M. G., Kircanski, K., Epstein, A., Wittchen, H.-U., Pine, D. S., Lewis-Fernández, R., Hinton, D., & *DSM-V* OC Spectrum, Posttraumatic and Dissociative Disorder Work Group. (2010). Panic disorder: A review of *DSM-IV* panic disorder and proposals for *DSM-V. Depression and Anxiety, 27,* 93–112.

Crepault, C., & Couture, M. (1980). Men's erotic fantasies. *Archives of Sexual Behavior, 9,* 565–581.

Crick, N. R., & Dodge, K. A. (1994). A review and reformulation of social information-processing mechanisms in children's social adjustment. *Psychological Bulletin, 115,* 74–101.

Crick, N. R., & Grotpeter, J. K. (1995). Relational aggression, gender, and social-psychological adjustment. *Child Development, 66,* 710–722.

Crick, N. R., & Ladd, G. W. (1990). Children's perceptions of the outcomes of social strategies: Do the ends justify being mean? *Developmental Psychology, 26,* 612–620.

Crits-Christoph, P., & Barber, J. P. (2000). Long-term psychotherapy. In C. R. Snyder & R. E. Ingram (Eds.), *Handbook of psychological change: Psychotherapy processes and practices for the 21st century* (pp. 455–473). New York: Wiley.

Cronbach, L. J., & Meehl, P. E. (1955). Construct validity in psychological tests. *Psychological Bulletin, 52,* 281–302.

Crosby, A. E., Cheltenham, M. P., & Sacks, J. J. (1999). Incidence of suicidal ideation and behavior in the United States, 1994. *Suicide & Life-Threatening Behavior, 29,* 131–140.

Cross, S. E., & Madson, L. (1997). Models of the self: Self-construals and gender. *Psychological Bulletin, 122,* 5–37.

Crowther, J. H., Armey, M., Luce, K. H., Dalton, G. R., & Leahey, T. (2008). The point prevalence of bulimic disorders from 1990 to 2004. *International Journal of Eating Disorders, 41,* 491–497.

Cruess, D. G., Antoni, M. H., Gonzalez, J., Fletcher, M. A., Klimas, N., Duran, R., Ironson, G., & Schneiderman, N. (2003). Sleep disturbance mediates and association between psychological distress and immune status among HIV-positive men and women on combination antiretroviral therapy. *Journal of Psychosomatic Research, 54,* 185–189.

Cubillo, A., Halari, R., Smith, A., Taylor, E. & Rubia, K. (2012). A review of fronto-cortico brain abnormalities in children and adults with attention deficit hyperactivity disorder (ADHD) and new evidence for dysfunction in adults with ADHD during motivation and attention. *Cortex, 8,* 194–215.

Cuijpers, P., Dekker, J., Hollon, S. D., & Andersson, G. (2009). Adding psychotherapy to pharmacotherapy in the treatment of depressive disorders in adults: A meta-analysis. *Journal of Clinical Psychiatry, 70,* 1219–1229.

Cuijpers, P., van Straten, A., van Oppen, P., & Andersson, G. (2008). Are psychological and pharmacological interventions equally effective in the treatment of adult depressive disorders? A meta-analysis of comparative studies. *Journal of Clinical Psychiatry, 69,* 1675–1685.

Cuijpers, P., van Straten, A., Warmerdam, L., & Andersson, G. (2009). Psychological treatment versus combined treatment of depression: A meta-analysis. *Depression & Anxiety, 26,* 279–288.

Culpepper, L. (2004). Identifying and treating panic disorder in primary care. *Journal of Clinical Psychiatry, 65*(Suppl. 5), 19–23.

D

Dagan, Y., & Eisenstein, M. (1999). Circadian rhythm sleep disorders: Toward a more precise definition and diagnosis. *Chronobiology International, 16,* 213–222.

Daley, D. C., & Marlatt, G. A. (2006). *Overcoming your alcohol or drug problem: Effective recovery strategies* (2nd ed.): *Therapist guide.* New York: Oxford University Press.

Damasio, H., Grabowski, T., Frank, R., Galaburda, A. M., & Damasio, A. R. (1994). The return of Phineas Gage: Clues about the brain from the skull of a famous patient. *Science, 264,* 1102–1105.

Dana, R. H. (1998). *Understanding cultural identity in intervention and assessment.* Thousand Oaks, CA: Sage.

Dana, R. H. (2000). *Handbook on cross-cultural and multicultural personality assessment.* Mahwah, NJ: Erlbaum.

Dana, R. H. (2001). Clinical diagnosis of multicultural populations in the United States. In L. A. Suzuki & J. G. Ponterotto (Eds.), *Handbook of multicultural assessment: Clinical, psychological, and educational applications* (2nd ed., pp. 101–131). San Francisco: Jossey-Bass.

Danielsson, A. K., Wennberg, P., Hibell, B., & Romelsjö, A. (2012). Alcohol use, heavy episodic drinking and subsequent problems among adolescents in 23 European countries: Does the prevention paradox apply? *Addiction, 107,* 71–80.

Dansinger, M. L., Gleason, J. A., Griffith, J. L., Selker, H. P., & Schaefer, E. J. (2005). Comparison of the Atkins, Ornish, Weight Watchers, and Zone diets for weight loss and heart disease risk reduction: A randomized trial. *Journal of the American Medical Association, 293,* 43–53.

Dantzer, R., Wollman, E. E., & Yirmiya, R. (2002). Cytokines and depression: An update. *Brain, Behavior and Immunity, 16,* 501–502.

Darcangelo, S. (2008). Fetishism: Psychopathology and treatment. In D. R. Laws & W. T. O'Donohue (Eds.), *Sexual deviance:*

Theory, assessment, and treatment (pp. 108–119). New York: Guilford Press.

Darcangelo, S., Hollings, A., and Paladino, G. (2008). Fetishism: Assessment and treatment. In D. R. Laws & W. T. O'Donohue (Eds.), *Sexual deviance: Theory, assessment, and treatment* (pp. 119–131). New York: Guilford Press.

Dauvilliers, Y., Baumann, C. R., Carlander, B., Bischof, M., Blatter, T., Lecendreux, M., et al. (2003). CSF hypocretin-1 levels in narcolepsy, Kleine-Levin syndrome, and other hypersomnias and neurological conditions. *Journal of Neurology, Neurosurgery, and Psychiatry, 74,* 1667.

Davidson, J., Allgulander, C., Pollack, M. H., Hartford, J., Erickson, J. S., Russell, J. M., Perahia, D., Wohlreich, M. M., Carlson, J., & Raskin, J. (2008). Efficacy and tolerability of duloxetine in elderly patients with generalized anxiety disorder: A pooled analysis of four randomized, double-blind, placebo-controlled studies. *Human Psychopharmacology, 23,* 519–526.

Davidson, J. R. T. (2001). Pharmacotherapy of generalized anxiety disorder. *Journal of Clinical Psychiatry, 62*(Suppl. 11), 46–50.

Davidson, K., Norrie, J., Tyrer, P., Gumley, A., Tata, P., Murray, H., & Palmer, S. (2006). The effectiveness of cognitive behavior therapy for borderline personality disorder: Results from the borderline personality disorder of cognitive therapy (BOSCOT) trial. *Journal of Personality Disorders, 20,* 450–465.

Davidson, R. J., Pizzagalli, D. A., & Nitschke, J. B. (2009). Representation and regulation of emotion in depression: Perspectives from affective neuroscience. In I. H. Gotlib & C. L. Hammen (Eds.), *Handbook of depression* (2nd ed., pp. 218–248). New York: Guilford Press.

Davidson, R. J., Pizzagalli, D., Nitschke, J. B., & Putnam, K. (2002). Depression: Perspectives from affective neuroscience. *Annual Review of Psychology, 53,* 545–574.

Davis, K. L., Kahn, R. S., Ko, G., & Davidson, M. (1991). Dopamine in schizophrenia: A review and conceptualization. *American Journal of Psychiatry, 148,* 1474–1486.

Davis, O. S. P., Haworth, C. M. A., & Plomin, R. (2009). Learning abilities and disabilities: Generalist genes in early adolescence. *Cognitive Neuropsychiatry, 14,* 312–331.

Davis, T. E., III, Ollendick, T. H., & Ost, L. G. (2009). Intensive treatment of specific phobias in children and adolescents. *Cognitive and Behavioral Practice, 16,* 294–303.

Davis, T. E., III. (2009). PTSD, anxiety, and phobias. In J. Matson, F. Andrasik, & M. Matson (Eds.), *Treating childhood psychopathology and developmental disorders* (pp. 183–220). New York: Springer Science and Business Media, LLC.

Dawson, D. A., Grant, B. F., Stinson, F. S., Chou, P. S., Huang, B., & Ruan, W. J. (2005). Recovery from *DSM-IV* alcohol dependence: United States, 2001–2002. *Addiction, 100,* 281–292.

Deardorff, J., Hayward, C., Wilson, K. A., Bryson, S., Hammer, L. D., & Agras, S. (2007). Puberty and gender interact to predict social anxiety symptoms in early adolescence. *Journal of Adolescent Health, 41,* 102–104.

Deary, V., Chalder, T., & Sharpe, M. (2007). The cognitive behavioural model of medically unexplained symptoms: A theoretical and empirical review. *Clinical Psychology Review, 27,* 781–797.

Debiec, J., Díaz-Mataix, L., Bush, D. E., Doyère, V., & Ledoux, J. E. (2010). The amygdala encodes specific sensory features of an aversive reinforcer. *Nature Neuroscience, 13,* 536–537.

De Cuypere, G., van Hemelrijck, M., Michel, A., Carael, B., Heylens, G., Rubens, R., Hoebeke, P., & Mostrey, S. (2007). Prevalence and demography of transsexualism in Belgium. *European Psychiatry, 22,* 137–141.

Deeny, S. P., Poeppel, D., Zimmerman, J. B., Roth, S. M., Brandauer, J., Witkoswki, S., Hearn, J. W., Ludlow, A. T., Contreras-Vital, J. L., Brandt, J., & Hatfield, B. D. (2008). Exercise, APOE, and working memory: MEG and behavioral evidence for benefit of exercise in epsilon4 carriers. *Biological Psychology, 78,* 179–187.

Degenhardt, L., Chiu, W. T., Sampson, N., Kessler, R. C., Anthony, J. C., Angermeyer, M., Bruffaerts, R., de Girolamo, G., Gureje, O., Huang, Y., Karam, A., Kostyuchenko, S., Lepine, J. P., Mora, M. E., Neumark, Y., Ormel, J. H., Pinto-Meza, A., Posada-Villa, J., Stein, D. J., Takeshima, T., & Wells, J. E. (2008). Toward a global view of alcohol, tobacco, cannabis, and cocaine use: Findings from the WHO World Mental Health Surveys. *PLoS Med., 5,* e141.

del Campo, N., Chamberlain, S. R., Sahakian, B. J., & Robbins, T. W. (2011). The roles of dopamine and noradrenaline in the pathophysiology and treatment of attention-deficit/hyperactivity disorder. *Biological Psychiatry, 69,* e146–e157.

Delizonna, L. L., Wincze, J. P., Litz, B. T., Brown, T. A., & Barlow, D. H. (2001). A comparison of subjective and physiological measures of mechanically produced and erotically produced erections (or, is an erection an erection?). *Journal of Sex & Marital Therapy, 27,* 21–31.

Dell, P. F. (1998). Axis II pathology in outpatients with dissociative identity disorder. *Journal of Nervous & Mental Disease, 186,* 352–356.

Dell, P. F., & Eisenhower, J. W. (1990). Adolescent multiple personality disorder: A preliminary study of eleven cases. *Journal of the American Academy of Child & Adolescent Psychiatry, 29,* 359–366.

de Menezes, G. B., Coutinho, E. S. F., Fontenelle, L. F., Vigne, P., & Versiani, M. (2011). Second-generation antidepressants in social anxiety disorder: Meta-analysis of controlled clinical trials. *Psychopharmacology, 215,* 1–11.

Denis, C., Fatséas, M., & Auriacombe, M. (2012). Analyses related to the development of *DSM-5* criteria for substance use related disorders: 3. An assessment of pathological gambling criteria. *Drug and Alcohol Dependence, 122,* 22–27.

Dennis, M. L., Babor, T. F., Diamond, G., Donaldson, J., Godley, S. H., Tims, F., Titus, J. C., Webb, C., Herrell, J., & the CYT Steering Committee. (2000). *The cannabis youth treatment (CYT) experiment: Preliminary findings.* Rockville, MD: Substance Abuse and Mental Health Services Administration, Center for Substance Abuse Treatment. http://samhsa.gov/centers/csat/content/ recoverymonth/000907rptcover.html (accessed May 15, 2006)

Depression and Bipolar Support Alliance. (2008). Suicide prevention: Responding to an emergency situation. http://www.ndma.org (accessed May 15, 2008)

DePrince, A. P., & Freyd, J. J. (1999). Dissociation, attention, and memory. *Psychological Science, 10,* 449–452.

DePrince, A. P., & Freyd, J. J. (2001). Memory and dissociative tendencies: The roles of attentional context and word meaning in a directed forgetting task. *Journal of Trauma & Dissociation, 2,* 67–82.

Depue, R. Q., & Iacono, W. G. (1989). Neurobehavioral aspects of affective disorders. *Annual Review of Psychology, 40,* 457–492.

DeRubeis, R. J., Gelfand, L. A., Tang, T. Z., & Simons, A. D. (1999). Medications versus cognitive behavior therapy for severely depressed outpatients: Mega-analysis of four randomized comparisons. *American Journal of Psychiatry, 156,* 1001–1013.

DeRubeis, R. J., Hollon, S. D., Amsterdam, J. D., Shelton, R. C., Young, P. R., Salomon, R. M., et al. (2005). Cognitive therapy vs. medications in the treatment of moderate to severe depression. *Archives of General Psychiatry, 62,* 409–416.

deSilva, P., Rachman, S., & Seligman, M. (1977). Prepared phobias and obsessions. *Behaviour Research & Therapy, 15,* 65–77.

de Snyder, V. N. S ., Diaz-Perez, M. D., & Ojeda, V. D. (2000). The prevalence of nervios and associated symptomatology among inhabitants of Mexican rural communities. *Culture, Medicine & Psychiatry, 24,* 453–470.

Dessemontet, R. S., Bless, G., & Morin, D. (2012). Effects of inclusion on the academic achievement and adaptive behavior of children with intellectual disabilities. *Journal of Intellectual and Disability Research, 56,* 579–587.

Deutsch, A. (1937). *The mentally ill in America: A history of their care and treatment from colonial times.* Garden City, NY: Doubleday, Doran & Company.

Dewaraja, R., & Sasaki, Y. (1991). Semen-loss syndrome: A comparison between Sri Lanka and Japan. *American Journal of Psychotherapy, 45,* 14–20.

Dhawan, N., Kunik, M. E., Oldham, J., & Coverdale, J. (2010). Prevalence and treatment of narcissistic personality disorder in the community: a systematic review. *Comprehensive Psychiatry, 51,* 333–339.

Dickey, R., & Stephens, J. (1995). Female-to-male transsexualism, heterosexual type: Two cases. *Archives of Sexual Behavior, 24,* 439–445.

Dimidjian, S., Barrera, M., Jr., Martell, C., Munoz, R. F., & Lewinsohn, P. M. (2011). The origins and current status of behavioral activation treatments for depression. *Annual Review of Clinical Psychology, 7,* 1–38.

Dimidjian, S., Hollon, S. D., Dobson, K. S., Schmaling, K. B., Kohlenberg, R. J., Addis, M. E., Gallop, R., McGlinchey, J. B., Markley, D. K., Gollan, J. K., Atkins, D. C., Dunner, D. L., & Jacobson, N. S. (2006). Randomized trial of behavioral activation, cognitive therapy, and antidepressant medication in the acute treatment of adults with major depression. *Journal of Consulting and Clinical Psychology, 74,* 658–670.

Dishion, T. J., & Patterson, G. R. (1997). The timing and severity of antisocial behavior: Three hypotheses within an ecological framework. In D. M. Stoff, J. Breiling, & J. D. Maser (Eds.), *Handbook of antisocial personality disorder* (pp. 205–217). New York: Wiley.

Disney, K. L., Weinstein, Y., & Oltmanns, T. F. (2012). Personality disorder symptoms are differentially related to divorce frequency. *Journal of Family Psychology, 26,* 959–965.

Distel, M. A., Rebollo-Mesa, I., Willemsen, G., Derom, C. A., Trull, T. J., Martin, N. G., & Boomsma, D. I. (2009). Familial resemblance of borderline personality disorder features: Genetic or cultural transmission? *PLoS One, 4,* e5334.

Dixon, D., Cruess, S., Kilbourn, K., Klimas, N., Fletcher, M. A., Ironson, G., Baum, A., Schneiderman, N., & Antoni, M. H. (2001). Social support mediates loneliness and human herpes virus Type 6 (HHV-6) antibody titers. *Journal of Applied Social Psychology, 31,* 1111–1132.

Dodge, K. A. (2009). Mechanisms of gene-environment interaction effects in the development of conduct disorder. *Perspectives on Psychological Science, 4,* 408–414.

Dodge, K. A., Sherrill, M. R. (2007). The interaction of nature and nurture in antisocial behavior. In D. Flannery, A.Vazonsyi, & I. Waldman (Eds.). *The Cambridge handbook of violent behavior* (pp. 215–242). New York: Cambridge University Press.

Dodge, K., & Schwartz, D. (1997). Social information processing mechanisms in aggressive behavior. In D. M. Stoff, J. Breiling, & J. D. Maser (Eds.), *Handbook of antisocial personality disorder* (pp. 171–180). New York: Wiley.

Dodge, K. A., & Pettit, G. S. (2003). A biopsychosocial model of the development of chronic conduct problems in adolescence. *Developmental Psychology, 39,* 349–371.

Dohrenwend, B. P. (2000). The role of adversity and stress in psychopathology: Some evidence and its implications for theory and research. *Journal of Health and Social Behavior, 41,* 1–19.

Dohrenwend, B. P., Levav, I., Shrout, P. E., Link, B. G., Skodol, A. E., & Martin, J. L. (1987). Life stress and psychopathology: Progress on research begun with Barbara Snell Dohrenwend. *American Journal of Community Psychology, 15,* 677–715.

Dohrenwend, B. P., Turner, J. B., Turse, N. A., Adams, B. G., Koenen, K. C., & Marshall, R. (2006). The psychological risks of Vietnam for U.S. veterans: A revisit with new data and methods. *Science, 313,* 979–982.

Dolan, A. (2006). The obsessive disorder that haunts my life. www.dailymail.co.uk (accessed February 26, 2009)

Dolder, C. R. (2008). Side effects of antipsychotics. In K. T. Mueser & Dilip V. Jeste (Eds.), *Clinical handbook of schizophrenia* (pp. 168–177). New York: Guilford Press.

Donegan, N. H., Sanislow, C. A., Blumberg, H. P., Fulbright, R. K., Lacadie, C., Skudlarski, P., Gore, J. C., Olson, I. R., McGlashan, T. H., & Wexler, B. E. (2003). Amygdala hyperreactivity in borderline personality disorder: Implications for emotional dysregulation. *Biological Psychiatry, 54,* 1284–1293.

Donovan, D. M., Anton, R. F., Miller, W. R., Longabaugh, R., Hosking, J. D., & Youngblood, M. (2008). Combined pharmacotherapies and behavioral interventions for alcohol dependence (the COMBINE study): Examination of posttreatment drinking outcomes. *Journal of Studies on Alcohol and Drugs, 69,* 5–13.

Donovan, D., & Witkiewitz, K. (2012). Relapse prevention: From radical idea to common practice. *Addiction Research & Theory, 20,* 204–217.

Dorfman, W. I., & Leonard, S. (2001). The Minnesota Multiphasic Personality Inventory-2 (MMPI-2). In W. I. Dorfman & S. M. Freshwater (Eds.), *Understanding psychological assessment* (pp. 145–171). Dordrecht, Netherlands: Kluwer Academic.

Dorris, M. (1989). *The unbroken cord.* New York: Harper & Row.

Dougherty, D. D., & Rauch, S. L. (2007). Brain correlates of antidepressant treatment outcome from neuroimaging studies in depression. *Psychiatric Clinics of North America, 30,* 91–103.

Downar, J., & Kapur, S. (2008). Biological theories. In K. T. Mueser & Dilip V. Jeste (Eds.), *Clinical handbook of schizophrenia* (pp. 25–34). New York: Guilford Press.

Downey, G., & Feldman, S. I. (1996). Implications of rejection sensitivity for intimate relationships. *Journal of Personality and Social Psychology, 70,* 1327–1343.

Drake, C. L., Roehrs, T., Richardson, G., Walsh, J. K., & Roth, T. (2004). Shift work sleep disorder: Prevalence and consequences beyond that of symptomatic day workers. *Sleep, 27,* 1453–1462.

Drayna, D., & Kang, C. (2011). Genetic approaches to understanding the causes of stuttering. *Journal of Neurodevelopment Disorders, 3,* 374–380.

Du, Y., Dodel, R., Hampel, H., Buerger, K., Lin,S., Eastwood, B., Bales, K., Gao, F., Moeller, H. J., Oertel, W., Farlow, M., & Paul, S. (2001). Reduced levels of amyloid B-peptide antibody in Alzheimer disease. *Neurology, 57,* 801–805.

Dudley-Grant, G. R. (2001). Eastern Caribbean family psychology with conduct disordered adolescents from the Virgin Islands. *American Psychologist, 56,* 47–57.

Duffy, J. D. (1995). General paralysis of the insane: Neuropsychiatry's first challenge. *Journal of Neuropsychiatry, 7,* 243–249.

Dündar, Y., Dodd, S., Strobl, J., Boland, A., Dickson, R., & Walley, T. (2004). Comparative efficacy of newer hypnotic drugs for the short-term management of insomnia: A systematic review and meta-analysis. *Human Psychopharmacology: Clinical & Experimental, 19,* 305–322.

Durand, V. M., & Mindell, J. A. (1999). Behavioral intervention for childhood sleep terrors. *Behavior Therapy, 30,* 705–715.

Durkheim, E. (1897). *Le suicide: Étude de sociologie.* Paris: F. Alcan.

E

Eaton, N. R., Krueger, R. F., Keyes, K. M., Skodol. A. E., Markon, K. E., Grant, B. F., & Hasin, D. S. (2011). Borderline personality disorder co-morbidity: relationship to the internalizing-externalizing structure of common mental disorders. *Psychological Medicine, 41,* 1041–1050.

Eaton, W. W., Moortensenk, P. B., Herrman, H., & Freeman, H. (1992). Long-term course of hospitalization for schizophrenia: I. Risk for rehospitalization. *Schizophrenia Bulletin, 18,* 217–228.

Eaton, W. W., Thara, R., Federman, E., & Tien, A. (1998). Remission and relapse in schizophrenia: The Madras longitudinal study. *Journal of Nervous & Mental Disease, 186,* 357–363.

Edelmann, R. J. (1992). *Anxiety: Theory, research, and intervention in clinical and health psychology.* Chichester, NY: Wiley.

Edinger, D. (1963). *Bertha Pappenheim, Leben und Schriften.* Frankfurt, Germany: Ner-Tamid Verlag.

Edwards, A. G. K., Hulbert-Williams, S., & Neal, R. D. (2008). Psychological interventions for women with metastatic breast cancer. *Cochrane Database of Systematic Reviews, 3,* CD004253.

Egeland, J. A. (1986). Cultural factors and social stigma for manic-depression: The Amish Study. *American Journal of Social Psychiatry, 6,* 279–286.

Egeland, J. A. (1994). An epidemiologic and genetic study of affective disorders among the Old Order Amish. In D. F. Papolos & H. M. Lachman (Eds.), *Genetic studies in affective disorders: Overview of basic methods, current directions, and critical research issues* (pp. 70–90). Oxford, UK: Wiley.

Egeland, J. A., & Hostetter, A. M. (1983). Amish study: I. Affective disorders among the Amish, 1976–1980. *American Journal of Psychiatry, 140,* 56–61.

Ehlers, A., Bisson, J., Clark, D. M., Creamer, M., Pilling, S., Richards, D., Schnurr, P. P., Turner, S, & Yule, W. (2001). Do all psychological treatments really work the same in posttraumatic stress disorder? *Clinical Psychology Review, 30,* 269–276.

Ehlers, A., Clark, D. M., Dunmore, E., Jaycox, L., Meadows, E., & Foa, E. (1998). Predicating response to exposure treatment in PTSD: The role of mental defeat and alienation. *Journal of Traumatic Stress, 11,* 457–471.

Ehrenreich, B. (2009). *Bright-sided: How the relentless promotion of positive thinking has undermined America.* New York: Metropolitan Books.

Ehring, T., Ehlers, A., Cleare, A., & Glucksman, E., (2008). Do acute psychological and psychobiological responses to trauma predict subsequent symptom severities and PTSD and depression? *Psychiatry Research, 161,* 67–75.

Ehrman, J. K., Gordon, P. M., Visich, P. S., & Keteyian, S. J. (Eds.). (2009). *Clinical exercise physiology* (2nd ed.). Champaign, IL: Human Kinetics.

Elder, G. H., & Clipp, E. C. (1989). Combat experience and emotional health: Impairment and resilience in later life. *Journal of Personality, 57,* 311–341.

Eldevik, S., Hastings, R. P., Hughes, J. C., Jahr, E., Eikeseth, S., & Cross, S. (2009). Meta-analysis of early intensive behavioral intervention for children with autism. *Journal of Clinical Child & Adolescent Psychology, 38,* 439–450.

Eley, T. C., Bolton, D., O'Connor, T. G., Perrin, S., Smith, P., & Plomin, R. (2003). A twin study of anxiety-related behaviours in pre-school children. *Journal of Child Psychology & Psychiatry, 44,* 945–960.

Eley, T. C., Lichenstein, P., & Stevenson, J. (1999). Sex differences in the etiology of aggressive and nonaggressive antisocial behavior: Results from two twin studies. *Child Development, 70,* 155–168.

Ellason, J. W., & Ross, C. A. (1997). Two-year follow-up of inpatients with dissociative identity disorder. *American Journal of Psychiatry, 154,* 832–839.

Ellason, J. W., Ross, C. A., & Fuchs, D. L. (1996). Lifetime Axis I and II comorbidity and childhood trauma history in dissociative identity disorder. *Psychiatry, 59,* 255–266.

Ellis, A. (1997). The evolution of Albert Ellis and emotive behavior therapy. In J. K. Zeig (Ed.), *The rational evolution of psychotherapy: The third conference* (pp. 69–78). New York: Brunner/Mazel.

Ellis, A., & Harper, R. A. (1961). *A guide to rational living.* Englewood Cliffs, NJ: Prentice Hall.

Ellman, L. M., & Cannon, T. D. (2008). Environmental pre- and perinatal influences on etiology. In K. T. Mueser & D. V. Jeste (Eds.), *Clinical handbook of schizophrenia.* (pp. 65–73). New York: Guilford Press.

Emerson, E., Shahtahmasebi, S., Lancaster, G., & Berridge, D. (2010). Poverty transitions among families supporting a child with intellectual disability. *Journal of Intellectual & Developmental Disability, 35,* 224–234.

Emmelkamp, P. M. G., Benner, A., Kuipers, A.,Feiertag, G. A., Koster, H. C., & van Apeldoorn, F. J. (2006). Comparison of brief dynamic and cognitive-behavioural therapies in avoidant personality disorder. *British Journal of Psychiatry, 189,* 60–64.

Emrick, C. D., Tonigan, J. S., Montgomery, H. A., & Little, L. (1993). Alcoholics Anonymous: What is currently known? In B. S. McCrady & W. R. Miller (Ed.), *Research on Alcoholics Anonymous: Opportunities and alternatives* (pp. 41–78). New Brunswick, NJ: Rutgers Center of Alcohol Studies.

Emslie, G. J., Portteus, A. M., Kumar, E. C., & Hume, J. H. (2004). Antidepressants: SSRIs and novel atypical antidepressants—an update on psychopharmacology. In H. Steiner (Ed.), *Handbook of mental health intervention in children and adolescents: An integrated developmental approach* (pp. 318–362). San Francisco: Jossey-Bass.

Epperson, C. N., Steiner, M., Hartlage, S. A., Eriksson, E., Schmidt, P. J., Jones, I., & Yonkers, K. A. (2012). Premenstrual dysphoric disorder: Evidence for a new category for *DSM-5. American Journal of Psychiatry, 169,* 465–475.

Epping-Jordan, J. E., Compas, B. E., & Howell, D. C. (1994). Predictors of cancer progression in young adult men and women: Avoidance, intrusive thoughts, and psychological symptoms. *Health Psychology, 13,* 539–547.

Epple, D. M. (2002). Senile dementia of the Alzheimer type. *Clinical Social Work Journal, 30,* 95–110.

Epstein, J., Saunders, B. E., & Kilpatrick, D. G. (1997). Predicting PTSD in women with a history of childhood rape. *Journal of Traumatic Stress, 10,* 573–588.

Erbes, C., Westermeyer, J., Engdahl, B., & Johnsen, E. (2007). Post-traumatic stress disorder and service utilization in a sample of service members from Iraq and Afghanistan. *Military Medicine, 172,* 359–363.

Erdelyi, M. H. (1992). Psychodynamics and the unconscious. *American Psychologist, 47,* 784–787.

Erdur, L., Kallenbach-Dermutz, B., Lehmann, V., Zimmermann-Viehoff, F., Koepp, W., Weber, C., & Deter, H.-C. (2012). Somatic comorbidity in anorexia nervosa: First results of a 21-year follow-up study on female inpatients, *Biopsychosocial Medicine, 6,* 4.

Erlenmeyer-Kimling, L., Rock, D., Squires-Wheeler, E., & Roberts, S. (1991). Early life precursors of psychiatric outcomes in adulthood in subjects at risk for schizophrenia or affective disorders. *Psychiatry Research, 39,* 239–256.

Escobar, J. I. (1993). Psychiatric epidemiology. In A. C. Gaw (Ed.), *Culture, ethnicity, and mental illness* (pp. 43–73). Washington, DC: American Psychiatric Press.

Espnes, G. A., & Byrne, D. (2008). Gender differences in psychological risk factors for the development of heart disease. *Stress and Health, 24,* 188–195.

Estrada, A. U., & Pinsof, W. M. (1995). The effectiveness of family therapies for selected behavioral disorders of childhood. *Journal of Marital & Family Therapy, 21,* 403–440.

European Monitoring Centre for Drugs and Drug Addiction (EMCDDA). (2011, November). *2011 Annual report on the state of the drugs problem in Europe.* Lisbon, Portugal: Author.

Evers, A. W. M., Kraaimaat, F. W., Geenen, R., Jacobs, J. W. G., & Bijlsma, J. W. J. (2003). Stress-vulnerability factors as long-term predictors of disease activity in early rheumatoid arthritis. *Journal of Psychosomatic Research, 55,* 293–302.

Everson-Rose, S. A., and Lewis, T. T. (2005). Psychosocial factors and cardiovascular diseases. *Annual Review of Public Health, 26,* 469–500.

Exner, J. E. (1993). *The Rorschach: A comprehensive system: Vol. 1. Basic foundations* (3rd ed.). New York: Wiley.

Eysenck, H. J. (1994). The biology of morality. In B. Puka (Ed.), *Defining perspectives in moral development* (pp. 212–229). New York: Garland.

F

Fabiano, G. A., Pelham, W. E., Jr., Coles, E. K., Gnagy, E. M., Chronis-Tuscano, A., & O'Connor, B. C. (2009). A meta-analysis of behavioral treatments for attention-deficit/hyperactivity disorder. *Clinical Psychology Review, 29,* 129–140.

Fabrega, H. (1993). Toward a social theory of psychiatric phenomena. *Behavioral Science, 38,* 75–100.

Fabrega, H., Ulrich, R., Pilkonis, P., & Mezzich, J. (1991). On the homogeneity of personality disorder clusters. *Comprehensive Psychiatry, 32,* 373–386.

Fahy, T. A. (1988). The diagnosis of multiple personality disorder: A critical review. *British Journal of Psychiatry, 153,* 597–606.

Fairburn, C. G. (2005). Evidence-based treatment of anorexia nervosa. *International Journal of Eating Disorders, 37,* 526–530.

Fairburn, C. G., & Cooper, Z. (2007). Thinking afresh about the classification of eating disorders. *International Journal of Eating Disorders, 40,* S107–S110.

Fairburn, C. G., & Cooper, Z. (2011). Eating disorders, *DSM-5* and clinical reality. *British Journal of Psychiatry, 198,* 8–10.

Fairburn, C. G., Cooper, Z., Bohn, K., O'Connor, M. E., Doll, H. A., & Palmer, R. L. (2007). The severity and status of eating disorder NOS: Implications for *DSM-V. Behaviour Research and Therapy, 45,* 1705–1715.

Fairburn, C. G., Cooper, Z., Doll, H. A., O'Connor, M .E., Bohn, K., Hawker, D. H., Wales, J. A., & Palmer, R. L. (2009). Transdiagnostic cognitive-behavioral therapy for patients with eating disorders: A two-site trial with 60-week follow-up. *American Journal of Psychiatry, 166,* 311–319.

Fairburn, C. G., Cooper, Z., Shafra, R., Bohn, K., & Hawker, D. M. (2008). Clinical perfectionism, core low self-esteem and interpersonal problems. In C. G. Fairburn (Ed.), *Cognitive behavior therapy and eating disorders* (pp. 197–220). New York: Guilford Press.

Fairburn, C. G., Jones, R., Peveler, R. C., & Carr, S. J. (1991). Three psychological treatments for bulimia nervosa: A comparative trial. *Archives of General Psychiatry, 48,* 463–469.

Fairburn, C. G., Norman, P. A., Welch, S. L., O'Connor, M. E., Doll, H. A., & Peveler, R. C. (1995). A prospective study of outcome in bulimia nervosa and the long-term effects of three psychological treatments. *Archives of General Psychiatry, 52,* 304–312.

Fairburn, C. G., Welsh, S. L., Doll, H. A., Davies, B. A., & O'Connor, M. E. (1997). Risk factors for bulimia nervosa. *Archives of General Psychiatry, 54,* 509–517.

Fairweather, G. W., Sanders, D. H., Maynard, H., & Cressler, D. L. (1969). *Community life for the mentally ill: An alternative to institutional care.* Chicago: Aldine.

Fanous, A. H., Prescott, C. A., & Kendler, K. S. (2004). The prediction of thoughts of death or self-harm in a population-based sample of female twins. *Psychological Medicine, 34,* 301–312.

Faraone, S. V., Biederman, J., Keenan, K., & Tsuang, M. T. (1991). A family-genetic study of girls with *DSM-III* attention deficit disorder. *American Journal of Psychiatry, 148,* 112–117.

Faravelli, C., Giugni, A., Salvatori, S., & Ricca, V. (2004). Psychopathology after rape. *American Journal of Psychiatry, 161,* 1483–1485.

Farmer, A., Elkin, A., & McGuffin, P. (2007). The genetics of bipolar affective disorder. *Current Opinion in Psychiatry, 20,* 8–12.

Farmer, M. A., Kao, A., & Binik, Y. M. (2009). Dyspareunia and vaginismus. In R. Balon & E. R. Segraves (Eds.), *Clinical manual of sexual disorders* (pp. 305–334). Arlington, VA: American Psychiatric Publishing.

Farmer, M. A., Kukkonen, T., & Binik, Y. M. (2008). Female genital pain and its treatment. In D. L. Rowland & L. Incrocci (Eds.), *Handbook of sexual and gender identity disorders* (pp. 220–250). Hoboken, NJ: Wiley.

Fatemi, S. H., & Folsom, T. D. (2009). The neurodevelopmental hypothesis of schizophrenia, revisited. *Schizophrenia Bulletin, 35,* 528–548.

Fawzy, F. I., Canada, A. L., & Fawzy, N. W. (2003). Malignant melanoma: Effects of a brief, structured psychiatric intervention on survival and recurrence at 10-year follow-up. *Archives of General Psychiatry, 60,* 100–103.

Fawzy, F. I., Cousins, N., Fawzy, N. W., Kemeny, M. E., Elashoff, R., & Morton, D. (1990). A structured psychiatric intervention for cancer patients: I. Changes over time in methods of coping and affective disturbance. *Archives of General Psychiatry, 47,* 720–725.

Fawzy, F. I., Fawzy, N. W., Huyn, C. S., Elashoff, R., Morton, D., Cousins, N., & Fahey, J. L. (1993). Effects of an early structured psychiatric intervention, coping and affective state on recurrence and survival 6years later. *Archives of General Psychiatry, 50,* 681–689.

Fawzy, F. I., Kemeny, M. E., Fawzy, N. W., Elashoff, R., et al. (1990). A structured psychiatric intervention for cancer patients: II. Changes over time in immunological measures. *Archives of General Psychiatry, 47,* 729–735.

Fazel, S., & Danesh, J. (2002). Serious mental disorder in 23,000 prisoners: A systematic review of 62 surveys. *Lancet, 359,* 545–550.

Feder, A., Olfson, M., Fuentes, M., Shea, S., Lantigua, R. A., & Weissman, M. M. (2001). Medically unexplained symptoms in an urban general medicine practice. *Psychosomatics, 42,* 261–268.

Feingold, A. (1994). Gender differences in personality: A meta-analysis. *Psychological Bulletin, 116,* 429–456.

Feinstein, A., (2011). Conversion disorder: Advances in our understanding. *Canadian Medical Association Journal, 183,* 915–920.

Feldman, M. A. (Ed.). (2004). *Early intervention: The essential readings*. Malden, MA: Blackwell.

Feldman, R. P., and Goodrich, J. T. (2001). Psychosurgery: A historical overview. *Neurosurgery, 48,* 647–659.

Fennell, M. J. V., & Teasdale, J. D. (1987). Cognitive therapy for depression: Individual differences and the process of change. *Cognitive Therapy & Research, 11,* 253–271.

Fergusson, D. M., Horwood, J. L., & Lynskey, M. T. (1993). Early dentine lead levels and subsequent cognitive and behavioural development. *Journal of Child Psychology & Psychiatry & Allied Disciplines, 34,* 215–227.

Ferri, C. P., Prince, M., Brayne, C., Brodaty, H., Fratiglioni, L., Ganguli, M., et al. (2005). Global prevalence of dementia: A Delphi consensus study. *Lancet, 366,* 2112–2117.

Fillmore, K. M., Golding, J. M., Leino, E. V., Motoyoshi, M., Shoemaker, C., Terry, H., et al. (1997). Patterns and trends in women's and men's drinking. In R. W. Wilsnack & S. C. Wilsnack (Eds.), *Gender and alcohol: Individual and social perspectives* (pp. 21–48). Piscataway, NJ: Rutgers Center of Alcohol Studies.

Fillmore, K. M., Kerr, W. C., Stockwell, T., Chikritzhs, T., & Bostrom, A. (2006). Moderate alcohol use and reduced mortality risk: Systematic error in prospective studies. *Addiction Research and Theory, 14,* 101–132.

Fink, M. (2001). Convulsive therapy: A review of the first 55 years. *Journal of Affective Disorders, 63,* 1–15.

Finney, J. W., & Moos, R. H. (1998). Psychosocial treatments for alcohol use disorders. In P. E. Nathan (Ed.), *A guide to treatments that work* (pp. 156–166). New York: Oxford University Press.

First, M. B. (2010). Paradigm shifts and the development of the *Diagnostic and Statistical Manual of Mental Disorders*: Past experiences and future aspirations. *Canadian Journal of Psychiatry, 55*, 692–700.

First, M. B., Spitzer, R. L., Gibbon, M., & Williams, J. B. W. (1997). *Structured Clinical Interview for* DSM-IV *Axis I Disorders—non-patient edition* (version 2.0). New York: New York State Psychiatric Institute, Biometrics Research Department.

Fischer, M., & Barkley, R. (2006). Young adult outcomes of children with hyperactivity: Leisure, financial, and social activities. *International Journal of Disability, Development and Education, 53*, 229–245.

Fiske, A., Wetherell, J. L., & Gatz, M. (2009). Depression in older adults. *Annual Review of Clinical Psychology, 9*, 363–391.

Fitzsimmons, S., & Buettner, L. L. (2002). Therapeutic recreation interventions for need-driven dementia-compromised behaviors in community-dwelling elders. *American Journal of Alzheimer's Disorder and Other Dementias, 17*, 367–381.

Flakierska-Praquin, N., Lindstrom, M., & Gilberg, C. (1997). School phobia with separation anxiety disorder: A comparative 20- to 29-year follow up study of 35 school refusers. *Comprehensive Psychology, 38*, 17–22.

Flament, M. F., Bissada, H., & Spettigue, W. (2012). Evidence-based pharmacotherapy of eating disorders. *International Journal of Neuropsychopharmacology, 15*, 189–207.

Flegal, K. M., Carroll, M. D., Ogden, C. L., & Curtin, L. R. (2010). Prevalence trends in obesity among U.S. adults, 1999–2008. *Journal of the American Medical Association, 303*, 235–241.

Flegal, K. M., Carroll, M. D., Ogden, C. L., & Johnson, C. L. (2002). Prevalence and trends in obesity among U.S. adults, 1999–2000. *Journal of the American Medical Association, 288*, 1723–1727.

Fleming, M., & Manwell, L. B. (2000). Epidemiology. In G. Zernig (Ed.), *Handbook of alcoholism* (pp. 271–286). Boca Raton, FL: CRC Press.

Flessner, C. A. (2011). Cognitive-behavioral therapy for childhood repetitive behavior disorders: Tic disorders and trichotillomania. *Child and Adolescent Psychiatric Clinics of North America, 20*, 319–328.

Fletcher, J. M., Lyon, G. R., Fuchs, L. S., & Barnes, M. A. (2007). *Learning disabilities: From identification to intervention.* New York: Guilford Press.

Foa, E. B., & Franklin, E. (2001). Obsessive-compulsive disorder. In D. H. Barlow (Ed.), *Clinical handbook of psychological disorders: A step-by-step treatment manual* (3rd ed., pp. 209–263). New York: Guilford Press.

Foa, E. D., & Riggs, D. S. (1995). Posttraumatic stress disorder following assault: Theoretical considerations and empirical findings. *Current Directions in Psychological Science, 4*, 61–65.

Follette, W. C., & Hayes, S. C. (2000). Contemporary behavior therapy. In C. R. Snyder & R. E. Ingram (Eds.), *Handbook of psychological change: Psychotherapy processes and practices for the 21st century* (pp. 381–408). New York: Wiley.

Folstein, S. E., & Rosen-Sheidley, B. (2001). Genetics of autism: Complex aetiology for a heterogeneous disorder. *Nature Review Genetics, 2*, 943–955.

Fombonne, E. (1999). The epidemiology of autism: A review. *Psychological Medicine, 29*, 769–786.

Fombonne, E. (2009). Epidemiology of pervasive developmental disorders. *Pediatric Research, 65*, 591–598.

Fonagy, P., & Bateman, A. (2008). The development of borderline personality disorder: A mentalizing model. *Journal of Personality Disorders, 22*, 4–21.

Foote, B., Smolin, Y., Kaplan, M., Legatt, M. E., & Lipschitz, D. (2006). Prevalence of dissociative disorders in psychiatric outpatients. *American Journal of Psychiatry, 163*, 623–629.

Ford, M. R., & Widiger, T. A. (1989). Sex bias in the diagnosis of histrionic and antisocial personality disorders. *Journal of Consulting and Clinical Psychology, 57*, 301–305.

Fournier, J. C., DeRubeis, R. J., Hollon, S. D., et al. (2010). Antidepressant drug effect and depression severity: A patient-level meta-analysis. *Journal of the American Medical Association, 303*, 47–53.

Frances, A. J., & Widiger, T. (2012). Psychiatric diagnosis: Lessons from the *DSM-IV* past and cautions for the *DSM-5* future. *Clinical Psychology, 8*, 109–130.

Frances, A., & First, M. B. (2011). Paraphilia NOS, nonconsent: Not ready for the courtroom. *Journal of the American Academy of Psychiatry and the Law, 39*, 555–561.

Frank, E., Kupfer, D. J., Thase, M. E., Mallinger, A. G., Swartz, H. A., Fagiolini, A. M., Grochocinski, V., Houck, P., Scott, J., Thompson, W., & Monk, T. (2005). Two-year outcomes for interpersonal and social rhythm therapy in individuals with bipolar I disorder. *Archives of General Psychiatry, 62*, 996–1004.

Frank, E., Swartz, H. A., & Kupfer, D. J. (2000). Interpersonal and social rhythm therapy: Managing the chaos of bipolar disorder. *Biological Psychiatry, 48*, 593–604.

Frank, J. D. (1978). *Effective ingredients of successful psychotherapy*. New York: Brunner/Mazel.

Franklin, K. A., Anttila, H., Axelsson, S., Gislason, T., Maasita, P., Myhre, K.I., & Rehnqvist, N. (2009). Effects and side-effects of surgery for snoring and obstructive sleep apnea—a systematic review. *Sleep, 32*, 27–36.

Franklin, M. E., & Foa, E. B. (2011). Treatment of obsessive compulsive disorder. *Annual Review of Clinical Psychology, 7*, 229–243.

Frasure-Smith, N., & Lesperance, F. (2005). Depression and coronary heart disease: Complex synergism of mind, body, and environment. *Current Directions in Psychological Science, 14*, 39–43.

Frasure-Smith, N., & Lesperance, F. (2008). Depression and anxiety as predictors of 2-year cardiac events in patients with stable coronary artery disease. *Archives of General Psychiatry, 65*, 62–71.

Frazier, J. A., Breeze, J. L., Papadimitriou, G., Kennedy, D. M., Hodge, S. M., Moore, C. M., Howard, J. D., Rohan, M. P., Caviness, V. S., & Makris, N. (2007). White matter abnormalities in children with and at risk for bipolar disorder. *Bipolar Disorders, 9*, 799–809.

Fredrickson, B. L., & Joiner, T. (2002). Positive emotions trigger upward spirals toward emotional well-being. *Psychological Science, 13*, 172–175.

Fredrickson, B. L., Tugade, M. M., Waugh, C. E., & Larkin, G. R. (2003). What good are positive emotions in crisis? A prospective study of resilience and emotions following the terrorist attacks on the United States on September 11th, 2001. *Journal of Personality & Social Psychology, 84*, 365–376.

Freeman, A., & Reinecke, M. A. (1995). Cognitive therapy. In A. S. Gurman (Ed.), *Essential psychotherapies: Theory and practice* (pp. 182–225). New York: Guilford Press.

Freeman, S. F. N., & Alkin, M. C. (2000). Academic and social attainments of children with mental retardation in general education and special education settings. *Remedial and Special Education, 21*, 2–18.

Freeston, M. H., Ladouceur, R., Thibodeau, N., & Gagnon, F. (1992). Cognitive intrusions in a non-clinical population: II. Associations with depressive, anxious, and compulsive symptoms. *Behaviour Research & Therapy, 30*, 263–271.

Frenda, S. J., Nichols, R. M., & Loftus, E. F. (2011). Current issues and advances in misinformation research. *Current Directions in Psychological Science, 20*, 20–23.

Freud, S. (1909). *Analysis of a phobia of a five-year-old boy* (Vol. III). New York: Basic Books.

Frewen, P. A., Dozois, D. J. A., & Lanius, R. A. (2008). Neuroimaging studies of psychological interventions for mood and anxiety disorders: Empirical and methodological review. *Clinical Psychology Review, 28,* 228–246.

Freyd, J. J. (1996). *Betrayal trauma: The logic of forgetting childhood abuse.* Cambridge, MA: Harvard University Press.

Freyd, J. J., DePrince, A. P., & Gleaves, D. H. (2007). The state of betrayal trauma theory: Reply to McNally—conceptual issues and future directions. *Memory, 15,* 295–311.

Freyd, J. J., Martorella, S. R., Alvarado, J. S., Hayes, A. E., & Christman, J. C. (1998). Cognitive environments and dissociative tendencies: Performance on the standard Stroop task for high versus low dissociators. *Applied Cognitive Psychology, 12,* S91–S103.

Frick, P. J., & Nigg, J. T. (2012). Current issues in the diagnosis of attention deficit hyperactivity disorder, oppositional defiant disorder, and conduct disorder. *Clinical Psychology, 8,* 77–107.

Frick, P. J., & White, S. F. (2008). Research review: The importance of callous-unemotional traits for developmental models of aggressive and antisocial behavior. *Journal of Child Psychology and Psychiatry, 49,* 359–375.

Friedman, M. J., Resik, P. A., Bryant, R. A., Strain, J., Horowitz, M., & Spiegel, D. (2011). Classification of trauma and stressor-related disorders in *DSM-5. Depression and Anxiety, 28,* 737–749.

Friedman, M., & Rosenman, R. H. (1974). *Type A behavior and your heart.* New York: Knopf.

Friedman, M., Rosenman, R. H., Straus, R., Wurm, M., & Kositcheck, R. (1968). The relationship of behavior pattern A to the state of coronary vasculature. *American Journal of Medicine, 44,* 525–537.

Friedman, M., Thoresen, C. E., Gill, J. J., Ulmer, D., Powell, L. H., Price, V., Brown, B., Thompson, L., Rabin, D. D., et al. (1994). Alteration of Type A behavior and its effect on cardiac recurrences in post myocardial infarction patients: Summary results of the recurrent coronary prevention project. In A. Steptoe (Ed.), *Psychosocial processes and health: A reader*. Cambridge, England: Cambridge University Press.

Frith, M. (2006, April 3). Beckham reveals his battle with obsessive disorder. http://www.independent.co.uk/news/uk/this-britain/beckham-reveals-his-battle-with-obsessive-disorder-472573.html (accessed October 15, 2009)

Fromme, K., Marlatt, G. A., Baer, J. S., & Kivlahan, D. R. (1994). The Alcohol Skills Training Program: A group intervention for young adult drinkers. *Journal of Substance Abuse Treatment, 11,* 143–154.

Fromm-Reichmann, F. (1948). Notes on the development of treatments of schizophrenia by psychoanalytic psychotherapy. *Psychiatry, 2,* 263–273.

Frost, R. O., & Steketee, G. (2010). *Stuff: Compulsive hoarding and the meaning of things.*

Frost, R. O., Steketee, G., & Tolin, D. F. (2011). Comorbidity in hoarding disorder. *Depression and Anxiety, 28,* 876–884.

Frost, R. O., Steketee, G., & Tolin, D. F. (2012). Diagnosis and assessment of hoarding disorder. *Annual Review of Clinical Psychology, 8,* 219–242.

Furr, S. R., Westefeld, J. S., McConnell, G. N., & Jenkins, J. M. (2001). Suicide and depression among college students: A decade later. *Professional Psychology: Research & Practice, 32,* 97–100.

G

Gagnon, J. H. (1990). The explicit and implicit use of the scripting perspective in sex research. *Annual Review of Sex Research, 1,* 1–43.

Gajilan, A. C. (2008). Iraq vets and post-traumatic stress: No easy answers. Retrieved from cnnhealth.com, February 26, 2009.

Gajria, M., Jitendra, A. K., Sood, S., & Sacks, G. (2007). Improving comprehension of expository text in students with LD: A research synthesis. *Journal of Learning Disabilities, 40,* 210–225.

Galderisi, S., Mucci, A., Bitter, I., Libiger, J., Bucci, P., Fleischhacker, W. W., & Kahn, R. S. (2012). Persistent negative symptoms in first episode patients with schizophrenia: Results from the European First Episode Schizophrenia Trial. *European Neuropsychopharmacology, 23,* 196–204.

Galea, S., Ahern, J., Resnick, H., Kilpatrick, D., Bucuvalas, M., Gold, J., & Vlahov, D. (2002). Psychological sequelae of the September 11 terrorist attacks in New York City. *New England Journal of Medicine, 346,* 982–987.

Galea, S., Brewin, C. R., Gruber, M., Jones, R. T., King, D. W., King, L. A., McNally, R. J., Ursano, R. J., Petukhova, M., & Kessler, R. C. (2007). Exposure to hurricane-related stressors and mental illness after Hurricane Katrina. *Archives of General Psychiatry, 64,* 1427–1434.

Galea, S., Tracy, M., Norris, F., & Coffey, S. F. (2008). Financial and social circumstances and the incidence and course of PTSD in Mississippi during the first two years after Hurricane Katrina. *Journal of Traumatic Stress, 21,* 357–368.

Garber, J., & Horowitz, J. L. (2002). Depression in children. In I. H. Gotlib & C. L. Hammen (Eds.), *Handbook of depression* (pp. 510–540). New York: Guilford Press.

Garber, J., Walker, L. S., & Zeman, J. (1991). Somatization symptoms in a community sample of children and adolescents: Further validation of the Children's Somatization Inventory. *Psychological Assessment, 3,* 588–595.

Gardner, C. D., Kiazand, A., Alhassan, S., Kim, S., Stafford, R. S., Balise, R. R., et al. (2007). Comparison of the Atkins, Zone, Ornish, and LEARN diets for change in weight and related risk factors among overweight premenopausal women, the A to Z weight loss story: A randomized trial. *Journal of the American Medical Association, 297,* 969–977.

Gardner, H. (2003). Three distinct meanings of intelligence. In R. J. Sternberg & J. Lautrey (Eds.), *Models of intelligence: International perspectives* (pp. 43–54). Washington, DC: American Psychological Association.

Gardner, W., Lidz, C. W., Hoge, S. K., Monahan, J., Eisenberg, M. M., Bennett, N. S., Mulvey, E. P., & Roth, L. H. (1999). Patients' revisions of their beliefs about the need for hospitalization. *American Journal of Psychiatry, 156,* 1385–1391.

Garfield, S. L. (1994). Research on client variables in psychotherapy. In A. E. Bergin (Ed.), *Handbook of psychotherapy and behavior change* (4th ed., pp. 190–228). New York: Wiley.

Garner, D. M., & Garfinkel, P. E. (1980). Sociocultural factors in the development of anorexia nervosa. *Psychological Medicine, 10,* 647–656.

Garner, D. M., & Garfinkel, P. E. (Eds.). (1985). *Handbook of psychotherapy for anorexia nervosa and bulimia.* New York: Guilford Press.

Garner, D. M., Rockert, W., Davis, R., & Garner, M. V. (1993). Comparison of cognitive-behavioral and supportive-expressive therapy for bulimia nervosa. *American Journal of Psychiatry, 150,* 37–46.

Gatz, M. (2007). Genetics, dementia, and the elderly. *Current Directions in Psychological Science, 16,* 123–127.

Gatz, M., Prescott, C. A., & Pedersen, N. L. (2006). Lifestyle risk and delaying factors. *Alzheimer Disease and Associated Disorders, 20,* S84–S88.

Gatz, M., Reynolds, C. A., Fratiglioni, L., Johansson, B., Mortimer, J. A., Berg, S., Fiske, A., & Pedersen, N. L. (2006). Role of genes and environments for explaining Alzheimer disease. *Archives of General Psychiatry, 63,* 168–174.

Gauntlett-Gilbert, J., & Kuipers, E. (2003). Phenomenology of visual hallucinations in psychiatric conditions. *Journal of Nervous and Mental Disease, 191,* 203–205.

Gearhardt, A. N., Bragg, M. A., Pearl, R. L., Schvey, N. A., Roberto, C. A., & Brownell, K. D. (2012). Obesity and public policy. *Annual Review of Clinical Psychology, 8,* 405–430.

Gearhardt, A. N., Davis, C., Kuschner, R., & Brownell, K. D. (2011). The addiction potential of hyperpalatable foods. *Current Drug Abuse Review, 4,* 140–145.

Gearhardt, A. N., Yokum, S., Orr, P., Stice, E., Corbin, W., & Brownell, K. (2011). Neural correlates of food addiction. *Archive of General Psychiatry, 68,* 808–816.

Geddes, J. R., Burgess, S., Hawton, K., Jamison, K., & Goodwin, G. M. (2004). Long-term lithium therapy for bipolar disorder: Systematic review and meta-analysis of randomized controlled trials. *American Journal of Psychiatry, 161,* 217–222.

Geer, J. H., Morokoff, P., & Greenwood, P. (1974). Sexual arousal in women: The development of a measurement device for vaginal blood volume. *Archives of Sexual Behavior, 3,* 559–564.

Gehi, A., Haas, D., Pipkin, S., & Whooley, M. A. (2005). Depression and medication adherence in outpatients with coronary heart disease: Findings from the Heart and Soul Study. *Archives of Internal Medicine, 165,* 2508–2513.

Gerardin, P., & Thibaut, F. (2004). Epidemiology and treatment of juvenile sexual offending. *Pediatric Drugs, 6,* 79–91.

Geronimus, A. T., Hicken, M., Keene, D., & Bound, J. (2006). "Weathering" and age patterns of allostatic load scored among blacks and whites in the United States. *American Journal of Public Health, 96,* 826–833.

Ghaemi, S. N., Pardo, T. B., & Hsu, D. J. (2004). Strategies for preventing the recurrence of bipolar disorder. *Journal of Clinical Psychiatry, 65*(Suppl. 10), 16–23.

Gibbons, M. B. C., Crits-Christoph, P., & Hearon, B. (2008). The empirical status of psychodynamic therapies. *Annual Review of Clinical Psychology, 5,* 93–108.

Giesen-Bloo, J., van Dyck, R., Spinhoven, P., van Tilburg, W., Dirksen, C., van Asselt, T., Kremers, I., Nadort, M., & Arntz, A. (2006). Outpatient psychotherapy for borderline personality disorder: Randomized trial of schema-focused therapy vs. transference-focused psychotherapy. *Archives of General Psychiatry, 63,* 649–658.

Gijs, L. (2008). Paraphilia and paraphilia-related disorders: An introduction. In D. L. Rowland & L. Incrocci (Eds.), *Handbook of sexual and gender identity disorders* (pp. 491–528). Hoboken, NJ: Wiley.

Giles, J. (1994, April 18). The poet of alienation. *Newsweek,* pp. 46–47.

Gillespie, N. A., Zhu, G., Heath, A. C., Hickie, I. B., & Martin, N. G. (2000). The genetic aetiology of somatic distress. *Psychological Medicine, 30,* 1051–1061.

Gilman, S. E., Cochran, S. D., Mays, V. M., Hughes, M., Ostrow, D., & Kessler, R. C. (2001). Risk of psychiatric disorders among individuals reporting same-sex sexual partners in the National Comorbidity Survey. *American Journal of Public Health, 91,* 933–939.

Gilvarry, C. M., Russell, A., Hemsley, D., & Murray, R. M. (2001). Neuropsychological performance and spectrum personality traits in the relatives of patients with schizophrenia and affective psychosis. *Psychiatry Research, 101,* 89–100.

Gitlin, M., Nuechterlein, K., Subotnik, K. L., Ventura, J., Mintz, J., Fogelson, D. L., Bartzokis, G., & Aravagiri, M. (2001). Clinical outcome following neuroleptic discontinuation in patients with remitted recent-onset schizophrenia. *American Journal of Psychiatry, 158,* 1835–1842.

Glassman, A. (1969). Indoleamines and affective disorders. *Psychosomatic Medicine, 31,* 107–114.

Glassman, A. H., O'Connor, C. M., Califf, R. M., et al. (2002). Sertraline treatment of major depression in patients with acute MI or unstable angina. *Journal of the American Medical Association, 288,* 701–709.

Gleaves, D. H., Hernandez, E., & Warner, M. S. (2003). The etiology of dissociative identity disorder: Reply to Gee, Allen, and Powell (2003). *Professional Psychology: Research & Practice, 34,* 116–118.

Gleaves, D. H., Smith, S. M., Butler, L. D., & Spiegel, D. (2004). False and recovered memories in the laboratory and clinic: A review of experimental and clinical evidence. *Clinical Psychology: Science & Practice, 11,* 3–28.

Glowinski, A. L., Bucholz, K. K., Nelson, E. C., Fu, Q., Madden, P. A. F., Reich, W., & Heath, A. C. (2001). Suicide attempts in an adolescent female twin sample. *Journal of the American Academy of Child & Adolescent Psychiatry, 40,* 1300–1307.

Godfrey, J. R., & Brownell, K. (2008). Toward optimal health: The influence of the environment on obesity. *Journal of Women's Health, 17,* 325–330.

Gold, M. S., Tabrah, H., & Frost-Pineda, K. (2001). Psychopharmacology of MDMA (ecstasy). *Psychiatric Annals, 31,* 675–681.

Goldberg, E. M., & Morrison, S. L. (1963). Schizophrenia and social class. *British Journal of Psychiatry, 109,* 785–802.

Golden, C. J., & Freshwater, S. M. (2001). Luria-Nebraska Neuropsychological Battery. In W. I. Dorfman & S. M. Freshwater (Eds.), *Understanding psychological assessment* (pp. 59–75). Dordrecht, Netherlands: Kluwer Academic.

Goldin, P. R., & Gross, J. J. (2010). Effects of mindfulness-based stress reduction (MBSR) on emotion regulation in social anxiety disorder. *Emotion, 10,* 83–91.

Goldstein, A. (1994). *Addiction: From biology to drug policy.* New York: W. H. Freeman.

Goldstein, J. M., & Lewine, R. R. J. (2000). Overview of sex differences in schizophrenia: Where have we been and where do we go from here? In D. J. Castle, J. McGrath, & J. Kulkarni (Eds.), *Women and schizophrenia* (pp. 111–141). Cambridge, UK: Cambridge University Press.

Goldstein, J. M., Seidman, L. J., Buka, S. L., Horton, N. J., Donatelli, J. L., Rieder, R. O., & Tsuang, M. T. (2000). Impact of genetic vulnerability and hypoxia on overall intelligence by age 7 in offspring at high risk for schizophrenia compared with affective psychoses. *Schizophrenia Bulletin, 26,* 323–334.

Goldstein, J. M., Seidman, L. J., O'Brien, L. M., Horton, N. J., Kennedy, D. N., Makris, N., Caviness, V. S., Faraone, S. V., & Tsuang, M. T. (2002). Impact of normal sexual dimorphisms on sex differences in structural brain abnormalities in schizophrenia assessed by magnetic resonance imaging. *Archives of General Psychiatry, 59,* 154–164.

Goldstein, M. G. (1998). Bupropion sustained release and smoking cessation. *Journal of Clinical Psychology, 59* (Suppl. 4), 66–72.

Goldstein, M. J., Talovic, S. A., Nuechterlein, K. H., & Fogelson, D. L. (1992). Family interaction versus individual psychopathology: Do they indicate the same processes in the families of schizophrenia? *British Journal of Psychiatry, 161,* 97–102.

Goldstein, R. Z., & Volkow, N. D. (2002). Drug addiction and its underlying neurobiological basis: Neuroimaging evidence for the involvement of the frontal cortex. *American Journal of Psychiatry,* 159, 1642–1652.

Gone, J. P. (2010). Psychotherapy and traditional healing for American Indians: Exploring the prospects for therapeutic integration. *Counseling Psychologist, 38,* 166–235.

Goodwin, F. K., & Jamison, K. R. (1990). *Manic-depressive illness.* New York: Oxford University Press.

Goodwin, F. K., & Jamison, K. R. (Eds.). (2007). *Manic depressive illness: Bipolar disorders and recurrent depression* (2nd ed.). New York: Oxford University Press.

Goodwin, P. J., Leszcz, M., Ennis, M., et al. (2001). The effect of group psychosocial support on survival in metastatic breast cancer. *New England Journal of Medicine, 345,* 1719–1726.

Gore, W. L. & Widiger, T. A. (2013). The dimensional trait model and five-factor models of general personality. *Journal of Abnormal Psychology, 122,* 816–821.

Gordon, O. M., Salkovskis, P. M., Oldfield, V. B., & Carter, N. (2013). The association between obsessive compulsive disorder and obsessive compulsive personality disorder: prevalence and clinical presentation. *British Journal of Clinical Psychology, 52,* 300–315.

Gorman, J. M. (2003). Treating generalized anxiety disorder. *Journal of Clinical Psychiatry, 64*(Suppl. 2), 24–29.

Gorman, J. M., Papp, L. A., & Coplan, J. D. (1995). Neuroanatomy and neurotransmitter function in panic disorder. In S. P. Roose & R. A. Glick (Eds.), *Anxiety as symptom and signal* (pp. 39–56). Hillsdale, NJ: Analytic Press.

Gotlib, I. H., Krasnoperova, E., Yue, D. L., & Joormann, J. (2004). Attentional biases for negative interpersonal stimuli in clinical depression. *Journal of Abnormal Psychology, 113,* 127–135.

Gotlib, I. H., Lewinsohn, P. M., & Seeley, J. R. (1995). Symptoms versus a diagnosis of depression: Differences in psychosocial functioning. *Journal of Consulting and Clinical Psychology, 63,* 90–100.

Gottesman, I. I. (1991). *Schizophrenia genesis: The origins of madness.* New York: W. H. Freeman.

Gottesman, I. I., & Erlenmeyer-Kimling, L. (2001). Family and twin strategies as a head start in defining prodromes and endophenotypes for hypothetical early-interventions in schizophrenia. *Schizophrenia Research, 51,* 93–102.

Gould, M., Jamieson, P., & Romer, D. (2003). Media contagion and suicide among the young. *American Behavioral Scientist, 46,* 1269–1284.

Gould, M., Marrocco, F., Kleinman, M., Thomas, J. G., Mostkoff, K., Cote, J., & Davies, M. (2005). Evaluating iatrogenic risk of youth suicide screening programs: A randomized controlled trial. *Journal of the American Medical Association, 293,* 1635–1643.

Gould, M. S., Greenberg, T., Velting, D. M., & Shaffer, D. (2003). Youth suicide risk and preventive interventions: A review of the past 10 years. *Journal of the American Academy of Child & Adolescent Psychiatry, 42,* 386–405.

Grabe, S., Ward, L. M., & Hyde, J. S. (2008). The role of the media in body image concerns among women: A meta-analysis of experimental and correlational studies. *Psychological Bulletin, 134,* 460–476.

Grandi, S., Fabbri, S., Panatoni, N., Gonnella, E., & Marks, I. (2006). Self-exposure treatment of recurrent nightmares: Waiting-list-controlled trial and 4-year follow-up. *Psychotherapy and Psychosomatics, 75,* 384–388.

Grandin, T. (1995). *Thinking in pictures and my other reports from my life with autism.* New York: Vintage Books.

Grant, B. F., Hasin, D. S., Stinson, F. S., Dawson, D. A., Chou, S. P., Ruan, W. J., & Pickering, R. P. (2004). Prevalence, correlates, and disability of personality disorders in the United States: results from the National Epidemiologic Survey on Alcohol and Related Conditions. *Journal of Clinical Psychiatry, 65,* 948–958.

Grant, B. F., Stinson, F. S., Dawson, D. A., Chou, S. P., & Ruan, W. J. (2005). Co-occurrence of *DSM-IV* personality disorders in the United States: Results from the National Epidemiologic Survey on Alcohol and Related Conditions. *Comprehensive Psychiatry, 46,* 1–5.

Grant, B., Stinson, F., Dawson, D., Chou, P., Dufour, M., Compton, W., Pickering, R., & Kaplan, K. (2004). Prevalence and co-occurrence of substance use disorders and independent mood and anxiety disorders: Results from the National Epidemiologic Survey on Alcohol and Related Conditions. *Archives of General Psychiatry, 61,* 807–816.

Grant, B. F., Hasin, D. S., Chou, S. P., Stinson, F. S., & Dawson, D. A. (2004). Nicotine dependence and psychiatric disorders in the United States: Results from the National Epidemiologic Survey on Alcohol and Related Conditions. *Archives of General Psychiatry, 61,* 1107–1115.

Grant, J. E., & Kim, S. W. (2002). Effectiveness of pharmacotherapy for pathological gambling: A chart review. *Annals of Clinical Psychiatry, 14,* 155–161.

Grant, J. E., Kim, S. W., Odlaug, B. L., Buchanan, S. N., & Potenza, M. N. (2008). Late-onset pathological gambling: Clinical correlates and gender differences. *Journal of Psychiatric Research, 43,* 380–387.

Grant, J. E., & Potenza, M. N. (2006). Compulsive aspects of impulse-control disorders. *Psychiatric Clinics of North America, 29,* 539–551.

Grattan-Smith, P., Fairly, M., & Procopis, P. (1988). Clinical features of conversion disorder. *Archives of Disease in Childhood, 63,* 408–414.

Gratz, K. L., Rosenthal, M. Z., Tull, M. T., Lejuez, C. W., & Gunderson, J. G. (2010). An experimental investigation of emotional reactivity and delayed emotional recovery in borderline personality disorder: The role of shame. *Comprehensive Psychiatry, 51,* 275–285.

Greaves, G. B. (1980). Multiple personality: 165 years after Mary Reynolds. *Journal of Nervous & Mental Disease, 168,* 577–596.

Green, M., Kern, R. S., Braff, D. L., & Mintz, J. (2000). Neurocognitive deficits and functional outcome in Schizophrenia: Are we measuring the "right stuff?" *Schizophrenia Bulletin, 18,* 119–136.

Green, R. (1986). Gender identity in childhood and later sexual orientation: Follow-up of 78 males. *Annual Progress in Child Psychiatry & Child Development,* 214–220.

Greenberg, D. M., Bradford, J. M., Curry, S., & O'Rourke, A. (1996, May). *A controlled study of the treatment of paraphilia disorders with selective serotonin inhibitors.* Paper presented at the annual meeting of the Canadian Academy of Psychiatry and the Law, Tremblay, Quebec.

Greenberg, L. S., Elliot, R., & Lietaer, G. (1994). Research on humanistic and experiential psychotherapies. In A. Bergin & S. Garfield (Eds.), *Handbook of psychotherapy and behavior change* (4th ed., pp. 509–542). New York: Wiley.

Griffin, P. A., Steadman, H. J., & Petrila, J. (2002). The use of criminal charges and sanctions in mental health courts. *Psychiatric Services, 53,* 1285–1289.

Grilo, C. M., Sanislow, C. A., & McGlashan, T. H. (2002). Co-occurrence of *DSM-IV* personality disorders with borderline personality disorder. *Journal of Nervous & Mental Disease, 190,* 552–554.

Grisso, T., & Appelbaum, P. S. (1995). The MacArthur Treatment Competence Study: III. Abilities of patients to consent to psychiatric and medical treatments. *Law & Human Behavior, 19,* 149–174.

Grob, G. N. (1994). *The mad among us: A history of the care of America's mentally ill.* Cambridge, MA: Harvard University Press.

Groesz, L. M., Levine, M. P., & Murnen, S. K. (2002). The effect of experimental presentation of thin media images on body satisfaction: A meta-analytic review. *International Journal of Eating Disorders, 31,* 1–16.

Gross, R. T., Brooks-Gunn, J., & Spiker, D. (1992). Efficacy of educational interventions for low birth weight infants: The Infant Health and Development Program. In S. L. Friedman & M. D. Sigman (Eds.), *The psychological development of low birth weight children: Advances in applied developmental psychology* (Vol. 6, pp. 411–433). Norwood, NJ: Ablex.

Gross-Isseroff, R., Biegon, A., Voet, H., & Weizman, A. (1998). The suicide brain: A review of postmortem receptor/transporter binding studies. *Neuroscience & Biobehavioral Reviews, 22,* 653–661.

Grossman, L. S., Harrow, M., Rosen, C., Faull, R., & Strauss, G. P. (2008). Sex differences in schizophrenia and other psychotic disorders: A 20-year longitudinal study of psychosis and recovery. *Comprehensive Psychiatry, 49,* 523–529.

Groth-Marnat, G. (2003). *Handbook of psychological assessment,* 4th ed. New York: Wiley.

Gruber, A. J., & Pope, H. G. (1998). Ephedrine abuse among 36 female weightlifters. *American Journal of Addiction, 7,* 256–261.

Grucza, R. A., Bucholz, K. K., Rice, J. P., & Bierut, L. J. (2008). Secular trends in the lifetime prevalence of alcohol dependence in the United States: A re-evaluation. *Alcoholism: Clinical and Experimental Research, 32,* 763–770.

Guarnaccia, P. J., Guevara-Ramos, L. M., Gonzales, G., Canino, G. J., & Bird, H. (1992). Cross-cultural aspects of psychiatric symptoms in Puerto Rico. *Community & Mental Health, 7,* 99–110.

Guarnaccia, P. J., Rivera, M., Franco, F., Neighbors, C., & Allende-Ramos, C. (1996). The experiences of *ataques de nervios:* Toward an anthropology of emotions in Puerto Rico. *Culture, Medicine, & Psychiatry, 15,* 139–165.

Guay, D. R. (2009). Drug treatment of paraphilic and nonparaphilic sexual disorders. *Clinical Therapeutics, 31,* 1–31.

Gunderson, J. G. (2001). *Borderline personality disorder: A clinical guide.* Washington, DC: American Psychiatric Publishing.

Gunderson, J. G., Stout, R. L., McGlashan, T. H., Shea, T., Morey, L. C., Grilo, C. M., Zanarini, M. C., Yen, S., Markowitz, J. C., Sanislow, C., Ansell, E., Pinto, A., & Skodol, A. E. (2011). Ten-year course of borderline personality disorder: Psychopathology and function from the Collaborative Longitudinal Personality Disorders Study. *Archive of General Psychiatry, 68,* 827–837.

Gunderson, J. G., Zanarini, M. C., Choi-Kain, L. W.; Mitchell, K. S., Jang, K. L., & Hudson, J. I. (2011). Family study of borderline personality disorder and its sectors of psychopathology. *Archives of General Psychiatry, 68,* 753–762.

Gur, R. E., Calkins, M. E., Gur, R. C., Horan, W. P., Nuechterlein, K. H., Seidman, L. J., & Stone, W. S. (2007). The Consortium on the Genetics of Schizophrenia: Neurocognitive endophenotypes. *Schizophrenia Bulletin, 33,* 49–68.

Gusella, J. F., MacDonald, M. E., Ambrose, C. M., & Duyao, M. P. (1993). Molecular genetics of Huntington's disease. *Archives of Neurology, 50,* 1157–1163.

Gustafsson, P. E., Larsson I., Nelson, N., & Gustafsson, P. A. (2009). Sociocultural disadvantage, traumatic life events, and psychiatric symptoms in preadolescent children. *American Journal of Orthopsychiatry, 79,* 387–397.

Gustavsson, A., Svensson, M., Jacobi, F., Allgulander, C., Alonso, J., Beghi, E., Dodel, R., Ekman, M., Faravelli, C., Fratiglioni, L., Gannon, B., Jones, D. H., Jennum, P., Jordanova, A., Jönsson, L., Karampampa, K., Knapp, M., Kobelt, G., Kurth, T., Lieb, R., Linde, M., Ljungcrantz, C., Maercker, A., Melin, B., Moscarelli, M., Musayev, A., Norwood, F., Preisig, M., Pugliatti, M., Rehm, J., Salvador-Carulla, L., Schlehofer, B., Simon, R., Steinhausen, H. C., Stovner, L. J., Vallat, J. M., Van den Bergh, P., van Os, J., Vos, P., Xu, W., Wittchen, H. U., Jönsson, B., & Olesen, J. (2011). Cost of disorders of the brain in Europe 2010. *European Neuropsychopharmacology, 21,* 718–779.

H

Haas, A. P., Hendin, H., & Mann, J. J. (2003). Suicide in college students. *American Behavioral Scientist, 46,* 1224–1240.

Hachinski, V. (2008). World Stroke Day 2008: "Little strokes, big trouble." *Stroke, 39,* 2407–2420.

Hackett, G. I. (2008). Disorders of male sexual desire. In D. L. Rowland & L. Incrocci (Eds.), *Handbook of sexual and gender identity disorders* (pp. 5–31). Hoboken, NJ: Wiley.

Hajjar, I., Kotchen, J. M., & Kotchen, T. A. (2006). Hypertension: Trends in prevalence, incidence, and control. *Annual Review of Public Health, 27,* 465–490.

Hall, G. C. N. (2001). Psychotherapy research with ethnic minorities: Empirical, ethical, and conceptual issues. *Journal of Consulting & Clinical Psychology, 69,* 502–510.

Hallaraker, E., Arefjord, K., Havik, O. E., & Maeland, J. G. (2001). Social support and emotional adjustment during and after a severe life event: A study of wives of myocardial infarction patients. *Psychology & Health, 16,* 343–355.

Halpern, A. L. (2011). The proposed diagnosis of hypersexual disorder for inclusion in *DSM-5*: Unnecessary and harmful. *Archives of Sexual Behavior, 40,* 487–488, author reply 489–490.

Hames, J. L., Hagan, C. R., & Joiner, T. E. (2013). Interpersonal processes in depression. *Annual Review of Clinical Psychology, 9,* 355–377.

Hammen, C. (2003). Social stress and women's risk for recurrent depression. *Archives of Women's Mental Health, 6,* 9–13.

Hammen, C. (2005). Stress and depression. *Annual Review of Clinical Psychology, 1,* 293–320.

Handen, B. L., Taylor, J., & Tumuluru, R. (2011). Psychopharmacological treatment of ADHD symptoms in children with autism spectrum disorder. *The International Journal of Adolescent Medicine and Health, 23,* 167–173.

Handley, E. D., Chassin, L., Haller, M. M., Bountress, K. E., Dandreaux, D., & Beltran, I. (2011). Do executive and reactive disinhibition mediate the effects of familial substance use disorders on adolescent externalizing outcomes? *Journal of Abnormal Psychology, 120,* 528–542.

Hanson, R. F., Borntrager, C., Self-Brown, S., et al. (2008). Relations among gender, violence exposure, and mental health: The National Survey of Adolescents. *American Journal of Orthopsychiatry, 78,* 313–321.

Hare, R. D., & Hart, S. D. (1993). Psychopathy, mental disorder, and crime. In S. Hodgins (Ed.), *Mental disorder and crime* (pp. 104–115). Thousand Oaks, CA: Sage.

Hare, R. D., & Neumann, C. S. (2008). Psychopathy as a clinical and empirical construct. *Annual Review of Clinical Psychology, 4,* 217–246.

Harrell, J. P. (1980). Psychological factors and hypertension: A status report. *Psychological Bulletin, 87,* 482–501.

Harris, K., & Singer, H. S. (2006). Tic disorders: Neural circuits, neurochemistry, and neuroimmunology. *Journal of Child Neurology, 21,* 678–689.

Harris, M. J., Milich, R., Corbitt, E. M., & Hoover, D. W. (1992). Self-fulfilling effects of stigmatizing information on children's social interactions. *Journal of Personality & Social Psychology, 63,* 41–50.

Harrow, M., Grossman, L. S., Jobe, T. H., & Herbener, E. S. (2005). Do patients with schizophrenia ever show periods of recovery? A 15-year multi-follow-up study. *Schizophrenia Bulletin, 31,* 723–734.

Harter, S. (1983). Developmental perspectives on the self-system. In P. H. Mussen (Ed.), *Handbook of child development* (pp. 275–385). New York: Wiley.

Harvey, A., Watkins, E., Mansell, W., & Shafran, R. (2004). *Cognitive behavioural processes across psychological disorders: A transdiagnostic approach to research and treatment.* Oxford: Oxford University Press.

Harvey, A. G., McGlinchey, E., & Gruber, J. (2010). Toward an affective science of insomnia treatments. In A. M. Kring & D. M. Sloan (Eds.), *Emotion regulation and psychopathology: A transdiagnostic approach to etiology and treatment* (pp. 427–446). New York: Guilford Press.

Harvey, A. G. (2005). A cognitive theory and therapy for chronic insomnia. *Journal of Cognitive Psychotherapy, 19,* 41–59.

Harvey, A. G. (2008). Insomnia, psychiatric disorders, and the transdiagnostic perspective. *Current Directions in Psychological Science, 17,* 299–303.

Harwood, D. M. J., Hawton, K., Hope, T., & Jacoby, R. (2000). Suicide in older people: Mode of death, demographic factors, and medical contact before death. *International Journal of Geriatric Psychiatry, 15,* 736–743.

Hasin, D. S., Fenton, M. C., Beseler, C., Park, J. Y., & Wall, M. M. (2012). Analysis related to the development of *DSM-5* criteria for substance use related disorders: 2. Proposed *DSM-5* criteria for alcohol, cannabis, cocaine, and heroin disorders in 663 substance abuse patients. *Drug and Alcohol Dependence, 122,* 28–37.

Hasin, D. S., Stinson, F. S., Ogburn, E., & Grant, B. F. (2007). Prevalence, correlates, disability and comorbidity of *DSM-IV* alcohol abuse and dependence in the United States: Results from the National Epidemiologic Survey on alcohol and related conditions. *Archives of General Psychiatry, 64,* 830–842.

Hasin, D., Fenton, M. C., Skodol, A., Krueger, R., Keyes, K., Geier, T., Greenstein, E., Blanco, C., & Grant, B. (2011). Personality disorders and the 3-year course of alcohol, drug, and nicotine use disorders. *Archives of General Psychiatry, 68,* 1158–1167.

Hatzenbuehler, M. L. (2009). How does sexual minority stigma "get under the skin"? A psychological mediation framework. *Pyschological Bulletin, 135,* 707–730.

Hatzenbuehler, M. L., Keyes, K. M., & Hasin, D. S. (2009). State-level policies and psychiatric morbidity in LGB populations. *American Journal of Public Health, 99,* 2275–2281.

Hatzenbuehler, M. L., McLaughlin, K. A., Keyes, K. M., & Hasin, D. S. (2010). The impact of institutional discrimination on psychopathology in LGB populations: A prospective study. *American Journal of Public Health, 100,* 452–459.

Hatzenbuehler, M. L., Nolen-Hoeksema, S., & Erickson, S. J. (2008). Minority stress predictors of HIV risk behavior, substance use, and depressive symptoms: Results from a prospective study of bereaved gay men. *Health Psychology, 27,* 455–462.

Hayakawa, T., Uchiyama, M., Kamei, Y., Shibui, K., Tagaya, H., Asada, T., Okawa, M., Urata, J., & Takahashi, K. (2005). Clinical analyses of sighted patients with non-24-hour sleep-wake syndrome: A study of 57 consecutively diagnosed cases. *Sleep 28,* 945–952.

Hayes, S. C., Luoma, J. B., Bond. F. W., Masuda, A., & Lillis, J. (2006). Acceptance and commitment therapy: model, processes, and outcomes. *Behaviour Research and Therapy, 44,* 1–25.

Haynes, S. G., Feinleib, M., & Kannel, W. B. (1980). The relationship of psychosocial factors to coronary heart disease in the Framingham study: III. Eight-year incidence of coronary heart disease. *American Journal of Epidemiology, 111,* 37–58.

Hayward, C., Killen, J. D., Kraemer, H. C., & Taylor, C. B. (2000). Predictors of panic attacks in adolescents. *Journal of the American Academy of Child & Adolescent Psychiatry, 39,* 207–214.

Hazlett, E. A., Buchsbaum, M. S., Haznedar, M. M., Newmark, R., Goldstein, K. E., Zelmanova, Y., et al. (2008). Cortical gray and white matter volume in unmedicated schizotypal and schizophrenia patients. *Schizophrenia Research, 101,* 111–123.

Hebert, L. E., Scherr, P. A., Bienias, J. L., Bennet, D. A., & Evans, D. A. (2003). Alzheimer disease in the US population: Prevalence estimates using the 2000 census. *Archives of Neurology, 60,* 1119–1122.

Heckers, S., Barch, D. M., Bustillo, J., Gaebel, W., Gur, R., Malaspina, D., Owen, M. J., Schultz, S., Tandon, R., Tsuang, M., Van Os, J., & Carpenter, W. (2013). Structure of the psychotic disorders classification in *DSM 5. Schizophrenia Research, 13,* 255–257.

Hedley, A. A., Ogden, C. L., Johnson, C. L., Carroll, M. D., Curtin, L. R., & Flegal, K. M. (2004). Prevalence of overweight and obesity among U.S. children, adolescents, and adults, 1999–2002. *Journal of the American Medical Association, 291,* 2847–2850.

Heim, C., Meinlschmidt, G., & Nemeroff, C. B. (2003). Neurobiology of early-life stress. *Psychiatric Annals, 33,* 18–26.

Heim, C., & Nemeroff, C. B. (2001). The role of childhood trauma in the neurobiology of mood and anxiety disorders: Preclinical and clinical studies. *Biological Psychiatry, 49,* 1023–1039.

Heim, C., Plotsky, P. M., & Nemeroff, C. B. (2004). Importance of studying the contributions of early adverse experience to neurobiological findings in depression. *Neuropsychopharmacology, 29,* 641–648.

Heiman, J. R. (2000). Orgasmic disorders in women. In S. R. Leiblum & R. C. Rosen (Eds.), *Principles and practice of sex therapy* (3rd ed., pp. 118–153). New York: Guilford Press.

Heimberg, R. G., Brozovich, F. A., & Rapee, R. M. (2010). A cognitive-behavioral model of social anxiety disorder: Update and extension. In S. G. Hofmann & P. M. DiBartolo (Eds.), *Social anxiety: Clinical, developmental, and social perspectives* (2nd ed., pp. 395–422). New York: Academic Press.

Heinrichs, N., & Hofman, S. G. (2001). Information processing in social phobia: A critical review. *Clinical Psychology Review, 21,* 751–770.

Heiser, N. A., Turner, S. M., & Beidel, D. C. (2003). Shyness: Relationship to social phobia and other psychiatric disorders. *Behaviour Research & Therapy, 41,* 209–221.

Helgeland, M. I., & Torgersen, S. (2004). Developmental antecedents of borderline personality disorder. *Comprehensive Psychiatry, 45,* 138–147.

Hellstrom, I. C., & Meaney, M. (2010). Epigenetics and the environmental regulation of the brain's genome and its function, *Current Psychiatry Reviews, 6,* 145–158.

Helzer, J. E., Burnam, A., & McEvoy, L. T. (1991). Alcohol abuse and dependence. In L. Robins & D. Reiger (Eds.), *Psychiatric disorders in America: The Epidemiologic Catchment Area Study* (pp. 9–38). New York: Free Press.

Helzer, J. E., Kraemer, H. C., Krueger, R. F., Wittchen, H.-U., Sirovatka, P. J., & Regier, D. A. (2008). *Dimensional approaches in diagnostic classification: Refining the research agenda for* DSM-V. Arlington, VA: American Psychiatric Association.

Hening, W., Walters, A. S., Allen, R. P., Montplaisir, J., Myers, A., & Ferini-Strambi, L. (2004). Impact, diagnosis and treatment of restless legs syndrome (RLS) in a primary care population: The REST (RLS epidemiology, symptoms, and treatment) primary care study. *Sleep Medicine, 5,* 237–246.

Henry, B., & Moffitt, T. E. (1997). Neuropsychological and neuroimaging studies of juvenile delinquency and adult criminal behavior. In D. M. Stoff, J. Breiling, & J. D. Maser (Eds.), *Handbook of antisocial personality disorder* (pp. 280–288). New York: Wiley.

Henry, M. E., Schmidt, M. E., Matochik, J. A., Stoddard, E. P., & Potter, W. Z. (2001). The effects of ECT on brain glucose: A pilot FDG PET study. *Journal of ECT, 17,* 33–40.

Herman, J. L., & Harvey, M. R. (1997). Adult memories of childhood trauma: A naturalistic clinical study. *Journal of Traumatic Stress, 10,* 557–571.

Hettema, J. M., Neale, M. C., & Kendler, K. S. (2001). A review and meta-analysis of the genetic epidemiology of anxiety disorders. *American Journal of Psychiatry, 158,* 1568–1578.

Hettema, J. M., Prescott, C. A., Myers, J. M., Neale, M. C., & Kendler, K. S. (2005). The structure of genetic and environmental risk factors for anxiety disorders in men and women. *Archives of General Psychiatry, 62,* 182–189.

Hewlett, W. A. (2000). Benzodiazepines in the treatment of obsessive-compulsive disorder. In W. K. Goodman (Ed.), *Obsessive-compulsive disorder: Contemporary issues in treatment* (pp. 405–429). Mahwah, NJ: Erlbaum.

Heylens, G., De Cuypere, G., Zucker, K. J., Schelfaut, C., Elaut, E., VandenBossche, H., De Baere, E., & T'Sjoen, G. (2012). Gender identity disorder in twins: A review of the case report literature. *Journal of Sexual Medicine, 9,* 751–757.

Hilbert, A., Wilfley, D. E., Dohm, F.-A., & Striegel-Moore, R. H. (2011). Characterization, significance, and predictive validity of binge size in binge eating disorder. In R. H. Striegel-Moore, S. A. Wonderlich, B. T. Walsh, & J. E. Mitchell (Eds.), *Developing an evidence-based classification of eating disorders: Scientific findings for DSM-5* (pp. 47–66). Washington, DC: American Psychiatric Association.

Hilgard, E. R. (1977/1986). *Divided consciousness: Multiple controls in human thought and action.* New York: Wiley.

Hilgard, E. R. (1992). Divided consciousness and dissociation. *Consciousness & Cognition: An International Journal, 1,* 16–31.

Hill, A. J., & Franklin, J. A. (1998). Mothers, daughters, and dieting: Investigating the transmission of weight control. *British Journal of Clinical Psychology, 37,* 3–13.

Hines, M., Ahmed, S. F., & Hughes, I. A. (2003). Psychological outcomes and gender-related development in complete androgen insensitivity syndrome. *Archives of Sexual Behavior, 32,* 93–101.

Hintsanen, M., Kivimaki, M., Elovainio, M., Pulkki-Raback, L., Keskivaara, P., Juonala, M., Raitakari, O. Y., & Keltikangas-Jarvinen, L. (2005). Job strain and early atherosclerosis: The Cardiovascular Risk in Young Finns Study. *Psychosomatic Medicine, 67,* 740–747.

Hite, S. (1976). *The Hite report: A nationwide study on female sexuality.* New York: Macmillan.

Hlastala, S. A., Frank, E., Kowalski, J., Sherrill, J. T., & Tu, X. M. (2000). Stressful life events, bipolar disorder, and the "kindling model." *Journal of Abnormal Psychology, 109,* 777–787.

Hodgins, S., & Cote, G. (1990). Prevalence of mental disorders among penitentiary inmates in Quebec. *Canadian Journal of Mental Health, 39,* 1–4.

Hoek, H. W., van Harten, P. N., Hermans, K. M. E., Katzman, M. A., Matroos, G. E., & Susser, E. S. (2005). The incidence of anorexia nervosa on Curaçao. *American Journal of Psychiatry, 162,* 748–752.

Hoek, H. W., & van Hoeken, D. (2003). Review of the prevalence and incidence of eating disorders. *International Journal of Eating Disorders, 34,* 383–396.

Hoffman, A. (1968). Psychotomimetic agents. In A. Burger (Ed.), *Drugs affecting the central nervous system* (Vol. 2, pp. 184–185). New York: Marcel Dekker.

Hogarty, G. E., Anderson, C. M., Reiss, D. J., Kornblith, S. J., Greenwald, D. P., Ulrich, R. F., & Carter, M. (1991). Family psychoeducation, social skills training, and maintenance chemotherapy in the aftercare treatment of schizophrenia: II. Two-year effects of a controlled study on relapse and adjustment. *Archives of General Psychiatry, 48,* 340–347.

Hoge, C. W., Auchterlonie, J. L., Milliken, C. S. (2006). Mental health problems, use of mental health services, and attrition from military service after returning from deployment to Iraq or Afghanistan. *Journal of the American Medical Association, 295,* 1023–1032.

Hoge, C. W., Castro, C. A., Messer, S. C., McGurk, D., Cotting, D. I., & Koffman, R. L. (2004). Combat duty in Iraq and Afghanistan, mental health problems, and barriers to care. *New England Journal of Medicine, 351,* 13–22.

Hoge, S. K., Bonnie, R. J., Poythress, N., Monahan, J., Eisenberg, M., & Feucht-Haviar, T. (1997). The MacArthur Adjudicative Competence Study: Development and validation of a research instrument. *Law & Human Behavior, 21,* 141–179.

Hoge, S. K., Poythress, N., Bonnie, R. J., Monahan, J., Eisenberg, M., & Feucht-Haviar, T. (1997). The MacArthur Adjudicative Competence Study: Diagnosis, psychopathology, and competence-related abilities. *Behavioral Sciences & the Law, 15,* 329–345.

Holden, C. (1980). Identical twins reared apart. *Science, 207,* 1323–1328.

Hollon, S. D., DeRubeis, R. J., Shelton, R. C., Amsterdam, J. D., Salomon, R. M., O'Reardon, J. P., et al. (2005). Prevention or relapse following cognitive therapy versus medications in moderate to severe depression. *Archives of General Psychiatry, 62,* 417–422.

Hollon, S. D., & Dimidjian, S. (2008). Cognitive and behavioral treatment of depression. In I. H. Gotlib & C. Hammen (Eds.), *Handbook of depression* (pp. 586–603). New York: Guilford Press.

Hollon, S. D., Haman, K. L., & Brown, L. L. (2002). Cognitive-behavioral treatment of depression. In I. H. Gotlib & C. L. Hammen (Eds.), *Handbook of depression* (pp. 383–403). New York: Guilford Press.

Holm-Denoma, J. M., Scaringi, V., Gordon, K. H., van Orden, K. A., & Joiner, T. E., Jr. (2009). Eating disorder symptoms among undergraduate varsity athletes, club athletes, independent exercisers, and nonexercisers. *International Journal of Eating Disorders, 42,* 47–53.

Holzel, B. K., Lazar, S. W., Gard, T., Schuman-Oliver, Z., Vago, D. R., & Ott, U. (2011). How does mindfulness meditation work? Proposing mechanisms of action from a conceptual and neural perspective. *Perspectives on Psychological Science, 6,* 537–559.

Hooley, J. M. (2007). Expressed emotion and relapse of psychopathology. *Annual Review of Clinical Psychology, 3,* 329–352.

Hooley, J. M., & Campbell, C. (2002). Control and controllability: Beliefs and behaviour in high and low expressed emotion relatives. *Psychological Medicine, 32,* 1091–1099.

Hopko, D. R., Robertson, S. M. C., Widman, L., & Lejuez, C. W. (2007). Specific phobias. In M. Hersenand & J. Rosqvist (Eds.), *The handbook of assessment, conceptualization, and treatment (HACT)* (pp. 139–170). New York: John Wiley.

Horan, W. P., Kring, A. M., & Blanchard, J. J. (2006). Anhedonia in schizophrenia: A review of assessment strategies. *Schizophrenia Bulletin, 32,* 259–273.

Hornbacher, M. (1998). *Wasted.* New York: HarperPerennial.

Hornbacher, M. (2008). *Madness: A bipolar life*. New York: Houghton Miflin.

Hornstein, N. L., & Putnam, F. W. (1992). Clinical phenomenology of child and adolescent dissociative disorders. *Journal of the American Academy of Child & Adolescent Psychiatry, 31,* 1077–1085.

Horowitz, M. J., Siegel, B., Holen, A., Bonanno, G. A., Milbrath, C., & Stinson, C. H. (1997). Diagnostic criteria for complicated grief disorder. *American Journal of Psychiatry, 154,* 904–910.

Howard, A. L., Robinson, M., Smith, G. J., Ambrosini, G. L. Piek, J. P., & Oddy, W. H. (2011). ADHD is associated with a "western" dietary pattern in adolescents. *Journal of Attention Disorders, 15*, 403–411.

Howard, M. O., Perron, B. E., Vaughn, M. G., Bender, K. A., & Garland, E. (2010). Inhalant use, inhalant-use disorders, and antisocial behavior: Findings from the National Epidemiologic Survey on Alcohol and Related Conditions (NESARC). *Journal of Studies on Alcohol and Drugs, 71*, 201–209.

Howell, P. (2007). Signs of developmental stuttering up to age eight and at 12 plus. *Clinical Psychology Review, 27,* 287–306.

Howes, O. D., & Kapur, S. (2009). The dopamine hypothesis of schizophrenia: Version III—the final common pathway. *Schizophrenia Bulletin, 35,* 549–562.

Howland, L. C., Gortmaker, S. L., Mofenson, L. M., Spino, C., Gardner, J. D., Gorski, H., Fowler, M. G., & Oleske, J. (2000). Effects of negative life events on immune suppression in children and youth infected with human immunodeficiency virus type 1. *Pediatrics, 106,* 540–546.

Howlin, P., Goode, S., Hutton, J., & Rutter, M. (2004). Adult outcome for children with autism. *Journal of Child Psychology & Psychiatry, 45,* 212–229.

Hoza, B., Mrug, S., Verdes, A. C., Hinshaw, S. P., Bukowski, W. M., Gold, J. A., Kraemer, H. C., Pelma, W. E., Jr., Wigal, T., & Arnold, L. E. (2005). What aspects of peer relationships are impaired in children with attention-deficit/hyperactivity disorder? *Journal of Consulting and Clinical Psychology, 73,* 411–423.

Hublin, C., Kaprio, J., Partinen, M., Heikkilä, K., & Koskenvuo, M. (1997). Prevalence and genetics of sleepwalking: A population-based twin study. *Neurology, 48,* 177–181.

Hucker, S. J. (2008). Sexual masochism: Psychopathology and theory. In D. R. Laws & W. T. O'Donohue (Eds.), *Sexual* deviance: Theory, assessment, and treatment (pp. 250–264). New York: Guilford Press.

Hudson, J. I., Hiripi, E., Pope, H. G., & Kessler, R. C. (2007). The prevalence and correlates of eating disorders in the National Comorbidity Survey Replication. *Biological Psychiatry, 61,* 348–358.

Hudziak, J. J., van Beijsterveldt, C. E. M., Althoff, R. R., Stanger, C., Rettew, D. C., Nelson, E. C., Todd, R. D., Bartels, M., & Boomsma, D. I. (2004). Genetic and environmental contributions to the Child Behavior Checklist Obsessive-Compulsive Scale: A cross-cultural twin study. *Archives of General Psychiatry, 61,* 608–616.

Huerta, M., Bishop, S.L., Duncan, A., Hus, V. & Lord, C. (2012). Application of *DSM-5* criteria for autism spectrum disorder to three samples of children with *DSM-IV* diagnoses of pervasive developmental disorders. *American Journal of Psychiatry, 169* (10), 1056–1064.

Hugdahl, K., & Ohman, A. (1977). Effects of instruction on acquisition and extinction of electrodermal response to fear-relevant stimuli. *Journal of Experimental Psychiatry: Human Learning & Memory, 3,* 608–618.

Hughes, A. A., Hedtke, K. A., & Kendall, P. C. (2008). Family functioning in families of children with anxiety disorders. *Journal of Family Psychology, 2,* 325–328.

Hughes, T., McCabe, S. E., Wilsnack, S. C., West, B. T., & Boyd, C. J. (2010). Victimization and substance use disorders in a national sample of heterosexual and sexual minority women and men. *Addiction, 105,* 2130–2140.

Hultman, C. M., Sandin, S., Levine, S. Z., Lichtenstein, P., & Reichenberg, A. (2011). Advancing paternal age and risk of autism: New evidence from a population-based study and a meta-analysis of epidemiological studies. *Molecular Psychiatry, 16,* 1203–1212,

Humeau, Y., Gambino, F., Chelly, J., & Vitale, N. (2009). X-linked mental retardation: Focus on synaptic function and plasticity. *Neurochemistry, 109,* 1–14.

Hunt, W. A. (1998). Pharmacology of alcohol. In R. E. Tarter, R. T. Ammerman, & P. J. Ott (Eds.), *Handbook of substance abuse: Neurobehavioral pharmacology* (pp. 7–21). New York: Plenum Press.

Huppert, J. D., Bufka, L. F., Barlow, D. H., Gorman, J. M., Shea, K. M., & Woods, S. W. (2001). Therapists, therapist variables, and cognitive-behavioral therapy outcome in a multicenter trial for panic disorder. *Journal of Consulting & Clinical Psychology, 69,* 747–755.

Huppert, J. D., Strunk, D. R., Ledley, D. R., Davidson, J. R. T., & Foa, E. B. (2008). Generalized social anxiety disorder and avoidant personality disorder: Structural analysis and treatment outcome. *Depression and Anxiety, 25,* 441–448.

Hurley, R. A., Saxena, S., Rauch, S. L., Hoehn-Saric, R., & Taber, K. H. (2008). Predicting treatment response in obsessive-compulsive disorder. In R. A. Hurley & K. H. Taber (Eds.), *Windows to the brain: Insights from neuroimaging* (pp. 213–219). Arlington, VA: American Psychiatric Publishing.

Huselid, R. F., & Cooper, M. L. (1992). Gender roles as mediators of sex differences in adolescent alcohol use and abuse. *Journal of Health & Social Behavior, 33,* 348–362.

Hutchison, K. E. (2010). Realizing the promise of pharmacogenomics and personalized medicine. *Annual Review of Clinical Psychology, 6,* 577–589.

Hyman, I. E., & Billings, F. J. (1998). Individual differences and the creation of false childhood memories. *Memory, 6,* 1–20.

Hyman, S. E. (2010). The diagnosis of mental disorders: The problem of reification. *Clinical Psychology, 6,* 155–179.

I

Iervolino, A. C., Perroud, N., Rullana, M. A., Guipponi, M., Cherkas, L., Collier, D. A., & Mataix-Cols, D. (2009). Prevalence and heritability of compulsive hoarding: A twin study. *American Journal of Psychiatry, 166,* 1156–1161.

Ikehara, S., Iso, H., Date, C., Kikuchi, S., Watanabe, Y., Wada, Y., Inaba, Y., Tamakoshi, A., & JACC Study Group. (2009). Association of sleep duration with mortality from cardiovascular disease and other causes for Japanese men and women: The JACC Study. *Sleep, 32,* 259–301.

Inciardi, J. A., Lockwood, D., & Pottieger, A. E. (1993). *Women and crack cocaine.* New York: Macmillan.

Incrocci, L., & Gianotten, W. L. (2008). Disease and sexuality. In D. L. Rowland & L. Incrocci (Eds.), *Handbook of sexual and gender identity disorders* (pp. 284–324). Hoboken, NJ: Wiley.

Infant Health and Development Program. (1990). Enhancing the outcome of low-birth-weight, premature infants: A multisite randomized trial. *Journal of the American Medical Association, 263,* 3035–3042.

Ingram, R. E., Hayes, A., & Scott, W. (2000). Empirically supported treatments: A critical analysis. In C. R. Snyder & R. E. Ingram (Eds.), *Handbook of psychological change: Psychotherapy processes and practices for the 21st century* (pp. 40–60). New York: Wiley.

Insel, T. R. (Ed.). (1984). *New findings in obsessive-compulsive disorder.* Washington, DC: American Psychiatric Press.

Insel, T., Cuthbert, B., Garvey, M., Heinssen, R., Pine, D. S., Quinn, K., Sanislow, C., & Wang, P. (2010). Research domain criteria (RDoC): Toward a new classification framework for research on mental disorders. *American Journal of Psychiatry, 167,* 748–751.

Institute of Medicine. (2008). *Treatment of posttraumatic stress disorder: An assessment of the evidence.* Washington, DC: National Academies Press.

International Society for the Study of Trauma and Dissociation. (2011). Guidelines for treating dissociative identity disorder in adults (3rd Rev.: Summary version). *Journal of Trauma & Dissociation, 12,* 188–212.

Iranzo, A., Lomeña, F., Stockner, H., Valldeoriola, F., Vilaseca, I., Salamero, M., Molinuevo, J.-L., Serradell, M., Duch, D., Pavía, J., Gallego, J., Seppi, K., Högl, B., Tolosa, E., Poewe, W., & Santamaria, J. (2010). Decreased striatal dopamine transporter uptake and substantia nigra hyperchogenicity as risk markers of synucleinopathy in patients with idiopathic rapid-eye-movement sleep behavior disorder: A prospective study. *Lancet, 9,* 1070–1077.

Iranzo, A., Molinuevo, J. L., Santamaria, J., et al. (2006). Rapid-eye-movement sleep behaviour disorder as an early marker for a neurodegenerative disorder: A descriptive study. *Lancet Neurology, 5,* 572–577.

Ironside, R. N., & Batchelor, I. R. C. (1945). *Aviation neuro-psychiatry.* Baltimore: Williams & Wilkins.

Irwin, M. R., Wang, M., Ribeiro, D., Cho, H. J., Olmstead, R., Breen, E. C., Martinez-Maza, O., & Cole, S. (2008). Sleep loss activates cellular inflammatory signaling. *Biological Psychiatry, 64,* 538–540.

Iversen, A. C., Fear, N. T., Ehlers, A., Hacker Hughes, J., Hull, L., Earnshaw, M., Greenberg, N., Rona, R., Wessely, S., & Hotopf, M. (2008). Risk factors for post-traumatic stress disorder among UK Armed Forces personnel. *Psychological Medicine, 38,* 511–522.

J

Jablensky, A. (2000). Epidemiology of schizophrenia: The global burden of disease and disability. *European Archives of Psychiatry & Clinical Neuroscience, 250,* 274–285.

Jack, C. R., Jr., Petersen, R. C., Grundman, M., Jin, S., Gamst, A., Ward, C. P., Sencakova, D., Doody, R. S., & Thal, L. J. (2007). Longitudinal MRI findings from the vitamin E and donepezil treatment study for MCI. *Neurobiology of Aging, 29,* 1285–1295.

Jack, D. C. (1991). *Silencing the self: Women and depression.* New York: HarperPerennial.

Jack, R. (1992). *Women and attempted suicide.* Hillsdale, NJ: Erlbaum.

Jacobi, F., Wittchen, H.-U., Hölting, C., Höfler, M., Pfister, H., Muller, N., et al. (2004). Prevalence, co-morbidity and correlates of mental disorders in the general population: Results from the German Health Interview and Examination Survey (GHS). *Psychological Medicine, 34,* 597–611.

Jacobson, C. M., & Gould, M. (2009). Suicide and nonsuicidal self-injurious behaviors among youth: Risk and protective factors. In S. Nolen-Hoeksema & L. Hilt (Eds.), *Handbook of depression in adolescents* (pp. 207–236). New York: Routledge.

Jacobson, E. (1964). *The self and the object world.* New York: International Universities Press.

Jacobson, S. W., & Jacobson, J. L. (2000). Teratogenic insult and neurobehavioral function in infancy and childhood. In C. A. Nelson (Ed.), *The Minnesota symposia on child psychology: Vol. 31. The effects of early adversity on neurobehavioral development* (pp. 61–112). Mahwah, NJ: Erlbaum.

Jacobus, J., & Tapert, S. F. (2013). Neurotoxic effects of alcohol in adolescence. *Annual Review of Clinical Psychology, 9,* 703–721.

Jamison, K. R. (1993). *Touched with fire: Manic-depressive illness and the artistic temperament.* New York: Free Press.

Jamison, K. R. (1995). *An unquiet mind: A memoir of moods and madness.* New York: Knopf.

Jang, K. L., Livesley, W. J., Ando, J., Yamagata, S., Suzuki, A., Angleitner, A., Ostendorf, F., Riemann, R., & Spinath, F. (2006). Behavioral genetics of the higher-order factors of the Big Five. *Personality and Individual Differences, 41,* 261–272

Jang, K. L., Paris, J., Zweig-Frank, H., & Livesley, W. J. (1998). Twin study of dissociative experience. *Journal of Nervous & Mental Disease, 186,* 345–351.

Jefferson, J. W. (2001). Benzodiazepines and anticonvulsants for social phobia (social anxiety disorder). *Journal of Clinical Psychiatry, 62*(Suppl. 1), 50–53.

Jemmott, L. S., Jemmott, J. B., III, & O'Leary, A. (2007). A randomized controlled trial of brief HIV/STD prevention interventions for African American women in primary care settings: Effects on sexual risk behavior and STD incidence. *American Journal of Public Health, 97,* 1034–1040.

Jenkins, J. H., & Karno, M. (1992). The meaning of expressed emotion: Theoretical issues raised by cross-cultural research. *American Journal of Psychiatry, 149,* 9–21.

Jenkins, J. H., Kleinman, A., & Good, B. J. (1991). Cross-cultural studies of depression. In J. Becker (Ed.), *Psychosocial aspects of depression* (pp. 67–99). Hillsdale, NJ: Erlbaum.

Jenkins, R. L. (1973). *Behavior disorders of childhood and adolescence.* Springfield, IL: Charles C Thomas.

Jensen, P. S., Arnold, E., Swanson, J. M., Vitiello, B., Abikoff, H. B., Greenhill, L. L., Hechtman, L., Hinshaw, S. P., Pelma, W. E., Wells, K. C., Conners, C. K., Elliott, G. R., Epstein, J. N., Hoza, B., March, J. S., Molina, B. S. G., Newcorn, J. H., Severe, J. B., Wigal, T., Gibbons, R. D., & Hur, K. (2007). Three-year follow-up of the NIMH MTA study. *Journal of the American Academy of Child and Adolescent Psychiatry, 46,* 989–1002.

Jensen, P. S., Buitelaar, J., Pandina G. J., Binder, C., & Haas, M. (2007). Management of psychiatric disorders in children and adolescents with atypical antipsychotics: A systematic review of published clinical trials. *European Journal of Child and Adolescent Psychiatry, 16,* 104–120.

Jensen, P. S., Hinshaw, S. P., Swanson, J. M., Greenhill, L. L., Conners, C. K., Arnold, L. E., Abikoff, H. B., Elliott, G., Hechtman, L., Hoza, B., March, J. S., Newcorn, J. H., Severe, J. B., Vitiello, B., Wells, K., & Wigal, T. (2001). Findings from the NIMH Multimodal Treatment Study of ADHD (MTA): Implications and applications for primary care providers. *Journal of Developmental & Behavioral Pediatrics, 22,* 60–73.

Joe, S., & Kaplan, M. S. (2001). Suicide among African American men. *Suicide & Life-Threatening Behavior, 31*(Suppl.), 106–121.

Johns, L. C., Cannon, M., Singleton, N., Murray, R. M., Farrell, M., Brugha, T., et al. (2004). Prevalence and correlates of self-reported psychotic symptoms in the British population. *British Journal of Psychiatry, 185,* 298–305.

Johnson, P. M., & Kenny, P. J. (2010). Dopamine D2 receptors in addiction-like reward dysfunction and compulsive eating in obese rats. *NatNeurosci., 13,* 635–641.

Johnson, S. L., Fulford, D., & Carver, C. S. (2012). The double-edged sword of goal engagement: Consequences of goal pursuit in bipolar disorder. *Clinical Psychology and Psychotherapy, 19,* 352–362.

Johnson, W., McGue, M., Krueger, R. F., & Bouchard, T. J. (2004). Marriage and personality: A genetic analysis. *Journal of Personality & Social Psychology, 86,* 285–294.

Johnston, L. D., O'Malley, P. M., Bachman, J. G., & Schulenberg, J. E. (2012). *Monitoring the Future national survey results on drug use, 1975–2011. Volume II: College students and adults ages 19–50.* Ann Arbor: Institute for Social Research, University of Michigan.

Joiner, T. (2005). *Why people die by suicide.* Cambridge, MA: Harvard University Press.

Joiner, T. E., Jr. (1999). The clustering and contagion of suicide. *Current Directions in Psychological Science, 8,* 89–92.

Joiner, T. E., Johnson, F., & Soderstrom, K. (2002). Association between serotonin transporter gene polymorphism and family history of completed and attempted suicide. *Suicide & Life-Threatening Behavior, 32,* 329–332.

Joiner, T. E., Jr., Brown, J. S., & Wingate, L. R. (2005). The psychology and neurobiology of suicidal behavior. *Annual Review of Psychology, 56,* 287–314.

Joiner, T. E., Jr., & Timmons, K. A. (2009). Depression in its interpersonal context. In I. H. Gotlib & C. L. Hammen (Eds.), *Handbook of depression* (2nd ed., pp. 322–339). New York: Guilford Press.

Jones, D., Godwin, J., Dodge, K. A., Bierman, K. L., Coie, J. D., Greenberg, M. T., Lochman, J. E., McMahon, R. J., & Pinderhughes, E. E. (2010). Impact of the fast track program on health services use by conduct-problem youth. *Pediatrics, 125,* 130–136.

Joormann, J. (2004). Attentional bias in dysphoria: The role of inhibitory processes. *Cognition and Emotion, 18,* 125–147.

Joormann, J. (2008). Cognitive aspects of depression. In I. H. Gotlib & C. Hammen (Eds.), *Handbook of depression* (pp. 298–321). New York: Guilford Press.

Joormann, J. (2010). Inhibition and emotion regulation in depression. *Current Directions in Psychological Science, 19,* 161–166.

Jordan, B. K., Schlenger, W. E., Fairbank, J. A., & Caddell, J. M. (1996). Prevalence of psychiatric disorders among incarcerated women: II. Convicted felons entering prison. *Archives of General Psychiatry, 53,* 513–519.

Jordan, K., Fromberger, P., Stolpmann, G., & Müller, J. L. (2011). The role of testosterone in sexuality and paraphilia—a neurobiological approach. Part II: Testosterone and paraphilia. *Journal of Sexual Medicine, 8,* 3008–3029.

Jorenby, D. E., Hays, J., T., Rigotti, N. A., Azoulay, S., Watsky, E. J., Williams, K. E., Billing, C. B., Gong, J., & Reeves, K. R. (2006). Efficacy of varenicline, an alpha 4 beta 2 nicotinic acetylcholine receptor partial agonist, vs. placebo or sustained-release bupropion for smoking cessation: A randomized controlled trial. *Journal of the American Medical Association, 296,* 56–63.

Joshi, S. V. (2004). Psychostimulants, atomoxetine, and alpha-agonists. In H. Steiner (Ed.), *Handbook of mental health intervention in children and adolescents: An integrated developmental approach* (pp. 258–287). San Francisco: Jossey-Bass.

Julien, D., O'Connor, K. P., & Aardema, F. (2007). Intrusive thoughts, obsessions, and appraisals in obsessive-compulsive disorder: A critical review. *Clinical Psychology Review, 27,* 366–383.

K

Kafka, M. P. (2010). Hypersexual disorder: A proposed diagnosis for *DSM-V*. *Archives of Sexual Behavior, 39*, 377–400.

Kafka, M. P., & Hennen, J. (2003). Hypersexual desire in males: Are males with paraphilias different from males with paraphilia-related disorders? *Sexual Abuse: A Journal of Research and Treatment, 15,* 307–321.

Kagan, J., Reznick, J. S., & Snidman, M. (1987). The physiology and psychology of behavioral inhibition in children. *Child Development, 58,* 1459–1473.

Kalat, J. W. (2007). *Biological psychiatry*, 9th ed. Belmont, CA: Thomson/Wadsworth.

Kalivas, P. W., & Volkow, N. D. (2005). The neural basis of addiction: A pathology of motivation and choice. *American Journal of Psychiatry, 162,* 1403–1413.

Kamen-Siegel, L., Rodin, J., Seligman, M. E., & Dwyer, J. (1991). Explanatory style and cell-mediated immunity in elderly men and women. *Health Psychology, 10,* 229–235.

Kanbayashi, T., Kodama, T., Kondo, H., Satoh, S., Inoue, U., Chiba, S., Shimizu, T., & Nishino, S. (2009). CSF histamine contents in narcolepsy, idiopathic hypersomnia and obstructive sleep apnea syndrome. *Sleep, 32,* 181–187.

Kanner, L. (1943). Autistic disturbances of affective contact. *Nervous Child, 21,* 217–250.

Kaplan, H. S. (1974). *The new sex therapy: Active treatment of sexual dysfunction.* New York: Brunner/Mazel.

Kaplan, M. (1983). The issue of sex bias in *DSM-III*: Comments on the articles by Spitzer, Williams, and Kass. *American Psychologist, 38,* 802–803.

Karasek, R. A., Russell, R. S., & Theorell, T. (1982). Physiology of stress and regeneration in job related cardiovascular illness. *Journal of Human Stress, 8,* 29–42.

Karg, K., Burmeister, M., Shedden, K., & Sen, S. (2011). The serotonin transporter promoter variant (5-HTTLPR), stress and depression meta-analysis revisited. *Archives of General Psychiatry, 68,* 444–454.

Karlsgodt, K. H., Niendam, T. A., Bearden, C. E., & Cannon, T. D. (2009). White matter integrity and prediction of social and role functioning in subjects at ultra-high risk for psychosis. *Biological Psychiatry, 66,* 562–569.

Karlsgodt, K. H., Sun, D., & Cannon, T. D. (2010). Structural and functional brain abnormalities in schizophrenia. *Current Directions in Psychological Science, 19*(4), 226–231.

Karlsgodt, K. H., van Erp, T. G., Poldrack, R. A., Bearden, C. E., Nuechterlein, K. H., & Cannon, T. D. (2008). Diffusion tensor imaging of the superior longitudinal fasciculus and working memory in recent-onset schizophrenia. *Biological Psychiatry, 63,* 512–518.

Karno, M., & Golding, J. M. (1991). Obsessive compulsive disorder. In L. R. Robins & D. A. Regier (Eds.), *Psychiatric disorders in America: The Epidemiologic Catchment Area study* (pp. 204–219). New York: Maxwell Macmillan International.

Karno, M., Hough, R., Burnam, A., Escobar, J. I., Timbers, D. M., Santana, F., & Boyd, J. H. (1987). Lifetime prevalence of specific psychiatric disorders among Mexican Americans and non-Hispanic whites in Los Angeles. *Archives of General Psychiatry, 44,* 695–701.

Karno, M., & Jenkins, J. H. (1993). Cross-cultural issues in the course and treatment of schizophrenia. *Psychiatric Clinics of North America, 16,* 339–350.

Kartheiser, P. H., Ursano, A. M., & Barnhill, L. J. (2007). Communication disorders. In R. Fletcher, E. Loschen, C. Stavrakaki, & M. First (Eds.), *Diagnostic manual of intellectual disability: A textbook of diagnosis of mental disorders in persons with intellectual disability* (pp. 97–106). Kingston, NY: National Association for the Dually Diagnosed.

Kasindorf, J. (1988, May 2). *The real story of Billie Boggs: Was Koch right—or the civil libertarians? New York*, pp. 35–44.

Kaskutas, L. A. (2009). Alcoholics Anonymous effectiveness: Faith meets science. *Journal of Addictive Diseases, 28,* 145–157.

Kaslow, N., Thompson, M., Meadows, L., Chance, S., Puett, R., Hollins, L., Jessee, S., & Kellermann, A. (2000). Risk factors for suicide attempts among African American women. *Depression & Anxiety, 12,* 13–20.

Katon, W., Sullivan, M., & Walker, E. (2001). Medical symptoms without identified pathology: Relationship to psychiatric disorders, childhood and adult trauma, and personality traits. *Annals of International Medicine, 134,* 917–925.

Katon, W. J. (2003). Clinical and health services relationships between major depression, depressive symptoms, and general medical illness. *Biological Psychiatry*, *54,* 216–226.

Katusic, S., Barbaresi, W., Colligan, R., Weaver, A., & Jacobsen, S. (2005). *Written language learning disorder: Incidence in a population-based birth cohort, 1976–1982, Rochester, Minnesota.* Rochester, MN: Mayo Clinic.

Katusic, S., Colligan, R., Barbaresi, W., Schaid, D., & Jacobsen, S. (2001). Incidence of reading disability in a population-based birth cohort, 1976–1982, Rochester, Minn. *Mayo Clinical Proceedings, 76,* 1081–1091.

Katzman, R. (1993). Education and the prevalence of dementia and Alzheimer's disease. *Neurology, 43,* 13–20.

Kaufman, J., Yang, B. Z., Douglas-Palumberi, H., Grasso, D., Lipschitz, D., et al. (2006). Brain-derived neurotrophic factor-5-HTTLPR gene interactions and environmental modifiers of depression in children. *Biological Psychiatry, 59,* 673–680.

Kaufman, J., Yang, B. Z., Douglas-Palumberi, H., Houshyar, S., Lipschitz, D., et al. (2004). Social supports and serotonin transporter gene moderate depression in maltreated children. *Proceedings of the National Academy of Sciences, 101,* 17316–17321.

Kaysen, S. (1993). *Girl, Interrupted.* New York: Turtle Bay.

Kazdin, A. E. (2003a). Problem-solving skills training and parent management training for conduct disorder. In A. E. Kazdin & J. R. Weisz (Eds.), *Evidence-based psychotherapies for children and adolescents* (pp. 241–262). New York: Guilford Press.

Kazdin, A. E. (2003b). Psychotherapy for children and adolescents. *Annual Review of Psychology, 54,* 253–276.

Kazdin, A. E., & Blasé, S. L. (2011). Rebooting psychotherapy research and practice to reduce the burden of mental illness. *Perspectives on Psychological Science, 6,* 21–37.

Kazdin, A. E., & Wassell, G. (2000). Therapeutic changes in children, parents, and families resulting from treatment of children with conduct problems. *Journal of the American Academy of Child & Adolescent Psychiatry, 39*, 414–420.

Keane, T. M., Gerardi, R. J., Quinn, S. J., & Litz, B. T. (1992). Behavioral treatment of post-traumatic stress disorder. In S. M. Turner, K. S. Calhoun, & H. E. Adams (Eds.), *Handbook of clinical behavior therapy* (pp. 87–97). New York: Wiley.

Keel, P. K., Brown, T. A., Holland, L. A., & Bodell, L. P. (2012). Empirical classification of eating disorders. In *Annual Review of Clinical Psychology, 8,* 381–404.

Keel, P. K., Heatherton, T. F., Dorer, D. J., Joiner, T. E., & Zalta, A. K. (2006). Point prevalence of bulimia nervosa in 1982, 1992, and 2002. *Psychological Medicine, 36,* 119–127.

Keel, P. K., & Klump, K. L. (2003). Are eating disorders culture-bound syndromes? Implications for conceptualizing their etiology. *Psychological Bulletin, 129,* 747–769.

Kegel, M., Dam, H., Ali, F., & Bjerregaard, P. (2009). The prevalence of seasonal affective disorder (SAD) in Greenland is related to latitude. *Nordic Journal of Psychiatry, 63,* 331–335.

Keller, M. B., McCullough, J. P., Klein, D. N., Arnow, B., Dunner, D. L., Gelenberg, A. J., Markowitz, J. C., Nemeroff,

C. B., Russell, J. M., Thase, M. E., Trivedi, M. H., & Zajecka, J. (2000). A comparison of nefazodone, the cognitive behavioral analysis system of psychotherapy, and their combination for the treatment of chronic depression. *New England Journal of Medicine, 342,* 1462–1470.

Kellermann, A. L., Rivara, F. P., Somes, G., & Reay, D. T. (1992). Suicide in the home in relation to gun ownership. *New England Journal of Medicine, 327,* 467–472.

Kellett, S. (2007). A time series evaluation of the treatment of histrionic personality disorder with cognitive analytic therapy. *Psychology and Psychotherapy: Theory, Research, and Practice, 80,* 389–405.

Kelly, J. F. (2003). Self-help for substance-use disorders: History, effectiveness, knowledge gaps, and research opportunities. *Clinical Psychological Revue, 23,* 639–663.

Kelly, S. J., Day, N., & Streissguth, A. P. (2000). Effects of prenatal alcohol exposure on social behavior in humans and other species. *Neurotoxicology & Teratology, 22,* 143–149.

Kemeny, M. E., & Dean, L. (1995). Effects of AIDS-related bereavement on HIV progression among New York City gay men. *AIDS Education and Prevention, 7,* 36–47.

Kendall, P. C., Aschenbrand, S. G., & Hudson, J. L. (2003). Child-focused treatment of anxiety. In A. E. Kazdin & J. R. Weisz (Eds.), *Evidence-based psychotherapies for children and adolescents* (pp. 81–100). New York: Guilford Press.

Kendall, P. C., Hollon, S. D., Beck, A. T., Hammen, C. L., & Ingram, R. E. (1987). Issues and recommendations regarding use of the Beck Depression Inventory. *Cognitive Therapy & Research, 11,* 289–299.

Kendall, P. C., Hudson, J. L., Gosch, E., Flannery-Schroeder, E., & Suveg, C. (2008). Cognitive-behavioral therapy for anxiety disordered youth: A randomized clinical trial evaluating child and family modalities. *Journal of Consulting and Clinical Psychology, 76,* 282–297.

Kendall-Tackett, K. A., Williams, L. M., & Finkelhor, D. (1993). Impact of sexual abuse on children: A review and synthesis of recent empirical studies. *Psychological Bulletin, 113,* 164–180.

Kendler, K. S., Gallagher, T. J., Abelson, J. M., & Kessler, R. C. (1996). Lifetime prevalence, demographic risk factors, and diagnostic validity of nonaffective psychosis as assessed in a U.S. community sample. *Archives of General Psychiatry, 53,* 1022–1031.

Kendler, K. S., Karkowski, L. M., & Prescott, C. A. (1999). Causal relationship between stressful life events and the onset of major depression. *American Journal of Psychiatry, 156,* 837–848.

Kendler, K. S., & Karkowski-Shuman, L. (1997). Stressful life events and genetic liability to major depression: Genetic control of exposure to the environment? *Psychological Medicine, 27,* 539–547.

Kendler, K. S., Myers, J., Prescott, C. A., & Neale, M. C. (2001). The genetic epidemiology of irrational fears and phobias in men. *Archives of General Psychiatry, 58,* 257–265.

Kendler, K. S., Neale, M. C., Kessler, R. C., Heath, A. C., & Eaves, L. J. (1993). A test of the equal-environment assumption in twin studies of psychiatric illness. *Behavior Genetics, 23,* 21–28.

Kendler, K. S., & Prescott, C. A. (1998). Cannabis use, abuse, and dependence in a population-based sample of female twins. *American Journal of Psychiatry, 155,* 1016–1022.

Kennedy, S. H., Evans, K. R., Kruger, S., Mayberg, H. S., Meyer, J. H., et al. (2001). Changes in regional brain glucose metabolism measured with positron emission tomography after paroxetine treatment of major depression. *American Journal of Psychiatry, 158,* 899–905.

Kernberg, O. F. (1979). Psychoanalytic profile of the borderline adolescent. *Adolescent Psychiatry, 7,* 234–256.

Kernberg, O. F. (1993). *Severe personality disorders: Psychotherapeutic strategies.* New Haven, CT: Yale University Press.

Kessing, L. V., Hansen, M. G., & Andersen, P. K. (2004). Course of illness in depressive and bipolar disorders: Naturalistic study, 1994–1999. *British Journal of Psychiatry, 185,* 372–377.

Kessler, R. C. (2003). The impairments caused by social phobia in the general population: Implications for intervention. *Acta Psychiatrica Scandinavica, 108*(Suppl. 417), 19–27.

Kessler, R. C., & Wang, P. S., (2008). The descriptive epidemiology of commonly occurring mental disorders in the United States. *Public Health. 29,* 115–129.

Kessler, R. C., Adler, L., Barkley, R., Biederman, J., Conners, C. K., Demler, O., Faraone, S. V., Greenhill, L. L., Howes, M. J., Secnik, K., Spencer, T., Ustun, T. B., Walters, E. E., & Zaslavsky, A. M. (2006). The prevalence and correlates of adult ADHD in the United States: Results from the National Comorbidity Survey Replication. *American Journal of Psychiatry, 163,* 716–723.

Kessler, R. C., Aguilar-Gaxiola, S., Alonso, J., Chatterji, S., Lee, S., Ormel, J., et al. (2009). The global burden of mental disorders: An update from the WHO World Mental Health (WMH) Surveys. *Epidemiologia e Psichiatria Sociale, 18,* 23–33.

Kessler, R. C., Andrade, L. H., Bijl, R. V., Offord, D. R., Demler, O. V., & Stein, D. J. (2002). The effects of co-morbidity on the onset and persistence of generalized anxiety disorder in the ICPE surveys. *Psychological Medicine, 32,* 1213–1225.

Kessler, R. C., Avenevoli, S., Costello, E. J., Georgiades, K., Green, J. G., Gruber, M. J., He, J. P., Koretz, D., McLaughlin, K. A., Petukhova, M., Sampson, N. A., Zaslavsky, A. M., & Merikangas, K. R. (2012). Prevalence, persistence, and sociodemographic correlates of *DSM-IV* disorders in the National Comorbidity Survey Replication Adolescent Supplement. *Archives of General Psychiatry, 69,* 372–380.

Kessler, R. C., Berglund, P. A., Bruce, M. L., Koch, J. R., et al. (2001). The prevalence and correlates of untreated serious mental illness. *Health Services Research, 36,* 987–1007.

Kessler, R. C., Berglund, P., Demler, O., Jin, R., Koretz, D., Merikangas, K. R., Rush, A. J., Walters, E. E., & Wang, P. S. (2003). The epidemiology of major depressive disorder: Results from the national comorbidity survey replication (NCS-R). *Journal of the American Medical Association, 289,* 3095–3105.

Kessler, R. C., Berglund, P., Demler, O., Jin, R., Merikangas, M. R., & Walters, E. E. (2005). Lifetime prevalence and age-of-onset distributions of *DSM-IV* disorders in the National Comorbidity Survey Replication. *Archives of General Psychiatry, 62,* 593–602.

Kessler, R. C., Birnbaum, H., Bromet, E., Hwang, I., Sampson, N., & Shahly, V. (2010). Age differences in major depression: Results from the National Comorbidity Survey Replication (NCS-R). *Psychological Medicine, 40,* 225–237.

Kessler, R. C., Chiu, W. T., Jin, R., Ruscio, A. M., Shear, K., & Walters, E. E. (2006). The epidemiology of panic attacks, panic disorder, and agoraphobia in the National Comorbidity Survey Replication. *Archives of General Psychiatry, 63,* 415–424.

Kessler, R. C., Coccaro, E. F., Fava, M., Jaeger, S., Jin, R., & Walters, E. (2006). The prevalence and correlates of *DSM–IV* intermittent explosive disorder in the National Comorbidity Survey Replication. *Archives of General Psychiatry, 63,* 669–678.

Kessler, R. C., Heeringa, S., Lakoma, M. D., Petukhova, M., Rupp, A. E., Schoenbaum, M., et al. (2008). Individual and societal effects of mental disorders on earnings in the United States: Results from the National Comorbidity Survey Replication. *American Journal of Psychiatry, 165,* 703–711.

Kessler, R. C., McGonagle, K. A., Zhao, S., Nelson, C. B., Hughes, M., Eshleman, S., Wittchen, H., & Kendler, K. S. (1994). Lifetime and 12-month prevalence of *DSM-III-R* psychiatric disorders in the United States: Results from the National Comorbidity Study. *Archives of General Psychiatry, 51,* 8–19.

Kessler, R. C., Merikangas, K. R, & Wang, P. S. (2007). Prevalence, comorbidity, and service utilization for mood disorders in the United States at the beginning of the twenty-first century. *Annual Review of Clinical Psychology, 3,* 137–158.

Kessler, R. C., Sonnega, A., Bromet, E., Hughes, M., & Nelson, C. B. (1995). Posttraumatic stress disorder in the National Comorbidity Survey. *Archives of General Psychiatry, 52,* 1048–1060.

Kessler, R. C., Stein, M. B., & Berglund, P. (1998). Social phobia subtypes in the National Comorbidity Survey. *American Journal of Psychiatry, 155,* 613–619.

Kety, S. S., Wender, P. H., Jacobsen, B., Ingraham, L. J., Jansson, L., Faber, B., & Kinney, D. K. (1994). Mental illness in the biological and adoptive relative of schizophrenic adoptees: Replication of the Copenhagen study in the rest of Denmark. *Archives of General Psychiatry, 51,* 442–455.

Keyes, K. M., Grant, B. F., & Hasin, D. S. (2008). Evidence for a closing gender gap in alcohol use, abuse, and dependence in the United States population. *Drug and Alcohol Dependence, 93,* 21–29.

Keyes, K. M., Martins, S. S., Blanco, C., & Hasin, D. S. (2010). Telescoping and gender differences in alcohol dependence: New evidence from two national surveys. *American Journal of Psychiatry, 167,* 969–976.

Keyes, K. M., Schulenberg, J. E., O'Malley, M., Johnston, L. D., Bachman, J. G., Li, G., & Hasin, D. (2011). The social norms of birth cohorts and adolescent marijuana use in the United States, 1976–2007. *Addiction, 106,* 1790–1800.

Khan, A., Leventhal, R. M., Khan, S. R., & Brown, W. A. (2002). Severity of depression and response to antidepressants and placebo: An analysis of the Food and Drug Administration database. *Journal of Clinical Psychopharmacology, 22,* 40–45.

Kiecolt-Glaser, J. K., Malarkey, W. B., Chee, M., & Newton, T. (1993). Negative behavior during marital conflict is associated with immunological down-regulation. *Psychosomatic Medicine, 55,* 395–409.

Kiecolt-Glaser, J. K., & Newton, T. L. (2001). Marriage and health: His and hers. *Psychological Bulletin, 127,* 472–503.

Kieling, C., Kieling, R. R., Rohde, L. A., Frick, P. J., Moffitt, T., Nigg, J. T., Tannock, R., & Castellanos, F. X. (2010). The age at onset of attention deficit hyperactivity disorder. *American Journal of Psychiatry, 167,* 14–16.

Kihlstrom, J. F. (2001). Dissociative disorders. In P. B. Sutker (Ed.), *Comprehensive handbook of psychopathology* (3rd ed., pp. 259–276). New York: Kluwer Academic/Plenum Publishers.

Kihlstrom, J. F. (2005). Dissociative disorders. *Annual Review of Clinical Psychology, 1,* 227–254.

Kihlstrom, J. F., & Couture, L. J. (1992). Awareness and information processing in general anesthesia. *Journal of Psychopharmacology, 6,* 410–417.

Kihlstrom, J. F., Glisky, M. L., & Angiulo, M. J. (1994). Dissociative tendencies and dissociative disorders. *Journal of Abnormal Psychology, 103,* 117–124.

Kim, H. S., Sherman, D. K., & Taylor, S. E. (2008). Culture and social support. *American Psychologist, 63,* 518–526.

Kim, L. I. C. (1993). Psychiatric care of Korean Americans. In A. C. Gaw (Ed.), *Culture, ethnicity, and mental illness* (pp. 347–375). Washington, DC: American Psychiatric Press.

Kim, Y. S., Leventhal, B. L., Koh, Y.-J., Fombonne, E., Laska, E., Lim, E.-C., Cheon, K.-A., Kim, S.-J., Kim, Y.-Y., Lee, H., Song, D.-H., & Grinker, R.-R. (2011). Prevalence of autism spectrum disorders in a total population sample. *American Journal of Psychiatry, 168,* 904–912.

Kim-Cohen, J., Caspi, A., Rutter, M., Polo Tomas, M., & Moffitt, T. E. (2006). The caregiving environments provided to children by depressed mothers with or without an antisocial history. *American Journal of Psychiatry, 163,* 1009–1018.

King, B. H., Hodapp, R. M., & Dykens, E. M. (2005). Mental retardation. In B. J. Sadock & V. A. Sadock (Eds.), *Kaplan & Sadock's comprehensive textbook of psychiatry* (pp. 3076–3206). Philadelphia: Lippincott Williams & Wilkins.

King, C. R., Knutson, K. L., Rathouz, P. J., Sidney, S., Liu, K., & Lauderdale, D. S. (2008). Short sleep duration and incident coronary artery calcification. *Journal of the American Medical Association, 300,* 2859–2866.

King, D. A., & Markus, H. E. (2000). Mood disorders in older adults. In S. K. Whitbourne (Ed.), *Psychopathology in later adulthood* (pp. 141–172). New York: Wiley.

Kirk, S. A., & Kutchins, H. (1992). *The selling of DSM: The rhetoric of science in psychiatry.* New York: A. de Gruyter.

Kirkbride, J. B., Fearon, P., Morgan, C., Dazzan, P., Morgan, K., Tarrant, J., Lloyd, T., Holloway, J., Hutchinson, G., Leff, J. P., Mallett, R. M., Harrison, G. L., Murray, R. M., & Jones, P. B. (2006). Heterogeneity in incidence rates of schizophrenia and other psychotic syndromes: Findings from the 3-center ÆSOP study. *Archives of General Psychiatry, 63,* 250–258.

Kirkpatrick, B., Fenton, W. S., Carpenter, W. T., Jr., & Marder, S. R. (2006). The NIMH-MATRICS consensus statement on negative symptoms. *Schizophrenia Bulletin, 32,* 214–219.

Kirmayer, L. J. (2001). Cultural variations in the clinical presentation of depression and anxiety: Implications for diagnosis and treatment. *Journal of Clinical Psychiatry, 62*(Suppl. 13), 22–28.

Kirmayer, L. J., & Taillefer, S. (1997). Somatoform disorders. In S. M. Turner & M. Hersen (Eds.), *Adult psychopathology and diagnosis* (3rd ed., pp. 333–383). New York: Wiley.

Kirsch, I., Deacon, B. J., Huedo-Medina, T. B., Scoboria, A., Moore, T. J., & Johnson, B. T. (2008). Initial severity and antidepressant benefits: A meta-analysis of data submitted to the Food and Drug Administration. *PLoS Medicine, 5,* e45.

Kirsch, I., & Lynn, S. J. (1998). Dissociation theories of hypnosis. *Psychological Bulletin, 123,* 100–115.

Kisiel, C. L., & Lyons, J. S. (2001). Dissociation as a mediator of psychopathology among sexually abused children and adolescents. *American Journal of Psychiatry, 158,* 1034–1039.

Kissane, D. W., Grabsch, B., Clarke, D. M., Smith, G. C., Love, A. W., Bloch, S., Snyder, R. D., & Li, Y. (2007). Supportive-expressive group therapy for women with metastatic breast cancer: Survival and psychosocial outcome from a randomized controlled trial. *Psycho-Oncology, 16,* 277–286.

Klabunde, R. (2005). *Cardiovascular physiology concepts.* Philadelphia: Lippincott Williams & Wilkins.

Klassen, L. J., Katzman, M. A., & Chokka, P. (2010). Adult ADHD and its comorbidities, with a focus on bipolar disorder. *Journal of Affective Disorders, 124,* 1–8.

Klein, C., & Gorzalka, B. B. (2009). Sexual functioning in transsexuals following hormone therapy and genital surgery: A review. *Journal of Sexual Medicine, 6,* 2922–2939.

Klein, M. (1952). Notes on some schizoid mechanisms. In M. Klein, P. Heimann, S. Isaacs, & J. Riviere (Eds.), *Developments in psychoanalysis* (pp. 292–320). London: Hogarth Press.

Klerman, G. L., & Weissman, M. M. (1989). Increasing rates of depression. *Journal of the American Medical Association, 261,* 2229–2235.

Klerman, G. L., Weissman, M. M., Rounsaville, B., & Chevron, E. (1984). *Interpersonal psychotherapy of depression.* New York: Basic Books.

Klorman, R., Cicchetti, D., Thatcher, J. E., & Ison, J. R. (2003). Acoustic startle in maltreated children. *Journal of Abnormal Child Psychology, 31,* 359–370.

Kluft, R. P. (1987). Unsuspected multiple personality disorder: An uncommon source of protracted resistance, interruption, and failure in psychoanalysis. *Hillside Journal of Clinical Psychiatry, 9,* 100–115.

Klump, K. L., Culbert, K. M., Slane, J. D., Burt, S. A., Sisk, C. L., & Nigg, J. T. (2012). The effects of puberty on genetic risk for disordered eating: Evidence for a sex difference. *Psychological Medicine, 42*, 627–637.

Knable, M. B., Barci, B. M., Webster, M. J., Meador-Woodruff, J., & Torrey, E. F. (2004). Molecular abnormalities of the hippocampus in severe psychiatric illness: Postmortem findings from the Stanley Neuropathology Consortium. *Molecular Psychiatry, 9,* 609–620.

Knapp, M., Mangalore, R., & Simon, J. (2004). The global costs of schizophrenia. *Schizophrenia Bulletin, 30,* 279–293.

Knight, R. A. (2010). Is a diagnostic category for paraphilic coercive disorder defensible? *Archives of Sexual Behavior, 39*, 419–426.

Koenen, K. C., Harley, R., Lyons, M. J., Wolfe, J., Simpson, J. C., Goldberg, J., et al. (2002). A twin registry study of familial and individual risk factors for trauma exposure and posttraumatic stress disorder. *Journal of Nervous and Mental Disease, 190,* 209–218.

Kohut, H. (1977). *The restoration of the self.* New York: International Universities Press.

Konarski, J. Z., McIntyre, R. S., Kennedy S. H., Rafi-Tari, S., Soczynska, J. K., & Ketter, T. A. (2008). Volumetric neuroimaging investigations in mood disorders: Bipolar disorder versus major depressive disorder. *Bipolar Disorder, 10,* 1–37.

Kong, L. L., Allen, J. J. B., & Glisky, E. L. (2008). Interidentity memory transfer in dissociative identity disorder. *Journal of Abnormal Psychology, 117,* 686–692.

Koniak-Griffin, D., Lesser, J., Henneman, T., Huang, R., Huang, X., Kappos, B., et al. (2008). HIV prevention for Latino adolescent mothers and their partners. *Western Journal of Nurse Research, 30,* 724.

Koob, G. F., & Volkow, N. D. (2010). Neurocircuitry of addiction. *Neuropsychopharmacology, 35*, 217–238.

Koopman, C., Drescher, K., Bowles, S., Gusman, F., Blake, D., Dondershine, H., Chang, V., Butler, L. D., & Spiegel, D. (2001). Acute, dissociative reactions in veterans with PTSD. *Journal of Trauma & Dissociation, 2,* 91–111.

Kopelman, M. D. (1987). Crime and amnesia: A review. *Behavioral Sciences & the Law, 5,* 323–342.

Koss, J. D. (1990). Somatization and somatic complaint syndromes among Hispanics: Overview and ethnopsychological perspectives. *Transcultural Psychiatric Research Review, 27,* 5–29.

Koss, M. P., & Kilpatrick, D. G. (2001). Rape and sexual assault. In E. Gerrity (Ed.), *The mental health consequences of torture* (pp. 177–193). New York: Kluwer Academic/Plenum.

Koss-Chioino, J. D. (2000). Traditional and folk approaches among ethnic minorities. In J. F. Aponte & J. Wohl (Eds). *Psychological intervention and cultural diversity* (2nd ed., pp. 149–166). Needham Heights, MA: Allyn & Bacon.

Koukoui, S. D., & Chaudhuri, A. (2007). Neuroanatomical, molecular, genetic, and behavioral correlates of fragile X syndrome. *Brain Research Reviews, 53,* 27–38.

Kouri, E. M., & Pope, H. G. (2000). Abstinence symptoms during withdrawal from chronic marijuana use. *Experimental & Clinical Psychopharmacology, 8,* 483–492.

Kownacki, R. J., & Shadish, W. R. (1999). Does Alcoholics Anonymous work? The results from a meta-analysis of controlled experiments. *Substance Use and Misuse, 34,* 1897–1916.

Krakow, B., Haynes, P. L., Warner, T. D., Melendrez, D., Sisley, B. N., Johnston, L., Hollifield, M., & Lee, S. (2007). Clinical sleep disorder profiles in a large sample of trauma survivors: An interdisciplinary view of posttraumatic sleep disturbance. *Sleep and Hypnosis, 9,* 6–15.

Kratochvil, C. J., Michelson, D., Newcorn, J. H., Weiss, M. D., Busner, J., Moore, R. J., Ruff, D. D., Ramsey, J., Dickson, R., Turgay, A., Saylor, K. E., Luber, S., Vaughan, B., Allen, A. J., & the Atomoxetine High-Dose Study Group. (2007). High-dose atomoxetine treatment of ADHD in youths with limited response to standard doses. *Journal of the American Academy of Child and Adolescent Psychiatry, 46,* 1128–1137.

Kraus, G., & Reynolds, D. J. (2001). The "A-B-C's" of the Cluster B's: Identifying, understanding, and treating Cluster B personality disorders. *Clinical Psychology Review, 21,* 345–373.

Krentz, E. M., & Warschburger, P. (2011). Sport-related correlates of disordered eating: A comparison between aesthetic and ballgame sports. *International Journal of Sport Psychology, 42*, 548–564.

Kring, A. M. (2000). Gender and anger. In A. H. Fischer (Ed.), *Gender and emotion: Social psychological perspectives* (pp. 211–231). New York: Cambridge University Press.

Kring, A. M., & Moran, E. K. (2008). Emotional response deficits in schizophrenia: Insights from affective science. *Schizophrenia Bulletin, 34,* 819–834.

Kring, A. M., & Neale, J. M. (1996). Do schizophrenic patients show a disjunctive relationship among expressive, experiential, and psychophysiological components of emotion? *Journal of Abnormal Psychology, 105,* 249–257.

Kring, A. M., & Sloan, D. S. (Eds.). (2009). *Emotion regulation and psycho-pathology: A transdiagnostic approach to etiology and treatment*. New York: Guilford Press.

Kroenke, K. (2009). Efficacy of treatment for somatoform disorders: A review of randomized controlled trials. In J. E. Dimsdale, Y. Xin, A. Kleinman, V. Patel, W. E. Narrow, P. J. Sirovatka, & D. A. Regier (Eds.), *Somatic presentations of mental disorders: Refining the research agenda for DSM-V* (pp. 143–163). Arlington, VA: American Psychiatric Publishing.

Kroll, J. (1973). A reappraisal of psychiatry in the Middle Ages. *Archives of General Psychiatry, 29,* 276–283.

Krueger, R. B., and Kaplan, M. S. (2008). Frotteurism: Assessment and treatment. In D. R. Laws & W. T. O'Donohue (Eds.), *Sexual deviance: Theory, assessment, and treatment* (pp. 150–164). New York: Guilford Press.

Krueger, R. F., Eaton, N. R., Clark, L. A., Watson, D., Markon, K. E., Derringer, J., Skodol, A., & Livesley, W. J. (2011). Deriving an empirical structure of personality pathology for *DSM-5*. *Journal of Personality Disorders, 25,* 170–191.

Krueger, R. F., Skodol, A. E., Livesley, W. J., Shrout, P. E., & Huang, Y. (2008). Synthesizing dimensional and categorical approaches to personality disorders. In J. Hezler, H. C. Kraemer, R. F. Krueger, H. U. Wittchen, P. J. Sirovatka, et al. (Eds.), *Dimensional approaches in diagnostic classification. Refining the research agenda for* DSM-V (pp. 85–99). Washington, DC: American Psychiatric Association.

Kruijver, F. P., Zhou, J. N., Pool, C. W., Hofman, M. A., Gooren, L. J., & Swaab, D. F. (2000). Male-to-female transsexuals have female neuron numbers in a limbic nucleus. *Journal of Clinical Endocrinology and Metabolism, 85,* 2034–2041.

Kryger, M. H., Roth, T., & Dement, W. C. (Eds.). (1994). *Principles and practice of sleep medicine.* Philadelphia: Saunders.

Kuepper, R., van Os, J., Lieb, R., Wittchen, H. U., Höfler, M., & Henquet, C. (2011). Continued cannabis use and risk of incidence and persistence of psychotic symptoms: 10 year follow-up cohort study. *British Medical Journal, 342,* d738.

Kumar, M. S., Murhekar, M. V., Hutin, Y., Subramanian, T., Ramachandran, V., & Gupte, M. D. (2007). Prevalence of posttraumatic stress disorder in a coastal fishing village in Tamil Nadu, India, after the December 2004 tsunami. *American Journal of Public Health, 97,* 99–101.

Kutscher, E. C. (2008). Antipsychotics. In K. T. Mueser & D. V. Jeste (Eds.), *Clinical handbook of schizophrenia* (pp. 159–167). New York: Guilford Press.

Kupfer, D. J., First, M. B., & Regier, D. E. (Eds.). (2002). A research agenda for *DSM-V*. Washington, DC: American Psychiatric Association.

Kwapil, T. R., & Barrantes-Vidal, N. (2012). Schizotypal personality disorder: an integrative review. In T. A. Widiger (Ed.), *The Oxford handbook of personality disorders* (pp. 437–477). New York, NY: Oxford University Press.

L

Lack, L. C., Gradisar, M., Van Someren, E. J. W., Wright, H. R., & Lushington, K. (2008). The relationship between insomnia and body temperatures. *Sleep Medicine Reviews, 12,* 307–317.

Ladouceur, R., Sylvain, C., Boutin, C., Lachance, S., Doucet, C., & Leblond, J. (2003). Group therapy for pathological gamblers: A cognitive approach. *Behavior Research and Therapy, 41,* 587–596.

Ladouceur, R., Sylvain, C., Boutin, C., Lachance, S., Doucet, C., Leblond, J., & Jacques, C. (2001). Cognitive treatment of pathological gambling. *Journal of Nervous and Mental Disorders, 189,* 774–780.

Ladwig, K. H., Martin-Mittag, B., Lacruz, M. E., Henningsen, P., & Creed, F. (2010). Screening for multiple somatic complaints in a population-based survey: Does excessive symptom reporting capture the concept of somatic symptom disorders? *Journal of Psychosomatic Research, 68,* 427–437.

Lagana, L., McGarvey, E. L., Classen, C., & Koopman, C. (2001). Psychosexual dysfunction among gynecological cancer survivors. *Journal of Clinical Psychology in Medical Settings, 8,* 73–84.

LaGreca, A. M., Silverman, W. K., Vernberg, E. M., & Prinstein, M. J. (1996). Symptoms of posttraumatic stress in children after Hurricane Andrew: A prospective study. *Journal of Consulting & Clinical Psychology, 64,* 712–723.

Lalonde, J. K., Hudson, J. I., Gigante, R. A., & Pope, H. G. (2001). Canadian and American psychiatrists' attitudes towards dissociative disorders diagnoses. *Canadian Journal of Psychiatry, 46,* 407–412.

Lamb, H. R. (2001). *Best of new directions for mental health services, 1979–2001.* San Francisco: Jossey-Bass.

Lamb, H. R., & Weinberger, L. E. (2001). Therapeutic use of conservatorship in the treatment of gravely disabled psychiatric patients. *New Direction for Mental Health Services, 10,* 217–225.

Lambert, M. C., Knight, F., Overly, K., Weisz, J. R., Desrosiers, M., & Thesiger, C. (1992). Jamaican and American adult perspectives on child psychopathology: Further exploration of the threshold model. *Journal of Consulting & Clinical Psychology, 60,* 146–149.

Lambert, M. T., & Silva, P. S. (1998). An update on the impact of gun control legislation on suicide. *Psychiatric Quarterly, 69,* 127–134.

Lang, A. J., & Stein, M. B. (2001). Social phobia: Prevalence and diagnostic threshold. *Journal of Clinical Psychiatry, 62*(Suppl. 1), 5–10.

Langberg, J. M., Molina, B. S. G., Arnold, L. E., Epstein, J. N., Altaye, M., Hinshaw, S. P., Swanson, J. M., Wigal, T., & Hechtman, L. (2012). Patterns and predictors of adolescent academic achievement and performance in a sample of children with attention-deficit/hyperactivity disorder. *Journal of Clinical Child & Adolescent Psychology, 40,* 519–531.

Langlois, J. A., Rutland-Brown, W., & Wald, M. M. (2006). The epidemiology and impact of traumatic brain injury: A brief overview. *Journal of Head Trauma Rehabilitation 21,* 375–378.

Langstrom, N. (2009, November 19). The *DSM* diagnostic criteria for exhibitionism, voyeurism, and frotteurism. *Archives of Sexual Behavior.* doi: 10.1007/s10508-009-9577-4

Langstrom, N., & Seto, M. C. (2006). Exhibitionistic and voyeuristic behavior in a Swedish national population survey. *Archives of Sexual Behavior, 35,* 427–435.

Langstrom, N., & Zucker, K. J. (2005). Transvestic fetishism in the general population: Prevalence and correlates. *Journal of Sex and Marital Therapy, 31,* 87–95.

Larsson, H., Tuvblad, C., Rijsdijk, F. V., Andershed, H., Grann, M., & Lichtenstein, P. (2007). A common genetic factor explains the association between psychopathic personality and antisocial behavior. *Psychological Medicine, 37,* 15–26.

Lasser, K., Boyd, J. W., Woolhandler, S., Himmelstein, D. U., McCormick, D., & Bor, D. H. (2000). Smoking and mental illness: A population-based prevalence study. *Journal of the American Medical Association, 284,* 2606–2610.

Laudenslager, M. L., Ryan, S. M., Drugan, R. C., Hyson, R. L., & Maier, S. F. (1983). Coping and immunosuppression: Inescapable but not escapable shock suppresses lymphocyte proliferation. *Science, 221,* 569–570.

Laumann, E. O., Das, A., & Waite, L. J. (2008). Sexual dysfunction among older adults: Prevalence and risk factors from a nationally representative U.S. probability sample of men and women 57–85 years of age. *Journal of Sexual Medicine, 5,* 2300–2311.

Laumann, E. O., Gagnon, J. H., Michael, R. T., & Michaels, S. (1994). *The social organization of sexuality: Sexual practices in the United States.* Chicago: University of Chicago Press.

Laumann, E. O., Paik, A., & Rosen, R. C. (1999). Sexual dysfunction in the United States. *Journal of the American Medical Association, 281,* 537–544.

Lavin, M. (2008). Voyeurism: Psychopathology and theory. In D. R. Laws & W. T. O'Donohue (Eds.), *Sexual deviance: Theory, assessment, and treatment* (pp. 305–320). New York: Guilford Press.

Lavoie, K. L., Miller, S. B., Conway, M., & Fleet, R. P. (2001). Anger, negative emotions, and cardiovascular reactivity during interpersonal conflict in women. *Journal of Psychosomatic Research, 51,* 503–512.

Lavretsky, H. (2008). History of schizophrenia as a psychiatric disorder. In K. T. Mueser & D. V. Jeste (Eds.), *Clinical handbook of schizophrenia* (pp. 3–13). New York: Guilford Press.

Lawrence, A. A. (2008). Gender identity disorders in adults: Diagnosis and treatment. In D. L. Rowland & L. Incrocci (Eds.), *Handbook of sexual and gender identity disorders* (pp. 423–456). Hoboken, NJ: Wiley.

Lawrie, S. M., McIntosh, A. M., Hall, J., Owens, D. G. C., & Johnstone, E. C. (2008). Brain structure and function changes during the development of schizophrenia: The evidence from studies of subjects at increased genetic risk. *Schizophrenia Bulletin, 34,* 330–340.

Laws, D. R., and O'Donohue, W. T. (2008). Introduction. In D. R. Laws & W. T. O'Donohue (Eds.) *Sexual deviance: Theory, assessment, and treatment* (pp. 1–21). New York: Guilford Press.

Leadbeater, B. J., Kuperminc, G. P., Blatt, S. J., & Herzog, C. (1999). A multivariate model of gender differences in adolescents' internalizing and externalizing problems. *Developmental Psychology, 35,* 1268–1282.

LeBeau, R. T., Glenn, D., Liao, B., Wittchen, H.-U., Beesdo-Baum, K., Ollendick, T., & Craske, M. G. (2010). Specific phobia: A review of *DSM-IV* specific phobia and preliminary recommendations for *DSM-V. Depression and Anxiety, 27,* 148–167.

Lebowitz, M. S., & Ahn, W. K. (2012). Combining biomedical accounts of mental disorders with treatability information to reduce mental illness stigma. *Psychiatric Services, 63,* 496–499.

Leckman, J. F., Denys, D., Simpson, H. B., Mataix-Cols, D., Hollander, E., Saxena, S., Miguel, E. C., Rauch, S. L., Goodman, W. K., Phillips, K. A., & Stein, D. S. (2010). Obsessive-compulsive disorder: A review of the diagnostic criteria and possible subtypes and dimensional signifiers for *DSM-V. Depression and Anxiety, 27,* 507–527.

LeDoux, J. E. (1996). *The emotional brain: The mysterious underpinnings of emotional life.* New York: Simon & Schuster.

LeDoux, J. E., & Doyere, V. (2011). Emotional memory processing: Synaptic connectivity. In S. Nalbantian, P. M. Matthews, & J. L. McClelland (Eds.), *The memory process: Neuroscientific and humanistic perspectives* (pp. 153–171). Cambridge, MA: MIT Press.

Lee, J. K. P., Jackson, H. J., Pattison, P., & Ward, T. (2002). Developmental risk factors for sexual offending. *Child Abuse & Neglect, 26,* 73–92.

Lee, S. S., Humphreys, K. L., Flory, K., Liu, R., & Glass, K. (2011). Prospective association of childhood attention-deficit/hyperactivity disorder (ADHD) and substance use and abuse/dependence: A meta-analytic review. *Clinical Psychology Review, 31,* 328–341.

Lee, Y.-J. (2004). Overview of the therapeutic management of insomnia with zolpidem. *CNS Drugs, 18*(Suppl. 1), 17–23.

Leeman, R. F., & Potenza, M. N. (2012). Similarities and differences between pathological gambling and substance use disorders: A focus on impulsivity and compulsivity. *Psychopharmacology, 219,* 469–490.

Leenaars, A. A. (2007). Gun-control legislation and the impact on suicide. *Crisis*, *28,* 50–57.

Lehman, B. J., Taylor, S. E., Kiefe, C., & Seeman, T. E. (2009). Relationship of early life stress and psychological functioning to blood pressure in the CARDIA study. *Health Psychology, 28,* 338–346.

Leibenluft, E., & Rich, B. A. (2008). Pediatric bipolar disorder. *Annual Review of Clinical Psychology, 4,* 163–187.

Leiblum, S. R. (2000). Vaginismus: A most perplexing problem. In S. R. Leiblum & R. C. Rosen (Eds.), *Principles and practice of sex therapy* (3rd ed., pp. 181–202). New York: Guilford Press.

Leiblum, S. R., Koochaki, P. E., Rodenberg, C. A., Barton, I. P., & Rosen, R. C. (2006). Hypoactive sexual desire disorder in postmenopausal women: U.S. results from the Women's International Study of Health and Sexuality (WISHeS). *Menopause, 13,* 46–56.

Leiblum, S. R., & Rosen, R. C. (2000). *Principles and practice of sex therapy* (3rd ed.). New York: Guilford Press.

Lenzenweger, M. F. (2008). Epidemiology of personality disorders. *Psychiatric Clinics of North America, 31,* 395–403.

Lenzenweger, M. F., Lane, M. C., Loranger, A. W., & Kessler, R. C. (2007). *DSM-IV* personality disorders in the National Comorbidity Survey Replication. *Biological Psychiatry, 62*, 553–564.

Leon, G. R., Fulkerson, J. A., Perry, C. L., & Early-Zald, M. B. (1995). Prospective analysis of personality and behavioral vulnerabilities and gender influences in the later development of disordered eating. *Journal of Abnormal Psychology, 104,* 140–149.

Lepore, S. J. (1995). Cynicism, social support and cardiovascular reactivity. *Health Psychology, 14,* 210–216.

Leserman J. (2008). Role of depression, stress, and trauma inHIV disease progression. *Psychosomatic Medicine, 70,* 539–545.

Leserman, J., Jackson, E. D., Petitto, J. M., Golden, R. N., Silva, S. G., Perkins, D. O., Cai, J., Folds, J. D., & Evans, D. L. (1999). Progression to AIDS: The effects of stress, depressive symptoms, and social support. *Psychosomatic Medicine, 61,* 397–406.

Leserman, J., Pence, B. W., Whetten, K., Mugavero, M. J., Thielman, N. M., Swartz, M. S., & Stangl, D. (2007). Relation of lifetime trauma and depressive symptoms to mortality in HIV. *American Journal of Psychiatry, 164,* 1707–1713.

Leserman, J., Petitto, J. M., Golden, R. N., Gaynes, B. N., Gu, H., et al. (2000). Impact of stressful life events, depression, social support, coping, and cortisol on progression to AIDS. *American Journal of Psychiatry, 157,* 1221–1228.

Leserman, J., Petitto, J. M., Gu, H., Gaynes, B. N., Barroso, J., Golden, R. N., Perkins, D. O., Folds, J. D., & Evans, D. L. (2002). Progression to AIDS, a clinical AIDS condition, and mortality: Psychosocial and physiological predictors. *Psychological Medicine, 32,* 1059–1073.

Leventhal, H., Weinman, J., Leventhal, E. A., & Phillips, L. A. (2008). Health psychology: The search for pathways between behavior and health. *Annual Review of Psychology, 59,* 477–506.

Levine, S., Rabinowitz, J., Ascher-Svanum, H., Faries, D. E., & Lawson, A. H. (2011). Extent of attaining and maintaining symptom remission by antipsychotic medication in the treatment of chronic schizophrenia: Evidence from the CATIE study. *Schizophrenia Research, 133,* 42–46.

Levinson, D. F. (2006). The genetics of depression: A review. *Biological Psychiatry 60,* 84–92.

Levinson, D. F. (2010). The genetics of depression: A review. *Biological Psychiatry, 60,* 84–92.

Levy, S. M., & Heiden, L. (1991). Depression, distress, and immunity: Risk factors for infectious disease. *Stress Medicine, 7,* 45–51.

Levy, S. M., Herberman, R. B., Whiteside, T., & Sanzo, K. (1990). Perceived social support and tumor estrogen/progesterone receptor status as predictors of natural killer cell activity in breast cancer patients. *Psychosomatic Medicine, 52,* 73–85.

Lewinsohn, P. M. (1974). A behavioral approach to depression. In R. J. Friedman & M. M. Katz (Eds.), *The psychology of depression: Contemporary theory and research* (pp. 157–178) Washington, DC: Winston-Wiley.

Lewinsohn, P. M., & Gotlib, I. H. (1995). Behavioral therapy and treatment of depression. In E. E. Beckham & W. R. Leber (Eds.), *Handbook of depression* (2nd ed., pp. 352–375). New York: Guilford Press.

Lewinsohn, P. M., Muñoz, R. F., Youngren, M. A., & Zeiss, A. M. (1986). *Control your depression.* Englewood Cliffs, NJ: Prentice Hall.

Lewinsohn, P. M., Striegel-Moore, R. H., & Seeley, J. R. (2000). Epidemiology and natural course of eating disorders in young women from adolescence to young adulthood. *Journal of the American Academy of Child & Adolescent Psychiatry, 39,* 1284–1292.

Lewis, G., David, A., Andreasson, S., & Allebeck, P. (1992). Schizophrenia and city life. *Lancet, 340,* 137–140.

Lewis, R. W., Fugl-Meyer, K. S., Bosch, R., Fugl-Meyer, A. R., Laumann, E. O., Lizza, E., & Martin-Morales, A. (2004). Epidemiology/risk factors of sexual dysfunction. *Journal of Sexual Medicine, 1,* 35–39.

Lewis, R. W., Fugl-Meyer, K. S., Corona, G., Hayes, R. D., Laumann, E. O., Moreira, E. D., Jr., Rellini, A. H., & Segraves, T. (2010). Definitions/epidemiology/risk factors for sexual dysfunction. *Journal of Sexual Medicine, 7* (4, pt. 2), 1598–1607.

Lewis, R. W., Yuan, J., & Wangt, R. (2008). Male sexual arousal disorder. In D. L. Rowland & L. Incrocci (Eds.), *Handbook of sexual and gender identity disorders* (pp. 32–67). Hoboken, NJ: Wiley.

Lewis-Fernandez, R., Hinton, D. E., Laria, A. J., Patterson, E. H., Hofmann, S. G., Craske, M. G., Stein, D. J., Asnaani, A., & Liao, B. (2010). Culture and the anxiety disorders: Recommendations for the *DSM-V. Depression and Anxiety, 27,* 212–229.

Liberman, R. P., Glynn, S., Blair, K. E., Ross, D., & Marder, S. R. (2002). In vivo amplified skills training: Promoting generalization of independent living skills for clients with schizophrenia. *Psychiatry: Interpersonal & Biological Processes, 65,* 137–155.

Liberto, J. G., Oslin, D. W., & Ruskin, P. E. (1996). Alcoholism in the older population. In L. L. Carstensen, B. A. Edelstein, & L. Dornbrand (Eds.), *The practical handbook of clinical gerontology* (pp. 324–348). Thousand Oaks, CA: Sage.

Lieb, K., Völlm, B., Rücker, G., Timmer, A., & Stoffers, J. M. (2010). Pharmacotherapy for borderline personality disorder: Cochrane systematic review of randomized trials. *British Journal of Psychiatry, 196,* 4–12.

Lieberman, J. A., Stroup, T. S., & Perkins, D. O. (2012). *Essentials of schizophrenia.* Arlington, VA: American Psychiatric Publishing.

Lilienfeld, S. O., Lynn, S. J., Kirsch, I., Chaves, J. F., Sarvin, T. R., Ganaway, G. K., & Powell, R. A. (1999). Dissociative identity disorders and the sociocognitive model: Recalling the lessons of the past. *Psychological Bulletin, 125,* 507–523.

Lindsay, S. D., Hagen, L., Read, J. D., Wade, K. A., & Garry, M. (2004). True photographs and false memories. *Psychological Science, 15,* 149–154.

Linehan, M. M. (1973). Suicide and attempted suicide: Study of perceived sex differences. *Perceptual & Motor Skills, 37,* 31–34.

Linehan, M. M. (1999). Standard protocol for assessing and treating suicidal behaviors for patients in treatment. In D. G. Jacobs (Ed.), *The Harvard Medical School guide to suicide assessment and intervention* (pp. 146–187). San Francisco: Jossey-Bass.

Linehan, M. M., Cochran, B. N., & Kehrer, C. A. (2001). Dialectical behavior therapy for borderline personality disorder. In D. H. Barlow (Ed.), *Clinical handbook of psychological disorders: A step-by-step treatment manual* (pp. 470–522). New York: Guilford Press.

Linehan, M. M., Heard, H. L., & Armstrong, H. E. (1993). Naturalistic follow-up of a behavioral treatment for chronically parasuicidal borderline patients. *Archives of General Psychiatry, 50,* 971–974.

Links, P. S., & Eynan, R. (2013). The relationship between personality disorders and Axis I psychopathology: deconstructing comorbidity. *Annual Review of Clinical Psychology, 9,* 529–554.

Linscott, R. J., Allardyce, J., & van Os, J. (2009). Seeking verisimilitude in a class: A systematic review of evidence that the criterial clinical symptoms of schizophrenia are taxonic. *Schizophrenia Bulletin.* doi:10.1093

Linscott, R. J., & van Os, J. (2010). Systematic reviews of categorical versus continuum models in psychosis: Evidence for discontinuous subpopulations underlying a psychometric continuum. Implications for *DSM-V, DSM-VI,* and *DSM-VII. Annual Review of Clinical Psychology,* 6. 391–419.

Lisansky-Gomberg, E. S. (2000). Substance abuse disorders. In S. K. Whitbourne (Ed.), *Psychopathology in later adulthood* (pp. 277–298). New York: Wiley.

Liu, H. Y., Potter, M. P., Woodsworth, K. Y., Yorks, D. M., Petty, C. R., Wozniak, J. R., Faraone, S. V., & Biederman, J. (2011). Pharmacologic treatments for pediatric bipolar disorder: A review and meta-analysis. *Journal of the American Academy of Child & Adolescent Psychiatry, 50,* 749–762.

Liu, L., & Ancoli-Israel, S. (2006). Insomnia in the older adult. *Sleep Medicine Clinics, 1,* 409–421.

Liu, X.-Q., Paterson, A. D., Szatmari, P., and the Autism Genome Project Consortium. (2008). Genome-wide linkage analyses of quantitative and categorical autism subphenotypes. *Biological Psychiatry, 64,* 561–570.

Lloyd-Richardson, E. E., Perrine, N., Dierker, L., Kelley, M. L. (2007). Characteristics and functions of non-suicidal self-injury in a community sample of adolescents. *Psychological Medicine, 37,* 1183–1192.

Loas, G., Cormier, J., & Perez-Diaz, F. (2011). Dependent personality disorder and physical abuse. *Psychiatry Research, 185,* 167–170.

Lochman, J. E., Barry, T. D., & Pardini, D. A. (2003). Anger control training for aggressive youth. In A. E. Kazdin & J. R. Weisz (Eds.), *Evidence-based psychotherapies for children and adolescents* (pp. 263–281). New York: Guilford Press.

Lochman, J. E., White, K. J., & Wayland, K. K. (1991). Cognitive-behavioral assessment and treatment with aggressive children. In P. Kendall (Ed.), *Therapy with children and adolescents: Cognitive behavioral procedures* (pp. 25–65). New York: Guilford Press.

Lochner, C., Serebro, P., van der Merwe, L., Hemmings, S., Kinnear, C., Seedat, S., & Stein, D. J. (2011). Comorbid obsessive-compulsive personality disorder in obsessive-compulsive disorder (OCD): A marker of severity. *Progress in Neuropsychopharmacology & Biological Psychiatry, 35,* 1087–1092.

Lock, J., Agras, W. S., Bryson, S., & Kraemer, H. C. (2005). A comparison of short- and long-term family therapy for adolescent anorexia nervosa. *Journal of the American Academy of Child and Adolescent Psychiatry, 44,* 632–639.

Lock, J., Brandt, H., Woodside, B., Agras, S., Halmi, W. K., Johnson, C., Kaye, W., & Wilfley, D. (2012). Challenges in conducting a multi-site randomized clinical trial comparing treatments for adolescent anorexia nervosa. *International Journal of Eating Disorders, 45,* 202–213.

Lock, J., le Grange, D., Agras, W. S., & Dare, C. (2001). *Treatment manual for anorexia nervosa: A family-based approach.* New York: Guilford Press.

Loebel, J. P., Loebel, J. S., Dager, S. R., Centerwall, B. S., & Reay, D. T. (1991). Anticipation of nursing home placement may be a precipitant of suicide among the elderly. *Journal of the American Geriatric Society, 39,* 407–408.

Loeber, R., & Burke, J. D. (2011). Developmental pathways in juvenile externalizing and internalizing problems. *Journal of Research on Adolescence, 21,* 34–46.

Loeber, R., Burke, J. D., & Pardini, D. A. (2009b). Development and etiology of disruptive and delinquent behavior. *Annual Review of Clinical Psychology, 5,* 291–310.

Loeber, R., Burke, J., & Pardini, D. A. (2009a). Development and etiology and disruptive and delinquent behavior. *Clinical Psychology, 5,* 291–310.

Loeber, R., Burke, J., & Pardini, D. A. (2009b). Perspectives on oppositional defiant disorder, conduct disorder, and psychopathic features. *Journal of Child Psychology and Psychiatry, 50,* 133–142.

Loehlin, J. C. (2009). History of behavior genetics. In Y.-K. Kim (Ed.), *Handbook of behavior genetics* (pp. 3–11). New York: Spring Science & Business Media.

Loftus, E. F. (1993). The reality of repressed memories. *American Psychologist, 48,* 518–537.

Loftus, E. F. (2003). Make-believe memories. *American Psychologist, 58,* 867–873.

Loftus, E. F. (2011). Crimes of memory: False memories and societal justice. In M. A. Gernsbacher, R. W. Pew, L. M. Hough, & J. R. Pomerantz (Eds., FABBS Foundation), *Psychology and the real world: Essays illustrating fundamental contributions to society* (pp. 83–88). New York: Worth.

Long, P. W. (1996). Internet mental health. http://www.mentalhealth.com/ (accessed June 1, 2006)

Longstreth, W. T., Koepsell, T. D., Ton, T. G., Hendrickson, A. F., & van Belle, G. (2007). The epidemiology of narcolepsy. *Sleep, 30,* 13–26.

Looper, K. J., & Kirmayer, L. J. (2002). Behavioral medicine approaches to somatoform disorders. *Journal of Consulting and Clinical Psychology, 70,* 810–827.

Lopez, S. R., & Guarnaccia, P. J. J. (2000). Cultural psychopathology: Uncovering the social world of mental illness. *Annual Review of Psychology, 51,* 571–598.

Lopez, S. R., Kopelowicz, A., & Canive, J. M. (2002). Strategies in developing culturally congruent family interventions for schizophrenia: The case of Hispanics. In H. P. Lefley & D. L. Johnson (Eds.), *Family interventions in mental illness: International perspectives* (pp. 61–90). Westport, CT: Praeger.

Lopez-Quintero, C., Pérez de los Cobos, J., Hasin, D. S., Okuda, M., Wang, S., Grant, B. F., & Blanco, C. (2011). Probability and predictors of transition from first use to dependence on nicotine, alcohol, cannabis, and cocaine: Results of the National Epidemiologic Survey on Alcohol and Related Conditions (NESARC). *Drug and Alcohol Dependence, 115*(1–2), 120–130.

LoPiccolo, J. (1992). Paraphilias. *Nordisk Sexologi, 10,* 1–14.

Lotspeich, L. J., Kwon, H., Schumann, C. M., Fryer, S. L., Goodlin-Jones, B. L., Buonocore, M. H., Lammers, C. R., Amaral, D. G., & Reiss, A. L. (2004). Investigation of neuroanatomical differences between autism and Asperger syndrome. *Archives of General Psychiatry, 61,* 291–298.

Lovaas, O. I. (1987). Behavioral treatment and normal educational and intellectual functioning in young autistic children. *Journal of Consulting & Clinical Psychology, 55,* 3–9.

Lovaas, O. I., & Smith, T. (2003). Early and intensive behavioral intervention in autism. In A. E. Kazdin & J. R. Weisz (Eds.), *Evidence-based psychotherapies for children and adolescents* (pp. 325–340). New York: Guilford Press.

Luborksy, L. (1984). *Principles of psychoanalytic psychotherapy: A manual for supportive-expressive treatment.* New York: Basic Books.

Luborsky, L., & Barrett, M. S. (2006). The historical and empirical status of key psychoanalytic concepts. *Annual Review of Clinical Psychology, 2,* 1–20.

Ludwig, A. M. (1992). Creative achievement and psychopathology: Comparison among professions. *American Journal of Psychotherapy, 46,* 330–356.

Luria, A. (1973). *The working brain.* New York: Basic Books.

Lussier, P., and Piché, L. (2008). Frotteurism: Psychopathology and theory. In D. R. Laws & W. T. O'Donohue (Eds.), *Sexual deviance: Theory, assessment, and treatment* (pp. 131–150). New York: Guilford Press.

Lyketsos, C. G., & Miller, D. S. Neuropsychiatric Syndromes Professional Interest Area of the International Society to Advance Alzheimer's Research and Treatment. (2012). Addressing the Alzheimer's disease crisis through better understanding, treatment, and eventual prevention of associated neuropsychiatric syndromes. *Alzheimer's & Dementia: The Journal of the Alzheimer's Association, 8,* 60–64.

Lyman, R. (1997, April 15). Michael Dorris dies at 52: Wrote of his son's suffering. *New York Times,* p. 24.

Lynam, D. R., Caspi, A., Moffitt, T. E., Wikstrom, P. H., Loeber, R., & Novak, S. (2000). The interaction between impulsivity and neighborhood context on offending: The effects of impulsivity are stronger in poorer neighborhoods. *Journal of Abnormal Psychology, 109,* 563–574.

Lynch, T. R., Trost, W. T., Salsman, N., & Linehan, M. M. (2007). Dialectical behavior therapy for borderline personality disorder. *Annual Review of Clinical Psychology, 3,* 181–206.

Lyness, J. M. (2004). Treatment of depressive conditions in later life: Real-world light for dark (or dim) tunnels. *Journal of the American Medical Association, 291,* 1626–1628.

Lyons-Ruth, K., Holmes, B. M., Sasvari-Szekely, M., Ronai, Z., Nemoda, Z., & Pauls, D. (2007). Serotonin transporter polymorphism and borderline or antisocial traits among low-income young adults. *Psychiatric Genetics, 17,* 339–343.

Lytton, H., & Romney, D. M. (1991). Parents' differential socialization of boys and girls: A meta-analysis. *Psychological Bulletin, 109,* 267–296.

M

MacArthur Research Network on Mental Health and the Law. (1998). Executive summary. http://ness.sys.Virginia.EDU/macarthur/violence.html (accessed June 1, 2006)

Maher, B. A. (1966). *Principles of psychotherapy: An experimental approach.* New York: McGraw-Hill.

Maher, W. B., & Maher, B. A. (1985). Psychopathology: I. From ancient times to eighteenth century. In G. A. Kimble & K. Schlesinger (Eds.), *Topics in the history of psychology* (Vol. 2). Hillsdale, NJ: Erlbaum.

Mahler, M. (1968). *On human symbiosis and the vicissitudes of individuation: Vol. I. Infantile psychosis.* New York: International Universities Press.

Mahowald, M. W., & Bornemann, M. A. C. (2006). Sleep disorders: Case studies. *Neurology Clinics, 24,* 267–289.

Maldonado, J. R., & Spiegel, D. (2008). Dissociative disorders. In R. E. Hales, S. C. Yudofsky, & G. O. Gabbard (Eds.), *The American Psychiatric Publishing textbook of psychiatry* (5th ed., pp. 665–710). Arlington, VA: American Psychiatric Publishing.

Maletzky, B. (1998). The paraphilias: Research and treatment. In P. E. Nathan (Ed.), *A guide to treatments that work* (pp. 472–500). New York: Oxford University Press.

Maletzky, B. M., & Field, G. (2003). The biological treatment of dangerous sexual offenders, a review and preliminary report of the Oregon pilot depo-Provera program. *Aggression and Violent Behavior, 8,* 391–412.

Mandel, H. (2005). *Hidden Howie: True stories from the private life of a public nuisance.* Available from Amazon Shorts, www.amazon.com

Manicavasagar, V., Silove, D., Rapee, R., Waters, F., & Momartin, S. (2001). Parent-child concordance for separation anxiety: A clinical study. *Journal of Affective Disorders, 65,* 81–84.

Maniglio, R. (2009). The impact of child sexual abuse on health: A systematic review of reviews. *Clinical Psychology Review, 29,* 647–657.

Mann, J. J., Brent, D. A., & Arango, V. (2001). The neurobiology and genetics of suicide and attempted suicide: A focus on the serotonergic system. *Neuropsychopharmacology, 24,* 467–477.

Mannino, J. D. (1999). *Sexually speaking.* New York: McGraw-Hill.

Manson, S. M., Shore, J. H., Baron, A. E., Ackerson, L., & Neligh, G. (1992). Alcohol abuse and dependence among American Indians. In J. E. Helzer & G. J. Canino (Eds.), *Alcoholism in North America, Europe, and Asia* (pp. 113–127). New York: Oxford University Press.

Maramba, G. G., & Nagayama Hall, G. C. (2002). Meta-analyses of ethnic match as a predictor of dropout, utilization, and level of functioning. *Cultural Diversity & Ethnic Minority Psychology, 8,* 290–297.

Marangell, L. B. (2004). The importance of subsyndromal symptoms in bipolar disorder. *Journal of Clinical Psychiatry, 65*(Suppl. 10), 24–27.

Marazziti, D., Catena, M., & Pallanti, S. (2006). Pharmacologic treatment of obsessive-compulsive disorder. *Psychiatric Annals, 36,* 454–462.

Marcos, L. R. (1979). Effects of interpreters on the evaluation of psychopathology in non-English-speaking patients. *American Journal of Psychiatry, 136,* 171–174.

Marcus, D. K., & Church, S. E. (2003). Are dysfunctional beliefs about illness unique to hypochondriasis? *Journal of Psychosomatic Research, 54,* 543–547.

Markovitz, P. J. (2004). Recent trends in the pharmacotherapy of personality disorders. *Journal of Personality Disorders, 18,* 99–101.

Marlatt, G. A., Baer, J. S., Donovan, D. M., & Kivlahan, D. R. (1988). Addictive behaviors: Etiology and treatment. *Annual Review of Psychology, 39,* 223–252.

Marlatt, G. A., Baer, J. S., & Larimer, M. (1995). Preventing alcohol abuse in college students: A harm reduction approach. In G. M. Boyd, J. Howard, & R. A. Zucker (Eds.), *Alcohol problems among adolescents: Current directions in prevention research* (pp. 147–172). Hillsdale, NJ: Erlbaum.

Marlatt, G. A., Blume, A. W., & Parks, G. A. (2001). Integrating harm reduction therapy and traditional substance abuse treatment. *Journal of Psychoactive Drugs, 33,* 13–21.

Marlatt, G. A., Larimer, M. E., Baer, J. S., & Quigley, L. A. (1993). Harm reduction for alcohol problems: Moving beyond the controlled drinking economy. *Behavior Therapy, 24,* 461–503.

Marlatt, G. A., & Witkiewitz, K. (2010). Update on harm reduction policy and intervention research. *Annual Review of Clinical Psychology, 6,* 591–606.

Marques, J. K., Wiederanders, M., Day, M., Nelson, C., & van Ommeren, A. (2005). Effects of a relapse prevention program on sexual recidivism: Final results from California's Sex Offender Treatment Evaluation Project (SOTEP). *Sex Abuse, 17,* 79–107.

Marshall, G. N., & Orlando, M. (2002). Acculturation and peritraumatic dissociation in young adult Latino survivors of community violence. *Journal of Abnormal Psychology, 111,* 166–174.

Marshall, T., Jones, D. P. H., Ramchandrani, P. G., Stein, A., & Bass, C. (2007). Intergenerational transmission of health beliefs in somatoform disorders. *British Journal of Psychiatry, 191,* 449–450.

Martin, A., & Rief, W. (2011). Relevance of cognitive and behavioral factors in medically unexplained syndromes and somatoform disorders. *Psychiatric Clinics of North America, 34,* 565–578.

Martin, C. S., & Bates, M. E. (1998). Psychological and psychiatric consequences of alcohol. In R. E. Tarter, R. T. Ammerman, & P. J. Ott (Eds.), *Handbook of substance abuse: Neurobehavioral pharmacology* (pp. 33–50). New York: Plenum Press.

Martins, C. M. S., de Carvalho Tofoli, S. M., Von Werne Baes, C., & Juruena, M. (2011). Analysis of the occurrence of early life stress in adult psychiatric patients: A systematic review. *Psychology & Neuroscience, 4*, 219–227.

Martínez-Taboas, A. (2005). Psychogenic Seizures in an Espiritismo Context: The Role of Culturally Sensitive Psychotherapy. *Psychotherapy: Theory, Research, Practice, Training, 42,* 6–13.

Martorana, A., Esposito, Z., & Koch, G. (2010). Beyond the cholinergic hypothesis: Do current drugs work in Alzheimer's disease? *CNS Neuroscience & Therapeutics, 16,* 235–245.

Masheb, R. M., Grilo, C. M., & White, M. A. (2011). An examination of eating patterns in community women with bulimia nervosa and binge eating disorder. *International Journal of Eating Disorders, 44,* 618–624.

Masten, A. S., & Powell, J. L. (2003). A resilience framework for research, policy, and practice. In S. E. Luthar (Ed.), *Resilience and vulnerability: Adaptation in the context of childhood adversities* (pp. 1–25). New York: Cambridge University Press.

Masters, W. H., & Johnson, V. E. (1970). *Human sexual inadequacy.* Boston: Little, Brown.

Masters, W. H., Johnson, V. E., & Kolodny, R. C. (1993). *Biological foundations of human sexuality.* New York: HarperCollins.

Mataix-Cols, D., Frost, R. O., Pertusa, A., Clark, L. A., Saxena, S., Leckman, J. F., Stein, D. J., Matsunaga, H., & Wilhelm, S. (2010). Hoarding disorder: A new diagnosis for *DSM-V*? *Depression and Anxiety, 27,* 556–572.

Matarazzo, J. D. (1985). Psychotherapy. In G. A. Kimble & K. Schlesinger (Eds.), *Topics in the history of psychology* (pp. 219–250). Hillsdale, NJ: Erlbaum.

Mathews, A., & MacLeod, C. (2005). Cognitive vulnerability to emotional disorders. *Annual Review of Clinical Psychology, 1,* 167–196.

Matson, J. L., & Neal, D. (2009). Psychotropic medication use for challenging behaviors in persons with intellectual disabilities: An overview. *Research in Developmental Disabilities, 30*, 572–586.

Matt, G. E., Vasquez, C., & Campbell, W. K. (1992). Mood-congruent recall of affectively toned stimuli: A meta-analytic review. *Clinical Psychology Review, 12,* 227–255.

Matthews, K. A., Owens, J. F., Kuller, L. H., Sutton-Tyrrell, K., & Jansen-McWilliams, L. (1998). Are hostility and anxiety associated with carotid atherosclerosis in healthy postmenopausal women? *Psychosomatic Medicine, 5,* 633–638.

Matthiasdottir, E., Jonsson, S. H., & Kristjansson, A. L. (2012). Body weight dissatisfaction in the Icelandic adult population: A normative discontent? *European Journal of Public Health, 22,* 116–121.

Mattick, R. P., Breen, C., Kimber, J., Davoli, M., & Breen, R. (2003). Methadone maintenance therapy versus no opioid replacement therapy for opioid dependence. *Cochrane Database of Systematic Reviews, 2,* CD002209.

Mattila, M.-L., Kielinen, M., Linna, S.-S., Jussila, K., Ebeling, H., Bloigu, R., Joseph, R. M., & Moilanen, I. (2011). Autism spectrum disorders according to *DSM-IV-TR* and comparison with *DSM-5* draft criteria: An epidemiological study. *Journal of the American Academy of Child and Adolescent Psychiatry, 50*, 583–592.

Maughan, B., Pickles, A., Rowe, R., Costello, E. J., & Angold, A. (2000). Developmental trajectories of aggressive and non-aggressive conduct problems. *Journal of Quantitative Criminology, 16,* 199–221.

Maughan, B., Rowe, R., Messer, J., Goodman, R., & Meltzer, H. (2004). Conduct disorder and oppositional defiant disorder in a national sample: Developmental epidemiology. *Journal of Child Psychology & Psychiatry, 45,* 609–621.

Mausbach, B. T., Coon, D. W., Depp, C., Rabinowitz, Y. G., Wilson-Arias, E., Kraemer, H. C., Thompson, L. W., Lane, G., & Gallagher-Thompson, D. (2004). Ethnicity and time to institutionalization of dementia patients: A comparison of Latina and Caucasian female family caregivers. *Journal of the American Geriatrics Society, 52,* 1077–1084.

Maxmen, J. S., & Ward, N. G. (1995). *Essential psychopathology and its treatment.* New York: W. W. Norton.

Mayberg, H. S., Lozano, A. M., Voon, V., et al. (2005). Deep brain stimulation for treatment-resistant depression. *Neuron, 45,* 651–660.

Mayou, R., Bryant, B., & Ehlers, A. (2001). Prediction of psychological outcomes one year after a motor vehicle accident. *American Journal of Psychiatry, 158,* 1231–1238.

Mays, V. M., Cochran, S. D., & Barnes, N. W. (2007). Race, race-based discrimination, and health outcomes among African Americans. *Annual Review of Psychology, 58,* 201–225.

Mazure, C. M. (1998). Life stressors as risk factors in depression. *Clinical Psychology: Science & Practice, 5,* 291–313.

Mazzeo, S. E., Trace, S. E., Mitchell, K. S., & Gow, R. S. (2007). Effects of a reality TV cosmetic surgery makeover program on eating disordered attitudes and behaviors. *Eating Behaviors, 8,* 390–397.

Mazzoni, G., & Loftus, E. F. (1998). Dream interpretations can change beliefs about the past. *Psychotherapy, 35,* 177–187.

McBurnett, K., & Starr, H. L. (2011). OROS methylphenidate hydrochloride for adult patients with attention deficit/hyperactivity disorder. *Expert Opinion on Pharmacotherapy, 12,* 315–324.

McCabe, R., Antony, M., Summerfeldt, L., Liss, A., & Swinson, R. (2003). Preliminary examination of the relationship between anxiety disorders in adults and self-reported history of teasing or bullying experiences. *Cognitive Behaviour Therapy, 32,* 187–193.

McCabe, S. E., Cranford, J. A., & West, B. T. (2008). Trends in prescription drug abuse and dependence, co-occurrence with other substance use disorders, and treatment utilization: Results from two national surveys. *Addictive Behaviors, 33,* 1297–1305.

McCaffery, J. M., Frasure-Smith, N., Dubé, M. P., Théroux, P., Rouleau, G. A., Duan, Q., & Lesperance, F. (2006). Common genetic vulnerability to depressive symptoms and coronary artery disease: A review and development of candidate genes related to inflammation and serotonin. *Psychosomatic Medicine, 68,* 187–200.

McCarthy, B., & Thestrup, M. (2008). Integrating sex therapy interventions with couple therapy. *Journal of Contemporary Psychotherapy, 38,* 139–149.

McCarthy, B. W. (1989). Cognitive-behavioral strategies and techniques in the treatment of early ejaculation. In S. R. Leiblum & R. C. Rosen (Eds.), *Principles and practice of sex therapy: Update for the 1990s* (pp. 141–167). New York: Guilford Press.

McCarthy, B. W. (1997). Strategies and techniques for revitalizing a nonsexual marriage. *Journal of Sex & Marital Therapy, 23,* 231–240.

McCarthy, B. W. (2001). Relapse prevention strategies and techniques with erectile dysfunction. *Journal of Sex & Marital Therapy, 27,* 1–8.

McCarthy, M. (1990). The thin ideal, depression and eating disorders in women. *Behaviour Research & Therapy, 28,* 205–215.

McCloskey, M. S., Noblett, K. L., Deffenbacher, J. L., Gollan, J. K., & Coccaro, E. F. (2008). Cognitive-behavioral therapy for intermittent explosive disorder: A pilot randomized clinical trial. *Journal of Consulting and Clinical Psychology, 76,* 876–886.

McConaghy, N. (1998). Paedophilia: A review of the evidence. *Australian & New Zealand Journal of Psychiatry, 32,* 252–265.

McCormick, M. C., McCarton, C., Brooks-Gunn, J., Belt, P., & Gross, R. T. (1998). The Infant Health and Development Program: Interim summary. *Developmental & Behavioral Pediatrics, 19,* 359–370.

McCrady, B. S. (2001). Alcohol use disorders. In D. H. Barlow (Ed.), *Clinical handbook of psychological disorders: A step-by-step treatment manual* (3rd ed., pp. 376–433). New York: Guilford Press.

McCrady, B. S., Epstein, E. E., Cook, S., Jensen, N., & Hildebrandt, T. (2009). A randomized trial of individual and couple behavioral alcohol treatment for women. *Journal of Consulting and Clinical Psychology, 77,* 243–256.

McCrae, R. R., & Costa, P. T. (2013). Introduction to the empirical and theoretical status of the five-factor model of personality traits. In T. A. Widiger & P. T. Costa (Ed.), *Personality disorders and the five-factor model of personality* (3rd ed.)(pp. 15–27). American Psychological Association: Washington, DC.

McCrae, R. R., & Costa, P. T. (1999). A five-factor theory of personality. In L. A. Pervin (Ed.), *Handbook of personality: Theory and research* (2nd ed., pp. 139–153). New York: Guilford Press.

McCrae, R. R., & Terracciano, A. (2005). Universal features of personality traits from the observer's perspective: Data from 50 cultures. *Journal of Personality and Social Psychology, 88,* 547–561.

McEwen, B. S. (2000). Allostasis and allostatic load: Implications for neuropsychopharmacology. *Neuropsychopharmacology, 22,* 108–124.

McFarlane, A. C., Barton, C. A., Yehuda, R., & Wittert, G. (2011). Cortisol response to acute trauma and risk of posttraumatic stress disorder. *Psychoneuroendocrinology, 36,* 720–727.

McGlashan, T. H. (1988). A selective review of recent North American long-term follow-up studies of schizophrenia. *Schizophrenia Bulletin, 14,* 515–542.

McGovern, C. M. (1985). *Masters of madness.* Hanover, NH: University Press of New England.

McGreevy, M. A., Steadman, H. J., & Callahan, L. A. (1991). The negligible effects of California's 1982 reform of the insanity defense test. *American Journal of Psychiatry, 148,* 744–750.

McGue, M., Iacono, W. G., Legrand, L. N., Malone, S., & Elkins, I. (2001). Origins and consequences of age at first drink: I. Associations with substance-use disorders, disinhibitory behavior and psychopathology, and P3 amplitude. *Alcoholism: Clinical & Experimental Research, 25,* 1156–1165.

McGuffin, P., Rijsdijk, F., Andrew, M., Sham, P., Katz, R., & Cardno, A. (2003). The heritability of bipolar affective disorder and the genetic relationship to unipolar depression. *Archives of General Psychiatry, 60,* 497–502.

McGurk, S. R., Mueser, K. T., Mischel, R., Adams, R., Harvey, P. D., McClure, M. M., Look, A. E., Leung, W. W., & Siever, L. J. (2013). Vocational functioning in schizotypal and paranoid personality disorders. *Psychiatry Research.*

McIntosh, J. L. (1995). Suicide prevention in the elderly (age 65–99). *Suicide & Life-Threatening Behaviors, 25,* 180–192.

McKinnon, D. H., McLeod, S., & Reilly, S. (2008). The prevalence of stuttering, voice, and speech-sound disorders in primary school students in Australia. *Language, Speech, and Hearing Services in Schools, 38,* 5–15.

McMahon, R. J., Wikiewtiz, K., Kotler, J. S., & Conduct Problem Prevention Research Group. (2010). Predictive validity of callous unemotional traits measured early in adolescence with respect to multiple antisocial outcomes. *Journal of Abnormal Psychology, 199,* 752–763.

McMillan, T. M., & Rachman, S. J. (1987). Fearlessness and courage: A laboratory study of paratrooper veterans of the Falklands War. *British Journal of Psychology, 78,* 375–383.

McNally, R. J. (1999). Anxiety sensitivity and information-processing biases for threat. In S. Taylor (Ed.), *Anxiety sensitivity: Theory, research, and treatment of the fear of anxiety* (pp. 183–197). Mahwah, NJ: Erlbaum.

McNally, R. J. (2003). Recovering memories of trauma: A view from the laboratory. *Current Directions in Psychological Science, 12,* 32–35.

McNally, R. J., Clancy, S. A., & Schacter, D. L. (2001). Directed forgetting of trauma cues in adults reporting repressed or recovered memories of childhood sexual abuse. *Journal of Abnormal Psychology, 110,* 151–156.

McNally, R. J., Clancy, S. A., Schacter, D. L., & Pitman, R. K. (2000a). Cognitive processing of trauma cues in adults reporting repressed, recovered, or continuous memories of childhood sexual abuse. *Journal of Abnormal Psychology, 109,* 355–359.

McNally, R. J., Clancy, S. A, Schacter, D. L., & Pitman, R. K. (2000b). Personality profiles, dissociation, and absorption in women reporting repressed, recovered, or continuous memories of childhood sexual abuse. *Journal of Consulting Clinical Psychology, 68,* 1033–1037.

McPartland, J., Reichow, B., & Volkmar, F. R. (2012). Sensitivity and specificity of proposed *DSM-5* diagnostic criteria for autism spectrum disorder. *Journal of the American Academy of Child & Adolescent Psychiatry, 51,* 368–383.

McPheeters, M. L., Warren, Z., Sathe, N., Bruzek, J. L., Krishhnaswami, S., Jerome, R. N., & Veenstra-VanderWeele, J. (2011). A systematic review of medical treatments for children with autism spectrum disorders. *Pediatrics, 127,* e1312–e1321.

McWilliams, N., & Weinberger, J. (2003). Psychodynamic psychotherapy. In G. Stricker & T. A. Widiger (Eds.), *Handbook of psychology: Clinical psychology* (Vol. 8, pp. 253–277). New York: Wiley.

Meaney, M. (2010). Epigenetics and the biological definition of gene x environment interactions, *Child Development, 81,* 41–79.

Mednick, B., Reznick, C., Hocevar, D., & Baker, R. (1987). Long-term effects of parental divorce on young adult male crime. *Journal of Youth & Adolescence, 16,* 31–45.

Mednick, S. A., Machon, R. A., Huttunen, M. O., & Bonett, D. (1988). Adult schizophrenia following prenatal exposure to an influenza epidemic. *Archives of General Psychiatry, 45,* 189–192.

Mednick, S. A., Watson, J. B., Huttunen, M., Cannon, T. D., Katila, H., Machon, R., Mednick, B., Hollister, M., Parnas, J., Schulsinger, F., Sajaniemi, N., Voldsgaard, P., Pyhala, R., Gutkind, D., & Wang, X. (1998). A two-hit working model of the etiology of schizophrenia. In M. F. Lenzenweger & R. H. Dworkin (Eds.), *Origins of the development of schizophrenia* (pp. 27–66). Washington, DC: American Psychological Association.

Menezes, N. M., Arenovich, T., & Zipursky, R. B. (2006). A systematic review of longitudinal outcomes studies of first-episode psychosis. *Psychological Medicine, 36,* 1349–1362.

Merikangas, K. R., Akiskal, H. S., Angst, J., Greenberg, P. E., Hirschfield, R. M. A., Petukhova, M., & Kessler, R. C. (2007). Lifetime and 12-month prevalence of bipolar spectrum disorder in the national comorbidity survey replication. *Archives of General Psychiatry, 64,* 543–552.

Merikangas, K. R., & Knight, E. (2009). Epidemiology of adolescent depression. In S. Nolen-Hoeksema & L. Hilt (Eds.), *Handbook of depression in adolescents* (pp. 53–74). New York: Routledge.

Merikangas, K. R., Jin, R., He, J.-P., Kessler, R. C., Lee, S., Sampson, N. A., Vianna, M. C., Andrade, L. H., Hu, C., Karam, E. G., Ladea, M., Medina-Mora, M. E., Ono, Y., Posada-Villa, J., Sagar, R., Wells, J. E., & Zarkov, Z. (2011). Prevalence and correlates of bipolar spectrum disorder in the

World Mental Health Survey Initiative. *Archive of General Psychiatry, 68*(3), 241–251.

Merikangas, K. R., Lieb, R., Wittchen, H.-U., & Avenevoli, S. (2003). Family and high-risk studies of social anxiety disorder. *Acta Psychiatrica Scandinavica, 108*(Suppl. 417), 28–37.

Merrick, E. L., Horgan, C. M., Hodgkin, D., Garnick, D. W., Houghton, S. F., Panas, L., Saitz, R., & Blow, F. C. (2008). Unhealthy drinking patterns in older adults: Prevalence and associated characteristics. *Journal of the American Geriatric Society, 56,* 214–223.

Merrill, L. L., Thomsen, C. J., Sinclair, B. B., Gold, S. R., & Milner, J. S. (2001). Predicting the impact of child sexual abuse on women: The role of abuse severity, parental support, and coping strategies. *Journal of Consulting & Clinical Psychology, 69,* 992–1006.

Messinger, J. W., Tremeau, F., Antonius, D., Mendelsohn, E., Prudent, V., Stanford, A. D., & Malaspina, D. (2011). Avolition and expressive deficits capture negative symptom phenomenology implication for *DSM-5* and schizophrenia research. *Clinical Psychology Review, 31,* 161–168.

Meston, C. M., & Bradford, A. (2007). Sexual dysfunctions in women. *Annual Review of Clinical Psychology, 3,* 233–256.

Meston, C. M., Seal, B. N., & Hamilton, L. D. (2008). Problems with arousal and orgasm in women. In D. L. Rowland & L. Incrocci (Eds.), *Handbook of sexual and gender identity disorders* (pp. 188–219). Hoboken, NJ: Wiley.

Meyer, I. H. (2003). Prejudice, social stress, and mental health in lesbian, gay, and bisexual populations: Conceptual issues and research evidence. *Psychological Bulletin, 129,* 674–697.

Meyer, R. G., & Weaver, C. M. (2006). *Law and mental health: A case-based approach.* New York: Guilford Press.

Micallef, J., & Blin, O. (2001). Neurobiology and clinical pharmacology of obsessive-compulsive disorder. *Clinical Neuropharmacology, 24,* 191–207.

Michael, R. T., Gagnon, J. H., Laumann, E., & Kolata, G. (1994). *Sex in America: A definitive survey.* Boston: Little, Brown.

Micheau, J., & Marighetto, A. (2011). Acetylcholine and memory: A long, complex and chaotic but still living relationship. *Behavioural Brain Research, 221,* 24–29.

Michelson, D. (2004, October 19). *Results from a double-blind study of atomoxetine, OROS methylphenidate, and placebo.* Presented at the 51st Annual Meeting of the American Academy of Child and Adolescent Psychiatry, Washington, DC.

Mick, E., & Faraone, S.V. (2008). Genetics of attention deficit hyperactivity disorder. *Child and Adolescent Psychiatric Clinics of North America, 17,* 261–284.

Mignot, E., Lammers, G. J., Ripley, B., Okun, M., Nevsimalova, S., Overeem, S., et al. (2002). The role of cerebrospinal fluid hypocretin measurement in the diagnosis of narcolepsy and other hypersomnias. *Archives of Neurology, 59,* 1553.

Miklowitz, D. J. (2010). *The bipolar disorder survival guide* (2nd ed.). New York: Guilford Press.

Miklowitz, D. J., George, E. L., Richards, J. A., Simoneau, T. L., & Suddath, R. L. (2003). A randomized study of family-focused psychoeducation and pharmacotherapy in the outpatient management of bipolar disorder. *Archives of General Psychiatry, 60,* 904–912.

Milad, M. R., & Rauch, S. L. (2012). Obsessive-compulsive disorder: Beyond segregated cortico-striatal pathways. *Trends in Cognitive Sciences, 16,* 43–51.

Miller, J. D., Campbell, W. K., & Pilkonis, P. A. (2007). Narcissistic Personality Disorder: *Relations with distress and functional impairment. Comprehensive Psychiatry, 48,* 170–177.

Milam, J. E., Richardson, J. L., Marks, G., Kemper, C. A., & McCutchan, A. J. (2004). The roles of dispositional optimism and pessimism in HIV disease progression. *Psychology & Health, 19,* 167–181.

Miller, J. M., Singer, H. S., Bridges, D. D., & Waranch, H. R. (2006). Behavioral therapy for treatment of stereotypic movements in nonautistic children. *Journal of Child Neurology, 21,* 19–25.

Miller, M., & Hemenway, D. (2008). Guns and suicide in the United States.

Miller, M., Ho, J., & Hinshaw, S. P. (2012). Executive functions in girls with ADHD followed prospectively into young adulthood. *Neuropsychology, 26,* 278–287.

Miller, T. Q., Smith, T. W., Turner, C. W., & Guijarro, M. L. (1996). Meta-analytic review of research on hostility and physical health. *Psychological Bulletin, 119,* 322–348.

Miller, W. R. (1983). Motivational interviewing with problem drinkers. *Behavioural Psychotherapy, 11,* 147–172.

Miller, W. R., & Rose, G. S. (2009). Toward a theory of motivational interviewing. *American Psychologist, 64,* 527–537.

Milliken, C. S., Auchterlonie, J. L., & Hoge, C. W. (2007). Longitudinal assessment of mental health problems among active and reserve component soldiers returning from the Iraq war. *Journal of the American Medical Association, 298,* 2141–2148.

Millon, T., Davis, R., Millon, C., Escovar, L., & Meagher, S. (2000). *Personality disorders in modern life.* New York: Wiley.

Mineka, S. (1985). Animal models of anxiety based disorders: Their usefulness and limitations. In A. H. Tuma & J. Maser (Eds.), *Anxiety and the anxiety disorders* (pp. 199–244). Hillsdale, NJ: Erlbaum.

Mineka, S., Davidson, M., Cook, M., & Keir, R. (1984). Observational conditioning of snake fear in rhesus monkeys. *Journal of Abnormal Psychology, 93,* 355–372.

Mineka, S., Gunnar, M., & Champoux, M. (1986). Control and early socioemotional development: Infant rhesus monkeys reared in controllable versus uncontrollable environments. *Child Development, 57,* 1241–1256.

Mineka, S., & Zinbarg, R. (2006). A contemporary learning theory perspective on the etiology of anxiety disorders: It's not what you thought it was. *American Psychologist, 61,* 10–26.

Minor, K. S., & Cohen, A. S. (2010). Affective reactivity of speech disturbances in schizotypy. *Journal of Psychiatric Research, 44,* 99–105.

Minuchin, S. (1981). *Family therapy techniques.* Cambridge, MA: Harvard University Press.

Minuchin, S., Rosman, B. L., & Baker, L. (1978). *Psychosomatic families: Anorexia nervosa in context.* Cambridge, MA: Harvard University Press.

Miranda, J., Bernal, G., Lau, A., Kohn, L., Hwang, W. C., & La Fromboise, T. (2005). State of the science on psychosocial interventions for ethnic minorities. *Annual Review of Clinical Psychology, 1,* 113–142.

Mirsalimi, H., Perleberg, S. H., Stovall, E. L., & Kaslow, N. J. (2003). Family psychotherapy. In G. Stricker & T. A. Widiger (Eds.), *Handbook of psychology: Clinical psychology* (Vol. 8, pp. 367–387). New York: Wiley.

Mirsky, A. E., Bieliauskas, L. A., French, L. M., Van Kammen, D. P., Joensson, E., & Sedvall, S. (2000). A 39-year follow-up on the Genain quadruplets. *Schizophrenia Bulletin, 26,* 699–708.

Mitler, M. M., & Miller, J. C. (1995). Some practical considerations and policy implications of studies and sleep patterns. *Behavioral Medicine, 21,* 184–185.

Mitropoulou, V., Barch, D., Harvey, P., Maldari, L., New, B., Cornblatt, B., & Siever, L. (2003). Two studies of attentional processing in schizotypal personality disorder. *Schizophrenia Research, 60,* S148.

Mittal, V. A., Willhite, R., Daley, M., Bearden, C. E., Niendam, T., Ellman, L. M., & Cannon, T. D. (2009). Obstetric complications and risk for conversion to psychosis among individuals at high clinical risk. *Early Intervention in Psychiatry, 3,* 226–230.

Moffitt, T. E. (1993). The neuropsychology of conduct disorder. *Development & Psychopathology, 5,* 135–151.

Moffitt, T. E. (2006). Life-course persistent versus adolescence-limited antisocial behavior. In D. Cicchetti & D. J. Cohen (Eds.), *Developmental psychopathology: Vol. 3. Risk, disorder, and adaptation* (2nd ed, pp. 570–598). New York: Wiley.

Moffitt, T. E., Arseneault, L., Jaffee, S. R., Kim-Cohen, J., Koenen, K. C., Odgers, C. L., Slutske, W. S., & Viding, E. (2008). Research review: *DSM-V* conduct disorder: Research needs for an evidence base. *Journal of Child Psychology and Psychiatry, 49*, 3–33.

Moffitt, T. E., & Caspi, A. (2001). Childhood predictors differentiate life-course persistent and adolescence-limited antisocial pathways among males and females. *Development & Psychopathology, 13,* 355–375.

Moffitt, T. E., Caspi, A., Rutter, M., & Silva, P. A. (2001). *Sex differences in antisocial behaviour: Conduct disorder, delinquency, and violence in the Dunedin Longitudinal Study.* Cambridge, UK: Cambridge University Press.

Moffitt, T. E., Brammer, G. L., Caspi, A., Fawcet, J. P., Raleigh, M., Yuwiler, A., & Silva, P. A. (1998). Whole blood serotonin relates to violence in an epidemiological study. *Biological Psychiatry, 43,* 446–457.

Moffitt, T. E., Caspi, A., Harrington, H., & Milne, B. J. (2002). Males on the life-course-persistent and adolescence-limited antisocial pathways: Follow-up at age 26 years. *Development and Psychopathology, 14*, 179–207.

Moffitt, T. E., Caspi, A., Taylor, A., Kokaua, J., Milne, B. J., Polanczyk, G., & Poulton, R. (2010). How common are common mental disorders? Evidence that lifetime prevalence rates are doubled by prospective versus retrospective ascertainment. *Psychological Medicine, 40,* 899–909.

Molina, B. S., Hinshaw, S. P., Swanson, J. M., Arnold, L. E., Vitiello, B., Jensen, P. S., Epstein, J. N., Hoza, B., Hechtman, L., Abikoff, H. B., Elliott, G. R., Greenhill, L. L., Newcorn, J. H., Wells, K. C., Wigal, T., Gibbons, R. D., Hur, K., & Houck, P. R. (2009). The MTA at 8 years: Prospective follow-up of children treated for combined-type ADHD in a multisite study. *Journal of the American Academy of Child and Adolescent Psychiatry, 48*, 484–500.

Molnar, B. E., Berkman, L. F., & Buka, S. L. (2001). Psychopathology, childhood sexual abuse and other childhood adversities: Relative links to subsequent suicidal behavior in the U.S. *Psychological Medicine, 31,* 965–977.

Monahan, J., Bonnie, R. J., Appelbaum, P. S., Hyde, P. S., Steadman, H. J., & Swartz, M. S. (2001). Mandated community treatment: Beyond outpatient commitment. *Psychiatric Services, 52,* 1198–1205.

Monahan, J., Redlich, A., Swanson, J., Robbins, P., Appelbaum, P., Petrila, J., Steadman, H., Swartz, M., Angell, B., & McNiel, D. (2005). Use of leverage to improve psychiatric treatment in the community. *Psychiatric Services, 56,* 37–44.

Monahan, J., & Walker, L. (1990). *Social science in law: Cases and materials.* Westbury, NY: Foundation Press.

Monroe, S. M. (2010). Recurrence in major depression: Assessing risk indicators in the context of risk estimates. In C. S. Richards & M. G. Perri (Eds.), *Relapse prevention for depression* (pp. 27–49). Washington, DC: American Psychological Association.

Montaldo, C. (2003). U.S. prisons: How crowded are they? Total population rising at alarming rates. http://crime.about.com/od/prison/a/bjs040720.htm

Mooney, M. E., & Hatsukami, D. K. (2001). Combined treatments for smoking cessation. In M. T. Sammons & N. B. Schmidt (Eds.), *Combined treatments for mental disorders* (pp. 191–213). Washington, DC: American Psychological Association.

Mora, G. (2008). Renaissance conceptions and treatments of madness. In E. Wallace, IV, & J. Gach (Eds.), *History of psychiatry and medical psychology: With an epilogue on psychiatry and the mind-body relation* (pp. 199–226). New York: Springer Science.

Morey, L. C, Alexander, G. M, & Boggs, C. (2005). In J. M. Oldham, A. E. Skodol, & D. S. Bender (Eds.), *The American Psychiatric Publishing textbook of personality disorders* (pp. 541–559). Washington, DC: American Psychiatric Publishing.

Morey, L. C., Berghuis, H., Bender, D. S., Verheul, R., Krueger, R. F., & Skodol, A. E. (2011). Toward a model for assessing level of personality functioning in *DSM-5*, Part II: Empirical articulation of a core dimension of personality pathology. *Journal of Personality Assessment, 93,* 347–353.

Morey, L. C., Hopwood, C. J., Gunderson, J. G., Skodol, A. E., Shea, M. T., Yen, S., Stout, R. L., Zanarini, M. C., Grilo, C. M., Sanislow, C. A., & McGlashan, T. H. (2007). Comparison of alternative models for personality disorders. *Psychological Medicine, 37,* 983–994.

Morgan, A. B., & Lilienfeld, S. O. (2000). A meta-analytic review of the relation between antisocial behavior and neuropsychological measures of executive function. *Clinical Psychological Review, 20,* 113–136.

Morgan, C. A., Hazlett, G., Wang, S., Richardson, E. G., Jr., Schnurr, P., & Southwick, S. M. (2001). Symptoms of dissociation in humans experiencing acute, uncontrollable stress: A prospective investigation. *American Journal of Psychiatry, 158,* 1239–1247.

Morgan, J. F. (2012). Male eating disorders. In J. Alexander & J. Treasure (Eds.), *A collaborative approach to eating disorders* (pp. 272–278). New York: Routledge/Taylor & Francis Group.

Morgenthaler, T., Alessi, C., Friedman, L., Owens, J., Kapur, V., Boehlecke, B., Brown, T., Chesson, A., Coleman, J., Lee-Chiong, T., Pancer, J., & Swick, T. J. (2007). Practice parameters for the use of actigraphy in the assessment of sleep and sleep disorders: An update for 2007. *Sleep, 30,* 519–529.

Morin, C. M., Bootzin, R., Buysse, D., Edinger, J. D., Espie, C. A., & Lichstein, K. L. (2006). Psychological and behavioral treatment of insomnia: Update of the recent evidence (1998–2004). *Sleep, 29,* 1398–1414.

Morris, M. E., Kathawala, Q., Leen, T. K., Gorenstein, E. E., Guilak, F., Labhard, M., & Deleeuw, W. (2010). Mobile therapy: Case study evaluations of a cell phone application for emotional self-awareness. *Journal of Medical Internet Research, 12,* e10.

Morrison, A. S., & Heimberg, R. G. (2013). Social anxiety and social anxiety disorder. *Annual Review of Clinical Psychology, 9,* 249–274.

Morrison, N. K. (1998). Behavioral pharmacology of hallucinogens. In R. E. Tarter (Ed.), *Handbook of substance abuse: Neurobehavioral pharmacology* (pp. 229–240). New York: Plenum Press.

Mortensen, P. B. (2003). Mortality and physical illness in schizophrenia. In R. M. Murray & P. B. Jones (Eds.), *The epidemiology of schizophrenia* (pp. 275–287). New York: Cambridge University Press.

Moser, C. (2009). When is an unusual sexual interest a mental disorder? *Archives of Sexual Behavior, 38,* 323–325.

Moser, C. (2011). Hypersexual disorder: Just more muddled thinking. *Archives of Sexual Behavior, 40*, 227–229, author reply 231–232.

Mowrer, O. H. (1939). A stimulus-response analysis of anxiety and its role as a reinforcing agent. *Psychological Review, 46,* 553–566.

Mueser, K. T., Deavers, F., Penn, D. L., & Cassisi, J. E. (2013). Psychosocial treatments for schizophrenia. *Annual Review of Clinical Psychology, 9,* 465–497.

Mueser, K. T., & Jeste, D. V. (Eds.). (2008). *Clinical handbook of schizophrenia*. New York: Guilford Press.

Mueser, K. T., & McGurk, S. R. (2004). Schizophrenia. *Lancet, 363,* 2063–2072.

Mugavero, M. J,. Pence, B. W., Whetten, K., Leserman, J., Swartz, M., Stangl, D., & Thielman, N. M. (2007). Predictors of

AIDS-related morbidity and mortality in a southern U.S. cohort. *AIDS Patient Care STDs, 21,* 681–690.

Mulvey, E. P. (1995). Personal communication.

Mundo, E., Zanoni, S., & Altamura, A. C. (2006). Genetic issues in obsessive-compulsive disorder and related disorders. *Psychiatric Annals, 36,* 495–512.

Munoz, R. F., Cuijpers, P., Smit, F., Barrera, A., & Leykin, Y. (2010). Prevention of onset and recurrence of major depression. *Annual Review of Clinical Psychology, 6,* 181–212.

Munoz, R. F., Le, H. N., Clarke, G., & Jaycox, L. (2002). Preventing the onset of major depression. In I. H. Gotlib & C. L. Hammen (Eds.), *Handbook of depression* (pp. 343–359). New York: Guilford Press.

Muñoz, R. F., Lenert, L. L., Delucchi, K., Stoddard, J., Perez, J. E., Penilla, C., & Pérez-Stable, E. J. (2006). Toward evidence-based Internet interventions: A Spanish/English Web site for international smoking cessation trials. *Nicotine & Tobacco Research, 8,* 77–87.

Munro, A. (1999). *Delusional disorder: Paranoia and related illnesses*. New York: Cambridge University Press.

Munsch, S., Meyer, A. H., Quartier, V., & Wilhelm, F. H. (2012). Binge eating in binge eating disorder: A breakdown of emotion regulatory process? *Psychiatry Research, 195,* 118–124.

Murad, M. H., Elamin, M. B., Garcia, M. Z., Mullan, R. J., Murad, A., Erwin, P. J., & Montori, V. M. (2010). Hormonal therapy and sex reassignment: A systematic review and meta-analysis of quality of life and psychosocial outcomes. *Clinical Endocrinology (Oxf), 72,* 214–231.

Murberg, T. A., Furze, G., & Bru, E. (2004). Avoidance coping styles predict mortality among patients with congestive heart failure: A 6-year follow-up study. *Personality and Individual Differences, 36,* 757–766.

Murphy, J. M. (1976). Psychiatric labeling in cross-cultural perspective. *Science, 191,* 1019–1028.

Murphy, W. D., and Page, I. J. (2008). Exhibitionism: Psychopathology and theory. In D. R. Laws & W. T. O'Donohue (Eds.), *Sexual deviance: Theory, assessment, and treatment* (pp. 61–76). New York: Guilford Press.

Murray, H. A. (1943). *Thematic apperception test manual.* Cambridge, MA: Harvard University Press.

Myrseth, H., & Pallesen, S. (2010). Pharmacological treatments of impulse control disorders. In M. Hertzman & L. Adler (Eds.), *Clinical trials in psychopharmacology: A better brain* (2nd ed., pp. 289–308). Hoboken, NJ: Wiley-Blackwell.

Myrtek, M. (2007). Type A behavior and hostility as independent risk factors for coronary heart disease. In J. Jordan, B. Barden, & A. M. Zeiher (Eds.), *Contributions toward evidence-based psychocardiology: A systematic review of the literature* (pp. 159–183). Washington, DC: American Psychological Association.

N

Naimi, T. S., Brown, D. W., Brewer, R. D, Giles, W. H., Mensah, G., Serdula, M. K., Mokdad, A. H., Hungerford, D. W., Lando, J., Naimi, S., & Stroup, D. F. (2005). Cardiovascular risk factors and confounders among nondrinking and moderate-drinking U.S. adults. *American Journal of Prevention Medicine, 28,* 369–373.

Narrow, W. E., Regier, D. A., Rae, D., Manderscheid, R. W., & Locke, B. Z. (1993). Use of services by persons with mental and addictive disorders. *Archives of General Psychiatry, 50,* 95–107.

Nasar, S. (1998). *A beautiful mind.* New York: Simon & Schuster.

Nath, A., Schless, N., Venkatesan, A., Rumbaugh, J., Sacktor, N., & McArthur, J. (2008). Evolution of HIV dementia with HIV infection. *International Review of Psychiatry, 20,* 25–31.

National Insitute of Mental Health (NIMH). (2008). *Schizophrenia: Causes, symptoms, signs, diagnosis and treatments* (Kindle Edition). Washington, DC: Author.

National Institute on Drug Abuse (NIDA). (2002a). Methamphetamine: Abuse and addiction. http://www.drugabuse.gov/Research Reports/Methamph/methamph2.html (accessed February 1, 2003)

National Institute on Drug Abuse (NIDA). (2002b). Nicotine addiction. http://www.drugabuse.gov/ResearchReports/Nicotine/nicotine2.html (accessed February 1, 2003)

National Institute on Drug Abuse (NIDA). (2008a). InfoFacts: Club drugs (GHB, ketamine, and rohypnol). http://www.drugabuse.gov/pdf/infofacts/ClubDrugs08.pdf (accessed March 5, 2009)

National Institute on Drug Abuse. (2008b). Trends in prescription drug abuse. http://www.drugabuse.gov/ResearchReports/Prescription/prescription5.html (accessed December 17, 2008)

National Institute on Drug Abuse (NIDA). (2009). Research report: MDMA (ecstasy). http://www.drugabuse.gov/PDF/RRmdma.pdf (accessed March 5, 2009)

National Sleep Foundation. (2009). *2009 Sleep in America poll.* Washington, DC: Author.

Neal, J. A., & Edelmann, R. J. (2003). The etiology of social phobia: Toward a developmental profile. *Clinical Psychology Review, 23,* 761–786.

Neighbors, H. W. (1984). Professional help use among black Americans: Implications for unmet need. *American Journal of Community Psychology, 12,* 551–566.

Neighbors, H. W., Trierweiler, S. J., Ford, B. C., & Muroff, J. R. (2003). Racial differences in *DSM* diagnosis using a semi-structured instrument: The importance of clinical judgment in the diagnosis of African Americans. *Journal of Health & Social Behavior, 43,* 237–256.

Neighbors, H. W., Williams, D. H., Gunnings, T. S., Lipscomb, W. D., Broman, C., & Lepkowski, J. (1987). *The prevalence of mental disorder in Michigan prisons: Final report.* Ann Arbor: Michigan Department of Corrections, University of Michigan, School of Public Health, Department of Community Health Programs, Community Mental Health Program.

Neighbors, L. A., & Sobal, J. (2007). Prevalence and magnitude of body weight and shape dissatisfaction among university students. *Eating Behaviors, 9,* 429–439.

Nelson, B., & Yung, A. (2008). Treatment of the schizophrenia prodrome. In K. T. Mueser & D. V. Jeste (Eds.), *Clinical handbook of schizophrenia* (pp. 380–389). New York: Guilford Press.

Nemeroff, C. B. (2000). An ever-increasing pharmacopoeia for the management of patients with bipolar disorder. *Journal of Clinical Psychiatry, 61*(Suppl. 13), 19–25.

Nemeroff, C. B. (2004). Neurobiological consequences of childhood trauma. *Journal of Clinical Psychiatry, 65*(Suppl. 1), 18–28.

Nemeroff, C. B., Kalali, A., Keller, M. B., Charney, D. S., Lendarts, S. E., Cascade, E. F., et al. (2007). Impact of publicity concerning pediatric suicidality data on physician practice patterns in the United States. *Archives ofGeneral Psychiatry, 64,* 466–472.

Nemeroff, C. J., Stein, R. I., Diehl, N. S., & Smilack, K. M. (1994). From the Cleavers to the Clintons: Role choices and body orientation as reflected in magazine article content. *International Journal of Eating Disorders, 16,* 167–176.

Nemoda, Z., Szekely, A., & Sasvari-Szekely, M. (2011). Psychopathological aspects of dopaminergic gene polymorphisms in adolescence and young adulthood. *Neuroscience & Biobehavioral Reviews, 35,* 1665–1686.

Neugebauer, R. (1979). Medieval and early modern theories of mental illness. *Archives of General Psychiatry, 36,* 477–483.

Newhill, C. E., Mulvey, E. P., & Lidz, C. W. (1995). Characteristics of violence in the community by female patients seen in a psychiatric emergency service. *Psychiatric Services, 46,* 785–789.

Newman, M. G., & Llera, S. J. (2011). A novel theory of experiential avoidance in generalized anxiety disorder: A review and synthesis of research supporting a contrast avoidance model of worry. *Clinical Psychology Review, 31,* 371–382.

Newman, M. G., Castonguay, L. G., Borkovec, T. D., Fisher, A. J., Boswell, J. F., Szkodny, L. E., & Nordberg, S. S. (2011). A randomized controlled trial of cognitive-behavioral therapy for generalized anxiety disorder with integrated techniques from emotion-focused and interpersonal therapies. *Journal of Consulting and Clinical Psychology, 79,* 171–181.

Newman, M. G., Llera, S. J., Erickson, T. M., Przeworski, A., & Castonguay, L. G. (2013). Worry and generalized anxiety disorder: A review and theoretical synthesis of research on its nature, etiology, mechanisms, and treatment. *Annual Review of Clinical Psychology, 9,* 275–297.

Newring, K. A. B., Wheeler, J., & Draper C. (2008). Transvestic fetishism: Assessment and treatment. In D. R. Laws & W. T. O'Donohue (Eds.), *Sexual deviance: Theory, assessment, and treatment* (pp. 285–304). New York: Guilford Press.

Neylan, T. C., Reynolds, C. F., III, & Kupfer, D. J. (2007). Sleep disorders. In J. A. Bourgeois, R. E. Hales, & S. C. Yudofsky (Eds.), *The American Psychiatric Publishing Board prep and review guide for psychiatry* (pp. 275–280). Arlington, VA: American Psychiatric Publishing.

Nigg, J. T. (2006). Temperament and developmental psychopathology. *Journal of Child Psychology and Psychiatry, 47,* 395–422.

Nigg, J. T., & Huang-Pollock, C. L. (2003). An early onset model of the role of executive functions and intelligence in CD. In B. B. Lahey, T. E. Moffitt, & A. Caspi (Eds.), *Causes of conduct disorder and juvenile delinquency* (pp. 227–253). New York: Guilford Press.

Nigg, J. T., Lewis, K., Edinger, T., & Falk, M. (2012). Meta-analysis of attention-deficit/hyperactivity disorder or attention-deficit/hyperactivity disorder symptoms, restriction diet, and synthetic food color additives. *Journal of the American Academy of Child and Adolescent Psychiatry, 51,* 86–97.

Nikolas, M. A., & Burt, S. A. (2010). Genetic and environmental influences on ADHD symptom dimensions of inattention and hyperactivity: A meta-analysis. *Journal of Abnormal Psychology, 119,* 1–17.

Nishino, S., Sakurai, E., Nevsimalova, S., Yoshida, Y., Watanabe, T., Yanai, K., & Mignot, E. (2009). Decreased CSF histamine in narcolepsy with and without low CSF hypocretin-1 in comparison to healthy controls. *Sleep, 32,* 175–180.

Nobre, P. J., & Pinto-Gouveia, J. (2006). Dysfunctional sexual beliefs as vulnerability factors for sexual dysfunction. *Journal of Sex Research, 43,* 68–75.

Nock, M. (2010). Self-injury. *Annual Review of Clinical Psychology, 6,* 339–363.

Nock, M. K., Borges, G., Bromet, E. J., Alonso, J., Angermeyer, M., Beautrais, A., Bruffaerts, R., Chiu, W. T., de Girolamo, G., Gluzman, S., de Graaf, R., Gureje, O., Haro, J. M., Huang, Y., Karam, E., Kessler, R. C., Lepine, J. P., Levinson, D., Medina-Mora, M. E., Ono, Y., Posada-Villa, J., & Williams, D. (2008). Cross-national prevalence and risk factors for suicidal ideation, plans and attempts. *British Journal of Psychiatry, 192,* 98–105.

Nock, M. K., & Kazdin, A. E. (2001). Parent expectancies for child therapy: Assessment and relation to participant in treatment. *Journal of Child & Family Studies, 10,* 155–180.

Nock, M. K., & Kessler, R. C. (2006). Prevalence of and risk factors for suicide attempts versus suicide gestures: Analysis of the national comorbidity survey. *Journal of Abnormal Psychology, 115,* 616–623.

Nock, M. K., & Prinstein, M. J. (2004). A functional approach to the assessment of self-mutilative behavior. *Journal of Consulting and Clinical Psychology, 72,* 885–890.

Nolen-Hoeksema, S. (1990). *Sex differences in depression.* Stanford, CA: Stanford University Press.

Nolen-Hoeksema, S. (2004). Gender differences in risk factors and consequences for alcohol use and problems. *Clinical Psychology Review, 24,* 981–1010.

Nolen-Hoeksema, S., & Harrell, Z. A. T. (2002). Rumination, depression, and alcohol use: Tests of gender differences. *Journal of Cognitive Psychotherapy: An International Quarterly, 16,* 391–404.

Nolen-Hoeksema, S., & Hilt, L. M. (2013). *Handbook of depression in adolescents.* London: Routledge.

Nolen-Hoeksema, S., & Rusting, C. (1999). Gender differences in well-being. In D. Kahneman, E. Diener, & N. Schwarz (Eds.), *Foundations of hedonic psychology: Scientific perspectives on enjoyment and suffering* (pp. 330–352). New York: Russell Sage Foundation.

Nolen-Hoeksema, S., & Watkins, E. R. (2011). A heuristic for developing transdiagnostic models of psychopathology: Explaining multifinality and divergent trajectories. *Perspectives on Psychological Science, 6,* 589–609.

Nolen-Hoeksema, S., Wisco, B. E., & Lyubomirsky, S. (2008). Rethinking rumination. *Perspectives on Psychological Science, 3,* 400–424.

Norcross, J. C. (2002). Empirically supported therapy relationships. In J. C. Norcross (Ed.), *Psychotherapy relationships that work: Therapist contributions and responsiveness to patients* (pp. 3–16). London: Oxford University Press.

Nordin, V., & Gillberg, C. (1998). The long-term course of autistic disorders: Update on follow-up studies. *Acta Psychiatrica Scandinavica, 97,* 99–108.

Norman, R. M., & Malla, A. K. (1993). Stressful life events and schizophrenia: II. Conceptual and methodological issues. *British Journal of Psychiatry, 162,* 166–174.

Novak, N. L., & Brownell, K. D. (2011). Obesity: A public health approach. *Psychiatric Clinics of North America, 34,* 895–909.

Nowell, P. D., Buysse, D. J., Morin, C. M., Reynolds, III, C. F., & Kuper, D. J. (1998). Effective treatments for selected sleep disorders. In P. E. Nathan (Ed.), *A guide to treatments that work* (pp. 531–543). New York: Oxford University Press.

Noyes, R., Langbehn, D. R., Happel, R. L., Stout, L. R., Muller, B. A., & Longley, S. L. (2001). Personality dysfunction among somatizing patients. *Psychosomatics, 42,* 320–329.

Ntais, C., Pakos, E., Kyzas, P., & Ioannidis, J. P. A. (2005). Benzodiazepines for alcohol withdrawal. *Cochrane Database of Systematic Reviews, 3,* CD005063.

Nunes, E. V., & Levin, F. R. (2004). Treatment of depression in patients with alcohol or other drug dependence: A meta-analysis. *Journal of the American Medical Association, 291,* 1887–1896.

Nurnberg, H. G., Hensley, P. L., Heiman, J. R., Croft, H. A., DeBattista, C., & Paine, S. (2008). Sildenafil treatment of women with antidepressant-associated sexual dysfunction: A randomized controlled trial. *Journal of the American Medical Association, 300,* 395–404.

Nusslock, R., Abramson, L. Y., Harmon-Jones, E., Alloy, L. B., & Hogan, M. E. (2007). A goal-striving life event and the onset of bipolar episodes: Perspective from the behavioral approach system (BAS) dysregulation theory. *Journal of Abnormal Psychology, 116,* 105–115.

O

O'Connor v. Donaldson. (1975). 422 U.S. 563.

O'Connor, K., Hallam, R., & Rachman, S. (1985). Fearlessness and courage: A replication experiment. *British Journal of Psychology, 76,* 187–197.

Odgers, C. L., Milne, B., Caspi, A., Crump, R., Poulton, R., & Moffitt, T. E. (2007). Predicting prognosis for the conduct-problem boy: Can family history help? *Journal of the American Academy of Child and Adolescent Psychiatry, 46,* 1240–1249.

O'Donnell, L., O'Donnell, C., Wardlaw, D. M., & Stueve, A. (2004). Risk and resiliency factors influencing suicidality among urban African American and Latino youth. *American Journal of Community Psychology, 33,* 37–49.

O'Hara, M. W., & McCabe, J. E. (2013). Postpartum depression: Current status and future directions. *Annual Review of Clinical Psychology, 9,* 379–407.

Odgers, C. L., Moffitt, T. E., Broadbent, J. M., Dickson, N., Hancox, R. J., Harrington, H., Poulton, R., Sears, M. R., Thomson, W. M., & Caspi, A. (2008). Female and male antisocial trajectories: From childhood origins to adult outcomes. *Development and Psychopathology, 20,* 673–716.

Ogden, C. L., Carroll, M. D., Kit, B. K., & Flegal, K. M. (2012). Prevalence of obesity in the United States, 2009–2010. National Center for Health Statistics, *Data Brief, 82,* 1–7.

Ogden, C. L., Flegal, K. M., Carroll, M. D., & Johnson, C. L. (2002). Prevalence and trends in overweight among US children and adolescents, 1999–2000. *Journal of the American Medical Association, 288,* 1728–1732.

Ohayon, M. M. (2012). Determining the level of sleepiness in the American population and its correlates. *Journal of Psychiatric Research, 46,* 422–427.

Ohayon, M. M., Dauvilliers, Y., & Reynolds, C. F. (2012). Operational definitions and algorithms for excessive sleepiness in the general population: Implications for *DSM-5* nosology. *Archives of General Psychiatry, 69,* 71–79.

Ohayon, M. M., Guilleminault, C., & Chokroverty, S. (2010). Sleep epidemiology 30 years later: Where are we? *Sleep Medicine, 11,* 961–962.

Ohayon, M. M., Smolensky, M. H., & Roth, T. (2010). Consequences of shift working on sleep duration, sleepiness, and sleep attacks. *Chronobiology International, 27,* 575–589.

Ohi, K., Hashimoto, R., Nakazawa, T., Okada, T., Yasuda, Y., Yamamori, H., Fukumoto, M., Umeda-Yano, S., Iwase, M., Kazui, H., Yamamoto, T., Kano, M., & Takeda, M. (2012). The p250GAP gene is associated with risk for schizophrenia and schizotypal personality traits. *PLoS ONE, 7*(4), e35696.

Ohman, A., Fredrikson, M., Hugdahl, K., & Rimmo, P. (1976). The premise of equipotentiality in human classical conditioning: Conditioned electrodermal responses to potentially phobic stimuli. *Journal of Experimental Psychology: General, 105,* 313–337.

Okazaki, S., & Sue, S. (2003). Methodological issues in assessment research with ethnic minorities. In A. E. Kazdin (Ed.), *Methodological issues & strategies in clinical research* (3rd ed., pp. 349–367). Washington, DC: American Psychological Association.

O'Leary, A., Jemmott, L. S., & Jemmott, J. B., III. (2008). Mediation analysis of an effective sexual risk-reduction intervention for women: The importance of self-efficacy. *Health Psychology, 27,* S180–S184.

Olin, S. S., Raine, A., Cannon, T. D., Parnas, J., Schulsinger, F., & Mednick, S. A. (1999). Childhood behavior precursors of schizotypal personality disorder. *Schizophrenia Bulletin, 23,* 93–103.

Olmsted, M. P., McFarlane, T. L., Carter, J. C., Trottier, K., Woodside, D. B., & Dimitro-poulos, G. (2010). Inpatient and day hospital treatment for anorexia nervosa. In C. M. Grilo & J. E. Mitchell (Eds.), *The treatment of eating disorders: A clinical handbook* (pp. 198–211). New York: Guilford Press.

Olson, H. C., Feldman, J. J., Streissguth, A. P., Sampson, P. D., & Boostein, F. L. (1998). Neuropsychological deficits in adolescents with fetal alcohol syndrome: Clinical findings. *Alcoholism: Clinical & Experimental Research, 22,* 1998–2012.

Olweus, D. (2011). Bullying at school and later criminality: Findings from three Swedish community samples of males. *Criminal Behavior and Mental Health, 21,* 151–156.

O'Malley, S. S., & Kosten, T. R. (2006). Pharmacotherapy of addictive disorders. In W. R. Miller & K. M. Carroll (Eds.), *Rethinking substance abuse: What the science shows and what we should do about it* (pp. 240–256). New York: Guilford Press.

Oquendo, M. A., Ellis, S. P., Greenwald, S., Malone, K. M., Weissman, M. M., & Mann, J. J. (2001). Ethnic and sex differences in suicide rates relative to major depression in the United States. *American Journal of Psychiatry, 158,* 1652–1658.

Ortiz, J., & Raine, A. (2004). Heart rate and antisocial behavior in children and adolescents: A meta-analysis. *Journal of the American Academy of Child and Adolescent Psychiatry, 43,* 154–162.

Osher, F. C., & Steadman, H. J. (2007). Adapting evidence-based practices for persons with mental illness involved with the criminal justice system. *Psychiatric Services, 58,* 1472–1478.

Ost, J., Granhag, P. A., Udell, J., Roos, A. F., & Hjelmsäter, E. (2008). Familiarity breeds distortion: The effects of media exposure on false reports concerning media coverage of the terrorist attacks in London on 7 July 2005. *Memory, 16,* 76–85.

Öst, L. S., & Sterner, U. (1987). Applied tension: A specific behavioral method for treatment of blood phobia. *Behaviour Research & Therapy, 25,* 25–29.

Overmier, J. B., & Seligman, M. E. (1967). Effects of inescapable shock upon subsequent escape and avoidance responding. *Journal of Comparative & Physiological Psychology, 63,* 28–33.

P

Padgett, D. K., & Henwood, B. F. (2011). Moving into the fourth decade of ACT. *Psychiatric Services, 62,* 605.

Pakenham, K. I., Chiu, J., Bursnall, S., & Cannon, T. (2007). Relations between social support, appraisal and coping and both positive and negative outcomes in young caregivers. *Journal of Health Psychology, 12,* 89–102.

Pallesen, S., Mitsem, M., Kvale, G., Johnsen, B.-H., & Molde, H. (2005). Outcome of psychological treatments of pathological gambling: A review and meta-analysis. *Addiction, 100,* 1412–1422.

Panagopoulou, E., Maes, S., Rime, B., & Montgomery, A. (2006). Social sharing of emotion in anticipation of cardiac surgery—effects on preoperative distress. *Journal of Health Psychology, 11,* 809–820.

Pappadopulos, E., Woolston, S., Chait, A., Perkins, M., Connor, D. F., & Jensen, P. S. (2006). Pharmacotherapy of aggression in children and adolescents: Efficacy and effect size. *Journal of the Canadian Academy of Child and Adolescent Psychiatry, 15,* 27–39.

Paris, J. (1998). *Working with traits: psychotherapy of personality disorders.* Northvale, NJ: Jason Aronson.

Paris, J. (2008). *Treatment of borderline personality disorder: A guide to evidence-based practice.* New York: Guilford Press.

Park, D. C., & Reuter-Lorenz, P. (2009). The adaptive brain: Aging and neurocognitive scaffolding. *Annual Review of Psychology, 60,* 173–196.

Parker, G., Johnston, P., & Hayward, L. (1988). Parental "expressed emotion" as a predictor of schizophrenic relapse. *Archives of General Psychiatry, 45,* 806–813.

Parks, G. A., Anderson, B. K., & Marlatt, G. A. (2001). Relapse prevention therapy. In N. Heather, T. J. Peters, & T. Stockwell (Eds.), *International handbook of alcohol dependence and problems* (pp. 575–592). New York: Wiley.

Patrick, D. L., Althof, S. E., Pryor, J. L., Rosen, R.,Rowland, D. L., Ho, K. F., McNulty, P., Rothman, M., & Jamieson, C. (2005). Premature ejaculation: An observational study of men and their partners. *Journal of Sexual Medicine, 2,* 358–367.

Paul, L. A., Grubaugh, A. L., Frueh, B. C., Ellis, C., & Egede, L. E. (2011). Associations between binge and heavy drinking and health behaviors in a nationally representative sample. *Addictive Behaviors, 36,* 1240–1245.

Pauls, D. A., Morton, L. A., & Egeland, J. A. (1992). Risks of affective illness among first-degree relatives of bipolar I old-order Amish probands. *Archives of General Psychiatry, 49,* 703–708.

Pearl, R. L., Puhl, R. M., & Brownell, K. D. (2012). Positive media portrayals of obese persons: Impact on attitudes and image preferences. *Health Psychology, 31*, 821–829.

Peat, C., Mitchell, J. E., Hoek, H. W., & Wonderlich, S. A. (2009). Validity and utility of subtyping anorexia nervosa. *International Journal of Eating Disorders, 42,* 590–594.

Pennebaker, J. W. (2007). Current issues and new directions in psychology and health: Listening to what people say—the value of narrative and computational linguistics in health psychology. *Psychology & Health, 22,* 631–635.

Pennebaker, J. W., Kiecolt-Glaser, J. K., & Glaser, R. (1988). Disclosure of traumas and immune function: Health implications for psychotherapy. *Journal of Consulting and Clinical Psychology, 56,* 239–245.

Perelman, M. A., & Rowland, D. L. (2008). Retarded and inhibited ejaculation. In D. L. Rowland & L. Incrocci (Eds.), *Handbook of sexual and gender identity disorders* (pp. 100–121). Hoboken, NJ: Wiley.

Perneczky, R., Alexopoulos, P., Wagenpfeil, S., & Kurz, A. (2012). Head circumference, apolipoprotein E genotype and cognition in the Bavarian School Sisters study. *European Psychiatry, 27,* 219–222.

Perneczky, R., Drzezga, A., Diehl-Schmid, J., Li, Y., & Kurz, A. (2007). Gender differences in brain reserve: An (18)F-FDG PET study in Alzheimer's disease. *Journal of Neurology, 254*, 1395–1400.

Pescosolido, B. A., Fettes, D. L., Martin, J. K., Monahan, J., & McLeod, J. D. (2007). Perceived dangerousness of children with mental health problems and support for coerced treatment. *Psychiatric Services, 58,* 619–625.

Peterson, C., & Seligman, M. E. (1984). Causal explanations as a risk factor for depression: Theory and evidence. *Psychological Review, 91,* 347–374.

Peterson, C., Seligman, M. E., & Vaillant, G. E. (1988). Pessimistic explanatory style is a risk factor for physical illness: A thirty-five-year longitudinal study. *Journal of Personality & Social Psychology, 55,* 23–27.

Peterson, C., Seligman, M. E. P., Yurko, K. H., Martin, L. R., & Friedman, H. S. (1998). Catastrophizing and untimely death. *Psychological Science, 9,* 127–130.

Petronis, A., Gottesman, I. I., Kan, P., Kennedy, J. L., Basile, V. S., Paterson, A. D., & Popendikyte, V. (2003). Monozygotic twins exhibit numerous epigenetic differences: Clues to twin discordance? *Schizophrenia Bulletin, 29,* 168–178.

Pettit, G. S., Dodge, K. A., & Brown, M. M. (1988). Early family experience, social problem solving patterns, and children's social competence. *Child Development,* 59, 107–120.

Pharoah, F., Mari, J., Rathbone, J., & Wong, W. (2006). Family intervention for schizophrenia. *Cochrane Database of Systematic Reviews, 4,* CD000088.

Phillips, D. P., & Brewer, K. M. (2011). The relationship between serious injury and blood alcohol concentration (BAC) in fatal motor vehicle accidents: BAC 5 0.01% is associated with significantly more dangerous accidents than BAC 5 0.00%. *Addiction, 106*, 1614–1622.

Phillips, K. A. (2001). *Somatoform and factitious disorders.* Washington, DC: American Psychiatric Association.

Phillips, K. A., & Diaz, S. F. (1997). Gender differences in body dysmorphic disorder. *Journal of Nervous & Mental Disease, 185,* 570–577.

Phillips, K. A., Didie, E. R., Feusner, J., & Wilhelm, S. (2008). Body dysmorphic disorder: Treating an underrecognized disorder. *American Journal of Psychiatry, 165*, 1111–1118.

Phillips, K. A., Wilhelm, S., Koran, L. M., Didie, E. R., Fallon, B. A., Feusner, J., & Stein, D. J. (2010). Body dysmorphic disorder: Some key issues for *DSM-V. Depression and Anxiety, 27,* 573–591.

Pieper, S., Brosschot, J. F., van der Leeden, R., & Thayer, J. F. (2010). Prolonged cardiac effects of momentary assessed stressful events and worry episodes. *Psychosomatic Medicine, 72*(6), 570–577.

Pilkonis, P. A., Hallquist, M. N., Morse, J. Q., & Stepp, S. D. (2011). Striking the (im)proper balance between scientific advances and clinical utility: Commentary on the *DSM-5* proposal for personality disorders. *Journal of Personality Disorders, 2,* 68–82.

Pillai, J. J., Friedman, L., Stuve, T. A., Trinidad, S., Jesberger, J. A., Lewin, J. S., Findling, R. L., Swales, T. P., & Schultz, S. C. (2002). Increased presence of white matter hyperintensities in adolescent patients with bipolar disorder. *Psychiatry Research, 114,* 51–56.

Pincus, A. L., & Lukowitsky, M. R. (2010). Pathological narcissism and narcissistic personality disorder. *Clinical Psychology, 6,* 421–426.

Pincus, A. L., Ansell, E. B., Pimentel, C. A., Cain, N. M., Wright, A. G. C., & Levy, K. N. (2009). Initial construction and validation of the Pathological Narcissism Inventory. *Psychological Assessment, 21,* 365–379.

Piper, A., & Mersky, H. (2004). The persistence of folly: A critical examination of dissociative identity disorder, Part 1: The excesses of an improbable concept. *Canadian Journal of Psychiatry, 49,* 592–600.

Pipher, M. (1994). *Reviving Ophelia: Saving the selves of adolescent girls.* New York: Putnam.

Pirelli, G., Gottdiener, W. H., & Zapf, P. A. (2011). A meta-analytic review of competency to stand trial research. *Psychology, Public Policy, and Law, 17,* 1–53.

Pitschel-Walz, G., Leucht, S., Baumi, J., Kissling, W., & Engel, R. (2001). The effect of family interventions on relapse and rehospitalization in schizophrenia—a meta-analysis. *Schizophrenia Bulletin, 27,* 73–92.

Pittenger, C., & Duman, R. S. (2008). Stress, depression, and neuroplasticity: A convergence of mechanisms. *Neuropsychopharmacology Reviews, 33,* 88–109.

Plazzi, G., Pizza, F., Palaia, V., Franceschini, C., Poli, F., Moghadam, K. V., et al. (2011). Complex movement disorders in childhood narcolepsy with cataplexy at disease onset. *Brain, 134*(pt 12), 3480–3492.

Plener, P. L., Libal, G., Keller, F., Fegert, J. M., & Muehlenkamp, J. J. (2009). An international comparison of adolescent non-suicidal self-injury (NSSI) and suicide attempts: Germany and the USA. *Psychological Medicine, 39,* 1549–1558.

Poelmans, G., Pauls, D. L., Buitelaar, J. K., & Franke, B. (2011). Integrated genome-wide association study findings: Identification of a neurodevelopmental network for attention deficit hyperactivity disorder. *American Journal of Psychiatry, 168*, 365–377.

Polanczyk, G., & Jensen, P. (2008). Epidemiological considerations in attention deficit hyperactivity disorder: A review and update. *Child and Adolescent Psychiatric Clinics of North America, 17,* 245–260.

Pole, N., Neylan, T. C., Otte, C., Metzler, T. J., Best, S. R., & Henn-Haase, C. (2007). Associations between childhood trauma and emotion-modulated psychophysiological responses to startling sounds: A study of police cadets. *Journal of Abnormal Psychology, 116,* 352–361.

Polivy, J., & Herman, C. P. (2002). Causes of eating disorders. *Annual Review of Psychology, 53,* 187–213.

Pope, H. G., Gruber, A. J, Hudson, J. I., Huestis, M. A., & Yurgelun-Todd, D. (2001). Neuropsychological performance in long-term cannabis users. *Archives of General Psychiatry, 58,* 909–915.

Pope, H. G., Gruber, A. J., Mangweth, B., Bureau, B., deCol, C., Jouvent, R., & Hudson, J. I. (2000). Body image perception among men in three countries. *American Journal of Psychiatry, 157,* 1297–1301.

Pope, H. G., Jacobs, A., Mialet, J., Yurgelun-Todd, D., & Gruber, S. (1997). Evidence for a sex-specific residual effect of cannabis on visuospatial memory. *Psychotherapy & Psychosomatics, 66,* 179–184.

Pope, H. G., Oliva, P. S., Hudson, J. I., Bodkin, J. A., & Grueber, A. J. (1999). Attitudes toward *DSM-IV* dissociative disorders diagnoses among board-certified American psychiatrists. *American Journal of Psychiatry, 156,* 321–323.

Pope, H. G., Jr., Lalonde, J. K., Pindyck, L. J., Walsh, B. T., Bulik, C. M., Crow, S., McElroy, L. L., Rosenthal, N., & Hudson, J. I. (2006). Binge eating disorder: A stable syndrome. *American Journal of Psychology, 163,* 2181–2183.

Postuma, R. B., Gagnon, J. F., & Vendette, M. (2009). Quantifying the risk of neurodegenerative disease in idiopathic REM sleep behavior disorder. *Neurology, 72,* 1296–1300.

Potenza, M. N., Steinberg, M. A., Skudlarski, P., Fulbright, R. K., Lacadie, C. M., Wilbur, M. K., Rounsaville, B. J., Gore, J. C., & Wexler, B. E. (2003). Gambling urges in pathological gambling: A functional magnetic resonance imaging study. *Archives of General Psychiatry, 60,* 828–836.

Powers, M. B., Halpern, J. M., Ferenschak, M. P., Gillihan, S. J., & Foa, E. B. (2010). A meta-analytic review of prolonged exposure for posttraumatic stress disorder. *Clinical Psychology Review, 30,* 635–641.

Pratt, D. S., Jandzio, M., Tomlinson, D., Kang, X., & Smith, E. (2006). The 5-10-25 challenge: An observational study of a Web-based wellness intervention for a global workforce. *Disease Management, 9,* 284–290.

Preti, A., Girolamo, G. D., Vilagut, G., Alonso, J., Graaf, R. D., Bruffaerts, R., Demyttenaere, K., Pinto-Meza, A., Haro, J. M., & Morosini, P. (2009). The epidemiology of eating disorders in six European countries: Results of the ESEMeD-WMH project. *Journal of Psychiatric Research, 43,* 1125–1132.

Preti, A., Rocchi, M. B. L., Sisti, D., Camboni, M. V., & Miotto, P. (2011). A comprehensive meta-analysis of the risk of suicide in eating disorders. *Acta Psychiatrica Scandinavica, 124,* 6–17.

Pretzer, J. (2004). Cognitive therapy of personality disorders. In G. G. Magnavita (Ed.), *Handbook of personality disorders: Theory and practice* (pp. 169–193). New York: Wiley.

Pribor, E. F., Yutzy, S. H., Dean, J. T, & Wetzel, R. D. (1993). Briquet's syndrome, dissociation, and abuse. *American Journal of Psychiatry, 150,* 1507–1511.

Pridal, C. G., & LoPiccolo, J. (2000). Multielement treatment of desire disorders: Integration of cognitive, behavioral, and systemic therapy. In S. R. Leiblum & R. C. Rosen (Eds.), *Principles and practice of sex therapy* (3rd ed., pp. 57–81). New York: Guilford Press.

Prochaska, J. O. (1995). Common problems: Common solutions. *Clinical Psychology: Science & Practice, 2,* 101–105.

Proctor, A., Yairi, E., Duff, M. C., & Zhang, J. (2008). Prevalence of stuttering in African American preschoolers. *Journal of Speech, Language and Hearing Research, 51,* 1465–1479.

Project MATCH Research Group. (1998). Matching alcoholism treatments to client heterogeneity: Treatment main effects and matching effects on drinking during treatment. *Journal of Studies on Alcohol, 59,* 631–639.

Puhl, R. M., & Luedicke, J. (2012). Weight-based victimization among adolescents in the school setting: Emotional reactions and coping behaviors. *Journal of Youth and Adolescence, 41,* 27–40.

Pulay, A. J., Stinson, F. S., Dawson, D. A., Goldstein, R. B., Chou, S. P., et al. (2009). Prevalence, correlates, disability, and comorbidity of *DSM-IV* schizotypal personality disorder: Results from the wave 2 National Epidemiologic Survey on Alcohol and Related Conditions. *Primary Care Companion, Journal of Clinical Psychiatry, 11,* 53–67.

Putnam, F., Zahn, T., & Post, R. (1990). Differential autonomic nervous system activity in multiple personality disorder. *Physical Review, 31,* 251–260.

Putnam, F. W. (1991). Recent research on multiple personality disorder. *Psychiatric Clinics of North America, 14,* 489–502.

Putnam, F. W., Guroff, J. J., Silberman, E. K., & Barban, L. (1986). The clinical phenomenology of multiple personality disorder: Review of 100 recent cases. *Journal of Clinical Psychiatry, 47,* 285–293.

Putnam, F. W., & Lowenstein, R. J. (1993). Treatment of multiple personality disorder: A survey of current practices. *American Journal of Psychiatry, 150,* 1048–1052.

R

Rachman, S. (1993). Obsessions, responsibility and guilt. *Behaviour Research & Therapy, 31,* 149–154.

Rachman, S. (1997). A cognitive theory of obsessions. *Behaviour Research & Therapy, 35,* 667–682.

Rachman, S., & deSilva, P. (1978). Abnormal and normal obsessions. *Behaviour Research & Therapy, 16,* 233–248.

Rachman, S. J., & Hodgson, R. J. (1980). *Obsessions and compulsions.* Englewood Cliffs, NJ: Prentice Hall.

Ragin, D. F., Pilotti, M., Madry, L., Sage, R. E., Bingham, L. E., & Primm, B. J. (2002). Intergenerational substance abuse and domestic violence as familial risk factors for lifetime attempted suicide among battered women. *Journal of Interpersonal Violence, 17,* 1027–1045.

Raikkonen, K., Matthews, K. A., Flory, J. D., Owens, J. F., & Gump, B. B. (1999). Effects ofoptimism, pessimism, and trait anxiety on ambulatory blood pressure and mood during everyday life. *Journal of Personality & Social Psychology, 76,* 104–113.

Raine, A. (1997). Antisocial behavior and psychophysiology: A biological perspective. In D. M. Stoff, J. Breiling, & J. D. Maser (Eds.), *Handbook of antisocial personality disorder* (pp. 289–304). New York: Wiley.

Raine, A., Yang, Y., Narr, K. L., & Toga, A. W. (2011). Sex differences in orbitofrontal gray as a partial explanation for sex differences in antisocial personality. *Molecular Psychiatry, 16,* 227–236.

Raja, A. S. M., Hollins, S., & Turk, J. (2006). Fetal alcohol spectrum disorder: An overview. *Journal of the Royal Society of Medicine, 99,* 298–302.

Ramar, K., & Guilleminault, C. (2008). Sleep apnea (central and obstructive). In H. R. Smith, C. L. Comella, & B. Hogl (Eds.), *Sleep medicine* (pp. 129–156). New York: Cambridge University Press.

Ramtekker, U. P., Reiersen, A. M., Todorov, A. A., & Todd, R. D. (2010). Sex and age differences in attention-deficit/hyperactivity disorder symptoms and diagnoses: implications for *DSM-V* and ICD-11. *Journal of the American Academy of Child and Adolescent Psychiatry, 49* (3), 217–228.

Rapee, R. M., Schniering, C. A., & Hudson, J. L. (2009). Anxiety disorders during childhood and adolescence: Origins and treatment. *Annual Review of Clinical Psychology, 5,* 311–341.

Rapoport, J. L. (1989). The biology of obsessions and compulsions. *Scientific American,* 83–89.

Rapoport, J. L. (1990). *The boy who couldn't stop washing.* New York: Plume.

Rapoport, J. L. (1991). Recent advances in obsessive-compulsive disorder. *Neuropsychopharmacology, 5,* 1–10.

Rapoport, J. L., Jensen, P. S., Inoff-Germain, G., Weissman, M. M., Greenwald, S., Narrow, W. E., Lahey, B. B., & Canino, G. (2000). Childhood obsessive-compulsive disorder in the NIMH MECA study: Parent versus child identification of cases. *Journal of Anxiety Disorders, 14,* 535–548.

Rauch, S. L., Phillips, K. A., Segal, E., Makris, N., Shin, L. M., Whalen, P. J., Jenike, M. A., Caviness, V. S., Jr., & Kennedy, D. N. (2003). A preliminary morphometric magnetic resonance imaging study of regional brain volumes in body dysmorphic disorder. *Psychiatry Research: Neuroimaging, 122,* 13–19.

Ravussin, E., Valencia, M. E., Esparza, J., Bennett, P. H., & Schulz, L. O. (1994). Effects of a traditional lifestyle on obesity in Pima Indians. *Diabetes Care, 17,* 1067–1074.

Ray, O., & Ksir, C. (1993). *Drugs, society, and human behavior.* St. Louis: C. V. Mosby.

Razran, G. (1961). The observable unconscious and the inferable conscious in current Soviet psychophysiology: Interoceptive conditioning, semantic conditioning, and the orienting reflex. *Psychological Review, 68,* 81–150.

Read, J. D., & Lindsay, D. S. (Eds.). (1997). *Recollections of trauma: Scientific research and clinical practice.* New York: Plenum Press.

Reas, D. L., & Grilo, C. M. (2008). Review and meta-analysis of pharmacotherapy for binge-eating disorder. *Obesity, 16,* 2024–2038.

Redlick, A. D., Steadman, H. J., Monahan, J., Robbins, P. C., & Petrila, J. (2006). Patterns of practice in mental health courts: A national survey. *Law and Human Behavior, 30,* 347–362.

Reed, G. M., Kemeny, M. E., Taylor, S. E., & Visscher, B. R. (1999). Negative HIV-specific expectancies and AIDS-related bereavementas predictors of symptom onset in asymptomatic HIV-positive gay men. *Health Psychology, 18,* 354–363.

Rees, K., Bennett, P., West, R., Davey, S. G., & Ebrahim, S. (2004). Psychological interventions for coronary heart disease. *Cochrane Database Systematic Reviews, 2,* CD002902.

Regier, D. A., Boyd, J. H., Burke, J. D., Rae, D. S., Myers, J. K., Kramer, M., Robins, L. N., George, L. K., Karno, M., & Locke, B. Z. (1988). One-month prevalence of mental disorders in the United States: Based on five epidemiologic catchment area sites. *Archives of General Psychiatry, 45,* 977–986.

Regier, D. A., Narrow, W. E., Rae, D. S., Manderscheid, R. W., Locke, B. Z., & Goodwin, F. K. (1993). The de facto U.S. mental and addictive disorders service system. *Archives of General Psychiatry, 50,* 85–94.

Rehm, J., Greenfield, T. K., & Rogers, J. D. (2001). Average volume of alcohol consumption, patterns of drinking, and all-cause mortality: Results from the U.S. National Alcohol Survey. *American Journal of Epidemiology, 153,* 64–71.

Rehm, J., Samokhvalov, A. V., Neuman, M. G., Room, R., Parry, C., Lönnroth, K., Patra, J., Poznyak, V., & Popova, S. (2009). The association between alcohol use, alcohol use disorders and tuberculosis (TB). A systematic review. *BMC Public Health, 9,* 450.

Rehm, L. P. (1977). A self-control model of depression. *Behavior Therapy, 8,* 787–804.

Reichborn-Kuennerud, T., Czajkowski, N., Torgersen, S., Neale, M. C., Orstavik, R. E., Tambs, K., & Kendler, K. S. (2007). The relationship between avoidant personality disorder and social phobia. A population-based twin study. *American Journal of Psychiatry, 164,* 1722–1728.

Reichow, B., Barton, E. E., Boyd, B. A., & Hume, K. (2012). Early intensive behavioral intervention (EIBI) for young children with autism spectrum disorders (ASD). *Cochrane Database of Systematic Reviews, 10,* CD009260.

Reissing, E. D., Binik, Y. M., & Khalife, S. (1999). Does vaginismus exist? *Journal of Nervous & Mental Disease, 187,* 261–274.

Reitan, R. M., & Davidson, L. A. (1974). *Clinical neuropsychology: Current status and applications.* Washington, DC: V. H. Winston & Sons.

Resick, P. A., & Calhoun, K. S. (2001). Posttraumatic stress disorder. In D. H. Barlow (Ed.), *Clinical handbook of psychological disorders: A step-by-step treatment manual* (3rd ed., pp. 60–113). New York: Guilford Press.

Resnick, H. S., Kilpatrick, D. G., Dansky, B. S., & Saunders, B. E. (1993). Prevalence of civilian trauma and posttraumatic stress disorder in arepresentative national sample of women. *Journal of Consulting & Clinical Psychology, 61,* 984–991.

Rhebergen, D., Beekman, A. T. F., de Graaf, R., Nolen, W. A., Spijker, J., Hoogendijk, W. J., & Pennix, B.W.J.H. (2010). Trajectories of recovery of social and physical functioning in major depression, dysthymic disorder, and double depression: A 3-year follow-up. *Journal of Affective Disorders, 124,* 148–156.

Rich, B. A., Schmajuk, M., Perez-Edgar, K. E., Fox, N. A., Pine, D. S., & Leibenluft, E. (2007). Different psychophysiological and behavioral responses elicited by frustration in pediatric bipolar disorder and severe mood dysregulation. *American Journal of Psychiatry, 164,* 309–317.

Richards, T., Corina, D., Serafini, S., Steury, K., Echelard, D., Dager, S., et al. (2000). Effects of a phonologically driven treatment for dyslexia on lactate levels measured by proton MRI spectroscopic imaging. *American Journal of Neuroradiology, 21,* 916–922.

Richardson, J. L., Shelton, D. R., Krailo, M., & Levine, A. M. (1990). The effect of compliance with treatment in survival among patients with hematologic malignancies. *Journal of Clinical Oncology, 8,* 356.

Rief, W., Glaesmer, H., Baehr, V., Broadbent, E., Brahler, E., & Petrie, K. J. (2012). The relationship of modern health worries to depression, symptom reporting and quality of life in a general population survey. *Journal of Psychosomatic Research, 72,* 318–320.

Rief, W., Mewes, R., Martin, A., Glaesmer, H., & Braehler, E. (2010). Are psychological features useful in classifying patients with somatic symptoms? *Psychosomatic Medicine, 72,* 648–655.

Rief, W., Mewes, R., Martin, A., Glaesmer, H., & Braehler, E. (2011). Evaluating new proposals for the psychiatric classification of patients with multiple somatic symptoms. *Psychosomatic Medicine, 73,* 760–768.

Rienecke Hoste, R., Celio Doyle, A., & Le Grange, D. (2012). Families as an integral part of the treatment team: Treatment culture and stand of care challenges. In J. Alexander & J. Treasure (Eds.), *A collaborative approach to eating disorders* (pp. 136–143). New York: Routledge/Taylor & Francis Group.

Rim, C. L., & Gitlin, M. J. (2010). Ziprasidone, monoamine oxidase inhibitors, and the serotonin syndrome. *Journal of Clinical Psychopharmacology, 30,* 470–471.

Rimmele, C. T., Miller, W. R., & Dougher, M. J. (1989). Aversion therapies. In R. K. Hester & W. R. Miller (Eds.), *Handbook of alcoholism treatment approaches: Effective alternatives* (pp. 128–140). New York: Pergamon Press.

Ripoll, L. H., Triebwasser, J., & Siever, L. J. (2011). Evidence-based pharmacotherapy for personality disorders. *International Journal of Neuropsychopharmacology, 14,* 1257–1288.

Risch, N., Herrell, R., Lehner, T., Liang, K. Y., Eaves, L., Hoh, J., Griem, A., Kovacs, M., Ott, J., & Merikangas, K. R. (2009). Interaction between the serotonin transporter gene (5-HTTLPR), stressful life events, and risk of depression: A meta-analysis. *Journal of the American Medical Association, 301,* 2462–2471.

Robbins, P. C., Monahan, J., & Silver, E. (2003). Mental disorder, violence, and gender. *Law and Human Behavior, 27,* 561–571.

Roberts, A. L., Gilman, S. E., Brelau, J., & Koenen, K. C. (2011). Race/ethnic differences in exposure to traumatic events, development of post-traumatic stress disorder, and treatment-seeking for post-traumatic stress disorder in the United States. *Psychological Medicine, 41,* 71–83.

Robin, A. L. (2003). Behavioral family systems therapy for adolescents with anorexia nervosa. In A. E. Kazdin & J. R. Weisz (Eds.), *Evidence-based psychotherapies for children and adolescents* (pp. 358–373). New York: Guilford Press.

Robinson, T. E., & Berridge, K. C. (1993). The neural basis of drug craving: An incentive-sensitization theory of addiction. *Brain Research Reviews, 18,* 247–291.

Robles, T. F., & Kiecolt-Glaser, J. K. (2003). The physiology of marriage: Pathways to health. *Physiology & Behavior, 79,* 409–416.

Rockney, R. M., & Lemke, T. (1992). Casualties from a junior-senior high school during the Persian Gulf War: Toxic poisoning or mass hysteria? *Journal of Developmental & Behavioral Pediatrics, 13,* 339–342.

Rodebaugh, T. L., Holaway, R. M., & Heimberg, R. G. (2004). The treatment of social anxiety disorder. *Clinical Psychology Review, 24,* 883–908.

Rodewald, F., Wilhelm-Gosling, C., Emrich, H. M., Reddemann, L., & Gast, U. (2011). Axis-I comorbidity in female patients with dissociative identity disorder not otherwise specified. *Journal of Nervous and Mental Disease, 199,* 122–131.

Rodin, J., Silberstein, L. R., & Striegel-Moore, R. H. (1984). Women and weight: A normative discontent. In T. B. Sonderegger (Ed.), Lincoln, University of Nebraska Press. Nebraska symposium on motivation.

Roehling, M. V., Pichler, S., Oswald, F., & Bruce, T. (2008). The effects of weight bias on job-related outcomes: A meta-analysis of experimental studies. Paper presented at the Academy of Management Annual Meeting, Anaheim, CA.

Roelofs, K., Hoogduin, K. A. L., Keijsers, G. P. J., Naring, G. W. B., Moene, F. C., & Sandijck, P. (2002). Hypnotic susceptibility in patients with conversion disorder. *Journal of Abnormal Psychology, 111,* 390–395.

Roessner, V., Hoekstra, P. J., & Rothenberger, A. (2011). Tourette's disorder and other tic disorders in *DSM-5*: A comment. *European Child and Adolescent Psychiatry, 20,* 71–74.

Rogers, C. R. (1951). *Client-centered therapy, its current practice, implications, and theory.* Boston: Houghton Mifflin.

Rogler, L. H. (1989). The meaning of culturally sensitive research in mental health. *American Journal of Psychiatry, 146,* 296–303.

Rogler, L. H. (1999). Methodological sources of cultural insensitivity in mental health research. *American Psychologist, 54,* 424–433.

Rohan, K. J., Roecklein, K. A., & Haaga, D. A. F. (2009). Biological and psychological mechanisms of seasonal affective disorder: A review and integration. *Current Psychiatry Reviews, 5,* 37–47.

Rohan, K. J., Roecklein, K. A., Lacy, T. J., & Vacek, P. M. (2009). Winter depression recurrence one year after cognitive-behavioral therapy, light therapy, or combination treatment. *Behavior Therapy, 40,* 225–238.

Rohan, K. J., Roecklein, K. A., Lindsey, K. T., Johnson, L. G., Lippy, R. D., Lacy, T. J., & Barton, F. B. (2007). A randomized controlled trial of cognitive-behavioral therapy, light therapy, and their combination for seasonal affective disorder. *Journal of Consulting and Clinical Psychology, 75,* 489–500.

Ronningstam, E. (2011). Narcissistic personality disorder in *DSM-V*—in support of retaining a significant diagnosis. *Journal of Personality Disorders, 25,* 248–259.

Ronningstam, E. (2011). Narcissistic personality disorder: A clinical perspective. *Journal of Psychiatric Practice, 17,* 89–99.

Rosen, G. (1968). *Madness in society: Chapters in the historical sociology of mental illness.* Chicago: University of Chicago Press.

Rosen, R. C., & Leiblum, S. R. (1995). Treatment of sexual disorders in the 1990s: An integrated approach. *Journal of Consulting & Clinical Psychology, 63,* 877–890.

Rosenbaum, M. (1980). The role of the term schizophrenia in the decline of the diagnoses of multiple personality. *Archives of General Psychiatry, 37,* 1383–1385.

Rosenberger, P. H., Ickovics, J. R., Epel, E. S., D'Entremont, D., & Jokl, P. (2004). Physical recovery in arthroscopic knee surgery: Unique contributions of coping behaviors to clinical outcomes and stress reactivity. *Psychology and Health, 19,* 307–320.

Rosengren, A., Hawken, S., Ounpuu, S., Sliwa, K., Zubaid, M., et al. (2004). Association of psychosocial risk factors with risk of acute myocardial infarction in 11,119 cases and 13,648 controls from 52 countries (the INTERHEART study): Case-control study. *Lancet, 364,* 953–962.

Rosenhan, D. L. (1973). On being sane in insane places. *Science, 179,* 250–258.

Rosenman, R. H., Brand, R. J., Jenkins, C. D., Friedman, M., Straus, R., & Wrum, M. (1976). Coronary heart disease in the Western Collaborative Group Study: Final follow-up experience of 8 years. *Journal of the American Medical Association, 233,* 877–878.

Rosenstein, M. J., Milazzo-Sayre, L. J., & Manderscheid, R. W. (1989). Care of persons with schizophrenia: A statistical profile. *Schizophrenia Bulletin, 15,* 45–58.

Rosenthal, M. Z., Gratz, K. L., Kosson, D. S., Cheavens, J. S., Lejuez, C. W., & Lynch, T. R. (2008). Borderline personality disorder and emotional responding: A review of the research literature. *Clinical Psychology Review, 28,* 75–91.

Ross, C. A. (1989). *Multiple personality disorder: Diagnosis, clinical features, and treatment.* New York: Wiley.

Ross, C. A. (1997). *Dissociative identity disorder: Diagnosis, clinical features, and treatment of multiple personality.* Toronto: Wiley.

Ross, C. A. (1999). Dissociative disorders. In T. Millon (Ed.), *Oxford textbook of psychopathology* (pp. 466–481). New York: Oxford University Press.

Ross, C. A. (2011). Possession experiences in dissociative identity disorder: a preliminary study. *Journal of Trauma and Dissociation, 12,* 393–400.

Ross, C. A., & Ness, L. (2010). Symptom patterns in dissociative identity disorder patients and the general population. *Journal of Trauma and Dissociation, 11,* 458–468.

Ross, C. E., & Mirowsky, J. (1984). Socially-desirable response and acquiescence in a cross-cultural survey of mental health. *Journal of Health & Social Behavior, 25,* 189–197.

Ross, L., Lepper, M. R., & Hubbard, M. (1975). Perseverance in self-perception and social preparation: Biased attributional processes in the debriefing paradigm. *Journal of Personality & Social Psychology, 32,* 880–892.

Ross, S., & Heath, N. (2002). A study of the frequency of self-mutilation in a community sample of adolescents. *Journal of Youth and Adolescence, 31,* 67–77.

Rosselló, J., & Bernal, G. (2005). New developments in cognitive-behavioral and interpersonal treatments for depressed Puerto Rican adolescents. In E. D. Hibbs & P. S. Jensen (Eds.), *Psychosocial treatments for child and adolescent disorders: Empirically based strategies for clinical practice* (2nd ed., pp. 187–217). Washington, DC: American Psychological Association.

Rothbaum, B. O., & Foa, E. B. (1991). Exposure treatment of PTSD concomitant with conversion mutism: A case study. *Behavior Therapy, 22,* 449–456.

Rothbaum, B. O., Foa, E. D., Riggs, D. S., & Murdock, T. (1992). A prospective examination of post-traumatic stress disorder in rape victims. *Journal of Traumatic Stress, 5,* 455–475.

Rothemund, Y., Preuschhof, C., Bohner, G., Bauknecht, H. C., Klingebiel, R., Flor, H., & Klapp, B. F. (2007). Differential activation of the dorsal striatum by high-calorie visual food stimuli in obese individuals. *Neuroimage, 37,* 410–421.

Rowe, R., Costello, E. J., Angold, A., Copeland, W. E., & Maughan, B. (2010). Developmental pathways in oppositional defiant disorder and conduct disorder. *Journal of Abnormal Psychology, 119,* 726–738.

Rowe, R., Maughan, B., Moran, P., Ford, T., Briskman, J., & Goodman, R. (2009). The role of callous and unemotional traits in the diagnosis of conduct disorder. *Journal of Child Psychology and Psychiatry, 51,* 688–695.

Rowe, R., Maughan, B., Worthman, C. M., Costello, E. J., & Angold, A. (2004). Testosterone, antisocial behavior, and social dominance in boys: Pubertal development and biosocial interaction. *Biological Psychiatry, 55,* 546–552.

Rowland, D. L., & McMahon, C. G. (2008). Premature ejaculation. In D. L. Rowland & L. Incrocci (Eds.), *Handbook of sexual and gender identity disorders* (pp. 68–99). Hoboken, NJ: Wiley.

Roy, A. (1992). Genetics, biology, and suicide in the family. In R. W. Maris, A. L. Berman, J. T. Maltsberger, & R. I. Yufit (Eds.), *Assessment and prediction of suicide* (pp. 574–588). New York: Guilford Press.

Roy-Byrne, P. P., Craske, M. G., & Stein, M. B. (2006). Panic disorder. *Lancet, 368,* 1023–1032.

Roy-Byrne, P., Craske, M. G., Sullivan, G., Rose, R. D., Edlund, M. J., Lang, A. J., Bystritsky, A., Welch, S. S., Chavira, D. A., Golinelli, D., Campbell-Sills, L., Sherbourne, C. D., & Stein, M. B. (2010). Delivery of evidence-based treatment for multiple anxiety disorders in primary care: A randomized controlled trial. *JAMA, 303,* 1921–1928.

Rozin, P., Bauer, R., & Catanese, D. (2003). Food and life, pleasure and worry, among American college students: Gender differences and regional similarities. *Journal of Personality & Social Psychology, 85,* 132–141.

Rucker, D., Padwal, R., Li, S. K., Curloni, C., & Lau, D. C. W. (2007). Long term pharmacotherapy for obesity and overweight: Updated meta-analysis. *British Medical Journal, 335,* 1–10.

Rudolph, K. D. (2008). The interpersonal context of adolescent depression. In S. Nolen-Hoeksema & L. M. Hilt (Eds.), *Handbook ofdepression in adolescents* (pp. 377–417). New York: Routledge.

Rudolph, K. D., & Conley, C. S. (2005). The socioeconomic costs and benefits of social-evaluative concerns: Do girls care too much? *Journal of Personality, 73*, 115–137.

Ruiz, P., Strain, E. C., & Langrod, J. G. (2007). *The substance abuse handbook.* Philadelphia: Lippincott Williams & Wilkins.

Ruocco, A. C., Amirthavasagam, S., & Zakzanis, K. K. (2012). Amygdala and hippocampal volume reductions as candidate endophenotypes for borderline personality disorder: A meta-analysis of magnetic resonance imaging studies. *Psychiatric Research: Neuroimaging, 201,* 245–252.

Rutter, M., Caspi, A., Fergusson, D., Horwood, L. J., Goodman, R., Maughan, B., Moffitt, T. E., Meltzer, H., & Carroll, J. (2004). Sex differences in developmental reading disability: New findings from 4 epidemiological studies. *Journal of the American Medical Association, 291,* 2007–2012.

Rutter, M., MacDonald, H., Couteur, A. L., Harrington, R., Bolton, P., & Bailey, A. (1990). Genetic factors in child psychiatric disorders: II. Empirical findings. *Journal of Child Psychology & Psychiatry, 31,* 39–83.

Rutter, M., Silberg, J., O'Connor, T., & Simonoff, E. (1999). Genetics and child psychiatry: II. Empirical research findings. *Journal of Child Psychology & Psychiatry, 40,* 19–55.

Ryan, J. J., & Lopez, S. J. (2001). Wechsler Adult Intelligence Scale–III. In W. I. Dorfman & S. M. Freshwater (Eds.), *Understanding psychological assessment* (pp. 19–42). Dordrecht, Netherlands: Kluwer Academic.

S

Sack, R. L., Auckley, D., Auger, R. R., Carskadon, M. A., Wright, K. P., Jr., Vitiello, M. V., & Zhdanova, I. V. (2007). Circadian rhythm sleep disorders: Part I, Basic principles, shift work and jet lag disorders. *Sleep, 30,* 1460–1483.

Sackeim, H. A., Prudic, J., Fuller, R., Keilp, J., Lavori, P. W., & Olfson, M. (2007). The cognitive effects of electroconvulsive therapy in community settings. *Neuropsychopharmacology, 32,* 244–254.

Safer, D. L., Telch, C. F., & Chen, E. Y. (2009). *Dialectical behavior therapy for binge eating and bulimia.* New York: Guilford Press.

Saigal, C. S., Wessells, H., Pace, J., Schonlau, M., Wilt, T. J., & The Urologic Diseases in America Project. (2006). Predictors and prevalence of erectile dysfunction in a racially diverse population. *Archives of Internal Medicine, 166,* 207–212.

Sajatovic, M., Madhusoodanan, S., & Fuller, M. A. (2008). Clozapine. In K. T. Mueser & D. V. Jeste (Eds.), *Clinical handbook of schizophrenia* (pp. 178–185). New York: Guilford Press.

Sakinofsky, I. (2000). Repetition of suicidal behavior. In K. Hawton (Ed.), *International book of suicide and attempted suicide* (pp. 385–404). New York: Wiley.

Salkovskis, P. M. (1998). Psychological approaches to the understanding of obsessional problems. In R. Swinson (Ed.), *Obsessive-compulsive disorder: Theory, research, and treatment* (pp. 33–50). New York: Guilford Press.

Sallinen, M., Harma, M., Akerstedt, T., Rosa, R., & Lillqvist, O. (1998). Promoting alertness with a short nap during a night shift. *Journal of Sleep Research, 7,* 240–247.

Saluja, G., Iachan, R., Scheidt, P. C., Overpeck, M. D., Sun, W., & Giedd, J. N. (2004). Prevalence of and risk factors for depressive symptoms among young adolescents. *Archives of Pediatrics & Adolescent Medicine, 158,* 760–765.

Samii, A., Nutt, J. G., & Ransom, B. R. (2004). Parkinson's disease. *Lancet, 363,* 1783–1793.

Sampson, R. J., & Laub, J. H. (1992). Crime and deviance in the life course. *Annual Review of Sociology, 18,* 63–84.

Samuels, J. F., Bienvenu, O. J., Grados, M. A., Cullen, B., Riddle, M. A., Liang, K. Y., Eaton, W. W., & Nestadt, G. (2008). Prevalence and correlates of hoarding behavior in a community-based sample. *Behaviour Research and Therapy, 46,* 836–844.

Sand, M., & Fisher, W. A. (2007). Women's endorsement of models of female sexual response: The nurses' sexuality study. *Journal of Sexual Medicine, 4*, 708–719.

Sanderson, W. C., Rapee, R. M., & Barlow, D. H. (1989). The influence of illusion of control on panic attacks induced via inhalation of 5.5% carbon dioxide–enriched air. *Archives of General Psychology, 46,* 157–162.

Sandnabba, N. K., Santtila, P., Alison, L., & Nordling, N. (2002). Demographics, sexual behaviour, family background and abuse experiences of practitioners of sadomasochistic sex: A review of recent research. *Sexual & Relationship Therapy, 17,* 39–55.

Sanislow, C. A., Pine, D. S., Quinn, K. J., Kozak, M. J., Garvey, M. A., Heinssen, R. K., Wang, P. S., & Cuthbert, B. N. (2011). Developing constructs for psychopathology research: Research domain criteria. *Journal of Abnormal Psychology, 119*, 631–639.

Sapolsky, R. M. (2007). Why zebras don't get ulcers: Stress, metabolism, and liquidating your assets. In A. Monat, R. S. Lazarus, & G. Reevy (Eds.). *The Praeger handbook on stress and coping:* Vol. 1 (pp. 181–197). Westport, CT: Praeger.

Sar, V., Akyuz, G., Kundakci, T., Kiziltan, E., Dogan, O. (2004). Childhood trauma, dissociation, and psychiatric comorbidity in patients with conversion disorder. *American Journal of Psychiatry, 161,* 2271–2276.

Sarbin, T. R., & Juhasz, J. B. (1967). The historical background of the concept of hallucination. *Journal of the History of the Behavioral Sciences, 3,* 339–358.

Satir, V. (1967). Family systems and approaches to family therapy. *Journal of the Fort Logan Mental Health Center, 4,* 81–93.

Saveanu, R. V., & Nemeroff, C. B. (2012). Etiology of depression: Genetic and environmental factors. *Psychiatric Clinics of North America, 35,* 51–71.

Savla, G. N., Moore, D. J., & Palmer, B. W. (2008). Cognitive functioning in K. T. Mueser & Dilip V. Jeste (Eds.), *Clinical handbook of schizophrenia* (pp. 91–99). New York: Guilford Press.

Saxena, S. (2008). Neurobiology and treatment of compulsive hoarding. *CNS Spectrums, 13* (9, Suppl. 14), 29–36.

Saxena, S., Brody, A. L., Ho, M. L., Alborzian, S., Maidment, K. M., Zohrabi, N., Ho, M. K., Huang, S.-C., Wu, H.-M., & Baxter, L. R., Jr. (2002). Differential cerebral metabolic changes with paroxetine treatment of obsessivecompulsive disorder vs. major depression. *Archives of General Psychiatry, 59,* 250–261.

Saxena, S., Brody, A. L., Ho, M. L., Zohrabi, N., Maidment, K. M., & Baxter, L. R., Jr. (2003). Differential brain metabolic predictors of response to paroxetine in obsessive-compulsive disorder versus major depression. *American Journal of Psychiatry, 160,* 522–532.

Saxena, S., Brody, A. L., Maidment, K. M., Dunkin, J. J., Colgan, M., Alborzian, S., Phelps, M. E., & Baxter, L. R. (1999). Localizedorbitofrontal and subcortical metabolic changes and predictors of response to paroxetine treatment in obsessive-compulsive disorder. *Neuropsychopharmacology, 21,* 683–693.

Saxena, S., & Prasad, K. V. (1989). *DSMIII* subclassification of dissociative disorders applied to psychiatric outpatients in India. *American Journal of Psychiatry, 146,* 261–262.

Schacter, D. L., Chiao, J. Y., & Mitchell, J. P. (2003). The seven sins of memory: Implications for the self. In J. LeDoux, J. Debiece, & H. Moss (Eds.), The self: From soul to brain. *Annals of the New York Academy of Sciences, 1001,* 226–239.

Schenck, C. H., & Mahowald, M. W. (2003). REM behavior disorder (RBD): Delayed emergence of Parkinsonism and/or dementia in 65% of older men initially diagnosed with idiopathic RBD, and an analysis of the minimum & maximum tonic and/or phasic electromyographic abnormalities found during REM sleep. *Sleep, 26,* A316Abs.

Schiavi, R. C., & Segraves, R. T. (1995). The biology of sexual dysfunction. *Psychiatric Clinics of North America, 18,* 7–23.

Schienle, A., Schäfer, A., Pignanelli, R., & Vaitl, D. (2009). Worry tendencies predict brain activation during aversive imagery. *Neuroscience Letters, 461,* 289–292.

Schildkraut, J. J. (1965). The catecholamine hypothesis of affective disorder: A review of supporting evidence. *American Journal of Psychiatry, 122,* 509–522.

Schlosser, D. A., Zinberg, J. L., Loewy, R. L., Casey-Cannon, S., O'Brien, M. P., Bearden, C. E., Vinogradov, S., & Cannon, T. D. (2010). Predicting the longitudinal effects of the family environment on prodromal symptoms and functioning in patients at-risk for psychosis. *Schizophrenia Research, 118,* 69–75.

Schmidt, N. B., & Keough, M. E. (2010). Treatment of panic. *Annual Review of Clinical Psychology, 6,* 241–256.

Schneiderman, N., Ironson, G., & Siegel, S. D. (2005). Stress and health: Psychological, behavioral, and biological determinants. *Annual Review of Clinical Psychology, 1,* 607–628.

Scholte, W. F., Olff, M., Ventevogel, P., de Vries, G.-J., Jansveld, E., Cardozo, B. L., & Crawford, C. A. G. (2004). Mental health symptoms following war and repression in eastern Afghanistan. *Journal of the American Medical Association, 292,* 585–593.

Schonfeld, L., & Dupree, L. W. (2002). Age-specific cognitive-behavioral and self-management treatment approaches. In A. M. Gurnack, R. Atkinson, & N. J. Osgood (Eds.), *Treating alcohol and drug abuse in the elderly* (pp. 109–130). New York: Springer.

Schuckit, M. A. (1995). *Drug and alcohol abuse: A clinical guide to diagnosis and treatment.* New York: Plenum Medical Book Company.

Schuckit, M. A. (1998). Biological, psychological, and environmental predictors of the alcoholism risk: A longitudinal study. *Journal of Studies on Alcohol, 59,* 485–494.

Schuckit, M. A., Tip, J. E., Reich, T., & Hesselbrock, V. M. (1995). The histories of withdrawal convulsions and delirium tremens in 1648 alcohol dependent subjects. *Addiction, 90,* 1335–1347.

Schultz, R. T. (2005). Developmental deficits in social perception in autism: The role of the amygdala and fusiform face area. *International Journal of Developmental Neuroscience, 23,* 125–141.

Schulz, R., Bookwala, J., Knapp, J. E., Scheier, M., & Williamson, G. M. (1996). Pessimism, age, and cancer mortality. *Psychology & Aging, 11,* 304–309.

Schuster, M. A., Stein, B. D., Jaycox, L. H., Collins, R. L., Marshall, G. N., Elliott, M. N., Zhou, A. J., Kanouse, D. E., Morrison, J. L., & Berry, S. H. (2001). A national survey of stress reactions after the September 11, 2001, terrorist attacks. *New England Journal of Medicine, 345,* 1507–1512.

Schwartz, J., Stoessel, P. W., Baxter, L. R., Martin, K. M., & Phelps, M. C. (1996). Systemic changes in cerebral glucose metabolic rate after successful behavior modification treatment of obsessive-compulsive disorder. *Archives of General Psychiatry, 53,* 109–113.

Scogin, F., Floyd, M., & Forde, J. (2000). Anxiety in older adults. In S. K. Whitbourne (Ed.), *Psychopathology in later adulthood* (pp. 117–140). New York: Wiley.

Scott, K. M., Hwang, I., Chiu, W.-T., Kessler, R. C., Sampson, N. A., Angermeyer, M., Beautrais, A., Borges, G., Bruffaerts, R., De Graaf, R., Florescu, S., Fukao, A., Haro, J. M., Hu, C., Kovess, V., Levinson, D., Posada-Villa, J., Scocco, P., & Nock, M. K. (2010). Chronic physical conditions and their association with first onset of suicidal behavior in the World Mental Health Surveys. *Psychosomatic Medicine, 72,* 712–719.

Scull, A. (1993). *The most solitary of afflictions.* New Haven: Yale University Press.

Seedat, S., Stein, M. B., & Forde, D. R. (2003). Prevalence of dissociative experiences in a community sample. *Journal of Nervous & Mental Disorders, 191,* 115–120.

Seeman, M. V. (2008) Gender. In K. T. Mueser & Dilip V. Jeste (Eds.), *Clinical handbook of schizophrenia* (pp. 575–580). New York: Guilford Press.

Segal, S. P., Laurie, T. A., & Franskoviak, P. (2004). Ambivalence of PES patients toward hospitalization and factors in their disposition. *International Journal of Law & Psychiatry, 27,* 87–99.

Segerstrom, S. C., & Miller, G. E. (2004). Psychological stress and the human immune system: A meta-analytic study of 30 years of inquiry. *Psychological Bulletin, 130,* 601–630.

Segerstrom, S. C., Solomon, G. F., Kemeny, M. E., & Fahey, J. L. (1998). Relationship of worry to immune sequelae of the Northridge earthquake. *Journal of Behavioral Medicine, 21,* 433–450.

Segerstrom, S. C., Taylor, S. E., Kemeny, M. E., Reed, G. M., & Visscher, B. R. (1996). Causal attributions predict rate of immune decline in HIV seropositive gay men. *Health Psychology, 15,* 485–493.

Segraves, R. T. (2003). Pharmacologic management of sexual dysfunction: Benefits and limitations. *CNS Spectrums, 8,* 225–229.

Segraves, R. T., Clayton, A., Croft, H., Wolf, A., & Warnock, J. (2004). Bupropion sustained release for the treatment of hypoactive sexual desire disorder in premenopausal women. *Journal of Clinical Psychopharmacology, 24,* 339–342.

Seidman, L. J., Faraone, S. V., Goldstein, J. M., Kremen, W. S., Horton, N. J., Makris, N., Toomey, R., Kennedy, D., Caviness, V. S., & Tsuang, M. T. (2002). Left hippocampal volume as a vulnerability indicator for schizophrenia. *Archives of General Psychiatry, 59,* 839–849.

Selby, E. A., Anestis, M., Bender, T., & Joiner, T. (2009). An exploration of the emotional cascade model in borderline personality disorder. *Journal of Abnormal Psychology, 118,* 375–387.

Seligman, M. (1970). On the generality of the laws of learning. *Psychological Review, 77,* 406–418.

Seligman, M. E. (1993). *What you can change and what you can't: The complete guide to self-improvement.* New York: Knopf.

Seligman, M. E., & Maier, S. F. (1967). Failure to escape traumatic shock. *Journal of Experimental Psychology, 74,* 1–9.

Seligman, M. E. P. (1975). *Helplessness: On depression, development, and death.* San Francisco: Freeman, Cooper.

Selling, L. H. (1940). *Men against madness.* New York: Greenberg.

Semans, J. H. (1956). Premature ejaculation: A new approach. *Southern Medical Journal, 49,* 353–357.

Semler, C. N., & Harvey, A. G. (2007). An experimental investigation of daytime monitoring for sleep-related threat in primary insomnia. *Cognition and Emotion, 21,* 146–161.

Semrau, M., Barley, E. A., Law, A., & Thornicroft, G. (2011). Lessons learned in developing community mental health care in Europe. *World Psychiatry, 10,* 217–225.

Seto, M. C. (2008). Pedophilia: Psychopathology and theory. In D. R. Laws & W. T. O'Donohue (Eds.), *Sexual deviance: Theory, assessment, and treatment* (pp. 164–183). New York: Guilford Press.

Seto, M. C. (2009). Pedophilia. *Annual Review of Clinical Psychology, 5,* 391–407.

Shaffer, D., & Gould, M. (2000). Suicide prevention in the schools. In K. Hawton (Ed.), *The international handbook of suicide and attempted suicide* (pp. 585–724). New York: Wiley.

Shaffer, D., Gould, M. S., Fisher, P., Trautman, P., Moreau, D., Kleinman, M., & Flory, M. (1996). Psychiatric diagnosis in child and adolescent suicide. *Archives of General Psychiatry, 53,* 339–348.

Shapiro, J. R., Berkman, N. D., Brownley, K. A., Sedway, J. A., Lohr, K. N., & Bulik, C. M. (2007). Bulimia nervosa treatment: A systematic review of randomized controlled trials. *International Journal of Eating Disorders, 40,* 321–336.

Sharif, Z. A., Raza, A., & Ratakonda, S. S. (2000). Comparative efficacy of risperidone and clozapine in the treatment of patients with refractory schizophrenia or schizoaffective disorder: A retrospective analysis. *Journal of Clinical Psychiatry, 61,* 498–504.

Shaw, D. S., & Winslow, E. B. (1997). Precursors and correlates of antisocial behavior from infancy to preschool. In D. M. Stoff, J. Breiling, & J. D. Maser (Eds.), *Handbook of antisocial personality disorder* (pp. 148–158). New York: Wiley.

Shaw, D. S., Keenan, K., & Vondra, J. I. (1994). Developmental precursors of externalizing behavior: Ages 1 to 3. *Developmental Psychology, 30,* 355–364.

Shaw, P., Lerch, J. P., Pruessner, J. C., Taylor, K. N., Rose, A. B., et al. (2007). Cortical morphology in children and adolescents with different apolipoprotein E gene polymorphisms: An observational study. *Lancet Neurology, 6,* 494–500.

Shaywitz, B., Shaywitz, S., Blachman, B., Pugh, K., Fulbright, R., Skudlarski, P., et al. (2004). Development of left occipito-temporal systems for skilled reading in children after a phonologically-based intervention. *Biological Psychiatry, 55,* 926–933.

Shaywitz, S. (2003). *Overcoming dyslexia: A new and complete science-based program for reading problems at any level.* New York: Knopf.

Shaywitz, S. E., & Shaywitz, B. A. (2008). Paying attention to reading: The neurobiology of reading and dyslexia. *Development and Psychopathology, 20,* 1329–1349.

Shea, M. T., Stout, R., Gunderson, J., Morey, L.C., Grilo, C. M., McGlashan, T., Skodol, A. E., Dolan-Sewell, R., Dyck, I., Zanarini, M.C., & Keller, M. B. (2002). Short-term diagnostic stability of schizotypal, borderline, avoidant, and obsessive-compulsive personality disorders. *American Journal of Psychiatry, 159,* 2036–2041.

Shedler, J., Beck, A., Fonagy, P., Gabbard, G. O., Gunderson, J. G., Kernberg, O., Michels, R., & Westen, D. (2010). Personality disorders in *DSM-5*. *American Journal of Psychiatry, 167,* 1026–1028.

Shenton, M. E., Frumin, M., McCarley, R. W., Maier, S. E., Westin, C.-F., Fischer, I. A., Dickey, C., & Kikinis, R. (2001). Morphometric magnetic resonance imaging studies: Findings in schizophrenia. In D. D. Dougherty & S. L. Rauch (Eds.), *Psychiatric neuroimaging research: Contemporary strategies* (pp. 1–60). Washington, DC: American Psychiatric Association.

Sher, K. J., Grekin, E. R., & Williams, N. A. (2005). The development of alcohol use disorders. In S. Nolen-Hoeksema, T. D. Cannon, & T. A. Widiger (Eds.), *Annual Review of Clinical Psychology* (Vol. 1, pp. 493–523). Palo Alto, CA: Annual Reviews.

Sherman, J. C. (2008). Normal and learning disabled (LD) development of academic skills. In L. E. Wolf, H. E. Schreiber, & J. Wasserstein (Eds.), *Adult learning disorders: Contemporary issues* (pp. 3–24). New York: Psychology Press.

Shifren, J., Braunstein, G., Simon, J., Casson, P., Buster, J., Redmond, G., Burki, R., Ginsburg, E., Rosen, R., Leiblum, S., Caramelli, K., Mazer, N., Jones, K., & Daugherty, C. (2000). Transdermal testosterone treatment in women with impaired sexual function after oophorectomy. *New England Journal of Medicine, 343,* 682–688.

Shin, L. M., Bush, G., Milad, M. R., Lasko, N. B., Brohawn, K. H., Hughes, K. C., Macklin, M. L., Gold, A. L., Karpf, R. D., Orr, S. P., Rauch, S. L., & Pitman, R. K. (2011). Exaggerated activation of dorsal anterior cingulate cortex during cognitive interference: A monozygotic twin study of posttraumatic stress disorder. *American Journal of Psychiatry, 168,* 979–985.

Shirk, C. (2008). *Medicaid and mental health services.* Washington, DC: National Health Policy Forum.

Shortt, A. L., Barrett, P. M., & Fox, T. L. (2001). Evaluating the FRIENDS program: A cognitive-behavioral group treatment for anxious children and their parents. *Journal of Clinical Child Psychology, 30,* 525–535.

Siev, J., & Chambless, D. L. (2007). Specificity of treatment effects: Cognitive therapy and relaxation for generalized anxiety and panic disorders. *Journal of Consulting and Clinical Psychology, 75,* 513–522.

Siever, L. J. (2008). Neurobiology of aggression and violence. *American Journal of Psychiatry, 165,* 429–442.

Siever, L. J., Bernstein, D. P., & Silverman, J. M. (1995). Schizotypal personality disorder. In W. J. Livesley (Ed.), *The DSM-IV personality disorders* (pp. 71–90). New York: Guilford Press.

Siever, L. J., & Davis, K. L. (2004). The pathophysiology of schizophrenia disorders: Perspectives from the spectrum. *American Journal of Psychiatry, 161,* 398–413.

Sigman, M., Spence, S. J., & Wang, A. T. (2006). Autism from developmental and neuropsychological perspectives. *Annual Review of Clinical Psychology, 2,* 327–355.

Sigurdsson, E., Van Os, J., & Fombonne, E. (2002). Are impaired childhood motor skills a risk factor for adolescent anxiety? Results from the 1958 U.K. birth cohort and the National Child Development Study. *American Journal of Psychiatry, 159,* 1044–1046.

Silberg, J. L., Maes, H., & Eaves, L. J. (2012). Unraveling the effect of genes and environment in the transmission of parental antisocial behavior to children's conduct disturbance, depression, and hyperactivity. *Journal of Child Psychology and Psychiatry, 53,* 668–677.

Silberg, J. L., Parr, T., Neale, M. C., Rutter, M., Angold, A., & Eaves, L. J. (2003). Maternal smoking during pregnancy and risk to boys' conduct disturbance: An examination of the causal hypothesis. *Biological Psychiatry, 53,* 130–135.

Silver, E., Cirincione, C., & Steadman, H. J. (1994). Demythologizing inaccurate perceptions of the insanity defense. *Law & Human Behavior, 18,* 63–70.

Simeon, D., Guralnik, O., Schmeidler, J., Sirof, B., & Knutelska, M. (2001). The role of childhood interpersonal trauma in depersonalization disorder. *American Journal of Psychiatry, 158,* 1027–1033.

Simpson, E. B., Yen, S., Costello, E., Rosen, K.,Begin, A., Pistorello, J., & Pearlstein, T. (2004). Combined dialectical behavior therapy and fluoxetine in the treatment of borderline personality disorder. *Journal of Clinical Psychiatry, 65,* 379–385.

Sing, L. (1995). Self-starvation in context: Towards a culturally sensitive understanding of anorexia nervosa. *Social Science & Medicine, 41,* 25–36.

Singer, H. S. (2005). Tourette's syndrome: From behaviour to biology. *Lancet Neurology, 4,* 149–159.

Skeem, J. L., & Monahan, J. (2011). Current directions in violence risk assessment. Virginia Public Law and Legal Theory Research Paper No. 2011–13. *Current directions in psychological science,* forthcoming.

Skodol, A. E. (2012). Personality disorders in *DSM-5. Annual Review of Clinical Psychology, 8,* 317–344.

Skodal, A. E., Bender, D. S., Morey, L. C., Clark, L. A., Oldham, J. M., et al. (2011). Personality disorder types proposed for *DSM-5. Journal of Personality Disorders, 25,* 136–169.

Slate. (2004, June 3). Gender gap: What were the real reasons behind David Reimer's suicide? http:/slate.msn.com/id/2101678/ (accessed February 11, 2005)

Slotema, C. W., Blom, J. D., Hoek, H. W., & Sommer, I. E. (2010). Should we expand the toolbox of psychiatric treatment methods to include repetitive transcranial magnetic stimulation (rTMS)? A meta-analysis of the efficacy of rTMS in psychiatric disorders. *Journal of Clinical Psychiatry, 71,* 873–884.

Smedslund, G., & Ringdal, G. I. (2004). Meta-analysis of the effects of psychosocial interventions on survival time in cancer patients. *Journal of Psychosomatic Research, 57,* 123–131.

Smith, C. A., & Farrington, D. P. (2004). Continuities in antisocial behavior and parenting across three generations. *Journal of Child Psychology & Psychiatry, 45,* 230–247.

Smith, D. E., & Seymour, R. B. (1994). LSD: History and toxicity. *Psychiatric Annals, 24,* 145–147.

Smolak, L., Murnen, S. K., & Ruble, A. E. (2000). Female athletes and eating problems: A meta-analysis. *International Journal of Eating Disorders, 27,* 371–380.

Smolak, L., & Striegel-Moore, R. H. (2001). Challenging the myth of the golden girl: Ethnicity and eating disorders. In R. H. Striegel-Moore & L. Smolak (Eds.), *Eating disorders: Innovative directions in research and practice* (pp. 111–132). Washington, DC: American Psychological Association.

Snitz, B. E., MacDonald, A. W., III, & Carter, C. S. (2006). Cognitive deficits in unaffected first-degree relatives of schizophrenia patients: A meta-analytic review of putative endophenotypes. *Schizophrenia Bulletin, 32,* 179–194.

Snowden, L. R., & Cheung, F. K. (1990). Use of inpatient mental health services by members of ethnic minority groups. *American Psychologist, 45,* 347–355.

Snowden, L. R., & Yamada, A. M. (2005). Cultural differences in access to care. *Annual Review of Clinical Psychology, 1,* 143–166.

Snowdon, D. A. (1997). Aging and Alzheimer's disease: Lessons from the Nun Study.*Gerontologist, 37,* 150–156.

Snowdon, D. A., Greiner, L. H., Mortimer, J. A., Riley, K. P., Greiner, P. A., & Markesbery, W. R. (1997). Brain infarction and the clinical expression of Alzheimer disease. The Nun Study. *Journal of the American Medical Association, 277,* 813–817.

Snowdon, D. A., Kemper, S. J., Mortimer, J. A., Greiner, L. H., Wekstein, D. R., & Markesbery, W. R. (1996). Linguistic ability in early life and cognitive function and Alzheimer's disease in late life: Findings from the Nun Study. *Journal of the American Medical Association, 275,* 528–532.

Snyder, C. R., Ilardi, S., Michael, S. T., & Cheavens, J. (2000). Hope theory: Updating a common process for psychological change. In C. R. Snyder & R. E. Ingram (Eds.), *Handbook of psychological change: Psychotherapy processes and practices for the 21st century* (pp. 128–153). New York: Wiley.

Sobal, J., & Stunkard, A. J. (1989). Socioeconomic status and obesity: A review of the literature. *Psychological Bulletin, 105,* 260–275.

Sobell, M. B., & Sobell, L. C. (1978). *Behavioral treatment of alcohol problems.* New York: Plenum Press.

Sohn, M, & Bosinski, H. A. (2007). Gender identity disorders: Diagnostic and surgical aspects. *Journal of Sexual Medicine, 4,* 1193–1207.

Soloff, P. H., & Chiappetta, L. (2012). Prospective predictors of suicidal behavior in borderline personality disorder at 6-year follow-up. *American Journal of Psychiatry, 169,* 484–490.

Soloff, P. H., Pruitt, P., Sharma, M., Radwan, J., White, R., & Diwadkar, V. A. (2012). Structural brain abnormalities and suicidal behavior in borderline personality disorder. *Journal of Psychiatric Research, 46,* 516–525.

Solomon, G. F., Segerstrom, S. C., Grohr, P., Kemeny, M., & Fahey, J. (1997). Shaking up immunity: Psychological and immunologic changes following a natural disaster. *Psychosomatic Medicine, 59,* 114–127.

Southwick, S. M., Vythilingam, M., & Charney, D. S. (2005). The psychobiology of depression and resilience to stress: Implications for prevention and treatment. *Annual Review of Clinical Psychology, 1,* 255–292.

Sowell, E. R., Peterson, B. S., Thompson, P. M., Welcome, S. E., Henkenius, A., & Toga, A. W. (2003). Mapping cortical change across the human life span. *Nature Neuroscience, 6,* 309–315.

Spanos, N. (1994). Multiple identity enactments and multiple personality disorder: A sociocognitive perspective. *Psychological Bulletin, 120,* 42–59.

Spanos, N. P. (1978). Witchcraft in histories of psychiatry: A critical analysis and an alternative conceptualization. *Psychological Bulletin, 85,* 417–439.

Spiegel, D. (2001). Mind matters—group therapy and survival in breast cancer. *New England Journal of Medicine, 345,* 1767–1768.

Spiegel, D., Bollm, J. R., Kraemer, H. C., & Gottheil, E. (1989). Psychological support for cancer patients. *Lancet, 2,* 1447.

Spiegel, D., Lowenstein, R. J., Lewis-Fernandez, R., Sar, V., & Simeon, D. (2011). Dissociative disorders in *DSM-5. Depression and Anxiety, 28,* 824–852.

Spierings, C., Poels, P. J., Sijben, N., Gabreels, F. J., & Renier, W. O. (1990). Conversion disorders in childhood: A retrospective follow-up study of 84 inpatients. *Developmental Medicine & Child Neurology, 32,* 865–871.

Spitzer, R. L. (1981). The diagnostic status of homosexuality in *DSM-III*: A reformulation of the issues. *American Journal of Psychiatry, 138,* 210–215.

Spitzer, R. L., First, M. B., & Wakefield, J. C. (2007). Saving PTSD from itself in *DSM-V. Journal of Anxiety Disorders, 21,* 233–241.

Spitzer, R. L., Gibbon, M., Skodol, A. E., Williams, J. B. W., & First, M. B. (Eds.). (2002). DSM-IV-TR *Case Book: A learning companion to the* Diagnostic and Statistical Manual of Mental Disorders, *Fourth Edition, Text Revision.* Washington, DC: American Psychiatric Publishing.

Spitzer, R. L., Skodol, A. E., Gibbon, M., & Williams, J. B. W. (1983). *Psychopathology, a case book.* New York: McGraw-Hill.

Sprock, J. (2000). Gender-typed behavioral examples of histrionic personality disorder. *Journal of Psychopathology and Behavioral Assessment, 22,* 107–122.

Stack, S. (1991). Social correlates of suicide by age: Media impacts. In A. A. Leenaars (Ed.), *Life span perspectives of suicide* (pp. 187–213). New York: Plenum Press.

Stadler, C., Sterzer, P., Schmeck, K., Krebs, A., Kleinschmidt, A., & Poustka, F. (2006, Mar. 2). Reduced anterior cingulate activation in aggressive children and adolescents during affective stimulation: Association with temperament. *Journal of Psychiatric Research.*

Statham, D. J., Heath, A. C., Madden, P., Bucholz, K., Bierut, L., Dinwiddie, S. H., Slutske, W. S., Dunne, M. P., & Martin,

N.G. (1998). Suicidal behavior: An epidemiological study. *Psychological Medicine, 28,* 839–855.

Steadman, H. J., McGreevy, M. A., Morrissey, J. P., Callahan, L. A., Robbins, P. C., & Cirincione, C. (1993). *Before and after Hinckley: Evaluating insanity defense reform.* New York: Guilford Press.

Steadman, H. J., Mulvey, E. P., Monahan, J., Robbins, P. C., Appelbaum, P. S., Grisso, T., Roth, L. H., & Silver, E. (1998). Violence by people discharged from acute psychiatric inpatient facilities and by others in the same neighborhoods. *Archives of General Psychiatry, 55,* 393–401.

Stein, A., Woolley, H., Cooper, S., Winterbottom, J., Fairburn, C. G., & Cortina-Borja, M. (2006). Eating habits and attitudes among 10-year-old children of mothers with eating disorders. *British Journal of Psychiatry, 189,* 324–329.

Stein, B. D., Elliott, M. N., Jaycox, L. H., Collins, R. L., Berry, S. H., Klein, D. J., & Schuster, M. A. (2004). A national longitudinal study of the psychological consequences of the September 11, 2001 terrorist attacks: Reactions, impairments, and help-seeking. *Psychiatry, 67,* 105–117.

Stein, D. J., Chiu, W. T., Hwang, I., Kessler, R. C., Sampson, N., et al. (2010). Cross-national analysis of the associations between traumatic events and suicidal behavior: Findings from the WHO World Mental Health Surveys. *PLoS ONE, 5,* e10574.

Stein, M. B., Jang, K. J., Taylor, S., Vernon, P. A., & Livesley, W. J. (2002). Genetic and environmental influences on trauma exposure and posttraumatic stress disorder: A twin study. *American Journal of Psychiatry 159,* 1675–1681.

Steinberg, L. (2009). Adolescent development and juvenile justice. *Annual Review of Clinical Psychology, 5,* 459–486.

Steinberg, L., Dahl, R., Keating, D., Kupfer, D. J., Masten, A. S., & Pine, D. (2006). The study of developmental psychopathology in adolescence: Integrating affective neuroscience with the study of context. In D. Cicchetti & D. Cohen (Eds.), *Developmental psychopathology: Vol. 2. Developmental neuroscience* (pp. 710–741). New York: Wiley.

Steiner, M., Dunn, E., & Born, L. (2003). Hormones and mood: From menarche to menopause and beyond. *Journal of Affective Disorders, 74,* 67–83.

Stephens, M. A. P., Druley, J. A., & Zautra, A. J. (2002). Older adults' recovery from surgery for osteoarthritis of the knee: Psychosocial resources and constraints as predictors of outcomes. *Health Psycholology, 21,* 377–383.

Stephens, S., Kenny, R. A., Rowan, E., Allan, L., Kalaria, R. N., Bradbury, M., & Ballard, C. G. (2004). Neuropsychological characteristics ofmild vascular cognitive impairment and dementia after stroke. *International Journal of Geriatric Psychiatry, 19,* 1053–1057.

Stern, Y., Gurland, B., Tatemichi, T. K., & Tang, M. X. (1994). Influence of education and occupation on the incidence of Alzheimer's disease. *Journal of the American Medical Association, 271,* 1004–1010.

Sternberg, R. J. (2004). Culture and intelligence. *American Psychologist, 59,* 325–338.

Sterzer, P., Stadler, C., Krebs, A., Kleinschmidt, A., & Poustka F. (2005). Abnormal neural responses to emotional visual stimuli in adolescents with conduct disorder. *Biological Psychiatry, 57,* 7–15.

Stewart, S. E., Stack, D. E., & Wilhelm, S. (2008). Severe obsessive-compulsive disorder with and without body dysmorphic disorder: Clinical correlates and implications. *Annals of Clinical Psychiatry, 20,* 33–38.

Stice, E. (2002). Risk and maintenance factors for eating pathology: A meta-analytic review. *Psychological Bulletin, 128,* 825–848.

Stice, E., Agras, W. S., Telch, C. F., Halmi, K. A., Mitchell, J. E., & Wilson, T. (2001). Subtyping binge eating-disordered women along dieting and negative affect dimensions. *International Journal of Eating Disorders, 30,* 11–27.

Stice, E., Bohon, C., Marti, C. N., & Fischer, K. (2008). Subtyping women with bulimia nervosa along dietary and negative affect dimensions: Further evidence of reliability and validity. *Journal of Counseling and Clinical Psychology, 76,* 1022–1033.

Stice, E., Burton, E. M., & Shaw, H. (2004). Prospective relations between bulimic pathology, depression, and substance abuse: Unpacking comorbidity in adolescent girls. *Journal of Consulting & Clinical Psychology, 72,* 62–71.

Stice, E., & Fairburn, C. G. (2003). Dietary and dietary-depressive subtypes of bulimia nervosa show differential symptom presentation, social impairment, comorbidity, and course of illness. *Journal of Consulting & Clinical Psychology, 71,* 1090–1094.

Stice, E., Marti, C. N., & Durant, S. (2011). Risk factors for onset of eating disorders: Evidence of multiple risk pathways from an 8-year prospective study. *Behavior Research and Therapy, 49,* 622–627.

Stice, E., Maxfield, J., & Wells, T. (2003). Adverse effects of social pressure to be thin on young women: An experimental investigation of the effects of "fat talk." *International Journal of Eating Disorders, 34,* 108–117.

Stice, E., Presnell, K., & Spangler, D. (2002). Risk factors for binge eating onset in adolescent girls: A 2-year prospective investigation. *Health Psychology, 21,* 131–138.

Stice, E., & Shaw, H. E. (1994). Adverse effects of the media-portrayed thin-ideal on women and linkages to bulimic symptomatology. *Journal of Social & Clinical Psychology, 13,* 288–308.

Stice, E., Shaw, H., & Marti, C. N. (2007). A meta-analytic review of eating disorder prevention programs: Encouraging findings. *Annual Review of Clinical Psychology, 3,* 233–257.

Stice, E., Spangler, D., & Agras, W. S. (2001). Exposure to media-portrayed thin-ideal images adversely affects vulnerable girls: A longitudinal experiment. *Journal of Social & Clinical Psychology, 20,* 270–288.

Stice, E., Spoor, S., Bohon, C., Veldhuizen, M. G., & Small, D. M. (2008). Relation of reward from food intake and anticipated food intake to obesity: A functional magnetic resonance imaging study. *Journal of Abnormal Psychology, 117,* 924–935.

Stice, E., Spoor, S., Ng, J., & Zald, D. H. (2009). Relation of obesity to consummatory and anticipatory food reward. *Physiological Behavior, 97,* 551–560.

Stice, E., Yokum, S., Bohon, C., Marti, N., & Smolen, A. (2010). Reward circuitry responsivity to food predicts future increases in body mass: Moderating effects of DRD2 and DRD4. *NeuroImage, 50,* 1618–1625.

Stice, E., Yokum, S., Zald, D., & Dagher, A. (2011). Dopamine-based reward circuitry responsivity and overeating. In R. A. H. Adan & W. H. Kaye (Eds.), *Behavioral neurobiology of eating disorders* (pp. 81–93). New York: Springer-Verlag.

Stinson, F. S., Dawson, D. A., Goldstein, R. B., Chou, S. P., Huang, B., Smith, S. M., Ruan, W. J., Pulay, A. J., Saha, T. D., Pickering, R. P., & Grant, B. F. (2008). Prevalence, correlates, disability, and comorbidity of *DSM-IV* narcissistic personality disorder: Results from the Wave 2 National Epidemiologic Survey on Alcohol and Related Conditions. *Journal of Clinical Psychiatry, 69,* 1033–1045.

Stoeckel, L. E., Weller, R. E., Cook, E. W., 3rd, Twieg, D. B., Knowlton, R. C., & Cox, J. E. (2008). Widespread reward-system activation in obese women in response to pictures of high-calorie foods. *Neuroimage, 41,* 636–647.

Stoffers, J. M., Ferriter, M., Vollm, B. A., Gibbon, S., Jones, H., et al. (2011). Pharmacological interventions for people with narcissistic personality disorder (protocol). *Cochrane Database Systematic Review,* 10:CD009399.

Stone, J., LaFrance, W. C., Brown, R., Spiegel, D., Levenson, J. L., & Sharpe, M. (2011). Conversion disorder: Current problems and potential solutions for *DSM-5*. *Journal of Psychosomatic Research, 71,* 369–376.

Story, M., Nanney, M. S., & Schwartz, M. B. (2009). Schools and obesity prevention: Creating school environments and policies to promote healthy eating and physical activity. *Milbank Quarterly, 87,* 71–100.

Stouthamer-Loeber, M., Loeber, R., Homish, D. L., & Wei, E. (2001). Maltreatment of boys and the development of disruptive and delinquent behavior. *Development & Psychopathology, 13,* 941–955.

Stoving, R. K., Andries, A., Brixen, K. T., Bilenberg, N., Lichtenstein, M. B., & Horder, K. (2012). Purging behavior in anorexia nervosa and eating disorder not otherwise specified: A retrospective cohort study. *Psychiatry Research, 198,* 253–258.

Stoving, R. K., Andries, A., Brixen, K., Bilenberg, N., & Horder, K. (2011). Gender differences in outcome of eating disorders: A retrospective cohort study. *Psychiatric Research, 186,* 362–366.

Strauss, G. P., Harrow, M., Grossman, L. S., & Rosen, C. (2010). Periods of recovery in deficit syndrome schizophrenia: A 20-year multi-follow-up longitudinal study. *Schizophrenia Bulletin, 36,* 788–799.

Striegel-Moore, R. H. (1993). Etiology of binge eating: A developmental perspective. In C. G. Fairburn & G. T. Wilson (Eds.), *Binge eating: Nature, assessment, and treatment* (pp. 144–172). New York: Guilford Press.

Striegel-Moore, R. H., Fairburn, C. G., Wilfley, D. E., Pike, K. M., Dohm, F.-A., & Kraemer, H. C. (2005). Toward an understanding of risk factors for binge-eating disorder in black and white women: A community-based case-control study. *Psychological Medicine, 35,* 907–917.

Striegel-Moore, R. H., & Franko, D. L. (2008). Should binge eating disorder be included in the *DSM-V?* A critical review of the state of the evidence. *Annual Review of Clinical Psychology, 4,* 305–324.

Striegel-Moore, R. H., Seeley, J. R., & Lewinsohn, P. M. (2003). Psychosocial adjustment in young adulthood of women who experienced an eating disorder during adolescence. *Journal of the American Academy of Child & Adolescent Psychiatry, 42,* 587–593.

Stringaris, A., Cohen, P., Pine, D. S., & Leibenluft, E. (2009). Adult outcomes of adolescent irritability: A 20-year community follow-up. *American Journal of Psychiatry, 166,* 1048–1054.

Stroebe, M., Gergen, M., Gergen, K., & Stroebe, W. (1992). Broken hearts or broken bonds: Love and death in historical perspective. *American Psychologist, 47,* 1205–1212.

Stunkard, A. (2011). Eating disorders and obesity. *Psychiatric Clinic North America, 34,* 765–771.

Stunkard, A. J. (1993). A history of binge eating. In C. G. Fairburn & G. T. Wilson (Eds.), *Binge eating: Nature, assessment, and treatment* (pp. 15–34). New York: Guilford Press.

Substance Abuse and Mental Health Services Administration (SAMHSA). (2002). National household survey on drug abuse. http://dawninfo.samhsa.gov/ (accessed November 1, 2004)

Substance Abuse and Mental Health Services Administration (SAMHSA). (2005). Overview of findings from the 2003 National Survey on Drug Use and Health. http://www.oas.samhsa.gov/nhsda/2k3nsduh/2k3Overview.htm (accessed November 1, 2004)

Substance Abuse and Mental Health Services Administration (SAMHSA). (2008a). *Drug Abuse Warning Network, 2006: National estimates of drug-related emergency department visits* (DAWN Series D-30, DHHS Publication No. SMA 08-4339). Rockville, MD: author.

Substance Abuse and Mental Health Services Administration (SAMHSA). (2008b). National Survey on Drug Use and Health, 2006 and 2007. http://www.oas.samhsa.gov (accessed March 26, 2009)

Substance Abuse and Mental Health Services Administration (SAMHSA). (2008c). *Results from the 2007 National Survey on Drug Use and Health: National findings* (Office of Applied Studies, NSDUH Series H-34, DHHS Publication No. SMA 08-4343). Rockville, MD: author.

Sue, D. W., & Sue, D. (2003). *Counseling the culturally diverse: Theory and practice* (4th ed.). New York: Wiley.

Sue, S., & Lam, A. G. (2002). Cultural and demographic diversity. In J. C. Norcross (Ed.), *Psychotherapy relationships that work: Therapist contributions and responsiveness to patients* (pp. 401–421). London: Oxford University Press.

Sue, S., & Zane, N. (1987). The role of culture and cultural techniques in psychotherapy: A critique and reformulation. *American Psychologist, 42,* 37–51.

Suhail, K., & Cochrane, R. (2002). Effect of culture and environment on the phenomenology of delusions and hallucinations. *International Journal of Social Psychiatry, 48,* 126–138.

Sultzer, D. L., Davis, S. M., Tariot, P. N., Dagerman, K. S., Lebowitz, B. D., Lyketsos, C. G., Rosenheck, R. A., Hsiao, J. K., Lieberman, J. A., & Schneider, L. S. (2008). Clinical symptom responses to atypical antipsychotic medications in Alzheimer's disease: Phase 1 outcomes from the CATIE-AD effectiveness trial. *American Journal of Psychiatry, 165,* 844–854.

Sun, D., Stuart, G. W., Jenkinson, M., Wood, S. J., McGorry, P. D., Velakoulis, D., van Erp, T. G., Thompson, P. M., Toga, A. W., Smith, D. J., Cannon, T. D., & Pantelis, C. (2009). Brain surface contraction mapped in first-episode schizophrenia: A longitudinal magnetic resonance imaging study. *Molecular Psychiatry, 14,* 976–986.

Sundgot-Borgen, J. (1994). Risk and trigger factors for the development of eating disorders in female elite athletes. *Medicine & Science in Sports & Exercise, 26,* 414–419.

Sundin, J., Fear, N. T., Iversen, A., Rona, R. J., & Wessely, S. (2010). PTSD after deployment to Iraq: Conflicting rates, conflicting claims. *Psychological Medicine, 40,* 367–382.

Sundram, C. J. (2009). *Wyatt v. Stickney*—a long odyssey reaches an end. http://www.cqcapd.state.ny.us/pressreleases/wyattclarence.htm (accessed September 29, 2009)

Suomi, S. J. (1999). Developmental trajectories, early experiences, and community consequences: Lessons from studies with rhesus monkeys. In D. P. Keating (Ed.), *Developmental health and the wealth of nations: Social, biological, and educational dynamics* (pp. 185–200). New York: Guilford Press.

Sutker, P. B., Allain, A. N., & Winstead, D. K. (1993). Psychopathology and psychiatric diagnoses of World War II Pacific theater prisoners of war and combat veterans. *American Journal of Psychiatry, 150,* 240–245.

Sutker, P. B., Davis, J. M., Uddo, M., & Ditta, S. R. (1995). Assessment of psychological distress in Persian Gulf troops: Ethnicity and gender comparisons. *Journal of Personality Assessment, 64,* 415–427.

Suzuki, M., Zhou, S. Y., Takahashi, T., Hagino, H., Kawasaki, Y., Niu, L., et al. (2005). Differential contributions of prefrontal and temporolimbic pathology to mechanisms of psychosis. *Brain, 128,* 2109–2122.

Svaldi, J., Griepenstroh, J., Tuschen-Caffier, B., & Ehring, T. (2012). Emotion regulation deficits in eating disorders: A marker of wasting pathology or general psychology. *Psychiatry Research, 197,* 103–111.

Swanson, J., Arnold, L. E., Kraemer, H., Hechtman, L., Molina, B., Hinshaw, S., Vitiello, B., Jensen, P., Steinhoff, K., Lerner, M., Greenhill, L., Abikoff, H., Wells, K., Epstein, J., Elliot, G., Newcorn, J., Hoza, B., & Wigal, T. (2008). Evidence, interpretation, and qualification from multiple reports of long-term outcomes in the multimodal treatment study of children with ADHD (MTA): I. Executive Summary. *Journal of Attention Disorders, 12,* 4–14.

Swanson, J. M., Elliott, G. R., Greenhill, L. L., Wigal, T., Arnold, L. E., Vitiello, B., Hechtman, L., Epstein, J. N., Pelham, W. E., Abikoff, H. B., Newcorn, J. H., Molina, B. S. G., Hinshaw, S. P., Wells, K. C., Hoza, B., Jensen, P. S., Gibbons, R. D., Hur, K., Stehli, A., Davies, M., March, J. S., Conners, C. K., Caron, M., & Volkow, N. D. (2007). Effects of stimulant medication on growth rates across 3 years in the MTA follow-up. *Journal of the American Academy of Child and Adolescent Psychiatry, 46,* 1015–1027.

Swanson, J., Baler, R. D., & Volkow, N. D. (2011). Understanding the effects of stimulant medications on cognition in individuals with attention-deficit hyperactivity disorder: A decade of progress. *Neuropsychopharmacology, 36,* 207–226.

Swanson, S. A., Crow, S. J., Le Grange, D., Swendsen, J., & Merikangas, K. R. (2011). Prevalence and correlates of eating disorders in adolescents. *Archive of General Psychiatry, 68,* 714–723.

Swartz, H. A., & Frank, E. (2001). Psychotherapy for bipolar depression: A phase-specific treatment strategy? *Bipolar Disorders, 3,* 11–12.

Swartz, M., Swanson, J., Kim, M., & Petrila, J. (2006). Use of outpatient commitment or related civil court treatment orders in five U.S. communities. *Psychiatric Services, 57,* 343–349.

Swartz, M. S., Wilder, C. M., Swanson, J. W., Van Dorn, R. A., Robbins, P. C., Steadman, H. J., Moser, L. L., Gilbert, A. R., & Monahan, J. (2010). Assessing outcomes for consumers in New York's assisted outpatient treatment program. *Psychiatric Services, 61,* 976–981.

Swedo, S. E., Baird, G., Cook, E. H., Jr., Happé, F. G., Harris, J. C., Kaufmann, W. E., King, B. H., Lord, C. E., Piven, J., Rogers, S. J., Spence, S. J., Wetherby, A., & Wright, H. H. (2012). Commentary from the *DSM-5* Workgroup on Neurodevelopmental Disorders. *Journal of the American Academy of Child and Adolescent Psychiatry, 51,* 347–349.

Swedo, S. E., Leonard, H. L., Garvey, M., Mittleman, B., Allen, A. J., Perlmutter, S., Lougee, L., Dow, S., Zamkoff, J., & Dubbert, B. K. (1998). Pediatric autoimmune neuropsychiatric disorders associated with streptococcal infections: Clinical description of the first 50 cases. *American Journal of Psychiatry, 155*(2), 264–271.

Sylvers, P., Brubaker, N., Alden, S. A., Brennan, P. A., & Lilienfeld, S. O. (2008). Differential endophenotypic markers of narcissistic and antisocial personality features: A psychophysiological investigation. *Journal of Research in Personality, 42,* 1260–1270.

Szasz, T. (1961). *The myth of mental illness.* New York: Hoeber-Harper.

Szasz, T. S. (1963). *Law, liberty, and psychiatry: An inquiry into the social uses of mental health practice.* New York: Collier Books.

Szasz, T. S. (1971). The sane slave: An historical note on the use of medical diagnosis as justificatory rhetoric. *American Journal of Psychotherapy, 25,* 228–239.

Szasz, T. S. (1977). *Psychiatric slavery.* New York: Free Press.

Szelenberger, W., Niemcewicz, S., & Dabrowska, A. J. (2005). Sleepwalking and night terrors: Psychopathological and psychophysiological correlates. *International Review of Psychiatry, 17,* 263–270.

T

Takahashi, T., Zhou, S.-Y., Nakamura, K., Tanino, R., Furuichi, A., Kido, M., Kawasaki, Y., Noguchi, K., Seto, H., Kurachi, M., & Suzuki, M. (2011). A follow-up MRI study of the fusiform gyrus and middle and inferior temporal gyri in schizophrenia spectrum. *Progress in Neuro-Psychopharmacology & Biological Psychiatry, 35,* 1957–1964.

Takahashi, Y. (1990). Is multiple personality disorder really rare in Japan? *Dissociation: Progress in the Dissociative Disorders, 3,* 57–59.

Takei, N., Sham, P. C., O'Callaghan, E., & Murray, R. M. (1992). Cities, winter birth, and schizophrenia. *Lancet, 340,* 558–559.

Takei, N., Sham, P. C., O'Callaghan, R., Glover, G., et al. (1995). Early risk factors inschizophrenia: Place and season of birth. *European Psychiatry, 10,* 165–170.

Tan, P. Z., Forbes, E. E., Dahl, R. E., Ryan, N. D., Siegle, G. J., Ladouceur, C. D., & Silk, J. S. (2012). Emotional reactivity and regulation in anxious and nonanxious youth: A cell-phone ecological momentary assessment study. *Journal of Child Psychology & Psychiatry, 53,* 197–206.

Tanay, E. (1992). The verdict with two names. *Psychiatric Annals, 22,* 571–573.

Tang, N. K. Y., Schmidt, D. A., & Harvey, A. G. (2007). Sleeping with the enemy: Clock monitoring in the maintenance of insomnia. *Journal of Behavior Therapy and Experimental Psychiatry, 38,* 40–55.

Tanner, L. (2001). Nationwide survey shows bullying widespread among students. http://www.apbnews.com (accessed April 25, 2001).

Tannock, R. (2005). Mathematics disorder. In B. J. Sadock & V. A. Sadock (Eds.), *Kaplan & Sadock's comprehensive textbook of psychiatry* (pp. 3116–3123). Philadelphia: Lippincott Williams & Wilkins.

Tariot, P. N. (2003). Alzheimer disease: Current challenges, emerging treatments. *Alzheimer Disease & Associated Disorders, 17*(Suppl. 4), 98.

Tateyama, M., Asai, M., Hashimoto, M., Bartels, M., & Kasper, S. (1998). Transcultural study of schizophrenic delusions: Tokyo versus Vienna versus Tuebingen (Germany). *Psychopathology, 31,* 59–68.

Tateyama, M., Asai, M., Kamisada, M., Hashimoto, M., Bartels, M., & Heimann, H. (1993). Comparison of schizophrenia delusions between Japan and Germany. *Psychopathology, 26,* 151–158.

Taylor, A., & Kim-Cohen, J. (2007). Meta-analysis of gene-environment interactions in developmental psychopathology. *Development and Psychopathology, 19,* 1029–1037.

Taylor, D. O., & Miklowitz, D. J. (2009). Bipolar disorder in childhood and adolescence. In S. Nolen-Hoeksema & L. Hilt (Eds.), *Handbook of depression in adolescents* (pp. 179–208). New York: Routledge.

Taylor, J., Iacono, W. G., & McGue, M. (2000). Evidence for a genetic etiology of early-onset delinquency. *Journal of Abnormal Psychology, 109,* 634–643.

Taylor, S. E., Eisenberger, N. I., Saxbe, D., Lehman, B. J., & Lieberman M. D. (2006). Neural responses to emotional stimuli are associated with childhood family stress. *Biological Psychiatry, 60,* 296–301.

Taylor, S. E., Kemeny, M. E., Aspinwall, L. G., & Schneider, S. G. (1992). Optimism, coping, psychological distress, and high-risk sexual behavior among men at risk for acquired immunodeficiency syndrome (AIDS). *Journal of Personality & Social Psychology, 63,* 460–473.

Taylor, S. E., Klein, L. C., Lewis, B. P., Gruenwald, T. L., Gurung, R. A. R., & Updegraff, J. A. (2000). Biobehavioral responses to stress in females: Tend-and-befriend, not fight-or-flight. *Psychological Review, 3,* 411–429.

Taylor, S. E., & Stanton, A. L. (2007). Coping resources, coping processes and mental health. *Annual Review of Clinical Psychology, 3,* 377–401.

Taylor, S., Asmundson, G. J. G., & Jang, K. L. (2011). Etiology of obsessive-compulsive symptoms and obsessive-compulsive personality traits: Common genes, mostly different environments. *Depression and Anxiety, 28,* 863–869.

Telles, C., Karno, M., Mintz, J., Paz, G., Arias, M., Tucker, D., & Lopez, S. (1995). Immigrant families coping with schizophrenia. *British Journal of Psychiatry, 167,* 473–479.

Temple, E., Deutsch, G., Poldrack, R., Miller, S., Tallal, P., Merzenich, M., et al. (2003). Neural deficits in children with dyslexia ameliorated by behavioral remediation: Evidence from fMRI. *Proceedings of the National Academy of Science of the United States of America, 100,* 2860–2865.

Templeman, T. N., & Stinnet, R. D. (1991). Patterns of sexual arousal and history in a "normal" sample of young men. *Archives of Sexual Behavior, 20,* 137–150.

Teplin, L. A. (1990). The prevalence of severe mental disorder among male urban jail detainers: Comparison with the Epidemiologic Catchment Area program. *American Journal of Public Health, 80,* 663–669.

Teplin, L. A., Abram, K. M., & McClelland, G. M. (1996). Prevalence of psychiatric disorders among incarcerated women: I. Pretrial jail detainees. *Archives of General Psychiatry, 53,* 505–512.

Teplin, L. A., Abram, K. M., & McClelland, G.M. (1997). Mentally disordered women in jail: Who receives services? *American Journal of Public Health, 87,* 604–609.

Teplin, L. A., Abram, K. M., McClelland, G. M., Dulcan, M. K., & Mericle, A. A. (2002). Psychiatric disorders in youth in juvenile detention. *Archives of General Psychiatry, 59,* 1133–1143.

Teri, L., Gibbons, L. E., McCurry, S. M., Logsdon, R. G., Buchner, D. M., Barlow, W. E., Kukull, W. A., LaCroix, A. Z., McCormick, W., & Larson, E. B. (2003). Exercise plus behavioral management in patients with Alzheimer disease: A randomized controlled trial. *Journal of the American Medical Association, 290,* 2015–2022.

Test, M. A., & Stein, L. I. (1980). Alternative to mental hospital treatment: III. Social cost. *Archives of General Psychiatry, 37,* 409–412.

Teyber, E., & McClure, F. (2000). Therapist variables. In C. R. Snyder & R. E. Ingram (Eds.), *Handbook of psychological change: Psychotherapy processes and practices for the 21st century* (pp. 62–87). New York: Wiley.

Thase, M. E. (2010). The role of neurobiologic processes in treating depression. *Journal of Clinical Psychiatry, 71,* e28.

Thase, M. E., & Denko, T. (2008). Pharmacotherapy of mood disorders. *Annual Review of Clinical Psychology, 4,* 53–92.

Thienemann, M. (2004). Medications for pediatric anxiety. In H. Steiner (Ed.), *Handbook of mental health intervention in children and adolescents: An integrated developmental approach* (pp. 288–317). San Francisco: Jossey-Bass.

Thompson, P. M., Hayashi, K. M., De Zubicaray, G. I., Janke, A. L., Rose, S. E., et al. (2004). Mapping hippocampal and ventricular change in Alzheimer disease. *Neuroimage, 22,* 1754–1766.

Thorpe, G. L., & Olson, S. L. (1997). *Behavior therapy: Concepts, procedures, and applications* (2nd ed.). Boston: Allyn & Bacon.

Tienari, P., Wahlberg, K. E., & Wynne, L. C. (2006). Finnish Adoption Study of Schizophrenia: Implications for family interventions. *Families, Systems and Health, 24,* 442–451.

Tienari, P., Wynne, L. C., Läksy, K., Moring, J., Nieminen, P., Sorri, A., Lahti, I., & Wahlberg, K. E. (2003). Genetic boundaries of the schizophrenia spectrum: Evidence from the Finnish Adoptive Family Study of Schizophrenia. *American Journal of Psychiatry, 160,* 1587–1594.

Tiet, Q. Q., Wasserman, G. A., Loeber, R., McReynolds, L. S., & Miller, L. S. (2001). Developmental and sex differences in types of conduct problems. *Journal of Child & Family Studies, 10,* 181–197.

Tiggemann, M., Martins, Y., & Kirkbride, A. (2007). Oh to be lean and muscular: Body image ideals in gay and heterosexual men. *Psychology of Men and Masculinity, 8,* 15–24.

Tiihonen, J., & Wahlbeck, K. (2006). Glutamertergic drugs for schizophrenia. *Cochrane Database of Systematic Reviews, 2,* CD003730.

Todd, R. D., Lobos, E. A., Sun, L. W., & Neuman, R. J. (2003). Mutational analysis of the nicotinic acetylcholine receptor alpha 4 subunit gene in attention deficit/hyperactivity disorder: Evidence for association of an intronic polymorphism with attention problems. *Molecular Psychiatry, 8,* 103–108.

Tonigan, J. S., & Connors, G. J. (2008). Psychological mechanisms in Alcoholics Anonymous. In M. Galanter & H. D. Kleber (Eds), *The American Psychiatric Publishing textbook of substance abuse treatment* (4th ed., pp. 491–498). Arlington, VA: American Psychiatric Publishing.

Tonigan, J. S., Toscova, R., & Miller, W. R. (1996). Meta-analysis of the literature on Alcoholics Anonymous: Sample and study characteristics moderate findings. *Journal of Studies on Alcohol, 57,* 65–72.

Torrey, E. F. (2006). *Surviving schizophrenia: A manual for families, patients, and providers.* New York: HarperPaperbacks.

Torrey, E. F., Bowler, A. E., & Clark, K. (1997). Urban birth and residence as risk factors for psychosis: An analysis of 1880 data. *Schizophrenia Research, 25,* 169–176.

Torrey, E. F., & Yolken, R. H. (1998). At issue: Is household crowding a risk factor for schizophrenia and bipolar disorder? *Schizophrenia Bulletin, 24,* 321–324.

Torti, F. M., Jr., Gwyther, L. P., Reed, S. D., Friedman, J. Y., & Schulman, K. A. (2004). A multinational review of recent trends and reports in dementia caregiver burden. *Alzheimer Disease & Associated Disorders, 18,* 99–109.

Toufexis, A., Blackman, A., & Drummond, T. (1996, April 29). Why Jennifer got sick. http://www.time.com/time/magazine/article/0,9171,984465,00.html (accessed October 29, 2009)

Trace, S. E., Baker, J. H., Peñas-Lledó, E., & Bulik, C. M. (2013). The genetics of eating disorders. *Annual Review of Clinical Psychology, 9,* 589–620.

Trestman, R. L., Ford, J., Zhang, W., & Wiesbrock, V. (2007). Current and lifetime psychiatric illness among inmates not identified as acutely mentally ill at intake in Connecticut's jails. *Journal of the American Academy of Psychiatry and Law, 35,* 490–500.

Trotti, L. M., & Rye, D. B. (2011). Restless legs syndrome. *Handbook of Clinical Neurology, 100,* 661–673.

True, W. R., Rice, J., Eisen, S. A., Heath, A. C., Goldberg, J., Lyons, M. J., & Nowak, J. (1993). A twin study of genetic and environmental contributions to liability for posttraumatic stress symptoms. *Archives of General Psychiatry, 50,* 257–264.

Trull, T. J., & Durrett, C. A. (2005). Categorical and dimensional models of personality disorder. *Annual review of clinical psychology 1,* 355–380.

Trull, T. J., Solhan, M. B., Tragesser, S. L., Jahng, S., Wood, P. K., Paisecki, T. M., & Watson, D., (2008). Affective instability: Measuring a core feature of borderline personality disorder with ecological momentary assessment. *Journal of Abnormal Psychology, 117,* 647–661.

Trull, T. J., Waudby, C. J., & Sher, K. J. (2004). Alcohol, tobacco, and drug use disorders and personality disorder symptoms. *Experimental & Clinical Psychopharmacology, 12,* 65–75.

Tsai, J. L., Butcher, J. N., Muñoz, R. F., & Vitousek, K. (2001). Culture, ethnicity, and psychopathology. In P. B. Sutker (Ed.), *Comprehensive handbook of psychopathology* (3rd ed., pp. 105–127). New York: Kluwer Academic/Plenum.

Tseng, W. (1973). The development of psychiatric concepts in traditional Chinese medicine. *Archives of General Psychiatry, 29,* 569–575.

Tseng, W.-S. (2001). *Culture and psychotherapy: A guide to clinical practice.* Washington, DC: American Psychiatric Press.

Ttofi, M. M., Farrington, D. P., & Losel, F. (2012). School bullying as a predictor of violence later in life: A systematic review and meta-analysis of prospective longitudinal studies. *Aggression and Violent Behavior, 17,* 405–418.

Tugrul, C., & Kabakci, E. (1997). Vaginismus and its correlates. *Sexual & Marital Therapy, 12,* 23–34.

Turk, C. L., Heimberg, R. G., & Hope, D. A. (2001). Social anxiety disorder. *Clinical handbook of psychological disorders: A step-by-step treatment manual* (3rd ed., pp. 114–153). New York: Guilford Press.

Turk, D. C., & Ruby, T. E. (1992). Cognitive factors and persistent pain: A glimpse into Pandora's box. *Cognitive Therapy & Research, 16,* 99–122.

Turk, J. (2011). Fragile X syndrome: Lifespan developmental implications for those without as well as with intellectual disability. *Current Opinion in Psychiatry, 24*, 387–397.

Turkheimer, E., & Parry, C. D. (1992). Why the gap? Practice and policy in civil commitment hearings. *American Psychologist, 47,* 646–655.

Turner-Cobb, J. M., Sephton, S. E., Koopman, C., Blake-Mortimer, J., & Spiegel, D. (2000). Social support and salivary cortisol in women with metastatic breast cancer. *Psychosomatic Medicine, 62,* 337–345.

Twenge, J. M., & Nolen-Hoeksema, S. (2002) Age, gender, race, SES, and birth cohort differences on the Children's Depression Inventory: A meta-analysis. *Journal of Abnormal Psychology, 111,* 578–588.

Tyrer, P., Cooper, S., Crawford, M., Dupont, S., Green, J., Murphy, D., Salkovskis, P., Smith, G., Wang, D., Bhogal, S., Keeling, M., Loebenberg, G., Seivewright, R., Walker, G., Cooper, F., Evered, R., Kings, S., Kramo, K., McNulty, A., Nagar, J., Reid, S., Sanatinia, R., Sinclair, J., Trevor, D., Watson, C., & Tyrer, H. (2011). Prevalence of health anxiety problems in medical clinics. *Journal of Psychosomatic Research, 71,* 392–394.

U

Uddin, M., Amstadter, A. B., Nugent, N. R., & Koenen, K. C. (2012). Genetics and genomic of posttraumatic stress disorder. In J. G. Beck & D. M. Sloan (Eds.), *The Oxford handbook of traumatic stress disorders* (pp. 143–158). New York: Oxford University Press.

Ujike, H., Otani, K., Nakatsuka, M., Ishii, K., Sasaki, A., Oishi, T., Sato, T., Okahisa, Y., Matsumoto, Y., Namba, Y., Kimata, Y., & Kuroda, S. (2009). Association study of gender identity disorder and sex hormone–related genes. *Progress in Neuro-Psychopharmacology & Biological Psychiatry, 3,* 1241–1244.

Ulbricht, J. A., & Neiderhiser, J. M. (2009). Genotype-environment correlation and family relationships. In Y.-K. Kim (Ed.), *Handbook of behavior genetics* (pp. 209–221). New York: Spring Science & Business Media.

Ullman, L. P., & Krasner, L. (1975). *A psychological approach to abnormal behavior* (2nd ed.). Oxford, UK: Prentice Hall.

UNAIDS. (2004). *Making condoms work for HIV prevention.* Geneva, Switzerland: Joint United Nations Programme on HIV/AIDS.

UNAIDS. (2009). *AIDS epidemic update 2009.* http://www.unaids.org/en/Knowledge-Centre/HIVData/EpiUpdate/EpiUpdArchive/ 2009/default.asp (accessed February 5, 2010)

Unwin, G. L., & Deb, S. (2011). Efficacy of atypical antipsychotic medication in the management of behaviour problems in children with intellectual disabilities and borderline intelligence: A systematic review. *Research in Developmental Disabilities, 32,* 2121–2133.

Urbanoski, K. A., & Kelly, J. F. (2012). Understanding genetic risk for substance use and addiction: A guide for non-geneticists. *Clinical Psychology Review, 32*, 60–70.

U.S. Department of Health and Human Services (USDHHS). (2001). *Mental health: Culture, race, and ethnicity. A supplement to mental health: A report of the surgeon general.* Rockville, MD: U.S. Department of Health and Human Services, Public Health Services, Office of the Surgeon General.

V

Vaillend, C., Poirier, R., & Laroche, S. (2008). Genes, plasticity and mental retardation. *Behavioural Brain Research, 192*, 88–105.

Vakoch, D. A., & Strupp, H. H. (2000). Psychodynamic approaches to psychotherapy: Philosophical and theoretical foundations of effective practice. In C. R. Snyder & R. E. Ingram (Eds.), *Handbook of psychological change: Psychotherapy processes and practices for the 21st century* (pp. 200–216). New York: Wiley.

Valenstein, E. S. (1986). *Great and desperate cures: The rise and decline of psychosurgery and other radical treatments for mental illness.* New York: Basic Books.

Valenstein, R. S. (1998). *Blaming the brain: The truth about drugs and mental health.* New York: Free Press.

Valenzuela, M. J. (2008). Brain reserve and the prevention of dementia. *Current Opinion in Psychiatry 21,* 296–302.

van der Velden, P. G., van Loon, P., Benight, C. C., & Eckardt, T. (2012). Mental health problems among search and rescue workers deployed in the Haiti earthquake 2010: A pre-post comparison. *Psychiatry Research, 198,* 100–105.

Vandelanotte, C., Spathonis, K. M., Eakin, E. G., & Owen, N. (2007). Website-delivered physical activity interventions: A review of the literature. *American Journal of Preventative Medicine, 33,* 54–64.

Vander Wal, J. S. (2012). Night eating syndrome: A critical review of the literature. *Clinical Psychology Review, 32,* 49–59.

van Goozen, S., Fairchild, G., Snoek, H., & Harold, G. T. (2007). The evidence for a neurobiological model of childhood antisocial behavior. *Psychological Bulletin,133,* 149–182.

van Haren, N. E., Rijsdijk, F., Schnack, H. G., Picchioni, M. M., Toulopoulou, T., Weisbrod, M., Sauer, H., van Erp, T. G., Cannon, T. D., Huttunen, M. O., Boomsma, D. I., Hulshoff Pol, H. E., Murray, R. M., & Kahn, R. S. (2012). The genetic and environmental determinants of the association between brain abnormalities and schizophrenia: The schizophrenia twins and relatives consortium. *Biological Psychiatry, 71,* 915–921.

van Holst, R. J., van den Brink, W., Veltman, D. J., & Goudriaan, A. E. (2010). Why gamblers fail to win: A review of cognitive and neuroimaging findings in pathological gambling. *Neuroscience and Biobehavioral Reviews, 34,* 87–107.

van Lankveld, J. (2008). Problems with sexual interest and desire in women. In D. L. Rowland & L. Incrocci (Eds.), *Handbook of sexual and gender identity disorders* (pp. 154–187). Hoboken, NJ: Wiley.

van Melle, J. P., de Jonge, P., Honig, A., Schene, A. H., Kuyper, A. M. G., Crijns, H.J.G.M., Schins, A., Tulner, D., van den Berg, M. P., & Ormel, J. (2007). Effects of antidepressant treatment following myocardial infarction. *British Journal of Psychiatry, 190,* 460–466.

van Ommeren, M., De Jong, J. T. V. M., Bhogendra, S., Komproe, I., Thapa, S. B., & Cardena, E. (2001). Psychiatric disorders among tortured Bhutanese refugees in Nepal. *Archives of General Psychiatry, 58,* 475–482.

van Os, J., Hanssen, M., Bijl, R. V., & Vollebergh, W. (2001). Prevalence of psychotic disorder and community level of psychotic symptoms. *Archives of General Psychiatry, 58,* 663–668.

Vaughn, M. G., Fu, Q., Bender, K., DeLisi, M., Beaver, K. M., Perron, B. E., & Howard, M. O. (2010). Psychiatric correlates of bullying in the United States: Findings from a national sample. *Psychiatric Quarterly, 81,* 183–195.

Veasey, S. C., Guilleminault, C., Strohl, K. P., Sanders, M. H., Ballard, R. D., & Magalang, U. J. (2006). Medical therapy for obstructive sleep apnea: A review by the Medical Therapy for Obstructive Sleep Apnea Task Force of the Standards of Practice Committee of the American Academy of Sleep Medicine. *Sleep, 29,* 1036–1044.

Veith, I. (1965). *Hysteria: The history of a disease.* Chicago: University of Chicago Press.

Velting, O. N., Setzer, N. J., & Albano, A. M. (2004). Update on and advances in assessment and cognitive-behavioral treatment of anxiety disorders in children and adolescents. *Professional Psychology: Research & Practice, 35,* 42–54.

Ventura, J., Neuchterlein, K. H., Lukoff, D., & Hardesty, J. P. (1989). A prospective study of stressful life events and schizophrenic relapse. *Journal of Abnormal Psychology, 98,* 407–411.

Verheul, R., & Widiger, T. A. (2004). A meta-analysis of the prevalence and usage of the personality disorder not otherwise specified (PDNOS) diagnosis. *Journal of Personality Disorders, 18,* 309–319.

Verhulst, J., & Heiman, J. (1988). A systems perspective on sexual desire. In S. R. Leiblum & R. C. Rosen (Eds.), *Sexual desire disorders* (pp. 243–270). New York: Guilford Press.

Verma, K. K., Khaitan, B. K., & Singh, O. P. (1998). The frequency of sexual dysfunctions in patients attending a sex therapy clinic in north India. *Archives of Sexual Behavior, 27,* 309–314.

Vermetten, E., Schmahl, C., Lindner, S., Loewenstein, R., & Bremner, J. (2006). Hippocampal and amygdalar volumes in dissociative identity disorder. *American Journal of Psychiatry, 163,* 630–636.

Vernet, C., & Arnulf, I. (2009). Idiopathic hypersomnia with and without long sleep time: A controlled series of 75 patients. *Sleep, 32,* 753–759.

Vernet, C., Leu-Semenescu, S., Buzare, M. A., & Arnulf, I. (2010). Subjective symptoms in idiopathic hypersomnia: Beyond excessive sleepiness. *Journal of Sleep Research, 19,* 525–534.

Vesga-López, O., Schneier, F. R., Wang, S., Heimberg, R. G., Liu, S. M., Hasin, D. S., & Blanco, C. (2008). Gender differences in generalized anxiety disorder: Results from the National Epidemiologic Survey on Alcohol and Related Conditions (NESARC). *Journal of Clinical Psychiatry, 69,* 1606–1616.

Via, E., Radua, J., Cardoner, N., Happé, F., & Mataix-Cols, D. (2011). Meta-analysis of gray matter abnormalities in autism spectrum disorder: Should Asperger disorder be subsumed under a broader umbrella of autistic spectrum disorder? *Archive of General Psychiatry, 68,* 409–418.

Viken, R. J., Treat, T. A., Nosofsky, R. M., McFall, R. M., & Palmeri, T. J. (2002). Modeling individual differences in perceptual and attentional processes. *Journal of Abnormal Psychology, 111,* 598–609.

Virani, A. S., Bezchlybnik-Butler, K. Z., & Jeffries, J. J. (Eds.). (2009). *Clinical handbook of psychotropic drugs* (18th rev. ed.). Ashland, OH: Hogrefe & Huber.

Visintainer, M. A., Volpicelli, J. R., & Seligman, M. E. (1982). Tumor rejection in rats after inescapable or escapable shock. *Science, 216,* 437–439.

Vismara, L. A., & Rogers, S. J. (2010). Behavioral treatments in autism spectrum disorder: What do we know? *Annual Review of Clinical Psychology, 6,* 447–468.

Visser, F. E., Aldenkamp, A. P., van Huffelen, A. C., Kuilman, M., Overweg, J., & van Wijk, J. (1997). Prospective study of the prevalence of Alzheimer-type dementia in institutionalized individuals with Down syndrome. *American Journal on Mental Retardation, 101,* 400–412.

Vitkus, J. (2004). *Casebook in abnormal psychology*. New York: McGraw-Hill.

Vocks, S., Tuschen-Caffier, B., Pietrowsky, R., Rustenbach, S. J., Kersting, A., & Herpertz, S. (2010). Meta-analysis of the effectiveness of psychological and pharmacological treatments for binge eating disorder. *International Eating Disorder, 43,* 205–217.

Vohs, K. D., Bardone, A. M., Joiner, T. E., Jr., & Abramson, L. Y. (1999). Perfectionism, perceived weight status, and self-esteem interact to predict bulimic symptoms: A model of bulimic symptom development. *Journal of Abnormal Psychology, 108,* 695–700.

Vohs, K. D., Voelz, Z. R., Pettit, J. W., Bardone, A. M., Katz, J., Abramson, L. Y., Heatherton, T. F., & Joiner, T. E. (2001). Perfectionism, body dissatisfaction, and self-esteem: An interactive model of bulimic symptom development. *Journal of Social & Clinical Psychology, 20,* 476–497.

Voigt, K., Nagel, A., Meyer, B., Langs, G., Braukhaus, C., & Loewe, B. (2010). Towards positive diagnostic criteria: A systematic review of somatoform disorder diagnosis and suggestions for future classification. *Journal of Psychosomatic Research, 68,* 403-414.

Volkmar, F. R., State, M., & Klin, A. (2009). Autism and autism spectrum disorders: Diagnostic issues for the coming decade. *Journal of Child Psychology and Psychiatry, 50,* 108–115.

Vythilingam, M., Heim, C., Newport, J., Miller, A. H., Anderson, E., Bronen, R., Brummer, M., Staib, L., Vermetten, E., Charney, D. S., Nemeroff, C. B., & Bremner, J. D. (2002). Childhood trauma associated with smaller hippocampal volume in women with major depression. *American Journal of Psychiatry, 159,* 2072–2080.

W

Wadden, T. A., Faulconbridge, L. F., Jones-Corneille, L. R., Sarwer, D. B., Fabricatore, A. N., Thomas, J. G., Wilson, G. T., Alexander, M. G., Pulcini, M. E., Webb, V. L., & Williams, N. N. (2011). Binge eating disorder and the outcome of bariatric surgery at one year: A prospective, observational study. *Obesity, 19,* 1220–1228.

Wadden, T. A., Neiberg, R. H., Wing, R. R, Clark, J. M., Delahanty, L. M., Hill, J. O., Krakoff, J., Otto, A., Ryan, D. H., & Vitolins, M. Z. (2011). Four-year weight losses in the Look AHEAD study: Factors associated with long-term success. *Obesity, 19,* 1987–1998.

Wadden, T. A., Wilson, G. T., Stunkard, A. J., Berkowitz, R. I. (2011). Obesity and associated eating disorders: A guide for mental health professionals. *Psychiatric Clinics of North America, 34,* xiii–xvi.

Wade, T. D., & Watson, H. J. (2012). Psychotherapies in eating disorders. In J. Alexander & J. Treasure (Eds.), *A collaborative approach to eating disorders* (pp. 125–135). New York: Routledge/Taylor & Francis Group.

Wade, T. D., Bergin, J. L., Tiggemann, M., Bulik, C. M., & Fairburn, C. G. (2006). Prevalence and long-term course of lifetime eating disorders in an adult Australian twin cohort. *Australian and New Zealand Journal of Psychiatry, 40,* 121–128.

Wade, T. D., Gillespie, N., & Martin, N. G. (2007). A comparison of early family life events amongst monozygotic twin women with lifetime anorexia nervosa, bulimia nervosa, or major depression. *International Journal of Eating Disorders, 40,* 679–686.

Wade, T. D., Tiggemann, M., Bulik, C. M., Fairburn, C. G., Wray, N. R., & Martin, N. G. (2008). Shared temperament risk factors for anorexia nervosa: A twin study. *Psychosomatic Medicine, 70,* 239–244.

Wagner, P. S., & Spiro, C. (2005). *Divided minds: Twin sisters and their journey through schizophrenia.* New York: St. Martin's Press.

Wakschlag, L. S., Pickett, K. E., Kasza, K. E., & Loeber, R. (2006). Is prenatal smoking associated with a developmental pattern of conduct problems in young boys? *Journal of the American Academy of Child and Adolescent Psychiatry, 45,* 461–467.

Walderhaug, E., Krystal, J. H., & Neumeister, A. (2011). In D. M. Benedek & G. H. Wynn (Eds.), *Clinical manual for management of PTSD* (pp. 45–68). Arlington, VA: American Psychiatric Publishing.

Waldron, H. B., Slesnick, N., Brody, J. L., Turner, C. W., & Peterson, T. R. (2001). Treatment outcomes for adolescent substance abuse at 4- and 7-month assessments. *Journal of Consulting & Clinical Psychology, 69,* 802–813.

Walker, E. F., Cornblatt, B. A., Addington, J., Cadenhead, K. S., Cannon, T. D., McGlashan, T. H., Perkins, D. O., Seidman, L. J., Tsuang, M. T., Woods, S. W., & Heinssen, R. (2009). The relation of antipsychotic and antidepressant medication with baseline symptoms and symptom progression: A naturalistic study of the North American Prodrome Longitudinal Sample. *Schizophrenia Research, 115,* 50–57.

Walker, E., Kestler, L., Bollini, A., & Hochman, K. M. (2004). Schizophrenia: Etiology and course. *Annual Review of Psychology, 55,* 401–430.

Walker, L. E. A. (1994). Are personality disorders gender biased? In S. A. Kirk & S. D. Einbinder (Eds.), *Controversial issues in mental health* (pp. 22–29). Boston: Allyn & Bacon.

Walkup, J. T., Ferraõ, Y., Leckman, J. F., Stein, D. J., & Singer, H. (2010). Tic disorders: Some key issues for *DSM-V. Depression and Anxiety, 27,* 600–610.

Wallace, E. R., IV., & Gach, J. (Eds.). (2008). *History of psychiatry and medical psychology: With an epilogue on psychiatry and the mind-body relation.* New York: Springer Science.

Wang, P. S., Aguilar-Gaxiola, S., Alonso, J., Angermeyer, M. C., Borges, G., & Bromet E. J. (2007). Use of mental health services for anxiety, mood, and substance disorders in 17 countries in the WHO World Mental Health surveys. *Lancet, 370,* 841–850.

Warren, J. I., Burnette, M., South, S. C., Chauhan, P., Bale, R., & Friend, R. (2002). Personality disorders and violence among female prison inmates. *Journal of the American Academy of Psychiatry and the Law, 30*(4), 502–509.

Warren, J. I., Murrie, D. C., Chauhan, P., Dietz, P. E., & Morris, J. (2004). Opinion formation in evaluating sanity at the time of the offense: An examination of 5175 pre-trial evaluations. *Behavioral Sciences and the Law, 22,* 171–186.

Watson, D. (2009). Differentiating the mood and anxiety disorders: A quadripartite model. *Annual Review of Clinical Psychology, 5,* 221–247.

Watson, D., Clark, L. A., & Chmielewski, M. (2008). Structures of personality and their relevance to psychopathology: II. Further articulation of a comprehensive unified trait structure. *Journal of Personality, 76,* 1545–1585.

Watson, J. B. (1930). *Behaviorism.* Chicago: University of Chicago Press.

Watson, J. B., & Raynor, R. (1920). Conditioned emotional reactions. *Journal of Experimental Psychology, 3,* 1–14.

Watson, M., Haviland, J. S., Greer, S., Davidson, J., & Bliss, J. M. (1999). Influence of psychological response on survival in breast cancer: A population-based cohort study. *Lancet, 354,* 1331–1336.

Weaver, K. E., Llabre, M. M., Duran, R. E., Antoni, M. H., Ironson, G. I., Penedo, F. J., & Schneiderman, N. (2005). A stress and coping model of medication adherence and viral load in HIV-positive men and women on highly active antiretroviral therapy (HAART). *Health Psychology, 24,* 385–392.

Webb, R. L., & Murphy, M. P. (2012). b-Secretases, Alzheimer's disease, and Down syndrome. *Current Gerontology and Geriatrics Research, 2012,* 362839.

Webster-Stratton, C., & Reid, M. J. (2003). The Incredible Years Parents, Teachers, and Children Training Series: A multifaceted treatment approach for young children with conduct problems. In A. E. Kazdin & J. R. Weisz (Eds.), *Evidence-based psychotherapies for children and adolescents* (pp. 224–240). New York: Guilford Press.

Wechsler, H., Lee, J. E., Kuo, M., Seibring, M., Nelson, T. F., & Lee, H. (2002). Trends in alcohol use, related problems and experience of prevention efforts among U.S. college students 1993 to 2001: Results from the 2001 Harvard School of Public Health College Alcohol Study. *Journal of American College Health, 50,* 203–217.

Weems, C. F., Pina, A. A., Costa, N. M., Watts, S. E., Taylor, L. K., & Cannon, M. F. (2007). Predisaster trait anxiety and negative affect predict posttraumatic stress in youths after Hurricane Katrina. *Journal of Counseling and Clinical Psychology, 75,* 154–159.

Weiner, B. A., & Wettstein, R. M. (1993). *Legal issues in mental health care.* New York: Plenum Press.

Weissman, M. M., & Markowitz, J. C. (2002). Interpersonal psychotherapy for depression. In I. H. Gotlib & C. L. Hammen (Eds.), *Handbook of depression* (pp. 404–421). New York: Guilford Press.

Weissman, M., & Verdeli, H. (2013). Interpersonal psychotherapy: Evaluation, support, triage. *Clinical Psychology & Psychotherapy, 19,* 106–112.

Weisz, J. R., Donenberg, G., Han, S., & Kauneckis, D. (1995). Child and adolescent psychotherapy outcomes in experiments versus clinics: Why the disparity? *Journal of Abnormal Child Psychology, 23,* 83–106.

Wells, K., Klap, R., Koike, A., & Sherbourne, C. (2001). Ethnic disparities in unmet need for alcoholism, drug abuse, and mental health care. *American Journal of Psychiatry, 158,* 2027–2032.

Westen, D. (1998). The scientific legacy of Sigmund Freud: Toward a psychodynamically informed psychological science. *Psychological Bulletin, 124,* 333–371.

Westermeyer, J. (1993). Cross-cultural psychiatric assessment. In A. C. Gaw (Ed.), *Culture, ethnicity, and mental illness* (pp. 125–144). Washington, DC: American Psychiatric Press.

Westermeyer, J., Bouafuely, M., Neider, J., & Callies, A. (1989). Somatization among refugees: An epidemiologic study. *Psychosomatics, 30,* 34–43.

Westrin, A., & Lam, R. W. (2007). Seasonal affective disorder: A clinical update. *Annals of Clinical Psychiatry, 19,* 239–246.

Wetherell, J. L., Lenze, E. J., & Stanley, M. A. (2005). Evidence-based treatment of geriatric anxiety disorders. *Psychiatric Clinics of North America, 28,* 871-896.

Wheeler, J., Newring, K. A. B., and Draper, C. (2008). Transvestic fetishism: Psychopathology and theory. In D. R. Laws & W. T. O'Donohue (Eds.), *Sexual deviance: Theory, assessment, and treatment* (pp. 272–284). New York: Guilford Press.

Whitbourne, S. K. (2000). The normal aging process. In S. K. Whitbourne (Ed.), *Psychopathology in later adulthood* (pp. 27–59). New York: Wiley.

White, H. R., Xie, M., & Thompson, W. (2001). Psychopathology as a predictor of adolescent drug use trajectories. *Psychology of Addictive Behaviors, 15,* 210–218.

White, S. (2002). The neuropathogenesis of delirium. *Review of Clinical Gerontology, 12,* 62–67.

WHO World Mental Health Survey Consortium. (2004). Prevalence, severity, and unmet need for treatment of mental disorders in the World Health Organization World Mental Health Surveys. *Journal of the American Medical Association, 291,* 2581–2590.

Whooley, M. A., de Jonge, P., Vittinghoff, E., Otte, C., Moos, R., Carney, R. M., Ali, S., Dowray, S., Na, B., Feldman, M. D., Schiller, N., & Browner, W. S. (2008). Depressive symptoms, health behaviors, and risk of cardiovascular events in patients with coronary heart disease. *Journal of the American Medical Association, 300,* 2379–2388.

Widiger, T. A. (2002). Values, politics, and science in the construction of the *DSM*s. In J. Z. Sadler (Ed.), *Descriptions and prescriptions: Values, mental disorders, and the* DSMs (pp. 25–41). Baltimore: Johns Hopkins University Press.

Widiger, T. A. (2011). A shaky future for personality disorders. *Personality Disorders, 2,* 54–67.

Widiger, T. A., & Mullins-Sweatt, S. N. (2009). Five-factor model of personality disorder: A proposal for *DSM-V. Annual Review of Clinical Psychology, 5,* 197–220.

Widom, C. S., DuMont, K., & Czaja, S. J. (2007). A prospective investigation of major depressive disorder and comorbidity in abused and neglected children grown up. *Archives of General Psychiatry, 64,* 49–56.

Wilens, T. E., Biederman, J., & Spencer, T. J. (2002). Attention deficit/hyperactivity disorder across the lifespan. *Annual Review of Medicine, 53,* 113–131.

Wilfley, D. E., Pike, K. M., & Striegel-Moore, R. H. (1997). Toward an integrated model of risk for binge-eating disorder. *Journal of Gender, Culture, & Health, 2,* 1–32.

Williams, C., Firn, M., Wharne, S., & Macpherson, R. (eds.) (2011). Assertive outreach in mental healthcare: current perspectives. Oxford, UK: Wiley-Blackwell.

Williams, D. L. (2010). *Developmental language disorders: Learning, language, and the brain. San Diego,* CA: Plural Publishing.

Williams, J. M. G., Barnhofer, T., Crane, C., Hermans, D., Raes, F., Watkins, E., & Dalgleish, T. (2007). Autobiographical memory specificity and emotional disorder. *Psychological Bulletin, 133,* 122–148.

Williams, L. M. (1995). Recovered memories of abuse in women with documented child sexual victimization histories. *Journal of Traumatic Stress, 8,* 649–673.

Williams, R. B. (2008). Psychosocial and biobehavioral factors and their interplay in coronary heart disease. *Annual Review of Clinical Psychology, 4,* 349–365.

Williams, R. B., Barefoot, J. C., Haney, T. L., & Harrell, F. E. (1988). Type A behavior and angiographically documented coronary atherosclerosis in a sample of 2,289 patients. *Psychosomatic Medicine, 50,* 139–152.

Williamson, G. L. (1993). Postpartum depression syndrome as a defense to criminal behavior. *Journal of Family Violence, 8,* 151–165.

Wilps, R. F., Jr. (1990). Male bulimia nervosa: An autobiographical case study. In A. E. Andersen (Ed.), *Males with eating disorders* (pp. 9–29). New York: Brunner/Mazel.

Wilsnack, R. W., Wilsnack, S. C., Kristjanson, A. F., Vogeltanz-Holm, N. D., & Gmel, G. (2009). Gender and alcohol consumption: Patterns from the multinational GENACIS project. *Addiction, 104,* 1487–1500.

Wilson, G. R., Loeb, K. L., Walsh, B. T., Labouvie, R., Petkova, E., Xinhua, L., & Waternaux, C. (1999). Psychological versus pharmacological treatments of bulimia nervosa: Predictors and processes of change. *Journal of Consulting & Clinical Psychology, 67,* 451–459.

Wilson, G. T, Fairburn, C. C., Agras, W. S., Walsh, B. T., & Kraemer, H. (2002). Cognitive-behavioral therapy for bulimia nervosa: Time course and mechanisms of change. *Journal of Consulting & Clinical Psychology, 70,* 267–274.

Wilson, K. A., & Hayward, C. (2005). A prospective evaluation of agoraphobia and depression symptoms following panic attacks in a community sample of adolescents. *Journal of Anxiety Disorders, 19,* 87–103.

Winger, G., Hofmann, F. G., & Woods, J. H. (1992). *Handbook on drug and alcohol abuse.* New York: Oxford University Press.

Winick, B. J. (2003). A therapeutic jurisprudence assessment of sexually violent predator laws. In B. J. Winick & J. Q. LaFond (Eds.), *Protecting society from sexually dangerous offenders: Law, justice, and therapy* (pp. 317–331). Washington, DC: American Psychological Association.

Winkelmann, J., Prager, M., Lieb, R., et al. (2005). "Anxietas Tibiarum" depression and anxiety disorders in patients with restless legs syndrome. *Journal of Neurology, 252,* 67–71.

Winkelmann, J., Schormair, B., Lichtner, P., et al. (2007). Genome-wide association study of restless legs syndrome identifies common variants in three genomic regions. *Nature Genetics, 39,* 1000–1006.

Wintemute, G. J., Parham, C. A., Beaumont, J. J., Wright, M., & Drake, C. (1999). Mortality among recent purchasers of handguns. *New England Journal of Medicine, 341,* 1583–1589.

Wintersteen, M. B., Mensinger, J. L., & Diamond, G. S. (2005). Do gender and racial differences between patient and therapist affect therapeutic alliance and treatment retention in adolescents? *Professional Psychology: Research and Practice, 36,* 400–408.

Wiseman, C. V., Gray, J. J., Mosimann, J. E., & Ahrens, A. H. (1992). Cultural expectations of thinness in women: An update. *International Journal of Eating Disorders, 11,* 85–89.

Wisniewski, A. B. & Migeon, C. J. (2002). Long-term perspectives for 46,XY patients affected by complete androgen insensitivity syndrome or congenital micropenis. *Seminars in Reproductive Medicine, 20,* 297–304.

Witkiewitz, K., Van der Maas, H. L. J., Hufford, M. R., & Marlatt, G. A. (2007). Nonnormality and divergence in posttreatment alcohol use: Reexamining the project MATCH data "another way." *Journal of Abnormal Psychology, 116,* 378–394.

Wittchen, H.-U., & Fehm, L. (2003). Epidemiology and natural course of social fears and social phobia. *Acta Psychiatrica Scandinavica, 108*(Suppl. 417), 4–18.

Wittchen, H.-U., Gloster, A. T., Beesdo-Baum, K., Fava, G., & Craske, M. G. (2010). Agoraphobia: A review of the diagnostic classificatory position and criteria. *Depression and Anxiety, 27,* 113–133.

Wittke-Thompson, J. K., Ambrose, N., Yairi, E., Roe, C., Cook, E. H., Ober, C., & Cox, N. J. (2007). Genetic studies of stuttering in a founder population. *Journal of Fluency Disorders, 32,* 33–50.

Wolfe, B. E., Baker, C. W., Smith, A. T., & Kelly-Weeder, S. (2009). Validity and utility of the current definition of binge eating. *International Journal of Eating Disorders, 42,* 674–686.

Wolfson, A. R. (2001). *The woman's book of sleep: A complete resource guide.* Oakland, CA: New Harbinger.

Wolfson, A. R. (2010). Adolescents and emerging adults' sleep patterns: New developments. *Journal of Adolescent Health, 46,* 97–99.

Wollert, R., & Cramer, E. (2011). Sampling extreme groups invalidates research on the paraphilias: Implications for *DSM-5* and sex offender risk assessments. *Behavioral Sciences & the Law, 29,* 554–565.

Wonderlich, S. A., Gordon, K. H., Mitchell, J. E., Crosby, R. D., & Engel, S. G. (2009). The validity and clinical utility of binge eating disorder. *International Journal of Eating Disorders, 42,* 687–705.

Woods, S., Addington, J., Cadenhead, K., Cannon, T., Cornblatt, B., et al. (2009). Validity of the prodromal risk syndrome for first psychosis: findings from the North American Prodrome Longitudinal Study. *Schizophrenia Bulletin, 35,* 894–905.

Woodward, H. E., Gordon, R. A., Taft, C. T., & Meis, L. A. (2009). Clinician bias in the diagnosis of posttraumatic stress disorder and borderline personality disorder. *Psychological Trauma: Theory, Research, Practice and Policy, 1,* 282–290.

World Health Organization (WHO). (2004). Distribution of suicide rates (per 100,000) by gender and age, 2000. http://www.who.int/mental_health/prevention/suicide/suicidecharts/en/ (accessed February 18, 2008)

World Health Organization (WHO). (2005). Global alcohol database. http://www.who.int/whosis (accessed February 6, 2006)

World Health Organization (WHO). (2007). Deaths from coronary heart disease. http://www.who.int/cardiovascular_disease/en/cvd_atlas_14_deathHD.pdf (accessed October 31, 2007)

World Health Organization (WHO). (2008). Global summary of the AIDS epidemic, December 2007. http://www.who.int/2008_global_summary_AIDS_ep (accessed March 13, 2009)

World Health Organization (WHO). (2011). *Global status report on alcohol and health.* Geneva, Switzerland: Author.

World Health Organization (WHO). (2012). Suicide prevention. http://www.who.int/mental_health/prevention/suicide/suicideprevent/en/ (accessed September 3, 2012).

Worthman, C. M., & Panter-Brick, C. (2008). Homeless street children in Nepal: Use of allostatic load to assess the burden of childhood adversity. *Development and Psychopathology, 20,* 233–255.

Wurtzel, E. (1995). *Prozac nation.* New York: Berkley.

Wyatt, E. (2009, November 24). On "The Biggest Loser," health can take a back seat. http://www.nytimes.com/2009/11/25/ business/media/25loser.html?_r51 (accessed January 6, 2010)

X

Xu, M.-Q., Sun, W.-S., Liu, B.-X., Feng, G.-Y., Yu, L., Yang, L., He, G., Sham, P., Susser, E., St. Clair, D., & He, L. (2009). Prenatal malnutrition and adult schizophrenia: Further evidence from the 1959–1961 Chinese famine. *Schizophrenia Bulletin, 35,* 568–576.

Y

Yang, J., Dai, X., Yao, S., Cai, T., Gao, B., McCrae, R. R., & Costa, P. T. (2002). Personality disorders and the five-factor model of personality in Chinese psychiatric patients. In P. T. Costa & T. A. Widiger (Eds.), *Personality disorders and the five-factor model of personality* (2nd ed., pp. 215–221). Washington, DC: American Psychological Association.

Yapko, M. D. (1997). *Breaking the patterns of depression.* New York: Golden Books.

Yeh, M., & Weisz, J. R. (2001). Why are we here at the clinic? Parent-child (dis)agreement on referral problems at outpatient treatment entry. *Journal of Consulting & Clinical Psychology, 69,* 1019–1025.

Yehuda, R., Blair, W., Labinsky, E., & Bierer, L. M. (2007). Effects of parental PTSD on the cortisol response to dexamethasone administration in their adult offspring. *American Journal of Psychiatry, 164,* 163–166.

Yehuda, R., Pratchett, L., & Pelcovitz, M. (2012). Biological contributions to PTSD: Differentiating normative from pathological response. In J. G. Beck & D. M. Sloan (Eds.), *The Oxford handbook of traumatic stress disorders* (pp. 159–174). New York: Oxford University Press.

Young, E., & Korzun, A. (1999). Psychoneuroendocrinology of depression: Hypothalamic-pituitary-gonadal axis. *Psychiatric Clinics of North America, 21,* 309–323.

Young-Wolff, K. C., Kendler, K. S., Ericson, M. L., & Prescott, C. A. (2011). Accounting for the association between childhood maltreatment and alcohol-use disorders in males: A twin study. *Psychological Medicine, 41,* 59–70.

Yu, J., Stewart Agras, W., Halmi, K. A., Crow, S., Mitchell, J., & Bryson, S. W. (2011). A 1-year follow-up of a multi-center treatment trial of adults with anorexia nervosa. *Eating and weight disorders, 16,* e177–e181.

Yusuf, S., Hawken, S., Ounpuu, S., Dans, T., Avezum, A., Lanas, F., Budaj, A., Pais, P., Varigos, J., & Lisheng, L. (2004). Effect of potentially modifiable risk factors associated with myocardial infarction in 52 countries (the INTERHEART study): Case-control study. *Lancet, 364,* 937–952.

Z

Zalsman, G., Levy, T., & Shoval, G. (2008). Interaction of child and family psychopathology leading to suicidal behavior. *Psychiatric Clinics of North America, 31,* 237–246.

Zalsman, G., Shoval, G., & Rotstein, L. (2009). Pharmactherapy for adolescent depression. In S. Nolen-Hoeksema & L. Hilt (Eds.), *Handbook of depression in adolescents* (pp. 571–588). New York: Routledge.

Zanarini, M. C., Frankenburg, F. R., Reich, D. B., & Fitzmaurice, G. (2012). Attainment and stability of sustained symptomatic remission and recovery among patients with borderline personality disorder and axis II comparison subjects: A 16-year prospective follow-up study. *American Journal of Psychiatry, 169,* 476–483.

Zanarini, M. C., Schulz, S. C., Detke, H., Zhao, F., Lin, D., Pritchard, M., Deberdt, W., Fitzmaurice, G., & Corya, S. (2012). Open-label treatment with olanzapine for patients with borderline personality disorder. *Journal of Clinical Psychopharmacology, 32,* 398–402.

Zanarini, M. C., Skodol, A.-E., Bender, D., Dolan, R., Sanislow, C., Schaefer, E., Morey, L., Grilo, C. M., Shea, M. T., McGlashan, T. H., & Gunderson, G. (2000). The Collaborative Longitudinal Personality Disorders Study: Reliability of Axis I and II diagnoses. *Journal of Personality Disorder, 14,* 291–299.

Zayas, L. H., Lester, R. J., Cabassa., L. J., & Fortuna, L. R. (2005). Why do so many Latina teens attempt suicide? A conceptual model for research. *American Journal of Orthopsychiatry, 75,* 275–287.

Zelt, D. (1981). First person account: The Messiah quest. *Schizophrenia Bulletin, 7,* 527–531.

Zhang, B., & Wing, Y.-K. (2006). Sex differences in insomnia: A meta-analysis. *Sleep, 29,* 85–93.

Zhang, X., Beaulieu, J. M., Sotnikova, T. D., Gainetdinov, R. R., & Caron, M. G. (2004). Tryptophan hydroxylase-2 controls brain serotonin. *Science, 305,* 217.

Zhou, J.-N., Hofman, M. A., & Swaab, D. F. (1995). No changes in the number of vasoactive intestinal polypeptide (VIP)-expressing neurons in the suprachiasmatic nucleus of homosexual men; comparison with vasopressin-expressing neurons. *Brain Research, 672,* 285–288.

Zhu, B., Chen, C., Loftus, E. F., He, Q., Chen, C., Lei, X., Lin, C., & Dong, Q. (2012). Brief exposure to misinformation can lead to long-term false memories. *Applied Cognitive Psychology, 26,* 301–307.

Ziegelstein, R. C., Fauerbach, J. A., Stevens, S. S., Romanelli, J., Richter, D. P., & Bush, D. E. (2000). Patients with depression are less likely to follow recommendations to reduce cardiac risk during recovery from a myocardial infarction. *Archives of Internal Medicine, 160,* 1818–1823.

Zigler, E., Gilliam, W. S., & Jones, S. M. (2006). *A vision for universal preschool education.* New York: Cambridge University Press.

Zigler, E., & Hodapp, R. M. (1991). Behavioral functioning in individuals with mental retardation. *Annual Review of Psychology, 42,* 29–50.

Zigler, E., & Styfco, S. J. (2004). Applying the findings of developmental psychology to improve early childhood intervention. In M. A. Feldman (Ed.), *Early intervention: The essential readings* (pp. 54–72). Malden, England: Blackwell.

Zigler, E., & Styfco, S. J. (2008). America's Head Start program: An effort for social justice. In C. Wainryb, J. Smetana, & E. Turiel (Eds.), *Social development, social inequalities, and social justice* (pp. 53–80). New York: Taylor & Francis Group/Lawrence Erlbaum.

Zilboorg, G., & Henry, G. W. (1941). *A history of medical psychology.* New York: W. W. Norton.

Zimmerman, M., Rothschild, L., & Chelminski, I. (2005). The prevalence of *DSM-IV* personality disorders in psychiatric outpatients. *American Journal of Psychiatry, 162,* 1911–1918.

Zintzaras, E., Kitsios, G. D., Papathanasiou, A. A., Konitsiotis, S., Miligkos, M., Rodopoulou, P., & Hadjigeorgiou, G. M. (2010). Randomized trials of dopamine agonists in restless legs syndrome: A systematic review, quality assessment, and meta-analysis. *Clinical Therapeutics, 32,* 221–237.

Zinzow, H. M., Resnick, H. S., McCauley, J. L., Amstadter, A. B., Ruggiero, K. J., & Kilpatrick, D. G. (2012). Prevalence and risk of psychiatric disorders as a function of variant rape histories: Results from a national survey of women. *Social Psychiatry and Psychiatric Epidemiology, 47,* 893–902.

Zoccolillo, M. (1993). Gender and the development of conduct disorder. *Development & Psychopathology, 5,* 65–78.

Zucker K. J., & Cohen-Kettenis, P. T. (2008). Gender identity disorder in children and adolescents. In D. L. Rowland & L. Incrocci (Eds.), *Handbook of sexual and gender identity disorders* (pp. 376–422). Hoboken, NJ: Wiley.

Zucker, K. J., & Wood, H. (2011). Assessment of gender variance in children. *Child and Adolescent Psychiatric Clinics of North America, 20*, 665–680.

Zucker, R. A., Chermack, S. T., & Curran, G. M. (1999). Alcoholism: A lifespan perspective on etiology and course. In M. Lewis & A. J. Sameroff (Eds.), *Handbook of developmental psychopatholgy* (2nd ed.). New York: Plenum Press.

Zucker, R. A., Kincaid, S. B., Fitzgerald, H. E., & Bingham, C. R. (1995). Alcohol schema acquisition in preschoolers: Differences between children of alcoholics and children of nonalcoholics. *Alcoholism: Clinical & Experimental Research, 19,* 1011–1017.

Zuvekas, S. H., & Vitiello, B. (2012). Stimulant medication use in children: A 12-year perspective. *American Journal of Psychiatry, 169,* 160–166.

Zvolensky, M. J., & Smits, J. A. J. (Eds.). (2008). *Anxiety in health behaviors and physical illness.* New York: Springer Science & Business Media.

Zwerdling, D. (2009, November 11). Walter Reed officials asked: Was Hasan psychotic? http://www.npr.org/templates/story/story.php?storyId=120313570 (accessed January 19, 2009)

编辑后记

呈现在各位读者面前的这本《变态心理学》的英文原版，多年来一直是国外变态心理学教材中的翘楚，其中译本也是国内最早引进的变态心理学教材之一，在学界、高校以及普通读者中都有一定的影响，如钱铭怡教授在编写《变态心理学》时，就参考了本书英文版的第 2 版和第 3 版。作者苏珊 • 诺伦 - 霍克西玛女士是临床心理学领域的学界领袖，曾担任耶鲁大学心理学系主任，多次获得美国心理学协会（APA）颁发的成就奖，也是目前临床心理学领域引用率最高的期刊《临床心理学年鉴》的创刊主编。由戴维 • 迈尔斯教授编写、在美国亚马逊排名第一的普通心理学教科书《心理学》，不仅引用了苏珊 • 诺伦 - 霍克西玛的研究成果，而且在心理障碍和心理治疗两章的内容体例上也借鉴了她的这本《变态心理学》的写法。

本书第 6 版与其他变态心理学教材相比有一些特点：首先是新，第 6 版根据美国精神医学协会编写的《精神障碍诊断与统计手册》（第 5 版）（*Diagnostic and Statistical Manual of Mental Disorders, Fifth Edition*，*DSM*-5）进行了全面的更新和章节编排，详细列出了 *DSM*-5 诊断标准以及相对于 DSM-IV-TR 的变化，使读者一目了然。此外还更新了 300 多篇参考文献，其中 80% 都是 2000 年之后的文献。其次，苏珊 • 诺伦 - 霍克西玛特别强调心理障碍的连续性，每一章的开头都有一个连续谱模型的专栏，作者认为思维、感受或行为问题是从正常到异常连续变化的，正常与异常之间没有清晰、严格的界限，这一点可以说与 *DSM*-5 一脉相承。第三，全书体现了作者对于心理障碍患者的人文关怀，书中引用了那些深受心理健康问题困扰并与之抗争的人们的自述，这不仅可以使读者对诊断标准有更好的理解，而且有助于唤起人们的同理心，以便相关从业者和整个社会更好地理解和支持有不同程度心理障碍的人们。

在新版的翻译上，我们邀请了本书在国内首次出版时的责任编辑邹丹女士来翻译和更新修订。邹丹毕业于北京大学心理学系并获得硕士学位，之后一直从事心理学相关图书的编辑工作。她在编辑第 3 版中文版译稿时，认真对照英文原文，先后进行了五次审校和修改，因此对这部书十分熟悉和喜欢。在翻译这个第 6 版时，更是花费了大量心血，付出了巨大的努力。此外，在本书编译过程中，由张道龙先生等翻译的 *DSM*-5 中文版于 2015 年出版，由于该书已成为国内心理咨询和治疗领域通用的工具书，因此本书中列出的 *DSM*-5 诊断标准的翻译参考了其中文版的译文，在此要向张道龙先生等中文版的各位译者致谢。

本书的编辑工作历时一年有余，先后编辑审稿多达五个轮次。在内容上，遵循对读者负责、严格尊重原著的原则，我们每一次编辑都对照原文仔细推敲。在此过程中，不仅尽最大的能力改正译文中的错误疏漏之处，而且发现了英文原版中一些遗漏、数字甚至在引用他人研究结果时的错误。对此，我们在有充分根据的基础上，都在译文中进行了更正。与此类似，对于诊断标准中与 *DSM-5* 中文版理解不一致的地方，也在大量研究考证的基础上进行了调整。参与本书编辑工作的人员多达七位，均拥有心理学硕士或博士学位，其中特约编审谢呈秋女士长期在英国曼彻斯特大学从事心理学、精神病学和英国医疗服务体系领域的研究，同时还担任美国和英国多家学术期刊的论文审稿人。她欣然接受了本书部分章节的二审和三审工作。

在专业术语和专有名词使用上，本书尽量做到统一、符合学界规范。本书在编辑过程中主要参考了两本书，一本是钱铭怡老师编写的《变态心理学》，另一本是张道龙先生等译的《精神障碍诊断与统计手册》(第 5 版)。在某些术语的翻译上两者不一致时，本书多以钱老师的《变态心理学》为准。比如，钱老师主张将 major depressive disorder 译为“抑郁症”，而不是按字面译为“重性抑郁障碍”，以避免与表示症状程度的“重度”混淆，引起误解。另外，正如钱老师在《变态心理学》一书的序言中所指出的：“‘变态’一词的翻译，有研究者认为带有某种程度的贬义，而且也不能很好地反映英文的原义，因此建议将其称之为异常心理学。”但钱老师同时认为，由于变态心理学一词的用法由来已久，课程名称也因此约定俗成，多称之为变态心理学。基于此，本书除在书名和正文中的“abnormal psychology”仍译为“变态心理学”之外，与其他词语搭配的“abnormal”或“abnormality”均译为“异常”，如“异常心理和行为”“异常的理论和治疗”等等。

为了进一步保证全书译文的专业性和准确性，我们邀请了国内心理咨询与治疗领域的权威专家组成了阵容强大的审校团队，包括北京大学钱铭怡教授、王登峰教授、苏彦捷教授、徐凯文副教授，南京大学桑志芹教授，复旦大学高隽副教授。他们分别就自己擅长或感兴趣的领域审校了其中的部分章节，提出了宝贵而细致的修改意见。每次收到老师寄来的审校稿时，我们都为老师们一丝不苟的修改笔迹而深受感动和鼓舞，在此我们要向各位老师的辛勤工作表示衷心的感谢和崇高的敬意！同济大学赵旭东教授起初也欣然接受了审校约请，但终因工作及家事繁忙而无暇顾及，我们仍向其表示感谢！另外，清华大学樊富珉教授用两天的时间，认真通读了试读本，为本书写下了热情洋溢的推荐语，在此一并致谢！

还要感谢本书的封面设计师陶建胜先生，为了使封面更加美观和凸显主题，不惜数易其稿。排版制作者冯跃先生不仅设计了易于阅读的内文版式，并与编辑们密切配合，不厌其烦地在排版稿中录入修改清样。

正是有了各方面的共同努力，这本《变态心理学》才得以以今天的面貌呈现在读者面前。作为出版者，我们秉持“用心雕刻每一本”的出版理念，“用心字里行间，雕刻名著经典”，希望这部倾注众多之人心血的教科书，能为我国变态心理学及相关领域的教学、科研、咨询和治疗贡献绵薄之力；同时也希望更多的普通读者通过本书，对各种异常心理现象和行为，从此获得一个更加准确、科学的认识，让我们的社会逐步减少对心理障碍的污名化，正确看待自己和家人朋友身上出现的心理问题，及时寻求专业帮助和治疗。

尤其令人感怀的是，本书作者苏珊女士于2013年英年早逝。在去世前，她根据美国精神医学协会已基本编写完稿但尚未正式颁布的*DSM-5*，对这部教科书进行了全面修订，而这个第6版也成为了她的遗著。令人欣慰的是，她在耶鲁大学的博士生，目前在美国洛约拉马利蒙特大学任教的Brett Marroquín将继续本书后续版本的修订工作，使这本优秀的教科书的生命得以延续下去。衷心希望我们可以用这部*Abnormal Psychology*的中译本，告慰她的在天之灵：Heartfelt Thanks To Susan!

欢迎采用本书作为教材的老师与我们联系，以便得到我们为您提供的教师手册、习题、教学PPT等配套教辅资料。本书的英文原版已由新曲线出版咨询有限公司在人民邮电出版社影印出版，教师可以选择英文版作为双语教学的课程教材，同时读者也可以对照中英文两个版本进行更深入的研读。出版是一门“遗憾的艺术”，各位老师和读者如在阅读过程中发现内容或印刷上的疏失之处，欢迎与我们联系交流。如有内容方面的问题，我们会在重印时进行修订；如有印装质量问题，我们会为您更换新书。联系电话：010-84937152。服务邮箱：nccpsy@163.com。

心理学与人文社科编辑部
北京新曲线出版咨询有限公司
2017年6月